Erwin Kreyszig Advanced Engineering Mathematics, 10th edition

JN428235

KREYSZIG 공업수학

Fourier 해석 • 편미분방정식 • 복소해석 • 수치해석 • 최적화, 그래프

10판

하

서진헌 • 심형보 • 이상구 • 유 일 • 배현덕 • 양영균 • 김희택 • 이성철
허건수 • 한광희 • 함운철 • 최항석 • 박제남 (공역) 감수: 박대현

TEXTBOOKS
텍스트북스

Advanced Engineering Mathematics, 10th edition
Erwin Kreyszig, Herbert Kreyszig, Edward J. Norminton

ISBN 978-0-470-64613-7

All Rights Reserved.
Authorized translation of the edition published by John Wiley & Sons, New York, Chichester, Brisbane, Singapore and Toronto.
No part of this book may be reproduced in any form without the written permission of John Wiley & Sons Inc.

Copyright © 2011 by John Wiley & Sons, Inc.
Korean translation copyrights © 2022 by Textbooks, Inc.

KREYSZIG 공업수학 제10판 하

Advanced Engineering Mathematics, 10th edition

발행일 2022년 2월 28일 제10판 1쇄
2025년 7월 25일 제10판 4쇄

지은이 Erwin Kreyszig

옮긴이 서진헌, 심형보, 이상구, 유일, 배현덕, 양영균, 김희택, 이성철, 허건수, 한광희, 함운철, 최항석, 박제남

감수 박대현

발행인 임은정

발행처 ㈜텍스트북스

주소 서울시 영등포구 양평로 30길 14, 세종앤까뮤스퀘어 1109호

전화 02-702-5725~6 **팩스** 02-702-5727

웹사이트 www.textbooks.co.kr

등록번호 제2022-000098호

ISBN 979-11-91679-05-2 94410

정가 33,000원

Copyright © 2022 by Textbooks, Inc.
이 책은 저작권법에 의해 보호를 받는 저작물이므로 어떠한 형태의 무단 전재나 복제를 금합니다.

KREYSZIG
공업수학

Fourier 해석 • 편미분방정식 • 복소해석 • 수치해석 • 최적화, 그래프

10판

하

발간사

이 책은 반세기 동안 전 세계적으로 가장 널리, 그리고 가장 많이 채택되어 사용되고 있는 Erwin Kreyszig 교수가 저술한 Advanced Engineering Mathematics, 10th Edition을 번역한 공학도를 위한 응용수학 교과서이다.

Kreyszig 공업수학이 여러 교재 중 가장 우수한 교과서로 정평이 난 이유는 내용이 상세하고 이해하기 쉽도록 기술되었을 뿐 아니라 예제와 연습문제가 풍부하여 배우는 학생은 물론이고, 현업에 종사하는 실무자들에게도 수학적 사고를 습득하게 하는 공학수학의 사전과 같은 책이기 때문이다.

개정 10판에서는 실용적일 수 있도록 모델링이 더 강조되었고, 수치해석에 익숙해질 수 있도록 앞부분에 Euler 수치해법을 소개하고 있으며, 5장의 급수해의 내용 중 직교 고유함수 전개 부분을 11장으로 옮겨 이들의 응용이 필요한 12장 앞에 배치하여 내용의 연결성을 고려했다. 또한 내용 설명이나 증명에서도 과정들을 더 상세히 설명하여 이해를 높일 수 있도록 하였으며, 특히 연습문제는 내용 이해에 도움을 줄 수 있는 문제들로 대폭 교체하여 상호 보완적 역할을 할 수 있도록 했다. 자세한 내용은 수록된 저자의 서문을 참조하기 바란다.

번역은 원문에 충실하도록 하였으나 이해를 돕기 위하여 때로는 의역을 하기도 했다. 용어는 순수한 우리말과 학술 용어를 사용하였으며 중요한 용어는 괄호 속에 영문을 넣어 알아보기 쉽도록 하였다. 그리고 책의 완성도를 높이기 위해 최고의 번역진으로 번역을 담당케 하였고, 일관성 있는 용어 통일을 위하여 수학 강의 경험이 풍부한 교수의 전체 감수로 원고와 원문을 일일이 대조하여 오역이나 오탈자의 여부를 철저히 검토 교정토록 하였다.

시간이 여의치 않음에도 불구하고 번역과 교정, 감수에 기꺼이 참여해 주신 여러 교수님께 진심으로 감사의 뜻을 전하고, 부디 공업수학을 공부하는 공학도들에게 도움이 되었으면 한다.

저자 서문 *Preface*

Purpose and Structure of the Book

This book provides a comprehensive, thorough, and up-to-date treatment of ***engineering mathematics***. It is intended to introduce students of engineering, physics, mathematics, computer science, and related fields to those areas of ***applied mathematics*** that are most relevant for solving practical problems. A course in elementary calculus is the sole ***prerequisite***. (However, a concise refresher of basic calculus for the student is included on the inside cover and in Appendix 3.)

The subject matter is arranged into seven parts as follows:

A. **Ordinary Differential Equations (ODEs)** in Chapters 1–6
B. **Linear Algebra. Vector Calculus.** See Chapters 7–10
C. **Fourier Analysis. Partial Differential Equations (PDEs).** See Chapters 11 and 12
D. **Complex Analysis** in Chapters 13–18
E. **Numeric Analysis** in Chapters 19–21
F. **Optimization, Graphs** in Chapters 22 and 23

The parts of the book are kept independent. In addition, individual chapters are kept as independent as possible. We give the instructor **maximum flexibility in selecting the material** and tailoring it to his or her need.

Four Underlying Themes of the Book

The driving force in engineering mathematics is the rapid growth of technology and the sciences. New areas—often drawing from several disciplines—come into existence. Electric cars, solar energy, wind energy, green manufacturing, nanotechnology, risk management, biotechnology, biomedical engineering, computer vision, robotics, space travel, communication systems, green logistics, transportation systems, financial engineering, economics, and many other areas are advancing rapidly. What does this mean for engineering mathematics? The engineer has to take a problem from any diverse area and be able to model it. This leads to the first of four underlying themes of the book.

1. Modeling is the process in engineering, physics, computer science, biology, chemistry, environmental science, economics, and other fields whereby a physical situation or some other observation is translated into a mathematical model. This mathematical model could be a system of differential equations, such as in population control (Sec. 4.5) or a linear programming problem (Secs. 22.2–22.4) in minimizing environmental damage due to pollutants.

The next step is **solving the mathematical problem** obtained by one of the many techniques covered in *Advanced Engineering Mathematics*.

The third step is **interpreting the mathematical result** in physical or other terms to see what it means in practice and any implications.

Finally, we may have to **make a decision** that may be of an industrial nature or **recommend a public policy**. For example, the population control model may imply the policy to stop fishing for 3 years.

2. Judicious use of powerful software for numerics and statistics is of growing importance. Projects in engineering and industrial companies may involve large problems of modeling very complex systems with hundreds of thousands of equations or even more. They require the use of such software. However, our policy has always been to leave it up to the instructor to determine the degree of use of computers, from none or little use to extensive use. More on this below.

3. The beauty of engineering mathematics. ***Engineering mathematics relies on relatively few basic concepts and involves powerful unifying principles***. We point them out whenever they are clearly visible, such as in Sec. 4.1 where we "grow" a mixing problem from one tank to two tanks and a circuit problem from one circuit to two circuits, thereby also increasing the number of ODEs from one ODE to two ODEs. This is an example of an attractive mathematical model because the "growth" in the problem is reflected by an "increase" in ODEs.

4. To clearly identify the conceptual structure of subject matters. For example, complex analysis is a field that is not monolithic in structure but was formed by three distinct schools of mathematics. Each gave a different approach, which we clearly mark. The first approach is solving complex integrals by Cauchy's integral formula (Chaps. 13 and 14), the second approach is to use the Laurent series and solve complex integrals by residue integration (Chaps. 15 and 16), and finally we use a geometric approach of conformal mapping to solve boundary value problems (Chaps. 17 and 18).

Changes and New Features

- Parts of Chap. 1 on first-order ODEs are rewritten. More emphasis on modeling, also new block diagram explaining this concept in Sec. 1.1. Early introduction of Euler's method in Sec. 1.2 to familiarize student with basic numerics. More examples of separable ODEs in Sec. 1.3.
- For Chap. 2, on second-order ODEs, note the following changes: For ease of reading, the first part of Sec. 2.4, which deals with setting up the mass-spring system, has been rewritten; also some rewriting in Sec. 2.5 on the Euler–Cauchy equation.
- Substantially shortened Chap. 5, Series Solutions of ODEs. Special Functions: combined Secs. 5.1 and 5.2 into one section called "Power Series Method," shortened material in Sec. 5.4 Bessel's Equation (of the first kind), removed Sec. 5.7 (Sturm–Liouville Problems) and Sec. 5.8 (Orthogonal Eigenfunction Expansions) and moved material into Chap. 11 (see "Major Changes" above).
- New equivalent definition of ***basis*** (Sec. 7.4).
- In Sec. 7.9, completely new part on **composition of linear transformations** with two new examples. Also, more detailed explanation of the role of axioms, in connection with the definition of vector space.
- New table of orientation (opening of Chap. 8 "Linear Algebra: Matrix Eigenvalue Problems") where eigenvalue problems occur in the book. More intuitive explanation of what an eigenvalue is at the begining of Sec. 8.1.
- Better definition of ***cross product*** (in vector differential calculus) by properly identifying the degenerate case (in Sec. 9.3).
- **Chap. 11 on Fourier Analysis extensively rearranged:** Secs. 11.2 and 11.3 combined into one section (Sec. 11.2), old Sec. 11.4 on complex Fourier Series removed and new Secs. 11.5 (Sturm–Liouville Problems) and 11.6 (Orthogonal Series) put in (see "Major Changes" above). New problems (new!) in problem set 11.9 on **discrete Fourier transform**.
- **New section 12.5** on modeling heat flow from a body in space by setting up the heat equation. Modeling PDEs is more difficult so we separated the modeling process from the solving process (in Sec. 12.6).

- **Introduction to Numerics** rewritten for greater clarity and better presentation; new Example 1 on how to round a number. Sec. 19.3 on interpolation shortened by removing the less important central difference formula and giving a reference instead.
- Large new footnote with historical details in Sec. 22.3, honoring George Dantzig, the inventor of the **simplex method**.
- **Traveling salesman problem** now described better as a "difficult" problem, typical of combinatorial optimization (in Sec. 23.2). More careful explanation on how to compute the capacity of a cut set in Sec. 23.6 (Flows on Networks).
- Additional problems for Chapters 16–19, 22 and 23 are available online at www.wiley.com/go/global/kreyszig.

Acknowledgments

We are indebted to former teachers, colleagues, and students who helped us directly or indirectly in preparing this book, in particular this new edition. We profited greatly from discussions with engineers, physicists, mathematicians, computer scientists, and others, and from their written comments. We would like to mention in particular Professors Y. A. Antipov, R. Belinski, S. L. Campbell, R. Carr, P. L. Chambré, Isabel F. Cruz, Z. Davis, D. Dicker, L. D. Drager, D. Ellis, W. Fox, A. Goriely, R. B. Guenther, J. B. Handley, N. Harbertson, A. Hassen, V. W. Howe, H. Kuhn, K. Millet, J. D. Moore, W. D. Munroe, A. Nadim, B. S. Ng, J. N. Ong, P. J. Pritchard, W. O. Ray, Venkat V. S. S. Sastry, L. F. Shampine, H. L. Smith, Roberto Tamassia, A. L. Villone, H. J. Weiss, A. Wilansky, Neil M. Wigley, and L. Ying; Maria E. and Jorge A. Miranda, JD, all from the United States; Professors Wayne H. Enright, Francis. L. Lemire, James J. Little, David G. Lowe, Gerry McPhail, Theodore S. Norvell, and R. Vaillancourt; Jeff Seiler and David Stanley, all from Canada; and Professor Eugen Eichhorn, Gisela Heckler, Dr. Gunnar Schroeder, and Wiltrud Stiefenhofer from Europe. Furthermore, we would like to thank Professors John B. Donaldson, Bruce C. N. Greenwald, Jonathan L. Gross, Morris B. Holbrook, John R. Kender, and Bernd Schmitt; and Nicholaiv Villalobos, all from Columbia University, New York; as well as Dr. Pearl Chang, Chris Gee, Mike Hale, Joshua Jayasingh, MD, David Kahr, Mike Lee, R. Richard Royce, Elaine Schattner, MD, Raheel Siddiqui, Robert Sullivan, MD, Nancy Veit, and Ana M. Kreyszig, JD, all from New York City. We would also like to gratefully acknowledge the use of facilities at Carleton University, Ottawa, and Columbia University, New York.

Furthermore we wish to thank John Wiley and Sons, in particular Publisher Laurie Rosatone, Editor Shannon Corliss, Production Editor Barbara Russiello, Media Editor Melissa Edwards, Text and Cover Designer Madelyn Lesure, and Photo Editor Sheena Goldstein for their great care and dedication in preparing this edition. In the same vein, we would also like to thank Beatrice Ruberto, copy editor and proofreader, WordCo, for the Index, and Joyce Franzen of PreMedia and those of PreMedia Global who typeset this edition.

Suggestions of many readers worldwide were evaluated in preparing this edition. Further comments and suggestions for improving the book will be gratefully received.

KREYSZIG

차례 Contents

상권

하권

PART E 수치해석 331

PART F 최적화, 그래프 499

KREYSZIG 공업수학, 10판 집필진

서진헌(1장~6장)	서울대학교	jhseo@snu.ac.kr
심형보(7장~8장)	서울대학교	hshim@snu.ac.kr
이상구(9장)	성균관대학교	sglee@skku.edu
유　일(10장)	연세대학교	iyoo@yonsei.ac.kr
배현덕(11장)	충북대학교	hdbae@chungbuk.ac.kr
양영균(12장)	서울과학기술대학교	ykyang@snut.ac.kr
김희택(13장~14장)	한양대학교	khtaik@hanyang.ac.kr
이성철(15장~16장)	한양대학교	scyi@hanyang.ac.kr
허건수(17장~18장)	한양대학교	khuh2@hanyang.ac.kr
한광희(19장)	한국공학대학교	khhan@tukorea.ac.kr
함운철(20장)	전북대학교	wcham@jbnu.ac.kr
최항석(21장)	고려대학교	hchoi2@korea.ac.kr
박제남(22장~23장)	인하대학교	jnpark@inha.ac.kr

전체 감수

박대현	연세대학교	dhpahk@yonsei.ac.kr

PART C

Fourier 해석. 편미분방정식

Fourier 해석(Fourier analysis)이 기계, 열흐름, 정전기 분야를 비롯한 많은 다른 분야에서 경계값 및 초기값 문제와 연관되는 편미분방정식의 모델링과 해를 찾는 데 중요하게 응용된다는 점에서 11장과 12장은 서로 직접적으로 관련이 있다. 그러나 편미분방정식(partial differential equation; PDE)은 그 자체로 독자적인 분야이며, 실제로 지속되는 연구 주제이다.

Fourier 해석은 공학이나 다른 분야에서 자주 일어나는 주기적인 현상의 모델링을 가능하게 하며, 기계의 회전부, 교류전류 혹은 행성의 운동 등을 생각해보면 알 수 있다. 주기적 현상과 연관된 주기함수는 복잡할 수도 있다. Fourier 해석의 순수 개념은 이 복잡한 함수를 단순한 주기함수인 코사인(cosine)과 사인(sine) 항으로 표현하는 것이다. 이 표현은 **Fourier 급수**(Fourier series)[1]라 불리는 무한급수이다. 이 개념은 보다 일반적인 급수(11.5절 참조)와 적분 표현(11.7절 참조)으로 일반화될 수 있다.

Fourier 급수의 발견은 응용수학뿐 아니라 수학 전반에 큰 자극이 되었다. 실제로 Fourier 급수가 함수의 개념, 적분이론, 수렴이론을 비롯한 수학의 다른 많은 이론에 미친 영향은 매우 크다(부록 1의 [GenRef7] 참조).

12장에서는 파동방정식(wave equation), 열방정식(heat equation), Laplace 방정식(Laplace equation)과 같은 물리와 공학에서 매우 중요한 편미분방정식을 다룬다. 이 방정식들

---

[1]JEAN-BAPTISTE JOSEPH FOURIER(1768-1830), 프랑스 물리학 및 수학자. 파리에서 살면서 학생을 가르쳤으며, 이집트 전투에 나폴레옹을 수행하였고, 후에 Grenoble의 지사(prefect)가 되었다. Fourier 급수에 대한 초기이론은 Euler와 Daniel Bernoulli의 업적에서도 보이나, 이를 체계적이고 일반적인 기법으로서 중요한 업적인 "*열 해석이론*(Analytic Theory of Heat)"(파리, 1922)에 적용한 사람이 푸리에이다. 이 업적에서 그는 열전도 이론(열 방정식; 12.5절 참조)을 발전시킴으로써, 이 급수를 응용수학 분야에서 중요한 도구로 만들었다.

을 이용하여 진동하는 줄과 막(vibrating string/membrane), 막대상의 온도(temperature on a bar), 정전기 전위(electrostatic potential)를 각각 모델링할 수 있다. 편미분방정식은 물리와 공학의 많은 분야에서 매우 중요하며 상미분방정식보다는 많은 응용분야를 가진다.

CHAPTER 11

Fourier 해석

이 장에서는 Fourier 해석의 세 분야를 다룬다: Fourier 급수는 11.1~11.4절에서, Sturm-Liouville 전개라 부르는 보다 일반적인 정규직교(orthonormal) 급수는 11.5절과 11.6절에서 다루며 Fourier 적분과 변환(Fourier integral and transform)은 11.7~11.9절에서 다룬다.

Fourier 해석의 중심이 되는 시작점은 **Fourier 급수**(Fourier series)이다. 이 급수는 무한급수(infinite series)이며 일반적인 주기함수를 간단한 코사인과 사인으로 표현하기 위해 설계되었다. 이 삼각함수(trigonometric) 시스템은 ***직교성***(orthogonal)을 가짐으로써, 11.1절에서처럼 잘 알려진 Euler 공식을 사용하여 Fourier 급수의 계산을 가능하게 한다. Fourier 급수는 공학자와 물리학자에게 매우 중요한데, 그 이유는 강제진동(11.3절)과 관련되는 상미분방정식의 해가 주기함수들의 근사(11.4절)를 허용하기 때문이다. 더욱이 편미분방정식에 대한 Fourier 급수의 응용은 12장에서 다룬다. 어떤 의미에서는 Fourier 급수가 친숙한 Taylor 급수보다 미적분에서는 보다 보편적이다. 왜냐하면 많은 응용에서 나타나는 *불연속*(discontinuous) 주기함수가 Taylor 급수로는 전개되지 않지만 Fourier 급수로는 전개가 가능하기 때문이다.

Fourier 급수의 근본적인 개념은 두 가지의 중요한 방법으로 확장될 수 있다. 삼각급수 시스템을 Bessel 함수와 같은 다른 친숙한 직교함수들로 대체할 수 있어서 **Sturm-Liouville 전개**(Sturm-Liouville expansions)를 얻을 수 있다. 11.5절과 11.6절과 관련된 내용은 보통 5장의 일부로 다루어져 왔으나 이번에는 더 좋은 문독력과 논리적 일관성을 위해서 11장에서 다룬다. 두 번째 확장은 Fourier 급수를 비주기적인 현상에 적용하여 Fourier 적분과 Fourier 변환을 얻는 것이다. 이 두 확장의 중요한 응용은 편미분방정식의 해를 구하는 것이며 12장에서 다룬다.

디지털시대에서는 ***이산 Fourier 변환***(discrete Fourier transform)의 역할이 매우 중요하다. 음성이나 음악 같은 신호는 주파수 성분을 알기 위해 샘플되어(sampled) 해석된다. 이 내용에서, 중요한 알고리즘이 ***고속 Fourier 변환***(fest Fourier transform)이며 11.9절에서 설명된다.

Fourier 급수의 두 확장 내용은 독립적이므로 이 장에 기술된 순서로 공부해도 좋고, 혹은 Fourier 적분과 변환을 먼저 다루고 다음에 Sturm-Liouville 확장을 공부해도 좋다.

이 장을 위한 예비지식: 기본적인 적분(Fourier 계수 계산에 필요)

생략할 수 있는 절: 11.4~11.9절

참고문헌과 연습문제 해답: 부록 1의 Part C 부분 및 부록 2

11.1 Fourier 급수(Fourier series)

Fourier 급수는 주기함수를 코사인과 사인 항으로 표현하는 무한급수이다. 이런 측면에서 Fourier 급수는 공학자와 응용수학자에게 매우 중요하다. Fourier 급수를 정의하기 위해 먼저 배경 자료들이 필요하다. 함수 $f(x)$가 몇 개의 점을 제외하고 모든 실수 x에서 정의되고, 모든 x에 대해서,

$$f(x + p) = f(x) \tag{1}$$

를 만족하는 양수 p가 존재하면, 함수 $f(x)$를 **주기함수**(periodic function)라 하고 p를 $f(x)$의 **주기**(period)라 한다. [함수 $f(x) = \tan x$는 모든 실수 x에서는 정의되지 않는, 즉 $x = \pm\pi/2, \pm 3\pi/2, \cdots$와 같은 몇 개의 점(보다 정확하게, 셀 수 있는 많은 점)에서는 정의되지 않는 주기함수이다.]

주기함수의 그래프는 길이 p 구간의 함수그래프를 주기적으로 반복함으로써 얻어지는 특성을 가지고 있다(그림 258).

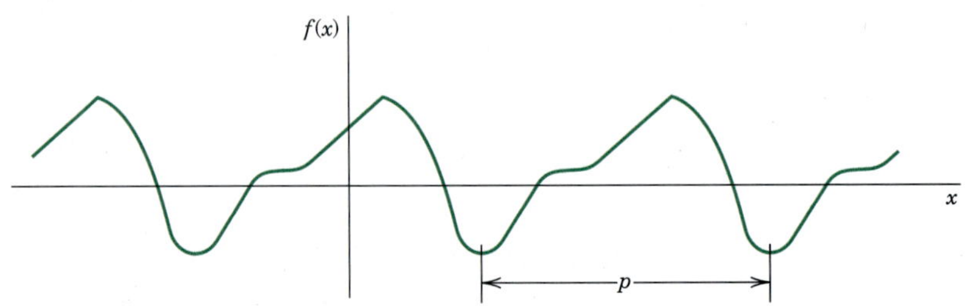

그림 258. 주기가 p인 주기함수

가장 작은 양의 주기를 *기본주기*(fundamental period)라고 한다(문제 2-4 참조).

잘 알려진 주기함수로는 코사인, 사인, 탄젠트(tangent), 코탄젠트(cotangent) 함수가 있다. 주기적이지 않은 함수 몇 개를 예로 들면 $x, x^2, x^3, e^x, \cosh x$, In x 등이 있다.

함수 $f(x)$의 주기가 p이면, 식 (1)로부터 $f(x + 2p) = f([x + p] + p) = f(x + p) = f(x)$가 성립하므로, $2p$도 이 함수의 주기가 된다. 그러므로 임의 정수 $n = 1, 2, 3, \cdots$에 대해 다음 식이 성립한다.

$$f(x + np) = f(x) \tag{2}$$

더군다나 함수 $f(x)$와 $g(x)$의 주기가 p이면, 임의의 상수 a, b에서 $af(x) + bg(x)$도 주기가 p이다.

이 장의 처음 몇 절에서의 과제는 ***주기가 2π인*** 여러 ***함수 $f(x)$***들을 다음과 같은 단순한 함수들로 표현하는 것이다.

$$1, \quad \cos x, \quad \sin x, \quad \cos 2x, \quad \sin 2x, \cdots, \quad \cos nx, \quad \sin nx, \cdots \tag{3}$$

식 (3)의 모든 함수의 주기는 2π이다. 이 함수들은 소위 **삼각함수 시스템**(trigonometric system)을 이룬다고 말하며, 이들 중 처음 몇 함수를 그림 259에서 제시한다(단, 어떤 주기에 대해서도 주기함수인 상수 1은 제외).

이러한 함수로부터 얻어지는 급수는 **삼각함수 급수**(trigonometric series)가 될 것이며

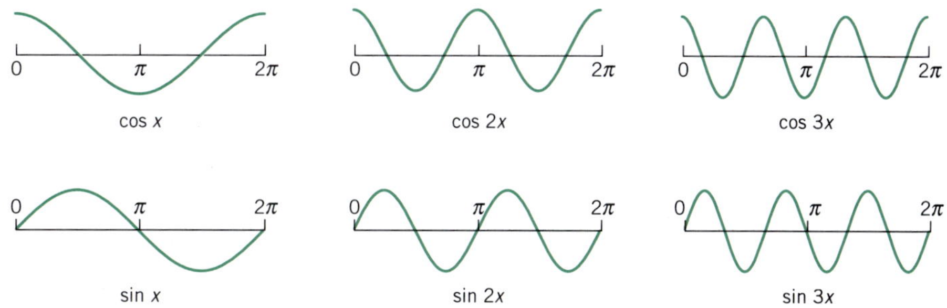

그림 259. 주기가 2π인 코사인 및 사인 함수(상수 1을 제외한 식 (3) 삼각함수 시스템의 처음 몇 함수)

아래와 같은 형식이 된다.

$$a_0 + a_1 \cos x + b_1 \sin x + a_2 \cos 2x + b_2 \sin 2x + \cdots$$

$$= a_0 + \sum_{n=1}^{\infty} (a_n \cos nx + b_n \sin nx) \tag{4}$$

여기서 $a_0, a_1, b_1, a_2, b_2, \cdots$는 상수이며, 이 급수의 **계수**(coefficients)라 한다. 이 급수의 각 항의 주기는 2π임을 알 수 있다. 따라서 *이 급수가 수렴한다면 그 합은 주기가 2π인 주기함수이다.*

식 (4)와 같은 표현식은 Fourier 해석에서 자주 볼 수 있다. 오른쪽 표현과 왼쪽 표현을 비교하면 오른쪽은 단순히 합의 기호로 나타낸 것임을 알 수 있다. 한쪽 표현이 수렴하면 다른 쪽도 수렴하며 그 합은 같을 것이다.

주기가 2π인 함수 $f(x)$가 주어지고 이 함수가 식 (4)와 같은 급수로 **표현된다는 것**은 식 (4)가 수렴하고 그 합이 $f(x)$라는 것이므로 다음과 같이 표현한다.

$$f(x) = a_0 + \sum_{n=1}^{\infty} (a_n \cos nx + b_n \sin nx) \tag{5}$$

식 (5)를 함수 $f(x)$의 **Fourier 급수**(Fourier series)라 한다. 이 경우 식 (5)의 계수를 $f(x)$의 **Fourier 계수**(Fourier coefficients)라 하며, 다음과 같은 **Euler 공식**(Euler formulas)으로 주어짐을 증명할 것이다.

(6)

$$\textbf{(0)} \quad a_0 = \frac{1}{2\pi} \int_{-\pi}^{\pi} f(x)\, dx$$

$$\textbf{(a)} \quad a_n = \frac{1}{\pi} \int_{-\pi}^{\pi} f(x) \cos nx\, dx \qquad n = 1, 2, \cdots$$

$$\textbf{(b)} \quad b_n = \frac{1}{\pi} \int_{-\pi}^{\pi} f(x) \sin nx\, dx \qquad n = 1, 2, \cdots$$

"Fourier 급수"는 식 (6)의 계수를 가지는 식 (5)가 수렴하지 않거나 합이 $f(x)$가 아닌 경우에도 예외적으로 사용되는데, 이 경우는 단지 이론적인 관심에서 사용된다(Euler에 대해서는 2.5절의 주석 4 참고).

기본적인 예

Euler 공식 (6)을 유도하기 전에, 식 (5)와 (6)이 다음의 중요한 기본적인 예제에서 어떻게 적용되는지를 알아보자. 이 예제를 풀기 위한 접근방법이 다른 함수에 대하여도 사용되는 기법임을 알아야 한다. 여기서 적분은 정수 n 때문에 미적분에서 익숙했던 것과는 약간 다를 수 있다. 단순히 소프트웨어를 이용하여 기계적으로 풀지 말고 다음과 같은 사항을 잘 이해하고 관찰해야 한다. 어떻게 연속함수(코사인과 사인)를 이용하여 불연속함수를 표현할 수 있는가? 급수의 항이 증가함에 따라 근사의 정확도는 어떻게 되는가? 급수의 **부분합**(partial sums)이라 부르는 근사화하는 함수는 왜 0과 π에서 항상 그 값이 0이 되는가? 적분에서 얻어지는 인자 $1/n$은 왜 중요한가?

예제 1 주기적인 사각파(그림 260)

그림 260과 같은 주기함수 $f(x)$의 Fourier 계수를 구하라. 이 함수의 표현식은 다음과 같다.

$$f(x) = \begin{cases} -k & \text{if} \quad -\pi < x < 0 \\ k & \text{if} \quad 0 < x < \pi \end{cases} \qquad \text{그리고} \qquad f(x + 2\pi) = f(x) \tag{7}$$

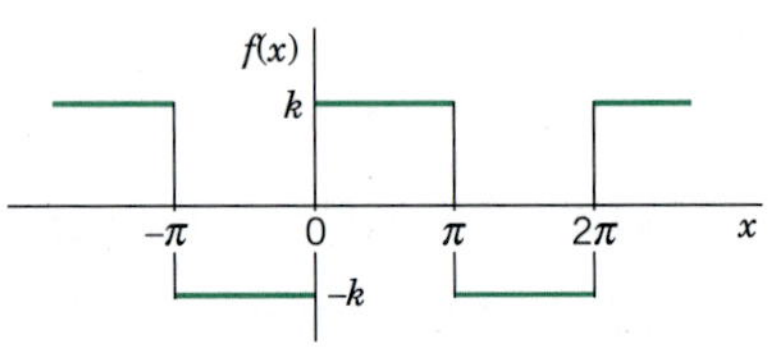

그림 260. 주어진 함수 $f(x)$(주기적인 사각파)

이런 종류의 함수는 기계시스템에 외력으로 주어지며, 전기회로에서 기전력 등에서 볼 수 있다. (한 점에서 $f(x)$의 값이 적분에 영향을 미치지 않으므로 $x = 0, x = \pm\pi$에서 $f(x)$ 값은 정의되지 않은 상태로 둘 수 있다.)

풀이. 식 (6.0)로부터 $a_0 = 0$이다. 이 계수 값은 $-\pi$와 π 사이에서 $f(x)$의 면적이 0이므로, 적분을 하지 않고서도 알 수 있다($f(x)$가 음인 곳에서의 면적이 $-$부호를 가지므로). 식 (6a)로부터, 코사인 항의 계수 $a_1, a_2, \cdots$를 다음과 같이 얻을 수 있다. 식 (7)에서 $f(x)$가 두 표현식으로 주어지므로, $-\pi$에서 π까지의 적분은 두 개의 적분으로 나누어진다:

$$a_n = \frac{1}{\pi}\int_{-\pi}^{\pi} f(x)\cos nx\,dx = \frac{1}{\pi}\left[\int_{-\pi}^{0}(-k)\cos nx\,dx + \int_{0}^{\pi} k\cos nx\,dx\right]$$

$$= \frac{1}{\pi}\left[-k\frac{\sin nx}{n}\bigg|_{-\pi}^{0} + k\frac{\sin nx}{n}\bigg|_{0}^{\pi}\right] = 0$$

왜냐하면 모든 $n = 1, 2, \cdots$에 대해 $x = -\pi, 0, \pi$에서 $\sin nx = 0$이므로 계수 a_n의 모든 값이 0임을 알 수 있다. 즉 식 (7)의 Fourier 급수에는 코사인 항이 없고, 식 (6b)로부터 얻어지는 계수 $b_1, b_2, \cdots$를 가지는 **Fourier 사인 급수**(Fourier sine series)가 된다;

$$b_n = \frac{1}{\pi}\int_{-\pi}^{\pi} f(x)\sin nx\,dx = \frac{1}{\pi}\left[\int_{-\pi}^{0}(-k)\sin nx\,dx + \int_{0}^{\pi} k\sin nx\,dx\right]$$

$$= \frac{1}{\pi}\left[k\frac{\cos nx}{n}\bigg|_{-\pi}^{0} - k\frac{\cos nx}{n}\bigg|_{0}^{\pi}\right]$$

한편 $\cos(-\alpha) = \cos\alpha$이고 $\cos 0 = 1$이므로, b_n은 다음과 같다.

$$b_n = \frac{k}{n\pi}[\cos 0 - \cos(-n\pi) - \cos n\pi + \cos 0] = \frac{2k}{n\pi}(1 - \cos n\pi)$$

그리고, $\cos\pi = -1$, $\cos 2\pi = 1$, $\cos 3\pi = -1$ 등이 되므로 일반적으로 다음 식이 성립한다;

$$\cos n\pi = \begin{cases} -1 & n\text{이 홀수,} \\ 1 & n\text{이 짝수,} \end{cases} \qquad \text{따라서} \qquad 1 - \cos n\pi = \begin{cases} 2 & n\text{이 홀수,} \\ 0 & n\text{이 짝수} \end{cases}$$

따라서 함수 $f(x)$의 Fourier 계수 b_n은 다음과 같다.

$$b_1 = \frac{4k}{\pi}, \qquad b_2 = 0, \qquad b_3 = \frac{4k}{3\pi}, \qquad b_4 = 0, \qquad b_5 = \frac{4k}{5\pi}, \cdots$$

계수 a_n 값이 0이므로 $f(x)$의 Fourier 급수는 다음과 같다.

$$\frac{4k}{\pi}\left(\sin x + \tfrac{1}{3}\sin 3x + \tfrac{1}{5}\sin 5x + \cdots\right) \tag{8}$$

급수의 부분합은 다음과 같다.

$$S_1 = \frac{4k}{\pi}\sin x, \qquad S_2 = \frac{4k}{\pi}\left(\sin x + \frac{1}{3}\sin 3x\right) \quad \text{등.}$$

부분합의 그래프 그림 261로부터 이 급수가 수렴하며, 합이 함수 $f(x)$와 같아짐을 알 수 있다. 함수 $f(x)$의 불연속점 $x = 0$와 $x = \pi$에서 모든 부분합은 이 점에서 값이 0이 되며, 이 값은 이 점들에서 함수의 극한값인 $-k$와 k의 산술평균이다.

더욱이 $f(x)$가 이 급수의 합이라면 $x = \pi/2$에서 $f(x)$의 값은 다음과 같다.

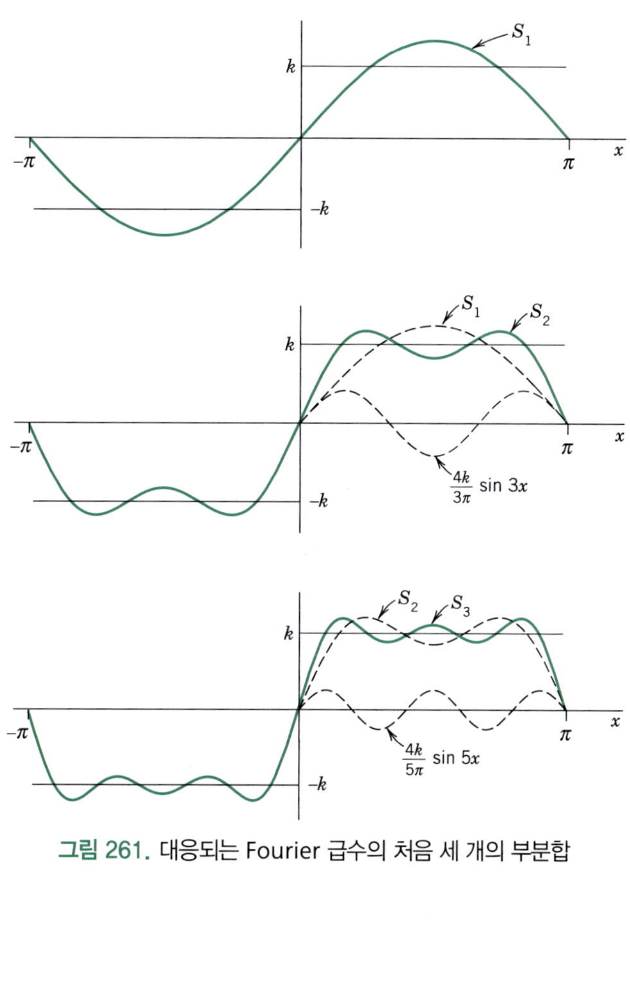

그림 261. 대응되는 Fourier 급수의 처음 세 개의 부분합

$$f\left(\frac{\pi}{2}\right) = k = \frac{4k}{\pi}\left(1 - \frac{1}{3} + \frac{1}{5} - + \cdots\right)$$

따라서

$$1 - \frac{1}{3} + \frac{1}{5} - \frac{1}{7} + - \cdots = \frac{\pi}{4}$$

이 유명한 결과는 기하학적 고찰로부터 1673년에 Leibniz에 의해 얻어졌다. 이 결과는 상수항을 가지는 다양한 급수의 값은 어떤 특정 점에서의 Fourier 급수의 계산으로부터 얻어질 수 있음을 보여주는 예이다. ■

Euler 공식(식 6)의 유도

Euler 공식 (6)의 핵심은 근본적으로 중요한 개념인, 다음과 같은 식 (3)의 **직교성**(orthogonality)에 있다. 여기서 내적(9.3절)의 개념을 함수에까지 일반화한다.

정리 1

삼각함수 시스템 식 (3)의 직교성

삼각함수 시스템 식 (3)*은 구간* $-\pi \leqq x \leqq \pi$ *상에서 직교한다.* (직교성은 구간 $0 \leqq x \leqq 2\pi$도 가능하며 주기성으로 인해 길이가 2π인 다른 구간도 가능하다.); *즉 이 적분구간에서 식* (3)*의 임의 두 함수 곱의 적분은* 0*이 되며, 임의 정수* n, m*에 대해 다음 식이 성립한다.*

$$\text{(9)}\quad \begin{aligned} &\textbf{(a)} \quad \int_{-\pi}^{\pi} \cos nx \cos mx \, dx = 0 \qquad (n \neq m) \\ &\textbf{(b)} \quad \int_{-\pi}^{\pi} \sin nx \sin mx \, dx = 0 \qquad (n \neq m) \\ &\textbf{(c)} \quad \int_{-\pi}^{\pi} \sin nx \cos mx \, dx = 0 \qquad (n \neq m \text{ or } n = m) \end{aligned}$$

증명 증명은 피적분함수인 삼각함수 곱을 합으로 변환함으로써 가능하다. 부록 A3.1의 식 (11)을 이용하면, 식 (9a)와 식 (9b)는 다음과 같아진다.

$$\int_{-\pi}^{\pi} \cos nx \cos mx \, dx = \frac{1}{2}\int_{-\pi}^{\pi} \cos (n + m)x \, dx + \frac{1}{2}\int_{-\pi}^{\pi} \cos (n - m)x \, dx$$

$$\int_{-\pi}^{\pi} \sin nx \sin mx \, dx = \frac{1}{2}\int_{-\pi}^{\pi} \cos (n - m)x \, dx - \frac{1}{2}\int_{-\pi}^{\pi} \cos (n + m)x \, dx$$

정수 $m \neq n$이므로, 오른쪽 적분의 값은 모두 0이 된다. 유사하게 식 (9c)는 모든 정수 m과 n에 대해 다음 식이 성립한다(이유는?).

$$\int_{-\pi}^{\pi} \sin nx \cos mx \, dx = \frac{1}{2}\int_{-\pi}^{\pi} \sin (n+m)x \, dx + \frac{1}{2}\int_{-\pi}^{\pi} \sin (n-m)x \, dx = 0 + 0 \quad \blacksquare$$

정리 1의 Fourier 급수 식 (5)에 대한 응용

식 (6.0)을 증명하기 위해, 식 (5)의 양쪽에 $-\pi$에서 π까지 적분을 취하면,

$$\int_{-\pi}^{\pi} f(x)\, dx = \int_{-\pi}^{\pi} \left[a_0 + \sum_{n=1}^{\infty} (a_n \cos nx + b_n \sin nx) \right] dx$$

각 항별로 적분이 허용된다고 가정하면 다음 식이 얻어진다. (이 가정이 언제 사실인지 정리 2의 증명에서 언급할 것이다.)

$$\int_{-\pi}^{\pi} f(x)\, dx = a_0 \int_{-\pi}^{\pi} dx + \sum_{n=1}^{\infty} \left(a_n \int_{-\pi}^{\pi} \cos nx \, dx + b_n \int_{-\pi}^{\pi} \sin nx \, dx \right)$$

오른쪽 첫 항의 값은 $2\pi a_0$이며, 다른 항은 모두 0이다. 따라서 양변을 2π로 나누면 식 (6.0)이 얻어진다.

식 (6a)를 증명하기 위해, 식 (5)의 양쪽에 $\cos mx$(여기서 m은 ***고정된*** 임의의 양의 정수)를 곱하고 $-\pi$에서 π까지 적분을 취하면

$$\text{(10)} \qquad \int_{-\pi}^{\pi} f(x) \cos mx \, dx = \int_{-\pi}^{\pi} \left[a_0 + \sum_{n=1}^{\infty} (a_n \cos nx + b_n \sin nx) \right] \cos mx \, dx$$

각 항별로 적분을 하면, 오른쪽에서 $a_0 \cos mx$의 적분 값은 0이고; 식 (9a)에 의해 $a_n \cos nx \cos mx$의 적분 값은 $n = m$이면 $a_m\pi$, $n \neq m$이면 0이 된다; 그리고 식 (9c)에 의해 $b_n \sin nx \cos mx$의 값은 모든 n, m에 대해 0이 된다. 그러므로 식 (10)의 오른쪽은 $a_m\pi$가 되므로, π로 나누면 식 (6a)가 된다.

마지막으로 식 (6b)를 증명하기 위해, 식 (5)의 양쪽에 $\sin mx$(여기서 m은 양의 ***고정된*** 임의의 양의 정수)를 곱하고 $-\pi$에서 π까지 적분을 취하면

$$\text{(11)} \qquad \int_{-\pi}^{\pi} f(x) \sin mx \, dx = \int_{-\pi}^{\pi} \left[a_0 + \sum_{n=1}^{\infty} (a_n \cos nx + b_n \sin nx) \right] \sin mx \, dx$$

각 항별로 적분을 하면, 오른쪽에서 $a_0 \sin mx$의 적분 값은 0이고; 식 (9c)에 의해 $a_n \cos nx \sin mx$의 적분 값은 0이 된다; 그리고 식 (9b)에 의해 $b_n \sin nx \sin mx$의 값은 $n = m$이면 $b_m\pi$, $n \neq m$이면 0이 되므로 식 (6b)가 얻어진다. (m을 n으로 하여) 이상의 결과로부터 Fourier 계수에 대한 Euler 공식 (6)의 증명은 완료된다. ■

Fourier 급수의 수렴과 합

Fourier 계수로 표현되는 함수의 부류는 놀랄 정도로 광범위하고 보편적이다. 대부분의 응용에서 타당한 충분조건은 다음과 같다.

정리 2

Fourier 급수에 의한 표현

$f(x)$가 주기 2π인 주기함수이고 구간 $-\pi \leqq x \leqq \pi$에서 구분연속(piecewise continuous) (6.1절 참고)이라 하자. 또한 이 구간의 각 점에서 좌 도함수와 우 도함수(left-hand derivative and right-hand derivative)를 가진다고 하자. 이럴 경우 $f(x)$의 Fourier 급수 식 (5)(식 (6)의 계수를 가지는)는 수렴하고 $f(x)$의 불연속점들을 제외하고 급수의 합은 $f(x)$이다. 불연속인 점 x_0에서 이 급수의 합은 $f(x)$의 좌우 극한값(left- and right-hand limit)[2]의 평균이다.

증명 연속인 1차 및 2차 도함수를 가지는 연속함수 $f(x)$에 대해 수렴성을 증명한다. 여기서는 급수의 합이 $f(x)$가 되는 것은 증명하지 않는다. 왜냐하면 이 증명은 고급과정이므로 부록 1의 참고문헌 Ref.[C12]를 참조하기 바란다. 식 (6a)를 부분적분하면 다음을 얻는다.

$$a_n = \frac{1}{\pi}\int_{-\pi}^{\pi} f(x)\cos nx\,dx = \frac{f(x)\sin nx}{n\pi}\Bigg|_{-\pi}^{\pi} - \frac{1}{n\pi}\int_{-\pi}^{\pi} f'(x)\sin nx\,dx$$

오른쪽 첫 항은 0이다. 다시 부분적분하면

$$a_n = \frac{f'(x)\cos nx}{n^2\pi}\Bigg|_{-\pi}^{\pi} - \frac{1}{n^2\pi}\int_{-\pi}^{\pi} f''(x)\cos nx\,dx$$

도함수 $f'(x)$의 주기성과 연속성 때문에 오른쪽 첫 항은 0이 된다. 적분구간 내에서 2차 도함수 f''이 연속이므로 적절한 상수 m에 대해 다음 식이 성립한다.

$$|f''(x)| < M$$

더욱이, $|\cos nx| \leqq 1$이므로, 다음 식이 성립한다.

$$|a_n| = \frac{1}{n^2\pi}\left|\int_{-\pi}^{\pi} f''(x)\cos nx\,dx\right| < \frac{1}{n^2\pi}\int_{-\pi}^{\pi} M\,dx = \frac{2M}{n^2}$$

유사하게, 모든 n에 대해 $|b_n| < 2M/n^2$이다. 따라서 $f(x)$의 Fourier 급수의 각항의 절댓값은 수렴하는 다음 급수의 대응하는 각 항보다 작거나 같으므로, Fourier 급수는 수렴하며

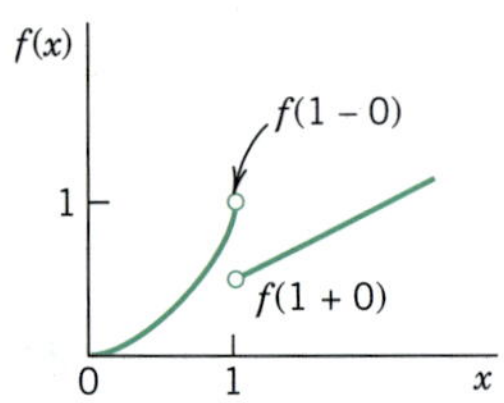

그림 262. 함수

$$f(x) = \begin{cases} x^2 & (x < 1) \\ x/2 & (x \geqq 1) \end{cases}$$

의 좌 및 우 극한값

$f(1-0) = 1$,

$f(1+0) = \frac{1}{2}$

---

[2]점 x_0에서 $f(x)$의 **좌 극한값**(left-hand limit)은 x가 왼쪽으로부터 x_0에 접근할 때 $f(x)$의 극한값으로 정의하며, 일반적으로 $f(x_0 - 0)$로 나타낸다. 즉

$$f(x_0 - 0) = \lim_{h\to 0} f(x_0 - h)$$

우 극한값(right-hand limit)은 $f(x_0 + 0)$을 나타내며,

$$f(x_0 + 0) = \lim_{h\to 0} f(x_0 + h)$$

점 x_0에서 $f(x)$의 **좌** 및 **우 도함수**(left-and right-hand derivatives)는 다음과 같은 극한값으로 각각 정의된다.

$$\frac{f(x_0 - h) - f(x_0 - 0)}{-h} \text{ 과 } \frac{f(x_0 + h) - f(x_0 + 0)}{-h}.$$

물론 $f(x)$가 x_0에서 연속이면 두 식에서 분자의 마지막 항은 단순히 $f(x_0)$가 된다.

증명은 완료된다.

$$|a_0| + 2M\left(1 + 1 + \frac{1}{2^2} + \frac{1}{2^2} + \frac{1}{3^2} + \frac{1}{3^2} + \cdots\right)$$

(이미 균등 수렴에 익숙한 독자는, 현재 가정 하에 15.5절의 Weierstrass 테스트에 의해서 Fourier 급수가 균등 수렴함을 알 수 있을 것이며, 각 항별 적분에 의한 식 (6)의 유도 또한 15.5절의 정리 3에 의해 타당함을 알 수 있을 것이다.)

예제 2 정리 2의 도약(jump)에서의 수렴

예제 1의 사각파는 $x = 0$에서 도약이 있으며, 좌 극한값은 $-k$이고 우 극한값은 k이다(그림 261). 그러므로 이 극한값들의 평균은 0이다. 사각파의 Fourier 급수 식 (8)은 $x = 0$에서 모든 항이 0이므로 0에 수렴한다. 다른 도약에서도 이 사실이 유사하게 성립된다. 이 내용은 정리 2와 일치한다. ■

요약 주기가 2π인 함수 $f(x)$의 Fourier 급수는 식 (6)의 Euler 공식으로 주어지는 계수를 가지는 식 (5) 형태의 급수이다. 정리 2는 이 급수가 수렴하고 그 값은 불연속점에서의 $f(x)$의 좌우 극한값의 산술평균값을 가지며, 불연속점을 제외하고는 이 급수의 값이 $f(x)$가 될 충분조건을 제시한다.

연습문제 11.1

1-5 주기, 기본주기

*기본주기*는 가장 작은 양의 값을 가지는 주기이다. 다음 함수의 기본주기를 구하라.

1. $\cos x$, $\sin x$, $\cos 2x$, $\sin 2x$, $\cos \pi x$, $\sin \pi x$, $\cos 2\pi x$, $\sin 2\pi x$

2. $\cos nx$, $\sin nx$, $\cos \frac{2\pi x}{k}$, $\sin \frac{2\pi x}{k}$, $\cos \frac{2\pi nx}{k}$, $\sin \frac{2\pi nx}{k}$

3. 함수 $f(x)$와 $g(x)$가 주기가 p인 주기함수일 경우 함수 $h(x) = af(x) + bg(x)$ (a, b는 상수)도 주기가 p인 주기함수임을 보여라. 그러므로 주기가 p인 모든 함수는 **벡터공간**(vector space)을 이룬다.

4. **척도(scale)의 변화**. 함수 $f(x)$가 주기 p인 주기함수일 경우, $f(ax)(a \neq 0)$는 주기 p/a인 주기함수가 되며, $f(x/b)(b \neq 0)$는 주기가 bp인 주기함수가 됨을 보이고 예를 들어라.

5. 함수 f = 상수는 임의 주기를 가지는 주기함수이나 기본주기가 없음을 보여라.

6-10 주기가 2π인 주기함수의 그래프

주기가 2π인 다음 함수 $f(x)$를 $-\pi < x < \pi$에서 그려라.

6. $f(x) = |x|$

7. $f(x) = |\sin x|, f(x) = \sin |x|$

8. $f(x) = e^{-|x|}, f(x) = |e^{-x}|$

9. $f(x) = \begin{cases} x & (-\pi < x < 0) \\ \pi - x & (0 < x < \pi) \end{cases}$

10. $f(x) = \begin{cases} -\cos^2 x & (-\pi < x < 0) \\ \cos^2 x & (0 < x < \pi) \end{cases}$

11. **미적분 복습**. Euler 공식에 나타나는 적분과 유사한 적분에 대하여 적분기법을 복습하라. 예를 들어 $x \cos nx$, $x^2 \sin nx$, $e^{-2x} \cos nx$ 등과 같은 정적분이다.

12-21 Fourier 급수

주기 2π인 주어진 함수 $f(x)$의 Fourier 급수를 상세한 과정을 거쳐 구하고, $\cos 5x$와 $\sin 5x$까지 포함하는 부분합의 그래프를 그려라.

12. 문제 (6)에서의 $f(x)$

13. 문제 (9)에서의 $f(x)$

14. $f(x) = x^2$ $(-\pi < x < \pi)$

15. $f(x) = x^2$ $(0 < x < 2\pi)$

16.

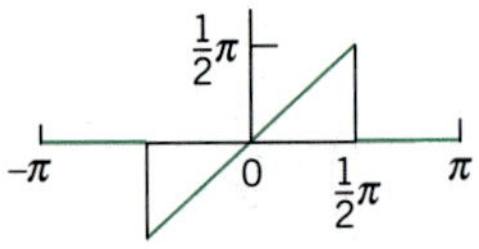

17.

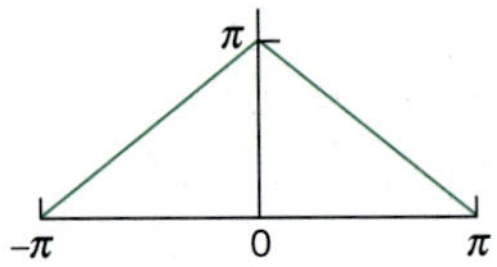

18.

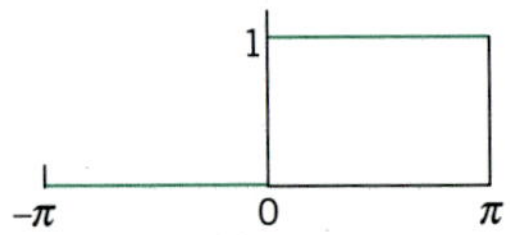

19.

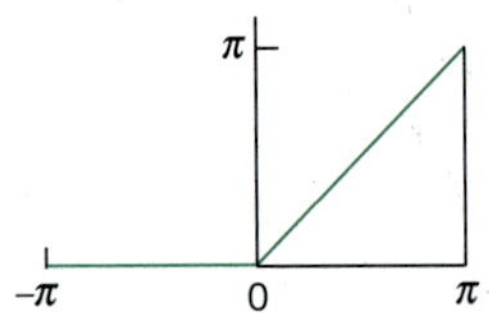

20.

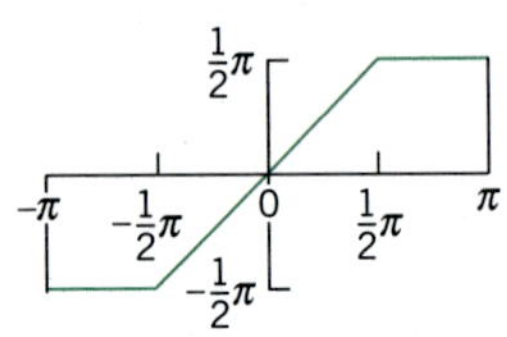

21.

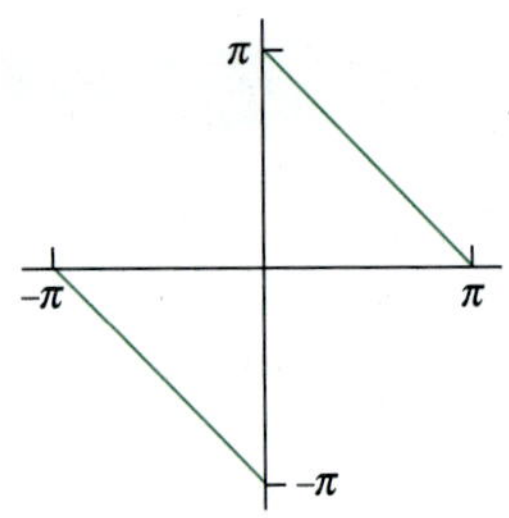

22. **CAS 실험**. **그리기**. 다음 급수의 부분합을 그리는 프로그램을 작성하라. 이 급수가 어떤 함수 $f(x)$를 표현하는지 추측하고, Euler 공식을 이용하여 이 추측의 타당성을 입증하라.

(a) $2(\sin x + \frac{1}{3}\sin 3x + \frac{1}{5}\sin 5x + \cdots)$
$- 2(\frac{1}{2}\sin 2x + \frac{1}{4}\sin 4x + \frac{1}{6}\sin 6x \cdots)$

(b) $\frac{1}{2} + \frac{4}{\pi^2}\left(\cos x + \frac{1}{9}\cos 3x + \frac{1}{25}\cos 5x + \cdots\right)$

(c) $\frac{2}{3}\pi^2 + 4(\cos x - \frac{1}{4}\cos 2x + \frac{1}{9}\cos 3x - \frac{1}{16}\cos 4x$
$+ - \cdots)$

23. **불연속성**. 문제 21의 함수 $f(x)$의 불연속점에 대하여 정리 2의 마지막 명제를 입증하라.

24. **CAS 실험**. **직교성**. 곱 $\cos mx \cos nx$ (m, n은 임의의 정수)를 $-a$에서 a까지 적분하고, 그 결과를 a의 함수로 그려라. 이 그래프로부터 $a = \pi$일 때 $\cos mx$와 $\cos nx$ $(m \neq n)$가 직교한다는 결론을 도출하라. 적분 구간 값이 $a = \pi/2$, $\pi/3$, $\pi/4$일 때 직교성을 만족하는 m, n 값을 구하라. 다른 a의 값에서는 어떤가? 이 실험을 $\cos mx \sin nx$, $\sin mx \sin nx$에 확대 적용해보라.

25. **CAS 실험**. **Fourier 계수의 차수(order)**. Fourier 계수의 차수는 함수 f가 불연속이면 $1/n$, f는 연속이나 $f' = df/dx$가 불연속이면 $1/n^2$, 그리고 f와 f'이 연속이고 f''이 불연속이면 $1/n^3$이 될 것 같다. 예를 들어 이 내용을 입증하라. Euler 공식을 부분적분하여 이 내용을 입증하라. 이 내용의 실질적인 의미는 무엇인가?

11.2 임의의 주기. 우함수와 기함수. 반구간 전개

이제 Fourier 급수의 기본적인 논의를 전개해 보자.

방향(Orientation). 이 절에서는 아래의 세 주제에 관심을 갖는다.

1. x축 상에서 척도를 변환하면 함수 f의 주기가 2π에서 $2L$로 변경된다.
2. 단순화. f가 우함수이면 코사인 항만("Fourier 코사인 급수"), f가 기함수이면 사인 항만("Fourier 사인 급수")의 Fourier 급수로 전개된다.
3. 구간 $0 \leqq x \leqq L$에서 주어진 함수 f는 두 가지 Fourier 급수로 전개되며, 하나는 코사인 항만 가지고 다른 하나는 사인 항만 가지는 급수로("반구간 확장") 전개된다.

1. 주기 2π를 임의 주기 $p = 2L$로 변경

앞의 절에서는 공식을 단순화하기 위해 주기를 2π로 하였지만, 주기함수는 많은 응용에서 임의의 주기를 가진다. 주기를 $p = 2L$로 표현하는 것은 실용적일 수 있다. 왜냐하면 12.2

절에서는 L이 바이올린 줄의 길이이며 12.5절에서는 열전도에서 막대의 길이가 될 수 있기 때문이다.

주기를 2π에서 $p = 2L$로의 변경은 적절한 척도 변환의 결과이다. 함수 $f(x)$가 주기 $p = 2L$을 가지면, 함수 $f(x)$를 주기가 2π인 v의 함수가 되는 새로운 변수 v를 소개할 수 있다. 다음 식과 같이 설정하면

$$(1) \qquad \text{(a)} \quad x = \frac{p}{2\pi} v, \qquad \text{(b)} \quad v = \frac{2\pi}{p} x = \frac{\pi}{L} x$$

$v = \pm\pi$는 $x = \pm L$에 해당된다. 이 내용은 함수 f가 v의 함수로서 주기가 2π가 됨을 의미하므로 Fourier 급수는 다음과 같은 형식이 된다.

$$(2) \qquad f(x) = f\left(\frac{L}{\pi} v\right) = a_0 + \sum_{n=1}^{\infty} (a_n \cos nv + b_n \sin nv)$$

여기서 계수는 앞의 절 식 (6)으로부터 다음과 같이 얻어진다.

$$(3) \qquad a_0 = \frac{1}{2\pi}\int_{-\pi}^{\pi} f\left(\frac{L}{\pi} v\right) dv, \qquad a_n = \frac{1}{\pi}\int_{-\pi}^{\pi} f\left(\frac{L}{\pi} v\right) \cos nv \, dv,$$
$$b_n = \frac{1}{\pi}\int_{-\pi}^{\pi} f\left(\frac{L}{\pi} v\right) \sin nv \, dv$$

이 공식을 직접 사용할 수 있으나 변수를 x로 바꾸면 계산이 단순해진다.

$$(4) \qquad v = \frac{\pi}{L} x \text{ 이고} \qquad dv = \frac{\pi}{L} dx \text{ 이므로}$$

변수 x에 대해서 $-L$에서 L까지 적분하면 결론적으로 주기가 $2L$인 함수 $f(x)$의 Fourier 급수는 다음과 같다.

$$\textbf{(5)} \qquad f(x) = a_0 + \sum_{n=1}^{\infty} \left(a_n \cos \frac{n\pi}{L} x + b_n \sin \frac{n\pi}{L} x\right)$$

$f(x)$의 **Fourier 계수**(Fourier coefficients)는 **Euler 공식**(Euler formulas)을 이용하여 다음과 같이 얻어진다(dx에서 π/L는 식 (3)의 $1/\pi$를 상쇄한다).

$$\textbf{(6)} \qquad \begin{aligned} &\textbf{(0)} \quad a_0 = \frac{1}{2L}\int_{-L}^{L} f(x)\, dx \\ &\textbf{(a)} \quad a_n = \frac{1}{L}\int_{-L}^{L} f(x) \cos \frac{n\pi x}{L} dx \qquad n = 1, 2, \cdots \\ &\textbf{(b)} \quad b_n = \frac{1}{L}\int_{-L}^{L} f(x) \sin \frac{n\pi x}{L} dx \qquad n = 1, 2, \cdots \end{aligned}$$

임의의 계수를 갖는 식 (5)를 11.1절의 경우와 마찬가지로 **삼각급수**(trigonometric series)라 부른다. 그리고 적분 구간은 0에서 $2L$까지로 하거나, 구간의 길이가 주기 $p = 2L$인 임의의 구간으로 할 수 있다.

예제 1 주기적인 사각파

다음 함수(그림 263)의 Fourier 계수를 구하라.

$$f(x) = \begin{cases} 0 & (-2 < x < -1) \\ k & (-1 < x < \ \ 1) \\ 0 & (\ \ 1 < x < \ \ 2) \end{cases} \qquad p = 2L = 4, \quad L = 2$$

풀이. 식 (6.0)으로부터 $a_0 = k/2$이다(검증 요망). 식 (6a)로부터 다음 식이 얻어지며,

$$a_n = \frac{1}{2}\int_{-2}^{2} f(x)\cos\frac{n\pi x}{2}\,dx = \frac{1}{2}\int_{-1}^{1} k\cos\frac{n\pi x}{2}\,dx = \frac{2k}{n\pi}\sin\frac{n\pi}{2}$$

따라서 n이 짝수이면 $a_n = 0$이고, 홀수인 경우는 다음과 같다.

$$a_n = 2k/n\pi \ \ (n = 1, 5, 9, \cdots), \qquad a_n = -2k/n\pi \ \ (n = 3, 7, 11, \cdots)$$

식 (6b)로부터 $n = 1, 2, 3, \cdots$에 대해 $b_n = 0$이다. 그러므로 이 함수의 Fourier 급수는 **Fourier 코사인 급수**이다(즉 사인 항은 없다).

$$f(x) = \frac{k}{2} + \frac{2k}{\pi}\left(\cos\frac{\pi}{2}x - \frac{1}{3}\cos\frac{3\pi}{2}x + \frac{1}{5}\cos\frac{5\pi}{2}x - + \cdots\right)$$

■

예제 2 주기적인 사각파. 척도 변화

다음과 같은 함수(그림 264)의 Fourier 급수를 구하라.

$$f(x) = \begin{cases} -k & (-2 < x < 0) \\ \ \ k & (\ \ 0 < x < 2) \end{cases} \qquad p = 2L = 4, \qquad L = 2$$

풀이. $L = 2$이므로 식 (3)에서의 v는 $v = \pi x/2$이고 11.1절의 식 (8)을 x 대신 v로 표현하면 다음 식이 된다.

$$g(v) = \frac{4k}{\pi}\left(\sin v + \frac{1}{3}\sin 3v + \frac{1}{5}\sin 5v + \cdots\right)$$

따라서 Fourier 급수는 다음과 같다.

$$f(x) = \frac{4k}{\pi}\left(\sin\frac{\pi}{2}x + \frac{1}{3}\sin\frac{3\pi}{2}x + \frac{1}{5}\sin\frac{5\pi}{2}x + \cdots\right)$$

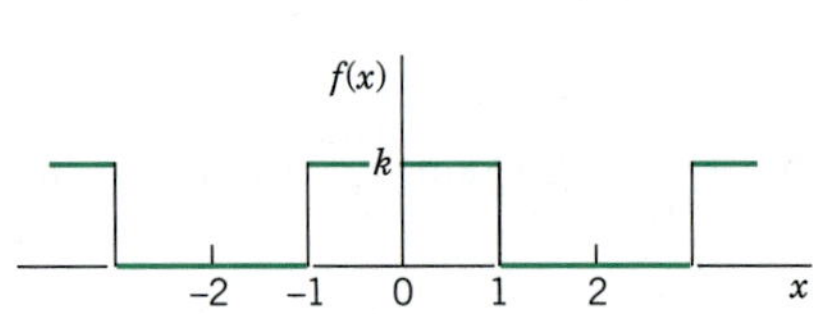

그림 263. 예제 1

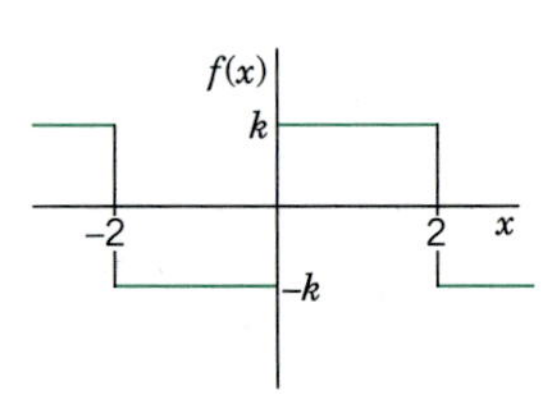

그림 264. 예제 2

이 내용을 식 (6)과 적분을 이용하여 확인하라. ■

예제 3 **반파정류기**

사인파 전압 $E \sin \omega t$ (t는 시간)를 반파정류기를 통과시키면 음의 부분은 그림 265와 같이 잘라져서 없어진다. 이 결과로 생기는 주기함수의 Fourier 급수를 구하라.

$$u(t) = \begin{cases} 0 & (-L < t < 0) \\ E \sin \omega t & (\ \ 0 < t < L) \end{cases} \qquad p = 2L = \frac{2\pi}{\omega}, \qquad L = \frac{\pi}{\omega}$$

풀이. $-L < t < 0$에서 $u = 0$이므로, x 대신 t를 대입하면 식 (6.0)으로부터 다음 식을 얻는다.

$$a_0 = \frac{\omega}{2\pi} \int_0^{\pi/\omega} E \sin \omega t \, dt = \frac{E}{\pi}$$

그리고 $x = \omega t$, $y = n\omega t$로 하고 부록 A3.1의 공식 (11)을 사용하면 식 (6a)로부터

$$a_n = \frac{\omega}{\pi} \int_0^{\pi/\omega} E \sin \omega t \cos n\omega t \, dt = \frac{\omega E}{2\pi} \int_0^{\pi/\omega} [\sin (1 + n) \omega t + \sin (1 - n) \omega t] \, dt$$

만약 $n = 1$이면 오른쪽 적분은 0이 되고, $n = 2, 3, \cdots$일 때는 쉽게 다음 식을 얻을 수 있다.

$$a_n = \frac{\omega E}{2\pi} \left[-\frac{\cos (1 + n) \omega t}{(1 + n) \omega} - \frac{\cos (1 - n) \omega t}{(1 - n) \omega} \right]_0^{\pi/\omega}$$

$$= \frac{E}{2\pi} \left(\frac{-\cos (1 + n)\pi + 1}{1 + n} + \frac{-\cos (1 - n)\pi + 1}{1 - n} \right)$$

만일 n이 홀수이면 위의 식은 0이 되며, n이 짝수일 때는

$$a_n = \frac{E}{2\pi} \left(\frac{2}{1 + n} + \frac{2}{1 - n} \right) = -\frac{2E}{(n - 1)(n + 1)\pi} \qquad (n = 2, 4, \cdots)$$

유사하게 식 (6b)로부터 $b_1 = E/2$이고 $n = 2, 3, \cdots$인 경우 $b_n = 0$이 됨을 알 수 있다. 따라서 반파정류 파형의 Fourier 급수는 다음과 같다.

$$u(t) = \frac{E}{\pi} + \frac{E}{2} \sin \omega t - \frac{2E}{\pi} \left(\frac{1}{1 \cdot 3} \cos 2\omega t + \frac{1}{3 \cdot 5} \cos 4\omega t + \cdots \right)$$ ■

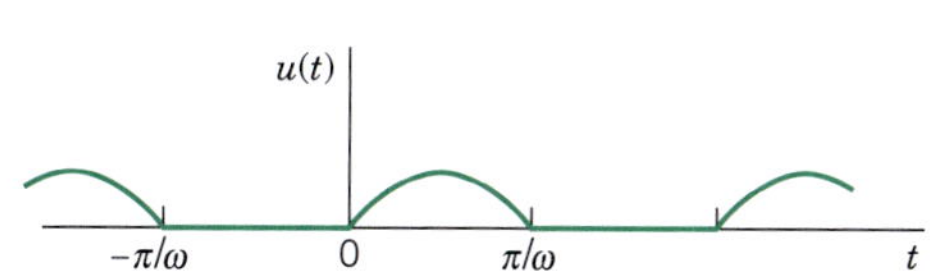

그림 265. 반파정류 파형

2. 단순화: 우함수와 기함수

만약 함수 $f(x)$가 **우함수**(even function), 즉 $f(-x) = f(x)$(그림 266 참조)이면 Fourier 급수 (5)는 **Fourier 코사인 급수**(Fourier cosine series)로 축소된다.

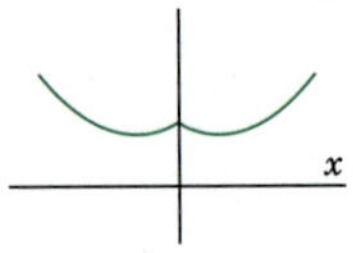

그림 266. 우함수

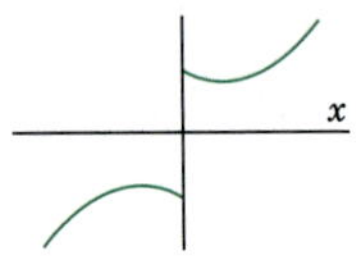

그림 267. 기함수

(5*) $$f(x) = a_0 + \sum_{n=1}^{\infty} a_n \cos \frac{n\pi}{L} x \qquad (\text{우함수 } f)$$

그리고 계수는 다음과 같다. (적분구간은 0에서 L까지이다!)

(6*) $$a_0 = \frac{1}{L}\int_0^L f(x)\,dx, \qquad a_n = \frac{2}{L}\int_0^L f(x)\cos\frac{n\pi x}{L}\,dx, \qquad n = 1, 2, \cdots$$

만약 함수 $f(x)$가 **기함수**(odd function), 즉 $f(-x) = -f(x)$(그림 267 참조)이면, Fourier 급수 (5)는 **Fourier 사인 급수**(Fourier sine series)로 축소된다.

(5)** $$f(x) = \sum_{n=1}^{\infty} b_n \sin \frac{n\pi}{L} x \qquad (\text{기함수 } f)$$

그리고 계수는 다음과 같다.

(6**) $$b_n = \frac{2}{L}\int_0^L f(x)\sin\frac{n\pi x}{L}\,dx$$

이 공식은 정적분이 적분 구간 사이의 함수 곡선의 아래 순 면적(= 축 위의 면적에서 축 아래의 면적을 뺀)임을 기억하면 식 (5)와 (6)으로부터 얻어진다.

(7)

(a) $$\int_{-L}^{L} g(x)\,dx = 2\int_0^L g(x)\,dx \qquad (\text{우함수 } g)$$

(b) $$\int_{-L}^{L} h(x)\,dx = 0 \qquad (\text{기함수 } h)$$

공식 (7b)는 코사인 급수(우함수 f는 사인이 기함수이므로 $f(x)\sin(n\pi x/L)$를 기함수로 만든다)와 사인 급수(기함수 f는 코사인이 우함수이므로 $f(x)\cos(n\pi x/L)$를 기함수로 만든다)로 축소시킨다. 유사하게 식 (7a)는 식 (6*)와 식 (6**)에서의 적분을 0에서 L까지 적분으로 축소시킨다. 이 축소는 우함수와 기함수의 그래프로부터도 명확하다. (정식으로 증명해 보라.)

요약.

주기가 2π인 우함수. 만약 f가 우함수이고 $L = \pi$이면 Fourier 급수는 다음 식과 같고

$$f(x) = a_0 + \sum_{n=1}^{\infty} a_n \cos nx$$

계수는 다음과 같다.

$$a_0 = \frac{1}{\pi}\int_0^{\pi} f(x)\, dx, \qquad a_n = \frac{2}{\pi}\int_0^{\pi} f(x)\cos nx\, dx, \quad n = 1, 2, \cdots$$

주기가 2π인 기함수. 만약 f가 기함수이고 $L = \pi$이면 Fourier 급수는 다음 식과 같고

$$f(x) = \sum_{n=1}^{\infty} b_n \sin nx$$

계수는 다음과 같다.

$$b_n = \frac{2}{\pi}\int_0^{\pi} f(x)\sin nx\, dx, \qquad n = 1, 2, \cdots$$

예제 4 Fourier 코사인 급수와 사인 급수

예제 1에서 사각파는 우함수이다. 따라서, 계산 없이도 이 함수의 Fourier 급수는 b_n 값이 모두 영인 Fourier 코사인 급수라는 것은 당연하다. 유사하게, 예제 2의 기함수의 Fourier 급수는 Fourier 사인 급수이다.

예제 3에서 $u(t) - E/\pi - \frac{1}{2}E \sin \omega t$가 Fourier 코사인 급수임을 알 수 있다. 이 함수가 우함수임을 증명할 수 있겠는가? ■

다음의 정리로부터 보다 간단한 결과가 얻어지므로, 이 단순한 증명은 학생들이 해보기 바란다.

정리 1 합과 스칼라곱(Sum and Scalar multiple)

함수의 합 $f_1 + f_2$의 Fourier 계수는 f_1과 f_2 각각의 Fourier 계수의 합과 같다.

함수 cf의 Fourier 계수는 f의 해당 Fourier 계수에 c를 곱한 것과 같다.

예제 5 톱니파(Sawtooth Wave)

그림 268과 같은 함수 $f(x)$의 Fourier 급수를 구하라.

$$f(x) = x + \pi \quad (-\pi < x < \pi) \quad \text{이고} \quad f(x + 2\pi) = f(x)$$

풀이. 이 함수는 $f_1 = x$와 $f_2 = \pi$의 합이므로 $f = f_1 + f_2$이다. 함수 f_2의 Fourier 계수는 값이 π인 첫 항(상수항)을 제외하고는 0이다. 따라서, 정리 1에 의해 Fourier 계수 a_n과 b_n은 값이 π인 a_0를 제외하고는 f_1의 계수이다. 함수 f_1이 기함수이므로, $n = 1, 2, \cdots$에 대해 $a_n = 0$이고,

$$b_n = \frac{2}{\pi}\int_0^{\pi} f_1(x)\sin nx\, dx = \frac{2}{\pi}\int_0^{\pi} x \sin nx\, dx$$

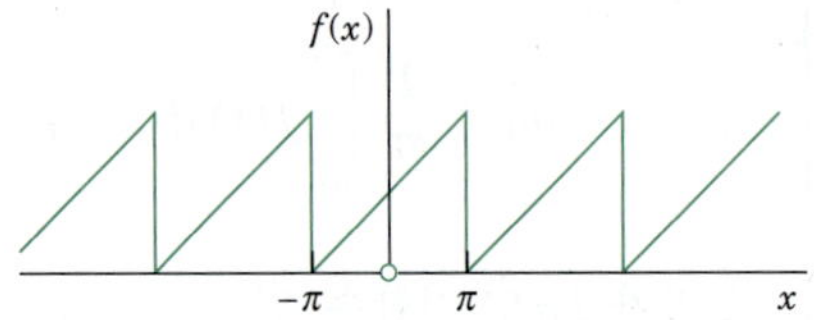

그림 268. 함수 $f(x)$. 톱니파

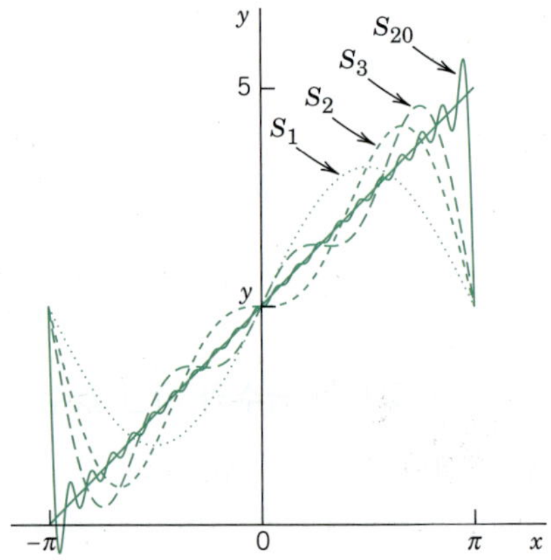

그림 269. 예제 5에서의 부분합 S_1, S_2, S_3, S_{20}

부분적분하면

$$b_n = \frac{2}{\pi}\left[\frac{-x\cos nx}{n}\Bigg|_0^{\pi} + \frac{1}{n}\int_0^{\pi}\cos nx\,dx\right] = -\frac{2}{n}\cos n\pi$$

따라서 $b_1 = 2, b_2 = -\frac{2}{2}, b_3 = \frac{2}{3}, b_4 = -\frac{2}{4}, \cdots$이므로 $f(x)$의 Fourier 급수는 다음과 같다.

$$f(x) = \pi + 2\left(\sin x - \frac{1}{2}\sin 2x + \frac{1}{3}\sin 3x - + \cdots\right) \qquad \text{(그림 269)}$$ ■

3. 반구간 전개

반구간 전개도 Fourier 급수이다. 이 개념은 간단하고 유용한 개념으로 그림 270으로 설명할 수 있다. 그림 270(0)과 같은 함수 $f(x)$를 Fourier 급수로 표현하고자 한다. 여기서 $f(x)$는 예를 들어 변형된 바이올린 현의 모양이나 길이가 L인 금속막대기에서의 온도로 볼 수도 있다. (대응되는 문제는 12장에서 설명한다.) 이 개념은 다음과 같다.

함수 $f(x)$를 주기 L의 함수로 확장할 수 있고 확장된 함수를 Fourier 급수로 전개할 수 있다. 그러나 이럴 경우 일반적으로 Fourier 급수는 코사인*과* 사인 항을 *다* 가진다. 그러나 보다 나은 방법으로 간단한 급수를 얻을 수 있다. 실제로 함수 f의 Fourier 계수를 식 (6*)나 식 (6**)로부터 계산할 수 있다. 그리고 어느 것이 더 실용적인지 선택할 수 있다. 만약 식 (6*)를 사용하면 식 (5*)를 얻는다. 이 내용은 그림 270(a)의 함수 f의 **주기적인 우함수 확장**(even periodic extension) f_1이다. 만약 식 (6**)를 사용하면 식 (5**)를 얻으며, 이 내용은 그림 270(b)의 함수 f의 **주기적인 기함수 확장**(even periodic extension) f_2이다.

두 확장 모두 주기는 $2L$이다. 이러한 내용이 **반구간 전개**(half range expansion)라는 이름을 가지는 동기이다. 즉 함수 f는 길이 $2L$의 주기 구간의 반인(물리적 관심구간) 반구간 범위 내에 주어졌다는 의미이다.

이 개념은 12장에서도 필요한 것으로 예제를 들어 설명해보자.

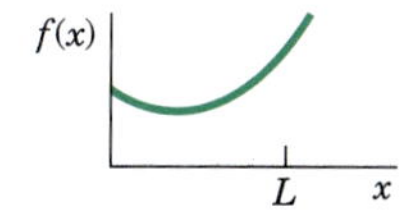

(0) 주어진 함수 $f(x)$

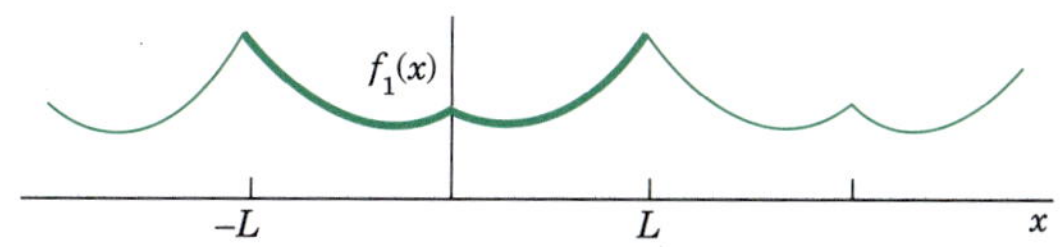

(a) 주기가 $2L$인 **우함수**로 확장된 $f(x)$

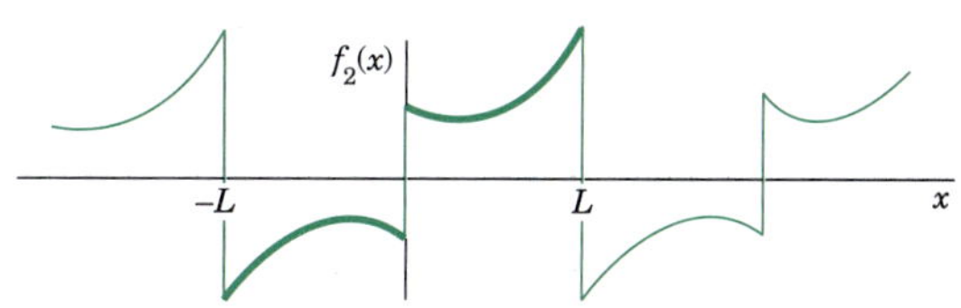

(b) 주기가 $2L$인 **기함수**로 확장된 $f(x)$

그림 270. 주기 $2L$인 우함수, 기함수 확장

예제 6 "삼각형"과 이의 반구간 전개

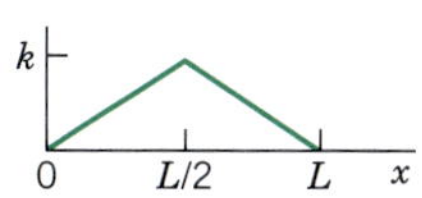

그림 271. 예제 6의 함수

그림 271의 함수를 두 종류로 반구간 전개하라.

$$f(x) = \begin{cases} \dfrac{2k}{L}x & \left(0 < x < \dfrac{L}{2}\right) \\ \dfrac{2k}{L}(L - x) & \left(\dfrac{L}{2} < x < L\right) \end{cases}$$

풀이. **(a)** ***주기적 우함수로 확장.*** 식 (6*)으로부터

$$a_0 = \frac{1}{L}\left[\frac{2k}{L}\int_0^{L/2} x\,dx + \frac{2k}{L}\int_{L/2}^{L}(L - x)\,dx\right] = \frac{k}{2},$$

$$a_n = \frac{2}{L}\left[\frac{2k}{L}\int_L^{L/2} x\cos\frac{n\pi}{L}x\,dx + \frac{2k}{L}\int_{L/2}^{L}(L - x)\cos\frac{n\pi}{L}x\,dx\right]$$

계수 a_n을 고려하면, 첫 번째 적분을 부분적분하면

$$\int_0^{L/2} x\cos\frac{n\pi}{L}x\,dx = \frac{Lx}{n\pi}\sin\frac{n\pi}{L}x\,\Big|_0^{L/2} - \frac{L}{n\pi}\int_0^{L/2}\sin\frac{n\pi}{L}x\,dx$$

$$= \frac{L^2}{2n\pi}\sin\frac{n\pi}{2} + \frac{L^2}{n^2\pi^2}\left(\cos\frac{n\pi}{2} - 1\right)$$

유사하게 두 번째 적분은 다음과 같이 얻어진다.

$$\int_{L/2}^{L}(L-x)\cos\frac{n\pi}{L}x\,dx = \frac{L}{n\pi}(L-x)\sin\frac{n\pi}{L}x\Bigg|_{L/2}^{L} + \frac{L}{n\pi}\int_{L/2}^{L}\sin\frac{n\pi}{L}x\,dx$$

$$= \left(0 - \frac{L}{n\pi}\left(L-\frac{L}{2}\right)\sin\frac{n\pi}{2}\right) - \frac{L^2}{n^2\pi^2}\left(\cos n\pi - \cos\frac{n\pi}{2}\right)$$

이 두 결과를 a_n의 공식에 대입하면, 사인 항과 L^2은 제거되므로

$$a_n = \frac{4k}{n^2\pi^2}\left(2\cos\frac{n\pi}{2} - \cos n\pi - 1\right)$$

따라서

$$a_2 = -16k/(2^2\pi^2), \qquad a_6 = -16k/(6^2\pi^2), \qquad a_{10} = -16k/(10^2\pi^2), \cdots$$

그리고 $n \neq 2, 6, 10, 14, \cdots$이면 $a_n = 0$이다. 그러므로 함수 $f(x)$의 첫 번째 반구간 확장은 그림 272(a)와 같으며 다음과 같이 표현된다.

$$f(x) = \frac{k}{2} - \frac{16k}{\pi^2}\left(\frac{1}{2^2}\cos\frac{2\pi}{L}x + \frac{1}{6^2}\cos\frac{6\pi}{L}x + \cdots\right)$$

이 Fourier 코사인 급수는 주어진 함수 $f(x)$를 주기 $2L$의 주기적 우함수로 확장한 것을 나타낸다.

(b) *주기적 기함수로 확장*. 같은 방법으로 식 (6**)로부터

$$b_n = \frac{8k}{n^2\pi^2}\sin\frac{n\pi}{2} \tag{5}$$

따라서 $f(x)$의 다른 반구간 전개는 그림 272(b), 다음과 같이 표현된다.

$$f(x) = \frac{8k}{\pi^2}\left(\frac{1}{1^2}\sin\frac{\pi}{L}x - \frac{1}{3^2}\sin\frac{3\pi}{L}x + \frac{1}{5^2}\sin\frac{5\pi}{L}x - + \cdots\right)$$

이 급수는 $f(x)$를 주기 $2L$의 주기적 기함수로 확장된 것을 나타낸다.

이 결과의 기본적인 응용은 12.3절과 12.5절에 주어진다.

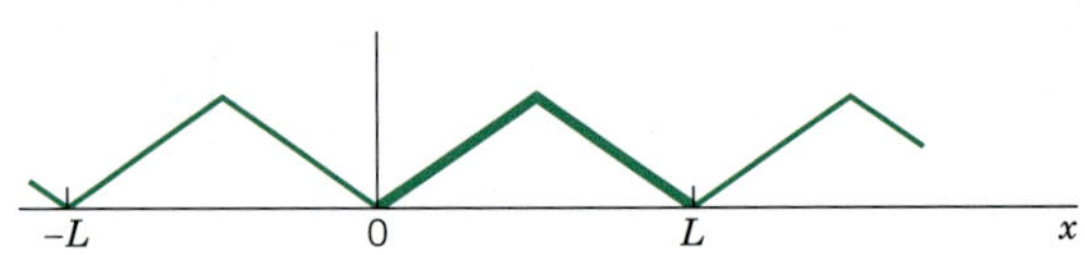

(a) 우함수 확장

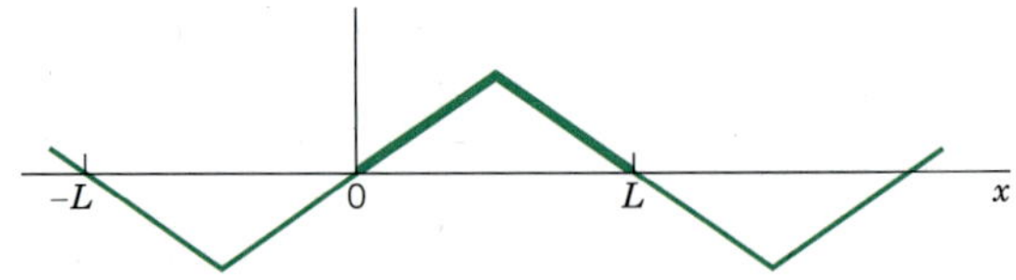

(b) 기함수 확장

그림 272. 예제 6에서 $f(x)$의 주기적 확장

연습문제 11.2

1-7 우함수와 기함수

다음의 함수들이 우함수인가, 기함수인가? 혹은 우함수도 기함수도 아닌가?

1. $e^x, e^{-|x|}, x^3 \cos nx, x^2 \tan \pi x, \sinh x - \cosh x$

2. $\sin^2 x, \sin(x^2), \ln x, x/(x^2+1), x \cot x$

3. 우함수의 합과 곱

4. 기함수의 합과 곱

5. 기함수의 절댓값

6. 우함수의 홀수 번 곱한 결과 함수

7. 우함수와 기함수가 동시에 되는 모든 함수를 찾아라.

8-17 주기 $p = 2L$인 함수의 Fourier 급수

주어진 함수가 우함수인가, 기함수인가? 혹은 우함수도 기함수도 아닌가? 이 함수들의 Fourier 급수를 구하고 자세한 풀이과정을 보여라.

8.

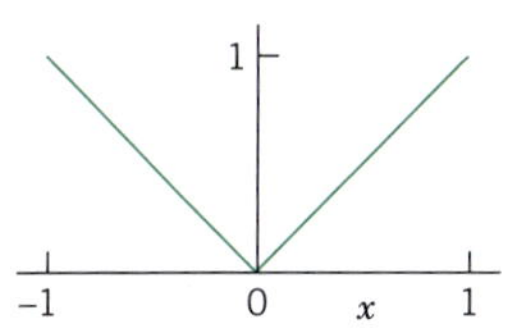

9.

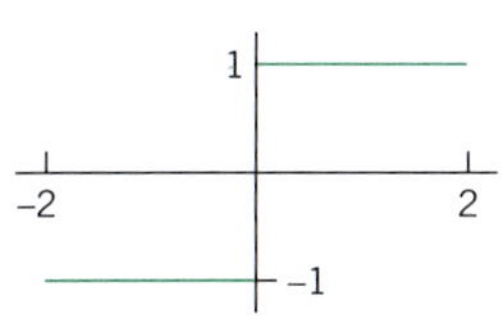

10.

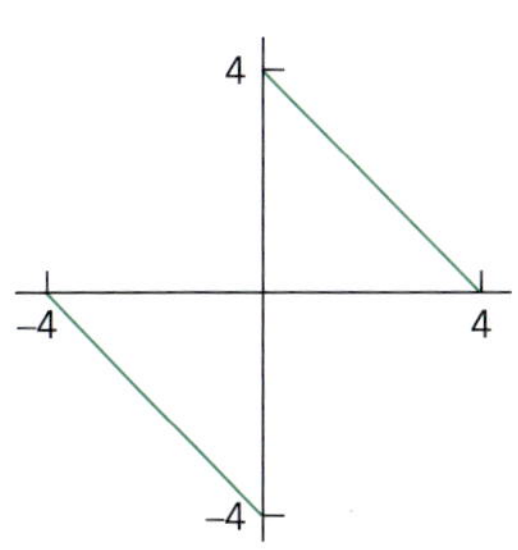

11. $f(x) = x^2 \ (-1 < x < 1), p = 2$

12. $f(x) = 1 - x^2/4 \ (-2 < x < 2), p = 4$

13.

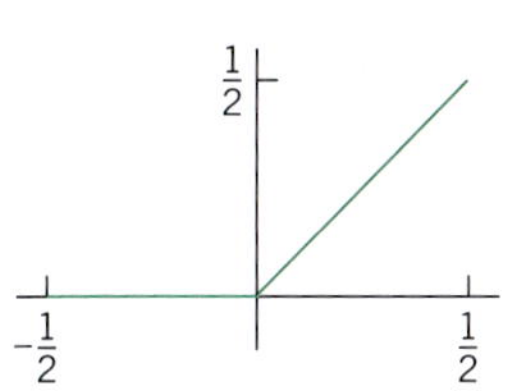

14. $f(x) = \cos \pi x \quad (-\frac{1}{2} < x < \frac{1}{2}), \quad p = 1$

15.

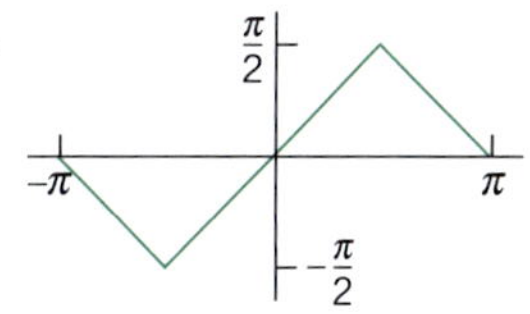

16. $f(x) = x|x| \ (-1 < 1), p = 2$

17.

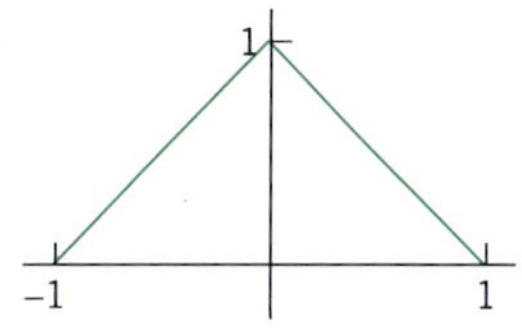

18. **정류기**. 전압 $v(t) = V_0 \cos 100\pi t$를 반파정류기를 통과시켜 음의 반주기를 잘라낸 함수의 Fourier 급수를 구하라.

19. **삼각함수 항등식**. 익숙한 항등식 $\cos^3 x = \frac{3}{4}\cos x + \frac{1}{4}\cos 3x$와 $\sin^3 x = \frac{3}{4}\sin x - \frac{1}{4}\sin 3x$가 Fourier 급수 전개로 설명될 수 있다. $\cos^4 x$를 전개하라.

20. **산술 값**. 문제 11을 이용하여 다음을 보여라.

$$1 + \frac{1}{4} + \frac{1}{9} + \frac{1}{16} + \cdots = \frac{1}{6}\pi^2$$

21. CAS 과제. **주기가 $2L$인 주기함수의 Fourier 급수**. **(a)** Fourier 급수 식 (5)의 부분합을 구하는 프로그램을 작성하라.

(b) 이 프로그램을 문제 8-11에 적용하여, 4개 급수의 처음 몇 항의 부분합을 동일 축상에 그려라. 부분합이 적절하게 근사될 때까지 부분합의 항을 처음 다섯 항 또는 그 이상 선택하라. 결과를 비교 고찰하라.

22. 문제 17로부터 문제 8의 Fourier 급수를 구하라.

23-29 반구간 전개

다음 함수의 **(a)** Fourier 코사인 급수와, **(b)** Fourier 사인 급수를 구하라. 함수 $f(x)$와 이 함수를 이용하여 두 종류의 확장된 주기함수를 그려라. 자세한 과정을 보여라.

23.

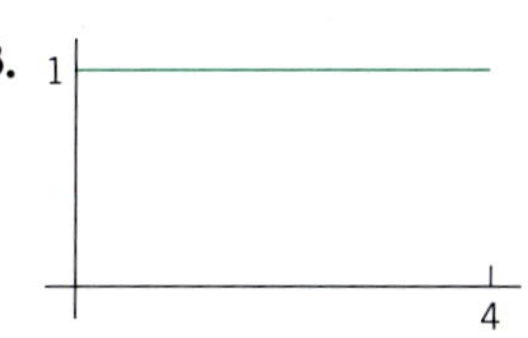

24.

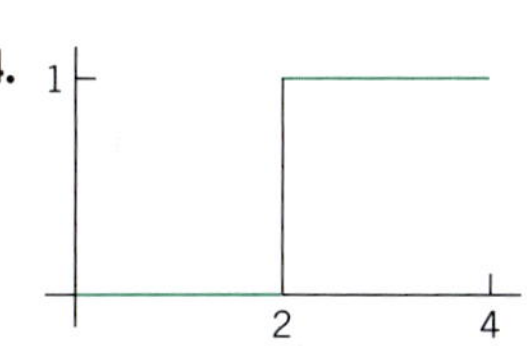

25.

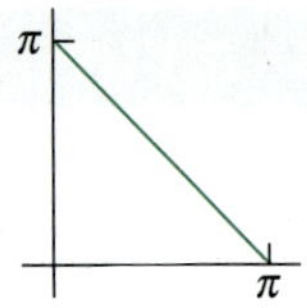

26.

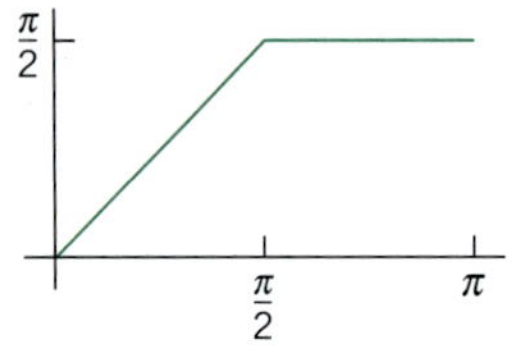

27.

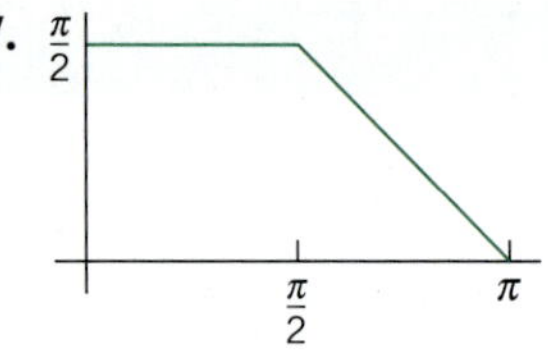

28.

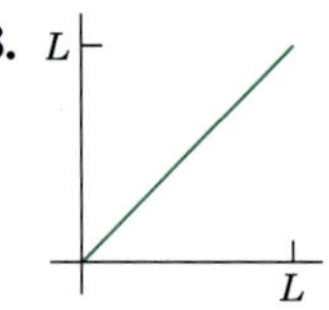

29. $f(x) = \sin x \ (0 < x < \pi)$

30. 문제 27의 답을 이용하여 문제 26의 답을 구하라.

11.3 강제진동(foreced oscillations)

Fourier 급수는 상미분방정식과 편미분방정식에서 매우 중요하게 응용된다. 이 절에서는 상미분방정식에 초점을 두며 편미분방정식에 대한 유사한 응용은 12장에서 다룬다. 모든 이들 응용은 주기함수를 아주 간단한 급수로 분해가 가능하다는 Euler와 Fourier의 창의적인 개념에 의존한다는 것을 보일 것이다.

2.8절로부터 용수철 상수 k인 용수철에 매달린 질량 m인 물체의 강제진동이 다음의 상미분방정식으로 모델링됨을 안다.

(1)
$$my'' + cy' + ky = r(t)$$

여기서 $y = y(t)$는 정지점으로부터의 변위이며, c는 감쇠상수, k는 용수철 상수, $r(t)$는 시간 함수인 외부 힘이다. 그림 274는 이 모델을 보이며, 그림 275는 이 모델과 전기적 유사성을 가지는 RLC 회로이며 다음 식으로 표현된다.

(1*)
$$LI'' + RI' + \frac{1}{C}I = E'(t) \qquad (2.9절)$$

식 (1)에서, $r(t)$가 사인이나 코사인 함수이고 감쇠가 있다면 $(c > 0)$, 정상상태 해는 $r(t)$와 같은 주파수를 가지는 조화진동이 된다. 그러나 $r(t)$가 순수 사인이나 코사인 함수가 아니

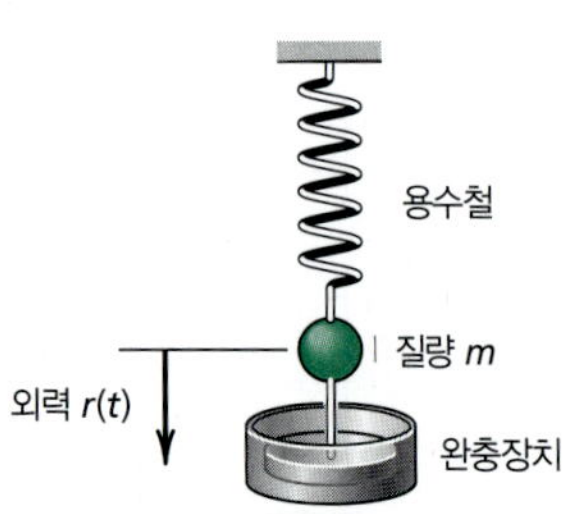

그림 274. 진동시스템

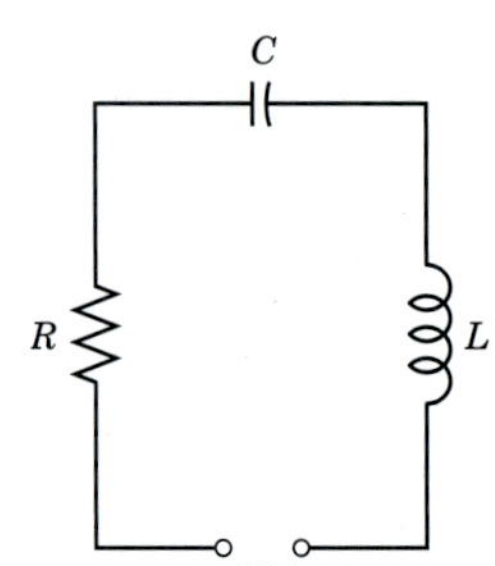

그림 275. 그림 274와 전기적 유사성을 가지는 RLC 회로

고 임의의 주기함수이면, 정상상태 해는 $r(t)$와 동일한 주파수와 이의 정수배 주파수의 조화진동(harmonic oscillations)들의 중첩(superpositon)이 될 것이다. 그리고 이 주파수 중 한 주파수가 진동시스템의 (실제적인) 공진주파수(2.8절)에 가깝다면, 이 주파수에 대한 진동이 외부 힘에 대한 시스템의 반응의 주된 부분이 될 것이다. 이 사실을 Fourier 급수를 사용하면 알 수 있다. 물론 이 사실은 진동시스템과 공진 관련 연구에서 매우 중요한 Fourier 급수에 익숙하지 않은 사람에게는 놀라운 일일 수도 있다. 전반적인 상황을 예를 들어 살펴보자.

예제 1 주기적인 비 사인(nonsinusoidal) 구동력에 의한 강제진동

식 (1)에서 $m = 1$(g), $c = 0.05$ (g/sec), $k = 25$ (g/sec^2)이면, 식 (1)은 다음과 같이 표현된다.

$$y'' + 0.05y' + 25y = r(t) \tag{2}$$

여기서 $r(t)$는 g · cm/sec^{2}의 단위로 측정된다. 함수 $r(t)$는 그림 276과 같으며, 다음 식과 같이 표현된다.

$$r(t) = \begin{cases} t + \dfrac{\pi}{2} & (-\pi < t < 0) \\ -t + \dfrac{\pi}{2} & (\ 0 < t < \pi) \end{cases} \qquad r(t + 2\pi) = r(t)$$

정상상태 해 $y(t)$를 구하라.

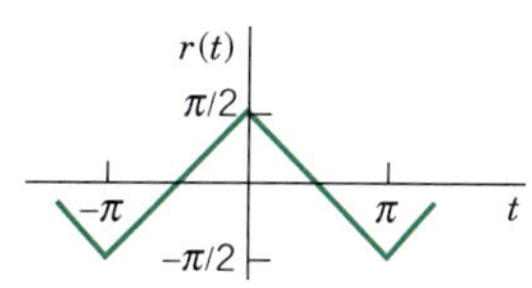

그림 276. 예제 1의 구동력

풀이. $r(t)$를 Fourier 급수로 표현하면 다음과 같다.

$$r(t) = \frac{4}{\pi}\left(\cos t + \frac{1}{3^2}\cos 3t + \frac{1}{5^2}\cos 5t + \cdots\right) \tag{3}$$

다음의 상미분방정식을 고려하자.

$$y'' + 0.05y' + 25y = \frac{4}{n^2\pi}\cos nt \qquad (n = 1, 3, \cdots) \tag{4}$$

위 식의 오른쪽은 식 (3)의 하나의 항이다. 2.8절로부터 식 (4)의 정상상태 해 $y_n(t)$는 다음 형식을 가진다.

$$y_n = A_n \cos nt + B_n \sin nt \tag{5}$$

식 (5)를 식 (4)에 대입하면

$$A_n = \frac{4(25 - n^2)}{n^2\pi D_n}, \qquad B_n = \frac{0.2}{n\pi D_n}, \qquad \text{여기서} \qquad D_n = (25 - n^2)^2 + (0.05n)^2 \tag{6}$$

상미분방정식 (2)는 선형이므로 정상상태 해는 다음과 같이 쓸 수 있다.

$$y = y_1 + y_3 + y_5 + \cdots \tag{7}$$

여기서 y_n은 식 (5)와 식 (6)으로 주어진다. 실제로 식 (7)의 항별 미분이 가능하면, 식 (7)을 식 (2)에 대입하고 $r(t)$의 Fourier 급수를 이용하면 이것을 쉽게 입증할 수 있다. [균등수렴 개념(15.5절)에 익숙한 사람은 식 (7)이 항별 미분 가능함을 증명할 수 있다.]

식 (6)으로부터 식 (5)의 진폭이 다음과 같음을 알 수 있다. ($\sqrt{D_n}$항은 제거된다.)

$$C_n = \sqrt{A_n^2 + B_n^2} = \frac{4}{n^2\pi\sqrt{D_n}}$$

처음 몇 개의 진폭의 값은

$$C_1 = 0.0531 \quad C_3 = 0.0088 \quad C_5 = 0.2037 \quad C_7 = 0.0011 \quad C_9 = 0.0003$$

그림 277은 입력(0.1이 곱해진)과 출력을 보인다. $n = 5$일 때 D_n은 매우 작으므로 C_5의 분모가 작고, C_5는 매우 큰 값이므로 식 (7)에서 y_5가 주된 항이 된다. 따라서 출력은 거의 구동력 주파수의 5배 주파수의 조화진동이 된다. 그러나 y_5의 약 25%의 크기를 가지는 y_1에 의해 약간의 왜곡이 발생한다. 감쇠상수 c를 감소시키면 이 사실은 더욱 명확해지므로 시도해 볼 필요가 있다. ■

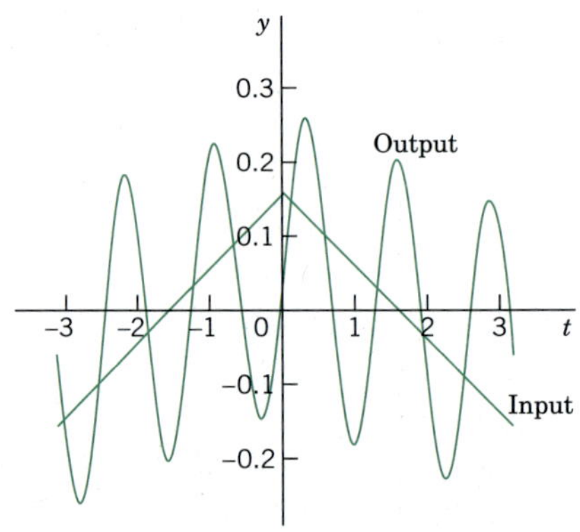

그림 277. 예제 1의 입력과 정상상태 출력

연습문제 11.3

1. **계수 C_n.** A_n과 B_n의 식으로부터 C_n의 식을 유도하라.
2. **용수철과 감쇠의 변화.** 예제 1에서 보다 강한 용수철 $k = 49$를 사용하면 진폭 C_n이 어떻게 변하는가? 감쇠를 증가시키면 어떻게 되는가?
3. **위상 이동.** B_n의 역할을 설명하라. $c \to 0$로 하면 어떻게 되는가?
4. **입력의 미분.** 예제 1에서 $r(t)$를 주어진 함수의 도함수(사각파)로 바꾸면 어떻게 되겠는가? 이때 C_n의 새로운 값과 이전 값의 비는?
5. **계수의 부호.** 예제 1에서 일부 A_n은 양의 값이고 일부 A_n은 음의 값을 가진다. 모든 B_n은 양이다. 이 사실이 물리적으로 이해될 수 있는가?

6-11 일반해

$r(t)$가 다음과 같이 주어질 때 상미분방정식 $y'' + \omega^2 y = r(t)$의 일반해를 구하라. 자세한 풀이과정을 보여라.

6. $r(t) = \sin \alpha t + \sin \beta t$, $\omega^2 \neq \alpha^2, \beta^2$
7. $r(t) = \sin t$, $\omega = 0.5, 0.9, 1.1, 1.5, 10$
8. **정류기.** $-\pi < t < \pi$에서 $r(t) = \pi/4\ |\cos t|$이면 $r(t + 2\pi) = r(t)$, $|\omega| \neq 0, 2, 4, \cdots$.
9. $|\omega| \neq 0, 2, 4, \cdots$에 의해 문제 8에서 어떤 해가 배제되는가?
10. **정류기.** $a < t < -\pi$에서 $r(t) = \pi/4\ |\sin t|$이면 $r(t + 2\pi) = r(t)$, $|\omega| \neq 0, 2, 4, \cdots$.
11. $r(t) = \begin{cases} -1 & (-\pi < t < 0) \\ 1 & (0 < t < \pi) \end{cases} \quad |\omega| \neq 1, 3, 5, \cdots$
12. **CAS 프로그램.** 문제 11의 상미분방정식을 푸는 프로그램을 작성하고, 상미분방정식의 초기값 문제의 입출력을 같이 그리는 프로그램을 작성하라. 임의의 초기값을 선택하여 이

프로그램을 문제 7과 문제 11에 적용하라.

13-16 정상상태 감쇠진동

주어진 $r(t)$에 대해 $c > 0$일 때 방정식 $y'' + cy' + y = r(t)$의 정상상태 진동을 구하라. 용수철 상수 $k = 1$이다. 자세한 풀이 과정을 보여라. 문제 14-16에서는 $r(t)$를 그려라.

13. $r(t) = \sum_{n=1}^{N} (a_n \cos nt + b_n \sin nt)$

14. $r(t) = \begin{cases} -1 & (-\pi < t < 0) \\ 1 & (0 < t < \pi) \end{cases}$ 이고 $r(t + 2\pi) = r(t)$

15. $-\pi < t < \pi$에서 $r(t) = t(\pi^2 - t^2)$이고

$r(t + 2\pi) = r(t)$

16. $r(t) =$

$\begin{cases} t & (-\pi/2 < t < \pi/2) \\ \pi - t & (\pi/2 < t < 3\pi/2) \end{cases}$ 이고 $r(t + 2\pi) = r(t)$

17-19 *RLC* 회로

그림 275 *RLC* 회로에서 $R = 10\ \Omega$, $L = 1$ H, $C = 10^{-1}$F이고, $E(t)$ V는 다음과 같이 주어지는 주기가 2π인 주기파이다. 정상상태전류 $I(t)$를 구하라. 첫 4항의 부분합을 그려라. 이 해의 계수가 급격히 감소함에 주목하라. *힌트.* 상미분방정식이 $E(t)$가 아니라 $E'(t)$를 포함함을 기억하라(2.9절 참조).

17. $E(t) = \begin{cases} -50t^2 & (-\pi < t < 0) \\ 50t^2 & (0 < t < \pi) \end{cases}$

18. $E(t) = \begin{cases} 100\,(t - t^2) & (-\pi < t < 0) \\ 100\,(t + t^2) & (0 < t < \pi) \end{cases}$

19. $E(t) = 200t(\pi^2 - t^2)\ (-\pi < t < \pi)$

20. **CAS 실험. 최대 출력 항.** 방정식 $y'' + cy' + ky = r(t)$에서 $r(t)$는 예제 1과 같다. 최대 C_n과 두 번째로 큰 $|C_n|$과 비를 강조하여 여러 c와 k에 대한 출력을 그리고 설명하라.

11.4 삼각함수 다항식에 의한 근사

Fourier 급수는 미분방정식뿐 아니라 **근사이론**(approximation theory)에서도 매우 중요한 역할을 한다. 근사이론은 보다 간단한 다른 함수를 이용하여 함수를 근사화하는 분야이다. 여기에서는 Fourier 급수가 어떻게 근사이론과 관련되는지 알아보자.

구간 $-\pi \leqq x \leqq \pi$에서 함수 $f(x)$가 Fourier 급수로 표현된다면, 급수의 ***N*번째 부분합**(*N* th partial sum)은 $f(x)$의 근사로서 다음과 같다.

$$(1) \qquad f(x) \approx a_0 + \sum_{n=1}^{N} (a_n \cos nx + b_n \sin nx)$$

식 (1)에서 N은 임의로 선택된 고정된 값이다. 그런데 문제는 식 (1)이 다음과 같은 ***N*차 삼각함수 다항식**(trigonometric polynomial of the same degree N) $F(x)$에 비해 함수 f의 "최상(best)" 근사인가 하는 것이다.

$$(2) \qquad F(x) = A_0 + \sum_{n=1}^{N} (A_n \cos nx + B_n \sin nx) \qquad (N\text{은 고정})$$

여기서 "최상"이란 근사화의 "오차"가 가능하면 작다는 의미이다.

물론, 먼저 근사화의 **오차**(error)의 의미를 정의한다. 오차의 정의로 $|f(x) - F(x)|$의 최댓값으로 택할 수 있다. 그러나 Fourier 급수와 연관하여서는 *전체구간* $-\pi \leqq x \leqq \pi$에서 함수 f와 F의 일치 정도를 오차의 정의로 보는 것이 보다 좋다. 특히 Fourier 급수의 합인 f가 도약을 가질 경우에 보다 나은 방법으로 볼 수 있다: 그림 278에서 함수 F는 함수 f의 전반적인 좋은 근사이나, $|f(x) - F(x)|$의 최댓값[보다 정확히 *상한값*(supremum)]은 크다. 이제 오차 E의 정의를 다음과 같이 하자.

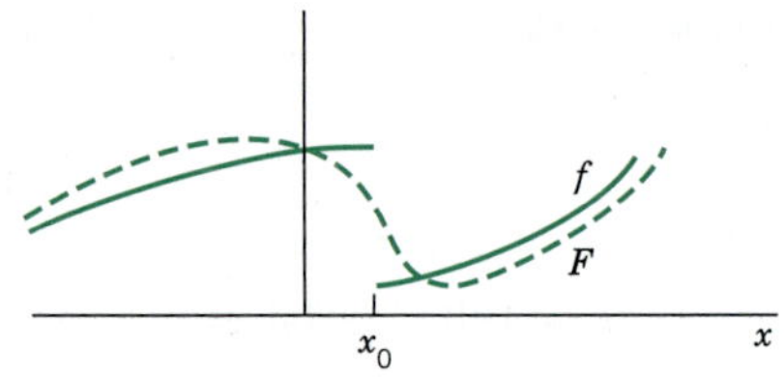

그림 278. 근사화 오차

(3) $$E = \int_{-\pi}^{\pi} (f - F)^2\, dx$$

식 (3)을 구간 $-\pi \leqq x \leqq \pi$ 상에서 함수 f에 관한 F의 **제곱오차**(square error)라 한다. 여기서, 명백히 $E \geqq 0$이다.

N이 고정된 상황에서 E를 최소화하는 식 (2)의 계수를 구해보자. $(f - F)^2 = f^2 - 2fF + F^2$이므로 식 (3)은 다음과 같다.

(4) $$E = \int_{-\pi}^{\pi} f^2\, dx - 2\int_{-\pi}^{\pi} fF\, dx + \int_{-\pi}^{\pi} F^2\, dx$$

식 (2)를 제곱하여 식 (4)의 마지막 적분 항에 대입하여 적분하면, $\cos^2 nx$와 $\sin^2 nx$ $(n \geqq 1)$의 적분 값은 π이고, $\cos nx$, $\sin nx$, $(\cos nx)(\sin nx)$의 적분 값은 각각 0 (11.1절 참조)이 되므로 다음 식이 성립된다.

$$\int_{-\pi}^{\pi} F^2\, dx = \int_{-\pi}^{\pi} \left[A_0 + \sum_{n=1}^{N} (A_n \cos nx + B_n \sin nx)\right]^2 dx$$
$$= \pi(2A_0^2 + A_1^2 + \cdots + A_N^2 + B_1^2 + \cdots + B_N^2)$$

이제 식 (2)를 식 (4)의 fF의 적분에 대입하면, 11.1절의 a_n과 b_n에 대한 Euler 공식에서처럼 $f \cos nx, f \sin nx$의 적분을 얻을 수 있다(각각 A_n 혹은 B_n이 곱해진다). 따라서,

$$\int_{-\pi}^{\pi} fF\, dx = \pi(2A_0a_0 + A_1a_1 + \cdots + A_Na_N + B_1b_1 + \cdots + B_Nb_N)$$

이 표현식을 사용하면 식 (4)는 다음과 같이 표현된다.

(5) $$E = \int_{-\pi}^{\pi} f^2\, dx - 2\pi\left[2A_0a_0 + \sum_{n=1}^{N} (A_na_n + B_nb_n)\right]$$
$$+ \pi\left[2A_0^2 + \sum_{n=1}^{N} (A_n^2 + B_n^2)\right]$$

식 (2)에서 $A_n = a_n$, $B_n = b_n$으로 놓으면, 식 (5)에서 두 번째 줄은 첫 번째 줄의 적분이 없는 항의 반과 상쇄된다. 그러므로 F의 계수를 이렇게 선택하면, 제곱오차 E^*는 다음과 같다.

(6) $$E^* = \int_{-\pi}^{\pi} f^2\,dx - \pi\left[2a_0^2 + \sum_{n=1}^{N}(a_n^2 + b_n^2)\right]$$

마지막으로 식 (6)을 식 (5)로부터 빼면, 적분 항은 없어지고 항 $A_n^2 - 2A_n a_n + a_n^2 = (A_n - an)^2$과 유사한 항 $(B_n - b_n)^2$을 얻는다: 즉,

$$E - E^* = \pi\left\{2(A_0 - a_0)^2 + \sum_{n=1}^{N}[(A_n - a_n)^2 + (B_n - b_n)^2]\right\}$$

오른쪽에서 실수 제곱의 합은 음이 될 수 없으므로,

$$E - E^* \geqq 0, \qquad \text{따라서} \qquad E \geqq E^*$$

그리고 만약 $A_0 = a_0, \cdots, B_N = b_N$이면, $E = E^*$이다. 이 결과는 Fourier 급수의 부분합의 근본적인 최소 성질과 관련한 다음 정리를 증명한다.

정리 1

최소제곱오차

구간 $-\pi \leqq x \leqq \pi$ 상에서 f에 관한, 식 (2)(N은 고정)로 표시된 F의 제곱오차는 식 (2)에서 F의 계수가 f의 Fourier 계수이면 최소가 된다. 그 최솟값 E^*는 식 (6)과 같다.

식 (6)으로부터, N이 증가함에 따라 E^*는 증가할 수는 없으나, 감소할 수는 있음을 알 수 있다. 그러므로 *N이 증가함에 따라 f의 Fourier 급수 부분합은* 제곱오차 관점에서 *f에 점점 더 잘 근사화된다.*

모든 N에 대해 $E^* \geqq 0$이고 식 (6)이 만족되므로, 식 (6)으로부터 중요한 **Bessel 부등식**(Bessel's inequality)을 다음과 같이 얻을 수 있다.

(7) $$2a_0^2 + \sum_{n=1}^{\infty}(a_n^2 + b_n^2) \leqq \frac{1}{\pi}\int_{-\pi}^{\pi} f(x)^2\,dx$$

이 식은 오른쪽 적분이 존재하는 임의 함수 f의 Fourier 계수에 대해 성립한다(5.5절 F.W. Bessel 참조).

이러한 함수 f에 대해서는, **Parseval 정리**(Parseval's theorem)가 성립됨을 보일 수도 있다(부록 1 [C12] 참조); 즉 식 (7)에서 등식이 성립하며, 이 등식이 다음의 **Parseval 항등식**(Parseval's identity)[3]이다.

(8) $$2a_0^2 + \sum_{n=1}^{\infty}(a_n^2 + b_n^2) = \frac{1}{\pi}\int_{-\pi}^{\pi} f(x)^2\,dx$$

[3]MARC ANTOINE PARSEVAL(1755-1836), 프랑스 수학자. 다음 절에서 이 항등식에 대한 물리적 해석이 소개된다.

예제 1 톱니파에서의 최소제곱오차

구간 $-\pi \leqq x \leqq \pi$에서 함수 $f(x)$와 관련된 $F(x)$의 최소제곱오차 E^*를 $N = 1, 2, \cdots, 10, 20, \cdots, 100$과 1000에서 계산하라.

$$f(x) = x + \pi \qquad (-\pi < x < \pi)$$

풀이. 11.3절의 예제 3에서

$$F(x) = \pi + 2\left(\sin x - \frac{1}{2}\sin 2x + \frac{1}{3}\sin 3x - + \cdots + \frac{(-1)^{N+1}}{N}\sin Nx\right)$$

이므로, 식 (6)을 이용하면 제곱오차는 다음과 같다.

$$E^* = \int_{-\pi}^{\pi} (x+\pi)^2\,dx - \pi\left(2\pi^2 + 4\sum_{n=1}^{N}\frac{1}{n^2}\right)$$

제곱오차의 수치는 다음 표와 같다.

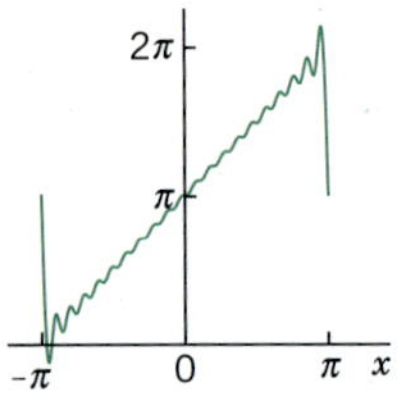

그림 279. 예제 1의 $N = 20$일 때의 F

N	E^*	N	E^*	N	E^*	N	E^*
1	8.1045	6	1.9295	20	0.6129	70	0.1782
2	4.9629	7	1.6730	30	0.4120	80	0.1561
3	3.5666	8	1.4767	40	0.3103	90	0.1389
4	2.7812	9	1.3216	50	0.2488	100	0.1250
5	2.2786	10	1.1959	60	0.2077	1000	0.0126

$F = S_1, S_2, S_3$인 경우는 11.2절의 그림 269에, S_{20}인 경우는 그림 279에 보여진다. f가 불연속인 $x = \pm\pi$에서 $|f(x) - F(x)|$는 크지만(얼마나 큰가?), "Gibbs 현상"에 의해 "파동"을 보이는 $\pm\pi$ 근처를 제외하고는 전체구간에서 F는 f를 상당히 잘 근사한다. (Gibbs 현상은 다음 절에서 설명한다.)

N이 증가함에 따라 E^*가 보다 빨리 감소하는 함수 f를 생각해 볼 수 있는가? ■

연습문제 11.4

1. **CAS 문제.** 예제 1에서 산술적 계산을 하고 결과를 그려라.

2-5 최소제곱오차

구간 $-\pi \leqq x \leqq \pi$에서 주어진 함수 $f(x)$에 대해 제곱오차가 최소가 되는 식 (2)와 같은 형식의 삼각함수 다항식 $F(x)$를 구하라. 그리고 $N = 1, 2, \cdots, 5$일 때 제곱오차 최솟값을 계산하라 (CAS를 이용하여 보다 큰 N에 대해서도 구해 보자).

2. $f(x) = x \ (-\pi < x < \pi)$
3. $f(x) = |x| \ (-\pi < x < \pi)$
4. $f(x) = x^2 \ (-\pi < x < \pi)$
5. $f(x) = \begin{cases} -1 & (-\pi < x < 0) \\ 1 & (0 < x < \pi) \end{cases}$
6. 문제 5에서의 제곱오차가 왜 문제 3의 제곱오차보다 충분히 큰가?
7. $f(x) = x^3 \ (-\pi < x < \pi)$
8. $f(x) = |\sin x| \ (-\pi < x < \pi)$, 전파정류기
9. **단조성(Monotonicity).** 식 (6)의 최소제곱오차가 N의 단조감소함수임을 보여라. 이 결과를 실제 상황에서 이용 가능하겠는가?
10. **CAS 실험. E^*의 크기와 감소.** 몇 개의 함수를 선택하여 최소제곱오차 E^*의 크기를 비교해 보라. N에 따른 E^* 감소를 실험적으로 알아보라. 선택한 함수에 대해 $E^* < 0.1$이 되는 가장 작은 N 값을 구하라.

11-15 Parseval 항등식

식 (8)을 이용하여 다음의 급수가 주어진 합과 같음을 증명하라. 그리고 첫 몇 항의 부분합을 계산하여 수렴이 상당히 빠름을 검증하라.

11. $1 + \frac{1}{3^2} + \frac{1}{5^2} + \cdots = \frac{\pi^2}{8} = 1.233700550$

(11.1절의 예제 1 이용)

12. $1 + \frac{1}{2^4} + \frac{1}{3^4} + \cdots = \frac{\pi^4}{90} = 1.082323234$

(11.1절의 예제 14 이용)

13. $1 + \frac{1}{3^4} + \frac{1}{5^4} + \frac{1}{7^4} + \cdots = \frac{\pi^4}{96} = 1.014678032$

(11.1절의 문제 17 이용)

14. $\int_{-\pi}^{\pi} \cos^4 x \, dx = \frac{3\pi}{4}$

15. $\int_{-\pi}^{\pi} \cos^6 x \, dx = \frac{5\pi}{8}$

11.5 Sturm-Liouville 문제. 직교함수

Fourier 급수의 개념은 일반적인 주기함수를 코사인과 사인 항들로 표현하는 것이다. 이 표현은 *삼각함수 시스템*을 이룬다. 이 삼각함수 시스템은 Euler 공식을 이용하여 Fourier 급수 계수의 계산을 쉽게 하도록 하는 바람직한 직교 성질을 가진다.

그러면, 이 접근을 일반화 할 수 있는가 하는 의문이 생기게 된다. 즉, 11.1절의 삼각함수 시스템을 다른 *직교시스템*(*다른 직교함수의 집합*)으로 대체 가능하냐는 것이다. 그 답은 "가능하다"는 것이며, 11.6절의 Fourier-Legendre 급수와 Fourier-Bessel 급수를 포함한 일반화된 Fourier 급수로 일반화될 것이다.

이 일반화 과정을 위해 먼저 Sturm-Liouville 문제의 개념을 도입하여야 한다. (이 접근에 대한 동기는 진행됨에 따라 명확해질 것이다.) 다음과 같은 2차 상미분방정식을 고려하자.

(1) $$[p(x)y']' + [q(x) + \lambda r(x)]y = 0$$

이 방정식은 어떤 구간 $a \leqq x \leqq b$에서 정의되고 다음 조건을 만족한다.

(2)
$$\text{(a)} \quad k_1 y(a) + k_2 y'(a) = 0$$
$$\text{(b)} \quad l_1 y(b) + l_2 y'(b) = 0$$

여기서 λ는 매개변수이며, k_1, k_2, l_1, l_2는 실 상수이다. 또한 식 (2)의 조건에서 각 상수 중 적어도 하나는 영이 아니어야 한다. (예제 1에서 만약 $p(x) = r(x) = 1$이고 $q(x) = 0$이면 $\sin\sqrt{\lambda}x$와 $\cos\sqrt{\lambda}x$는 식 (1)을 만족하고 식 (2)를 만족하는 매개상수를 구할 수 있음을 볼 것이다.) 식 (1)은 **Sturm-Liouville 방정식**[4]으로 알려져 있다. 식 2(a), 2(b)와 함께 **Sturm-Liouville 문제**라 하며, 경계값 문제의 한 예이다.

경계값 문제(boundary value problem)는 상미분방정식과 주어진 구간 $a \leqq x \leqq b$의 두 경계점(끝점) $x = a$와 $x = b$에는 주어진 경계조건으로 구성된다.

---

[4]JACQES CHARLES FRANCOIS STURM(1803-1855)은 스위스에서 출생하고 공부하였으며, 이후에 파리로 이주하였다. 후에 Sorbonne의 파리 대학교 기계과 교수 Possion의 후계자가 되었다.

JOSEPH LIOUVILLE(1809-1882)는 프랑스 수학자이고 파리대학 교수로서 수학의 여러 분야에 공헌하였으며, 특히 그의 복소해석(14.4절 Liouville의 정리), 특수함수, 미분기하학, 수 이론에서의 중요한 업적으로 알려져 있다.

최종 목적은 이런 유형의 문제의 해를 찾는 것이고 이를 위해 다음의 내용들을 고려하여야 한다.

고유값, 고유함수

식 (1)이 제차방정식이고 식 (2)의 오른쪽이 영이므로 식 (1), (2)는 임의의 λ 값에 대해 $y \equiv 0$이라는 해—"**자명한 해**(trivial solution)"—를 가지는 것은 명확하다. 이 해는 관심의 대상이 아니고, 항등적으로는 0이 되지 않고 식 (2)를 만족하는 식 (1)의 해인 **고유함수**(eigenfunctions) $y(x)$를 찾아야 한다. 고유함수가 존재하는 숫자 λ를 Sturm-Liouville 문제 식 (1), (2)의 **고유값**(eigenvalue)이라 한다.

예제 1 고유함수로서의 삼각함수. 진동하는 현

다음 Sturm-Liouville 문제의 고유값과 고유함수를 구하라.

$$y'' + \lambda y = 0, \qquad y(0) = 0, \quad y(\pi) = 0 \tag{3}$$

예를 들어 이러한 문제는 탄성이 있는 줄(예를 들어 바이올린 현)을 약간 늘여 그 끝을 $x = 0, x = \pi$에 고정시킨 후 진동시키는 경우에 나타난다. 이 경우 줄의 휨을 나타내는 $u(x, t)$가 $y(x)w(t)$로 나타난다면 $y(x)$는 "공간함수(space function)"이다. (이 모델은 12.2~12.4절에 보다 상세히 설명된다.)

풀이. 식 (1), (2)로부터 식 (1)에서 $p = 1, q = 0, r = 1$이고, 식 (2)에서는 $a = 0, b = \pi$ $k_1 = l_1 = 1, k_2 = l_2 = 0$임을 알 수 있다. 음의 값인 $\lambda = -\nu^2$에 대한 상미분방정식 (3)의 일반해는 $y(x) = c_1e^{\nu x} + c_2e^{-\nu x}$이다. 경계값 조건으로부터 $c_1 = c_2 = 0$이므로, $y \equiv 0$이고 이것은 고유함수가 아니다. $\lambda = 0$에 대해서도 상황이 유사하다. 양의 값인 $\lambda = \nu^2$에 대하여 일반해는

$$y(x) = A \cos \nu x + B \sin \nu x$$

이다. 첫 번째 경계조건으로부터 $y(0) = A = 0$이므로, 두 번째 경계조건으로부터 다음을 얻을 수 있다.

$$y(\pi) = B \sin \nu\pi = 0, \qquad \text{따라서} \qquad \nu = 0, \pm 1, \pm 2, \cdots$$

$\nu = 0$에서는 $y \equiv 0$이다. $\lambda = \nu^2 = 1, 4, 9, 16, \cdots$에서 $B = 1$로 하면, 다음 식을 얻을 수 있다.

$$y(x) = \sin \nu x \qquad (\nu = \sqrt{\lambda} = 1, 2, \cdots)$$

따라서 이 문제의 고유값은 $\lambda = \nu^2$ $(\nu = 1, 2, \cdots)$이고 고유함수는 $y(x) = \sin \nu x$ $(\nu = 1, 2, \cdots)$이다. ■

이 문제의 해는 정확하게 앞에서 고려된 Fourier 급수의 삼각함수 시스템이라는 것에 주목해야 한다. 식 (1)의 함수 p, q, r에 대한 일반적인 조건하에서 Sturm-Liouville 문제 (1), (2)는 무수히 많은 고유값을 가진다는 것이 증명될 수 있다. 이에 대한 보다 복잡한 이론은 부록 1의 참고문헌 [A11]에서 볼 수 있다.

더욱이 만약 식 (1)의 p, q, r, p'가 실수이고 구간 $a \leqq x \leqq b$에서 연속이고 r이 이 구간 전체에서 양(혹은 음)이면 Sturm-Liouville 문제 (1), (2)의 고유값은 모두 실수이다. (증명은 부록 4 참조.) 이 내용은 공학자들이 예상할 수 있는 것으로, 고유값은 종종 실수값이어야만 하는 주파수, 에너지 혹은 다른 물리적 양과 관련이 있기 때문이다.

Sturm-Liouville 문제에서 고유함수의 가장 주목할 만한 중요한 성질은 *직교성*(orthogonality)이다. 이 성질은 고유함수로 급수를 전개할 때 아주 중요하며, 다음 절에서 알 수 있다. 이런 점에서 다음은 직교함수를 고려하자.

직교함수

어떤 구간 $a \leqq x \leqq b$에서 정의되는 함수 $y_1(x), y_2(x), \cdots$들이 서로 다른 모든 m, n에 대하여 다음 식이 성립하면, 이 구간에서 **가중함수**(weight function) $r(x) > 0$에 관하여 **직교**(orthogonal)한다고 한다.

$$(y_m, y_n) = \int_a^b r(x) y_m(x) y_n(x)\, dx = 0 \qquad (m \neq n) \tag{4}$$

위 식에서 (y_m, y_n)은 이 적분에 대한 ***표준 표기법***(standard notation)이다. y_m의 **노름**(norm) $\|y_m\|$은 다음과 같이 정의된다.

$$\|y_m\| = \sqrt{(y_m, y_m)} = \sqrt{\int_a^b r(x) y_m^2(x)\, dx} \tag{5}$$

위의 식은 $m = n$일 때 식 (4) 적분의 제곱근(square root)이다.

구간 $a \leqq x \leqq b$ 상에서 직교이고 노름의 값이 1이면 이 함수 $y_1, y_2, \cdots$들은 **정규직교**(orthonormal)라 한다. 그러면 식 (4), (5)는 **Kronecker 심볼**(symbol)[5] δ_{mn}을 이용하여 다음과 같이 표현된다.

$$(y_m, y_n) = \int_a^b r(x) y_m(x) y_n(x)\, dx = \delta_{mn} = \begin{cases} 0 & (m \neq n) \\ 1 & (m = n) \end{cases}$$

만약 $r(x) = 1$일 경우는 $r(x) = 1$에 관하여 직교한다는 대신에 간단히 *직교*한다고 하며, 정규직교에 대해서도 유사하게 사용하며 다음 식으로 표현된다.

$$(y_m, y_n) = \int_a^b y_m(x) y_n(x)\, dx = 0 \quad (m \neq n), \qquad \|y_m\| = \sqrt{(y_m, y_n)} = \sqrt{\int_a^b y_m^2(x)\, dx}$$

다음의 예제가 직교함수에 대한 예이다.

예제 2 직교함수. 정규직교함수. 표기법

함수 $y_m(x) = \sin mx,\ m = 1, 2, \cdots$는 구간 $-\pi \leqq x \leqq \pi$ 상에서 직교함수 집합을 형성한다. 왜냐하면 $m \neq n$일 경우 다음 식이 성립하기 때문이다[부록 A3.1의 식 (11) 참조].

$$(y_m, y_n) = \int_{-\pi}^{\pi} \sin mx \sin nx\, dx = \frac{1}{2}\int_{-\pi}^{\pi} \cos (m-n)x\, dx - \frac{1}{2}\int_{-\pi}^{\pi} \cos (m+n)x\, dx = 0, \quad (m \neq n)$$

노름 $\|y_m\| = \sqrt{(y_m, y_m)}$의 값은 다음 식과 같이 $\sqrt{\pi}$이다.

---

[5]LEOPOLD KRONECKER(1823-1891). 베를린 대학의 독일 수학자로서 대수학, 그룹 이론, 수 이론에 중요한 공헌을 하였다.

$$\|y_m\|^2 = (y_m, y_m) = \int_{-\pi}^{\pi} \sin^2 mx\, dx = \pi \qquad (m = 1, 2, \cdots)$$

따라서 정규직교함수 집합은 노름으로 나눔으로써 다음과 같이 얻어진다.

$$\frac{\sin x}{\sqrt{\pi}}, \quad \frac{\sin 2x}{\sqrt{\pi}}, \quad \frac{\sin 3x}{\sqrt{\pi}}, \quad \cdots$$

■

다음의 정리 1은 임의의 Sturm-Liouville 문제에 대한 고유함수들은 직교함을 보인다. 실제로 이 의미는, 어떤 문제를 Sturm-Liouville 문제로 나타낼 수 있으면 이 정리에 의해 직교성이 보장된다는 것이다.

정리 1

Sturm-Liouville 문제의 고유함수 직교성

Sturm-Liouville 방정식의 식 (1)에서 함수 p, q, r, p'이 구간 $a \leqq x \leqq b$에서 실수이고 연속이며 $r(x) > 0$이라 가정하자. 그리고 Sturm-Liouville 문제 (1), (2)의 고유함수 $y_m(x), y_n(x)$가 서로 다른 고유값 λ_m, λ_n에 대한 고유함수라 하자. 그러면 y_m, y_n은 이 구간에서 가중함수 r에 관하여 직교한다. 즉,

$$(y_m, y_n) = \int_a^b r(x) y_m(x) y_n(x)\, dx = 0 \qquad (m \neq n) \tag{6}$$

만약 $p(a) = 0$이면 이 문제에서 식 (2a)는 필요없고, $p(b) = 0$이면 이 문제에서 식 (2b)는 필요없다. [이럴 경우 y와 y'은 그 점에서 유한해야(bounded) 함이 요구되며, 이 문제를 식 (2)가 사용되는 **정칙문제**(regular problem)에 대비되는 **특이문제**(singular problem)라 부른다.]

만약 $p(a) = p(b)$이면, 식 (2)는 다음과 같은 **"주기적 경계조건**(periodic boundary conditions)"*으로 대체될 수 있다.*

$$y(a) = y(b), \qquad y'(a) = y'(b) \tag{7}$$

Sturm-Liouville 방정식의 식 (1)과 주기적 경계조건 식 (7)로 구성되는 경계값 문제를 **주기적 Sturm-Liouville 문제**(periodic Sturm-Liouville problem)라 부른다.

증명. 가정에 의해 y_m, y_n은 다음의 Sturm-Liouville 방정식을

$$(py_m')' + (q + \lambda_m r) y_m = 0$$
$$(py_n')' + (q + \lambda_n r) y_n = 0$$

각각 만족한다. 첫 번째 방정식에 y_n을 곱하고, 두 번째 방정식에 $-y_m$을 곱하여 더하면 다음 식이 만족되며,

$$(\lambda_m - \lambda_n) r y_m y_n = y_m (py_n')' - y_n (py_m')' = [(py_n') y_m - [(py_m') y_n]'$$

여기서 마지막 등식은 마지막 표현의 대괄호를 미분함으로써 쉽게 입증될 수 있다. 가정에 의해서 p, p'가 연속이고 y_m, y_n이 식 (1)의 해이므로 이 표현식은 $a \leqq x \leqq b$ 상에서 연속

이다. x에 대해 a에서 b까지 적분하면 다음 식을 얻는다.

$$(8) \qquad (\lambda_m - \lambda_n)\int_a^b r y_m y_n \, dx = [p(y'_n y_m - y'_m y_n)]_a^b \qquad (a < b)$$

이 식의 우변은 다음 두 줄에 표현된 식의 합과 같다.

$$(9) \qquad \begin{aligned} &p(b)[y'_n(b)y_m(b) - y'_m(b)y_n(b)] && (\text{줄 } 1) \\ -&p(a)[y'_n(a)y_m(a) - y'_m(a)y_n(a)] && (\text{줄 } 2) \end{aligned}$$

따라서 만약 식 (9)가 영이면, $\lambda_m - \lambda_n \neq 0$인 조건과 식 (8)은 직교성 (6)을 준다. 그러므로 경제조건식 (2)를 이용하여 식 (9)가 영임을 보여야 한다.

***경우 1.* $p(a) = p(b) = 0$.** 명백히 식 (9)는 0이고, 식 (2)는 필요하지 않게 된다.

***경우 2.* $p(a) \neq 0, p(b) = 0$.** 식 (9)의 줄 1이 0이므로 줄 2만 고려한다. 식 (2a)로부터 다음 식을 얻는다.

$$k_1 y_n(a) + k_2 y'_n(a) = 0,$$
$$k_1 y_m(a) + k_2 y'_m(a) = 0$$

$k_2 \neq 0$이라 하자. 위의 첫 번째 방정식에 $y_m(a)$를 곱하고 마지막 식에 $-y_n(a)$를 곱하여 더하면 다음과 같다.

$$k_2[y'_n(a)y_m(a) - y'_m(a)y_n(a)] = 0$$

이 식은 식 (9) 두 번째 줄의 k_2배이고, $k_2 \neq 0$이므로 대괄호는 영이 된다. 만약 $k_2 = 0$이면, 가정에 의해서 $k_1 \neq 0$이므로, 증명은 유사하게 입증된다.

***경우 3.* $p(a) = 0, p(b) \neq 0$.** 식 (9)의 두 번째 줄 식이 영이므로, 식 (2b)로부터 식 (9)가 영이 되므로, 이 내용은 경우 2와 유사하다.

***경우 4.* $p(a) \neq 0, p(b) \neq 0$.** 식 (2a)와 (2b) 둘 다 사용하여 경우 2, 경우 3처럼 진행하면 된다.

***경우 5.* $p(a) = p(b)$.** 이 경우에는 식 (9)는 다음과 같이 된다.

$$p(b)[y'_n(b)y_m(b) - y'_m(b)y_n(b) - y'_n(a)y_m(a) + y'_m(a)y_n(a)]$$

앞에서와 같이 식 (2)를 사용하거나 식 (7)을 직접 사용하면, 대괄호 안의 식은 0이 됨을 알 수 있다. 따라서 이 경우에는 식 (7)이 식 (2) 대신 사용될 수 있다. 이로써 정리 1의 증명이 완료된다. ■

예제 3 정리 1의 응용. 진동하는 현

예제 1의 상미분방정식은 $p = 1, q = 0, r = 1$인 Sturm-Liouville 방정식이다. 정리 1로부터 고유함수 $y_m = \sin mx$ $(m = 1, 2, \cdots)$들은 구간 $0 \leqq x \leqq \pi$에서 직교이다. ■

이 새로운 관점으로부터, 예제 3은 Fourier 급수의 기초가 되는 삼각함수 시스템이 11.1절에서 아는 바와 같이 직교임이 확증된다.

예제 4 정리 1의 응용. Legendre 다항식의 직교성

Legendre 방정식 $(1-x^2)y'' - 2xy' + n(n+1)y = 0$을 다음과 같이 쓸 수 있다.

$$[(1-x^2)y']' + \lambda y = 0 \qquad \lambda = n(n+1)$$

따라서, 위의 식은 $p = 1 - x^2$, $q = 0$, $r = 1$인 Sturm-Liouville 방정식이다. $p(-1) = p(1) = 0$이므로 경계조건은 필요 없으나, 구간 $-1 \leqq x \leqq 1$ 상에서 이 문제는 **"특이" Sturm-Liouville 문제**가 된다. $n = 0, 1, \cdots$ 즉 $\lambda = 0, 1\cdot 2, 2\cdot 3, \cdots$에 대해 Legendre 다항식 $p_n(x)$들이 이 문제의 해가 된다. 따라서 이 다항식들은, 즉 고유함수이다. 정리 1로부터, 이 다항식들은 그 구간에서 직교한다.

$$\int_{-1}^{1} P_m(x)P_n(x)\,dx = 0 \qquad (n \neq m) \tag{10}$$ ■

예제 1에서 보인 것처럼 Fourier 급수의 기초가 되는 삼각함수 시스템이 Sturm-Liouville 문제에 대한 해이며, 이 삼각함수 시스템이 11.1절에서 알았고 예제 3에서 입증된 바와 같이 직교한다는 것을 알게 되었다.

연습문제 11.5

1. **정리 1의 증명.** 정리 1에서 경우 3, 경우 4에 대해 상세과정을 수행하라.

2-6 직교성

2. **고유함수 y_m의 정규화**(normalization). $c_m y_m$의 노름(norm)이 1이 되도록 y_m에 0이 아닌 상수 c_m을 곱한다는 의미이다. *임의의* $c \neq 0$에 대해 $z_m = cy_m$이 y_m에 대응하는 고유값에 대한 고유함수임을 보여라.

3. **x의 변화.** 만약 함수 $y_0(x), y_1(x), \cdots$가 구간 $a \leqq x \leqq b$ 상에서 $[r(x) = 1]$ 직교집합을 이루면, $y_0(ct+k), y_1(ct+k), \cdots, c > 0$는 구간 $(a-k)/c \leqq t \leqq (b-k)/c$에서 직교집합을 형성함을 보여라.

4. **x의 변화.** 문제 3을 이용하여, 구간 $-\pi \leqq x \leqq \pi$에서 $1, \cos x, \sin x, \cos 2x, \sin 2x, \cdots$의 직교성을 이용하여 구간 $-1 \leqq x \leqq 1$에서 $[r(x) = 1]$ $1, \cos \pi x, \sin \pi x, \cos 2\pi x, \sin 2\pi x, \cdots$의 직교성을 유도하라.

5. **Legendre 다항식.** 함수 $p_n(\cos\theta)$, $n = 0, 1, \cdots$이 구간 $0 \leqq \theta \leqq \pi$에서 가중함수 $\sin\theta$에 대해 직교집합을 이룸을 보여라.

6. **Sturm-Liouville 형식으로 변환.** 만약 $p = \exp(\int f\,dx)$, $q = pg$, $r = hp$이면, 미분방정식 $y'' + fy' + (g + \lambda h)y = 0$이 식 (1)의 형식이 됨을 보여라. 이러한 변환을 왜 하여야 하는가?

7-15 Sturm-Liouville 문제

주어진 방정식에서 고유값과 고유함수를 구하고 직교성을 입증하라. 문제 6을 사용하여 상미분방정식을 식 (1)의 형식으로 쓰고, 상세한 과정을 보여라.

7. $y'' + \lambda y = 0,\ y(0) = 0,\ y(10) = 0$
8. $y'' + \lambda y = 0,\ y(0) = 0,\ y(L) = 0$
9. $y'' + \lambda y = 0,\ y(0) = 0,\ y'(L) = 0$
10. $y'' + \lambda y = 0,\ y(0) = y(1),\ y'(0) = y'(1)$
11. $(y'/x)' + (\lambda + l)y/x^3 = 0,\ y(1) = 0,$ $y(e^{\pi}) = 0.$ ($x = e^t$로 하라.)
12. $y'' - 2y' + (\lambda + 1)y = 0,\ y(0) = 0,\ y(1) = 0$
13. $y'' + 8y' + (\lambda + 16)y = 0,\ y(0) = 0,\ y(\pi) = 0$
14. **조별 과제. 특수함수. 직교다항식**은 응용에서 매우 중요한 역할을 한다. 이러한 이유에서 Legendre 다항식과 다양한 다른 직교다항식이 광범위하게 연구되어 왔다; 부록 1의 참고문헌 [GenRef1], [GenRef10] 참조. 다음과 같은 가장 중요한 몇 가지를 고려해보자.
    (a) 다음과 같이 1종과 2종의 **Chebyshev 다항식**[6]이 정의

[6]PAFNUTI CHEBYSHEV(1821-1894), 러시아 수학자로서 근사이론과 수 이론에서 그 업적이 알려졌다. 이름의 다른 음역은 TCHEBICHEF이다.

된다($n = 0, 1, \cdots$).

$$T_n(x) = \cos(n \arccos x)$$

$$U_n(x) = \frac{\sin[(n+1)\arccos x]}{\sqrt{1-x^2}}$$

다음을 보여라.

$$T_0 = 1, \quad T_1(x) = x, \quad T_2(x) = 2x^2 - 1.$$
$$T_3(x) = 4x^3 - 3x,$$
$$U_0 = 1, \quad U_1(x) = 2x, \quad U_2(x) = 4x^2 - 1,$$
$$U_3(x) = 8x^3 - 4x$$

Chebyshev 다항식 $T_n(x)$가 구간 $-1 \leqq x \leqq 1$에서 가중함수 $r(x) = 1/\sqrt{1-x^2}$에 관하여 직교임을 보여라. (*힌트*. 적분계산을 위해 $\arccos x = \theta$로 두라.) $T_n(x)$, $n = 0, 1, 2, 3$이 다음의 **Chebyshev 방정식**을 만족함을 입증하라.

$$(1 - x^2)y'' - xy' + n^2y = 0$$

(b) 무한구간에서의 직교성: Laguerre 다항식[7]은 $L_0 = 1$, 그리고 다음과 같이 정의된다.

$$L_n(x) = \frac{e^x}{n!}\frac{d^n(x^n e^{-x})}{dx^n}, \qquad n = 1, 2, \cdots$$

다음을 보여라.

$$L_n(x) = 1 - x, \qquad L_2(x) = 1 - 2x + x^2/2,$$
$$L_3(x) = 1 - 3x + 3x^2/2 - x^3/6$$

Laguerre 다항식이 양의 축 $0 \leqq x \leqq \infty$에서 가중함수 $r(x) = e^{-x}$에 관하여 직교임을 증명하라. *힌트*. L_m에서 가장 높은 거듭제곱이 x^m이므로, $k < n$인 경우 $\int e^{-x}x^k L_n\,dx = 0$임을 보이면 충분하다. k번의 부분적분으로 이것을 보여라.

11.6 직교급수. 일반화된 Fourier 급수

Fourier 급수는 직교하는 삼각함수 시스템으로 이루어지며(11.1절 참조), 직교성은 Fourier 계수에 대한 Euler 공식을 얻는 데 있어 필수적이다. 직교성은 Fourier-Legendre 급수와 Fourier-Bessel 급수를 포함하는 일반화된 Fourier 급수의 계수를 구하는 공식을 얻도록 할 것이다. 이 일반화 과정은 다음과 같다.

함수 $y_0, y_1, y_2, \cdots$가 구간 $a \leqq x \leqq b$에서 가중함수 $r(x)$에 관하여 직교한다고 하고, 함수 $f(x)$가 다음과 같이 수렴하는 급수로 표현될 수 있다고 하자.

$$f(x) = \sum_{m=0}^{\infty} a_m y_m(x) = a_0 y_0(x) + a_1 y_1(x) + \cdots \tag{1}$$

이 식을 **직교급수**(orthogonal series), **직교전개**(orthogonal expansion), 또는 **일반화된 Fourier 급수**(generalized Fourier series)라 부른다. 만약 y_m Sturm-Liouville 문제의 고유함수이면, 식 (1)을 **고유함수 전개**(eigenfunction expansion)라 부른다. 식 (1)에서 n은 Bessel 함수의 고정된 차수를 나타내는 데 사용될 것이므로 합의 기호에서는 m을 다시 사용한다.

주어진 $f(x)$에 대하여, $y_0, y_1, \cdots$*에 대한* $f(x)$*의* **Fourier 상수**(Fourier constant)라 부르는 식 (1)의 계수를 결정해야 한다. 직교성 때문에 이것은 간단하다. 11.1절과 유사하게, 식 (1)의 양변에 $r(x)y_n(x)$를 곱하고 양변을 a에서 b까지 적분하면 된다. 항별 적분이 허용되면[예를 들어 15.5절에 보인 것 같이, "균등수렴(uniform convergence)"인 경우에 허용된다] 다음 식이 얻어진다.

[7]EDMOND LAGURRE(1834-1886), 프랑스 수학자로서 기하학과 무한급수이론을 연구하였다.

$$(f, y_n) = \int_a^b r f y_n \, dx = \int_a^b r\left(\sum_{m=0}^{\infty} a_m y_m\right) y_n \, dx = \sum_{m=0}^{\infty} a_m \int_a^b r y_m y_n \, dx = \sum_{m=0}^{\infty} a_m (y_m, y_n)$$

직교성 때문에 오른쪽 적분은 $m = n$일 때를 제외하고는 모두 영이다. 따라서 전체 무한급수는 다음과 같이 하나의 항으로 줄게 된다.

$$a_n(y_n, y_n) = a_n \|y_n\|^2 \qquad \text{따라서} \qquad (f, y_n) = a_n \|y_n\|^2$$

모든 함수 y_n의 노름이 0이 아니라고 가정하면, $\|y_n\|^2$으로 나눌 수 있다; 식 (1)과 일치시키기 위해 n을 m으로 표기하면, 다음과 같은 Fourier 상수의 공식을 얻는다.

$$a_m = \frac{(f, y_m)}{\|y_m\|^2} = \frac{1}{\|y_m\|^2} \int_a^b r(x) f(x) y_m(x) \, dx \qquad (n = 0, 1, \cdots) \tag{2}$$

이 공식은 11.1절 Euler 공식 (6)뿐만 아니라 직교성에 의한 공식의 유도 원리도 일반화시킨다.

예제 1 Fourier-Legendre 급수

Fourier-Legendre 급수는 Legendre 다항식(5.3절)에 의한 고유함수 전개이다.

$$f(x) = \sum_{m=0}^{\infty} a_m P_m(x) = a_0 P_0 + a_1 P_1(x) + a_2 P_2(x) + \cdots = a_0 + a_1 x + a_2(\tfrac{3}{2}x^2 - \tfrac{1}{2}) + \cdots$$

이 다항식들은 구간 $-1 \leqq x \leqq 1$에서 11.5절의 예제 4의 Sturm-Liouville 문제의 고유함수이다. Legendre 방정식에서 $r(x) = 1$이므로, 식 (2)는 다음과 같이 주어진다.

$$a_m = \frac{2m + 1}{2} \int_{-1}^{1} f(x) P_m(x) \, dx \qquad m = 0, 1, \cdots \tag{3}$$

왜냐하면 노름이 다음과 같기 때문이다(노름의 증명은 하지 않는다).

$$\|P_m\| = \sqrt{\int_{-1}^{1} P_m(x)^2 \, dx} = \sqrt{\frac{2}{2m + 1}} \qquad (m = 0, 1, \cdots) \tag{4}$$

이 증명은 까다롭다. 증명을 위해서는 5.2절 연습문제에 있는 Rodrigue의 공식과 감마함수의 몫에 대한 적분결과의 약분을 이용하여야 한다.

예를 들어, $f(x) = \sin \pi x$라 하면 계수는 다음과 같이 얻어진다.

$$a_m = \frac{2m + 1}{2} \int_{-1}^{1} (\sin \pi x) P_m(x) \, dx, \qquad \text{따라서} \qquad a_1 = \frac{3}{2} \int_{-1}^{1} x \sin \pi x \, dx = \frac{3}{\pi} = 0.95493, \text{ 등}$$

따라서 $\sin \pi x$ 의 Fourier-Legendre 급수는 다음과 같다.

$$\sin \pi x = 0.95493 P_1(x) - 1.15824 P_3(x) + 0.21929 P_5(x) - 0.01664 P_7(x) + 0.00068 P_9(x) - 0.00002 P_{11}(x) + \cdots$$

P_{13}의 계수 값은 약 $3 \cdot 10^{-7}$이다. 처음 3개의 0이 아닌 항의 합은 사인곡선과 거의 일치한다. 짝수 계

수 값이 왜 0인지 알 수 있겠는가? 왜 a_3가 절댓값이 가장 큰 계수인가? ■

예제 2 **Fourier-Bessel 급수**

이 급수는 진동하는 얇은 막(vibrating membranes, 12.9절)과 원형 대칭(circular symmetry)인 다른 물리적 시스템을 모델링한다.

단계 1. **Sturm-Liouville 방정식으로서의 Bessel 방정식.** 고정된 정수 $n \geqq 0$인 Bessel 함수 $J_n(x)$는 Bessel 방정식(5.5절)을 만족한다.

$$\tilde{x}^2 \ddot{J}_n(\tilde{x}) + \tilde{x}\dot{J}_n(\tilde{x}) + (\tilde{x}^2 - n^2)J_n(\tilde{x}) = 0$$

여기서 $\dot{J}_n = dJ_n/d\tilde{x}$ and $\ddot{J}_n = d^2J_n/d\tilde{x}^2$이다. $\tilde{x} = kx$로 하면 $x = \tilde{x}/k$이고, 연쇄법칙에 의해 $\dot{J}_n = dJ_n/d\tilde{x} = (dJ_n/dx)/k$, $\ddot{J}_n = J_n''/k^2$이 된다. Bessel 방정식의 첫 번째 두 항에서, k^2과 k가 없어지므로 다음 식을 얻는다.

$$x^2 J_n''(kx) + xJ_n'(kx) + (k^2x^2 - n^2)J_n(kx) = 0$$

x로 나누고 $(xJ'_n(kx))' = xJ''_n(kx) + J'_n(kx)$를 이용하면

$$[xJ_n'(kx)]' + \left(-\frac{n^2}{x} + \lambda x\right)J_n(kx) = 0 \qquad \lambda = k^2 \tag{5}$$

이 식은 $p(x) = x$, $q(x) = -n^2/x$, $r(x) = x$, 매개변수 $\lambda = k^2$인 Sturm-Liouville 방정식이 된다. $p(0) = 0$이므로, 11.5절의 정리 1에 의해서 $x = R$에서 0, 즉

$$J_n(kR) = 0 \tag{6}$$

인 해 $J_n(kx)$는 구간 $0 \leqq x \leqq R$에서 가중함수 x에 관해서 직교한다. $q(x) = -n^2/x$가 불연속임에 주목해야 하나, 이것이 정리 1의 증명에는 영향을 주지 않는다.

단계 2. **직교성.** $J_n(\tilde{x})$는 무한히 많은 0을 가짐을 보일 수 있다(참고문헌 [A13] 참조). $\tilde{x} = a_{n,1} < a_{n,2} < \cdots$라 하자($n = 0$, 1에서 5.4절의 그림 110 참조) 이들을 따라서 다음 식이 성립되어야 한다.

$$kR = \alpha_{n,m} \quad 따라서 \quad k_{n,m} = \alpha_{n,m}/R \qquad (m = 1, 2, \cdots) \tag{7}$$

이상이 다음 직교정리의 증명이다.

정리 1

Bessel 함수의 직교성

음이 아닌 각각의 고정된 정수 n에 대하여 식 (7)과 같은 $k_{n,m}$을 가지는 1종 Bessel 함수들은 구간 $0 \leqq x \leqq R$에서 가중함수 $r(x) = x$에 관하여 직교집합을 이룬다. 즉,

$$\int_0^R xJ_n(k_{n,m}x)J_n(k_{n,j}x)\,dx = 0 \qquad (j \neq m, n\text{은 고정값}) \tag{8}$$

따라서 각 $J_0, J_1, J_2, \cdots$마다 ***무한히 많은*** Bessel 함수들의 ***직교집합***이 얻어진다. 각 집합은 구간 $0 \leqq x \leqq R$ 상에서 선택한 양의 R 값과 가중함수 x에 관하여 직교한다. J_n에 대한 직교집합은 $J_n(k_{n,1}x), J_n(k_{n,2}x), J_n(k_{n,3}x), \cdots$이며, 여기서 n은 고정되며 $k_{n,m}$은 식 (7)로 주어진다.

단계 3. **Fourier-Bessel 급수.** J_n (n은 고정값)에 대응하는 Fourier-Bessel 급수는 다음과 같다.

$$f(x) = \sum_{m=1}^{\infty} a_m J_n(k_{n,m}x) = a_1 J_n(k_{n,1}x) + a_2 J_n(k_{n,2}x) + a_3 J_n(k_{n,3}x) + \cdots \tag{9}$$

계수는 다음 식($\alpha_{n,m} = k_{n,m}R$)이다.

$$a_m = \frac{2}{R^2 J_{n+1}^2(\alpha_{n,m})} \int_0^R x f(x) J_n(k_{n,m}x)\, dx, \qquad m = 1, 2, \cdots \tag{10}$$

위의 식은 다음 노름의 제곱 값이 다음과 같기 때문이다.

$$\|J_n(k_{n,m}x)\|^2 = \int_0^R x J_n^2(k_{n,m}x)\, dx = \frac{R^2}{2} J_{n+1}^2(k_{n,m}R) \tag{11}$$

이 식의 증명은 어려워 생략한다([A13]의 p.576에서 시작하는 설명 참조). ■

예제 3 특별한 Fourier-Bessel 급수

예를 들어, 급수 식 (9)를 $f(x) = 1 - x^2$, $R = 1$, $n = 0$으로 하고, 단순하게 $\alpha_{0,m}$을 λ로 표기하여 계산해 보자. 그러면 $k_{n,m} = \alpha_{0,m} = \lambda = 2.405, 5.520, 11.792$ 등이 된다(부록 5 표 A1 혹은 CAS를 사용하라). 다음으로 식 (10)에 의해 계수 a_m을 계산한다.

$$a_m = \frac{2}{J_1^2(\lambda)} \int_0^1 x(1 - x^2) J_0(\lambda x)\, dx$$

이 계수식은 CAS나 적분공식으로 다음과 같이 계산할 수 있다. 먼저 5.4절 정리 1로부터 $[xJ_1(\lambda x)]' = \lambda x J_0(\lambda x)$임을 이용하여 부분적분하면 다음과 같다.

$$a_m = \frac{2}{J_1^2(\lambda)} \int_0^1 x(1 - x^2) J_0(\lambda x)\, dx = \frac{2}{J_1^2(\lambda)} \left[\frac{1}{\lambda}(1 - x^2) x J_1(\lambda x) \Big|_0^1 - \frac{1}{\lambda} \int_0^1 x J_1(\lambda x)(-2x)\, dx \right]$$

적분이 없는 부분은 0이 된다. 나머지 적분은 5.4절 정리 1로부터 $[x^2 J_2(\lambda x)]' = \lambda x^2 J_1(\lambda x)$에 의해 다음과 같이 계산된다.

$$a_m = \frac{4 J_2(\lambda)}{\lambda^2 J_1^2(\lambda)} \qquad (\lambda = \alpha_{0,m})$$

수치 값은 CAS로부터 얻을 수 있다. (혹은 5.4절 정리 1에서 공식 $J_2 = 2x^{-1}J_1 - J_0$와 함께 부록 1 참고문헌 [GenRef1]의 p.409 표로부터도 얻어진다.) 이 내용은 Bessel 함수들 J_0에 의한 $1 - x^2$의 고유함수 전개가 다음과 같이 됨을 보인다.

$$1 - x^2 = 1.1081 J_0(2.405x) - 0.1398 J_0(5.520x) + 0.0455 J_0(8.654x) - 0.0210 J_0(11.792x) + \cdots$$

그래프는 $1 - x^2$의 곡선과 위의 식 오른쪽 첫 세 항 합의 곡선이 거의 일치함을 보일 것이다. ■

평균 제곱 수렴. 완전성

마지막 절에서 근사화에 관한 개념은 Fourier 급수로부터 "완전한(complete)" 정규직교집합으로 이루어지는 직교급수로 일반화한다. 즉, 식 (1)이 다른 많은 함수를 표현할 수 있도록 "충분히 많은(sufficiently large)" 함수로 정규직교집합이 구성된다는 것이다(아래 정의 참조).

이와 연관하여, 수렴은 **노름에 의한 수렴**(convergence in the norm)이며, **평균 제곱 수**

렴(mean square convergence)이라 부른다; 즉, 만약 다음 식이 만족하면 함수 f_k의 수열이 극한 f에 **수렴**(convergent)한다고 한다.

$$\lim_{k\to\infty} \|f_k - f\| = 0; \tag{12*}$$

11.5절의 식 (5)에 의해 다음 식으로도 표현된다. (제곱근은 극한에 영향을 주지 않으므로 생략 가능하다.)

$$\lim_{k\to\infty} \int_a^b r(x)[f_k(x) - f(x)]^2\, dx = 0 \tag{12}$$

따라서 다음 식이 만족하면 급수 식 (1)은 수렴하며 함수 f를 표현한다.

$$\lim_{k\to\infty} \int_a^b r(x)[s_k(x) - f(x)]^2\, dx = 0 \tag{13}$$

여기서, s_k는 다음과 같이 식 (1)의 k번째까지의 부분합이다.

$$s_k(x) = \sum_{m=0}^{k} a_m y_m(x) \tag{14}$$

식 (13)에서의 적분이 11.4절 식 (3)을 일반화한다는 것에 주목할 필요가 있다.

이제 완전성을 정의하자. **정규직교**(orthonormal)집합 $y_0, y_1, \cdots$이 구간 $a \leqq x \leqq b$에서 정의된 *함수들의 집합 S에서* **완전**하다는 것은 S에 속하는 모든 함수 f가 선형합 $a_0y_0 + a_1y_1 + \cdots + a_ky_k$에 의해서 노름으로 임의로 가까이 근사화할 수 있을 때이다. 즉 기술적으로는, 만약 모든 $\epsilon > 0$에 대하여 다음 식이 만족하는 상수 $a_0, \cdots, a_k$(충분히 큰 k)를 찾을 수 있으면 완전하다는 것이다.

$$\|f - (a_0y_0 + \cdots + a_ky_k)\| < \epsilon \tag{15}$$

부록 1의 참고문헌 [GenRef7]은 *완전함* 대신에 현대적인 용어 **전체**(total)를 사용한다.

이제 11.4절의 식 (3)으로부터 그 절의 Bessel과 Parseval의 공식 (7)과 식 (8)로 유도한 11.4절의 개념을 확장해보자. 식 (13)에 있는 제곱을 풀고 식 (14)를 이용하면 다음 식을 얻는다(11.4절의 식 (4)와 유사).

$$\begin{aligned}\int_a^b r(x)[s_k(x) - f(x)]^2\, dx &= \int_a^b rs_k^2\, dx - 2\int_a^b rfs_k\, dx + \int_a^b rf^2\, dx \\ &= \int_a^b r\left[\sum_{m=0}^{k} a_m y_m\right]^2 dx - 2\sum_{m=0}^{k} a_m \int_a^b rfy_m\, dx + \int_a^b rf^2\, dx\end{aligned}$$

오른쪽의 첫 적분은 $m \neq l$일 때 $\int ry_my_l\, dx = 0$이고, $\int ry_m^2\, dx = 1$이므로 $\sum a_m^2$과 같다. 오른쪽의 두 번째 합에서, 적분은 $\|y_m\|^2 = 1$인 식 (2)에 의해 a_m과 같다. 따라서 오른쪽 첫 항은 두 번째 항의 반을 상쇄하므로 오른쪽은 다음과 같이 간단하게 된다(11.4절 식 (6)과 유사).

$$-\sum_{m=0}^{k} a_m^2 + \int_a^b rf^2\,dx$$

앞의 공식에서 왼쪽의 피적분함수가 음이 아니므로(가중함수 $r(x)$가 양임을 상기하라!) 왼쪽의 적분도 음이 아니고, 따라서 위의 식은 음이 아니다. 이 내용은 다음의 중요한 **Bessel 부등식**(Bessel's inequality)을 증명한다(11.4절의 식 (7)과 유사).

(16)
$$\sum_{m=0}^{k} a_m^2 \leqq \|f\|^2 = \int_a^b r(x)f(x)^2\,dx \qquad (k = 1, 2, \cdots)$$

왼쪽이 오른쪽에 의해서 유계인 단조 증가 수열이므로, 부록 A.3.3의 잘 알려진 정리 1에 의해 위의 식은 수렴하므로, $k \to \infty$로 보낼 수 있다. 그러므로

(17)
$$\sum_{m=0}^{\infty} a_m^2 \leqq \|f\|^2$$

더욱이, 만약 $y_0, y_1, \cdots$이 함수 집합 S에서 완전하면, 식 (13)은 S에 속하는 모든 함수 f에 대해 성립한다. 식 (13)에 의해 $k \to \infty$일 때 식 (16)의 등호가 성립한다. 따라서 완전성이 성립하는 경우 S의 모든 함수 f는 이른바 다음의 **Parserval 등식**(equality)을 만족한다(11.4절의 식 (8)과 유사).

(18)
$$\sum_{m=0}^{\infty} a_m^2 = \|f\|^2 = \int_a^b r(x)f(x)^2\,dx$$

식 (18)의 결과로 *완전성*이 만족되는 경우 정규직교집합의 모든 함수에 직교하는 함수는 노름이 0이 되는 자명한 함수를 제외하고 없다는 것을 증명할 수 있다.

정리 2

완전성(Completeness)

구간 $a \leqq x \leqq b$에서 $y_0, y_1, \cdots$을 함수집합 S에서 완전정규직교집합이라 하자. 이 경우 만약 S에 속하는 함수 f가 모든 y_m에 직교한다면, 이 함수는 0의 노름 값을 가져야 한다. 특히, 만약 함수 f가 연속이면, f는 항등적으로 0이 되어야 한다.

증명. f가 모든 y_m에 직교하므로, 식 (18)의 왼쪽은 0이 되어야 한다. 만약 f가 연속이고 $\|f\| = 0$이면 $f(x) \equiv 0$이다. 이것은 가정에 의해 $r(x) > 0$이므로 11.5절의 식 (5)로부터 y_m을 f로 대체하여 직접적으로 알 수 있다. ■

연습문제 11.6

1-7 Fourier-Legendre 급수

풀이 과정을 상세히 하여 다음 식을 전개하라.

1. $63x^5 - 90x^3 + 35x$

2. $(x + 1)^2$

3. $1 - x^4$

4. $1, x, x^2, x^3, x^4$

5. 만약 $f(x)$가 우함수이면(기함수이면), 이 함수의 Fourier -Legendre 급수가 m이 짝수인 $P_m(x)$항만(m이 홀수인 $P_m(x)$항만)을 포함함을 증명하라. 예를 들어 보라.

6. 만약 $f(x)$의 Maclaurin 급수가 제곱 항 $x^{4m}(m = 0, 1, 2, \cdots)$만을 포함한다면, $f(x)$의 Fourier-Legendre 급수 계수에 관하여 무엇이라 설명할 수 있는가?

7. 만약 *다항식* $f(x)$의 계수를 변경한다면 $f(x)$의 Fourier-Legendre 급수에는 무슨 변화가 일어나는가? 실험을 해보고, 답을 증명해 보라.

8-13 CAS 실험

FOURIER–LEGENDRE 급수. 그래프가 $f(x)$의 그래프와 거의 일치할 부분합 S_{m_0}까지의 부분합을 구하고 그래프로(동일축 상에) 그려라. 이 경우 m_0 값은 얼마인가. m_0의 크기에 어느 정도 좌우되는가?

8. $f(x) = \sin \pi x$

9. $f(x) = \sin 2\pi x$

10. $f(x) = e^{-x^2}$

11. $f(x) = (1 + x^2)-1$

12. $f(x) = J_0(\alpha_{0,1}x)$, $\alpha_{0,1}$은 $J_0(x)$의 첫 번째 양의 0이다.

13. $f(x) = J_0(\alpha_{0,2}x)$, $\alpha_{0,2}$는 $J_0(x)$의 두 번째 양의 0이다.

14. 조별 과제. **전체 실축 상에서의 직교성. Hermite 다항식.**[8] 이 직교다항식은 $He_0(x) = 1$과 다음 식으로 정의된다.

$$He_n(x) = (-1)^n e^{x^2/2} \frac{d^n}{dx^n}(e^{-x^2/2}), \qquad n = 1, 2, \cdots \tag{19}$$

참고. 많은 특수함수의 경우와 같이, 문헌에서는 하나 이상의 표기법을 사용하며, 어떤 경우에는 Hermite 다항식을 다음 식과 같은 함수로 정의한다.

$$H_0^* = 1, \qquad H_n^*(x) = (-1)^n e^{x^2} \frac{d^n e^{-x^2}}{dx^n}$$

이것은 여기서의 정의와는 다르지만, 응용분야에서 선호하는 표기법이다.

(a) 작은 n 값. 다음 식이 만족됨을 보여라.

$$He_1(x) = x, \qquad He_2(x) = x^2 - 1,$$
$$He_3(x) = x^3 - 3x, \qquad He_4(x) = x^4 - 6x^2 + 3$$

(b) 생성함수(generating function).

$He_n(x) = n!\, a_n(x)$이므로 Hermite 다항식의 생성함수는 다음과 같음을 증명하라.

$$e^{tx - t^2/2} = \sum_{n=0}^{\infty} a_n(x) t^n \tag{20}$$

힌트. Maclaurin 급수 계수에 대한 공식을 사용하고 $tx - \frac{1}{2}t^2 = \frac{1}{2}x^2 - \frac{1}{2}(x - t)^2$임에 주목하라.

(c) 도함수(derivative). 생성함수를 x에 대해 미분하여 다음 식이 성립함을 보여라.

$$He_n'(x) = nHe_{n-1}(x) \tag{21}$$

(d) x–축 상에서의 직교성은 $x \to \pm\infty$가 됨에 따라 충분히 빠르게 0으로 감소되는 가중함수를 필요로 한다(왜?). Hermite 다항식이 $-\infty < x < \infty$에서 가중함수 $r(x) = e^{-x^2/2}$에 관하여 직교임을 보여라. *힌트.* 부분적분과 식 (21)을 이용하라.

(e) 상미분방정식(ODEs). 다음 식이 성립함을 보여라.

$$He_n'(x) = xHe_n(x) - He_{n+1}(x) \tag{22}$$

n 대신 $n - 1$을 사용한 위의 식과 식 (21)을 이용하여 $y = He_n(x)$가 다음의 상미분방정식을 만족함을 보여라.

$$y'' = xy' + ny = 0 \tag{23}$$

$w = e^{-x^2/4}y$가 다음 **Weber 방정식**의 해임을 보여라.

$$w'' + (n + \tfrac{1}{2} - \tfrac{1}{4}x^2)w = 0 \qquad (n = 0, 1, \cdots) \tag{24}$$

15. CAS 실험. **Fourier-Bessel 급수.** 예제 2와 $R = 1$을 사용하면 다음 급수를 구하라.

$$f(x) = a_1 J_0(\alpha_{0,1}x) + a_2 J_0(\alpha_{0,2}x) + a_3 J_0(\alpha_{0,3}x) + \cdots \tag{25}$$

여기서 $\alpha_{0,1}, \alpha_{0,2}, \cdots$은 CAS(혹은 부록표 A1 참조)로부터 구한 $J_0(x)$의 0점들이다.

---

[8] CHARLES HERMITE(1822-1091), 프랑스의 수학자로서 대수학과 수 이론에서 그의 업적이 알려져 있다. 유명한 HENRI POINCARÉ(1854-1912)가 그의 제자 중 한 사람이다.

(a) 동일축 상 $0 \leqq x \leqq 1$에서 $J_0(\alpha_{0,1}x), \cdots, J_0(\alpha_{0,10}x)$의 그래프를 그려라.

(b) 식 (25)의 부분합을 계산하는 프로그램을 작성하라. 어떤 함수 $f(x)$에 대하여 CAS가 적분을 계산할 수 있는지 알아보라. 이런 함수 2개를 취하고 계수의 감소 정도를 관찰하여 수렴속도에 미치는 영향을 실험적으로 설명하라.

(c) 식 (25)에서 $f(x) = 1$로 하고 $\nu = 1$로 한 5.4절 식 (21a)을 사용하여 계수에 대한 적분을 해석적으로 계산하라. 동일축 상에 첫 몇 개 부분합의 그래프를 그려라.

11.7 Fourier 적분

Fourier 급수는 주기적 함수나 유한구간 상에서만 관심이 있는 함수들을 포함하는 문제에 대해서는 강력한 도구이다. 먼저 11.2절과 11.3절에서 이러한 내용은 설명되었으며, 다양한 다른 응용에 대해서는 12장에서 다룬다. 실제로 많은 문제들이 ***비주기***(nonperiodic) 함수나 *전체 x축 상에서 관심의 대상*이 되는 함수를 포함하므로, Fourier 급수에서의 방법을 비주기 함수에 확장적용하기 위해 무엇을 해야 하는가 하는 의문이 생긴다. 이러한 개념이 "Fourier 적분"에 이르게 한다.

예제 1에서, 주기가 $2L$인 어떤 함수 f_L에서 $L \to \infty$가 되면 이 함수의 Fourier 계수에는 어떤 현상이 일어나는가를 알아보는 것으로 시작해 보자. 예제 1의 내용은 주기가 $2L$인 *임의* 함수에도 동일하게 적용할 수 있으며, 이 내용이 이 절의 중요한 결과를 유발하고 암시한다. 이 중요한 결과는 아래 정리 1에 주어지는 적분 표현식이다.

예제 1 사각파(rectangular wave)

다음 식으로 주어지는 주기 $2L > 2$인 주기적인 사각파 $f_L(x)$를 고려하자.

$$f_L(x) = \begin{cases} 0 & (-L < x < -1) \\ 1 & (-1 < x < \ \ 1) \\ 0 & (\ \ 1 < x < L\ ) \end{cases}$$

그림 280의 왼쪽에서는 $2L = 4, 8, 16$일 때의 이 함수 f_L과 주기 $L \to \infty$일 때 f_L로부터 얻어지는 비주기 함수 $f(x)$를 보인다.

$$f(x) = \lim_{L\to\infty} f_L(x) = \begin{cases} 1 & (-1 < x < 1) \\ 0 & \text{그 밖의 경우} \end{cases}$$

이제 L이 증가함에 따라 f_L의 Fourier 계수가 어떻게 되는가 살펴보자. 함수 f_L이 우함수이므로, 모든 n에 대해 $b_n = 0$이다.

11.2절의 Euler 공식 (6)을 이용하면 a_n은 다음과 같다.

$$a_0 = \frac{1}{2L}\int_{-1}^{1} dx = \frac{1}{L}, \qquad a_n = \frac{1}{L}\int_{-1}^{1} \cos\frac{n\pi x}{L}\, dx = \frac{2}{L}\int_{0}^{1} \cos\frac{n\pi x}{L}\, dx = \frac{2}{L}\,\frac{\sin(n\pi/L)}{n\pi/L}$$

이와 같은 Fourier 계수의 수열을 f_L의 **진폭스펙트럼**(amplitude spectrum)이라 한다. 그 이유는 파형 $a_n \cos(n\pi x/L)$의 최대 진폭이 $|a_n|$이기 때문이다. 그림 280에서 주기 $2L = 4, 8, 16$일 때의 스펙트럼을 볼 수 있다. 그리고 L이 증가함에 따라 이 진폭들은 양의 w_n축 상에서 점점 조밀해짐을 알 수 있으며, 여기서 $w_n = n\pi/L$이다. 실제로 $2L = 4, 8, 16$인 경우 진폭의 개수는 함수 $(2 \sin w_n)/(Lw_n)$(그림에서 점선)의 "반파장(half-wave)" 내에 각각 1, 3, 7개가 있게 된다. 따라서 $2L = 2^k$에 대해서는 $2^{k-1} - 1$개

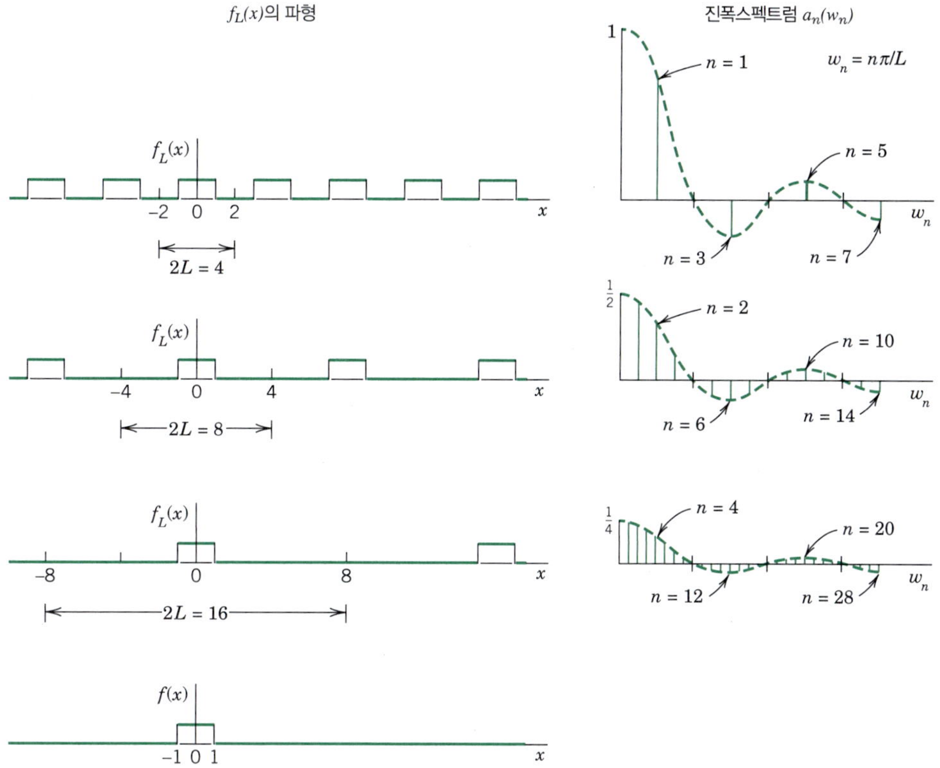

그림 280. 예제 1의 파형과 진폭스펙트럼

의 진폭을 반파장마다 가지므로, 궁극적으로는 양의 w_n축 상 어디에서나 이 진폭들은 조밀해질 것이다. (그리고 그 간격은 0으로 감소될 것이다.)

이 예제의 결과로부터, 이러한 내용을 임의의 함수에 적용할 경우 기대되는 결과를 직관적으로 예상할 수 있다. ■

Fourier 급수로부터 Fourier 적분으로

이제 다음의 Fourier 급수로 표현되는 주기 $2L$인 주기함수 $f_L(x)$를 고려해 보자.

$$f_L(x) = a_0 + \sum_{n=1}^{\infty} (a_n \cos w_n x + b_n \sin w_n x), \qquad w_n = \frac{n\pi}{L}$$

이 식에서 $L \to \infty$로 하면 어떻게 되는지 알아보자. 예제 1과 더불어 여기에서는 당면한 계산식에서 $\cos wx$와 $\sin wx$를 포함하고 w는 더 이상 π/L의 정수배인 $w = w_n = n\pi/L$에 국한되지 않고 모든 값을 취하는 적분(급수 대신)을 고려해야 한다는 것이다. 이와 같은 적분이 어떤 형식이 될 것인지 알아보자.

11.2절의 Euler 공식 (6)의 a_n과 b_n을 대입하고 적분변수를 v로 하면, $f_L(x)$의 Fourier 급수는 다음과 같이 표현된다.

$$f_L(x) = \frac{1}{2L}\int_{-L}^{L} f_L(v)\,dv + \frac{1}{L}\sum_{n=1}^{\infty}\left[\cos w_n x \int_{-L}^{L} f_L(v)\cos w_n v\,dv + \sin w_n x \int_{-L}^{L} f_L(v)\sin w_n v\,dv\right]$$

다음과 같이 놓으면

$$\Delta w = w_{n+1} - w_n = \frac{(n+1)\pi}{L} - \frac{n\pi}{L} = \frac{\pi}{L}$$

$1/L = \Delta w/\pi$이므로, Fourier 급수를 다음과 같이 쓸 수 있다.

$$(1)\qquad f_L(x) = \frac{1}{2L}\int_{-L}^{L} f_L(v)\,dv + \frac{1}{\pi}\sum_{n=1}^{\infty}\Big[(\cos w_n x)\,\Delta w \int_{-L}^{L} f_L(v)\cos w_n v\,dv + (\sin w_n x)\Delta w \int_{-L}^{L} f_L(v)\sin w_n v\,dv\Big]$$

이 표현식은 임의의 유한한 고정된 L 값에서 타당하다.

이제 $L \to \infty$로 하여 얻어지는 다음 비주기 함수가

$$f(x) = \lim_{L\to\infty} f_L(x)$$

x축 상에서 **절대적분가능**(absolutely integrable)하다고 가정한다; 즉 다음의 (유한한!) 극한이 존재한다고 가정한다:

$$(2)\qquad \lim_{a\to-\infty}\int_{a}^{0} |f(x)|\,dx + \lim_{b\to\infty}\int_{0}^{b} |f(x)|\,dx \quad \left(\text{written } \int_{-\infty}^{\infty} |f(x)|\,dx\right)$$

이럴 경우 $1/L \to 0$이고, 식 (1) 오른쪽 첫 항의 값은 0으로 접근하게 된다. 또한 $\Delta w = \pi/L \to 0$이므로, 식 (1)의 무한급수가 0에서 ∞까지의 적분이 되는 것은 ***타당***하므로 $f(x)$를 다음과 같이 표현한다.

$$(3)\qquad f(x) = \frac{1}{\pi}\int_{0}^{\infty}\Big[\cos wx \int_{-\infty}^{\infty} f(v)\cos wv\,dv + \sin wx \int_{-\infty}^{\infty} f(v)\sin wv\,dv\Big]dw$$

다음의 관계를 이용하면

$$(4)\qquad A(w) = \frac{1}{\pi}\int_{-\infty}^{\infty} f(v)\cos wv\,dv, \qquad B(w) = \frac{1}{\pi}\int_{-\infty}^{\infty} f(v)\sin wv\,dv$$

식 (3)은 다음과 같다.

$$(5)\qquad f(x) = \int_{0}^{\infty} [A(w)\cos wx + B(w)\sin wx]\,dw$$

이 식을 **Fourier 적분**(Fourier integral)에 의한 $f(x)$의 표현이라 한다.

이와 같은 접근방법은 단지 표현식 (5)를 ***제안***할 뿐이고, 식 (5)를 성립시킨다고 볼 수 없다; 실제로 Δw가 0에 접근함에 따라 식 (1)에서 급수의 극한은 적분식 (3)의 정의는 아니다. 식 (5)의 타당성에 대한 충분조건은 다음 정리와 같다.

정리 1

Fourier 적분

만일 $f(x)$가 모든 유한구간에서 구분연속이고(6.1절 참조), *모든 점에서 좌측 도함수와 우측 도함수를 가지고*(11.1절 참조), *식* (2)*의 적분이 존재한다면 $f(x)$는 식* (4)*로 주어지는 A, B를 가지는 적분식* (5)*로 표현될 수 있다. $f(x)$가 불연속인 점에서의 Fourier 적분값은 그 점에서 $f(x)$의 좌 및 우 극한값의 평균과 같다*(11.1절 참조)(증명은 부록 1 참고문헌 [C12] 참조).

Fourier 적분의 응용

Fourier 적분의 주된 응용은 상미분방정식과 편미분방정식을 푸는 데 있으며, 12.6절에서 편미분방정식 응용을 다룬다. 그렇지만 다음 예제와 같이, Fourier 적분은 적분을 하거나 적분에 의해 정의되는 함수를 설명하는 데도 이용될 수 있다.

예제 2 **단일파동, 사인적분. Dirichlet의 불연속인자. Gibbs 현상**

다음 함수의 Fourier 적분 표현을 구하라.

$$f(x) = \begin{cases} 1 & (|x| < 1) \\ 0 & (|x| > 1) \end{cases} \qquad \text{(그림 281)}$$

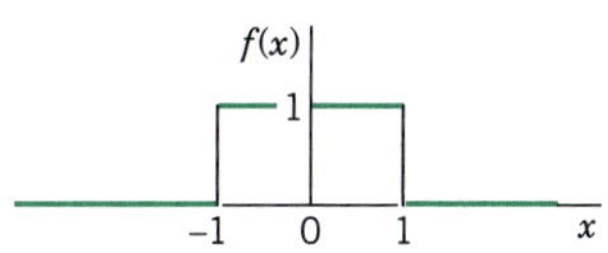

그림 281. 예제 2

풀이. 식 (4)로부터 다음 식이 얻어진다.

$$A(w) = \frac{1}{\pi}\int_{-\infty}^{\infty} f(v)\cos wv\, dv = \frac{1}{\pi}\int_{-1}^{1}\cos wv\, dv = \frac{\sin wv}{\pi w}\bigg|_{-1}^{1} = \frac{2\sin w}{\pi w}$$

$$B(w) = \frac{1}{\pi}\int_{-1}^{1}\sin wv\, dv = 0$$

따라서 식 (5)로부터 답은 다음과 같다.

$$f(x) = \frac{2}{\pi}\int_{0}^{\infty}\frac{\cos wx \sin w}{w}\, dw \tag{6}$$

$x = 1$에서 $f(x)$의 좌 및 우 극한값의 평균은 $(1 + 0)/2 = \frac{1}{2}$이다.

더욱이, 식 (6)과 정리 1로부터 다음 식을 얻는다($\pi/2$를 곱하면).

$$\int_{0}^{\infty}\frac{\cos wx \sin w}{w}\, dw = \begin{cases} \pi/2 & (0 \leqq x < 1), \\ \pi/4 & (x = 1), \\ 0 & (x > 1) \end{cases} \tag{7}$$

이 적분을 **Dirichlet의 불연속인자**(discontinuous factor)라 한다(P. L. Dirichlet에 대해서는 10.8절 참조).

$x = 0$의 경우가 특별히 흥미가 있으며, 만약 $x = 0$이면 식 (7)은 다음과 같이 된다.

(8*)
$$\int_0^{\infty} \frac{\sin w}{w}\, dw = \frac{\pi}{2}$$

이 적분이 **사인적분**(sine integral)이라고 부르는 다음 식의 $u \to \infty$일 때의 극한값이다.

(8)
$$\mathrm{Si}(u) = \int_0^{u} \frac{\sin w}{w}\, dw$$

Si(u)와 피적분함수의 그래프는 그림 282와 같다.

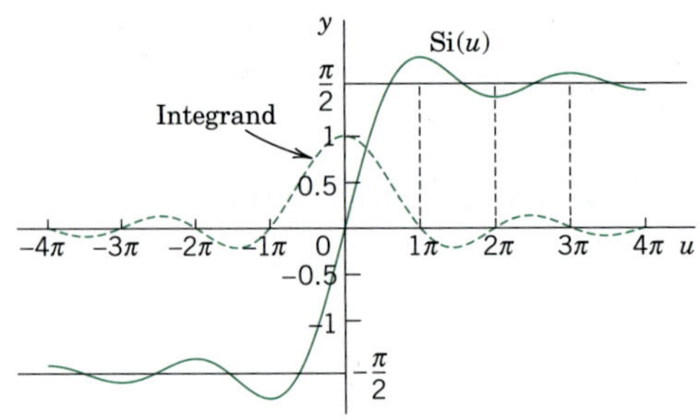

그림 282. 사인적분 Si(u)와 피적분함수

Fourier 급수의 경우 부분합 그래프는 Fourier 급수로 표현되는 주기함수 곡선의 근사 곡선이다. 비슷하게, 식 (5)의 Fourier 적분의 경우는, 근사는 ∞를 a로 대체함으로써 얻어진다. 그러므로 다음의 적분은 식 (6)의 오른쪽을 근사하며, 따라서 $f(x)$를 근사한다.

(9)
$$\frac{2}{\pi}\int_0^{a} \frac{\cos wx \sin w}{w}\, dw$$

그림 283에서 $f(x)$의 불연속점 근처의 진동을 볼 수 있다. 이 진동은 a가 무한대로 접근함에 따라 없어질 것으로 기대할지 모르지만, 사실 그렇지 않다; 즉 a가 증가함에 따라 진동은 $x = \pm 1$ 점 가까이로 이동된다. 이 예상치 않은 움직임은 Fourier 급수에 관해서도 발생하며(11.2절 연습문제 참조), **Gibbs 현상**(Gibbs phenomena)으로 알려져 있다. 식 (9)를 사인적분항으로 표시함으로써 이 현상을 다음과 같이 설명할 수 있다. 부록 A3.1의 식 (11)을 이용하면 식 (9)는 다음과 같다.

$$\frac{2}{\pi}\int_0^{a} \frac{\cos wx \sin w}{w}\, dw = \frac{1}{\pi}\int_0^{a} \frac{\sin (w + wx)}{w}\, dw + \frac{1}{\pi}\int_0^{a} \frac{\sin (w - wx)}{w}\, dw$$

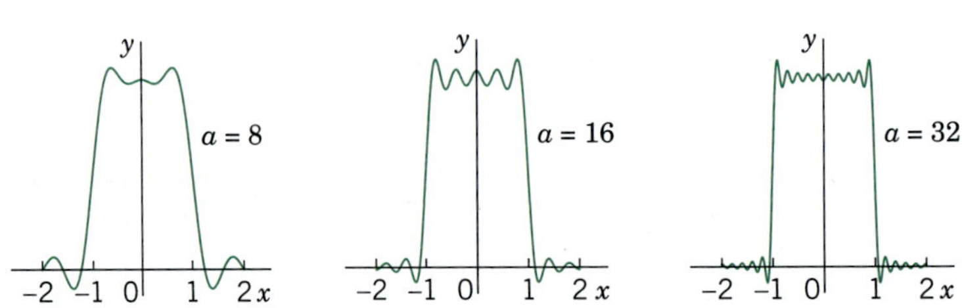

그림 283. $a = 8, 16, 32$에 대한 식 (9)의 적분, Gibbs 현상의 발생 예시

오른쪽 첫 적분에서, $w + wx = t$로 하면 $dw/w = dt/t$가 되고, 구간 $0 \leqq w \leqq a$는 구간 $0 \leqq t \leqq (x+1)\,a$가 된다. 마지막 적분에서 $w - wx = -t$로 하면, $dw/w = dt/t$가 되고, 구간 $0 \leqq w \leqq a$는 구간 $0 \leqq t \leqq (x-1)\,a$가 된다. 사인은 기함수로써 $\sin(-t) = -\sin(t)$이므로 다음 식이 얻어진다.

$$\frac{2}{\pi}\int_0^a \frac{\cos wx \sin w}{w}\,dw = \frac{1}{\pi}\int_0^{(x+1)a} \frac{\sin t}{t}\,dt - \frac{1}{\pi}\int_0^{(x-1)a} \frac{\sin t}{t}\,dt$$

이 식과 식 (8)로부터 적분식 (9)는 다음과 같으며, 그림 283의 진동은 그림 282 진동의 결과임을 알 수 있다.

$$\frac{1}{\pi}\,\mathrm{Si}(a[x+1]) - \frac{1}{\pi}\,\mathrm{Si}(a[x-1])$$

여기서 a의 증가는 축 상에서 척도를 변환시키는 것에 해당되며 진동을 불연속점 -1과 1로 이동시키는 원인이 된다. ■

Fourier 코사인적분과 Fourier 사인적분

함수가 우함수나 기함수의 경우 Fourier *급수*가 간단해지듯이(11.2절 참조), Fourier *적분*도 간단해져 계산을 줄일 수 있다. 실제로 f가 Fourier 적분 표현식을 가지며 *우함수*이면 식 (4)에서 $B(w) = 0$이다. 이 내용은 $B(w)$의 피적분함수가 기함수이므로 성립된다. 그러면 식 (5)의 Fourier 적분은 다음의 **Fourier 코사인적분**(Fourier cosine integral)으로 줄게 된다.

(10) $$f(x) = \int_0^\infty A(w)\cos wx\,dw \qquad \text{여기서} \qquad A(w) = \frac{2}{\pi}\int_0^\infty f(v)\cos wv\,dv$$

$A(w)$에서의 변화를 주목하자: 우함수 f에 대해서 피적분함수가 우함수이므로 $-\infty$에서 ∞까지의 적분은 11.2절 식 (7a)의 경우와 같이 0에서 ∞까지 적분의 두 배와 같다.

유사하게 f가 Fourier 적분 표현이고 *기함수*이면, 식 (4)에서 $A(w) = 0$이 된다. $A(w) = 0$이 되는 것은 $A(w)$의 피적분함수가 기함수이기 때문이다. 그러므로 식 (5)의 Fourier 적분은 **Fourier 사인적분**(Fourier sine integral)이 된다.

(11) $$f(x) = \int_0^\infty B(w)\sin wx\,dw \qquad \text{여기서} \qquad B(w) = \frac{2}{\pi}\int_0^\infty f(v)\sin wv\,dv$$

$B(w)$에서 적분 구간이 0에서 ∞까지로 변화된 것은 $B(w)$가 우함수이기 때문이다(기함수와 기함수의 곱은 우함수).

앞의 절에서 지적하였듯이 Fourier 적분 표현의 주된 응용은 미분방정식에 있다. 그러나, 이 적분표현은 적분의 계산에도 역시 도움이 된다. 다음의 예가 0에서 ∞까지의 적분에 대한 예시이다.

예제 3 LapLace 적분

함수 $f(x) = e^{-kx}$의 Fourier 코사인 및 사인적분을 유도해보자. 여기서 $x > 0$, $k > 0$이다(그림 284).

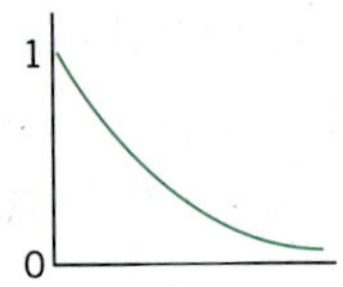

그림 284. 예제 3에서의 $f(x)$

이 결과는 소위 Laplace 적분을 계산하는 데 이용될 것이다.

풀이. (a) 식 (10)으로부터 $A(w) = \dfrac{2}{\pi}\displaystyle\int_0^\infty e^{-kv}\cos wv\, dv$이므로, 이것을 부분적분하면 다음과 같다.

$$\int e^{-kv}\cos wv\, dv = -\frac{k}{k^2 + w^2}e^{-kv}\left(-\frac{w}{k}\sin wv + \cos wv\right)$$

만약 $v = 0$이면, 오른쪽 표현식은 $-k/(k^2 + w^2)$이 된다. 그리고 만약 v가 무한대로 가면, 지수 부분으로 인해 오른쪽 항은 0이 된다. 따라서 이 적분에 $2/\pi$를 곱해서 0에서 ∞까지 적분하는 $A(w)$는 다음과 같다.

$$A(w) = \frac{2k/\pi}{k^2 + w^2} \tag{12}$$

이 식을 식 (10)의 첫 번째 적분에 대입하면 Fourier 코사인적분 표현을 얻는다. 이 표현으로부터 다음 식이 얻어진다.

$$f(x) = e^{-kx} = \frac{2k}{\pi}\int_0^\infty \frac{\cos wx}{k^2 + w^2}dw \qquad (x > 0,\quad k > 0)$$

이 표현으로부터 다음 식이 얻어진다.

$$\int_0^\infty \frac{\cos wx}{k^2 + w^2}dw = \frac{\pi}{2k}e^{-kx} \qquad (x > 0,\quad k > 0) \tag{13}$$

(b) 유사하게, 식 (11)로부터 $B(w) = \dfrac{2}{\pi}\displaystyle\int_0^\infty e^{-kv}\sin wv\, dv$이므로, 부분적분하면 다음과 같다.

$$\int e^{-kv}\sin wv\, dv = -\frac{w}{k^2 + w^2}e^{-kv}\left(\frac{k}{w}\sin wv + \cos wv\right)$$

이 식은 만약 $v = 0$이면 $-w/(k^2 + w^2)$이고, $v \to \infty$이면 0에 접근한다. 따라서

$$B(w) = \frac{2w/\pi}{k^2 + w^2} \tag{14}$$

식 (14)로부터 Fourier 사인적분 표현은 다음과 같이 얻어진다.

$$f(x) = e^{-kx} = \frac{2}{\pi}\int_0^\infty \frac{w\sin wx}{k^2 + w^2}dw$$

이 결과로부터 다음 식이 성립함을 알 수 있다.

$$\int_0^\infty \frac{w\sin wx}{k^2 + w^2}dw = \frac{\pi}{2}e^{-kx} \qquad (x > 0,\quad k > 0) \tag{15}$$

식 (13)과 식 (15)의 적분을 **Laplace 적분**(Laplace integrals)이라 한다. ■

연습문제 11.7

1-6 적분의 계산

주어진 적분이 지적된 함수를 나타냄을 보여라. *힌트*. 식 (5), 식 (10), 혹은 식 (11)을 이용하라; 적분으로부터 어느 식을 사용할 지를 알 수 있으며, 적분 값으로부터는 고려해야 할 함수를 알 수 있다. 자세한 풀이 과정을 보여라.

1. $\displaystyle\int_0^\infty \frac{\cos xw + w\sin xw}{1+w^2}\,dx = \begin{cases} 0 & (x<0) \\ \pi/2 & (x=0) \\ \pi e^{-x} & (x>0) \end{cases}$

2. $\displaystyle\int_0^\infty \frac{\sin \pi w \sin xw}{1-w^2}\,dw = \begin{cases} \frac{\pi}{2}\sin x & (0 \leqq x \leqq \pi) \\ 0 & (x>\pi) \end{cases}$

3. $\displaystyle\int_0^\infty \frac{1-\cos \pi w}{w}\sin xw\,dw = \begin{cases} \frac{1}{2}\pi & (0<x<\pi) \\ 0 & (x>\pi) \end{cases}$

4. $\displaystyle\int_0^\infty \frac{\cos \frac{1}{2}\pi w}{1-w^2}\cos xw\,dw = \begin{cases} \frac{1}{2}\pi\cos x & (0<|x|<\frac{1}{2}\pi) \\ 0 & (|x| \geqq \frac{1}{2}\pi) \end{cases}$

5. $\displaystyle\int_0^\infty \frac{\sin w - w\cos w}{w^2}\sin xw\,dw = \begin{cases} \frac{1}{2}\pi x & (0<x<1) \\ \frac{1}{4}\pi & (x=1) \\ 0 & (x>1) \end{cases}$

6. $\displaystyle\int_0^\infty \frac{w^3\sin xw}{w^4+4}\,dw = \frac{1}{2}\pi e^{-x}\cos x \quad (x>0)$

7-12 Fourier 코사인적분 표현

함수 $f(x)$를 식 (10)의 적분으로 표현하라.

7. $f(x) = \begin{cases} 1 & (0<x<1) \\ 0 & (x>1) \end{cases}$

8. $f(x) = \begin{cases} x^2 & (0<x<1) \\ 0 & (x>1) \end{cases}$

9. $f(x) = 1/(1+x^2)$ [$x>0$. *힌트*. 식 (13) 참조]

10. $f(x) = \begin{cases} a^2 - x^2 & (0<x<a) \\ 0 & (x>a) \end{cases}$

11. $f(x) = \begin{cases} \sin x & (0<x<\pi) \\ 0 & (x>\pi) \end{cases}$

12. $f(x) = \begin{cases} e^{-x} & (0<x<a) \\ 0 & (x>a) \end{cases}$

13. CAS 실험. **Fourier 코사인적분 근사.** 문제 7번, 9번, 11번의 적분을 x의 함수로 그려라. 적분 구간의 상한값 ∞를 적절한 유한한 값으로 대체하여 얻어진 근사를 그려라. 근사의 질을 비교하라. 실험 결과와 이의 관찰 내용에 대해 간단한 리포트를 작성하라.

14. 과제. **Fourier 적분 성질.**

(a) Fourier 코사인적분. 식 (10)이 다음 내용을 의미하는지 보여라.

(a1) $\displaystyle f(ax) = \frac{1}{a}\int_0^\infty A\left(\frac{w}{a}\right)\cos xw\,dw$

$(a>0)$ (*척도 변경*)

(a2) $\displaystyle xf(x) = \int_0^\infty B^*(w)\sin xw\,dw,$

$\displaystyle B^* = -\frac{dA}{dw},$ A는 식 (10)의 경우와 같은

(a3) $\displaystyle x^2 f(x) = \int_0^\infty A^*(w)\cos xw\,dw,$

$\displaystyle A^* = -\frac{d^2A}{dw^2}$

(b) 문제 7의 결과에 위의 식 (a3)을 적용하여 문제 8을 풀어라.

(c) $0<x<a$에서 $f(x)=1$이고 $x>a$에서 $f(x)=0$인 함수 $f(x)$에 대해 식 (a2)를 증명하라.

(d) Fourier 사인적분. Fourier 사인적분에 대해 식 (a)에서와 유사한 공식을 구하라.

15. CAS 실험. **사인적분.** 양의 값 u에 대해 $\mathrm{Si}(u)$를 그려라. 이 함수의 최댓값과 최솟값의 수열이 수렴하며 극한값이 $\pi/2$가 되는 경향을 보이는가? Gibbs 현상을 그래프적으로 조사해보라.

16-20 Fourier 사인적분 표현

다음의 함수 $f(x)$를 식 (11)의 적분으로 표현하라.

16. $f(x) = \begin{cases} x & (0<x<a) \\ 0 & (x>a) \end{cases}$

17. $f(x) = \begin{cases} 1 & (0<x<1) \\ 0 & (x>1) \end{cases}$

18. $f(x) = \begin{cases} \cos x & (0<x<\pi) \\ 0 & (x>\pi) \end{cases}$

19. $f(x) = \begin{cases} e^{x} & (0<x<1) \\ 0 & (x>1) \end{cases}$

20. $f(x) = \begin{cases} e^{-x} & (0<x<1) \\ 0 & (x>1) \end{cases}$

11.8 Fourier 코사인 및 사인 변환

적분 변환(integral transform)은 주어진 함수를 다른 변수의 새로운 함수로 만드는 적분 형식의 변환이다. 이 변환은 상미분방정식, 편미분방정식, 적분방정식을 푸는 도구이기 때문에 주된 관심의 대상이며, 종종 특수함수를 다루고 적용하는 데도 도움이 된다. 6장의 Laplace 변환은 이 변환의 예로서 적절하며, 지금까지 공학에 있어서 가장 중요한 적분 변환이다.

순서상 다음으로 중요한 변환이 Fourier 변환이다. 이 변환은 11.7절의 Fourier 적분으로부터 간단히 얻어질 수 있다. 이 절에서는 실수 형태의 두 종류 변환을 다루며, 11.9절에서는 복소수 형태의 한 가지 변환을 다룬다.

Fourier 코사인 변환

Fourier 코사인 변환은 ***우함수*** $f(x)$와 관계가 있다. 이 변환은 다음의 Fourier 코사인적분으로부터 얻어진다[11.7절의 식 (10)].

$$f(x) = \int_0^\infty A(w) \cos wx \, dw, \quad \text{여기서} \quad A(w) = \frac{2}{\pi}\int_0^\infty f(v) \cos wv \, dv$$

즉, $A(w) = \sqrt{2/\pi}\,\hat{f}_c(w)$로 하고, 여기서 아래첨자 c는 "코사인"을 의미한다. $A(w)$ 공식에서 $v = x$로 하면 다음 두 식을 얻는다.

(1a) $$\hat{f}_c(w) = \sqrt{\frac{2}{\pi}}\int_0^\infty f(x) \cos wx \, dx$$

그리고

(1b) $$f(x) = \sqrt{\frac{2}{\pi}}\int_0^\infty \hat{f}_c(w) \cos wx \, dw.$$

식 (1a)에서 새로운 함수 $\hat{f}_c(w)$는 $f(x)$로부터 얻어지며, 이 함수를 $f(x)$의 **Fourier 코사인 변환**(Fourier cosine transform)이라 한다. 식 (1b)에서는 반대로 $\hat{f}_c(w)$로부터 $f(x)$가 얻어지므로, $f(x)$를 $\hat{f}_c(w)$의 **Fourier 코사인 역변환**(inverse Fourier cosine transform)이라 한다.

주어진 함수 f로부터 변환 $\hat{f}_c$를 얻는 과정을 **Fourier 코사인 변환** 혹은 *Fourier 코사인 변환 방법*이라 한다.

Fourier 사인 변환

유사하게, 11.7절 식 (11)에서 $B(w) = \sqrt{2/\pi}\,\hat{f}_s(w)$로 하고, 여기서 아래첨자 s는 "사인"을 의미하며, $v = x$로 하면 11.7절의 식 (11)로부터 다음 식으로 주어지는 $f(x)$의 **Fourier 사인 변환**(Fourier sine transform)을 얻는다.

(2a)
$$\hat{f}_s(w) = \sqrt{\frac{2}{\pi}} \int_0^\infty f(x) \sin wx \, dx,$$

그리고 $\hat{f}_s(w)$의 **Fourier 사인 역변환**(inverse Fourier sine transform)은 다음 식으로 주어진다.

(2b)
$$f(x) = \sqrt{\frac{2}{\pi}} \int_0^\infty \hat{f}_s(w) \sin wx \, dw$$

$f(x)$로부터 $\hat{f}_s(w)$를 얻는 과정을 **Fourier 사인 변환** 혹은 *Fourier 사인 변환 방법*이라 한다.

다른 기호로는 다음과 같이 표현한다.

$$\mathcal{F}_c(f) = \hat{f}_c, \qquad \mathcal{F}_s(f) = \hat{f}_s$$

그리고 $\mathcal{F}_c^{-1}$와 $\mathcal{F}_s^{-1}$는 $\mathcal{F}_c$와 $\mathcal{F}_s$에 대한 역을 각각 의미한다.

예제 1 Fourier 코사인과 Fourier 사인 변환

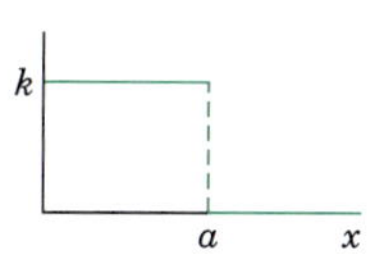

그림 285. 예제 1의 $f(x)$

다음 함수의 Fourier 코사인 및 Fourier 사인 변환을 구하라.

$$f(x) = \begin{cases} k & (0 < x < a) \\ 0 & (x > a) \end{cases} \qquad \text{(그림 285)}$$

풀이. 정의 식 (1a)와 (2a)로부터 적분을 하면 다음과 같다.

$$\hat{f}_c(w) = \sqrt{\frac{2}{\pi}}\, k \int_0^a \cos wx \, dx = \sqrt{\frac{2}{\pi}}\, k \left(\frac{\sin aw}{w}\right)$$

$$\hat{f}_s(w) = \sqrt{\frac{2}{\pi}}\, k \int_0^a \sin wx \, dx = \sqrt{\frac{2}{\pi}}\, k \left(\frac{1 - \cos aw}{w}\right)$$

이 결과는 11.10절 첫 두 표의 공식 1과 일치한다(여기서 $k = 1$).

$f(x) = k =$ 상수$(0 < x < \infty)$인 경우는, 이 변환은 존재하지 않는다. (그 이유는?) ■

예제 2 지수함수의 Fourier 코사인 변환

$\mathcal{F}_c(e^{-x})$를 구하라.

풀이. 반복해서 부분적분을 하면

$$\mathcal{F}_c(e^{-x}) = \sqrt{\frac{2}{\pi}} \int_0^\infty e^{-x} \cos wx \, dx = \sqrt{\frac{2}{\pi}} \frac{e^{-x}}{1 + w^2} (-\cos wx + w \sin wx) \Big|_0^\infty = \frac{\sqrt{2/\pi}}{1 + w^2}$$

이 결과는 11.10절 표 I 공식 3의 $a = 1$인 경우와 일치하며, 다음 예제에서도 볼 수 있다. ■

지금까지 두 적분 변환을 소개하기 위해 무엇을 고려하였는가? 실제로는 그리 많지 않다: 11.7절 원래 공식 (1)과 (2)에 있는 상수 $2/\pi$를 "대칭(symmetric)"으로 분포시키기 위해 A와 B의 표기를 변화시켰다. 이러한 재분포는 표준화를 위해 편의상 한 것이며 본질적인 것은 아니다. 재분포를 하지 않아도 가능하다.

이제까지 무엇을 얻었다고 보는가? 다음에는 이 변환이 미분을 대수연산으로 바꾸는 연산 성질을 가짐을 보일 것이다(Laplace 변환처럼). 이 내용은 미분방정식을 푸는 응용에 있어서 핵심이다.

선형성, 도함수의 변환

함수 $f(x)$가 양의 x축에서 절대적분가능(absolutely integrable, 11.7절 참조)하고 모든 유한 구간에서 구분연속(6.1절 참조)이면, 함수 f의 Fourier 코사인 및 사인 변환은 존재한다.

더욱이, 만약 함수 f와 g가 Fourier 코사인 및 사인 변환을 가지면, 함수 $af + bg$ (a, b는 임의 상수)도 변환을 가지며, 식 (1a)에 대해 다음 관계가 성립한다.

$$\begin{aligned}\mathscr{F}_c(af + bg) &= \sqrt{\frac{2}{\pi}}\int_0^\infty [af(x) + bg(x)] \cos wx \, dx \\ &= a\sqrt{\frac{2}{\pi}}\int_0^\infty f(x) \cos wx \, dx + b\sqrt{\frac{2}{\pi}}\int_0^\infty g(x) \cos wx \, dx\end{aligned}$$

오른쪽은 $a\mathscr{F}_c(f) + b\mathscr{F}_c(g)$와 같다. $\mathscr{F}_s$에 대해서도 식 (2)를 이용하면 유사한 결과를 얻을 수 있다. 이 결과는 Fourier 코사인 및 사인 변환이 **선형연산**(linear operations)임을 보인다.

$$\text{(3)} \qquad \begin{aligned}&\text{(a)} \quad \mathscr{F}_c(af + bg) = a\mathscr{F}_c(f) + b\mathscr{F}_c(g), \\ &\text{(b)} \quad \mathscr{F}_s(af + bg) = a\mathscr{F}_s(f) + b\mathscr{F}_s(g)\end{aligned}$$

정리 1

도함수의 코사인 및 사인 변환

함수 $f(x)$가 x축 상에서 연속이고 절대적분가능하며, $f'(x)$가 모든 유한구간에서 구분연속이며, 그리고 $x \to \infty$일 때 $f(x) \to 0$이라고 하자. 그러면 다음 관계가 성립한다.

$$\text{(4)} \qquad \begin{aligned}&\textbf{(a)} \quad \mathscr{F}_c\{f'(x)\} = w\mathscr{F}_s\{f(x)\} - \sqrt{\frac{2}{\pi}}f(0), \\ &\textbf{(b)} \quad \mathscr{F}_s\{f'(x)\} = -w\mathscr{F}_c\{f(x)\}\end{aligned}$$

증명. 이 정리는 부분적분을 이용하여 정의로부터 다음과 같이 얻어진다.

$$\begin{aligned}\mathscr{F}_c\{f'(x)\} &= \sqrt{\frac{2}{\pi}}\int_0^\infty f'(x) \cos wx \, dx \\ &= \sqrt{\frac{2}{\pi}}\left[f(x) \cos wx \Big|_0^\infty + w\int_0^\infty f(x) \sin wx \, dx\right] \\ &= -\sqrt{\frac{2}{\pi}}f(0) + w\mathscr{F}_s\{f(x)\};\end{aligned}$$

그리고 유사하게,

$$\mathcal{F}_s\{f'(x)\} = \sqrt{\frac{2}{\pi}}\int_0^\infty f'(x)\sin wx\,dx$$
$$= \sqrt{\frac{2}{\pi}}\left[f(x)\sin wx\Big|_0^\infty - w\int_0^\infty f(x)\cos wx\,dx\right]$$
$$= 0 - w\mathcal{F}_c\{f(x)\}$$ ■

공식 (4a)에서 f 대신 f'을 사용하면(f', f''이 정리 1의 f, f'에 대한 가정을 각각 만족할 경우) 다음 식이 된다.

$$\mathcal{F}_c\{f''(x)\} = w\mathcal{F}_s\{f'(x)\} - \sqrt{\frac{2}{\pi}}f'(0);$$

그리고 식 (4b)에 의해

(5a) $$\mathcal{F}_c\{f''(x)\} = -w^2\mathcal{F}_c\{f(x)\} - \sqrt{\frac{2}{\pi}}f'(0)$$

유사하게,

(5b) $$\mathcal{F}_s\{f''(x)\} = -w^2\mathcal{F}_s\{f(x)\} + \sqrt{\frac{2}{\pi}}wf(0)$$

편미분방정식에 대한 식 (5)의 기본 응용은 12.7절에 주어질 것이다. 당분간은 변환을 유도하는 데 있어 식 (5)가 어떻게 이용될 수 있는지 살펴보자.

예제 3 연산공식 (5)의 응용

함수 $f(x) = e^{-ax}(a > 0)$의 Fourier 코사인 변환 $\mathcal{F}_c(e^{-ax})$를 구하라.

풀이. 미분에 의해, $(e^{-ax})'' = a^2e^{-ax}$이므로; 따라서

$$a^2f(x) = f''(x)$$

이 결과와 식 (5a) 그리고 선형성 식 (3a)로부터,

$$a^2\mathcal{F}_c(f) = \mathcal{F}_c(f'')$$
$$= -w^2\mathcal{F}_c(f) - \sqrt{\frac{2}{\pi}}f'(0)$$
$$= -w^2\mathcal{F}_c(f) + a\sqrt{\frac{2}{\pi}}$$

그러므로

$$(a^2 + w^2)\mathcal{F}_c(f) = a\sqrt{2/\pi}$$

구하는 답은(11.10절 표 I 참조) 다음과 같다.

$$\mathcal{F}_c(e^{-ax}) = \sqrt{\frac{2}{\pi}}\left(\frac{a}{a^2 + w^2}\right) \qquad (a > 0)$$ ■

Fourier 코사인 및 사인 변환 표는 11.10절에 포함되어 있다.

연습문제 11.8

1-8 Fourier 코사인 변환

1. 함수 $f(x) = 1$ $(0 < x < 1)$, $f(x) = -1$ $(1 < x < 2)$, $f(x) = 0$ $(x > 2)$이다. 코사인 변환 $\hat{f}_c(w)$를 구하라.

2. 문제 1의 답 $\hat{f}_c$로부터 f를 구하라.

3. 함수 $f(x) = x$ $(0 < x < 2)$, $f(x) = 0$ $(x > 2)$이다. $\hat{f}_c(w)$를 구하라.

4. 적분을 하여 11.10절 표 I의 공식 3을 유도하라.

5. 함수 $f(x) = x^2$ $(0 < x < 1)$, $f(x) = 0$ $(x > 1)$이다. $\hat{f}_c(w)$를 구하라.

6. 연속성 가정. 함수 $g(x) = 2$ $(0 < x < 1)$, $g(x) = 0$ $(x > 1)$이다. $\hat{g}_c(w)$를 구하라. 식 (5a)를 이용하여 문제 5에서 $f(x)$의 $\hat{f}_c(w)$를 구하라.

7. 존재? 구간 $0 < x < \infty$에서 $x^{-1} \sin x$와 $x^{-1} \cos x$의 Fourier 코사인 변환이 존재하는가?

8. 존재? 구간 $0 < x < \infty$에서 $f(x) = k = \text{const}$의 Fourier 코사인 변환이 존재하는가? Fourier 사인 변환은 존재하는가?

9-15 Fourier 사인 변환

9. 적분을 하여 $\mathscr{F}_s(e^{-ax})$, $a > 0$를 구하라.

10. 식 (5b)로부터 문제 9의 답을 구하라.

11. 함수 $f(x) = x^2$ $(0 < x < 1)$, $f(x) = 0$ $(x > 1)$이다. $\hat{f}_s(w)$를 구하라.

12. 11.10절 표 I의 적절한 공식과 식 (4b)로부터 $\mathscr{F}_s(xe^{-x^2/2})$를 구하라.

13. 11.10절 표 I의 공식 3과 식 (4a)로부터 $\mathscr{F}_s(e^{-x})$를 구하라.

14. 감마함수. 11.10절 표 II의 공식 2와 4를 이용, $\Gamma(\frac{1}{2}) = \sqrt{\pi}$임을 증명하라[부록 A3.1의 식 (30)]. 이 값은 Bessel 함수와 다른 응용에서 필요로 한다.

15. 서술형 과제. Fourier 코사인 및 사인 변환 구하기. 이러한 변환을 구하는 방법에 관해 간단한 리포트를 작성하고 예제를 들어 설명하라.

11.9 Fourier 변환. 이산 및 고속 Fourier 변환

11.8절에서 두 종류의 실수 변환을 유도하였다. 이제 **Fourier 변환**(Fourier transform)이라 부르는 복소수 변환을 유도하고자 한다. 다음에서 설명될 복소 Fourier 적분으로부터 이 변환을 구할 것이다.

Fourier 적분의 복소수 형식

Fourier (실)적분은(11.7절 식 (4), (5) 참조)은 다음과 같다.

$$f(x) = \int_0^\infty [A(w) \cos wx + B(w) \sin wx]\, dw$$

여기서

$$A(w) = \frac{1}{\pi}\int_{-\infty}^{\infty} f(v) \cos wv\, dv, \qquad B(w) = \frac{1}{\pi}\int_{-\infty}^{\infty} f(v) \sin wv\, dv$$

A와 B를 f의 적분식에 대입하면 다음과 같다.

$$f(x) = \frac{1}{\pi}\int_0^\infty \int_{-\infty}^{\infty} f(v)[\cos wv \cos wx + \sin wv \sin wx]\, dv\, dw$$

코사인 공식[부록 A3.1의 식 (6)]을 이용하면 위의 식 대괄호 $[\cdots]$ 내의 식은 $\cos(wv - wx)$

혹은 코사인은 우함수이므로 $\cos(wx - wv)$와 같다. 따라서 다음과 같은 식이 얻어진다.

$$(1^*) \qquad f(x) = \frac{1}{\pi}\int_0^{\infty}\left[\int_{-\infty}^{\infty} f(v)\cos(wx - wv)dv\right]dw$$

이 식에서 $\cos(wx - wv)$가 w의 우함수이고, 함수 f는 w와 무관하고, 적분이 v에 대한 적분(w에 대한 적분이 아님)이므로, 이 식의 대괄호 내의 적분은 w의 우함수이며 $F(w)$로 부르기로 한다. 그러므로 $F(w)$의 $w = 0$에서 ∞까지의 적분은 $-\infty$에서 ∞까지의 $\frac{1}{2}$이 된다. 따라서 다음 식이 성립된다(적분 구간의 변경에 주목).

$$(1) \qquad f(x) = \frac{1}{2\pi}\int_{-\infty}^{\infty}\left[\int_{-\infty}^{\infty} f(v)\cos(wx - wv)\,dv\right]dw$$

식 (1)의 적분에서 코사인을 사인으로 대체하면 값이 0이 된다:

$$(2) \qquad \frac{1}{2\pi}\int_{-\infty}^{\infty}\left[\int_{-\infty}^{\infty} f(v)\sin(wx - wv)\,dv\right]dw = 0$$

$\sin(wx - wv)$가 w의 기함수이므로 식 (2)의 대괄호 내의 적분은 w의 기함수이며 $G(w)$로 부르기도 한다. 따라서 $-\infty$에서 ∞까지의 $G(w)$ 적분은 0이 된다.

이제 식 (1)의 피적분함수와 식 (2)의 피적분 항에 $i(=\sqrt{-1})$를 곱한 것을 합하고 다음의 **Euler 공식**(2.2절 식 (11) 참조)을 이용한다.

$$(3) \qquad e^{ix} = \cos x + i\sin x$$

식 (3)에서 x를 $wx - wv$로 대체하고 $f(v)$를 곱하면 다음과 같다.

$$f(v)\cos(wx - wv) + if(v)\sin(wx - wv) = f(v)e^{i(wx-wv)}$$

따라서 식 (1)과 식 (2)에 i를 곱해 합한 결과는 다음과 같으며, **복소 Fourier 적분**(complex Fourier integral)이라 한다.

$$\textbf{(4)} \qquad f(x) = \frac{1}{2\pi}\int_{-\infty}^{\infty}\int_{-\infty}^{\infty} f(v)e^{iw(x-v)}\,dv\,dw \qquad (i = \sqrt{-1})$$

이제 원하는 Fourier 변환을 구하는 데는 아주 짧은 단계가 필요하다.

Fourier 변환과 역변환

식 (4)의 지수함수를 지수함수의 곱으로 표현하면 다음과 같다.

$$(5) \qquad f(x) = \frac{1}{\sqrt{2\pi}}\int_{-\infty}^{\infty}\left[\frac{1}{\sqrt{2\pi}}\int_{-\infty}^{\infty} f(v)e^{-iwv}\,dv\right]e^{iwx}\,dw$$

식 (5)의 대괄호 내의 수식은 w함수이므로 $\hat{f}(w)$로 표시하고, 이 함수를 f의 **Fourier 변환**(Fourier transform)이라 부른다; 이 내용을 $v = x$로 하면 다음 식과 같다.

(6) $$\hat{f}(w) = \frac{1}{\sqrt{2\pi}} \int_{-\infty}^{\infty} f(x) e^{-iwx}\, dx$$

식 (6)을 이용하여 식 (5)를 표현하면

(7) $$f(x) = \frac{1}{\sqrt{2\pi}} \int_{-\infty}^{\infty} \hat{f}(w) e^{iwx}\, dw$$

와 같으며 이 식을 $\hat{f}(w)$의 **Fourier 역변환**(inverse Fourier transform)이라 한다.

Fourier 변환을 표시하는 또 ***다른 표기법***은 다음과 같다.

$$\hat{f} = \mathscr{F}(f),$$
$$f = \mathscr{F}^{-1}(\hat{f})$$

주어진 함수 f로부터 Fourier 변환 $\mathscr{F}(f) = \hat{f}$을 구하는 과정을 **Fourier 변환** 혹은 *Fourier 변환 방법*(Fourier transform method)이라 한다.

Fourier 변환이 존재하는 충분조건을 6.1절과 11.7절에서 정의된 개념을 이용하여 증명 없이 기술하면 다음과 같다.

정리 1

Fourier 변환이 존재

x축 상에서 $f(x)$가 절대적분가능하고 모든 유한구간에서 구분연속이면, $f(x)$의 Fourier 변환 $\hat{f}(w)$는 존재하며 식 (6)과 같이 표현된다.

예제 1 **Fourier 변환**

$|x| < 1$에서 $f(x) = 1$이고 그 외의 구간에서는 $f(x) = 0$인 함수의 Fourier 변환을 구하라.

풀이. 식 (6)을 사용하고 적분하면 다음 식을 얻는다.

$$\hat{f}(w) = \frac{1}{\sqrt{2\pi}} \int_{-1}^{1} e^{-iwx}\, dx = \frac{1}{\sqrt{2\pi}} \cdot \frac{e^{-iwx}}{-iw}\bigg|_{-1}^{1} = \frac{1}{-iw\sqrt{2\pi}}(e^{-iw} - e^{iw})$$

식 (3)에서와 같이 $e^{iw} = \cos w + i \sin w$, $e^{-iw} = \cos w - i \sin w$이므로 이 두 식의 차는

$$e^{iw} - e^{-iw} = 2i \sin w$$

이 결과 식을 앞의 식 오른쪽에 대입하면, i가 없어지므로 다음과 같은 답을 얻는다.

$$\hat{f}(w) = \sqrt{\frac{2}{\pi}} \frac{\sin w}{w}$$ ■

예제 2 **Fourier 변환**

함수 $f(x) = e^{-ax}$ $(x > 0)$이고, $f(x) = 0$ $(x < 0)$이다. 이 함수의 Fourier 변환 $\mathscr{F}(e^{-ax})$를 구하라; 여기서 $a > 0$이다.

풀이. 정의 식 (6)으로부터 적분하면 그 결과는 다음과 같다.

$$\mathscr{F}(e^{-ax}) = \frac{1}{\sqrt{2\pi}} \int_0^\infty e^{-ax} e^{-iwx}\, dx$$

$$= \frac{1}{\sqrt{2\pi}} \left. \frac{e^{-(a+iw)x}}{-(a+iw)} \right|_{x=0}^{\infty} = \frac{1}{\sqrt{2\pi}(a+iw)}$$

이 결과는 11.10절 표 III의 공식 5를 증명한다. ■

물리적 해석: 스펙트럼

$f(x)$를 표현한 식 (7)의 성질은 이 식 (7)을 **스펙트럼 표현**(spectral representation)이라 부르는 모든 가능한 주파수의 사인함수 진동의 중첩(superposition)으로 생각하면 명확해진다. 이 명칭은 광학분야에서 제안되었으며, 광학에서는 빛은 여러 색(주파수)의 중첩이다. 식 (7)에서 "**스펙트럼 밀도**(spectrum density)" $\hat{f}(w)$는 주파수 구간 w와 $w + \Delta w$ (Δw는 작고 고정된 값) 사이의 $f(x)$의 강도(intensity)를 나타낸다. 진동과 관련하여 다음 적분식은 물리적 시스템(physical system)의 **전체에너지**로 해석될 수 있다.

$$\int_{-\infty}^{\infty} |\hat{f}(w)|^2\, dw$$

그러므로 구간 a에서 b까지 $|\hat{f}(w)|^2$의 적분은 주파수 구간 a와 b 사이의 에너지가 전체에너지에 기여하는 정도를 나타낸다고 볼 수 있다.

이 내용을 쉽게 설명하기 위해, 단일 주파수의 기계적인 시스템, 즉 조화진동(2.4절의 용수철에 매달린 물체)으로부터 시작하자. 이 기계적인 시스템의 미분방정식은 다음과 같다.

$$my'' + ky = 0$$

여기서는 시간 t를 x로 한다. y'을 곱하면 $my'y'' + ky'y = 0$이 되고, 적분하면 다음과 같다.

$$\tfrac{1}{2}mv^2 + \tfrac{1}{2}ky^2 = E_0 = \text{상수}$$

여기서 $v = y'$는 속도이다. 첫 항은 운동에너지이고, 두 번째 항은 위치에너지이며, E_0는 이 시스템의 전체에너지이다. 이 식의 일반해는 (11.4절 식 (3)을 $t = x$로 하여 이용하면) 다음과 같다.

$$y = a_1 \cos w_0 x + b_1 \sin w_0 x = c_1 e^{iw_0 x} + c_{-1} e^{-iw_0 x}, \qquad w_0^2 = k/m$$

여기서 $c_1 = (a_1 - ib_1)/2$, $c_{-1} = \bar{c}_1 = (a_1 + ib_1)/2$이다. 간단히 $A = c_1 e^{iw_0 x}$, $B = c_{-1} e^{-iw_0 x}$로 하면, $y = A + B$가 된다. 미분을 하면, $v = y' = A' + B' = iw_0(A - B)$가 된다. v와 y를 E_0의 식 왼쪽에 대입하면 다음과 같다.

$$E_0 = \tfrac{1}{2}mv^2 + \tfrac{1}{2}ky^2 = \tfrac{1}{2}m(iw_0)^2(A - B)^2 + \tfrac{1}{2}k(A + B)^2$$

방금 언급한 것과 같이 $w_0^2 = k/m$이므로, $mw_0^2 = k$이다. $i^2 = -1$이므로 위의 식은 다음과 같다.

$$E_0 = \frac{1}{2}k[-(A-B)^2 + (A+B)^2] = 2kAB = 2kc_1e^{iw_0x}c_{-1}e^{-iw_0x} = 2kc_1c_{-1} = 2k|c_1|^2$$

따라서 *에너지는 진폭* $|c_1|$*의 제곱에 비례한다.*

다음 단계로, Fourier 급수로 표현되는 주기적인 해 $y = f(x)$를 가지는 보다 복잡한 시스템의 경우를 살펴보면, 이 시스템의 에너지는 하나의 항 $|c_1|^2$ 대신, 11.4절 식 (6)의 Fourier 계수 c_n의 제곱 $|c_n|^2$의 급수가 된다. 이 경우는 스펙트럼이 셀 수 있을 만큼 많은 고립된 주파수로 이루어지는 "**이산 스펙트럼**(discrete spectrum)"[혹은 "**점 스펙트럼**(point spectrum)"]이 된다. (일반적으로 무한히 많다.) 여기서 해당 $|c_n|^2$은 전체에너지에 기여 정도를 의미한다.

결국, 식 (7)의 적분으로 표현될 수 있는 해를 가지는 시스템에서는 방금 설명한 것과 같이 에너지에 대한 적분식으로 유도된다.

선형성. 도함수의 Fourier 변환

다음 정리에 의해 새로운 변환이 얻어질 수 있다.

정리 2

Fourier 변환이 선형성

Fourier 변환은 ***선형연산****이다; 즉 Fourier 변환이 존재하는 임의 함수* $f(x)$, $g(x)$*와 임의 상수* a, b*에 대해서* $af + bg$*의 Fourier 변환은 존재하고,*

(8) $$\mathcal{F}(af + bg) = a\mathcal{F}(f) + b\mathcal{F}(g)$$

증명. 이 내용은 적분이 선형연산이므로 참이며, 식 (6)으로부터 다음이 성립된다.

$$\begin{aligned}\mathcal{F}\{af(x) + bg(x)\} &= \frac{1}{\sqrt{2\pi}}\int_{-\infty}^{\infty}[af(x) + bg(x)]e^{-iwx}\,dx \\ &= a\frac{1}{\sqrt{2\pi}}\int_{-\infty}^{\infty}f(x)e^{-iwx}\,dx + b\frac{1}{\sqrt{2\pi}}\int_{-\infty}^{\infty}g(x)e^{-iwx}\,dx \\ &= a\mathcal{F}\{f(x)\} + b\mathcal{F}\{g(x)\}\end{aligned}$$

■

미분방정식에 Fourier 변환을 적용할 때, 핵심이 되는 성질은 함수의 미분은 Fourier 변환에 iw를 곱하는 것에 대응한다.

정리 3

$f(x)$ 도함수의 Fourier 변환

함수 $f(x)$*가* x*축 상에서 연속이고* $|x| \to \infty$*일 때* $f(x) \to 0$*이라고 하자. 또한* $f'(x)$*가* x*축 상에서 절대적분가능하다고 하자. 그러면 다음 관계가 성립한다.*

(9) $$\mathcal{F}\{f'(x)\} = iw\mathcal{F}\{f(x)\}$$

증명. Fourier 변환 정의로부터 다음 식이 얻어진다.

$$\mathscr{F}\{f'(x)\} = \frac{1}{\sqrt{2\pi}}\int_{-\infty}^{\infty} f'(x)e^{-iwx}\,dx$$

위의 식을 부분적분하면

$$\mathscr{F}\{f'(x)\} = \frac{1}{\sqrt{2\pi}}\left[f(x)e^{-iwx}\Big|_{-\infty}^{\infty} - (-iw)\int_{-\infty}^{\infty} f(x)e^{-iwx}\,dx\right]$$

$|x| \to \infty$일 때 $\hat{f}(x) \to 0$이 되므로, 원하는 결과는 다음과 같다.

$$\mathscr{F}\{f'(x)\} = 0 + iw\mathscr{F}\{f(x)\}$$ ■

식 (9)를 2차 도함수에서 연속적으로 적용하면 다음과 같다.

$$\mathscr{F}(f'') = iw\mathscr{F}(f') = (iw)^2\mathscr{F}(f)$$

$(iw)^2 = -w^2$이므로, 함수 f의 2차 도함수에 대한 Fourier 변환은

(10) $$\mathscr{F}\{f''(x)\} = -w^2\mathscr{F}\{f(x)\}$$

이 결과는 고차의 도함수에도 유사하게 적용할 수 있다.

미분방정식에 대한 식 (10)의 응용은 12.6절에서 주어질 것이며, 당분간 식 (9)가 어떻게 변환식의 유도에 사용되는가를 알아본다.

예제 3 **연산공식 (9)의 응용**

11.10절 표 III으로부터 xe^{-x^2}의 Fourier 변환을 구하라.

풀이. 식 (9)를 사용하여, 표 III의 공식 (9)에 의해 다음과 같이 구할 수 있다.

$$\begin{aligned}\mathscr{F}(xe^{-x^2}) &= \mathscr{F}\{-\tfrac{1}{2}(e^{-x^2})'\} \\ &= -\tfrac{1}{2}\mathscr{F}\{(e^{-x^2})'\} \\ &= -\tfrac{1}{2}iw\mathscr{F}(e^{-x^2}) \\ &= -\frac{1}{2}iw\frac{1}{\sqrt{2}}e^{-w^2/4} \\ &= -\frac{iw}{2\sqrt{2}}e^{-w^2/4}\end{aligned}$$ ■

합성곱

함수 f와 g의 **합성곱**(convolution) $f * g$은 다음과 같이 정의된다.

(11) $$h(x) = (f * g)(x) = \int_{-\infty}^{\infty} f(p)g(x-p)\,dp = \int_{-\infty}^{\infty} f(x-p)g(p)\,dp$$

합성곱의 목적은 Laplace 변환의(6.5절) 경우와 같다: 즉 두 함수의 합성곱의 변환은 두 함수 각각의 변환을 곱하는 것과 같다(그런 다음 $\sqrt{2\pi}$를 곱한다):

정리 4

합성곱 정리

함수 $f(x)$와 $g(x)$가 x축 상에서 구분연속이고, 유한하며, x축 상에서 절대적분가능하면 다음 관계가 성립한다.

$$\mathscr{F}(f * g) = \sqrt{2\pi}\, \mathscr{F}(f)\, \mathscr{F}(g) \tag{12}$$

증명 정의에 의하여

$$\mathscr{F}(f * g) = \frac{1}{\sqrt{2\pi}} \int_{-\infty}^{\infty} \int_{-\infty}^{\infty} f(p) g(x-p)\, dp\, e^{-iwx}\, dx$$

적분 순서를 바꾸면 다음 식이 된다.

$$\mathscr{F}(f * g) = \frac{1}{\sqrt{2\pi}} \int_{-\infty}^{\infty} \int_{-\infty}^{\infty} f(p) g(x-p) e^{-iwx}\, dx\, dp$$

적분의 새로운 변수로 x 대신 $x - p = q$로 하면, $x = p + q$이므로 다음 식이 된다.

$$\mathscr{F}(f * g) = \frac{1}{\sqrt{2\pi}} \int_{-\infty}^{\infty} \int_{-\infty}^{\infty} f(p) g(q) e^{-iw(p+q)}\, dq\, dp$$

위의 식에서 중적분은 두 적분의 곱으로 표시할 수 있으므로 그 결과는 다음과 같다.

$$\begin{aligned} \mathscr{F}(f * g) &= \frac{1}{\sqrt{2\pi}} \int_{-\infty}^{\infty} f(p) e^{-iwp}\, dp \int_{-\infty}^{\infty} g(q) e^{-iwq}\, dq \\ &= \frac{1}{\sqrt{2\pi}} [\sqrt{2\pi}\, \mathscr{F}(f)][\sqrt{2\pi}\, \mathscr{F}(g)] = \sqrt{2\pi}\, \mathscr{F}(f) \mathscr{F}(g) \end{aligned}$$ ■

식 (12) 양쪽에 Fourier 역변환을 취하고, 앞에서와 같이 $\hat{f} = \mathscr{F}(f)$, $\hat{g} = \mathscr{F}(g)$로 하고, 식 (12)와 식 (7)에서 $\sqrt{2\pi}$와 $1/\sqrt{2\pi}$이 서로 상쇄됨을 알 수 있으므로 다음 식을 얻는다.

$$(f * g)(x) = \int_{-\infty}^{\infty} \hat{f}(w) \hat{g}(w) e^{iwx}\, dw, \tag{13}$$

이 공식은 편미분방정식을 푸는 데 도움이 될 것이다(12.6절).

이산 Fourier 변환(DFT), 고속 Fourier 변환(FFT)

Fourier 급수, Fourier 변환, 삼각함수 근사(11.6절)를 이용함에 있어서는 전개되거나 변환될 함수 $f(x)$가 어떤 구간에서 주어진다고 가정하여야 하며, Euler 공식 등과 같이 이 구간에서 적분한다. 이제 아주 종종 함수 $f(x)$가 유한한 많은 점에서의 값으로만 주어졌을 때, 이 경우에 대해 Fourier 해석을 확장하는 것에 관심을 가져보자. 이러한 "이산 Fourier 해석(discrete Fourier analysis)"의 주된 응용에서는 많은 양의 등 간격 데이터를 다루며, 이러한 데이터는 통신(telecommunication), 시간급수해석(time series analysis), 그리고 다양한 시뮬레이션(simulation)에서 볼 수 있다. 함수가 아니라 표본화된 값(sampled value)을 다루는 이러한 상황에서는, Fourier 변환 대신 **이산 Fourier 변환**(discrete Fourier transform; DFT)이 다음과 같이 사용될 수 있다.

함수 $f(x)$를 간단히 주기가 2π인 주기함수라 하고, 일정한 등 간격으로 $0 \leqq x \leqq 2\pi$ 구간에서 $f(x)$의 값을 N개 측정한다고 하자.

$$x_k = \frac{2\pi k}{N}, \qquad k = 0, 1, \cdots, N-1 \tag{14}$$

즉 이 점들에서 $f(x)$가 **표본화**(sampled) 된다고 말할 수 있다. 이제 식 (14)의 각 점에서 $f(x)$를 **보간**(interpolation)하는 다음과 같은 **복소삼각함수다항식**(complex trigonometric polynomial)을 구해보자.

$$q(x) = \sum_{n=0}^{N-1} c_n e^{inx_k} \tag{15}$$

이 $q(x_k) = f(x_k)$를 만족하도록, 즉 f_k를 $f(x_k)$로 나타내면,

$$f_k = f(x_k) = q(x_k) = \sum_{n=0}^{N-1} c_n e^{inx_k}, \qquad k = 0, 1, \cdots, N-1 \tag{16}$$

이 성립하는 계수 $c_0, \cdots, c_{N-1}$을 결정하여야 한다. 이 계수들은 삼각함수 시스템의 직교성을 이용하여 Fourier 계수를 구하는 11.1절의 개념과 유사하게 구할 수 있다. 여기서는 적분 대신 합의 연산을 사용한다. 즉, 식 (16) 양쪽에 e^{-ima_k}(−부호 주의)을 곱하여 0에서 $N-1$까지 합한다. 그 다음에 두 합산 연산의 순서를 바꾸고 식 (14)의 x_k를 이용하면 다음과 같다.

$$\sum_{k=0}^{N-1} f_k e^{-imx_k} = \sum_{k=0}^{N-1}\sum_{n=0}^{N-1} c_n e^{i(n-m)x_k} = \sum_{n=0}^{N-1} c_n \sum_{k=0}^{N-1} e^{i(n-m)2\pi k/N} \tag{17}$$

$$e^{i(n-m)2\pi k/N} = [e^{i(n-m)2\pi/N}]^k$$

이 식에서 대괄호 $[\cdots]$ 내의 수식을 r로 나타내면, $m = n$의 경우 $r = e^0 = 1$이 된다. *이* 항들을 수에 대해 합하면 값은 N이 된다. $m \neq n$의 경우 $r \neq 1$이므로, 기하학적 합의 공식(15.1절 식 (6)에서 $q = r, n = N-1$)을 사용하면 $r^N = 1$이므로 다음 식이 성립한다;

$$\sum_{k=0}^{N-1} r^k = \frac{1-r^N}{1-r} = 0$$

실제로, k, m, n은 정수이므로

$$r^N = e^{i(n-m)2\pi k} = \cos 2\pi k(n-m) + i \sin 2\pi k(n-m) = 1 + 0 = 1$$

이 결과는 식 (17)의 오른쪽이 $c_m N$이 됨을 보인다. 그러므로 m을 n으로 하고 N으로 나누면, 구하고자 하는 계수의 공식은 다음과 같이 얻어진다.

$$\textbf{(18*)} \qquad c_n = \frac{1}{N}\sum_{k=0}^{N-1} f_k e^{-inx_k} \qquad f_k = f(x_k), \quad n = 0, 1, \cdots, N-1$$

계수 c_n을 계산하는 과정(아래의 고속 Fourier 변환에 의한)에서는 문제의 크기 N을 연속적으로 반으로 줄이므로, c_n의 수식에서 인자 $1/N$을 없애고 주어진 신호 $\mathbf{f} = [f_0, \cdots, f_{N-1}]^\top$의 **이산 Fourier 변환**(discrete Fourier transform)을 아래와 같은 성분을 갖는 벡터 $\hat{\mathbf{f}} = [\hat{f}_0, \cdots, \hat{f}_{N-1}]$로 정의하는 것이 실질적이다.

$$\textbf{(18)} \qquad \hat{f}_n = Nc_n = \sum_{k=0}^{N-1} f_k e^{-inx_k}, \quad f_k = f(x_k), \quad n = 0, \cdots, N-1$$

이 수식은 신호의 주파수 스펙트럼을 의미한다.

벡터 표현식 $\hat{\mathbf{f}} = \mathbf{F}_N\mathbf{f}$에서, $N \times N$ **Fourier 행렬**(Fourier matrix) $\mathbf{F}_N = [e_{nk}]$는 다음과 같은 성분을 가진다[식 (18)에 주어진].

$$(19) \qquad e_{nk} = e^{-inx_k} = e^{-2\pi ink/N} = w^{nk}, \qquad w = w_N = e^{-2\pi i/N},$$

여기서 $n, k = 0, \cdots, N-1$이다.

예제 4 이산 Fourier 변환(DFT). 샘플 수 $N = 4$

$N = 4$인 측정값(샘플 값)이 주어지면, $w = e^{2\pi i/N} = e^{-\pi i/2} = -i$이므로 $w^{nk} = (-i)^{nk}$이다. 샘플 값을 $\mathbf{f} = [0\ 1\ 4\ 9]^\top$라 하자. 그러면 식 (18)과 식 (19)에 의해

$$(20) \qquad \hat{\mathbf{f}} = \mathbf{F}_4\mathbf{f} = \begin{bmatrix} w^0 & w^0 & w^0 & w^0 \\ w^0 & w^1 & w^2 & w^3 \\ w^0 & w^2 & w^4 & w^6 \\ w^0 & w^3 & w^6 & w^9 \end{bmatrix} \mathbf{f} = \begin{bmatrix} 1 & 1 & 1 & 1 \\ 1 & -i & -1 & i \\ 1 & -1 & 1 & -1 \\ 1 & i & -1 & -i \end{bmatrix} \begin{bmatrix} 0 \\ 1 \\ 4 \\ 9 \end{bmatrix} = \begin{bmatrix} 14 \\ -4+8i \\ -6 \\ -4-8i \end{bmatrix}$$

식 (20)의 첫 번째 행렬로부터, 실제적인 1000 이상의 임의의 N 값에서도 $\mathbf{F}_N$을 추론하는 것은 쉽다. 이 사실은 아래에서 살펴보자. ■

DFT(주파수 스펙트럼) $\hat{\mathbf{f}} = \mathbf{F}_N\mathbf{f}$로부터 주어진 신호 $\mathbf{f} = \mathbf{F}_N^{-1}\hat{\mathbf{f}}$를 복원할 수 있으며, 이제 입증해 보자. $\mathbf{F}_N$과 이의 복소 공액인 $\overline{\mathbf{F}}_N = \frac{1}{N}[\overline{w}^{nk}]$는 다음 관계를 만족한다.

$$(21a) \qquad \overline{\mathbf{F}}_N\mathbf{F}_N = \mathbf{F}_N\overline{\mathbf{F}}_N = N\mathbf{I}$$

여기서 $\mathbf{I}$가 $N \times N$ 단위행렬이다. 따라서 $\mathbf{F}_N$은 다음과 같은 역행렬을 가진다.

$$(21b) \qquad \mathbf{F}_N^{-1} = \frac{1}{N}\overline{\mathbf{F}}_N$$

증명 식 (21)을 증명해보자. 곱셈법칙(행 곱하기 열)에 의해, 식 (21a)에서 곱한 행렬 $\mathbf{G}_N = \overline{\mathbf{F}}_N\mathbf{F}_N = [gjk]$는 $\overline{\mathbf{F}}_N$*의 행* j와 $\mathbf{F}_N$*의 열* k를 곱한 성분 g_{jk}를 가진다. 즉, $W = \overline{w}^j w^k$로 쓰면 다음 사항이 입증된다.

$$g_{jk} = (\overline{w}^j w^k)^0 + (\overline{w}^j w^k)^1 + \cdots + (\overline{w}^j w^k)^{N-1}$$
$$= W^0 + W^1 + \cdots + W^{N-1} = \begin{cases} 0 & \text{if} \quad j \neq k \\ N & \text{if} \quad j = k \end{cases}$$

실제로 $j = k$일 때 $\overline{w}^k w^k = (\overline{w}w)^k = (e^{2\pi i/N} e^{-2\pi i/N})^k = 1^k = 1$이므로 이 N개 항의 합은 N이 된다; 이 값들은 $\mathbf{G}_N$의 대각 성분들이다. 마찬가지로 $j \neq k$이면 $W \neq 1$이므로, 기하급수와 그 합[15.1절 식 (6)에서 $q = W$, $n = N - 1$로 한 값]은 다음과 같다.

$$W^0 + W^1 + \cdots + W^{N-1} = \frac{1 - W^N}{1 - W} = 0$$

이 식은 $W^N = (\overline{w}^j w^k)^N = (e^{2\pi i})^j (e^{-2\pi i})^k = 1^j \cdot 1^k = 1$이므로 성립한다. ■

신호 $f(x)$의 주파수 스펙트럼이 $\hat{\mathbf{f}}$이므로, $\hat{\mathbf{f}}$의 성분들인 $\hat{f}_n$는 주기가 2π인 주기함수 $f(x)$의 해상도를 단순 (복소)조화항들(harmonic)로 나타난다. 여기서는 **에일리어싱**(aliasing)을 피하기 위해 n의 값으로 $N/2$보다 훨씬 작은 값을 사용해야 한다. 에일리어싱 현상은 너무 작은 수의 점에서(등 간격으로) 신호를 표본화함으로써 생기는 현상으로, 예를 들면 동영상에서 돌아가는 바퀴가 너무 천천히 돌아가게 보인다거나 혹은 반대방향으로 도는 것으로 보이기도 하는 현상이다. 따라서 실제 응용에서 N의 값이 커야 하나, N이 커지면 계산량이 많아지는 문제가 생긴다. 식 (18)에서는 N에 비례하는 $O(N)$ 연산이 요구되므로(어떤 특별한 n 값에 대하여), 전체 n ($n < N/2$)에 대해서는 $O(N^2)$ 연산이 필요하게 된다. 그러므로 1000 표본점(sample point)에 대해서 바로 계산해 보더라도 백만 번의 연산이 요구됨을 알 수 있다. 그러나, 계산량에서의 이러한 어려움은 **고속 Fourier 변환**(fast Fourier transform; FFT)에 의해 극복할 수 있다. 이 고속 Fourier 변환 프로그램은 쉽게 접할 수 있다(MapLe 같은 데서). FFT는 계산량을 $O(N^2)$에서 단지 $O(N)\log_2 N$으로 줄이는 DFT의 계산방법이다. 이 계산량의 감소는 큰 N 값에 대에서도 DFT를 실질적인 도구가 되게 하였다. 여기서 $N = 2^p$ (p는 정수)로 선택하고, 큰 문제를 작은 문제로 분해하기 위한 Fourier 행렬의 특별한 형식을 사용해보자. 예를 들어 $N = 1000$이면, DFT 연산은 1/100으로 줄어든다($1000/\log_2 1000 \approx 100$).

작은 문제로의 분해는 $N = 2M$의 경우, 크기 $M = N/2$의 두 문제로 분해가 가능함을 의미한다. 이것은 $N = 2M$일 경우 식 (19)가 다음과 같이 표현될 수 있으므로 가능하다.

$$w_N^2 = w_{2M}^2 = (e^{-2\pi i/N})^2 = e^{-4\pi i/(2M)} = e^{-2\pi i/(M)} = w_M$$

주어진 벡터 $\mathbf{f} = [f_0 \cdots f_{N-1}]^\top$는 각각 M개의 성분을 가지는 두 벡터로 분리되며, 그중 한 벡터는 $\mathbf{f}$의 짝수 성분을 포함하는 $\mathbf{f}_{\text{ev}} = [f_0 f_2 \cdots f_{N-2}]^\top$이며, 다른 하나는 $\mathbf{f}$의 홀수 성분을 포함하는 $\mathbf{f}_{\text{od}} = [f_1 f_3 \cdots f_{N-1}]^\top$이다. $\mathbf{f}_{\text{ev}}$와 $\mathbf{f}_{\text{od}}$에 대해 DFT를 결정해 보면 다음과 같다.

$$\hat{\mathbf{f}}_{\text{ev}} = [\hat{f}_{\text{ev},0} \quad \hat{f}_{\text{ev},2} \quad \cdots \quad \hat{f}_{\text{ev},N-2}]^\mathsf{T} = \mathbf{F}_M \mathbf{f}_{\text{ev}}$$
$$\hat{\mathbf{f}}_{\text{od}} = [\hat{f}_{\text{od},1} \quad \hat{f}_{\text{od},3} \quad \cdots \quad \hat{f}_{\text{od},N-1}]^\mathsf{T} = \mathbf{F}_M \mathbf{f}_{\text{od}}$$

여기서 두 식은 같은 크기의 $M \times M$ 행렬 $\mathbf{F}_M$을 포함한다. 이 벡터로부터 주어진 벡터 f의 DFT 성분을 다음 식과 같이 얻을 수 있다.

$$(22)\qquad \begin{aligned} &\text{(a)} \quad \hat{f}_n = \hat{f}_{\mathrm{ev},n} + w_N^n \hat{f}_{\mathrm{od},n} \qquad n = 0, \cdots, M-1 \\ &\text{(b)} \quad \hat{f}_{n+M} = \hat{f}_{\mathrm{ev},n} - w_N^n \hat{f}_{\mathrm{od},n} \qquad n = 0, \cdots, M-1 \end{aligned}$$

$N = 2^p$인 경우 분해는 $p - 1$번 반복될 수 있으므로, 마지막에는 크기 2의 $N/2$개 분해가 된다. 그러므로 곱셈 수는 앞에서 지적한 것처럼 감소하게 된다.

다음 예에서 $N = 4$로부터 $M = N/2 = 2$로 감소됨을 보이며, 그런 다음 식 (22)를 증명한다.

예제 5 고속 Fourier 변환(FFT). $N = 4$의 표본 값

$N = 4$이면 예제 4에서와 같이 $w = w_N = -i$이다. 그리고 $M = N/2 = 2$이므로 $w = w_M = e^{-2\pi i/2} = e^{-\pi i} = -1$이 된다. 결과적으로는

$$\hat{\mathbf{f}}_{\mathrm{ev}} = \begin{bmatrix} \hat{f}_0 \\ \hat{f}_2 \end{bmatrix} = \mathbf{F}_2 \mathbf{f}_{\mathrm{ev}} = \begin{bmatrix} 1 & 1 \\ 1 & -1 \end{bmatrix} \begin{bmatrix} f_0 \\ f_2 \end{bmatrix} = \begin{bmatrix} f_0 + f_2 \\ f_0 - f_2 \end{bmatrix}$$

$$\hat{\mathbf{f}}_{\mathrm{od}} = \begin{bmatrix} \hat{f}_1 \\ \hat{f}_3 \end{bmatrix} = \mathbf{F}_2 \mathbf{f}_{\mathrm{od}} = \begin{bmatrix} 1 & 1 \\ 1 & -1 \end{bmatrix} \begin{bmatrix} f_1 \\ f_3 \end{bmatrix} = \begin{bmatrix} f_1 + f_3 \\ f_1 - f_3 \end{bmatrix}$$

이 결과와 식 (22a)로부터 다음을 얻을 수 있다.

$$\hat{f}_0 = \hat{f}_{\mathrm{ev},0} + w_N^0 \hat{f}_{\mathrm{od},0} = (f_0 + f_2) + (f_1 + f_3) = f_0 + f_1 + f_2 + f_3$$

$$\hat{f}_1 = \hat{f}_{\mathrm{ev},1} + w_N^1 \hat{f}_{\mathrm{od},1} = (f_0 - f_2) - i(f_1 + f_3) = f_0 - if_1 - f_2 + if_3$$

유사하게 식 (22b)에 의해

$$\hat{f}_2 = \hat{f}_{\mathrm{ev},0} - w_N^0 \hat{f}_{\mathrm{od},0} = (f_0 + f_2) - (f_1 + f_3) = f_0 - f_1 + f_2 - f_3$$

$$\hat{f}_3 = \hat{f}_{\mathrm{ev},1} - w_N^1 \hat{f}_{\mathrm{od},1} = (f_0 - f_2) - (-i)(f_1 - f_3) = f_0 + if_1 - f_2 - if_3$$

이 결과가 예제 4의 경우와 일치함을 예제 4의 0, 1, 4, 9를 f_0, f_1, f_2, f_3로 대체함으로써 보일 수 있다. ■

식 (22)를 증명해 보자. 식 (18)과 식 (19)로부터 DFT의 성분은 다음과 같다.

$$\hat{f}_n = \sum_{k=0}^{N-1} w_N^{kn} f_k$$

각각 $M = N/2$항을 가지는 2개의 합으로 분리하면 다음과 같다.

$$\hat{f}_n = \sum_{k=0}^{M-1} w_N^{2kn} f_{2k} + \sum_{k=0}^{M-1} w_N^{(2k+1)n} f_{2k+1}$$

이제 $w_N^2 = w_M$을 이용하고 두 번째 합에서 w_N^n을 밖으로 꺼내면 다음과 같다.

$$(23)\qquad \hat{f}_n = \sum_{k=0}^{M-1} w_M^{kn} f_{\mathrm{ev},k} + w_N^n \sum_{k=0}^{M-1} w_M^{kn} f_{\mathrm{od},k}$$

두 합은 "반 크기(half-size)" 변환 $\mathbf{F}\mathbf{f}_{\mathrm{ev}}$와 $\mathbf{F}\mathbf{f}_{\mathrm{od}}$의 성분인 $f_{\mathrm{ev},n}, f_{\mathrm{od},n}$이다.

식 (22a)는 식 (23)과 같다. 식 (22b)에서는 n 대신 $n + M$이므로, 이를 식 (23)에 적용하면 부호가 바뀌게 된다. 즉 두 번째 합 앞의 항이 $-w_N^n$이 된다. 왜냐하면

$$w_N^M = e^{-2\pi iM/N} = e^{-2\pi i/2} = e^{-\pi i} = -1$$

이 결과가 식 (22b)에서 음의 부호를 가지게 하며 이로써 증명을 마무리한다.

연습문제 11.9

1. **복소수 복습**. $1/i = -i$, $e^{-ix} = \cos x - i \sin x$, $e^{ix} + e^{-ix} = 2\cos x$, $e^{ix} - e^{-ix} = 2i \sin x$, $e^{ikx} = \cos kx + i \sin kx$임을 보여라.

2-11 적분에 의한 Fourier 변환

함수 $f(x)$의 Fourier 변환을 구하라(11.10절의 표 III의 공식을 이용하지 않고). 자세한 풀이 과정을 보여라. 자세한 과정을 보여라.

2. $f(x) = \begin{cases} e^{2ix} & (-1 < x < 1) \\ 0 & \text{그 외는} \end{cases}$

3. $f(x) = \begin{cases} 1 & (a < x < b) \\ 0 & \text{그 외는} \end{cases}$

4. $f(x) = \begin{cases} e^{kx} & (x < 0)\ (k > 0) \\ 0 & (x > 0) \end{cases}$

5. $f(x) = \begin{cases} e^{x} & (-a < x < a) \\ 0 & \text{그 외는} \end{cases}$

6. $f(x) = e^{-|x|}\ (-\infty < x < \infty)$

7. $f(x) = \begin{cases} x & (0 < x < a) \\ 0 & \text{그 외는} \end{cases}$

8. $f(x) = \begin{cases} xe^{-x} & (-1 < x < 0) \\ 0 & \text{그 외는} \end{cases}$

9. $f(x) = \begin{cases} |x| & (-1 < x < 1) \\ 0 & \text{그 외는} \end{cases}$

10. $f(x) = \begin{cases} x & (-1 < x < 1) \\ 0 & \text{그 외는} \end{cases}$

11. $f(x) = \begin{cases} -1 & (-1 < x < 0) \\ 1 & (0 < x < 1) \\ 0 & \text{그 외는} \end{cases}$

12-17 11.10절의 표 III의 사용. 다른 방법

12. 표 III의 공식 5 ($a = 1$)와 식 (9)로부터 $f(x) = xe^{-x}\ (x > 0)$이고 $f(x) = 0\ (x < 0)$인 함수 $f(x)$의 Fourier 변환을 구하라. 힌트. xe^{-x}와 e^{-x}를 고려하라.

13. 표 III 공식 9로부터 $\mathcal{F}(e^{-x^2/2})$를 구하라.

14. 표 III의 공식 (8)로부터 공식 7을 구하라.

15. 표 III의 공식 (2)로부터 공식 1을 구하라.

16. **조별 과제**. **이동**(shifting).

(a) $f(x)$가 Fourier 변환을 가진다면, $f(x - a)$도 Fourier 변환을 가지며 $\mathcal{F}[f(x - a)] = e^{-iwa}\mathcal{F}[f(x)]$임을 보여라.

(b) (a)의 결과를 이용하고, 표 III의 공식 (2)로부터 공식 1을 구하라.

(c) ***w*-축에서 이동.** $\hat{f}(w)$가 $f(x)$의 Fourier 변환이면, $\hat{f}(w - a)$가 $e^{iax}f(x)$의 Fourier 변환임을 보여라.

(d) (c)의 결과를 이용하고, 표 III의 공식 (1)로부터 공식 7을, 공식 (2)로부터 공식 8을 구하라.

17. 문제 9의 해와 식 (9)를 이용하여 문제 11을 풀기 위한 아이디어는 무엇이며, 이 아이디어를 이용하면 문제해결이 가능한가?

18-25 이산 Fourier 변환

18. 예제 4의 계산과정을 입증하라.

19. 값 4개를 가지는 일반적인 신호 $f = [f_1\, f_2\, f_3\, f_4]^{\mathsf{T}}$의 Fourier 변환을 구하라.

20. 예제 4의 역행렬을 구하고 이 행렬을 주어진 신호를 복원하는 데 사용해보라.

21. 2개의 값 $[f_1\ \ f_2]^{\mathsf{T}}$를 가지는 일반 신호의 Fourier 변환(주파수 스펙트럼)을 구하라.

22. 문제 21에서 구한 주파수 스펙트럼을 이용하여 주어진 신호를 복원하라.

23. 8개의 표본 값을 가지는 신호에서 $w = e^{-i/4} = (1 - i)/\sqrt{2}$임을 보여라. 거듭제곱하여 검산을 하라.

24. 8개의 표본 값의 신호의 Fourier 행렬식 $\mathbf{F}$를 명확히 구하라.

25. **CAS 문제.** 8×8 Fourier 행렬의 역행렬을 구하라. 8개의 값을 가지는 일반 신호를 변환하고 주어진 데이터로 역변환하라.

11.10 변환공식의 표

표 I. Fourier 코사인 변환

11.8절 식 (2) 참고.

	$f(x)$	$\hat{f}_c(w) = \mathcal{F}_c(f)$	
1	$\begin{cases} 1 & (0 < x < a) \\ 0 & \text{그 외는} \end{cases}$	$\sqrt{\dfrac{2}{\pi}}\,\dfrac{\sin aw}{w}$	
2	$x^{a-1} \quad (0 < a < 1)$	$\sqrt{\dfrac{2}{\pi}}\,\dfrac{\Gamma(a)}{w^a}\cos\dfrac{a\pi}{2}$	($\Gamma(a)$는 부록 A3.1 참조)
3	$e^{-ax} \quad (a > 0)$	$\sqrt{\dfrac{2}{\pi}}\left(\dfrac{a}{a^2 + w^2}\right)$	
4	$e^{-x^2/2}$	$e^{-w^2/2}$	
5	$e^{-ax^2} \quad (a > 0)$	$\dfrac{1}{\sqrt{2a}}\,e^{-w^2/(4a)}$	
6	$x^n e^{-ax} \quad (a > 0)$	$\sqrt{\dfrac{2}{\pi}}\,\dfrac{n!}{(a^2 + w^2)^{n+1}}\,\mathrm{Re}\,(a + iw)^{n+1}$	Re는 실수부임
7	$\begin{cases} \cos x & (0 < x < a) \\ 0 & \text{그 외는} \end{cases}$	$\dfrac{1}{\sqrt{2\pi}}\left[\dfrac{\sin a(1 - w)}{1 - w} + \dfrac{\sin a(1 + w)}{1 + w}\right]$	
8	$\cos(ax^2) \quad (a > 0)$	$\dfrac{1}{\sqrt{2a}}\cos\left(\dfrac{w^2}{4a} - \dfrac{\pi}{4}\right)$	
9	$\sin(ax^2) \quad (a > 0)$	$\dfrac{1}{\sqrt{2a}}\cos\left(\dfrac{w^2}{4a} + \dfrac{\pi}{4}\right)$	
10	$\dfrac{\sin ax}{x} \quad (a > 0)$	$\sqrt{\dfrac{\pi}{2}}\,(1 - u(w - a))$	(6.3절 참조)
11	$\dfrac{e^{-x}\sin x}{x}$	$\dfrac{1}{\sqrt{2\pi}}\arctan\dfrac{2}{w^2}$	
12	$J_0(ax) \quad (a > 0)$	$\sqrt{\dfrac{2}{\pi}}\,\dfrac{1}{\sqrt{a^2 - w^2}}\,(1 - u(w - a))$	(5.5, 6.3절 참조)

표 II. Fourier 사인 변환

11.8절 식 (5) 참고.

	$f(x)$	$\hat{f}_s(w) = \mathcal{F}_s(f)$	
1	$\begin{cases} 1 & (0 < x < a) \\ 0 & \text{그 외는} \end{cases}$	$\sqrt{\frac{2}{\pi}}\left[\frac{1-\cos aw}{w}\right]$	
2	$1/\sqrt{x}$	$1/\sqrt{w}$	
3	$1/x^{3/2}$	$2\sqrt{w}$	
4	$x^{a-1} \quad (0 < a < 1)$	$\sqrt{\frac{2}{\pi}}\frac{\Gamma(a)}{w^a}\sin\frac{a\pi}{2}$	($\Gamma(a)$는 부록 A3.1 참조)
5	$e^{-ax} \quad (a > 0)$	$\sqrt{\frac{2}{\pi}}\left(\frac{w}{a^2+w^2}\right)$	
6	$\frac{e^{-ax}}{x} \quad (a > 0)$	$\sqrt{\frac{2}{\pi}}\arctan\frac{w}{a}$	
7	$x^n e^{-ax} \quad (a > 0)$	$\sqrt{\frac{2}{\pi}}\frac{n!}{(a^2+w^2)^{n+1}}\operatorname{Im}(a+iw)^{n+1}$	Im은 허수부임
8	$xe^{-x^2/2}$	$we^{-w^2/2}$	
9	$xe^{-ax^2} \quad (a > 0)$	$\frac{w}{(2a)^{3/2}}e^{-w^2/4a}$	
10	$\begin{cases} \sin x & (0 < x < a) \\ 0 & \text{그 외는} \end{cases}$	$\frac{1}{\sqrt{2\pi}}\left[\frac{\sin a(1-w)}{1-w} - \frac{\sin a(1+w)}{1+w}\right]$	
11	$\frac{\cos ax}{x} \quad (a > 0)$	$\sqrt{\frac{\pi}{2}}u(w-a)$	(6.3절 참조)
12	$\arctan\frac{2a}{x} \quad (a > 0)$	$\sqrt{2\pi}\frac{\sin aw}{w}e^{-aw}$	

표 III. Fourier 변환

11.9절 식 (6) 참고.

	$f(x)$	$\hat{f}_s(w) = \mathcal{F}_s(f)$
1	$\begin{cases} 1 & (-b < x < b) \\ 0 & \text{그 외는} \end{cases}$	$\sqrt{\dfrac{2}{\pi}} \dfrac{\sin bw}{w}$
2	$\begin{cases} 1 & (b < x < c) \\ 0 & \text{그 외는} \end{cases}$	$\dfrac{e^{-ibw} - e^{-icw}}{iw\sqrt{2\pi}}$
3	$\dfrac{1}{x^2 + a^2} \quad (a > 0)$	$\sqrt{\dfrac{\pi}{2}} \dfrac{e^{-a\|w\|}}{a}$
4	$\begin{cases} x & (0 < x < b) \\ 2x - b & (b < x < 2b) \\ 0 & \text{그 외는} \end{cases}$	$\dfrac{-1 + 2e^{ibw} - e^{-2ibw}}{\sqrt{2\pi}w^2}$
5	$\begin{cases} e^{-ax} & (x > 0) \\ 0 & \text{그 외는} \end{cases} \quad (a > 0)$	$\dfrac{1}{\sqrt{2\pi}(a + iw)}$
6	$\begin{cases} e^{ax} & (b < x < c) \\ 0 & \text{그 외는} \end{cases}$	$\dfrac{e^{(a-iw)c} - e^{(a-iw)b}}{\sqrt{2\pi}(a - iw)}$
7	$\begin{cases} e^{iax} & (-b < x < b) \\ 0 & \text{그 외는} \end{cases}$	$\sqrt{\dfrac{2}{\pi}} \dfrac{\sin b(w - a)}{w - a}$
8	$\begin{cases} e^{iax} & (b < x < c) \\ 0 & \text{그 외는} \end{cases}$	$\dfrac{i}{\sqrt{2\pi}} \dfrac{e^{ib(a-w)} - e^{ic(a-w)}}{a - w}$
9	$e^{-ax^2} \quad (a > 0)$	$\dfrac{1}{\sqrt{2a}} e^{-w^2/4a}$
10	$\dfrac{\sin ax}{x} \quad (a > 0)$	$\sqrt{\dfrac{\pi}{2}} \; (\|w\| < a);\ 0\ (\|w\| > a)$

11장 복습문제

1. Fourier 급수란 무엇인가? Fourier 코사인 급수란 무엇인가? 반구간 전개란 무엇인가?
2. EuLer 공식은 무엇인가? 이 공식을 얻게 되는 중요한 개념은 무엇인가?
3. 주기가 2π인 주기함수에서 일반적인 주기함수로 어떤 과정을 거쳐 전개되는가?
4. 불연속 함수가 Fourier 급수를 가질 수 있는지와 TayLor 급수를 가질 수 있는지를 설명하라. 왜 이런 함수들이 공학자에게 관심의 대상이 되는가?
5. Fourier 급수 수렴성과 Gibbs 현상에 관해 무엇을 알고 있는가?
6. 상미분방정식의 출력은 입력과 같은 빠르기로 수차례 진동할 수 있다. 어떻게 이런 현상이 발생하는가?
7. 삼각함수 다항식에 대한 근사는 무엇이며, 여기서 최소제곱오차는 무엇인가?
8. Fourier 적분과 Fourier 사인적분은 무엇인가? 예를 들어 설명하라.
9. Fourier 변환과 이산 Fourier 변환이란 무엇인가?
10. Sturm-Liouville 문제는 무엇인가? 이 문제가 Fourier 급수와 어떤 개념으로 관련되어 있는가?

11-20 Fourier 급수

문제 11, 13, 16, 20에서 한 주기 상에서 주어진 함수 $f(x)$의 Fourier 급수를 구하고 함수 $f(x)$를 스케치하라. 그리고 부분합을 구하라. 문제 12, 14, 15, 17-19에서는 타당한 이유를 들어 답하라. 자세한 풀이과정을 보여라.

11. $f(x) = \begin{cases} 0 & (-2 < x < 0) \\ 2 & (0 < x < 2) \end{cases}$
12. 왜 문제 11에서의 급수에는 코사인 항이 없는가?
13. $f(x) = \begin{cases} 0 & (-1 < x < 0) \\ x & (0 < x < 1) \end{cases}$
14. 문제 13에서 코사인 항의 급수와 사인 항의 급수를 표현하는 함수는 무엇인가?
15. 함수 $e^{x}(-5 < x < 5)$의 Fourier 급수에서 코사인 항의 급수와 사인 항의 급수를 표현하는 함수는 무엇인가?
16. $f(x) = |x| \quad (-\pi < x < \pi)$
17. 최종적으로 $1 - 1/3 + 1/5 - 1/7 + - \cdots = \pi/4$와 같이 결론지을 수 있는 Fourier 급수를 찾아라.
18. 문제 16에서 (항별)미분으로 얻을 수 있는 함수와 급수는 무엇인가?
19. $f(x) = x\ (0 < x < 1)$ 반구간 전개를 구하라.
20. $f(x)= 3x^2\ (-\pi < x < \pi)$

21-22 일반해

미분방정식 $y'' + \omega^2 y = r(t)$에서 $|\omega| \neq 0, 1, 2, \cdots$이고, $r(t)$는 주기가 2π인 주기함수이고 다음과 같을 때 해를 구하라.

21. $r(t) = 3t^2\ (-\pi < t < \pi)$
22. $r(t) = |t|\ (-\pi < t < \pi)$

23-25 최소제곱오차

23. 함수 $f(x) = x/\pi\ (-\pi < x < \pi)$와 차수 $N = 1, \cdots, 5$인 삼각함수 다항식에 대하여 최소제곱오차를 구하라.
24. 함수 $f(x)$에 상수 k를 곱하면 최소제곱오차가 어떻게 변하는가?
25. 함수 $f(x) = \cdot x \cdot/\pi\ (-\pi < x < \pi)$에 대하여 문제 23과 같은 일을 수행하라. 여기에서는 왜 E^*가 매우 작아지는가(약 1/100!)?

26-30 Fourier 적분과 변환

다음 문제에서 주어진 함수를 스케치하고 문제에서 요구하는 표현식을 구하라. 만약 CAS를 가지고 있다면, 적분 구간을 유한하게 하여 근사 곡선을 그리고 Gibbs 현상을 관찰하라.

26. $f(x) = x + 1\ (0 < x < 1)$, 그 외에는 0;
Fourier 사인 변환
27. $f(x) = x\ (0 < x < 1)$, 그 외에는 0;
Fourier 적분
28. $f(x) = kx\ (a < x < b)$, 그 외에는 0;
Fourier 변환
29. $f(x) = x\ (1 < x < a)$, 그 외에는 0;
Fourier 코사인 변환
30. $f(x) = e^{-2x}(x > 0)$, 그 외에는 0;
Fourier 변환.

11장 요약.
Fourier 해석. 편미분방정식

Fourier 급수(Fourier series)는 주기 $p = 2L$인 **주기함수**(periodic functions) $f(x)$를 고려한다. 이때 주기함수는 모든 x와 고정된 값 $p > 0$에 대해 $f(x + p) = f(x)$로 정의된다. 즉 임의 정수 n에 대해 $f(x + np) = f(x)$이다. 이 급수는 다음과 같은 형식을 가진다.

(1) $$f(x) = a_0 + \sum_{n=1}^{\infty} \left(a_n \cos \frac{n\pi}{L} x + b_n \sin \frac{n\pi}{L} x \right)$$ (11.2절 참고)

$f(x)$의 **Fourier 계수**(Fourier coefficients)는 Euler 공식에 의해 다음과 같이 주어진다(11.2절).

(2) $$a_0 = \frac{1}{2L} \int_{-L}^{L} f(x)\, dx, \qquad a_n = \frac{1}{L} \int_{-L}^{L} f(x) \cos \frac{n\pi x}{L}\, dx$$

$$b_n = \frac{1}{L} \int_{-L}^{L} f(x) \sin \frac{n\pi x}{L}\, dx$$

여기서 $n = 1, 2, \cdots$이다. 주기가 2π인 경우는 간단히 다음과 같다(11.1절).

(1*) $$f(x) = a_0 + \sum_{n=1}^{\infty} (a_n \cos nx + b_n \sin nx)$$

여기서 $f(x)$의 *Fourier 계수는*(11.1절)

$$a_0 = \frac{1}{2\pi} \int_{-\pi}^{\pi} f(x)\, dx, \quad a_n = \frac{1}{\pi} \int_{-\pi}^{\pi} f(x) \cos nx\, dx, \quad b_n = \frac{1}{\pi} \int_{-\pi}^{\pi} f(x) \sin nx\, dx$$

Fourier 급수는 주기적인 현상과 더불어, 특히 미분방정식을 포함하는 모델에서 중요하다(11.3절, 12장). 함수 $f(x)$가 우함수 $[f(-x) = f(x)]$ 혹은 기함수 $[f(-x) = -f(x)]$이면, Fourier 급수는 각각 **Fourier 코사인 급수**, **Fourier 사인 급수**가 된다(11.2절). 만약 $f(x)$가 단지 구간 $0 \leqq x \leqq L$에서 주어진다면, 함수는 주기 $2L$의 두 종류 **반구간 전개**, 즉 코사인과 사인 급수를 가진다(11.2절).

식 (1)에서의 코사인과 사인 함수의 집합을 **삼각함수 시스템**(trigonometric system)이라 한다. 삼각함수 시스템의 기본적인 성질은 길이 $2L$ 구간 상에서의 **직교성**이다; 즉 모든 정수 m과 $n \neq m$에 대해 다음 식이 성립된다.

$$\int_{-L}^{L} \cos \frac{m\pi x}{L} \cos \frac{n\pi x}{L}\, dx = 0, \qquad \int_{-L}^{L} \sin \frac{m\pi x}{L} \sin \frac{n\pi x}{L}\, dx = 0$$

그리고 모든 정수 m과 n에 대해서는 다음과 같다.

$$\int_{-L}^{L} \cos \frac{m\pi x}{L} \sin \frac{n\pi x}{L}\, dx = 0$$

이 직교성은 Euler 공식 (2)를 유도하는 데 매우 중요하다.

Fourier 급수의 부분합은 **제곱오차**(square error)를 최소화한다(11.4절).

식 (1)에서 삼각함수 시스템을 다른 직교시스템으로 대체하면 상미분방정식에서 경계값 문제인 ***Sturm-Liouville 문제***에 이르게 된다. 이 문제는 ***고유값 문제***이고 주파수 및 에너지와 종종 연관되는 매개변수 λ를 수반한다. Sturm-Liouville 문제의 해를 ***고유함수***라 부른다. ***일반적인 Fourier 급수***로 분류되는 ***Fourier-Legendre 급수***와 ***Fourier-Bessel 급수*** 등을 다른 직교급수로 유사하게 고려할 수 있다(11.6절).

Fourier 급수의 개념과 기법을 전체 실수에서 정의되는 비주기 함수 $f(x)$에 확장 적용함으로써 다음의 **Fourier 적분**(Fourier integral)이나 복소적분이 얻어진다.

$$f(x) = \int_0^{\infty} [A(w) \cos wx + B(w) \sin wx]\, dw \tag{3}$$

(11.7절)

여기서

$$A(w) = \frac{1}{\pi}\int_{-\infty}^{\infty} f(v) \cos wv\, dv, \qquad B(w) = \frac{1}{\pi}\int_{-\infty}^{\infty} f(v) \sin wv\, dv \tag{4}$$

복소수 형식은(11.9절)

$$f(x) = \frac{1}{\sqrt{2\pi}}\int_{-\infty}^{\infty} \hat{f}(w) e^{iwx}\, dw \qquad (i = \sqrt{-1}) \tag{5}$$

여기서

$$\hat{f}(w) = \frac{1}{\sqrt{2\pi}}\int_{-\infty}^{\infty} f(x) e^{-iwx}\, dx \tag{6}$$

식 (6)은 함수 $f(x)$를 **Fourier 변환**(Fourier transform) $\hat{f}(w)$로 변환하는 것이며, 그리고 식 (5)는 역변환이다.

이와 관련된 **Fourier 코사인 변환**(Fourier cosine transform, 11.8절)은 다음과 같으며,

$$\hat{f}_c(w) = \sqrt{\frac{2}{\pi}}\int_0^{\infty} f(x) \cos wx\, dx \tag{7}$$

다음 식이 **Fourier 사인 변환**(Fourier sine transform, 11.8절)이다.

$$\hat{f}_s(w) = \sqrt{\frac{2}{\pi}}\int_0^{\infty} f(x) \sin wx\, dx \tag{8}$$

이산 Fourier 변환(DFT)과 이를 계산하는 실질적인 방법인 ***고속 Fourier 변환***(FFT)을 11.9절에서 설명하였다.

CHAPTER 12

편미분방정식
Partial Differential Equations (PDEs)

편미분방정식은 독립변수가 두 개 이상인 미지함수의 편도함수를 포함하는 방정식이다. 대개의 경우 독립변수들은 시간 t와 한 개 또는 여러 개의 공간변수들이다. 가장 중요한 편미분방정식들은 진동하는 현(12.2, 12.3, 12.4, 12.12절)과 진동하는 박막(12.8, 12.9, 12.10절)의 모델인 파동방정식, 막대 또는 전선의 온도(12.5, 12.6절)에 관한 열전도방정식 그리고 정전기 퍼텐셜(12.6, 12.10, 12.11절)에 대한 Laplace 방정식이다. 이러한 편미분방정식들은 역학, 탄성학, 열전도, 전자기이론 및 양자역학에 있어서 매우 중요하다. 이와 같이 편미분방정식은 아주 단순한 물리계만을 모델링시킬 수 있는 상미분방정식에 비해 폭넓은 분야에 응용된다. 따라서 편미분방정식은 현재 진행 중인 수많은 연구과제와 개발 프로젝트의 주제이다.

편미분방정식의 모델링은 상미분방정식의 모델링에 비해 복잡하므로 단계적으로 접근한다. 이를 테면 12.2절에서는 진동하는 탄성현(바이올린 현)에 관한 모델인 1차원 파동방정식을 유도하고 절을 분리하여, 즉 12.3절에서 이 방정식의 해를 구한다. 이와 유사하게, 12.5절에서는 열전도방정식을 유도하고 12.6절에서 이 방정식의 해를 구하고 일반화시킨다.

물리학의 법칙을 이용하여 이러한 편미분방정식들을 유도하고 물리적 상태를 만족시키는 조건에 따라 구분되는 초기값 및 경계값 문제의 해를 구하는 방법을 알아본다. 12.7절과 12.12절에서는 Fourier 변환과 Laplace 변환을 사용하여 편미분방정식의 해를 구하는 방법을 소개한다.

주석: ***편미분방정식의 수치해법***은 21.4~21.7절에서 다루게 될 것이며, 교수법의 편의를 위해 그것은 E부에서 수치해석에 관한 다른 절들과는 독립적으로 구성되어 있다.

이 장을 위한 예비지식: 선형상미분방정식(2장), Fourier 급수(11장)
생략할 수 있는 절: 12.7, 12.10~12.12절
참고문헌과 연습문제 해답: 부록 1의 C부와 부록 2

12.1 기본개념

편미분방정식(partial differential equation; PDE)은 대개의 경우 시간 t와 한 개 이상의 공간변수에 의존하는 (미지)함수 u의 편도함수를 한 개 이상 포함하는 방정식이다. 이때 가장 높은 도함수의 계수를 이 방정식의 **계수**(order)라 한다. 상미분방정식의 경우와 같이 2계

편미분방정식이 응용에 있어서 가장 중요하게 될 것이다.

상미분방정식의 경우와 마찬가지로, 편미분방정식의 종속변수(미지함수) u 및 그 편도함수가 1차이면 이 방정식을 **선형**(linear)이라 하고, 그렇지 않으면 **비선형**(nonlinear)이라고 한다. 따라서, 예제 1의 방정식은 모두 선형이다. 또한, 이 방정식의 각 항이 u 또는 그 편도함수만을 포함하고 있을 때, 이 방정식을 **제차**(homogeneous)라 하고 그렇지 않으면 **비제차**(nonhomogeneous)라고 한다. 그러므로, 예제 1에서 식 (4) ($f \neq 0$일 경우)는 비제차이고 나머지는 제차이다.

예제 1 중요한 2계 선형미분방정식

(1) $$\frac{\partial^2 u}{\partial t^2} = c^2 \frac{\partial^2 u}{\partial x^2}$$ ***(1차원 파동방정식)***

(2) $$\frac{\partial u}{\partial t} = c^2 \frac{\partial^2 u}{\partial x^2}$$ ***(1차원 열전도방정식)***

(3) $$\frac{\partial^2 u}{\partial x^2} + \frac{\partial^2 u}{\partial y^2} = 0$$ ***(2차원 Laplace 방정식)***

(4) $$\frac{\partial^2 u}{\partial x^2} + \frac{\partial^2 u}{\partial y^2} = f(x, y)$$ ***(2차원 Poisson 방정식)***

(5) $$\frac{\partial^2 u}{\partial t^2} = c^2 \left(\frac{\partial^2 u}{\partial x^2} + \frac{\partial^2 u}{\partial y^2}\right)$$ ***(2차원 파동방정식)***

(6) $$\frac{\partial^2 u}{\partial x^2} + \frac{\partial^2 u}{\partial y^2} + \frac{\partial^2 u}{\partial z^2} = 0$$ ***(3차원 Laplace 방정식)***

여기서 c는 양의 상수, t는 시간, x, y, z는 직교좌표이고 *차원*(dimension)은 방정식 중의 좌표의 개수이다. ■

독립변수 공간의 어떤 영역 R에서 편미분방정식의 **해**(solution)는 R을 포함하는 (9.6절에서 정의된) 적당한 영역(domain) D에서 그 방정식에 포함된 모든 편도함수를 갖고 있는 함수로서 R의 모든 점에서 주어진 방정식을 만족하는 함수이다.

가끔은 함수가 단지 R의 경계에서 연속이고, R의 내부에서 편도함수가 존재하면서 주어진 방정식을 만족하는 것을 해로 정의하기도 한다. R을 D 내부에 두는 이유는 R의 경계에서의 미분에 관한 사항을 단순화시키기 위함이다.

일반적으로 하나의 편미분방정식의 해의 전체 집합은 매우 크다. 예를 들면, 함수

(7) $$u = x^2 - y^2, \qquad u = e^x \cos y, \qquad u = \sin x \cosh y, \qquad u = \ln(x^2 + y^2)$$

들은 서로가 전혀 다르지만, 검증해 보면 곧 알 수 있듯이 식 (3)의 해가 된다. 주어진 물리적 문제에 대한 편미분방정식의 유일해는 물리적인 조건에 나타나는 ***추가적인 정보***(additional conditions)를 사용함으로써 얻어지는데, 이것은 후에 보게 될 것이다. 예를 들면, 어느 경우에는 어떤 영역 R의 경계에서 문제에 대한 해 u의 값이 주어질 것이고["**경계조건**

(boundary conditions)"], 시간 t가 변수 중의 하나인 경우에는 $t = 0$에서의 u의 값(또는 $u_t = \partial u/\partial t$ 또는 두 가지 모두)이 명시될 것이다["**초기조건**(initial conditions)"].

만약 상미분방정식이 선형이고 제차이면, 알고 있는 해로부터 중첩(superposition)에 의해 다른 해를 얻을 수 있다는 것은 잘 알고 있다. 제차선형인 편미분방정식에 대하여도 사정은 아주 유사하다.

정리 1

중첩에 관한 기본정리

u_1과 u_2가 어떤 영역 R에서 ***선형제차*** *편미분방정식의 해라고 하면*

$$u = c_1u_1 + c_2u_2$$

도 역시 같은 영역 R에서 주어진 방정식의 해가 된다. 여기서, c_1, c_2는 임의의 상수이다.

이 중요한 정리의 증명은 간단하며 앞의 2.1절, 정리 1의 증명과 유사하므로 독자에게 맡긴다.

이 절의 연습문제 2-13의 검증은 상미분방정식에서와 마찬가지의 과정을 따른다. 연습문제 16-23은 상미분방정식처럼 풀 수 있는 편미분방정식에 관한 문제들이다. 다음의 두 예제에서는 편미분방정식을 상미분방정식으로 취급하여 해를 구한다.

예제 2 **상미분방정식처럼 $u_{xx} - u = 0$을 풀어라.**

x, y 함수로서 편미분방정식 $u_{xx} - u = 0$의 해 u를 구하라.

풀이. y에 대한 도함수가 없으므로 $u'' - u = 0$과 같이 풀 수 있다. 2.2절에서처럼 그 해는 $u = Ae^x + Be^{-x}$로 얻을 수 있을 것이다(단, A와 B는 상수). 여기서는 A와 B가 y의 함수가 될 수 있으므로 그 답은

$$u(x, y) = A(y)e^x + B(y)e^{-x}$$

이며 A와 B는 임의의 함수이므로 매우 다양한 해가 존재한다. 미분함으로써 결과를 점검해 보라. ■

예제 3 **상미분방정식처럼 $u_{xy} = -u_x$를 풀어라.**

이 편미분방정식의 해 $u = u(x, y)$를 구하라.

풀이. $u_x = p$라 두면 $p_y = -p$, $P_y/p = -1$, $\ln|p| = -y + \tilde{c}(x)$, $p = c(x)e^{-y}$이고 x에 관하여 적분하면

$$u(x, y) = f(x)e^{-y} + g(y), \qquad f(x) = \int c(x)\,dx$$

이고, $f(x)$와 $g(y)$는 임의의 함수이다. ■

연습문제 12.1

1. **기본정리**. 두 개 및 세 개의 독립변수를 갖는 2계 편미분방정식에 대하여 기본정리 1을 증명하라. *힌트*. 대입하여 증명하라.

2-13 해의 검증

주어진 함수가 편미분방정식의 해임을 (대입하여) 검증하라. 공간상의 곡면으로 해를 스케치하거나 그래프를 그려라.

2-5 파동방정식 (1) (적당한 c와 함께)

2. $u = x^2 + t^2$
3. $u = \cos 4t \sin 2x$
4. $u = \sin kct \cos kx$
5. $u = \sin at \sin bx$

6-9 열전도방정식 (2) (적당한 c와 함께)

6. $u = e^{-t} \sin x$
7. $u = e^{-\omega^2 c^2 t} \cos \omega x$
8. $u = e^{-9t} \sin \omega x$
9. $u = e^{-\pi^2 t} \cos 25x$

10-13 Laplace 방정식 (3)

10. $u = e^x \cos y,\ e^x \sin y$
11. $u = \arctan (y/x)$
12. $u = \cos y \sinh x,\ \sin y \cosh x$
13. $u = x/(x^2 + y^2),\ y/(x^2 + y^2)$
14. 조별 과제. **해의 검증**

(a) 파동방정식. 두 번 미분 가능한 함수 v와 w에 대하여 합 $u(x, t) = v(x + ct) + w(v - ct)$가 식 (1)의 해임을 보여라.

(b) Poisson 방정식. 주어진 $f(x, y)$에 대하여 u가 식 (4)의 해임을 보여라.

$$u = y/x \qquad f = 2y/x^3$$
$$u = \sin xy \qquad f = (x^2 + y^2) \sin xy$$
$$u = e^{x^2 - y^2} \qquad f = 4(x^2 + y^2)e^{x^2 - y^2}$$
$$u = 1/\sqrt{x^2 + y^2} \qquad f = (x^2 + y^2)^{-3/2}$$

(c) Laplace 방정식. $u = 1/\sqrt{x^2 + y^2 + z^2}$는 식 (6)을 만족하고 $u = \ln (x^2 + y^2)$는 식 (3)을 만족함을 검증하라. $u = 1/\sqrt{x^2 + y^2}$은 식 (3)의 해인가? 또한 어떤 Poisson 방정식의 해인가?

(d) (충분한 차수만큼 미분 가능한) v와 w에 대하여 u가 주어진 편미분방정식의 해임을 검증하라.

$$u = v(x) + w(y) \qquad u_{xy} = 0$$
$$u = v(x)w(y) \qquad uu_{xy} = u_x u_y$$
$$u = v(x + 2t) + w(x - 2t) \qquad u_{tt} = 4u_{xx}$$

15. **경계값 문제**. 함수 $u(x, y) = a \ln (x^2 + y^2) + b$가 Laplace 방정식 (3)을 만족함을 검증하고 u가 원 $x^2 + y^2 = 1$ 위에서 경계조건 $u = 110$, 원 $x^2 + y^2 = 100$ 위에서 $u = 0$을 만족하도록 a와 b를 결정하라.

16-23 상미분방정식처럼 풀 수 있는 편미분방정식

만일 어떤 편미분방정식이 오직 한 개의 변수에 관한 도함수만을 포함하고 있다면 (또는 이러한 형태로 변형 가능하다면) 다른 변수는 매개변수로 취급하여 상미분방정식처럼 풀 수 있다. 다음 방정식의 해 $u = u(x, y)$를 구하라.

16. $u_{yy} = 0$
17. $u_{xx} + 16\pi^2 u = 0$
18. $25u_{yy} - 4u = 0$
19. $u_y + y^2 u = 0$
20. $2u_{xx} + 9u_x + 4u = -3 \cos x - 29 \sin x$
21. $u_{yy} + 6u_y + 13u = 4e^{3y}$
22. $u_{xy} = u_x$
23. $x^2 u_{xx} + 2xu_x - 2u = 0$
24. **회전곡면**. $yz_x = xz_y$의 해 $z = z(x, y)$는 회전곡면을 나타냄을 보여라. 예를 들어 보라. *힌트*. 극좌표계 r, θ를 사용하여 이 방정식이 $z_\theta = 0$을 만족함을 보여라.
25. **연립편미분방정식**. $u_{xx} = 0$, $u_{yy} = 0$을 풀어라.

12.2 모델링: 진동하는 현, 파동방정식

이 절에서는 편미분방정식의 중요한 첫 번째 예로서, 진동하는 현의 모형인 파동방정식을 모델링하고 다음 12.3절에서 해를 구하기로 한다. *학생들은 이 미묘한 과정과 상세한 유도에 주의를 기울여야 한다*. 이렇게 터득된 기교는 일반적인 다른 형상을 모델링하고, 특히

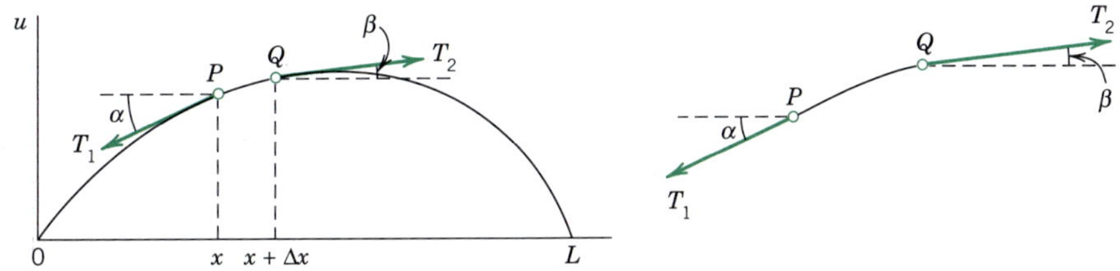

그림 286. 고정된 시간 t에서의 변위된 현

진동박막(12.7절을 보라)을 모델링하는 데 적용될 수 있다.

바이올린 현과 같은 탄성 현(elastic string)에서 현의 길이 방향에 대하여 수직인 미소 횡진동(transverse vibration)을 모델링하는 방정식을 유도해 보자. 현을 x축 위에 놓고 길이 L만큼 늘여 양 끝을 $x = 0$과 $x = L$로 고정시킨다. 어떤 시점, 가령 $t = 0$에서 현을 잡아당긴 후 놓음으로써 진동하게 된다. 문제는 현의 진동을 결정하는 것, 즉 임의의 시점 $t > 0$, 임의의 점 x에서 현의 변위(deflection) $u(x, t)$를 구하는 데 있다(그림 286 참조).

$u(x, t)$는 주어진 물리계의 모형인 편미분방정식의 해가 될 것이다. 이 방정식은 그렇게 복잡하지 않으므로 풀 수 있다. 2장에서 진동을 모델링한 상미분방정식과 마찬가지로, 합리적인 단순화 가정들은 다음과 같다.

물리적 가정

1. 단위길이의 현의 질량은 일정하다("균일한 현"). 현은 완전탄성체이며 휠 때 어떠한 저항도 나타내지 않는다.

2. 양 끝을 고정하기 전 현을 잡아당길 때 생기는 장력은 매우 커서 현에 작용하는 중력을 무시할 수 있다.

3. 현의 운동은 수직평면 내에서 미소 횡진동이다. 즉 현의 각 점은 정확하게 수직으로 움직이고, 따라서 현의 모든 점에서의 변위와 기울기의 절댓값은 항상 작게 유지된다.

이와 같은 가정을 하면, 모델의 해 $u(x, t)$는 진동하는 현의 실재적 상태를 충분히 잘 표시한다고 기대할 수 있다.

힘으로부터 미분방정식("파동방정식")의 유도

진동하는 현의 모델은 편미분방정식("파동방정식")과 추가 조건들로 구성된다. 편미분방정식을 구하기 위해 ***현의 미소부분에 작용하는 힘***(그림 286)을 고려해야 하는데, 이는 전형적인 모델링 방법이다.

현은 휠 때 어떠한 저항도 없으므로, 장력은 각 점에서 현의 곡선에 대한 접선방향으로 작용한다. 미소부분의 끝점 P와 Q에서의 장력을 T_1과 T_2라고 하자. 현의 각 점은 수직으로 운동하므로 수평방향의 운동은 없다. 따라서 장력의 수평성분은 일정해야 한다. 그림 286에 표시된 기호를 사용하면

$$(1) \qquad T_1 \cos\alpha = T_2 \cos\beta = T = \text{상수}$$

를 얻는다.

수직방향으로는 두 힘, 즉 T_1과 T_2의 수직성분인 $-T_1 \sin \alpha$와 $T_2 \sin \beta$가 작용한다. 여기서 음의 부호는 P점에서의 힘의 성분이 아래로 향하기 때문에 나타난다. **Newton의 제2 법칙**(Newton's second law, 2.4절)에 의하면, 이 두 힘의 합력은 미소부분의 질량 $\rho \Delta x$에 점 x와 점 $x + \Delta x$ 사이의 적당한 점에서의 가속도 $\partial^2 u/\partial t^2$를 곱한 것과 같다. 여기서 ρ는 휘지 않은 현의 단위길이당 질량이고, Δx는 휘지 않은 현의 미소부분의 길이를 나타낸다. 따라서

$$T_2 \sin \beta - T_1 \sin \alpha = \rho \Delta x \frac{\partial^2 u}{\partial t^2}$$

이다. 식 (1)을 사용하여 $T_2 \cos\beta = T_1 \cos \alpha = T$로 나누면

$$\frac{T_2 \sin \beta}{T_2 \cos \beta} - \frac{T_1 \sin \alpha}{T_1 \cos \alpha} = \tan \beta - \tan \alpha = \frac{\rho \Delta x}{T} \frac{\partial^2 u}{\partial t^2} \tag{2}$$

를 얻는다. 여기서 $\tan \alpha - \tan \beta$는 각각 점 x와 점 $x + \Delta x$에서 현의 기울기, 즉

$$\tan \alpha = \left(\frac{\partial u}{\partial x}\right)\bigg|_x \qquad \text{및} \qquad \tan \beta = \left(\frac{\partial u}{\partial x}\right)\bigg|_{x+\Delta x}$$

이다. 여기서 u는 t에도 의존하므로 *편*도함수를 사용해야 한다. 등식 (2)를 Δx로 나누면

$$\frac{1}{\Delta x}\left[\left(\frac{\partial u}{\partial x}\right)\bigg|_{x+\Delta x} - \left(\frac{\partial u}{\partial x}\right)\bigg|_x\right] = \frac{\rho}{T} \frac{\partial^2 u}{\partial t^2}$$

가 된다. 여기서 Δx를 0에 수렴시키면, 선형편미분방정식

$$\frac{\partial^2 u}{\partial t^2} = c^2 \frac{\partial^2 u}{\partial x^2}, \qquad c^2 = \frac{T}{\rho} \tag{3}$$

을 얻는다. 이것이 이른바 **1차원 파동방정식**(one-dimensional wave equation)이다. 이 방정식은 제차이며 2계임을 알 수 있다. 물리적 상수 T/ρ를 대신하여 기호 c^2 (c 대신)으로 쓰는데, 이 상수가 *양*의 값이라는 것을 표시하기 위한 것이다. "1차원"이라고 하는 것은 이 방정식이 오직 한 개의 공간변수 x만을 포함하고 있음을 나타낸다. 다음 절에서 모형을 완성하고 일반적인 해법을 알아보는데, 아마도 이것은 공학수학의 편미분방정식의 해법 가운데 가장 중요한 방법일 것이다.

12.3 변수분리법. Fourier 급수의 사용

앞 절에서 유도한 진동하는 현에 관한 1차원 파동방정식에 조건을 추가하여 모형을 완성하고 해를 구하도록 하자.

진동하는 탄성현(예를 들어, 바이올린 현)의 모형은 **1차원 파동방정식**(one-dimensional wave equation)

$$\textbf{(1)} \qquad \frac{\partial^2 u}{\partial t^2} = c^2 \frac{\partial^2 u}{\partial x^2} \qquad c^2 = \frac{T}{\rho}$$

과 다음에 소개할 ***추가 조건***들로 구성된다. 여기서 $u(x, t)$는 현의 변위를 나타낸다.

현은 끝점 $x = 0$과 $x = L$에서 고정되었으므로(12.2절 참조), 두 개의 **경계조건**(boundary condition)

$$\textbf{(2)} \qquad \text{(a)} \quad u(0, t) = 0, \qquad \text{(b)} \quad u(L, t) = 0, \qquad \text{모든 } t \geqq 0\text{에 대하여}$$

을 갖는다. 또한, 현의 운동 형태는 *초기의 변위*($t = 0$에서의 변위) $f(x)$와 *초기속도*($t = 0$에서의 속도) $g(x)$에 의존할 것이다. 따라서, 두 개의 **초기조건**(initial condition)

$$\textbf{(3)} \qquad \text{(a)} \quad u(x, 0) = f(x), \qquad \text{(b)} \quad u_t(x, 0) = g(x) \qquad (0 \leqq x \leqq L)$$

를 얻는다. 여기서, $u_t = \partial u/\partial t$이다. 이제 조건 (2)와 (3)을 만족하는, 식 (1)의 해를 구해야 한다. 다음과 같이 3단계로 진행해 보자.

1단계. "**변수분리법**(method of seperating variables)" 또는 *곱의 방법*을 적용하여 $u(x, t) = F(x)G(t)$로 놓음으로써, 식 (1)로부터 $F(x)$와 $G(t)$에 관한 두 개의 상미분방정식을 얻는다.

2단계. 경계조건 (2)를 만족하는 이 두 방정식의 해를 구한다.

3단계. **Fourier 급수**를 이용하여, 주어진 조건 (2)와 (3)을 만족하는 식 (1)의 해, 즉 진동현 모델의 해를 찾기 위해 2단계에서 얻은 해들을 결합한다.

1단계. 두 개의 상미분방정식

변수분리법(separating variables), 즉 *곱의 방법*에서는 파동방정식 (1)의 해를

$$\textbf{(4)} \qquad u(x, t) = F(x)G(t)$$

와 같이 두 함수의 곱의 형태로 표시하며, 이때 각각의 함수는 변수 x와 t 중 하나의 변수에만 의존한다. 이 방법은 효과적이고 일반적이어서 다음 장에서 보게 될 것처럼 공학수학에서 다양하게 적용된다. 식 (4)를 미분하면

$$\frac{\partial^2 u}{\partial t^2} = F\ddot{G} \qquad \text{와} \qquad \frac{\partial^2 u}{\partial x^2} = F''G$$

를 얻는데, 점 기호는 t에 대한 도함수를 의미하고 프라임 기호는 x에 대한 도함수를 표시한다. 이것을 파동방정식 (1)에 대입하면

$$F\ddot{G} = c^2 F'' G$$

를 얻고, 양변을 c^2FG로 나누면

$$\frac{\ddot{G}}{c^2 G} = \frac{F''}{F}$$

를 얻는다. 이 식의 좌변은 t에만 의존하고 우변은 x에만 의존하도록, 변수가 분리되었다. 따라서 양변은 상수가 되어야 한다. 왜냐하면 좌변 또는 우변이 상수가 아니라면, t 또는 x의 변화는 좌변 또는 우변 중 한쪽만 변화시키고, 다른 쪽은 변화되지 않은 채로 유지되기 때문이다. 따라서,

$$\frac{\ddot{G}}{c^2 G} = \frac{F''}{F} = k$$

라 두고, 이로부터 두 개의 **선형**미분방정식, 즉

(5) $$F'' - kF = 0$$

과

(6) $$\ddot{G} - c^2 kG = 0$$

을 얻는다. 여기서, k는 아직도 임의의 **상수**이다.

2단계. 경계조건 (2)의 만족

$u = FG$가 경계조건 (2)를 만족하도록, 즉 모든 t에 대하여

(7) $$u(0, t) = F(0)G(t) = 0, \qquad u(L, t) = F(L)G(t) = 0$$

이 되도록 식 (5)와 (6)의 해 F와 G를 구해 보자.

우선 식 (5)를 풀자. 만약 $G \equiv 0$이면 $u = FG \equiv 0$인데, 이것은 무의미하다. 따라서 $G \not\equiv 0$이고, 식 (7)로부터

(8) $$\text{(a)} \quad F(0) = 0, \qquad \text{(b)} \quad F(L) = 0$$

이 된다. 이제 k가 음수임을 보이자. $k = 0$이면 식 (5)의 일반해는 $F = ax + b$이고 식 (8)로부터 $a = b = 0$을 얻는다. 따라서 $F \equiv 0$이고, 이때 $u = FG \equiv 0$이므로 이 또한 무의미하다. 양수 $K = \mu^2$에 대하여 식 (5)의 일반해는

$$F = Ae^{\mu x} + Be^{-\mu x}$$

이고, 식 (8)로부터 전과 같이 $F \equiv 0$을 얻는다(검증하라!). 따라서 k를 음수, 즉 $k = -p^2$으로 선택할 수밖에 없다. 그러면, 식 (5)는 $F'' + p^2 F = 0$이고 이 식의 일반해는

$$F(x) = A \cos px + B \sin px$$

이다. 이 결과와 식 (8)로부터

$$F(0) = A = 0, \qquad F(L) = B \sin pL = 0$$

이 된다. 여기서, $B = 0$이면 $F \equiv 0$이므로 $B \neq 0$이어야 한다. 따라서 $\sin pL = 0$이어야 하고,

$$(9) \qquad pL = n\pi, \qquad 즉 \qquad p = \frac{n\pi}{L} \qquad (n은\ 정수)$$

이다. 여기서 $B = 1$이라고 놓으면 무한히 많은 해 $F(x) = F_n(x)$를 얻으며,

$$(10) \qquad F_n(x) = \sin \frac{n\pi}{L} x \qquad (n = 1, 2, \cdots)$$

이고, 이것은 식 (8)을 만족시킨다. [음의 정수 n에 대해서도 $\sin(-\alpha) = -\sin \alpha$이므로 음 부호를 제외하고는 근본적으로 같은 해를 얻는다.]

이제 식 (9)로부터 상수 k는 $k = -p^2 = -(n\pi/L)^2$이므로 이를 (6)에 대입하면

$$(11^*) \qquad \ddot{G} + \lambda_n^2 G = 0 \qquad 여기서 \qquad \lambda_n = cp = \frac{cn\pi}{L}$$

을 얻는다. 이 방정식의 일반해는

$$G_n(t) = B_n \cos \lambda_n t + B_n^* \sin \lambda_n t$$

이다. 따라서 식 (2)를 만족하는 식 (1)의 해는 함수 $u_n(x, t) = F_n(x)G_n(t)$이고

$$\textbf{(11)} \qquad u_n(x, t) = (B_n \cos \lambda_n t + B_n^* \sin \lambda_n t) \sin \frac{n\pi}{L} x \qquad (n = 1, 2, \cdots)$$

와 같이 쓸 수 있다. 이들 함수를 진동현의 **고유함수**(eigenfunction) 또는 *특성함수*(characteristic function)라 부르고, $\lambda_n = cn\pi/L$를 **고유값**(eigenvalue) 또는 *특성값*(characteristic value)이라고 부른다. 또, 집합 $\{\lambda_1, \lambda_2, \cdots\}$를 **스펙트럼**(spectrum)이라고 한다.

고유함수에 관한 토의. 각각의 u_n은 단위시간당 **진동수**(frequency) $\lambda_n/2\pi = cn/2L$을 갖는 조화운동(harmonic motion)을 나타낸다. 이 운동을 현의 n차 **정규진동**(normal mode)이라고 한다. 이때 1차 정규진동을 *기본진동*(fundamental mode, $n = 1$)이라 하고, 여타의 것을 *배진동*(overtone)이라고 한다. 음악적으로 8음정, 13음정 등이 된다. 그런데 식 (11)에서

$$\sin \frac{n\pi x}{L} = 0 \qquad 단, \qquad x = \frac{L}{n}, \frac{2L}{n}, \cdots, \frac{n-1}{n} L,$$

이므로, n차 정규진동은 $n - 1$개의 이른바 **마디점**(node)을 갖는다. 여기서 마디점이란 현에서 움직이지 않는 점을 뜻한다(양 끝의 고정점은 제외). 그림 287 참조.

그림 288은 여러 t 값에 대한 2차 정규진동을 표시하고 있다. 어떤 순간에도 현은 사인파와 같은 모양을 갖는다. 현의 왼쪽 부분이 아래쪽으로 움직일 때 나머지 반쪽은 위쪽으로 움직이고, 또 그 반대의 운동을 하게 된다. 기타의 진동에 대해서도 이와 유사하다.

조율(tuning)은 장력 T를 변화시키면서 하게 된다. u_n의 진동수에 관한 식 $\lambda_n/2\pi = cn/2L$[단 $c = \sqrt{T/\rho}$, 12.2절 식 (3) 참조]에서 진동수가 장력에 비례하므로 그 효과는 확증

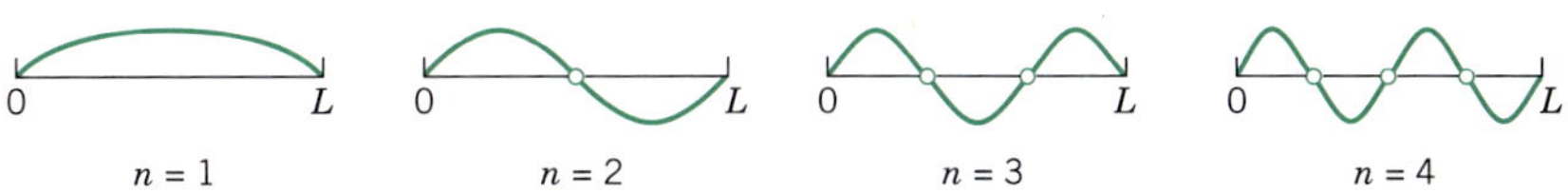

그림 287. 진동하는 현의 정규진동

할 수 있다. T를 무한정 증가시킬 수는 없는 데도 불구하고 진동수가 높은 기본 모드를 갖는 현을 얻기 위해서는 어떻게 해야 하겠는가? (L과 ρ를 모두 생각해 보라.) 왜 바이올린이 더블베이스보다 더 작은가?

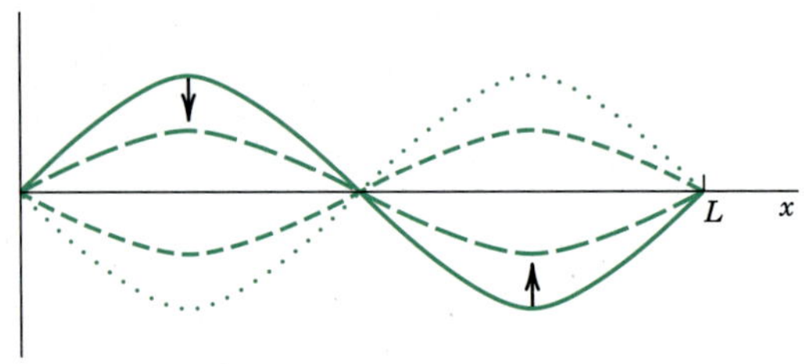

그림 288. 여러 가지 t 값에 대한 2차 정규진동

3단계. 전체 문제에 대한 해. Fourier 급수

고유함수 u_n은 파동방정식 (1)과 경계조건 (2)를 만족하지만 일반적으로 초기조건 (3)을 만족시킬 수 없다. 방정식 (1)은 선형이고 제차이므로, 12.1절의 기본정리 1로부터 유한개의 해 u_n의 합은 식 (1)의 해가 된다. 초기조건 (3)을 만족하는 해를 얻기 위해 무한급수

$$u(x,t) = \sum_{n=1}^{\infty} u_n(x,t) = \sum_{n=1}^{\infty} (B_n \cos \lambda_n t + B_n^* \sin \lambda_n t) \sin \frac{n\pi}{L} x \tag{12}$$

을 고려해 보자. 전과 마찬가지로 $\lambda_n = cn\pi/L$이다.

초기조건 (3a)(주어진 초기변위)의 충족. 식 (12)와 (3a)로부터

$$u(x,0) = \sum_{n=1}^{\infty} B_n \sin \frac{n\pi}{L} x = f(x) \qquad (0 \leqq x \leqq L) \tag{13}$$

를 얻는다. 따라서 $u(x, 0)$가 $f(x)$의 **Fourier 사인 급수**(Fourier sine series)가 되도록 계수 B_n을 선정해야 한다. 따라서 11.3절 식 (4)에 의하여

$$B_n = \frac{2}{L}\int_0^L f(x) \sin \frac{n\pi x}{L}\, dx, \qquad n = 1, 2, \cdots \tag{14}$$

이다.

초기조건 (3b)(주어진 초기속도)의 충족. 같은 방법으로, 식 (12)를 t에 관하여 미분하고 조건 (3b)를 사용하면

$$\left.\frac{\partial u}{\partial t}\right|_{t=0} = \left[\sum_{n=1}^{\infty} (-B_n\lambda_n \sin \lambda_n t + B_n^*\lambda_n \cos \lambda_n t) \sin \frac{n\pi x}{L}\right]_{t=0}$$

$$= \sum_{n=1}^{\infty} B_n^* \lambda_n \sin \frac{n\pi x}{L} = g(x)$$

가 된다. 그러므로 $t = 0$일 때 편도함수 $\partial u/\partial t$가 $g(x)$의 Fourier 사인 급수가 되도록 계수 B_n^*를 선정해야 한다. 따라서 11.3절의 식 (4)에 의하여

$$B_n^* \lambda_n = \frac{2}{L} \int_0^L g(x) \sin \frac{n\pi x}{L}\, dx$$

이다. $\lambda_n = cn\pi/L$이므로

(15) $$B_n^* = \frac{2}{cn\pi} \int_0^L g(x) \sin \frac{n\pi x}{L}\, dx, \qquad n = 1, 2, \cdots$$

가 된다.

결과. 급수 (12)가 수렴하고, 식 (12)를 x 및 t에 관하여 두 번 항별로 미분하여 얻은 급수 역시 수렴하며, 그 합이 각각 연속함수 $\partial^2 u/\partial x^2$와 $\partial^2 u/\partial t^2$가 된다는 조건하에서 식 (14), (15)를 계수로 갖는 급수 (12)로 표시되는 함수 $u(x, t)$는 주어진 문제의 조건 (2), (3)을 만족하는 식 (1)의 해가 된다.

해 (12)의 확립. 해 (12)는 처음 보기에는 단순한 형식적 표현에 불과하지만, 이제 식 (12)의 표현을 확증해 보자. 문제를 간단히 하기 위하여, 초기속도 $g(x)$가 0인 경우만을 고려하기로 한다. 그러면 $B^*{}_n$는 0이고 식 (12)는

(16) $$u(x, t) = \sum_{n=1}^{\infty} B_n \cos \lambda_n t \sin \frac{n\pi x}{L}, \qquad \lambda_n = \frac{cn\pi}{L}$$

가 된다. ***이 급수의 합***을 구하는 것은 가능하다. 즉, 이 결과를 닫힌형 또는 유한형으로 표시할 수 있다. 이를 위하여 부록 A3.1의 공식 (11)을 사용하면

$$\cos \frac{cn\pi}{L} t \sin \frac{n\pi}{L} x = \frac{1}{2}\left[\sin\left\{\frac{n\pi}{L}(x - ct)\right\} + \sin\left\{\frac{n\pi}{L}(x + ct)\right\}\right]$$

이고, 결과적으로 식 (16)은

$$u(x, t) = \frac{1}{2}\sum_{n=1}^{\infty} B_n \sin\left\{\frac{n\pi}{L}(x - ct)\right\} + \frac{1}{2}\sum_{n=1}^{\infty} B_n \sin\left\{\frac{n\pi}{L}(x + ct)\right\}$$

와 같은 형태로 쓸 수 있다. 이 두 개의 급수는 $f(x)$에 대한 Fourier 사인 급수 (13)에서 변수 x 대신 $x - ct$, $x + ct$를 각각 대입하여 얻어지는 것이다. 따라서

(17) $$u(x, t) = \tfrac{1}{2}[f^*(x - ct) + f^*(x + ct)]$$

이고, 여기서 f^*는 주기가 $2L$인 f의 기함수확장이다(그림 289). 초기변위 $f(x)$는 구간 $0 \leqq x \leqq L$에서 연속이고 양 끝점에서 0이므로, 식 (17)로부터 $u(x, t)$는 두 변수 x와 t의 모든 값에 대하여 연속이 된다. $f(x)$가 구간 $0 < x < L$에서 두 번 미분 가능하고 $x = 0$과 $x = L$에서 0이 되는 한쪽 방향의 2계도함수를 갖는다면, 식 (17)을 미분함으로써 $u(x, t)$가 식

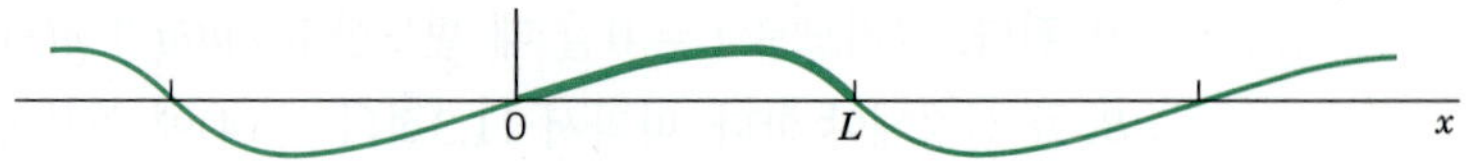

그림 289. $f(x)$의 기주기확장

(1)의 해임을 알 수 있다. 이와 같은 조건하에서, $u(x, t)$는 식 (2)와 $g(x) \equiv 0$인 식 (3)을 만족하는 식 (1)의 해로서 확정된다.

일반화된 해. 만일 $f'(x)$와 $f''(x)$가 단지 구분연속이거나(6.1절 참조), 또는 한쪽 방향의 도함수가 0이 아니면, 각각의 t에 대하여 식 (1)에 나타나는 u의 2계도함수가 존재하지 않는 점 x가 유한개 존재할 것이다. 이와 같은 점을 제외한 나머지의 점에서는 파동방정식은 여전히 만족될 것이고, 넓은 의미에서 $u(x, t)$를 이 문제의 하나의 "**일반화된 해**(generalized solution)"라고 간주할 수가 있다. 예를 들면, 예제 1과 같이 삼각형의 초기변위의 경우에 일반화된 해가 나온다.

해 (17)에 대한 물리적 해석. 함수 $f^*(x - ct)$의 그래프는 $f^*(x)$의 그래프를 ct 단위만큼 오른쪽으로 평행이동시킴으로써 얻을 수 있다(그림 290). 이 사실은 $f^*(x - ct)(c > 0)$가 t의 증가에 따라 오른쪽으로 이동하는 파동을 나타낸다는 것을 의미한다. 마찬가지로 $f^*(x + ct)$는 왼쪽으로 이동해 가는 파동을 나타내고, $u(x, t)$는 이 두 개 파동의 중첩이 된다.

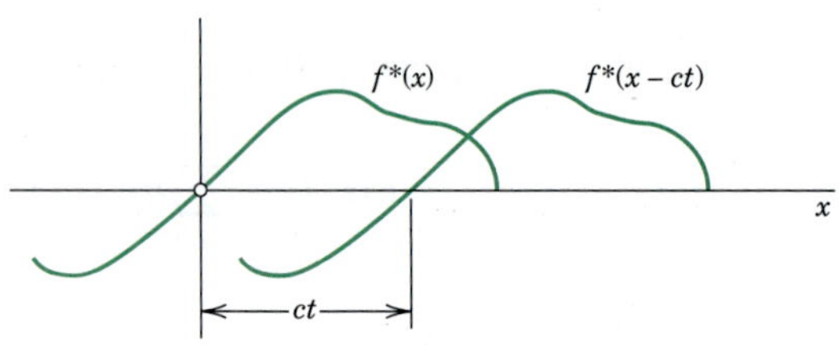

그림 290. 해 (17)의 해석

예제 1 초기변위가 삼각형일 때의 진동현

다음과 같은 초기변위를 갖고, 즉

$$f(x) = \begin{cases} \dfrac{2k}{L}x & \left(0 < x < \dfrac{L}{2}\right) \\ \dfrac{2k}{L}(L - x) & \left(\dfrac{L}{2} < x < L\right) \end{cases}$$

초기속도가 0일 때 파동방정식 (1)의 해를 구하라[그림 291의 맨 윗그림은 $f(x) = u(x, 0)$이다].

풀이. 우선 $g(x) \equiv 0$이므로 식 (12)에서 $B_n^* = 0$이고, 11.3절의 예제 4로부터 B_n은 11.3절의 식 (5)로 표시됨을 알 수 있다. 따라서 식 (12)는

$$u(x, t) = \frac{8k}{\pi^2}\left[\frac{1}{1^2}\sin\frac{\pi}{L}x\cos\frac{\pi c}{L}t - \frac{1}{3^2}\sin\frac{3\pi}{L}x\cos\frac{3\pi c}{L}t + - \cdots\right]$$

과 같은 형태를 갖는다. 해의 그래프를 얻기 위하여, $u(x, 0) = f(x)$와 식 (17)에 있는 두 함수에 관한 위의 해석을 이용할 수 있다. 이와 같이 하여 그림 291에 표시된 그래프를 얻는다. ■

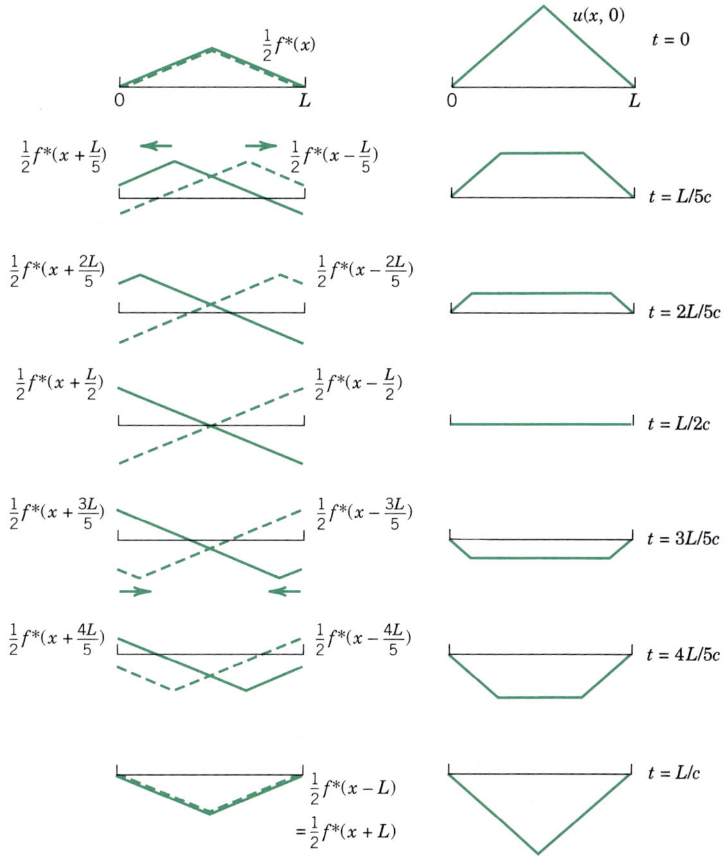

그림 291. 오른쪽으로 진행하는 파동(점선)과 왼쪽으로 진행하는 파동(왼쪽)의 중첩에 의해 얻어지는 여러 가지 t(오른쪽)에 대한 예제 1에서의 해 $u(x, t)$을 보여준다.

연습문제 12.3

1. 진동수. 진동하는 현의 기본진동수는 현의 길이에 의해 어떤 영향을 받는가? 단위길이당 질량에 의해서는? 장력을 두 배로 했을 때 진동수는 어떻게 변하겠는가? 바이올린의 진동수보다 콘트라베이스의 진동수가 더 큰 이유는 무엇인가?

2. 물리적 가정. 가정 3은 현의 운동에 어떤 영향을 주는가? 가정 2는? 가정 1의 둘째 부분은? 첫째 부분은? 이 모든 가정은 반드시 필요한가?

3. 현의 길이 π. $L = \pi$일 경우 해의 유도과정을 써 보아라. 해의 표현이 매우 간결해지고 아이디어가 명백해질 것이다.

4. CAS 과제. 정규진동 그리기. $L = \pi$일 때 c^2을 임의로 선택하여 그림 287과 같은 u_n 그림을 그리는 프로그램을 작성하라. 이 프로그램을 u_2, u_3, u_4에 적용하라. 또한, xt-평면 위의 곡면으로서 이들의 그래프를 그려라. 이 두 그래프 사이의 관련성을 설명하라.

5-13 현의 변위

초기속도는 0이고 초기변위가 다음과 같다. 단, k는 0.01 정도로 작다. $L = \pi$이고 $c^2 = 1$일 때, $u(x, t)$를 구하라. 그림 291과 같이 $u(x, t)$를 그려라.

5. $k \sin 3\pi x$

6. $k\,(\sin \pi x - \frac{1}{2} \sin 2\pi x)$

7. $kx(1 - x)$

8. $kx^2(1 - x)$

9.

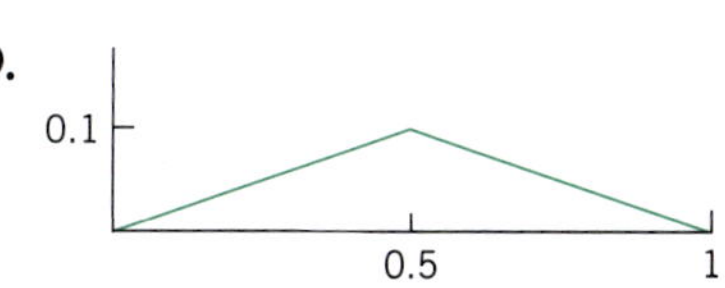

10.

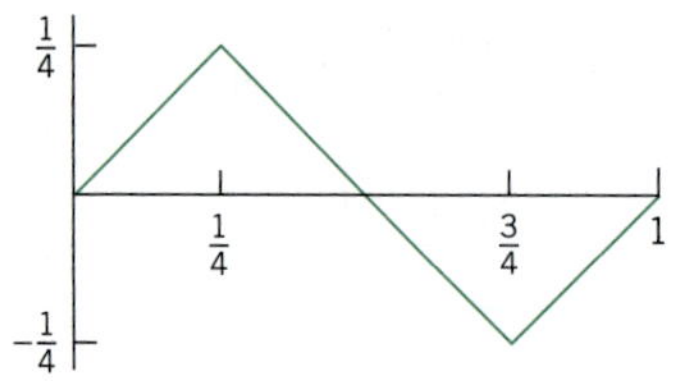

11.

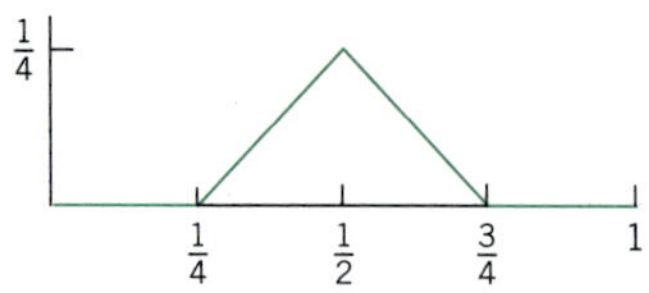

12.

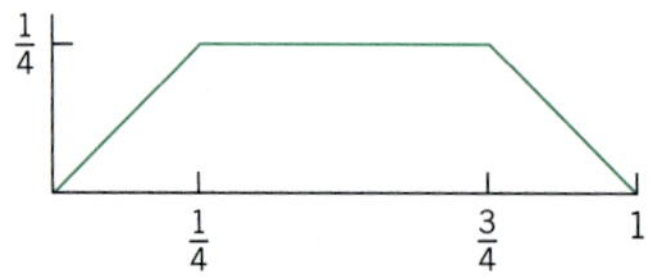

13. $2x - 4x^2$ $(0 < x < 1/2)$, $0(1/2 < x < 1)$

14. **0이 아닌 초기속도.** 길이 $L = \pi$이고 $c^2 = 1$인 어떤 현의 초기변위가 0이고 "삼각형"의 초기속도, 즉 $0 \leqq x \leqq 1/2\,\pi$일 때 $u_t(x, 0) = 0.01x$, $1/2\,\pi \leqq x \leqq \pi$일 때 $u_t(x, 0) = 0.01(\pi - x)$를 가질 때 변위 $u(x, t)$를 구하라[$u_t(x, 0) \neq 0$인 초기조건을 실험적으로 나타내기는 어렵다].

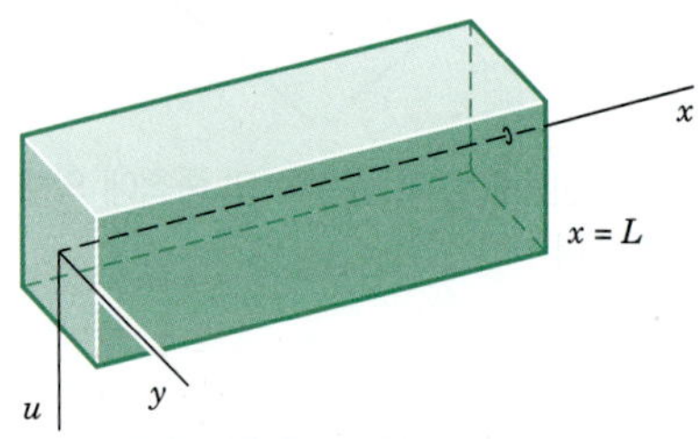

그림 292. 탄성보

15-20 4계 편미분방정식의 변수분리. 진동하는 들보(beam)

진동하는 현에 적용한 원리로부터, 균일한 탄성 들보(그림 292)의 수직 미소 자유 진동은 4계 편미분방정식

$$\frac{\partial^2 u}{\partial t^2} = -c^2 \frac{\partial^4 u}{\partial x^4} \tag{21}$$

(Ref. [C11])

으로 모델링된다. 여기서 $c^2 = EI/\rho A$ (E = Young의 탄성계수, I = y축에 대한 단면적의 관성모멘트, ρ = 밀도, A = 단면적)이다. (하중에 의한 들보의 *휨*에 관하여는 3.3절 참조).

15. $u = F(x)G(t)$를 식 (21)에 대입하고 변수를 분리하여 다음을 밝혀라.

$$F^{(4)}/F = -\ddot{G}/c^2 G = \beta^4 = \text{const},$$
$$F(x) = A\cos\beta x + B\sin\beta x + C\cosh\beta x + D\sinh\beta x,$$
$$G(t) = a\cos c\beta^2 t + b\sin c\beta^2 t$$

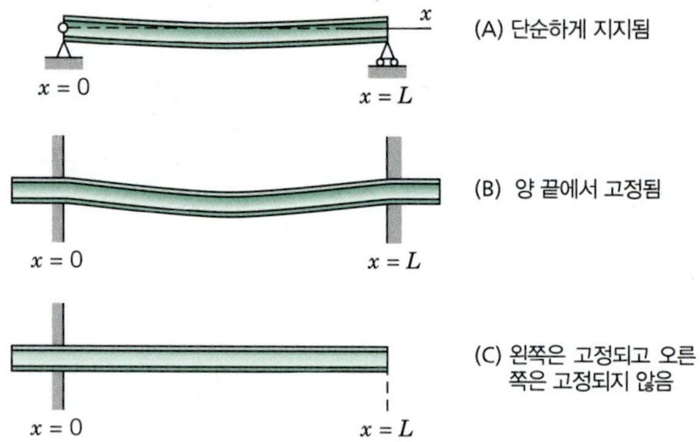

그림 293. 들보의 지지

16. **단순하게 지지된 들보 그림 293A.** 초기속도가 0이고, 경계조건(그림 293A 참조)

$$u(0, t) = 0,\ u(L, t) = 0$$

(즉, 양 끝은 항상 단순하게 지지됨)

$$u_{xx}(0, t) = 0,\ u_{xx}(L, t) = 0$$

(즉, 모멘트가 없으므로 양 끝에서 곡률이 0)

을 만족하는 식 (21)의 해 $u_n = F_n(x)G_n(t)$를 구하라.

17. 초기조건

$$u(x, 0) = f(x),\ = x(L - x)$$

와 문제 16의 경계조건을 만족하는 식 (21)의 해를 구하라.

18. 문제 17의 해와 문제 7의 해를 비교하라. 진동하는 현과 들보에 대한 정규진동의 진동수 사이의 기본적인 차이는 무엇인가?

19. **양 끝이 고정된 들보 그림 293B.** 그림 293B와 같이 양 끝이 고정된 들보에 대응하는 경계조건들은 무엇인가?

$$\cosh\beta L\cos\beta L = 1 \tag{22}$$

일 때, 문제 15의 F가 이 조건들을 만족함을 보여라. $\cos\beta L$과 $1/\cosh\beta L$ 그래프로부터, 식 (22)의 근사해를 찾아라.

20. **왼쪽은 고정되고 오른쪽은 고정되지 않은 들보 그림 293C.** 그림 293C에 대응하는 경계조건들은

$$u(0, t) = 0, \qquad u_x(0, t) = 0,$$
$$u_{xx}(L, t) = 0, \qquad u_{xxx}(L, t) = 0$$

이다.

$$\cosh\beta L\cos\beta L = -1 \tag{23}$$

일 때, 문제 15의 F가 이 조건들을 만족함을 보여라. 식 (23)의 근사해를 찾아라.

12.4 파동방정식의 D'Alembert 해. 특성

적당한 방법으로 식 (1)을 변환함으로써 파동방정식

(1) $$\frac{\partial^2 u}{\partial t^2} = c^2 \frac{\partial^2 u}{\partial x^2}, \qquad c^2 = \frac{T}{\rho}$$

의 해인 12.3절의 식 (17)을 곧바로 구할 수 있다는 것은 흥미로운 사실이다. 즉, 새로운 독립변수

(2) $$v = x + ct, \qquad w = x - ct$$

를 도입하면 u는 v와 w의 함수가 된다. 식 (1)에 있는 도함수는 9.6절의 연쇄법칙을 사용하여 v와 w에 관한 도함수로 나타낼 수 있다. 편도함수를 하첨자로 표시하면 식 (2)로부터 $v_x = 1$, $w_x = 1$임을 알 수 있다. 간단히 하기 위해 $u(x, t)$를 같은 문자 u를 써서 v와 w의 함수로 표시하면

$$u_x = u_v v_x + u_w w_x = u_v + u_w$$

가 된다. 이제 우변에 연쇄법칙을 적용한다. 관련되는 모든 편도함수는 연속이라고 가정하면 $u_{wv} = u_{vw}$이다. $v_x = 1$, $w_x = 1$이므로

$$u_{xx} = (u_v + u_w)_x = (u_v + u_w)_v v_x + (u_v + u_w)_w w_x = u_{vv} + 2u_{vw} + u_{ww}$$

가 된다. 식 (1)에 있는 나머지 도함수도 같은 방법으로 변환되며, 그 결과는

$$u_{tt} = c^2(u_{vv} - 2u_{vw} + u_{ww})$$

가 된다. 두 결과를 식 (1)에 대입하면(부록 A3.2의 각주 2 참조)

(3) $$u_{vw} \equiv \frac{\partial^2 u}{\partial w\, \partial v} = 0$$

을 얻는다. 이 접근방법의 요점은 결과식 (3)을 두 번 연속 적분함으로써 쉽게 풀 수 있다는 데 있다. 실제로 w에 관해 적분한 다음 v에 관해 적분하면

$$\frac{\partial u}{\partial v} = h(v) \qquad \text{와} \qquad u = \int h(v)\, dv + \psi(w)$$

을 얻는다. 여기서 $h(v)$와 $\psi(w)$는 각각 v와 w의 임의의 함수이다. 위의 식에서 적분은 v의 함수이므로, $\phi(v)$로 두면 해는 $u = \phi(v) + \psi(\mathrm{w})$와 같은 형태가 된다. 식 (2)로부터, u는 x와 t의 함수

(4) $$u(x, t) = \phi(x + ct) + \psi(x - ct)$$

가 되는데, 이것을 파동방정식 (1)의 **d'Alembert 해**(d'Alembert solution)[1]라고 한다.

이 d'Alembert 방법은 12.3절의 방법에 비해 훨씬 우아해 보이지만 특수한 경우에만 사용할 수 있는 반면, Fourier 급수방법은 여러 방정식에 적용될 수 있음을 보게 된 것이다.

초기조건을 만족하는 D'Alembert 해

초기조건은

$$\text{(5)} \qquad \text{(a)} \quad u(x, 0) = f(x), \qquad \text{(b)} \quad u_t(x, 0) = g(x)$$

이고, 12.3절의 식 (3)과 같다. 식 (4)를 미분하면

$$\text{(6)} \qquad u_t(x, t) = c\phi'(x + ct) - c\psi'(x - ct)$$

가 되고, 여기서 프라임 기호는 각각 *전체*변수 $x + ct$와 $x - ct$에 관한 도함수를 표시하고, 음의 부호는 연쇄법칙으로부터 나온다. 식 (4)-(6)으로부터

$$\text{(7)} \qquad u(x, 0) = \phi(x) + \psi(x) = f(x),$$

$$\text{(8)} \qquad u_t(x, 0) = c\phi'(x) + c\psi'(x) = g(x)$$

이다. 식 (8)을 c로 나눈 다음 x에 대하여 적분하면

$$\text{(9)} \qquad \phi(x) - \psi(x) = k(x_0) + \frac{1}{c}\int_{x_0}^{x} g(s)\, ds, \qquad k(x_0) = \phi(x_0) - \psi(x_0)$$

를 얻는다. 이것을 식 (7)에 더해주면 ψ가 소거되고 2로 나누면

$$\text{(10)} \qquad \phi(x) = \frac{1}{2} f(x) + \frac{1}{2c}\int_{x_0}^{x} g(s)\, ds + \frac{1}{2} k(x_0)$$

가 된다. 마찬가지로 식 (7)에서 (9)를 뺀 다음, 2로 나누면

$$\text{(11)} \qquad \psi(x) = \frac{1}{2} f(x) - \frac{1}{2c}\int_{x_0}^{x} g(s)\, ds - \frac{1}{2} k(x_0)$$

이다. 식 (10)에서 x를 $x + ct$로 치환하면 x_0부터 $x + ct$까지 적분을 얻는다. 그리고, 식 (11)에서 x를 $x - ct$로 치환하면 x_0부터 $x - ct$까지의 적분에 음의 부호를 붙인 값, 즉 $x - ct$부터 x_0까지 적분한 값을 얻는다. 따라서 $\phi(x + ct)$와 $\psi(x - ct)$를 더하면 $u(x, t)$[식 (4) 참조]는

$$\textbf{(12)} \qquad u(x, t) = \frac{1}{2}[f(x + ct) + f(x - ct)] + \frac{1}{2c}\int_{x-ct}^{x+ct} g(s)\, ds$$

---

[1] JEAN LE ROND D'ALEMBERT(1717-1783). 프랑스의 역학에서의 중요한 업적으로도 유명하다.

편미분방정식의 일반이론은 식 (1)을 단순화하는 변환식 (2)를 찾기 위해 체계적 방법을 마련하는 것이다(부록 1의 참고문헌 [C8] 참조).

의 형태로 표현된다. 만일 초기속도가 0이면 이것은 다음과 같이 바뀐다.

$$u(x, t) = \tfrac{1}{2}[f(x + ct) + f(x - ct)], \tag{13}$$

이것은 12.3절의 식 (17)과 일치한다. 12.3절 경계조건 (2)로부터 함수 f는 반드시 기함수여야 하고, 그 주기가 $2L$이어야 함을 보일 수 있을 것이다.

지금의 결과는 두 개의 초기조건들[식 (5)의 함수 $f(x)$와 $g(x)$]이 해를 유일하게 결정함을 보여준다.

Laplace 변환에 의한 파동방정식의 해는 12.11절에서 논하게 될 것이다.

특성. 편미분방정식의 형태와 표준형

d'ALembert 해는 **특성의 방법**(method of characteristics)을 사용한 특별한 예에 불과하다. 이 방법은

$$Au_{xx} + 2Bu_{xy} + Cu_{yy} = F(x, y, u, u_x, u_y) \tag{14}$$

형태의 편미분방정식(변수가 두 개 이상이어도 유사함)에 사용한다. 방정식 (14)는 최고계 도함수들이 선형이기 때문에 **준선형**(quasilinear)이라고 불린다. 판별식 $AC - B^2$의 부호에 따라 편미분방정식 (14)의 유형을 셋으로 나눈다.

형태	조건	12.1절의 예
쌍곡선형	$AC - B^2 < 0$	파동방정식 (1)
포물선형	$AC - B^2 = 0$	열방정식 (2)
타원형	$AC - B^2 > 0$	Laplace 방정식 (3)

12.1절의 식 (1)과 (2)에 포함된 변수 t를 식 (14)의 변수 y로 변환시키기 위해서, 각각 $y = ct$, $y = c^2t$로 놓으면 식 (1)은 $u_{tt} - c^2u_{xx} = c^2(u_{yy} - u_{xx})$가 되고 식 (2)는 $u_t - c^2u_{xx} = c^2(u_y - u_{xx})$가 된다.

A, B, C가 x, y의 함수일 경우, 식 (14)는 xy평면의 영역에 따라 다른 형태가 되는 **혼합형**(mixed type)이 될 수도 있다. 중요한 혼합형 편미분방정식은 **Tricomi 방정식**(Tricomi equation)이다(연습문제 10번 참조).

식 (14)를 정규형으로 변형. 식 (14)의 정규형과 이에 대응하는 변환은 편미분방정식의 형태에 따라 다르다. 그것은 식 (14)의 **특성방정식**(characteristic equation)인 상미분방정식

$$Ay'^2 - 2By' + C = 0 \tag{15}$$

(여기서 $y' = dy/dx$이고 $+2B$가 아니라 $-2B$임에 주목하라)을 풀면 얻을 수 있다. 식 (15)의 해를 식 (14)의 **특성**(characteristic)이라 하고, 이들을 $\Phi(x, y) =$ 상수와 $\Psi(x, y) =$ 상수 형태로 놓는다. 그러면 이를 이용한 아래 변환에 의해 변수 x, y 대신 변수 v, w로 주어진 식 (14)의 정규형은 다음과 같다.

형태	새로운 변수		정규형
쌍곡선형	$v = \Phi$	$w = \Psi$	$u_{vw} = F_1$
포물선형	$v = x$	$w = \Phi = \Psi$	$u_{ww} = F_2$
타원형	$v = \frac{1}{2}(\Phi + \Psi)$	$w = \frac{1}{2i}(\Phi - \Psi)$	$u_{vv} + u_{ww} = F_3$

위에서 $\Phi = \Phi(x, y)$, $\Psi = \Psi(x, y)$, $F_1 = F_1(v, w, u, u_v, u_w)$ 등이고 v, w의 함수인 u도 간단하게 u로 나타내었다. 쌍곡선형 편미분방정식의 정규형은 d'Alembert의 해에서와 같음을 알 수 있다. 포물선형의 경우 $\Phi = \Psi$인 오직 한 종류의 해를 얻는다. 타원의 경우, $i = \sqrt{-1}$이고 특성은 복소수인데 별로 중요하지 않다. 유도는 부록 1의 참고문헌 [GenRef3]을 참조하라.

예제 1 체계적으로 얻어진 D'Alembert의 해

특성의 방법을 통해 d'Alembert의 해를 체계적으로 얻을 수 있다. 예를 들어, $y = ct$로 두어 파동방정식 $u_{tt} - c^2 u_{xx} = 0$을 식 (14)의 형태로 쓴다. 연쇄법칙에 의해 $u_t = u_y y_t = cu_y$이고 $u_{tt} = c^2 u_{yy}$이므로, c^2으로 나누면 $u_{xx} - u_{yy} = 0$이 된다. 따라서 특성방정식은 $y'^2 - 1 = (y' + 1)(y' - 1) = 0$이다. 두 종류의 해(특성)는 $\Phi(x, y) = y + x =$ 상수와 $\Psi(x, y) = y - x =$ 상수이다. 이를 통해 새로운 변수 $v = \Phi = y + x = ct + x$와 $w = \Psi = y - x = ct - x$을 얻고, d'Alembert의 해는 $u = f_1(x + ct) + f_2(x - ct)$가 된다. ■

연습문제 12.4

1. c가 식 (4)에 의해 주어지는 두 파동의 속도임을 보여라.
2. 12.3절에서 경계조건 식 (2)로 인하여, 이 절의 식 (13)의 함수 f는 주기 $2L$인 기함수여야 함을 보여라.
3. 길이가 2 m이고 질량이 0.9 nt(약 0.20 lb)인 강철선을 300 nt(약 67.41 b)의 장력으로 당겼을 때, 대응하는 횡파(transverse wave)의 속도 c는 얼마인가?
4. 문제 3에서 고유함수의 진동수는 얼마인가?

5-8 해의 그래프

식 (13)을 이용하여 초기속도가 0이고 초기변위 $f(x)$가 다음과 같을 때 진동현(길이 $L = 1$, 양 끝 고정, $c = 1$)의 변위 $u(x, t)$를(12.3절의 그림 291과 같이) 그려보아라. 단 k는 $k = 0.01$과 같이 작은 값이다.

5. $f(x) = k \sin \pi x$
6. $f(x) = k(1 - \cos \pi x)$
7. $f(x) = k \sin 2\pi x$
8. $f(x) - kx(1 - x)$

9-18 표준형

다음 방정식을 표준형으로 변환하고 방정식을 풀어라(풀이 과정을 상세히 보여라).

9. $u_{xx} + 4u_{yy} = 0$
10. $u_{xx} - 16u_{yy} = 0$
11. $u_{xx} + 2u_{xy} + u_{yy} = 0$
12. $u_{xx} - 2u_{xy} + u_{yy} = 0$
13. $u_{xx} + 5u_{xy} + 4u_{yy} = 0$
14. $xu_{xy} - yu_{yy} = 0$
15. $xu_{xx} - yu_{xy} = 0$
16. $u_{xx} + 2u_{xy} + 10u_{yy} = 0$
17. $u_{xx} - 4u_{xy} + 5u_{yy} = 0$
18. $u_{xx} - 6u_{xy} + 9u_{yy} = 0$
19. **탄성막대의 길이방향진동.** x축 방향의 진동의 모델은 파동방정식 $u_{tt} = c^2 u_{xx}$, $c^2 = E/\rho$이다(Tolstov [C9], p.275 참조). 만일 막대의 한 끝 $x = 0$에서 고정되어 있고 다른 한 끝 $x = L$은 자유로울 경우 경계조건은 $u(0, t) = 0$이고

$u_x(L, t) = 0$(자유로운 끝에서의 힘이 0이므로)이다. 초기 변위가 $u(x, 0) = f(x)$이고 초기속도가 0일 때의 운동은 다음과 같음을 보여라.

$$u = \sum_{n=0}^{\infty} A_n \sin p_n x \cos p_n ct,$$

$$A_n = \frac{2}{L}\int_0^L f(x) \sin p_n x \, dx, \qquad p_n = \frac{(2n+1)\pi}{2L}$$

20. Tricomi 및 Airy 방정식.[2] *Tricomi 방정식* $yu_{xx} + u_{yy} = 0$은 혼합형임을 보여라. 변수를 분리하여 Tricomi 방정식으로부터 **Airy 방정식**(Airy equation) $G'' - yG = 0$을 유도하라(그 해는 부록 1의 참고문헌 [1]에서 p.446 참조).

12.5 모델링: 입체 내의 열전도. 열전도방정식

파동방정식(12.2절)에 이어서, 입체내부의 온도 u를 제어하는 "매우 중요한" **열전도방정식**(heat equation)을 유도하고 논의하자.

물리적 가정

1. *비열*(specific heat) σ와 물체의 재질의 *밀도* ρ는 상수이다. 물체내부에서 열은 생성되거나 소멸되지 않는다.

2. 실험에 의하면 열은 온도가 높은 곳에서 낮은 곳으로 흐르고 전도율은 온도의 기울기에 비례한다(9.7절 참조). 즉 물체내부에서 열전도 속도 $\mathbf{v}$는

$$\mathbf{v} = -K \operatorname{grad} u \tag{1}$$

이다. 여기서 $u(x, y, z, t)$는 시각 t에서 점 (x, y, z)의 온도이다.

3. *열전도계수*(thermal conductivity) K는 상수이다. 이는 물체가 균질이고 온도가 극단이 아님을 의미한다.

위의 가정으로부터 다음과 같이 열전도를 모델링할 수 있다.

T를 물체 내의 영역, S를 T의 경계곡면, $\mathbf{n}$을 S의 외향 단위법선벡터라 하고 발산정리(10.7절)가 성립한다고 하자. 그러면

$$\mathbf{v} \cdot \mathbf{n}$$

은 S의 외향 단위법선벡터 $\mathbf{n}$ 방향으로의 $\mathbf{v}$의 성분이다. 그러므로 $|\mathbf{v} \cdot \mathbf{n} \Delta A|$는 S의 적당한 점 P를 포함한 넓이가 ΔA인 곡면조각 ΔS로부터 (P에서 $\mathbf{v} \cdot \mathbf{n} > 0$이면) 단위시간당 T를 *흘러나가*는 열의 양이거나 (P에서 $\mathbf{v} \cdot \mathbf{n} < 0$이면) T로 *흘러들어오*는 열의 양이다. 따라서, 단위시간당 T로부터 S를 통해 흐르는 총열량은 다음의 면적분으로 나타내어진다.

$$\iint_S \mathbf{v} \cdot \mathbf{n} \, dA$$

지금까지의 과정은 10.8절의 예제 1에서 유체흐름을 유도한 것과 같음을 주목하라.

---

[2]GEORGE BIDELL AIRY경(1801-1892), 영국의 수학자, 탄성학에 관한 업적으로 유명하다. FRANCESCO TRICOMI(1897-1978), 이탈리아 수학자, 적분방정식과 함수해석을 연구했다.

Gauss 정리(10.7절)를 사용하여 위의 면적분은 영역 T에서의 체적분으로 변환시킨다. 식 (1)로부터[9.8절 식 (3) 사용]

$$\text{(2)} \qquad \iint_S \mathbf{v} \cdot \mathbf{n}\, dA = -K \iint_S (\text{grad } u) \cdot \mathbf{n}\, dA = -K \iiint_T \text{div } (\text{grad } u)\, dx\, dy\, dz$$

$$= -K \iiint_T \nabla^2 u\, dx\, dy\, dz$$

여기서,

$$\nabla^2 u = \frac{\partial^2 u}{\partial x^2} + \frac{\partial^2 u}{\partial y^2} + \frac{\partial^2 u}{\partial z^2}$$

는 u의 **Laplace 연산**(Laplacian)이다.

한편, T 내의 총열량 H는 다음과 같다.

$$H = \iiint_T \sigma \rho u\, dx\, dy\, dz$$

따라서 H의 시간에 대한 감소율은 다음과 같다.

$$-\frac{\partial H}{\partial t} = -\iiint_T \sigma \rho \frac{\partial u}{\partial t}\, dx\, dy\, dz$$

이것은, 물체내부에서 열이 생성되거나 소멸되지 않으므로, T로부터 흘러나가는 열의 양과 같아야 한다. 그러므로 식 (2)로부터 다음을 얻는다.

$$-\iiint_T \sigma \rho \frac{\partial u}{\partial t}\, dx\, dy\, dz = -K \iiint_T \nabla^2 u\, dx\, dy\, dz$$

혹은,

$$\iiint_T \left(\frac{\partial u}{\partial t} - c^2 \nabla^2 u \right) dx\, dy\, dz = 0 \qquad c^2 = \frac{K}{\sigma \rho}$$

이 식은 물체 내의 임의의 영역 T에서 성립하므로, 피적분함수는 (만일 연속이라면) 모든 곳에서 0이 되어야 한다. 즉 다음이 성립한다.

$$\textbf{(3)} \qquad \frac{\partial u}{\partial t} = c^2 \nabla^2 u \qquad c^2 = K/\rho\sigma$$

이 식이 **열전도방정식**(heat equation)이며 열전도를 모델링한 기본 편미분방정식이다. 이로부터 균질한 재료로 구성된 물체 내의 온도 $u(x, y, w, t)$를 구할 수 있다. 상수 c^2은 *열확산계수*이다. K는 *열전도계수*, σ는 *비열*, 그리고 ρ는 물체의 재질의 *밀도*이다. 또 $\nabla^2 u$는 u의 Laplace 연산이고, 직교좌표 x, y, z에 관해서는

$$\nabla^2 u = \frac{\partial^2 u}{\partial x^2} + \frac{\partial^2 u}{\partial y^2} + \frac{\partial^2 u}{\partial z^2}$$

이다. 이 열전도방정식은 **확산 방정식**(diffusion equation)이라고도 불리는데, 어떤 물질이나 기체의 화학적 확산과정을 모델링하기 때문이다.

12.6 열전도방정식: Fourier 급수에 의한 해

12.5절에서 유도한 (1차원) 열전도방정식의 해를 구하고 이것의 응용문제들을 소개한다. 또한, 이 절의 뒷부분에 열전도방정식을 2차원으로 확장한다.

중요한 응용의 예로서, x-축상에 놓여있는 일정한 단면을 갖는 균질의 길고 얇은 막대 또는 철사의 온도분포를 고찰해 보자(그림 294). 이때 측면은 완전히 절연되어 열이 x-축 방향으로만 흐른다고 하자. 그러면 u는 x와 시간 t에만 의존하고, 열전도방정식은 이른바 **1차원 열전도방정식**(one-dimensional heat equation)

$$\frac{\partial u}{\partial t} = c^2 \frac{\partial^2 u}{\partial x^2} \tag{1}$$

이 된다. 파동방정식에서는 위 식의 u_t 대신 u_{tt}항을 가진 점이 다를 뿐, 거의 차이가 없어 보인다. 그러나 이로 인해 식 (1)의 해의 양태가 파동방정식의 해와 현격한 차이가 있음을 알게 될 것이다.

몇 가지 중요한 형태의 경계조건 및 초기조건에 대하여 식 (1)을 풀어보자. 먼저 막대의 양 끝 $x = 0$과 $x = L$의 온도가 0으로 유지되어 있는 경우부터 시작해 보면, 이때의 **경계조건**(boundary conditions)은

$$u(0, t) = 0, \qquad u(L, t) = 0 \qquad \text{모든 } t \geqq 0\text{에 대하여} \tag{2}$$

이다. $f(x)$를 막대 내의 초기온도라 하면, **초기조건**(initial condition)은

$$u(x, 0) = f(x) \qquad [f(x)\text{는 주어진 함수}] \tag{3}$$

이다. 여기서 식 (2)로 인해 $f(0) = 0$과 $f(L) = 0$을 만족시켜야 한다.

이제 식 (2)와 (3)을 만족하는 식 (1)의 해 $u(x, t)$를 구해 보자—파동방정식의 경우 두 개의 초기조건이 필요했으나 여기서는 한 개의 초기조건으로 충분하다. 해를 푸는 기법은 12.3절의 파동방정식과 유사하다. 즉 먼저 변수분리법을 적용한 후 Fourier 급수를 사용하는 것이다. 독자들이 한 단계 한 단계씩 두 방정식을 푸는 과정을 서로 비교해 보는 것도 유익할 것이다.

그림 294. 고려하는 막대

***1단계*. 두 개의 상미분방정식.** 먼저 곱 $u(x, t) = F(x)G(t)$를 식 (1)에 대입하면 $\dot{G}F = c^2F''G$이다. 이때 $\dot{G} = dG/dt$이며 $F'' = d^2F/dx^2$이다. 변수분리를 하기 위해 c^2FG로 나누면

$$\frac{\dot{G}}{c^2G} = \frac{F''}{F} \tag{4}$$

을 얻는다. 이 식의 좌변은 t만의 함수인 데 반하여 우변은 x만의 함수이므로 양변은 하나의 상수, 이를테면, k와 같아야 한다(12.3절에서와 같이). $k = 0$ 또는 $k > 0$일 때는 식 (2)를 만족하는 유일한 해 $u = FG$가 $u \equiv 0$임을 알 수 있을 것이다. 음수 $k = -p^2$에 대해서는 식 (4)로부터

$$\frac{\dot{G}}{c^2G} = \frac{F''}{F} = -p^2$$

이다. 이것으로부터 분모를 곱하여 두 개의 선형상미분방정식

$$F'' + p^2F = 0 \tag{5}$$

과

$$\dot{G} + c^2p^2G = 0 \tag{6}$$

을 얻는다.

***2단계*. 경계조건 (2)의 충족**. 식 (5)를 풀어보자. 그 일반해는

$$F(x) = A\cos px + B\sin px \tag{7}$$

이고, 경계조건 (2)로부터

$$u(0, t) = F(0)G(t) = 0 \qquad \text{및} \qquad u(L, t) = F(L)G(t) = 0$$

을 얻는다. 여기서 $G = 0$이면 $u \equiv 0$이므로, $F(0) = 0$이고 $F(L) = 0$이어야 한다. 식 (7)에 의하여 $F(0) = A = 0$이며 $F(L) = B\sin pL = 0$이 된다. 여기서 $B \neq 0$ ($F \equiv 0$을 피하기 위해)이고, 그러므로

$$\sin pL = 0, \qquad \text{따라서} \qquad p = \frac{n\pi}{L}, \qquad n = 1, 2, \cdots$$

을 얻는다. 또 $B = 1$로 두면 식 (2)를 만족하는 식 (5)의 해를 얻는다.

$$F_n(x) = \sin\frac{n\pi x}{L}, \qquad n = 1, 2, \cdots$$

을 얻는다(12.3절에서와 같이 n이 음의 정수값일 때에는 생각할 필요가 없다).

여기까지는 사실상 모두 12.3절과 동일하다. 그런데 식 (6)은 12.3절의 식 (6)과 다르므로 이제부터는 풀이과정이 다르다. 이제 식 (6)을 풀어보자. 방금 구한 대로 $p = n\pi/L$이므로 식 (6)은

$$\dot{G} + \lambda_n^2 G = 0 \qquad \text{여기서} \qquad \lambda_n = \frac{cn\pi}{L}$$

가 되고 그 일반해는

$$G_n(t) = B_n e^{-\lambda_n^2 t}, \qquad n = 1, 2, \cdots$$

이다. 여기서 B_n은 상수이다. 따라서 함수

$$\text{(8)} \qquad u_n(x, t) = F_n(x)G_n(t) = B_n \sin\frac{n\pi x}{L}\, e^{-\lambda_n^2 t} \qquad (n = 1, 2, \cdots)$$

는 식 (2)를 만족하며, 열전도방정식 (1)의 해이다. 이 함수들은 **고유값**(eigenvalues) $\lambda_n = cn\pi/L$에 대응하는, 이 문제의 **고유함수**(eigenfunction)들이다.

3단계. **전체 문제의 해. Fourier 급수.** 지금까지 경계조건 (2)를 만족시키는 식 (8)을 구하였다. 이제 초기조건 (3)도 함께 만족시키는 해를 얻기 위해 이 고유함수들의 급수를 고찰해 보자. 즉,

$$\text{(9)} \qquad u(x, t) = \sum_{n=1}^{\infty} u_n(x, t) = \sum_{n=1}^{\infty} B_n \sin\frac{n\pi x}{L}\, e^{-\lambda_n^2 t} \qquad \left(\lambda_n = \frac{cn\pi}{L}\right)$$

이 식과 식 (3)으로부터

$$u(x, 0) = \sum_{n=1}^{\infty} B_n \sin\frac{n\pi x}{L} = f(x)$$

를 얻는다. 그러므로 식 (9)가 식 (3)을 만족하기 위해서는 11.3절 식 (4)에서 주어진대로 B_n은 Fourier 사인 급수의 계수여야 한다. 즉,

$$\text{(10)} \qquad B_n = \frac{2}{L}\int_0^L f(x)\sin\frac{n\pi x}{L}\,dx \qquad (n = 1, 2, \cdots)$$

이다.

$f(x)$가 구간 $0 \leqq x \leqq L$에서 구분연속이고(6.1절 참조), 이 구간 내부의 모든 점에서 한쪽 방향의 도함수(11.1절 참조)를 갖는다고 하면 이 문제의 해는 확정될 수 있다. 즉 이와 같은 가정 아래 계수 (10)을 갖는 급수 (9)가 이 문제의 해가 된다. 이 증명은 균등 수렴에 관한 지식을 필요로 하므로 뒤에 다루기로 한다(15.5절 문제 19, 20 참조).

지수인자 때문에 식 (9)의 모든 항은 t가 무한히 커짐에 따라 0에 수렴한다. 그 감소 속도는 n이 커짐에 따라 증가한다.

예제 1 **사인 함수 형태의 초기온도**

측면이 절연된 길이 80 cm의 구리막대의 초기온도가 100 sin $(\pi x/80)$°C이고, 양 끝이 0°C로 유지될 때 온도 $u(x, t)$를 구하라. 이때 막대의 최고온도가 50°C로 떨어지는 데 걸리는 시간은 얼마인가? 먼저 추정해 본 후 계산해 보라. *구리에 대한 물리적 자료*: 밀도 8.92 g/cm^3, 비열 0.092 cal/(g°C), 열전도

도 0.95 cal/(cm sec °C).

풀이. 초기조건에 의해

$$u(x, 0) = \sum_{n=1}^{\infty} B_n \sin\frac{n\pi x}{80} = f(x) = 100 \sin\frac{\pi x}{80}$$

이므로, 직감에 의해 또는 식 (9)로부터 $B_1 = 100$, $B_2 = B_3 = \cdots = 0$이다. 식 (9)에서 $\lambda_1^2 = c^2\pi^2/L^2$ ($c^2 = K/(\sigma\rho) = 0.95/(0.092 \cdot 8.92) = 1.158$ [cm²/sec])이므로

$$\lambda_1^2 = 1.158 \cdot 9.870/80^2 = 0.001785 \text{ [sec}^{-1}\text{]}$$

을 얻는다. 해 (9)는

$$u(x, t) = 100 \sin\frac{\pi x}{80} e^{-0.001785t}$$

이고, 또한 $t = (\ln 0.5)/(-0.001785) = 388$ [sec] ≈ 6.5 [min]일 때 $100e^{-0001785t} = 50$이다. 추정값의 자릿수(order of magnitude)도 이 결과와 일치하는가? ■

예제 2 감쇠속도

초기온도가 100 sin $(3\pi x/80)$°C이고 나머지 자료는 같을 때 예제 1의 문제를 풀어라.

풀이. 식 (9)에서 $n = 1$ 대신에 여기서는 $n = 3$이고, $\lambda_3^2 = 3^2\lambda_1^2 = 9 \cdot 0.001785 = 0.01607$이며, 구하는 해는

$$u(x, t) = 100 \sin\frac{3\pi x}{80} e^{-0.01607t}$$

이다. 따라서 최고온도가 50°C로 떨어지는 데 걸리는 시간은 $t = (\ln 0.5)/(-0.01607) \approx 43$ [sec]로서 훨씬 빨리(예제 1보다 9배; 이유는?) 떨어진다.

더 큰 n 값을 선택했다면 감쇠는 더욱 빨랐을 것이고, 그 합 또는 그러한 항들의 급수에서 각 항은 각자의 감쇠율을 갖고 있어, 큰 n 값을 가진 항은 아주 짧은 시간에 실질적으로 0이 된다. 다음 예제가 이러한 형태이며, $t = 0.5$에 해당하는 그림 295의 곡선은 거의 사인 곡선처럼 보인다. 즉, 사실상 그것

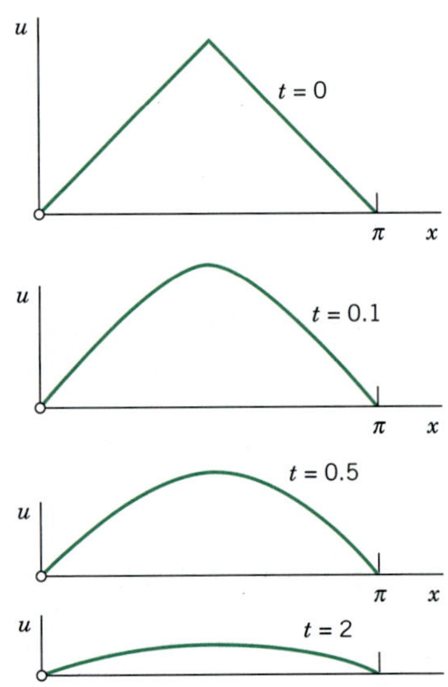

그림 295. 예제 3. $L = \pi$, $c = 1$일 때 시간에 대한 온도의 감소

은 그 해의 첫 항에 대한 그래프이다. ■

예제 3 막대에서 "삼각형"의 초기온도

측면이 절연되어 있고, 양 끝이 0으로 유지되는 길이 L인 막대의 초기온도가

$$f(x) = \begin{cases} x & (0 < x < L/2) \\ L - x & (L/2 < x < L) \end{cases}$$

일 때, 온도를 구하라(그림 295의 가장 윗부분은 특별히 $L = \pi$에 대한 이 함수의 그림을 보여준다).

풀이. 식 (10)으로부터

$$B_n = \frac{2}{L}\left(\int_0^{L/2} x \sin\frac{n\pi x}{L}\,dx + \int_{L/2}^{L} (L-x)\sin\frac{n\pi x}{L}\,dx\right) \tag{10*}$$

를 얻고, 적분에 의해서 n이 짝수이면 $B_n = 0$이고

$$B_n = \frac{4L}{n^2\pi^2} \quad (n = 1, 5, 9, \cdots) \qquad \text{과} \qquad B_n = -\frac{4L}{n^2\pi^2} \quad (n = 3, 7, 11, \cdots)$$

이다($k = L/2$일 때 11.3절의 예제 4 참조). 따라서 해는

$$u(x, t) = \frac{4L}{\pi^2}\left[\sin\frac{\pi x}{L}\exp\left[-\left(\frac{c\pi}{L}\right)^2 t\right] - \frac{1}{9}\sin\frac{3\pi x}{L}\exp\left[-\left(\frac{3c\pi}{L}\right)^2 t\right] + - \cdots\right]$$

이다. 그림 295는 양 끝에서의 냉각으로 인한 열손실 때문에 t가 증가함에 따라 온도가 감소함을 보여주고 있다.

그림 295와 12.3절의 그림 291을 비교하고 설명하라. ■

예제 4 양 끝이 단열된 막대. 고유값 0

경계조건 (2)를 양 끝이 단열되었을 때의 조건으로 바꾸고 초기조건 (3)을 사용하여 식 (1)의 해를 구하라.

풀이. 물리적인 실험에 의하면 전열속도는 온도의 기울기(gradient)에 비례한다. 따라서 만일 막대의 양 끝 $x = 0$과 $x = L$이 단열되어 열흐름이 없다면 경계조건은

$$u_x(0, t) = 0, \qquad u_x(L, t) = 0 \qquad (\text{모든 } t\text{에 대하여}) \tag{2*}$$

이다. $u(x, t) = F(x)G(t)$이므로, $u_x(0, t) = F'(0)G(t) = 0$과 $u_x(L, t) = F'(0)G(t) = 0$이고, 식 (7)을 미분하면 $F'(x) = -Ap \sin px = + Bp \cos px$이므로

$$F'(0) = Bp = 0 \qquad \text{이고} \qquad F'(L) = -Ap \sin pL = 0$$

이다. 두 번째 경계조건으로부터 $p = p_n = n\pi/L$, $(n = 0, 1, 2, \cdots)$를 얻고 $A = 1$, $B = 0$인 식 (7)에서 $F_n(x) = \cos(n\pi x/L)$, $(n = 0, 1, 2, \cdots)$를 얻는다. 앞의 경우와 마찬가지로 G_n을 곱하면 고유값 $\lambda_n = cn\pi/L$에 대응하는 고유함수

$$u_n(x, t) = F_n(x)G_n(t) = A_n \cos\frac{n\pi x}{L}\, e^{-\lambda_n^2 t} \qquad (n = 0, 1, \cdots) \tag{11}$$

을 얻는다. 여기서 고유값은 앞의 경우와 마찬가지이나 단 추가 고유값 $\lambda_0 = 0$과 고유함수 u_0 = 상수를 얻으며, 이것은 초기온도 $f(x)$가 상수인 문제의 해가 된다. 이것은 ***분리상수가 0이 될 수도 있으며 0도 고유값이 될 수 있다***는 주목할 만한 사실을 보여준다.

더 나아가서, 식 (8)로부터 Fourier 사인 급수를 얻은 데 비해 식 (11)로부터는 Fourier 코사인 급수

를 얻는다. 즉,

$$u(x,t) = \sum_{n=0}^{\infty} u_n(x,t) = \sum_{n=0}^{\infty} A_n \cos \frac{n\pi x}{L} e^{-\lambda_n^2 t} \qquad \left(\lambda_n = \frac{cn\pi}{L}\right) \tag{12}$$

이고, 초기조건 (3)으로부터

$$u(x,0) = \sum_{n=0}^{\infty} A_n \cos \frac{n\pi x}{L} = f(x)$$

이므로 계수는

$$A_0 = \frac{1}{L}\int_0^L f(x)\,dx, \qquad A_n = \frac{2}{L}\int_0^L f(x)\cos\frac{n\pi x}{L}\,dx, \qquad n = 1, 2, \cdots \tag{13}$$

이다[11.3절의 식 (2) 참조]. ■

예제 5 양 끝이 단열되고 초기온도가 "삼각형"인 막대

예제 3에서 양 끝이 단열되었음을(온도 0을 유지하는 대신) 가정하여 막대 내의 온도분포를 구하라.

풀이. 삼각형 초기온도일 경우, 식 (13)으로부터 $A_0 = L/4$이며(11.3절의 예제 4에서 $k = L/2$일 때 참조)

$$A_n = \frac{2}{L}\left[\int_0^{L/2} x\cos\frac{n\pi x}{L}\,dx + \int_{L/2}^{L} (L-x)\cos\frac{n\pi x}{L}\,dx\right] = \frac{2L}{n^2\pi^2}\left(2\cos\frac{n\pi}{2} - \cos n\pi - 1\right)$$

이다. 따라서 해 (12)는

$$u(x,t) = \frac{L}{4} - \frac{8L}{\pi^2}\left\{\frac{1}{2^2}\cos\frac{2\pi x}{L}\exp\left[-\left(\frac{2c\pi}{L}\right)^2 t\right] + \frac{1}{6^2}\cos\frac{6\pi x}{L}\exp\left[-\left(\frac{6c\pi}{L}\right)^2 t\right] + \cdots\right\}$$

이다. 여기서 t가 증가함에 따라 각 항들은 감소하여 $u \to L/4$, 즉 초기온도의 평균값으로 수렴한다. 완전 단열된 막대로부터 열이 빠져나갈 수 없으므로 이것은 타당한 것이다. 이와 대조적으로 예제 3에서 양 끝이 일정한 온도로 고정되어 냉각되는 경우 열손실이 생겨 $u \to 0$, 즉 양 끝의 온도로 수렴한다. ■

정상상태 2차원 열전도. Laplace 방정식

1차원에서 2차원으로 확장한 열전도방정식은(이 절의 첫 부분 참조)

$$\frac{\partial u}{\partial t} = c^2\nabla^2 u = c^2\left(\frac{\partial^2 u}{\partial x^2} + \frac{\partial^2 u}{\partial y^2}\right)$$

이다. 열전도가 **정상적**(steady)이면(즉, *시간에 무관하면*) $\partial u/\partial t = 0$이고, 열전도방정식은 **Laplace 방정식**(Laplace's equation)

$$\nabla^2 u = \frac{\partial^2 u}{\partial x^2} + \frac{\partial^2 u}{\partial y^2} = 0 \tag{14}$$

(이 식은 10.8절에서 소개되었고, 12.8~12.11절에서 더 검토하게 될 것이다)이 된다. 그러면 열전도 문제는 xy 평면의 어떤 영역 R에서 고려되는 이 식과 R의 경계선 C 위에 주어지

는 경계조건으로 구성된다. 이를 **경계값 문제**(boundary value problem; BVP)라고 부른다. 경계값 문제는

> C 위에서 u의 값("**Dirichlet 경계조건**")이 주어지면 **첫 번째 경계값 문제** 또는 **Dirichlet 문제**
>
> C 위에서 법선도함수 $u_n = \partial u/\partial n$의 값("**Neumann 경계조건**")이 주어지면 **두 번째 경계값 문제** 또는 **Neumann 문제**
>
> C의 한 부분에서는 u의 값이 주어지고, C의 나머지 부분에서 u_n의 값("**혼합경계조건**")이 주어지면 **세 번째 경계값 문제, 혼합 문제**(mixed problem) 또는 **Robin 문제**
>
> 라고 부른다.

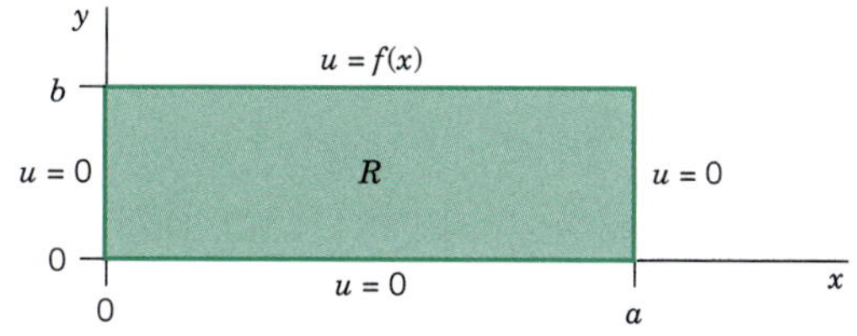

그림 296. 직사각형 R과 주어진 경계값

직사각형 R에서 Dirichlet 문제(그림 296). 직사각형 R에서 Laplace 방정식 (14)에 대한 Dirichlet 문제를 고찰해 보자. 온도 $u(x, y)$가 윗변에서는 함수 $f(x)$로 주어지고, R의 다른 세 변에서는 0으로 주어진다고 가정하자.

이제, 변수분리법으로 이 문제를 풀도록 한다. 식 (14)를 $u_{xx} = -u_{yy}$로 변형하고 $u(x, y) = F(x)G(y)$를 대입한 다음 FG로 나누면

$$\frac{1}{F} \cdot \frac{d^2F}{dx^2} = -\frac{1}{G} \cdot \frac{d^2G}{dy^2} = -k$$

을 얻는다. 이로부터

$$\frac{d^2F}{dx^2} + kF = 0,$$

을 얻고, 왼쪽 및 오른쪽 변의 경계조건으로부터

$$F(0) = 0, \qquad F(a) = 0$$

을 얻는다. 이로부터 $k = (n\pi/a)^2$이 되고 상응하는 0이 아닌 해는

$$F(x) = F_n(x) = \sin \frac{n\pi}{a} x, \qquad n = 1, 2, \cdots \tag{15}$$

이다. 따라서 G에 대한 상미분방정식은

$$\frac{d^2G}{dy^2} - \left(\frac{n\pi}{a}\right)^2 G = 0$$

이며, 그 해는

$$G(y) = G_n(y) = A_n e^{n\pi y/a} + B_n e^{-n\pi y/a}$$

이다. 이제 R의 아랫변에서의 경계조건 $u = 0$은 $G_n(0) = 0$을 뜻한다.
즉, $G_n(0) = A_n + B_n = 0$ 또는 $= B_n = -A_n$이다. 이것으로부터

$$G_n(y) = A_n(e^{n\pi y/a} - e^{-n\pi y/a}) = 2A_n \sinh \frac{n\pi y}{a}$$

가 된다. 이 결과와 식 (15)로부터 $2A_n = A_n^*$로 쓸 때, 이 문제의 **고유함수**(eigenfunctions)

(16) $$u_n(x, y) = F_n(x)G_n(y) = A_n^* \sin \frac{n\pi x}{a} \sinh \frac{n\pi y}{a}$$

를 얻는다. 이 함수들은 직사각형 R의 좌, 우 및 아랫변에서 경계조건 $u = 0$을 만족한다.

R의 윗변에서 경계조건 $u(x, b) = f(x)$를 만족하는 해를 얻기 위하여, 무한급수

$$u(x, y) = \sum_{n=1}^{\infty} u_n(x, y)$$

를 생각해 보자. 이것과 $y = b$일 때의 식 (16)으로부터

$$u(x, b) = f(x) = \sum_{n=1}^{\infty} A_n^* \sin \frac{n\pi x}{a} \sinh \frac{n\pi b}{a}$$

를 얻는다. 이 식은

$$u(x, b) = \sum_{n=1}^{\infty} \left(A_n^* \sinh \frac{n\pi b}{a} \right) \sin \frac{n\pi x}{a}$$

와 같은 형태로 쓸 수 있다. 위 식은 괄호 안의 수식이 $f(x)$의 Fourier 계수 b_n이어야 한다는 것을 보여준다. 즉, 11.3절의 식 (4)에 의해

$$b_n = A_n^* \sinh \frac{n\pi b}{a} = \frac{2}{a} \int_0^a f(x) \sin \frac{n\pi x}{a}\, dx$$

이다. 이것과 식 (16)으로부터 이 문제의 해는

(17) $$u(x, y) = \sum_{n=1}^{\infty} u_n(x, y) = \sum_{n=1}^{\infty} A_n^* \sin \frac{n\pi x}{a} \sinh \frac{n\pi y}{a}$$

이고, 여기서

(18) $$A_n^* = \frac{2}{a \sinh (n\pi b/a)} \int_0^a f(x) \sin \frac{n\pi x}{a}\, dx$$

이다.

u, u_{xx}와 u_{yy}에 대한 급수의 합과 수렴에 대한 고찰이 없이 형식적으로 얻은 이 해는, f와

f'이 연속이고 f''이 구간 $0 \leqq x \leqq a$에서 구분연속일 때 해로서 확정된다. 증명은 다소 복잡하고 균등수렴에 의존한다. 부록 1에 실린 참고문헌 [C4]에서 이에 대한 증명을 볼 수 있다.

수학이 통합력. 정전기학, 탄성학

Laplace 방정식 (14)는 전하가 없는 임의의 영역에서 전하의 정전기 퍼텐셜(혹은, 전위)을 제어한다. 그러므로 정상상태 열전도 문제는 정전기 퍼텐셜 문제로도 해석될 수 있으며, 따라서 식 (17), (18)은 R의 윗변에 퍼텐셜이 $f(x)$이고 다른 세 변이 접지되어 있을 때, 직사각형 R 내에서의 퍼텐셜이다.

실제로 정상상태의 경우, 2차원 파동방정식(12.8과 12.9절에서 고찰할 것임)도 역시 식 (14)로 귀착된다. 이때의 식 (17), (18)은 세 변이 xy 평면 위에 놓여있고, 나머지 한 변이 변위 $f(x)$로 주어지는 경계를 따라 고정된 직사각형 탄성박막(고무판, 북의 가죽)의 변위가 된다.

이것은 수학의 ***통합력***에 대한 하나의 또 다른 인상적인 예로서 ***전혀 다른 성질의 물리계가 동일한 수학적 모형***을 가지며, 따라서 동일한 수학적 방법으로 처리될 수 있음을 보여준다.

연습문제 12.6

1. **감쇠.** n이 고정되었을 때 식 (8)의 감쇠율은 재질의 비열, 밀도 및 열전도도에 따라 어떻게 달라지는가?

2. **감쇠.** 만일 막대에 대한 첫 번째 고유함수 식 (8)의 값이 20초 동안 반으로 감소하였다면, 확산계수의 값은 얼마인가?

3. **고유함수.** 식 (8)에서 $B_n = 1, c = 1, L = \pi$라 할 때, $t = 0, 0.1, 0.2, \cdots, 1.0$인 동안에 처음 세 개의 고유함수의 그래프를 그리고 비교하라.

4. 서술형 과제. **파동 및 열전도방정식.** 고유함수의 일반적 양태, 경계조건과 초기조건의 종류에 관해 이 두 방정식을 비교하라. 12.3절의 그림 291과 295의 차이점을 논의하라.

5-7 옆면이 단열된 막대

옆면이 완전히 단열되고 양 끝의 온도가 0°C로 유지된 길이가 10 cm이고 단면적이 1 cm^2로 일정한 은막대[밀도 10.6 g/cm^3, 열전도도 1.04 cal/(cm sec °C), 비열 0.056 cal/(g °C)]의 초기온도 $f(x)$가 다음과 같이 주어질 때, 이 막대의 온도 $u(x, t)$를 구하라.

5. $f(x) = \sin 0.1\,\pi x$

6. $f(x) = 4 - 0.8|x - 5|$

7. $f(x) = x(10 - x)$

8. **양 끝이 서로 다른 온도.** 본문에 있는 어떤 막대의 양 끝의 온도가 $u(0, t) = U_1 =$ 상수와 $u(L, t) = U_2 =$ 상수로 유지될 때, 오랜 시간이 경과한 후(이론상으로 $t \to \infty$) 막대의 온도 $u_1(x)$를 구하라. 먼저 추측해보고 계산하라.

9. 문제 8에서 임의 시간에서의 막대의 온도를 구하라.

10. **양 끝 온도를 변화시킴.** 문제 5-7의 막대 양 끝이 장시간 동안 100°C로 유지되었다고 가정하자. 그 후 어떤 순간 $t = 0$에서 $x = 0$의 온도는 100°C로 유지하는 반면에, $x = L$의 온도를 급격히 0°C로 변화시킨다. $t = 1, 2, 3, 10, 50$인 순간에 막대 중간부분의 온도를 구하라. 먼저 추측해보고 계산하라.

단열 상태의 막대

"단열된" 막대란 양 끝을 포함한 막대 전체가 완전히 절연되어 이웃과 열교환이 전혀 없음을 의미한다. *물리적인 정보*: 양 끝에서의 열흐름률(heat flux)은 $\partial u/\partial x$에 비례한다.

11. 완전히 절연된 막대는 $u_x(0, t) = 0, u_x(L, t) = 0, u(x, t) = f(x)$를 만족하고 변수분리에 의한 해는

$$u(x, t) = A_0 + \sum_{n=1}^{\infty} A_n \cos \frac{n\pi x}{L} e^{-(cn\pi/L)^2 t}$$

임을 보여라. 여기서, A_n은 11.3절의 식 (2)이다.

12-15

문제 11에서 $L = \pi, c = 1$이고 $f(x)$가 다음과 같이 주어질 때. 막대의 온도를 구하라.

12. $f(x) = x$

13. $f(x) = 1$

14. $f(x) = \cos 2x$

15. $f(x) = 1 - x/\pi$

16. 열이 발생하는 막대. 일정한 비율 H (> 0)로 열이 발생하는 막대의 온도에 대한 모형은 $u_t = c^2u_{xx} + H$이다. $L = \pi$이고 막대 양 끝의 온도가 0°C로 유지될 경우, 이 문제 해를 구하라. *힌트.* $u = v - Hx(x - \pi)/(2c^2)$.

17. 열흐름률. $x = 0$을 통과하는 $u(x, t)$의 *열흐름률*은 $\phi(t) = -Ku_x(0, t)$로 정의된다. 식 (9)로 표현된 해 $u(x, t)$에 대하여 $\phi(t)$를 구하라. 이 용어의 뜻을 설명해보라. $t \to \infty$일 때 $\phi \to 0$임을 물리적으로 이해할 수 있는가?

18-25 2차원 문제

18. Laplace 방정식. $0 \leqq x \leqq 20$, $0 \leqq y \leqq 40$인 직사각형에서, 윗변의 전위가 110 V이고 다른 변들은 접지되어있다. 이 직사각형의 전위를 구하라.

19. $0 \leqq x \leqq 2$, $0 \leqq y \leqq 2$인 정사각형에서 윗변의 전위는 $1000 \sin 1/2\ \pi x$이고 다른 변들은 접지되어 있다. 이 정사각형의 전위를 구하라.

20. **CAS 과제. 등온선.** 그림 297의 정사각형 평판에서 $a = 2$이고 다음의 경계조건을 만족할 때, 정상상태 해(온도)를 구하고 등온선을 그려라.

(a) 윗변에서 $u = 80 \sin \pi$, 나머지 변에서는 0

(b) 수직 변들에서 $u = 0$, 나머지 변에서는 완전 단열을 가정할 때

(c) 자신이 임의로 정한 경계조건에서(단, 항상 0인 해는 아니어야 함).

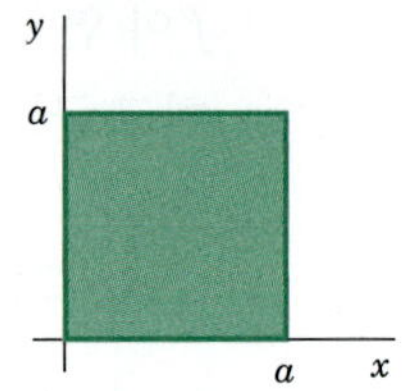

그림 297. 정사각형 평판

21. 평판에서의 열전도. 얇은 정사각형 구리 평판의 양면(그림 297, 여기서 $a = 24$)은 완전히 절연 상태이다. 윗변은 25°C, 다른 변들은 0°C로 유지되어 있다. 이 평판의 정상상태 온도 $u(x, y)$를 구하라.

22. 윗변은 U_1°C, 아랫변은 U_0°C, 다른 변들은 0°C로 유지될 때, 문제 21의 평판의 정상상태 온도를 구하라. *힌트.* 각 문제의 세 변의 경계 온도가 0인 두 문제로 나누어 보라.

23. 혼합경계값 문제. 문제 21에서 위, 아래 변이 완전 단열되어 있고 왼쪽 변은 0°C, 오른쪽 변은 $f(y)$°C로 각각 유지될 때 판 내에서 정상상태 온도를 구하라.

24. 복사. 그림 296에서 윗변과 왼쪽 변은 완전 단열되어 있고 오른쪽 변에서는 온도 0°C인 매질 속으로 $u_x(a, y) + hu(a, y) = 0$, $h > 0$(상수)로 열이 방출되고 있다. 이 직사각형 판의 정상상태 온도를 구하라. (아랫면에서의 조건이 주어지지 않았으므로 해는 여러 개가 있을 것이다.)

25. 직사각형 R의 아랫변의 온도는 $f(x)$로, 다른 변들의 온도는 0°C로 유지되고 있다. 직사각형 R의 온도에 대한 이 절의 식 (17), (18)과 유사한 공식을 찾아라.

12.7 열전도방정식: 긴 막대의 모델링. Fourier 적분과 변환에 의한 해

앞 절에서의 열전도방정식

$$\frac{\partial u}{\partial t} = c^2 \frac{\partial^2 u}{\partial x^2} \tag{1}$$

에 관한 논의를 무한한 길이의 막대로 확장시키면, 대단히 긴 막대나 전선(예를 들면 300 ft 길이의 전선)의 좋은 모형이 된다. 이때, Fourier 급수는 **Fourier 적분**(Fourier integrals, 11.7절)으로 대치된다.

양쪽으로 무한히 뻗어나가는 막대(앞서와 같이 측면이 절연된)에 대하여 식 (1)의 해를 고찰해 보기로 한다. 이 경우에 경계조건은 없고 다만 **초기조건**(initial condition)

$$u(x, 0) = f(x) \qquad (-\infty < x < \infty) \tag{2}$$

만이 주어진다. 여기서 $f(x)$는 막대의 주어진 초기온도이다.

이 문제를 풀기 위하여 앞 절에서와 같이, $u(x, t) = F(x)G(t)$를 식 (1)에 대입하면, 두 개의 상미분방정식

$$F'' + p^2F = 0 \qquad (3) \quad \text{[12.6절, 식 (5) 참조]}$$

$$\dot{G} + c^2p^2G = 0 \qquad (4) \quad \text{[12.6절, 식 (6) 참조]}$$

을 얻는다. 이 방정식의 해는 각각

$$F(x) = A\cos px + B\sin px \qquad \text{및} \qquad G(t) = e^{-c^2p^2t}$$

이다. 여기서 A와 B는 임의의 상수이다. 따라서 식 (1)의 해는

$$u(x, t; p) = FG = (A\cos px + B\sin px)\, e^{-c^2p^2t} \qquad (5)$$

이다. 여기서 분리상수 k는 음수, 즉 $k = -p^2$으로 선택해야 한다. 왜냐하면 양의 k값에 대해서 식 (5)는 지수적 증가함수가 되어 물리적인 의미가 없기 때문이다.

Fourier 적분의 사용

p를 어떤 고정된 수의 배수로 택하여 통상적인 방법으로 구한 식 (5)의 급수는 어느 것이나 $t = 0$일 때 x에 대한 주기함수로 될 것이다. 하지만 식 (2)에서 $f(x)$를 x의 주기함수로 가정한 것은 아니므로, 이 경우에는 Fourier 급수 대신 **Fourier 적분**을 사용하는 것이 자연스럽다. 또한 식 (5)에서 A와 B는 임의의 상수이므로, 이것을 p의 함수로 간주하여 $A = A(p)$, $B = B(P)$로 쓸 수 있다. 열전도방정식 (1)은 선형이고 제차이므로, 함수

$$u(x, t) = \int_0^{\infty} u(x, t; p)\, dp = \int_0^{\infty} [A(p)\cos px + B(p)\sin px]\, e^{-c^2p^2t}\, dp \qquad \textbf{(6)}$$

는 이 적분이 존재하고 x에 관하여 두 번, t에 관하여 한 번 미분할 수 있다면 식 (1)의 해가 된다.

초기조건으로부터 $A(p)$와 $B(p)$의 결정. 식 (6)과 (2)로부터

$$u(x, 0) = \int_0^{\infty} [A(p)\cos px + B(p)\sin px]\, dp = f(x) \qquad (7)$$

가 되고, 이로부터 $A(p)$와 $B(p)$를 $f(x)$로서 구할 수 있다. 즉 11.7절의 식 (4)로부터

$$A(p) = \frac{1}{\pi}\int_{-\infty}^{\infty} f(v)\cos pv\, dv, \qquad B(p) = \frac{1}{\pi}\int_{-\infty}^{\infty} f(v)\sin pv\, dv \qquad (8)$$

를 얻는다. 11.9절의 (1*)에 의하여, 이 Fourier 적분 식 (7)은 $A(p)$, $B(p)$를 포함하여

$$u(x, 0) = \frac{1}{\pi}\int_0^{\infty}\left[\int_{-\infty}^{\infty} f(v)\cos(px - pv)\, dv\right] dp$$

와 같이 쓸 수 있다. 마찬가지로 이 절의 식 (6)은

$$u(x, t) = \frac{1}{\pi}\int_0^{\infty}\left[\int_{-\infty}^{\infty} f(v)\cos(px - pv)\, e^{-c^2p^2t}\, dv\right] dp$$

와 같이 된다. 여기서 적분 순서를 바꿀 수 있다고 가정하면

(9) $$u(x, t) = \frac{1}{\pi}\int_{-\infty}^{\infty} f(v)\left[\int_0^{\infty} e^{-c^2p^2t}\cos(px - pv)\, dp\right] dv$$

를 얻는다. 내부의 적분은 공식

(10) $$\int_0^{\infty} e^{-s^2}\cos 2bs\, ds = \frac{\sqrt{\pi}}{2}\, e^{-b^2}$$

을 사용하여 계산할 수 있다. [식 (10)의 유도는 연습문제 16.4에서 주어진다(조별 과제 24).] 이를 위하여 새로운 적분 변수로서 $p = s/(c\sqrt{t})$로 두고

$$b = \frac{x - v}{2c\sqrt{t}}$$

를 택하면 $2bs = (x - v)p$, $ds = c\sqrt{t}\, dp$이므로 식 (10)은

$$\int_0^{\infty} e^{-c^2p^2t}\cos(px - pv)\, dp = \frac{\sqrt{\pi}}{2c\sqrt{t}}\exp\left\{-\frac{(x - v)^2}{4c^2t}\right\}$$

이 된다. 이 결과를 식 (9)에 대입하여

(11) $$u(x, t) = \frac{1}{2c\sqrt{\pi t}}\int_{-\infty}^{\infty} f(v)\exp\left\{-\frac{(x - v)^2}{4c^2t}\right\} dv$$

를 얻는다 적분 변수 $z = (v - x)/(2c\sqrt{t})$를 도입하면, 다른 형태의 식

(12) $$u(x, t) = \frac{1}{\sqrt{\pi}}\int_{-\infty}^{\infty} f(x + 2cz\sqrt{t})\, e^{-z^2}\, dz$$

가 된다.

$f(x)$가 모든 x에 대하여 유계(有界)이고 모든 유한구간에서 적분 가능하면, 함수 (11) 또는 (12)는 식 (1)과 (2)를 만족한다는 것을 밝힐 수 있다(참고문헌 [C10] 참조). 따라서 이 함수는 구하는 해가 된다.

예제 1 무한히 긴 막대의 온도

초기온도 $f(x)$가 다음과 같이 주어질 때, 무한히 긴 막대의 온도를 구하라(그림 298).

$$f(x) = \begin{cases} U_0 = \text{일정} & (|x| < 1) \\ 0 & (|x| > 1) \end{cases}$$

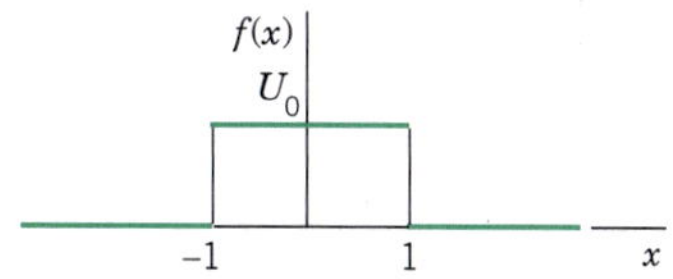

그림 298. 예제 1의 초기온도

풀이. 식 (11)로부터

$$u(x, t) = \frac{U_0}{2c\sqrt{\pi t}} \int_{-1}^{1} \exp\left\{ -\frac{(x-v)^2}{4c^2 t} \right\} dv$$

가 된다. 본문의 적분변수 z를 도입하면, -1에서 1까지 v에 관한 적분은 $(-1 - x)/(2c\sqrt{t})$에서 $(1 - x)/(2c\sqrt{t})$까지의 z에 관한 적분에 해당되고, 따라서

$$u(x, t) = \frac{U_0}{\sqrt{\pi}} \int_{-(1+x)/(2c\sqrt{t})}^{(1-x)/(2c\sqrt{t})} e^{-z^2} dz \qquad (t > 0) \tag{13}$$

이다. 이 적분은 초등함수는 아니지만, 그 값이 이미 수표로 되어 있는 오차함수로 표시할 수 있다. (부록 5의 표 A4에는 몇 개의 값만이 들어 있다. 더 자세한 표는 부록 1의 참고문헌 [GenRef1]에 수록되어 있다. p.574의 CAS 과제 1도 참조하라.) 그림 299는 $U_0 = 100°\text{C}$, $c^2 = 1\ \text{cm}^2/\text{sec}$일 때 몇 개의 t 값에 대한 $u(x, t)$를 나타내고 있다. ■

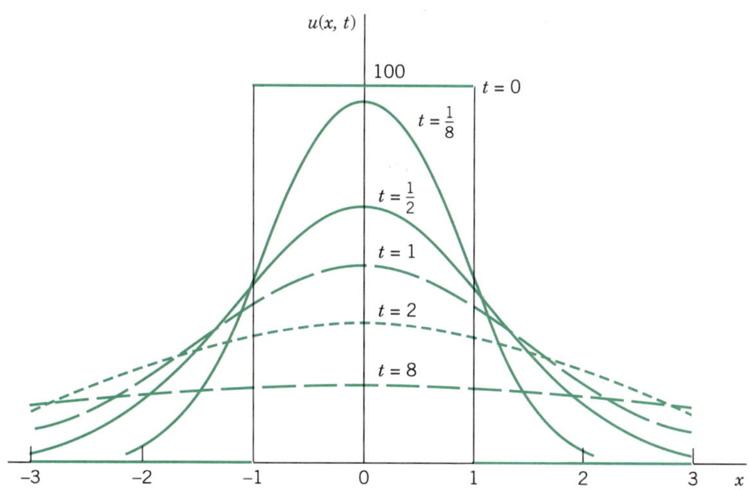

그림 299. $U_0 = 100°\text{C}$, $c^2 = 1\ \text{cm}^2/\text{sec}$일 때, 몇 개의 t 값에 대한 예제 1의 해 $u(x, t)$

Fourier 변환의 이용

Fourier 변환은 Fourier 적분과 긴밀하게 연관되어 있으며, 11.9절에서 Fourier 적분으로부터 Fourier 변환을 구한 바 있다. 11.8절에서 Fourier 코사인 및 사인 변환으로의 과정은 더 간단했다(더 진행하기 전에 복습해 두는 것이 좋을 것이다). 따라서 이러한 변환을 위의 문제들 또는 유사한 문제들을 푸는 데 적용한다고 해서 놀라지는 않을 것이다. Fourier 변환은 전체축(entire axis)에서 관련된 문제들에 적용되며, Fourier 코사인 및 사인 변환은 양의 반축(positive half axis)을 포함하는 문제들에 적용된다. 이러한 변환방법을 지금 논의 중인 문제에 적합한 전형적인 응용을 통하여 설명해 보자.

예제 2 예제 1의 무한막대 온도

Fourier 변환을 사용하여 예제 1을 풀어라.

풀이. 이 문제는 열전도방정식 (1)과 다음과 같은 초기조건 (2)로 구성되어 있다.

$$f(x) = U_0 = \text{상수} \ (|x| < 1), \qquad 0$$

해를 구하기 위하여 x에 관해서 Fourier 변환을 한 후, 그 결과로 얻게 되는 ***상미분***방정식을 t에 대해 풀기로 하자. 자세한 과정은 다음과 같다.

$\hat{u} = \mathcal{F}(u)$를 ***x의 함수로 간주된*** 이의 Fourier 변환을 표기한다고 하자. 그러면 11.9절의 식 (10)으로부터 열전도방정식 (1)은

$$\mathcal{F}(u_t) = c^2\mathcal{F}(u_{xx}) = c^2(-w^2)\mathcal{F}(u) = -c^2w^2\hat{u}$$

가 됨을 알 수 있다. 좌변에서 미분과 적분의 순서를 바꿀 수 있다고 하면,

$$\mathcal{F}(u_t) = \frac{1}{\sqrt{2\pi}}\int_{-\infty}^{\infty} u_t e^{-iwx}\,dx = \frac{1}{\sqrt{2\pi}}\,\frac{\partial}{\partial t}\int_{-\infty}^{\infty} ue^{-iwx}\,dx = \frac{\partial \hat{u}}{\partial t}$$

가 되고, 따라서

$$\frac{\partial \hat{u}}{\partial t} = -c^2w^2\hat{u}$$

이다. 이 식은 t에 관한 도함수만을 포함하고 있고 w에 관한 도함수를 갖고 있지 않으므로, t를 독립변수로 갖고 w를 매개변수로 가지는 1계 ***상미분방정식***이다. 변수분리(1.3절)에 의해서 일반해

$$\hat{u}(w, t) = C(w)e^{-c^2w^2t}$$

를 얻는다. 여기서 임의의 "상수" $C(w)$는 매개변수 w에 의존한다. 초기조건 (2)로부터 $\hat{u}(w, 0) = C(w) = \hat{f}(w) = F(f)$이고, 중간결과는

$$\hat{u}(w, t) = \hat{f}(w)e^{-c^2w^2t}$$

이다. 11.9절의 역변환공식 (7)로부터 해는

$$u(x, t) = \frac{1}{\sqrt{2\pi}}\int_{-\infty}^{\infty} \hat{f}(w)\, e^{-c^2w^2t}\, e^{iwx}\,dw \tag{14}$$

가 된다. 이 식에 Fourier 변환식

$$\hat{f}(w) = \frac{1}{\sqrt{2\pi}}\int_{-\infty}^{\infty} f(v)e^{ivw}dv$$

을 삽입하고, 적분 순서를 바꿀 수 있다고 하면,

$$u(x, t) = \frac{1}{2\pi}\int_{-\infty}^{\infty} f(v)\left[\int_{-\infty}^{\infty} e^{-c^2w^2t}\, e^{i(wx - wv)}dw\right] dv$$

를 얻는다. 11.9절의 오일러 공식 (3)에 의해서 내부적분의 피적분함수는

$$e^{-c^2w^2t}\cos(wx - wv) + ie^{-c^2w^2t}\sin(wx - wv)$$

와 같다. 이 식의 허수부는 w의 기함수이므로, 이 부분의 적분은 0이다. 실수부[보다 엄밀하게는 적분의 주부(主部), 16.4절 참조]는 w의 우함수이므로 $-\infty$에서 ∞까지의 적분은 0에서 ∞까지의 적분의 2배가 된다. 따라서

$$u(x, t) = \frac{1}{\pi}\int_{-\infty}^{\infty} f(v)\left[\int_{0}^{\infty} e^{-c^2w^2t}\cos(wx - wv)\,dw\right]dv$$

이고, 이 결과는 식 (9)($p = w$)와 일치하며 공식 (11)과 (13)으로 귀착된다. ■

예제 3 합성곱에 의한 예제 1의 해

합성곱에 의해 예제 1의 열전도 문제를 풀어라.

풀이. 시작 부분은 예제 2와 같고, 다음 식 (14)로 귀착된다. 즉,

$$u(x, t) = \frac{1}{\sqrt{2\pi}}\int_{-\infty}^{\infty} \hat{f}(w)e^{-c^2w^2t}e^{iwx}\,dw \tag{15}$$

이다. 여기서 결정적인 착상이 떠오른다. 즉, 이 식은 11.9절의 식 (13)과 같은 형태임을 알 수 있다. 즉,

$$u(x, t) = (f * g)(x) = \int_{-\infty}^{\infty} \hat{f}(w)\hat{g}(w)e^{iwx}\,dw \tag{16}$$

이고, 여기서

$$\hat{g}(w) = \frac{1}{\sqrt{2\pi}}e^{-c^2w^2t} \tag{17}$$

이다. 합성곱[11.9절, 식 (11)]의 정의에 의해

$$(f * g)(x) = \int_{-\infty}^{\infty} f(p)g(x - p)\,dp \tag{18}$$

이므로, 마지막 단계로서, $\hat{g}$의 Fourier 역변환 g를 결정해야 한다. 이를 위하여, 11.10절의 표 III에서 적당한 a 값을 갖는 공식 (9)

$$\mathcal{F}(e^{-ax^2}) = \frac{1}{\sqrt{2a}}e^{-w^2/(4a)}$$

을 사용할 수 있다. $c^2t = 1/(4a)$ 또는 $a = L/(4c^2t)$로 놓고, 식 (17)을 사용하면

$$\mathcal{F}(e^{-x^2/(4c^2t)}) = \sqrt{2c^2t}\,e^{-c^2w^2t} = \sqrt{2c^2t}\,\sqrt{2\pi}\,\hat{g}(w)$$

를 얻는다. 그러므로 $\hat{g}$는 역변환

$$\frac{1}{\sqrt{2c^2t}\,\sqrt{2\pi}}e^{-x^2/(4c^2t)}$$

을 갖는다. x를 $x - p$로 대치하고 식 (18)에 대입하면 최종적으로

$$u(x, t) = (f * g)(x) = \frac{1}{2c\sqrt{\pi t}}\int_{-\infty}^{\infty} f(p)\exp\left\{-\frac{(x - p)^2}{4c^2t}\right\}dp \tag{19}$$

를 얻는다. 문제에 대한 해의 형태는 식 (11)과 일치한다. 매개변수 t에 관해서는 적분하지 않았으므로, t를 표기하지 않고 $(f * g)(x)$와 같이 썼다. ■

예제 4 Fourier 사인 변환의 열전도방정식에의 적용

만일 측면이 단열된 막대가 $x = 0$에서 무한대까지 연장된다면, Fourier 사인 변환을 사용할 수 있다. 초기온도 $u(x, 0) = f(x)$로 두고 경계조건 $u(0, t) = 0$을 부여한다. 그러면 $f(0) = u(0, 0) = 0$이므로

11.8절 열전도방정식과 식 (9b)로부터

$$\mathscr{F}_s(u_t) = \frac{\partial \hat{u}_s}{\partial t} = c^2\mathscr{F}_s(u_{xx}) = -c^2w^2\mathscr{F}_s(u) = -c^2w^2\hat{u}_s(w,t)$$

를 얻는다. 이것은 1계 상미분방정식 $\partial\hat{u}_s/\partial t + c^2w^2\hat{u}_s = 0$이다. 이것의 해는

$$\hat{u}_s(w, t) = C(w)e^{-c^2w^2t}$$

이다. 초기조건 $u(x, 0) = f(x)$로부터 $\hat{u}_s(w, 0) = \hat{f}s(w) = C(w)$가 되고

$$\hat{u}_s(w, t) = \hat{f}_s(w)e^{-c^2w^2t}$$

가 된다. Fourier 사인 역변환을 취하고 우변에

$$\hat{f}_s(w) = \sqrt{\frac{2}{\pi}}\int_0^\infty f(p)\sin wp\, dp$$

대입하면, 구하는 해

$$u(x, t) = \frac{2}{\pi}\int_0^\infty\int_0^\infty f(p)\sin wp\, e^{-c^2w^2t}\sin wx\, dp\, dw \tag{20}$$

를 얻는다. 그림 300은 $0 \leqq x \leqq 1$이면 $f(x) = 1$, 그 외에는 0인 경우 $c = 1$인 식 (20)을 나타낸다. xt-평면상에 $0 \leqq x \leqq 2$, $0.01 \leqq t \leqq 1.5$에 대하여 그려져 있다. 상수 t에 대한 $u(x, t)$의 곡선들이 그림 299와 유사함을 주목하라. ■

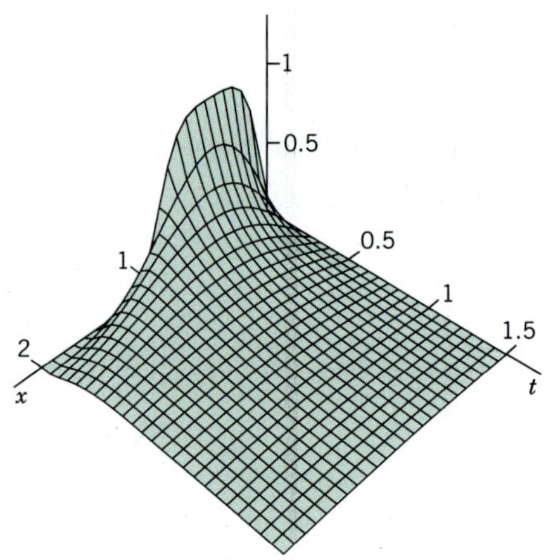

그림 300. 예제 4의 해 (20)

연습문제 12.7

1. CAS 과제. **열흐름. (a)** 그림 299를 그려라.
(b) 동영상을 통해 (a)의 온도의 감소에 따른 열흐름을 "확인"하라.
(c) 직사각형 $-a < x < a$, $0 < y < b$ 위에서의 곡면으로서 $c = 1$인 $u(x, t)$의 그래프를 그려라.

2-8 적분형의 해

식 (6)을 사용하여 초기조건 $u(x, 0) = f(x)$을 만족하는 식 (1)의 적분형 해를 구하라.

2. $|x| < a$일 때 $f(x) = 1$이고, 그 외에는 0

3. $f(x) = 1/(1 + x^2)$

힌트. 11.7절의 식 (15)를 사용하라.

4. $f(x) = e^{-|x|}$

5. $|x| < 1$일 때 $f(x) = |x|$, 그 외에는 0

6. $|x| < 1$일 때 $f(x) = x$, 그 외에는 0

7. $f(x) = (\sin x)/x$

힌트. 11.7절의 문제 4를 사용하라.

8. 적분에 의하여 문제 7의 u는 초기조건을 만족함을 증명하라.

9-12 CAS 과제. 오차함수

(21) $$\text{erf}\, x = \frac{2}{\sqrt{\pi}} \int_0^x e^{-w^2}\, dw$$

이 함수는 응용수학과 물리(확률이론과 통계학 그리고 열역학 등)에서 중요하며 지금의 논제에서 적합하다. 이를 기초 미분적분학으로는 계산할 수 없는 적분으로 정의된 전형적인 특수함수로 간주하고 다음을 수행하라.

9. **종모양 곡선**[식 (21)의 피적분함수의 곡선]을 그려라. erf x는 기함수

$$\int_a^b e^{-w^2}\, dw = \frac{\sqrt{\pi}}{2}(\text{erf}\, b - \text{erf}\, a).$$

$$\int_{-b}^b e^{-w^2}\, dw = \sqrt{\pi}\, \text{erf}\, b$$

임을 보여라.

10. 피적분함수의 maclaurin 급수를 항별적분하여서, erf x의 maclaurin 급수를 구하라. 이 급수를 이용하여 $x = 0(0.01)3$ ($x = 0, 0.01, 0.02, \cdots, 3$을 의미함)에 대한 erf x의 표를 작성하라.

11. 자신의 CAS 적분명령으로 10의 값을 구하고, 그 정확도를 비교하라.

12. $\text{erf}(\infty) = 1$임을 증명할 수 있다. 큰 값의 x에 대해 erf x를 계산함으로써 실험적으로 이를 검증해 보라.

13. $x > 0$일 때 $f(x) = 1$이고 $x < 0$일 때 $f(x) = 0$이다. $\text{erf}(\infty) = 1$를 사용하여 공식 (12)가

$$u(x, t) = \frac{1}{\sqrt{\pi}} \int_{-x/(2c\sqrt{t})}^{\infty} e^{-z^2} dz = \frac{1}{2} - \frac{1}{2}\,\text{erf}\left(-\frac{x}{2c\sqrt{t}}\right) \quad (t > 0)$$

이 됨을 보여라.

14. 온도 (13)을 오차함수로써 표현하라.

15. $$\Phi(x) = \frac{1}{\sqrt{2\pi}} \int_{-\infty}^{x} e^{-s^2/2}\, ds = \frac{1}{2} + \frac{1}{2}\,\text{erf}\left(\frac{x}{\sqrt{2}}\right)$$

을 보여라. 이 적분은 24.8절(원서 참조)에서 논의될 "표준정규분포의 분포함수"의 정의이다.

12.8 모델링: 박막, 2차원 파동방정식

이 절의 모델링은 12.2절과 비슷하므로 12.2절을 복습하면 도움이 된다.

12.2절의 진동하는 현은 1차원 진동 문제이다. 이와 2차원적으로 유사한(예를 들어, 북가죽과 같이 팽팽히 당겨지고 가장자리가 고정된) 탄성 박막의 운동 또한 중요한 문제이다. 실제로, 모델링 과정은 12.2절과 거의 비슷하게 진행될 것이다.

물리적 가정

1. 단위면적당 박막의 질량은 일정하다("균질의 박막"). 박막은 완벽하게 유연하여, 휠 때 어떠한 저항도 없다.

2. 박막을 펼쳐서 이의 모든 가장자리를 xy-평면 위에 고정시켜 놓았다. 박막을 펼칠 때 생기는 단위길이당 장력 T는 모든 점과 모든 방향에서 같으며 운동 중에 변하지 않는다.

3. 운동 중 박막의 변위 $u(x, y, t)$는 박막의 크기에 비하여 작으며, 모든 경사각도 작다.

비록 이러한 가정이 실제로는 엄밀하게 구현될 수 없다고 하더라도, 탄성박막의 미소 횡단

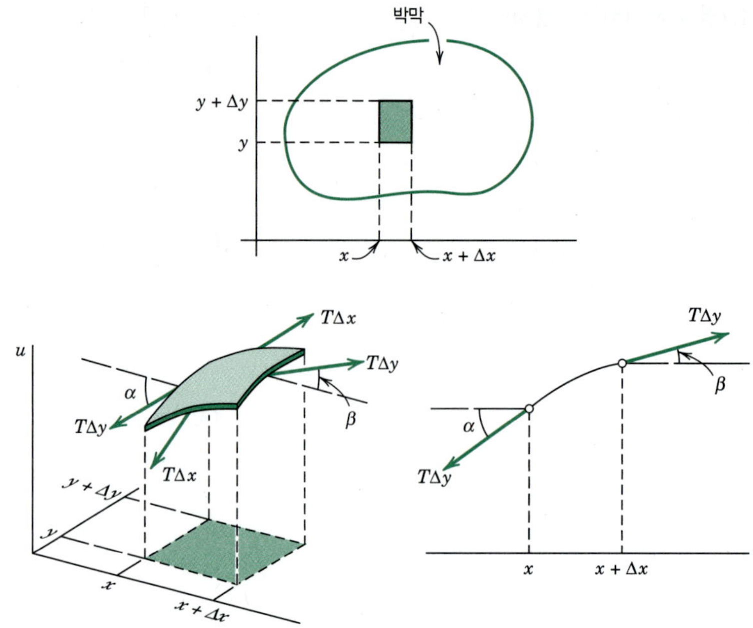

그림 301. 진동하는 박막

진동을 비교적 정확하게 나타내며, 따라서 예를 들면 이제 보게 될 북에 대하여는 좋은 모형을 얻게 된다.

힘으로부터 모델("2차원 파동방정식")의 유도. 12.2절에서처럼 모델은 편미분방정식과 추가적인 조건들로 구성될 것이다. 박막의 운동을 나타내는 미분방정식을 유도하기 위하여, 그림 301에서 박막의 미소부분에 작용하는 힘을 생각해 보자.

박막의 변위와 경사각이 작으므로 그 부분의 변의 길이는 각각 대략 Δx, Δy와 같다. 장력 T는 단위길이당의 힘이므로 그 부분의 양변에 작용하는 힘은 각각 대략 $T\Delta x$, $T\Delta y$이다. 또 박막은 완전히 유연하므로 이들 박막에 대해 매순간 접선방향으로 작용한다.

힘의 수평성분. 먼저 이 두 힘의 수평성분을 고찰해 보자. 이들 힘의 성분은 힘에 경사각의 코사인을 곱함으로써 얻어진다. 이 경사각은 작기 때문에 그 코사인은 1에 가깝다. 따라서 마주보는 두 변에서 이 힘의 수평성분은 근사적으로 같다. 그러므로 박막의 입자가 갖는 수평방향의 운동은 무시할 수 있을 만큼 작게 된다. 이와 같은 사실로부터 박막의 운동은 각 입자가 수직으로 움직이는, 횡단인 운동이라고 결론지을 수 있다.

힘의 수직성분. 좌측과 우측의 변에서 수직으로 작용하는 힘의 성분은(그림 301) 각각,

$$T\Delta y \sin\beta \qquad \text{그리고} \qquad -T\Delta y \sin\alpha$$

이고, 여기서 α와 β는 변의 가운데 점에서의 (변을 따라 조금 변하는) 경사각의 값이며 음의 부호는 좌측의 변에 작용하는 힘이 아래쪽으로 향하기 때문에 나타난다. 각이 대단히 작으므로 그 사인을 탄젠트로 대체할 수 있다. 따라서 그 두 수직성분의 합력은

$$\begin{aligned} T\Delta y(\sin\beta - \sin\alpha) &\approx T\Delta y(\tan\beta - \tan\alpha) \\ &= T\Delta y[u_x(x + \Delta x, y_1) - u_x(x, y_2)] \end{aligned} \tag{1}$$

이고, 여기서 하첨자 x는 편도함수를 표시하며, y_1과 y_2는 y와 $y + \Delta y$ 사이의 값이다. 마찬가지로 나머지 두 변에 작용하는 힘의 수직성분의 합력은

$$(2) \qquad T\Delta x[u_y(x_1, y + \Delta y) - u_y(x_2, y)]$$

이며, 여기서 x_1과 x_2는 x와 $x + \Delta x$ 사이의 값이다.

Newton의 제2법칙으로부터 미분방정식의 유도. Newton의 제2법칙(2.4절 참조)에 의하면, 식 (1)과 (2)로 주어지는 힘의 합은 그 미소부분의 질량 $\rho\Delta A$에 가속도 $\partial^2 u/\partial t^2$를 곱한 것과 같다. 여기서 ρ는 휘지 않은 박막의 단위면적당 질량이고, $\Delta A = \Delta x\Delta y$는 휘지 않은 상태에서 그 부분의 면적이다. 따라서

$$\begin{aligned}\rho\Delta x\,\Delta y\frac{\partial^2 u}{\partial t^2} &= T\Delta y[u_x(x + \Delta x, y_1) - u_x(x, y_2)]\\ &\quad + T\Delta x[u_y(x_1, y + \Delta y) - u_y(x_2, y)]\end{aligned}$$

이다. 여기서 좌변의 도함수는 미소부분의 어떤 적당한 $(\tilde{x}, \tilde{y})$에서의 값이다. 양변을 $\rho\Delta x\Delta y$로 나누면

$$\frac{\partial^2 u}{\partial t^2} = \frac{T}{\rho}\left[\frac{u_x(x + \Delta x, y_1) - u_x(x, y_2)}{\Delta x} + \frac{u_y(x_1, y + \Delta y) - u_y(x_2, y)}{\Delta y}\right]$$

가 되고, Δx 및 Δy를 0에 접근하게 하면, 편미분방정식

$$(3) \qquad \frac{\partial^2 u}{\partial t^2} = c^2\left(\frac{\partial^2 u}{\partial x^2} + \frac{\partial^2 u}{\partial y^2}\right) \qquad c^2 = \frac{T}{\rho}$$

를 얻는다. 이 방정식을 **2차원 파동방정식**(two-dimensional wave equation)이라 부른다. 괄호 안의 표현은 u의 Laplace 연산자 $\Delta^2 u$ (10.8절 참조)이고, 따라서 식 (3)은

$$(3') \qquad \frac{\partial^2 u}{\partial t^2} = c^2\Delta^2 u$$

와 같이 쓸 수 있다. 파동방정식 (3)의 해와 고찰은 다음 절에서 하게 될 것이다.

12.9 직사각형의 박막. 이중 Fourier 급수

진동하는 박막에 대한 모형은

$$(1) \qquad \frac{\partial^2 u}{\partial t^2} = c^2\left(\frac{\partial^2 u}{\partial x^2} + \frac{\partial^2 u}{\partial y^2}\right)$$

(2)	경계에서 $u = 0$
(3a)	$u(x, y, 0) = f(x, y)$
(3b)	$u_t(x, y, 0) = g(x, y)$

이다. 해 $u(x, y, t)$는 박막의 점 (x, y)에서의, 시각 t에서 정지($u = 0$) 위치로부터의 변위를 나타낸다. 여기서 식 (1)은 $c^2 = T/\rho$인 **2차원 파동방정식**이고, 식 (2)는 (모든 $t \geqq 0$에 대한 xy-평면에서의 박막의) **경계조건**(boundary condition), 식 (3)은 $t = 0$에서의 **초기조건**(initial conditions)이며, *초기변위*(초기형태) $f(x, y)$와 *초기속도* $g(x, y)$로 구성되고 $u_t = \partial u/\partial t$이다. 이 조건들은 12.2절의 진동현의 경우와 유사하다는 것을 알 수 있다.

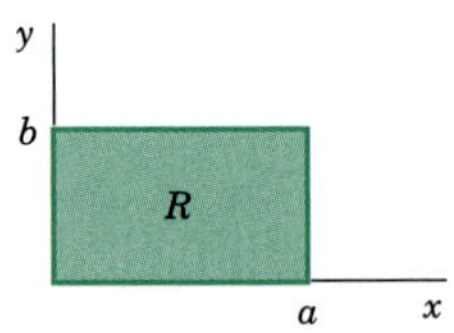

그림 302. 직사각형의 박막

첫 번째 중요한 경우로, 그림 302의 **직사각형 박막**(rectangular membrane) R에 대하여 고찰해 보자. 이는 뒤에 다룰 원형인 북보다 훨씬 더 간단하다. 이 문제를 세 단계로 나누어 푼다.

1단계. 변수를 분리하기 위해 $u(x, y, t) = F(x, y)G(t)$로 놓으면 식 (1)로부터 G에 대한 상미분방정식 (4)를 얻고 $F(x, y) = H(x)Q(y)$로 두면 F에 대한 편미분방정식 (5)으로부터 H와 Q에 관한 2개의 상미분방정식 (6)과 (7)을 얻는다.

2단계. 이 상미분방정식들의 해로부터 경계조건 (2)를 만족시키는 식 (1)의 해 식 (13) ["**고유함수**(eigenfunction)" u_{mn}]을 구한다.

3단계. 이 u_{mn}으로부터 이중급수 식 (14)의 형태로 만들어 전체 문제에 대한 해를 구한다.

1단계. 파동방정식 (1)로부터의 세 개의 상미분방정식

변수분리법을 두 번 연속 적용한다. 첫째는 $u(x, y, t) = F(x, y)G(t)$라 놓고 (1)의 식에 대입하면

$$F\ddot{G} = c^2(F_{xx}G + F_{yy}G)$$

을 얻는다. 여기서 하첨자는 편도함수를, 점 기호는 t에 관한 도함수를 표시한다. 변수를 분리하기 위하여 양변을 c^2FG로 나누면

$$\frac{\ddot{G}}{c^2G} = \frac{1}{F}(F_{xx} + F_{yy})$$

을 얻는다. 좌변의 함수들은 t만의 함수이고 우변의 함수들은 t에 무관하므로 양변은 어떤 상수와 같아야 한다. 간단한 조사에 따르면 식 (2)를 만족하면서 항등적으로 0이 아닌 해는 이 상수값이 음일 때 얻을 수 있으며, 이는 12.3절에서와 같은 유사한 과정을 거쳐 검증할 수 있다. 이 음의 상수를 $-\nu^2$으로 표시하면

$$\frac{\ddot{G}}{c^2G} = \frac{1}{F}(F_{xx} + F_{yy}) = -\nu^2$$

이다. 이로부터 두 방정식을 얻게 되는데, "**시간함수**(*t*ime function)" $G(t)$에 관한 상미분방정식

(4) $$\ddot{G} + \lambda^2 G = 0 \qquad (\text{여기서}, \lambda = c\nu)$$

과 "**진폭함수**(amplitude function)" $F(x, y)$에 관한 편미분방정식

(5) $$F_{xx} + F_{yy} + \nu^2 F = 0$$

을 얻는다. 식 (5)를 *2차원* **Helmholtz**[3] **방정식**(Helmholtz equation)이라고 부른다.

Helmholtz 방정식을 분리하기 위해 먼저 $F(x, y) = H(x)Q(y)$로 둔다. 이것을 식 (5)에 대입하면

$$\frac{d^2H}{dx^2}Q = -\left(H\frac{d^2Q}{dy^2} + \nu^2 HQ\right)$$

가 되고, 변수를 분리하기 위해, 양변을 HQ로 나누어

$$\frac{1}{H}\frac{d^2H}{dx^2} = -\frac{1}{Q}\left(\frac{d^2Q}{dy^2} + \nu^2 Q\right)$$

를 얻는다. 앞에서와 같은 이유로 양변은 어떤 상수와 같아야 하고 이 상수는 음수, 즉 $-k^2$ 이어야 한다. 왜냐하면 음의 상수값에 대해서만 식 (2)를 만족하고 항등적으로 0이 아닌 해를 얻을 수 있기 때문이다. 따라서

$$\frac{1}{H}\frac{d^2H}{dx^2} = -\frac{1}{Q}\left(\frac{d^2Q}{dy^2} + \nu^2 Q\right) = -k^2$$

이고, 이로부터 H와 Q에 대한 두 개의 상미분방정식

(6) $$\frac{d^2H}{dx^2} + k^2 H = 0$$

과

(7) $$\frac{d^2Q}{dy^2} + p^2 Q = 0 \qquad \text{여기서 } p^2 = \nu^2 - k^2$$

을 얻는다.

2단계. 경계조건의 만족

방정식 (6)와 (7)의 일반해는

$$H(x) = A\cos kx + B\sin kx \qquad \text{및} \qquad Q(y) = C\cos py + D\sin py$$

---

[3]HERMANN VON HELMHOLTZ(1821-1894), 독일의 물리학자. 열역학, 유체흐름, 음향학에 관한 기초연구로 유명함.

이고, 여기서 A, B, C, D는 상수이다. $u = FG$와 식 (2)로부터 $F = HQ$가 $x = 0$, $x = a$, $y = 0$ 및 $y = b$(그림 302 참조)인 경계 위에서 0이 되어야 한다. 이로부터

$$H(0) = 0, \qquad H(a) = 0, \qquad Q(0) = 0, \qquad Q(b) = 0$$

인 조건을 얻는다. 따라서 $H(0) = A = 0$이고, 또 $H(\mathrm{a}) = B \sin ka = 0$이다. 여기서 $B \neq 0$이어야 한다. 왜냐하면 $B = 0$이면 $\mathrm{H}(x) \equiv 0$이고, 따라서 $F(x, y) \equiv 0$이 되기 때문이다. 그러므로 $\sin ka = 0$, 즉 $ka = m\pi$이고

$$k = \frac{m\pi}{a} \quad (m\text{은 정수})$$

이다. 똑같은 방법으로 $C = 0$이고, p는 $p = n\pi/b$를 만족하는 값만을 갖는다(n은 정수). 따라서 식 (6)과 (7)의 해로서

$$H_m(x) = \sin\frac{m\pi x}{a} \quad \text{이고} \quad Q_n(y) = \sin\frac{n\pi y}{b}, \qquad \begin{matrix} m = 1, 2, \cdots, \\ n = 1, 2, \cdots \end{matrix}$$

얻을 수 있다. 진동현의 경우에서와 같이 $m, n = -1, -2, \cdots$에 대해서는 생각할 필요가 없다. 이에 해당하는 해는 -1을 곱하는 것을 제외하면 양의 m, n에 대한 해와 본질적으로 같기 때문이다. 따라서 함수

$$(8) \qquad F_{mn}(x, y) = H_m(x)Q_n(y) = \sin\frac{m\pi x}{a}\sin\frac{n\pi y}{b}, \qquad \begin{matrix} m = 1, 2, \cdots, \\ n = 1, 2, \cdots \end{matrix}$$

는 직사각형 박막의 경계에서 0의 값을 갖는 Helmholtz 방정식 (5)의 해이다.

고유함수와 고유값. 지금까지 식 (5)를 고려했으므로 이제 식 (4)로 넘어가자. 한편 식 (7)에서 $p^2 = \nu^2 - k^2$이고, 식 (4)에서 $\lambda = c\nu$이므로

$$\lambda = c\sqrt{k^2 + p^2}$$

이 된다. 따라서 $k = m\pi/a$, $p = n\pi/b$에 대응하는 미분방정식 (4)의 λ는

$$\textbf{(9)} \qquad \lambda = \lambda_{mn} = c\pi\sqrt{\frac{m^2}{a^2} + \frac{n^2}{b^2}}, \qquad \begin{matrix} m = 1, 2, \cdots, \\ n = 1, 2, \cdots \end{matrix}$$

이 되고, 이에 대응하는 상미분방정식 (4)의 일반해는

$$G_{mn}(t) = B_{mn}\cos\lambda_{mn}t + B^*_{mn}\sin\lambda_{mn}t$$

가 된다. 함수 $u_{mn}(x, y, t) = F_{mn}(x, y)G_{mn}(t)$이므로 식 (9)로 주어진 λ_{mn}을 사용하면

$$\textbf{(10)} \qquad u_{mn}(x, y, t) = (B_{mn}\cos\lambda_{mn}t + B^*_{mn}\sin\lambda_{mn}t)\sin\frac{m\pi x}{a}\sin\frac{n\pi y}{b}$$

와 같이 표시할 수 있는데, 이것은 그림 302에 있는 직사각형 박막의 경계에서 0이 되는 파동방정식 (1)의 해이다. 이와 같은 함수를 **고유함수** 또는 특성함수라 하고 λ_{mn}을 진동하는

박막의 **고유값** 또는 *특성값*이라고 한다. u_{mn}의 진동수는 $\lambda_{mn}/2\pi$이다.

고유함수에 대한 고찰. 흥미로운 것은 a와 b에 따라서 몇 개의 함수 F_{mn}이 동일한 고유값에 대응할 수 있다는 사실이다. 물리적으로 말하면, 동일한 진동수를 가지면서 **절선**(nodal line, 박막에서 움직이지 않는 점으로 된 곡선)이 전혀 다른 진동이 존재할 수 있다는 뜻이 된다. 다음의 예에서 이것을 설명해 보자.

예제 1 정사각형 박막의 고유값과 고유함수

지금 $a = b = 1$인 정사각형의 박막을 생각하자. 식 (9)로부터 고유값

$$\lambda_{mn} = c\pi\sqrt{m^2 + n^2} \tag{11}$$

을 얻는다. 따라서 $\lambda_{mn} = \lambda_{nm}$이다. 그러나 $m \neq n$인 경우, 이 고유값에 대한 함수

$$F_{mn} = \sin m\pi x \sin n\pi y \qquad \text{와} \qquad F_{nm} = \sin n\pi x \sin m\pi y$$

는 분명히 다르다. 이를테면 $\lambda_{12} = \lambda_{21} = c\pi\sqrt{5}$에 대해 두 개의 함수

$$F_{12} = \sin \pi x \sin 2\pi y \qquad \text{와} \qquad F_{21} = \sin 2\pi x \sin \pi y$$

가 대응한다. 따라서 이에 대한 해

$$u_{12} = (B_{12} \cos c\pi\sqrt{5}t + B_{12}^* \sin c\pi\sqrt{5}t)F_{12}$$

와

$$u_{21} = (B_{21} \cos c\pi\sqrt{5}t + B_{21}^* \sin c\pi\sqrt{5}t)F_{21}$$

은 각각 절선 $y = \frac{1}{2}$과 $x = \frac{1}{2}$을 갖는다(그림 303 참조). 여기서 $B_{12} = 1$, $B_{12}^* = B_{21}^* = 0$으로 택하면

$$u_{12} + u_{21} = \cos c\pi\sqrt{5}t\,(F_{12} + B_{21}F_{21}) \tag{12}$$

을 얻는데, 이 식은 고유값 $c\pi\sqrt{5}$에 대한 또 다른 진동을 표시한다. 이 함수의 절선은 방정식

$$F_{12} + B_{21}F_{21} = \sin \pi x \sin 2\pi y + B_{21} \sin 2\pi x \sin \pi y = 0$$

의 해이며, $\sin 2\alpha = 2 \sin \alpha \cos \alpha$이므로 방정식

$$\sin \pi x \sin \pi y(\cos \pi y + B_{21} \cos \pi x) = 0 \tag{13}$$

의 해가 된다. 이 해는 B_{21}의 값에 의존한다(그림 304).

식 (11)로부터 두 개 이상의 함수가 동일한 고유값 λ_{mn}에 대응할 수 있다는 것을 알 수 있다. 예를 들면 네 개의 함수 F_{18}, F_{81}, F_{47}, F_{74}는

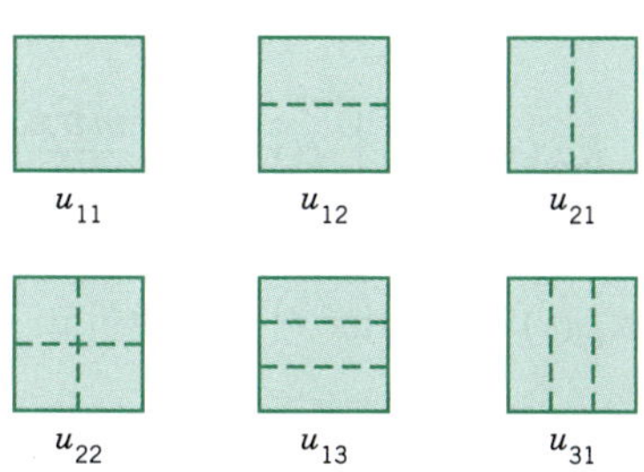

그림 303. 정사각형 박막에서의 해 u_{11}, u_{12}, u_{21}, u_{22}, u_{13}, u_{31}에 대한 절선

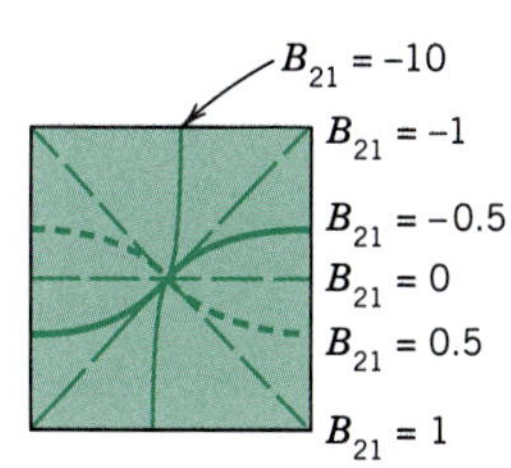

그림 304. 몇 개의 B_{21}의 값에 대한 해 (12)의 절선

$\lambda_{18} = \lambda_{81} = \lambda_{47} = \lambda_{74} = c\pi\sqrt{65}$에 대응한다. 왜냐하면 $1^2 + 8^2 = 4^2 + 7^2 = 65$

이기 때문이다. 이러한 현상은 65가 여러 가지 방법으로 두 자연수의 제곱의 합으로 표시될 수 있기 때문에 생긴다. Gauss의 정리에 의하면, 주어진 수가 $4n + 1$ (n은 양의 정수)의 형태를 갖는 서로 다른 소인수를 2개 이상 가질 때가 이러한 경우이다. 지금의 경우는 $65 = 5 \cdot 13 = (4 + 1)(12 + 1)$이다. ■

3단계. 모형 전체에 대한 해. 이중 Fourier 급수

지금까지 식 (1)과 (2)만을 만족하는 해 (10)을 구했다. 초기조건 식 (3)까지도 만족하는 해를 구하기 위하여, 12.3절에서와 유사한 과정으로 진행한다. 그러기 위하여, 우선 이중급수

(14)
$$\begin{aligned} u(x, y, t) &= \sum_{m=1}^{\infty}\sum_{n=1}^{\infty} u_{mn}(x, y, t) \\ &= \sum_{m=1}^{\infty}\sum_{n=1}^{\infty} (B_{mn}\cos\lambda_{mn}t + B^*_{mn}\sin\lambda_{mn}t)\sin\frac{m\pi x}{a}\sin\frac{n\pi y}{b} \end{aligned}$$

를 고찰해보자(수렴과 유일성에 관한 문제는 고려하지 않기로 한다). 식 (14)와 (3a)로부터 $t = 0$이라 놓으면,

(15)
$$u(x, y, 0) = \sum_{m=1}^{\infty}\sum_{n=1}^{\infty} B_{mn}\sin\frac{m\pi x}{a}\sin\frac{n\pi y}{b} = f(x, y)$$

를 얻는다. 이 급수를 $f(x, y)$의 **이중 Fourier 급수**(double Fourier series)라고 한다. 여기서 $f(x, y)$를 이와 같은 급수로 전개할 수 있다고 가정하자. (이에 대한 충분조건은 f, $\partial f/\partial x$, $\partial f/\partial y$, $\partial^2 f/\partial x\partial y$가 직사각형 R에서 연속이다.) 그러면 $f(x, y)$ Fourier 계수는 다음과 같이 구할 수 있다. 즉,

(16)
$$K_m(y) = \sum_{n=1}^{\infty} B_{mn}\sin\frac{n\pi y}{b}$$

라 놓으면, 식 (15)는

$$f(x, y) = \sum_{m=1}^{\infty} K_m(y)\sin\frac{m\pi x}{a}$$

와 같은 형태로 쓸 수 있다. 고정된 y에 대해서 이 식은, x의 함수로 간주된 $f(x, y)$의 Fourier 사인 급수이며, 11.3절의 식 (4)로부터 이 전개식의 계수는

(17)
$$K_m(y) = \frac{2}{a}\int_0^a f(x, y)\sin\frac{m\pi x}{a}\,dx$$

가 된다. 더욱이 식 (16)은 $K_m(y)$의 Fourier 사인 급수이고, 11.3절의 식 (4)으로부터 그 계수는

$$B_{mn} = \frac{2}{b}\int_0^b K_m(y)\sin\frac{n\pi y}{b}\,dy$$

가 된다. 이 식과 식 (17)로부터 이중 Fourier 급수 (15)에서 $f(x, y)$의 **Fourier 계수**에 대한 **일반화된 Euler 공식**(generalized Euler formula)인

$$\textbf{(18)} \qquad B_{mn} = \frac{4}{ab}\int_0^b\int_0^a f(x, y) \sin\frac{m\pi x}{a} \sin\frac{n\pi y}{b}\,dx\,dy \qquad \begin{aligned} m &= 1, 2, \cdots \\ n &= 1, 2, \cdots \end{aligned}$$

를 얻는다.

이제 식 (14)의 B_{mn}은 $f(x, y)$로부터 구해진다. 그리고 B^*_{mn}를 결정하기 위하여, 식 (14)를 t에 관하여 항별로 미분하고 식 (3b)를 사용하면

$$\left.\frac{\partial u}{\partial t}\right|_{t=0} = \sum_{m=1}^{\infty}\sum_{n=1}^{\infty} B^*_{mn}\lambda_{mn} \sin\frac{m\pi x}{a} \sin\frac{n\pi y}{b} = g(x, y)$$

를 얻는다. 지금 $g(x, y)$를 이와 같은 이중 Fourier 계수로 전개할 수 있다고 가정하자. 그러면 전과 같은 과정을 통하여 그 계수는

$$\textbf{(19)} \qquad B^*_{mn} = \frac{4}{ab\lambda_{mn}}\int_0^b\int_0^a g(x, y) \sin\frac{m\pi x}{a} \sin\frac{n\pi y}{a}\,dx\,dy \qquad \begin{aligned} m &= 1, 2, \cdots \\ n &= 1, 2, \cdots \end{aligned}$$

가 되는 것을 알 수 있다.

결과. *만약 식 (3)의 f와 g를 이중 Fourier 급수로 전개할 수 있다고 가정하면 u는 식 (14)로 표현 가능하고, 따라서 계수 (18)과 (19)를 가지는 식 (14)는 모형 (1), (2), (3)의 해이다.*

예제 2 직사각형 박막의 진동

장력이 12.5 lb/ft, 밀도가 2.5 slugs/ft^2(가벼운 고무의 경우), 초기속도가 0이며 초기변위가

$$\text{(20)} \qquad f(x, y) = 0.1(4x - x^2)(2y - y^2)\text{ ft}$$

일 때, 변의 길이가 각각 $a = 4$ ft와 $b = 2$ ft인 직사각형 박막의 진동을 구하라(그림 305).

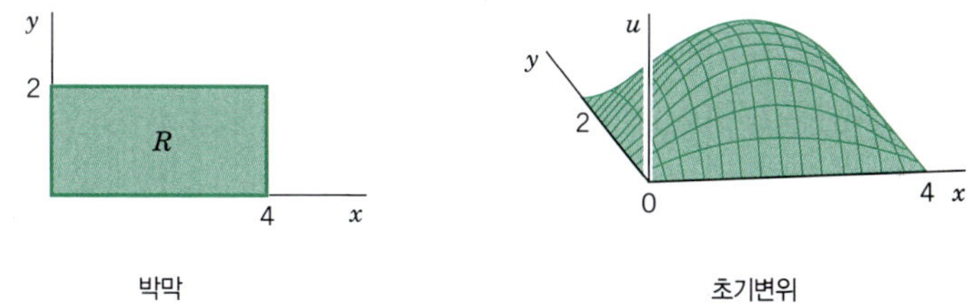

그림 305. 예제 2

풀이. $c^2 = T/\rho = 12.5/2.5 = 5$ [ft^2/sec^2]이고, 식 (19)로부터 $B^*_{mn} = 0$이다. 식 (18)과 (20)으로부터

$$B_{mn} = \frac{4}{4 \cdot 2}\int_0^2\int_0^4 0.1(4x - x^2)(2y - y^2) \sin\frac{m\pi x}{4} \sin\frac{n\pi y}{2}\,dx\,dy$$

$$= \frac{1}{20}\int_0^4 (4x - x^2) \sin\frac{m\pi x}{4}\,dx \int_0^2 (2y - y^2) \sin\frac{n\pi y}{2}\,dy$$

이다. 두 번의 부분적분에 의해 우변의 첫째 적분은

$$\frac{128}{m^3\pi^3}[1-(-1)^m] = \frac{256}{m^3\pi^3} \quad (m\text{은 홀수})$$

이고, 두 번째 적분은

$$\frac{16}{n^3\pi^3}[1-(-1)^n] = \frac{32}{n^3\pi^3} \quad (n\text{은 홀수})$$

이다. m이나 n이 짝수이면 적분값은 0이 된다. 따라서 m이나 n이 짝수이면 $B_{mn} = 0$이고, 계수 1/20을 고려하면

$$B_{mn} = \frac{256 \cdot 32}{20m^3n^3\pi^6} \approx \frac{0.426050}{m^3n^3} \qquad (m,\ n\text{은 홀수})$$

이 된다. 이 결과와 식 (9), (14)로부터 답으로

$$u(x, y, t) = 0.426050 \sum_{m,n \text{ odd}}\sum \frac{1}{m^3n^3}\cos\left(\frac{\sqrt{5}\pi}{4}\sqrt{m^2+4n^2}\right)t \sin\frac{m\pi x}{4}\sin\frac{n\pi y}{2}$$

$$\begin{aligned}(21) \qquad &= 0.426050\left(\cos\frac{\sqrt{5}\pi\sqrt{5}}{4}t\sin\frac{\pi x}{4}\sin\frac{\pi y}{2} + \frac{1}{27}\cos\frac{\sqrt{5}\pi\sqrt{37}}{4}t\sin\frac{\pi x}{4}\sin\frac{3\pi y}{2}\right.\\ &\left.+\frac{1}{27}\cos\frac{\sqrt{5}\pi\sqrt{13}}{4}t\sin\frac{3\pi x}{4}\sin\frac{\pi y}{2} + \frac{1}{729}\cos\frac{\sqrt{5}\pi\sqrt{45}}{4}t\sin\frac{3\pi x}{4}\sin\frac{3\pi y}{2} + \cdots\right)\end{aligned}$$

를 얻는다. 이 해에 관하여 논의하자면, 첫째 항은 박막의 초기형태와 매우 유사하며 절선이 존재하지 않고, 그 다음 항들의 계수가 훨씬 더 작으므로 이 항이 지배적이라는 것을 주목하게 된다. 두 번째 항은 두 개의 수평절선($y = \frac{2}{3}, \frac{4}{3}$), 세 번째 항은 두 개의 수직절선($x = \frac{4}{3}, \frac{8}{3}$), 네 번째 항은 두 개의 수평절선 및 두 개의 수직절선을 갖는 것 등으로 이루어진다. ■

연습문제 12.9

1. **진동수.** **(a)** 장력이 두 배로 증가한다면 **(b)** 밀도가 반인 박막이라면 **(c)** 박막의 변의 길이가 두 배이면 직사각형 박막의 고유함수의 진동수는 어떻게 되겠는가? (이유를 쓰라.)

2. **가정.** 가정 2에서 정확하게 만족될 수 없는 부분은 어디인가? 경사각이 작다고 가정하는 이유는 무엇인가?

3. $m = 1, 2, 3, 4$이고 $n = 1, 2, 3, 4$일 때 정사각형 박막의 고유함수의 절선을 결정하고 그림을 그려라.

4-8 이중 Fourier 급수

$f(x, y)$를 식 (15)와 같은 형태의 이중 Fourier 급수로 표시하라.

4. $f(x, y) = 1, \quad a = b = 1$

5. $f(x, y) = y, \quad a = b = 1$

6. $f(x, y) = x, \quad a = b = 1$

7. $f(x, y) = xy$, a와 b는 임의의 실수

8. $f(x, y) = xy(a-x)(b-y)$, a와 b는 임의의 실수

9. **CAS 과제.** **이중 Fourier 급수.** **(a)** 식 (15)의 부분합을 구하고 이의 그래프를 그리는 프로그램을 작성하라. 이것을 문제 5와 6에 적용하라. 그래프는 부분합이 경계조건 (3a)을 만족시키는 것처럼 보이는가? 이유를 설명하라. 또 수렴이 빠른 이유는 무엇인가?
   (b) 문제 4에 대하여 (a)를 반복하라. 공동축 상의 한 부분(예를 들어 $0 < x < 1/2$, $0 < y < 1/2$)에서 몇 개의 부분합의 그래프를 그리고 이들 사이에 어떤 차이가 있는지 볼 수 있게 하라(그림 306 참조).
   (c) 자신이 선택한 함수에 대하여 (b)를 수행하라.

10. **CAS 실습.** **F_{mn}의 4중 쌍.** 예제 1에서 수치값이 동일한 네 개의 λ_{mn}을 구하는 프로그램을 작성하라. 또한, 이 λ_{mn}들에 대응하는 네 개의 다른 F_{mn}을 구하라. 예제 1에서 F_{18}, F_{81}, F_{47}, F_{74}의 절선을 그려라. 이와 다른 F_{mn}에 대

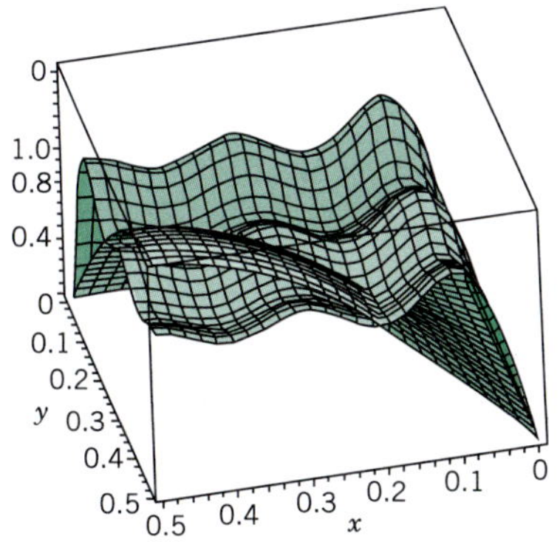

그림 306. CAS 과제 9b에서 부분합 $S_{2,2}$와 $S_{10,10}$

해서도 절선을 그려라.

11-13 정사각형 박막

초기속도가 0이고 초기변위가 다음과 같을 때, 한 변의 길이가 π이고, $c_2 = 1$인 정사각형 박막의 변위 $u(x, y, t)$를 구하라.

11. $0.1 \sin 2x \sin 4y$

12. $0.01 \sin x \sin y$

13. $0.1\, xy(\pi - x)(\pi - y)$

14-19 직사각형 박막

14. 예제 2의 식 (21)을 검증하라.

15. $a = 4, b = 2$일 때, 문제 3을 수행하라.

16. 부분적분에 의해 예제 2번의 B_{mn}의 계산을 검증하라.

17. 두 개 이상의 서로 다른 (독립인) 고유함수가 각 고유값에 대응하도록, $a = 2, b = 1$인 직사각형 박막의 고유값을 구하라.

18. **최소진동수**. 동일한 면적 $A = ab$와 동일한 c를 갖는 모든 직사각형 박막 중에서, u_{11}[식 (10) 참조]이 최소진동수를 갖는 것은 정사각형 박막임을 보여라.

19. **변위**. $c^2 = 1$이며, 변의 길이가 a와 b인 박막의 변위를 구하라.

$$f(x, y) = \sin \frac{6\pi x}{a} \sin \frac{2\pi y}{b} \quad \text{(초기속도는 0)}$$

20. **강제진동**. 박막의 강제진동에 대한 모델이 편미분방정식 $u_{tt} = c^2\nabla^2 u + P/\rho$임을 보여라. 여기서 $P(x, y, z)$는 xy-평면에 수직으로 작용하는 단위면적당 외력이다.

12.10 극좌표에서의 Laplace 연산자. 원형 박막. Fourier-Bessel 급수

편미분방정식에 대한 경계값 문제와 관련하여, 다루고 있는 *영역의 경계를 간단한 식으로 표현할 수 있는 좌표계를 사용하는 것은* ***일반적인 원칙***(general principle)이다. 이를 위해, 이 절에서는 다음과 같이 극좌표를 사용한다. 앞으로 원형 박막(북막)에 대해 고찰하게 되는데, 우선 12.9절의 파동방정식 (1)의 Laplace 연산

$$u_{tt} = c^2\nabla^2 u = c^2(u_{xx} + u_{yy}) \tag{1}$$

(하첨자는 편도함수를 나타냄)을 $x = r\cos\theta$, $y = r\sin\theta$로 정의되는 **극좌표**(polar coordinates) r, θ로 변환한다. 즉,

$$r = \sqrt{x^2 + y^2}, \qquad \tan\theta = \frac{y}{x}$$

연쇄법칙(9.6절 참조)을 사용하면

$$u_x = u_r r_x + u_\theta \theta_x$$

를 얻는다. 이것을 다시 x에 관하여 미분하고 곱의 법칙과 연쇄법칙을 사용하면

$$
\begin{aligned}
u_{xx} &= (u_r r_x)_x + (u_\theta \theta_x)_x \\
&= (u_r)_x r_x + u_r r_{xx} + (u_\theta)_x \theta_x + u_\theta \theta_{xx} \qquad (2)\\
&= (u_{rr} r_x + u_{r\theta}\theta_x) r_x + u_r r_{xx} + (u_{\theta r} r_x + u_{\theta\theta}\theta_x)\theta_x + u_\theta \theta_{xx}
\end{aligned}
$$

가 된다. r과 θ를 미분하면

$$r_x = \frac{x}{\sqrt{x^2 + y^2}} = \frac{x}{r}, \qquad \theta_x = \frac{1}{1 + (y/x)^2}\left(-\frac{y}{x^2}\right) = -\frac{y}{r^2}$$

이고, 이 두 식을 다시 미분하면

$$r_{xx} = \frac{r - x r_x}{r^2} = \frac{1}{r} - \frac{x^2}{r^3} = \frac{y^2}{r^3}, \qquad \theta_{xx} = -y\left(-\frac{2}{r^3}\right) r_x = \frac{2xy}{r^4}$$

를 얻는다. 1계 및 2계 편도함수가 연속이라고 가정하면 $u_{r\theta} = u_{\theta r}$이므로, 위에서 구한 모든 식을 식 (2)에 대입하여 정리하면

$$u_{xx} = \frac{x^2}{r^2} u_{rr} - 2\frac{xy}{r^3} u_{r\theta} + \frac{y^2}{r^4} u_{\theta\theta} + \frac{y^2}{r^3} u_r + 2\frac{xy}{r^4} u_\theta \qquad (3)$$

를 얻는다. 마찬가지 방법으로

$$u_{yy} = \frac{y^2}{r^2} u_{rr} + 2\frac{xy}{r^3} u_{r\theta} + \frac{x^2}{r^4} u_{\theta\theta} + \frac{x^2}{r^3} u_r - 2\frac{xy}{r^4} u_\theta \qquad (4)$$

가 된다. 식 (3)과 (4)을 더하면 **극좌표에서 u의 Laplace 연산자**는

$$\nabla^2 u = \frac{\partial^2 u}{\partial r^2} + \frac{1}{r}\frac{\partial u}{\partial r} + \frac{1}{r^2}\frac{\partial^2 u}{\partial \theta^2} \qquad \textbf{(5)}$$

와 같이 됨을 알 수 있다.

원형 박막

원형 박막은 북, 펌프, 마이크, 전화기 등 여러 장치의 중요한 부분이다. 이것은 공학에서 매우 중요하게 다루어진다. 원형 박막이 평평하고 그 재질에 탄성이 있으며 굽히는 데 저항이 없을 경우(얇은 금속막은 이 조건으로부터 배제된다!), 그 진동은 식 (5)의 **극좌표를 사용한 2차원 파동방정식**에 의해 제어된다. 즉,

$$\frac{\partial^2 u}{\partial t^2} = c^2\left(\frac{\partial^2 u}{\partial r^2} + \frac{1}{r}\frac{\partial u}{\partial r} + \frac{1}{r^2}\frac{\partial^2 u}{\partial \theta^2}\right) \qquad c^2 = \frac{T}{\rho} \qquad \textbf{(6)}$$

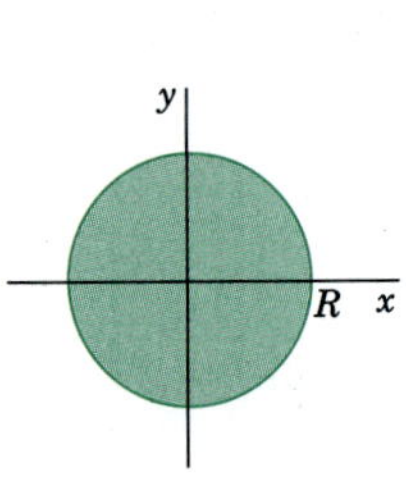

그림 307. 원형 박막

반지름이 R인 박막(그림 307)에 대하여 방사상 대칭(radially symmetric)인 해, 즉 θ와 무관한 해 $u(r, t)$를 구하려고 한다. (각 θ에 의존하는 해는 연습문제에서 다룰 것이다.) 그러면 식 (6)에서 $u_{\theta\theta} = 0$이므로 이 문제의 모델은(12.9절의 (1), (2), (3)과 유사함)

(7) $$\frac{\partial^2 u}{\partial t^2} = c^2\left(\frac{\partial^2 u}{\partial r^2} + \frac{1}{r}\frac{\partial u}{\partial r}\right)$$

(8) $$u(R, t) = 0 \quad (\text{모든 } t \geqq 0\text{에 대해})$$

(9a) $$u(r, 0) = f(r)$$

(9b) $$u_t(r, 0) = g(r)$$

이다. 여기서 식 (8)은 $r = R$인 원의 경계를 따라 박막이 고정되어 있음을 의미한다. 초기 변위 $f(r)$과 초기속도 $g(r)$이 θ가 아닌 오직 r에만 의존하므로 해 $u(r, t)$가 방사상 대칭이 됨을 예측할 수 있다.

1단계. 파동방정식 (7)로부터의 두 개의 상미분방정식. Bessel 방정식

변수분리법을 사용하여, 우선 경계조건을 만족하는 $u(r, t) = w(r)G(t)$ 형태의 해를 구한다. (앞서 사용한 문자 F가 변수 x의 함수였기 때문에, F 대신 W를 사용한다.) $u = WG$와 그 도함수를 식 (7)에 대입하고 그 결과를 c^2WG로 나누면

$$\frac{\ddot{G}}{c^2G} = \frac{1}{W}\left(W'' + \frac{1}{r}W'\right)$$

을 얻는다. 여기서 점 기호는 t에 관한 도함수를 표시하고, 프라임 기호는 r에 관한 도함수를 표시한다. 양변은 어떤 상수와 같아야 하고, 또 경계조건을 만족하면서 항등적으로 0이 아닌 해를 얻기 위해서, 이 상수는 음수, 가령 $-k^2$이 되어야 한다. 즉,

$$\frac{\ddot{G}}{c^2G} = \frac{1}{W}\left(W'' + \frac{1}{r}W'\right) = -k^2$$

이다. 이것으로부터 두 개의 선형상미분방정식

(10) $$\ddot{G} + \lambda^2 G = 0 \qquad (\text{여기서 } \lambda = ck)$$

이고

(11) $$W'' + \frac{1}{r}W' + k^2W = 0$$

을 얻는다. 만일 $s = kr$로 두게 되면 식 (11)은 Bessel 방정식(5.4절)으로 변환된다. 즉, $1/r = k/s$이고, 연쇄법칙으로부터

$$W' = \frac{dW}{dr} = \frac{dW}{ds}\frac{ds}{dr} = \frac{dW}{ds}k \quad \text{와} \quad W'' = \frac{d^2W}{ds^2}k^2$$

이며, 이것을 식 (11)에 대입하고 공통인자 k^2을 소거시키면

(12) $$\frac{d^2W}{ds^2} + \frac{1}{s}\frac{dW}{ds} + W = 0$$

을 얻는다. 이것은 5.4절에서 $\nu = 0$일 때의 **Bessel 방정식** (1)이다.

2단계. 경계조건 (8)의 충족

식 (12)의 해는 제1종 및 2종 Bessel 함수 J_0와 Y_0이다(5.4, 5.5절 참조). 그러나 Y_0는 0에서 무한대이므로 이것을 사용할 수 없다. 왜냐하면 박막의 변위는 항상 유한한 값을 유지해야 하기 때문이다. 따라서,

(13) $$W(r) = J_0(s) = J_0(kr) \qquad (s = kr)$$

이다. 경계 $r = R$ 상에서는 식 (8)로부터 ($G \equiv 0$이면 $u \equiv 0$이 되므로) $W(r) = J_0(kR) = 0$이다. J_0는 다음과 같은(무한히 많은) 양의 영점(zero) $s = \alpha_1, \alpha_2, \cdots$ (그림 308 참조)을 가지므로 이 조건을 만족시킬 수 있다. 즉,

$$\alpha_1 = 2.4048, \quad \alpha_2 = 5.5201, \quad \alpha_3 = 8.6537, \quad \alpha_4 = 11.7915, \quad \alpha_5 = 14.9309$$

등이다(CAS 또는 부록 1의 참고문헌 [GenRef1] 참조). 이 값들은 불규칙하게 배열되어 있음을 알 수 있다. 이제 식 (13)은

(14) $$kR = \alpha_m \quad \text{따라서} \quad k = k_m = \frac{\alpha_m}{R}, \qquad m = 1, 2, \cdots$$

이며, 따라서 함수

(15) $$W_m(r) = J_0(k_m r) = J_0\left(\frac{\alpha_m}{R}r\right), \qquad m = 1, 2, \cdots$$

는 경계원 $r = R$에서 0이 되는 조건을 만족하는 식 (11)의 해이다.

고유함수와 고유값. 식 (15)의 W_m에 대응하는 식 (10)의 일반해는 $\lambda = \lambda_m = ck_m = c\alpha_m/R$일 때

$$G_m(t) = A_m \cos \lambda_m t + B_m \sin \lambda_m t$$

이다. 따라서 함수

(16) $$u_m(r, t) = W_m(r)G_m(t) = (A_m \cos \lambda_m t + B_m \sin \lambda_m t)J_0(k_m r)$$

은(단, $m = 1, 2, \cdots$) 경계조건 (8)을 만족하는 파동방정식 (7)의 해이다. 이들은 주어진 문제의 **고유함수**(eigenfunctions)이고, 대응하는 **고유값**(eigenvalues)은 λ_m이다.

해 u_m에 대응하는 이 박막의 진동을 m차의 **정규진동**(normal mode)이라고 한다. 이때 단위시간당 진동수는 $\lambda_m/2\pi$이다. 또 Bessel 함수 J_0의 영점($J_0 = 0$의 근)은 축 상에 규칙적으로 분포되어 있지 않기 때문에 (진동현의 경우에 나타난 사인 함수의 영점과는 대조적으로) 북소리는 바이올린 소리와 전혀 다르다. 정규진동의 형태는 그림 308로부터 쉽게 얻

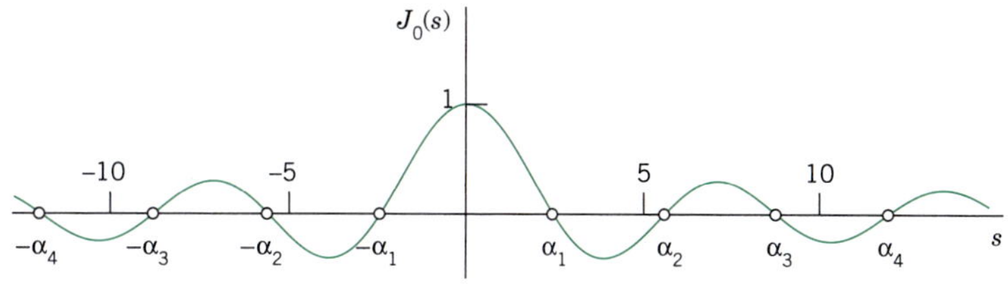

그림 308. Bessel 함수 $J_0(s)$

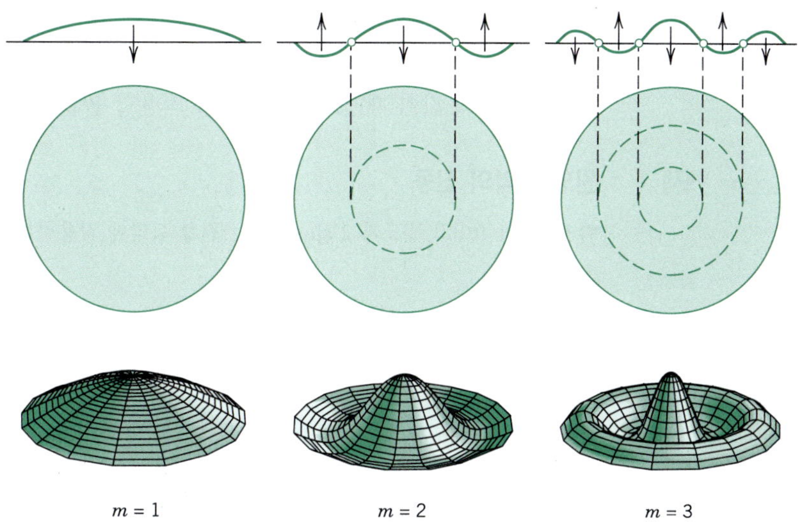

그림 309. 진동이 각에 무관할 때 원형 박막의 정규진동

을 수 있고, 그림 309에서 보는 바와 같다. $m = 1$일 때, 박막의 모든 점은 동시에 위(또는 아래)로 움직인다. 그리고 $m = 2$인 경우는 함수 $W_2(r) = J_0(\alpha_2 r/R)$이 $\alpha_2 r/R = \alpha_1$, 즉 $r = \alpha_1 R/\alpha_2$에서 0이 된다. 따라서 원 $r = \alpha_1 R/\alpha_2$은 **절선**이고, 어떤 순간에 박막의 중심부가 위로 움직일 때 외부($r > \alpha_1 R/\alpha_2$)는 아래로 움직이며, 또는 그 반대의 운동을 하게 된다. 해 $u_m(r, t)$는 동심원인 $m - 1$개의 절선을 갖는다(그림 309).

3단계. 전체 문제에 대한 해

초기조건 (9)를 만족하는 해 $u(r, t)$를 얻기 위하여 진동현의 경우에서와 같은 방법을 쓴다. 즉, 급수

(17)
$$u(r, t) = \sum_{m=1}^{\infty} W_m(r)G_m(t) = \sum_{m=1}^{\infty} (A_m \cos \lambda_m t + B_m \sin \lambda_m t) J_0\left(\frac{\alpha_m}{R} r\right)$$

을 고려하고(여기서 수렴성과 유일성은 고려하지 않기로 한다), $t = 0$으로 놓고 식 (9a)를 이용하면

(18)
$$u(r, 0) = \sum_{m=1}^{\infty} A_m J_0\left(\frac{\alpha_m}{R} r\right) = f(r)$$

을 얻는다. 따라서 급수 (17)이 조건 (9a)를 만족하기 위해서는 상수 A_m은 $f(r)$을 $J_0(\alpha_m r/R)$

의 항으로 표시한 **Fourier-Bessl 급수**(Fourier-Bessel series) (18)의 계수가 되어야 한다. 즉

$$A_m = \frac{2}{R^2 J_1^2(\alpha_m)} \int_0^R r f(r) J_0\left(\frac{\alpha_m}{R} r\right) dr \qquad (m = 1, 2, \cdots) \tag{19}$$

이다[11.6절의 식 (9)에서 $n = 0$, $\alpha_{0,m} = \alpha_m$, $x = r$일 때 참조]. 구간 $0 \leqq r \leqq R$에서 $f(r)$의 미분가능성은 전개식 (18)이 존재할 충분조건이다(참고문헌 [A13] 참조). 급수 (17)의 계수 b_m도 같은 방법으로 식 (9b)로부터 구할 수 있다. 계수 A_m과 B_m의 수치를 얻으려면 CAS나 J_0와 J_1의 수표를 사용하여서 수치적분법을 적용하면 된다. 그러나 다음 예제에서 설명하는 바와 같이 때때로 수치적분을 적용할 ***필요가 없을 수도 있다***.

예제 1 원형 박막의 진동

반지름이 1 ft이고 밀도가 2 slugs/ft²인 원형 북막에 작용하는 장력이 8 1b/ft이고, 초기속도가 0이며 초기변위가

$$f(r) = 1 - r^2 \text{ [ft]}$$

일 때, 그 진동을 구하라.

풀이. $c^2 = T/\rho = 8/2 = 4[\text{ft}^2/\text{sec}^2]$이다. 또한 초기속도가 0이므로 $B_m = 0$이다. $R = 1$이므로, 11.6절의 식 (10)으로부터

$$\begin{aligned} A_m &= \frac{2}{J_1^2(\alpha_m)} \int_0^1 r(1 - r^2) J_0(\alpha_m r)\, dr \\ &= \frac{4J_2(\alpha_m)}{\alpha_m^2 J_1^2(\alpha_m)} \\ &= \frac{8}{\alpha_m^3 J_1(\alpha_m)} \end{aligned}$$

이다. 여기서 마지막의 등식은 5.4절의 식 (21c)로부터 $\nu = 1$일 때 얻어진다. 즉,

$$J_2(\alpha_m) = \frac{2}{\alpha_m} J_1(\alpha_m) - J_0(\alpha_m) = \frac{2}{\alpha_m} J_1(\alpha_m)$$

이다. 참고문헌 [GenRef]의 p.409, 표 9.5로부터 α_m과 $J_0'(\alpha_m)$을 구할 수 있다. 5.4절의 식 (21b)에서 $\nu = 0$일 때 $J_1(\alpha_m) = -J_0'(\alpha_m)$이며 따라서 A_m을 계산할 수 있다.

m	α_m	$J_1(\alpha m)$	$J_2(\alpha_m)$	A_m
1	2.40483	0.51915	0.43176	1.10801
2	5.52008	−0.34026	−0.12328	−0.13978
3	8.65373	0.27145	0.06274	0.04548
4	11.79153	−0.23246	−0.03943	−0.02099
5	14.93092	0.20655	0.02767	0.01164
6	18.07106	−0.18773	−0.02078	−0.00722
7	21.21164	0.17327	0.01634	0.00484
8	24.35247	−0.16170	−0.01328	−0.00343
9	27.49348	0.15218	0.01107	0.00253
10	30.63461	−0.14417	−0.00941	−0.00193

그러므로

$$f(r) = 1.108J_0(2.4048r) - 0.140J_0(5.5201r) + 0.045J_0(8.6537r) - \cdots$$

이다. 이 급수의 계수는 상대적으로 느리게 감소하는 것을 알 수 있다. 표에서 명백하게 주어진 계수들의 합은 0.99915이다. 모든 계수의 합은 1이어야 한다(왜일까?). 따라서 부록 A3.3의 Leibniz 판정법에 의해 이 항들의 부분합은 진폭 $f(r)$의 약 세 자리까지 정확한 값을 준다.

$$\lambda_m = ck_m = c\alpha_m/R = 2\alpha_m$$

이므로, 식 (17)로부터 해(r은 feet, t는 seconds 단위로)

$$u(r, t) = 1.108J_0(2.4048r)\cos 4.8097t - 0.140J_0(5.5201r)\cos 11.0402t + 0.045J_0(8.6537r)\cos 17.3075t - \cdots$$

을 얻는다. 그림 309에서 $m = 1$일 때는 이 급수의 첫째 항의 운동에 관하여 $m = 2$일 때는 둘째 항, $m = 3$일 때는 셋째 항의 운동에 관하여 각각 아이디어를 주고 있다. 따라서 12.3절의 바이올린 현에서와 마찬가지로 여기서도 결과를 가시적으로 "볼 수" 있게 된 셈이다. ■

연습문제 12.10

1-3 방사상 대칭

1. 이 절에서 극좌표를 사용한 이유는 무엇인가?

2. 방사상 대칭으로 인해 식 (5)는 $\nabla^2 u = u_{rr} + u_r/r$이 된다. 이 식을 $\nabla^2 u = u_{xx} + u_{yy}$로부터 직접 유도하라. 오직 $r = \sqrt{x^2 + y^2}$에만 의존하는 $\nabla^2 u = 0$의 유일한 해는 $u = a \ln r + b$임을 보여라. 여기서 a와 b는 임의의 상수이다.

3. 식 (5)의 또 다른 형태. 식 (5)가 $\nabla^2 u = (ru_r)_r/r + u_{\theta\theta}/r^2$으로 표현될 수 있음을 보여라.

경계값 문제. 급수

4. 조별 과제. **Dirichlet 및 Neumann 문제에 대한 급수.**

(a) $u_n = r^n \cos n\theta, u_n = r^n \sin n\theta, n = 0, 1, \cdots$ 들이 식 (5)로 표현된 Laplace 방정식 $\nabla^2 u = 0$의 해임을 보여라. (직교좌표계에서는 u_n이 무엇이겠는가? n이 작은 경우에 시도해 보라).

(b) Dirichlet 문제(12.6절 참조) 항별 미분이 가능하다고 가정하고, 경계조건 $u(R, \theta) = f(\theta)$ (R과 f는 주어진 함수)를 만족하는 원판 $r < R$ 내에서 Laplace 방정식의 해는

$$u(r, \theta) = a_0 + \sum_{n=1}^{\infty}\left[a_n\left(\frac{r}{R}\right)^n \cos n\theta + b_n\left(\frac{r}{R}\right)^n \sin n\theta\right] \quad (20)$$

임을 보여라. 단, a_n, b_n은 f의 Fourier 계수이다(11.1절 참조).

(c) Dirichlet 문제. $R = 1$이고 경계조건은 $-\pi < \theta < 0$에서 $u(\theta) = -100$ V, $0 < \theta < \pi$에서 $u(\theta) = 100$ V일 때, 식 (20)을 사용하여 Dirichlet 문제를 풀어라(이 원판을 스케치하고 경계값들을 표시하라).

(d) Neumann 문제. $r < R$일 때 $\nabla^2 u = 0$이고, $u_N(r, \theta) = f(\theta)$(단, $u_N = \partial u/\partial N$은 외부법선 방향으로의 방향도함수이다)인 Neumann 문제의 해는

$$u(r, \theta) = A_0 + \sum_{n=1}^{\infty} r^n(A_n \cos n\theta + B_n \sin n\theta)$$

임을 보여라. 여기서 A_0는 임의 값이며 A_n, B_n은 각각

$$A_n = \frac{1}{\pi n R^{n-1}}\int_{-\pi}^{\pi} f(\theta)\cos n\theta\, d\theta,$$

$$B_n = \frac{1}{\pi n R^{n-1}}\int_{-\pi}^{\pi} f(\theta)\sin n\theta\, d\theta$$

이다.

(e) 양립조건. 10.4절의 식 (9)는 (d)의 $f(\theta)$에 "*양립조건* (compatibility condition)"

$$\int_{-\pi}^{\pi} f(\theta)\, d\theta = 0$$

을 부과시킴을 증명하라.

(f) Neumann 문제. $u_r(1, \theta) = \sin\theta$이고 $u_r(2, \theta) = 0$일 때, 환형(annulus)의 영역 $1 < r < 2$에서 $\nabla^2 u = 0$의 해를 구하라.

5-8 정전기 퍼텐셜. 정상상태 열전도 문제

정전기 퍼텐셜 u는 전하가 없는 임의의 영역에서 Laplace 방정식 $\nabla^2 u = 0$을 만족한다. 또한 열전도방정식 $u_t = c^2\nabla^2 u$ (12.5절 참조)는 온도 u가 시간 t에 무관할 때(즉, "**정상상태의 경우**") Laplace 방정식이 된다. 경계조건이 다음과 같을 경우, 식 (20)을 사용하여 원판 $r < 1$에서 정전기 퍼텐셜(즉, 정상상태 온도 분포)을 구하라.

5. $u(1, \theta) = 220\ (-\frac{1}{2}\pi < \theta < \frac{1}{2}\pi)$, 그 외에는 0

6. $u(1, \theta) = 400\cos^3\theta$

7. $u(1, \theta) = 110|\theta|\ (-\pi < \theta < \pi)$

8. $u(1, \theta) = \theta\ (-\frac{1}{2}\pi < \theta < \frac{1}{2}\pi)$, 그 외에는 0

9. **CAS 실험**. **등전위선**. 문제 5와 7번에서 등전위선 $u(r, \theta)$의 모양을 추측하라. 그리고 급수의 부분합을 이용하여 그래프를 그려라.

10. **반원판**. 반원 $r = 1$에서 $110\theta(\pi - \theta)$이고 선분 $-1 < x < 1$에서 0인, 반원판$(r < 1, 0 < \theta < \pi)$의 정전기 퍼텐셜을 구하라.

11. **반원판**. 반원 $r = a$에서의 온도가 상수 u_0이고 선분 $-a < x < a$에서는 온도가 0인, 얇은 반원판$(r < a, 0 < \theta < \pi)$의 정상상태 온도를 구하라.

원형 박막

12. **CAS 과제**. **정규진동**. **(a)** 그림 306과 같이 정규진동 u_4, u_5, u_6의 그림을 그려라.

(b) 예제 1에서 A_m's을 계산하는 프로그램을 작성하고, 그 표를 $m = 15$까지 확장하라. 수치적으로 $\alpha_m \approx (m - \frac{1}{4})\pi$임을 증명하고 $m = 1, \cdots, 10$에 대한 오차를 계산하라.

(c) 예제 1에서 초기변위 $f(r)$와 급수의 처음 3개 항의 부분합의 그래프를 그려라. 이 부분합의 정확도를 알아보라.

(d) $R = 1$일 때 u_2, u_3, u_4의 절선의 반지름을 계산하라. 이 값들은 길이가 1인 진동현의 마디 값과 비교하면 어떤가? 더 많은 u_m에 관한 실험을 통해 어떤 가설을 세울 수 있는가?

13. **진동수**. 박막의 장력이 2배가 되면 북의 고유함수의 진동수는 어떻게 되는가?

14. **북의 크기**. 장력과 밀도가 같아도 작은 북은 큰 북보다 더 높은 기본진동을 가져야 한다. 본문의 공식으로부터 어떻게 이러한 결론을 얻을 수 있겠는가?

15. **장력**. 어떤 북에서 얻고자 하는 기본진동 f_1을 찾기 위해 필요한 장력 T에 관한 공식을 구하라.

16. 예제 1에서 왜 $A_1 + A_2 + \cdots = 1$이어야 되는가? 이 급수에서 3자리의 정확도를 갖도록 처음 몇 개 항의 부분합을 계산하라. 이 문제가 음악에서 의미하는 바는 무엇인가?

17. **절선**. c와 R이 고정되었을 때, 서로 다른 절선을 갖는 두 개 또는 그 이상의 함수 u_m[식 (16) 참조]이 동일한 고유값에 대응할 수 있는가?

18. **0 아닌 초기속도**가 이론적인 면에서 흥미로운 이유는 실험적으로 얻기가 어렵기 때문이다. 급수 (17)이 식 (9b)를 만족하기 위해서는

$$B_m = K_m \int_0^R r g(r) J_0(\alpha_m r/R)\, dr \tag{21}$$

이 됨을 보여라. 여기서, $K_m = 2/(c\alpha_m R)J_1^2(\alpha_m)$이다.

r과 θ 모두에 의존하는 원형 박막의 진동

19. **변수분리**. 함수 $u = F(r, \theta)G(t)$를 파동방정식 (6), 즉

$$u_{tt} = c^2\left(u_{rr} + \frac{1}{r}u_r + \frac{1}{r_2}u_{\theta\theta}\right) \tag{22}$$

에 대입하면

$$\ddot{G} + \lambda^2 G = 0, \qquad \text{여기서 } \lambda = ck, \tag{23}$$

$$F_{rr} + \frac{1}{r}F_r + \frac{1}{r^2}F_{\theta\theta} + k^2F = 0 \tag{24}$$

이 됨을 보여라. $F = W(r)Q(\theta)$을 식 (24)에 대입하면

$$Q'' + n^2Q = 0, \tag{25}$$

$$r^2W'' + rW' + (k^2r^2 - n^2)W = 0 \tag{26}$$

이 됨을 보여라.

20. **주기성**. $Q(\theta)$는 주기가 2π이어야 함을 보이고, 따라서 식 (25)와 (26)에서 $n = 0, 1, 2, \cdots$이 됨을 보여라. 이로부터 그 해는 $Q_n = \cos n\theta$, $Q_n^* = \sin n\theta$, $W_n = J_n(kr)$, $n = 0, 1, \cdots$이 됨을 보여라.

21. **경계조건**. 경계조건

$$u(R, \theta, t) = 0 \tag{27}$$

으로부터 $k = k_{mn} = \alpha_{mn}/R$을 얻을 수 있음을 보여라. 여기서 $s = \alpha_{mn}$은 $J_n(s)$의 m번째 양의 영점이다.

22. **r과 θ에 의존하는 해**. 식 (27)을 만족하는 식 (22)의 해는

$$
(28) \quad \begin{aligned} u_{nm} &= (A_{nm} \cos ck_{nm}t + B_{nm} \sin ck_{nm}t) \\ &\quad \times J_n(k_{nm}r) \cos n\theta \\ u^*_{nm} &= (A^*_{nm} \cos ck_{nm}t + B^*_{nm} \sin ck_{nm}t) \\ &\quad \times J_n(k_{nm}r) \sin n\theta \end{aligned}
$$

임을 보여라(그림 310 참조).

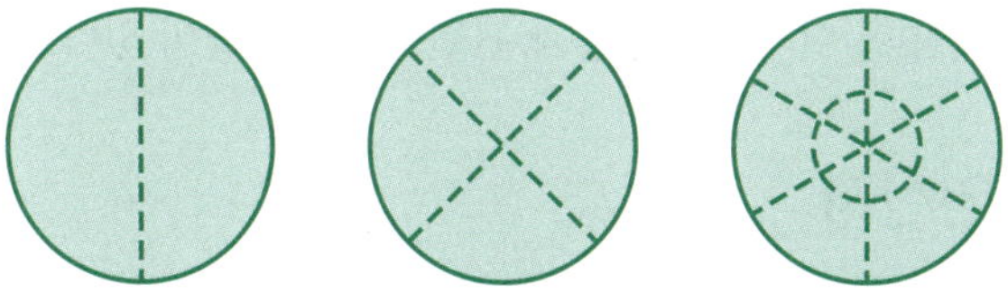

u_{11} u_{21} u_{32}

그림 310. 해 (28)의 몇 개에 대한 절선

23. 초기조건. $u_t(r, \theta, 0) = 0$으로부터 식 (28)에서 $B_{mn} = 0$, $B^*_{mn} = 0$이 됨을 보여라.

24. $u^*_{0m} = 0$임을 보이고, u_{0m}은 이 절의 식 (16)과 일치함을 보여라.

25. 반원 박막. u_{11}은 반원 박막의 기본진동을 나타냄을 보이고, $c^2 = 1$과 $R = 1$일 때의 대응하는 진동수를 구하라.

12.11 원통좌표 및 구좌표에서의 Laplace 방정식. 퍼텐셜

물리학과 공학적인 응용에 나타나는 가장 중요한 편미분방정식의 하나는 **Laplace 방정식**(Laplace's equation)

$$
(1) \qquad \nabla^2 u = u_{xx} + u_{yy} + u_{zz} = 0
$$

이다. 여기서 x, y, z는 공간상의 직교좌표이며(9.1절, 그림 167) $u_{xx} = \partial^2 u/\partial x^2$ 등이고, $\nabla^2 u$는 u의 **Laplace 연산**(Laplacian)이다. Laplace 방정식 (1)의 해에 관한 이론을 **퍼텐셜 이론**(potential theory)이라고 한다. **연속**인 2계편도함수를 갖는 식 (1)의 해를 **조화함수**(harmonic functions)라 부른다.

Laplace 방정식은 주로 **중력**, **정전기학**(9.7절, 정리 3 참조), 정상상태 **열흐름**(12.5절) 및 **유체흐름**(18.4장에서 논할 것임) 등에서 주로 등장한다.

9.7절을 상기하면 한 점(X, Y, Z)에 위치한 단위질량으로부터 한 점 (x, y, z)에 작용하는 중력 **퍼텐셜** $u(x, y, z)$는

$$
(2) \qquad u(x, y, z) = \frac{c}{r} = \frac{c}{\sqrt{(x-X)^2 + (y-Y)^2 + (z-Z)^2}} \qquad (r > 0)
$$

이며, u는 식 (1)을 만족한다. 마찬가지로, 만일 공간상의 어떤 영역 T 내에 질량이 밀도 $\rho(X, Y, Z)$로 분포되어 있다면, 질량을 갖지 않는 한 점 (x, y, z)에서의 퍼텐셜은

$$
(3) \qquad u(x, y, z) = k \iiint_T \frac{\rho(X, Y, Z)}{r} \, dX\, dY\, dZ
$$

이다. 여기서 $\nabla^2(1/r) = 0$ (9.7절)이고 ρ는 x, y, z의 함수가 아니므로, u는 식 (1)을 만족한다.

Laplace 방정식이 포함된 실제적인 문제는 경계면 S를 갖는 영역 T(또는 평면상의 어떤 곡선에 의해 경계지어진 어떤 영역)에서의 경계값 문제이다. 그 같은 경계값 문제는 다음과 같이 불린다(12.6절 참조).

(I) S에서 u의 값이 주어지면 **제1경계값 문제** 또는 **Dirichlet 문제**

(II) S에서 법선도함수 $u_n = \partial u/\partial n$의 값이 주어지면 **제2경계값 문제** 또는 **Neumann 문제**

(III) S의 일부분에서 u의 값이 주어지고 S의 나머지 부분에서 u_n의 값이 주어지면, **제3경계값 문제** 또는 **혼합경계값 문제**(mixed boundary value problem) 또는 **Robin 문제**

일반적으로, 경계값 문제의 해를 구할 경우, 첫째로 해야 할 것은 경계곡면 S를 간단히 나타내기에 적합한 좌표를 선택하는 것이다. 여기에 좌표들과 관련 응용문제들이 있다.

원통좌표에서의 Laplace 연산자

경계값 문제를 풀기 위한 첫 단계는 일반적으로 경계면 S를 간단히 나타낼 수 있는 좌표를 도입하는 것이다. 원기둥대칭(원기둥을 영역 T로)일 때 원통좌표(cylindrical coordinates) r, θ, z와 x, y, z와의 관계는

(4) $$x = r\cos\theta, \qquad y = r\sin\theta, \qquad z = z$$ (그림 311 참조)

이다. 이때 $\nabla^2 u$에는 12.10절의 식 (5)에 u_{zz}를 더함으로써 바로 나온다. 즉,

(5) $$\nabla^2 u = \frac{\partial^2 u}{\partial r^2} + \frac{1}{r}\frac{\partial u}{\partial r} + \frac{1}{r^2}\frac{\partial^2 u}{\partial \theta^2} + \frac{\partial^2 u}{\partial z^2}$$

이다.

구좌표에서의 Laplace 연산자

구대칭일 때(구면 S에 둘러싸인 구를 영역 T로) **구좌표**(spherical coordinates) r, θ, ϕ를 사용하며 x, y, z와의 관계는 다음과 같다.

(6) $$x = r\cos\theta\sin\phi, \quad y = r\sin\theta\sin\phi, \quad z = r\cos\phi$$ (그림 312 참조)

연쇄법칙을 사용하여(12.10절) 구좌표에서의 $\nabla^2 u$

(7) $$\nabla^2 u = \frac{\partial^2 u}{\partial r^2} + \frac{2}{r}\frac{\partial u}{\partial r} + \frac{1}{r^2}\frac{\partial^2 u}{\partial \phi^2} + \frac{\cot\phi}{r^2}\frac{\partial u}{\partial \phi} + \frac{1}{r^2\sin^2\phi}\frac{\partial^2 u}{\partial \theta^2}$$

를 얻는다. 자세한 유도과정은 연습문제로 돌린다. 경우에 따라서는 식 (7)을 다음과 같은 형태로 쓰기도 한다.

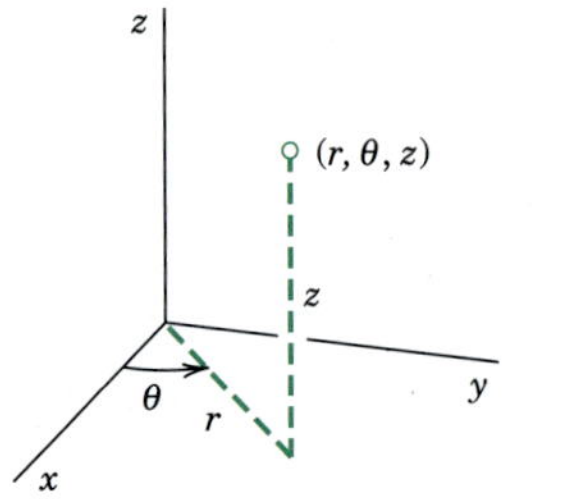

그림 311. 원통좌표($r \geqq 0,\ 0 \leqq \theta \leqq 2\pi$)

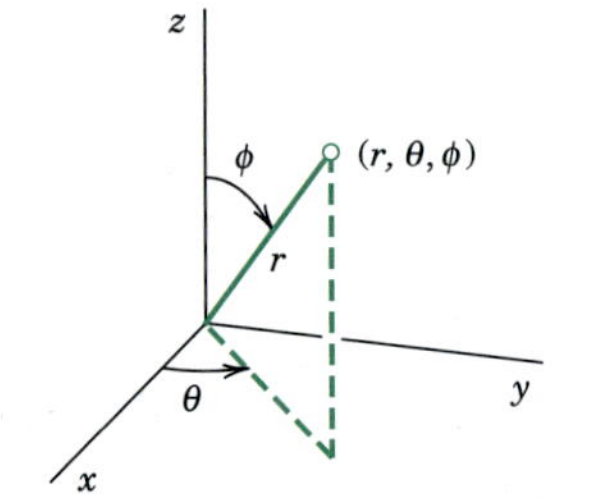

그림 312. 구좌표($r \geqq 0,\ 0 \leqq \theta \leqq 2\pi,\ 0 \leqq \varphi \leqq \pi$)

$$(7') \qquad \nabla^2 u = \frac{1}{r^2}\left[\frac{\partial}{\partial r}\left(r^2\frac{\partial u}{\partial r}\right) + \frac{1}{\sin\phi}\frac{\partial}{\partial\phi}\left(\sin\phi\frac{\partial u}{\partial\phi}\right) + \frac{1}{\sin^2\phi}\frac{\partial^2 u}{\partial\theta^2}\right]$$

표기법에서 주의할 점. 식 (6)은 미적분에서 이용되며 극좌표에 대한 익숙한 기호로부터 확장된다. 유감스럽게도 몇몇 책에서는 θ와 ϕ가 서로 바뀌어져 $x = r\cos\phi$, $y = r\sin\phi$로 나타내기도 한다(몇몇 유럽국가에서 사용됨).

구좌표에서의 경계값 문제

구좌표로 다음의 **Dirichlet 문제**(Dirichlet problem)를 풀어보자:

$$(8) \qquad \nabla^2 u = \frac{1}{r^2}\left[\frac{\partial}{\partial r}\left(r^2\frac{\partial u}{\partial r}\right) + \frac{1}{\sin\phi}\frac{\partial}{\partial\phi}\left(\sin\phi\frac{\partial u}{\partial\phi}\right)\right] = 0$$

$$(9) \qquad u(R,\phi) = f(\phi)$$

$$(10) \qquad \lim_{r\to\infty} u(r,\phi) = 0$$

Dirichlet 조건식 (9)가 θ에 무관하기 때문에 u는 θ와 무관하다고 가정함으로써 식 (7) 또는 식 (7′)으로부터 편미분방정식 (8)을 얻는다. 이 조건은 $r = R$로 주어진 구면 S에서의 정전기 퍼텐셜(또는 온도)이 $f(\phi)$로 유지되는 것으로 볼 수 있다. 조건식 (10)은 무한대에서의 퍼텐셜이 0임을 의미한다.

변수분리. 식 (8)에 $u(r,\phi) = G(r)H(\phi)$를 대입한다. 식 (8)에 r^2을 곱한 다음 GH로 나누면

$$\frac{1}{G}\frac{d}{dr}\left(r^2\frac{dG}{dr}\right) = -\frac{1}{H\sin\phi}\frac{d}{d\phi}\left(\sin\phi\frac{dH}{d\phi}\right)$$

를 얻는다. 통상적인 논리에 의해 양변은 하나의 상수, 가령 k와 같아야 한다. 따라서 두 식

$$(11) \qquad \frac{1}{G}\frac{d}{dr}\left(r^2\frac{dG}{dr}\right) = k \qquad \text{또는} \qquad r^2\frac{d^2G}{dr^2} + 2r\frac{dG}{dr} = kG$$

와

$$(12) \qquad \frac{1}{\sin\phi}\frac{d}{d\phi}\left(\sin\phi\frac{dH}{d\phi}\right) + kH = 0$$

을 얻는다. 식 (11)에서 $k = n(n+1)$로 놓으면, 단순한 형태의 해를 얻게 될 것이다. 또한, $G' = dG/dr$ 등으로 표기하면

$$(13) \qquad r^2G'' + 2rG' - n(n+1)G = 0$$

이 되고, 이는 **Euler-Cauchy 방정식**(Euler-Cauchy equation)이다. 2.5절로부터 이 방정식의 해는 $G = r^a$이므로 식 (13)에 대입하여 공통인자 r^a을 소거하면

$a(a-1) + 2a - n(n+1) = 0$을 얻는다. 그 근은 $a = n$과 $-n-1$

이다. 따라서 해는

$$G_n(r) = r^n \quad \text{과} \quad G_n^*(r) = \frac{1}{r^{n+1}} \tag{14}$$

이다.

이제 식 (12)를 풀어보자. $\cos\phi = w$로 두면 $\sin^2\phi = 1 - w^2$이 되고

$$\frac{d}{d\phi} = \frac{d}{dw}\frac{dw}{d\phi} = -\sin\phi\,\frac{d}{dw}$$

이다. 따라서 $k = n(n+1)$을 식 (12)에 대입하면

$$\frac{d}{dw}\left[(1-w^2)\frac{dH}{dw}\right] + n(n+1)H = 0 \tag{15}$$

이며, 이것이 **Legendre의 방정식**(Legendre's equation, 5.3절 참조)이고

$$(1-w^2)\frac{d^2H}{dw^2} - 2w\frac{dH}{dw} + n(n+1)H = 0 \tag{15'}$$

으로 쓸 수 있다. 정수 $n = 0, 1, \cdots$에 대해서, Legendre 다항식

$$H = P_n(w) = P_n(\cos\phi) \qquad n = 0, 1, \cdots,$$

는 Legendre 방정식 (15)의 해이다. 따라서 Laplace 방정식 (8)의 해 $u = GH$에 대한 두 개의 수열

$$\text{(a)}\quad u_n(r,\phi) = A_n r^n P_n(\cos\phi), \qquad \text{(b)}\quad u_n^*(r,\phi) = \frac{B_n}{r^{n+1}}P_n(\cos\phi) \tag{16}$$

를 얻는다. A_n과 B_n은 상수이다.

Fourier-Legendre 급수를 사용한 해

내부문제의 해: 구 S 내부에서의 퍼텐셜. 식 (16a)로부터 급수

$$u(r,\phi) = \sum_{n=0}^{\infty} A_n r^n P_n(\cos\phi) \qquad (r \leqq R) \tag{17}$$

을 생각하자. 구면 S가 $r = R$로 주어지므로, 식 (17)이 Dirichlet 조건식 (9)를 만족하기 위해서는

$$u(R,\phi) = \sum_{n=0}^{\infty} A_n R^n P_n(\cos\phi) = f(\phi) \tag{18}$$

이어야 한다 즉, 식 (18)은 $f(\phi)$의 **Fourier-Legendre 급수**(Fourier-Legendre series)여야 한다. 앞의 5.8절의 식 (7)로부터 계수는

$$A_n R^n = \frac{2n+1}{2}\int_{-1}^{1} \tilde{f}(w)\, P_n(w)\, dw \tag{19*}$$

를 얻는다. 여기서 $\tilde{f}$(w)는 $w = \cos\phi$의 함수로서의 $f(\phi)$를 표시한다.

그런데 $dw = -\sin\phi\ d\phi$이고, 적분한계 -1과 1은 각각 $\phi = \pi$와 $\phi = 0$에 해당되므로

$$A_n = \frac{2n+1}{2R^n}\int_0^{\pi} f(\phi)P_n(\cos\phi)\sin\phi\, d\phi, \qquad n = 0, 1, \cdots \tag{19}$$

가 된다. 만약 $f(\phi)$와 $f'(\phi)$가 구간 $0 \leqq \phi \leqq \pi$에서 구분연속이라면, 계수 (19)를 갖는 급수 (17)은 구의 내부점에 대한 이 문제의 해가 된다. 왜냐하면 이러한 연속성의 가정하에서, 계수 (19)를 갖는 급수 (17)이 항별 미분 가능하고, 따라서 식 (8)을 만족시키기 때문이다.

외부문제의 해: 구 *S* 외부에서의 퍼텐셜. 구의 외부에서는 식 (16a)에 있는 함수 u_n를 사용할 수가 없다. 왜냐하면 이 함수는 식 (10)을 만족하지 않기 때문이다. 그렇지만 식 (10)을 만족하는 식 (16b)에 있는 함수 u_n^*를 사용할 수 있다(하지만 S 내부에서는 사용할 수 없다. 이유는?). 앞서와 같이 풀면, 식 (8), (9), (10)을 만족하는 외부문제의 해

$$u(r, \phi) = \sum_{n=0}^{\infty} \frac{B_n}{r^{n+1}} P_n(\cos\phi) \qquad (r \geqq R) \tag{20}$$

및 계수

$$B_n = \frac{2n+1}{2} R^{n+1} \int_0^{\pi} f(\phi)P_n(\cos\phi)\sin\phi\, d\phi \tag{21}$$

를 얻는다. 다음 예제를 통해 위의 해를 구하는 과정을 자세히 알아보자.

예제 1 구형 축전기

반지름 1 ft의 두 금속 반구로 구성된 구형 축전기의 내부 및 외부의 퍼텐셜을 구하라. 두 반구는 절연을 위하여 작은 틈으로 분리되어 있고, 위쪽의 반구는 110 V로 유지되며, 아래쪽은 접지되어 있다(그림 313).

풀이. 주어진 경계조건은(그림 312를 상기하라)

$$f(\phi) = \begin{cases} 110 & (0 \leqq \phi < \pi/2) \\ 0 & (\pi/2 < \phi \leqq \pi) \end{cases}$$

이다. $R = 1$이므로 식 (19)로부터

$$\begin{aligned} A_n &= \frac{2n+1}{2} \cdot 110 \int_0^{\pi/2} P_n(\cos\phi)\sin\phi\, d\phi \\ &= \frac{2n+1}{2} \cdot 110 \int_0^{1} P_n(w)\, dw \end{aligned}$$

를 얻는다. $w = \cos\phi$로 놓으면 $P_n(\cos\phi)\sin\phi\, d\phi = -P_n(w)dw$이고, 1에서 0까지 적분한다. 이때

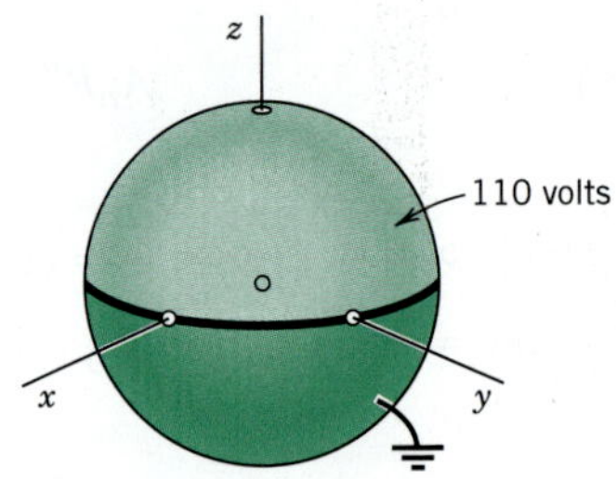

그림 313. 예제 1에서 구형 축전기

0에서 1까지의 적분으로 바꾸어 음의 부호를 없애면 CAS 또는 5.2절의 식 (11)로부터

$$A_n = 55(2n+1)\sum_{m=0}^{M}(-1)^m \frac{(2n-2m)!}{2^n m!(n-m)!(n-2m)!}\int_0^1 w^{n-2m}\,dw$$

이며, 여기서 짝수 n에 대해서 $M = n/2$이고, 홀수 n에 대해서는 $M = (n-1)/2$이다. 적분값은 $1/(n-2m+1)$이 되고, 따라서

$$A_n = \frac{55(2n+1)}{2^n}\sum_{m=0}^{M}(-1)^m \frac{(2n-2m)!}{m!(n-m)!(n-2m+1)!} \tag{22}$$

이 된다. $n = 0$일 때는 $A_0 = 55$ ($0! = 1$이므로)이고, $n = 1, 2, 3, \cdots$ 에 대해서는

$$A_1 = \frac{165}{2}\cdot\frac{2!}{0!1!2!} = \frac{165}{2},$$
$$A_2 = \frac{275}{4}\left(\frac{4!}{0!2!3!} - \frac{2!}{1!1!1!}\right) = 0,$$
$$A_3 = \frac{385}{8}\left(\frac{6!}{0!3!4!} - \frac{4!}{1!2!2!}\right) = -\frac{385}{8}$$

등의 값을 얻게 된다. 그러므로 ***구의 내부 퍼텐셜* (17)**은 ($P_0 = 1$이므로)

$$u(r,\phi) = 55 + \frac{165}{2}rP_1(\cos\phi) - \frac{385}{8}r^3P_3(\cos\phi) + \cdots \tag{23}$$ (그림 314)

이고, 여기서 $P_1, P_3, \cdots$는 5.21절의 식 (11′)에 의해 주어진다. $R = 1$이므로 이 절의 식 (19)과 (21)로부터 $B_n = A_n$을 알 수 있고, 따라서 식 (20)에 의해 ***구의 외부에서의 퍼텐셜***

$$u(r,\phi) = \frac{55}{r} + \frac{165}{2r^2}P_1(\cos\phi) - \frac{385}{8r^4}P_3(\cos\phi) + \cdots \tag{24}$$

을 구할 수 있다. 이 급수의 부분합은 이제 퍼텐셜의 근사값을 계산하기 위해 사용될 수 있다. 또한 흥미롭게도, 구로부터 멀리 떨어진 곳의 퍼텐셜은 대략 점전하의 퍼텐셜, 즉 $55/r$ (9.7절의 정리 3 참조)가 된다. ■

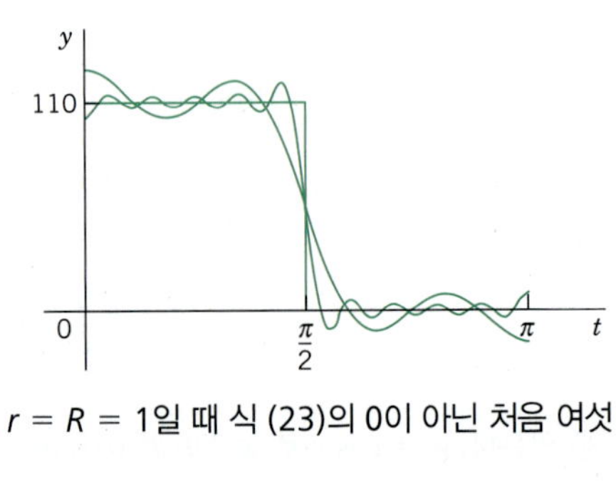

그림 314. $r = R = 1$일 때 식 (23)의 0이 아닌 처음 여섯 항의 부분합

예제 2 더 단순한 경우

예제 1과 유사한 경우에 나타나는 세부적인 난점은 종종 피할 수 있다. 예를 들어 구 $S(r = R = 1)$에서 퍼텐셜이 $f(\phi) = \cos 2\phi$로 주어질 경우 구 내부에서의 퍼텐셜을 구하라.

풀이. $w = \cos \phi$, $\cos 2\phi = 2\cos^2 \phi - 1 = 2w^2 - 1 = \frac{4}{3}P_2(w) - \frac{1}{3} = \frac{4}{3}(\frac{3}{2}w^2 - \frac{1}{2}) - \frac{1}{3}$이다. 따라서 구 내부에서의 퍼텐셜은

$$u = \frac{4}{3}r^2 P_2(w) - \frac{1}{3} = \frac{4}{3}r^2 P_2(\cos\phi) - \frac{1}{3} = \frac{2}{3}r^2(3\cos^2\phi - 1) - \frac{1}{3}$$

이다. ■

연습문제 12.11

1. **구좌표**. 직교좌표의 $\nabla^2 u$로부터 식 (7)을 유도하라.

2. **원통좌표**. $\nabla^2 u$를 역으로 직교좌표로 변환시킴으로써 방정식 (5)를 검증하라.

3. $n = 0, 1, 2$에 대하여 $P_n(\cos\theta)$, $0 \leqq \theta \leqq 2\pi$를 그려라 (5.2절의 식 (11′) 참조).

4. **영곡면**(zero surfaces). 식 (16)의 u_1, u_2, u_3가 $\mathbf{0}$이 되는 곡면들을 구하라.

5. **CAS 과제. 부분합**. 본문의 예제 1에서 A_0, A_1, A_2, A_3의 값을 검증하고 $A_4, \cdots, A_{10}$을 계산하라. 그리고, 그와 대응하는 부분합 (23)이 주어진 경계함수에 얼마나 근사하는지를 그래프를 통하여 알아보라.

6. **CAS 실험. Gibbs 현상**. 예제 1(그림 314)의 Gibbs 현상을 그래프를 통해 알아보라.

7. 식 (16)에서 u_n과 u_n^*은 식 (8)의 해임을 검증하라.

8-15 r에만 의존하는 퍼텐셜

8. **3차원**. $u = c/r$, $r = \sqrt{x^2 + y^2 + z^2}$은 구좌표에서 Laplace 방정식을 만족함을 검증하라.

9. **구 대칭**. $r = \sqrt{x^2 + y^2 + z^2}$에만 의존하는, Laplace 방정식의 유일한 해는 $u = c/r + k$임을 보여라. c와 k는 상수

10. **원통 대칭**. $r = \sqrt{x^2 + y^2}$에만 의존하는, Laplace 방정식의 유일한 해는 $u = c \ln r + k$임을 보여라. c와 k는 상수

11. **검증**. 문제 9에서와 같은 r을 갖는 $u(r)$을 $u_{xx} + u_{yy} + u_{zz} = 0$에 대입하면 식 (7)과 마찬가지로 $u'' + 2u'/r = 0$이 됨을 증명하라.

12. **Dirichlet 문제**. 전기퍼텐셜 $U_1 = 220$ V, $U_2 = 140$ V로 각각 유지되어 있는, 반지름 $r_1 = 2$ cm, $r_2 = 4$ cm인 동축 원기둥 사이의 정전기 퍼텐셜을 구하라.

13. **Dirichlet 문제**. 전기퍼텐셜 $U_1 = 220$ V, $U_2 = 140$ V로 각각 유지되어 있는, 반지름이 $r_1 = 2$ cm, $r_2 = 4$ cm인 두 동심구 사이의 정전기 퍼텐셜을 구하라. 문제 12와 13의 등퍼텐셜을 그리고 비교하라. 설명하라.

14. **열문제**. $r^2 = x^2 + y^2 + z^2 \leqq R^2$인 구의 표면 온도가 0으로 유지되고, 구 내부의 초기온도는 $f(r)$일 때 구 내부온도 $u(r, t)$는 경계조건 $u(R, t) = 0$, $u(r, 0) = f(r)$을 만족하는 $u_t = c^2(u_{rr} + 2u_r/r)$의 해임을 보여라. 그리고 $v = ru$로 치환하면 $u_t = c^2 v_{rr}$, $v(R, t) = 0$, $v(r, 0) = rf(r)$임을 보여라. 추가적인 조건 $v(0, t) = 0$ ($r = 0$에서 u는 유계이므로 성립됨)을 포함시켜 변수분리로써 문제의 해를 구하라.

15. 열전도에서 문제 12와 13의 유사성은 무엇인가?

16-20 구좌표 r, θ, ϕ에서의 경계값 문제

구 내부에는 전하가 없고, 표면의 퍼텐셜 $f(\phi)$는 다음 식으로 주어진다고 가정하여 $r = R = 1$인 구의 내부 퍼텐셜을 구하라.

16. $f(\phi) = \cos\phi$

17. $f(\phi) = 1$

18. $f(\phi) = 1 - \cos^2\phi$

19. $f(\phi) = \cos 2\phi$

20. $f(\phi) = 10\cos^3\phi - 3\cos^2\phi - 5\cos\phi - 1$

21. **점전하**. 문제 17에서, 구의 외부에서의 퍼텐셜은 한 점전하가 원점에 있을 때의 퍼텐셜과 같음을 보여라.

22. **외부 퍼텐셜**. 문제 16과 19에서 구의 외부에서의 퍼텐셜을 구하라.

23. 문제 16에서, xz-평면과 등퍼텐셜 곡면과의 교차선을 그려라.

24. **조별 과제. 송전선 및 관련 방정식**. 긴 케이블 또는 전화선을 생각하고(그림 315), 이것이 불완전하게 절연되어 모든 전선에 걸쳐서 누전이 생긴다고 하자. 전선에 흐르는 전류 $i(x, t)$의 전원 S는 $x = 0$에 있고, 수신점 T의 위치는 $x =$

L에 있다고 하자. 그리고 전류는 S에서 T로 흐르며, 부하(負荷)를 통하여 접지된다. 지금 상수 R, L, C, G를 각각 단위길이당 케이블의 저항, 인덕턴스, 지면에 대한 축전용량, 지면에 대한 전도계수라고 할 때

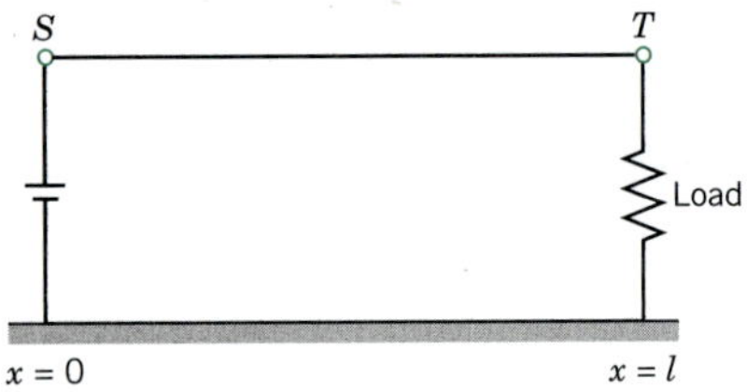

그림 315. 송전선

(a) (**"1차 송전선 방정식"**)이 성립함을 보여라.

$$-\frac{\partial u}{\partial x} = Ri + L\frac{\partial i}{\partial t}$$

여기서 $u(x, t)$는 케이블에서의 퍼텐셜이다. *힌트*. x와 $x + \Delta x$ 사이에 있는 케이블의 미소부분에 Kirchhoff의 전압법칙을 적용하라. (x와 $x + \Delta x$에서의 퍼텐셜차 = 저항에 의한 강하 + 인덕턴스에 의한 강하)

(b) (a)의 케이블에 대하여 (**"2차 송전선 방정식"**)이 성립함을 보여라.

$$-\frac{\partial i}{\partial x} = Gu + C\frac{\partial u}{\partial t}$$

힌트. Kirchhoff의 전류법칙을 사용하라. (x와 $x + \Delta x$에서의 전류차 = 지면으로의 누전에 의한 손실 + 커패시턴스에 의한 손실)

(c) **2계방정식.** 송전선 방정식으로부터 i 또는 u를 소거하면

$$u_{xx} = LCu_{tt} + (RC + GL)u_t + RGu,$$
$$i_{xx} = LCi_{tt} + (RC + GL)i_t + RGi$$

가 얻어짐을 보여라.

(d) **전신방정식**. 해저케이블에서는, G를 무시할 수 있고 주파수가 낮다. 이 사실로부터 이른바 *해저케이블 방정식*(submarine cable equation) 또는 **전신방정식**(telegraph equation)

$$u_{xx} = RCu_t, \qquad i_{xx} = RCi_t$$

이 얻어짐을 보여라. 양 끝($x = 0$, $x = l$)이 접지되고, 초기 전압분포 U_0 = 상수인 해저케이블의 퍼텐셜을 구하라.

(e) **고주파 전송선방정식**. 고주파 교류인 경우에는, (c)의 방정식은 근사적으로 이른바 **고주파 전송선방정식**(high frequency line equation)

$$u_{xx} = LCu_{tt}, \qquad i_{xx} = LCi_{tt}$$

로 표시될 수 있음을 보여라. 초기 퍼텐셜은

$$U_0 \sin(\pi x/l),$$

이고 $u_t(x, 0) = 0$, 그리고 모든 t에 대하여 양 끝 $x = 0$과 $x = l$에서 $u = 0$임을 가정하고 위의 첫 번째 전송선방정식을 풀어라.

25. **구에서 반사**. 지금 r, θ, ϕ를 구좌표라고 하자. $u(r, \theta, \phi)$가 $\nabla^2 u = 0$을 만족한다고 하면, $v(r, \theta, \phi) = u(1/r, \theta, \phi)/r$는 $\nabla^2 v = 0$을 만족함을 보여라.

12.12 Laplace 변환에 의한 해

6장의 Laplace 변환에 익숙한 사람은 그 방법이 *편*미분방정식을 풀 때에도 사용될 수 있는가 하고 의문을 가질 수 있을 것이다. 이에 대한 답은 긍정이며, 특히 독립변수 중의 하나가 양의 축에서 주어질 때 그러하다. 해를 얻는 과정은 6장에서와 유사하며, 두 개의 독립변수를 갖고 있는 편미분방정식의 경우에는 다음과 같다.

1. 두 변수 중 하나에(보통, t) 관하여 Laplace 변환을 한다. 그러면 미지함수의 ***변환식에 대한 상미분방정식***이 얻어진다. 그 이유는 다른 변수에 관한 이 함수의 도함수는 변환된 방정식 속으로 그대로 옮겨가기 때문이다. 또한 주어진 경계 및 초기조건은 변환된 방정식에 통합된다.
2. 상미분방정식을 풀어서 미지함수의 변환식을 얻는다.
3. 위에서 구한 변환식에 역변환을 적용하여 주어진 문제의 해를 얻는다.

주어진 방정식의 계수가 t의 함수가 아니면, 이 변환에 의해서 문제는 단순화된다.

이 방법을 전형적인 예로써 설명해 보자.

예제 1 반무한 현

다음 조건을 따르는 탄성현의 변위 $w(x, t)$를 구하라. (단위계단함수를 표시할 때 u가 필요하므로 문자 w를 쓴다.)

(i) 현은 처음에 $x = 0$에서 ∞까지 x축 상에 정지해 있다("*반무한 현*").

(ii) 시간 $t > 0$에서는, 현의 왼쪽 끝은 다음과 같은 양상을 따라 운동한다. 즉,

$$w(0, t) = f(t) = \begin{cases} \sin t & (0 \leqq t \leqq 2\pi) \\ 0 & (\text{그 외에는}) \end{cases} \qquad \text{(그림 316 참조)}$$

(iii) 또한 $t \geqq 0$에 대하여 $\lim_{x \to \infty} w(x, t) = 0$이다.

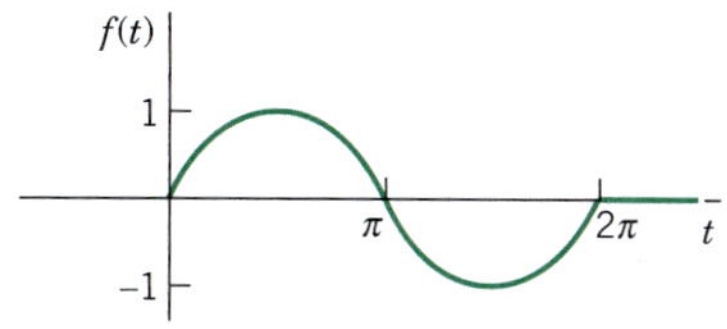

그림 316. 예제 1에서 시간 t의 함수로서의 현의 왼쪽 끝의 운동

물론, 무한히 긴 현은 있을 수 없지만, 이 모형은 그 오른쪽 끝이 x축의 먼 곳에서 고정된 긴 현 또는 밧줄(중량을 무시할 수 있는)을 나타낸 것이다.

풀이. 양의 x와 t에 대하여, 파동방정식(12.2절)

$$\text{(1)} \qquad \frac{\partial^2 w}{\partial t^2} = c^2 \frac{\partial^2 w}{\partial x^2}, \qquad c^2 = \frac{T}{\rho}$$

을, "경계조건"

$$\text{(2)} \qquad w(0, t) = f(t), \qquad \lim_{x \to \infty} w(x, t) = 0 \qquad (t \geqq 0)$$

과 (f는 위에서 주어진 함수) 초기조건

$$\text{(3)} \qquad \text{(a)} \quad w(x, 0) = 0, \qquad \text{(b)} \quad w_t(x, 0) = 0$$

을 만족하도록 풀어야 한다. ***t에 관하여*** Laplace 변환을 하면, 6.2절의 식 (2)에 의하여

$$\mathcal{L}\left\{\frac{\partial^2 w}{\partial t^2}\right\} = s^2\mathcal{L}\{w\} - sw(x, 0) - w_t(x, 0) = c^2\mathcal{L}\left\{\frac{\partial^2 w}{\partial x^2}\right\}$$

가 된다. 위 식에서 식 (3)에 의해 $-sw(x, 0)$ $-w_t(x, 0)$은 0이 된다. 우변에서 적분과 미분의 순서는 바꿀 수 있다고 가정하면

$$\mathcal{L}\left\{\frac{\partial^2 w}{\partial x^2}\right\} = \int_0^\infty e^{-st} \frac{\partial^2 w}{\partial x^2}\, dt = \frac{\partial^2}{\partial x^2} \int_0^\infty e^{-st} w(x, t)\, dt = \frac{\partial^2}{\partial x^2} \mathcal{L}\{w(x, t)\}$$

가 된다. $W(x, s) = \mathcal{L}\{w(x, t)\}$로 쓰면

$$s^2 W = c^2 \frac{\partial^2 W}{\partial x^2}, \qquad \text{따라서} \qquad \frac{\partial^2 W}{\partial x^2} - \frac{s^2}{c^2} W = 0$$

을 얻는다. 이 방정식은 x에 관한 도함수만을 포함하므로, x의 함수로서 간주되는 $W(x, s)$에 대한 ***상미분방정식***으로 볼 수 있다. 이것의 일반해는

$$\text{(4)} \qquad W(x, s) = A(s)e^{sx/c} + B(s)e^{-sx/c}$$

이다. 여기서 $F(s) = \mathcal{L}\{f(t)\}$로 쓰면, 식 (2)로부터

$$W(0, s) = \mathcal{L}\{w(0, t)\} = \mathcal{L}\{f(t)\} = F(s)$$

를 얻는다. 적분 순서를 교환할 수 있다고 가정하고 극한을 취하면,

$$\lim_{x\to\infty} W(x, s) = \lim_{x\to\infty} \int_0^\infty e^{-st} w(x, t)\, dt = \int_0^\infty e^{-st} \lim_{x\to\infty} w(x, t)\, dt = 0$$

이 된다. $c > 0$이므로 모든 고정된 양수 s에 대하여 함수 e^{sx}/c는 x가 증가함에 따라 증가하게 되고, 따라서 식 (4)에서 $A(s) = 0$이어야 한다. 일반적으로 Laplace 변환식은 어떤 고정값 k보다 큰 모든 s에 대하여 존재하므로, $s > 0$이라 가정해도 무방하다는 것에 유의하라(6.2절). 따라서

$$W(0, s) = B(s) = F(s)$$

를 얻고, 식 (4)는

$$W(x, s) = F(s)e^{-sx/c}$$

가 된다. $a = x/c$일 때의 제2이동 정리(6.3절)로부터 역변환식

$$\text{(5)} \qquad w(x, t) = f\left(t - \frac{x}{c}\right)u\left(t - \frac{x}{c}\right) \qquad \text{(그림 317)}$$

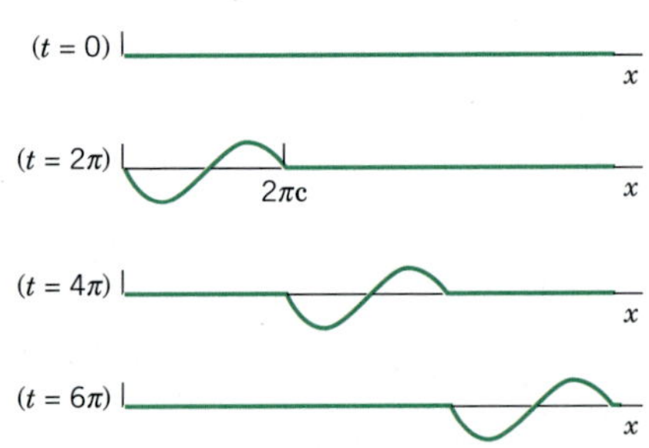

그림 317. 예제 1에서 진행파

를 얻는다. 즉,

$$w(x, t) = \sin\left(t - \frac{x}{c}\right) \qquad \text{단,} \quad \frac{x}{c} < t < \frac{x}{c} + 2\pi \qquad \text{또는} \qquad ct > x > (t - 2\pi)c$$

이고, 다른 구간에서는 $w(x, t) = 0$이다. 이것은 속도 c로 오른쪽으로 진행하는 단일 사인파이다. 점 x는 $t = x/c$가 될 때까지 정지해 있는데, 이 시간은 $t = 0$(왼쪽 끝의 운동이 시작되는 시간)일 때 출발, 속도 c로 진행하여 점 x에 도달하는 데 걸리는 시간이다. 이 결과는 물리학적인 직관과도 일치한다. 지금까지 형식적으로만 진행해 왔기 때문에 식 (5)가 주어진 조건을 만족하는지를 검증하여야 한다. 이 단계는 독자에게 맡긴다. ■

이로써 12장을 마치고자 하는데, 이 장에서는 물리학과 공학에서 일어나는 가장 중요한 편미분방정식을 집중적으로 다루었다. 아울러 여기서 Fourier 해석과 편미분방정식에 대한 C부를 마치고자 한다.

전망

편미분방정식들은 여러 가지 기본적인 공학 응용을 갖는다는 것을 보았다. 이러한 이유로 이들은 수행 중인 많은 연구과제의 주제가 되고 있다.

편미분방정식의 수치해법(numerics for PDEs)은 21.4~21.7절에서 다루게 될 것이며, 교수법의 편의를 위해 E부에서 수치해석에 관한 다른 절들과는 독립적으로 구성되어 있다.

다음 D부에서는 전혀 다른 특성을 갖는 **복소해석**(complex analysis)으로 들어가게 되는데, 이는 여러 가지 예제들과 문제들에서 볼 수 있듯이 공학도에게 매우 중요한 것이다. 그 중에는 18장에 있는 (2차원) **Laplace 방정식**(Laplace equation)으로의 또 다른 접근법도 포함된다.

연습문제 12.12

1. 예제 1의 해를 검증하라. 예제 1에서, $t = 2\pi$에서부터 시작하여 사인파의 운동을 왼쪽 끝에서 계속할 때 어떤 진행파를 얻게 되겠는가?

2. $c = 1$이고 $f(x)$가 "삼각파", 즉 $f(x) = x\ (0 < x < \frac{1}{2})$, $f(x) = 1 - x\ (\frac{1}{2} < x < 1)$, $f(x) = 0$(그 외에는)일 때, 그림 317과 유사한 그림을 그려라.

3. 예제 1에서 파동의 속력은 현의 장력과 질량에 어떻게 의존하는가?

4-8 Laplace 변환을 사용하여 다음을 풀어라.

4. $\frac{\partial w}{\partial x} + x\frac{\partial w}{\partial t} = x,\ w(x, 0) = 1,\ w(0, t) = 1$

5. $x\frac{\partial w}{\partial x} + \frac{\partial w}{\partial t} = xt,\ w(x, 0) = 0\ (x \geqq 0)$

$w(0, t) = 0\ (t \geqq 0)$

6. $\frac{\partial w}{\partial x} + 2x\frac{\partial w}{\partial t} = 2x,\quad w(x, 0) = 1,\ w(0, t) = 1$

7. 앞의 문제 5를 변수분리법으로 풀어라.

8. $\frac{\partial^2 w}{\partial x^2} = 100\frac{\partial^2 w}{\partial t^2} + 100\frac{\partial w}{\partial t} + 25w,$

$w(x, 0) = 0\ (x \geqq 0),\ w_t(x, 0) = 0\ (t \geqq 0),$

$w(0, t) = \sin t\ (t \geqq 0)$

9-12 열전도 문제

x축을 따라 $x = 0$에서 $x = \infty$까지 뻗쳐 있는, 측면이 절연된 반무한 막대에 대하여 초기온도가 0이고, 모든 고정된 시간 $t \geqq 0$에 대하여 $x \to \infty$일 때 $w(x, t) \to 0$, $w(0, t) = f(t)$임을 가정하고, 그 온도 $w(x, t)$를 다음 과정에 따라 풀어가라.

9. 수학적 모형을 설정하고, 그것을 Laplace 변환하면

$$sW = c^2\frac{\partial^2 W}{\partial x^2}\quad (W = \mathcal{L}\{w\})$$

과

$$W = F(s)e^{-\sqrt{s}x/c}\quad (F = \mathcal{L}\{f\})$$

가 됨을 보여라.

10. 문제 9에서 합성곱의 정리를 적용하여 다음의 결과를 보여라.

$$w(x, t) = \frac{x}{2c\sqrt{\pi}}\int_0^t f(t - \tau)\tau^{-3/2}e^{-x^2/(4c^2\tau)}d\tau$$

11. $w(0, t) = f(t) = u(t)$라고 하자(6.3절). w, W 및 F에 대응하는 값을 각각 w_0, W_0 및 F_0로 표시하여 문제 10에서 다음을 보여라.

$$w_0(x, t) = \frac{x}{2c\sqrt{\pi}}\int_0^t \tau^{-3/2}e^{-x^2/(4c^2\tau)}\,d\tau$$
$$= 1 - \text{erf}\left(\frac{x}{2c\sqrt{t}}\right)$$

여기서 erf는 12.7절의 연습문제에서 정의된 오차함수이다.

12. DuhameL의 공식.[4] 문제 11에서

$$W_0(x, s) = \frac{1}{s}e^{-\sqrt{s}x/c}$$

임을 보이고, 합성곱의 정리로부터 Duhamel의 공식

$$W(x, t) = \int_0^t f(t - \tau)\frac{\partial w_0}{\partial \tau}\,d\tau$$

를 얻을 수 있음을 보여라.

[4] JEAN-MARIE CONSTANT DUHAMEL (1797–1872), 프랑스의 수학자.

12장 복습문제

1. 어떤 종류의 문제들로부터 상미분방정식을 얻는가? 편미분방정식은?
2. 모델링으로 편미분방정식을 생성하는 기본적인 물리적 원리 또는 법칙들을 논하라.
3. 가장 중요한 서너 가지 편미분방정식의 이름을 들고, 그 형태를 적고 주된 응용을 진술하라.
4. 편미분방정식에서 "변수분리"란 무엇인가? 어느 경우에 이를 반복 적용하였는가?
5. d'Alembert 방법이란 무엇인가? 어느 방정식에 적용되는가?
6. 이 장에서 Fourier 급수는 어떤 역할을 하였는가? Fourier 적분은?
7. Legendre 방정식이 이 장에 나오는 이유는 무엇이며, 어디에서 등장하였는가? Bessel 방정식은?
8. 진동현의 고유함수와 그 진동수는 무엇인가? 진동박막은?
9. 암기하고 있는 편미분방정식의 형태는 무엇인가? 표준형은? 이것이 중요한 이유는?
10. 어떤 경우에 극좌표를 사용하는가? 원통좌표는? 구좌표는?
11. 열전도방정식의 변수분리에서는 지수함수를 얻었다. 그 이유는? 파동방정식의 경우에서는 왜 얻지 못했는가? (물리적인 이유가 아닌, 수학적인 이유를 들어라.)
12. 오차함수가 어디에서, 왜 사용되었는가?
13. 열전도방정식과 파동방정식이 추가적인 조건에 관해 다른 점은 무엇인가?
14. Laplace 방정식에 관한 세 종류의 경계조건의 이름을 들어 보고 설명하라.
15. 어떤 발상에 의하여 Laplace 변환을 편미분방정식에 적용하였는가?

16-18 해 $u = u(x, y)$를 구하라.

16. $u_{xx} + 25u = 0$
17. $u_{yy} + uy - 6u = 18$
18. $u_{xx} + u_x = 0,\ u(0, y) = f(y),\ u_x(0, y) = g(y)$

19-21 표준형

표준형으로 변환하고 해를 구하라.

19. $u_{xy} = u_{yy}$
20. $u_{xx} + 6u_{xy} + 9u_{yy} = 0$
21. $u_{xx} - 4u_{yy} = 0$

22-24 진동하는 현

$x = 0$으로부터 $x = \pi$까지의 길이가 π이고 $c^2 = T/\rho = 4$인 진동현의 초기속도가 0이고 초기변위는 다음과 같을 때, 그 변위 $u(x, t)$를 구하고 (12.3절의 그림 288과 같이) 스케치하거나 그래프를 그려라.

22. $\sin 4x$
23. $\sin^3 x$
24. $\frac{1}{2}\pi - |x - \frac{1}{2}\pi|$

25-27 열

측면이 절연된 얇은 구리막대($c^2 = K/(\sigma\rho) = 1.158\ \text{cm}^2/\text{sec}$)에서의 온도분포를 구하라. 단, 막대의 길이는 100 cm이고 단면적은 일정하다. 또한 양 끝 $x = 0$과 $x = 100$에서 0°C로 유지되며 초기온도는 다음 식으로 주어진다.

25. $\sin 0.01\pi x$
26. $50 - |50 - x|$
27. $\sin^3 0.01\ \pi x$

28-30 단열조건

길이가 π이고 $c^2 = 1$인 막대의 측면이 절연되어있고 단열 경계조건(연습문제 12.6 참조)과 다음의 초기온도하에서 막대의 온도 $u(x, t)$를 구하라.

28. $3x^2$
29. $100 \cos 2x$
30. $2\pi - 4|x - \frac{1}{2}\pi|$

31-32 평판의 온도

31. 한 변의 길이가 π인 완전히 절연된 얇은 정사각형 판의 초기온도는 $f(x, y) = u(x, y, 0)$이고 가장자리의 온도는 0°C이다. 변수분리를 통해, $u_t = c^2\nabla^2 u$로부터 해

$$u(x, y, t) = \sum_{m=1}^{\infty}\sum_{n=1}^{\infty} B_{mn} \sin mx \sin ny\, e^{-c^2(m^2+n^2)}$$

를 얻어라. 여기서

$$B_{mn} = \frac{4}{\pi^2}\int_0^{\pi}\int_0^{\pi} f(x, y) \sin mx \sin ny\, dx\, dy$$

이다.

32. 문제 31에서 만약 $f(x, y) = x(\pi - x)(\pi - y)$일 때 온도를 구하라.

33-37 박막

$c^2 = 1$이고 면적이 1인 다음의 박막은 다음에 주어진 값(소수점 4째 자리까지의 값)과 같은 기본진동의 진동수를 갖고 있음을 보이고, 각각을 비교하라.

33. 원: $\alpha_1/(2\sqrt{\pi}) = 0.6784$

34. 정사각형: $1/\sqrt{2} = 0.7071$

35. 직사각형(변 1 : 2): $\sqrt{5/8} = 0.7906$

36. 반원: $3.832/\sqrt{8\pi} = 0.7643$

37. **사분원**: $\alpha_{21}/(4\sqrt{\pi}) = 0.7244$ ($a_{21} = 5.13562 = J_2$의 첫 번째 영점)

38-40 정전기 퍼텐셜

전하가 없는 다음의 영역에서 정전기 퍼텐셜을 구하라.

38. 반지름이 r_0, r_1이고 각각의 퍼텐셜이 u_0, u_1으로 유지되는 두 동심구 사이

39. 반지름이 r_0, r_1이고 각각의 퍼텐셜이 u_0, u_1으로 유지되는 두 동축원기둥 사이(문제 38과 비교하라.)

40. 반지름이 1이고 표면 퍼텐셜 $f(\phi) = \cos 3\phi + 3\cos\phi$(본문의 구좌표계)로 유지되는 (전하가 없는) 구의 내부

12장 요약. 편미분방정식

상미분방정식(1~6장)이 *한 개*의 독립변수를 포함하는 보다 간단한 공학문제의 모델로서 나타나는 반면, 둘 이상의 독립변수(공간변수들, 혹은 시간 t와 한 개 또는 여러 개의 공간변수들)를 갖는 문제는 편미분방정식으로 귀결된다. 이러한 사실은 공학자나 물리학자에게 있어서 편미분방정식이 대단히 중요하다는 것을 보여준다. 이 장에서 가장 중요한 방정식은

(1) $u_{tt} = c^2 u_{xx}$ 1차원 파동방정식(12.2~12.4절)

(2) $u_{tt} = c^2(u_{xx} + u_{yy})$ 2차원 파동방정식(12.8~12.10절)

(3) $u_t = c^2 u_{xx}$ 1차원 열전도방정식(12.5, 12.6, 12.7절)

(4) $\nabla^2 u = u_{xx} + u_{yy} = 0$ 2차원 Laplace 방정식(12.6, 12.10절)

(5) $\nabla^2 u = u_{xx} + u_{yy} + u_{zz} = 0$ 3차원 Laplace 방정식(12.11절)

등이다. 여기서 식 (1)과 (2)는 쌍곡선형, 식 (3)은 포물선형, 식 (4)와 (5)는 타원형이다.

실제에 있어서는 주어진 영역에서 주어진 추가 조건을 만족하는 이러한 방정식의 해를 구하는 데에 관심이 있다. 이때의 조건은 **초기조건**(시간 $t = 0$일 때의 조건)이거나, **경계조건**(영역의 경계면 S 또는 경계선 C에서 u 또는 그 도함수의 값이 기술되는 조건) 또는 둘 다 포함된 조건이 된다. 식 (1), (2)에 대하여는 두 개의 초기조건(초기변위와 초기속도)이 주어지고, 식 (3)에 대하여는 초기온도분포가 주어진다. 식 (4) 또는 (5)에 대해서는 경계조건이 주어지며, 그들을 다음과 같이 부른다(12.6 참조). 즉,

S에서 u의 값이 주어지면 **Dirichlet 문제**
S에서 $u_n = \partial u/\partial n$가 주어지면 **Neumann 문제**
S의 한 영역에서 u 값이 주어지고 나머지 영역에서 u_n 값이 주어질 때, **혼합 문제**

라고 부른다.

이러한 문제를 푸는 일반적인 방법은 **변수분리법**(separating variables) 또는 **곱의 방법**(product method)인데, 여기서 해는 한 변수만 의존하는 함수들의 곱의 형태를 갖는다고 가정한다. 그러므로 방정식 (1)은 $u(x, t) = F(x)G(t)$로 놓아서 풀게 되고(12.3절), 식 (3)에 대해서도 유사하게 풀었다(12.6절). 위 식을 주어진 식

에 대입하면 F와 G에 대한 상미분방정식을 얻으며, 이로부터 무한히 많은 해 $F = F_n$과 $G = G_n$을 얻게 된다. 이때 상응하는 함수

$$u_n(x, t) = F_n(x)G_n(t)$$

는 주어지는 경계조건을 만족하는 편미분방정식의 해가 된다. 이들이 이 문제의 **고유함수**(eigenfunctions)이며, 상응하는 **고유값**(eigenvalues)으로부터 진동수(또는 열전도 문제에서의 온도의 강하속도 등)가 구해진다. 동시에, 초기조건(또는 조건들)을 만족하기 위해서 u_n의 무한급수를 고려해야 하는데, 여기서 이 급수의 계수는 주어진 초기초건(12.3, 12.6절)을 나타내는 함수인 f와 g의 Fourier 계수가 되는 것이 판명되었다. 따라서 **Fourier 급수**(와 *Fourier 적분*)는 여기에서 근본적으로 중요하다(12.3, 12.6. 12.7, 12.9절).

정상상태 문제(steady-state problems)는 해가 시간에 의존하지 않는 경우이며, 이때 열전도방정식 $u_t = c^2\nabla^2 u$는 Laplace 방정식이 된다.

초기 또는 경계값 문제를 풀기 전에, 고려하는 영역의 경계를 간단한 공식에 의해 나타낼 수 있는 좌표로 흔히 방정식을 변환한다. 그러므로 $x = r\cos\theta, r = \sin\theta$로 주어지는 극좌표계에서 **Laplace 연산자**(Laplacian)는

$$\nabla^2 u = u_{rr} + \frac{1}{r}u_r + \frac{1}{r^2}u_{\theta\theta}; \tag{6}$$

가 된다(12.11절). 구좌표계에 대해서는 12.10절을 다시 보기 바란다. 여기서 변수분리법을 적용하면, 식 (2)와 (6)(원형 박막의 진동, 12.10절)으로부터 ***Bessel 방정식***(Bessel's equation)을 얻고, 구좌표(12.11절)로 변환된 식 (5)로부터 ***Legendre 방정식***(Legendre's equation)을 얻게 된다.

PART D

복소해석

Complex Analysis

복소해석은 열전도, 유체흐름, 정전기학 등 여러 분야에서 많은 응용들을 가진다. 복소해석은 복소수와 복소함수 개념을 도입하여 익숙한 "실미적분"을 "복소미적분"으로 확장시킨다. 그동안 많은 개념들이 미적분학에서 복소해석으로 이전되어 왔으나 아직도 이들 두 분야 사이에는 현저한 차이점들이 존재하고 있다. 예를 들면 복소해석에서는 주어진 영역에서 미분 가능한 "유용한 함수"인 해석적 함수는 차수에 관계없이 모든 차수에 대해 미분 가능한 반면, 미적분학에서는 실변수를 갖는 실함수(real-valued function)들은 제한된 차수까지만 미분 가능하다는 것이다. 따라서 의미로는 실적분에서 풀기 어려운 문제들을 복소해석을 통해 좀 더 쉽게 풀 수 있게 된다. 결론적으로 응용수학에서 복소해석이 중요하게 다루어지는 이유를 다음 3가지로 요약할 수 있다.

1. 2차원 퍼텐셜 문제들은 해석함수법을 이용하여 모델링하고 풀 수 있다. 이는 해석함수의 실수부와 허수부가 두 실변수로 이루어진 Laplace 방정식을 만족하기 때문이다.
2. 응용분야에서 다루어지는 많은 어려운 적분(실적분 또는 복소적분)들이 복소적분에 의해 세련되게 해결된다.
3. 공업수학에서의 대부분 함수들은 해석함수이다. 한편 복소변수의 함수로 접근하면 이들에 대한 성질들을 더 깊이 이해할 수 있게 되며, 실적분에서는 유추할 수 없었던 상관관계들을 복소공간에서 찾아낼 수 있게 된다.

PART D

CHAPTER 13

복소수와 복소함수. 복소미분

Complex Numbers and Functions. Complex Differentiation

복소수(complex numbers)와 ***복소평면***(complex plane)에서 복소수의 기하학적 도식에 대한 논의는 "실적분학"에서 "복소적분학"으로 전환하는 출발점이 된다. 한편 13.3절에서는 복소해석에서도 적용 가능한 주어진 영역에서 미분 가능한 "유용한 함수"인 ***해석함수***(analytic functions)에 대하여 다루며, 주어진 함수들에 대한 해석함수 여부를 판단하는 기준이 되는 Cauchy-Riemann 방정식(13.4절)을 소개하고, 더 나아가 중요한 ***Laplace 방정식***(Laplace equation)과의 연관성에 대해서도 다룬다.

나머지 절에서는 초등복소함수들(지수함수, 삼각함수, 쌍곡선함수, 로그함수 등)에 대하여 공부하게 되는데, 이를 통하여 미적분학에서 익숙하게 다루었던 실함수들을 일반화할 수 있게 된다. 따라서 초등복소함수들에 대한 자세한 정보는 미적분학에서 실함수들에 대한 지식만큼이나 응용에 절대적으로 필요하다.

이 장을 위한 예비지식: 미적분학

참고문헌과 연습문제 해답: 부록 1의 D부와 부록 2

13.1 복소수와 이들에 대한 기하학적인 도식

본 절에서 다루는 내용들은 이미 학생들에게 익숙한 것으로 복습하는 의미로 살펴보기 바란다.

실수근을 갖지 않는 방정식이 존재한다는 사실은 역사적으로 오래전부터 알려져 왔다. 그 예로는 $x^2 = -1$ 또는 $x^2 - 10x + 40 = 0$ 등이 있는데, 이들에 대한 근의 근거로 복소수[1]가 도입된 것이다. **복소수**(complex number) z는 정의에 의해 실수 x와 y의 순서쌍 (x, y)으로

$$z = (x, y)$$

[1]실수근을 갖지 않는 방정식의 근을 구하기 위해 복소수를 처음 사용한 사람은 이탈리아 수학자 GIROLAMO CARDANO(1501-1576)인데, 그는 3차방정식의 근 공식을 처음으로 제안하였다. "복소수"라는 용어는 CARL FRIEDRICH GAUSS (5.4절 각주 참조)가 처음으로 도입하였는데 그는 복소수를 일반적으로 사용할 수 있는 길을 닦은 자이다.

와 같이 쓴다. 이때 x를 z의 **실수부**(real part), y를 **허수부**(imaginary part)라 하며

$$x = \mathrm{Re}\, z, \qquad y = \mathrm{Im}\, z$$

로 표기한다.

정의로서 두 복소수의 실수부와 허수부가 같을 때, 두 복소수는 **같다**고 한다.

(0, 1)은 **단위허수**(imaginary unit)라 부르며 다음과 같이 i로 표기한다.

(1) $$i = (0, 1)$$

덧셈, 곱셈, 표기 $z = x + iy$

두 복소수 $z_1 = (x_1, y_1)$과 $z_2 = (x_2, y_2)$의 **덧셈**(addition)은 다음과 같이 정의된다.

(2) $$z_1 + z_2 = (x_1, y_1) + (x_2, y_2) = (x_1 + x_2, \quad y_1 + y_2)$$

또한 **곱셈**(multiplication)은 다음과 같이 정의된다.

(3) $$z_1 z_2 = (x_1, y_1)(x_2, y_2) = (x_1 x_2 - y_1 y_2, \quad x_1 y_2 + x_2 y_1)$$

실수 x_1과 x_2에 대하여 덧셈과 곱셈을 나타내면

$$(x_1, 0) + (x_2, 0) = (x_1 + x_2, 0)$$

과

$$(x_1, 0)(x_2, 0) = (x_1 x_2, 0)$$

이 된다. 따라서 복소수는 실수의 ***"확장"***이며

$$(x, 0) = x, \qquad (0, y) = iy$$

으로 표기할 수 있다. 왜냐하면, 식 (1)과 곱셈에 대한 정의로부터

$$iy = (0, 1)y = (0, 1)(y, 0) = (0 \cdot y - 1 \cdot 0, \quad 0 \cdot 0 + 1 \cdot y) = (0, y)$$

이고 덧셈의 정의에 의해 $(x, y) = (x, 0) + (0, y) = x + iy$이 되기 때문이다.

복소수 $z = (x, y)$는 실제적으로 다음과 같이 쓴다.

(4) $$z = x + iy$$

그러나 편의상 $z = x + yi$, 즉 예를 들어 $z = 17 + 4i$로 나타내기도 한다.

반면 전기공학자들은 전류를 나타내는 기호인 i와 혼돈을 피하기 위해 i 대신에 j를 사용하기도 한다.

만일 $x = 0$일, 즉 $z = iy$일 때 **순허수**(pure imaginary)라 부르며 식 (1)과 식 (3)으로부터

(5) $$i^2 = -1$$

을 만족한다. 왜냐하면 곱셈의 정의에 의해 $i^2 = ii = (0, 1)(0, 1) = (-1, 0) = -1$이기

때문이다.

덧셈에 대하여 식 (4)와 같은 표기로 나타내면

$$(x_1 + iy_1) + (x_2 + iy_2) = (x_1 + x_2) + i(y_1 + y_2)$$

이 된다. 한편 **곱셈**에 대한 일반적인 표기는 다음과 같은 간단한 절차를 따른다. 즉, 각 항들을 곱하고 $i^2 = -1$을 사용하면[식 (3) 참조] :

$$\begin{aligned}(x_1 + iy_1)(x_2 + iy_2) &= x_1x_2 + ix_1y_2 + iy_1x_2 + i^2y_1y_2 \\ &= (x_1x_2 - y_1y_2) + i(x_1y_2 + x_2y_1)\end{aligned}$$

이며 이 결과는 식 (3)과 일치한다. 복소수에 대한 표기는 (x, y)보다 $x + iy$가 더 실제적인 표현이다.

여기서 벡터에 익숙한 학생들은 식 (2)는 벡터의 합과 같음을 알 수 있으나 곱셈에 대한 식 (3)은 보통의 벡터연산과는 다름을 보게 된다.

예제 1 실수부, 허수부, 복소수의 합과 곱

$z_1 = 8 + 3i$이고 $z_2 = 9 - 2i$일 경우, $\text{Re}\, z_1 = 8$, $\text{Im}\, z_1 = 3$, $\text{Re}\, z_2 = 9$, $\text{Im}\, z_2 = -2$이므로

$$z_1 + z_2 = (8 + 3i) + (9 - 2i) = 17 + i,$$

$$z_1z_2 = (8 + 3i)(9 - 2i) = 72 + 6 + i(-16 + 27) = 78 + 11i$$

■

뺄셈과 나눗셈

뺄셈(subtraction)과 **나눗셈**(division)은 덧셈과 곱셈의 역 연산으로 정의된다. 즉, **차**(difference) $z = z_1 - z_2$는 $z_1 = z + z_2$를 만족하는 복소수 z이다. 따라서 식 (2)에 의하여

$$z_1 - z_2 = (x_1 - x_2) + i(y_1 - y_2) \tag{6}$$

이다. 반면 **몫**(quotient) $z = z_1/z_2$ $(z_2 \neq 0)$은 $z_1 = zz_2$를 만족하는 복소수 z에 해당되는데 $z = x + iy$라 놓고 양변의 실수부와 허수부가 같다면 $x_1 = x_2x - y_2y$와 $y_1 = y_2x + x_2y$를 얻게 된다. 이것을 z에 대하여 풀면 해는 다음과 같다.

$$z = \frac{z_1}{z_2} = x + iy, \qquad x = \frac{x_1x_2 + y_1y_2}{x_2^2 + y_2^2}, \qquad y = \frac{x_2y_1 - x_1y_2}{x_2^2 + y_2^2} \tag{7*}$$

식 (7*)을 얻는 ***실제적인 과정***은 단순하게 z_1/z_2의 분모와 분자에 $x_2 - iy_2$를 곱하여 정리하는 것이다.

$$z = \frac{x_1 + iy_1}{x_2 + iy_2} = \frac{(x_1 + iy_1)(x_2 - iy_2)}{(x_2 + iy_2)(x_2 - iy_2)} = \frac{x_1x_2 + y_1y_2}{x_2^2 + y_2^2} + i\,\frac{x_2y_1 - x_1y_2}{x_2^2 + y_2^2} \tag{7}$$

예제 2 복소수의 차와 몫

$z_1 = 8 + 3i$이고 $z_2 = 9 - 2i$일 경우, 차는 $z_1 - z_2 = (8 + 3i) - (9 - 2i) = -1 + 5i$이고 몫은

$$\frac{z_1}{z_2} = \frac{8+3i}{9-2i} = \frac{(8+3i)(9+2i)}{(9-2i)(9+2i)} = \frac{66+43i}{81+4} = \frac{66}{85} + \frac{43}{85}i$$

이다. 몫에 $9 - 2i$를 곱하여 $8 + 3i$가 되는지 점검하여 보라. ■

복소수는 실수와 같이 결합, 분배 및 교환법칙이 성립한다(연습문제 참조).

복소평면

지금까지는 복소수의 대수적 계산을 다루었고 이제부터는 응용 면에서 중요성을 갖는 복소수의 기하적 표현을 고려해 보자. 두 개의 서로 직교하는 좌표축, 즉 **실축**(real axis)이라 불리는 수평 x축과 **허축**(imaginary axis)이라 불리는 수직 y축을 선택하자. 두 축은 모두 같은 길이의 단위를 사용한다(그림 318). 이것을 **직교좌표계**(Cartesian coordinate system)라 부른다.

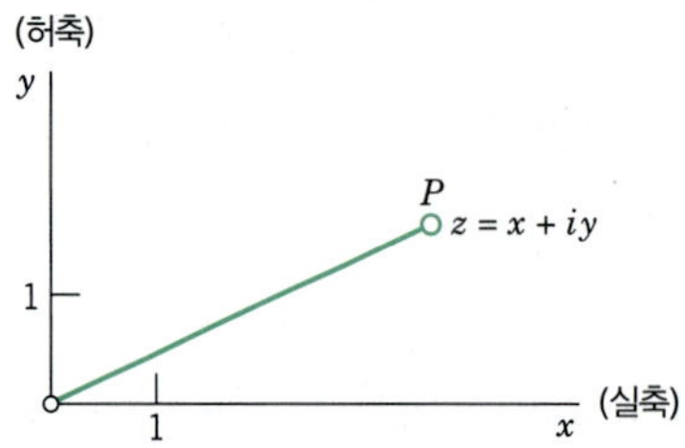

그림 318. 복소평면

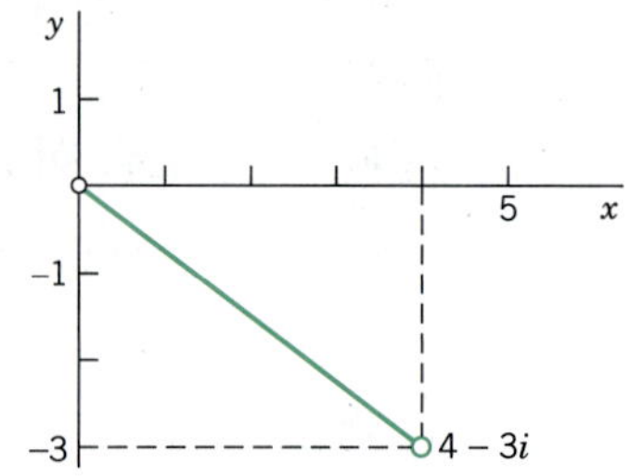

그림 319. 복소평면에서 복소수 $4 - 3i$

이제 주어진 복소수 $z = (x, y) = x + iy$를 좌표 x, y를 갖는 점 P로 그려 넣는다. 복소수가 이와 같은 방식으로 표시되는 xy-평면을 **복소평면**(complex plane)[2]이라 한다. 그 한 예를 그림 319에 나타내었다.

"복소평면에서 그를 나타낸 점"이라고 말하는 대신에 간략하게 "***복소평면에서의 점 z***"라고 말한다. 이렇게 말해도 누구나 쉽게 이해 가능하다.

그림 320과 그림 321에는 덧셈과 뺄셈의 예를 각각 가시적으로 보여준다.

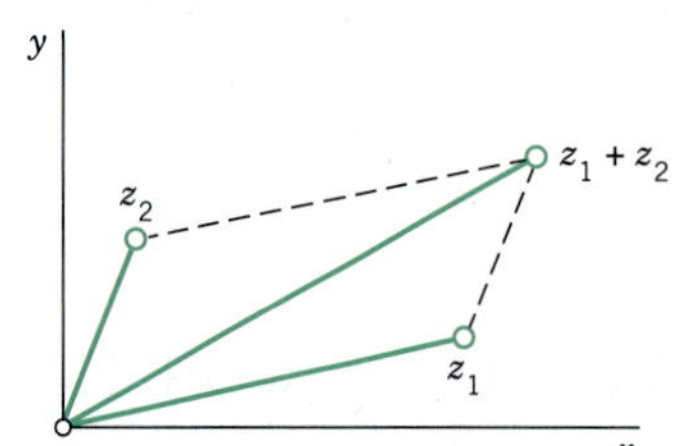

그림 320. 복소수의 덧셈

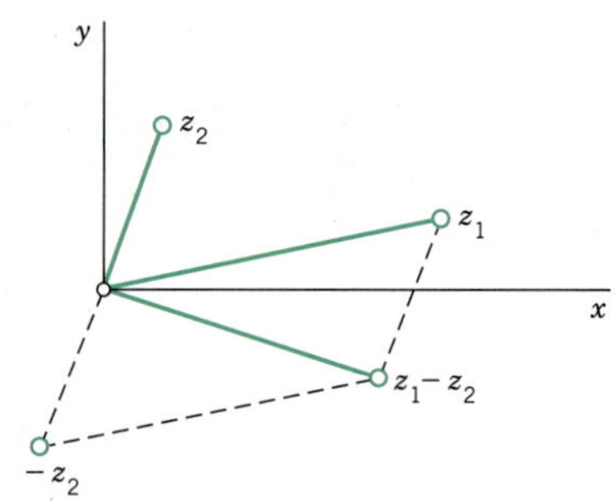

그림 321. 복소수의 뺄셈

[2]때로는 프랑스 수학자 JEAN ROBERT ARGAND(1768-1822)의 이름을 따라 **Argand 다이어그램**이라 부른다. 그는 제네바에서 태어났으며 후에 파리에서 도서관 사서로 일하였다. 복소평면에 대한 그의 논문은 1806년에 발표되었는데 이는 덴마크 과학원의 측량사였던 노르웨이 수학자 CASPAR WESSEL(1745-1818)이 유사한 논문을 발표한 지 9년 후였다.

공액복소수

복소수 $z = x + iy$의 **공액복소수**(complex conjugate number)는 $\bar{z}$로 표기하며

$$\bar{z} = x - iy$$

로 정의되는데 기하학적으로 복소평면 상에서 실수축에 대칭시킴으로써 얻는다. 그림 322에 복소수 $z = 5 + 2i$와 그의 공액복소수 $\bar{z} = 5 - 2i$를 나타내었다.

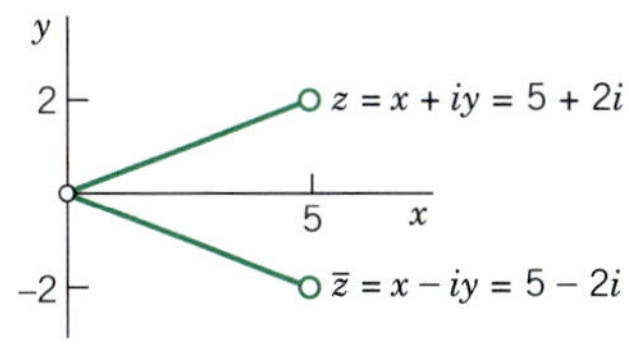

그림 322. 공액복소수

공액복소수는 중요한 개념인데 이는 복소수에서 실수로의 전환이 가능하도록 해주기 때문이다. 즉, 주어진 복소수와 그의 공액복소수를 곱하면 $z\bar{z} = x^2 + y^2$으로 실수가 얻어진다. (각자 증명해 보라.) 더욱이 덧셈과 뺄셈을 적용하면 $z + \bar{z} = 2x$, $z - \bar{z} = 2iy$이므로 z의 실수부와 허수부를 다음과 같은 중요한 공식으로 표시할 수 있다.

$$\text{(8)} \qquad \operatorname{Re} z = x = \tfrac{1}{2}(z + \bar{z}), \qquad \operatorname{Im} z = y = \frac{1}{2i}(z - \bar{z})$$

만약 z가 실수일 경우, $z = x$이고 $\bar{z}$의 정의로부터 $\bar{z} = z$이다. 공액복소수는 취급이 용이한데 이는 다음과 같은 관계를 만족하기 때문이다.

$$\text{(9)} \qquad \begin{aligned} &\overline{(z_1 + z_2)} = \bar{z}_1 + \bar{z}_2, \qquad \overline{(z_1 - z_2)} = \bar{z}_1 - \bar{z}_2, \\ &\overline{(z_1 z_2)} = \bar{z}_1 \bar{z}_2, \qquad \overline{\left(\frac{z_1}{z_2}\right)} = \frac{\bar{z}_1}{\bar{z}_2} \end{aligned}$$

예제 3 식 (8)과 (9)의 예

$z_1 = 4 + 3i$이고 $z_2 = 2 + 5i$라 하자. 식 (8)에 의해

$$\operatorname{Im} z_1 = \frac{1}{2i}[(4 + 3i) - (4 - 3i)] = \frac{3i + 3i}{2i} = 3$$

이고, 또한 식 (9)의 곱셈공식은 다음에 의해 검증된다.

$$\begin{aligned} \overline{(z_1 z_2)} &= \overline{(4 + 3i)(2 + 5i)} = \overline{(-7 + 26i)} = -7 - 26i, \\ \bar{z}_1 \bar{z}_2 &= (4 - 3i)(2 - 5i) = -7 - 26i \end{aligned}$$

■

연습문제 13.1

1. **i의 거듭제곱**. $i^2 = -1$, $i^3 = -i$, $i^4 = 1$, $i^5 = i$, $\cdots$ 그리고 $1/i = -1$, $1/i^2 = -1$, $1/i^3 = i$, $\cdots$임을 증명하라.

2. **회전**. i를 곱할 때마다 반시계방향으로 $\pi/2$ (90°)만큼 회전한다. 복소수가 $z = 1 + i$, $z = -1 + 2i$, $z = 4 - 3i$로 주어질 때 z와 iz를 복소평면에 나타내어 회전각도가 $\pi/2$ (90°)임을 보여라.

3. **나눗셈**. $z_1 = 26 - 18i$와 $z_2 = 6 - 2i$일 때, 식 (7)의 계산을 검증하라.

4. **공액복소수 법칙**. $z_1 = -11 + 10i$, $z_2 = -1 + 4i$에 대하여 식 (9)를 검증하라.

5. **순허수**. $z = x + iy$가 순허수일 필요충분조건은 $\bar{z} = -z$임을 보여라.

6. **곱셈**. 두 복소수의 곱이 0이면 적어도 하나의 요소(factor)가 0이 되어야 함을 보여라.

7. **덧셈과 곱셈법칙**. 실수에 대응하는 법칙들로부터 복소수에 대한 다음 법칙들을 유도하라.

$$z_1 + z_2 = z_2 + z_1, \quad z_1z_2 = z_2z_1 \qquad \text{(교환법칙)}$$

$$(z_1 + z_2) + z_3 = z_1 + (z_2 + z_3), \quad (z_1z_2)z_3 = z_1(z_2z_3) \qquad \text{(결합법칙)}$$

$$z_1(z_2 + z_3) = z_1z_2 + z_1z_3 \qquad \text{(분배법칙)}$$

$$0 + z = z + 0 = z,$$

$$z + (-z) = (-z) + z = 0, \qquad z \cdot 1 = z$$

8-15 **복소연산**

$z_1 = -2 + 5i$, $z_3 = 3 - i$라 놓고 다음을 $x + iy$ 형태로 구하라.

8. z_1z_2, $\overline{(z_1z_2)}$

9. $\text{Re}\,(z_1^2)$, $(\text{Re}\,z_1)^2$

10. $\text{Re}\,(1/z_2^2)$, $1/\text{Re}\,(z_2^2)$

11. $(z_1 - z_2)^2/16$, $(z_1/4 - z_2/4)^2$

12. z_1/z_2, z_2/z_1

13. $(z_1 + z_2)(z_1 - z_2)$, $z_1^2 - z_2^2$

14. $\bar{z}_1/\bar{z}_2$, $\overline{(z_1/z_2)}$

15. $4\,(z_1 + z_2)/(z_1 - z_2)$

16-20 $z = x + iy$라 놓고 다음을 구하라.

16. $\text{Im}\,(1/z)$, $\text{Im}\,(1/z^2)$

17. $\text{Re}\,z^4 - (\text{Re}\,z^2)^2$

18. $\text{Re}\,[(1 + i)^{16}z^2]$

19. $\text{Re}\,(z/\bar{z})$, $\text{Im}\,(z/\bar{z})$

20. $\text{Im}\,(1/\bar{z}^2)$

13.2 복소수의 극형식. 거듭제곱과 근

xy-좌표와 더불어 다음과 같이 정의되는 통상적인 극좌표 r, θ를 사용함으로써 복소수의 연산성질에 대하여 더 깊은 통찰을 할 수 있게 된다.

$$x = r\cos\theta, \qquad y = r\sin\theta \tag{1}$$

따라서 $z = x + iy$를 다음과 같이 소위 **극형식**(polar form)이라 불리는 형태로 나타낼 수 있게 된다.

$$z = r(\cos\theta + i\sin\theta) \tag{2}$$

여기서 r은 z의 **절댓값**(absolute value 또는 modulus)이며 $|z|$로 표기한다. 즉,

$$|z| = r = \sqrt{x^2 + y^2} = \sqrt{z\bar{z}} \tag{3}$$

이다. 기하학적으로 $|z|$는 원점에서 점 z까지의 거리에 해당된다(그림 323). 유사하게 $|z_1 - z_2|$는 z_1과 z_2 사이의 거리이다(그림 324).

한편 θ는 z의 **편각**(argument)이라 부르며 arg z로 표기한다. 즉, $\theta = \arg z$이며 그림 323으로부터

$$\tan\theta = \frac{y}{x} \qquad (z \neq 0) \tag{4}$$

임을 알 수 있다. 기하학적으로 θ는 양의 x축에서 OP까지의 방향각에 해당된다. 여기서는, 미적분학에서와 같이, 모든 ***각은 라디안(radian)으로 측정되고 반시계방향이 양이다***.

$z = 0$에 대해서는 편각 θ가 정의되지 않는다. (왜 그럴까?) $z \neq 0$인 주어진 복소수에 대하여 편각은 2π의 임의 정수배를 더한 값들로 결정된다. 왜냐하면 코사인과 사인의 주기가 2π이기 때문이다. 그러나 많은 경우에 $z \neq 0$에 대해 편각 arg z를 유일한 값으로 규정하길 원하며, 따라서 다음과 같은 arg z의 **주값**(principal value), Arg z를 이중 부등식을 이용하여 정의한다.

$$-\pi < \operatorname{Arg} z \leqq \pi \tag{5}$$

따라서 $z = x$가 양의 실수일 경우에는 Arg $z = 0$이고 $z = -4$와 같이 음의 실수일 때는 Arg $z = \pi$ ($-\pi$가 아님)이다. 식 (5)의 주값은 근, 복소로그(13.7절) 및 적분과 연관되어 중요하게 사용된다. 분명하게 $z \neq 0$인 복소수의 arg z 값들은 $\arg z = \operatorname{Arg} z \pm 2n\pi$ ($n = \pm 1, \pm 2, \cdots$)이다.

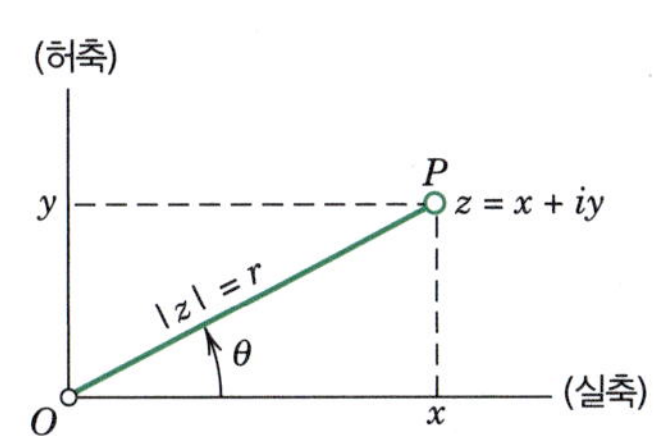

그림 323. 복소평면, 복소수의 극형식

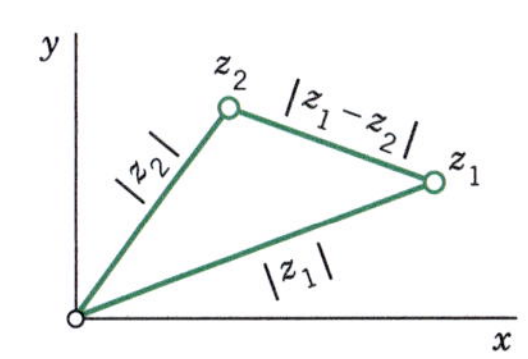

그림 324. 복소평면에서 두 점 사이의 거리

예제 1 복소수의 극형식. 주값 Arg z

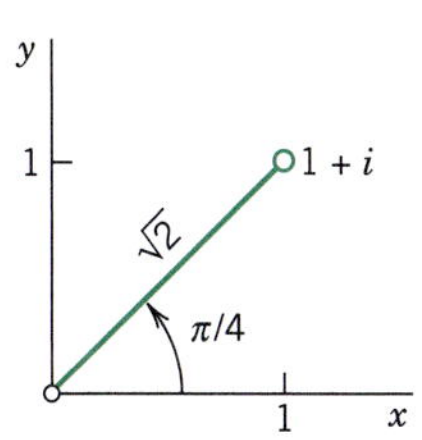

그림 325. 예제 1

$z = 1 + i$(그림 325)일 때 극형식은 $z = \sqrt{2}\,(\cos\frac{1}{4}\pi + i\sin\frac{1}{4}\pi)$이고, 따라서

$$|z| = \sqrt{2}, \quad \arg z = \tfrac{1}{4}\pi \pm 2n\pi \ (n = 0, 1, \cdots) \qquad \text{과} \qquad \operatorname{Arg} z = \tfrac{1}{4}\pi \quad (\text{주값})$$

를 얻는다. 같은 방법으로 $z = 3 + 3\sqrt{3}i$에 대하여 $z = 6(\cos\frac{1}{3}\pi + i\sin\frac{1}{3}\pi)$, $|z| = 6$ 그리고 Arg $z = \frac{1}{3}\pi$를 얻게 된다. ■

주의! 식 (4)를 사용할 때, $\tan\theta$는 주기 π를 가지므로 z가 놓여 있는 4분면에 주의를 기울여야 한다. 따라서 z와 $-z$의 편각은 같은 탄젠트값을 갖는다. *예를 들면* $\theta_1 = \arg(1 + i)$와 $\theta_2 = \arg(-1 - i)$에 대해, $\tan\theta_1 = \tan\theta_2 = 1$이다.

삼각부등식

$x_1 < x_2$와 같은 부등식은 *실수*에서는 의미가 있으나 복소수에서는 의미가 없다. 왜냐하면 *복소수의 경우에는 크기를 정하는 자연스러운 방법이 없기* 때문이다. 그러나 $|z_1| < |z_2|$ (z_1이 z_2보다 원점에 가깝다는 의미) 같은 절댓값(실수) 사이의 부등식은 매우 중요하다. 복소해석학에서 자주 사용하게 될 **삼각부등식**(triangle inequality)은

$$|z_1 + z_2| \leqq |z_1| + |z_2| \tag{6}$$ (그림 326)

이다. 이 부등식은 세 점 0, z_1, $z_1 + z_2$이 각 변이 $|z_1|$, $|z_2|$, $|z_1 + z_2|$으로 이루어진 삼각형(그림 326)의 꼭짓점에 해당되면 한 변의 길이가 나머지 두 변의 길이 합보다 클 수 없다는 사실로부터 얻어진다. 이에 대한 공식적인 증명은 독자들에게 맡긴다. (연습문제 33 참조.) (z_1, z_2가 원점을 통과하는 동일 직선상에 위치하면 삼각형은 퇴화된다.)

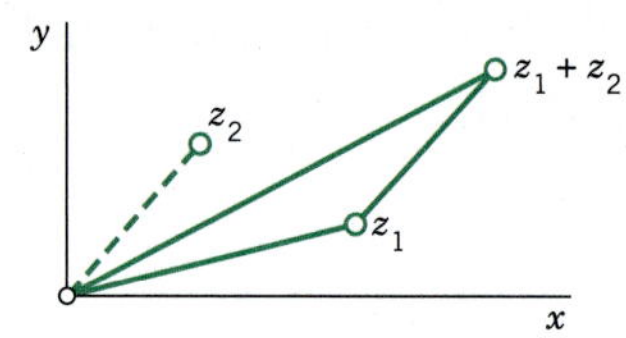

그림 326. 삼각부등식

귀납법에 의해 식 (6)으로부터 **일반화된 삼각부등식**

$$|z_1 + z_2 + \cdots + z_n| \leqq |z_1| + |z_2| + \cdots + |z_n|; \tag{6*}$$

즉, *총합의 절댓값은 각 항들의 절댓값의 합을 초과할 수 없다*는 사실을 얻을 수 있다.

예제 2 삼각부등식

$z_1 = 1 + i$이고 $z_2 = -2 + 3i$일 때, $|z_1 + z_2|$을 구하면

$$|z_1 + z_2| = |-1 + 4i| = \sqrt{17} = 4.123 < \sqrt{2} + \sqrt{13} = 5.020$$

이다. (그림으로 그려 확인해 보라.) ■

극형식에서의 곱셈과 나눗셈

이것을 알게 되면 곱셈과 나눗셈을 "기하학적"으로 이해할 수 있게 될 것이다.

$$z_1 = r_1(\cos\theta_1 + i\sin\theta_1) \quad \text{과} \quad z_2 = r_2(\cos\theta_2 + i\sin\theta_2)$$

라 놓자.

곱셈. 우선 13.1절의 식 (3)을 적용하면 곱은

$$z_1/z_2 = r_1r_2[(\cos\theta_1\cos\theta_2 - \sin\theta_1\sin\theta_2) + i(\sin\theta_1\cos\theta_2 + \cos\theta_1\sin\theta_2)]$$

이다. 여기서 사인과 코사인 덧셈정리[부록 A3.1의 식 (6)]를 적용하면

$$z_1z_2 = r_1r_2[\cos(\theta_1 + \theta_2) + i\sin(\theta_1 + \theta_2)] \tag{7}$$

를 얻는다. 식 (7)의 양변에 절댓값을 취하면 *곱의 절댓값은 각 인자의 절댓값들의* ***곱****과 같음*을 알게 된다.

(8) $$|z_1 z_2| = |z_1||z_2|$$

또한 식 (7)에 대한 편각으로부터 *곱의 편각은 각 인자의 편각의* ***합****과 같음*을 알게 된다.

(9) $$\arg (z_1 z_2) = \arg z_1 + \arg z_2 \qquad (2\pi\text{의 정수배까지})$$

나눗셈. 복소수 z_1은 $z_1 = (z_1/z_2)z_2$를 만족한다. 따라서 $|z_1| = |(z_1/z_2)z_2| = |z_1/z_2||z_2|$이고 $|z_2|$로 나누어 주면

(10) $$\left|\frac{z_1}{z_2}\right| = \frac{|z_1|}{|z_2|} \qquad (z_2 \neq 0)$$

이다. 곱셈에서의 편각과 유사하게 $\arg z_1 = \arg[(z_1/z_2)z_2] = \arg(z_1/z_2) + \arg z_2$이고 $\arg z_2$를 뺌으로써

(11) $$\arg \frac{z_1}{z_2} = \arg z_1 - \arg z_2 \qquad (2\pi\text{의 정수배까지})$$

이다. 식 (10)과 (11)을 결합하면 식 (7)과 유사한 공식인

(12) $$\frac{z_1}{z_2} = \frac{r_1}{r_2}[\cos (\theta_1 - \theta_2) + i \sin (\theta_1 - \theta_2)]$$

를 얻는데 이 식은 절댓값 r_1/r_2과 편각 $\theta_1 - \theta_2$를 갖는 어떤 복소수의 극형식에 해당됨을 알 수 있다. 한편 이 절댓값과 편각은 식 (10), (11) 그리고 복소수 z_1과 z_2의 극형식에서 볼 수 있는 것과 같은 복소수 z_1/z_2에 대한 값들이다.

예제 3 공식 (8)-(11)의 예

$z_1 = -2 + 2i$, $z_2 = 3i$라 놓으면 $z_1 z_2 = -6 - 6i$이고 $z_1/z_2 = \frac{2}{3} + (\frac{2}{3})i$이다. 따라서

$$|z_1 z_2| = 6\sqrt{2} = 3\sqrt{8} = |z_1||z_2|, \qquad |z_1/z_2| = 2\sqrt{2}/3 = |z_1|/|z_2|$$

이고 편각은 $\text{Arg } z_1 = 3\pi/4$와 $\text{Arg } z_2 = \pi/2$이므로

$$\text{Arg } (z_1 z_2) = -\frac{3\pi}{4} = \text{Arg } z_1 + \text{Arg } z_2 - 2\pi, \qquad \text{Arg}\left(\frac{z_1}{z_2}\right) = \frac{\pi}{4} = \text{Arg } z_1 - \text{Arg } z_2$$

를 얻는다. ■

예제 4 z의 정수 거듭제곱. De Moivre 공식

$z_1 = z_2 = z$일 경우, 식 (8)과 (9)로부터 $n = 0, 1, 2, \cdots$ 에 대해 다음을 얻는다.

(13) $$z^n = r^n (\cos n\theta + i \sin n\theta)$$

유사한 방법으로 식 (12)에 $z_1 = 1$과 $z_2 = z^n$을 대입하면 $n = -1, -2, \cdots$에 대해 같은 결과인 식 (13)을 얻을 수 있다. $|z| = r = 1$일 때, 식 (13)은 아래의 **De Moivre 공식**[3]이 된다.

(13*) $$(\cos\theta + i\sin\theta)^n = \cos n\theta + i\sin n\theta$$

이 공식은 $\cos n\theta$와 $\sin n\theta$를 $\cos\theta$와 $\sin\theta$의 거듭제곱으로 나타내는 데 유용하게 사용된다. 예를 들어 $n = 2$일 때, 식 (13*)의 좌변은 $\cos^2\theta + 2i\cos\theta\sin\theta - \sin^2\theta$이고, 양변의 실수부와 허수부를 취하면

$$\cos 2\theta = \cos^2\theta - \sin^2\theta, \qquad \sin 2\theta = 2\cos\theta\sin\theta$$

와 같은 익숙한 공식을 얻게 된다. 이것은 복소수를 통해 *실수*에 대한 공식들을 비교적 간단히 얻을 수 있음을 보여준다. $n = 3$일 경우 얻어지는 공식을 각자 구해보라. ■

근(roots)

만약 $z = w^n$ $(n = 1, 2, \cdots)$이면, 주어진 각 w 값에 대하여 *한 개*의 z 값이 대응된다. 한편 반대로 주어진 z $(z \neq 0)$ 값에 대하여는 n개의 서로 다른 w 값이 대응됨을 곧 보게 될 것이다. 이러한 w 값들을 z의 ***n*제곱근**(nth root)이라 하며

(14) $$w = \sqrt[n]{z}$$

으로 나타낸다. 따라서 이 기호는 *n개의 값*을 갖는 ***다가***(multivalued)를 의미한다. $\sqrt[n]{z}$의 n 값은 다음과 같은 과정을 통해 얻을 수 있다. 즉 z와 w를 극형식으로 나타내면

$$z - r(\cos\theta + i\sin\theta) \quad \text{와} \quad w = R(\cos\phi + i\sin\phi)$$

이고, 따라서 방정식 $w^n = z$은 De Moivre 공식(θ 대신에 ϕ를 대입)을 적용하면

$$w^n = R^n(\cos n\phi + i\sin n\phi) = z = r(\cos\theta + i\sin\theta)$$

이 된다. 양변에 절댓값을 취하면 $R^n = r$ 또는 $R = \sqrt[n]{r}$이고 절댓값은 음수가 될 수 없으므로 $\sqrt[n]{r}$은 유일하게 결정되는 양의 실수값을 갖는다. 한편 편각 $n\phi$와 θ는 같고 θ가 2π의 정수배로 결정되므로

$$n\phi = \theta + 2k\pi, \quad \text{따라서} \quad \phi = \frac{\theta}{n} + \frac{2k\pi}{n}$$

를 얻는다. 여기서 k는 정수이다. $k = 0, 1, \cdots, n-1$에 대하여 n개의 *서로 다른* w 값을 얻는데, 그 이상의 k 값에 대해서는 이미 얻은 값과 같은 값을 얻게 된다. 예를 들면 $k = n$일 때 $2k\pi/n = 2\pi$이므로 w 값은 $k = 0$일 때와 같은 값을 얻는다. 따라서 $z \neq 0$인 $\sqrt[n]{z}$는 n개의 서로 다른 값들을 갖는다.

(15) $$\sqrt[n]{z} = \sqrt[n]{r}\left(\cos\frac{\theta + 2k\pi}{n} + i\sin\frac{\theta + 2k\pi}{n}\right)$$

---

[3]ABRAHAM DE MOIVRE(1667-1754) 프랑스의 수학자로 삼각함수에 허수를 도입하였고 확률이론의 정립에도 공헌한 자이다(24.8절 참조).

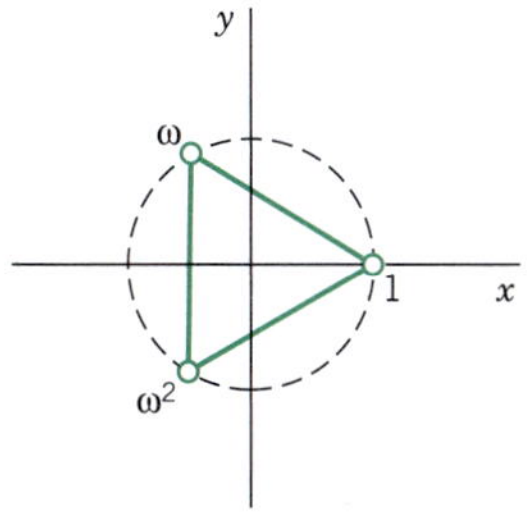

그림 327. $\sqrt[3]{1}$

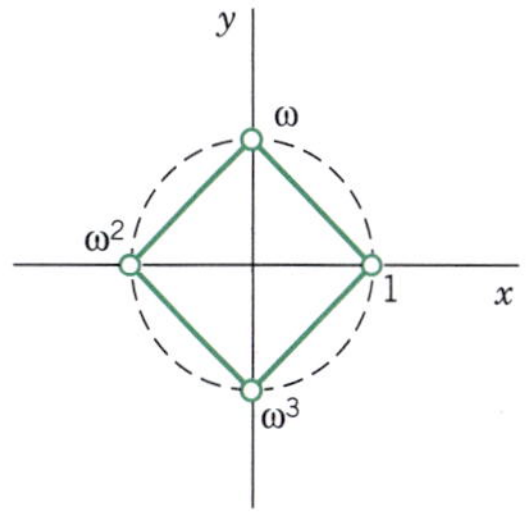

그림 328. $\sqrt[4]{1}$

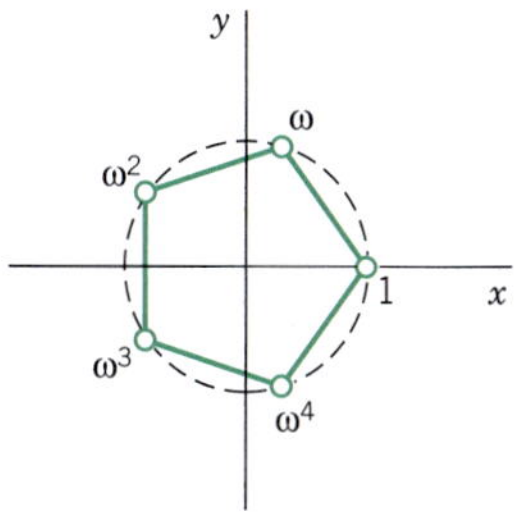

그림 329. $\sqrt[5]{1}$

여기서 $k = 0, 1, \cdots, n-1$이다. 이들 n개의 값들은 중심이 원점이고 반지름이 $\sqrt[n]{r}$인 원 위에 위치하며 n개의 변을 가지는 정다각형의 꼭짓점을 이룬다. 식 (15)에서 arg z의 주값과 $k = 0$일 때 얻어지는 $\sqrt[n]{z}$의 값을 $w = \sqrt[n]{z}$의 **주값**(principal value)이라 한다.

식 (15)에서 $z = 1$일 때, $|z| = r = 1$이고 Arg $z = 0$을 만족하므로 식 (15)는

(16) $$\sqrt[n]{1} = \cos\frac{2k\pi}{n} + i\sin\frac{2k\pi}{n}, \qquad k = 0, 1, \cdots, n-1$$

이 된다. 이때 n 값들을 **단위 *n* 제곱근**(nth root of unity)이라 칭하는데 이들은 원점이 중심이고 반지름이 1인 원, 즉 **단위원**(unit circle) 상에 위치한다. 그림 327-329에 $\sqrt[3]{1} = 1, -\frac{1}{2} \pm \frac{1}{2}\sqrt{3}i$, $\sqrt[4]{1} = \pm 1, \pm i$ 그리고 $\sqrt[5]{1}$을 보여준다.

식 (16)에서 $k = 1$에 대응하는 값을 ω로 나타내면, $\sqrt[n]{1}$의 n 값들은 다음과 같이 얻어진다.

$$1, \omega, \omega^2, \cdots, \omega^{n-1}$$

일반적으로 w_1을 임의 복소수 $z\,(\neq 0)$의 n제곱근이라 하면, 식 (15)의 $\sqrt[n]{z}$에 대한 n개의 서로 다른 값들은

(17) $$w_1, \quad w_1\omega, \quad w_1\omega^2, \quad \cdots, \quad w_1\omega^{n-1}$$

이다. 왜냐하면 w_1에 ω^k를 곱한 것은 w_1의 편각을 $2k\pi/n$만큼 증가시킨 것에 해당되기 때문이다. 식 (17)은 단위근(root of unity)을 소개하는 동기가 되고, 더 나아가 단위근의 유용성을 보여준다.

연습문제 13.2

1-8 극형식

극형식으로 나타내고 예제 1의 그림 325에서와 같이 복소평면에 그려라. 극형식은 매우 유용하게 사용되므로 신중하게 문제에 임하고 풀이과정을 자세히 보여라.

1. $1 + i$

2. $-2 + 2i$

3. $2i, -2i$

4. -4

5. $\dfrac{\sqrt{2} + i/3}{-\sqrt{8} - 2i/3}$

6. $\dfrac{\sqrt{5} - 10i}{-\frac{1}{2}\sqrt{5} + 5i}$

7. $1 + \frac{1}{2}\pi i$

8. $\dfrac{7 + 4i}{3 - 2i}$

9-14 주편각

편각의 주값을 구하고 그림 325에서와 같이 복소평면에 그려라.

9. $1 - i$

10. $-5, -5 - i, -5 + i$

11. $\sqrt{3} \pm i$

12. $-\pi - \pi i$

13. $(1 - i)^{20}$

14. $-1 + 0.1i, -1 - 0.1i$

15-18 ***$x + iy$로의 변환***

$x + iy$의 형태로 변환하고 복소평면에 그려라.

15. $4\left(\cos\frac{\pi}{2} - i\sin\frac{\pi}{2}\right)$

16. $6\left(\cos\frac{1}{3}\pi + i\sin\frac{1}{3}\pi\right)$

17. $\sqrt{8}\left(\cos\frac{3\pi}{4} + i\sin\frac{3\pi}{4}\right)$

18. $\sqrt{50}\left(\cos\frac{3}{4}\pi + i\sin\frac{3}{4}\pi\right)$

근(roots)

19. CAS 과제. 단위근과 그들의 그래프. 이 근들을 계산하고 이들을 단위원 상에 점들로 나타낼 수 있는 프로그램을 작성하라. $z^n = 1$ $(n = 2, 3, \cdots, 10)$을 프로그램에 적용하여 결과를 보여라. 또한 교재에 나와 있는 아이디어를 사용하여 임의 근을 갖는 경우에 적용할 수 있도록 프로그램을 확장하고, 각자가 선택한 예제에 프로그램을 적용하라.

20. 조별 과제. 제곱근. **(a)** $w = \sqrt{z}$가 다음 값을 가짐을 증명하라.

$$w_1 = \sqrt{r}\left[\cos\frac{\theta}{2} + i\sin\frac{\theta}{2}\right],$$

$$(18) \qquad w_2 = \sqrt{r}\left[\cos\left(\frac{\theta}{2} + \pi\right) + i\sin\left(\frac{\theta}{2} + \pi\right)\right] = -w_1$$

(b) 식 (18)로부터 실제로 많이 사용되는 공식인

$$(19) \qquad \sqrt{z} = \pm\left[\sqrt{\tfrac{1}{2}(|z| + x)} + (\text{sign } y)i\sqrt{\tfrac{1}{2}(|z| + x)}\right]$$

을 구하라. 여기서 $y \geqq 0$이면 $\text{sign } y = 1$이고, $y < 0$이면 $\text{sign } y = -1$이다. 또한 양수의 모든 제곱근은 양의 부호를 취한다. *힌트.* $x = \theta/2$라 놓고 부록 A3.1의 식 (10)을 사용하라.

(c) 식 (18)과 식 (19)를 사용하여 $-14i$, $-9 - 40i$, $1 + \sqrt{48}i$의 제곱근을 구하고 그 과정을 간략하게 설명하라.

(d) 각자 여러 가지 예들을 더 들어보고 결과를 확인할 수 있는 방법을 적용하라.

21-27 **근**

모든 근들을 구하고 복소평면에 나타내라.

21. $\sqrt[3]{1 - i}$

22. $\sqrt[3]{3 + 4i}$

23. $\sqrt[3]{343}$

24. $\sqrt[4]{-4}$

25. $\sqrt[4]{i}$

26. $\sqrt[8]{1}$

27. $\sqrt[5]{-1}$

28-31 **방정식**

모든 해를 구하고 그래프를 그려라.

28. $z^2 - (6 - 2i)z + 17 - 6i = 0$

29. $z^2 - z + 1 - i = 0$

30. $z^4 + 324 = 0$. 해를 사용하여 $z^4 + 324$를 *실계수*를 갖는 2차식으로 인수분해하라.

31. $z^4 - 6iz^2 + 16 = 0$

32-35 **등식과 부등식**

32. 삼각부등식. $z_1 = 3 + i$, $z_2 = -2 + 4i$일 때, 식 (6)을 만족하는지 보여라.

33. 삼각부등식. 식 (6)을 증명하라.

34. 실수부와 허수부. $|\text{Re } z| \leqq |z|$, $|\text{Im } z| \leqq |z|$를 증명하라.

35. 평행사변형 등식. 다음을 증명하고 이름에 대하여 설명하라.

$$|z_1 + z_2|^2 + |z_1 - z_2|^2 = 2(|z_1|^2 + |z_2|^2).$$

13.3 도함수와 해석함수

미적분학이나 실해석에서 요구되는 영역, 근방, 함수, 극한, 연속성, 도함수 등과 같은 개념들이 복소해석에서도 동일하게 요구된다. 한편 복소함수는 복소평면 상에서 정의되므로 실함수에서의 개념과는 약간 *다르거나* 좀 더 복잡하다. 본 절은 Part D의 남은 장들에서 필요로 하는 여러 개념들을 소개하는 참고 절로 간주할 수 있다.

원과 원판. 반평면

13.2절에서 **단위원**(unit circle), $|z| = 1$(그림 330)에 대해서 이미 소개하였다. 한편 그림 331은 중심이 a이고 반지름이 ρ인 일반적인 원을 나타내는데 식으로 표현하면 다음과 같다.

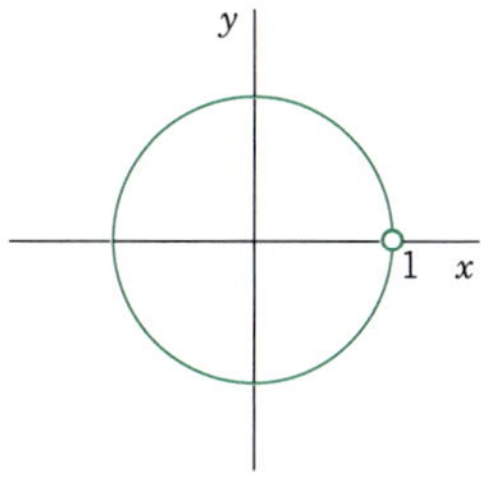

그림 330. 단위원

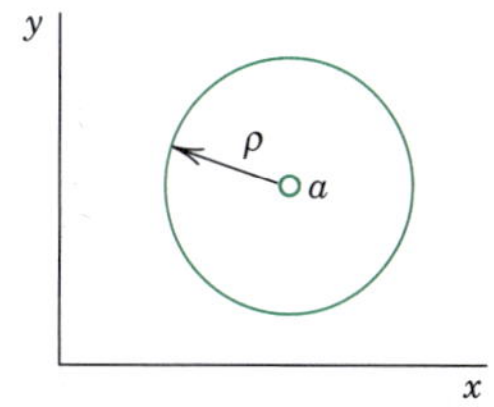

그림 331. 복소평면 위의 원

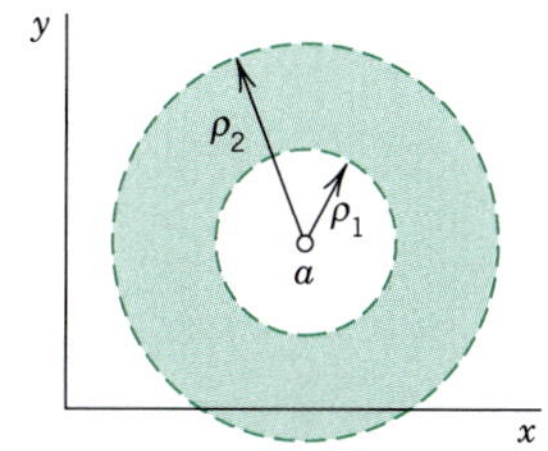

그림 332. 복소평면 위의 환형

$$|z - a| = \rho$$

이는 중심 a로부터 거리가 ρ인 모든 z들로 구성되어 있음을 보여준다. 따라서 원 내부인 $|z - a| < \rho$인 영역을 "**열린 원판**(open circular disk)", 원 내부와 원 자체를 포함하는 $|z - a| \leqq \rho$인 영역을 "**닫힌 원판**(closed circular disk)"이라 하며, $|z - a| > \rho$는 원 외부를 나타낸다. 이와 같은 부등식을 이해하기 위해 $a = 1 + i$와 $\rho = 2$인 경우를 예를 들어 그려보라.

$|z - a| < \rho$인 열린 원판은 a의 **근방**(neighborhood)이라고도 하며, 더 정확하게는 a의 ρ-**근방**이라고도 불린다. a는 주어진 ρ (> 0) 값에 대하여 무수히 많은 근방을 가지며 정의에 의해 a는 그들 각각에 속해 있는 한 점에 해당된다.

현대 문헌에서는 a의 ρ-근방을 포함하는 *집합*을 또한 a의 *근방*이라고 부른다.

그림 332는 $\rho_1 < |z - a| < \rho_2$인 **열린 환형**(open annulus)을 나타내는데 추후에 다루어질 것이다. 이는 a로부터 거리 $|z - a|$가 ρ_1보다 크고 ρ_2보다 작은 모든 그의 집합들로 이루어진다. 반면에 $\rho_1 \leqq |z - a| \leqq \rho_2$인 **닫힌 환형**(closed annulus)은 반지름이 ρ_1, ρ_2인 두 원을 포함한다.

반평면. $y > 0$인 점 $z = x + iy$의 집합을 (열린) 상**반평면**[(open) upper half-plane]이라 한다. 유사하게 $y < 0$ 조건일 때 *하반평면*(lower half-plane), $x > 0$일 때 *우반평면*(right half-plane), $x < 0$일 때 *좌반평면*(left half-plane)으로 각각 정의된다.

참고: 복소평면에서 집합과 관련된 몇 가지 개념

특별한 집합에 대한 논의에 13~18장에 걸쳐서 광범위하게 요구되는 집합과 관련된 일반적인 개념들을 덧붙이기로 하자. 독자들은 이 개념들을 바로 여기서 확인할 수 있음을 기억하기 바란다.

복소평면에서 **점집합**(point set)은 유한 또는 무한의 많은 점들의 집합을 의미한다. 예를 들면 2차방정식의 해, 직선상의 점들, 바로 전에 논의하였던 일정 크기의 원 내부에 있는 점들 등이 이에 속한다.

집합 S의 모든 점들이 오로지 S에 속해 있는 점들로만 구성된 근방을 가질 때, S는 **열렸다**(open)고 말한다. 즉, 원 또는 정사각형 내부 점들 그리고 우반평면($\text{Re}\, z = x > 0$)의 점들은 열린 집합(open set)을 이룬다.

집합 S의 임의의 두 점이, S에 속해 있는 점들로만 이루어진 유한개의 선분들로 이어질 수 있을 경우, S는 **연결되었다**(connected)고 한다. 열린 연결집합을 **열린 영역**(domain)이라 부른다. 따라서 열린 원판과 열린 환형은 각각이 열린 영역에 해당된다. 반면에 대각선이 제거된 열린 정사각형은 열린 영역에 해당되지 않는다. 왜냐하면 이 집합은 연결되어 있지 않기 때문이다. (그 이유는?)

복소평면 내의 집합 S의 **여집합**(complement)이란, S에 ***속하지 않은*** 복소평면 내의 모든 점들의 집합을 말한다. 집합 S의 여집합이 열려 있을 때, 집합 S는 **닫혔다**(closed)고 한다. 예를 들면 단위원 내부 및 원상의 모든 점들로 이루어진 집합은 이의 여집합 $|z| > 1$이 열려 있으므로 닫힌 집합, 즉 "닫힌 단위원판(closed unit disk)"을 이룬다.

집합 S의 **경계점**(boundary point)이란, 그 점의 모든 근방이 S에 속하는 점과 속하지 않는 점을 둘 다 포함하는 점을 말한다. 예를 들면 환형의 경계점은 경계를 이루는 두 원 위의 점들이 해당된다. 만약 어떤 집합 S가 열려 있다면, S의 어떠한 경계점도 집합 S에 속하지 않는다. 반면 집합 S가 닫힌 집합일 경우에는 S의 모든 경계점도 집합 S에 속한다. 집합 S에 속하는 모든 경계점들의 집합을 **경계**(boundary)라 한다.

정의역과 그의 경계점 일부 또는 전부의 합으로 이루어진 집합을 **영역**(region)이라 한다.

주의! 열린 연결집합을 *현대적* 표준용어로 "정의역"이라 하는데, 아직도 어떤 저자들은 정의역을 "영역"이라 칭하기도 하며 더 나아가 이들을 구별하지 않고 사용하기도 한다.

복소함수

복소해석학은 어떤 정의역에서 미분 가능한 복소함수들과 관련된다. 따라서 우선 복소함수의 의미를 언급하고 이의 극한과 미분에 대한 개념에 대하여 정의하고자 한다. 이에 대한 논의는 미적분학에서와 매우 유사하나, 그럼에도 불구하고 실수와 복소수의 미적분 사이에는 흥미롭고도 근본적인 차이들이 존재하므로 많은 주의가 요구된다.

미적분학에서는 실수 집합 S(일반적으로 구간) 위에서 정의되는 *실*함수 f는 S 내의 모든 x에 대하여 f의 x에서의 *값*이라 부르는, 실수 $f(x)$를 대응시키는 규칙이다. 이제 S를 복소수 집합이라 하면, 미적분학에서와 유사하게 S 위에서 정의되는 **함수**(function) f는 S 내의 모든 z에 대하여 f의 z에서의 *값*이라 부르는, 복소수 w를 대응시키는 규칙이며

$$w = f(z)$$

로 나타낸다. 여기서 z는 S 내에서 변하며 이를 **복소변수**(complex variable)라 부른다. 또한 집합 S를 f의 *정의의 영역*(domain of definition), 간략히 f의 **정의역**(domain)이라 한다. (대부분의 경우 S는 열려있고 연결되어 있다. 따라서 정의역은 앞에서 정의한 열린 영역과 같다.)

예: $w = f(z) = z^2 + 3z$는 모든 z에 대해 정의되는 복소함수이다. 즉 w의 정의역 S는 전체 복소평면에 해당한다.

함수 f의 모든 값들의 집합을 *f의* **치역**(range)이라 한다.

w는 복소수이므로 u와 v를 각각 w의 실수부와 허수부라 할 때, $w = u + iv$로 나타낼 수 있다. 한편 w는 $z = x + iy$에 의존하므로 u는 x와 y의 실함수가 되고, v 역시 그러하다. 따라서 최종적으로 w는

$$w = f(z) = u(x, y) + iv(x, y)$$

와 같이 나타낼 수 있게 된다. 이것은 복소함수 $f(z)$가 두 개의 실변수 x와 y에 의존하는 *한 쌍의* 실함수 $u(x, y)$와 $v(x, y)$와 동등하다는 것을 보여준다.

예제 1 복소변수의 함수

$w = f(z) = z^2 + 3z$로 주어지고 $z = 1 + 3i$일 때, u와 v 및 f 값을 구하라.

풀이. $u = \text{Re}\, f(z) = x^2 - y^2 + 3x$이고 $v = 2xy + 3y$이다. 또한

$$f(1 + 3i) = (1 + 3i)^2 + 3(1 + 3i) = 1 - 9 + 6i + 3 + 9i = -5 + 15i$$

이다. 이로부터 $u(1, 3) = -5$와 $v(1, 3) = 15$임을 알 수 있고, 이는 위의 u와 v에 대한 식으로부터 확인 가능하다. ■

예제 2 복소변수의 함수

$w = f(z) = 2iz + 6\bar{z}$로 주어지고 $z = \frac{1}{2} + 4i$일 때, u와 v 및 f 값을 구하라.

풀이. $f(z) = 2i(x + iy) + 6(x - iy)$이므로 $u(x, y) = 6x - 2y$이고 $v(x, y) = 2x - 6y$이다. 또한

$$f(\tfrac{1}{2} + 4i) = 2i(\tfrac{1}{2} + 4i) + 6(\tfrac{1}{2} - 4i) = i - 8 + 3 - 24i = -5 - 23i$$

이다. 예제 1에서와 같이 이를 확인하라. ■

표기법과 용어에 대한 주의

1. 엄격히 말하면 $f(z)$는 z에서 f의 값을 나타낸다. 그러나 *함수* f를 사용하는 대신 독립변수를 표기하여, *함수* $f(z)$라 표기하는 것이 편리하다.

2. 모든 함수들은 일상적으로 ***단일가 관계***(single-valued relations)라 가정한다. 즉, S 내 각각의 z에 대하여 대응되는 *하나*의 값 $w = f(z)$를 갖는다. (그러나 미적분학에서와 같이 여러 개의 z 값에 대하여 동일한 $w = f(z)$를 갖기도 한다.) 따라서 하나의 z에 대하여 하나 이상의 w를 만족하는 다가관계(multivalued relation)에 대해 사용되는 "다가함수(multivalued function)"라는 용어는 *사용하지 않는다*.

극한, 연속성

함수 $f(z)$가 z_0 근방(z_0 자신은 제외될 수 있음)에서 정의되고, z_0에 "근접"한 모든 z에 대해 함수 f가 l에 "근접"할 때, f는 z가 z_0에 접근할 때 **극한**(limit) l을 갖는다고 말하고

$$\lim_{z \to z_0} f(z) = l \tag{1}$$

로 표기한다. 좀 더 정확한 용어로는, 모든 양의 실수 ϵ에 대해, 원판 $|z - z_0| < \delta$ 내의 모든 점 $z \neq z_0$에 대해

$$|f(z) - l| < \epsilon \tag{2}$$

을 만족하는 양의 실수 δ를 찾을 수 있다면, 즉 기하학적으로 말해 δ-원판 내의 모든 점 $z \neq z_0$에 대해 f 값이 식 (2)의 원판 내에 존재할 경우 식 (1)과 같이 표기한다(그림 333).

형식적으로, 이 정의는 미적분학에서와 유사하지만 실제로는 큰 차이가 있다. 즉, 실수의 경우에는 단지 실수축을 따라서만 x가 x_0에 접근할 수 있지만, 복소수에서는 정의에 의해 z

는 복소평면에서 *임의 방향*으로 z_0에 접근할 수 있다. 이것은 추후 논의에서 아주 중요하게 다루어진다.

만약 극한이 존재한다면 그 극한은 유일하다(조별 과제 24 참조).

만약 $f(z_0)$가 정의되고,

$$\lim_{z\to z_0} f(z) = f(z_0) \tag{3}$$

를 만족하면 함수 $f(z)$는 $z = z_0$에서 **연속**(continuous)이라 한다. 극한의 정의에 의해 $f(z)$가 z_0의 어떤 근방에서 정의됨을 의미한다는 것을 유념하기 바란다.

함수 $f(z)$가 한 열린 영역의 각 점에서 연속일 때, $f(z)$는 *그 영역에서* 연속이라 한다.

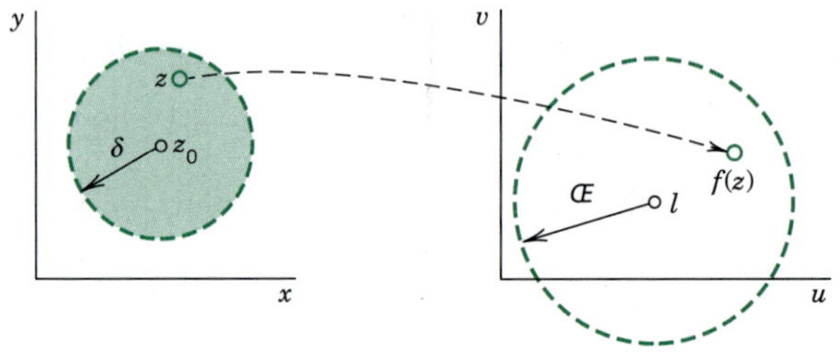

그림 333. 극한

도함수

점 z_0에서 복소함수 f에 대한 **도함수**(derivative)는 $f'(z_0)$로 표기되고

$$f'(z_0) = \lim_{\Delta z\to 0} \frac{f(z_0 + \Delta z) - f(z_0)}{\Delta z} \tag{4}$$

로 정의된다. 또한 식 (4)의 극한값이 존재할 때, 함수 f는 z_0에서 **미분 가능**(differentiable)하다고 말한다. 여기서 $\Delta z = z - z_0$라 놓으면 $z = z_0 + \Delta z$이고, 따라서 식 (4)는 다음과 같다.

$$f'(z_0) = \lim_{z\to z_0} \frac{f(z) - f(z_0)}{z - z_0} \tag{4'}$$

다음의 ***중요한 사실***을 기억하라. 극한의 정의에 의하면 $f(z)$가 z_0의 근방에서 정의되고 또한 식 (4′)의 z는 복소평면에서 임의 방향으로부터 z_0에 접근할 수 있다. 따라서 z_0에서 미분 가능하다는 것은 z가 어떤 경로를 따라 z_0에 접근하더라도 식 (4′)의 몫은 항상 어떤 값에 수렴하며, 또 그 값이 모두 동일하다는 것을 의미한다. 이것은 매우 중요한 사실이므로 꼭 새겨두기 바란다.

예제 3 미분가능성. 도함수

함수 $f(z) = z^2$은 모든 z에 대해 미분 가능하고 도함수는 $f'(z) = 2z$을 얻는다. 이를 밝혀라.

$$f'(z) = \lim_{\Delta z\to 0} \frac{(z + \Delta z)^2 - z^2}{\Delta z} = \lim_{\Delta z\to 0} \frac{z^2 + 2z\,\Delta z + (\Delta z)^2 - z^2}{\Delta z} = \lim_{\Delta z\to 0} (2z + \Delta z) = 2z \quad ■$$

복소수에서의 *미분규칙*(differentiation rule)은 *실수의 미적분에서와 같다*. 왜냐하면 증명이 글자 그대로 똑같기 때문이다. 따라서 어떤 미분 가능한 함수 f, g와 상수 c에 대하여

$$(cf)' = cf', \quad (f+g)' = f' + g', \quad (fg)' = f'g + fg', \quad \left(\frac{f}{g}\right)' = \frac{f'g - fg'}{g^2}$$

이 성립되고, 아울러 연쇄법칙과 거듭제곱법칙 $(z^n)' = nz^{n-1}$ (n은 정수)이 성립한다.

또한 $f(z)$가 z_0에서 미분 가능하면 z_0에서 연속이다(조별 과제 24 참조).

예제 4 **$\bar{z}$의 미분불가능성**

어떤 점에 대해서도 도함수를 갖지 않는 복소함수들이 의외로 많이 존재한다는 사실이 놀랍다. 예를 들면 $f(z) = \bar{z} = x - iy$가 그러한 복소함수이다. 이제 확인해 보자. $\Delta z = \Delta x + i\Delta y$라 놓으면,

$$\frac{f(z+\Delta z) - f(z)}{\Delta z} = \frac{\overline{(z+\Delta z)} - \bar{z}}{\Delta z} = \frac{\overline{\Delta z}}{\Delta z} = \frac{\Delta x - i\Delta y}{\Delta x + i\Delta y} \tag{5}$$

가 된다. 여기서 $\Delta y = 0$이면 이 값은 $+1$이고 $\Delta x = 0$이면 -1이 된다. 즉, 식 (5)는 그림 334의 경로 I를 따라가면 $+1$에 수렴하고, 경로 II를 따라가면 -1에 수렴한다. 그러므로 정의에 의해 $\Delta z \to 0$일 때, 식 (5)의 극한은 어떤 z에 대해서도 존재하지 않는다. ■

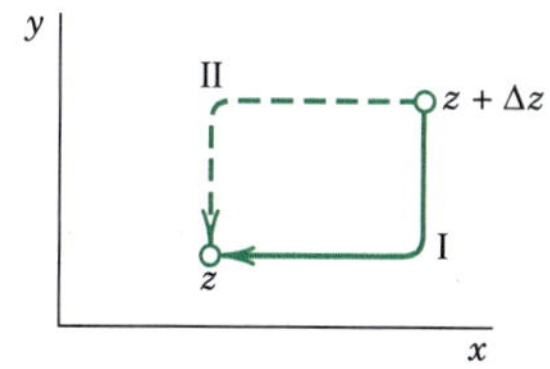

그림 334. 식 (5)의 경로

예제 4의 결과에 놀랐을지 모르나 그것은 단지 복소함수의 미분가능성은 보다 엄격한 조건을 요구하고 있음을 예시한 것에 불과하다.

서로 다른 방향에서 z로의 접근을 통한 입증방식은 근본적인 것으로 다음 절의 중요한 논제에서 다시 사용될 것이다.

해석함수

복소해석학에서는, "복소수에서 미적분"을 할 수 있게 하는, 어떤 열린 영역에서 미분 가능한 함수인 "해석함수"들에 대한 이론 및 응용이 중요시된다. 해석함수에 대한 정의는 다음과 같다.

정의

해석성(Analyticity)

$f(z)$가 *열린 영역* D의 모든 점들에서 정의되고 미분 가능할 때, $f(z)$는 D*에서 해석적*(analytic)이라고 한다. 또한 함수 $f(z)$가 z_0의 한 근방에서 해석적이면, $f(z)$는 D 내의 *점* $z = z_0$*에서 해석적*이라고 한다.

해석함수(analytical function)는 *어떤* 열린 영역에서 해석적인 함수를 의미한다.

$f(z)$가 z_0에서 해석적이란 말은 $f(z)$가 z_0의 한 근방의 모든 점에서 도함수를 갖는다는 뜻이 된다. (정의에 의해 z_0도 그의 근방 속의 점이기 때문에 z_0 자신도 포함된다.) 이 개념은 함수가 오직 한 점 z_0에서만 미분 가능하고, z_0의 어떤 근방의 모든 다른 점에서는 그렇지 못한 경우는 실질적인 관심사가 될 수 없다는 사실에서 *유래된* 것이다. 조별 과제 24는 한 예를 보여준다.

*D 내에서 해석적*이란 용어는 최근에는 *D 내에서 정칙*(holomorphic)이라 한다.

예제 5 다항식, 유리함수

양의 정수에 대한 거듭제곱 $1, z, z^2, \cdots$은 전체 복소평면에서 해석적이다. 따라서 다음과 같은 **다항식**(polynomials)도 해석적이다.

$$f(z) = c_0 + c_1 z + c_2 z^2 + \cdots + c_n z^n$$

여기서 $c_0, \cdots, c_n$은 복소상수이다.

두 개의 다항식 $g(z)$와 $h(z)$의 몫

$$f(z) = \frac{g(z)}{h(z)}$$

을 **유리함수**(rational function)라 한다. 이 함수 f는 $h(z) = 0$인 점을 제외하면 해석적이다. 한편 g와 h의 공통인자는 소거되었다고 가정한다.

더 많은 해석함수들이 다음 절들과 장에서 다루어질 것이다. ■

이 절에서 논의된 개념들은 미적분학에서 이미 친숙했던 개념들을 확장한 것이다. 여기서 가장 중요한 것은 복소해석학에서 중요한 관심거리인 해석함수에 대한 개념이다. 비록 상당수의 단순 함수들이 해석적이지 않으나, 남아있는 매우 다양한 함수들이 공학과 물리학에서 유용한, 수학의 가장 아름다운 분야를 만들어 낼 것이다.

연습문제 13.3

1-8 실제적인 관심 영역

다음과 같이 주어지는 복소평면 상의 집합을 구하고 그래프로 나타내라.

1. $|z + 1 - 2i| \leqq \frac{1}{4}$

2. $0 < |z| < 1$

3. $\frac{\pi}{2} < |z - 1 + 2i| < \pi$

4. $-\pi < \operatorname{Im} z < \pi$

5. $|\arg z| < \frac{\pi}{3}$

6. $\operatorname{Re}(1/z) < 1$

7. $\operatorname{Re} z \leqq -1$

8. $|z + i| \geqq |z - i|$

9. 서술형 과제. **복소평면 상의 집합**에 관한 본 교재의 내용을 자신의 용어로 공식화하고 예를 들어 입증하라.

복소함수와 도함수

10-12 **함수값**. 주어진 점 z에서 f, $\operatorname{Re} f$, $\operatorname{Im} f$ 등의 함수값을 구하라.

10. $f(z) = 5z^2 - 12z + 3 + 2i$, $z = 4 - 3i$

11. $f(z) = 1/(1 + z)$, $z = 1 - i$

12. $f(z) = (z - 1)/(z + 1)$, $z = 2i$

13. CAS 과제. **함수 그리기**. **(a)** $f(z) = z^2$, **(b)** $f(z) = 1/z$, **(c)** $f(z) = z^4$일 때, z-평면에 $\operatorname{Re} f(z)$, $\operatorname{Im} f(z)$, $|f|$를 각각 그려라. 또한 $\operatorname{Re} f(z) =$ 상수, $\operatorname{Im} f(z) =$ 상수인 두 곡선쌍을 같은 그림 위에 그려라. 그리고 $|f(z)| =$ 상수인 곡선을 다른 그림에 그려라.

14-17 **연속성**. $z \neq 0$에 대하여 $f(z)$가 다음과 같이 주어질 때, $f(0) = 0$을 만족하면 함수 $f(z)$가 $z = 0$에서 연속임을 밝혀라. (이유를 설명하라.)

14. $(\text{Re } z^2)/|z|$

15. $|z|^2 \text{ Im}(1/z)$

16. $(\text{Im } z^2)/|z|^2$

17. $(\text{Re } z)/(1 - |z|)$

18-23 **도함수**. 다음 각 조건들에서의 미분값을 구하라.

18. $(z - i)/(z + i)$, $z = i$

19. $(z - 2i)^3$, $z = 5 + 2i$

20. $(1.5z + 2i)/(3iz - 4)$, 임의의 z에 대하여, 결과를 설명하라.

21. $i(1 - z)^n$, $z = 0$

22. $(iz^3 + 3z^2)^3$, $z = 2i$

23. $z^3/(z - i)^3$, $z = -i$

24. 조별 과제. **극한, 연속성, 도함수**

(a) 극한. 식 (1)이 다음 관계들과 동치임을 증명하라.

$$\lim_{z \to z_0} \text{Re } f(z) = \text{Re } l, \qquad \lim_{z \to z_0} \text{Im } f(z) = \text{Im } l$$

(b) 극한. $\lim_{z \to z_0} f(z)$가 존재하면 이 극한이 유일함을 보여라.

(c) 연속성. 만약 $z_1, z_2, \cdots$가 $\lim_{n \to \infty} z_n = a$를 만족하는 복소수이고, $f(z)$가 $z = a$에서 연속일 경우, $\lim_{n \to \infty} f(z_n) = f(a)$임을 증명하라.

(d) 연속성. $f(z)$가 z_0에서 미분 가능할 때, $f(z)$ z_0에서 연속임을 보여라.

(e) 미분가능성. 모든 z에 대하여 $f(z) = \text{Re } z = x$가 미분 불가능함을 증명하라. 이와 같은 특성의 또 다른 함수를 찾아라.

(f) 미분가능성. $f(z) = |z|^2$이 오직 $z = 0$에서만 미분 가능함을 보여라. 따라서 어느 곳에서도 해석적이지 않다.

25. 서술형 과제. **미적분학과의 비교**. 복소함수로 시작되는 본 절의 후반부 내용을 요약하고 개념상 미적분학과 유사한 점과 그렇지 않은 점들에 대하여 논하라.

13.4 Cauchy-Riemann 방정식과 Laplace 방정식

지난 절에서 살펴본 바와 같이 복소함수에 대한 복소해석(즉, "복소수에서의 미적분학")을 수행하기 위해서 주어진 함수가 *정의역에서 해석적*이어야 한다. 즉 다른 말로 표현하면 주어진 열린 영역에서 미분 가능해야 한다.

Cauchy-Riemann 방정식은 이 장에서 가장 중요한 방정식이며 복소해석학의 기둥이 되는 개념들 중의 하나이다. 이것은 복소함수

$$w = f(z) = u(x, y) + iv(x, y)$$

의 해석성에 대한 기준(판정법)을 제공한다. 즉 대략적으로 설명하면 함수 f가 정의역 D에서 해석적일 필요충분조건은, u와 v의 1계 편도함수가 D 내의 모든 점에서 **Cauchy-Riemann 방정식**[4]

$$\textbf{(1)} \qquad u_x = v_y, \qquad u_y = -v_x$$

을 만족하는 것이다. 여기서 $u_x = \partial u/\partial x$와 $u_y = \partial u/\partial y$ (v에 대해서도 동일함)는 편도함수

[4]프랑스 수학자 AUGUSTIN-LOUIS CAUCHY (2.5절 참조) 그리고 독일의 수학자 BERNHARD RIEMANN(1826-1866)과 KARL WEIERSTRASS(1815-1897; 15.5절 참조)는 복소해석학의 창시자들이다. Riemann은 Göttingen대학에서 Gauss (5.4절)의 지도하에 박사학위를 받고(1851년) 이 대학에서 39세의 나이로 죽을 때까지 강의하였다. Riemann은 기초 미적분학 과정에서 사용하는 것과 같은 적분 개념을 복소수에 도입하였고, 미분방정식과 정수론 및 수리물리학에 중요한 공헌을 하였다. 그는 또한 소위 Riemann 기하학을 개발하였는데 이것이 Einstein의 상대성이론의 수학적 기초가 되었다(부록 1의 참고문헌 [GenRef9]을 참조).

에 대한 통상적인 표기이다. 아래 정리 1과 2에 Cauchy-Riemann 방정식에 대한 정확한 내용을 수록하였다.

예: $f(z) = z^2 = x^2 - y^2 + 2ixy$는 모든 z에 대해 해석적이다(13.3절 예제 3 참고). 그리고 $u = x^2 - y^2$과 $v = 2xy$는 식 (1)을 만족한다. 즉, $u_x = 2x = v_y$이고 $u_y = -2y = -v_x$이다. 앞으로 더 많은 예들이 소개될 것이다.

정리 1

Cauchy-Riemann 방정식

$f(z) = u(x, y) + iv(x, y)$가 한 점 $z = x + iy$의 어떤 근방에서 정의되고 연속이며 z에 대해 미분 가능하다면, 그 점에서 u와 v의 1계 편도함수가 존재하고 Cauchy-Riemann 방정식 (1)을 만족한다.

따라서 함수 $f(z)$가 열린 영역 D에서 해석적이면, 위의 편도함수들이 존재하고 D의 모든 점에서 식 (1)을 만족한다.

증명. 가정에 의해 z에서 도함수 $f(z)$가 존재하며, 그 식은

$$f'(z) = \lim_{\Delta z \to 0} \frac{f(z + \Delta z) - f(z)}{\Delta z} \tag{2}$$

으로 주어진다. 증명에 대한 아이디어는 아주 단순하다. 즉 복소함수(13.3절)의 극한에 대한 정의에 의해 z 근방에서 임의의 경로를 따라 Δz를 0에 접근시킬 수 있으므로 그림 335에서와 같은 두 가지 경로 I과 II를 선택하고 각 경로에 대한 결과를 같게 놓는다. 이때 각각의 실수부를 비교하면 식 (1)에서의 첫 번째 Cauchy-Riemann 방정식을 얻게 되고, 이어 허수부를 비교하면 두 번째 방정식을 얻게 된다. 구체적인 증명과정은 다음과 같다.

$\Delta z = \Delta x + i\Delta y$라 놓으면 $z + \Delta z = x + \Delta x + i(y + \Delta y)$이고 식 (2)를 u와 v로 나타내면

$$f'(z) = \lim_{\Delta z \to 0} \frac{[u(x + \Delta x, y + \Delta y) + iv(x + \Delta x, y + \Delta y)] - [u(x, y) + iv(x, y)]}{\Delta x + i\Delta y} \tag{3}$$

이다. 먼저 그림 335에서 경로 I을 선택하자. 즉, 먼저 $\Delta y \to 0$으로 한 다음, $\Delta x \to 0$이 되게 한다. 두 개의 u와 v항을 각각 분리하여 나타내면 식 (3)은 다음과 같다.

$$f'(z) = \lim_{\Delta x \to 0} \frac{u(x + \Delta x, y) - u(x, y)}{\Delta x} + i \lim_{\Delta x \to 0} \frac{v(x + \Delta x, y) - v(x, y)}{\Delta x}$$

$f'(z)$가 존재한다 가정하였으므로 우변의 두 실함수의 극한값이 존재하고, 정의에 의해 그들은 x에 관한 u와 v의 편도함수이다. 따라서 $f(z)$의 도함수 $f'(z)$는

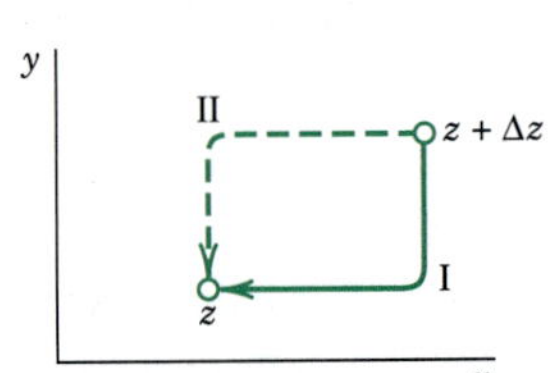

그림 335. 식 (2)의 경로

$$f'(z) = u_x + iv_x \tag{4}$$

로 나타내어진다.

마찬가지로, 그림 335에서 경로 II를 선택하면, $\Delta x \to 0$으로 한 다음 $\Delta y \to 0$이 되게 한다. 즉 Δx을 0으로 접근시키면 $\Delta z = i\Delta y$이고, 따라서 식 (3)은 다음과 같다.

$$f'(z) = \lim_{\Delta y \to 0} \frac{u(x, y + \Delta y) - u(x, y)}{i\Delta y} + i \lim_{\Delta y \to 0} \frac{v(x, y + \Delta y) - v(x, y)}{i\Delta y}$$

이전의 경우에서와 같이 $f'(z)$가 존재하므로 우변의 극한값이 존재하고, u와 v의 y에 대한 편도함수를 얻는다. 따라서 도함수 $f'(z)$는 $1/i = -i$임을 유의하면

$$f'(z) = -iu_y + v_y \tag{5}$$

을 얻는다. 식 (4)와 (5)로부터 도함수 $f'(z)$는 4개의 편도함수가 존재함을 알 수 있다. 결과적으로 식 (4)와 (5)에서 실수부 u_x와 v_y를 같다고 놓으면 Cauchy-Riemann 방정식, 식 (1)의 첫 번째 관계식을 얻게 되고, 허수부를 같다고 놓으면 두 번째 관계식을 얻게 된다. 이 결과는 정리의 첫 번째 서술을 증명하고 해석성의 정의에 의해 두 번째 서술내용도 입증하게 된다. ■

예제 1 **Cauchy-Riemann 방정식**

$f(z) = z^2$은 모든 z에 대하여 해석적이다. 따라서 Cauchy-Riemann 방정식을 만족해야 한다(이전에 입증한 바와 같이).

$f(z) = \bar{z} = x - iy$에 대해서 $u = x$, $v = -y$를 얻는다. 이때, $u_y = -v_x = 0$이므로 두 번째 Cauchy-Riemann 방정식이 만족된다. 그러나 $u_x = 1 \neq v_y = -1$이므로 Cauchy-Riemann 방정식의 첫 번째 식은 만족되지 않는다. 따라서 $f(z) = \bar{z}$는 해석적이 아니라고 결론지을 수 있고, 13.3절의 예제 4가 확인된다. ■

Cauchy-Riemann 방정식이 기본적인 식으로 간주되는 이유는 이 식이 주어진 함수가 해석적이기 위한 필요조건일 뿐 아니라 충분조건이기도 하기 때문이다. 보다 엄밀하게 다음 정리가 성립한다.

정리 2 **Cauchy-Riemann 방정식**

두 실변수 x와 y의 두 실수값을 가지는 연속함수 $u(x, y)$ 및 $v(x, y)$가 어떤 열린 영역 D에서 Cauchy-Riemann 방정식을 만족하는 **연속** *1계 편도함수를 가지면, 그 복소함수 $f(z) = u(x, y) + iv(x, y)$는 해석적이다.*

이 정리에 대한 증명은 정리 1에 대한 증명보다 더욱 복잡하므로 선택사항으로 남겨 둔다(부록 4 참조).

정리 1과 정리 2는 의미 있는 실용적 중요성을 갖는다. 왜냐하면 Cauchy-Riemann 방정

식을 사용하면, 이로부터 주어진 복소함수가 해석적인지 여부를 쉽게 판별할 수 있기 때문이다.

예제 2 Cauchy-Riemann 방정식. 지수함수

$f(z) = u(x, y) + iv(x, y) = e^x(\cos y + i \sin y)$는 해석적인가?

풀이. $u = e^x \cos y$, $v = e^x \sin y$이고 x와 y에 대해 각각 미분하면

$$u_x = e^x \cos y, \qquad v_y = e^x \cos y$$
$$u_y = -e^x \sin y, \qquad v_x = e^x \sin y$$

을 얻는다. 이들로부터 Cauchy-Riemann 방정식이 만족됨을 확인할 수 있고, 따라서 $f(z)$는 모든 z에 대하여 해석적이다. ($f(z)$는 미적분학에서 다루었던 지수함수 e^x의 복소유사함수이다.) ■

예제 3 절댓값이 상수인 해석함수는 상수

해석함수에 대한 일반적인 성질을 입증하는 데 Cauchy-Riemann 방정식이 또한 도움이 된다.

예를 들어 $f(z)$가 열린 영역 D에서 해석적이고 $|f(z)| = k =$ 상수이면, D에서 $f(z) =$ 상수가 된다는 것을 보여라. (18.6절 정리 3의 증명과정에서 중요하게 사용될 것이다.)

풀이. 가정에 의해 $|f|^2 = |u + iv|^2 = u^2 + v^2 = k^2$이고, 미분에 의해

$$uu_x + vv_x = 0,$$
$$uu_y + vv_y = 0$$

을 얻는다. 위의 첫 식에 $v_x = -u_y$을 대입하고 둘째 식에 $v_y = u_x$를 대입하면

$$\text{(6)} \qquad \begin{aligned} &\text{(a)} \quad uu_x - vu_y = 0, \\ &\text{(b)} \quad uu_y - vu_x = 0 \end{aligned}$$

을 얻는다. u_y를 소거하기 위하여 식 (6*a*)에 u를 곱하고 식 (6*b*)에 v를 곱한 다음 더한다. 유사하게 u_x를 소거하기 위하여 식 (6*a*)에 $-v$를 곱하고 식 (6*b*)에 u를 곱한 후 더한다. 결과적으로

$$(u^2 + v^2)u_x = 0,$$
$$(u^2 + v^2)u_y = 0$$

을 얻는다. $k^2 = u^2 + v^2 = 0$이면 $u = v = 0$이고, 따라서 $f = 0$이다. 만약 $k^2 = u^2 + v^2 \neq 0$이면 $u_x = u_y = 0$이다. 따라서 Cauchy-Riemann 방정식에 의하여 $v_x = v_y = 0$이 된다. 종합하면 $u =$ 상수이고 $v =$ 상수이므로 $f =$ 상수에 해당된다. ■

한편 극형식, $z = r(\cos\theta + i \sin\theta)$를 사용하고, $f(z) = u(r, \theta) + iv(r, \theta)$로 놓으면 **Cauchy-Riemann 방정식**(연습문제 1)은 다음과 같다.

$$\textbf{(7)} \qquad \begin{aligned} u_r &= \frac{1}{r} v_\theta, \\ v_r &= -\frac{1}{r} u_\theta \end{aligned} \qquad (r > 0)$$

Laplace 방정식. 조화함수

공업수학에서 복소해석이 매우 큰 실제적 중요성을 갖는 주된 이유 중의 하나는, 해석함수의 실수부와 허수부가 모든 물리학에서 중요하게 사용되는 미분방정식인 Laplace 방정식을 만족하기 때문인데 이 식은 중력, 정전기학, 유체흐름, 열전도 등등의 분야에서 자주 등장한다(12장과 18장 참조).

정리 3

Laplace 방정식

만약에 $f(z) = u(x, y) + iv(x, y)$가 열린 영역 D에서 해석적이면, u와 v는 D에서 각각 **Laplace 방정식**(Laplace equation)

(8) $$\nabla^2 u = u_{xx} + u_{yy} = 0$$

(∇^2은 "nabla 제곱"이라고 읽는다)*과*

(9) $$\nabla^2 v = v_{xx} + v_{yy} = 0,$$

을 만족하며 D에서 연속인 2계 편도함수를 갖는다.

증명. $u_x = v_y$를 x에 대해 미분하고 $u_y = -v_x$를 y에 대해 미분하면

(10) $$u_{xx} = v_{yx}, \qquad u_{yy} = -v_{xy}$$

을 얻는다. 14.4절에서 증명하게 될 결과로서, 해석함수의 도함수는 그 자체가 해석적이다. 이것은 u와 v가 모든 계(order)의 연속 편도함수를 갖는다는 것을 의미하며, 특히 혼합 2계 도함수는 서로 같다. 즉, $v_{yx} = v_{xy}$이다. 따라서 식 (10)의 두 식을 더하면 식 (8)을 얻게 된다. 마찬가지로 식 (9)는 $u_x = v_y$를 y에 대해 미분한 것에서 $u_y = -v_x$를 x에 대해 미분한 것을 빼고, $u_{xy} = u_{yx}$를 이용하면 얻을 수 있다. ■

연속 2계 편도함수를 갖는 Laplace 방정식의 해를 **조화함수**(harmonic function)라 부르고, 그것의 이론을 **퍼텐셜이론**(potential theory, 12.11절 참조)이라 한다. 그러므로 해석함수의 실수부와 허수부는 조화함수이다.

두 조화함수 u와 v가 열린 영역 D에서 Cauchy-Riemann 방정식을 만족하면 그들은 D에서 한 해석함수 f의 실수부와 허수부에 해당된다. 이때 v를 D에서 u의 **공액조화함수**(harmonic conjugate function)라 한다. (물론 여기서 "공액"이란 말은 복소수 z의 공액 $\bar{z}$를 정의할 때 사용된 것과는 아무런 관계가 없다.)

예제 4 **Cauchy-Riemann 방정식에 의한 공액조화함수 찾기**

$u = x^2 - y^2 - y$가 전체 복소평면에서 조화함수임을 증명하고 u의 공액조화함수 v를 구하라.

풀이. 직접 계산에 의해 $\nabla^2 u = 0$이고 $u_x = 2x$, $u_y = -2y - 1$이다. 따라서 u의 공액조화함수 v는

$$v_y = u_x = 2x, \qquad v_x = -u_y = 2y + 1$$

을 만족해야 한다. 첫 번째 식을 y에 대해 적분한 다음 그 결과를 x에 대해 미분하면

$$v = 2xy + h(x), \qquad v_x = 2y + \frac{dh}{dx}$$

을 얻는다. 두 번째 식과 비교하면, $dh/dx = 1$이므로 $h(x) = x + c$가 된다. 따라서 $v = 2xy + x + c$ (c는 임의의 상수)는 주어진 u의 가장 일반적인 공액조화함수이다. 결과적으로 상응하는 해석함수는

$$f(z) = u + iv = x^2 - y^2 - y + i(2xy + x + c) = z^2 + iz + ic$$

이다. ■

예제 4는 *주어진 조화함수의 공액은 두 개의 차이가 상수인 경우를 같다고 보면 유일하게 결정된다*는 점을 예시하고 있다.

Cauchy-Riemann 방정식은 이 장에서 가장 중요한 식이다. 18장에서 볼 수 있겠지만 Laplace 방정식과의 관계는 광범위한 영역의 공학적 또는 물리적 응용에 이용된다.

연습문제 13.4

1. **극형식에서의 Cauchy-Riemann 방정식**. 식 (1)로부터 식 (7)을 유도하라.

2-11 Cauchy-Riemann 방정식

다음 함수들은 해석적인가? [식 (1) 또는 식 (7)을 이용하라.]

2. $f(z) = iz\bar{z}$
3. $f(z) = e^{-x}\cos(y) - ie^{-x}\sin(y)$
4. $f(z) = e^{x}(\cos y - i\sin y)$
5. $f(z) = \text{Re}(z^2) - i\,\text{Im}(z^2)$
6. $f(z) = 1/(z - z^5)$
7. $f(z) = -i/z^4$
8. $f(z) = \text{Arg}\, z$
9. $f(z) = 3\pi^2/(z^3 + 4\pi^2 z)$
10. $f(z) = \text{In}\,|z| + i\,\text{Arg}\, z$
11. $f(z) = \sin(x)\cosh(y) + i\cos(x)\sinh(y)$

12-19 조화함수

다음 함수들이 조화함수인가? 만약 조화함수하면, 대응하는 해석함수 $f(z) = u(x, y) + iv(x, y)$를 구하라.

12. $u = x^3 + y^3$
13. $u = -2xy$
14. $v = xy$
15. $= -\frac{x}{x^2 + y^2}$
16. $u = \sin x \cosh y$
17. $v = (2x - 1)y$
18. $u = x^3 - 3xy^2$
19. $v = e^{-x}\sin 2y$

20. **Laplace 방정식**. 식 (9)의 미분에 대하여 자세히 설명하라.

21-24 주어진 함수가 조화함수가 되는 a, b 값을 결정하고 공액조화함수를 찾아라.

21. $u = e^{-\pi x}\cos ay$
22. $u = \cos ax \cosh 2y$
23. $u = ax^3 + bxy$
24. $u = \cosh ax \cos y$
25. **CAS 과제. 등포텐셜 선(등전위선)**. 조화함수 u의 등전위선 u = 상수와 공액조화함수 v의 등전위선을 같은 축에 그리는 프로그램을 써라. 작성된 프로그램을 **(a)** $u = x^2 - y^2$, $v = 2xy$, **(b)** $u = x^3 - 3xy^2$, $v = 3x^2y - y^3$에 적용하라.
26. 연습문제 25에서 작성된 프로그램을 $u = e^x \cos y$, $v = e^x \sin y$에 적용하라.
27. **공액조화함수.** u가 조화함수이고 v가 u의 공액조화함수일 경우, 조화함수 $-v$의 공액조화함수가 u임을 증명하라.
28. 예를 들어 연습문제 27을 입증하라.
29. **미분에 대한 두 가지 추가 공식.** 식 (4), (5)와 아래 식 (11)은 미분관계식으로 때때로 필요하다. 식 (11)을 유도하라.
$$f'(z) = u_x - iu_y, \qquad f'(z) = v_y + iv_x$$
30. **조별 과제. $f(z)$ = 상수를 만족하는 조건들.** $f(z)$가 해석적일 경우, 아래 각각의 조건들은 $f(z)$ = 상수를 만족하는 충분조건임을 증명하라.
(a) $\text{Re}\, f(z)$ = 상수
(b) $\text{Im}\, f(z)$ = 상수
(c) $f'(z) = 0$
(d) $|f(z)|$ = 상수(예제 3 참조)

13.5 지수함수

본 장의 나머지 절에서는 지수함수, 삼각함수, 로그함수 등 가장 기본적인 초등복소함수를 다루게 된다. 이 함수들은 미적분학에서 다루었던 친숙한 함수들에 대응되며, $z = x$일 때 실함수와 동일하다. 이들의 진가는 응용에서 나타나며 실함수에서는 나타나지 않는 몇 가지 흥미로운 성질들을 갖고 있다.

가장 중요한 해석함수 중의 하나인 복소**지수함수**(complex exponential function)

$$e^z \text{ 또는 } \exp z$$

부터 시작하자. 실함수 e^x, $\cos y$, $\sin y$에 의하여 e^z를 정의하면

$$e^z = e^x(\cos y + i \sin y) \tag{1}$$

이며, 이는 e^z가 미적분학의 실지수함수 e^x를 자연스럽게 ***확장한*** 함수라는 사실로부터 도출된다. 다시 말하면:

(A) 실수 $z = x$에 대하여 $e^z = e^x$이다. 왜냐하면 $y = 0$일 때, $\cos y = 1$, $\sin y = 0$이기 때문이다.

(B) e^z는 모든 z에 대하여 해석적이다(13.4절 예제 2에서 증명하였음).

(C) e^z의 도함수는 e^z이다. 즉,

$$(e^z)' = e^z \tag{2}$$

이는 13.4절의 식 (4)를 이용하면 다음과 같이 간단히 증명된다.

$$(e^z)' = (e^x \cos y)_x + i(e^x \sin y)_x = e^x \cos y + ie^x \sin y = e^z$$

주석. 이 정의는 비교적 간단한 논의를 허용한다. 만약에 친근한 급수형태인 $1 + x + x^2/2! + x^3/3! + \cdots$에서 x 대신에 z을 사용하여 e^z를 정의할 수도 있다. 그러나 이 경우에는 아주 초기단계부터 복소급수에 대한 논의해야 한다. (15.4절에 관계를 볼 것이다.)

추가적인 성질. 모든 z에 대하여 해석적인 함수를 **완전함수**(entire function)라 한다. 따라서 e^z는 완전함수이다. 미적분에서와 같이 ***함수관계***(functional relation)

$$e^{z_1+z_2} = e^{z_1}e^{z_2} \tag{3}$$

가 임의의 $z_1 = x_1 + iy_1$와 $z_2 = x_2 + iy_2$에 대해 성립한다. 실제로 식 (1)에 의해

$$e^{z_1}e^{z_2} = e^{x_1}(\cos y_1 + i \sin y_1)e^{x_2}(\cos y_2 + i \sin y_2)$$

이고, 실함수의 경우 $e^{x1}e^{x2} = e^{x_1+x_2}$이므로 코사인과 사인 함수에 대한 덧셈공식(13.2절에서와 유사함)을 적용하면

$$e^{z_1}e^{z_2} = e^{x_1+x_2}[\cos(y_1 + y_2) + i \sin(y_1 + y_2)] = e^{z_1+z_2}$$

를 얻는다. 흥미를 끄는 식 (3)의 특별한 예는 $z_1 = x$, $z_2 = iy$일 경우이다. 즉,

(4) $$e^z = e^x e^{iy}$$

특히 $z = iy$일 경우에는 식 (1)로부터 소위 **Euler 공식**(Euler formula)

(5) $$e^{iy} = \cos y + i \sin y$$

을 얻는다. 따라서 복소수에 대한 **극형식**(polar form), $z = r(\cos\theta + i \sin\theta)$는 간단하게

(6) $$z = re^{i\theta}$$

으로 나타낸다.

식 (5)로부터

(7) $$e^{2\pi i} = 1$$

을 얻으며 다음과 같은 중요 공식들을 얻는다. (각자 확인해 보라.)

(8) $$e^{\pi i/2} = i, \qquad e^{\pi i} = -1, \qquad e^{-\pi i/2} = -i, \qquad e^{-\pi i} = -1$$

식 (5)로부터 얻어지는 또 다른 결과는

(9) $$|e^{iy}| = |\cos y + i \sin y| = \sqrt{\cos^2 y + \sin^2 y} = 1$$

이다. 즉 순 허수지수를 갖는 지수함수의 절댓값은 1을 만족한다는 사실을 기억해 두기 바란다. 식 (9)와 (1)로부터

(10) $$|e^z| = e^x. \qquad \text{따라서} \qquad \arg e^z = y \pm 2n\pi \quad (n = 0, 1, 2, \cdots)$$

이다. 이 식으로부터, 식 (1)이 e^z에 대한 극형식임을 보여준다.

식 (10)에서 $|e^z| = e^x \neq 0$이므로

(11) $$e^x \neq 0 \qquad \text{(모든 } z\text{에 대하여)}$$

임을 알 수 있다. 즉 결코 0이 되지 않는 완전함수를 얻게 되는데, 이는 대수학에서 증명된 바와 같이 완전함수(13.3절 예제 5 참조)이지만 항상 영점을 갖는 상수가 아닌 다항식(비상수)과는 대조적이다.

주기 $2\pi i$를 갖는 함수 e^x의 주기성. 식 (1)과 $\cos y$와 $\sin y$의 주기성으로부터 다음과 같은 기본적인 주기성을 만족한다.

(12) $$e^{z+2\pi i} = e^z \qquad \text{(모든 } z\text{에 대하여)}$$

따라서 $w = e^z$가 가질 수 있는 모든 값은 폭 2π인 수평띠

(13) $$-\pi < y \leqq \pi \qquad \text{(그림 336)}$$

내에 위치한다. 이 무한 띠를 e^z의 **기본영역**(fundamental region)이라 한다.

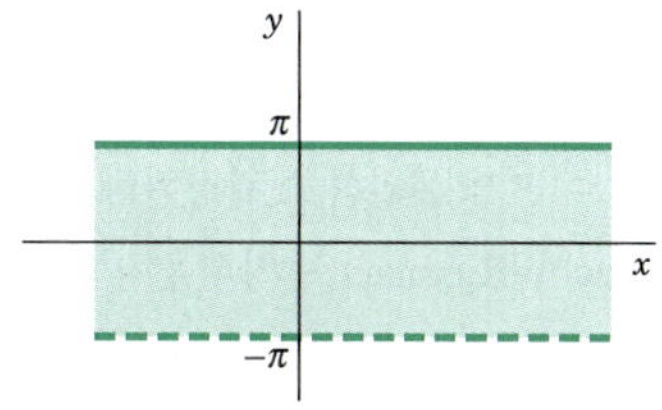

그림 336. z-평면에서 지수함수 e^z의 기본영역

예제 1 함수값. 방정식의 해

식 (1)에 대한 함수값을 구하는 데는 아무런 문제점이 없다. 예를 들어

$$e^{1.4-0.6i} = e^{1.4}(\cos 0.6 - i \sin 0.6) = 4.055(0.8253 - 0.5646i) = 3.347 - 2.289i$$

$$|e^{1.4-1.6i}| = e^{1.4} = 4.055, \qquad \text{Arg}\, e^{1.4-0.6i} = -0.6$$

식 (3)을 입증하기 위해 다음의 두 지수함수

$$e^{2+i} = e^2(\cos 1 + i \sin 1) \quad 과 \quad e^{4-i} = e^4(\cos 1 - i \sin 1)$$

을 곱하라. 그리고 $e^2e^4(\cos^2 1 + \sin^2 1) = e^6 = e^{(2+i)+(4-i)}$와 같음을 검증해 보라.

방정식 $e^z = 3 + 4i$의 해를 구하라. 먼저 $|e^z| = e^x = 5$이고, 따라서 $x = \ln 5 = 1.609$가 모든 해의 실수부에 해당됨을 기억하라. $e^x = 5$이므로

$$e^x \cos y = 3, \qquad e^x \sin y = 4, \qquad \cos y = 0.6, \qquad \sin y = 0.8, \qquad y = 0.927$$

이다.

답. $z = 1.609 + 0.927i \pm 2n\pi i$ $(n = 0, 1, 2, \cdots)$. 함수 e^z의 주기성 때문에 무한개의 해가 있다. 이들은 $x = 1.609$를 통과하는 수직선상에 위치하며, 주변들로부터 2π만큼 떨어져 있다. ■

요약: $e^z = \exp z$의 많은 성질들은 e^x와 같다; 단, 예외는 e^z가 $2\pi i$를 주기로 갖는다는 주기성이다. 이로부터 기본영역에 대한 개념이 제안되었다. 또한 e^z는 *완전함수*임을 기억하라. (아직도 이것이 의미하는 바를 기억하고 있는가?)

연습문제 13.5

1. 함수 **e^z가 완전함수**임을 증명하라.

1-6 **함수값.** z가 다음과 같이 주어질 때, $u + iv$ 형태로 e^z와 $|e^z|$를 각각 구하라.

2. $3 + 4i$ **3.** $2\pi i(1 - i)$

4. $0.6 - 1.8i$ **5.** $1 - 3\pi i$

6. $11\pi i/2$ **7.** $\sqrt{3} - \frac{\pi}{2}i$

8-13 **극형식.** 다음 식을 식 (6)의 극형식으로 나타내라.

8. $\sqrt[n]{z}$ **9.** $3 - 4i$

10. $\sqrt{i}$, $\sqrt{-i}$ **11.** $-\frac{3}{2}$

12. $1/(1 - z)$ **13.** $1 - i$

14-17 **실수부와 허수부.** 실수부와 허수부를 구하라.

14. $e^{-\pi z}$ **15.** $\exp(-z^2)$

16. $e^{1/z}$ **17.** $\exp(z^3)$

18. 조별 과제. **지수함수의 추가적인 성질.** **(a) 해석성.** e^z가 완전함수임을 보여라. 한편 $e^{1/z}$, $e^{\bar{z}}$, $e^x(\cos ky + i \sin ky)$ 등은 어떠한가? (Cauchy-Riemann 방정식을 이용하라.)

(b) 특수값. 다음 세 가지 조건들을 만족하는 모든 z를 구하라. (i) e^z가 실수, (ii) $|e^{-z}| < 1$, (iii) $e^{\bar{z}} = \overline{e^z}$.

(c) 조화함수. 함수 $u = e^{xy} \cos(x^2/2 - y^2/2)$가 조화함수

임을 보이고, 공액조화함수를 구하라.

(d) 유일성. f가 완전함수일 때, $f(x + i0) = e^x$와 $f'(z) = f(z)$의 두 가지 성질에 의해 $f(z) = e^z$가 유일하게 결정된다는 사실이 흥미롭다. 이것을 Cauchy-Riemann 방정식을 이용하여 증명하라.

19-22 **방정식.** 다음 식의 모든 해를 구하고, 이들 중에서 몇 개를 복소평면에 표시하라.

19. $e^z = 1$ **20.** $e^z = 4 + 3i$

21. $e^z = 0$ **22.** $e^z = -2$

13.6 삼각함수와 쌍곡선함수. Euler 공식

13.5절에서 실함수 e^x를 복소함수 e^z로 확장했던 것처럼, 잘 알려진 *실삼각함수*를 *복소삼각함수*로 확장시켜 보자. 이를 위해 다음의 Euler 공식(13.5절)을 이용한다.

$$e^{ix} = \cos x + i \sin x, \qquad e^{-ix} = \cos x - i \sin x$$

위 식을 더하거나 빼면

$$\cos x = \tfrac{1}{2}(e^{ix} + e^{-ix}), \qquad \sin x = \frac{1}{2i}(e^{ix} - e^{-ix})$$

이 얻어지는데, 이로부터 복소값 $z = x + iy$에 대한 다음의 정의를 도출한다.

$$\cos z = \tfrac{1}{2}(e^{iz} + e^{-iz}), \qquad \sin z = \frac{1}{2i}(e^{iz} - e^{-iz}) \tag{1}$$

실수에서는 관련이 없는 함수들이 복소수에서는 연관된다는 것은 매우 주목할 만하다. 이것은 여기에서만 일어나는 것이 아니라 일반적인 상황에서의 전형적인 예가 되며 복소수에서 작업할 때의 장점을 보여준다.

한편, 실미적분학에서와 같이 아래 함수들이 정의된다.

$$\tan z = \frac{\sin z}{\cos z}, \qquad \cot z = \frac{\cos z}{\sin z} \tag{2}$$

와

$$\sec z = \frac{1}{\cos z}, \qquad \csc z = \frac{1}{\sin z} \tag{3}$$

e^z가 완전함수이므로 $\cos z$와 $\sin z$는 완전함수이다. 그러나 $\tan z$와 $\sec z$는 완전함수가 아니며 $\cos z$가 0인 점을 제외하고는 해석적이다. 반면 $\cot z$와 $\csc z$는 $\sin z$가 0인 점을 제외하고는 해석적이다. 도함수에 대한 공식은 $(e^z)' = e^z$와 식 (1)-(3)으로부터 바로 얻어진다. 즉, 미적분에서와 같이

$$(\cos z)' = -\sin z, \qquad (\sin z)' = \cos z, \qquad (\tan z)' = \sec^2 z \tag{4}$$

등과 같다. 식 (1)은 **Euler 공식(Euler's formula)*이 복소수에서도 유용함***을 보여준다. 즉,

$$e^{iz} = \cos z + i \sin z \qquad \text{(모든 } z\text{에 대하여)} \tag{5}$$

이다.

$\cos z$와 $\sin z$의 실수부와 허수부는 함수값을 구하는 데 필요하고, 함수들의 성질을 나타내는 데 도움이 된다. 전형적인 예를 들어 이에 대하여 살펴보자.

예제 1 실수부와 허수부. 절댓값. 주기성

다음 관계식

(6)
$$\begin{aligned}&\textbf{(a)}\quad \cos z = \cos x \cosh y - i \sin x \sinh y\\ &\textbf{(b)}\quad \sin z = \sin x \cosh y + i \cos x \sinh y\end{aligned}$$

와

(7)
$$\begin{aligned}&\textbf{(a)}\quad |\cos z|^2 = \cos^2 x + \sinh^2 y\\ &\textbf{(b)}\quad |\sin z|^2 = \sin^2 x + \sinh^2 y\end{aligned}$$

를 증명하고 이 공식들이 적용되는 예를 들어 보라.

풀이. 식 (1)로부터

$$\begin{aligned}\cos z &= \tfrac{1}{2}(e^{i(x+iy)} + e^{-i(x+iy)})\\ &= \tfrac{1}{2}e^{-y}(\cos x + i\sin x) + \tfrac{1}{2}e^{y}(\cos x - i\sin x)\\ &= \tfrac{1}{2}(e^{y} + e^{-y})\cos x - \tfrac{1}{2}i(e^{y} - e^{-y})\sin x\end{aligned}$$

을 얻으며, 미적분에서 이미 알고 있는 다음의 관계식으로부터 식 (6a)를 얻는다.

(8)
$$\cosh y = \tfrac{1}{2}(e^{y} + e^{-y}), \qquad \sinh y = \tfrac{1}{2}(e^{y} - e^{-y});$$

식 (6b)도 이와 유사한 방법에 의해 얻어진다. 한편, 식 (6a)와 $\cosh^2 y = 1 + \sinh^2 y$로부터

$$|\cos z|^2 = (\cos^2 x)(1 + \sinh^2 y) + \sin^2 x \sinh^2 y$$

을 얻으며, $\sin^2 x + \cos^2 x = 1$이므로 이들 식으로부터 식 (7a)가 얻어진다. 역시 식 (7b)도 유사한 방법에 의해 얻어진다.

다음으로 예를 들면, $\cos(2 + 3i) = \cos 2 \cosh 3 - i \sin 2 \sinh 3 = -4.190 - 9.109i$이다.

식 (6)으로부터 실수에서와 마찬가지로 $\cos z$와 $\sin z$가 ***주기 2π인 주기함수***라는 것을 알 수 있다. 반면에 $\tan z$와 $\cot z$는 주기 π인 주기함수이다.

식 (7)은 실 코사인 및 사인 함수와 복소 코사인 및 사인 함수의 근본적인 차이를 지적해 준다. 즉 $|\cos x| \leqq 1$이고 $|\sin x| \leqq 1$인 반면에, 복소 코사인과 사인 함수는 ***더이상 유계가 아니고*** $y \to \infty$일 때 절댓값이 무한대로 접근한다. 그 이유는 식 (7)에서 $y \to \infty$일 때 $\sinh y \to \infty$이기 때문이다. ■

예제 2 방정식의 해. cos z와 sin z가 0인 점

(a) $\cos z = 5$(실수해를 갖지 않는다!), **(b)** $\cos z = 0$, **(c)** $\sin z = 0$을 풀어라.

풀이. **(a)** 식 (1)의 양변에 e^{iz}를 곱하면 $e^{2iz} - 10e^{iz} + 1 = 0$이다. 이것은 e^{iz}에 대한 2차방정식이며 그 해(세 자리로 반올림)는

$$e^{iz} = e^{-y+ix} = 5 \pm \sqrt{25 - 1} = 9.899 \quad \text{와} \quad 0.101$$

이다. 따라서 $e^{-y} = 9.899$ 또는 0.101이고, $e^{ix} = 1$, $y = \pm 2.292$, $x = 2n\pi$이다.

답. $z = \pm 2n\pi \pm 2.292i$ $(n = 0, 1, 2, \cdots)$.

식 (6a)로부터 이 결과를 얻을 수 있는가?

(b) 식 (7*a*)에 의해 $\cos x = 0$, $\sinh y = 0$이고, 따라서 $y = 0$이다.
답. $z = \pm\frac{1}{2}(2n + 1)\pi \quad (n = 0, 1, 2, \cdots)$.

(c) 식 (7*a*)에 의해 $\sin x = 0$, $\sinh y = 0$이고, 따라서 $y = 0$이다. *답*. $z = \pm n\pi \quad (n = 0, 1, 2, \cdots)$.
결론적으로 $\cos z$와 $\sin z$의 영점들은 실 코사인과 사인 함수의 영점들과 같다. ■

일반공식(General formulas). 정의로부터 *실삼각함수에 대한 공식들이 복소값에 대해서도 성립한다*는 결론이 바로 나온다. 특별히 언급되는 공식으로는 덧셈법칙

$$\begin{aligned}\cos(z_1 \pm z_2) &= \cos z_1 \cos z_2 \mp \sin z_1 \sin z_2 \\ \sin(z_1 \pm z_2) &= \sin z_1 \cos z_2 \pm \sin z_2 \cos z_1\end{aligned} \tag{9}$$

과 공식

$$\cos^2 z + \sin^2 z = 1 \tag{10}$$

이다. 그 외의 유용한 공식들은 연습문제에 포함되어 있다.

쌍곡선함수

복소 **쌍곡코사인**(hyperbolic cosine)과 **쌍곡사인**(hyperbolic sine)은 아래 공식으로 정의된다.

$$\cosh z = \tfrac{1}{2}(e^z + e^{-z}), \qquad \sinh z = \tfrac{1}{2}(e^z - e^{-z}) \tag{11}$$

이 식은 실변수에 대한 익숙한 정의[식 (8) 참조]로부터 제안된다. 이 함수들은 미적분에서와 같은 도함수 형태를 갖는 완전함수이다.

$$(\cosh z)' = \sinh z, \qquad (\sinh z)' = \cosh z, \tag{12}$$

또 다른 쌍곡선함수들은

$$\begin{aligned}\tanh z &= \frac{\sinh z}{\cosh z}, \qquad \coth z = \frac{\cosh z}{\sinh z}, \\ \operatorname{sech} z &= \frac{1}{\cosh z}, \qquad \operatorname{csch} z = \frac{1}{\sinh z}\end{aligned} \tag{13}$$

과 같이 정의된다. ***복소 삼각함수와 쌍곡선함수는 서로 연관되어 있다.*** 식 (11)의 z 대신에 iz로 치환하고 식 (1)을 사용하면

$$\cosh iz = \cos z, \qquad \sinh iz = i \sin z \tag{14}$$

를 얻고, 유사한 방법으로 식 (1)의 z 대신에 iz로 치환하고 식 (11)을 사용하면

$$\cos iz = \cosh z, \qquad \sin iz = i \sinh z \tag{15}$$

를 얻는다. 여기서 서로 *무관한* 실함수들이 복소함수에서는 서로 *유관한* 경우를 다시 접하게 된다. 이는 보다 통일된 형식을 얻기 위해서뿐만 아니라 특수함수에 대한 더 깊은 이해

를 위해서 복소수로서 작업하는 것의 장점을 보여준다. 이 점이 이 장의 초반에 언급한 공학자들이나 과학자들에게 복소해석이 중요한 이유 중 하나이다.

연습문제 13.6

1-4 **쌍곡선함수에 대한 공식**

다음을 증명하라.

1. $\cosh z = \cosh x \cos y + i \sinh x \sin y$
$\sinh z = \sinh x \cos y + i \cosh x \sin y.$

2. $\cosh(z_1 + z_2) = \cosh z_1 \cosh z_2 + \sinh z_1 \sinh z_2$
$\sinh(z_1 + z_2) = \sinh z_1 \cosh z_2 + \cosh z_1 \sinh z_2.$

3. $\cosh^2 z - \sinh^2 z = 1$, $\cosh^2 z + \sinh^2 z = \cosh 2z$

4. **완전함수.** $\cos z$, $\sin z$, $\cosh z$, $\sinh z$가 완전함수임을 증명하라.

5. **조화함수.** 미분에 의해 $\operatorname{Im} \cos z$와 $\operatorname{Re} \sin z$가 조화함수임을 검증하라.

6-12 **함수값.** 다음을 $u + iv$ 형태로 구하라.

6. $\sin \frac{\pi}{2} i$

7. $\cos(-i)$, $\sin(-i)$

8. $\cos \pi i$, $\cosh \pi i$

9. $\cosh(-2 + i)$, $\cos(-1 - 2i)$

10. $\sinh(3 + 4i)$, $\cosh(3 + 4i)$

11. $\sin \frac{\pi}{4} i$, $\cos(\frac{\pi}{2} - \frac{\pi}{4} i)$

12. $\cos \frac{1}{2}\pi i$, $\cos[\frac{1}{2}\pi(1 + i)]$

13-15 **방정식과 부등식.** 정의를 사용하여 다음을 증명하라.

13. $\cos z$는 우함수, 즉 $\cos(-z) = \cos z$이고 $\sin z$는 기함수, $\sin(-z) = -\sin z$을 만족한다.

14. $|\sinh y| \leqq |\cos z| \leqq \cosh y$, $|\sinh y| \leqq |\sin z| \leqq \cosh y$을 보이므로, 결국 복소 코사인과 사인이 전체 복소평면에서 유계가 아님을 밝혀라.

15. $\sin z_1 \cos z_2 = \frac{1}{2}[\sin(z_1 + z_2) + \sin(z_1 - z_2)]$

16-19 **방정식.** 다음 방정식의 모든 해를 구하라.

16. $\sin z = 100$

17. $\cosh 2z = 0$

18. $\cosh z = -1$

19. $\sinh z = 0$

20. **Re tan z와 Im tan z** 다음을 증명하라.

$$\operatorname{Re} \tan z = \frac{\sin x \cos x}{\cos^2 x + \sinh^2 y},$$

$$\operatorname{Im} \tan z = \frac{\sinh y \cosh y}{\cos^2 x + \sinh^2 y}$$

13.7 로그. 일반 거듭제곱. 주값

마지막으로 *복소로그함수*(complex logarithm)를 소개한다. 이것은 실로그함수(복소로그함수의 특별한 경우에 해당되는)에 비해 더 복잡하고, 역사적으로도 오랜 기간 동안 난제로 수학자들을 곤혹스럽게 하였다. (인내와 별도의 관심을 가지고 이 절을 공부해 주기 바란다.)

함수 $z = x + iy$에 대한 **자연로그**(natural logarithm)는 $\ln z$(또는 $\log z$)로 표시하며 지수함수의 역으로 정의된다. 즉, $w = \ln z$는 $z \neq 0$에 대하여 관계식

$$e^w = z$$

로 정의된다. (모든 w에 대하여 $e^w \neq 0$이므로 $z = 0$은 불가능하다; 13.5절 참조.) 여기서 $w = u + iv$, $z = re^{i\theta}$라 놓으면, 위 식은

$$e^w = e^{u+iv} = re^{i\theta}$$

로 된다. 13.5절에서 e^{u+iv}는 절댓값은 e^u와 편각 v를 가진다. 위 식 우변에 대한 절댓값과

편각으로부터 다음 관계를 얻는다.

$$e^u = r, \qquad v = \theta$$

$e^u = r$로부터 $u = \ln r$을 얻는데 이때 $\ln r$은 양수 $r = |z|$에 대한 실자연대수이다. 결과적으로 $w = u + iv = \ln z$는

(1) $$\ln z = \ln r + i\theta \qquad (r = |z| > 0, \quad \theta = \arg z)$$

로 주어진다. 여기서 실미적분학과는 다른 중요한 점이 발견된다. 즉 z의 편각은 주값에 2π의 임의의 정수배를 더한 값들이므로, ***복소자연로그 $\ln z$ ($z \neq 0$)는 무한히 많은 값들을 갖는다***는 점이다.

주값 Arg z (13.2절 참조)에 대응하는 $\ln z$ 값을 **주값**(principal value)이라 부르며 Ln z(대문자 L을 가진 Ln z)로 표기한다. 따라서

(2) $$\operatorname{Ln} z = \ln |z| + i \operatorname{Arg} z \qquad (z \neq 0)$$

이다. 주어진 z ($\neq 0$)에 대한 Arg z의 유일성으로부터 Ln z는 단일값을 갖는 통상적 의미의 함수이다. Arg z의 다른 값들은 2π의 정수배만큼 다르므로 $\ln z$의 다른 값들은

(3) $$\ln z = \operatorname{Ln} z \pm 2n\pi i \qquad (n = 1, 2, \cdots)$$

로 주어진다. 그 값들의 실수부는 같고 허수부는 2π의 정수배만큼 다르다.

z가 양의 실수이면 Arg $z = 0$이고, 이때 Ln z는 미적분학을 통해 알고 있는 실자연대수와 일치한다. 반면 z가 음의 실수이면(미적분학에서는 자연로그가 정의되지 않는다!) Arg $z = \pi$이고, 따라서

$$\operatorname{Ln} z = \ln |z| + \pi i \qquad (z\text{는 음의 실수})$$

이다.

식 (1)과 양의 실수 r에 대해 $e^{\ln r} = r$인 점을 이용하면 예상한 바와 같이

(4a) $$e^{\ln z} = z$$

를 얻는다. 한편 $\arg (e^z) = y \pm 2n\pi$와 같이 다중값을 가지므로

(4b) $$\ln (e^z) = z \pm 2n\pi i, \qquad n = 0, 1, \cdots$$

이다.

예제 1 자연로그. 주값

$$\ln 1 = 0, \pm 2\pi i, \pm 4\pi i, \cdots \qquad \operatorname{Ln} 1 = 0$$

$$\ln 4 = 1.386294 \pm 2n\pi i \qquad \operatorname{Ln} 4 = 1.386294$$

$$\ln (-1) = \pm \pi i, \pm 3\pi i, \pm 5\pi i, \cdots \qquad \operatorname{Ln} (-1) = \pi i$$

$$\ln (-4) = 1.386294 \pm (2n + 1)\pi i \qquad \operatorname{Ln} (-4) = 1.386294 + \pi i$$

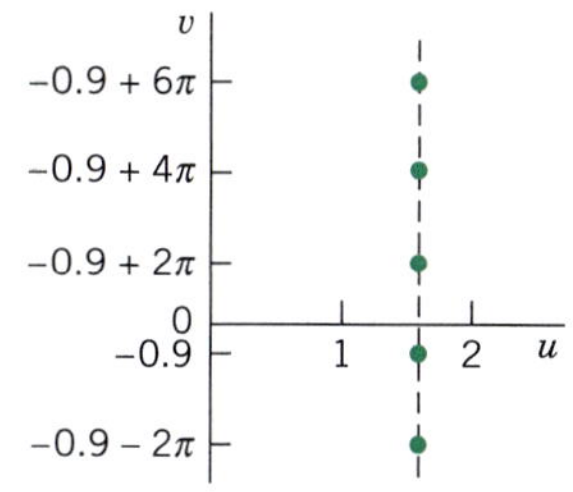

그림 337. 예제 1의 ln (3 − 4i)에 대한 몇 개의 값들

$$\ln i = \pi i/2, -3\pi/2, 5\pi i/2, \cdots \qquad \text{Ln}\, i = \pi i/2$$

$$\ln 4i = 1.386294 + \pi i/2 \pm 2n\pi i \qquad \text{Ln}\, 4i = 1.386294 + \pi i/2$$

$$\ln(-4i) = 1.386294 - \pi i/2 \pm 2n\pi i \qquad \text{Ln}(-4i) = 1.386294 - \pi i/2$$

$$\ln(3-4i) = \ln 5 + i \arg(3-4i) \qquad \text{Ln}(3-4i) = 1.609438 - 0.927295i$$

$$= 1.609438 - 0.927295i \pm 2n\pi i \qquad (\text{그림 } 337).$$

실수의 자연로그에 대한 익숙한 관계식들이 복소수의 자연로그에도 적용된다. 즉,

$$(5) \qquad \text{(a)} \quad \ln(z_1 z_2) = \ln z_1 + \ln z_2, \qquad \text{(b)} \quad \ln(z_1/z_2) = \ln z_1 - \ln z_2$$

이다. 그러나 이 관계식은 한쪽에 있는 각 값들이 다른 쪽의 값들 중에 각각 포함되어 있다는 의미로 이해되어야 한다. 다음 예제를 살펴보자.

예제 2 복소수에서의 함수관계인 식 (5)의 예시

$$z_1 = z_2 = e^{\pi i} = -1$$

이라 놓자. 이때 주값을

$$\text{Ln}\, z_1 = \text{Ln}\, z_2 = \pi i$$

로 취하면, $\ln(z_1 z_2) = \ln 1 = 2\pi i$를 만족하므로 식 (5*a*)가 성립하나 주값의 경우에는 $\text{Ln}(z_1 z_2) = \text{Ln}\, 1 = 0$이므로 성립하지 않는다.

정리 1

로그의 해석성

모든 $n = 0, \pm 1, \pm 2, \cdots$에 대하여 공식 (3)은 0과 음의 실수축을 제외한 모든 점에서 해석적이고 다음의 도함수를 갖는 함수를 정의한다.

$$(6) \qquad (\ln z)' = \frac{1}{z} \qquad (z\text{는 0 또는 음의 실수가 아님})$$

증명. Cauchy-Riemann 방정식을 만족함을 보일 것이다. 식 (1)-(3)으로부터

$$\ln z = \ln r + i(\theta + c) = \frac{1}{2}\ln(x^2 + y^2) + i\left(\arctan\frac{y}{x} + c\right)$$

를 얻는다. 이때 상수 c는 2π의 배수이다. 미분을 통해

$$u_x = \frac{x}{x^2 + y^2} = v_y = \frac{1}{1 + (y/x)^2} \cdot \frac{1}{x}$$

$$u_y = \frac{y}{x^2 + y^2} = -v_x = -\frac{1}{1 + (y/x)^2}\left(-\frac{y}{x^2}\right)$$

를 만족하며 따라서 Cauchy-Riemann 방정식이 성립한다. [13.4절 연습문제에서 이미 증명하였기 때문에 생략하였으나 극형식에 적용하여 증명해 보라.] 13.4절의 식 (4)를 적용하면 위의 식 (6)은

$$(\ln z)' = u_x + iv_x = \frac{x}{x^2 + y^2} + i\,\frac{1}{1 + (y/x)^2}\left(-\frac{y}{x^2}\right) = \frac{x - iy}{x^2 + y^2} = \frac{1}{z}$$

이 된다. ■

식 (3)에서 무한히 많은 값들 각각을 로그의 **가지**(branch)라 하는데 $n = 0$일 때의 가지를 $\ln z$의 **주가지**(principal branch)라 한다. 한편 음의 실수축을 **가지절단**(branch cut)이라 하며 일반적으로 그림 338에서와 같이 나타낸다.

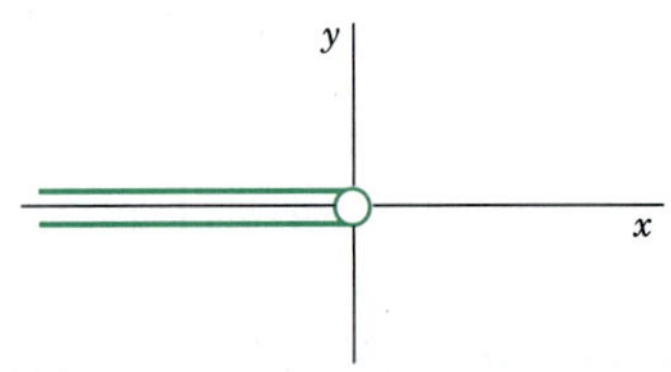

그림 338. $\ln z$에 대한 가지절단

일반 거듭제곱

복소수 $z = x + iy$에 대한 일반 거듭제곱은 다음 식으로 정의된다.

$$z^c = e^{c \ln z} \qquad (c\text{는 복소수이고 } z \neq 0) \tag{7}$$

한편 $\ln z$는 무한히 많은 값들을 가지므로 z^c는 일반적으로 다가일 것이다. 따라서 특수값

$$z^c = e^{c \,\mathrm{Ln}\, z}$$

를 z^c의 **주값**(principal value)이라 한다.

만약에 $c = n = 1, 2, \cdots$이면, z^n은 단일값을 갖고 통상적인 z의 n거듭제곱과 같다. 한편, $c = -1, -2, \cdots$ 일 때도 유사하다.

$c = 1/n$(단, $n = 2, 3, \cdots$)일 경우에는

$$z^c = \sqrt[n]{z} = e^{(1/n) \ln z} \qquad (z \neq 0)$$

이고, 이때 지수는 $2\pi i/n$의 임의 배수들로 결정된다. 따라서 n제곱근에 대하여 n개의 서로 다른 값을 얻게 되는데, 이것은 13.2절의 결과와 일치한다. 두 개의 양의 정수에 대한 몫, $c = p/q$에 대해서도 사정은 마찬가지며, 이때 z^c는 단지 유한개의 서로 다른 값을 갖는다. 그러나 c가 실무리수이거나 복소수일 경우에는 z^c는 무한히 많은 값들을 갖는다.

예제 3 일반 거듭제곱

$$i^i = e^{i \ln i} = \exp(i \ln i) = \exp\left[i\left(\frac{\pi}{2}i \pm 2n\pi i\right)\right] = e^{-(\pi/2)\mp 2n\pi}$$

주어진 식의 값들은 실수이고 그 주값($n = 0$)은 $e^{-\pi/2}$이다.

마찬가지로 직접 계산을 통해 지수에서 곱셈을 하면

$$\begin{aligned}(1+i)^{2-i} &= \exp[(2-i)\ln(1+i)] = \exp[(2-i)\{\ln\sqrt{2} + \tfrac{1}{4}\pi i \pm 2n\pi i\}] \\ &= 2e^{\pi/4\pm 2n\pi}[\sin(\tfrac{1}{2}\ln 2) + i\cos(\tfrac{1}{2}\ln 2)]\end{aligned}$$

을 얻는다. ■

양의 실수 $z = x$에 대하여 z^c는 ***관례***에 의해 $e^{c \ln x}$와 같으며, 여기서 $\ln x$는 초등의 실자연로그이다[즉, 정의에서의 의미로 주값 $\mathrm{Ln}\, z\ (z = x > 0)$]. 또한 $z = e$, 즉 자연로그의 밑수 $z^c = e^c$는 *관례적*으로 13.5절의 식 (1)에서 얻어진 유일한 값으로 간주된다.

식 (7)에서 임의의 복소수 a에 대하여

(8) $$a^z = e^{z \ln a}$$

임을 알 수 있다.

지금까지 실제 응용에서 필요한 복소함수들을 소개하였다. 그들 중 몇몇 함수들(e^z, $\cos z$, $\sin z$, $\cosh z$, $\sinh z$)은 완전함수이고(13.5절), 몇몇 함수들($\tan z$, $\cot z$, $\tanh z$, $\coth z$)은 일부 점들 외에서는 해석적이다. 한편 $\ln z$는 0과 음의 실수축을 제외하고 모든 점에서 해석적인 무한히 많은 함수들로 쪼개진다.

역삼각함수(inverse trigonometric)와 **쌍곡선함수**(hyperbolic functions)는 연습문제에서 다루게 될 것이다.

연습문제 13.7

1-4 교재 내용에 대한 증명

1. 예제 1의 결과들을 증명하라.

2. $z_1 = -i$, $z_2 = -1$일 때, 식 (5)의 관계를 증명하라.

3. 극형식으로 나타낸 Cauchy-Riemann 방정식(13.4절)을 이용하여 $\mathrm{Ln}\, z$가 해석적임을 증명하라.

4. 식 (4a)와 (4b)를 증명하라.

복소자연로그 *ln z*

5-11 주값 Ln *z*. z가 다음과 같을 때 $\mathrm{Ln}\, z$를 구하라.

5. -7

6. $8 + 8i$

7. $8 - 8i$

8. $1 \pm i$

9. $0.6 - 0.8i$

10. $-15 \pm 0.1i$

11. $-ei^2$

12-16 ln *z*의 모든 값. 모든 값들을 구하고 복소평면에 그들 중 몇 개를 그려라.

12. $\ln e$

13. $\ln 1$

14. $\ln(-5)$

15. $\ln(e^i)$

16. $\ln(4 - 3i)$

17. $\ln(i^2)$의 값들과 $2 \ln i$의 값들이 서로 다름을 밝혀라.

18-21 방정식. z에 대하여 풀어라.

18. $\ln z = \pi i/2$

19. $\ln z = 4 - 3i$

20. $\ln z = e + \pi i$

21. $\ln z = 0.4 + 0.2i$

22-28 일반 거듭제곱. 주값을 구하라.

22. $(2i)^{2i}$

23. $(1 + i)^{1-i}$

24. $(1-i)^{1+i}$ **25.** $(-3)^{3-i}$

26. $(i)^{i/2}$ **27.** $(-1)^{2-i}$

28. $(3+4i)^{1/3}$

29. 문제 23의 답으로부터 문제 24에 대한 답을 어떻게 구할 수 있는가?

30. 조별 과제. **역삼각함수와 쌍곡선함수.** 정의에 의해 **역사인**(inverse sine) $w = \arcsin z$는 $\sin w = z$의 관계이며, **역코사인**(inverse cosine) $w = \arccos z$는 $\cos w = z$의 관계이다. 유사한 방법으로 **역탄젠트**(inverse tangent), **역코탄젠트**(inverse cotangent), **역쌍곡사인**(inverse hyperbolic sine) 등도 정의된다. (이런 모든 관계들이 ***다가***임을 유념하라.) $\sin w = (e^{iw} - e^{-iw})/(2i)$와 $\cos w$ 및 기타 함수들에 대한 유사한 표현들을 이용하여 다음을 증명하라.

(a) $\arccos z = -i \ln (z + \sqrt{z^2 - 1})$

(b) $\arcsin z = -i \ln (iz + \sqrt{1 - z^2})$

(c) $\operatorname{arccosh} z = \ln (z + \sqrt{z^2 - 1})$

(d) $\operatorname{arcsinh} z = \ln (z + \sqrt{z^2 + 1})$

(e) $\arctan z = \dfrac{i}{2} \ln \dfrac{i + z}{i - z}$

(f) $\operatorname{arctanh} z = \dfrac{1}{2} \ln \dfrac{1 + z}{1 - z}$

(g) $w = \arcsin z$가 무한히 많은 값들을 가짐을 밝히고, 이들 중 하나를 w_1이라 할 경우, 다른 값들은 $w_1 \pm 2n\pi$와 $\pi - w_1 \pm 2n\pi$, $n = 0, 1, \cdots$의 형태임을 보여라. ($w = u + iv = \text{arc sin } z$의 *주값은* $v \geqq 0$일 때, $-\pi/2 \leqq u \leqq \pi/2$와 $v < 0$일 때, $-\pi/2 < u < \pi/2$를 만족하는 값으로 정의된다.)

13장 복습문제

1. $4 + 7i$를 $-1 + 2i$로 나누어라. 결과를 곱셈으로 확인하라.

2. 주어진 두 개 수에 대한 공액복소수를 취할 경우와 절댓값을 취할 경우 몫은 어떻게 되겠는가?

3. 문제 1에 주어진 두 개 수를 극형식으로 나타내라. 또한 그들 편각의 주값을 구하라.

4. 기억을 더듬어서 미분에 대한 정의를 기술하라. 미적분학에서의 정의와 큰 차이점은 무엇인가? 설명하라.

5. 복소함수에서 해석함수란 무엇인가?

6. 함수가 해석적이지 않은 점에서 미분 가능한가? 만약 가능하다면 예를 들어 설명하라.

7. Cauchy-Riemann 방정식에 대하여 설명하라. 이 식이 왜 근본적으로 중요한가?

8. 함수 e^z, $\cos z$, $\sin z$, $\cosh z$, $\sinh z$ 등이 서로 어떻게 연관되어 있는지 이들 함수 사이의 관계를 서술하라.

9. 왜 $\ln z$가 $\ln x$ 보다 더 복잡한지 예를 들어 설명하라.

10. 일반 거듭제곱은 어떻게 정의되는가? 예를 들어라. 또한 $x + iy$ 형태로 변환하라.

11-16 **복소수.** $x + iy$ 형태로 구하라.

11. $(4+5i)^2$ **12.** $(1-i)^{10}$

13. $1/(3-4i)$ **14.** $\sqrt{i}$

15. $(1-i)/(1+i)$ **16.** $e^{\pi i/2}$, $e^{-\pi i/2}$

17-20 **극형식.** 주편각과 함께 극형식으로 나타내라.

17. $2 - 2i$ **18.** $12 + i$, $12 - i$

19. $-5i$ **20.** $0.6 + 0.8i$

21-24 **근.** 모든 값들을 구하고 그래프로 그려라.

21. $\sqrt[4]{625}$ **22.** $\sqrt{-32i}$

23. $\sqrt[4]{-1}$ **24.** $\sqrt[3]{1}$

25-30 **해석함수.** 주어진 u 또는 v로부터 $f(z) = u(x, y) + iv(x, y)$를 구하라. 또한 해석성 여부를 Cauchy-Riemann 방정식을 사용하여 판별하라.

25. $u = -xy$ **26.** $v = y/(x^2 + y^2)$

27. $v = -e^{-3x} \sin 3y$ **28.** $u = \cos 3x \cosh 3y$

29. $u = \exp(-(x^2 - y^2)/2) \cos xy$

30. $v = \cos 2x \sinh 2y$

31-35 **특별함수.** 다음 함수들의 값을 구하라.

31. $\cos(5 - 2i)$ **32.** $\operatorname{Ln}(0.6 + 0.8i)$

33. $\tan(1 + i)$

34. $\sinh(1 + \pi i)$, $\sin(1 + \pi i)$

35. $\sinh(\pi - \pi i)$

13장 요약.
복소수와 복소함수. 복소미분

복소수(complex numbers)

$$z = x + iy = re^{i\theta} = r(\cos\theta + i\sin\theta), \tag{1}$$

$r = |z| = \sqrt{x^2 + y^2}$, $\theta = \arctan(y/x)$ 등에 대한 연산과 이들 복소수를 복소평면에 표시하는 것에 대해서는 13.1절과 13.2절을 참고하라.

복소함수 $f(z) = u(x, y) + iv(x, y)$가 열린 영역 D의 모든 점들에 대하여 **도함수**(derivative, 13.3절)

$$f'(z) = \lim_{\Delta z \to 0} \frac{f(z + \Delta z) - f(z)}{\Delta z} \tag{2}$$

를 가지면, $f(z)$는 D에서 **해석적**이라 한다. 또한 $f(z)$가 z_0 근방(z_0 자신을 포함)에서 도함수를 가지면 $f(z)$는 $z = z_0$*에서 해석적*이다.

$f(z)$는 D에서 해석적이면 $u(x, y)$와 $v(x, y)$는 D 내의 모든 점에서 다음과 같은 **Cauchy-Riemann 방정식**(Cauchy-Riemann equations, 13.4절)을 만족한다(매우 중요한 개념).

$$\frac{\partial u}{\partial x} = \frac{\partial v}{\partial y}, \qquad \frac{\partial u}{\partial y} = -\frac{\partial v}{\partial x} \tag{3}$$

한편 u와 v는 D 내의 모든 점에서 **Laplace 방정식**(Laplace's equation)

$$u_{xx} + u_{yy} = 0, \qquad v_{xx} + v_{yy} = 0 \tag{4}$$

을 만족한다. 만약 $u(x, y)$와 $v(x, y)$가 연속이고 D에서 식 (3)을 만족하는 연속인 편도함수를 가지면, $f(z) = u(x, y) + iv(x, y)$는 D에서 해석적이다. 좀 더 자세한 내용에 대해서는 13.4절을 참조하라. (Laplace 방정식과 복소해석에 대해서는 18장에서 좀 더 다루어지게 될 것이다.)

복소**지수함수**(exponential function, 13.5절)

$$e^z = \exp z = e^x(\cos y + i\sin y) \tag{5}$$

는 주기가 $2\pi i$이며 도함수는 e^z이고, $z = x\ (y = 0)$일 때, e^x와 같다.

삼각함수(trigonometric function, 13.6절)는 다음과 같이 나타내어진다.

$$\begin{aligned} \cos z &= \tfrac{1}{2}(e^{iz} + e^{-iz}) = \cos x \cosh y - i \sin x \sinh y \\ \sin z &= \frac{1}{2i}(e^{iz} - e^{-iz}) = \sin x \cosh y + i \cos x \sinh y \end{aligned} \tag{6}$$

추가적으로는 $\tan z = (\sin z)/\cos z$, $\cot z = 1/\tan z$ 등이 있다.

쌍곡선함수(hyperbolic function, 13.6절)는

$$\cosh z = \tfrac{1}{2}(e^z + e^{-z}) = \cos iz, \qquad \sinh z = \tfrac{1}{2}(e^z - e^{-z}) = -i\sin iz \tag{7}$$

이다. 식 (5)-(7)의 함수들을 **완전함수**라 하는데, 이는 복소평면의 모든 곳에서 해석적인 함수를 말한다.

자연로그(natural logarithm, 13.7절)는

$$\ln z = \ln|z| + i \arg z = \ln|z| + i \operatorname{Arg} z \pm 2n\pi i \tag{8}$$

이고 여기서 $z \neq 0$이고 $n = 0, 1, \cdots$ 이다. Arg z는 arg z의 **주값**(principal value)이다. 즉, $-\pi < \operatorname{Arg} z \leqq \pi$ 이다. 한편 ln z는 무한히 많은 값을 가지는데 $n = 0$의 ln z 값을 **주값**이라 하며 Ln z로 나타낸다. 따라서 $\operatorname{Ln} z = \ln|z| + i \operatorname{Arg} z$이다.

일반 거듭제곱(gemal power, 13.7절)은 다음과 같이 정의된다.

$$z^c = e^{c \ln z} \qquad (c\text{는 복소수}, z \neq 0) \tag{9}$$

CHAPTER 14

복소적분

Complex Integration

13장은 복소해석에 대한 기초개념을 다지는 장으로 복소평면에서의 복소수, 극한, 복소미분 등을 다루었고, 특히 가장 중요한 개념인 해석성에 대하여 소개되었다. 복소함수는 주어진 열린 영역에서 미분 가능할 경우, 그 영역에서 *해석적*이다. 따라서 복소해석은 이와 같은 함수들과 그들의 응용들을 다룬다. 13.4절의 Cauchy-Riemann 방정식은 13장의 핵심이 되는 내용으로 주어진 함수가 해석적인지 여부를 판단할 수 있는 수단으로 사용된다. 한편 같은 절에서 해석함수가 물리학에서 가장 중요한 Laplace 방정식을 만족한다는 사실도 알게 된다.

이제 복소미적분학의 또 다른 부분인 복소적분에 대한 첫 번째 논의를 시작할 것이다. 매우 중요한 ***Cauchy 적분정리***(Cauchy's integral theorem) 또는 다른 이름으로 *Cauchy-Goursat 정리*는 14.2절에서 다룰 것이다. 이 정리는 매우 중요하다. 왜냐하면 이 정리로부터 유도되는 14.3절의 ***Cauchy 적분공식***에 의해서 해석적 피적분학함수의 적분계산을 할 수 있도록 하기 때문이다. 또한 Cauchy 적분공식은 해석함수들이 모든 고계도함수를 가짐을 보여주는 경이적인 결과이다. 이런 면에서, 복소해석함수는 특정한 차수까지만 도함수를 가지는 실변수의 실함수보다 훨씬 간단하게 거동한다.

복소적분은 몇 가지 이유에서 매력적이다. 해석함수의 몇 가지 기본적인 성질들은 다른 방법으로는 증명하기가 어렵다. 방금 논의한 해석함수의 모든 계의 도함수의 존재가 여기에 속한다. 복소평면에서의 적분의 중요성에 대한 실질적 이유는 실수미적법에 의해서 접근이 용이하지 않은 응용분야에서 나타나는 일부 적분들을 복소적분에 의해 계산해 낼 수 있기 때문이다.

복수적분은 또한 감마함수(부록 [GenRef1]), 오차함수, 다양한 다항식(부록 [GenRef10]) 등의 특수함수들과 연관되어 사용된다. 이런 함수들은 물리학에서의 문제들에 적용되는 함수이다.

복소적분의 두 번째 접근은 유수적분인데 16장에서 다룬다.

이 장을 위한 예비지식: 13장

생략할 수 있는 절: 14.1, 14.5절

참고문헌과 연습문제 해답: 부록 1의 D부와 부록 2

14.1 복소평면에서의 선적분

미분적분학에서와 같이 복소해석에서는 정적분과 부정적분, 또는 역도함수를 서로 구분한다. **부정적분**(indefinite integral)은 어떤 영역에서 그것의 도함수가 주어진 해석함수와 같은 함수이다. 알고 있는 미분공식들을 역으로 생각하여 많은 형태의 부정적분을 구할 수 있다.

복소정적분은 (복소)**선적분**(line integral)이라 불리며 다음과 같이 쓴다.

$$\int_C f(z)\, dz$$

여기서 **피적분함수**(integrand) $f(z)$는 주어진 곡선 C 또는 그것의 일부(호, 그러나 간단하게 두 가지 경우 모두 "**곡선**"으로 칭하기로 하자)를 따라 적분된다. 복소평면 내의 이 곡선 C를 **적분경로**(path of integration)라 부른다. 매개변수표현법으로 C를 다음과 같이 나타낼 수 있다.

$$\text{(1)} \qquad z(t) = x(t) = iy(t) \qquad (a \leqq t \leqq b)$$

t가 증가하는 방향을 C에 대한 **양의 방향**(positive sense)이라 하며, 이 경우 C가 식 (1)에 의하여 **방향지어졌다**(oriented)고 말한다.

예를 들면, $z(t) = t + 3it$ $(0 \leqq t \leqq 2)$는 선 $y = 3x$의 일부분이다. 함수 $z(t) = 4\cos t + 4i \sin t$ $(-\pi \leqq t \leqq \pi)$는 $|z| = 4$인 원을 나타낸다. 더 많은 예들이 후에 다루어질 것이다.

C가 **매끄러운 곡선**(smooth curve)이란, 이는 C가 모든 점에서 연속이고 0이 아닌 도함수

$$\dot{z}(t) = \frac{dz}{dt} = \dot{x}(t) + i\dot{y}(t)$$

를 가짐을 의미한다. 기하학적으로 이것은 다음의 정의에서 바로 알 수 있듯이 C가 모든 점에서 연속적으로 변해가는 접선을 가지고 있음을 의미한다.

$$\dot{z}(t) = \lim_{\Delta t \to 0} \frac{z(t + \Delta t) - z(t)}{\Delta t} \qquad \text{(그림 339)}$$

여기서, 프라임($'$)은 z에 대한 도함수를 나타내므로 점(dot)을 사용한다.

복소선적분의 정의

이것은 미적분에서 사용된 방법과 유사하다. 곡선 C를 식 (1)의 형태로 표시되는 복소평면에서 매끄러운 곡선이라고 하고, $f(z)$를 C의 각 점에서 (적어도) 정의되는 연속함수라 하자. 한편 식 (1)의 구간 $a \leqq t \leqq b$을 $t_0 < t_1 < \cdots < t_n$을 만족하는 점

$$t_0 (= a), \quad t_1, \quad \cdots, \quad t_{n-1}, \quad t_n (= b)$$

으로 ***분할***(partition)하면, 이들 각 분할점에 대응하는 곡선 C 상의 점

$$z_0, \quad z_1, \quad \cdots, \quad z_{n-1}, \quad z_n (= Z) \qquad \text{(그림 340)}$$

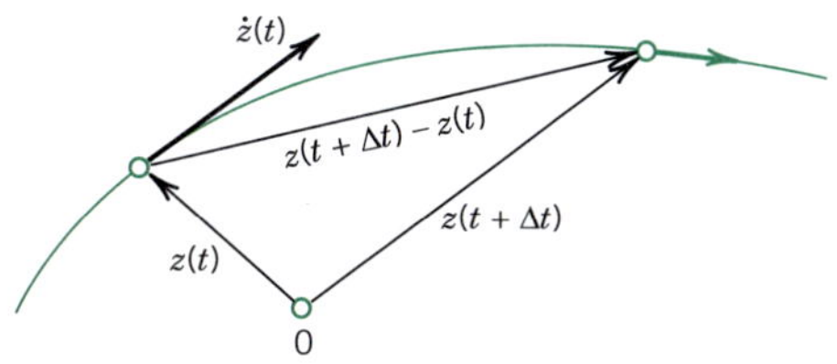

그림 339. $z(t)$로 주어지는 복소평면에서의 곡선 C의 접선벡터 $\dot{z}(t)$ 곡선상의 화살표 방향은 *양의 방향*(t의 증가 방향)을 나타낸다.

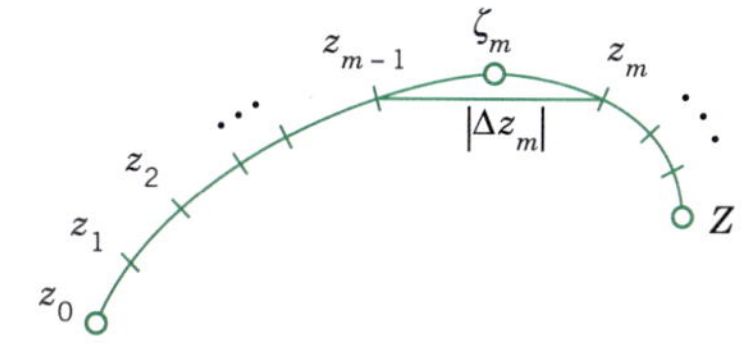

그림 340. 복소선적분

으로 나누어지는 곡선 C의 세분(subdivision)을 얻게 된다. 여기서 $z_j = z(t_j)$이다. 곡선 C의 세분화된 각 부분에서 임의의 점들을 선택하면, 즉 z_0와 z_1 사이의 점 ζ_1[즉, 구간 $t_0 \leqq t \leqq t_1$에서 한 점 t에서의 값: $\zeta_1 = z(t)$], z_1과 z_2 사이의 점 ζ_2 등을 계속하여 선택하면 다음과 같은 합을 얻는다.

$$S_n = \sum_{m=1}^{n} f(\zeta_m)\,\Delta z_m \qquad (\text{단}, \Delta z_m = z_m - z_{m-1}) \tag{2}$$

이때, 각각의 $n = 2, 3, \cdots$에 대해 완전히 독립적인 방법으로 그 합을 만들지만, n이 무한히 커질 경우에는 가장 큰 $|\Delta t_m| = |t_m - t_{m-1}|$이 0에 수렴하도록 한다. 이것은 가장 큰 $|\Delta z_m|$이 0으로 수렴하는 것을 의미한다. 왜냐하면 그 값은 z_{m-1}에서 z_m까지의 C의 호의 길이를 넘어설 수 없는데, 매끄러운 곡선 C의 길이는 t의 연속함수이므로, 후자의 길이(z_{m-1}에서 z_m까지의 C의 호의 길이)가 0으로 수렴하기 때문이다. 이렇게 얻은 복소수열 $S_2, S_3, \cdots$의 극한을 식 (1)에 의해 주어진 방향을 가진 적분경로 C를 따르는 $f(z)$의 **선적분**(또는 단순히 *적분*)이라 부른다. 이 선적분은 만약 C가 **닫힌 경로**(closed path; 원이나 8자 모양의 곡선 등과 같이 끝점 Z가 시작점 z_0와 일치하는 경로)라면

$$\int_C f(z)\,dz, \qquad \text{또는} \qquad \oint_C f(z)\,dz \tag{3}$$

로 표기된다.

일반적인 가정. *앞으로 복소선적분에 대한 모든 적분경로는* **구분적으로 매끄러운**(piece-wise smooth) *곡선으로 연결되었다고, 즉 끝과 끝이 연결된 유한개의 매끄러운 곡선으로 구성되어 있다고 가정한다.*

기본적인 성질들은 정의에 의해서 직접적으로 유도된다

1. 선형성(linearity). 적분은 **선형연산**(linear operation)이다. 즉, 함수들의 합에 대한 적분은 항별로 적분할 수 있고, 상수인자는 적분부호 밖으로 나올 수 있다. 즉, 적분경로 C에 대한 함수 f_1과 f_2에 대한 적분이 존재한다면 이들의 합, $k_1 f_1 + k_2 f_2$의 같은 경로에 대한 적분도 존재하고 적분값은 다음과 같다.

(4) $$\int_C [k_1 f_1(z) + k_2 f_2(z)]\, dz = k_1 \int_C f_1(z)\, dz + k_2 \int_C f_2(z)\, dz$$

2. 동일한 경로상의 적분에서 **방향의 뒤바뀜**(sense reversal), 즉 z_0에서 Z까지의 적분(좌변)과 Z에서 z_0까지의 적분(우변)은 다음과 같이 마이너스 부호로 나타내어진다.

(5) $$\int_{z_0}^{Z} f(z)\, dz = -\int_{Z}^{z_0} f(z)\, dz$$

3. 경로 분할(paititioning of path)(그림 341 참조)

(6) $$\int_C f(z)\, dz = \int_{C_1} f(z)\, dz + \int_{C_2} f(z)\, dz$$

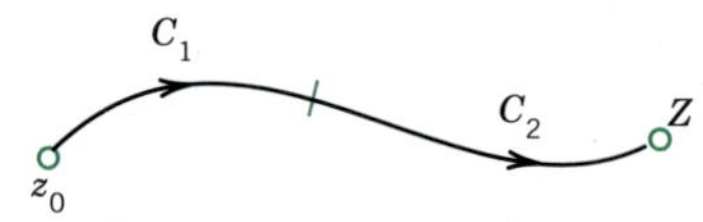

그림 341. 경로 분할[공식 (6)]

복소선적분의 존재

$f(z)$는 연속이고 C가 구분적으로 매끄러운 곡선이라는 가정은 선적분 (3)이 존재를 보장한다. 그 이유를 살펴보자.

앞 장에서와 같이 $f(z) = u(x, y) + iv(x, y)$라 놓자. 또한

$$\zeta_m = \xi_m + i\eta_m \qquad \text{그리고} \qquad \Delta z_m = \Delta x_m + i\Delta y_m$$

으로 놓으면, 식 (2)는

(7) $$S_n = \sum (u + iv)(\Delta x_m + i\Delta y_m)$$

이 된다. 여기서 $u = u(\xi_m, \eta_m)$, $v = v(\xi_m, \eta_m)$이고, 합산은 $m = 1$부터 $m = n$까지 한다. 이제 곱셈을 전개하면 S_n을 네 개의 합

$$S_n = \sum u\, \Delta x_m - \sum v\, \Delta y_m + i\left[\sum u\, \Delta y_m + \sum v\, \Delta x_m\right]$$

으로 나눌 수 있는데 각각의 합은 실수이다. f가 연속이므로, u와 v도 연속이다. 그러므로, 앞에서 말한 방법으로 n이 무한히 커지면 가장 큰 Δx_m과 Δy_m은 0에 수렴하고 우변의 각 합은 실선적분, 즉

(8) $$\begin{aligned} \lim_{n\to\infty} S_n &= \int_C f(z)\, dz \\ &= \int_C u\, dx - \int_C v\, dy + i\left[\int_C u\, dy + \int_C v\, dx\right] \end{aligned}$$

가 된다. 이것은, 우리의 가정(f가 C 위에서 연속이고, C가 구분적으로 매끄럽다는) 하에서, 선적분 (3)이 존재하고 그 값은 세분과 사이값 ζ_m의 선택에 무관하다는 것을 보여준다.

첫 번째 계산 방법: 부정적분과 상, 하한의 대입

이 방법은 미적분학에서 정적분을 계산할 때 잘 알려진 다음과 같은 공식과 유사하다.

$$\int_a^b f(x)\,dx = F(b) - F(a)$$

이 방법은 두 번째 방법보다 더 간단하지만, 해석함수의 경우에만 적용된다. 이 방법을 공식화하기 위해서, 일반적으로 통용되는 다음의 개념이 필요하다.

D 내의 모든 **단순 닫힌 곡선**(simple closed curve; 자신과 교차하지 않는 닫힌 곡선)이 단지 D에 속한 점들만 에워쌀 때, 영역 D를 **단순연결**(simply connected) 되었다고 한다.

예를 들면, 원판(circular disk)은 단순연결되어 있지만, 원환(annulus; 13.3절)은 단순연결되어 있지 않다. (왜 그런지 설명하라!)

정리 1

해석함수의 부정적분

$f(z)$가 단순연결 열린 영역 D 내에서 해석적이라고 하자. 그러면 영역 D 내에서 $f(z)$의 부정적분, 즉 D 내에서 $F'(z) = f(z)$를 만족하는 해석함수 $F(z)$가 존재하며, D 내의 두 점 z_0와 z_1을 연결하는 D 내의 모든 경로에 대하여

$$\int_{z_0}^{z_1} f(z)\,dz = F(z_1) - F(z_0) \qquad [F'(z) = f(z)] \tag{9}$$

가 성립한다. (z_0에서 z_1까지의 모든 경로 C에 대해서 똑같은 적분값을 가지므로, C 대신에 z_0와 z_1을 쓸 수 있음에 주목하라.)

이 정리의 증명은 14.2절에서 하게 될 것이다.

단순연결은 정리 1에서 ***꼭 필요하다.*** 그 이유를 예제 5에서 확인하게 될 것이다.

해석함수가 우리의 주 관심사이고, 미분공식이 종종 주어진 $f(z) = F'(z)$인 $F(z)$를 찾는 데 도움을 주므로, 현재의 방법은 실용적으로 매우 중요하다.

만일 $f(z)$가 완전함수(13.5절 참조)이면, D로 전체 복소평면(당연히 단순연결임)을 취할 수 있다.

예제 1 $$\int_0^{1+i} z^2\,dz = \frac{1}{3}z^3 \Big|_0^{1+i} = \frac{1}{3}(1+i)^3 = -\frac{2}{3} + \frac{2}{3}i$$ ■

예제 2 $$\int_{-\pi i}^{\pi i} \cos z\,dz = \sin z \Big|_{-\pi i}^{\pi i} = 2\sin \pi i = 2i \sinh \pi = 23.097i$$ ■

예제 3 e_z가 주기 $2\pi i$인 주기함수이므로

$$\int_{8+\pi i}^{8-3\pi i} e^{z/2}\,dz = 2e^{z/2}\Big|_{8+\pi i}^{8-3\pi i} = 2(e^{4-3\pi i/2} - e^{4+\pi i/2}) = 0$$ ■

예제 4 $\displaystyle\int_{-i}^{i} \frac{dz}{z} = \text{Ln}\, i - \text{Ln}\,(-i) = \frac{i\pi}{2} - \left(-\frac{i\pi}{2}\right) = i\pi$ 여기서 D는 0과 Ln z가 해석적이지 않은 음의 실수축을 제외한 복소평면이며, 명백하게 단순연결된 열린 영역이다. ■

두 번째 계산방법: 경로에 대한 표현식의 사용

이 방법은 해석함수에만 국한되지 않고 어떤 연속 복소함수에도 적용된다.

정리 2

경로를 사용한 적분

C를 $a \leqq t \leqq b$에서 $z = z(t)$에 의해 표시되는 구분적으로 매끄러운 경로라 하고, $f(z)$가 C 위에서 연속인 함수라 하면 다음이 성립한다.

(10) $$\int_C f(z)\,dz = \int_a^b f[z(t)]\dot{z}(t)\,dt \qquad \left(\dot{z} = \frac{dz}{dt}\right)$$

증명 식 (10)의 좌변은 식 (8)에 의해, 실선적분들의 식으로 주어진다. 식 (10)의 우변이 또 한 식 (8)과 같음을 보이도록 하자. $z = x + iy$이므로 $\dot{z} = \dot{x} \pm i\dot{y}$이다. 여기서 $u[x(t), y(t)]$와 $v[x(t), y(t)]$를 각각, u, v로 간단히 쓰기로 한다. 또한 $dx = \dot{x}\,dt$와 $dy = \dot{y}\,dt$이다. 결국, 식 (10)에서의 우변은

$$\begin{aligned}\int_a^b f[z(t)]\dot{z}(t)\,dt &= \int_a^b (u + iv)(\dot{x} + i\dot{y})\,dt \\ &= \int_C [u\,dx - v\,dy + i(u\,dy + v\,dx)] \\ &= \int_C (u\,dx - v\,dy) + i\int_C (u\,dy + v\,dx)\end{aligned}$$

이다. ■

주석. 식 (7)과 (8)에서의 복소선적분의 존재 증명에서 실선적분을 적용했다. 만약 이것을 피하고 싶으면 식 (10)을 복소선적분의 *정의*로 사용할 수 있다.

정리 2를 적용하는 과정

(A) 경로 C를 $z(t)$ ($a \leqq t \leqq b$)의 형태로 표시한다.

(B) 도함수 $\dot{z}(t) = dz/dt$를 계산한다.

(C) $f(z)$의 모든 z에 $z(t)$를 대입한다(따라서, x에는 $x(t)$, y에는 $y(t)$를 대입한다).

(D) $f[z(t)]\,\dot{z}(t)$를 t에 대해서 a에서 b까지 적분한다.

예제 5 기본결과: 단위원 주위에서 $1/z$의 적분

단위원(반지름 = 1, 중심 0인 원, 13.3절 참조)을 따라 반시계방향으로 $1/z$를 적분하면 다음을 얻을 수 있음을 보여라.

(11) $$\oint_C \frac{dz}{z} = 2\pi i$$ (C: 단위원, 반시계방향).

이 식은 자주 사용하게 될 ***매우 중요한 식이다.***

풀이. **(A)** 13.3절 그림 330의 단위원 C는

$$z(t) = \cos t + i \sin t = e^{it} \qquad (0 \leqq t \leqq 2\pi)$$

로 나타낼 수 있고, 여기서 반시계방향의 적분은 t가 0에서 2π까지 증가하는 것에 대응된다.

(B) 미분에 의해서 $\dot{z}(t) = ie^{it}$(연쇄법칙)이다.

(C) 치환에 의해서 $f(z(t)) = 1/z(t) = e^{-it}$이다.

(D) 식 (10)으로부터 원하는 결과

$$\oint_C \frac{dz}{z} = \int_0^{2\pi} e^{-it} ie^{it}\, dt = i\int_0^{2\pi} dt = 2\pi i$$

를 얻는다. $z(t) = \cos t + i \sin t$를 사용하여 위의 결과를 확인하라.

단순연결성은 정리 1에서 필수적이다. $z_1 = z_0$이므로 정리 1의 방정식 (9)는 모든 닫힌 경로에 대해 0이고, 즉 $F(z_1) - F(z_0) = 0$이다. 이제 $1/z$은 $z = 0$에서 해석적이지 않다. 그러나 단위원을 포함하는 모든 *단순연결*영역(silply connected domain)은 $z = 0$을 포함해야 하고, 따라서 정리 1은 적용되지 않는다—원환은 단순연결이 아니므로, $\frac{1}{2} < |z| < \frac{3}{2}$ 같은 원환 내에서 $1/z$이 해석적이라는 것은 정리 1을 적용하기에 충분하지 않다. ■

예제 6 정수 거듭제곱 m을 포함하는 $1/z^m$의 적분

m이 정수이고 z_0가 상수일 때 $f(z) = (z - z_0)^m$이라고 하자. 반지름이 ρ이고 중심이 z_0인 원(그림 342 참조)을 따라 반시계방향으로 $f(z)$를 적분하라.

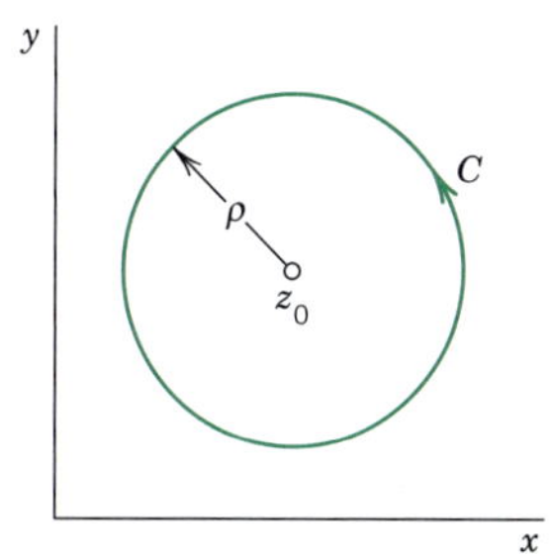

그림 342. 예제 6의 경로

풀이. C를

$$z(t) = z_0 + \rho(\cos t + i \sin t) = z_0 + \rho e^{it} \qquad (0 \leqq t \leqq 2\pi)$$

와 같은 형태로 표현할 수 있다. 그러면

$$(z - z_0)^m = \rho^m e^{imt}, \qquad dz = i\rho e^{it}\, dt$$

로 되고, 또한

$$\oint_C (z - z_0)^m \, dz = \int_0^{2\pi} \rho^m e^{imt} i\rho e^{it} \, dt = i\rho^{m+1} \int_0^{2\pi} e^{i(m+1)t} \, dt$$

를 얻는다. 13.6절의 Euler 공식 (5)에 의해 우변은

$$i\rho^{m+1}\left[\int_0^{2\pi} \cos(m+1)t \, dt + i\int_0^{2\pi} \sin(m+1)t \, dt\right]$$

와 같아진다. $m = -1$일 때 $\rho^{m+1} = 1$, $\cos 0 = 1$, $\sin 0 = 0$이고, 따라서 위 식은 $2\pi i$가 된다. 정수 $m \neq -1$에 대하여, 두 개의 적분은 각각 0이 된다. 왜냐하면, 사인과 코사인의 주기와 동일한 2π의 구간에서 적분하기 때문이다. 따라서 결과는 다음과 같다.

(12)
$$\oint_C (z - z_0)^m \, dz = \begin{cases} 2\pi i & (m = -1), \\ 0 & (m \neq -1 \text{인 정수}) \end{cases}$$

경로 의존성. 이제 다음과 같은 중요한 사실을 얻게 된다. 즉, 주어진 함수 $f(z)$를 서로 다른 경로를 따라 z_0 점에서 z_1까지 적분하면, 일반적으로 다른 적분값을 얻는다. 즉, ***복소선적분은 경로의 양 끝점에 의존할 뿐만 아니라, 일반적으로 경로 자체에도 의존한다.*** 다음 예제에서 이 사실에 대해 간단히 보여주고, 체계적인 논의는 다음 절에 주어진다.

예제 7 비해석함수의 적분경로 의존성

$f(z) = \text{Re}\, z = x$를 0에서 $1 + 2i$까지 (a) 그림 343에서의 C^*를 따라, (b) C_1과 C_2로 구성된 C를 따라 각각 적분하라.

풀이. **(a)** C^*는 $z(t) = t + 2it \ (0 \leqq t \leqq 1)$로 나타낼 수 있으며, 따라서 $\dot{z}(t) = 1 + 2i$이고 C^* 위에서 $f[z(t)] = x(t) = t$ (C^* 위)이다. 계산하면

$$\int_{C^*} \text{Re}\, z \, dz = \int_0^1 t(1 + 2i) \, dt = \frac{1}{2}(1 + 2i) = \frac{1}{2} + i$$

가 된다.

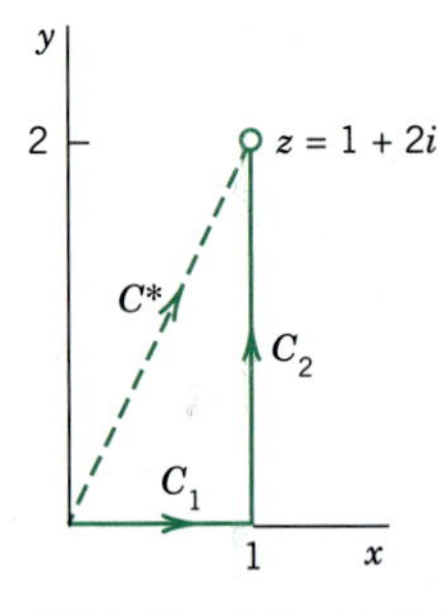

그림 343. 예제 7의 경로

(b) 다음과 같이 구할 수 있다.

$$C_1: z(t) = t, \qquad \dot{z}(t) = 1, \qquad f(z(t)) = x(t) = t \qquad (0 \leqq t \leqq 1)$$

$$C_2: z(t) = 1 + it, \qquad \dot{z}(t) = i, \qquad f(z(t)) = x(t) = 1 \qquad (0 \leqq t \leqq 2)$$

식 (6)을 사용하여 계산하면

$$\int_C \operatorname{Re} z\, dz = \int_{C_1} \operatorname{Re} z\, dz + \int_{C_2} \operatorname{Re} z\, dz = \int_0^1 t\, dt + \int_0^2 1 \cdot i\, dt = \frac{1}{2} + 2i$$

를 얻는다. 이 결과가 (a)에서의 결과와 다르다는 점에 주목하라. ■

적분한계값. ML 부등식

복소선적분의 절댓값을 대략적으로 구할 필요가 자주 있게 된다. 이에 대한 기본 공식은

$$\left| \int_C f(z)\, dz \right| \leqq ML \qquad (13) \qquad \textbf{(ML 부등식)}$$

이다. 여기서, L은 C의 길이이고, M은 C 위의 모든 점에서 $|f(z)| \leqq M$을 만족하는 상수이다.

증명 식 (2)에 의해 주어지는 S_n을 고려해 보자. 13.2절의 일반화된 삼각형부등식 (6*)에 의해

$$|S_n| = \left| \sum_{m=1}^{n} f(\zeta_m)\, \Delta z_m \right| \leqq \sum_{m=1}^{n} |f(\zeta_m)|\, |\Delta z_m| \leqq M \sum_{m=1}^{n} |\Delta z_m|$$

을 얻는다. 여기서 $|\Delta z_m|$은 끝점이 z_{m-1}과 z_m의 현의 길이이다(그림 340 참조). 그러므로 우변의 합은 끝점이 $z_0, z_1, \cdots, z_n\ (= Z)$인 파선으로 된 현들의 전체 길이 L^*를 나타낸다. 가장 큰 $|\Delta z_m|$이 0에 수렴하도록 n을 무한히 크게 하면, L^*는 곡선 길이의 정의에 의해 곡선 C의 길이 L에 수렴한다. 이것으로부터 부등식 (13)이 증명된다. ■

식 (13)으로부터는 적분의 실제적인 절댓값이 한계값 ML에 얼마나 근접해 있는지 알 수 없지만, 이러한 사실이 식 (13)을 적용하는 데에 아무런 장애가 되지 않는다. 여기서 간단한 예를 들어, 식 (13)의 실제적인 용도를 설명해 보자.

예제 8 적분의 추정

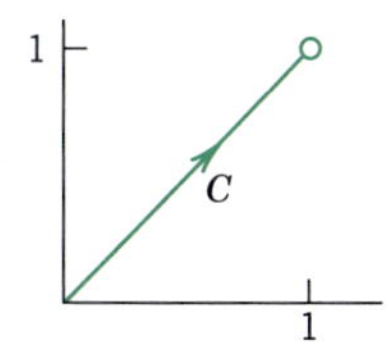

그림 344. 예제 8의 경로

다음 적분의 절댓값에 대한 상계(upper bound)를 구하여라.

$$\int_C z^2\, dz, \qquad C: 0\text{부터 } 1+i\text{까지의 선분(그림 344).}$$

풀이. C 위에서 $L = \sqrt{2}$이고 $|f(z)| = |z^2| \leqq 2$이므로, 식 (13)에 의해

$$\left| \int_C z^2\, dz \right| \leqq 2\sqrt{2} = 2.8284$$

를 얻는다. 이 적분의 절댓값은 $|-\frac{2}{3} + \frac{2}{3}i| = \frac{2}{3}\sqrt{2} = 0.9428$이다(예제 1 참조). ■

적분의 요약. $f(z)$의 선적분은 적분경로 (1)을 사용하는 식 (10)에 의해 항상 계산된다. 만약 $f(z)$가 해석적이라면 미적분학에서와 같은 식 (9)에 의한 부정적분이 보다 간단할 것이다. (다음 절에서 증명하게 될 것이다.)

연습문제 14.1

1-10 **경로를 구하고** 그려라.

1. $z(t) = (1 + \frac{1}{4}i)t, \ (1 \leqq t \leqq 6)$
2. $z(t) = 3 + i + (1 - i)t, \ (0 \leqq t \leqq 3)$
3. $z(t) = t + 4t^2 i, \ (0 \leqq t \leqq 1)$
4. $z(t) = t + (1 - t)^2 i, \ (-1 \leqq t \leqq 1)$
5. $z(t) = 2 - 2i + \sqrt{5}e^{-it}$
6. $z(t) = 1 + i + e^{-\pi it}, \ (0 \leqq t \leqq 2)$
7. $z(t) = 1 + 2e^{\pi it/4}, \ (0 \leqq t \leqq 2)$
8. $z(t) = 5e^{-it}, \ (0 \leqq t \leqq \pi/2)$
9. $z(t) = t + i(1 - t)^3, \ (-2 \leqq t \leqq 2)$
10. $z(t) = 2\cos t + i \sin t, \ (0 \leqq t \leqq 2\pi)$

11-20 **매개변수표현으로 나타내고** 경로를 그려라.

11. $(-1, 2)$에서 $(1, 4)$까지의 선분
12. 축을 따라 $(0, 0)$에서 $(2, 1)$까지
13. $(5, -1)$에서 $(-3, -1)$까지 $|z - 4 + i| = 4$의 상반부
14. 단위원, 시계방향
15. $4x^2 - y^2 = 4$, $(0, 2)$를 통한 분지
16. 타원 $4x^2 + 9y^2 = 36$, 반시계방향
17. $|z + a - ib| = r$, 시계방향
18. $(1, 1)$에서 $(5, \frac{1}{5})$까지 $y = 1/x$
19. 포물선 $y = 1 - \frac{1}{2}x^2, \ (-2 \leqq x \leqq 2)$
20. $4(x - 2)^2 + 5(y + 1)^2 = 20$

21-30 **적분**

첫 번째 방법을 사용하여 적분하라. 적용할 수 없을 경우 이유를 설명하고 두 번째 방법을 사용하라. (상세한 풀이과정을 보여라.)

21. $\int_C \operatorname{Re} z \, dz$, C는 $1 + i$에서 $5 + 5i$까지의 최단경로
22. $\int_C \operatorname{Re} z \, dz$, C는 $1 + i$에서 $3 + 3i$까지의 포물선, $y = 1 + \frac{1}{2}(x - i)^2$
23. $\int_C e^z \, dz$, C는 $\pi/2i$에서 πi까지의 최단경로
24. $\int_C \cos 2z \, dz$, C는 $-\pi i$에서 πi까지의 반원, $|z| = \pi, x \geqq 0$
25. $\int_C z \exp(z^2) \, dz$, C는 1부터 축을 따라 i까지
26. $\int_C (z + z^{-1}) \, dz$, C는 단위원, 반시계방향
27. $\int_C \sec^2 z \, dz$, C는 $\pi/4$에서 $\pi i/4$까지의 임의 경로
28. $\int_C \left(\frac{5}{z - 2i} - \frac{6}{(z - 2i)^2}\right) dz$, C는 원, $|z - 2i| = 4$, 시계방향
29. $\int_C \operatorname{Im} z^2 \, dz$, C는 꼭짓점, 0, 1, i을 갖는 삼각형을 따라 반시계방향
30. $\int_C \operatorname{Re} z^2 \, dz$, C는 꼭짓점, 0, i, $1 + i$, 1을 갖는 정사각형을 따라 시계방향
31. **CAS 과제.** **적분.** 두 가지 적분 방법들에 대한 프로그램을 작성하고 자신들이 선택한 문제에 적용해 보라. 주어진 문제에 두 방법 중 적용 가능한 프로그램을 결정해 주는 프로그램을 만들 수 있겠는가?
32. **역방향.** 경로 C가 $-1 - i$에서 $1 + i$까지의 선분일 때, $f(z) = z^2$에 대한 식 (5)를 검증하라.
33. **경로분할.** 경로 C_1과 C_2가 단위원의 상반과 하반에 해당될 때, $f(z) = 1/z$에 대한 식 (6)을 검증하라.
34. **조별 과제.** **적분.** **(a) 비교.** 두 가지 적분 방법의 핵심점을 비교하는 간단한 보고서를 작성하라.

    (b) 비교. 정리 1에 의해 $\int_C f(z) \, dz$를 구하고, 그 결과를 정리 2에 의해 확인하라. 단,

    (i) $f(z) = z^4$이고, 적분경로 C는 원, $|z| = 2$의 $-2i$에서 $2i$까지의 우반면의 반원이다.

    (ii) $f(z) = e^{2z}$이고, 적분경로 C는 0에서 $1 + 2i$까지의 최단경로이다.

    (c) 경로의 연속변형. 공통된 끝점을 가지는 곡선군, 예를 들어 $z(t) = t + ia \sin t, \ 0 \leqq t \leqq \pi$ (a는 실매개변수)를 가지고 실험하라. 비해석함수들($\operatorname{Re} z$, $\operatorname{Re}(z^2)$ 등)을 적분하고, 그 결과들이 a에 어떻게 의존하는지 조사하라. 다음으로 해석함수를 임의로 선택하고 위의 과정을 수행하여 그 결과를 비교하고 설명하라. (풀이과정을 상세히 보여라.)

    (d) 경로의 연속변형. 다른 군, 예를 들어 반타원(semi-ellipses), $z(t) = a \cos t + i \sin t$, $-\pi/2 \leqq t \leqq \pi/2$을 선택하여 (c)의 과정을 수행하라.

35. ***ML* 부등식**. 문제 21에서 적분의 절댓값의 상계(upper bound)를 구하라.

14.2 Cauchy 적분정리

본 절은 14장의 중심이 되는 절이다. 함수 $f(z)$의 선적분은 끝점에만 좌우되는 것이 아니라 경로 자체의 선택에도 의존함을 14.1절에서 살펴보았다. 이러한 경로 의존성은 종종 문제를 까다롭게 만든다. 따라서 이것이 일어나지 ***않을*** 조건은 상당히 중요하다. 만약 $f(z)$가 열린 영역 D에서 해석적이고 D가 단순연결되었다면(14.1절과 아래 참조), 그 적분은 주어진 점들 사이의 경로선택에 의존하지 않을 것이다. 이러한 결과(정리 2)는 다른 기본적 결과들과 함께 Cauchy 적분정리로부터 얻어지게 되는데, 이 사실이 ***Cauchy 정리를 이 장의 가장 중요한 정리***로 만들고 또한 복소해석에 있어 근본적인 정리가 되게 한다.

단순연결성(14.1절)의 정의를 다시 살펴보고, 예시한 후 더 자세한 사항에 대해 알아보자.

1. 단순 닫힌 경로(simple closed path)란 스스로 교차하거나 접촉하지 않는 닫힌 경로(14.1절)이다(그림 345 참조). 예를 들면 원은 단순 닫힌 경로이지만 8자형 곡선은 단순 닫힌 경로가 아니다.

그림 345. 닫힌 경로

2. 복소평면에서 **단순연결영역**(simply connected domain) D는 D의 모든 단순 닫힌 경로가 오직 D의 점들만 둘러싸고 있는 영역(13.3절)을 말한다. *예*: 원("열린 원판"), 타원 또는 어떠한 단순 닫힌 곡선의 내부. 단순연결되지 않은 영역은 **다중연결**(multiply connected)이라 불린다. *예*: 환형(13.3절), 예를 들어, $0 < |z| < 1$과 같이 중심이 빠진 원판, 또한 그림 346을 보라.

그림 346. 단순/다중연결영역

좀 더 정확히, **유계영역**(bounded domain) D(원점이 중심인 어떤 원의 내부에 완전히 속해 있는 영역)의 경계가 공통점이 없는 p개의 닫힌 연결집합으로 구성되어 있을 때, ***p*중연결**(p-fold connected) 되었다고 한다. 이때 경계의 집합은 곡선, 선분, 또는 단일점($p = 2$

인, $0 < |z| < 1$ 영역에서 $z = 0$과 같은)일 수 있다. 따라서 D는 $P - 1$개의 "**구멍**(holes)"을 갖게 된다. 이때 "구멍"은 선분이나 한 점을 의미할 수도 있다. 따라서 환형은 이중연결($p = 2$)되었다.

정리 1

Cauchy 적분정리

$f(z)$가 단순연결 열린 영역 D에서 해석적이면, D 내의 모든 단순 닫힌 경로 C에 대하여

$$\oint_C f(z)\,dz = 0 \qquad (1) \qquad \text{(그림 347 참조)}$$

이다.

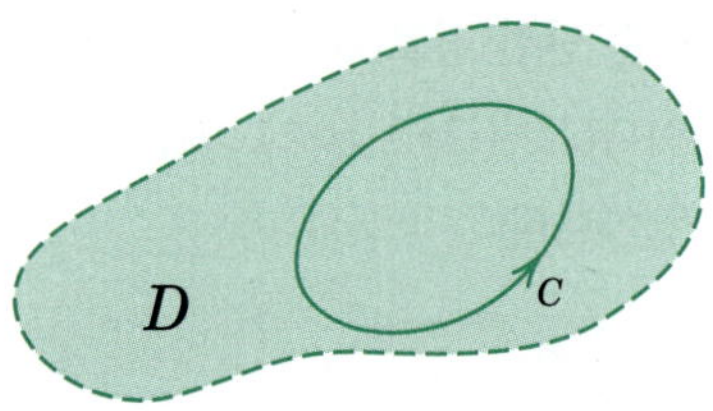

그림 347. Cauchy 적분정리

이 정리를 증명하기 전에 이해를 돕기 위해 몇 가지 예를 살펴보자. 단순 닫힌 경로를 때로는 *윤곽선*(contour)이라 부르며, 그러한 경로를 따르는 적분을 **윤곽선적분**(contour integral)이라고 한다. 따라서 식 (1)과 다음 예들은 윤곽선적분을 포함하고 있다.

예제 1 완전함수

임의의 닫힌 경로에 대하여

$$\oint_C e^z\,dz = 0, \qquad \oint_C \cos z\,dz = 0, \qquad \oint_C z^n\,dz = 0 \qquad (n = 0, 1, \cdots)$$

이다. 왜냐하면 이 함수들은 완전함수(모든 z에 대해 해석적인 함수)이기 때문이다. ■

예제 2 *f(x)*가 해석적이지 않은 윤곽선 밖에 있는 특이점

C가 단위원일 때

$$\oint_C \sec z\,dz = 0, \qquad \oint_C \frac{dz}{z^2 + 4} = 0$$

이다. $z = \pm\pi/2, \pm 3\pi/2, \cdots$에서 $\sec z = 1/\cos z$는 해석적이지 않지만, 이 점들은 모두 C의 밖에 놓여 있다. 즉, 이들 중 어느 것도 C 상이나 내부에 있지 않다. 두 번째 적분에서도 유사하며, 피적분함수가 해석적이지 않은 점 $z = \pm 2i$는 C의 밖에 있다. ■

예제 3 비해석적인 함수

$C: z(t) = e^{it}$가 단위원일 때, 반시계방향으로 적분하면

$$\oint_C \bar{z}\, dz = \int_0^{2\pi} e^{-it} i e^{it}\, dt = 2\pi i$$

이다. 결과는 Cauchy의 정리에 위배되지 않는다. 왜냐하면 $f(z) = \bar{z}$는 해석함수가 아니므로 Cauchy의 정리가 적용되지 않기 때문이다. ■

예제 4 해석성은 필요조건이 아니라 충분조건이다

C가 단위원일 때,

$$\oint_C \frac{dz}{z^2} = 0$$

이다. 이 결과는 Cauchy의 정리로부터 나오지 *않는데*, 그 이유는 $z = 0$에서 $f(z) = 1/z^2$이 해석적이지 않기 때문이다. 따라서, *D에서 f가 해석적이라는 조건은 식 (1)이 성립하기 위한 필요조건이라기보다는 충분조건이다.* ■

예제 5 단순연결은 필수적이다

단위원 주위를 따라 반시계방향으로 $1/z$을 적분하면

$$\oint_C \frac{dz}{z} = 2\pi i$$

가 된다. C는 $1/z$이 해석적인 환형 $\frac{1}{2} < |z| < \frac{3}{2}$ 안에 놓여 있지만, 이 열린 영역은 단순연결되어 있지 않으므로, Cauchy의 정리를 적용할 수 없다. 따라서 ***열린 영역 D가 단순연결되어 있어야 한다는 조건은 필수적이다.***

다른 말로 하자면, Cauchy의 정리에 의해 $f(z)$가 단순 닫힌 경로 C 위에서와 한 점이라도 예외 없이 C 안에 있는 모든 곳에서 해석적이면 식 (1)이 성립한다. 여기에서 문제를 야기하는 곳은, $1/z$이 해석적이지 않는 점 $z = 0$이다. ■

증명 Cauchy는 도함수 $f'(z)$가 연속적이라는 추가적인 가정하에서 그의 적분정리를 증명했다(실제로 성립하지만 여분의 증명이 필요하다). 그의 증명 과정은 아래와 같다. 14.1절의 식 (8)로부터,

$$\oint_C f(z)\, dz = \oint_C (u\, dx - v\, dy) + i \oint_C (u\, dy + v\, dx)$$

로 된다. D에서 $f(z)$가 해석적이므로 D 안에서 그 도함수 $f'(z)$가 존재한다. 또한 $f'(z)$가 연속이라고 가정했으므로, 13.4절의 식 (4)와 (5)는 u와 v가 D에서 연속인 편도함수를 갖는다는 것을 의미한다. 따라서 Green의 정리(10.4절; F_1과 F_2 대신에 u와 $-v$를 사용하여)를 적용할 수 있으므로

$$\oint_C (u\, dx - v\, dy) = \iint_R \left(-\frac{\partial v}{\partial x} - \frac{\partial u}{\partial y} \right) dx\, dy$$

를 얻는다. 여기서 R은 C에 의해 둘러싸인 영역이다. 두 번째 Cauchy-Riemann 방정식(13.4절)에 의해 우변의 피적분함수가 항등적으로 0이 됨을 보여준다. 따라서 좌변의 적분값은 0이 된다. 똑같은 방식으로, 첫 번째 Cauchy-Riemann 방정식을 사용하면, 위의 공식에서 마지막 적분값이 0이 된다. 이것으로 Cauchy의 증명이 완료된다. ■

***$f'(z)$가 연속이라는 조건이 배제된* Goursat의 증명**[1]은 근본적으로 훨씬 더 복잡하다. 그 내용은 선택적으로 남기고 부록 4에 포함시켰다.

경로의 독립성

어떤 주어진 함수 $f(z)$를 점 z_1에서부터 점 z_2까지 적분할 때, 일반적으로 그 결과는 z_1, z_2에만 의존하지 않고 적분경로 C에도 의존한다는 사실을 앞 절에서 배웠다. 이러한 경로의존의 어려움이 발생되지 않는 상황을 기술하는 것이 매우 중요한데, 이를 위해 다음과 같은 개념이 제안되었다. D 내의 모든 z_1, z_2에 대해 $f(z)$의 적분값이 시작점 z_1과 끝점 z_2에만 의존하고 D 내의 경로 C의 선택에 의존하지 않을 때(즉, D 내에서 z_1부터 z_2에 이르는 모든 경로에서의 $f(z)$ 적분이 같은 값을 줄 때), $f(z)$의 적분은 **열린 영역 D 내의 경로에 독립**이라고 부른다.

정리 2

경로 독립성

만일 $f(z)$가 단순연결된 열린 영역 D 내에서 해석적이면 $f(z)$의 적분은 D 내의 경로에 독립이다.

증명 z_1과 z_2를 D 내에서 임의의 점이라 하자. 그림 348에서와 같이 D 내에서 z_1부터 z_2에 이르기까지 그 두 점 이외에는 공통점이 더 없는 두 경로 C_1과 C_2를 고려해보자. C_2와 동일 경로이지만 방향이 반대인(그림 349) 경로를 C_2^*로 표시하자. z_1에서 C_1를 거쳐 z_2까지 적분한 후 C_2^*를 거쳐 다시 z_1으로 돌아오면서 적분해 보자. 이것은 단순 닫힌 경로이며, 따라서 이 정리의 가정하에서 Cauchy의 정리가 적용되어 적분값은 0이 된다. 즉,

$$(2') \qquad \int_{C_1} f\,dz + \int_{C_2^*} f\,dz = 0, \qquad \text{따라서} \qquad \int_{C_1} f\,dz = -\int_{C_2^*} f\,dz$$

이다. 그러나 오른쪽에 있는 $(-)$ 부호는 z_1으로부터 z_2까지 적분을 거꾸로 할 경우 사라지게 되며, 이것은 C_1과 C_2에서의 $f(z)$의 적분이 동일함을 보여준다. 즉,

$$(2) \qquad \int_{C_1} f(z)\,dz = \int_{C_2} f(z)\,dz \qquad \text{(그림 348).}$$

[1]ÉDOUARD GOURSAT(1858-1936). 프랑스의 수학자, Cauchy는 이 정리를 1825년에 발표하였다. Goursat에 의한 그 조건의 삭제(*Transactions Amer. math. Soc.*, vol 1, 1900을 보라)는 아주 중요하다. 예를 들면, 곧 증명하게 되는 바와 같이, 해석함수의 도함수도 역시 해석적이라는 사실과 중요한 관련이 있다. 그는 또한 편미분방정식의 기초에 공헌하였다.

이것은 두 끝점만이 공통인 경로들에 대한 정리의 증명이다. 유한하게 많은 추가의 공통점들을 가지는 경로들에 대하여는, 이러한 논증을 각각의 "고리(loop)"(연속적인 공통점들 사이의 C_1과 C_2의 부분, 그림 350에서 4개)에 대하여 적용하라. 공통점들이 무한히 많은 경로들에 관하여는 추가적인 설명이 필요하며 여기서는 생략한다.

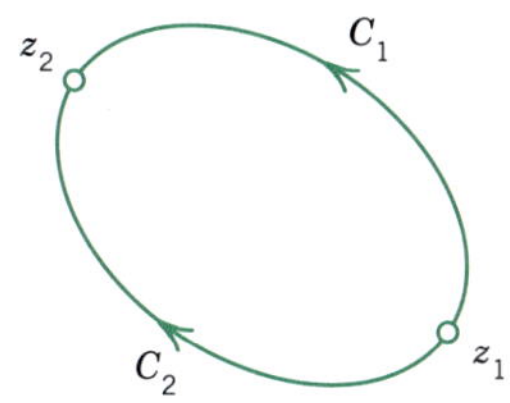

그림 348. 공식 (2)

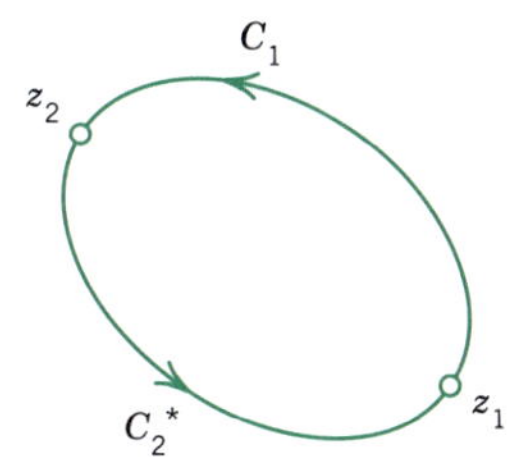

그림 349. 공식 (2′)

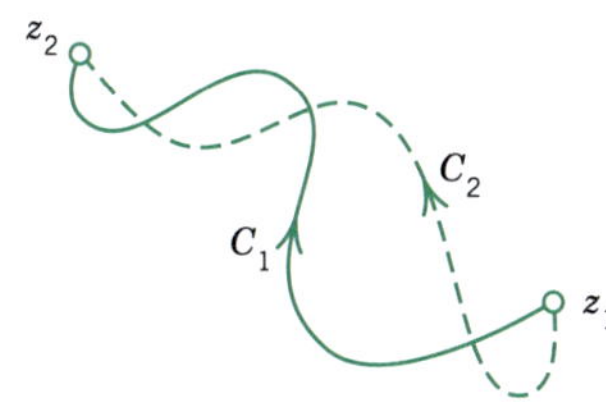

그림 350. 여러 개의 공통점을 갖는 경로

경로변형의 원리

경로 독립성과 관련하여 다음과 같은 착상을 하게 된다. 식 (2)의 경로 C_2는 끝점을 고정하고 C_1을 연속적으로 움직여 C_2와 일치시켜서 얻어졌다고 상상할 수 있다. 그림 351은 (정리 2에 의해) 그 적분값을 항상 그대로 유지하게 하는 무한히 많은 중간 경로 중 두 개를 보여준다. 즉, 양 끝은 고정한 채로 적분경로를 연속적으로 변형할 수 있음을 뜻한다. 변형경로가 항상 $f(z)$가 해석적인 점만 포함하는 한, 선적분의 값은 어떠한 변형이 있더라도 같은 값을 유지한다. 이것을 **경로변형의 원리**(principle of deformation of path)라고 부른다.

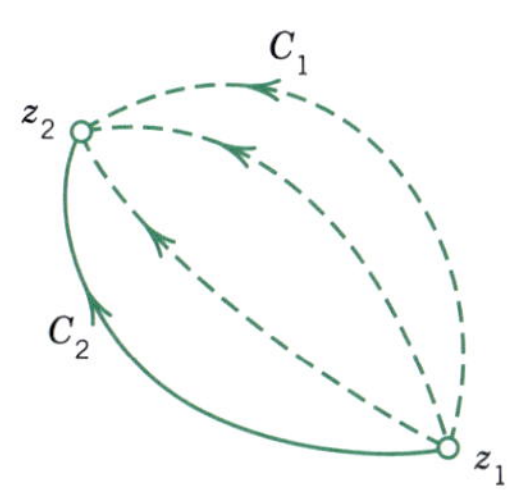

그림 351. 경로의 연속적 변형

예제 6 기본결과: 정수제곱의 적분

14.1절의 예제 6과 경로변형의 원리로부터 ***내부에 z_0를 포함하는 임의의 단순 닫힌 경로*** 주위의 반시계방향의 선적분에 대해 다음과 같은 결과가 얻어진다.

$$\oint (z - z_0)^m \, dz = \begin{cases} 2\pi i & (m = -1) \\ 0 & (m \neq -1 \text{ 및 정수}) \end{cases} \tag{3}$$

실제로, 14.1절의 예제 6에서의 원 $|z - z_0| = \rho$는 두 단계를 거쳐 이러한 경로로 연속적으로 변형될 수 있다. 즉, 우선 하나의 반원을 변형시키고 다음 나머지 반원을 변형시킨다(한 번 그려보라). ■

부정적분의 존재성

이 절에서는 앞 절에서의 부정적분 방법을 정당화할 것이다[14.1절 공식 (9)]. Cauchy 적분정리가 증명에 필요하다.

정리 3

부정적분의 존재성

만약 $f(z)$가 단순연결 열린 영역 D에서 해석적이면, $F'(z) = f(z)$를 만족하는 $f(z)$의 부정적분 $F(z)$가 D에서 존재한다. 그리고 D 내의 임의의 두 점 z_0와 z_1을 잇는 D 내의 모든 경로에 대하여, z_0에서 z_1까지 $f(z)$의 적분은 14.1절의 공식 (9)에 의해 계산된다.

증명 Cauchy 적분정리의 조건들이 만족된다. 그러므로 D 내에 있는 임의의 z_0에서 D에 있는 임의의 z까지 $f(z)$의 선적분은 D에서의 경로에 무관하다. z_0를 고정하면, 이 적분은 z의 함수가 되며 이것은 유일하게 정해진다. 이것을 $F(z)$로 표기하면,

$$F(z) = \int_{z_0}^{z} f(z^*)\, dz^* \tag{4}$$

이 $F(z)$가 D에서 해석적이고, $F'(z) = f(z)$임을 밝혀보자. 이 증명에 대한 착상은 다음과 같다. 식 (4)를 이용하여 차의 몫에 대한 식

$$\frac{F(z+\Delta z) - F(z)}{\Delta z} = \frac{1}{\Delta z}\left[\int_{z_0}^{z+\Delta z} f(z^*)\, dz^* - \int_{z_0}^{z} f(z^*)\, dz^*\right] = \frac{1}{\Delta z}\int_{z}^{z+\Delta z} f(z^*)\, dz^* \tag{5}$$

를 만든다. 식 (5)에서 $f(z)$를 뺀 다음, 이때 얻어진 식이 $\Delta z \to 0$일 때 0에 수렴함을 보인다. 자세한 설명은 다음과 같다.

z를 고정하고, 끝점 z와 $z + \Delta z$를 가진 선분이 D 안에 있도록 $z + \Delta z$를 선택하자(그림 352). 이러한 선택은 D가 열린 영역이고, 따라서 D가 z의 근방을 포함하고 있으므로 가능하다. 이 선분을 식 (5)의 적분경로로 사용한다. 이제 $f(z)$를 빼 보자. 이것은 z가 고정되어 있으므로 상수이다. 그러므로

$$\int_{z}^{z+\Delta z} f(z)\, dz^* = f(z)\int_{z}^{z+\Delta z} dz^* = f(z)\,\Delta z \qquad \text{따라서} \qquad f(z) = \frac{1}{\Delta z}\int_{z}^{z+\Delta z} f(z)\, dz^*$$

이다. 이 기법과 식 (5)로부터 한 개의 적분

$$\frac{F(z+\Delta z) - F(z)}{\Delta z} - f(z) = \frac{1}{\Delta z}\int_{z}^{z+\Delta z} [f(z^*) - f(z)]\, dz^*$$

를 얻는다. $f(z)$는 해석적이므로 연속이다[13.3절의 조별 과제(24d)]. 그러므로 주어진 $\epsilon > 0$에 대하여 $|z^* - z| < \delta$일 때 $|f(z^*) - f(z)| < \epsilon$이 되는 $\delta > 0$가 존재한다. 따라서, $|\Delta z| < \delta$로 놓으면, ML 부등식에서(14.1절)

$$\left|\frac{F(z+\Delta z) - F(z)}{\Delta z} - f(z)\right| = \frac{1}{|\Delta z|}\left|\int_{z}^{z+\Delta z} [f(z^*) - f(z)]\, dz^*\right| \leqq \frac{1}{|\Delta z|}\epsilon|\Delta z| = \epsilon$$

을 얻는다. 극한과 도함수의 정의에 의해, 이것은

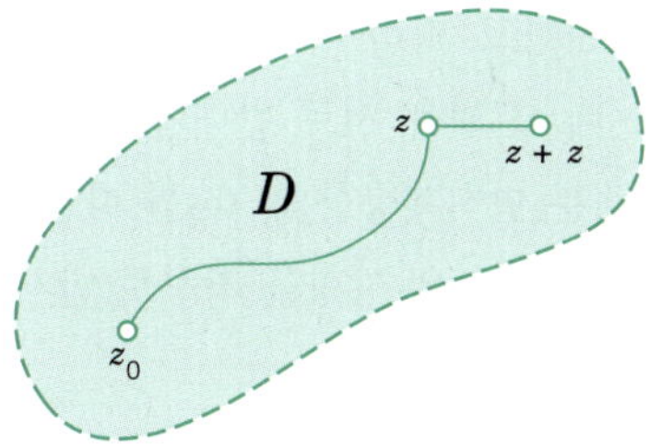

그림 352. 적분경로

$$F'(z) = \lim_{\Delta z \to 0} \frac{F(z + \Delta z) - F(z)}{\Delta z} = f(z)$$

임을 보여준다. z가 D에 있는 임의의 점이므로, 이 식은 $F(z)$가 D에서 해석적이며

$$F(z) = \int f(z)\, dz$$

가 D에서의 $f(z)$의 부정적분 또는 원시함수(antiderivative)라는 것을 증명한다. 또한 만약 $G'(z) = f(z)$이면 D에서 $F'(z) - G'(z) = 0$이고, 따라서 $F(z) - G(z)$는 D에서 상수이다 (13.4절 연습문제의 조별 과제 30번을 보라). 즉, $f(z)$의 두 부정적분은 단지 상수만큼 차이가 생긴다. 14.1절의 식 (9)에서 그 상수가 없어지므로, 어떠한 $f(z)$의 부정적분도 사용할 수가 있다. 이것으로 정리 3이 증명된다. ■

다중연결영역에 대한 Cauchy 적분정리

Cauchy의 정리는 다중연결된 열린 영역에도 적용된다. 먼저 바깥 경계곡선 C_1과 안쪽 경계곡선 C_2를 갖는 **이중연결영역**(doubly connected domain) D에 대하여 설명해 보자(그림 353). 만일 D와 그 경계곡선들을 포함하는 임의의 열린 영역 D^* 내에서 함수 $f(z)$가 해석적이면

$$\oint_{C_1} f(z)\, dz = \oint_{C_2} f(z)\, dz \qquad \text{(그림 353)} \tag{6}$$

이다. 여기서 두 적분은 모두 반시계방향을 취한다(또는 모두 시계방향, C_2의 내부 전체가 D^*에 속하든지 속하지 않든지 상관없이).

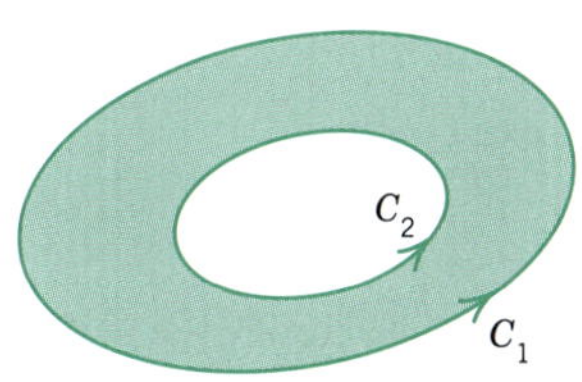

그림 353. 식 (5)에서의 경로

증명 두 개의 절단로 $\tilde{C}_1$과 $\tilde{C}_2$(그림 354)로 D를 잘라서, 그 내부와 경계에서 $f(z)$가 해석적인 두 개의 단순연결된 열린 영역 D_1과 D_2로 나눈다. Cauchy 적분정리에 의하여 D_1의 전 경계에 걸친 적분(그림 354의 화살표를 따라 취한)은 0이며, 또한 D_2의 경계에 걸친 적분도 마

찬가지이고, 따라서 그 합 역시 0이다. 이 합에서 절단로 $\tilde{C}_1$과 $\tilde{C}_2$에 걸친 적분은 서로 상쇄되는데, 그것은 서로 반대방향으로—이것이 열쇠이다—적분하기 때문이며 이제 C_1을 따른 적분(반시계방향)과 C_2를 따른 적분(시계방향; 그림 354 참조)만 남게 된다. 따라서 C_2에 따른 적분의 방향을 거꾸로(반시계방향으로) 하면

$$\oint_{C_1} f\,dz - \oint_{C_2} f\,dz = 0$$

이 되므로 식 (6)을 얻는다. ■

다중연결된 열린 영역에 대하여도 그 착상은 동일하다. 따라서 **삼중연결 열린 영역**(triply connected domain)에 대하여는 세 개의 절단로 $\tilde{C}_1$, $\tilde{C}_2$, $\tilde{C}_3$를 사용한다(그림 355). 앞에서와 마찬가지로 적분을 합하면 절단로를 따르는 적분은 상쇄되고 C_1(반시계방향)과 C_2, C_3(시계방향)를 따르는 적분의 합은 0이 된다. 따라서 세 적분을 모두 반시계방향으로 하면 C_1을 따르는 적분은 C_2와 C_3를 따르는 적분의 합과 같아진다. 사중연결영역이나 그 밖의 것들도 비슷하다.

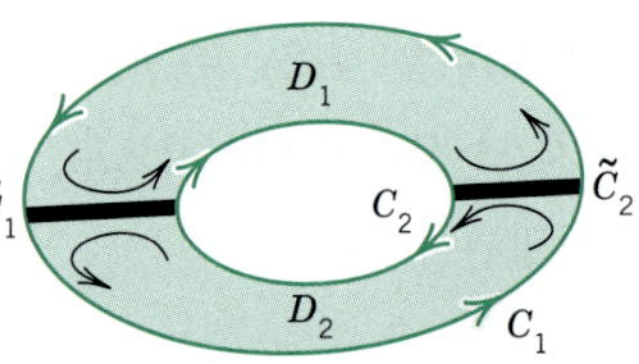

그림 354. 이중연결된 열린 영역

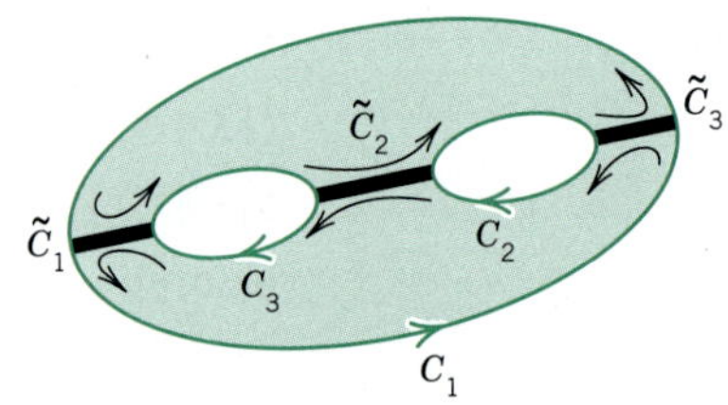

그림 355. 삼중연결된 열린 영역

연습문제 14.2

1-8 본문과 예제에 대한 주석

1. **Cauchy 적분정리**. 함수 z^2를 네 점 ±1, $\pm i$을 갖는 정사각형 둘레에 대해 적분하여 정리 1을 증명하라. (*힌트*. 변형을 사용하라.)

2. 어떤 윤곽선 C를 따라야 정리 1로부터 다음을 만족하겠는가?

   (a) $\displaystyle\int_C \frac{dz}{z-1} = 0$, **(b)** $\displaystyle\int_C \frac{\exp(1/z^2)}{z^2+4} = 0$

3. **변형원리**. 예제 4의 적분으로부터 문제 1의 윤곽선을 따른 적분도 역시 0이 되리라 단정할 수 있는가?

4. 주어진 함수가 단위원에 대하여 적분하면 2를 얻고, 반경 3인 원에 대해 적분하면 6을 얻을 경우, 환형 $1 < |z| < 3$ 내 모든 점에 대하여 해석적이라 단정할 수 있는가?

5. **연결**. 주어진 함수, $(\cos z^2)/(z^4+1)$가 해석적인 열린 영역의 연결성이란 무엇인가?

6. **경로 독립성**. 0에서 $1+i$까지 다음 경로를 따라 함수 e_z를 적분할 때, 정리 2를 만족함을 증명하라. **(a)** 최단경로, **(b)** x-축을 따라 1까지 도달한 다음, $1+i$까지 수직상승한 경로

7. **변형**. 예제 2로부터 함수 $1/(z^2+4)$의 다음 경로에 대한 적분 결과가 0이 된다 말할 수 있는가? **(a)** $|z-2|=2$, **(b)** $|z-2|=3$.

8. 조별 과제. **Cauchy 적분정리**. **(a) 주된 관점**. 예제 1에서 5까지의 각 문제들은 Cauchy 정리와 관련된 기본적인 사실들을 설명해 준다. 이러한 사실들을 설명해 줄 수 있는 5개의 예들을 들어라. (가능하면 좀 더 복잡한 예를 선택하라.) **(b) 부분분수**. $f(z)$를 부분분수로 나타내고 단위원에 대해 반시계방향으로 적분하라.

(i) $f(z) = \dfrac{2z + 3i}{z^2 + \frac{1}{4}}$ (ii) $f(z) = \dfrac{z + 1}{z^2 + 2z}$

(c) 경로변형. 경로변형의 원리에 비추어 14.1절 조별 과제 34의 (c)와 (d)를 복습하라. 그 다음 공통된 끝점을 갖는 경로들, 예를 들어 $z(t) = t + ia(t - t^2)$, $0 \leqq t \leqq 1$ (a는 실상수)과 같은 경로 위에서 자신이 선택한 해석, 비해석함수들(예를 들면, z, $\text{Im}\, z$, z^2, $\text{Re}\, z^2$, $\text{Im}\, z^2$ 등)의 적분을 수행하라.

9-19 Cauchy 정리의 적용

주어진 함수, $f(z)$를 단위원을 따라 반시계방향으로 적분하라. 또한 Cauchy 적분정리가 적용되는지 밝혀라.

9. $f(z) = \exp(z^2)$

10. $f(z) = \tan \frac{1}{4} z$

11. $f(z) = 1/(4z - 1)$

12. $f(z) = \bar{z}^3$

13. $f(z) = 1/(z^4 - 1.2)$

14. $f(z) = 1/\bar{z}$

15. $f(z) = \text{Re}\, z$

16. $f(z) = 1/(\pi z - 1)$

17. $f(z) = 1/|z|^2$

18. $f(z) = 1/(5z - 1)$

19. $f(z) = z^3 \cot z$

20-30 윤곽선적분

다음 적분을 구하라. Cauchy 적분정리가 적용되는지 밝혀라.

20. $\oint_C \text{Ln}\,(1 - z)\, dz$, C는 꼭짓점 $\pm i$, $\pm(1 + i)$을 갖는 평행사변형 둘레

21. $\oint_C \dfrac{dz}{z - 2i}$, C는 원 $|z| = \pi$(반시계방향)

22. $\oint_C \text{Re}\, z\, dz$, C:

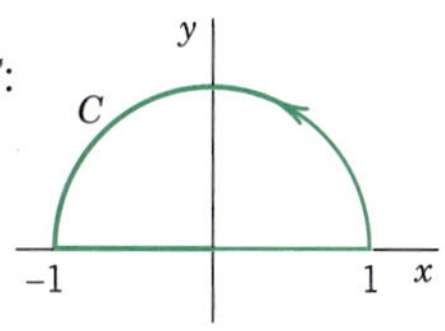

23. $\oint_C \dfrac{2z - 1}{z^2 - z}\, dz$, C:

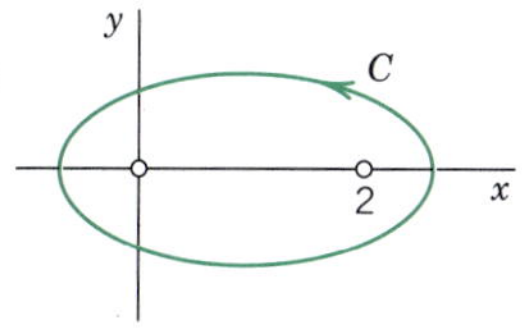

부분분수를 이용하라.

24. $\oint_C \dfrac{dz}{z^2 - 1}$, C:

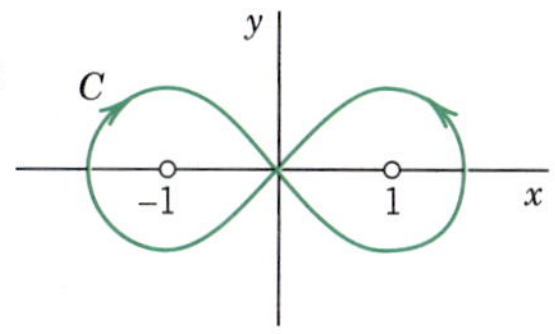

부분분수를 이용하라.

25. $\oint_C \dfrac{e^z}{z}\, dz$, C는 원 $|z| = 2$(반시계방향)과 $|z| = 1$(시계방향)

26. $\oint_C \coth \frac{1}{2} z\, dz$, C는 원 $|z - \frac{1}{2}\pi i| = 1$(시계방향)

27. $\oint_C \dfrac{\cos z}{z}\, dz$, C는 원 $|z| = 1$(반시계방향)과 $|z| = 3$(시계방향)

28. $\oint_C \dfrac{\tan \frac{1}{2} z}{16z^4 - 81}\, dz$, C는 꼭짓점 ± 1, $\pm i$을 갖는 정사각형 둘레(시계방향)

29. $\oint_C \dfrac{\sin z}{z + 4iz}\, dz$, C는 $|z - 4 - 2i| = 6.5$

30. $\oint_C \dfrac{2z^3 + z^2 + 4}{z^4 + 4z^2}\, dz$, C는 원 $|z - 2| = 4$(시계방향), 부분분수를 이용하라.

14.3 Cauchy 적분공식

Cauchy 적분정리에서 얻어지는 가장 중요한 결과는 Cauchy 적분공식이다. 본 절에 나와 있듯이 이 공식은 적분을 계산하는 데 유용하다. 또한, 이것이 해석함수가 모든 계(order)의 도함수를 갖는다는(14.4절) 놀라운 사실의 증명, Taylor 급수로 표현이 된다는 것을 보일 때 중요한 역할을 한다. Cauchy 적분공식과 그 성립 조건들을 서술하면 다음과 같다.

정리 1

Cauchy 적분공식

$f(z)$가 단순연결 열린 영역 D에서 해석적이면, D에 있는 임의의 점 z_0와 z_0를 둘러싸고 있는 D 안의 임의의 단순 닫힌 곡선 C에 대하여(그림 356),

(1) $$\oint_C \frac{f(z)}{z - z_0}\, dz = 2\pi i f(z_0)$$ **(Cauchy 적분공식)**

가 성립된다. 여기서, 적분의 방향은 반시계방향이다. 또 다르게 쓰면($2\pi i$로 식 (1)을 나누어 $f(z_0)$를 윤곽선적분으로 표현하면) 다음과 같다.

(1*) $$f(z_0) = \frac{1}{2\pi i}\oint_C \frac{f(z)}{z - z_0}\, dz$$ **(Cauchy 적분공식)**

증명 $f(z)$에 $f(z_0)$를 더하고 빼면 $f(z) = f(z_0) + [f(z) - f(z_0)]$이다. 이것을 식 (1)의 좌변에 대입하고, 상수인자 $f(z_0)$를 적분기호 밖으로 빼내면

(2) $$\oint_C \frac{f(z)}{z - z_0}\, dz = f(z_0)\oint_C \frac{dz}{z - z_0} + \oint_C \frac{f(z) - f(z_0)}{z - z_0}\, dz$$

와 같이 된다. 우변의 첫째 항은 $f(z_0) \cdot 2\pi i$와 같다(14.2절의 예제 6에서 $m = -1$인 경우). 따라서 우변에서 두 번째 적분이 0이면 이 정리가 증명되는데, 이제 이를 입증해 보자. 그 적분에서 피적분함수는 z_0를 제외한 점에서 해석적이다. 그러므로 경로변형의 원리에 의해 (14.2절), C를 적분값의 변동 없이 중심이 z_0이고 반지름이 ρ인 작은 원 K로(그림 357) 대체시킬 수 있다. $f(z)$는 해석적이므로 연속이다(13.3절 연습문제 조별 과제 24). 따라서, $\epsilon > 0$이 주어졌을 때 원판 $|z - z_0| < \delta$ 안에 있는 모든 z에 대하여 $|f(z) - f(z_0)| < \epsilon$이 되는 $\delta > 0$이 존재한다. K의 반지름 ρ를 δ보다 작게 택하면, K의 모든 점에서

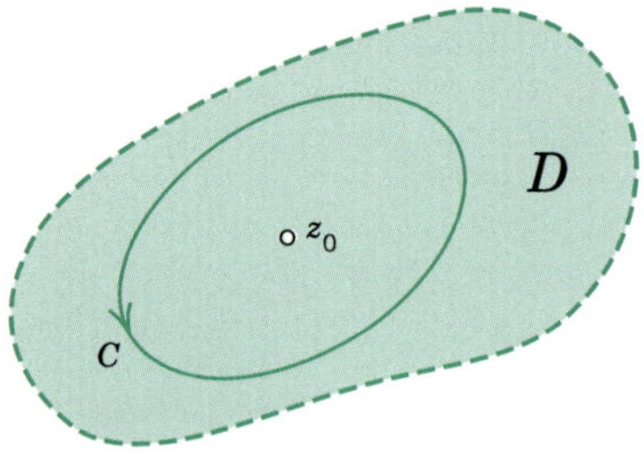

그림 356. Cauchy 적분공식

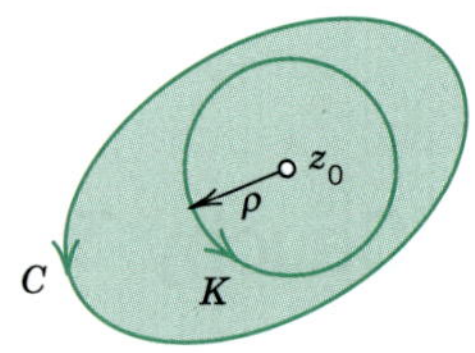

그림 357. Cauchy 적분공식의 증명

$$\left|\frac{f(z) - f(z_0)}{z - z_0}\right| < \frac{\epsilon}{\rho}$$

이 성립한다. K의 길이가 $2\pi\rho$이므로, 14.1절의 ML 부등식에 의해

$$\left|\oint_K \frac{f(z) - f(z_0)}{z - z_0}\, dz\right| < \frac{\epsilon}{\rho} 2\pi\rho = 2\pi\epsilon$$

이 얻어진다. $\epsilon(>0)$은 임의로 작게 택할 수 있으므로 식 (2)의 우변에서 마지막 적분 값은 0을 가져야 하고, 따라서 이 정리가 증명된다. ■

예제 1 Cauchy 적분공식

점 $z_0 = 2$를 둘러싸는 임의의 윤곽선에 대하여

$$\oint_C \frac{e^z}{z-2}\,dz = 2\pi i e^z\Big|_{z=2} = 2\pi i e^2 = 46.4268i$$

이다(e^z가 완전함수이므로). 반면 $z_0 = 2$를 외부에 갖고 있는 임의의 윤곽선에 대해서는 0이 된다 (Cauchy 적분정리에 의해). ■

예제 2 Cauchy 적분공식

$$\oint_C \frac{z^3-6}{2z-i}\,dz = \oint_C \frac{\frac{1}{2}z^3-3}{z-\frac{1}{2}i}\,dz$$

$$= 2\pi i\left[\tfrac{1}{2}z^3-3\right]\Big|_{z=i/2}$$

$$= \frac{\pi}{8} - 6\pi i \qquad (C \text{ 내부에서 } z_0 = \tfrac{1}{2}i)$$ ■

예제 3 서로 다른 윤곽선에 대한 적분

$$g(z) = \frac{z^2+1}{z^2-1} = \frac{z^2+1}{(z+1)(z-1)}$$

을 그림 358의 4개의 원을 따라 각각 반시계방향으로 적분하라.

풀이. $g(z)$는 -1과 1에서 해석적이지 않다. 우리가 주목해야 할 점들이다. 각 원을 따로 고려해 보자.

(a) 점 $z_0 = 1$을 둘러싸는 원 $|z-1| = 1$, $g(z)$는 비해석함수이다. 따라서 식 (1)에서

$$g(z) = \frac{z^2+1}{z^2-1} = \frac{z^2+1}{z+1}\,\frac{1}{z-1};$$

따라서

$$f(z) = \frac{z^2+1}{z+1}$$

이고, 식 (1)에서 다음을 얻는다.

$$\oint_C \frac{z^2+1}{z^2-1}\,dz = 2\pi i f(1) = 2\pi i\left[\frac{z^2+1}{z+1}\right]_{z=1} = 2\pi i$$

(b) 경로변형의 원리에 의하여 (a)와 동일하다.

(c) 함수 $g(z)$는 전과 같다. 그러나 $z_0 = -1$ (1 대신)을 취해야 하므로 $f(z)$가 변한다. 이것은 식 (1)에서 인수 $z - z_0 = z + 1$로 주어진다. 따라서 다음과 같이 써야 한다.

$$g(z) = \frac{z^2+1}{z-1}\,\frac{1}{z+1};$$

따라서

$$f(z) = \frac{z^2+1}{z-1}$$

잠시 이것을 이전의 표현식과 비교한 후 계속하면 다음을 얻는다.

$$\oint_C \frac{z^2+1}{z^2-1}\,dz = 2\pi i f(-1) = 2\pi i \left[\frac{z^2+1}{z-1}\right]_{z=-1} = -2\pi i$$

(d) 0을 얻는다. 왜 그럴까? ■

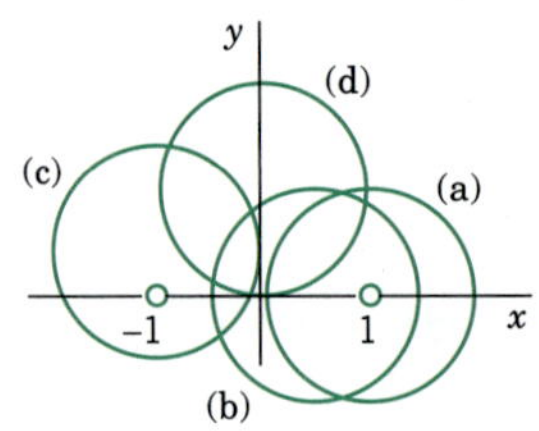

그림 358. 예제 3

다중연결영역(multiply connected domains)은 14.2절에서와 같이 다룰 수 있다. 예를 들면, $f(z)$가 C_1과 C_2 및 C_1과 C_2에 의해 둘러싸인 환형의 영역 안에서(그림 359) 해석적이고, z_0가 그 영역에 있는 임의의 점이면

$$f(z_0) = \frac{1}{2\pi i}\oint_{C_1} \frac{f(z)}{z-z_0}\,dz + \frac{1}{2\pi i}\oint_{C_2} \frac{f(z)}{z-z_0}\,dz, \tag{3}$$

가 성립한다. 여기서 그림 359에 표시된 대로, 밖에서의 적분(C_1을 따라)은 반시계방향으로 하고 안에서의 적분은 시계방향으로 한다.

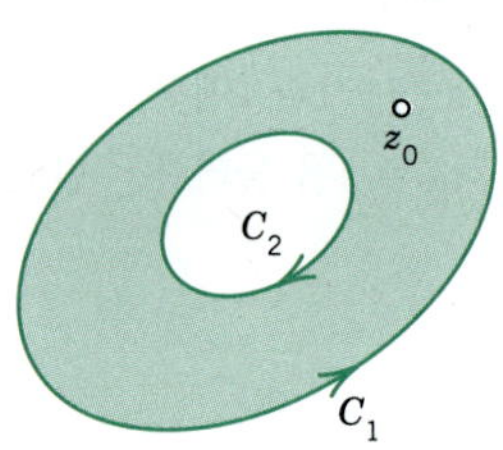

그림 359. 공식 (3)

연습문제 14.3

1-4 **윤곽선적분**

$z^2/(z^2-1)$을 Cauchy 적분공식을 사용하여 주어지는 원의 둘레를 반시계방향으로 적분하라.

1. $|z+1| = 3/2$ **2.** $|z-1-i| = \pi/2$

3. $|z+i| = 1.41$ **4.** $|k+5-5i| = 7$

5-8 주어진 함수를 단위원에 대해 적분하라.

5. $(\cos 2z)/4z$ **6.** $e^{2z}/(\pi z - i)$

7. $z^2/(4z-i)$ **8.** $(z \sin z)/(2z-1)$

9. **CAS 과제.** 자신의 CAS 프로그램이 어느 정도까지 윤곽선적분을 수행할 수 있는지 다음 두 가지 방법을 사용하여 확인하라. **(a)** 14.1절의 두 번째 방법, **(b)** Cauchy 적분공식

10. **조별 과제.** **Cauchy 적분정리.** z_0를 둘러싸는 윤곽선(그림 356)을 가지는 식 (2)를 만들고, 본문에서와 같이 극한을 취함으로써 Cauchy 적분정리를 증명할 수 있는 또 다른 통

찰력을 얻게 된다. 함수는 다음과 같다.

(a) $\oint_C \frac{z^3 - 6}{z - \frac{1}{2}i} dz,$ **(b)** $\oint_C \frac{\sin z}{z - \frac{1}{2}\pi} dz,$

(c) 자신이 선택한 함수

11-19 윤곽선적분

반시계방향 또는 지정한 방향으로 적분하라. (상세한 풀이 과정을 보여라.)

11. $\oint_C \frac{dz}{z^2 + 4}$, C: $4x^2 + (y - 2)^2 = 4$

12. $\oint_C \frac{z}{z^2 + 4z + 3} dz$, C는 중심이 -1이고 반지름이 2인 원

13. $\oint_C \frac{z + 2}{z - 2} dz$, C: $|z - 1| = 2$

14. $\oint_C \frac{e^z}{ze^z - 2iz} dz$, C: $|z| = 0.6$

15. $\oint_C \frac{\cosh(z^2 - \pi i)}{z - \pi i} dz$, C는 꼭짓점 ± 2, $\pm 2i$, $\pm 4\lambda$을 갖는 정사각형 둘레

16. $\oint_C \frac{\tan z}{z - i} dz$, C는 꼭짓점 0, $\pm 1 + 2i$를 갖는 삼각형 둘레

17. $\oint_C \frac{\text{Ln}(z + 1)}{z^2 + 1} dz$, C는 $|z - i| = 1.4$

18. $\oint_C \frac{\sin z}{4z^2 - 8iz} dz$, C는 꼭짓점 ± 3, $\pm 3i$을 갖는 반시계방향의 정사각형 둘레와 꼭짓점 ± 1, $\pm i$을 갖는 시계방향의 정사각형 둘레(그림 참조)

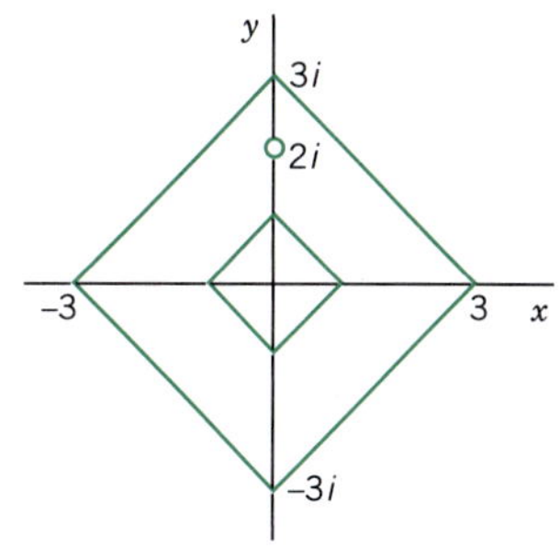

연습문제 18

19. $\oint_C \frac{\exp z^2}{z^2(z - 1 - i)} dz$, C는 $|z| = 2$(반시계방향)와 $|z| = 1$ (시계방향).

20. 임의 값 z_1과 z_2를 둘러싸는 단순 닫힌 경로 C에 대하여 $\oint_C (z - z_1)^{-1}(z - z_2)^{-1} dz = 0$임을 증명하라.

14.4 해석함수의 도함수

이 절에서, 복소해석함수는 모든 계(order)의 도함수를 갖는다는 기본적인 사실을 보이기 위해서 Cauchy 적분공식을 사용한다. 이것이 실미적분과 완전히 다른 점이다. 실변수를 갖는 실함수가 한 번 미분 가능하다고 하더라도 그 이상의 고계도함수의 존재에 관하여는 아무런 결론도 내리지 못한다. 이런 관점에서, 복소해석함수는 실함수보다 훨씬 더 단순한 거동을 보이게 한다. 이 놀라운 사실을 증명하기 위해서 Cauchy 적분공식을 사용한다.

정리 1

해석함수의 도함수

만약 $f(z)$가 한 열린 영역 D에서 해석적이면 그것은 D에서 모든 계의 도함수를 가지며, 그들 도함수도 역시 D에서 해석적이다. D에 있는 점 z_0에서 이들 도함수의 값은 공식

$$f'(z_0) = \frac{1}{2\pi i} \oint_C \frac{f(z)}{(z - z_0)^2} dz \tag{1'}$$

$$f''(z_0) = \frac{2!}{2\pi i} \oint_C \frac{f(z)}{(z - z_0)^3} dz \tag{1''}$$

에 의하여 주어지고, 일반적으로

(1) $$f^{(n)}(z_0) = \frac{n!}{2\pi i}\oint_C \frac{f(z)}{(z-z_0)^{n+1}}\,dz \qquad (n = 1, 2, \cdots)$$

이다. 여기서 C는 z_0를 둘러싸면서 그 내부 전체가 D에 속해 있는 n 안의 임의의 단순 닫힌 경로이며, C 주위에서 반시계방향으로 적분한다(그림 360).

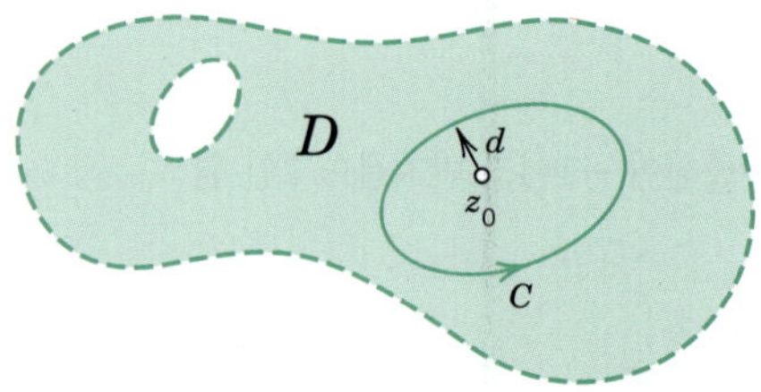

그림 360. 정리 1과 그의 증명

주석. 식 (1)을 기억하기 위하여, 이 공식이 14.3절의 Cauchy 공식 (1*)의 적분기호 속을 z_0*에 관하여* 미분함으로써 형식적으로 얻어진다는 것을 관찰하면 도움이 된다.

증명 공식 (1′)을 증명하기 위해 다음의 도함수의 정의로부터 출발해 보자.

$$f'(z_0) = \lim_{\Delta z \to 0} \frac{f(z_0 + \Delta z) - f(z_0)}{\Delta z}$$

우변에서 $f(z_0 + \Delta z)$와 $f(z_0)$를 Cauchy 적분공식을 사용하여 다음과 같이 표시한다.

$$\frac{f(z_0 + \Delta z) - f(z_0)}{\Delta z} = \frac{1}{2\pi i \Delta z}\left[\oint_C \frac{f(z)}{z - (z_0 + \Delta z)}\,dz - \oint_C \frac{f(z)}{z - z_0}\,dz\right]$$

두 적분을 단일 적분으로 결합하기 위해 공통분모를 취하면 분자는
$f(z)\{z - z_0 - [z - (z_0 + \Delta z)]\} = f(z)\Delta z$가 되고, 따라서 Δz가 상쇄되어 위 식은

$$\frac{f(z_0 + \Delta z) - f(z_0)}{\Delta z} = \frac{1}{2\pi i}\oint_C \frac{f(z)}{(z - z_0 - \Delta z)(z - z_0)}\,dz$$

가 된다. 이제, $\Delta z \to 0$일 때 우변의 적분이 식 (1′)에 있는 적분으로 수렴함을 보임으로써 식 (1′)을 확립할 수 있다. 이것을 하기 위해서, 이들 두 적분 사이의 차를 고려해 보자. 이 차는 공통분모를 취하고 분자를 간단히 해서, 한 개의 적분으로 쓸 수 있다. 이와 같이 하면

$$\oint_C \frac{f(z)}{(z - z_0 - \Delta z)(z - z_0)}\,dz - \oint_C \frac{f(z)}{(z - z_0)^2}\,dz = \oint_C \frac{f(z)\,\Delta z}{(z - z_0 - \Delta z)(z - z_0)^2}\,dz$$

가 된다. $\Delta z \to 0$일 때, 이 차가 0에 수렴한다는 것을 *ML* 부등식(14.1절)에 의해 증명해 보자.

함수 $f(z)$는 해석적이므로 C 위에서 연속이고 따라서 이의 절댓값은 유계, 즉 $|f(z)| \leqq K$이다. z_0에서 C의 점들까지의 최소거리를 d라고 하자(그림 360 참조). 그러면 C 위의 모든 z에 대하여

$$|z - z_0|^2 \geqq d^2, \qquad \text{따라서} \qquad \frac{1}{|z - z_0|^2} \leqq \frac{1}{d^2}$$

이다. 더욱이 삼각형부등식에 의해, C 위의 모든 z에 대해

$$d \leqq |z - z_0| = |z - z_0 - \Delta z + \Delta z| \leqq |z - z_0 - \Delta z| + |\Delta z|$$

가 된다. 양변에 $|\Delta z|$를 빼주고 $|\Delta z| \leqq d/2$로 하면 $-|\Delta z| \geqq -d/2$이다. 따라서

$$\tfrac{1}{2}d \leqq d - |\Delta z| \leqq |z - z_0 - \Delta z| \qquad \text{그러므로} \qquad \frac{1}{|z - z_0 - \Delta z|} \leqq \frac{2}{d}$$

를 얻는다. C의 길이를 L이라고 하면, ML 부등식에 의해 $|\Delta z| \leqq d/2$일 때

$$\left| \oint_C \frac{f(z)\, \Delta z}{(z - z_0 - \Delta z)(z - z_0)^2} dz \right| \leqq KL\, |\Delta z| \frac{2}{d} \cdot \frac{1}{d^2}$$

이다. $\Delta z \to 0$일 때 이 식은 0에 수렴하므로 공식 (1′)이 증명된다.

여기서 14.3절의 Cauchy 적분공식 (1*)를 사용했다는 점에 유의하기 바란다. 그러나 $f(z_0)$에 관해서 알고 있는 모든 그것이 14.3절의 식 (1*)에 의해 표시될 수 있다는 사실뿐이었음에도, 여기서의 논증은 $f(z)$의 도함수 $f'(z_0)$의 존재성을 밝힐 수 있었다. 이 사실은 이 증명을 계속하고 완성하는 데에 필수적이다. 왜냐하면 이것은 f를 f'으로 대체함으로써 식 (1″)이 비슷한 논법으로 증명될 수 있고, 일반공식 (1)은 귀납법에 의해 유도될 수 있다는 것을 의미하기 때문이다. ■

정리 1의 적용

예제 1 **선적분**

식 (1′)으로부터 점 πi를 둘러싸고 있는 임의의 윤곽선에 대하여

$$\oint_C \frac{\cos z}{(z - \pi i)^2} dz = 2\pi i (\cos z)' \Big|_{z=\pi i} = -2\pi i \sin \pi i = 2\pi \sinh \pi$$

이다(반시계방향). ■

예제 2 식 (1″)으로부터, 점 $-i$를 둘러싸고 있는 임의의 윤곽선에 대하여 반시계방향으로 적분을 행하면

$$\oint_C \frac{z^4 - 3z^2 + 6}{(z + i)^3} dz = \pi i (z^4 - 3z^2 + 6)'' \Big|_{z=-i} = \pi i [12z^2 - 6]_{z=-i} = -18\pi i$$

를 얻는다. ■

예제 3 식 (1′)에 의해, 1이 내부에 있고 $\pm 2i$가 외부에 놓여 있는 임의의 윤곽선에 대하여

$$\begin{aligned}\oint_C \frac{e^z}{(z - 1)^2(z^2 + 4)} dz &= 2\pi i \left(\frac{e^z}{z^2 + 4} \right)' \Bigg|_{z=1} \\ &= 2\pi i \frac{e^z(z^2 + 4) - e^z 2z}{(z^2 + 4)^2} \Bigg|_{z=1} = \frac{6e\pi}{25} i \approx 2.050i\end{aligned}$$

이다(반시계방향). ■

Cauchy 부등식. Liouville와 Morera 정리

Cauchy 적분정리의 다양성을 보여줌으로써 해석함수에 대한 또 다른 일반적인 결과들을 얻는다.

Cauchy 부등식. 정리 1로부터 많이 응용되는 기본적인 부등식을 얻게 된다. 이것을 얻기 위해서 식 (1)에서 C를 반지름 r이고 중심이 z_0인 원이라 하고 ML 부등식(14.1절)을 적용하자; C 위에서 $|f(z)| \leqq M$이라고 할 때 식 (1)로부터

$$|f^{(n)}(z_0)| = \frac{n!}{2\pi}\left|\oint_C \frac{f(z)}{(z-z_0)^{n+1}}\,dz\right| \leqq \frac{n!}{2\pi} M \frac{1}{r^{n+1}} 2\pi r$$

을 얻는다. 이것으로부터 **Cauchy 부등식**(Cauchy's inequality)

$$|f^{(n)}(z_0)| \leqq \frac{n!M}{r^n} \tag{2}$$

을 얻게 된다.

이 부등식이 중요하다는 첫 인상을 갖기 위해서, 완전함수(모든 z에 대해 해석적인 함수: 13.5절 참조)에 대한 유명한 정리를 증명해 보자(Liouville에 대해서는 11.5절을 보라).

정리 2

Liouville 정리

완전함수가 전 복소평면에서 절댓값이 유계이면, 이 함수는 반드시 상수이다.

증명 가정에 의해 $|f(z)|$는 유계이다. 즉, 모든 z에 대하여 $|f(z)| < K$이다. 식 (2)를 사용하면 $|f'(z_0)| < K/r$임을 알 수 있다. $f(z)$가 완전함수이므로 이것은 모든 r에 대하여 성립되며, r을 아무리 큰 값을 취해도 무방하다. 따라서 $f'(z_0) = 0$이다. z_0는 임의의 점이므로 모든 z에 대하여 $f'(z) = u_x + iv_x = 0$이므로, $u_x = v_x = 0$이고 $u_y = v_y = 0$이다. 따라서 모든 z에 대하여 $u =$ 상수, $v =$ 상수이고 $f = u + iv =$ 상수이다. 이것으로 증명은 완료된다. ■

정리 1의 또 다른 매우 흥미로운 결과는 다음과 같다.

정리 3

Morera[2] 정리(Chauchy 적분정리의 역)

$f(z)$가 단순연결 열린 영역 D에서 연속이고, D에 있는 모든 닫힌 곡선에 대하여

$$\oint_C f(z)\,dz = 0 \tag{3}$$

이면, $f(z)$는 D에서 해석적이다.

증명 14.2절에서 $f(z)$가 단순연결영역 D에서 해석적이면, 아래 식

[2]GIACINTO MORERA(1856-1909). 이탈리아의 수학자이며, Genoa와 Turin에서 연구하였다.

$$F(z) = \int_{z_0}^{z} f(z^*)\, dz^*$$

는 D에서 해석적이고 $F'(z) = f(z)$임을 밝혔다. 그 증명에서는 단지 $f(z)$의 연속성과 D의 모든 닫힌 곡선상에서 적분이 0이 된다는 성질만을 사용하였다; 이러한 가정으로부터 $F(z)$가 해석적이라는 결론을 얻었다. 정리 1에 의해 $F(z)$의 도함수가 해석적이고, 다시 말해서 D에서 $f(z)$가 해석적이다. Morera 정리가 증명되었다.

연습문제 14.4

1-7 윤곽선적분. 단위원

단위원 둘레를 반시계방향으로 적분하라.

1. $\oint_C \frac{\sin 2z}{z^4}\, dz$

2. $\oint_C \frac{z^6}{(2z-1)^6}\, dz$

3. $\oint_C \frac{e^{-z}}{z^n}\, dz, \quad n = 1, 2, \cdots$

4. $\oint_C \frac{e^z \cos z}{(z-\pi/4)^3}\, dz$

5. $\oint_C \frac{\sinh 2z}{(z-\frac{1}{2})^4}\, dz$

6. $\oint_C \frac{dz}{(z-2i)^2(z-i/2)^2}$

7. $\oint_C \frac{\cos z}{z^{2n+1}}\, dz, \quad n = 0, 1, \cdots$

8-19 서로 다른 윤곽선에서의 적분

C를 따라 적분하라. 풀이과정을 상세히 보여라. *힌트*. 윤곽선을 그려보라. (왜 그럴까?)

8. $\oint_C \frac{z^3 + \sin z}{(z-i)^3}\, dz$, C는 꼭짓점 ± 2, $\pm 2i$을 갖는 정사각형 둘레, 반시계방향

9. $\oint_C \frac{\tan \pi z}{z^2}\, dzz$, C는 타원, $16x^2 + y^2 = 1$ 시계방향

10. $\oint_C \frac{4z^3 - 6}{z(z-1-i)^2}\, dz$, C는 $|z| = 3$ 반시계방향과 $|z| = 1$, (시계방향)

11. $\oint_C \frac{(1+z)\cos z}{(2z-1)^2}\, dz$, C: $|z - i| = 2$ 반시계방향

12. $\oint_C \frac{\exp(z^2)}{z(z-2i)^2}\, dz$, C: $|z - 3i| = 2$ 시계방향

13. $\oint_C \frac{\operatorname{Ln} z}{(z-4)^2}\, dz$, C: $|z - 3| = 2$ 반시계방향

14. $\oint_C \frac{\operatorname{Ln}(z+3)}{(z-2)(z+1)^2}\, dz$, C는 꼭짓점 ± 1.5, $\pm 1.5i$을 갖는 정사각형 둘레, 반시계방향

15. $\oint_C \frac{\cosh 4z}{(z-4)^3}\, dz$, C는 $|z| = 6$ 반시계방향과 $|z - 3| = 2$, 시계방향

16. $\oint_C \frac{e^{4z}}{z(z-2i)^2}\, dz$, C는 $|z - i| = 3$ 반시계방향과 $|z| = 1$, 시계방향

17. $\oint_C \frac{e^{-z}\sin z}{(z-4)^3}\, dz$, C는 $|z| = 5$ 반시계방향과 $|z - 3| = \frac{3}{2}$, 시계방향

18. $\oint_C \frac{\sinh z}{z^n}\, dz$, C: $|z| = 1$ 반시계방향, n은 정수

19. $\oint_C \frac{e^{3z}}{(4z-\pi i)^3}\, dz$, C: $|z| = 1$ 반시계방향

20. 조별 과제. **성장에 관한 이론**

(a) 완전함수의 성장. 만약 $f(z)$가 상수가 아닌 완전함수이고 R과 M이 양의 실수(크기에 제한은 없음)일 경우, $|z| > R$이고 $|f(z)| > M$인 z 값이 존재함을 보여라. *힌트*. Liouville 정리를 이용하라.

(b) 다항식의 성장. 만약 $f(z)$가 $n > 0$인 차수를 갖는 다항식이고 M이 임의의 양의 실수(크기에 제한은 없음)일 경우, 모든 $|z| > R$에 대하여 $|f(z)| > M$을 만족하는 양의 실수 R이 존재함을 보여라.

(c) 지수함수. $f(z) = e^z$는 (a)의 특성은 가지나 (b)의 특성은 가지지 않음을 보여라.

(d) 대수의 기본이론. *만약 $f(z)$가 z의 다항식이고 상수가 아니라면, z의 값 중 적어도 하나에 대하여 $f(z) = 0$을 만족한다.* 이를 증명하라. *힌트*. (a)의 조건들을 사용하라.

14장 복습문제

1. 곡선에 대한 매개변수표현이란 무엇인가? 또한 이의 장점은?

2. 적분경로, $z = z(t)$에 대한 가정은 무엇이며, $\dot{z} = dz/dt$의 기하학적 의미는 무엇인가?

3. 기억을 되살려 복소선적분에 대한 정의를 서술하라.

4. 본 장에서 논의되었던 복소선적분과 실선적분의 관계를 설명하라.

5. 해석함수의 선적분은 어떻게 구하는가? 또한 임의의 연속 복소함수일 경우에는?

6. 함수 $1/z$에 대해 단위원 둘레를 반시계방향으로 적분할 경우 얻어지는 값은? (이 결과는 꼭 기억해야 한다. 왜냐하면 기본이기 때문이다.)

7. 본 장에서 논의되었던 정리들 중에서 가장 중요하다고 생각되는 정리는? 기억을 되살려 서술하라.

8. 경로의 독립성이란 무엇이며 그의 중요성에 대하여 서술하라. 복소적분에서의 경로독립성에 대한 기본 정리를 서술하라.

9. 경로변형이란 무엇인가? 전형적인 예를 들어 설명하라.

10. Cauchy 적분정리(또는 ***Cauchy-Goursat 정리***)와 Cauchy 적분공식을 혼동하지 마라. 두 가지 모두 다 서술하고 그들의 연관성에 대하여 논하라.

11. 이중연결영역이란 무엇인가? Cauchy 적분정리를 어떻게 확장하여 적용 가능한가 설명하라.

12. 해석함수의 도함수에 관하여 아는 바를 서술하라.

13. 적분에서 도함수에 대한 적분공식을 어떻게 사용하는가?

14. 미적분에서의 도함수와 해석함수에 대한 도함수의 차이점은 무엇인가?

15. Liouville 정리는 무엇인가? 복소함수에 어떻게 적용되는가?

16. Morera 정리란 무엇인가?

17. 환형 D의 두 경계원(같은 방향)에 대한 $f(z)$의 적분 결과가 서로 다를 경우, $f(z)$는 D 내의 모든 점에서 해석적이 될 수 있는가? (그 이유에 대하여 설명하라.)

18. $\operatorname{Im} \oint_C f(z)\,dz = \oint_C \operatorname{Im} f(z)\,dz$를 만족하는가? 예를 들어 설명하라.

19. $\left|\oint_C f(z)\,dz\right| = \oint_C |f(z)|\,dz$를 만족하는가?

20. 연습문제 19의 좌변 적분에 대한 상계는 어떻게 구하나?

21-30 적분

주어진 경로를 따라 적절한 방법을 사용하여 적분하라.

21. $\int_C z \cosh(z^2)\,dz$, 0에서 $\pi i/2$까지

22. $\int_C (|z| + z)\,dz$, 단위원, 시계방향

23. $\oint_C z^{-4} e^{-z}\,dz$, $|z| = \pi$, 반시계방향

24. $\int_C \operatorname{Re} dz$, $y = 2x^2$을 따라 0에서 $2 + 8i$까지

25. $\int_C \frac{\tan \pi z}{(z-1)^2}\,dz$, $|z - 1| = 0.1$, 시계방향

26. $\int_C (z^2 + \bar{z}^2)\,dz$, $z = 0$에서 수평으로 $z = 2$까지, 다시 수직 위로 $2 + 2i$까지

27. $\int_C (z^2 + \bar{z}^2)\,dz$, 0에서 $2 + 2i$까지, 최단경로

28. $\oint_C \frac{\operatorname{Ln} z}{(z - 2i)^2}\,dz$, $|z - 1| = \frac{1}{2}$, 반시계방향

29. $\int_C \left(\frac{4}{z + i} + \frac{1}{z + 3i}\right) dz$, $|z - 1| = 2.5$, 시계방향

30. $\int_C \cos z\,dz$, 0에서 $\frac{\pi}{2} - i$까지

14장 요약.
복소적분

경로 C에 대한 함수 $f(z)$의 **복소선적분**(complex line integral)은 다음과 같이 표시된다.

(1) $$\int_C f(z)\,dz \text{ 또는 } C\text{가 닫힌 곡선일 경우에는 } \oint_C f(z) \qquad (14.1\text{절})$$

만약 $f(z)$가 단순연결된 열린 영역 D 내에서 해석적이면, 한 점 z_0에서 점 z_1까지 D 내의 모든 경로 C에 대해서 미적분학에서처럼 부정적분과 상, 하한의 대입에 의해서 식 (1)을 다음과 같이 구할 수 있다.

(2) $$\int_C f(z)\,dz = F(z_1) - F(z_0) \qquad [F'(z) = f(z)]$$

이 가정은 **경로의 독립**(independence of path), 즉 식 (2)는 단지 z_0와 z_1[그리고 물론 $f(z)$]에만 의존하고 C의 선택에는 무관하다(14.2절)는 사실을 의미한다. $F'(z) = f(z)$를 만족하는 $F(z)$의 존재는 Cauchy 적분정리에 의하여 14.2절에서 증명된다(아래를 참조).

해석함수에 국한되지 않는 일반적인 적분방법은 C의 방정식 $z = z(t)$를 사용하는 것이다. 여기서 $a \leqq t \leqq b$일 때

(3) $$\int_C f(z)\,dz = \int_a^b f(z(t))\dot{z}(t)\,dt \qquad \left(\dot{z} = \frac{dz}{dt}\right)$$

Cauchy 적분정리(Cauchy's integral theorem)는 본 장의 가장 중요한 정리이다. 만약 $f(z)$가 단순연결된 열린 영역 D 내에서 해석적이면, D 내의 모든 닫힌 경로에 대하여 다음이 성립한다(14.2절 참조).

(4) $$\oint_C f(z)\,dz = 0$$

동일한 가정하에서, D에서의 임의의 z_0와 내부에 z_0을 포함하고 있는 D 안의 임의의 닫힌 곡선 C에 대하여 **Cauchy 적분공식**(Cauchy's integral formula)

(5) $$f(z_0) = \frac{1}{2\pi i}\oint_C \frac{f(z)}{z - z_0}\,dz$$

를 얻는다. 더욱이, 이때 $f(z)$는 D에서 모든 계(order)의 도함수를 가지며, 이들 도함수는 D에서 해석함수이다. 또한,

(6) $$f^{(n)}(z_0) = \frac{n!}{2\pi i}\oint_C \frac{f(z)}{(z - z_0)^{n+1}}\,dz \qquad (n = 1, 2, \cdots)$$

가 성립한다(14.4절). 이것은 *Morera 정리*(Cauchy 적분정리의 역)와 전 복소평면에서 유계인 완전함수는 반드시 상수여야 한다는 *Liouville 정리*를 성립하게 하는 *Cauchy 부등식*을 유도한다(14.4절).

CHAPTER 15

거듭제곱급수, Taylor 급수

Power Series, Taylor Series

14장에서 복소적분을 유명한 Cauchy 적분공식로부터 유도된 Cauchy 적분공식을 이용하여 계산하였다. 이제 복소적분을 푸는 데 있어서 Cauchy와 Goursat의 방법이 아닌 다른 접근방법에 대해 생각해 볼 것이다. 그것은 유수적분(residue integration)에 의한 풀이방법이다. 이 방법에 대해서는 차후 16장에서 다룰 예정이며, 먼저 거듭제곱급수(power series), 특히 Taylor 급수에 대한 이해가 선행되어야 할 필요가 있다. (유수적분의 이론을 설명하기 위해서 여전히 Cauchy 적분정리를 이용한다.)

이번 장에서는 복소 거듭제곱급수, 특히 Taylor 급수에 초점을 맞춰 다룰 것이다. 이는 미적분학에서 실거듭제곱급수와 Taylor 급수와 유사하다. 15.1절은 거듭제곱급수에 대한 수렴판정에 대해 논할 것인데, 이는 실급수와 유사하므로 실급수에 대한 수렴 판정에 익숙하다면 이 절은 참고용으로 사용하라. 이 장의 주 목적은, 거듭제곱급수는 대표적인 해석함수(15.3절)이고 역으로 모든 해석함수들은 Taylor 급수라고 하는 거듭제곱급수로 나타낼 수 있다(15.4절)는 것을 이해하는 것이다. 균등수렴에 관한 마지막 절(15.5)은 *선택적*이다.

이 장을 위한 예비지식: 13장, 14장
생략할 수 있는 절: 15.1, 15.5절
참고문헌과 연습문제 해답: 부록 1의 D부와 부록 2

15.1 수열과 급수, 수렴판정

복소수열과 복소급수의 정의와 이들의 수렴과 발산 판정에 대한 개념들은 미적분학에서 실수열과 실급수에 대한 것과 매우 유사하다. ***만약 이 개념들을 숙지하고 있고, 비판정법***(ratio test)***이 복소계에도 당연히 성립된다고 받아들인다면***, ***이 절을 건너뛰어 15.2절로 넘어가도 된다***.

수열

복소수열의 기본적인 정의는 미적분에서와 마찬가지이다. 각각의 양의 정수 n에 대하여 한 개의 수 z_n이 배정될 때

$$z_1, z_2, \cdots \quad \text{또는} \quad \{z_1, z_2, \cdots\} \quad \text{또는 간단히} \quad \{z_n\}$$

을 *무한수열*(infinite sequence) 또는 간단히 **수열**(sequence)이라 부르며, z_n을 이 수열의

항(term)이라 부른다. 때로는 편의에 의하여 $z_0, z_1, \cdots$ 또는 $z_2, z_3, \cdots$ 또는 다른 원하는 정수로부터 시작할 수도 있다.

각 항들이 실수인 수열을 **실수열**(real sequence)이라 부른다.

수렴. **수렴수열**(convergent sequence) $z_1, z_2, \cdots$은 극한값(limit) c를 갖는 수열을 말하며,

$$\lim_{n\to\infty} z_n = c \quad \text{또는 간단히} \quad z_n \to c$$

로 표기한다.

극한값의 정의로서 모든 $\epsilon > 0$에 대하여

$$|z_n - c| < \epsilon \qquad (\text{모든 } n > N) \tag{1}$$

을 만족하는 정수 N을 찾을 수 있다는 것을 의미한다. 기하학적으로는, $n > N$인 모든 z_n은 반지름이 ϵ이고 중심이 c인 열린 원판(open disk) 안에 놓여있고(그림 361), 이 원판 안에 놓여 있지 않은 항들은 유한하다는 것을 의미한다[실수열에 대해서는, 식 (1)은 길이가 2ϵ이고 중점이 c인 실선 상의 열린 구간을 나타낸다. 그림 362 참조].

수렴하지 않는 수열을 **발산수열**(divergent sequence)이라 부른다.

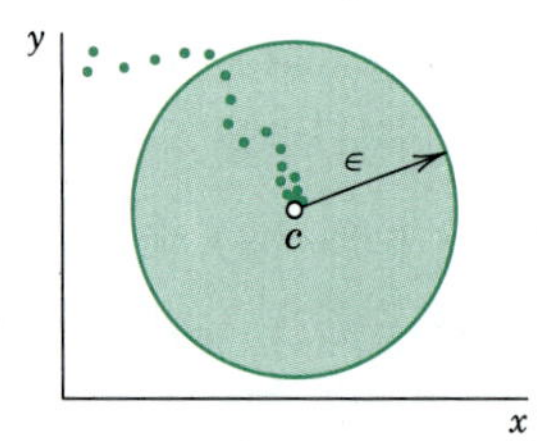

그림 361. 수렴하는 복소수열

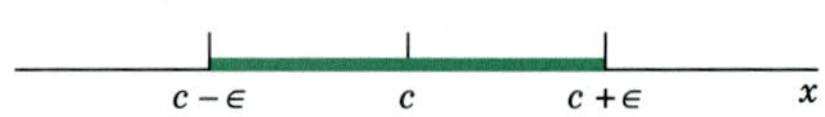

그림 362. 수렴하는 실수열

예제 1 수렴수열과 발산수열

수열 $\{i^n/n\} = \{i, -\frac{1}{2}, -i/3, \frac{1}{4}, \cdots\}$은 극한값 0에 수렴한다.

수열 $\{i^n\} = \{i, -1, -i, 1, \cdots\}$과 $z_n = (1 + i)^n$인 $\{z_n\}$은 발산한다. ■

예제 2 실수부와 허수부의 수열

$z_n = x_n + iy_n = 1 - 1/n^2 + i(2 + 4/n)$인 수열 $\{z_n\}$은 $6i, \frac{3}{4} + 4i, \frac{8}{9} + 10i/3, \frac{15}{16} + 3i, \cdots$이다. 이것은 극한 $c = L + 2i$로 수렴한다. 여기서 $\{x_n\}$은 극한값 $1 = \text{Re}\, c$를 갖고 $\{y_n\}$은 극한값 $2 = \text{Im}\, c$를 갖는다는 것을 알 수 있다. 이것은 전형적인 예로서 복소수열의 수렴을 실수부와 허수부 두 개의 실수열의 수렴으로 되돌아가게 하는 다음 정리를 예시해준다. ■

정리 1 실수부와 허수부의 수열

복소수 $z_n = x_n + iy_n$ $(n = 1, 2, \cdots)$의 수열 $z_1, z_2, \cdots, z_n, \cdots$이 $c = a + ib$에 수렴하기 위한 필요충분조건은 수열의 실수부 $x_1, x_2, \cdots$이 a에 수렴하고, 수열의 허수부 $y_1, y_2, \cdots$이 b에 수렴하는 것이다.

증명 수렴 $z_n \to c = a + ib$은 수렴 $x_n \to a$와 $y_n \to b$를 유도한다. 왜냐하면 $|z_n - c| < \epsilon$이면 z_n은 중심 $c = a + ib$이고 반지름 ϵ인 원 안에 있게 되어 다음이 성립하기 때문이다(그림 363a).

$$|x_n - a| < \epsilon, \qquad |y_n - b| < \epsilon$$

역으로, $n \to \infty$일 때 $x_n \to a$이고 $y_n \to b$이면, 주어진 $\epsilon > 0$에 대하여 충분히 큰 N을 택하여 모든 $n > N$에 대해

$$|x_n - a| < \frac{\epsilon}{2}, \qquad |y_n - b| < \frac{\epsilon}{2}$$

이 성립되도록 할 수 있다. 이들 두 부등식은 $z_n = x_n + iy_n$이 중심이 c고 한 변의 길이가 ϵ인 정사각형 안에 놓여 있다는 것을 의미한다. 따라서 z_n은 중심이 c이고 반지름 ϵ인 원 안에 놓여 있어야 한다(그림 363b). ■

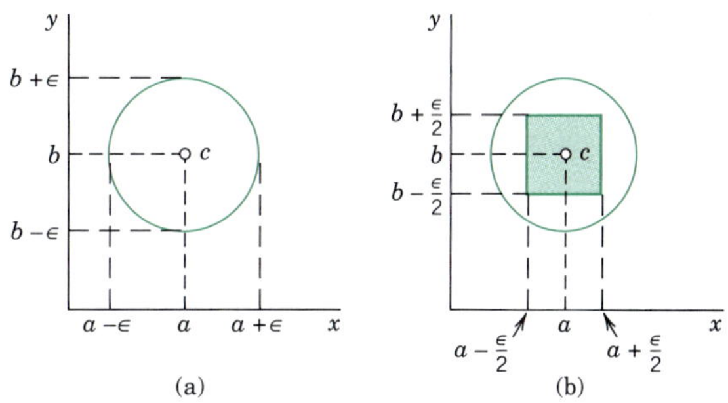

그림 363. 정리 1의 증명

급수

하나의 수열 $z_1, z_2, \cdots, z_m, \cdots$이 주어졌을 때, 합의 수열은

$$s_1 = z_1, \qquad s_2 = z_1 + z_2, \qquad s_3 = z_1 + z_2 + z_3, \quad \cdots$$

이고, 일반적으로

$$s_n = z_1 + z_2 + \cdots + z_n \qquad (n = 1, 2, \cdots) \tag{2}$$

인 형태로 만들 수 있다. s_n을 *무한급수*(infinite series) 또는 **급수**(series)

$$\sum_{m=1}^{\infty} z_m = z_1 + z_2 + \cdots \tag{3}$$

의 ***n*번째 부분합**(partial sums)이라고 한다. 이때 $z_1, z_2, \cdots$은 급수의 **항**이라 한다(여기서 다른 목적으로 n이 필요한 경우를 제외하고, 일반적으로 **합산의 문자**로 n을 사용하나, 여기서는 합산의 문자로 m을 사용하겠다).

부분합의 수열이 수렴하면, 즉 $\lim_{n\to\infty} s_n = s$, **수렴급수**(convergent series)라 하고

$$s = \sum_{m=1}^{\infty} z_m = z_1 + z_2 + \cdots$$

으로 표기하고, s를 이 급수의 **합**(sum) 또는 *값*(value)이라 한다. 수렴하지 않는 급수는 **발산급수**(divergent series)라고 한다.

급수 (3)에서 s_n의 항들을 제거하면,

$$R_n = z_{n+1} + z_{n+2} + z_{n+3} + \cdots \tag{4}$$

이 남는다. 이것을 *항* z_n *이후의 급수* (3)*의* **나머지**(remainder)라 부른다. 분명히, 급수 (3)이 수렴하고 합 s를 가지면

$$s = s_n + R_n, \qquad \text{따라서} \qquad R_n = s - s_n$$

이다. 이제 수렴의 정의에 의해 $s_n \to s$이다. 그러므로 $R_n \to 0$이다. 실제 문제에서 s를 모르는 경우 s의 근사값 s_n을 계산하게 되는데, 이때 $|R_n|$은 오차가 된다. 그리고 $R_n \to 0$은 n을 충분히 크게 하여 $|R_n|$을 만족할 만큼 작게 만들 수 있음을 의미한다.

정리 1을 부분합에 적용하면 곧바로 복소급수의 수렴을 그 실수부와 허수부에 대응되는 두 급수의 수렴에 관련지을 수 있다.

정리 2

실수부와 허수부

$z_m = x_m + iy_m$인 급수 (3)이 수렴하고 합이 $s = u + iv$일 필요충분조건은 $x_1 + x_2 + \cdots$이 수렴하며 그 합이 u이고, $y_1 + y_2 + \cdots$이 수렴하며 그 합이 v가 되는 것이다.

급수에 대한 수렴, 발산판정법

복소수에서의 **수렴판정**(convergence tests)은 실질적으로 미적분학에서와 동일하다. 급수를 사용하기 전에 그것이 수렴하는지 검증하기 위해 수렴판정법을 적용한다.

발산은 흔히 다음과 같이 아주 간단하게 증명될 수 있다.

정리 3

발산

어떤 급수 $z_1 + z_2 + \cdots$이 수렴하면, $\lim_{m\to\infty} z_m = 0$이다. 따라서 이 조건을 만족하지 않으면 그 급수는 발산한다.

증명 $z_1 + z_2 + \cdots$ 이 합 s로 수렴한다면, $z_m = s_m - s_{m-1}$이므로

$$\lim_{m\to\infty} z_m = \lim_{m\to\infty}(s_m - s_{m-1}) = \lim_{m\to\infty} s_m - \lim_{m\to\infty} s_{m-1} = s - s = 0$$

이다. ■

주의! $z_m \to 0$은 수렴에 대한 필요조건이지 충분조건이 아니다. 예를 들어, 조화급수(harmonic series) $1 + \frac{1}{2} + \frac{1}{3} + \frac{1}{4} + \cdots$은 이 조건을 만족하지만, 미적분학에서 증명된 것과 같이 발산한다(부록 1의 참고문헌 [Genref11] 참조).

수렴을 증명하는 데 있어서 실제적인 어려움은 대부분의 경우에 급수의 합을 모른다는

데에 있다. Cauchy는 한 급수의 부분합들이 궁극적으로 서로 접근하게 되는 것이 그 급수가 수렴할 필요충분조건이라는 것을 입증함으로써 이것을 극복했다.

정리 4

급수에 대한 Cauchy 수렴원리

급수가 수렴할 필요충분조건은, 임의의 $\epsilon > 0$(아무리 작더라도)에 대하여 다음 부등식

(5) $|z_{n+1} + z_{n+2} + \cdots + z_{n+p}| < \epsilon$ (모든 $n > N$ 그리고 $p = 1, 2, \cdots$에 대하여)

을 만족하는 ϵ에만 의존하는 N를 찾을 수 있을 때이다.

이 정리의 증명은 다소 복잡하므로 선택사항으로 남겨 두었다(부록 4 참조).

절대수렴. 만약 각 항들의 절댓값의 합이 수렴하는 경우, 즉

$$\sum_{m=1}^{\infty} |z_m| = |z_1| + |z_2| + \cdots$$

이 수렴할 때, 급수 $z_1 + z_2 + \cdots$가 **절대수렴**(absolutely convergent)한다고 말한다.

만약 $z_1 + z_2 + \cdots$은 수렴하나 $|z_1| + |z_2| + \cdots$이 발산하면, 급수 $z_1 + z_2 + \cdots$을 **조건수렴**(conditionally convergent)한다고 말한다.

예제 3 **조건수렴급수**

급수 $1 - \frac{1}{2} + \frac{1}{3} - \frac{1}{4} - \cdots$은 수렴하지만, 위에서 언급한 대로(정리 3 다음에) 조화급수가 발산하므로, 단지 조건수렴한다. ■

만약 한 급수가 절대수렴하면, 그 급수는 수렴한다.

이것은 Cauchy의 원리로부터 바로 얻어진다(연습문제 29 참조). 이 원리로부터 또한 다음의 일반적인 수렴판정법을 얻는다.

정리 5

비교판정법

급수 $z_1 + z_2 + \cdots$이 주어졌을 때, $|z_n| \leqq b_n$ ($n = 1, 2, \cdots$ 에 대하여)을 만족하는 수렴급수 $b_1 + b_2 + \cdots$을 찾을 수 있다면, 주어진 급수는 수렴하며, 또한 절대수렴한다.

증명 Cauchy의 원리에 의해, $b_1 + b_2 + \cdots$이 수렴하므로, 주어진 임의의 $\epsilon > 0$에 대하여

$$b_{n+1} + \cdots + b_{n+p} < \epsilon \qquad \text{(모든 } n > N \text{ 및 } p = 1, 2, \cdots \text{에 대하여)}$$

을 만족하는 N을 찾을 수 있다. 이것과 $|z_1| \leqq b_1$, $|z_2| \leqq b_2, \cdots$로부터, 이들 n과 p에 대하여

$$|z_{n+1}| + \cdots + |z_{n+p}| \leqq b_{n+1} + \cdots + b_{n+p} < \epsilon$$

이 성립된다. 그러므로, 또다시 Cauchy의 원리에 의해 $|z_1| + |z_2| + \cdots$은 수렴하고, 따라서 $z_1 + z_2 + \cdots$은 절대수렴한다. ■

좋은 비교급수로 기하급수(geometric series)가 있다. 먼저 기하급수의 수렴특성을 생각해 보자.

정리 6

기하급수

기하급수

(6*) $$\sum_{m=0}^{\infty} q^m = 1 + q + q^2 + \cdots$$

은 $|q| < 1$*이면 합* $1/(1-q)$*로 수렴하고,* $|q| \geqq 1$*이면 발산한다.*

증명 $|q| \geqq 1$이면 $|q^m| \geqq 1$이므로, 정리 3에 의해 이 급수는 발산한다.

이제 $|q| < 1$라 하자. 그 n항까지의 부분합은

$$s_n = 1 + q + \cdots + q^n$$

이다. 이것으로부터

$$qs_n = \qquad q + \cdots + q^n + q^{n+1}$$

을 얻고 위 식에서 아래 식을 빼면, 우변에 있는 대부분의 항들은 둘이 한 쌍을 이루어 소거되므로

$$s_n - qs_n = (1-q)s_n = 1 - q^{n+1}$$

이 남는다. $q \neq 1$이므로 $1 - q \neq 0$이고, 이때 s_n에 대해서 풀면

(6) $$s_n = \frac{1 - q^{n+1}}{1 - q} = \frac{1}{1-q} - \frac{q^{n+1}}{1-q}$$

을 얻게 된다. $|q| < 1$이므로 $n \to \infty$일 때 마지막 항은 0에 수렴한다. $|q| < 1$인 경우에 이 급수는 수렴하고, 그 합은 $1/(1-q)$이 된다. 이로써 증명이 완료된다. ■

비판정법(ratio test)

이것은 앞으로의 공부에서 가장 중요한 판정법이다. 정리 5에서 비교급수 $b_1 + b_2 + \cdots$로서 기하급수를 택함으로써 비판정법을 얻을 수 있다.

정리 7

비판정법

$z_n \neq 0$ $(n = 1, 2, \cdots)$*인 어떤 급수* $z_1 + z_2 + \cdots$*가 어떤 수* N*보다 큰 모든* n*에 대하여,*

(7) $$\left|\frac{z_{n+1}}{z_n}\right| \leqq q < 1 \qquad (n > N)$$

인 성질을 갖고 있으면($q < 1$은 고정된 값), 이 급수는 절대수렴한다. 모든 $n > N$에 대하여

$$\left|\frac{z_{n+1}}{z_n}\right| \geqq 1 \qquad (n > N) \tag{8}$$

이면, 이 급수는 발산한다.

증명 식 (8)이 성립하면 $n > N$에 대하여 $|z_{n+1}| \geqq |z_n|$이고, 따라서 정리 3으로부터 $z_1 + z_2 + \cdots$는 발산한다.

식 (7)이 성립하면 $n > N$에 대하여 $|z_{n+1}| \leqq |z_n|$이고, 특히

$$|z_{N+2}| \leqq |z_{N+1}|q, \qquad |z_{N+3}| \leqq |z_{N+2}|q \leqq |z_{N+1}|q^2$$

등이며 일반적으로 $|z_{N+p}| \leqq |z_{N+1}|q^{p-1}$이다. $q < 1$이므로 이것과 정리 6으로부터 다음 식을 얻는다.

$$|z_{N+1}| + |z_{N+2}| + |z_{N+3}| + \cdots \leqq |z_{N+1}|(1 + q + q^2 + \cdots) \leqq |z_{N+1}|\frac{1}{1-q}$$

이제 $z_1 + z_2 + \cdots$의 절대수렴은 정리 5로부터 얻어진다. ■

주의! 부등식 (7)은 $|z_{n+1}/z_n| < 1$을 의미하지만, 조화급수로부터 알 수 있듯이 이것이 수렴을 의미하지는 ***않는다***. 즉, 모든 n에 대하여 조화급수는 $z_{n+1}/z_n = n/(n+1) < 1$을 만족하지만 발산한다.

만일 식 (7)과 (8)에서 비의 급수가 수렴하면 비판정법은 다음과 같이 더욱 편리한 형태로 된다.

정리 8

비판정법

$z_n \neq 0$ $(n = 1, 2, \cdots)$인 급수 $z_1 + z_2 + \cdots$이 $\lim_{n\to\infty}\left|\frac{z_{n+1}}{z_n}\right| = L$이면 다음과 같은 결론을 얻는다.

(a) *$L < 1$이면, 그 급수는 절대수렴한다.*

(b) *$L > 1$이면, 그 급수는 발산한다.*

(c) *$L = 1$이면, 그 급수는 수렴할 수도 발산할 수도 있으므로, 이 판정은 실패이며 어떠한 결론도 가능하지 않다.*

증명 **(a)** $k_n = |z_{n+1}/z_n|$으로 쓰고 $L = 1 - b < 1$이라고 하면, 극한의 정의에 의해 k_n은 궁극적으로 $1 - b$에 접근해야 한다. 말하자면, 어떤 수 N보다 큰 모든 n에 대하여 $k_n \leqq q = 1 - \frac{1}{2}b < 1$이다. 정리 7로부터 급수 $z_1 + z_2 + \cdots$은 절대수렴한다.

(b) 유사하게 $L = 1 + c > 1$이면 모든 $n > N^*$(충분히 큰)에 대하여 $k_n \geqq 1 + \frac{1}{2}c > 1$이

다. 따라서 정리 7에 의해 $z_1 + z_2 + \cdots$은 발산한다.

(c) 조화급수 $1 + \frac{1}{2} + \frac{1}{3} + \cdots$에서 $z_{n+1}/z_n = n/(n+1)$이므로 $L = 1$이고 발산한다. 급수

$$1 + \frac{1}{4} + \frac{1}{9} + \frac{1}{16} + \frac{1}{25} + \cdots \text{은} \qquad \frac{z_{n+1}}{z_n} = \frac{n^2}{(n+1)^2}$$

이므로 $L = 1$이지만, 이 경우는 수렴한다. 수렴성은

$$s_n = 1 + \frac{1}{4} + \cdots + \frac{1}{n^2} \leqq 1 + \int_1^n \frac{dx}{x^2} = 2 - \frac{1}{n}$$

로부터 기인한다(그림 364). 왜냐하면 $s_1, s_2, \cdots$은 유계인 수열이며, 단조증가한다(급수의 모든 항이 양수이므로); 이 두 성질은 실수열 $s_1, s_2, \cdots$이 수렴하는 충분조건이기 때문이다(미적분학에서는 소위 *적분판정법*에 의하여 이것이 증명되는데, 여기서 그 아이디어가 이용되었다). ■

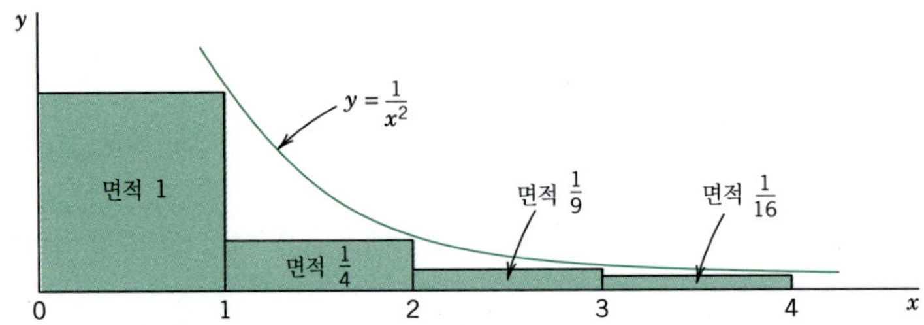

그림 364. 급수 $1 + \frac{1}{4} + \frac{1}{9} + \frac{1}{16} + \cdots$의 수렴

예제 4 비판정법

다음 급수는 수렴하는가, 발산하는가? (먼저 추정해 보고 계산하라.)

$$\sum_{n=0}^{\infty} \frac{(100+75i)^n}{n!} = 1 + (100+75i) + \frac{1}{2!}(100+75i)^2 + \cdots$$

풀이. 정리 8에 의하면 이 급수는 수렴한다. 왜냐하면

$$\left|\frac{z_{n+1}}{z_n}\right| = \frac{|100+75i|^{n+1}/(n+1)!}{|100+75i|^n/n!} = \frac{|100+75i|}{n+1} = \frac{125}{n+1} \qquad \rightarrow \qquad L = 0$$

이기 때문이다. ■

예제 5 정리 8보다 더 일반적인 정리 7

$a_n = i/2^{3n}$, $b_n = 1/2^{n+1}$이라고 하자. 다음 급수는 수렴하는가, 발산하는가?

$$a_0 + b_0 + a_1 + b_1 + \cdots = i + \frac{1}{2} + \frac{i}{8} + \frac{1}{16} + \frac{i}{64} + \frac{1}{128} + \cdots$$

풀이. 연속되는 항들의 절댓값의 비는 $\frac{1}{2}, \frac{1}{4}, \frac{1}{2}, \frac{1}{4}, \cdots$이다. 그러므로 정리 7로부터 수렴이 입증된다. 이 비의 수열이 극한값을 갖고 있지 않으므로, 정리 8은 적용될 수 없다. ■

근판정법(root test)

실제적으로 가장 중요한 판정법은 비판정법과 근판정법이다. 비판정법이 보통 더 간단하나 근판정법이 좀 더 일반적이다.

정리 9

근판정법

급수 $z_1 + z_2 + \cdots$이 어떤 수 N보다 큰 모든 n에 대하여

$$\sqrt[n]{|z_n|} \leqq q < 1 \qquad (n > N) \tag{9}$$

을 만족하면(단, $q < L$은 고정된 값), 이 급수는 절대수렴한다. 무한히 많은 n에 대하여

$$\sqrt[n]{|z_n|} \geqq 1, \tag{10}$$

이면, 그 급수는 발산한다.

식 (9)가 성립하면, 모든 $n > N$에 대하여 $|z_n| \leqq q^n < 1$이다. 그러므로 급수 $|z_1| + |z_2| + \cdots$은 기하급수와의 비교에 의하여 수렴하고, 따라서 $z_1 + z_2 + \cdots$도 절대수렴한다. 식 (10)이 성립하면 무한히 많은 n에 대하여 $|z_n| \geqq 1$이다. 정리 3으로부터 $z_1 + z_2 + \cdots$이 발산함을 알 수 있다. ■

주의! 식 (9)는 $\sqrt[n]{|z_n|} < 1$을 의미하지만, 이것이 수렴을 의미하지는 않는다. 예를 들면, 조화급수에서 $\sqrt[n]{1/n} < 1$ ($n > 1$에 대하여)이지만 발산한다.

식 (9)와 (10)에서의 근의 수열이 수렴하면, 다음의 근판정법이 더 편리하다.

정리 10

근판정법

급수 $z_1 + z_2 + \cdots$이 $\lim_{n\to\infty} = \sqrt[n]{|z_n|} = L$이면, 다음과 같은 결론을 얻는다.

(a) *$L < 1$이면, 그 급수는 절대수렴한다.*

(b) *$L > 1$이면, 그 급수는 발산한다.*

(c) *$L = 1$이면, 판정은 실패한다. 즉, 어떠한 결론도 가능하지 않다.*

연습문제 15.1

1-10 수열

다음 수열 $z_1, z_2, \cdots, z_n, \cdots$은 유계인가? 또 수렴하는가? 그들의 극한값을 구하라(풀이과정을 상세히 보여라).

1. $z_n = (1 + i)^{2n/2n}$

2. $z_n = (1 + 2i)^n/n!$

3. $z_n = n\pi/(2 + 4ni)$

4. $z_n = (2 - i)^n$

5. $z_n = (-1)^n + 5i$

6. $z_n = (\cos 2n\pi i)/n$

7. $z_n = n^2 - i/2n^2$

8. $z_n = [(1 + 2i)/\sqrt{5}]^n$

9. $z_n = (2 + 2i)^{-n}$

10. $z_n = \sin(\frac{1}{4}n\pi) + i^n$

11. **CAS 과제**. **수열**. 복소수열을 그리는 프로그램을 작성하라. 그리고 흥미 있는 "기하학적" 특성(예를 들면, 타원형에

놓여 있거나 그것의 극한을 향해 소용돌이 형태로 접근하는 것 등)을 나타내는 수열을 발견하기 위해서 프로그램을 사용하라.

12. 수열의 덧셈. $z_1, z_2, \cdots$이 극한값 l에 수렴하고 $z_1^*, z_2^*, \cdots$이 극한값 l^*에 수렴한다면, $z_1 + z_1^*, z_2 + z_2^* \cdots$이 극한값 $l + l^*$에 수렴함을 보여라.

13. 유계수열. 복소수열 $z_1, z_2, \cdots$이 유계이기 위한 필요충분조건은 그에 대응하는 두 개의 수열, 즉 실수부와 허수부의 수열이 유계인 것임을 보여라.

14. 정리 1. 자신이 만든 예제로 정리 1을 설명하라.

15. 정리 2. 정리 2를 설명하는 또 다른 예제를 제시하라.

16-25 급수

다음 급수들은 수렴하는가? 아니면 발산하는가? (이유를 상세히 밝혀라.)

16. $\sum_{n=0}^{\infty} \frac{(20 + 30i)^n}{n!}$ **17.** $\sum_{n=2}^{\infty} \frac{(-i)^n}{\ln n}$

18. $\sum_{n=1}^{\infty} n^2 \left(\frac{i}{4}\right)^n$ **19.** $\sum_{n=0}^{\infty} \frac{i^n}{n^2 - i}$

20. $\sum_{n=0}^{\infty} \frac{n + i}{3n^2 + 2i}$ **21.** $\sum_{n=0}^{\infty} \frac{(\pi + \pi i)^{2n+1}}{(2n + 1)!}$

22. $\sum_{n=1}^{\infty} \frac{1}{\sqrt{2n}}$ **23.** $\sum_{n=0}^{\infty} \frac{(-1)^n (1 + i)^{2n}}{(2n)!}$

24. $\sum_{n=1}^{\infty} \frac{(3i)^n n!}{n^n}$ **25.** $\sum_{n=1}^{\infty} \frac{(-1)^n}{n}$

26. 식 (7)의 의미. 식 (7)과 단지 $|z_{n+1}/z_n| < 1$인 것과 어떠한 차이점이 있는가?

27. 정리 7과 8. 정리 7이 정리 8보다 더 일반적임을 보여주는 또 다른 예제를 제시하라.

28. CAS 과제. 급수. 복소급수의 첫 n번째 부분합의 수치적인 값을 계산하고, 그래프를 그리는 프로그램을 작성하라. 그 프로그램을 자신이 선택한 급수의 수렴의 빠르기를 측정하는 데 사용하라.

29. 절대수렴. 어떤 급수가 절대수렴한다면, 그 급수는 수렴함을 보여라.

30. 나머지의 평가. $|z_{n+1}/z_n| \leqq q < 1$이라면, 급수 $z_1 + z_2 + \cdots$은 비판별법에 의해서 수렴한다. 나머지 $R_n = z_{n+1} + z_{n+2} + \cdots$이 부등식 $|R_n| \leqq |z_{n+1}|/(1 - q)$를 만족함을 보여라. 그리고 이것을 사용하여, 다음 급수

$$\sum_{n=1}^{\infty} \frac{n + i}{2^n n}$$

의 합 s를 오차 0.05 이내로 계산하기 위해서 얼마나 많은 항이 필요한지 구하고, 합 s를 이 정확도로 계산하라.

15.2 거듭제곱급수

이 절에서는 거듭제곱급수가 복소해석에서 얼마나 중요한 역할을 하는지 보일 것이기 때문에 많은 주의를 기울일 필요가 있다. 실제로, 그것은 복소해석에서 가장 중요한 급수이다. 왜냐하면 그것의 합은 해석함수이며(15.3절의 정리 5 참조), 모든 해석함수는 거듭제곱급수에 의해서 표현될 수 있기 때문이다(15.4절의 정리 1 참조).

$z - z_0$*의 거듭제곱*으로 된 **거듭제곱급수**(power series)는

$$\sum_{n=0}^{\infty} a_n (z - z_0)^n = a_0 + a_1(z - z_0) + a_2(z - z_0)^2 + \cdots \tag{1}$$

과 같은 형태의 급수이다. 여기서 z는 복소변수이고, $a_0, a_1, \cdots$은 복소수(또는 실수)로서 이 급수의 **계수**(coefficient)라 부르고, z_0는 복소수(또는 실수)로서 이 급수의 **중심**(center)이라 부른다.

$z_0 = 0$이면 특수한 경우로 z*의 거듭제곱으로 된 거듭제곱급수*

$$\sum_{n=0}^{\infty} a_n z^n = a_0 + a_1 z + a_2 z^2 + \cdots \tag{2}$$

을 얻는다.

거듭제곱급수의 수렴특성

거듭제곱급수는 변수항을 갖는다(z의 함수). 그러나 ***만약 z가 고정된다면 앞 절에서 상수항을 가진 급수의 모든 개념이 적용될 수 있다***. 보통 변수항을 갖는 급수는 어떤 z에 대하여 수렴하고 다른 어떤 값들에 대하여 발산할 것이다. 거듭제곱급수에 대하여 상황은 간단하다. 급수 (1)은 중심 z_0를 갖는 원판에서 수렴하거나, 혹은 전체 z-평면 또는 단지 점 z_0에서 수렴한다. 전형적인 예를 들어보고 증명해 보자.

예제 1 원판 안에서의 수렴, 기하급수

기하급수

$$\sum_{n=0}^{\infty} z^n = 1 + z + z^2 + \cdots$$

은 $|z| < 1$일 때 절대수렴하고, $|z| \geqq 1$일 때 발산한다(15.1절의 정리 6 참조). ■

예제 2 모든 z에 대한 수렴

거듭제곱급수(15.4절에서 e^z의 Maclaurin 급수)

$$\sum_{n=0}^{\infty} \frac{z^n}{n!} = 1 + z + \frac{z^2}{2!} + \frac{z^3}{3!} + \cdots$$

은 모든 z에 대해 절대수렴한다. 실제로 비판정법에 의해 임의의 고정된 z에 대하여

$$\left| \frac{z^{n+1}/(n+1)!}{z^n/n!} \right| = \frac{|z|}{n+1} \quad \to \quad 0 \qquad (n \to \infty\text{일 때})$$

이다. ■

예제 3 중심에서만의 수렴(이미 없는 급수)

거듭제곱급수

$$\sum_{n=0}^{\infty} n! z^n = 1 + z + 2z^2 + 6z^3 + \cdots$$

은 단지 $z = 0$에서만 수렴하고 모든 $z \neq 0$에 대하여 발산한다. 실제로 비판정법으로부터

$$\left| \frac{(n+1)! z^{n+1}}{n! z^n} \right| = (n+1)|z| \quad \to \quad \infty \quad (\text{임의의 고정된 } z\ (\neq 0)\text{에 대하여 } n \to \infty\text{일 때})$$

이다. ■

정리 1

거듭제곱급수의 수렴

(a) *모든 거듭제곱급수* (1)*은 중심* z_0*에서 수렴한다.*

(b) *만약 거듭제곱급수* (1)*이 점* $z = z_1 \neq z_0$*에서 수렴하면* z_1*보다* z_0*에 더 가까운 모든* z, *즉* $|z - z_0| < |z_1 - z_0|$*인 모든* z*에 대해서 절대수렴한다*(그림 365 참조).

(c) *만약 거듭제곱급수* (1)*이 점* $z = z_2$*에서 발산하면,* z_2*보다* z_0*로부터 더 떨어진 모든* z*에 대하여 발산한다*(그림 365 참조).

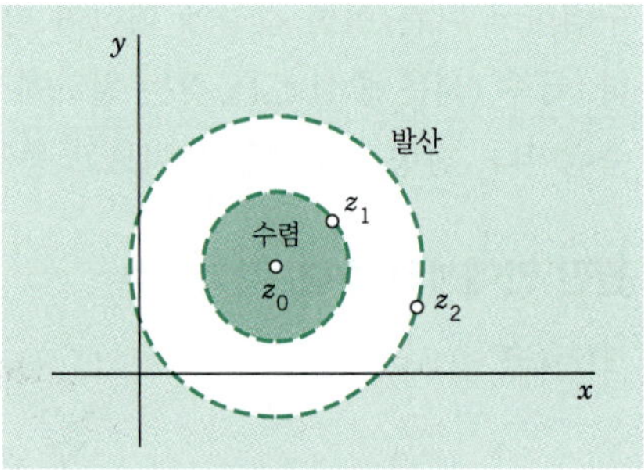

그림 365. 정리 1

증명 **(a)** $z = z_0$일 때 급수 (1)은 단순항 a_0가 된다.

(b) 급수 (1)이 $z = z_1$일 때 수렴하므로, 15.1절의 정리 3으로부터 $n \to \infty$일 때 $a_n(z_1 - z_0)^n \to 0$이다. 이것은 절댓값이 유계임을 의미한다. 즉,

$$|a_n(z_1 - z_0)^n| < M \qquad (\text{모든 } n = 0, 1, \cdots\text{에 대하여})$$

이다. 급수 $a_n(z - z_0)^n$을 $(z_1 - z_0)^n$으로 곱하고 나누면,

$$|a_n(z - z_0)^n| = \left| a_n(z_1 - z_0)^n \left(\frac{z - z_0}{z_1 - z_0}\right)^n \right| \leqq M \left| \frac{z - z_0}{z_1 - z_0} \right|^n$$

을 얻게 된다. n에 대해 합하면

$$\sum_{n=1}^{\infty} |a_n(z - z_0)^n| \leqq M \sum_{n=1}^{\infty} \left| \frac{z - z_0}{z_1 - z_0} \right|^n \tag{3}$$

이제 가정 $|z - z_0| < |z_1 - z_0|$로부터 $|(z - z_0)/(z_1 - z_0)| < 1$가 되므로 식 (3) 우변의 급수는 수렴하는 기하급수이다(15.1절의 정리 6 참조). (b)에서 언급된 급수 (1)의 절대수렴은 15.1절의 비교판정법으로부터 얻어진다.

(c) 결론을 부정하면 z_2보다 z_0에서 멀리 떨어진 z_3에서 급수가 수렴하게 된다. 이것은 (b)에 의해 z_2에서 급수가 수렴한다는 것을 의미하고, 따라서 z_2에서 발산한다는 가정에 위배된다. ■

거듭제곱급수의 수렴반경

모든 z(가장 좋은 경우, 예제 2)에서 또는 단지 $z \neq z_0$(무의미한 경우, 예제 3)에서만 수렴하

는 수렴성은 더 이상 논의할 필요가 없으므로 이러한 경우는 잠시 제외하도록 하자. 중심이 z_0이고 주어진 급수 (1)이 수렴하는 모든 점을 포함하는 ***가장 작은*** 원을 생각해 보자. R이 그 원의 반지름을 나타낸다고 할 때, 원

$$|z - z_0| = R \qquad \text{(그림 366 참조)}$$

을 **수렴원**(circle of convergence)이라 부르며, 그 반지름 R을 급수 (1)의 **수렴반경**(radius of convergence)이라 부른다. 그러므로 정리 1은 그 원 내부의 모든 z, 즉

$$|z - z_0| < R \tag{4}$$

를 만족하는 모든 z(중심이 z_0이고 반지름이 R인 열린 원판)에 대하여 수렴한다는 것을 의미한다. 또한 R이 가능한 한 *작기 때문에* 급수 (1)은

$$|z - z_0| > R \tag{5}$$

을 만족하는 모든 z에 대하여 발산한다. ***수렴원 위에서는*** 거듭제곱급수 (1)의 수렴에 관한 어떤 일반적인 결론을 내릴 수 없다. 급수 (1)은 원 위의 점들 중의 일부 또는 전부에서 수렴하거나 어떤 점에서도 수렴하지 않기도 한다. 이에 대한 자세한 내용이 꼭 필요한 것은 아니므로 간단한 예제 하나로 개념만 얻기로 하자.

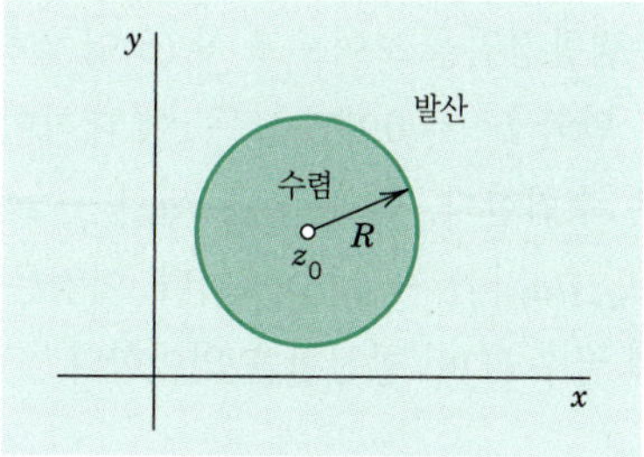

그림 366. 수렴원

예제 4 수렴원 위에서의 거동

수렴원 위에서(아래 세 경우에 대해서 반지름 $R = 1$이다)

$\Sigma z^n/n^2$은 $\Sigma 1/n^2$이 수렴하므로 어디에서나 수렴하고,

$\Sigma z^n/n$은 -1일 때(Leibniz의 판별법에 의해) 수렴하지만 1일 때는 발산하고,

Σz^n은 어디에서나 발산한다. ■

표기법 $R = \infty$와 $R = 0$. 이 두 예외적인 경우를 수렴반경 표현에 반영하기 위해 다음과 같이 표기한다.

$R = \infty$: 급수 (1)이 모든 z에 대해 수렴할 때(예제 2에서와 같이)

$R = 0$: 급수 (1)이 단지 중심 $z = z_0$에서만 수렴할 때(예제 3에서와 같이)

이것들은 편리한 표현일 뿐이고, 그 이상의 의미는 없다.

실거듭제곱급수. 이 경우는 거듭제곱, 계수, 그리고 중심이 실수이고, 공식 (4)는 실직선 위의 길이 $2R$의 **수렴구간** $|x - x_0| < R$을 나타낸다.

계수로부터 수렴반경의 결정. 이 중요한 실용적인 작업을 위해 다음 정리를 사용할 수 있다.

정리 2

수렴반경 R

수열 $|a_{n+1}/a_n|$, $n = 1, 2, \cdots$*이 극한값* L^**에 수렴한다고 하자. 이때* $L^* = 0$*이면* $R = \infty$*이다. 즉 거듭제곱급수 (1)은 모든* z*에 대해 수렴한다.* $L^* \neq 0$*이면(따라서,* $L^* > 0$*),*

$$R = \frac{1}{L^*} = \lim_{n\to\infty}\left|\frac{a_n}{a_{n+1}}\right| \tag{6}$$

(Cauchy-Hadamard 공식[1]**)**

이다. $|a_{n+1}/a_n| \to \infty$*이면* $R = 0$*이다(단지 중심* z_0*에서만 수렴).*

증명 식 (1)에 대하여 비판정법에서(15.1절 참조) 각 항들의 비는 다음과 같다.

$$\left|\frac{a_{n+1}(z-z_0)^{n+1}}{a_n(z-z_0)^n}\right| = \left|\frac{a_{n+1}}{a_n}\right||z-z_0| \quad \text{그 극한값은} \quad L = L^*|z-z_0|$$

$L^* \neq 0$이라면, $L^* > 0$이다. 만일 $L = L^*|z-z_0| < 1$, 즉 $|z-z_0| < 1/L^*$라면 수렴하고 $|z-z_0| > 1/L^*$라면 이 급수는 발산한다. 식 (4)와 (5)에 의하여 이것은 $1/L^*$이 급수 (1)의 수렴반경임을 보여주고 식 (6)이 입증된다.

만약 $L^* = 0$이면 모든 z에 대하여 $L = 0$이고 비판정법에 의해 모든 z에 대하여 급수 (1)은 수렴한다. 만약 $|a_{n+1}/a_n| \to \infty$라면 $z \neq z_0$인 모든 z와 충분히 큰 모든 n에 대하여 $|a_{n+1}/a_n|\,|z-z_0| > 1$이다. 이것은 비판정법(15.1절 정리 7)에 의해 $z \neq z_0$인 모든 z에 대해 급수 (1)이 발산함을 의미한다. ■

공식 (6)은 만약 L^*가 존재하지 않는다면 의미가 없다. 그러나 아래 예제 6에서 다루는 것처럼 정리 2의 확장은 여전히 가능하다.

예제 5 **수렴반경**

식 (6)에 의하여 거듭제곱급수 $\sum_{n=0}^{\infty} \frac{(2n)!}{(n!)^2}(z-3i)^n$의 수렴반경은

$$R = \lim_{n\to\infty}\left[\frac{(2n!)}{(n!)^2}\bigg/\frac{(2n+2)!}{((n+1)!)^2}\right] = \lim_{n\to\infty}\left[\frac{(2n!)}{(2n+2)!}\cdot\frac{((n+1)!)^2}{(n!)^2}\right] = \lim_{n\to\infty}\frac{(n+1)^2}{(2n+2)(2n+1)} = \frac{1}{4}$$

이다. 이 급수는 반지름이 $\frac{1}{4}$이고 중심이 $3i$인 열린 원판 $|z-3i| < \frac{1}{4}$ 안에서 수렴한다. ■

예제 6 **정리 2의 확장**

다음 급수의 수렴반경 R을 구하라.

---

[1] 프랑스의 수학자 A. L. CAUCHY (2.5절의 각주 참조)와 JACQUES HADAMARD(1865~1963)의 이름에서 따온 것이다. Hadamard는 거듭제곱급수의 이론에 기초적인 공헌을 하였으며, 편미분방정식의 연구에 평생을 바쳤다.

$$\sum_{n=0}^{\infty}\left[1+(-1)^n+\frac{1}{2^n}\right]z^n = 3+\frac{1}{2}z+\left(2+\frac{1}{4}\right)z^2+\frac{1}{8}z^3+\left(2+\frac{1}{16}\right)z^4+\cdots$$

풀이. 수열의 비(ratio) 1/6, $2(2+\frac{1}{4})$, $1/(8(2+\frac{1}{4}))$, $\cdots$이 수렴하지 않으므로, 정리 2는 아무런 도움이 되지 못한다. 다음 사실

$$(6^*) \qquad R = 1/\tilde{L}, \qquad \tilde{L} = \lim_{n\to\infty} \sqrt[n]{|a_n|}$$

을 보일 수가 있다. 그러나 $\sqrt[n]{|a_n|}$이 수렴하지 않기 때문에, 아직까지는 도움이 되지 못한다. 홀수 n에서 $\sqrt[n]{|a_n|} = \sqrt[n]{1/2^n} = \frac{1}{2}$인 데 반해 n이 짝수일 경우에는

$$\sqrt[n]{|a_n|} = \sqrt[n]{2+1/2^n} \to 1 \qquad (n\to\infty\text{일 때})$$

이 되어, $\sqrt[n]{|a_n|}$이 두 개의 극한점 1/2과 1을 갖기 때문이다. 이 경우,

$$(6^{**}) \qquad R = 1/\tilde{l}, \qquad (\tilde{l}\text{이 수열 }\{\sqrt[n]{|a_n|}\}\text{의 최대극한})$$

임을 보일 수가 있다. 여기서 $\tilde{l} = 1$이고, 따라서 $R = 1$이다. *답*. 이 급수는 $|z| < 1$에 대하여 수렴한다. ■

요약. 대개 거듭제곱급수들은 열린 원판 안에서 수렴하는데, 심지어 모든 z에 대해서 수렴하는 경우도 있다(또는 몇몇은 오직 중심에서만 수렴하지만 이것들은 실제적으로 쓸모가 없다). 수렴반경에 관해서는 식 (6) 또는 예제 6을 참조하기 바란다.

쓸모 없는 경우를 제외하면, 거듭제곱급수는 해석함수인 합을 갖는다(다음 절에서 증명된다). 이 사실이 거듭제곱급수가 복소해석에서 중요성을 갖는 이유이다.

연습문제 15.2

1. **거듭제곱급수**. $1/z + z + z^2 + \cdots$와 $z + z^{3/2} + z^2 + z^3 + \cdots$이 거듭제곱급수인지 설명하라.

2. **수렴반경**. 수렴반경은 어떤 것이고 그것의 역할은 무엇인가? 그 이름을 붙이게 된 이유는 무엇이고 어떻게 그것을 찾을 수 있는가?

3. **수렴**. 거듭제곱급수의 수렴에 대해서 기본적으로 다른 가능성들은 무엇인가?

4. **예제 1-3**. 예제 1-3을 $z - 4 + 3\pi i$의 거듭제곱으로 된 거듭제곱급수로 확대하라. 그리고 예제 1은 수렴반경이 6인 경우로 확대하라.

5. **거듭제곱 z^{2n}**. 만약 $\sum a_n z^n$이 수렴반경 $R(<\infty)$을 갖는다고 하면, $\sum a_n z^{2n}$은 $\sqrt{R}$의 수렴반경을 가지게 됨을 보여라.

6-18 수렴반경

중심과 수렴반경을 구하라.

6. $\displaystyle\sum_{n=0}^{\infty} 2^n(z-1)^n$

7. $\displaystyle\sum_{n=0}^{\infty} \frac{(-1)^n}{(2n)!}\left(z-\frac{1}{4}\pi\right)^{2n}$

8. $\displaystyle\sum_{n=0}^{\infty} \frac{n^n}{n!}(z-\pi i)^n$

9. $\displaystyle\sum_{n=0}^{\infty} \frac{n(n-1)}{2^n}(z+i)^{2n}$

10. $\displaystyle\sum_{n=0}^{\infty} \frac{(z-2i)^n}{n^n}$

11. $\displaystyle\sum_{n=0}^{\infty} \left(\frac{3-i}{5+2i}\right)z^n$

12. $\displaystyle\sum_{n=0}^{\infty} \frac{(-1)^n n}{8^n}z^n$

13. $\displaystyle\sum_{n=0}^{\infty} 16^n(z+i)^{4n}$

14. $\displaystyle\sum_{n=0}^{\infty} \frac{(-1)^n}{4^{2n}(n!)^2}z^{2n}$

15. $\displaystyle\sum_{n=0}^{\infty} \frac{(2n)!}{4^n(n!)^2}(z-2i)^n$

16. $\displaystyle\sum_{n=0}^{\infty} \frac{(3n)!}{2^n(n!)^3}z^n$

17. $\displaystyle\sum_{n=1}^{\infty} \frac{3^n}{n(n+1)}z^{2n+1}$

18. $\displaystyle\sum_{n=0}^{\infty} \frac{2(-1)^n}{\sqrt{\pi}(2n+1)n!}z^{2n+1}$

19. **CAS 과제**. **수렴반경**. 필요한 극한값의 존재에 따라 식 (6), (6*), (6**)로부터, 그 순서대로 R을 계산하는 프로그램을 작성하라. 그 프로그램을 자신이 선택한 급수로 검증하고, 세 식 (6), (6*), (6**)가 잘 나타나는지 보아라.

20. 조별 과제. 수렴반경.

(a) 식 (6)의 이해. R에 대한 식 (6)은 $|a_{n+1}/a_n|$이 아니라 $|a_n/a_{n+1}|$을 포함한다. 이 식을 정성적인 논증을 이용하여 어떻게 기억할 수 있는가?

(b) 계수의 변화. 만일 (i) 0이 아닌 k를 모든 a_n에 곱하면, (ii) $k^n \neq 0$을 a_n에 곱하면, (iii) a_n을 $1/a_n$로 바꾸면 R ($0 < R < \infty$)이 어떻게 변하는가? 이런 적용방법을 생각해낼 수 있는가?

(c) 예제 6의 이해. 예제 6은 정리 2를 a_n/a_{n+1}이 수렴하지 않는 경우로 확장한다. 예제 6이 얻어지는 원리인 "혼합(mixing)"의 원리를 이해하는가? 이 원리를 다른 예제를 만드는 데 사용하라.

(d) 정리 1에서 (b)와 (c)의 이해. $z = 30 + 10i$에서 수렴하고 $z = 31 - 6i$에서 발산하는 z의 거듭제곱으로 이루어진 거듭제곱급수가 존재하는가? 이유를 설명하라.

15.3 거듭제곱급수로 주어지는 함수

이 절의 주된 목적은 거듭제곱급수가 해석함수를 표현함을 보이는 데 있다. 이러한 사실(정리 5)과 거듭제곱급수가 덧셈, 곱셈, 미분, 적분에 편리하다는 사실은 거듭제곱급수의 유용성을 잘 설명해 준다.

이 절에서 공식들을 단순화시키기 위하여 $z_0 = 0$으로 하고

$$\sum_{n=0}^{\infty} a_n z^n \tag{1}$$

과 같이 쓴다. 이렇게 써도 보편성을 잃는 것은 아니다. 왜냐하면 임의의 중심 z_0를 갖는 $\hat{z} - z_0$의 거듭제곱급수로 된 급수는 언제나 $\hat{z} - z_0 = z$로 놓음으로써, 식 (1)의 형태로 바꿀 수 있기 때문이다.

용어와 표기법. 만약 주어진 임의의 거듭제곱급수 (1)이 0이 아닌 수렴반경 R(그러므로 $R > 0$)을 갖는다면, 그것의 합은 z의 함수, $f(z)$이다. 그러면

$$f(z) = \sum_{n=0}^{\infty} a_n z^n = a_0 + a_1 z + a_2 z^2 + \cdots \qquad (|z| < R) \tag{2}$$

으로 쓰고, $f(z)$가 *거듭제곱급수로* **표현된다**고 하거나 $f(z)$*가 거듭제곱급수로* **전개된다**고 말한다. 예를 들면, 기하급수는 단위원 $|z| = 1$의 내부에서 $f(z) = 1/(1 - z)$을 *표현한다*(15.1절의 정리 6 참조).

거듭제곱급수 표현의 유일성. 이것이 우리의 다음 목표이다. 즉, *함수 $f(z)$는 같은 중심을 갖는 두 개의 서로 다른 거듭제곱급수로 표현될 수 없다.* $f(z)$가 일단 중심이 z_0인 거듭제곱급수로 전개될 수 있으면 그 전개는 유일하다. 이 중요한 사실은 복소해석에서 자주 사용된다(미적분학에서도 사용). 아래 정리 2에서 이를 증명할텐데, 우선 다음 정리가 필요하다.

정리 1

> **거듭제곱급수의 연속성**
>
> *함수 $f(z)$가 $R > 0$인 수렴반경을 가지는 거듭제곱급수 (2)로 나타낼 수 있다면 함수 $f(z)$는 $z = 0$에서 연속이다.*

증명 $z = 0$일 때, 식 (2)로부터 $f(0) = a_0$를 얻는다. 따라서 연속의 정의에 의하여 $\lim_{z \to 0} f(z) =$

$f(0) = a_0$임을 보이면 된다. 즉, 주어진 $\epsilon > 0$에 대하여 $|z| < \delta$이면 $|f(z) - a_0| < \epsilon$이 성립하는 $\delta > 0$이 존재함을 보이면 된다. 이제 15.2절의 정리 1에 의해 임의의 양수 r $(0 < r < R)$에 대하여 식 (2)는 $|z| \leqq r$에 대하여 절대수렴한다. 그러므로 급수

$$\sum_{n=1}^{\infty} |a_n| r^{n-1} = \frac{1}{r} \sum_{n=1}^{\infty} |a_n| r^n$$

은 수렴한다. $S \neq 0$를 이것의 합이라 하면($S = 0$이라면 자명함), $0 < |z| \leqq r$에 대하여

$$|f(z) - a_0| = \left| \sum_{n=1}^{\infty} a_n z^n \right| \leqq |z| \sum_{n=1}^{\infty} |a_n| |z|^{n-1} \leqq |z| \sum_{n=1}^{\infty} |a_n| r^{n-1} = |z| S$$

이다. $\delta > 0$를 r과 ϵ/S보다 작게 택하면 $|z| < \delta$이면 $|z|S < \delta S < (\epsilon/S)\, S = \epsilon$이므로, 정리는 증명된다. ■

이 정리로부터 이제 바라는 유일성의 정리를 쉽게 얻을 수 있다(일반성을 잃지 않고 다시 $z_0 = 0$을 가정하여).

정리 2

거듭제곱급수에 대한 항등정리. 유일성

두 거듭제곱급수 $a_0 + a_1 z + a_2 z^2 + \cdots$과 $b_0 + b_1 z + b_2 z^2 + \cdots$이 R이 양수인 $|z| < R$에서 수렴하고, 이 모든 z에 대해서 같은 합을 갖는다고 하자. 그러면 이들 급수는 항등적으로 같다. 즉, $a_0 = b_0, a_1 = b_1, a_2 = b_2, \cdots$이다.

*그러므로 함수 $f(z)$가 임의의 중심 z_0를 갖는 거듭제곱급수로 표현된다면, 이 표현은 **유일하다**.*

증명 귀납법으로 증명해 보자. 가정에 의해

$$a_0 + a_1 z + a_2 z^2 + \cdots = b_0 + b_1 z + b_2 z^2 + \cdots \qquad (|z| < R)$$

이다. 정리 1에 의해, 이들 두 거듭제곱급수 각각의 합은 $z = 0$에서 연속이다. 따라서 $|z| > 0$에서 양변에 $z \to 0$을 택하면 $a_0 = b_0$이다. 즉, $n = 0$일 때 정리가 증명되었다. 이제 $n = 0, 1, \cdots, m$에 대하여 $a_n = b_n$을 가정하자. 그러면 양변에서 같은 항이 소거되고, 이때 그 결과를 $z^{m+1}(\neq 0)$으로 나누면

$$a_{m+1} + a_{m+2} z + a_{m+3} z^2 + \cdots = b_{m+1} + b_{m+2} z + b_{m+3} z^2 + \cdots$$

을 얻는다. 유사하게 $z \to 0$을 택하면 $a_{m+1} = b_{m+1}$이고, 증명이 완료된다. ■

거듭제곱 급수의 연산

이 논의는 그 자체로서도 흥미가 있지만, 이 절의 주요 목적인 거듭제곱급수로 표현되는 함수가 해석적임을 보이는 것을 위한 준비과정이다.

항별덧셈(termwise addition) 또는 **항별뺄셈**(termwise subtraction)을 수렴반경이 각각 R_1과 R_2인 거듭제곱급수에 적용하면, 수렴반경이 적어도 R_1과 R_2 중 작은 것과 같게 되는 거

듭제곱급수를 얻는다. *증명.* 부분합 s_n과 s_n^*를 항별로 더하고(혹은 빼고), $\lim (s_n \pm s_n^*) = \lim s_n \pm s_n^*$를 이용해 보라.

두 거듭제곱급수

$$f(z) = \sum_{k=0}^{\infty} a_k z^k = a_0 + a_1 z + \cdots$$

와

$$g(z) = \sum_{m=0}^{\infty} b_m z^m = b_0 + b_1 z + \cdots$$

의 **항별곱셈**(termwise multiplication)은 첫 번째 급수의 각 항에 두 번째 급수의 각 항을 곱하여, z의 차수가 같은 것을 모으는 것을 의미한다. 이와 같이 하여 얻은 거듭제곱급수를 두 급수의 **Cauchy 곱**(Cauchy product)이라 부르며, 그 식은

$$a_0 b_0 + (a_0 b_1 + a_1 b_0)z + (a_0 b_2 + a_1 b_1 + a_2 b_0)z^2 + \cdots$$
$$= \sum_{n=0}^{\infty} (a_0 b_n + a_1 b_{n-1} + \cdots + a_n b_0) z^n$$

으로 주어진다. 이 거듭제곱급수는 두 개의 주어진 급수가 갖고 있는 수렴원 중 더 작은 수렴원 안의 모든 z에 대해 절대수렴하고, 그 합이 $s(z) = f(z)g(z)$가 된다는 것을 증명 없이 언급해 둔다. 증명은 부록 1에 있는 참고문헌 [D5]를 참조하기 바란다.

다음에 증명되는 바와 같이 거듭제곱급수의 **항별미분**(termwise differentiation)과 **항별적분**(termwise integration)이 허용된다. 항별미분에 의해 급수 (1)로부터 얻은 거듭제곱급수, 즉

$$\textbf{(3)} \qquad \sum_{n=1}^{\infty} n a_n z^{n-1} = a_1 + 2a_2 z + 3a_3 z^2 + \cdots$$

을 *거듭제곱급수* (1)*의* **미분급수**(derived series)라 부른다.

정리 3

거듭제곱급수의 항별미분

거듭제곱급수의 미분급수는 원래의 급수와 똑같은 수렴반경을 갖는다.

증명 이 정리는

$$\lim_{n\to\infty} \frac{n|a_n|}{(n+1)|a_{n+1}|} = \lim_{n\to\infty} \frac{n}{n+1} \lim_{n\to\infty} \left|\frac{a_n}{a_{n+1}}\right| = \lim_{n\to\infty} \left|\frac{a_n}{a_{n+1}}\right|$$

이므로 15.2절의 식 (6)으로부터 나오는 당연한 결과이다. 위 극한값이 존재하지 않는 경우는, $n \to \infty$일 때 $\sqrt[n]{n} \to 1$임을 유의하면 15.2절의 식 (6**)로부터 얻게 된다. ■

예제 1 **정리 3의 적용**

정리 3을 적용하여 다음 급수의 수렴반경 R을 구하라.

$$\sum_{n=2}^{\infty}\binom{n}{2}z^n = z^2 + 3z^3 + 6z^4 + 10z^5 + \cdots.$$

풀이. 기하급수를 항별로 두 번 미분하고, 그 결과에 $z^2/2$을 곱하면 주어진 급수를 얻는다. 따라서 정리 3에 의해 $R = 1$이다. ■

정리 4

거듭제곱급수의 항별적분

급수 $a_0 + a_1z + a_2z^2 + \cdots$을 항별로 적분하여 얻어지는 거듭제곱급수

$$\sum_{n=0}^{\infty}\frac{a_n}{n+1}z^{n+1} = a_0z + \frac{a_1}{2}z^2 + \frac{a_2}{3}z^3 + \cdots$$

은 원래의 급수와 동일한 수렴반경을 갖는다.

이 증명은 정리 3에서와 유사하다.

정리 3을 이용하면, 이제 이 절의 주요 결과를 바로 구할 수 있다.

거듭제곱급수는 해석함수를 표현한다.

정리 5

해석함수. 그것의 도함수

0이 아닌 수렴반경 R을 갖는 거듭제곱급수는 그것의 수렴원 안에 있는 모든 점에서 해석함수를 표현한다. 이 함수의 도함수는 원래의 급수를 항별로 미분하여 얻어진다. 이렇게 얻어진 급수는 원래의 급수와 동일한 수렴반경을 갖는다. 따라서, 첫 번째 명제에 의해 도함수도 해석함수를 표현한다.

증명 **(a)** 양의 수렴반경 R을 갖는 임의의 거듭제곱급수 (1)을 고려해 보자. 이를 $f(z)$로 표현하고 $f_1(z)$를 그것의 미분급수라고 하자. 따라서

$$f(z) = \sum_{n=0}^{\infty} a_nz^n \quad \text{이고} \quad f_1(z) = \sum_{n=1}^{\infty} na_nz^{n-1} \tag{4}$$

이다. 이제 $f(z)$가 해석적이고 또한 수렴원 안에서 도함수 $f_1(z)$를 갖는다는 것을 밝혀보자. 이를 증명하기 위해 $|z| < R$인 임의의 고정된 z에 대하여 차의 몫 $[f(z + \Delta z) - f(z)]/\Delta z$가 $\Delta z \to 0$일 때 $f_1(z)$에 수렴함을 증명한다. 항별덧셈에 의해, 식 (4)로부터 먼저

$$\frac{f(z+\Delta z) - f(z)}{\Delta z} - f_1(z) = \sum_{n=2}^{\infty} a_n\left[\frac{(z+\Delta z)^n - z^n}{\Delta z} - nz^{n-1}\right] \tag{5}$$

을 얻는다. 차 $f(z + \Delta z) - f(z)$를 계산할 때 상수항이 없어지고, 차의 몫에서 $f_1(z)$를 뺄 때 선형항이 제거되므로 합산은 2부터 시작한다는 점에 유의하기 바란다.

(b) 식 (5)의 급수는

$$(6)\quad \sum_{n=2}^{\infty} a_n \Delta z[(z+\Delta z)^{n-2} + 2z(z+\Delta z)^{n-3} + \cdots + (n-2)z^{n-3}(z+\Delta z) + (n-1)z^{n-2}]$$

과 같이 쓸 수 있음을 알 수 있다. 이것에 대한 다소 기술적인 증명은 부록 4에 주어진다.

(c) 급수 (6)을 고찰해 보자. 괄호 안에는 $n-1$개의 항이 있고, 가장 큰 계수는 $n-1$이다. $(n-1)^2 \leqq n(n-1)$이므로, $|z| \leqq R_0$와 $|z+\Delta z| \leqq R_0$, $R_0 < R$에 대하여 이 급수의 절댓값은

$$(7)\quad |\Delta z| \sum_{n=2}^{\infty} |a_n| n(n-1) R_0^{n-2}$$

을 초과할 수 없음을 알 수 있다. $|a_n|$ 대신에 a_n을 가진 이 급수는 $z = R_0$에서 급수 (2)의 2차 미분급수이고, 정리 3과 15.2절의 정리 1에 의해 절대수렴한다. 따라서 급수 (7)은 수렴한다. 식 (7)의 합을 ($|\Delta z|$인자 없이) $K(r_0)$라 하자. 식 (6)은 식 (5)의 우변이므로, 현재의 결과를

$$\left|\frac{f(z+\Delta z) - f(z)}{\Delta z} - f_1(z)\right| \leqq |\Delta z| K(R_0)$$

와 같이 쓸 수 있다. $\Delta z \to 0$으로 하고 R_0 ($< R$)이 임의의 값임을 유의하면, $f(z)$가 수렴원의 내부에 있는 임의의 점에서 해석적이고, 그것의 도함수는 $f_1(z)$가 된다는 결론을 내릴 수 있다. 이 결과로부터 고계도함수에 관한 명제는 귀납적으로 입증된다. ■

요약. 이 절에서의 결과로 볼 때 거듭제곱급수는 대체로 기대한 만큼 매력이 있다. 즉, 거듭제곱급수는 항별미분하거나 항별적분할 수 있다(정리 3과 4). 정리 5는 복소해석에서 거듭제곱급수의 중대성을 설명해 준다. 즉, 그러한 급수의 합(양의 수렴반경을 갖는)은 해석함수이고 모든 계의 도함수를 가지며 이들 모두 해석함수이다. 그러나 이것은 일부에 지나지 않는다. 다음 절에서는 역으로, 주어진 모든 해석함수 $f(z)$가 미적분학에서의 실Taylor 급수와 유사한 ***Taylor* 급수**라 불리는 거듭제곱급수로 표현될 수 있음을 증명한다.

연습문제 15.3

1. 미적분학 관련. 이 절에서 다룬 내용들은 미적분을 일반화한다. 상세히 적어 보아라.

2. 항별덧셈. 거듭제곱급수의 항별덧셈과 뺄셈의 증명을 완성하라.

3. 정리 3에서. 사용된 결과인 $n \to \infty$일 때 $\sqrt[n]{n} \to 1$임을 증명하라.

4. Cauchy 곱. $(1-z)^{-2} = \sum_{n=0}^{\infty}(n+1)z^n$을 **(a)** Cauchy 곱을 이용해서, **(b)** 적당한 급수의 미분에 의해 증명하라.

5-15 미분과 적분에 의한 수렴반경

다음 급수에서 두 가지 방법으로 수렴반경을 구하라. 즉, **(a)** Cauchy-Hadamard 공식(15.2절)에 의하여 직접 구하라. **(b)** 정리 3 또는 4를 이용하여 보다 간단한 항들의 급수로부터 구하라 (풀이 과정을 상세히 보여라).

5. $\sum_{n=2}^{\infty} \frac{n(n-1)}{4^n}(z-2i)^n$

6. $\sum_{n=0}^{\infty} \frac{(-1)^n}{2n+1}\left(\frac{z}{2\pi}\right)^{2n+1}$

7. $\sum_{n=1}^{\infty} \frac{n}{5^n}(z+2i)^{2n}$

8. $\sum_{n=1}^{\infty} \frac{3^n}{n(n+1)} z^n$

9. $\sum_{n=1}^{\infty} \frac{(-3)^n}{n(n+1)(n+2)} z^{2n}$

10. $\sum_{n=k}^{\infty} \binom{n}{k}\left(\frac{z}{2}\right)^n$

11. $\sum_{n=1}^{\infty} \frac{2^n n(n+1)}{5^n} z^{2n}$

12. $\sum_{n=1}^{\infty} \frac{2n(2n-1)}{n^n} z^{2n-2}$

13. $\sum_{n=0}^{\infty} \left[\binom{n+k}{k}\right]^{-1} z^{n+k}$

14. $\sum_{n=0}^{\infty} \binom{n+m}{m} z^n$

15. $\sum_{n=2}^{\infty} \frac{5^n n(n-1)}{3^n} (z-i)^n$

16-20 항등정리의 적용

정리 2를 어디에 어떻게 사용하는지 명확하게 서술하라.

16. **우함수**. 식 (2)에서 $f(z)$가 *우함수*($f(-z) = f(z)$)라면, 홀수 n에 대하여 $a_n = 0$임을 보여라. 예를 들어라.

17. **기함수**. 만약 식 (2)의 $f(z)$가 *기함수*($f(-z) = f(z)$)라면, 짝수 n에 대하여 $a_n = 0$임을 보여라. 예를 들어라.

18. **이항계수**. $(1+z)^p(1+z)^q = (1+z)^{p+q}$를 이용하여 다음 기본관계를 증명하라.

$$\sum_{n=0}^{r} \binom{p}{n}\binom{q}{r-n} = \binom{p+q}{r}$$

19. 미분방정식들 중에서 정리 2의 적용 예를 찾아라.

20. 조별 과제. **Fibonacci 수**.[2] **(a)** Fibonacci 수는 $a_0 = a_1 = 1$, $n = 1, 2, \cdots$이면 $a_{n+1} = a_n + a_{n-1}$에 의해 순환관계로 정의된다. 수열 (a_{n+1}/a_n)의 극한을 찾아라.

(b) Fibonacci의 토끼문제. $a_1, \cdots, a_{12}$를 각각 계산하라. 처음에 토끼가 한 쌍 주어졌고, 각 쌍의 토끼는 두 번째 달부터 시작하여 매 달마다 한 쌍의 토끼를 낳는다고 할 때, 12달 후의 토끼의 쌍의 수는 $a_{12} = 233$임을 보여라(단 토끼는 그동안 죽지 않는다).

(c) 생성함수. **Fibonacci 수**의 *생성함수*가 $f(z) = 1/(1 - z - z^2)$이 됨을 보여라. 다시 말해서, 거듭제곱수 (1)이 함수 $f(z)$를 표현한다면 그것의 계수는 반드시 Fibonacci 수가 됨을 보이고, 역도 보여라.

힌트. $f(z)(1 - z - z^2) - 1$로부터 시작하고 정리 2를 사용하라.

15.4 Taylor 급수와 Maclaurin 급수

실수 Taylor 급수의 복소형태로서 복소함수 $f(z)$의 **Taylor 급수**(Taylor series)[3]는 다음과 같다.

$$f(z) = \sum_{n=1}^{\infty} a_n(z-z_0)^n \quad \text{단,} \quad a_n = \frac{1}{n!} f^{(n)}(z_0) \tag{1}$$

이거나, 또는 14.4절의 식 (1)에 의해서

$$a_n = \frac{1}{2\pi i} \oint_C \frac{f(z^*)}{(z^* - z_0)^{n+1}} dz^* \tag{2}$$

이다. 식 (2)에서 내부에 z_0를 포함하는 단순 닫힌 경로 C 주위를 반시계방향으로 적분한 것이고, $f(z)$는 C와 그 내부에서 해석적이다.

---

[2]LEONARDO OF PISA, FIBONACCI(= Bonaccio의 아들)라고 불렸으며, 대략 1180~1250년대에 살았던 이탈리아 수학자, 기독교 토양에서 처음으로 수학을 부흥시켰다.

[3]BROOK TAYLOR(1685~1731). 영국의 수학자로 실변수의 함수에 대한 이 공식을 소개하였다. COLIN MACLAURIN(1698~1746). 스코틀랜드의 수학자, Edinburgh 대학 교수

Maclaurin 급수(Maclaurin series)는 중심 $z_0 = 0$을 가지는 Taylor 급수를 말한다.

식 (1)에서 항 $a_n(z - z_0)^n$ 이후의 **나머지**(remainder)는

$$R_n(z) = \frac{(z - z_0)^{n+1}}{2\pi i} \oint_C \frac{f(z^*)}{(z^* - z_0)^{n+1}(z^* - z)} dz^* \tag{3}$$

이다(아래에 증명). 식 (1)의 대응하는 부분합을 적으면, 다음을 얻는다.

$$\begin{aligned} f(z) = f(z_0) &+ \frac{z - z_0}{1!} f'(z_0) + \frac{(z - z_0)^2}{2!} f''(z_0) + \cdots \\ &+ \frac{(z - z_0)^n}{n!} f^{(n)}(z_0) + R_n(z) \end{aligned} \tag{4}$$

이것을 *나머지와 함께* 표현된 **Taylor의 공식**(Taylor's formula)이라고 한다.

Taylor 급수는 거듭제곱급수이다. 앞 절에서 거듭제곱급수는 해석함수임을 알고 있다. 이제 모든 해석함수는 (다양한 중심을 가진) Taylor 급수에 의해서 거듭제곱급수로 표현될 수 있음을 보일 것이다. 이 사실은 복소해석에서 Taylor 급수가 매우 중요한 역할을 하게 한다. 실제로 미적분학에 있어서의 실 Taylor 급수보다 복소해석에서의 그것이 더욱 근본적인 역할을 한다.

정리 1 **Taylor의 정리**

$f(z)$가 열린 영역 D에서 해석적이고 $z = z_0$가 D에 있는 임의의 점이라고 하자. 그러면 중심이 z_0이고 $f(z)$를 표현하는 거듭제곱급수는 정확히 한 개가 존재한다. 이 표현식은 $f(z)$가 해석적이 되는 중심이 z_0인 최대의 열린 원판에서 유효하다. 식 (1)의 나머지 $R_n(z)$는 식 (3)의 형태로 표현될 수 있다. 계수는 부등식

$$|a_n| \leqq \frac{M}{r^n} \tag{5}$$

을 만족한다. 여기서 M은 내부점들이 D에 포함되는, D 상의 원 $|z - z_0| = r$ 위에서의 $|f(z)|$의 최댓값이다.

증명 핵심적 도구는 14.3절의 Cauchy 적분공식이다. z_0와 z 대신에 z와 z^*로 쓰면

$$f(z) = \frac{1}{2\pi i} \oint_C \frac{f(z^*)}{z^* - z} dz^* \tag{6}$$

를 얻는다. 여기서 z는 C의 내부에 놓여 있고, C는 반지름 r이고 중심이 z_0인 D 내부의 원이다(그림 367). 다음은 식 (6)에서 $1/(z^* - z)$을 $z - z_0$의 거듭제곱으로 전개한다. ***표준적인 대수 조작***(기억할 만한 가치가 있음)으로 우선

$$\frac{1}{z^* - z} = \frac{1}{z^* - z_0 - (z - z_0)} = \frac{1}{(z^* - z_0)\left(1 - \dfrac{z - z_0}{z^* - z_0}\right)} \tag{7}$$

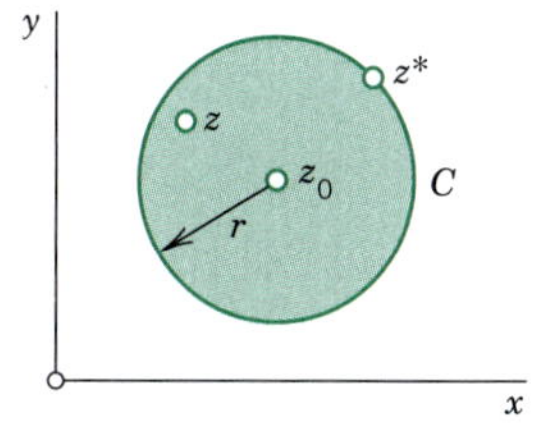

그림 367. Cauchy 공식 (6)

을 얻는다. 이후에 사용하기 위해 z^*는 C 위에 있고 z는 C 내부에 있으므로

$$\left|\frac{z - z_0}{z^* - z_0}\right| < 1 \qquad (7^*) \quad \text{(그림 367 참조)}$$

임을 유념하자.

식 (7)을 위하여 유한 기하급수에 관한 합의 공식을 적용하면

$$1 + q + \cdots + q^n = \frac{1 - q^{n+1}}{1 - q} = \frac{1}{1 - q} - \frac{q^{n+1}}{1 - q} \qquad (q \neq 1), \qquad (8^*)$$

이고, 이것을 다음과 같은 형태로 사용한다(마지막 항을 반대편으로 이항하고 좌우변을 바꾼다).

$$\frac{1}{1 - q} = 1 + q + \cdots + q^n + \frac{q^{n+1}}{1 - q} \qquad (8)$$

이 식을 $q = (z - z_0)/(z^* - z_0)$라 생각하고 식 (7)의 우변에 적용하면,

$$\frac{1}{z^* - z} = \frac{1}{z^* - z_0}\left[1 + \frac{z - z_0}{z^* - z_0} + \left(\frac{z - z_0}{z^* - z_0}\right)^2 + \cdots + \left(\frac{z - z_0}{z^* - z_0}\right)^n\right] + \frac{1}{z^* - z}\left(\frac{z - z_0}{z^* - z_0}\right)^{n+1}$$

을 얻는다. 이 식을 식 (6)에 대입한다. $z - z_0$의 거듭제곱은 적분변수 z^*에 의존하지 않으므로 적분기호 밖으로 끌어낼 수 있다. 따라서

$$f(z) = \frac{1}{2\pi i}\oint_C \frac{f(z^*)}{z^* - z_0}\,dz^* + \frac{z - z_0}{2\pi i}\oint_C \frac{f(z^*)}{(z^* - z_0)^2}\,dz^* + \cdots + \frac{(z - z_0)^n}{2\pi i}\oint_C \frac{f(z^*)}{(z^* - z_0)^{n+1}}\,dz^* + R_n(z)$$

를 얻을 수 있고, 여기서 $R_n(z)$는 식 (3)에서 주어졌다. 이 적분들은 식 (2)에서의 도함수들과 관련된 식 (4)의 계수들이다. 따라서 Taylor 공식 (4)가 증명된다.

해석함수는 모든 계의 도함수를 갖고 있으므로 급수 (4)에서 n을 크게 잡을 수가 있다. 만약 n을 무한대로 하면, 식 (1)을 얻는다. 분명히 식 (1)이 수렴하고 $f(z)$로 표현될 필요충분조건은

$$\lim_{n\to\infty} R_n(z) = 0 \tag{9}$$

이다. 식 (9)는 다음과 같이 증명된다. z^*은 원 C 위에 있고, z는 C 내부에 존재하므로(그림 367) $|z^* - z| > 0$이다. $f(z)$가 원 C와 그 내부에서 해석적이므로 유계이다. 따라서 함수 $f(z^*)/(z^* - z)$도 역시 유계이다. 즉 C의 모든 z^*에 대하여

$$\left|\frac{f(z^*)}{z^* - z}\right| \leqq \widetilde{M}$$

이다. 또한 C의 반지름이 $r = |z^* - z_0|$이고 C의 길이가 $2\pi r$이므로, ML 부등식(14.1절)에 의해서 식 (3)으로부터 다음을 얻는다.

$$\begin{aligned} |R_n| &= \frac{|z - z_0|^{n+1}}{2\pi} \left|\oint_C \frac{f(z^*)}{(z^* - z_0)^{n+1}(z^* - z)} dz^*\right| \\ &\leqq \frac{|z - z_0|^{n+1}}{2\pi} \widetilde{M} \frac{1}{r^{n+1}} 2\pi r = \widetilde{M} \left|\frac{z - z_0}{r}\right|^{n+1} \end{aligned} \tag{10}$$

z가 *C의 내부*에 있으므로 $|z - z_0| < r$이다. 그러므로 $|z - z_0|/r < 1$이고 따라서 $n \to \infty$일 때 우변은 0에 수렴한다. 이로써 Taylor 급수가 수렴하는 것과 그 합이 $f(z)$임을 증명하였다. 유일성은 15.3절의 정리 2에서 보였다. 마지막으로 식 (5)는 식 (1)의 a_n과 14.4절에서의 Cauchy 부등식에 의해 증명된다. 이로써 Taylor의 정리가 증명된다. ■

근사값의 정확성. 충분히 큰 n을 선택함으로써 식 (1)의 부분합에 의한 $f(z)$의 임의로 주어진 정확성을 갖는 근사값을 얻을 수 있다. 이것이 공식 (9)의 실용적인 면이다.

특이성과 수렴반경. 식 (1)의 수렴원에는 적어도 하나의 $f(z)$의 **특이점**(singular point)이 존재한다. 다시 말하면 $f(z)$가 미분 가능하지 않은 점 $z = c$가 존재한다는 것이다[그러나 중심 c인 모든 원판은 $f(z)$가 미분 가능한 점들을 포함한다]. 이 경우 $f(z)$를 점 c에서 **특이하다**라고 하거나 점 c에서 **특이성을 갖는다**라고도 말한다. 그러므로 식 (1)의 수렴반경 R은 보통 z_0에서부터 $f(z)$의 가장 가까운 특이점까지의 거리와 일치한다.

(때때로 R은 거리보다 더 커질 수 있다: Ln z는 음의 실수축을 따라 특이점을 갖고 있고, $z_0 = -1 + i$로부터 그 축까지의 거리는 1이다. 그러나, 중심이 $z_0 = -1 + i$인 Ln z의 Taylor 급수는 수렴반경이 $\sqrt{2}$이다.)

Taylor 급수로서의 거듭제곱급수

Taylor 급수는 거듭제곱급수이다. 물론 역으로 다음과 같이 말할 수 있다.

정리 2 **앞 절과의 관계**

0이 아닌 수렴반경을 갖는 거듭제곱급수는 그 합의 Taylor 급수이다.

증명 주어진 거듭제곱급수

$$f(z) = a_0 + a_1(z - z_0) + a_2(z - z_0)^2 + a_3(z - z_0)^3 + \cdots$$

에서 $f(z_0) = a_0$이다. 15.3절의 정리 5에 의해서

$$f'(z) = a_1 + 2a_2(z - z_0) + 3a_3(z - z_0)^2 + \cdots, \quad \text{그러므로} \quad f'(z_0) = a_1$$
$$f''(z) = 2a_2 + 3 \cdot 2(z - z_0) + \cdots, \quad \text{그러므로} \quad f''(z_0) = 2!a_2$$

이고, 일반적으로 $f^{(n)}(z_0) = n!a_n$이다. 이러한 계수들에 의해 주어진 급수는 $f(z)$의 Taylor 급수이다. ■

실함수와의 비교. 복소해석함수의 성질 중 한 가지 놀라운 것은 그들이 모든 계의 도함수를 갖는다는 것인데, 이제 그들이 언제나 식 (1)과 같은 형태의 거듭제곱급수에 의해 표현될 수 있다는 또 다른 놀라운 성질을 발견하게 되었다. ***실함수***에서는 이것이 일반적으로 성립하지 않는다. 모든 계의 도함수를 가지면서도 거듭제곱급수로 표현할 수 없는 실함수들이 있다. [예: $x \neq 0$일 때 $f(x) = \exp(-1/x^2)$과 $f(0) = 0$, 이 함수는 0에서 모든 도함수가 0이므로 중심 0을 갖는 열린 원판에서 Maclaurin 급수로 표현될 수 없다.]

주요한 특수 Taylor 급수

이것은 실수 x를 복소수 z로 대치한 것일 뿐 미적분에서와 마찬가지이다. 왜 그런가? (*답.* 계수공식이 동일하기 때문이다.)

예제 1 **기하급수**

$f(z) = 1/(1 - z)$이라 하면 $f^{(n)}(z) = n!/(1 - z)^{n+1}$, $f^{(n)}(0) = n!$이 된다. 따라서 $1/(1 - z)$의 Maclaurin 전개는 기하급수

$$\frac{1}{1-z} = \sum_{n=0}^{\infty} z^n = 1 + z + z^2 + \cdots \qquad (|z| < 1) \tag{11}$$

이고, $z = 1$에서 $f(z)$는 특이점을 갖고 이 점은 수렴원 위에 놓여 있다. ■

예제 2 **지수함수**

지수함수 e^z (13.5절 참조)는 모든 z에 대해서 해석적이라는 것과 $(e^z)' = e^z$을 알고 있다. 따라서 앞 절의 식 (1)로부터 $z_0 = 0$으로 놓으면 Maclaurin 급수

$$e^z = \sum_{n=0}^{\infty} \frac{z^n}{n!} = 1 + z + \frac{z^2}{2!} + \cdots \tag{12}$$

을 얻는다. 이 급수는 또한 실함수 e^x의 친숙한 Maclaurin 급수에서 x를 z로 대치하면 얻을 수 있다.

더욱이 식 (12)에서 $z = iy$로 놓고 그 급수를 실수와 허수부로 나누면(15.1절의 정리 2 참조),

$$e^{iy} = \sum_{n=0}^{\infty} \frac{(iy)^n}{n!} = \sum_{k=0}^{\infty} (-1)^k \frac{y^{2k}}{(2k)!} + i \sum_{k=0}^{\infty} (-1)^k \frac{y^{2k+1}}{(2k+1)!}$$

을 얻는다. 우변의 급수는 흔히 볼 수 있는 실함수 $\cos y$와 $\sin y$에 관한 Maclaurin 급수이므로, 이것으로부터 **Euler 공식**(Euler formula)

$$e^{iy} = \cos y + i \sin y \tag{13}$$

를 재발견하게 된다. 실제로, 식 (12)는 e^z을 **정의하고** e^z의 기본적인 성질들을 유도하기 위해 사용될 수 있다. 예를 들어 미분공식 $(e^z)' = e^z$는 식 (12)로부터 항별미분에 의해 바로 얻어진다. ■

예제 3 삼각함수와 쌍곡선함수

식 (12)를 13.6절의 식 (1)에 대입하면

$$\textbf{(14)}\qquad \begin{aligned} \cos z &= \sum_{n=0}^{\infty} (-1)^n \frac{z^{2n}}{(2n)!} = 1 - \frac{z^2}{2!} + \frac{z^4}{4!} - + \cdots \\ \sin z &= \sum_{n=0}^{\infty} (-1)^n \frac{z^{2n+1}}{(2n+1)!} = z - \frac{z^3}{3!} + \frac{z^5}{5!} - + \cdots \end{aligned}$$

을 얻는다. $z = x$일 때, 이 식은 우리에게 익숙한 실함수 $\cos x$와 $\sin x$의 Maclaurin 급수이다. 유사하게 식 (12)를 13.6절의 식 (11)에 대입하면

$$\textbf{(15)}\qquad \begin{aligned} \cosh z &= \sum_{n=0}^{\infty} \frac{z^{2n}}{(2n)!} = 1 + \frac{z^2}{2!} + \frac{z^4}{4!} + \cdots \\ \sinh z &= \sum_{n=0}^{\infty} \frac{z^{2n+1}}{(2n+1)!} = z + \frac{z^3}{3!} + \frac{z^5}{5!} + \cdots \end{aligned}$$

을 얻는다. ■

예제 4 로그함수

앞 절의 식 (1)로부터

$$\textbf{(16)}\qquad \operatorname{Ln}(1+z) = z - \frac{z^2}{2} + \frac{z^3}{3} - + \cdots \qquad (|z| < 1)$$

을 얻게 된다. z를 $-z$로 대치하고, 양변에 -1을 곱하면

$$(17)\qquad -\operatorname{Ln}(1-z) = \operatorname{Ln}\frac{1}{1-z} = z + \frac{z^2}{2} + \frac{z^3}{3} + \cdots \qquad (|z| < 1)$$

을 얻는다. 또한 두 급수를 더하면

$$(18)\qquad \operatorname{Ln}\frac{1+z}{1-z} = 2\left(z + \frac{z^3}{3} + \frac{z^5}{5} + \cdots\right) \qquad (|z| < 1)$$

이 된다. ■

실용적인 방법

다음 예제들은 계수 공식을 사용하는 것보다 더 빨리 Taylor 급수를 얻는 방법들을 보여준다. 사용된 방법에 상관없이 유일성(정리 1 참조)에 의하여 그 결과는 같을 것이다.

예제 5 대입법

$f(z) = 1/(1 + z^2)$의 Maclaurin 급수를 구하라.

풀이. 식 (11)에서 z 대신에 $-z^2$을 대입하면

$$(19)\quad \frac{1}{1+z^2} = \frac{1}{1-(-z^2)} = \sum_{n=0}^{\infty}(-z^2)^n = \sum_{n=0}^{\infty}(-1)^n z^{2n} = 1 - z^2 + z^4 - z^6 + \cdots \quad (|z| < 1)$$

을 얻는다. ■

예제 6 **적분**

$f(z) = \arctan z$의 Maclaurin 급수를 구하라.

풀이. $f'(z) = 1/(1+z^2)$이다. 식 (19)를 항별로 적분하고 $f(0) = 0$을 이용하면

$$\arctan z = \sum_{n=0}^{\infty}\frac{(-1)^n}{2n+1}z^{2n+1} = z - \frac{z^3}{3} + \frac{z^5}{5} - + \cdots \qquad (|z| < 1)$$

을 얻는다. 이 급수는 $w = u + iv = \arctan z$의 주값, 즉 $|u| < \pi/2$에 대한 w 값을 나타낸다. ■

예제 7 **기하급수를 이용한 전개**

$c - z_0 \neq 0$일 때 $1/(c-z)$을 $z - z_0$의 거듭제곱으로 전개하라.

풀이. 이것은 $c = z^*$일 때 정리 1의 증명에서 행하였다. 시작은 간단한 대수였고, 식 (11)에서 z 대신에 $(z - z_0)/(c - z_0)$를 대입하여 사용하였다. 즉,

$$\frac{1}{c-z} = \frac{1}{c - z_0 - (z - z_0)} = \frac{1}{(c - z_0)\left(1 - \dfrac{z - z_0}{c - z_0}\right)} = \frac{1}{c - z_0}\sum_{n=0}^{\infty}\left(\frac{z - z_0}{c - z_0}\right)^n$$

$$= \frac{1}{c - z_0}\left(1 + \frac{z - z_0}{c - z_0} + \left(\frac{z - z_0}{c - z_0}\right)^2 + \cdots\right)$$

이다. 이 급수는

$$\left|\frac{z - z_0}{c - z_0}\right| < 1, \qquad \text{즉} \qquad |z - z_0| < |c - z_0|$$

일 때 수렴한다. ■

예제 8 **이항급수, 부분분수에 의한 분해**

$z_0 = 1$을 중심으로 하여 다음 함수의 Taylor 급수를 구하라.

$$f(z) = \frac{2z^2 + 9z + 5}{z^3 + z^2 - 8z - 12}$$

풀이. $f(z)$를 부분분수들로 표현하고, **이항급수**(binomial series) 공식

$$\textbf{(20)}\quad \frac{1}{(1+z)^m} = (1+z)^{-m} = \sum_{n=0}^{\infty}\binom{-m}{n}z^n$$

$$= 1 - mz + \frac{m(m+1)}{2!}z^2 - \frac{m(m+1)(m+2)}{3!}z^3 + \cdots$$

을 이용하여, 첫 번째 분수는 $m = 2$일 때의 이항급수로, 두 번째 분수는 기하급수로 표현한 다음, 두 급수를 항별로 더하면

$$
\begin{aligned}
f(z) &= \frac{1}{(z+2)^2} + \frac{2}{z-3} = \frac{1}{[3+(z-1)]^2} - \frac{2}{2-(z-1)} \\
&= \frac{1}{9}\left(\frac{1}{[1+\frac{1}{3}(z-1)]^2}\right) - \frac{1}{1-\frac{1}{2}(z-1)} \\
&= \frac{1}{9}\sum_{n=0}^{\infty}\binom{-2}{n}\left(\frac{z-1}{3}\right)^n - \sum_{n=0}^{\infty}\left(\frac{z-1}{2}\right)^n = \sum_{n=0}^{\infty}\left[\frac{(-1)^n(n+1)}{3^{n+2}} - \frac{1}{2^n}\right](z-1)^n \\
&= -\frac{8}{9} - \frac{31}{54}(z-1) - \frac{23}{108}(z-1)^2 - \frac{275}{1944}(z-1)^3 - \cdots
\end{aligned}
$$

을 얻는다. 첫 번째 급수는 $|z-1| < 3$에서 수렴하고, 두 번째 급수는 $|z-1| < 2$에서 수렴한다. 이것은 예상할 수 있었다. 왜냐하면 $1/(z+2)^2$은 -2에서 특이하고 $2/(z-3)$는 3에서 특이하며, 이 점들은 중심 $z_0 = 1$에서 각각 3과 2의 거리를 갖기 때문이다. 그러므로 전체급수는 원판 $|z-1| < 2$에서 수렴한다. ■

연습문제 15.4

1. 미적분학. 이 절의 어떤 급수들이 미적분학에서 논의되는가? 새로운 점은 무엇인가?

2. 예제 5와 6에서. 급수의 유도를 상세히 서술하라.

3-10 Maclaurin 급수

Maclaurin 급수를 구하고, 수렴반경을 구하라.

3. $\sin \dfrac{z^2}{2}$

4. $\dfrac{z+2}{1-z^2}$

5. $\dfrac{1}{8+z^4}$

6. $\dfrac{1}{1+2iz}$

7. $2\sin^2(z/2)$

8. $\sin^2 z$

9. $\displaystyle\int_0^z \exp(-t^2)\,dt$

10. $\displaystyle\exp(z^2)\int_0^z \exp(-t^2)\,dt$

11-14 고계초월함수

Marclaurin 급수를 피적분함수로 항별적분하는 방법으로 구하라. [다음의 적분들은 미적분학의 보통의 방법으로는 계산되지 않는다. 이 함수들을 **오차함수**(error function) erf z, **사인함수**(sine integral) Si(z) 그리고 **Fresnel 적분**(Fresnel integrals)[4] S(z), C(z)라고 정의한다. 이 함수들은 통계학, 열전도문제, 광학 등에서 나타난다. 이것들은 소위 특수 고계 초월함수라 불린다.]

11. $\displaystyle S(z) = \int_0^z \sin t^2\,dt$

12. $\displaystyle C(z) = \int_0^z \cos t^2\,dt$

13. $\displaystyle \operatorname{erf} z = \frac{2}{\sqrt{\pi}}\int_0^z e^{-t^2}\,dt$

14. $\displaystyle \operatorname{Si}(z) = \int_0^z \frac{\sin t}{t}\,dt$

15. CAS 과제. sec, tan. (a) Euler 수(Euler number). 다음 Maclaurin 급수

$$\sec z = E_0 - \frac{E_2}{2!}z^2 + \frac{E_4}{4!}z^4 - + \cdots \tag{21}$$

은 **Euler 수** E_{2n}을 정의한다. $E_0 = 1$, $E_2 = -1$, $E_4 = 5$, $E_6 = -61$임을 보여라. 식 (1)의 계수공식으로부터 E_{2n}을 구하거나 급수로부터 목록(list)으로서 E_{2n}을 추출하라(부록 1에 수록된 참고문헌 [Genref1]의 810페이지 테이블 참조).

(b) Bernoulli 수. 다음의 Maclaurin 급수

$$\frac{z}{e^z - 1} = 1 + B_1 z + \frac{B_2}{2!}z^2 + \frac{B_3}{3!}z^3 + \cdots \tag{22}$$

은 *Bernoulli 수* B_n을 정의한다. 미정계수법을 사용하여 다음을 보여라.

$$
\begin{aligned}
&B_1 = -\tfrac{1}{2}, \quad B_2 = \tfrac{1}{6}, \quad B_3 = 0, \\
&B_4 = -\tfrac{1}{30}, \quad B_5 = 0, \quad B_6 = \tfrac{1}{42}, \cdots
\end{aligned} \tag{23}
$$

B_n을 계산하는 프로그램을 작성하라.

(c) 탄젠트 함수. 13.6절의 식 (1), (2)와 위의 식 (22)를 이용하여 $\tan z$가 다음의 Maclaurin 급수를 갖는다는 것을 보이고, 그것으로부터 $B_0, \cdots, B_{20}$을 계산하여 표로 작성하라.

$$
\begin{aligned}
\tan z &= \frac{2i}{e^{2iz}-1} - \frac{4i}{e^{4iz}-1} - i \\
&= \sum_{n=1}^{\infty} (-1)^{n-1}\frac{2^{2n}(2^{2n}-1)}{(2n)!}B_{2n} z^{2n-1}
\end{aligned} \tag{24}
$$

[4] AUGUSTIN FRESNEL(1788-1827), 프랑스의 물리학자로 광학분야에서 알려져 있다.

16. **역사인 함수**. $1/\sqrt{1-z^2}$을 전개하고 적분하여 다음을 보여라.

$$\arcsin z = z + \left(\frac{1}{2}\right)\frac{z^3}{3} + \left(\frac{1\cdot 3}{2\cdot 4}\right)\frac{z^5}{5} + \left(\frac{1\cdot 3\cdot 5}{2\cdot 4\cdot 6}\right)\frac{z^7}{7} + \cdots (|z| < 1)$$

이 급수가 $\sin^{-1} z$의 주값을 나타냄을 보여라(13.7절의 조별 과제 30에서 정의하였다).

17. **조별 과제. Maclaurin 급수로부터의 특성**. 분명히 급수를 사용하여 함수값들을 계산할 수 있다. 이 과제에서 함수의 특성이 Taylor 급수와 Maclaurin 급수로부터 발견될 수 있음을 보인다. 적당한 급수를 사용하여 다음을 증명하라.

(a) e^z, $\cos z$, $\sin z$, $\cosh z$, $\sinh z$ 그리고 $\mathrm{Ln}(1+z)$의 도함수에 대한 공식

(b) $\frac{1}{2}(e^{iz} + e^{-iz}) = \cos z$

(c) $\sin z \neq 0$(모든 순허수 $z = iy \neq 0$에 대해)

18-25 **Taylor 급수**

중심이 z_0인 Taylor 급수를 구하고, 수렴반경을 구하라.

18. $1/z$, $z_0 = i$

19. $1/(1+z)$, $z_0 = -i$

20. $\cos^2 z$, $z_0 = \pi/2$

21. $\cos z$, $z_0 = \pi$

22. $\cosh(z - \pi i)$, $z_0 = \pi i$

23. $1/(z-i)^2$, $z_0 = -i$

24. $e^{z(z-2)}$, $z_0 = 1$

25. $\sinh(2z - i)$, $z_0 = i/2$

15.5 균등수렴. *선택사항*

거듭제곱급수가 *절대수렴*한다는 것은 알고 있다(15.2절의 정리 1). 또 다른 기본적인 성질로서, 그들이 *균등수렴*(uniformly convergent)한다는 것을 밝혀 보도록 하자. 균등수렴은 예를 들어 급수의 항별적분 등과 관련하여, 그 일반적인 중요성이 크므로 매우 심도 있게 논의하고자 한다.

이 개념을 정의하기 위해, 각 항이 함수 $f_0(z), f_1(z), \cdots$인 다음 급수를 고려해 보자.

$$\sum_{m=0}^{\infty} f_m(z) = f_0(z) + f_1(z) + f_2(z) + \cdots \tag{1}$$

($f_m(z) = a_m(z - z_0)^m$인 특수한 경우로 거듭제곱급수도 여기에 포함된다.) 이 급수가 어떤 영역 G에 있는 모든 z에 대해 수렴한다고 하자. 또한 이 급수의 합을 $s(z)$로, n번째 항까지의 부분합을 $s_n(z)$로 부르기로 하자. 따라서

$$s_n(z) = f_0(z) + f_1(z) + \cdots + f_n(z)$$

이다. G에서의 수렴은 다음을 의미한다. G에서 $z = z_1$을 선정하면, z_1에서의 수렴의 정의에 의해 주어진 $\epsilon > 0$에 대하여

$$|s(z_1) - s_n(z_1)| < \epsilon \qquad (\text{모든 } n > N_1(\epsilon)\text{에 대하여})$$

을 만족하는 $N_1(\epsilon)$을 찾아낼 수 있다. 또 G에서 z_2를 선정하고 ϵ을 전과 같이 유지하면

$$|s(z_2) - s_n(z_2)| < \epsilon \qquad (\text{모든 } n > N_2(\epsilon)\text{에 대하여})$$

을 만족하는 $N_2(\epsilon)$을 찾아낼 수 있고, 다른 점에서도 같다. 따라서 $\epsilon > 0$이 주어지면, G에 있는 각각의 z에 하나의 수 $N_z(\epsilon)$가 대응한다. 이 수는 $|s(z) - s_n(z)|$를 ϵ보다 작게 하고자 할 때, 한 점 z에서 필요로 하는 항의 수(필요로 하는 s_n)를 말해 준다. 따라서 이것은 수렴 속도를 측정해 준다.

점 z에 있어서 작은 $N_z(\epsilon)$은 빠른 수렴을 의미하고, 큰 $N_z(\epsilon)$은 느린 수렴을 의미한다.

여기서 G의 모든 z에 있어서 모든 $N_z(\epsilon)$보다 큰 $N(\epsilon)$을 찾아낼 수 있는 경우, G에서 급수 (1)의 수렴은 *균등하다*(uniform)고 한다. 이 기본 개념은 아래와 같이 정의된다.

정의

균등수렴

합 $s(z)$를 갖는 급수 (1)이 임의의 $\epsilon > 0$에 대하여 부등식

$$|s(z) - s_n(z)| < \epsilon \qquad (\text{모든 } n > N(\epsilon) \textbf{ 그리고 } G\textbf{에 있는 모든 } z\text{에 대하여})$$

을 만족하는 ***z에 의존하지 않는*** 정수 $N = N(\epsilon)$을 찾을 수 있으면 급수 (1)을 영역 G에서 **균등수렴**(uniformly convergent)한다고 말한다. 따라서 수렴의 균등성은 언제나 z-평면에서의 *무한집합*, 즉 무한히 많은 점으로 이루어진 집합과 관련된 성질이다.

예제 1 **기하급수**

기하급수 $1 + z + z^2 + \cdots$ 이 **(a)** 임의의 닫힌 원판 $|z| \leqq r < 1$에서 균등수렴하지만, **(b)** 그것의 전체 수렴원판 $|z| < 1$에서는 균등수렴하지 않음을 보여라.

풀이. **(a)** 그 닫힌 원판 안에 있는 모든 z에 대하여 $|1 - z| \geqq 1 - r$이다(개형을 그려보라). 이것은 $1/|1 - z| \leqq 1/(1 - r)$를 의미한다. 따라서[15.4절에서 $q = z$일 때의 식 (8)을 상기하라]

$$|s(z) - s_n(z)| = \left|\sum_{m=n+1}^{\infty} z^m\right| = \left|\frac{z^{n+1}}{1 - z}\right| \leqq \frac{r^{n+1}}{1 - r}$$

이다. $r < 1$이므로 n을 충분히 크게 함으로써 우변을 얼마든지 작게 만들 수 있고, 또한 우변은 z에 무관하므로 (닫힌 원 안에서) 이것은 균등수렴을 의미한다.

(b) 주어진 실수 K(아무리 크더라도)와 n에 대하여

$$\left|\frac{z^{n+1}}{1 - z}\right| = \frac{|z|^{n+1}}{|1 - z|} > K$$

를 만족하는 z는 단지 z를 1에 충분히 가깝게만 잡으면, 원판 $|z| < 1$에서 언제나 찾아낼 수 있다. 따라서 어떠한 $N(\epsilon)$도 *전체 원판에 걸쳐* $|s(z) - s_n(z)|$를 주어진 $\epsilon > 0$보다 작게 되도록 하기에는 충분치 않다. 정의에 의해, 이것은 $|z| < 1$에서 기하급수의 수렴은 균등하지 않음을 보여준다. ■

이 예제는 *거듭제곱급수에 대한 수렴의 균등성은 기껏해야 수렴원 근처에서 교란된다*는 것을 암시한다. 이것은 사실이다.

정리 1

거듭제곱급수의 균등수렴

0이 아닌 수렴반경 R을 갖는 거듭제곱급수

$$\sum_{m=0}^{\infty} a_m(z - z_0)^m \tag{2}$$

은 반지름이 $r < R$인 모든 원판 $|z - z_0| \leqq r$에서 균등수렴한다.

증명 $|z - z_0| \leqq r$과 임의의 양의 정수 n과 p에 대하여

(3) $|a_{n+1}(z-z_0)^{n+1} + \cdots + a_{n+p}(z-z_0)^{n+p}| \leqq |a_{n+1}|r^{n+1} + \cdots + |a_{n+p}|r^{n+p}$

를 얻는다. 여기서 $|z - z_0| = r < R$이면 급수 (2)가 절대수렴한다(15.2절의 정리 1 참조). 따라서 Cauchy의 수렴원리로부터(15.1절), $\epsilon > 0$이 주어졌을 때

$$|a_{n+1}|r^{n+1} + \cdots + |a_{n+p}|r^{n+p} < \epsilon \qquad (n>N(\epsilon)\text{과 } p = 1, 2, \cdots \text{에 대하여})$$

를 만족하는 $N(\epsilon)$을 찾을 수 있다. 이것과 식 (3)으로부터 원판 $|z - z_0| \leqq r$ 안의 모든 z, 모든 $n > N(\epsilon)$ 및 모든 $p = 1, 2, \cdots$에 대하여

$$|a_{n+1}(z-z_0)^{n+1} + \cdots + a_{n+p}(z-z_0)^{n+p}| < \epsilon$$

를 얻는다. $N(\epsilon)$이 z와 무관하므로 이것은 균등수렴을 입증해 주고, 따라서 정리가 증명된다. ■

이렇게 이번 절의 기본적인 관심사항인 거듭제곱급수의 균등수렴을 입증하였다. 이제 *다양한 항을 가진 임의의 급수*에 대해 고려하고, 더욱 일반적인 조건에서의 균등수렴에 대해 알아볼 것이다. 이로써 균등수렴에 대한 보다 깊은 이해가 가능할 것이다.

균등수렴하는 급수의 성질

균등수렴은 주로 다음의 두 가지 사실에서 중요하다.

1. 연속인 항들을 갖는 급수가 균등수렴하면, 그의 합도 또한 연속이다(아래의 정리 2).

2. 위와 똑같은 가정 아래 항별적분이 허용된다(정리 3).

이것은 두 가지 의문을 제기한다.

1. 연속인 항을 갖는 수렴급수가 어떻게 불연속점을 갖게 되는가? (예제 2)

2. 항별적분에서 무엇이 어떻게 잘못되는가? (예제 3)

또 다른 당연한 질문은 다음일 것이다.

3. 절대수렴과 균등수렴의 관계는 무엇인가? 놀라운 일이지만, 아무런 관계가 없다는 것이 답이다(예제 5).

이러한 관점들에 대해 앞으로 검토하게 된다.

*유한개*의 연속함수들을 더하면, 그 합으로서 연속함수를 얻는다. 무한급수에 대해서는, 비록 그 급수가 절대수렴할지라도 이것이 성립하지 않는다는 것을 예제 2에서 보게 된다. 그렇지만 그 급수가 *균등수렴*하면, 다음에서 보듯이 이와 같은 일은 발생할 수 없다.

정리 2

합의 연속성

급수

$$\sum_{m=0}^{\infty} f_m(z) = f_0(z) + f_1(z) + \cdots$$

이 영역 G에서 균등수렴한다고 하고, 그 합을 $F(z)$라고 하자. 그러면 각 항 $f_m(z)$가 G에 있는 점 z_1에서 연속이면, 함수 $F(z)$도 z_1에서 연속이다.

증명 주어진 급수에서 n항까지의 부분합을 $s_n(z)$, 나머지를 $R_n(z)$라 하자. 즉,

$$s_n = f_0 + f_1 + \cdots + f_n, \qquad R_n = f_{n+1} + f_{n+2} + \cdots$$

이 급수는 균등수렴하므로, 주어진 $\epsilon > 0$에 대하여

$$|R_N(z)| < \frac{\epsilon}{3} \qquad (G\text{에 있는 모든 } z\text{에 대하여})$$

를 만족하는 $N = N(\epsilon)$을 찾을 수 있다. $s_N(z)$가 z_1에서 연속인 유한히 많은 함수들의 합이므로, 그 합은 z_1에서 연속이다. 따라서

$$|s_N(z) - s_N(z_1)| < \frac{\epsilon}{3} \qquad (|z - z_0| < \delta\text{를 만족하는 } G \text{ 안의 모든 } z\text{에 대해})$$

를 만족시키는 $\delta > 0$을 찾을 수 있다. $F = s_N + R_N$과 삼각형부등식(13.2절)을 사용하면, 이들 z에 대하여

$$\begin{aligned} |F(z) - F(z_1)| &= |s_N(z) + R_N(z) - [s_N(z_1) + R_N(z_1)]| \\ &\leqq |s_N(z) - s_N(z_1)| + |R_N(z)| + |R_N(z_1)| < \frac{\epsilon}{3} + \frac{\epsilon}{3} + \frac{\epsilon}{3} = \epsilon \end{aligned}$$

을 얻는다. 이 식은 $F(z)$가 z_1에서 연속임을 의미하고, 따라서 정리가 증명된다. ■

예제 2 연속인 항들을 갖는 급수이면서 그 합이 불연속인 경우

기하급수

$$x^2 + \frac{x^2}{1 + x^2} + \frac{x^2}{(1 + x^2)^2} + \frac{x^2}{(1 + x^2)^3} + \cdots \qquad (x\text{는 실수})$$

을 생각해 보자. 이것은 $q = 1/(1 + x^2)$에 x^2을 곱한 기하급수이다. 이것의 n항까지의 부분합은

$$s_n(x) = x^2 \left[1 + \frac{1}{1 + x^2} + \frac{1}{(1 + x^2)^2} + \cdots + \frac{1}{(1 + x^2)^n}\right]$$

이다. 기하급수의 합을 찾는 방법의 한 가지를 사용하기 위해 $-q = -1/(1 + x^2)$을 $s_n(x)$에 곱하면,

$$-\frac{1}{1 + x^2} s_n(x) = -x^2 \left[\frac{1}{1 + x^2} + \cdots + \frac{1}{(1 + x^2)^n} + \frac{1}{(1 + x^2)^{n+1}}\right]$$

이제 위의 두 식을 더하고 좌변을 간단히 하면, 우변 대부분의 항들이 소거되어 다음 식을 얻는다.

$$\frac{x^2}{1 + x^2} s_n(x) = x^2 \left[1 - \frac{1}{(1 + x^2)^{n+1}}\right],$$

그러므로

$$s_n(x) = 1 + x^2 - \frac{1}{(1 + x^2)^n}$$

이다. 그림 368이 이것을 잘 "설명"해 주고 있다. 여기서 $x \neq 0$이면 그 합은

$$s(x) = \lim_{n \to \infty} s_n(x) = 1 + x^2$$

이지만, $x = 0$일 때 모든 n에 대하여 $s_n(0) = 1 - 1 = 0$, 그러므로 $s(0) = 0$임을 알 수 있다. 그리하

여 놀라운 사실을 발견하게 되는데, 그것은 비록 모든 항들이 연속적이고 그 급수가 수렴, 더욱이 절대 수렴도 하지만(그것의 항들은 음수가 아니므로, 그들의 절댓값과 같다!), 그 합은 불연속($x = 0$에서)이라는 점이다.

이제 정리 2는 그 수렴이 $x = 0$을 포함하는 구간에서 균등수렴일 수 없다는 것을 말해 준다. 이것은 또한 직접 검증할 수 있다. 실제로, $x \neq 0$일 때 그 나머지의 절댓값은

$$|R_n(x)| = |s(x) - s_n(x)| = \frac{1}{(1 + x^2)^n}$$

이고, 주어진 $\epsilon(< 1)$에 대하여 $|R_n| < \epsilon$[모든 x와 모든 $n > N(\epsilon)$에 대하여]를 만족하는 ϵ에만 의존하는 N을 찾아낼 수 없음을 알 수 있다. 여기서 모든 x란, 이를테면 구간 $0 \leqq x \leqq 1$에 있는 모든 x이다. ■

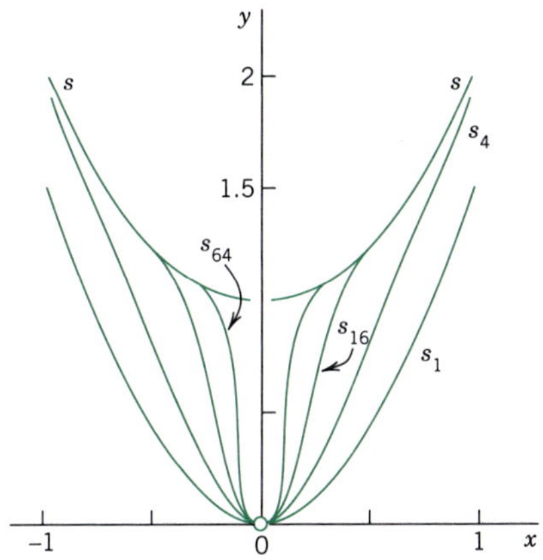

그림 368. 예제 2의 부분합

항별적분

이것이 균등수렴과 관련된 두 번째 주제가 되며, 항별적분을 할 수 없는 예부터 시작하자.

예제 3 항별적분이 가능하지 않은 급수

$u_m(x) = mxe^{-mx^2}$이라 놓고, 구간 $0 \leqq x \leqq 1$에서

$$\sum_{m=0}^{\infty} f_m(x) \qquad \text{단,} \qquad f_m(x) = u_m(x) - u_{m-1}(x)$$

를 고려해 보자. n항까지의 부분합은

$$s_n = u_1 - u_0 + u_2 - u_1 + \cdots + u_n - u_{n-1} = u_n - u_0 = u_n$$

이고, 급수 $F(x) = \lim_{n\to\infty} s_n(x) = \lim_{n\to\infty} u_n(x) = 0$ $(0 \leqq x \leqq 1)$이다. 따라서

$$\int_0^1 F(x)\, dx = 0$$

을 얻는다. 반면에 항별적분을 하고, $f_1 + f_2 + \cdots + f_n = s_n$을 사용하면

$$\sum_{m=1}^{\infty} \int_0^1 f_m(x)\, dx = \lim_{n\to\infty} \sum_{m=1}^{n} \int_0^1 f_m(x)\, dx = \lim_{n\to\infty} \int_0^1 s_n(x)\, dx$$

이다. $s_n = u_n$이므로 우변은

$$\lim_{n\to\infty}\int_0^1 u_n(x)\,dx = \lim_{n\to\infty}\int_0^1 nxe^{-nx^2}\,dx = \lim_{n\to\infty}\frac{1}{2}(1-e^{-n}) = \frac{1}{2}$$

이 되어 0이 아니다. 이 결과는 급수를 $x = 0$에서 $x = 1$까지 항별적분할 수 없음을 보여준다. ■

예제 3의 급수는 적분구간에서 균등수렴하지 않는다. 이제 각 항이 연속함수인 균등수렴 급수의 경우에는 항별로 적분할 수 있음을 증명하자.

정리 3

항별적분

급수

$$F(z) = \sum_{m=0}^{\infty} f_m(z) = f_0(z) + f_1(z) + \cdots$$

가 영역 G에서 연속인 함수의 균등수렴급수라고 하고, C를 G에서의 임의의 경로라 하자. 그러면 급수

$$\sum_{m=0}^{\infty}\int_C f_m(z)\,dz = \int_C f_0(z)\,dz + \int_C f_1(z)\,dz + \cdots \tag{4}$$

은 수렴하고, 그 합은 $\int_C F(z)\,dz$*가 된다.*

증명 정리 2로부터 $F(z)$가 연속임을 알 수 있다. 주어진 급수에서 n번째 부분합을 $s_n(z)$, 나머지를 $R_n(z)$라 하자. 그러면 $F = s_n + R_n$이고, 적분하면

$$\int_C F(z)\,dz = \int_C s_n(z)\,dz + \int_C R_n(z)\,dz$$

이다. C의 길이를 L이라 하자. 주어진 급수는 균등수렴하므로, 주어진 임의의 $\epsilon > 0$에 대하여 모든 $n > N$과 G에 있는 모든 z에 대하여 $|R_n(z)| < \epsilon/L$을 만족하는 N을 찾을 수 있다. ML 부등식(14.1절)을 적용하면,

$$\left|\int_C R_n(z)\,dz\right| < \frac{\epsilon}{L}L = \epsilon \qquad (\text{모든 } n > N\text{에 대하여})$$

을 얻는다. $R_n = F - s_n$이므로, 이 식은

$$\left|\int_C F(z)\,dz - \int_C s_n(z)\,dz\right| < \epsilon \qquad (\text{모든 } n > N\text{에 대하여})$$

를 의미한다. 따라서 급수 (4)는 수렴하고, 정리에서 말한 합을 가진다. 이로써 증명이 종결된다. ■

정리 2와 3은 균등수렴급수가 갖는 두 개의 가장 중요한 성질을 기술하고 있다. 물론 미분과 적분은 역과정이므로 정리 3은 다음을 말해준다.

정리 4

항별미분

급수 $f_0(z) + f_1(z) + f_2(z) + \cdots$*이 영역 G에서 수렴한다고 하고, 그의 합이* $F(z)$*라고 하자. 또한 급수* $f'_0(z) + f'_1(z) + f'_2(z) + \cdots$*이 G에서 균등수렴하고, 각 항들이 G에서 연속이라 하자. 그러면,*

$$F'(z) = f'_0(z) + f'_1(z) + f'_2(z) + \cdots \qquad (G\text{에 있는 모든 } z\text{에 대하여})$$

이다.

균등수렴의 판정

균등수렴은 통상 다음과 같은 비교판정에 의하여 증명된다.

정리 5

균등수렴에 대한 Weierstrass[5] *M* 판정법

z-평면의 한 영역 G에서 식 (1)과 같은 형태의 급수를 고려해 보자. 이때 G에 있는 모든 z와 모든 $m = 0, 1, \cdots$*에 대하여* $|f_m(z)| \neq M_m$*인 상수항의 수렴급수*

$$M_0 + M_1 + M_2 + \cdots \tag{5}$$

이 존재한다고 하자. 그러면 식 (1)은 영역 G에서 균등수렴한다.

이것의 간단한 증명은 독자에게 맡긴다(조별 과제 18).

예제 4

Weierstrass M 판정법

급수

$$\sum_{m=1}^{\infty} \frac{z^m + 1}{m^2 + \cosh m|z|}$$

은 원판 $|z| \leqq 1$에서 균등수렴하는가?

---

[5]KARL WEIERSTRASS(1815-1897). 독일의 수학자로 거듭제곱급수와 유수적분의 개념에 바탕을 둔 복소해석학의 발전에 평생을 바쳤다(13.4절의 각주 참조). 그는 명확한 이론적 기반을 확립하였다. 그의 수학적 정연함은 너무도 유명해서 혹자는 *Weierstrass의 정연함*이라고도 부른다. [Birkhoff and Kreyszig, 1984, Sec. 5.5 각주 참조; Kreyszig, E., On the Calculus, of Variations and Its major Influences on the mathematics of the First half of Our Century. Part II, *American mathematical monthly*, (1994), 101, No.9, pp. 902−908], 그는 또한 미적분학, 변분법, 근사이론과 미분기하학에 기초적인 공헌을 하였다. 그는 1841년에 균등수렴의 개념을 얻게 되었다(1894년 출판). 그 개념에 대한 최초의 발표는 1847년에 G. G. STOKES (10.9절 참조)에 의해 이루어졌다.

풀이. 여기서

$$\left|\frac{z^m + 1}{m^2 + \cosh m|z|}\right| \leqq \frac{|z|^m + 1}{m^2} \leqq \frac{2}{m^2}$$

이므로, Weierstrass M 판정법과 $\Sigma\, 1/m^2$의 수렴성(15.1절 정리 8의 증명 참조)에 의해 균등수렴이 입증된다. ■

절대수렴과 균등수렴의 무관성

마지막으로 다음과 같은 놀라운 사실을 보이고자 한다. 즉, 절대수렴하지만 균등수렴하지 않는 급수가 있는가 하면, 균등수렴하지만 절대수렴하지 않는 급수가 있으므로, 두 개념 사이에는 아무런 관련이 없다.

예제 5 절대수렴과 균등수렴의 무관성

예제 2에서의 급수는 이미 밝힌 바와 같이 절대수렴하지만 균등수렴하지 않는다. 반면에 급수

$$\sum_{m=1}^{\infty} \frac{(-1)^{m-1}}{x^2 + m} = \frac{1}{x^2+1} - \frac{1}{x^2+2} + \frac{1}{x^2+3} - + \cdots \qquad (x\text{는 실수})$$

은 전체 실수축 위에서 균등수렴하지만 절대수렴하지 않는다.

증명. 미적분학에서의 익숙한 Leibniz 판정법(부록 A3.3 참조)에 의해, 나머지 R_n은 이 급수의 첫 번째 항의 절댓값을 넘지 않는다. 왜냐하면 이 급수는 절댓값이 0으로 수렴하는 단조감소수열인 교대항들로 이루어져 있기 때문이다. 따라서 주어진 $\epsilon > 0$과 모든 x에 대하여

$$|R_n(x)| \leqq \frac{1}{x^2 + n + 1} < \frac{1}{n} < \epsilon \qquad \left(n > N(\epsilon) \geqq \frac{1}{\epsilon}\right)$$

$N(\epsilon)$을 찾을 수 있다. 이것은 $N(\epsilon)$이 x에 무관하므로, 균등수렴을 증명해 준다.

이 급수는 반드시 절대수렴하지는 않는다. 왜냐하면 임의의 *고정된* 점 x와 $m = 1, 2, \cdots$ 에 대하여

$$\left|\frac{(-1)^{m-1}}{x^2 + m}\right| = \frac{1}{x^2 + m} > \frac{k}{m}$$

를 만족하는 $k > 0$를 찾을 수 있고, $k\Sigma 1/m$이 발산하기 때문이다. ■

연습문제 15.5

1. CAS 과제. 부분합의 그래프. (a) 그림 368. CAS를 사용하여 이 그래프를 그리고, 동일 화면에 s_{256}, s_{1024} 등과 같은 그래프를 추가하라.

(b) 거듭제곱급수. 실수 $z = x$에 대하여 수렴구간의 끝점 근처의 부분합을 그리는 것에 의해 실험적으로 수렴의 비균등성(nonuniformity)을 알아보라.

2-9 거듭제곱급수

주어진 거듭제곱급수가 어느 범위에서 균등수렴하는가? 이유를 제시하라.

2. $\displaystyle\sum_{n=0}^{\infty} \left(\frac{n+2}{7n-3}\right)^n z^n$

3. $\displaystyle\sum_{n=0}^{\infty} \frac{1}{5^n}(z+i)^{2n}$

4. $\displaystyle\sum_{n=0}^{\infty} \frac{3^n(1-i)^n}{n!}(z-i)^n$

5. $\displaystyle\sum_{n=2}^{\infty} \binom{n}{2}(4z+2i)^n$

6. $\displaystyle\sum_{n=0}^{\infty} 2^n(\tanh n^2)z^{2n}$

7. $\displaystyle\sum_{n=1}^{\infty} \frac{n!}{n^2}\left(z+\frac{1}{4}i\right)$

8. $\displaystyle\sum_{n=1}^{\infty} \frac{3^n}{n(n+1)}(z-1)^{2n}$

9. $\displaystyle\sum_{n=1}^{\infty} \frac{(-1)^n}{3^n n^2}(z-2i)^n$

10-17 균등수렴

다음 급수가 주어진 영역에서 균등수렴함을 증명하라.

10. $\displaystyle\sum_{n=0}^{\infty} \frac{z^{2n+1}}{(2n+1)!}, \quad |z| \leqq 10^{20}$

11. $\displaystyle\sum_{n=1}^{\infty} \frac{z^n}{n^2}, \quad |z| \leqq 1$

12. $\displaystyle\sum_{n=1}^{\infty} \frac{z^n}{n^3 \sinh n|z|}, \quad |z| \leqq 1$

13. $\displaystyle\sum_{n=1}^{\infty} \frac{\sin^n |z|}{n^2}$, 모든 z에 대해

14. $\displaystyle\sum_{n=0}^{\infty} \frac{z^n}{|z|^{2n}+1}, \quad 2 \leqq |z| \leqq 10$

15. $\displaystyle\sum_{n=0}^{\infty} \frac{(n!)^2}{(2n!)}z^n, \quad |z| \leqq 3$

16. $\displaystyle\sum_{n=1}^{\infty} \frac{\tanh^n |z|}{n(n+1)}$, 모든 z에 대해

17. $\displaystyle\sum_{n=1}^{\infty} \frac{\pi^{2n}}{n^2}z^{2n}, \quad |z| \leqq 0.25$

18. 조별 과제. 균등수렴.

(a) Weierstrass M 판정법을 증명하라.

(b) 항별미분. 정리 3으로부터 정리 4를 유도하라.

(c) 부분영역(subregion). 어떤 급수가 영역 G에서 균등수렴한다면 G의 모든 부분영역에서 균등수렴함을 보여라. 이것의 역도 성립하는가?

(d) 예제 2. 예제 2에서 x를 복소변수 z로 대체하여, 그 급수의 수렴 영역을 정확하게 구하라.

(e) 그림 369. $x \neq 0$이면 $x^2 \sum_{m=1}^{\infty} (1+x^2)^{-m} = 1$이고, $x = 0$이면 0임을 보여라. 부분합 s_1, s_2, s_3가 그림 369와 같이 됨을 계산에 의해 검증하라.

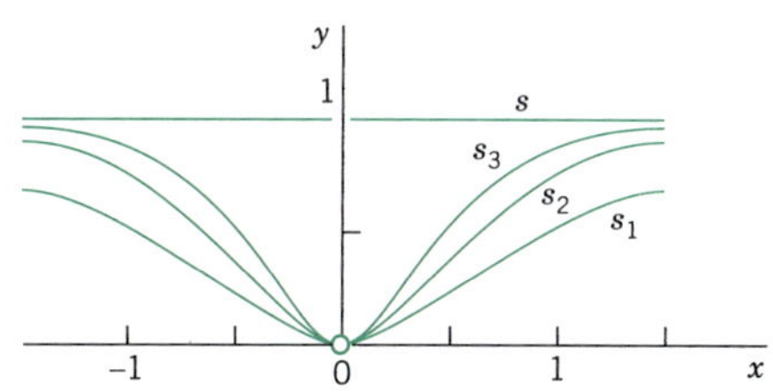

그림 369. 조별 과제 18(e)에서 합과 부분합

19-20 열전도방정식

계수 (10)을 갖는 12.6절의 급수 (9)는 $t > 0$일 때 열전도방정식의 한 해임을 보여라. 이때 $f(x)$는 구간 $0 \leqq x \leqq L$에서 연속이고, 그 구간의 모든 내부점에서 한쪽 방향의 도함수를 갖는다고 가정한다. 이것을 다음 순서로 진행하라.

19. $|B_n|$이 유계임을 보여라. 즉, 모든 n에 대하여 $|B_n| < K$임을 보여라. 또

$$|u_n| < Ke^{-\lambda_n^2 t_0} \qquad (t \geqq t_0 > 0)$$

이고, Weierstrass 판정법에 의하여 급수 (9)는 $t \geqq t_0$, $0 \leqq x \leqq L$인 x와 t에 관하여 균등수렴한다는 결론을 얻어내라. 정리 2를 이용하여, $u(x, t)$가 $t \geqq t_0$일 때 연속이고, 따라서 $t \geqq t_0$일 때 경계조건 (2)를 만족함을 보여라.

20. $t \geqq t_0$일 때 $|\partial u_n/\partial t| < \lambda_n^2 K e^{-\lambda_n^2 t_0}$임을 보이고, 비판정법에 의하여 우변으로 만든 급수가 수렴함을 보여라. 이것과 Weierstrass 판정법 및 정리 4로부터 급수 (9)는 t에 관하여 항별로 미분할 수 있고, 결과적인 급수의 합이 $\partial u/\partial t$가 된다는 결론을 이끌어내라. 또한 급수 (9)는 x에 관하여 거듭 미분할 수 있고, 그 결과로 생긴 급수는 $\partial^2 u/\partial x^2$이 됨을 보여라. 이것과 문제 19의 결과로부터 급수 (9)는 모든 $t \geqq t_0$에 대하여 열전도방정식의 해라는 결론을 얻어내라[급수 (9)가 주어진 초기조건을 만족한다는 증명은 부록 1의 [C10]에서 찾아볼 수 있다].

15장 복습문제

1. 급수에 대한 수렴판정이란 무엇인가? 기억에 의지하여 두 가지 판정법에 대하여 서술하라. 그리고 이에 대한 예를 들어보라.
2. 거듭제곱급수란 무엇인가? 왜 이들 급수는 복소해석에서 중요한가?
3. 절대수렴이란 무엇인가? 조건수렴은? 균등수렴은?
4. 거듭제곱급수의 수렴에 관하여 알고 있는가?
5. Taylor 급수란 무엇인가? 기초적인 예를 들어보라.
6. 거듭제곱급수의 덧셈과 곱셈에 대하여 알고 있는가?
7. 모든 함수가 Taylor 급수 전개를 갖는가? 설명하라.
8. Maclaurin 급수를 이용해 함수의 특성을 파악할 수 있는가? 예를 들어 설명하라.
9. 급수의 각 항별적분에 관하여 알고 있는가?
10. Cauchy의 공식으로부터 Taylor의 공식을 어떻게 얻을 수 있는가?

11-15 수렴반경

다음 급수의 수렴반경을 구하라.

11. $\displaystyle\sum_{n=0}^{\infty} (z+1)^n$

12. $\displaystyle\sum_{n=2}^{\infty} \frac{4^n}{n-1}(z-\pi i)^n$

13. $\displaystyle\sum_{n=2}^{\infty} \frac{n(n-1)}{4^n}(z-i)^n$

14. $\displaystyle\sum_{n=1}^{\infty} \frac{n^5}{n!}(z-3i)^{2n}$

15. $\displaystyle\sum_{n=1}^{\infty} \frac{(-3)^{n+1}}{3n} z^n$

16-20 수렴반경

다음 급수의 수렴반경을 구하라. 문제 중 몇 개의 급수의 합이 우리에게 익숙한 함수와 일치함을 확인하라.

16. $\displaystyle\sum_{n=1}^{\infty} \frac{z^n}{n}$

17. $\displaystyle\sum_{n=0}^{\infty} \frac{(-2)^n}{n!} z^n$

18. $\displaystyle\sum_{n=0}^{\infty} \frac{(-1)^n}{(2n+1)!}(\pi z)^{2n+1}$

19. $\displaystyle\sum_{n=0}^{\infty} \frac{z^{n+1/2}}{(2n+1)!}$

20. $\displaystyle\sum_{n=0}^{\infty} \frac{z^n}{(3+4i)^n}$

16-20 Maclaurin 급수

다음 함수들의 Maclaurin 급수를 구하고, 수렴반경을 결정하라. 풀이과정을 상세히 보여라.

21. $\cosh z^2$

22. $1/(1-z)^3$

23. $\cos(z^2)$

24. $1/(\pi z+1)$

25. $(z^{z^2}-1)/z^2$

26-30 Taylor 급수

주어진 점을 중심으로 갖는 다음 함수들의 Taylor 급수를 구하고, 수렴반경을 결정하라.

26. z^5, i

27. $\sin z, \pi$

28. $1/z, 2i$

29. $\mathrm{Ln}\, z, 3$

30. $e^z, \pi i$

15장 요약.
거듭제곱급수와 Taylor 급수

수열, 급수 및 수렴판정법이 15.1절에서 논의되었다. **거듭제곱급수**(power series)는

$$\sum_{n=0}^{\infty} a_n(z-z_0)^n = a_0 + a_1(z-z_0) + a_2(z-z_0)^2 + \cdots \qquad (1)$$

과 같은 형태를 말한다(15.2절). 여기서 z_0는 *중심*이다. R이 **수렴반경**(radius of convergence)일 때 이 급수는 $|z-z_0|<R$에 대하여 수렴하고 $|z-z_0|>R$에 대하여 발산한다. 일부 거듭제곱급수는 모든 z에 대하여 수렴한다(이때, $R=\infty$로 쓴다). 예외적인 경우로 중심에서만 수렴하는 거듭제곱급수도 있는데 이것들은 실제로는 쓸모가 없다. 또한 극한이 존재한다면 $R=\lim |a_n/a_{n+1}|$이다. 급수 (1)은 모든 닫힌 원판 $|z-z_0| \leqq r < R$ $(R>0)$에서 절대수렴하고(15.2절), 또한 ***균등수렴***한다(15.5절). 이것은 $|z-z_0|<R$에서 해석함수 $f(z)$를 표현한다. 도함수 $f'(z), f''(z), \cdots$은 급수 (1)을 항별미분하면 얻을 수 있고, 이때 이 급수들은 급수 (1)과 똑같은 수렴반경 R을 갖는다(15.3절 참조).

역으로 모든 해석함수 $f(z)$는 거듭제곱급수로 표현될 수 있다. 이때 $f(z)$의 **Taylor 급수**(Taylor series)는 미적분학에서와 같이

$$f(z) = \sum_{n=0}^{\infty} \frac{1}{n!} f^{(n)}(z_0)(z-z_0)^n \qquad (|z-z_0|<R) \qquad (2)$$

과 같은 형태가 된다(15.4절). 이것은 중심이 z_0인 열린 원판 안의 모든 z에 대해 수렴하고, 반지름은 일반적으로 z_0에서 가장 가까운 $f(z)$의 **특이점**(singularity, 15.4절에서 정의된 대로 $f(z)$가 더이상 해석적이지 않은 점)까지의 거리와 동일하다. 만약 $f(z)$가 **완전함수**(entire, 모든 z에 대하여 해석적인 함수; 13.5절 참조)인 경우 식 (2)는 모든 z에 대하여 수렴한다. 함수 e^z, $\cos z$, $\sin z$ 등은 미적분학에서와 유사한 Maclaurin 급수, 즉 중심이 0인 Taylor 급수를 갖는다(15.4절).

CHAPTER 16

Laurent 급수. 유수적분

Laurent Series. Residue Integration

이 장의 주목적은 복소적분과 실적분의 값을 계산하는 또 다른 강력한 적분법인 *유수적분*에 대해 배우는 것이다. 복소적분을 계산하는 첫 번째 방법은 14.3절의 Cauchy 적분공식을 직접 적용하는 것임을 기억하라. 그리고 Taylor 급수에 대해 배웠고(15장), 이제 Taylor 급수를 일반화시킬 것이다. 적분의 두 번째 방법인 유수적분의 장점은 앞에서 배운 이론들을 종합하여 정리하였다는 것이다.

Laurent 급수는 Taylor 급수를 일반화시킨 것이다. 실제로 Taylor 급수는 양의 정수인 거듭제곱(그리고 상수항)을 가지고 원판에서 수렴하는 데 반해, ***Laurent* 급수**(16.1절)는 $z - z_0$의 양과 **음**의 거듭제곱의 급수이고, 중심 z_0를 가진 환형(원형고리)에서 수렴한다. 따라서 Laurent 급수는 환형 안에서는 해석적이지만 고리의 바깥쪽 또는 환형의 "구멍"에서 특이점을 가질 수도 있는 함수 $f(z)$를 표현할 수 있다.

주어진 함수에 대해 주어진 중심 z_0를 갖는 Taylor 급수는 유일하다는 것을 알고 있다. 이와 대조적으로 함수 $f(z)$는 여러 개의 동심환형에서 유효한 동일한 중심 해를 갖는 여러 개의 Laurent 급수를 가질 수 있다는 것을 알게 될 것이다. 이 급수들 중에서 가장 중요한 것은 $0 < |z - z_0| < R$에서 수렴하는, 즉 $f(z)$의 특이점인 중심 z_0만을 제외하고 z_0 근처의 모든 점에서 수렴하는 것이다. *이러한* Laurent 급수의 음의 거듭제곱의 급수(또는 유일한 합)는 $f(z)$의 z_0에서 특이성의 **주부**(principal part)라고 불리고, 이 특이성을 분류하는 데 사용된다(16.2절). *이러한* 급수의 거듭제곱 $L/(z - z_0)$의 계수는 $f(z)$의 z_0에서의 **유수**(residue)라고 불린다. 유수는 ***유수적분***이라 불리는 복잡한 실적분(16.4절)은 물론 복소윤곽선적분(16.3절)을 위한 세련되고도 강력한 적분법에 사용된다.

이 장을 위한 예비지식: 13, 14장, 15.2절

생략할 수 있는 절: 16.2, 16.4절

참고문헌과 연습문제 해답: 부록 1의 D부, 부록 2

16.1 Laurent 급수

Laurent 급수는 Taylor 급수를 일반화한다. 응용에 있어서 $f(z)$가 z_0에서 특이점을 가질 때(15.4절에 정의된 것처럼) 함수 $f(z)$를 $z - z_0$ 급수로 전개하려면 Taylor 급수를 사용할 수 없다. 대신에 우리는 **Laurent 급수**(Laurent series)[1]라 불리는, $z - z_0$의 양의 거듭제곱뿐

[1]PIERRE ALPHONSE LAURENT(1813-1854)는 프랑스 공학자인 동시에 수학자로, 1843년에 이 정리를 발표했다.

만 아니라 ***음의 거듭제곱***(그리고 상수)도 갖는 새로운 형태의 급수를 사용해야 할 것이다.

Laurent 급수는 또한 특이성의 분류(16.2절)와 강력한 적분법("유수적분", 16.3절)에 사용된다.

Laurent 급수는 다음과 같이, 환형에서("구멍"에서 $f(z)$가 특이점들을 가질 수도 있다) 수렴한다.

정리 1

Laurent 정리

$f(z)$가 중심이 z_0인 두 동심원 C_1과 C_2와 동심원 사이(그림 370에서 파란색 부분)의 환형을 포함하는 열린 영역에서 해석적이라 하자. 그러면 $f(z)$는 음이 아닌 거듭제곱과 음수의 거듭제곱으로 이루어진 Laurent 급수

$$f(z) = \sum_{n=0}^{\infty} a_n(z - z_0)^n + \sum_{n=1}^{\infty} \frac{b_n}{(z - z_0)^n}$$

$$= a_0 + a_1(z - z_0) + a_2(z - z_0)^2 + \cdots \tag{1}$$

$$\cdots + \frac{b_1}{z - z_0} + \frac{b_2}{(z - z_0)^2} + \cdots$$

로 표현될 수 있다. Laurent 급수의 계수는 적분

$$a_n = \frac{1}{2\pi i} \oint_C \frac{f(z^*)}{(z^* - z_0)^{n+1}}\, dz^*, \quad b_n = \frac{1}{2\pi i} \oint_C (z^* - z_0)^{n-1} f(z^*)\, dz^* \tag{2}$$

로 주어진다. 여기서 각각의 적분은 환형 안에 있으면서 안쪽의 원을 둘러싸는 단순 닫힌 경로 C의 둘레에서 반시계방향으로 행해진다(그림 370). [z는 식 (1)에서 사용되었으므로 적분변수는 z^*로 표기한다.]

이 급수는 주어진 환형에서 $f(z)$의 특이점과 만날 때까지, 연속적으로 바깥 원 C_1을 확대시키고 안쪽의 원 C_2를 축소시켜서 얻어진 열린 환형 안에서 수렴하고 또 $f(z)$를 표현한다.

중요한 특수 경우로서 z_0가 C_2 내에서 $f(z)$의 유일한 특이점일 때, 이 원은 점 z_0까지 축소되어 이 급수는 중심을 제외한 원판 내에서 수렴하게 된다. 이 경우 식 (1)의 음의 거듭제곱의 급수(또는 유한한 합)는 z_0에서 $f(z)$의 **주부**(principal part)*라 불린다 [혹은 Laurent 급수 (1)의 주부].*

주석. 명백하게 식 (1), (2) 대신에 다음과 같이 쓸 수 있다(b_n을 a_{-n}으로 표기하여).

$$f(z) = \sum_{n=-\infty}^{\infty} a_n(z - z_0)^n \tag{1'}$$

여기서 모든 계수들은 단일 적분식, 즉

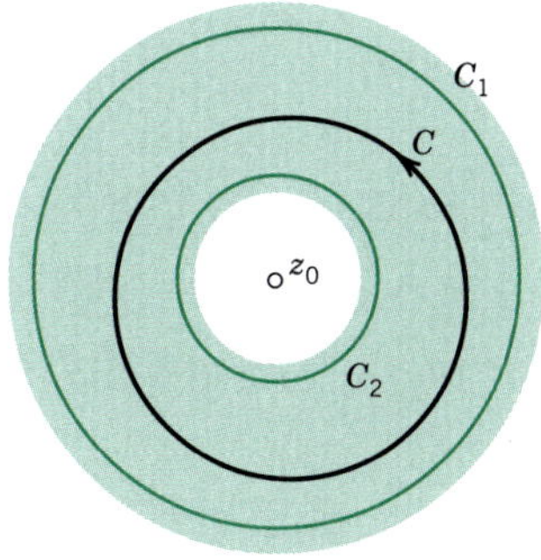

그림 370. Laurent 정리

$$a_n = \frac{1}{2\pi i}\oint_C \frac{f(z^*)}{(z^* - z_0)^{n+1}}\,dz^* \qquad (n = 0, \pm 1, \pm 2, \cdots) \tag{2'}$$

로 주어진다. Laurent 정리에 대해 증명하겠다.

증명 **(a)** ***음이 아닌 거듭제곱***은 Taylor 급수에서와 같다.

이것을 보이기 위해서, 적분변수로 z^* (z 대신에)를 취하고 z_0를 z로 놓은 14.3절의 Cauchy 적분공식 (3)을 사용한다. 14.3절의 식 (3)에서 두 개의 항으로 표시된 함수를 $g(z)$와 $h(z)$라 하자. 그러면

$$f(z) = g(z) + h(z) = \frac{1}{2\pi i}\oint_{C_1} \frac{f(z^*)}{z^* - z}\,dz^* - \frac{1}{2\pi i}\oint_{C_2} \frac{f(z^*)}{z^* - z}\,dz^* \tag{3}$$

여기서 z는 주어진 환형 안에 있는 임의의 점이고, 경로 C_1과 C_2를 따라서 모두 반시계방향으로 적분한다. 14.3절의 식 (3)에서 C_2는 시계방향으로 이루어지는 적분이므로 여기서는 음의 부호로 나타난다. 두 적분을 각각 15.4절에서와 같이 변환하면, 첫 적분은 15.4절에서와 같이 정확하게 같다. 그러므로 똑같은 결과, 즉 $g(z)$의 Taylor 급수

$$g(z) = \frac{1}{2\pi i}\oint_{C_1} \frac{f(z^*)}{z^* - z}\,dz^* = \sum_{n=0}^{\infty} a_n(z - z_0)^n \tag{4}$$

을 얻는다. 이때 계수들은[15.4절의 식 (2)에서 반시계방향 적분]

$$a_n = \frac{1}{2\pi i}\oint_{C_1} \frac{f(z^*)}{(z^* - z_0)^{n+1}}\,dz^* \tag{5}$$

로 주어진다. 여기서 경로변형의 원리에 의해 C_1을 C로 대치할 수 있는데(그림 370 참조), 이것은 식 (5)에서 피적분함수가 해석적이지 않은 점 z_0가 환형 안의 점이 아니기 때문에 가능하다. 이것으로 식 (2)에서 a_n에 대한 식이 증명된다.

(b) ***음의 거듭제곱***. 식 (1)에서의 음의 거듭제곱과 식 (2)에서의 b_n에 대한 식은 $h(z)$를 생각할 때 얻어지는데, $h(z)$는 식 (3)에서 두 번째 적분 곱하기 $-1/(2\pi i)$로 구성된다. z가 환형 안에 있으므로 그것은 경로 C_2의 밖에 놓여 있고, 따라서 첫 번째 적분과는 사정이 다르다. 근본적인 차이점은 15.4절 식 (7*)에 있는

$$\text{(6)} \qquad \text{(a)} \quad \left|\frac{z - z_0}{z^* - z_0}\right| < 1 \qquad \text{대신에} \qquad \text{(b)} \quad \left|\frac{z^* - z_0}{z - z_0}\right| < 1$$

이라는 점이다. 따라서 수렴급수를 얻기 위해서, 식 (3)에서 두 번째 적분의 피적분함수에서의 $1/(z^* - z)$을 $(z^* - z_0)/(z - z_0)$(이것의 역 대신에)의 거듭제곱으로 전개해야 한다는 것이다. $1/(z^* - z)$을 변형하면

$$\frac{1}{z^* - z} = \frac{1}{z^* - z_0 - (z - z_0)} = \frac{-1}{(z - z_0)\left(1 - \dfrac{z^* - z_0}{z - z_0}\right)}$$

인데, 그 차이를 실제로 이해하기 위하여, 15.4절의 식 (7)과 비교해 보기 바란다. 그리고 유한한 등비급수의 합에 대한 식인 15.4절의 식 (8)을 적용하면

$$\frac{1}{z^* - z} = -\frac{1}{z - z_0}\left\{1 + \frac{z^* - z_0}{z - z_0} + \left(\frac{z^* - z_0}{z - z_0}\right)^2 + \cdots + \left(\frac{z^* - z_0}{z - z_0}\right)^n\right\} - \frac{1}{z - z^*}\left(\frac{z^* - z_0}{z - z_0}\right)^{n+1}$$

을 얻는다. 양변에 $-f(z^*)/2\pi i$를 곱하고 C_2를 따라 양변을 적분하면,

$$\begin{aligned} h(z) &= -\frac{1}{2\pi i}\oint_{C_2} \frac{f(z^*)}{z^* - z}\,dz^* \\ &= \frac{1}{2\pi i}\left\{\frac{1}{z - z_0}\oint_{C_2} f(z^*)\,dz^* + \frac{1}{(z - z_0)^2}\oint_{C_2} (z^* - z_0)f(z^*)\,dz^* + \cdots \right. \\ &\qquad + \frac{1}{(z - z_0)^n}\oint_{C_2} (z^* - z_0)^{n-1}f(z^*)\,dz^* \\ &\qquad \left. + \frac{1}{(z - z_0)^{n+1}}\oint_{C_2} (z^* - z_0)^n f(z^*)\,dz^*\right\} + R_n^*(z) \end{aligned}$$

를 얻게 되며, 여기서 우변의 마지막 항은

$$\text{(7)} \qquad R_n^*(z) = \frac{1}{2\pi i(z - z_0)^{n+1}}\oint_{C_2} \frac{(z^* - z_0)^{n+1}}{z - z^*} f(z^*)\,dz^*$$

로 주어진다. 전과 같이 우변의 적분에서 C_2 대신에 C를 따라 적분할 수 있으며, 거듭제곱 $1/(z - z_0)^n$에 식 (2)에 주어진 b_n이 곱해진 것을 알 수 있다. 만일

$$\text{(8)} \qquad \lim_{n\to\infty} R_n^*(z) = 0$$

이 성립하면 Laurent 정리가 증명된다.

(c) *식 (8)의 수렴 증명*. 매우 빈번하게 식 (1)은 유한개의 음의 거듭제곱만을 가지는데, 이런 경우 더 이상 증명할 필요가 없다. 그렇지 않다면 $f(z^*)$가 환형의 내부와 C_2 위에서 해석적이며, z^*가 C_2 위에 있고 z는 C_2 밖에 있어서 $z - z^* \neq 0$이므로, 식 (7)에 있는 $f(z^*)/(z - z^*)$의 절댓값은 유계가 되어

$$\left|\frac{f(z^*)}{z - z^*}\right| < \widetilde{M} \qquad (C_2 \text{ 위의 모든 } z^*\text{에 대하여})$$

와 같이 된다. 이와 함께 ML-부등식(14.1절)을 식 (7)에 적용하면, 다음의 부등식

$$|R_n^*(z)| \leqq \frac{1}{2\pi|z - z_0|^{n+1}} r_2^{n+1} \widetilde{M}L = \frac{\widetilde{M}L}{2\pi}\left(\frac{r_2}{|z - z_0|}\right)^{n+1}$$

을 얻는다($L = 2\pi r_2 = C_2$의 길이, $r_2 = |z^* - z_0| = C_2$의 반지름 = 상수). 식 (6b)로부터 n이 무한대로 접근할 때 우변의 표현은 0에 수렴함을 알 수 있다. 따라서 식 (8)이 증명된다. 이제 주어진 환형 안에서 식 (2)를 계수로 갖는 식 (1)이 성립된다.

(d) ***확장된 환형에서 식 (1)의 수렴***. 식 (1)에서의 첫 번째 급수는 Taylor 급수[$g(z)$를 표현한]이다. 따라서 중심이 z_0이고 z_0에 가장 가까운 $g(z)$의 특이점까지의 거리와 같은 반지름을 갖는 원판 D에서 수렴한다. 또한 $f(z)$가 특이점을 갖는 C_1 밖의 모든 점에서 $g(z)$도 특이점을 가져야 한다.

$h(z)$로 표현되는 식 (1)의 두 번째 급수[식 (1)의 주부]는 $Z = 1/(z - z_0)$의 거듭제곱급수이다. C_1과 C_2의 반지름을 각각 r_1, r_2라 하면, 환형은 $r_2 < |z - z_0| < r_1$으로 표현된다(그림 370). 따라서 $1/r_2 > |Z| > 1/r_1$이다. 그러므로 Z에 관한 이 거듭제곱급수는 적어도 원판 $|Z| < 1/r_2$에서 수렴해야 한다. 이는 C_2의 외부 $|z - z_0| > r_2$에 대응하므로, $h(z)$는 C_2 외부의 모든 z에 대해 해석적이다. 또한 C_2의 내부에 $f(z)$의 특이점에서 $h(z)$ 역시 특이점을 가져야 하며, 주부는 중심이 z_0이고 z_0에서 C_2 내부에 존재하는 $f(z)$의 특이점까지의 최대거리와 같은 반지름을 갖는 원의 외부 E에 속하는 모든 z에 대해 수렴한다. D와 E의 교집합이 Laurent 정리의 끝부분에 언급된 확장된 열린 환형이고, 따라서 증명은 완료된다. ■

유일성(uniqueness). *수렴환형 안에서의 해석함수 $f(z)$의 Laurent 급수는 유일하다*(조별과제 18 참조). *그러나 같은 중심을 갖는 두 개의 환형 안에서, $f(z)$는 서로 다른 Laurent 급수를 가질 수 있다*(아래의 예제 참조). 이 유일성은 매우 중요하다. Taylor 급수에서와 같이, Laurent 급수의 계수를 얻기 위해서 일반적으로 적분식 (2)를 사용하지 않고 예제에 보일 다른 방법들을 사용하는데, 유일성에 의해 그 급수가 주어진 환형에서 주어진 함수의 바로 **그** Laurent 급수라는 것이 보장된다.

예제 1 MacLaurin 급수의 사용

$z^{-5} \sin z$의 중심이 0인 Laurent 급수를 구하라.

풀이. 15.4절의 식 (14)에 의해, 다음을 얻을 수 있다.

$$z^{-5} \sin z = \sum_{n=0}^{\infty} \frac{(-1)^n}{(2n+1)!} z^{2n-4} = \frac{1}{z^4} - \frac{1}{6z^2} + \frac{1}{120} - \frac{1}{5040}z^2 + - \cdots \qquad (|z| > 0)$$

여기서 수렴 "환형"은 원점을 제외한 전복소평면이고 0에서 급수의 주부는 $z^{-4} - \frac{1}{6}z^{-2}$이다. ■

예제 2 대입

$z^2 e^{1/z}$의 중심이 0인 Laurent 급수를 구하라.

풀이. 15.4절의 식 (12)로부터 z를 $1/z$로 대치하면, 주부가 무한급수인 Laurent 급수를 얻는다.

$$z^2 e^{1/z} = z^2\left(1 + \frac{1}{1!z} + \frac{1}{2!z^2} + \cdots\right) = z^2 + z + \frac{1}{2} + \frac{1}{3!z} + \frac{1}{4!z^2} + \cdots \qquad (|z| > 0)$$ ■

예제 3 1/(1 − z)의 전개

$1/(1-z)$을 (a) z의 음수가 아닌 거듭제곱으로, (b) z의 음수거듭제곱으로 전개하라.

풀이.

(a) $$\frac{1}{1-z} = \sum_{n=0}^{\infty} z^n \qquad (|z| < 1\text{일 때 유효})$$

(b) $$\frac{1}{1-z} = \frac{-1}{z(1-z^{-1})} = -\sum_{n=0}^{\infty} \frac{1}{z^{n+1}} = -\frac{1}{z} - \frac{1}{z^2} - \cdots \qquad (|z| > 1\text{일 때 유효})$$ ■

예제 4 서로 다른 동심환형에서의 Laurent 전개

$1/(z^3 - z^4)$의 중심이 0인 모든 Laurent 급수를 구하라.

풀이. $1/z^3$을 곱하면, 예제 3으로부터 다음을 얻는다.

(I) $$\frac{1}{z^3 - z^4} = \sum_{n=0}^{\infty} z^{n-3} = \frac{1}{z^3} + \frac{1}{z^2} + \frac{1}{z} + 1 + z + \cdots \qquad (0 < |z| < 1),$$

(II) $$\frac{1}{z^3 - z^4} = -\sum_{n=0}^{\infty} \frac{1}{z^{n+4}} = -\frac{1}{z^4} - \frac{1}{z^5} - \cdots \qquad (|z| > 1)$$ ■

예제 5 부분분수의 이용

$f(z) = \dfrac{-2z+3}{z^2 - 3z + 2}$의 중심이 0인 모든 Taylor 급수와 Laurent 급수를 구하라.

풀이. 부분분수로 표현하면

$$f(z) = -\frac{1}{z-1} - \frac{1}{z-2}$$

이고, 예제 3의 식 (a), (b)에 의해 첫 항은 해결된다. 두 번째 항은 다음과 같다.

(c) $$-\frac{1}{z-2} = \frac{1}{2\left(1 - \frac{1}{2}z\right)} = \sum_{n=0}^{\infty} \frac{1}{2^{n+1}} z^n \qquad (|z| < 2),$$

(d) $$-\frac{1}{z-2} = -\frac{1}{z\left(1 - \frac{2}{z}\right)} = -\sum_{n=0}^{\infty} \frac{2^n}{z^{n+1}} \qquad (|z| > 2)$$

(I) 식 (a)와 (c)로부터, $|z| < 1$(그림 371 참조)일 때 성립하는 다음의 식

$$f(z) = \sum_{n=0}^{\infty}\left(1 + \frac{1}{2^{n+1}}\right) z^n = \frac{3}{2} + \frac{5}{4}z + \frac{9}{8}z^2 + \cdots$$

을 얻고, (II) 식 (c)와 (b)로부터, $1 < |z| < 2$일 때 성립하는 다음의 식

$$f(z) = \sum_{n=0}^{\infty} \frac{1}{2^{n+1}} z^n - \sum_{n=0}^{\infty} \frac{1}{z^{n+1}} = \frac{1}{2} + \frac{1}{4}z + \frac{1}{8}z^2 + \cdots - \frac{1}{z} - \frac{1}{z^2} - \cdots$$

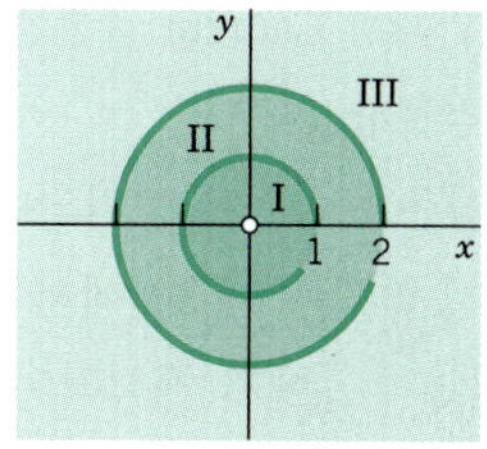

그림 371. 예제 5에서의 수렴영역

을 얻으며, (III) 식 (d)와 (b)로부터, $|z| > 2$일 때 성립하는 다음의 식을 얻는다.

$$f(z) = -\sum_{n=0}^{\infty} (2^n + 1) \frac{1}{z^{n+1}} = -\frac{2}{z} - \frac{3}{z^2} - \frac{5}{z^3} - \frac{9}{z^4} - \cdots$$

만약 Laurent 정리에서의 $f(z)$가 C_2 내부에서 해석적이면, 식 (2)에서의 계수 b_n은 Cauchy 적분정리에 의해 0이 된다. 따라서 Laurent 급수는 Taylor 급수로 축약된다. 예제 3의 식 (a)와 예제 5의 식 (I)은 이를 보여주고 있다.

연습문제 16.1

1-4 0에서 특이점 부근의 Laurent 급수

$0 < |z| < R$에 대해 수렴하는 Laurent 급수를 구하는 수렴영역을 결정하라. 풀이과정을 상세히 보여라.

1. $\dfrac{\cos z}{z^4}$

2. $\dfrac{\exp(-1/z^2)}{z^2}$

3. $z^3 \cosh \dfrac{1}{z}$

4. $\dfrac{e^z}{z^2 - z^3}$

5-7 z_0에서 특이점 근처의 Laurent 급수

$0 < |z - z_0| < R$에 대해 수렴하는 Laurent 급수를 구하고, 정확한 수렴영역을 결정하라. 상세히 보여라.

5. $\dfrac{e^z}{(z-1)^2}, \quad z_0 = 1$

6. $\dfrac{1}{z^2(z-i)}, \quad z_0 = i$

7. $\dfrac{\sin z}{(z - \frac{1}{4}\pi)^3}, \quad z_0 = \frac{1}{4}\pi$

8. CAS 과제. **부분분수**. 부분분수를 이용하여 Laurent 급수를 구하는 프로그램을 작성하라. 프로그램을 사용하여 본문의 예제 5의 계산을 검증하고, 자신이 선택한 두 개의 다른 함수에 프로그램을 적용시켜라.

9. 조별 과제. **Laurent 급수. (a) 유일성**. 주어진 환형에서 주어진 해석함수의 Laurent 전개식이 유일함을 증명하라.

(b) 특이성의 축적. $\tan(1/z)$이 $0 < |z| < R$인 영역에서 수렴하는 Laurent 급수를 가지고 있는가? (이유를 들라.)

(c) 적분. $|z| > 0$에서 수렴하는 Laurent 급수로 다음의 함수를 전개하라.

$$\frac{1}{z^2}\int_0^z \frac{e^t - 1}{t}\,dt, \qquad \frac{1}{z^3}\int_0^z \frac{\sin t}{t}\,dt$$

5-7 Taylor 급수와 Laurent 급수

중심 z_0를 갖는 모든 Taylor 급수와 Laurent 급수를 찾고, 정확한 수렴영역을 결정하라. 상세히 보여라.

10. $\dfrac{1}{1-z^2}, \quad z_0 = 0$

11. $\dfrac{1}{z}, \quad z_0 = 1$

12. $\dfrac{1}{z^2}, \quad z_0 = i$

13. $\dfrac{z^8}{1-z^4}, \quad z_0 = 0$

16.2 특이점과 영점. 무한대

대략적으로 해석함수 $f(z)$의 *특이점*(singular point)은 $f(z)$가 해석적이지 않은 점 z_0이고, *영점*(zero)은 $f(z) = 0$인 점 z이다. 정확한 정의는 아래에 주어진다. 이 절에서는 특이점을 분류하기 위해서 Laurent 급수가 사용될 수 있음을 보이고, 그 다음 Taylor 급수를 이용하여 영점을 검토하겠다.

특이성은 15.4절에 정의되어 있는데 지금 다시 상기해서 확장해 나갈 것이다. 또한 정의에 의해서 함수는 13.3절에서 강조한 것처럼 ***단일가*** 관계임을 기억하라.

$f(z)$가 $z = z_0$에서 해석적이지 않지만(정의조차 되지 못할 수도 있다), $z = z_0$의 모든 근방이 $f(z)$가 해석적이 되는 점을 포함하고 있을 때 함수 $f(z)$는 $z = z_0$에서 **특이하다**(singular) 또는 **특이성**(singularity)**을 갖는다**고 말한다. 또한 $z = z_0$를 $f(z)$의 **특이점**(singular point)이라 한다.

만일 $z = z_0$가 더 이상의 $f(z)$의 특이성을 갖지 않는 근방을 갖고 있을 때, $z = z_0$를 $f(z)$의 **고립특이점**(isolated singularity)이라 부른다. *예*: tan z는 $\pm\pi/2$, $\pm 3\pi/2$ 등에서 고립특이성을 갖고, $\tan(1/z)$은 0에서 비고립특이성을 갖는다(설명해 보라!).

$z = z_0$에서의 $f(z)$의 고립특이성은 Laurent 급수

$$f(z) = \sum_{n=0}^{\infty} a_n(z - z_0)^n + \sum_{n=1}^{\infty} \frac{b_n}{(z - z_0)^n} \qquad (1) \quad \text{(16.1절 참조)}$$

에 의해 분류될 수 있는데, 이때 이것은 z_0 자신을 제외한 특이점 $z = z_0$의 ***인접근방에서***, 즉 다음과 같은 형태의 영역에서 유효하다.

$$0 < |z - z_0| < R$$

첫 번째 급수의 합은 앞 절로부터 알 수 있듯이, $z = z_0$에서 해석적이다. 역시 앞 절로부터 기억하고 있듯이, 음의 거듭제곱을 포함하고 있는 두 번째 급수를 (1)의 **주부**(principal part)라 부른다. 그것이 단지 유한개의 항을 갖는다면, 그 급수는

$$\frac{b_1}{z - z_0} + \cdots + \frac{b_m}{(z - z_0)^m} \qquad (2) \quad (b_m \neq 0)$$

과 같은 형태가 된다. 이때 $z = z_0$에서의 특이성을 **극**(pole)이라고 부르고, m을 그 극의 **위수**(order)라 부른다. 위수 1인 극은 **단순극**(simple pole)으로도 알려져 있다.

식 (1)의 주부가 무한히 많은 항을 갖고 있을 때, $f(z)$는 $z = z_0$에서 **고립진성특이성**(isolated essential singularity)을 갖는다고 말한다.

비고립특이성은 여기서 다루지 않기로 한다.

예제 1 극. 진성특이점

함수

$$f(z) = \frac{1}{z(z - 2)^5} + \frac{3}{(z - 2)^2}$$

은 $z = 0$에서 단순극을 갖고, $z = 2$에서 위수 5인 극을 갖는다. $z = 0$에서 고립진성특이점을 갖는 함수의 예는

$$e^{1/z} = \sum_{n=0}^{\infty} \frac{1}{n!z^n} = 1 + \frac{1}{z} + \frac{1}{2!z^2} + \cdots$$

및

$$\sin\frac{1}{z}=\sum_{n=0}^{\infty}\frac{(-1)^n}{(2n+1)!z^{2n+1}}=\frac{1}{z}-\frac{1}{3!z^3}+\frac{1}{5!z^5}-+\cdots$$

을 들 수 있다.

더 많은 예는 16.1절에서 찾아볼 수 있다. 예를 들면, 그 절에서 예제 1은 $z^{-5}\sin z$가 0에서 위수 4인 극을 갖는다는 것을 보여준다. 예제 4에서는 $1/(z^3-z^4)$은 0에서 위수 3인 극과 무한히 많은 음의 거듭제곱을 갖는 Laurent 급수를 갖는다는 것을 보여준다. 이 급수가 $|z|>1$에서 유효하기 때문에 이 것은 모순이 아니다. 이는 단지 특이점의 ***인접근방에서*** 유효한 Laurent 급수를 고려하는 것이 중요하다는 것을 말해준다. 예제 4에서 이것은 세 개의 음의 거듭제곱을 가지는 급수(I)이다. ■

특이점을 극과 진성특이점으로 분류하는 것은 단순히 형식적인 문제가 아니다. 왜냐하면 진성특이점 근방에서의 해석함수의 거동은 극 근방에서의 거동과 완전히 다르기 때문이다.

예제 2 극 가까이에서의 거동

함수 $f(z)=1/z^2$은 $z=0$에서 극을 갖고 임의의 방법으로 $z\to 0$일 때, $|f(z)|\to\infty$이다. 이 예제는 다음의 정리를 설명해준다. ■

정리 1 극

$f(z)$가 해석적이고 $z=z_0$에서 극을 가지면, 임의의 방법으로 $z-z_0$일 때 $|f(z)|\to\infty$이다.

증명은 연습문제에서 다룰 것이다(문제 24 참조).

예제 3 진성특이점 가까이에서의 거동

함수 $f(z)=e^{1/z}$은 $z=0$에서 진성특이성을 갖는다. 허수축을 따라 0에 접근할 때 극한값을 가지지 않고, 양의 실수값을 통하여 $z\to 0$이면 이 함수는 무한히 커지지만, 음의 실수 값을 통하여 $z\to 0$이면 0에 수렴한다. $z=0$의 임의의 작은 ϵ-근방에서 이 함수는 임의로 주어진 상수값 $c=c_0e^{i\alpha}\neq 0$을 가진다. 이것을 보기 위해서, $z=re^{i\theta}$라 놓으면 우리가 풀어야 하는 다음의 r과 θ에 대한 복소방정식을 얻게 된다.

$$e^{1/z}=e^{(\cos\theta-i\sin\theta)/r}=c_0e^{i\alpha}$$

양변의 절댓값과 편각을 같게 놓으면 $\epsilon^{(\cos\theta)/r}=c_0$, 즉

$$\cos\theta=r\ln c_0,\qquad \text{그리고}\qquad -\sin\theta=\alpha r$$

을 얻는다. 이들 두 방정식과 $\cos^2\theta+\sin^2\theta=r^2(\ln c_0)^2+\alpha^2r^2=1$로부터, 공식

$$r^2=\frac{1}{(\ln c_0)^2+\alpha^2}\qquad \text{및}\qquad \tan\theta=-\frac{\alpha}{\ln c_0}$$

를 얻게 된다. 따라서 c를 변화시키지 않고, α에 2π의 정수배를 더하여 r을 임의로 작게 만들 수 있다. 이 예제는 매우 유명한 *Picard의 정리*($z=0$를 예외값으로 갖는)를 설명해준다. ■

정리 2

Picard의 정리

만약 $f(z)$가 해석적이고 점 z_0에서 고립진성특이점을 갖는다면, z_0의 임의의 작은 ϵ-근방의 f에 의한 상은 기껏해야 한 점을 제외하고는 복소평면 전체이다.

아주 복잡한 증명을 보려면 참고문헌 [D4], 2권, p.258, Picard의 역사적 고찰, 연습문제 1.7의 각주 9를 참고하라.

제거 가능한 특이점(removable singularity). $f(z)$가 $z = z_0$에서 해석적이지 않지만, 적당한 값 $f(z_0)$를 지정하면 그곳에서 $f(z)$가 해석적으로 되는 경우, $f(z)$는 $z = z_0$에서 *제거 가능한 특이점*을 갖는다고 말한다. 그러한 특이점은 방금 지적한 대로 제거될 수 있기 때문에 흥미의 대상이 되지 못한다. *예*: $f(z) = (\sin z)/z$는 $f(0) = 1$로 정의하면, $z = 0$에서 해석적으로 된다.

해석함수의 영점

어떤 열린 영역 D에서 해석적인 함수 $f(z)$의 **영점**은 $f(z_0) = 0$이 되는 D에 있는 점 $z = z_0$이다. 영점 $z = z_0$에서 f뿐만 아니라 도함수 $f', f'', \cdots, f^{(n-1)}$이 모두 0이고 $f^{(n)}(z_0) \neq 0$일 경우 z_0를 **위수** n의 영점이라 부른다. 위수 1의 영점을 또한 **단순영점**(simple zero)이라고도 부른다. 위수 2의 영점에 대해서는 $f(z_0) = f'(z_0) = 0$이지만 $f''(z_0) \neq 0$이다. 다른 위수의 영점도 마찬가지로 정의된다.

예제 4 **영점**

함수 $1 + z^2$은 $\pm i$에서 단순영점을 갖고, 함수 $(1 - z^4)^2$은 ± 1과 $\pm i$에서 위수 2의 영점을 갖는다. 함수 $(z - a)^3$은 $z = a$에서 위수 3의 영점을 갖는다. 함수 e^z는 영점을 갖지 않는다(13.5절 참조). 함수 $\sin z$는 $0, \pm\pi, \pm 2\pi, \cdots$에서 단순영점을 가지고, $\sin^2 z$는 이들 점에서 위수 2의 영점을 갖는다. 함수 $1 - \cos z$는 $0, \pm 2\pi, \pm 4\pi, \cdots$에서 위수 2의 영점을 갖고, $(1 - \cos z)^2$은 이들 점에서 위수 4의 영점을 갖는다. ■

영점에서의 Taylor 급수. $f(z)$의 위수 n의 영점 $z = z_0$에서 도함수 $f'(z_0), \cdots, f^{(n-1)}(z_0)$는 정의에 의해 0이다. 그러므로 15.4절에서 Taylor 급수 (1)의 처음 몇 개의 계수 $a_0, \cdots, a_{n-1}$은 0이고, $a_n \neq 0$이다. 따라서 이 급수는

$$
\textbf{(3)} \quad \begin{aligned} f(z) &= a_n(z - z_0)^n + a_{n+1}(z - z_0)^{n+1} + \cdots \\ &= (z - z_0)^n \left[a_n + a_{n+1}(z - z_0) + a_{n+2}(z - z_0)^2 + \cdots\right] \qquad (a_n \neq 0) \end{aligned}
$$

과 같은 형태가 된다. 이 식이 위수 n의 영점의 특성이 되는 것은 $f(z)$가 위와 같은 Taylor 급수를 갖는다면, 미분에 의해서 보여지듯이 $z = z_0$에서 위수 n의 영점을 갖기 때문이다.

비고립특이점이 발생할 수 있다는 염려가 있을 수 있으나, 영점에 대해서 다음의 정리가 성립된다.

정리 3

> **영점**
>
> *해석함수 $f(z)(\not\equiv 0)$의 영점은 고립되어 있다. 즉, 그들 각각은 더 이상의 $f(z)$의 영점을 갖지 않는 근방을 갖고 있다.*

증명 급수 (3)에서의 인수 $(z - z_0)n$은 단지 $z = z_0$에서만 0이다. 괄호 $[\cdots]$ 안의 거듭제곱급수는 해석함수(15.3절의 정리 5 참조)를 나타낸다. 이것을 $g(z)$라 하자. 여기서 해석함수는 연속이므로 $g(z_0) = a_n \neq 0$이고, 연속성 때문에 $z = z_0$의 어떤 근방에서 $g(z) \neq 0$이다. 그러므로 $f(z)$에 대해서도 똑같은 사실이 성립된다. ■

이 정리는 예제 4에서의 함수들에 의해 예시된다.

극은 흔히 분모의 영점들로 인해 발생한다(*예*: $\tan z$는 $\cos z$가 0인 곳에서 극을 갖는다). 이것이 바로 영점이 중요성을 갖는 주된 이유이다. 이러한 연관성의 핵심은 식 (3)으로부터 증명(조별 과제 6 참조)되는 다음 정리로 집약된다.

정리 4

> **극과 영점**
>
> *$f(z)$가 $z = z_0$에서 해석적이고, $z = z_0$에서 위수 n의 영점을 갖는다고 하면, $1/f(z)$은 $z = z_0$에서 위수 n의 극을 가진다. $z = z_0$에서 $h(z) \neq 0$이면, $h(z)/f(z)$에 대해서도 똑같은 사실이 성립된다.*

Riemann 구. 무한대에서의 점

큰 $|z|$에서의 복소함수를 공부하고자 할 때, 복소평면은 일반적으로 다소 불편하다. 그래서 소위 **Riemann 구**(Riemann sphere)에 표현된 복소수를 사용하는 것이 더 나을지도 모른다. Riemann 구는 복소평면의 $z = 0$에 접해 있는 지름 1인 구 S이다(그림 372). 지름 방향으로, 원점의 정반대에 위치한 "북극" N에서 평면상의 임의의 점 P(복소수 z)를 잇는 선분 PN이 S와 교차하는 점을 P의 상(image) P^*라 하자. 그러면 각각의 z에 대응하는 점들이 S 상에 있게 된다.

반대로 말하면, N을 제외한 S 내의 각 점은 복소수 z를 나타내고, N은 복소평면 내의 어

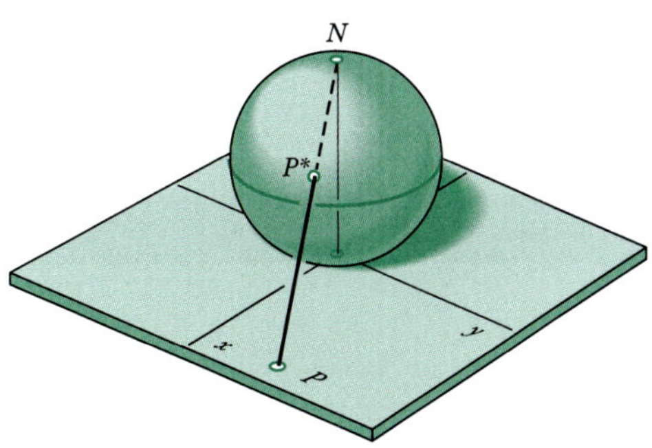

그림 372. Riemann 구

떤 점에도 대응되지 않는다. 이것이 **무한대 점**(point at infinity)이라 불릴 추가 점을 소개하도록 암시한다. 이 점을 ∞("무한대")로 표시하고 그것의 이미지를 N으로 한다. ∞가 들어간 복소평면을 **확장복소평면**(extended complex plane)이라 부른다. 복소평면을 확장복소평면과 구분하기 위해 종종 *유한복소평면*(finite complex plane), 혹은 단순하게 *복소평면*이라 부르기도 한다. 구 S를 **Riemann 구**(Riemann sphere)라 부른다. 확대복소평면의 구 위로의 사상을 **입체사영**(stereographic projection)이라 한다. (북반구의 상은 무엇인가? 서쪽 반구는? 원점을 통과하는 직선은?)

무한대에서 해석적이거나 특이한 함수

큰 $|z|$에 대하여 함수 $f(z)$를 고찰하고자 하면, $z = 1/w$로 놓고 $w = 0$의 근방에서 $f(z) = f(1/w) \equiv g(w)$를 조사해 보면 된다. $g(w)$가 $w = 0$에서 해석적이거나 특이할 때 그 각각을 $f(z)$가 **무한대에서 해석적**(analytic at infinity)이다. 또는 **무한대에서 특이**(singular at infinity)하다라고 정의한다. 만약 극한값이 존재하면,

$$g(0) = \lim_{w\to 0} g(w) \tag{4}$$

로 정의한다.

더욱이 $w = 0$에서 $f(1/w)$가 위수 n의 영점을 가진다면, $f(z)$가 *무한대에서 위수 n의 영점*을 가진다고 말한다. 극과 진성특이점에 대해서도 마찬가지이다.

예제 5 무한대에서 해석적이거나 특이한 함수, 완전함수와 유리형함수

함수 $f(z) = 1/z^2$은 $w = 0$에서 $g(w) = f(1/w) = w^2$이 해석적이므로, ∞에서 해석적이고 또한 $f(z)$는 ∞에서 위수 2의 영점을 갖는다. 함수 $f(z) = z^3$은 ∞에서 특이점을 갖고, 그곳에서 위수 3의 극을 갖는데, 그 이유는 $g(w) = f(1/w) = 1/w^3$이 $w = 0$에서 위수 3의 극을 갖기 때문이다. 함수 e^z는 $e^{1/\omega}$이 $w = 0$에서 진성특이점을 가지므로 ∞에서 진성특이점을 갖는다. 마찬가지로, $\cos z$와 $\sin z$는 ∞에서 진성특이점을 가진다.

완전함수(entire function)는 (유한)복소평면의 모든 곳에서 해석적인 함수임을 상기하자. Liouville의 정리(14.4절)에 의하면 *유계* 완전함수는 오직 상수이고, 따라서 상수가 아닌 임의의 완전함수는 유계가 아니다. 따라서 완전함수는 ∞에서 특이점을 갖는데, 다항식은 극을 갖고 그 외의 완전함수는 진성특이점을 갖는다. 방금 고찰한 함수들은 이러한 면에서 전형적인 것이다.

유한평면에서 극만을 특이점으로 갖는 해석함수를 **유리형함수**(meromorphic function)라고 한다. 예로는 상수가 아닌 분모를 갖는 유리함수 $\tan z$, $\cot z$, $\sec z$ 및 $\csc z$ 등이 있다. ■

이 절에서는 특이점을 탐구하기 위해 Laurent 급수를 사용하였다. 다음 절에서는 급수를 이용한 세련된 적분 방법에 대하여 알아보겠다.

연습문제 16.2

1-6 **영점**

영점의 위치와 위수를 결정하라.

1. $\sin^4 \frac{1}{2}z$
2. $(z + 81i)^4$
3. $\tan^2 2z$
4. $\cosh^4 z$
5. **영점.** 만약 $f(z)$는 해석적이고 $z = z_0$에서 위수 n의 영점을 가진다면 $f^2(z)$는 z_0에서 위수 $2n$의 영점을 가짐을 보여라.

6. 조별 과제. 영점. (a) 도함수. 만일 $f(z)$가 $z = z_0$에서 위수 $n > 1$의 영점을 갖는다면, $f'(z)$는 z_0 위에서 위수 $n - 1$의 영점을 갖는다는 것을 보여라.

(b) 극과 영점. 정리 4를 증명하라.

(c) 고립된 k점. 상수가 아닌 해석함수 $f(z)$가 함수값 k를 갖는 점들은 고립되어 있음을 보여라.

(d) 항등함수. 함수 $f_1(z), f_2(z)$가 열린 영역 D에서 해석적이고, D에서 수렴하는 수열 z_n에서 서로 같으면 영역 D에서 $f_1(z) \equiv f_2(z)$임을 보여라.

7-12 특이점

무한대에서 다음 함수들의 특이점의 위치를 결정하라. 극의 경우에도 또한 위수를 서술하라. 그리고 이유를 서술하라.

7. $\dfrac{1}{(z + 2i)^2} - \dfrac{z}{z - i} + \dfrac{z + 1}{(z - i)^2}$

8. $\tan \pi z$ **9.** $(z - \pi)^{-1} \sin z$

10. 진성특이점. $e^{1/z}$이 본문의 예제 3에서 논의되었던 것과 비슷한 방법으로 e^{1/z^2}을 논하라.

11. 극. $f(z) = z^{-3} - z^{-1}$에 대하여 정리 1을 검증하라. 정리 1을 증명하라.

12. Riemann 구. x축의 상을 0°, 180°의 경선으로 설정하고, 다음의 영역의 상을 Riemann 구 위에 그려라. **(a)** $|z| > 100$, **(b)** 하반평면, **(c)** $\frac{1}{2} \leqq |z| \leqq 2$

16.3 유수적분법

이 절에서는 복소적분을 계산하는 두 번째 방법에 대해 다룰 것이다. 복소적분을 계산하는 다른 방법으로 14.3절에서 Cauchy 적분공식을 이용한 방법이 있었음을 기억하라. 15장에서는 거듭제곱급수, 특히 Taylor 급수에 대해 배웠다. 그리고 Taylor 급수는 Laurent 급수로 일반화되었고(16.1절), 다양한 함수의 특이점과 영점에 대해서 알아보았다(16.2절). 또한 유수적분법으로 복소적분을 계산하는 과정에서 얼마나 많은 기초적인 이론이 함께 이용되는지를 보게 될 것이다.

Cauchy의 유수적분법의 목적은 단순 닫힌 경로 c를 따른 적분

$$\oint_C f(z)\, dz$$

를 계산하는 것이다. 아이디어는 다음과 같다.

만약 함수 $f(z)$가 적분경로 C와 그 내부의 모든 점에서 해석적이면, Cauchy 적분정리(14.2절 참조)에 의하여 적분결과는 0이 된다.

그러나 $f(z)$가 C 내부의 한 점 $z = z_0$에서 특이점을 갖고, C 위에서와 그 점을 제외한 내부에서 해석적이라면 상황은 달라진다. $f(z)$는 $z = z_0$ 근방의 모든 점($z = z_0$는 제외), 즉 $0 < |z - z_0| < R$ 형태의 영역[때때로 **삭제근방**(deleted neighborhood)이라 불리는데, 잘 쓰지 않는 구식 표현임]에서 수렴하는 Laurent 급수

$$f(z) = \sum_{n=0}^{\infty} a_n(z - z_0)^n + \frac{b_1}{z - z_0} + \frac{b_2}{(z - z_0)^2} + \cdots$$

를 갖는다. Laurent 급수의 첫 번째 음의 급수 $1/(z - z_0)$의 계수 b_1은 $n = 1$에 대한 16.1절의 적분공식 (2)에 의해서 다음과 같이 주어진다.

$$b_1 = \frac{1}{2\pi i} \oint_C f(z)\, dz$$

한편, Laurent 급수의 계수는 적분식을 사용하지 않고도 여러 가지 방법으로 구할 수 있으므로(16.1절의 예제 참조), b_1을 그 방법 중 하나에 의해 구한 후 적분을 계산하기 위해 b_1에 대한 공식을 사용하면

(1) $$\oint_C f(z)\,dz = 2\pi i b_1$$

이다. 이때 적분경로 C는 그 내부에 점 $z = z_0$를 포함한 단순 닫힌 경로로서 반시계방향을 취한다[그러나 C의 위나 내부에 $f(z)$의 다른 특이점이 없어야 한다!].

계수 b_1을 $z = z_0$에서 $f(z)$의 **유수**(residue)라 부르며, 다음과 같이 표기한다.

(2) $$b_1 = \operatorname*{Res}_{z=z_0} f(z)$$

예제 1 유수에 의한 적분 계산

반시계방향으로 단위원 C를 따라 함수 $f(z) = z^{-4}\sin z$를 적분하라.

풀이. 15.4절의 식 (14)로부터 Laurent 급수

$$f(z) = \frac{\sin z}{z^4} = \frac{1}{z^3} - \frac{1}{3!z} + \frac{1}{5!} - \frac{z^3}{7!} + - \cdots$$

을 구할 수 있다. 이때의 급수는 $|z| > 0$(즉, 0이 아닌 모든 z에 대하여 수렴한다. 이 급수는 $z = 0$에서 위수 3의 극을 가지며, 유수는 $b_1 = -\frac{1}{3}!$임을 보여준다. 식 (1)로부터 다음 답을 얻을 수 있다.

$$\oint_C \frac{\sin z}{z^4}\,dz = 2\pi i b_1 = -\frac{\pi i}{3}$$

■

예제 2 주의! 정확한 Laurent 급수 사용

시계방향으로 $|z| = 1/2$인 원 C를 따라서 함수 $f(z) = 1/(z^3 - z^4)$을 적분하라.

풀이. $z^3 - z^4 = z^3(1 - z)$에서 $f(z)$는 $z = 0$과 $z = 1$에서 특이점을 갖는다. 이들 중 $z = 1$은 C 외부에 존재하므로 고려되지 않는다. $z = 0$에서의 유수를 구하기 위해, 16.1절의 예제 4에 있는 Laurent 급수 (I)

$$\frac{1}{z^3 - z^4} = \frac{1}{z^3} + \frac{1}{z^2} + \frac{1}{z} + 1 + z + \cdots \qquad (0 < |z| < 1)$$

을 이용한다. 위 급수로부터 유수가 1임을 알 수 있다. 결과적으로 시계방향에 대한 적분결과는 다음과 같다.

$$\oint_C \frac{dz}{z^3 - z^4} = -2\pi i \operatorname*{Res}_{z=0} f(z) = -2\pi i$$

주의! 만약 오류를 범하여 16.1절의 예제 4에 있는 급수 중에 급수 (II)을 사용하였다면,

$$\frac{1}{z^3 - z^4} = -\frac{1}{z^4} - \frac{1}{z^5} - \frac{1}{z^6} - \cdots \qquad (|z| > 1),$$

이 얻어지는데, 이것은 $1/z$항이 존재하지 않으므로 오답인 0이 얻어진다. ■

유수에 대한 공식

극에서의 유수를 계산하기 위해 Laurent 급수 전체를 구할 필요 없이 경제적으로 유수에 대한 공식을 단번에 유도할 수 있다.

z_0에서의 단순극. 단순극에서 유수에 대한 첫 번째 공식은

$$\text{(3)} \qquad \operatorname*{Res}_{z=z_0} f(z) = b_1 = \lim_{z \to z_0} (z - z_0) f(z) \qquad \text{(증명은 밑에).}$$

단순극을 가지는 유수에 대한 두 번째 공식은

$$\text{(4)} \qquad \operatorname*{Res}_{z=z_0} f(z) = \operatorname*{Res}_{z=z_0} \frac{p(z)}{q(z)} = \frac{p(z_0)}{q'(z_0)} \qquad \text{(증명은 밑에).}$$

식 (4)에서 $f(z) = p(z)/q(z)$, $p(z_0) \neq 0$이고 $q(z)$는 z_0에서 단순영(simple zero)을 가진다고 가정한다. 이때 16.2절의 정리 4에 의해 $f(z)$는 z_0에서 단순극을 가진다.

증명 공식 (3)을 증명해 보자. 16.1절의 Laurent 급수 (1)의 $z = z_0$에서의 단순극은 $b_1 \neq 0$일 때

$$f(z) = \frac{b_1}{z - z_0} + a_0 + a_1(z - z_0) + a_2(z - z_0)^2 + \cdots \qquad (0 < |z - z_0| < R)$$

이다. 양변에 $z - z_0$를 곱하고 $z \to z_0$로 하면,

$$\lim_{z \to z_0} (z - z_0) f(z) = b_1 + \lim_{z \to z_0} (z - z_0)[a_0 + a_1(z - z_0) + \cdots] = b_1$$

과 같이 공식 (3)을 얻는다. 여기서 마지막 등식은 연속성에서 얻어진다(15.3절 정리 1 참조).

공식 (4)를 증명해 보자. 단순극 z_0에서 $q(z)$의 Taylor 급수는

$$q(z) = (z - z_0) q'(z_0) + \frac{(z - z_0)^2}{2!} q''(z_0) + \cdots$$

인데, 이것을 $f = p/q$에 집어넣고 f를 공식 (3)에 대입하면

$$\operatorname*{Res}_{z=z_0} f(z) = \lim_{z \to z_0} (z - z_0) \frac{p(z)}{q(z)} = \lim_{z \to z_0} \frac{(z - z_0) p(z)}{(z - z_0)[q'(z_0) + (z - z_0) q''(z_0)/2 + \cdots]}$$

이 되어 $z - z_0$는 소거된다. 연속성에 의해서 분모의 극한은 $q'(20)$이고 공식 (4)가 얻어진다. ■

예제 3 단순극에서의 유수

$z^2 + 1 = (z + i)(z - i)$이므로 $f(z) = (9z + i)/(z^3 + z)$는 i에서 단순극을 가지며, 공식 (3)의 유수는

$$\operatorname*{Res}_{z=i} \frac{9z + i}{z(z^2 + 1)} = \lim_{z \to i} (z - i) \frac{9z + i}{z(z + i)(z - i)} = \left[\frac{9z + i}{z(z + i)} \right]_{z=i} = \frac{10i}{-2} = -5i$$

로 주어진다. $p(i) = 9i + i$와 $q'(z) = 3z^2 + 1$을 가진 공식 (4)에 의해서 결과를 다음과 같이 확인할 수 있다.

$$\operatorname*{Res}_{z=i} \frac{9z+i}{z(z^2+1)} = \left[\frac{9z+i}{3z^2+1}\right]_{z=i} = \frac{10i}{-2} = -5i$$

임의 위수(order)의 극. 위수 m의 극 z_0에서 $f(z)$의 유수는 다음과 같다.

(5)
$$\operatorname*{Res}_{z=z_0} f(z) = \frac{1}{(m-1)!} \lim_{z\to z_0} \left\{\frac{d^{m-1}}{dz^{m-1}}\left[(z-z_0)^m f(z)\right]\right\}$$

특히, 위수 2 ($m = 2$)인 극에 대해서는 다음과 같다.

(5*)
$$\operatorname*{Res}_{z=z_0} f(z) = \lim_{z\to z_0} \{[(z-z_0)^2 f(z)]'\}$$

증명 공식 (5)를 증명해 보자. z_0 근처에서(z_0 자신은 제외) 수렴하는 $f(z)$의 Laurent 급수는 $b_m \neq 0$인

$$f(z) = \frac{b_m}{(z-z_0)^m} + \frac{b_{m-1}}{(z-z_0)^{m-1}} + \cdots + \frac{b_1}{z-z_0} + a_0 + a_1(z-z_0) + \cdots$$

이다(16.2절). 여기서 유수는 b_1이다. $(z-z_0)^m$를 양변에 곱하면

$$(z-z_0)^m f(z) = b_m + b_{m-1}(z-z_0) + \cdots + b_1(z-z_0)^{m-1} + a_0(z-z_0)^m + \cdots$$

이 된다. 이제 b_1은 $g(z) = (z-z_0)^m f(z)$의 거듭제곱급수에서 거듭제곱 $(z-z_0)^{m-1}$의 계수임을 알 수 있다. 따라서, Taylor의 정리(15.4절)에 의해 다음과 같이 식 (5)가 얻어진다.

$$\begin{aligned} b_1 &= \frac{1}{(m-1)!} g^{(m-1)}(z_0) \\ &= \frac{1}{(m-1)!} \frac{d^{m-1}}{dz^{m-1}} [(z-z_0)^m f(z)] \end{aligned}$$

예제 4 **고위의 극에서의 유수**

$f(z) = 50z/(z^3 + 2z^2 - 7z + 4)$는 분모가 $(z+4)(z-1)^2$과 같기 때문에 $z = 1$에서 위수 2의 극을 갖는다(검증하라!). 식 (5*)로부터 유수는

$$\operatorname*{Res}_{z=1} f(z) = \lim_{z\to 1} \frac{d}{dz}[(z-1)^2 f(z)] = \lim_{z\to 1} \frac{d}{dz}\left(\frac{50z}{z+4}\right) = \frac{200}{5^2} = 8$$

윤곽선 내부에 여러 개의 특이점. 유수정리

유수적분은 단일 특이점의 경우로부터 윤곽선 C 내에 여러 특이점의 경우까지 확장될 수 있다. 이것이 유수정리의 목적이며, 확장은 놀랍게도 간단하다.

정리 1

유수정리

$f(z)$를 단순 닫힌 경로 C 내부에 있는 유한개의 특이점 $z_1, z_2, \cdots, z_k$를 제외한 내부와 C 상에서 해석적인 함수라 하자. 그러면 반시계방향의 경로 C에 대한 $f(z)$의 적분은 $z_1, z_2, \cdots, z_k$에서 $f(z)$의 유수들의 합에 $2\pi i$를 곱한 것과 같다. 즉,

(6)
$$\oint_C f(z)\,dz = 2\pi i \sum_{j=1}^{k} \operatorname*{Res}_{z=z_j} f(z)$$

이다.

증명 C 내부의 각 특이점 z_j를 둘러싼 충분히 작은 원 C_j를 그리자. 이 k개의 원들 및 C는 모두 분리되어 있다(그림 373, $k = 3$). 그러면 $f(z)$는 C와 작은 원들인 $C_1, C_2, \cdots, C_k$에 의하여 유계된 다중연결영역 D 내부와 D의 전경계 상에서 해석적이다. 그러므로 Cauchy 적분정리에 의하여, 다음 식을 얻게 된다.

(7)
$$\oint_C f(z)\,dz + \oint_{C_1} f(z)\,dz + \oint_{C_2} f(z)\,dz + \cdots + \oint_{C_k} f(z)\,dz = 0$$

단, C에 대한 적분경로는 *반시계방향*이며, 그 외의 적분경로들은 *시계방향*을 취한다(14.2절의 그림 354와 355 참조). $C_1, C_2, \cdots, C_k$에 대한 적분을 *반시계방향*으로 취하면, 적분값은 부호가 바뀌게 되어 다음의 등식을 만족한다.

(8)
$$\oint_C f(z)\,dz = \oint_{C_1} f(z)\,dz + \oint_{C_2} f(z)\,dz + \cdots + \oint_{C_k} f(z)\,dz$$

이제 모든 적분들은 반시계방향을 취하게 된다. 식 (1)과 (2)에 의하여

$$\oint_{C_j} f(z)\,dz = 2\pi i \operatorname*{Res}_{z=z_j} f(z), \qquad j = 1, \cdots, k$$

가 성립되므로 식 (8)로부터 식 (6)을 얻을 수 있고, 따라서 유수정리는 증명된다. ■

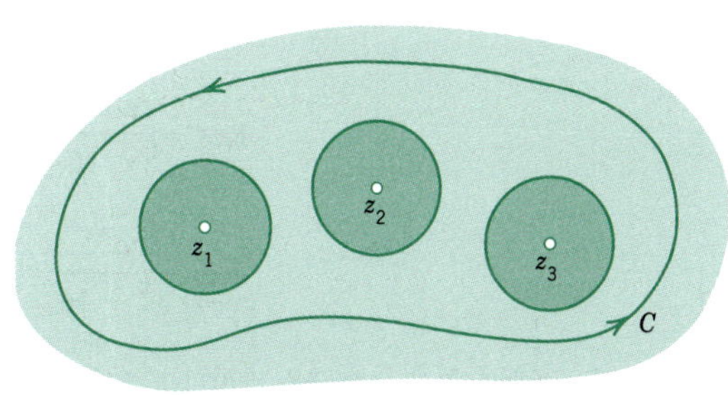

그림 373. 유수정리

이 중요한 정리는 복소적분과 실적분에 관련된 여러 가지 응용에 적용 가능하다. 우선 몇 가지 복소적분을 예로 들어 살펴보자(실적분은 다음 절에서 고찰한다).

예제 5 **유수정리에 의한 적분. 몇몇 윤곽선**

다음의 각 조건을 만족하는 임의의 단순 닫힌 경로 C에 대해 반시계방향으로 적분한 결과를 구하라. (a) C 내부에 0과 1이 있다. (b) 0은 내부에, 1은 외부에 있다. (c) 1은 내부에, 0은 외부에 있다. (d) 0과 1 모두 C 외부에 있다.

$$\oint_C \frac{4-3z}{z^2-z}\,dz$$

풀이. 피적분함수는 0과 1에서 단순극을 가지며, 대응하는 유수는(식 3에 의해) 다음과 같다.

$$\operatorname*{Res}_{z=0} \frac{4-3z}{z(z-1)} = \left[\frac{4-3z}{z-1}\right]_{z=0} = -4, \qquad \operatorname*{Res}_{z=1} \frac{4-3z}{z(z-1)} = \left[\frac{4-3z}{z}\right]_{z=1} = 1$$

[식 (4)에 의해 검증된다.] *답.* (a) $2\pi i(-4+1) = -6\pi i$, (b) $-8\pi i$, (c) $2\pi i$. (d) 0

예제 6 **유수정리의 또 다른 응용**

원 $C: |z| = \frac{3}{2}$를 따라 반시계방향으로 $(\tan z)/(z^2-1)$을 적분하라.

풀이. $\tan z$는 $\pm\pi/2, \pm 3\pi/2, \cdots$에서 해석적이지 않지만, 이 모든 점은 윤곽선 C의 바깥에 놓여 있다. 그러므로 주어진 함수의 분모 $z^2 - 1 = (z-1)(z+1)$은 ± 1에서 단순극을 갖는다. 그리하여, 식 (4)로부터 다음과 같은 유수정리를 얻는다.

$$\oint_C \frac{\tan z}{z^2-1}\,dz = 2\pi i\left(\operatorname*{Res}_{z=1}\frac{\tan z}{z^2-1} + \operatorname*{Res}_{z=-1}\frac{\tan z}{z^2-1}\right)$$

$$= 2\pi i\left(\frac{\tan z}{2z}\bigg|_{z=1} + \frac{\tan z}{2z}\bigg|_{z=-1}\right)$$

$$= 2\pi i \tan 1 = 9.7855i$$

예제 7 **극과 진성특이점**

C가 타원 $9x^2 + y^2 = 9$일 때 다음 적분을 계산하라(반시계방향, 개형을 그려보라).

$$\oint_C \left(\frac{ze^{\pi z}}{z^4-16} + ze^{\pi/z}\right)dz$$

풀이. $z^4 - 16 = 0$을 만족하는 z값들은 $\pm 2i$와 ± 2이다. 따라서 피적분함수의 첫째 항은 C 내부에 존재하는 $\pm 2i$에서 단순극을 갖는다. 이에 대응하는 유수는 식 (4)에 의해 다음과 같다(단, $e^{2\pi i} = 1$이다).

$$\operatorname*{Res}_{z=2i}\frac{ze^{\pi z}}{z^4-16} = \left[\frac{ze^{\pi z}}{4z^3}\right]_{z=2i} = -\frac{1}{16},$$

$$\operatorname*{Res}_{z=-2i}\frac{ze^{\pi z}}{z^4-16} = \left[\frac{ze^{\pi z}}{4z^3}\right]_{z=-2i} = -\frac{1}{16}$$

한편 ± 2에서 역시 단순극을 가지나 C 외부에 존재하므로 고려대상에서 제외된다. 피적분함수의 둘째 부분은 0에서 진성특이점을 가지며, 다음의 전개식으로부터 $\pi^2/2$의 유수를 갖는다.

$$ze^{\pi/z} = z\left(1 + \frac{\pi}{z} + \frac{\pi^2}{2!z^2} + \frac{\pi^3}{3!z^3} + \cdots\right) = z + \pi + \frac{\pi^2}{2}\cdot\frac{1}{z} + \cdots \qquad (|z| > 0)$$

답. 유수정리에 의해 $2\pi i(-\frac{1}{16} - \frac{1}{16} + \frac{1}{2}\pi^2) = \pi(\pi^2 - \frac{1}{4})i = 30.221i.$

연습문제 16.3

1-5 **유수**

유한한 평면에서 특이점과 유수를 모두 구하라. 상세한 풀이를 보여라.

1. $\dfrac{\sin 2z}{z^6}$

2. $\dfrac{8}{1+z^2}$

3. $\tan z$

4. $e^{1/(1-z)}$

5. **CAS 과제**. **극에서의 유수**. 유한한 평면에서 임의의 위의 극에서 유수를 계산하는 프로그램을 작성하라. 그것을 이용하여 문제 5~6을 풀어라(그리고 인터넷 문제 7~10을 풀어라).

6-10 **유수적분**

다음의 적분들을 계산하라(반시계방향). 풀이과정을 상세히 보여라.

6. $\displaystyle\oint_C \frac{z-23}{z^2-4z-5}\,dz,\ C\colon |z-2-i| = 3.2$

7. $\displaystyle\oint_C \tan 2\pi z\,dz,\ C\colon |z-0.2| = 0.2$

8. $\displaystyle\oint_C e^{1/z}\,dz$, C: 단위원

9. $\displaystyle\oint_C \frac{\exp(-z^2)}{\sin 4z}\,dz,\ C\colon |z| = 1.5$

10. $\displaystyle\oint_C \frac{z\cosh \pi z}{z^4+13z^2+36}\,dz,\ |z| - \pi$

16.4 실적분의 유수적분

놀랍게도 유수적분은 어떤 종류의 복잡한 실적분을 계산할 때 사용될 수 있다. 이것은 실해석이나 미적분학보다 복소해석의 장점을 보여준다.

cos θ와 sin θ의 유리함수의 적분

우선 다음과 같은 형태의 적분을 고찰해 보자.

(1) $$J = \int_0^{2\pi} F(\cos\theta, \sin\theta)\,d\theta$$

여기서 $F(\cos\theta, \sin\theta)$는 $\cos\theta$ 및 $\sin\theta$의 실유리함수[예를 들면, $(\sin^2\theta)/(5-4\cos\theta)$]이고, 적분구간 내에서 유한하다(무한대가 되지 않는다). $e^{i\theta} = z$라 하면 $\cos\theta$와 $\sin\theta$는

(2) $$\cos\theta = \frac{1}{2}(e^{i\theta}+e^{-i\theta}) = \frac{1}{2}\left(z+\frac{1}{z}\right)$$
$$\sin\theta = \frac{1}{2i}(e^{i\theta}-e^{-i\theta}) = \frac{1}{2i}\left(z-\frac{1}{z}\right)$$

이다. F가 $\cos\theta$와 $\sin\theta$와 관련된 분수함수이므로 식 (2)는 F가 이제 변수 z에 관한 유리함수로 표현한다. 이를 $f(z)$라 하자. 또 $dz/d\theta = ie^{i\theta}$이므로, $d\theta = dz/iz$이고 주어진 적분은 다음의 형태로 된다.

(3) $$J = \oint_C f(z)\,\frac{dz}{iz}$$

그리고 θ가 식 (1)에서 0에서 2π까지 변할 때, 변수 $z = e^{i\theta}$는 단위원 $|z| = 1$을 반시계방향으로 한 바퀴 돌게 된다(필요하다면 13.5절을 다시 보라).

예제 1 **식 (1) 형태의 적분**

위에서 제시된 방법을 이용하여

$$\int_0^{2\pi} \frac{d\theta}{\sqrt{2} - \cos\theta} = 2\pi$$

가 성립함을 보여라.

풀이. $\cos\theta = \frac{1}{2}(z + 1/z)$과 $d\theta = dz/iz$이 관계를 사용하면, 주어진 적분은 다음과 같이 된다.

$$\oint_C \frac{dz/iz}{\sqrt{2} - \frac{1}{2}\left(z + \frac{1}{z}\right)} = \oint_C \frac{dz}{-\frac{i}{2}(z^2 - 2\sqrt{2}z + 1)}$$

$$= -\frac{2}{i}\oint_C \frac{dz}{(z - \sqrt{2} - 1)(z - \sqrt{2} + 1)}$$

피적분함수는 단위원 C 외부의 $z_1 = \sqrt{2} + 1$에서 단순극을 갖는데, 이는 흥미의 대상이 되지 못한다. 또 하나의 단순극 $z_2 = \sqrt{2} - 1$(여기서 $z - \sqrt{2} + 1 = 0$)은 C 내부에 있으며, 이에 대응하는 유수는 다음과 같다[16.3절의 식 (3)에 의해].

$$\operatorname*{Res}_{z=z_2} \frac{1}{(z - \sqrt{2} - 1)(z - \sqrt{2} + 1)} = \left[\frac{1}{z - \sqrt{2} - 1}\right]_{z=\sqrt{2}-1}$$

$$= -\frac{1}{2}$$

답. $2\pi i(-2/i)(-1/2) = 2\pi$(여기서 $-2/i$는 마지막 적분의 앞부분에 있는 분수이다).

또 다른 큰 유형으로 다음과 같은 형태의 실적분을 고려해 보자.

(4) $$\int_{-\infty}^{\infty} f(x)\,dx$$

적분구간이 유한이 아닌 이런 형태의 적분을 **이상적분**(improper integral)이라 하며, 다음과 같은 의미를 갖는다. 즉

(5′) $$\int_{-\infty}^{\infty} f(x)\,dx = \lim_{a\to-\infty}\int_a^0 f(x)\,dx + \lim_{b\to\infty}\int_0^b f(x)\,dx$$

만일 두 극한이 모두 존재한다면, $-\infty$와 ∞로 가는 두 독립경로를 묶어 다음과 같이 쓸 수 있다.

(5) $$\int_{-\infty}^{\infty} f(x)\,dx = \lim_{R\to\infty}\int_{-R}^{R} f(x)\,dx$$

식 (5)의 극한은 적분의 **Cauchy 주값**(Cauchy principal value)이라 하고, 다음과 같이 표기한다.

$$\text{pr. v.} \int_{-\infty}^{\infty} f(x)\,dx$$

식 (5′)에서 극한이 존재하지 않을지라도 이 적분은 존재할 수 있다. *예를 들면*

$$\lim_{R\to\infty}\int_{-R}^{R} x\,dx = \lim_{R\to\infty}\left(\frac{R^2}{2}-\frac{R^2}{2}\right) = 0, \qquad \text{그러나} \qquad \lim_{b\to\infty}\int_{0}^{b} x\,dx = \infty$$

식 (4)에 있는 함수 $f(x)$를 모든 실수 x에 대하여 분모가 0이 아니며, 분모의 차수가 분자보다 적어도 2차 이상 높은 실유리함수라 가정하자. 그러면 식 (5′)에 있는 극한은 존재하고 식 (5)로부터 출발 가능하다. 그림 374에 표현된 경로 C에 대한 윤곽선적분, 즉

$$\text{(5*)} \qquad \oint_C f(z)\,dz$$

에 대하여 고찰해 보자. $f(x)$가 유리함수이므로, $f(z)$는 상반평면에 유한개의 극을 가지며 R을 충분히 크게 택하면, C는 모든 극을 둘러싸게 된다. 따라서 유수정리에 의해 다음 관계식을 얻을 수 있다.

$$\oint_C f(z)\,dz = \int_S f(z)\,dz + \int_{-R}^{R} f(x)\,dx = 2\pi i \sum \operatorname{Res} f(z)$$

여기서 합은 상반평면에 있는 $f(z)$의 모든 극에서의 유수들의 합을 의미한다. 위 식을 변형하면

$$\text{(6)} \qquad \int_{-R}^{R} f(x)\,dx = 2\pi i \sum \operatorname{Res} f(z) - \int_S f(z)\,dz$$

를 얻는다.

여기서 $R \to \infty$일 때, 반원 S에 대한 적분결과가 0에 접근함을 보이자. $z = Re^{i\theta}$라 놓으면 S는 R = 상수로 표현되고, z가 적분경로 S를 따라 움직일 때, 변수 θ는 0에서 π까지 변한다. 가정에 의해 함수 $f(z)$의 분모차수는 분자차수보다 적어도 2 이상 높으므로 충분히 큰 상수 k와 R_0에 대하여 부등식

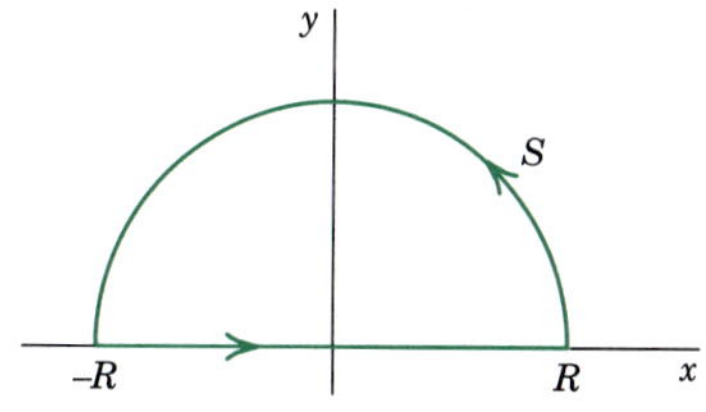

그림 374. 식 (5*)에서의 적분경로 C

$$|f(z)| < \frac{k}{|z|^2} \qquad (|z| = R > R_0)$$

를 얻는다. 14.1절의 *ML* 부등식을 적용하면, 다시

$$\left| \int_S f(z)\, dz \right| < \frac{k}{R^2}\, \pi R = \frac{k\pi}{R} \qquad (R > R_0)$$

를 얻게 되며, 따라서 R이 무한대(∞)로 접근할 때, S 위의 적분 값이 0에 접근함을 알 수 있다. 식 (5)와 (6)으로부터 다음의 관계식을 얻게 된다.

$$\int_{-\infty}^{\infty} f(x)\, dx = 2\pi i \sum \operatorname{Res} f(z) \qquad (7)$$

여기서 합기호는 상반평면에 있는 $f(z)$의 모든 극들에서의 유수들의 합을 의미한다.

예제 2 0에서 ∞까지 이상적분

식 (7)을 사용하여 다음을 보여라.

$$\int_0^{\infty} \frac{dx}{1 + x^4} = \frac{\pi}{2\sqrt{2}}$$

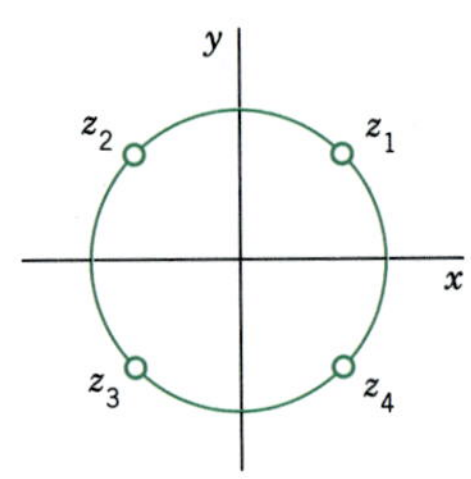

그림 375. 예제 2

풀이. $f(z) = 1/(1 + z^4)$은 다음의 점들에서 네 개의 단순극을 갖는다.

$$z_1 = e^{\pi i/4}, \qquad z_2 = e^{3\pi i/4}, \qquad z_3 = e^{-3\pi i/4}, \qquad z_4 = e^{-\pi i/4}$$

이들 중 처음 두 극은 상반평면(그림 375)에 위치한다. 앞 절의 식 (4)로부터 대응하는 유수를 구하면 다음과 같다.

$$\operatorname*{Res}_{z=z_1} f(z) = \left[\frac{1}{(1+z^4)'}\right]_{z=z_1} = \left[\frac{1}{4z^3}\right]_{z=z_1} = \frac{1}{4} e^{-3\pi i/4} = -\frac{1}{4} e^{\pi i/4}$$

$$\operatorname*{Res}_{z=z_2} f(z) = \left[\frac{1}{(1+z^4)'}\right]_{z=z_2} = \left[\frac{1}{4z^3}\right]_{z=z_2} = \frac{1}{4} e^{-9\pi i/4} = \frac{1}{4} e^{-\pi i/4}$$

(여기서 $e^{\pi i} = -1$, $e^{-2\pi i} = 1$) 이것은 13.6절의 식 (1)과 이 절의 식 (7)에 의해 다음과 같이 된다.

$$\int_{-\infty}^{\infty} \frac{dx}{1 + x^4} = -\frac{2\pi i}{4}(e^{\pi i/4} - e^{-\pi i/4}) = -\frac{2\pi i}{4} \cdot 2i \sin\frac{\pi}{4} = \pi \sin\frac{\pi}{4} = \frac{\pi}{\sqrt{2}}$$

주어진 함수 $1/(1 + x^4)$이 우함수이므로, 최종적인 적분결과는 다음과 같이 된다.

$$\int_0^\infty \frac{dx}{1+x^4} = \frac{1}{2}\int_{-\infty}^{\infty} \frac{dx}{1+x^4} = \frac{\pi}{2\sqrt{2}}$$ ■

Fourier 적분

적분 (4)를 구하기 위해 사용되었던 닫힌 윤곽선(그림 374)을 만들어 "끝까지 부풀리는" 방법을 다음 적분들에 적용해보자.

$$\text{(8)} \qquad \int_{-\infty}^{\infty} f(x)\cos sx\,dx \qquad \text{그리고} \qquad \int_{-\infty}^{\infty} f(x)\sin sx\,dx \qquad (s\text{는 실수}).$$

위의 적분들은 Fourier 적분(11.7절)과 관련하여 자주 볼 수 있는 적분 형태이다.

$f(x)$가 식 (4)에서처럼 차수에 관한 가정을 만족하는 유리함수라 하고, 그림 374에 표현된 경로 C에서의 적분

$$\oint_C f(z)e^{isz}\,dz \qquad (s\text{는 양의 실수})$$

를 생각하면, 식 (7) 대신에

$$\text{(9)} \qquad \int_{-\infty}^{\infty} f(x)e^{isx}\,dx = 2\pi i \sum \operatorname{Res}\,[f(z)e^{isz}] \qquad (s > 0)$$

를 얻는다. 여기서 합기호는 상반평면에 있는 $f(z)e^{isz}$의 극에서 유수들의 합을 표현한다. 식 (9)의 양변의 실수부와 허수부는 서로 각각 같으므로, 다음의 식을 얻을 수 있다.

$$\textbf{(10)} \qquad \begin{aligned} \int_{-\infty}^{\infty} f(x)\cos sx\,dx &= -2\pi \sum \operatorname{Im}\operatorname{Res}\,[f(z)e^{isz}], \\ \int_{-\infty}^{\infty} f(x)\sin sx\,dx &= 2\pi \sum \operatorname{Re}\operatorname{Res}\,[f(z)e^{isz}] \end{aligned} \qquad (s > 0)$$

식 (9)가 성립하려면, $R \to \infty$일 때 그림 374에 있는 반원 S에 대한 적분 값이 0에 접근한다는 것을 보여야 한다[식 (4)에서와 마찬가지로]. 이때 S는 상반평면 $y \geqq 0$에 존재하고 $s > 0$이므로

$$|e^{isz}| = |e^{is(x+iy)}| = |e^{isx}||e^{-sy}| = 1 \cdot e^{-sy} \leqq 1 \qquad (s > 0,\quad y \geqq 0)$$

이 성립하며, 이로부터 부등식 $|f(z)e^{isz}| = |f(z)|\,|e^{isz}| \leqq |f(z)|$ $(s > 0,\ y \geqq 0)$을 얻는다. 이것은 현재 문제를 식 (4)의 문제로 귀착하게 한다. 따라서 같은 방법으로 진행하면 식 (9)와 (10)을 얻을 수 있다.

예제 3 식 (10)의 응용

다음을 보여라.

$$\int_{-\infty}^{\infty} \frac{\cos sx}{k^2+x^2}\,dx = \frac{\pi}{k}e^{-ks}, \qquad \int_{-\infty}^{\infty} \frac{\sin sx}{k^2+x^2}\,dx = 0 \qquad (s > 0,\ k > 0)$$

풀이. $e^{isz}/(k^2 + z^2)$은 상반평면에서 한 개의 극을 갖는다. 즉 $z = ik$에서 단순극을 갖는다. 16.3절의 식 (4)로부터

$$\operatorname*{Res}_{z=ik} \frac{e^{isz}}{k^2 + z^2} = \left[\frac{e^{isz}}{2z}\right]_{z=ik} = \frac{e^{-ks}}{2ik}$$

를 얻으며, 따라서

$$\int_{-\infty}^{\infty} \frac{e^{isx}}{k^2 + x^2}\, dx = 2\pi i \frac{e^{-ks}}{2ik} = \frac{\pi}{k} e^{-ks}$$

이다. $e^{isx} = \cos sx + i \sin sx$이므로, 위의 결과가 얻어진다[또한, 11.7절의 식 (15) 참조]. ■

이상적분의 다른 종류

다음 이상적분을 생각해 보자.

$$\int_A^B f(x)\, dx \tag{11}$$

피적분함수가 적분구간 내의 점 a에서 무한대가 된다고 하자. 즉,

$$\lim_{x \to a} |f(x)| = \infty$$

정의에 의해, 위의 적분 (11)은 다음과 같은 의미를 갖는다.

$$\int_A^B f(x)\, dx = \lim_{\epsilon \to 0} \int_A^{a-\epsilon} f(x)\, dx + \lim_{\eta \to 0} \int_{a+\eta}^B f(x)\, dx \tag{12}$$

이 식에서 ϵ과 η는 둘 다 양의 값들을 거쳐 독립적으로 0에 접근한다. ϵ, η가 독립적으로 0에 접근하면, 위 식에 있는 극한들이 존재하지 않을 경우에도 극한

$$\lim_{\epsilon \to 0} \left[\int_A^{a-\epsilon} f(x)\, dx + \int_{a+\epsilon}^B f(x)\, dx\right] \tag{13}$$

는 존재할 수가 있다. 이것을 적분의 **Cauchy 주값**(Cauchy principal value)이라 하며, 다음과 같이 표기한다.

$$\text{pr. v.} \int_A^B f(x)\, dx$$

예를 들면,

$$\text{pr. v.} \int_{-1}^{1} \frac{dx}{x^3} = \lim_{\epsilon \to 0} \left[\int_{-1}^{-\epsilon} \frac{dx}{x^3} + \int_{\epsilon}^{1} \frac{dx}{x^3}\right] = 0$$

과 같이 적분 자체는 별 의미를 갖지 않으나 주값은 존재한다.

실축 상의 단순극의 경우에 $-\infty$로부터 ∞까지의 적분의 주값에 대한 공식을 얻을 수 있다. 이 공식은 다음의 정리에서 얻어진다.

정리 1

실축 상의 단순극

만약 함수 $f(z)$가 실축 상의 점 $z = a$에서 단순극을 갖는다면(그림 376),

$$\lim_{r \to 0} \int_{C_2} f(z)\,dz = \pi i \operatorname*{Res}_{z=a} f(z)$$

이다.

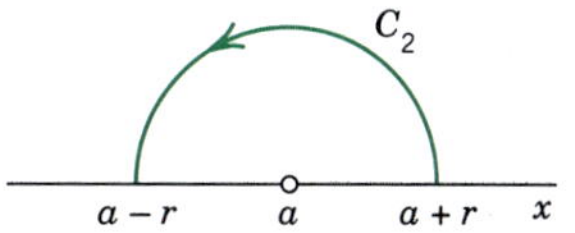

그림 376. 정리 1

증명 16.2절의 단순극에 대한 정의로부터 피적분함수 $f(z)$가 $0 < |z - a| < R$에 대하여 Laurent 급수

$$f(z) = \frac{b_1}{z-a} + g(z), \qquad b_1 = \operatorname*{Res}_{z=a} f(z)$$

를 갖는다. 여기서 $g(z)$는 적분경로인 반원(그림 376)

$$C_2: \quad z = a + re^{i\theta}, \qquad 0 \leqq \theta \leqq \pi$$

에서와 C_2와 x축 사이의 모든 z값에 대해 해석적이므로 C_2에서 유계, 즉 $|g(z)| \leqq M$이다. 따라서 적분은

$$\int_{C_2} f(z)\,dz = \int_0^{\pi} \frac{b_1}{re^{i\theta}} ire^{i\theta}\,d\theta + \int_{C_2} g(z)\,dz = b_1 \pi i + \int_{C_2} g(z)\,dz$$

가 되는데, 우변의 두 번째 적분은 14.1절의 ML 부등식에 의하여 절댓값이 $M\pi r$을 넘지 않으며, $r \to 0$일 때 $ML = M\pi r \to 0$이다. ■

그림 377은 유리함수 $f(x)$를 $-\infty$에서 ∞까지 적분의 주값을 얻기 위해 정리 1을 이용하는 방법을 보여주고 있다. 충분히 큰 R에 대해 그림 377에서의 윤곽선 위의 적분은 상반평면에서의 특이점에서, $f(z)$의 유수의 합에 $2\pi i$배를 한 값 J를 가진다. $f(x)$가 식 (4)의 차수에 관한 조건을 만족한다고 가정하면, 반원 S에 대한 적분 값은 $R \to \infty$일 때 0에 접근하게 된

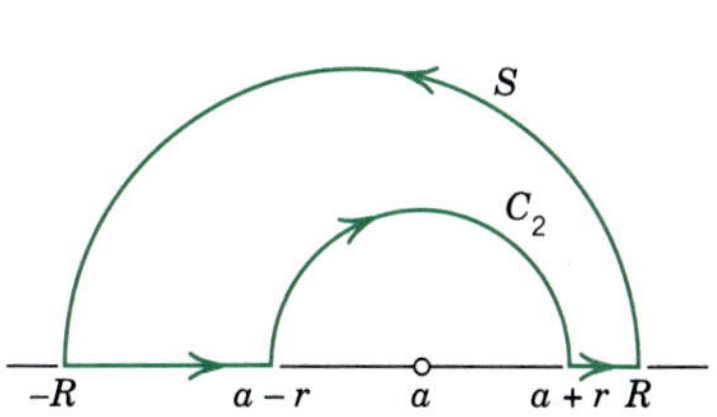

그림 377. 정리 1의 응용

다. $r \to 0$일 때 C_2에 대한 적분(시계방향)은 정리 1에 의해,

$$K = -\pi i \operatorname*{Res}_{z=a} f(z)$$

에 접근한다. 이것은 $-\infty$에서 ∞까지 적분한 주값 P와 K의 합이 J임을 보여준다. 따라서 $P = J - K = J + \pi i\, Res_{z=a} f(z)$이다. 만약 $f(z)$가 실축 위에 여러 개의 단순극을 갖는다면, K는 각각 대응하는 유수의 합에 $-\pi i$배한 값이 될 것이다. 그러면 원하는 공식

$$\text{(14)} \qquad \text{pr. v.} \int_{-\infty}^{\infty} f(x)\,dx = 2\pi i \sum \operatorname{Res} f(z) + \pi i \sum \operatorname{Res} f(z)$$

가 얻어진다. 여기서 첫 번째 합은 상반평면에 있는 모든 극에 대해 행해지며, 두 번째 합은 실축 위에 있는 모든 극에 대해 행해지는데, 후자의 경우 가정에 의해 단순극이어야 한다.

예제 4 실축 상의 극

다음 주값을 구하라.

$$\text{pr. v.} \int_{-\infty}^{\infty} \frac{dx}{(x^2 - 3x + 2)(x^2 + 1)}$$

풀이. $x^2 - 3x + 2 = (x - 1)(x - 2)$이므로 복소수 z에 대해 고려된 피적분함수 $f(x)$는 다음의 값들에서 단순극을 갖는다.

$$z = 1, \qquad \operatorname*{Res}_{z=1} f(z) = \left[\frac{1}{(z-2)(z^2+1)}\right]_{z=1} = -\frac{1}{2},$$

$$z = 2, \qquad \operatorname*{Res}_{z=2} f(z) = \left[\frac{1}{(z-1)(z^2+1)}\right]_{z=2} = \frac{1}{5},$$

$$z = i, \qquad \operatorname*{Res}_{z=i} f(z) = \left[\frac{1}{(z^2-3z+2)(z+i)}\right]_{z=i} = \frac{1}{6+2i} = \frac{3-i}{20},$$

이때, 또 하나의 단순극 $z = -i$는 하반평면에 있으므로 대상에서 제외된다. 식 (14)로부터 답을

$$\text{pr. v.} \int_{-\infty}^{\infty} \frac{dx}{(x^2 - 3x + 2)(x^2 + 1)} = 2\pi i\left(\frac{3-i}{20}\right) + \pi i\left(-\frac{1}{2} + \frac{1}{5}\right) = \frac{\pi}{10}$$

와 같이 얻는다. ■

이 절에서 고려된 형태인 적분의 더 많은 예가 연습문제에 주어져 있다. 자신의 CAS로도 계산해 보라. 이 계산들이 때로는 틀린 복소적분 결과를 줄 수도 있다.

연습문제 16.4

1-4 코사인과 사인을 포함하는 적분

다음 적분들을 계산하고, 풀이과정을 상세히 보여라.

1. $\displaystyle\int_0^{\pi} \frac{2\,d\theta}{k - \cos\theta}$, $(|k|>1)$ **2.** $\displaystyle\int_0^{2\pi} \frac{1 + \sin\theta}{3 + \cos\theta}\,d\theta$

3. $\displaystyle\int_0^{2\pi} \frac{\sin^2\theta}{5 - 4\cos\theta}\,d\theta$ **4.** $\displaystyle\int_0^{2\pi} \frac{\cos\theta}{13 - 12\cos 2\theta}\,d\theta$

5-8 이상적분: 무한 적분구간

다음 적분들을 계산하고, 풀이과정을 상세히 보여라.

5. $\displaystyle\int_{-\infty}^{\infty} \frac{dx}{(1 + x^2)^3}$ **6.** $\displaystyle\int_{-\infty}^{\infty} \frac{x^2 + 1}{x^4 + 1}\,dx$

7. $\displaystyle\int_{-\infty}^{\infty} \frac{dx}{x^4 - 1}$ **8.** $\displaystyle\int_{-\infty}^{\infty} \frac{x}{8 - x^3}\,dx$

9-14 이상적분: 실축 상의 극

다음 적분들의 Cauchy 주값을 구하라.

9. $\displaystyle\int_{-\infty}^{\infty} \frac{dx}{x^4 - 1}$ **10.** $\displaystyle\int_{-\infty}^{\infty} \frac{dx}{x^4 + 3x^2 - 4}$

11. $\displaystyle\int_{-\infty}^{\infty} \frac{x + 5}{x^3 - x}\,dx$ **12.** $\displaystyle\int_{-\infty}^{\infty} \frac{x^2}{x^4 - 1}\,dx$

13. CAS 실습. **실축에서의 단순극.** a_j가 실수고 모두 다를 때, $f(x) = [(x - a_1)(x - a_2)\cdots(x - a_k)]^{-1}$, $(k > 1)$라 놓고 적분 $\int_{-\infty}^{\infty} f(x)dx$를 가지고 실험하라. 이 적분의 주값을 0으로 추측하라. $k = 3$과 같은 특별한 k에 대해서 증명해 보고 일반적인 k에 대해서도 시도해 보라.

14. 조별 과제. **실적분에 대한 주석. (a) 공식 (10)**은 식 (9)로부터 얻어진다. 상세히 설명하라. **(b) 보조 결과의 사용.** 꼭짓점 $-a, a, a + ib, -a + ib$를 갖는 직사각형 C의 경계를 따라 e^{-z^3}을 적분하고, $a \to \infty$로 하며

$$\int_0^{\infty} e^{-x^2} dx = \frac{\sqrt{\pi}}{2}$$

를 사용하여, 다음을 보여라.

$$\int_0^{\infty} e^{-x^2} \cos 2bx\,dx = \frac{\sqrt{\pi}}{2} e^{-b^2}$$

(이 적분은 12.7절의 열전도에서 필요하다.)

(c) 검사. 계산 없이 인터넷 문제 1과 2를 풀어라.

16장 복습문제

1. Laurent 급수란 무엇인가? 그것의 주부란 무엇인가? 그것의 용도는 무엇인가? 예를 들어 보아라.

2. 이번 장에서 어떠한 특이점에 대해서 논의되었는가? 정의에 대해 서술하고 예를 들어 보아라.

3. 유수란 무엇인가? 적분에서 그것의 역할은 무엇인가? 그것을 구하기 위한 방법에 대해 서술하라.

4. 특이점에서 유수는 0이 될 수 있는가? 단순극에서는 어떠한가? 이유를 설명하라.

5. 기억하고 있는 유수에 대한 정리와 증명에 대해 말하라.

6. 실적분을 유수적분을 이용하여 어떤 식으로 계산할 수 있는가? 그리고 필요한 닫힌 경로는 어떤 식으로 구할 수 있는가?

7. 이상적분은 무엇인가? 그것의 주값은 무엇인가? 이번 장에서 이것들에 대해 언급된 이유는 무엇인가?

8. 해석함수의 영점은 무엇인가? 예를 들어 보아라.

9. 확장된 복소평면은 무엇인가? Riemann 구 R은 무엇인가? R 위의 $z = 1 + i$를 도시해 보아라.

10. 완전함수란 무엇인가? 그것은 무한대에서 해석적일 수 있는가? 그 정의에 대해 서술하라.

16장 요약.
Laurent 급수. 유수적분

Laurent 급수(Laurent series)는 다음과 같은 형태이다.

$$f(z) = \sum_{n=0}^{\infty} a_n(z - z_0)^n + \sum_{n=1}^{\infty} \frac{b_n}{(z - z_0)^n} \tag{1}$$ (16.1절 참조)

또는 더 간단히 쓰면[결국 식 (1)과 같다!],

$$f(z) = \sum_{n=-\infty}^{\infty} a_n(z - z_0)^n, \qquad a_n = \frac{1}{2\pi i}\oint_C \frac{f(z^*)}{(z^* - z_0)^{n+1}}\,dz^* \tag{1*}$$

가 된다. 여기서 $n = 0, \pm 1, \pm 2, \cdots$이다. 이 급수는 중심이 z_0인 열린 환형(고리) A 안에서 수렴한다. A 안에서 함수 $f(z)$는 해석적이다. A 안에 있지 않은 점에서는 특이점을 가질 수 있다. 급수 (1)에서 첫 번째 급수는 거듭제곱급수이다. 주어진 환형 안에서 $f(z)$의 Laurent 급수는 유일하지만, $f(z)$는 똑같은 중심을 갖는 서로 다른 환형에서 서로 다른 Laurent 급수를 가질 수 있다.

특히 중요한 것은, $0 < |z - z_0| < R$ $(R > 0)$, 즉 z_0 자신을 제외한 z_0 근방에서 수렴하는 Laurent 급수 (1)이다. 이 Laurent 급수에서 음의 거듭제곱의 급수(또는 유한 합)는 z_0에서 $f(z)$의 **주부**(principal part)라고 불린다. 이 급수에서 $1/(z - z_0)$의 계수 b_1은 z_0에서 $f(z)$의 **유수**(residue)라고 불리고 다음과 같이 주어진다[식 (1)과 (1*)를 보라].

$$b_1 = \operatorname*{Res}_{z\to z_0} f(z) = \frac{1}{2\pi i}\oint_C f(z^*)\,dz^* \qquad \text{따라서} \qquad \oint_C f(z^*)\,dz^* = 2\pi i \operatorname*{Res}_{z=z_0} f(z) \tag{2}$$

b_1은 식 (2)에서 보여지는 것과 같이 ***적분***계산에 사용될 수 있다. 그 이유는, 만약 $f(z)$가 z_0에서 **위수 m의 극**을 갖는다면 유수가

$$\operatorname*{Res}_{z=z_0} f(z) = \frac{1}{(m-1)!}\lim_{z\to z_0}\left(\frac{d^{m-1}}{dz^{m-1}}[(z - z_0)^m f(z)]\right) \tag{3}$$ (16.3절 참조)

로부터 구해질 수 있기 때문이다. 이것은 정의에 의해 이 경우 주부가 $1/(z - z_0)^m$을 음의 최고차항으로 갖는다는 것을 의미한다. 따라서 단순극($m = 1$)일 때는 다음과 같다.

$$\operatorname*{Res}_{z=z_0} f(z) = \lim_{z\to z_0}(z - z_0)f(z); \qquad \text{또한} \qquad \operatorname*{Res}_{z=z_0}\frac{p(z)}{q(z)} = \frac{p(z_0)}{q'(z_0)}$$

만약 주부가 무한급수라면 z_0에서 $f(z)$의 특이점은 **진성특이점**(essential singularity)이라 불린다(16.2절 참조).

또한 16.2절에서는 *확장된 복소평면*, 즉 이상점(improper point) ∞("무한대")가 첨가된 복소평면에 대해서도 논의하였다.

유수적분은 또한 몇 종류의 복잡한 실적분을 계산하는 데에도 사용될 수 있다(16.4절).

CHAPTER 17

등각사상

Conformal Mapping

등각사상은 공학자나 과학자에게 퍼텐셜이론을 이용한 문제풀이에 있어 매우 중요한 도구이다. 등각사상은 앞으로 공부할 18장의 정전기, 열흐름, 유체흐름 등에 많이 응용되며 2차원 퍼텐셜이론에서 *경계값 문제*를 푸는 데도 가장 표준적인 방법이다.

등각사상의 가장 큰 특징은 각도가 유지되고(몇몇 임계점을 제외하고), *복소수해석을 기하학적으로 접근*할 수 있게 하는 것이다. 다음을 통해 자세하게 살펴보자. 복소함수 $w = f(z)$가 z-평면의 정의역 D에서 정의된다면, D의 각 점에 대해 w-평면상에 대응되는 한 점이 존재한다. 이러한 방법으로 D에서 w-평면에 $f(z)$의 값들로 이루어진 치역 위로의 **사상**(mapping)을 얻는다. 17.1절에서는 $f(z)$가 해석함수라면, 사상 $w = f(z)$가 **등각사상**임을 증명할 것이다. 즉, 해석함수 $w = f(z)$에 의한 사상은 도함수 $f'(z)$가 0인 점을 제외하고(이 점들을 임계점이라 부른다) 등각사상(conformal mapping)이 된다.

등각성은 일찍이 지구의 지도를 제작하는 방법으로부터 유래한다. 그런 지도들은 방향을 정확히 주는 "등각적"일 수도 있고, 축소비를 제외하고 면적을 정확히 주는 "등면적"일 수도 있다. 그렇지만 이 두 가지 조건을 모두 만족시킬 수 없기 때문에 지도는 항상 왜곡되어 그려지게 되고, 이는 증명될 수 있다(부록 1의 [GenRef8]을 참조). 따라서 지도 설계자는 정확한 지도를 그리기 위해서는 어떤 왜곡을 선택할 것인지 결정해야 한다.

우리는 수학에서 실함수 $y = f(x)$의 특성에 대해 공부하고 그래프를 그렸던 것과 유사한 방법으로 등각성에 대해 공부할 것이다. 13장에서 다루었던 함수들의 특성에 대해 명확하게 더 깊이 이해하기 위하여 등각사상의 특성들에 대해(17.1~17.4절) 공부하게 된다. 17장의 마지막에는 $w = \sqrt{z}$ 그리고 $w = \ln z$와 같은 다가 복소함수를 다룰 때 매우 탁월한 기하학적 방법인 ***Riemann* 곡면**에 대한 소개를 할 것이다.

지금까지 우리는 복소수해석에서 문제를 푸는 데 있어 두 가지 주요 접근방법에 대해 알아보았다. 첫 번째는 13, 14장에서 폭넓게 공부했던 Cauchy 적분공식을 이용한 복소적분 방법이다. 두 번째 접근방법은 15, 16장에서 다룬 Laurent 급수를 이용한 유수적분에 의한 복소적분을 푸는 방법이다. 이제 17장과 18장에서는 세 번째 방법으로 복소수해석에서 경계값 문제를 푸는 데 필요한 *기하학적 접근방법*인 등각사상을 공부하게 된다.

이 장을 위한 예비지식: 13장
생략할 수 있는 절: 17.3, 17.5절
참고문헌과 연습문제 해답: 부록 1의 D부와 부록 2

17.1 해석함수의 기하학: 등각사상

이제 해석함수에서 특이점을 제외한 모든 지점에서 각도가 보존되는 사상인 등각사상에 대해 알아볼 것이다. 여기서 특이점이란 등각사상에서 각도가 보존되지 않는 점으로, 그 함수의 미분값이 0이 되는 점에서 나타난다. 이 결과를 도출해내기 위해서는 우선 용어들에 대해 정확하게 정의해야 한다.

복소변수 z의 복소함수

(1) $$w = f(z) = u(x, y) + iv(x, y) \qquad (z = x + iy)$$

는 복소 z-평면에 있는 정의역 D를 복소 w-평면 **안으로**(into), 혹은 w-평면의 치역(range) ***위로***(onto) **사상**(mapping)한다.[1] D에 있는 모든 z_0에 대하여 점 $w_0 = f(z_0)$을 f에 대한 z_0의 **상**(image)이라고 부른다. 보다 일반적으로, D에 있는 곡선 C의 점들에 대한 상들은 곡선 C의 **상**을 형성한다. D에 있는 다른 집합들에 대해서도 마찬가지이다. *함수* $w = f(z)$*에 의한 사상*이란 말 대신 간략하게 ***사상*** $w = f(z)$라 할 것이다.

예제 1 사상 $w = f(x) = z^2$

극형식 $z = re^{i\theta}$와 $w = Re^{i\phi}$을 이용하면, $w = z^2 = r^2e^{2i\theta}$라는 관계식을 얻는다. 절댓값과 편각을 비교해 보면 $R = r^2$과 $\phi = 2\theta$으로 주어진다. 그러므로 원 $r = r_0$는 원 $R = r_0^2$으로 사상되고 사선 $\theta = \theta_0$는 $\phi = 2\theta_0$로 사상된다. 그림 378은 $1 \leqq |z| \leqq \frac{3}{2}$, $\pi/6 < \theta \leqq \pi/3$의 영역이 $1 \leqq |w| \leqq \frac{9}{4}$, $\pi/3 \leqq \phi < 2\pi/3$ 위로 사상되는 것을 보여준다.

직교좌표계에서 $z = x + iy$로부터

$$u = \text{Re}\,(z^2) = x^2 - y^2, \qquad v = \text{Im}\,(z^2) = 2xy$$

을 얻을 수 있다. 그러므로 $x = c =$ 상수인 수직선은 $u = c^2 - y^2$, $v = 2cy$ 위로 사상된다. 이것에서 y를 소거하기 위해서 $y^2 = c^2 - u$를 $v^2 = 4c^2y^2$에 대입하면 다음을 얻는다.

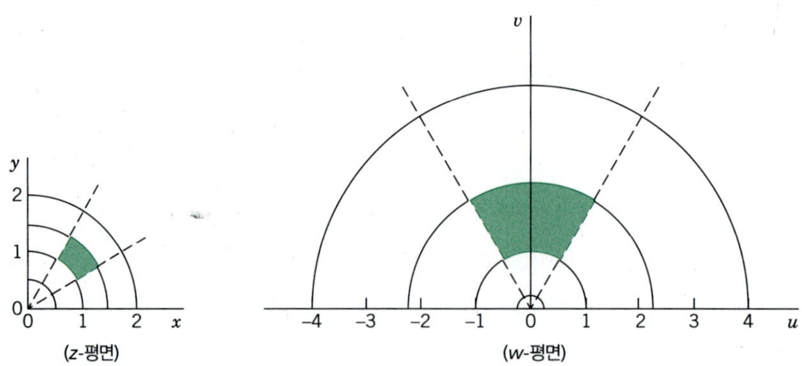

그림 378. 사상 $w = z^2$. $|z| =$ 상수이거나 편각 $z =$ 상수인 선들과 w-평면에서 그 상들

[1]일반적인 용어정의는 다음과 같다. 집합 A에서 집합 B로의 사상에서 만약에 B의 모든 원소들이 적어도 하나의 A 원소에 대응하는 상이라고 했을 때 **전사**(surjective) 또는 집합 A의 집합 B **위로**(onto)의 사상이라고 한다. 만약에 A의 서로 다른 원소들이 B에서 서로 다른 상들을 가진다면 이것을 **단사**(injective) 또는 **일대일대응**(one-to-one)이라고 한다. 마지막으로 전사이고 단사이면 **전단사**(bijective)라 한다.

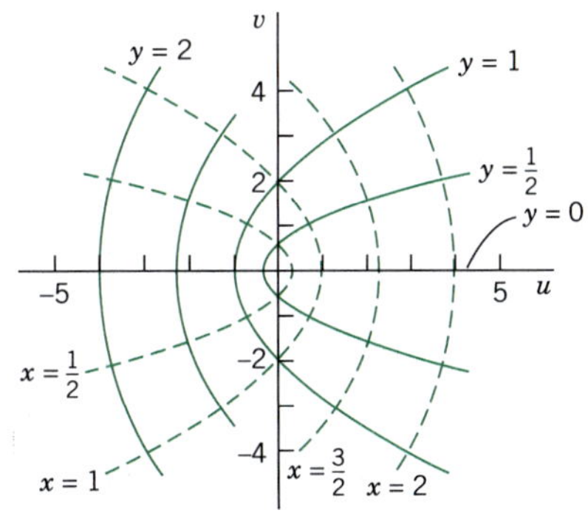

그림 379. $w = z^2$에 의한 $x =$ 상수, $y =$ 상수의 상들

$$v^2 = 4c^2(c^2 - u) \qquad \text{(그림 379).}$$

이 포물선들은 왼쪽으로 열려 있다. 마찬가지로, $y = k =$ 상수인 수평선은 오른쪽으로 열려 있는 포물선들로 사상된다.

$$v^2 = 4k^2(k^2 + u) \qquad \text{(그림 379).}$$ ■

등각사상

사상 $w = f(z)$가 유향곡선(oriented curve)들 간 사잇각의 크기와 방향을 보존한다면 **등각사상**(conformal mapping)이라 한다. 그림 380은 이것이 의미하는 바를 보여주고 있다. 교차하는 두 곡선 C_1, C_2 사이의 **각도** α $(0 \leqq \alpha \leqq \pi)$는 교점 z_0에서 그 곡선들의 유향접선들 사이의 각으로 정의된다. 그리고 *등각성*(confromality)이란 C_1과 C_2의 상인 C_1^*와 C_2^*가 원래 곡선들과 같은 크기와 방향의 각도를 유지하는 것을 의미한다.

정리 1

해석함수에 의한 사상의 등각성

해석함수 $w = f(z)$에 의한 사상은 도함수 f'이 0이 되는 점, 즉 **임계점**(critical points) *을 제외하고 등각사상이다.*

증명 $w = z^2$은 $f'(z) = 2z = 0$으로부터 $z = 0$에서 임계점을 가지며, 각도가 두 배(그림 378)가 되므로 등각성은 성립되지 않는다.

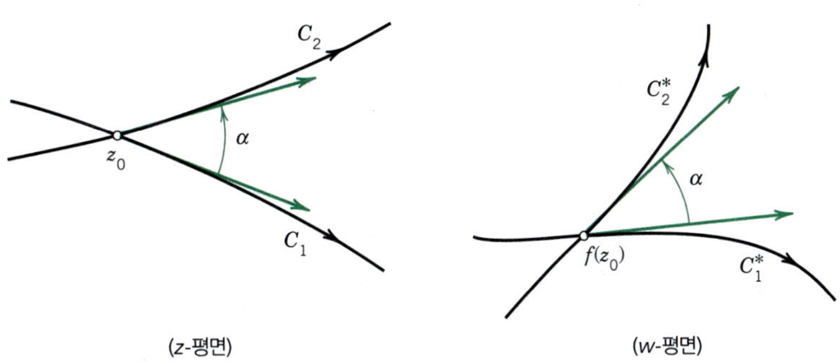

그림 380. 곡선 C_1, C_2와 등각사상 $w = f(z)$에 의한 그들 각각의 상 C_1^*, C_2^*

증명의 포인트는 함수의 정의역에 있는 다음 곡선에 대해서,

$$C:\ z(t) = x(t) + iy(t) \tag{2}$$

$w = y(z)$가 임의의 점 z_0 ($f'(z_0) \neq 0$인)에서 모든 접선을 같은 각도만큼 회전시킨다는 사실을 보여주는 것이다. 우선 식 (2)에서 $\dot{z}(t) = dz/dt = \dot{x}(t) + i\dot{y}(t)$는 곡선 C의 접선이다. 왜냐하면 이 값은 곡선 C를 따라서 z_1이 z_0에 접근해 갈 때 $(z_1 - z_0)/\Delta t$의 극한이기 때문이다(그림 381에서 분할선 $z_1 - z_0$의 방향). C의 상 C^*는 $w = f(z(t))$이다. 연쇄법칙에 의해, $\dot{w} = f'(z(t))$, $\dot{z}(t)$이다. arg $\dot{z}$는 C의 접선 방향이고 C^*의 접선 방향은 다음 편각(13.2절 식 (9) 사용)에 의해 주어진다.

$$\arg \dot{w} = \arg f' + \arg \dot{z} \tag{3}$$

이것은 이 사상이 f의 해석적 정의역에 있는 한 점 z_0에서의 모든 방향들을 $f'(z_0)$의 편각($f'(z_0) \neq 0$이면 존재)만큼 회전시킨다는 것을 보여준다. 그러나 그림 381에서 보이는 바와 같이 두 곡선 사이의 각 α에 대하여 그것의 상 C_1^*와 C_2^*가 같은 교각을 이룬다는 것(두 상이 같이 회전하기 때문에)을 알 수 있는데 이는 사상의 등각성을 의미한다. ■

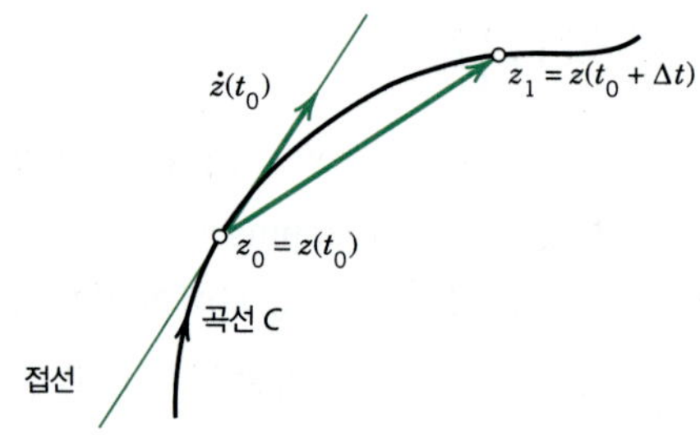

그림 381. 곡선 C 상의 분할선과 접선

이 절의 나머지와 다음 절에서 퍼텐셜 문제들의 모델링과 같은 실제로 관심 있는 다양한 등각사상들을 고려할 것이다.

예제 2 $w = z^n$의 등각성

$w' = nz^{n-1} = 0$이므로 $z = 0$을 제외하면 사상 $w = z^n$, $n = 2, 3, \cdots$은 등각사상이다. $n = 2$인 경우의 사상은 그림 378에 나타나 있는데 $z = 0$에서 각도가 2배가 되는 것을 알 수 있다. 일반적인 n에 대해 0에서의 각도는 사상될 때 n배가 된다. 그러므로 $0 \leqq \theta \leqq \pi/n$의 영역은 z^n에 의해 $v \geqq 0$인 상반평면 위로 사상된다(그림 382). ■

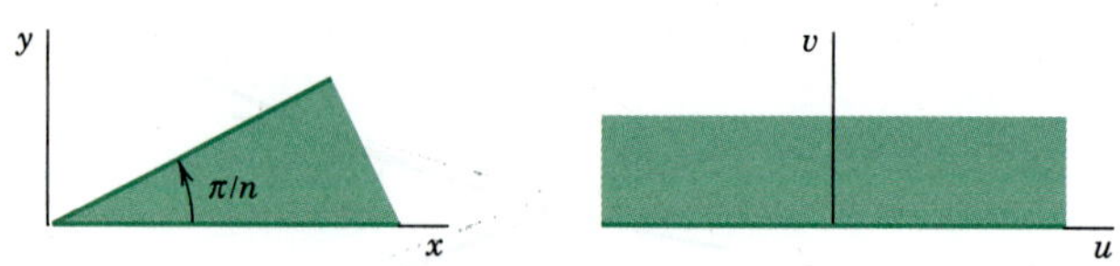

그림 382. $w = z^n$에 의한 사상

예제 3 $w = z + 1/z$에 의한 사상. Joukowski 항공 날개

극좌표 상에서 이 사상은 다음과 같다.

$$w = u + iv = r(\cos\theta + i\sin\theta) + \frac{1}{r}(\cos\theta - i\sin\theta)$$

위 식에서 실수부와 허수부의 분리에 의해 다음을 얻는다.

$$u = a\cos\theta, \qquad v = b\,\sin\theta \qquad \text{여기서} \qquad a = r + \frac{1}{r}, \qquad b = r - \frac{1}{r}$$

그러므로 $|z| = r =$ 상수 $\neq 1$인 원은 타원 $x^2/a^2 + y^2/b^2 = 1$ 위로 사상된다. $r = 1$인 원은 u축상의 $-2 \leqq u \leqq 2$ 선분 위로 사상된다. 그림 383을 참조하라.

이제 w의 도함수는 다음과 같다.

$$w' = 1 - \frac{1}{z^2} = \frac{(z+1)(z-1)}{z^2}$$

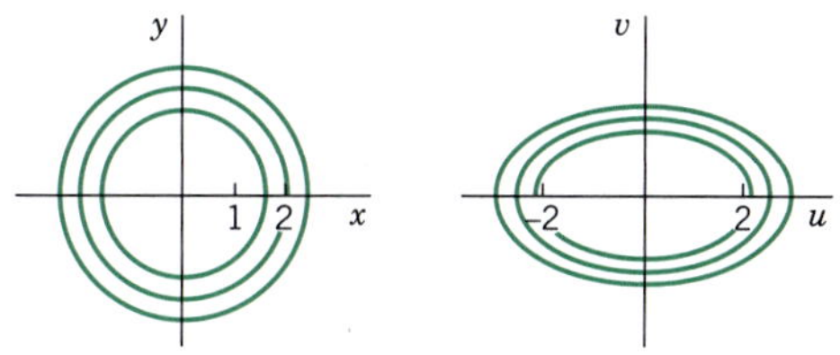

그림 383. 예제 3

앞의 도함수는 $z = \pm 1$인 점에서 0이 되므로 $z = \pm 1$인 점에서 사상이 각을 보존하지 않는다. 그림 384의 두 원은 $z = -1$을 통과한다. 더 큰 원은 *Joukowski 항공 날개* 위로 사상된다. 그리고 -1과 1을 모두 통과하는 점선으로 그려진 원은 곡선분 위로 사상된다.

18.4절에서는 $w = z + 1/z$의 또 하나의 흥미 있는 응용(원통 주위를 흐르는 유체)을 다룰 것이다. ■

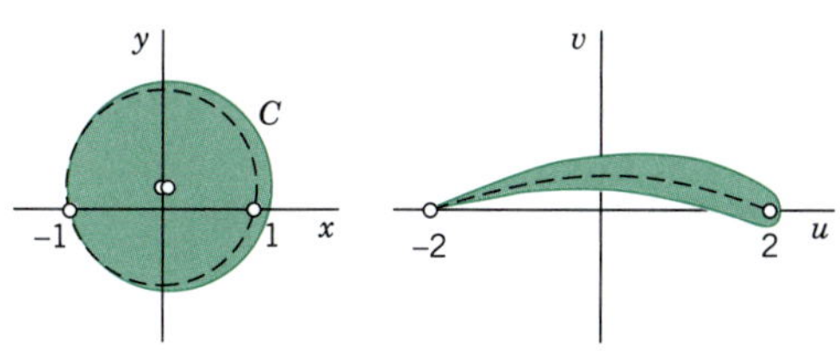

그림 384. Joukowski 날개

예제 4 $w = e^z$의 등각성

13.5절의 식 (10)으로부터 $|e^z| = e^x$와 $\text{Arg}\, z = y$이라는 사실을 알고 있다. 따라서 사상 e^z는 수직선 $x = x_0 =$ 상수를 원 $|w| = e^{x_0}$로, 수평선 $y = y_0 =$ 상수를 사선 $\arg w = y_0$로 사상한다. 또한 그림 385에 있는 사각형은 보는 바와 같이 원과 사선에 의해 경계를 이루는 영역으로 사상된다.

z-평면에서 e^z의 기본영역 $-\pi < \text{Arg}\, z \leqq \pi$은 원점 $w = 0$을 제외한 전체 w-평면에 전단사적으

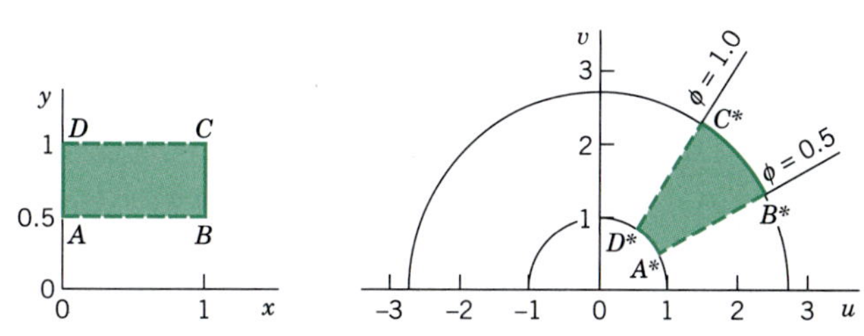

그림 385. $w = e^z$에 의한 사상

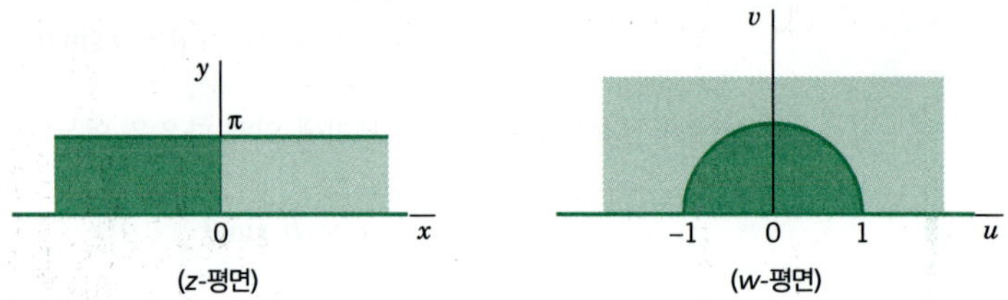

그림 386. $w = e^z$에 의한 사상

로(bijectively) 등각사상된다. ($e^z = 0$를 만족하는 z 값은 없다.) 그림 386에 보면 기본영역의 상반부 $0 < y \leqq \pi$는 상반평면 $0 < \arg w \leqq \pi$로 사상되는데, 좌반영역은 단위원판 $|w| \leqq 1$의 내부로 사상되고 우반영역은 외부로 사상된다(왜 그런가?). ■

예제 5 **역사상 원리. $w = \text{Ln}\, z$ 사상**

원리. *$w = f(z)$의 역 $z = f^{-1}(w)$에 의한 사상은, $w = f(z)$에 의한 사상에서 z-평면과 w-평면의 역할을 바꿈으로써 얻어진다.*

이제 자연대수 $w = f(z) = \text{Ln}\, z$의 주값의 역은 $z = f^{-1}(w) = e^w$이다. 예제 4로부터(변수 z와 w을 교환!) 우리는 $f^{-1}(w) = e^w$ 함수가 지수함수의 기본영역을 $z = 0$을 제외한 전체 z-평면 위로 사상한다는 것을 알고 있다(모든 w에 대해 $e^w \neq 0$이기 때문에). 따라서 $w = f(z) = \text{Ln}\, z$ 함수는 원점과 음의 실수축[$\theta = \text{Im Ln}\, z$가 2π만큼 건너뛰는]을 제외한 z-평면을 w-평면($w = u + iv$일 때)의 수평 띠 $-\pi < v \leqq \pi$로 등각사상한다.

사상 $w = \text{Ln}\, z + 2\pi i$가 $w = \text{Ln}\, z$와 $2\pi i$만큼 평행이동되는 것이므로 이 함수는 z-평면(전과 같이 $z = 0$와 음의 실수축은 제외)을 띠 $\pi < v \leqq 3\pi$ 위로 사상시킨다. 무한히 많은 사상 $w = \text{Ln}\, z = \text{Ln}\, z \pm 2n\pi i$ ($n = 0, 1, 2, \cdots$) 각각에 대해서도 유사한 사상이 되므로 폭 2π의 대응되는 수평 띠들(이 사상들에 의한 z-평면의 상)은 중첩되지 않게 전체 w-평면을 형성할 수 있다. ■

확대비. 도함수의 정의에 의해

$$\lim_{z \to z_0} \left| \frac{f(z) - f(z_0)}{z - z_0} \right| = |f'(z_0)| \tag{4}$$

임을 알고 있다. 따라서 $w = f(z)$ 사상은 짧은 선들의 길이를 약 $|f'(z_0)|$배만큼 확대(혹은 축소)시킨다. 거의 같은 모양을 가진다는 측면에서 작은 형상의 상은 원래의 형상과 ***같아진다***. 그러나 $f'(z)$는 각 점에 따라 값이 변하므로 큰 형상의 경우 그 상이 원래 형상과 크게 차이가 날 수도 있다.

$f'(z) \neq 0$에 대한 보충 설명. 13.4절의 식 (4)와 Cauchy-Riemann 식들로부터 우리는 다음 식을 얻을 수 있다.

$$|f'(z)|^2 = \left| \frac{\partial u}{\partial x} + i \frac{\partial v}{\partial x} \right|^2 = \left(\frac{\partial u}{\partial x} \right)^2 + \left(\frac{\partial v}{\partial x} \right)^2 = \frac{\partial u}{\partial x}\frac{\partial v}{\partial y} - \frac{\partial u}{\partial y}\frac{\partial v}{\partial x} \tag{5$'$}$$

즉,

$$|f'(z)|^2 = \begin{vmatrix} \dfrac{\partial u}{\partial x} & \dfrac{\partial u}{\partial y} \\ \dfrac{\partial v}{\partial x} & \dfrac{\partial v}{\partial y} \end{vmatrix} = \frac{\partial(u, v)}{\partial(x, y)} \tag{5}$$

이 행렬식은 실수 형태로 $u = u(x, y)$, $v = v(x, y)$로 쓴 $w = f(z)$ 변환의 이른바 **Jacobian** (10.3절)이다. 따라서 $f'(z_0) \neq 0$는 z_0에서 Jacobian이 0이 아님을 의미한다. 이는 $w = f(z)$가 z_0 근처의 매우 작은 영역에서 일대일 혹은 단사(다른 점은 다른 상을 갖는다)일 충분조건이다. 부록 1 참고문헌 [GenRef4] 참조.

연습문제 17.1

1. 그림 378. 하나의 "직사각형(rectangle)"과 그것의 상이 색칠되어 있다. 또 다른 "직사각형"의 상이 어디에 위치하는지를 찾아내라.

2. $w = z^3$로의 사상. 그림 378에 있는 z-평면에 대해 $w = z^3$로의 사상을 그려라.

3. 등각성. 직선 $x =$ 상수, $y =$ 상수의 해석함수에 대한 사상이 왜 직각으로 교차하는가? $|z| =$ 상수와 $\arg z =$ 상수에 대해서도 알아보라. 직각으로 교차하지 않는 점이 존재하는가?

4. $w = \bar{z}$에 대한 과제. $w = \bar{z}$가 각도의 크기와 방향을 보존하는지 알아보라. 그 결과에 대하여 증명하라.

5-8 곡선의 사상

주어진 사상에 대하여 다음 곡선들의 상을 구하고 도시하라.

5. $x = 1, 2, 3, 4$, $y = 1, 2, 3, 4$, $w = z^2$

6. 회전. 5번의 곡선들; $w = iz$

7. 단위원에 대한 투영.
$|z| = \frac{1}{3}, \frac{1}{2}, 1, 2, 3$; $\text{Arg } z = 0, \pm \pi/4, \pm\pi/2, \pm 3\pi/2$

8. 평행이동. 5번의 곡선들; $w = z + 2 + i$

9. CAS 과제. 직교망. **(a)** $f(z) = z^4$, **(b)** $f(z) = 1/z$, **(c)** $f(z) = 1/z^2$, **(d)** $f(z) = (z + i)/(1 + iz)$일 때 2개의 등위선군 $\text{Re } f(z) =$ 상수, $\text{Im } f(z) =$ 상수로 이루어진 직교망을 그려라. 왜 이 곡선들은 직각으로 교차하는가? 최선의 그림을 그리도록 시도하라. 그리고 다른 함수를 선택하여 같은 방법으로 그림을 그려라. 이를 통해 CAS 방법의 단점을 관찰하여 기록하고 개선할 방법을 논하라.

10-14 영역의 사상

주어진 사상에 대하여 다음 영역의 상을 구하고 도시하라.

10. $|z| \leqq \frac{1}{2}$, $-\pi/8 < \text{Arg } z < \pi/8$, $w = z^2$

11. $1 < |z| < 3$, $0 < \text{Arg } z < \pi/2$, $w = z^3$

12. $2 \leqq \text{Im } z \leqq 5$, $w = iz$

13. $x \geqq 1$, $w = 1/z$

14. $|z - \frac{1}{2}| \leqq \frac{1}{2}$, $w = 1/z$

15-19 등각성의 실패

다음의 사상들이 등각적이지 않은 모든 점들을 구하라. 그리고 이유를 설명하라.

15. 3차 다항식

16. $\dfrac{z + \frac{1}{2}}{4z^2 + 2}$

17. $\sin \pi z$

18. 각의 확대. $f(z)$가 z_0에서 해석적이고 $f'(z_0) = 0, \cdots, f^{(k-1)}(z_0) = 0$라고 가정하자. 이때 사상 $w = f(z)$는 z_0를 꼭짓점으로 각도를 k배만큼 확대한다. $k = 2, 3, 4$에 대해 예를 들고 도시하여라.

19. 일반적으로 $k = 1, 2, \cdots$일 때 연습문제 18을 증명하라. *힌트*. Taylor 급수를 이용하라.

20-22 확대비, Jacobian

확대비 M의 크기를 찾아보자. 그것은 사상에 대해 무엇을 말하는지 설명하라. 어디에서 M이 1과 같아지는가? Jacobian J를 찾아라.

20. $w = \frac{1}{2} z^2$

21. $w = z^3$

22. $w = 1/z$

17.2 선형분수변환(Möbius 변환)

등각사상은 경계값 문제에서 처음 주어진 영역들을 또 다른 영역으로 등각으로 사상함으로써 문제를 모델링하고 푸는 데 도움을 줄 수 있다. 다음 절에서는 표준화된 영역(원판, 반평면, 띠 등)에 대해서 이 사실을 설명할 것이다. 이를 위해 기본적인 사상들의 특징에 대해 아는 것이 중요하다. 따라서 다음의 중요한 유형들로부터 시작하자.

다음 두 절에서는 선형분수변환에 대해 알아본다. 우리가 이 부분을 강조하는 이유는 이러한 변환이 18장에서 보게 될 경계값 문제를 모델링하고 풀이하는 데 매우 유용하기 때문이다. 다음 두 절의 목표는 원판이 반평면으로 사상되는 것과 같이(17.3절) 등각사상이 특정 영역들을 각을 유지하며 서로 사상한다는 것을 명확히 이해하는 것이다. 사실, 경계값 문제를 풀기 위한 모델링 절차의 첫 단계가 경계값 문제의 "기하학적" 구조와 관련된 바른 등각사상을 찾는 것이다.

등각사상의 다음 유형들은 매우 중요하다. **선형분수변환**(또는 **Möbius 변환**)이란

$$w = \frac{az + b}{cz + d} \qquad (ad - bc \neq 0) \tag{1}$$

의 사상이다. 여기에서 상수 a, b, c, d는 복소수 또는 실수들이다. 이 사상을 미분하면

$$w' = \frac{a(cz + d) - c(az + b)}{(cz + d)^2} = \frac{ad - bc}{(cz + d)^2} \tag{2}$$

여기에서 $ad - be \neq 0$가 요구된다. 이는 모든 z에 대해 등각성을 보장하고 $w' \equiv 0$인 경우에는 관심이 없는 값이므로 등각성에서 배제한다. 식 (1)의 특별한 경우로 다음과 같은 사상이 있다.

$$\begin{aligned} &w = z + b && (\textit{평행이동}) \\ &w = az \quad \text{with } |a| = 1 && (\textit{회전}) \\ &w = az + b && (\textit{선형변환}) \\ &w = 1/z && (\textit{단위원에서 반전}) \end{aligned} \tag{3}$$

예제 1 반전 $w = 1/z$의 성질(그림 387)

극형식 $z = re^{i\theta}$와 $w = Re^{i\phi}$으로부터 반전 $w = 1/z$은 다음과 같다.

$$Re^{i\phi} = \frac{1}{re^{i\theta}} = \frac{1}{r}e^{-i\theta} \qquad \text{로부터} \qquad R = \frac{1}{r}, \quad \phi = -\theta$$

따라서 z-평면상의 단위원 $|z| = r = 1$은 w-평면상의 단위원 $|w| = R = 1$; $w = e^{i\phi} = e^{-i\theta}$로 사상된다. 일반적인 z에 대해서 $w = 1/z$의 상은 $|w| = R = 1/r$을 0에서 z까지의 선분 위에 표시하고 그것을 실수축에 대해 반사시킴으로써 기하학적으로 찾을 수 있다. (그것을 그려보라.)

그림 387에서 $w = 1/z$은 수평선과 수직선들을 원 또는 직선들로 사상하는 것을 보여준다. 일반적으로 다음 명제는 참이다.

$w = 1/z$는 모든 직선 또는 원을 원 또는 직선으로 사상한다.

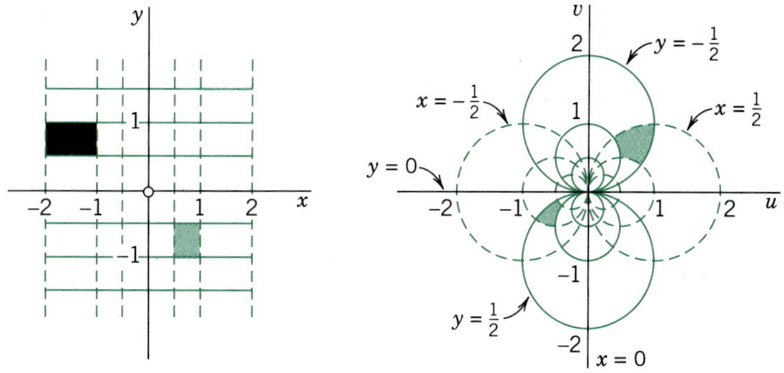

그림 387. $w = 1/z$의 사상(반저)

증명 z-평면상의 모든 직선 또는 원은 다음과 같이 표현된다.

$$A(x^2 + y^2) + Bx + Cy + D = 0 \qquad (A, B, C, D\text{는 실수}).$$

이 식에서 $A = 0$일 때 위 식은 직선이 되고 $A \neq 0$일 때 원이 된다. 이때 z와 공액복소수 $\bar{z}$을 이용하면 위 식은 다음과 같이 나타낼 수 있다.

$$Az\bar{z} + B\frac{z + \bar{z}}{2} + C\frac{z - \bar{z}}{2i} + D = 0$$

$w = 1/z$ 사상을 나타내기 위해 $z = 1/w$을 대입하고 다음에 $w\bar{w}$을 곱한다.

$$A + B\frac{\bar{w} + w}{2} + C\frac{\bar{w} - w}{2i} + Dw\bar{w} = 0$$

위 식으로부터 u와 v를 이용하여 다음과 같이 표현된다.

$$A + Bu - Cv + D(u^2 + v^2) = 0$$

이 방정식은 w-평면에서 원($D \neq 0$인 경우) 또는 직선($D = 0$인 경우)이 된다. ■

이 예제의 증명에서는 x와 y 대신 z와 $\bar{z}$를 이용하였다. 이것은 ***일반적인 원리***로서 실용적으로 매우 유용하게 사용된다.

놀랍게도 모든 선형분수변환은 위에서 증명한 성질을 갖고 있다.

정리 1

원과 직선

식 (1)과 같은 모든 선형분수변환은 z-평면상의 모든 원과 직선을 w-평면상의 모든 원과 직선으로 사상시킨다.

증명 위 정리는 이동 또는 회전에 대해서는 자명한 사실이고, 균등 확장 또는 수축이 되는 경우에도 성립하며 앞서 증명된 $w = 1/z$ 변환에 있어서도 사실이다. 따라서 위에서 언급된 특수한 사상들을 합성하는 경우도 성립하게 된다. 이 증명의 핵심은 식 (1)을 이런 특수한 사상으로 표현하는 것이다. $c = 0$일 경우에는 쉽게 증명할 수 있고, $c \neq 0$일 경우에는 다음과 같다.

$$w = K\frac{1}{cz + d} + \frac{a}{c} \qquad \text{여기서} \qquad K = -\frac{ad - bc}{c}$$

이 식에 K를 대입하여 공통분모를 취하고 간단히 정리하면 식 (1)을 얻음으로써 위 사실을 증명할 수 있다. 이제

$$w_1 = cz, \qquad w_2 = w_1 + d, \qquad w_3 = \frac{1}{w_2}, \qquad w_4 = Kw_3$$

과 같이 정리하면 $w = w_4 + a/c$를 갖는다. 이는 식 (1)이 실제로 특수한 사상들의 합성이라는 것을 의미한다. 따라서 이것으로 증명이 완료된다. ■

확장된 복소평면

확장된 복소평면(16.2절의 무한대점 ∞를 포함하는 복소평면)의 필요성은 선형분수변환을 통하여 보다 자연스럽게 이해할 수 있다.

식 (1)로부터 $cz + d \neq 0$을 만족하는 각 z에 대해 단 하나의 복소수 w가 대응함을 알 수 있다. 이제 $c \neq 0$이라고 하자. 이때 $z = -d/c$일 경우 $cz + d = 0$이며, 어떤 w에 대해서도 이 z에 대응되지 않는다. 이 사실이 $w = \infty$를 $z = -d/c$의 상이 되도록 암시한다.

또한 식 (1)의 **역사상**(inverse mapping)은 식 (1)을 z에 관해 풀어서 얻는다; 이때, 이 사상 역시 다음과 같은 선형분수변환임을 알 수 있다.

(4)
$$z = \frac{dw - b}{-cw + a}$$

여기서 $c \neq 0$일 때, $w = a/c$일 때 $cw - a = 0$이 되며 여기서 a/c를 $z = \infty$의 상으로 정한다. 이와 같이 정하면 선형분수변환 (1)은 확장된 z-평면에서 확장된 w-평면 위로 사상되는 일대일 등각사상이다. 다시 말해서 모든 선형분수변환은 "확장된 복소평면을 확장된 복소평면 위로 일대일"로 사상한다.

위의 사실로부터 다음을 알 수 있다.

주의사항. 만일 $z = \infty$이면, 식 (1)의 우변은 무의미한 식 $(a \cdot \infty + b)/(c \cdot \infty + d)$가 된다. 따라서 $z = \infty$에, $c \neq 0$일 때 $w = a/c$를, $c = 0$일 때 $w = \infty$를 대응시킨다.

고정점

사상 $w = f(z)$의 **고정점**(fixed points)이란 자기 자신으로 사상되는 점이며, 사상하에서 "고정되는" 점이다. 즉, 고정점은 다음 식으로부터 얻을 수 있다.

$$w = f(z) = z$$

항등사상(identity mapping) $w = z$는 모든 점이 고정점이 된다. 사상 $w = z$는 무한히 많은 고정점들을 가진다. $w = 1/z$는 두 개, 회전은 한 개, 평행이동은 유한평면에서 고정점이 존재하지 않는다. (각각의 경우들에서 그것들을 찾아보라.) 식 (1)에서 고정점 조건 $w = z$를 대입하면 다음과 같다.

(5)
$$z = \frac{az + b}{cz + d}, \qquad \text{따라서} \qquad cz^2 - (a - d)z - b = 0$$

$c \neq 0$일 때 이 식은 z에 관한 2차방정식이며 이 2차방정식의 계수가 모두 0이 될 필요충분 조건은 이 사상이 항등사상인 $w = z$(이 경우에는 $a = d \neq 0, b = c = 0$)가 되는 것이다. 이것으로부터 다음 정리를 얻는다.

정리 2

고정점

항등사상이 아닌 선형분수변환은 많아야 두 개의 고정점을 갖는다. 만일에 선형분수변환이 셋 또는 그보다 많은 고정점을 갖는다면 그것은 항등사상 $w = z$이어야 한다.

지금까지 논의한 일반적인 선형분수변환의 특징을 보다 유용하게 사용하기 위해서, 연습문제와 다음 절을 통하여 더 심화된 여러 명제와 예제들을 다루고자 한다.

연습문제 17.2

1. **선형분수변환의 합성**. 선형분수변환을 또 다른 선형분수변환에 대입하면 그 결과가 선형분수변환이 되는 것을 보여라.

2. **행렬**. 2×2 행렬에 익숙하다면, $ad - bc = 1$일 때 식 (1)과 식 (4)의 계수행렬들이, 각각 서로의 역변환이 되는 것을 보여라. 그리고 선형분수변환의 합성은 계수행렬들의 곱에 해당함을 증명하라.

3. **그림 387**. $x = k =$ 상수일 때 $w = 1/z$의 사상을 구하라. *힌트*. 예제 1번과 유사한 공식을 적용하라.

4-5 역변환

$z = z(w)$인 역변환을 찾아라. 그리고 $z(w)$를 w에 대해 풀어서 그 결과를 확인하라.

4. $w = \dfrac{i}{2z - 1}$

5. $w = \dfrac{z - i}{z + i}$

6-8 고정점

고정점을 찾아라.

6. $w = (a + ib)z^2$

7. $w = z - 3i$

8. $w = \dfrac{aiz - 1}{z + ai}, a \neq 1$

9-10 고정점

다음과 같은 고정점을 갖는 모든 선형분수변환을 찾아라.

9. $z = \pm i$

10. 어떤 고정점도 갖지 않는다.

17.3 특별한 선형분수변환

이 절에서도 선형분수변환에 대해 공부를 계속해보자. 한 표준영역을 다른 영역으로 사상하는 선형분수변환

$$w = \frac{az + b}{cz + d} \qquad (ad - bc \neq 0) \tag{1}$$

을 확인할 것이다. 다음 정리 1은 원하는 선형분수변환을 구성하는 도구를 제공할 것이다.

사상 (1)은 4개의 상수 a, b, c, d에 의해서, 실제로는 이들 상수 세 개와 네 번째의 비에

의해서 결정된다. 그 이유는 각각 분자와 분모에서 공동인수를 소거하거나 삽입할 수 있기 때문이다. 따라서 세 개의 조건들로부터 유일한 사상 (1)을 결정하는 것이 가능하게 한다.

정리 1

세 점들과 그 상들이 주어졌을 때

세 개의 다른 점들 z_1, z_2, z_3이 세 개의 정해진 다른 점들 w_1, w_2, w_3로 사상될 때 이를 만족하는 선형분수변환 $w = f(z)$는 단 하나밖에 존재하지 않는다. 이때, 이 사상은 다음 식으로부터 구할 수 있다.

(2)
$$\frac{w - w_1}{w - w_3} \cdot \frac{w_2 - w_3}{w_2 - w_1} = \frac{z - z_1}{z - z_3} \cdot \frac{z_2 - z_3}{z_2 - z_1}$$

(만약 이 점들 중 하나가 ∞점이면, 이 점을 포함하는 분모와 분자 두 개의 항의 몫을 1로 대체해야 한다.)

증명 식 (2)는 $F(w) = G(z)$와 같은 형태이며, 여기서 F와 G는 선형분수변환이다. 위 식으로부터 $w = F^{-1}(G(z)) = f(z)$로 표현할 수 있으며, 여기서 F^{-1}는 F의 역함수이며 선형분수변환이다(17.2절의 식 (4) 참조). 따라서 합성변환 $F^{-1}(G(z))$도 선형분수변환이며(17.2절 연습문제 1에 의해), 따라서 $w = f(z)$는 선형분수변환이다. 이제 식 (2)에서 좌변에 $w = w_1,\ w_2, w_3$를 그리고 우변에서 $z = z_1, z_2, z_3$를 대입하면 다음을 얻는다.

$$F(w_1) = 0, \qquad F(w_2) = 1, \qquad F(w_3) = \infty$$
$$G(z_1) = 0, \qquad G(z_2) = 1, \qquad G(z_3) = \infty$$

첫째 열로부터 $F(w_1) = G(z_1)$임을 알 수 있고, 따라서 $w_1 = F^{-1}(G(z_1)) = f(z1)$이다. 마찬가지로 $w_2 = f(z_2)$이면 $w_3 = f(z_3)$이다. 이로부터 원하는 선형분수변환의 존재가 증명된다.

이제 위 사상의 유일성을 증명하기 위하여 z_j를 w_j로 사상($j = 1, 2, 3$)하는 또 다른 선형분수변환 $w_j = f(z_j)$이 있다고 가정하자. 즉, $w_j = g(z_j)$이므로 $g^{-1}(w_j) = z_j$이고 여기서 $w_j = f(z_j)$이다. 따라서 $g^{-1}(f(z_j)) = z_j$은 고정점 z_1, z_2, z_3를 가지는 사상이다. 17.2절의 정리 2에 의해 이것은 모든 z에 대해 항등사상인 $g^{-1}(f(z)) = z$가 되므로 모든 z에서 $f(z) = g(z)$, 즉 유일성이 성립된다.

정리 1의 마지막 사항은 17.2절의 주의사항으로부터 알 수 있다. ■

정리 1에 의한 표준정의역의 사상

정리 1을 사용하여, 실제로 사용하는 데 있어 유용한 몇몇 영역에 대해(여기서는 "표준영역"이라 한다) 다음 원리를 이용하여 선형분수변환을 구할 수 있다.

원리. z-평면상에서 영역 D의 세 개의 경계점 z_1, z_2, z_3를 선택한다. w-평면에 D의 사상 D^*의 경계에 그들의 상이될 w_1, w_2, w_3를 선택한다. 이를 이용하여 식 (2)로부터 사상을 구한다. 이때, 영역 D가 D^*의 여집합이 아닌 D^*로 옮겨가는 것을 확인한다. 만일 후자의 경우라면 두 개의 w점들을 교환한다. (이 과정이 왜 도움이 되는가?)

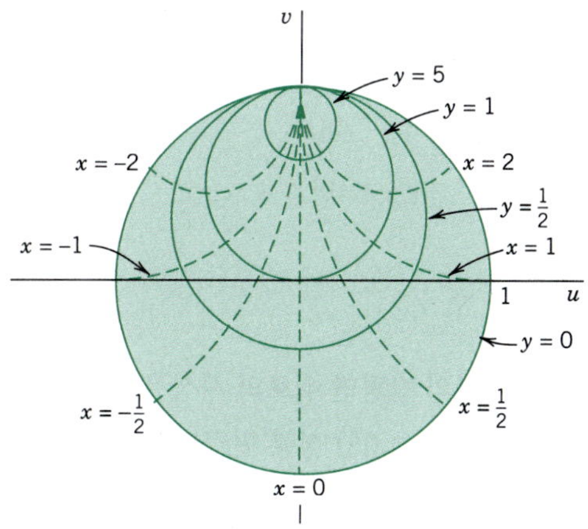

그림 388. 예제 1의 선형분수변환

예제 1 반평면을 원판 위로 사상(그림 388)

$z_1 = -1, z_2 = 0, z_3 = 1$을 $w_1 = -1, w_2 = -i, w_3 = 1$로 각각 사상하는 선형분수변환을 구하라.

풀이. 식 (2)에서

$$\frac{w-(-1)}{w-1}\cdot\frac{-i-1}{-i-(-1)}=\frac{z-(-1)}{z-1}\cdot\frac{0-1}{0-(-1)},$$

따라서

$$w=\frac{z-i}{-iz+1}$$

이제 이 사상의 구체적인 특성을 많은 계산 없이 결정할 수 있음을 보이자. $z = x$일 때 $w = (x - i)/(-ix + 1)$이고 $|w| = 1$이므로, 따라서 x축은 단위원으로 사상된다. $z = i$일 때 $w = 0$이기 때문에 상반평면은 단위원 내부로 사상되고, 하반평면은 단위원 외부로 사상된다. 또한, $z = 0, i, \infty$일 때 $w = -i, 0, i$가 되므로 양의 허수축은 선분 S: $u = 0, -1 \leqq v \leqq 1$로 사상된다. $x =$ 상수인 수직선은 원으로 사상(17.2절 정리 1 참조)되는데, $w = i$ ($z = \infty$의 상)를 지나고 $|w| = 1$에 수직이다(등각성에 의해; 그림 388 참조). 마찬가지로 $y =$ 상수인 수평선은 S에 수직이고(등각성에 의해) $w = i$를 지나는 원으로 사상된다. 그림 388에 주어진 이 원들은 $y \geqq 0$에 의한 것이고 $y < 0$에 의한 것은 단위원 밖에 놓이게 된다. ■

예제 2 ∞의 발생

점 $z_1 = 0, z_2 = 1, z_3 = \infty$를 각각 $w_1 = -1, w_2 = -i, w_3 = 1$로 사상하는 선형분수변환을 구하라.

풀이. 식 (2)로부터 구하고자 하는 사상은 다음과 같이 표현된다.

$$w=\frac{z-i}{z+i}$$

이 선형분수변환을 *Cayley 변환*[2]이라고도 부른다. 이 경우에는, 식 (2)으로부터 몫 $(1 - \infty)/(z - \infty)$를 얻는데, 이것을 1로 대체하여야 한다. ■

---

[2]영국 수학자며 Cambridge 교수인 ARTHUR CAYLEY(1821-1895)는 대수학, 행렬이론, 그리고 미분방정식에서 큰 업적을 남긴 것으로 알려진다.

예제 3 **단위원판을 반평면으로 사상**

점 $z_1 = -1, z_2 = i, z_3 = 1$을 각각 $w_1 = 0, w_2 = i, w_3 = \infty$로 사상하는 선형분수변환을 구하라(원판과 반평면을 그려라).

풀이. 식 (2)로부터 $(i - \infty)/(w - \infty)$를 1로 대체하면 다음의 선형분수변환을 얻는다.

$$w = -\frac{z+1}{z-1}$$

■

반평면의 반평면 위로의 사상은 실용적으로 흥미있는 과제이다. 예를 들어, $y \geqq 0$인 상부 반평면을 $v \geqq 0$인 상부 반평면으로 사상하고자 한다면, 이때 x축은 u축으로 사상되어야 한다.

예제 4 **반평면의 반평면 위로의 사상**

점 $z_1 = -2, z_2 = 0, z_3 = 2$을 각각 $w_1 = \infty, w_2 = \frac{1}{4}, w_3 = \frac{3}{8}$으로 사상하는 선형분수변환을 구하라.

풀이. 식 (2)로부터 다음을 얻는다.

$$w = \frac{z+1}{2z+4}$$

이때, x-축의 상과 y-축의 상은 무엇인가? ■

단위원판의 단위원판 위로의 사상은 유용한 문제의 세 번째 유형이다. 우리는 아래 함수에 의해 z_0가 중심 $w = 0$으로 사상되고 z-평면상의 단위원판이 w-평면상의 단위원판으로 사상되는 것을 쉽게 확인할 수 있다.

$$w = \frac{z - z_0}{cz - 1}, \qquad c = \bar{z}_0, \qquad |z_0| < 1 \tag{3}$$

이 사실을 확인하기 위해 $|z| = 1$로 놓고, 식 (3)에서 $c = \bar{z}_0$로 놓으면 다음을 얻는다.

$$\begin{aligned} |z - z_0| &= |\bar{z} - c| \\ &= |z|\,|\bar{z} - c| \\ &= |z\bar{z} - cz| = |1 - cz| = |cz - 1| \end{aligned}$$

그러므로 식 (3)으로부터 다음과 같이 나타낼 수 있다.

$$|w| = |z - z_0|/|cz - 1| = 1$$

따라서 $|z| = 1$은 $|w| = 1$ 위로 사상되고 z_0는 0으로 사상된다.

식 (3)은 다음 예제에서 예증될 것이다. 그리고 또 하나의 실용적으로 유용한 사상은 18.2절 연습문제 8에서 살펴볼 것이다.

예제 5 **단위원판을 단위원판 위로 사상**

식 (3)에서 $z_0 = \frac{1}{2}$를 취하면, 다음을 얻는다. (증명하라!)

$$w = \frac{2z-1}{z-2}$$

(그림 389). ■

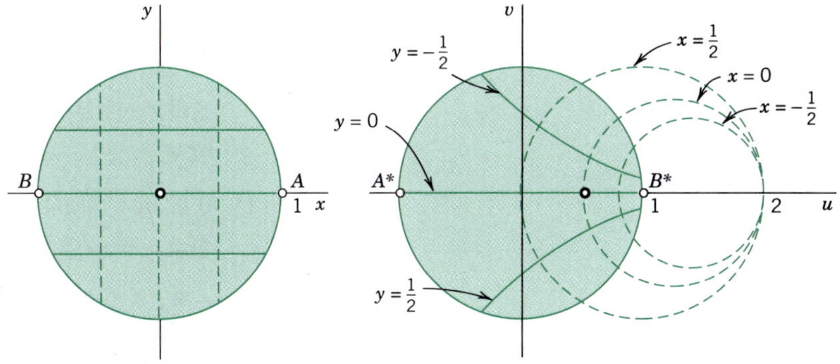

그림 389. 예제 5의 사상

예제 6 부채꼴 영역(angular region)을 단위원 위로 사상

특정한 사상 문제들은 여러 선형분수변환들을 조합하여 풀 수 있다. 예를 들어, 부채꼴 영역 D: $-\pi/6 \leqq \arg z \leqq \pi/6$(그림 390)를 단위원판 $|w| \leqq 1$ 위로 사상하기 위해서 우선 사상 $z = z^3$을 이용해 D를 z-평면의 우측반평면 위로 사상한 후, 다시 다음 사상에 의해 단위원판 $|w| \leqq 1$로 사상한다.

$$w = i\frac{Z-1}{Z+1}, \qquad \text{조합하면} \qquad w = i\frac{z^3-1}{z^3+1}$$

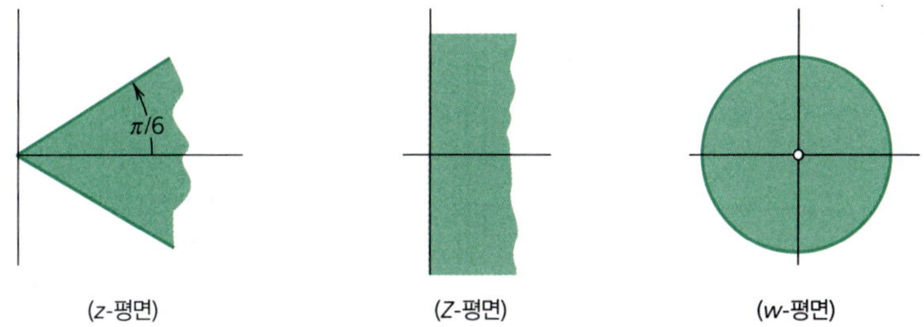

그림 390. 예제 6의 사상

이것으로 선형분수변환을 마친다. 다음 절에서는 다른 해석함수(sine, cosine 등)에 의한 등각사상을 다룰 것이다.

연습문제 17.3

1. CAS 과제. **선형분수변환(LFTs).** **(a)** 표준영역(사각형, 원판, 등)들과 예제 1-5에 있는 LFT에 의한 그들의 상을 그려라.

(b) 선형분수변환의 상이 그 계수들에 의해 연속적으로 변화함을 조사하라. 예를 들면 예제 4에서 선형분수변환의 계수를 연속적으로 변화시키면서 주어진 영역의 상의 변화를 그려라(가능하다면 애니메이션을 활용).

2. 역변환. 예제 1에 대한 역변환을 구하라. 이 역변환에서 x = 상수인 직선이 w-평면에서 중심이 $v = 1$ 위에 있는 원의 상이 됨을 보여라.

3. 역변환. 만약 $w = f(z)$의 역변환이 존재한다면, 함수 f와 그것의 역함수는 같은 고정점을 가진다는 사실을 증명하라.

4. 17.2절의 연습문제 9번을 이용하여 예제 1번의 사상을 구하라.

5-9 3개 점을 이용한 선형분수변환과 상

주어진 세 점에서 다음 순서대로 주어진 세 점으로 사상시키는 선형분수변환을 찾아라.

5. 0, 1, 2에서 1, $\frac{1}{2}$, $\frac{1}{3}$

6. 0, $2i$, $-2i$에서 $-$ 1, 0, ∞

7. 0, 1, ∞에서 ∞, 1, 0

8. -1, 0, 1에서 1, $1 + i$, $1 + 2i$

9. $-\frac{3}{2}$, 0,1에서 0, $\frac{3}{2}$, 1

10. $|z| \leqq 1$를 $|w| \leqq 1$으로 사상하고, $z = i/2$를 $w = 0$으로 사상하는 선형분수변환을 찾아라. 그리고 $x =$ 상수, $y =$ 상수에 대한 상을 그려라.

11. $0 \leqq \arg z \leqq \pi/4$ 영역을 단위원 $|w| \leqq 1$로 사상하는 해석함수 $w = f(z)$를 찾아라.

12. z-평면의 이사분면을 w-평면의 단위원 내부로 사상하는 해석함수를 찾아라.

17.4 다른 함수들에 의한 등각사상

이제 우리는 삼각 및 쌍곡선 해석함수들에 의한 사상을 다루고자 한다. 지금까지 우리는 z^n, e^z를 이용한 사상(17.1절)과 선형분수변환(17.2, 17.3절)에 대해 다루었다.

사인 함수. 그림 391은 다음 식에 의한 사상을 보여주고 있다.

$$w = u + iv = \sin z = \sin x \cosh y + i \cos x \sinh y \quad (1) \quad (13.6\text{절})$$

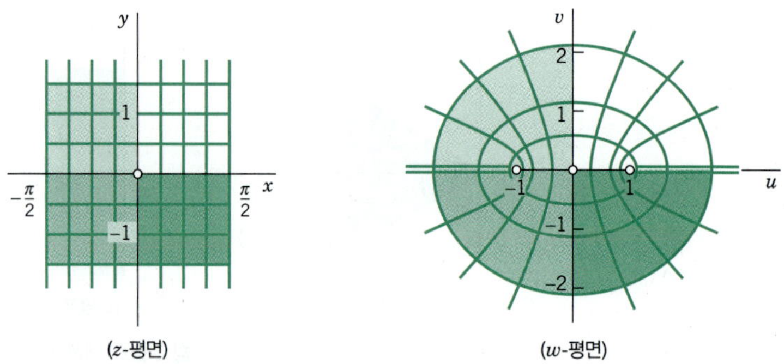

그림 391. $w = u + iv = \sin z$의 사상

따라서

$$u = \sin x \cosh y, \qquad v = \cos x \sinh y \quad (2)$$

$\sin z$는 2π의 주기를 가진 주기함수이기 때문에, 이 사상은 전체 z-평면에서 절대로 일대일이 될 수 없다. 따라서 우리는 그림 391과 같이 z를 수직 띠 $S:\ -\frac{1}{2}\pi \leqq x \leqq \frac{1}{2}\pi$로 제한한다. $z = \pm\frac{1}{2}\pi$에서 $f'(z) = \cos z = 0$이므로, 이 사상은 이 두 임계점에서 등각이 아니다. 이제 그림 391에서 나타나듯이 직선 $x =$ 상수와 $y =$ 상수의 직사각형 망은 w-평면에서 쌍곡선(수직선 $x =$ 상수의 상)과 그것과 직교(등각성!)하는 타원(수평선 $y =$ 상수의 상)으로 구성된 망으로 사상됨을 증명하자. 이를 증명하는 계산은 간단하다. 식 (2)와 $\cosh^2 y - \sinh^2 y = 1$과 $\sin^2 x + \cos^2 y = 1$로부터 다음을 얻는다.

$$\frac{u^2}{\sin^2 x} - \frac{v^2}{\cos^2 x} = \cosh^2 y - \sinh^2 y = 1 \quad (\text{쌍곡선})$$

$$\frac{u^2}{\cosh^2 y} + \frac{v^2}{\sinh^2 y} = \sin^2 x + \cos^2 x = 1 \qquad \text{(타원)}$$

예외는 $x = \frac{1}{2}\pi$와 $x = -\frac{1}{2}\pi$인 수직선들이며, 이것들은 $u \leqq -1$과 $u \geqq 1$ $(v = 0)$ 위에 각각 "겹쳐진다".

그림 392는 이 성질을 좀 더 자세히 설명하고 있다. 직사각형의 상부와 하부는 각각 타원 반쪽으로 사상되고 사각형의 수직선은 $-\cosh 1 \leqq u \leqq -1$와 $1 \leqq u \leqq \cosh 1$ $(v = 0)$로 각각 사상된다. 18.2절 연습문제 2에서 퍼텐셜 문제에 적용하는 방법에 대해 공부할 것이다.

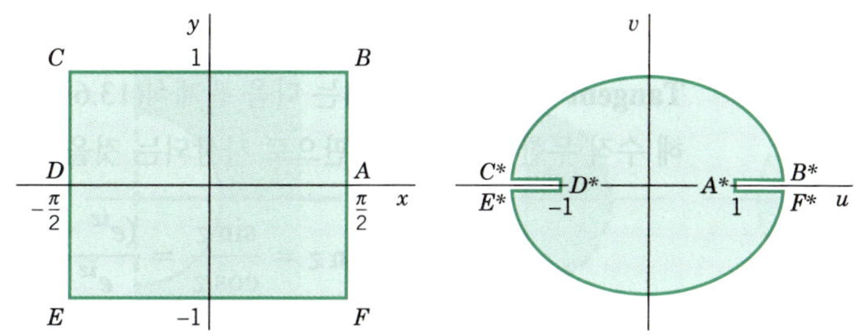

그림 392. $w = \sin z$의 사상

코사인 함수. 사상 $w = \cos z$는 독립적으로 논의될 수 있으나,

(3) $$w = \cos z = \sin\left(z + \tfrac{1}{2}\pi\right)$$

이기 때문에 이것은 $\sin z$를 오른쪽으로 $1/2\ \pi$만큼 평행이동한 것과 동일한 사상이다.

Hyperbolic Sine.

(4) $$w = \sinh z = -i \sin(iz),$$

이므로, 이 사상은 $\frac{1}{2}\pi$(즉 90°)만큼 반시계방향으로 회전 $Z = iz$를 한 후. 사인 사상 $Z^* = \sin Z$로 사상하고 다시 시계방향으로 90° 회전 $w = -iZ^*$을 사상한 것과 같은 결과를 얻는다.

Hyperbolic Cosine. 함수

(5) $$w = \cosh z = \cos(iz)$$

는 회전 $Z = iz$를 한 후에 $w = \cos Z$에 의해 사상하는 것으로 정의할 수 있다.

그림 393은 $w = \cosh z$에 의해 반무한 띠를 상반평면으로 사상한 것을 보여준다. $\cosh 0 = 1$이므로 점 $z = 0$은 $w = 1$으로 사상된다. 그리고 실수 $z = x \geqq 0$에 대해 $\cosh z$은 실수이고 x에 따라 1부터 단조 증가의 형태를 갖는다. 그래서 양의 x-축은 u-축의 $u \geqq 1$ 부분으로 사상되었다.

순허수 $z = iy$에 대하여 우리는 $\cosh iy = \cos y$임을 알고 있다. 따라서 띠의 좌측 경계는 u-축의 $1 \geqq u \geqq -1$으로 사상한다. 점 $z = \pi i$은

$$w = \cosh i\pi = \cos \pi = -1$$

문제 14

17.5 Riemann 곡면. *선택사항*

복소수해석에 있어 가장 단순하지만 가장 뛰어난 착상 중의 하나가 바로 **Riemann 곡면**(Riemann surfaces)이다. 이 곡면들에 의해 $w = \sqrt{z}$ 또는 $w - \ln z$과 같은 다가(multivalued) 관계가 단일값의 함수가 될 수 있다. 이것이 가능한 이유는 Riemann 곡면이 특정한 점(분지점이라고 한다)에서 연결된 여러 장의 판들로 이루어졌기 때문이다. 그리고 Riemann 곡면에서 $w = \sqrt{z}$는 각각 단일값을 갖는 두 장의 판을 필요로 한다. $w = \ln z$은 몇 장의 판이 필요하다고 생각하는가? 13.7절을 떠올리며 추측할 수 있을까? (해답은 이 절의 끝에서 확인할 수 있다.) 그럼 이제 이 주제에 대해 논해보자.

다음의 사상을 생각해 보자.

$$w = u + iv = z^2 \tag{1}$$ (17.1절)

여기서 $z = 0$을 제외하고($w' = 2z = 0$) 등각적이다. $z = 0$에서 각도는 이 사상에 의해 2배가 되고, 따라서 z의 우반평면(양의 y-축을 포함)은 음의 u-축을 따라 절단된 전 w-평면 위로 사상되며, 이 사상은 일대일이다. 마찬가지로, z-평면의 좌반부(음의 y-축을 포함)도 같은 사상이 된다. 그러므로 $w \neq 0$인 모든 w는 두 점 z의 상이라는 관점에서 $w = z^2$에 의한 z 전체평면의 상은 "w-평면을 이중으로 덮는다." 즉, z_1이 이들 점 중의 하나라면, 나머지 점은 $-z_1$이다. 예를 들면, $z = i$와 $-i$는 동일한 상 $w = -1$을 갖는다.

이제부터가 중요한 개념이다. 앞에서 얻은 절단된 두 개의 w-평면을 서로 포개서 위의 것이 z-평면의 우반평면 R의 상이 되고, 아래의 것이 z의 좌반평면 L의 상이 되도록 한다. 이 두 개의 평면을 절단부인 음의 실축을 따라 연결하여 z점이 R로부터 L로 옮겨가면 그 점의 상은 상부평면에서 하부의 평면으로 옮겨지게 된다. 이때 $w = 0$은 $z = 0$인 하나의 z점의 상이므로, 두 개의 원점은 같이 고정된다. 이와 같이 하여 얻은 면을 **Riemann 곡면**(그림 395a)이라고 한다. $w = 0$은 "나선점(winding point)" 또는 **분지점**(branch point)이라고 한다. $w = z^2$은 전체 z-평면을 이 Riemann 곡면 위로 일대일로 사상케 한다.

z와 w 변수의 역할을 바꾸어보자. 두 값을 가지는 관계인

$$w = \sqrt{z} \tag{2}$$ (13.2절)

는 그림 395a에 있는 Riemann 곡면에서 단일값을 갖게 되는 일반적인 하나의 함수가 된다. 위판은 $\sqrt{z}$의 주값에 대응되며 이것의 상은 w-평면의 우반평면이다. 아래 판은 w-평면의 좌반평면으로 사상된다.

마찬가지로, 세 개의 값을 가지는 관계 $w = \sqrt[3]{z}$는 그림 395b에 있는 분지점이 $z = 0$인 세 판의 Riemann 곡면 위에 하나의 값을 가지는 관계가 된다.

그림 395. Riemann 곡면

무한히 많은 값을 가지는 자연대수(13.7절)

$$w = \ln z = \text{Ln}\, z + 2n\pi i \qquad (n = 0, \pm 1, \pm 2, \cdots)$$

는 무한히 많은 판들로 구성되는 Riemann 곡면 위에 단일값을 갖게 된다. $w = \text{Ln}\, z$는 판들 중 하나에 대응된다. 이 판은 음의 x-축을 따라 잘리고 이 잘린 면의 위쪽 모서리는 다음 판의 아래쪽 모서리와 연결되어 있다. 여기서 다음 판은 편각이 $\pi < 0 \leqq 3\pi$에 대응하는 판이다.

$$w = \text{Ln}\, z + 2\pi i$$

주값 Ln z는 대응하는 판을 수평 띠 $-\pi < v \leqq \pi$ 위로 사상케 한다.
함수 $w = \text{Ln}\, z + 2\pi i$는 이웃하는 수평 띠 $\pi < v \leqq 3\pi$ 위로 그것의 판을 사상시킨다. 이 Riemann 곡면의 $z \neq 0$인 점과 w-평면의 점 사이의 사상은 일대일 대응이다. 이는 17.1절의 예제 5를 참고하라.

연습문제 17.5

1. z가 초기위치 $z = \frac{1}{4}$에서 출발하여 $|z| = \frac{1}{4}$를 두 바퀴 돌 때 $w = \sqrt{z}$의 궤적을 구하라.

2. $w = \sqrt{(z-1)(z-2)}$의 Riemann 곡면은 $z = 1$과 $z = 2$에서 분지점을 갖고, $z = 1$과 $z = 2$를 맺는 선분을 따라 절단되고, 이들이 교차하여 연결된 두 판으로 이루어졌음을 보여라. *힌트.* $z - 1 = r_1 e^{i\theta_1}$, $z - 2 = r_2 e^{i\theta_2}$, $w = \sqrt{r_1 r_2}\, e^{i(\theta_1+\theta_2)/2}$ 극좌표를 이용하라.

1-6 Riemann 곡면

다음 Riemann 곡면의 분지점과 판의 개수를 찾아라.

3. $e^{\sqrt{z}}$, $\sqrt{e^z}$

4. $\sqrt{z^3 + z}$

5. $\sqrt{(4 - z^2)(1 - z^2)}$

17장 복습문제

1. 등각사상이란 무엇인가? 왜 등각사상이 복소수해석에 쓰이는가?

2. $w = z^5 - z$와 $w = \cos(\pi z^2)$는 어떤 점에서 각도를 보존하지 않는가?

3. $w = f(z)$에 의한 사상에서 $f'(z_0) = 0, f''(z_0) = 0, f'''(z_0) \neq 0$일 때 z_0에서의 각도는 어떻게 사상되는가?

4. 선형분수변환은 무엇인가? 이것으로 무엇을 할 수 있는가? 선형분수변환의 특별한 경우를 나열하라.

5. 확장된 복소평면은 무엇인가? 이것을 소개하는 방법은?

6. 사상에서 고정점이란 무엇인가? 이 장에서 고정점의 역할은? 예를 들어라.

7. $x = \text{Re}\, z = 1$의 $w = iz, z^2, e^z, 1/z$로의 사상을 어떻게 찾을 것인가?

8. 사상 $w = \text{Ln}\, z$의 특징을 기억하는가?

9. 어떤 사상이 Joukowski 항공 날개를 주는가? 자세히 설명하라.

10. Riemann 곡면은 무엇인가? 이것을 쓰는 이유는? 단순한 예제를 보여라.

17장 요약. 등각사상

복소함수 $w = f(z)$는 복소 z-평면상의 정의역으로부터 복소 w-평면으로의 치역으로 **사상**(mapping)한다. $f(z)$가 *해석적*이면 이 사상은 **등각**(conformal)이며, 즉 각보존적이다; 어떤 두 개의 교차하는 곡선의 상들은 크기와 방향이 똑같은 교차각을 만든다(17.1절). 이때 $f'(z) = 0$인 점에서는 예외로 각이 보존되지 않는다["**임계점**(critical point)", e.g. $w = z^2$에서 $z = 0$].

e^z, $\cos z$, $\sin z$ 등에 대한 사상의 성질은 17.1절과 17.4절에 있다.

선형분수변환(linear fractional transformation), 또는 *Möbius 변환*이라고도 불리는

$$w = \frac{az + b}{cz + d} \tag{1}$$

(17.2, 17.3절)

$(ad - bc \neq 0)$는 확장 복소평면(17.2절)을 그 자체에 사상한다. 이것은 반평면에서 반평면 혹은 원판, 그리고 원판에서 원판 혹은 반평면으로 사상할 수 있도록 한다. 우리는 세 점의 상으로부터 식 (1)을 유일하게 결정할 수 있다.

Riemann 곡면(Riemann surfaces, 7.5절)은 *분지점*이라고 불리는 어떤 점에 연결된 여러 개의 겹쳐진 판으로 이루어진다. 그것들에서 다가 관계가 단일값으로 바뀌어 일반함수와 같이 된다. *예를 들면*, $w = \sqrt{z}$는 값을 두 개 갖기 때문에 두 개의 판(분기점 0을 가진)이 필요하다. 또 $w = \ln z$는 무한히 많은 값을 가지기에 무한히 많은 판이 필요하다(13.7절 참조).

CHAPTER 18

복소해석과 퍼텐셜이론

Complex Analysis and Potential Theory

17장에서 *등각사상의 기하학적 접근법*을 전개했다. 이 접근법은 z-평면의 정의역 D에 정의된 복소수 해석함수 $w = f(z)$는 D의 각 점이 w-평면에 대응하는 점과 연관되며, 도함수 $f'(z)$가 0인 임계점을 제외하고, *등각사상*(각이 보존되는)이 된다.

이 장에서는 퍼텐셜 문제에 등각사상을 적용할 것이다. 이는 경계값 문제와 정전기학, 열전달, 유체흐름과 같은 많은 공학적 응용문제들로 나타난다. 더 자세한 내용은 아래에 설명한다.

Laplace 방정식 $\nabla^2\Phi = 0$은 공업수학에서 가장 중요한 편미분방정식 중 하나이다. 왜냐하면 이 방정식은 중력장(9.7절, 12.11절), 정전기학(9.7절), 정상상태 열전도(12.5절), 비압축 유체흐름 등과 같은 분야에서 나타나기 때문이다. 이 방정식의 이론을 **퍼텐셜이론**[potential theory, "퍼텐셜"은 또한 기울기(gradient)와 관련해 더 일반적인 의미로 사용된다. 9.7절 참조]이라고 부른다. 복소수 해석방법으로 Laplace 방정식을 다루기를 원하므로 여기서는 "2차원의 경우"로 제한한다. 따라서 Φ는 2개의 직교좌표 x와 y에만 의존하고 Laplace 방정식은

$$\nabla^2\Phi = \Phi_{xx} + \Phi_{yy} = 0$$

으로 된다. 이때 중요한 개념은 Laplace 방정식의 해 Φ가 13.4절에서 보여준 복소수 해석함수 $\Phi + i\Psi$와 밀접한 관련이 있다[*주의*: 등각사상(conformal mapping)에 $u + iv$가 사용되고 있으므로 여기에서는 u와 v를 사용하지 않고 $\Phi + i\Psi$로 표기함]. 이 중요한 관계가 물리와 공학 문제에서 복소수 해석을 사용하는 주요 이유이다.

정전기학(18.1절, 18.2절), 열전도(18.3절)와 유체역학(18.4절)에서 응용문제들을 모델링하면서 Laplace 방정식과 복소수 해석함수와의 관계에 대해 조사하고, 설명할 것이다. 이는 결국 2차원 퍼텐셜이론에서 ***경계값 문제***(boundary value problems)로 귀결된다. 그 결과 17장에서의 배운 일부 함수들이 복잡한 영역을 단순한 영역으로 변환하는 데 사용된다.

18.5절에서는 원판의 퍼텐셜에 대한 중요한 Poisson의 공식을 유도한다. 18.6절에서는 Laplace 방정식의 해이면서 연속적인 2계 편도함수를 갖는 **조화함수**(harmonic functions)를 다룬다. 이 장에서는 해석함수의 결과가 조화함수의 특성을 표현하는 데 어떻게 사용되는지 보여줄 것이다.

이 장을 위한 예비지식: 13, 14, 17장

참고문헌과 연습문제 해답: 부록 1의 D부와 부록 2

18.1 정전기장

대전된 입자 사이의 전기적 인력 또는 반발력은 Coulomb의 법칙에 따른다(9.7절 참조). 이 힘은 **정전기퍼텐셜**(electrostatic potential)이라 불리는 함수 Φ의 기울기(gradient)에 해당한다. 전하가 없는 모든 점에서 Φ는 Laplace 방정식

$$\nabla^2\Phi = 0$$

의 해이다. Φ = 상수인 곡면을 **등퍼텐셜 곡면**(equipotential surfaces)이라 부른다. 각 점 P에서 Φ의 기울기는 영벡터가 아니면 P를 통과하는 곡면 Φ = 상수에 수직이다. 즉 전기력(electrical force)은 등퍼텐셜 곡면에 수직인 방향을 가진다(9.7절과 12.11절 참조).

이 장에서 논의할 문제들은 모두 **2차원**(two-dimensional)이다(이 장의 머리말에서 언급한 이유로 인해). 물론 물리적 문제들은 3차원 공간에 놓여있지만, 여기서 퍼텐셜 Φ는 그 중 하나의 공간좌표에는 독립이라고 가정한다. 따라서 2개의 좌표에만 의존하는데 이들을 x, y라 하자. 그러면 **Laplace 방정식**(Laplace's equation)은

$$\nabla^2\Phi = \frac{\partial^2\Phi}{\partial x^2} + \frac{\partial^2\Phi}{\partial y^2} = 0 \qquad (1)$$

이 된다. 그리고 등퍼텐셜 곡면은 xy-평면에서 **등퍼텐셜 선**(또는 곡선)으로 나타난다.

몇 개의 간단한 예제를 통해 이를 나타내 보자.

예제 1 평행판 사이의 퍼텐셜

퍼텐셜이 각각 Φ_1과 Φ_2로 유지되는 두 개의 무한 평행전도판 사이의 전기장(field)의 퍼텐셜 Φ를 구하라(그림 396).

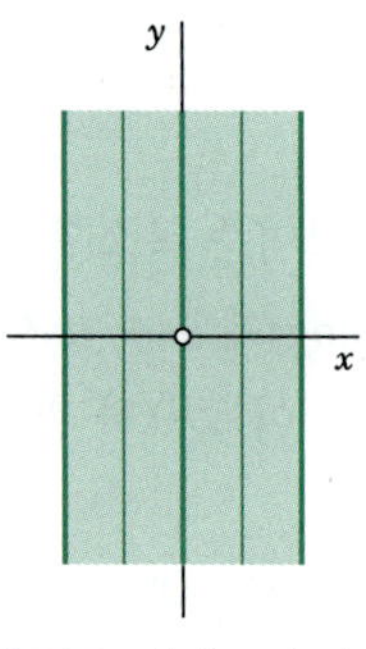

그림 396. 예제 1의 퍼텐셜

풀이. 판의 형태에 의하여 Φ는 x만의 함수이며, 이때 Laplace 방정식은 $\Phi'' = 0$이 된다. 이를 두 번 적분하면 $\Phi = ax + b$로 되는데 a와 b는 주어진 판에서 Φ의 경계값에 의해 결정된다. 예를 들어 두 판이 각각 $x = -1$과 $x = 1$이라면 이 식의 해는

$$\Phi(x) = \tfrac{1}{2}(\Phi_2 - \Phi_1)x + \tfrac{1}{2}(\Phi_2 + \Phi_1)$$

이다. 등퍼텐셜면들은 평행인 면들이다. ■

예제 2 동축원기둥 사이의 퍼텐셜

양 끝이 무한히 길고 퍼텐셜이 각각 Φ_1과 Φ_2로 유지되는 두 동축전도원기둥 사이의 퍼텐셜 Φ을 구하라(그림 397).

풀이. 퍼텐셜 Φ는 대칭구조이므로 $r = \sqrt{x^2 + y^2}$만의 함수이다. 그러므로 Laplace 방정식 $r^2u_{rr} + ru_r + u_{\theta\theta} = 0$ [12.10절의 식 (5)]에서 $u_{\theta\theta} = 0$이고 $u = \Phi$이므로 $r\Phi'' + \Phi' = 0$이 된다. 이를 변수분리하여 적분하면

$$\frac{\Phi''}{\Phi'} = -\frac{1}{r}, \qquad \ln \Phi' = -\ln r + \tilde{a}, \qquad \Phi' = \frac{a}{r}, \qquad \Phi = a \ln r + b$$

이다. a와 b는 원기둥에서 Φ의 주어진 값에 의해 결정되는 상수이다. 물론 무한히 긴 전도체는 존재하

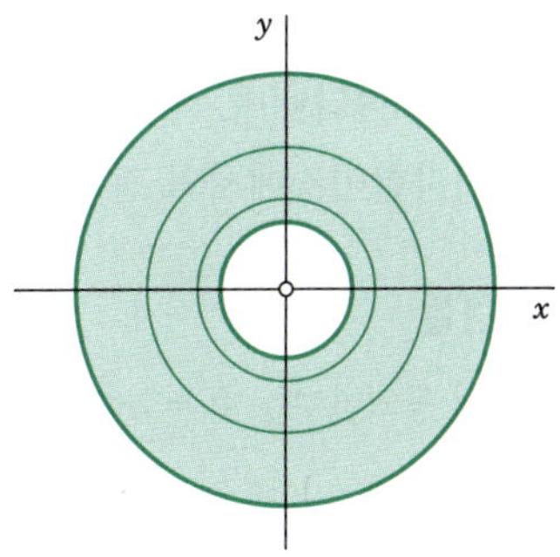

그림 397. 예제 2의 퍼텐셜

지 않지만, 이 이상적인 전도체에서의 전기장을 통해 원기둥의 양 끝으로부터 멀리 떨어진 유한하고 긴 전도체의 전기장을 근사할 수 있다. ■

예제 3 부채꼴(angular) 영역에서의 퍼텐셜

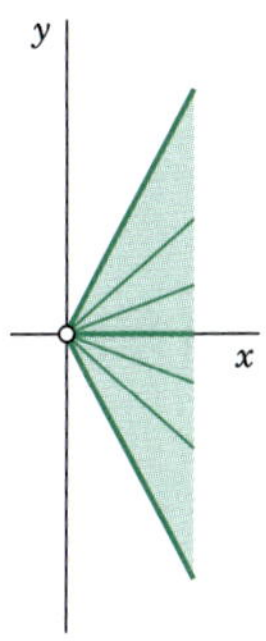

그림 398. 예제 3의 퍼텐셜

그림 398과 같이 배열된 퍼텐셜이 Φ_1(아래 판)과 Φ_2로 유지되는 전도판 사이의 퍼텐셜 Φ를 구하라. 이때 두 판 사이의 각은 $0 < \alpha \leqq \pi$인 α이다(그림에서 $\alpha = 120° = 2\pi/3$이다).

풀이. $\theta = \text{Arg}\, z\ (z = x + iy \neq 0)$는 $\theta =$ 상수인 사선 상에서 일정하다. 이는 해석함수 $\text{Ln}\, z$ (13.7절)의 허수부이므로 조화함수이다. 그러므로 해는

$$\Phi(x, y) = a + b\, \text{Arg}\, z$$

이고 a와 b는 두 경계조건으로부터 결정된다(판에 대해 주어진 값). 즉

$$a + b(-\tfrac{1}{2}\alpha) = \Phi_1, \qquad a + b(\tfrac{1}{2}\alpha) = \Phi_2$$

이다. 따라서 $a = (\Phi_2 + \Phi_1)/2$, $b = (\Phi_2 - \Phi_1)/\alpha$이다. 답은

$$\Phi(x, y) = \frac{1}{2}(\Phi_2 + \Phi_1) + \frac{1}{\alpha}(\Phi_2 - \Phi_1)\,\theta, \qquad \theta = \arctan\frac{y}{x}$$

가 된다. ■

복소퍼텐셜

열린 영역 D에서 $\Phi(x, y)$를 조화함수라 하고 $\Psi(x, y)$를 D에서 Φ의 공액조화함수라 하자. 주의: 13.4절에서 사용한 u와 v를 Φ와 Ψ로 바뀐 표기를 사용한다. 다음 절부터 등각사상에 사용하기 위해서 u와 v를 사용하지 않는다. 그러면

$$F(z) = \Phi(x, y) + i\Psi(x, y) \tag{2}$$

는 $z = x + iy$의 해석함수이다. 함수 F를 실퍼텐셜 Φ에 대응하는 **복소퍼텐셜**(complex potential)이라 부른다. 13.4절에서 주어진 Φ에 대하여 공액함수 Ψ는 더해지는 실상수를 제외하고 유일하게 결정됨을 상기하라. 따라서 앞으로는 혼란 없이 복소퍼텐셜이라 부른다.

함수 F를 사용하면 기술적인 면과 물리적인 면의 두 가지 이점을 얻을 수 있다. 기술적으로 F는 복소해석의 방법과 연결되어 실수부 또는 허수부보다 쉽게 다룰 수 있다. 물리적으로는 Ψ에 의미를 부여할 수 있다. 등각성에 의하여 $\Psi =$ 상수인 곡선들은 $\Phi =$ 상수인

등퍼텐셜 선에 xy-평면에서 직각으로 교차한다($F'(z) = 0$은 제외). 따라서 이 선들은 전기력의 방향을 나타내며, 이를 **역선**(lines of force) 혹은 힘선이라 부른다. 이들은 전하를 띤 입자들(전자현미경에서의 전자 등)이 움직이는 경로를 나타낸다.

예제 4 복소퍼텐셜

예제 1에서 공액함수는 $\Psi = ay$이다. 이에 대응하는 복소퍼텐셜은

$$F(z) = az + b = ax + b + iay$$

가 되며 역선은 x축에 평행한 $y =$ 상수인 직선이다. ■

예제 5 복소퍼텐셜

예제 2에서 $\Phi = a \ln r + b = a \ln |z| + b$이고 공액함수 $\Psi = a \operatorname{Arg} z$이다. 그러므로 복소퍼텐셜은

$$F(z) = a \operatorname{Ln} z + b$$

이고 역선은 원점을 통과하는 직선이다. 또한 $F(z)$는 xy-평면에서 그의 위치가 원점에 해당되는 생성원선(source line, xy-평면에 수직인 전선)의 복소퍼텐셜로 생각될 수 있다. ■

예제 6 복소퍼텐셜

예제 3의 $F(z)$로부터 $i \operatorname{Ln} z = i \operatorname{Ln}|z| - \operatorname{Arg} z$의 관계를 이용하고 양쪽에 $-b$를 곱한 후 a를 각각 더하면 복소퍼텐셜은

$$F(z) = a - ib \operatorname{Ln} z = a + b \operatorname{Arg} z - ib \ln |z|$$

이다. 이로부터 역선은 $|z| =$ 상수인 동심원들이라는 것을 알 수 있다. 이들을 그릴 수 있는가? ■

중첩

좀 더 복잡한 퍼텐셜은 중첩(superposition)에 의하여 얻을 수 있다.

예제 7 한 쌍의 생성원선의 퍼텐셜(한 쌍이 대전된 전선)

실축 위의 점 $z = c$와 $z = -c$에서 세기는 같고 반대로 대전된 한 쌍의 생성원선에 대한 퍼텐셜을 구하라.

풀이. 예제 2와 5에 의하여 생성원선의 퍼텐셜은 각각

$$\Phi_1 = K \ln |z - c|, \qquad \Phi_2 = -K \ln |z + c|$$

이다. 여기서 상수 K는 세기(전하의 양)를 나타낸다. 또한 이들은 각각 복소퍼텐셜

$$F_1(z) = K \operatorname{Ln} (z - c), \qquad F_2(z) = -K \operatorname{Ln} (z + c)$$

의 실수부에 해당된다. 그러므로 두 생성원선의 조합된 복소퍼텐셜은

$$F(z) = F_1(z) + F_2(z) = K [\operatorname{Ln} (z - c) - \operatorname{Ln} (z + c)] \tag{3}$$

가 되며 **등퍼텐셜 선**(equipotential line)은 곡선

$$\Phi = \operatorname{Re} F(z) = K \ln \left|\frac{z - c}{z + c}\right| = \text{상수}, \qquad \text{따라서} \qquad \left|\frac{z - c}{z + c}\right| = \text{상수}$$

가 된다. 이것이 원이라는 것을 알 수 있다. **역선**(lines of force)은 다음과 같은 곡선

$$\Psi = \text{Im } F(z) = K[\text{Arg}(z-c) - \text{Arg}(z+c)] = \text{상수}$$

즉

$$\Psi = K(\theta_1 - \theta_2) = \text{상수}$$

이다(그림 399). $\theta_1 - \theta_2$는 z에서 c와 $-c$를 잇는 선분이 이루는 각이다(그림 399). 역선은 선분 S: $-c \leqq x \leqq c$와 일정한 각도를 이루는 곡선들이 된다. 이 곡선들은 초등기하에서 알려진 바와 같이 선분 S 위에 나타나는 모든 원호들이다. 그러므로 역선은 원이 된다. 그림 400에 등퍼텐셜 선들과 역선들이 함께 잘 나타나 있다.

두 개의 생성원선의 퍼텐셜에 대한 해석뿐 아니라 이 퍼텐셜은 그 축들이 평행하면서 서로 교차하지 않는 두 원기둥 사이의 퍼텐셜, 또는 서로 바깥에 놓인 같은 두 원기둥 사이의 퍼텐셜, 또는 원기둥과 평면벽 사이의 퍼텐셜로서 생각할 수 있다. 그림 400을 이용하여 이를 설명해보라. ■

이미 설명한 바와 같이 복소퍼텐셜의 개념은 복소해석을 퍼텐셜이론에 접목시키는 열쇠이며, 이는 열흐름과 유체흐름에서 되풀이될 것이다.

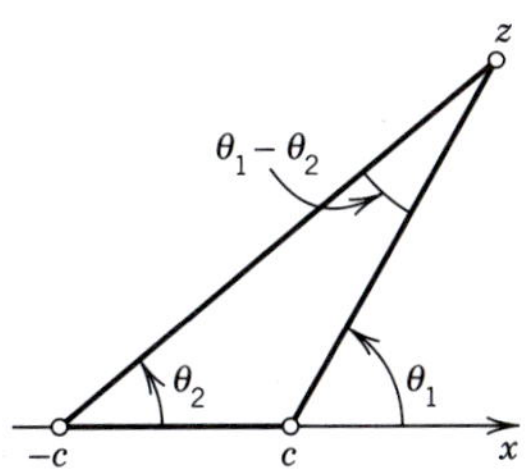

그림 399. 예제 7의 편각

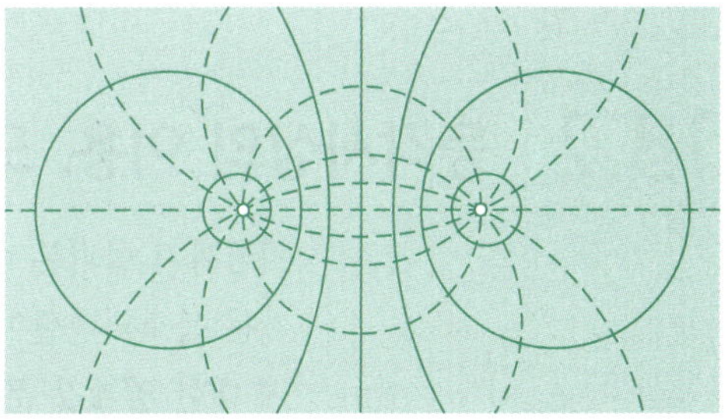

그림 400. 예제 7의 등퍼텐셜 선과 역선(점선)

연습문제 18.1

1-2 동축원기둥

반지름이 각각 r_1과 r_2이고 대응되는 퍼텐셜이 각각 U_1과 U_2로 주어진 두 개의 동축원기둥 사이의 퍼텐셜을 구하라.

1. $r_1 = 2.5$ mm, $r_2 = 4.0$ cm, $U_1 = 0$ V, $U_2 = 220$ V

2. 만약 $r_1 = 2$ cm, $r_2 = 6$ cm 그리고 $U_1 = 300$ V, $U_2 = 100$ V라면 $r = 4$ cm일 때 퍼텐셜이 200 V인가? 혹은 그보다 작거나 큰가? 계산하지 말고 답하라. 그리고 계산한 후 설명하라.

3-4 평행판

두 평행판 사이에 생기는 퍼텐셜을 구한 후 그림으로 나타내라. 그리고 복소퍼텐셜을 찾아라.

3. $x_1 = -5$ cm, $x_2 = 5$ cm의 위치에서 퍼텐셜 $U_1 = 250$ V, $U_2 = 500$ V를 갖는 평행판

4. $y = x$, $y = x + k$의 위치에서 퍼텐셜 $U_1 = 0$ V, $U_2 = 220$ V를 갖는 평행판

5. CAS 과제. **복소퍼텐셜**. (a)~(d)에서 등퍼텐셜 선과 역선을 그래프로 나타내라(4개의 그래프, Re $F(z)$와 Im $F(z)$는 동일축). 그리고 실용적으로 쓰일만한 형태의 또 다른 복소퍼텐셜을 선택하여 탐구해보라.

(a) $F(z) = z^2$ **(b)** $F(z) = iz^2$

(c) $F(z) = 1/z$ **(d)** $F(z) = i/z$

6. **Argument**. $\Phi = \theta/\pi = (1/\pi) \arctan (y/x)$가 상반평면에서 조화함수이며, 이때 $x < 0$일 때 $\Phi(x, 0) = 1$, $x > 0$일 때 $\Phi(x, 0) = 0$의 경계조건을 만족하고, 이에 대응되는 복소퍼텐셜이 $F(z) = -(i/\pi)\text{Ln } z$임을 보여라.

7. **등각사상**. 그의 상반평면을 $|w| \leqq 1$로 사상하는데 $0, \infty, -1$이 각각 $1, i, -i$로 사상되도록 한다. 연습문제 6에서 구한 퍼텐셜 결과로부터 $|w| = 1$에서 갖는 경계조건이 무엇인가? $w = 0$에서 퍼텐셜은 어떻게 되는가?

8. 본문예제 7. 등퍼텐셜 선들이 원이라는 사실을 계산을 통해 검증하라.

9-10 다른 형태

9. Arccos. $F(z) = \arccos z$ (13.7절의 연습문제에서 정의)가 그림 401에 나타난 슬릿의 퍼텐셜과 같다는 사실을 보여라. 그리고 $F(z)$가 또한 그림 402의 퍼텐셜과 같음을 보여라.

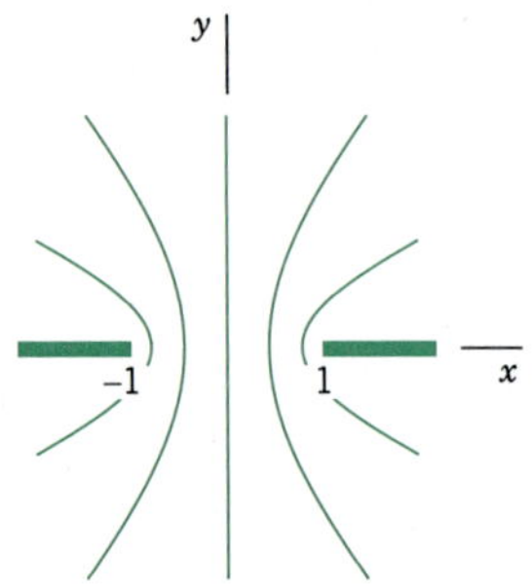

그림 401. 틈(slit)

10. Arccos. 문제 9에서 퍼텐셜이 그림 402와 같음을 보여라.

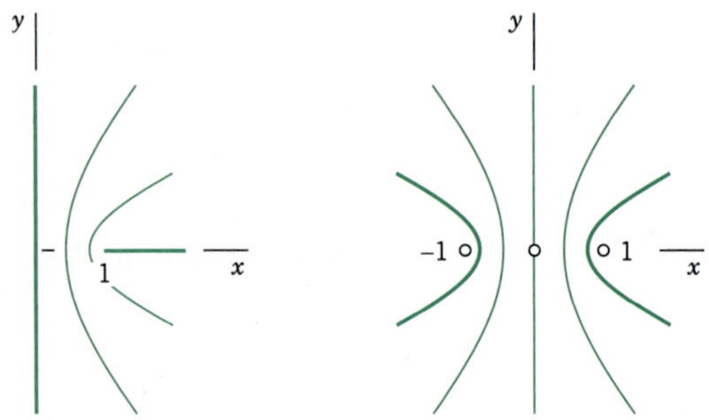

그림 402. 다른 형태의 구멍

11. Sector. 부채꼴 $-\pi/6 \leqq \theta \leqq \pi/6$에서 경계 $\theta = \pm\pi/6$에서의 퍼텐셜이 0 V, 곡선 $x^3 - 3xy^2 = 1$에서의 퍼텐셜이 220 V로 주어질 때, 실퍼텐셜과 복소퍼텐셜을 구하라.

18.2 등각사상의 이용. 모델링

지금까지 살펴본 바와 같이 퍼텐셜이론과 복소수 해석은 밀접한 관련이 있다. 이 밀접한 관계는 복소퍼텐셜이 복소해석에서 모델링될 수 있기 때문이다. 이 절에서는 Laplace 방정식에 대한 ***경계값 문제***(boundary value problems)를 모델링하고 해를 구하는 데 등각사상을 사용하므로 유래되는 긴밀한 관계를 탐구할 것이다. 이 과정은 열린 영역의 경계에서 주어진 값을 갖는 방정식의 해를 찾아내는 것을 포함한다(***Dirichlet 문제***, 12.6절 참조). 주된 방법은 등각사상을 이용하여 주어진 영역을 이미 해를 알고 있거나, 해를 구하기가 쉬운 영역으로 사상하는 것이다. 여기서 구한 해는 다시 주어진 영역으로 되돌아 사상된다. 등각사상에서 조화함수는 그대로 조화함수가 된다는 정리 1 때문에 이 방법이 가능하다.

정리 1 **등각사상에서의 조화함수**

Φ^*가 w-평면 내의 열린 영역 D^*에서 조화함수이고 $w = u + iv = f(z)$가 z-평면의 열린 영역 D에서 해석적이고 D를 등각으로 D^* 위로 사상한다고 하자. 그러면 다음 함수

$$\Phi(x, y) = \Phi^*(u(x, y), v(x, y)) \tag{1}$$

는 영역 D에서 조화함수이다.

증명 해석함수들의 합성함수는 연쇄법칙에 따라 마찬가지로 해석함수이다. 그러므로 13.4절의 정의와 같이 Φ^*의 조화공액함수 $\Psi^*(u, v)$를 취하고 해석함수 $F^*(w) = \Phi^*(u, v) + i\Psi^*(u, v)$를 구성하면 $F(z) = F^*(f(z))$는 D에서 해석적이다. 따라서 실수부 $\Phi(x, y) = \mathrm{Re}\, F(z)$는 D에서 조화함수이다. 증명 끝.

만약 D^*가 단순연결영역(14.2절 참조)이면 Φ^*의 조화공액함수가 존재하는 것을 증명

없이 언급하였다. 조화공액함수를 사용하지 않은 정리 1의 또 다른 증명은 부록 4에 나와 있다. ■

예제 1 비동축원기둥 사이의 퍼텐셜

그림 403에 주어진 두 개의 원기둥 C_1: $|z| = 1$과 C_2: $|z - \frac{2}{5}| = \frac{2}{5}$ 사이의 정전기 퍼텐셜 모델을 구하라. C_1은 접지되어 있어 $U_1 = 0$ V이며 C_2는 $U_2 = 110$ V의 퍼텐셜을 갖는 경우의 해를 구하라.

풀이. 18.1절의 예제 2를 이용하기 위해서 C_2가 원기둥 C_2^*: $|w| = r_0 (< 1)$ 위로 사상되면서 단위원판 $|z| = 1$은 단위원판 $|w| = 1$ 위로 사상되도록 한다. 17.3절의 식 (3)에 의해 단위원판에서 단위원판으로 사상되는 선형분수변환 사상(linear fractional transformation mapping)은

$$w = \frac{z - b}{bz - 1} \tag{2}$$

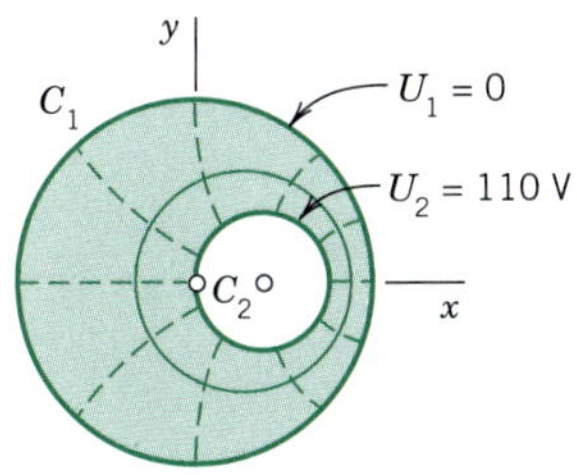

그림 403. 예제 1: z-평면

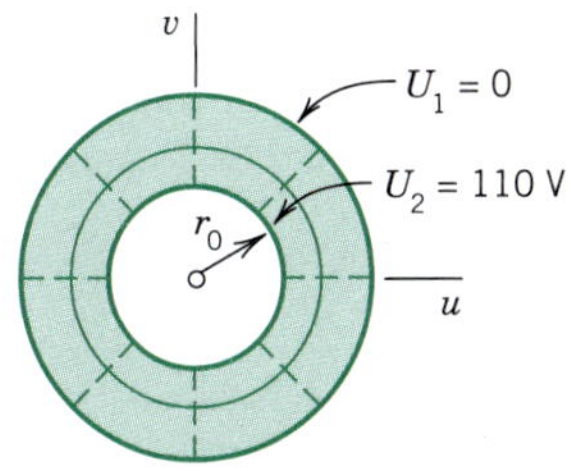

그림 404. 예제 1: w-평면

이다. 여기서 실수 $b = z_0$를 아무런 제약 없이 선택할 수 있다. 일반적으로 원의 중심이 상의 중심으로 사상되지 않으므로 이 경우에 z_0는 즉각적인 도움이 되지 않는다. 그러나 두 개의 자유로운 상수 b와 r_0가 존재하므로 두 개의 적당한 조건, 즉 0과 $\frac{4}{5}$(그림 403)가 각각 r_0와 $-r_0$로 사상되는 조건을 이용하여 문제를 해결할 수 있다. 이것은 식 (2)에 의해

$$r_0 = \frac{0 - b}{0 - 1} = b \quad \text{와 더불어} \quad -r_0 = \frac{\frac{4}{5} - b}{4b/5 - 1} = \frac{\frac{4}{5} - r_0}{4r_0/5 - 1}$$

를 얻는데 후자의 r_0에 대한 2차식으로부터 해 $r_0 = 2$ ($r_0 < 1$이므로 부합되지 않음)와 $r_0 = 1/2$을 얻는다. 따라서 구하는 사상함수 (2)는 $b = \frac{1}{2}$일 때 17.3절의 예제 5에서와 같이

$$w = f(z) = \frac{2z - 1}{z - 2} \tag{3}$$

로 얻어진다. 18.1절의 예제 5에서 z 대신에 w를 쓰면 w-평면에서의 복소퍼텐셜 $F^*(w) = a \operatorname{Ln} w + k$를 얻게 되고, 이로부터 실퍼텐셜

$$\Phi^*(u, v) = \operatorname{Re} F^*(w) = a \ln |w| + k$$

를 얻는다. 이것이 우리의 정전기 퍼텐셜 모델이며 a와 k는 경계조건으로부터 결정된다. $|w| = 1$일 때 $\Phi^* = a \ln 1 + k = 0$이므로 $k = 0$이고 $|w| = r_0 = \frac{1}{2}$일 때 $\Phi^* = a \ln (\frac{1}{2}) = 110$이므로 $a = 110/\ln (\frac{1}{2}) = -158.7$이다. 식 (3)을 대입하면 z-평면 내의 주어진 영역에서 원하는 해를

$$F(z) = F^*(f(z)) = a \operatorname{Ln} \frac{2z - 1}{z - 2}$$

과 같이 얻는다. 따라서 실퍼텐셜은

$$\Phi(x, y) = \operatorname{Re} F(z) = a \ln \left| \frac{2z - 1}{z - 2} \right|, \qquad a = -158.7$$

이다. 이 결과를 "이해"할 수 있는가? $\Phi(x, y)$ = 상수일 필요충분조건은 $|(2z - 1)/(z - 2)|$ = 상수이고, 즉 식 (2)에서 $b = 1/2$로 놓고 $|w|$ = 상수가 된다. 이 원들은 선형분수변환의 역도 선형분수변환이라는 사실(17.2절의 식 (4)를 참조)과 17.2절의 정리 1에서 언급했듯이 원은 원(혹은 직선)으로 사상된다는 사실로부터 z-평면의 원들의 상이 된다. $\arg w$ = 상수인 사선들도 마찬가지이다. 결과적으로 $\Phi(x, y)$ = 상수인 등퍼텐셜 선들은 원이고 역선들은 원호이다(그림 404에서 점선). 그림 404에서 보이듯 이들 두 곡선모임들은 서로 직교한다. ■

예제 2 두 반원판 사이의 퍼텐셜

그림 405에 나타난 바와 같이 퍼텐셜이 각각 −3000과 3000 V인 두 개의 반원판 P_1과 P_2 사이의 퍼텐셜 모델을 구하라. 18.1절의 예제 3과 등각사상을 이용하라.

풀이. ***1단계.*** 18.1절의 예제 3을 이용하기 위해서 17.3절의 예제 3에 있는 선형분수변환을 이용하면 그림 405에 있는 단위원판을 w-평면의 우반평면으로 사상한다(그림 406):

$$w = f(z) = \frac{1 + z}{1 - z}$$

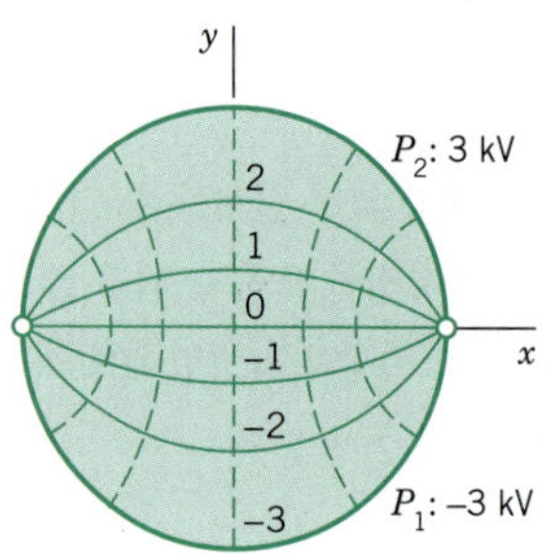

그림 405. 예제 2: z-평면

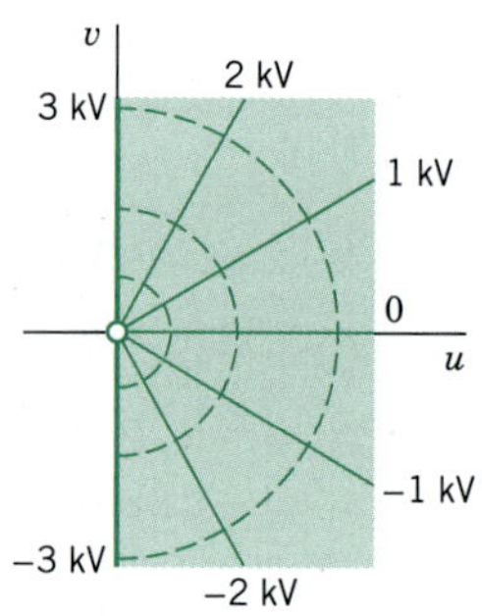

그림 406. 예제 2: w-평면

경계 $|z| = 1$은 경계는 $u = 0$ (v-축)으로 사상되며, 이때 $z = -1, i, 1$은 각각 $w = 0, i, \infty$로 사상되고 $z = -i$는 $w = -i$로 사상된다. 따라서 $|z| = 1$의 상반원은 v-축 위 상반으로 하반원은 u-축 아래 하반으로 사상된다. 따라서 w-평면의 경계조건은 그림 406에 표현된 바와 같다.

2단계. w-평면의 우반평면에서의 퍼텐셜 $\Phi^*(u, v)$를 구한다. 18.1절의 예제 3에서 $\alpha = \pi$, $U_1 = -3000$ 그리고 $U_2 = 3000$일 때[$\Phi(x, y)$ 대신 $\Phi^*(u, v)$] 퍼텐셜

$$\Phi^*(u, v) = \frac{6000}{\pi} \varphi, \qquad \varphi = \arctan \frac{v}{u}$$

를 얻게 된다. 허수축의 양의 반쪽($\varphi = \pi/2$)에서 퍼텐셜은 3000이고, 음의 반쪽에서는 −3000이 된다. Φ^*는 복소퍼텐셜

$$F^*(w) = -\frac{6000\, i}{\pi} \operatorname{Ln} w$$

의 실수부이다.

3단계. 그림 405의 복소퍼텐셜 $F(z)$를 얻기 위해 F^*에 사상함수를 대입하면

$$F(z) = F^*(f(z)) = -\frac{6000\, i}{\pi} \operatorname{Ln} \frac{1 + z}{1 - z}$$

를 얻게 되고, 이 식의 실수부가 구하고자 하는 퍼텐셜

$$\Phi(x, y) = \text{Re}\, F(z) = \frac{6000}{\pi}\, \text{Im Ln}\, \frac{1+z}{1-z} = \frac{6000}{\pi}\, \text{Arg}\, \frac{1+z}{1-z}$$

이다. 예제 1에서와 같이 $\Phi(x, y)$ = 상수인 등퍼텐셜 선들은 원호들이다. 왜냐하면 그들은 $\text{Arg}[(1+z)/(1-z)]$ = 상수, 즉 $\text{Arg}\, w$ = 상수에 대응하기 때문이다. 또한 $\text{Arg}\, w$ = 상수는 $z = -1$과 $z = 1$의 상인 0에서 ∞까지의 사선들이다. 그러므로 등퍼텐셜 선들은 모두 끝점으로 -1과 1(경계퍼텐셜 점프가 발생하는 점)을 갖는다(그림 405). 역선들 역시 원호들이고 등퍼텐셜 선들과 직교하므로 그들의 중심은 x-축과 단위원의 접선들과의 교점이다(설명하라!). ■

이 외에도 예들을 쉽게 구성할 수 있다. 17장에서 임의의 사상함수 $w = f(z)$, z-평면에서 열린 영역 D, w-평면에서의 그것의 상 D^*, D^*에서의 퍼텐셜 Φ^*를 택하라. 그러면 식 (1)로부터 D에서의 퍼텐셜을 구할 수 있다. 독자 스스로의 문제를, 예를 들어 선형분수변환을 포함하여 만들어보자.

모델링에 관한 주석

이 절에서 정전기적 퍼텐셜로써 예들을 나타내었다. 이것은 단지 한 예에 지나지 않으며 열흐름(시간에 무관함)에서도 모든 것을 마찬가지로 잘 표현할 수 있다. 이때 전압 대신에 온도로 나타내고, 따라서 등퍼텐셜 선은 등온선(isotherms)이 될 것이다. 그리고 전기력선들은 높은 온도에서 낮은 온도로 흐르는 열선들이 될 것이다(다음 절에서 이에 대해 좀 더 자세히 살펴봄). 아울러 유체흐름에 대해서도 같은 방식을 적용할 수 있다. 이때 정전기적 역선들은 흐름선(streamline, 18.4절에서 상세히 다룸)에 해당된다. 여기서 다시 한번 ***수학의 통합적 힘***(unifying power of mathematics)을 깨닫게 된다. 물리학의 서로 다른 분야에서의 상이한 현상들과 계들이 같은 형태의 모델을 갖는다면 똑같은 수학적 방법에 의해 다루어질 수 있다는 것이다. 여기서의 차이는 단지 관심이 있는 문제의 종류가 다르다는 것뿐이다.

연습문제 18.2

1. 두 번째 증명. 부록 4의 596쪽에 있는 증명에 대해 자세한 풀이과정을 써라. 이 증명에서 가장 중요한 사항은 무엇인가?

2-3 정리 1의 적용

2. 축(U_1의 퍼텐셜을 가지는 경계)과 쌍곡선 $y = 1/x$ (U_2의 퍼텐셜을 가지는)을 경계로 하는 z-평면의 제1 사분면에 있는 영역 R이 적절한 무한 띠로 사상하여서 퍼텐셜 Φ를 구하라. 여기서 Φ가 조화함수임을 보여라. 그리고 이 퍼텐셜의 경계값은 무엇인가?

3. CAS 과제. 퍼텐셜영역의 그래프 그리기

(a) 본문 예제 1의 등퍼텐셜 선을 그려라.

(b) 만약 복소퍼텐셜이 $F(z) = z^2, iz^2, e^2$일 때의 등퍼텐셜 선을 그려라.

(c) $F(z) = \text{Ln}\, z$일 때 등퍼텐셜면을 공간 내의 원기둥으로 그려라.

4. $\Phi^*(u, v) = u^2 - v^2$, $w = f(z) = e^z$일 때 임의의 영역 D에 대해서 얻어지는 퍼텐셜 Φ의 결과가 조화함수임을 정리 1을 적용하여 보여라.

5. 직사각형, sin z. D^*를 $0 \leqq x \leqq \frac{1}{2}\pi$, $0 \leqq y \leqq 1$인 직사각형 D의 $w = \sin z$에 의한 상이라 하자. $\Phi^* = u^2 - v^2$일 때, 이에 대응하는 D에서의 퍼텐셜 Φ는 무엇인가? 그리고 이것의 경계값은 무엇인가? D와 D^*를 그려라.

6. 공액 퍼텐셜. 문제 5에서 퍼텐셜을 이것의 공액조화함수로 바꾼다면 어떻게 되는가?

7. 비동축원기둥. 비동축원기둥 C_1: $|z| = 1$(퍼텐셜 $U_1 = 0$)

과 C_2: $|z - c| = c$(퍼텐셜 $U_2 = 220$ V) 사이의 퍼텐셜을 구하라. 이때 $0 < c < \frac{1}{2}$이다. $c = \frac{1}{4}$일 때의 등퍼텐셜 곡선과 그것의 직교궤적을 그림으로 나타내라. 만약 c를 증가시키면($c < \frac{1}{2}$) 그래프가 어떻게 변할지 추측해보라.

8. **부채꼴 영역**. 적절한 등각사상을 이용하여 그림 406으로부터 $-\frac{1}{4}\pi < \text{Arg } z < \frac{1}{4}\pi$인 부채꼴 영역에 대해 퍼텐셜 Φ를 구하라. 이때 $\text{Arg } z = -\frac{1}{4}\pi$일 때 $\Phi = -3$ kV이고 $\text{Arg } z = 1/4\,\pi$일 때 $\Phi = 3$ kV이다.

9. **예제 2의 확장**. $Z = i/2$가 $z = 0$으로 사상되며 $|Z| \leqq 1$을 $|z| \leqq 1$로 사상시키는 선형분수변환 $z = g(Z)$를 구하라. $Z_1 = 0.6 + 0.8i$는 $z = -1$로, 그리고 $Z_2 = -0.6 + 0.8i$는 $z = 1$로 사상되며 예제 2의 등퍼텐셜 선이 $|Z| \leqq 1$에서 그림 407과 같이 나타남을 보여라.

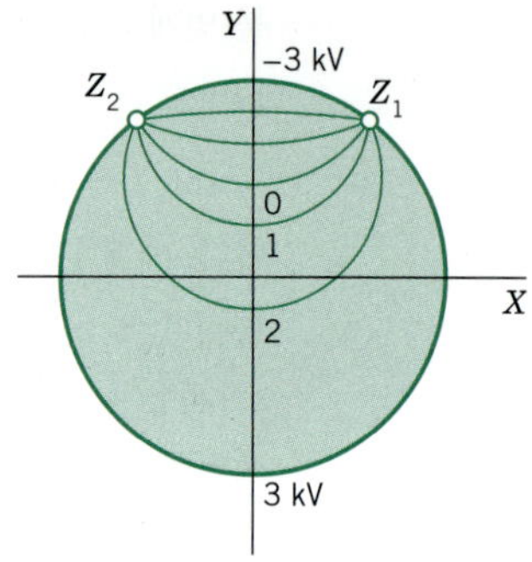

그림 407. 문제 9

10. **경계에서의 비약**. x-축 위의 경계값이 $x < 2$에서 5 kV이고 $x > 2$에서 0일 때 상반평면에서 복소퍼텐셜과 실퍼텐셜을 구하라.

18.3 열에 관한 문제

균일한 물질로 이루어진 물체에서의 열전도는 열방정식

$$T_t = c^2\nabla^2 T$$

로 모델링된다. 여기서 T는 온도, $T_t = \partial T/\partial t$, t는 시간, 그리고 c^2은 양의 상수(물체의 물질에 따른 특수상수, 12.6절 참조)이다.

열흐름 문제가 시간에 독립적인 **정상**(steady)상태라면, $T_t = 0$이다. 또한 2차원일 때, 열방정식은

$$\nabla^2 T = T_{xx} + T_{yy} = 0, \tag{1}$$

2차원 Laplace 방정식으로 귀착된다. 여기서 2차원 정상상태 열흐름 문제는 *Laplace 방정식*으로 모델링될 수 있음을 보았다.

더군다나 T[혹은 $T(x, y)$]는 **복소 열퍼텐셜**(complex heat potential)

$$F(z) = T(x, y) + i\Psi(x, y)$$

의 실수부이므로 열흐름 문제는 복소해석 방법으로 다룰 수 있다. $T(x, y)$를 열퍼텐셜이라 부른다. $T(x, y) =$ 상수인 곡선들은 일정한 온도를 뜻하는 **등온선**(isotherms)이라 부른다. $\Psi(x, y) =$ 상수인 곡선들을 **열흐름선**(heat flow lines)이라고 부르는데, 이 선들을 따라 높은 온도에서 낮은 온도로 열이 흐르기 때문이다.

지금까지 다루었던 예제들(18.1, 18.2절)은 모두 열흐름에 관한 문제로 재해석할 수 있다. 다음의 두 예제에서처럼 $\Phi(x, y)=$ 상수인 정전기 등퍼텐셜 선들은 $T(x, y) =$ 상수인 등온선이 되고 전기력선들은 열흐름선이 된다.

예제 1 평행판 사이의 온도

그림 408에 나타난 $x = 0$과 $x = d$의 두 평행판 사이의 온도분포를 구하라. 각각의 온도는 0°C와

100°C이다.

풀이. 18.1절의 예제 1과 같이 $T(x, y) = ax + b$가 된다. 주어진 경계조건으로부터 $b = 0$이고 $a = 100/d$이다. 따라서 구하는 해는

$$T(x, y) = \frac{100}{d} x \, [°C]$$

이다. 대응하는 복소퍼텐셜은 $F(z) = (100/d)z$이다. 열은 $y =$ 상수인 선을 따라 음의 x 방향으로 수평으로 흐른다. ■

예제 2 전선과 원기둥 사이의 온도분포

$T_1 = 500°F$로 전기적으로 가열되는 반지름 $r_1 = 1$ mm인 길고 가는 전선과 그 주위로 공기에 의해 냉각되어 온도 $T_2 = 60°F$로 유지되는 반지름 $r_2 = 100$ mm의 원기둥으로 둘러싸인 영역 내의 온도장을 구하라. 그림 409 참조(전선은 좌표계의 원점에 위치함).

풀이. 온도 T는 대칭성에 의해 단지 r에만 의존한다. 따라서 18.1절(예제 2)과 같이

$$T(x, y) = a \ln r + b$$

가 된다. 경계조건이

$$T_1 = 500 = a \ln 1 + b, \qquad T_2 = 60 = a \ln 100 + b$$

이므로 $b = 500$ ($\ln 1 = 0$이므로), $a = (60 - b)/\ln 100 = -95.54$를 얻는다. 따라서 구하는 해는

$$T(x, y) = 500 - 95.54 \ln r \, [°F]$$

이다. 등온선들은 동심원들이다. 열은 전선으로부터 원기둥을 향해 바깥쪽으로 반지름방향으로 흐른다. T를 r에 대한 함수로 그려라. 이것은 물리적으로 합리적인가? ■

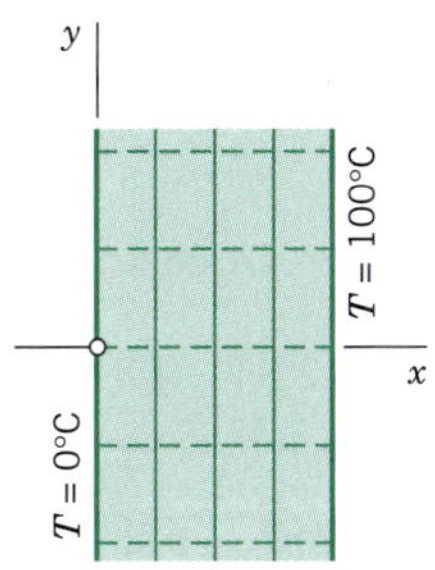

그림 408. 예제 1

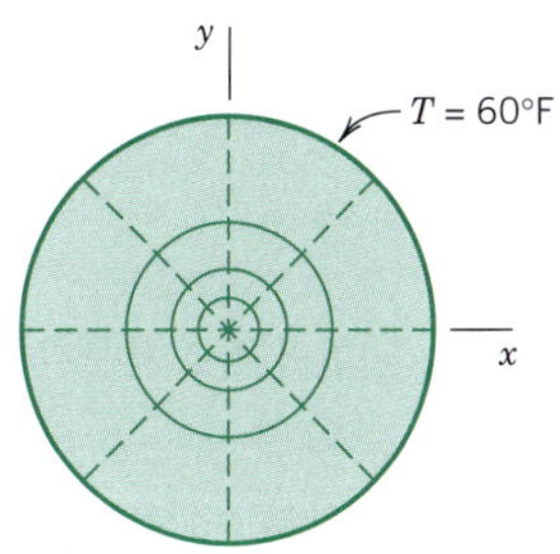

그림 409. 예제 2

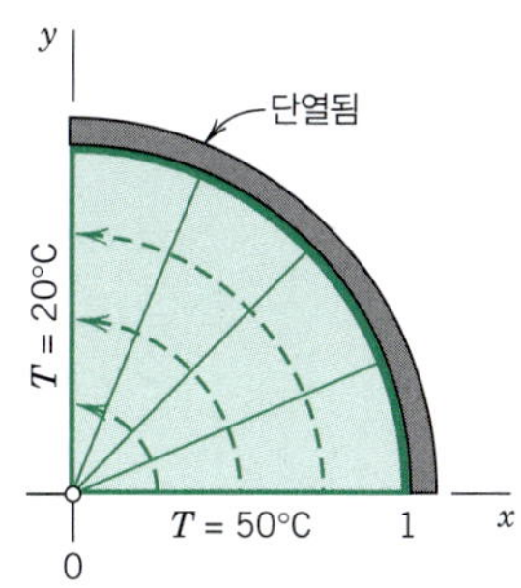

그림 410. 예제 3

응용 분야가 바뀌어도 풀이과정은 수학적으로 전과 동일하다. 그러나 물리적 의미가 없거나 실제적인 흥밋거리가 되지 않는 경계조건들의 새로운 문제로 나타날 수 있다. 다음의 예제 3과 4에서 볼 수 있다.

예제 3 혼합경계값 문제

그림 410에 나타난 영역(사분−원기둥의 단면)에 대한 온도분포를 구하라. 여기서 수직방향 경계부위는 20°C, 수평방향 경계부위는 50°C를 유지하며 외곽 원기둥부위는 단열되어 있다.

풀이. 단열된 경계는 열흐름선에 해당되는데 이는 단열로 인해 이 경계곡선을 가로질러서는 열이 흐를 수 없고 열은 경계곡선을 따라 흘러야 하기 때문이다. 그러므로 등온선은 이 단열경계 곡선과 수직

을 이뤄야 한다. T는 등온선을 따라 일정하므로 단열된 경계를 따라

(2) $$\frac{\partial T}{\partial n} = 0 \quad \text{(단열된 경계를 따라)}$$

을 의미한다. 여기서 $\partial T/\partial n$는 T에 대한 **법선도함수**(normal derivative), 즉 단열된 경계에 수직인 법선방향으로의 방향도함수(9.7절)이다. 이와 같이 경계의 한 부분에서 T의 값이 지정되고 다른 부분에서 $\partial T/\partial n$이 지정되는 경우를 **혼합경계값 문제**(mixed boundary value problem)라 한다.

주어진 예제의 경우 원형으로 된 단열경계의 법선방향이 원점으로 향하는 반지름 방향이므로 식 (2)는 $\partial T/\partial r = 0$이 되는데 단열경계곡선 상에서 T가 r에 상관없이 일정함을 뜻한다. 그러므로 Arg $z = \theta$는 이 조건뿐만 아니라 식 (1)의 관계도 만족하며 경계의 직선부위에서 상수값(0과 $\pi/2$)을 갖는다. 따라서 구하는 해는

$$T(x, y) = a\theta + b$$

와 같은 형태이다. 주어진 경계조건으로부터 $a \cdot \pi/2 + b = 20$과 $a \cdot 0 + b = 50$을 얻으며 이로부터

$$T(x, y) = 50 - \frac{60}{\pi}\theta \qquad \theta = \arctan\frac{y}{x}$$

를 얻는다. 등온선들은 $\theta =$ 상수인 사선들의 한 부분에 해당한다. 열은 x축에서 $r =$ 상수인 원(그림 410의 점선 부분)을 따라서 y-축까지 흐른다. ■

예제 4 열전도에서 또 다른 혼합경계값 문제

x축 상에서 $x < -1$일 때 $T = 0°\text{C}$, $x > 1$일 때 $T = 20°\text{C}$ 그리고 $-1 < x < 1$인 부분은 단열되어 있을 때 상반평면에서의 온도장을 구하라(그림 411).

풀이. 그림 411의 반평면을 그림 412의 수직 띠(vertical strip)로 사상시킨 후 온도 $T^*(u, v)$를 구한다. 그리고 다시 역으로 사상시켜 반평면에서 온도 $T(x, y)$를 구하게 된다.

이러한 띠(strip)를 이용하는 기법은 17.4절의 그림 391에 제시된 것에서 $z = x + iy$와 $w = u + iv$의 역할이 바뀌는 것이다. $z = \sin w$가 현재의 띠를 그림 411의 반평면으로 사상함을 보여주므로 역함수

$$w = f(z) = \arcsin z$$

는 반평면을 w-평면의 띠로 사상시킨다. 이것은 18.2절의 정리 1에 의해 우리가 필요로 하는 사상함수이다.

x-축 상의 단열부분 $-1 < x < 1$은 u-축 상의 선분 $-\pi/2 < u < \pi/2$로 사상된다. x-축의 나머지는 띠의 2개의 수직경계 부분 $u = -\pi/2$, $u = \pi/2$, $v > 0$ 위로 사상된다. 이것은 $T^*(u, v)$에 대해 그림 412의 변환된 경계조건을 제시해 주는데, v는 주어진 선분에 대해 수직인 좌표이므로 단열된 수평경계에서 $\partial T^*/\partial n = \partial T^*/\partial v = 0$이 된다.

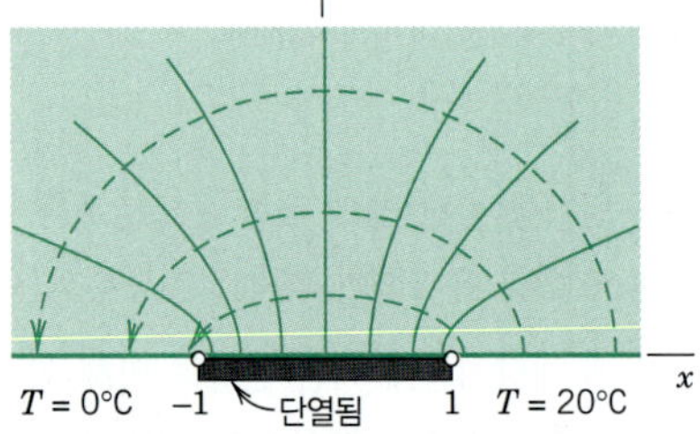

그림 411. 예제 4: z-평면

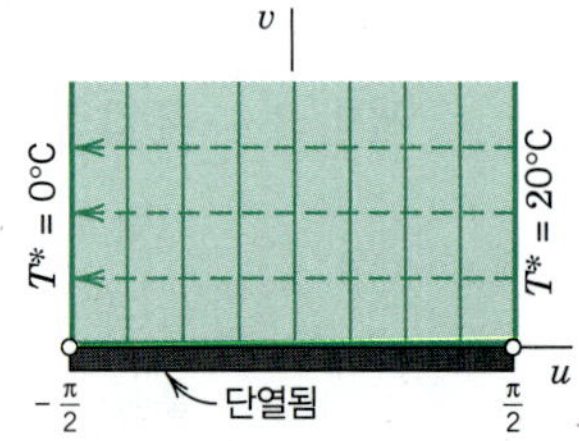

그림 412. 예제 4: w-평면

예제 1과 유사하게 다음 식

$$T^*(u, v) = 10 + \frac{20}{\pi} u$$

를 얻는데 이는 모든 경계조건을 만족한다. 이것은 복소퍼텐셜 $F^*(w) = 10 + (20/\pi)w$의 실수부이다. 따라서 z-평면에서 복소퍼텐셜은

$$F(z) = F^*(f(z)) = 10 + \frac{20}{\pi} \arcsin z$$

이고 구하는 최종해는 $T(x, y) = \text{Re } F(z)$이다. 등온선은 띠에서는 u = 상수이고 z-평면에서는 쌍곡선인데, 이는 20°C 경계에서 온도가 낮은 0°C 경계로 점선으로 된 타원을 따라 흐르는 열흐름선에 수직이다. 이는 물리적으로 타당한 결과이다. ■

18.3절과 18.5절에서 등각사상과 복소퍼텐셜의 유용함을 보여준다. 또한 복소퍼텐셜은 다음 절에서 유체흐름을 모델링하게 될 것이다.

연습문제 18.3

1. 평행판. $y = 0$과 $y = d$에서 각각의 온도가 20°C와 100°C로 유지되는 두 개의 평행판 사이의 온도를 (1) 직접적으로, (2) 예제 1과 적절한 사상을 사용하여 구하라.

2. 무한 판. 경계 $y = x - 4$과 $y = x + 4$에서 각각 -20°C과 40°C로 유지되는 가장자리를 갖는 무한 판 내의 온도분포와 복소퍼텐셜을 구하라(그림 413). 그리고 어떤 경우에 이 근사 모델이 적용되는가?

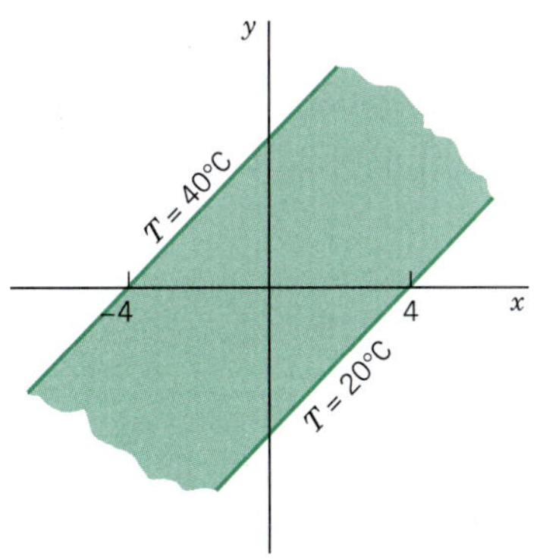

그림 413. 문제 2: 무한 판

3. CAS 과제. 등온선. 예제 2-4의 등온선과 열흐름선을 그래프로 나타내라. 이 그래프에서 열흐름이 매우 빠르게 진행되는 부분을 찾을 수 있는가?

3-9 판의 온도분포 $T(x, y)$

얇은 금속판들에 대한 온도분포 $T(x, y)$와 복소퍼텐셜 $F(z)$를 구하라. 그림에 나타난 대로 각 면들은 단열되어 있고 가장자리는 일정한 온도를 유지하거나 단열되어 있다.

4.

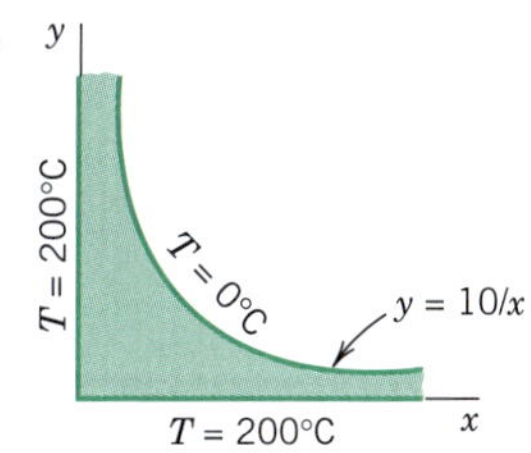

5.

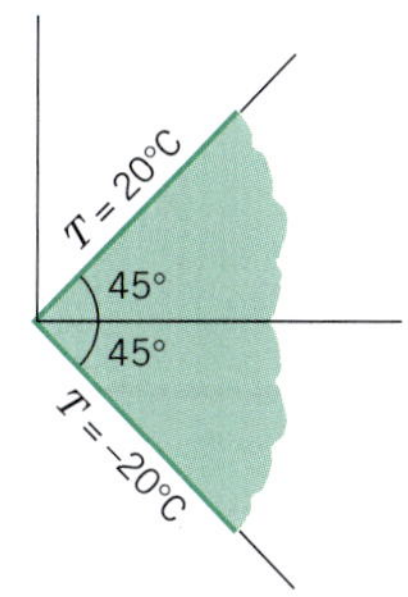

6.

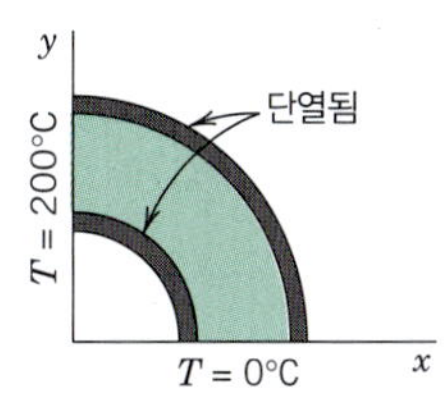

7.

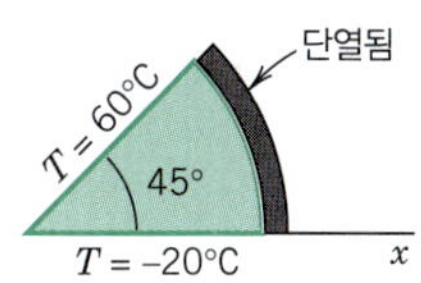

8.

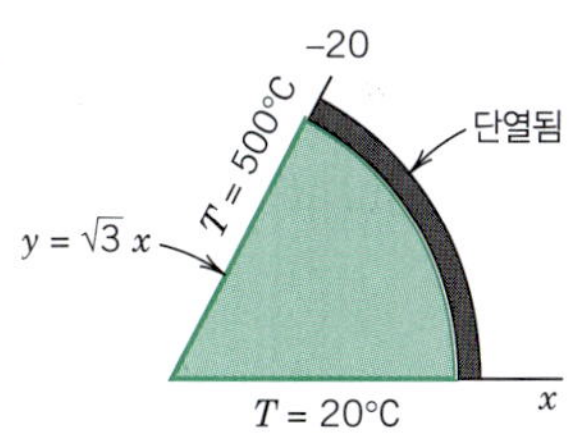

9. z-평면상의 제1 사분면에서 y축이 100°C로 유지되고, x-축의 $0 < x < 1$ 부분이 단열되어 있고 $x > 1$인 부분의 온도는 200°C로 유지된다. *힌트.* 예제 4를 사용하라.

10. 그림 410에서 $T(0, y) = -30$°C, $T(x, 0) = 100$°C.

18.4 유체흐름

Laplace 방정식은 유체역학, 즉 이 절에서 나중에 논의될 물리적 조건하에서의 정상 비점성 유체흐름에서 기본적인 역할을 한다. 복소해석을 적용하기 위하여 **2차원**(two-dimensional) 문제로 고려한다. 이는 유체의 운동을 주는 **속도벡터**(velocity vector) V가 두 공간 변수 x와 y에 의해서만 결정되며 그 운동은 xy-평면에 평행한 모든 면에 대해 같음을 의미한다.

따라서 속도벡터 V는 다음과 같은 복소함수

(1) $$V = V_1 + iV_2$$

로 나타낼 수 있고, 이때 $z = x + iy$인 모든 점에서 크기 $|V|$와 방향 Arg V를 갖는다. V_1과 V_2는 각각 x 방향과 y 방향의 속도성분이고 V는 움직이는 입자들의 경로에 접선이다. 이 경로를 운동의 **흐름선**(streamline; 유선)이라 부른다(그림 414).

적절한 가정(예제 다음에서 자세히 설명)하에 주어진 흐름에 대해 다음과 같은 해석함수가 존재함을 알 수 있다.

(2) $$F(z) = \Phi(x, y) + i\Psi(x, y),$$

이 함수를 흐름에 대한 **복소퍼텐셜**(complex potential)이라 부른다. 이 경우 흐름선은 $\Psi(x, y) =$ 상수에 의해 주어지고 **속도**는

(3) $$V = V_1 + iV_2 = \overline{F'(z)}$$

와 같이 주어진다. 여기서 위의 바(bar)는 공액복소수를 의미한다. Ψ를 **흐름함수**(stream function)라 하고 함수 Φ를 **속도퍼텐셜**(velocity potential)이라 부른다. 또한 $\Phi(x, y) =$ 상수인 곡선들을 **등퍼텐셜 선**(equipotential lines)이라 한다. V는 정의에 의해 Φ의 **기울기**(gradient)이다. 즉

(4) $$V_1 = \frac{\partial \Phi}{\partial x}, \qquad V_2 = \frac{\partial \Phi}{\partial y}$$

이다. 한편 $F = \Phi + i\Psi$에 대해 13.4절의 식 (4)는 $F' = \Phi x + i\Psi x$이고 이때 2번째 Cauchy-Riemann 방정식에 의해 $\Psi_x = -\Phi_y$가 된다. 이를 합하여

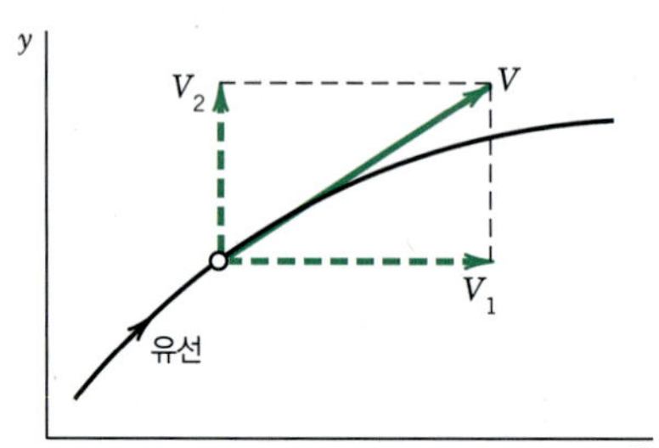

그림 414. 속도

$$\overline{F'(z)} = \Phi_x - i\Psi_x = \Phi_x + i\Phi_y = V_1 + iV_2 = V$$

를 얻는다.

더욱이 $F(z)$는 해석적이므로 Φ와 Ψ는 Laplace 방정식

$$\nabla^2\Phi = \frac{\partial^2\Phi}{\partial x^2} + \frac{\partial^2\Phi}{\partial y^2} = 0, \qquad \nabla^2\Psi = \frac{\partial^2\Psi}{\partial x^2} + \frac{\partial^2\Psi}{\partial y^2} = 0 \tag{5}$$

을 만족한다.

정전기학에서는 주어진 경계(전도되는 면)가 등퍼텐셜 선인 반면, 유체흐름에서의 유체가 가로질러 흐를 수 없는 경계는 흐름선이어야만 한다. 그러므로 유체흐름에서 흐름함수는 특히 중요하다.

식 (2)-(5)를 포함하는 논리의 유효한 조건들에 대해 논의하기 전에 실제적으로 관심의 대상이 되는 두 가지 흐름을 고찰하여 먼저 실용적인 관점에서의 상황을 이해하도록 하자. 연습문제에서 더 많은 경우에 대해 다룬다.

예제 1 모서리 주위에서의 흐름

복소퍼텐셜 $F(z) = z^2 = x^2 - y^2 + 2ixy$는

등퍼텐셜 선 $\Phi = x^2 - y^2 =$ 상수 (쌍곡선)

흐름선 $\Psi = 2xy =$ 상수 (쌍곡선)

가 되는 유체흐름을 나타낸다. 식 (3)으로부터 다음과 같이 속도벡터를 얻는다.

$$V = 2\bar{z} = 2(x - iy), \qquad 즉, \qquad V_1 = 2x, \qquad V_2 = -2y$$

이다. 이때 속력(속도의 크기)은

$$|V| = \sqrt{V_1^2 + V_2^2} = 2\sqrt{x^2 + y^2}$$

으로 주어진다. 따라서 위의 흐름은 양의 축들과 쌍곡선, 예 $xy = 1$에 의해 경계된 유로(channel)를 흐르는 유체흐름으로 해석된다(그림 415). 유로의 단면적이 큰 점 P에서 흐름선 S를 따르는 속력은 최솟값을 갖는다. ■

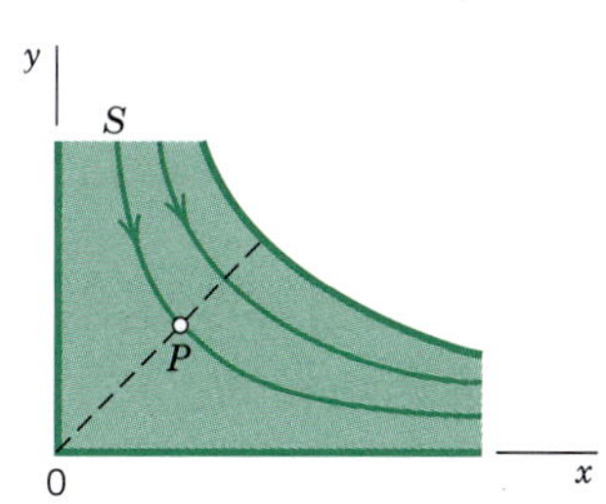

그림 415. 모서리 주위에서의 흐름(예제 1)

예제 2 원기둥 주위에서의 흐름

복소퍼텐셜

$$F(z) = \Phi(x, y) + i\Psi(x, y) = z + \frac{1}{z}$$

을 고려해 보자. 극형식 $z = re^{i\theta}$를 사용하면 다음을 얻는다.

$$F(z) = re^{i\theta} + \frac{1}{r}e^{-i\theta} = \left(r + \frac{1}{r}\right)\cos\theta + i\left(r - \frac{1}{r}\right)\sin\theta$$

그러므로 흐름선은 다음과 같다.

$$\Psi(x, y) = \left(r - \frac{1}{r}\right)\sin\theta = \text{상수}$$

특히 $\Psi(x, y) = 0$일 때 $r - 1/r = 0$ 또는 $\sin\theta = 0$을 얻는다. 따라서 이 흐름선은 단위원($r = 1/r$으로부터 $r = 1$을 얻음)과 x축($\theta = 0$과 $\theta = \pi$)을 나타낸다. 큰 $|z|$ 값일 경우 $F(z)$의 항 $1/z$은 작은 절댓값을 가지므로 흐름은 거의 균등하고 x-축에 대해 평행하다. 따라서 이것은 z-평면에 수직이고 반지름이 1인 긴 원기둥 주위의 흐름을 나타내며, $z = 0$에서는 단위원 $|z| = 1$과 교차하게 된다.

이 흐름은 $z = \pm 1$에서 두 개의 **정체점**(stagnation points, 속도 $V = 0$인 점)을 갖는다. 이 사실은

$$F'(z) = 1 - \frac{1}{z^2} \qquad \text{이므로} \qquad z^2 - 1 = 0 \qquad \text{(그림 416 참조)}$$

과 식 (3)으로부터 얻어진다. ■

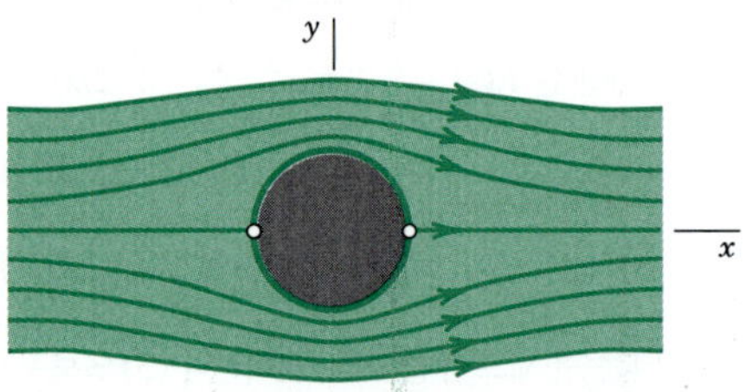

그림 416. 원기둥 주위에서의 흐름(예제 2)

식 (2)-(5)의 기초가 되는 가정과 이론

정리 1

흐름의 복소퍼텐셜

만일 흐름의 열린 영역이 단순연결되어있고 흐름이 비회전(비와류)이며 비압축성일 경우 식 (2)-(5)를 포함하는 진술들이 성립된다. 특히 이때 흐름은 해석함수인 복소퍼텐셜 $F(z)$를 갖는다(용어는 아래에서 설명).

증명 유체흐름에 관련된 기본개념을 고찰함으로써 위의 정리를 증명해보자.

(a) ***첫 번째 가정: 비회전.*** C를 $z(s) = x(s) + iy(s)$로 표현되는 z-평면상의 임의의 매끄러운 곡선이라 하자. 여기서 s는 C의 호의 길이이다. 실변수 V_t를 속도 V의 C에 대한 접선 성분이라 하자(그림 417). 이때 s가 증가하는 방향으로 C를 따라 취해진 실선적분

$$\int_C V_t \, ds \tag{6}$$

의 값을 C를 따른 유체의 **순환**(circulation)이라 한다. 이 단어는 증명을 해가면서 뜻이 명

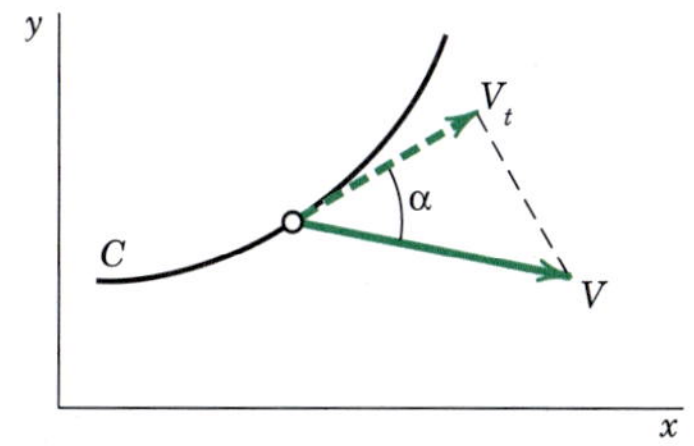

그림 417. C에 관한 속도의 접선성분

백해질 것이다. 이 값을 곡선 C의 길이로 나누면 곡선 C를 따라 흐르는 유체의 *평균속도*[1]를 얻는다. 그림 417로부터

$$V_t = |V| \cos \alpha \qquad \text{(그림 417)}$$

를 얻는다. 따라서 V_t는 C의 접선벡터 dz/ds (17.1절)와 V의 내적(9.2절)이다. 그러므로 식 (6)에서

$$V_t\, ds = \left(V_1 \frac{dx}{ds} + V_2 \frac{dy}{ds}\right) ds = V_1\, dx + V_2\, dy$$

이고 C를 따르는 순환은 식 (6)으로부터

$$\text{(7)} \qquad \int_C V_t\, ds = \int_C (V_1\, dx + V_2\, dy)$$

가 된다.

다음으로 C를 Green의 정리(10.4절)에서의 가정을 만족하는 ***닫힌 곡선***이고 단순연결영역 D의 경계라고 하자. 또한 V가 D와 C를 포함하는 열린 영역 내에서 연속인 편도함수를 갖는다고 가정하자. 그러면 Green의 정리를 이용하여 C에 대한 순환은 이중적분

$$\text{(8)} \qquad \oint_C (V_1\, dx + V_2\, dy) = \iint_D \left(\frac{\partial V_2}{\partial x} - \frac{\partial V_1}{\partial y}\right) dx\, dy$$

로 표현된다. 여기서 이중적분의 피적분함수를 흐름의 **와류도**(vorticity) 혹은 소용돌이라 하며, 이를 2로 나눈

$$\textbf{(9)} \qquad \omega(x, y) = \frac{1}{2}\left(\frac{\partial V_2}{\partial x} - \frac{\partial V_1}{\partial y}\right)$$

를 **회전**(rotation)이라 부른다.

흐름을 통해서 $\omega(x, y) \equiv 0$인, 즉 흐름이 **비회전**(irrotational)이라고 가정한다. 즉,

---

[1]정의: $\dfrac{1}{b-a}\displaystyle\int_a^b f(x)\, dx$는 구간 $a \leqq x \leqq b$에 대한 f의 **평균값**

$\dfrac{1}{L}\displaystyle\int_C f(s)\, ds$는 C에 대한 f의 **평균값**(L = C의 길이)

$\dfrac{1}{A}\displaystyle\iint_D f(x, y)\, dx\, dy$는 D에 대한 f의 **평균값**(A = D의 면적)

$$\frac{\partial V_2}{\partial x} - \frac{\partial V_1}{\partial y} = 0 \tag{10}$$

을 얻는다.

와류도와 회전에 대한 물리적 의미를 이해하기 위하여 식 (8)의 C를 반지름이 r인 원으로 가정해보자. 그러면 C의 길이 $2\pi r$로 나누어진 순환은 C를 따라 흐르는 유체의 평균속도이다. 따라서 이것을 다시 r로 나누면 원의 중심에 대한 유체의 평균 **각속도**

$$\omega_0 = \frac{1}{2\pi r^2} \iint_D \left(\frac{\partial V_2}{\partial x} - \frac{\partial V_1}{\partial y}\right) dx\, dy = \frac{1}{\pi r^2} \iint_D \omega(x, y)\, dx\, dy$$

가 얻어진다. 이때 $r \to 0$이라 하면 ω_0의 극한값은 C의 중심에서 ω의 값이다. 따라서 $\omega(x, y)$는 원이 점 (x, y)로 수축될 때 유체의 원형요소가 갖는 각속도의 극한값이다. 개략적으로 말해서 *유체의 구형요소가 갑자기 응고되고 주위의 유체가 동시에 소멸될 경우 이 유체요소는 각속도 ω로 회전한다.*

(b) *두 번째 가정: 비압축성*. 두 번째 가정은 유체가 비압축성(incompressible)이라는 것이다(예를 들면 액체는 비압축성인 반면, 공기와 같은 기체는 압축성이다). 그러면 유체가 생성되거나 소멸되지 않은, 즉 **생성점**(sources)이나 **흡입점**(sinks)이 없는 모든 영역에서

$$\frac{\partial V_1}{\partial x} + \frac{\partial V_2}{\partial y} = 0 \tag{11}$$

이 된다. 이 식을 V에 대한 **발산**(divergence)이라 하며 간단히 div V로 표기한다(9.8절의 식 (7) 참조).

(c) *복소 속도퍼텐셜*. 만약 유체가 흐르는 열린 영역 D가 단순연결(simply connected, 14.2절)이고 유체가 비회전이면 식 (10)은 선적분 (7)이 D 내의 적분경로에 무관하다는 것을 의미한다(10.2절의 정리 3에 의해, 이때 $F_1 = V_1, F_2 = V_2, F_3 = 0$이고 z는 현재의 z와 상관없는 공간상의 세 번째 좌표축). 따라서 D 내의 고정점 (a, b)로부터 어떤 점 (x, y)까지 적분한다면 이 적분은 점 (x, y)의 함수

$$\Phi(x, y) = \int_{(a,b)}^{(x,y)} (V_1\, dx + V_2\, dy) \tag{12}$$

가 된다. 식 (12)의 Φ가 흐름의 속도퍼텐셜이 됨을 보일 것이다. 이를 증명하기 위해서는 단지 식 (4)가 만족됨을 보여주면 된다. 식 (7)의 적분은 경로에 무관하므로, $V_1 dx + V_2 dy$는 완전이며 Φ의 전미분(10.2절), 즉

$$V_1\, dx + V_2\, dy = \frac{\partial \Phi}{\partial x} dx + \frac{\partial \Phi}{\partial y} dy$$

이다. 따라서 $V_1 = \partial\Phi/\partial x$와 $V_2 = \partial\Phi/\partial y$이며 이는 식 (4)를 나타내준다.

다음으로 Φ가 조화함수인 것은 식 (4)를 식 (11)에 대입시키면 즉시 알 수 있고 식 (5)의

첫 번째 관계식이 얻어진다.

끝으로 Φ의 공액조화함수로 Ψ를 취하면 식 (5)의 두 번째 식을 만족한다. 아울러 Φ와 Ψ의 2차편도함수가 연속이므로 D에서 해석적인 복소함수

$$F(z) = \Phi(x, y) + i\Psi(x, y)$$

를 얻는다. $\Psi(x, y)$ = 상수인 곡선은 $\Phi(x, y)$ = 상수인 등퍼텐셜 곡선에 수직($F'(z) = 0$인 점은 제외)이므로 흐름선이다. 따라서 Ψ는 흐름함수이고 $F(z)$는 흐름의 복소퍼텐셜이다. 이로써 압축성 유체흐름에서 복소해석의 중요성과 더불어 정리 1의 증명을 마친다.

연습문제 18.4

1. **미분가능성**. 식 (1)에 있는 속도벡터 V가 어떤 조건에서 식 (2)에 있는 $F(z)$를 해석적으로 만드는가?

2. **모서리 흐름**. 예제 1에서 어떠한 커브가 속력을 일정하게 만드는가? 그림 415에서 그것이 명백하게 보이는가?

3. **원기둥**. y-축에서 어떤 지점이 속력이 가장 큰지를 물리와 그림 416을 통해 추측하라. 그리고 그것을 계산하라.

4. **원기둥**. 그림 416에서 원통 벽을 따라 속력을 계산하라. 그리고 문제 3의 답을 확인하라.

5. **비회전 흐름**. 예제 2에 있는 흐름이 비회전임을 보여라.

6. **평행흐름**. 복소퍼텐셜 $F(z) = z$의 흐름을 그리고 해석하라.

7. **등각사상**. $F(z) = iKz$에 의한 흐름으로부터 예제 1의 흐름을 추론하라. 여기서 K는 적절한 등각사상에 의한 양의 실수이다.

8. **60°-Sector**. 만약 모서리의 각도가 $\pi/3$라면, 예제 1에 어떤 $F(z)$가 적당한가?

9. **원통**. 예제 2번에서 만약 z를 z^2으로 바꾼다면 어떤 일이 일어나는가? 제1 사분면에서 흐름의 결과를 그리고 해석하라.

10. **타원형 원기둥**. $F(z) = \arccos z$는 그의 흐름선이 $z = \pm 1$에 초점을 가진 등초점 타원임을 증명하라. 또한 이 흐름은 타원형 원기둥 또는 판(그림 418의 -1에서 1까지의 직선선분) 주위를 회전함을 증명하라.

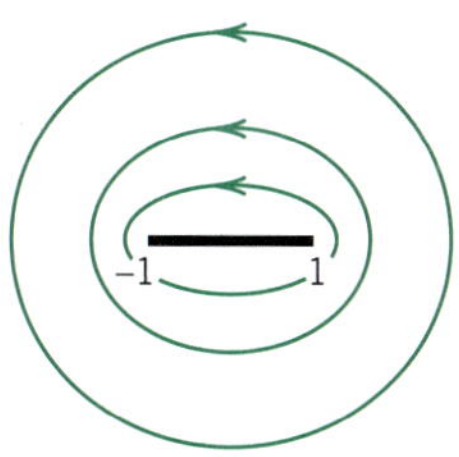

그림 418. 문제 10의 판 주위의 흐름

11. **틈**. $F(z) = \operatorname{arccosh} z$는 그의 흐름선이 $z = \pm 1$에 초점을 가진 등초점 쌍곡선임을 증명하라. 그리고 이 흐름은 틈을 통한 흐름으로 해석할 수 있음을 보여라(그림 419).

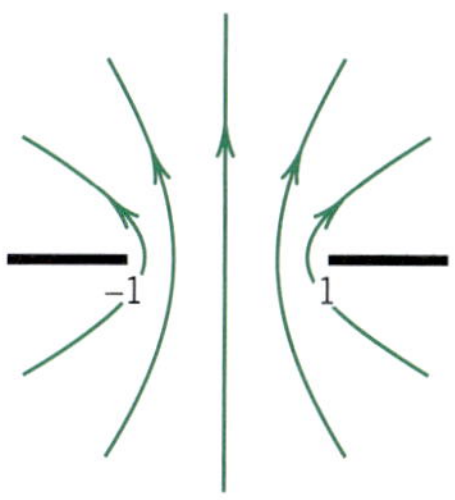

그림 419. 문제 11의 틈 사이의 흐름

12. **퍼텐셜 $F(z) = 1/z$**. $F(z) = 1/z$의 흐름선이 원점을 지나고 중심이 y-축 상에 있는 원이 됨을 보여라.

13. **조별 과제. 흐름의 모델링에서 자연로그의 역할**.

(a) 기본흐름: 생성점과 소멸점. c가 양의 실수일 때 $F(z) = (c/2\pi) \ln z$는 바깥 방사방향의 흐름임을 증명하라(그림 420). 즉 이 퍼텐셜은 **생성점**(point source) $z = 0$에서 흐름이 생성하도록 한다[공간에서 **생성선**(source line) $x = 0$과 $y = 0$]. 이때 상수 c를 생성점의 **세기**(strength) 또는 **유출량**(discharge)이라 부르며 c가 음의 실수이면 흐름은 $z = 0$에서 **흡입점**을 가졌다고 한다. 즉 흐름의 방향은 안쪽 방사방향이고 $z = 0$은 $F(z)$의 특이점이 된다.

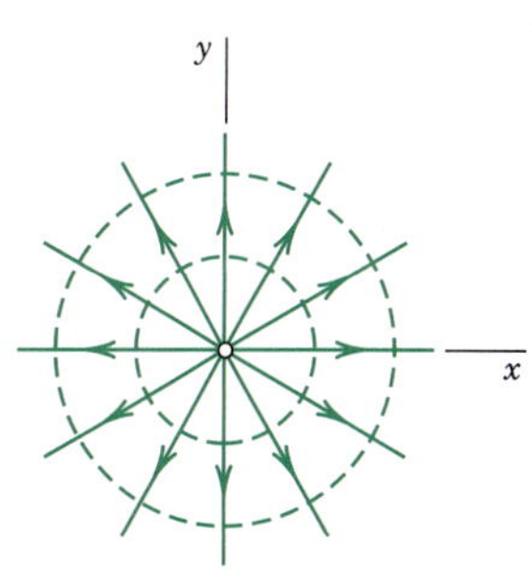

그림 420. 생성원점

(b) 기본흐름: 와류점. 양의 실수 K에 대해 $F(z)$ =

$-(Ki/2\pi)\ln z$는 원점 둘레를 반시계방향으로 회전하는 흐름을 표현한다. 이를 증명하라(그림 421). 점 $z = 0$을 **와류점**이라 하며 퍼텐셜은 와류점(vortex) 주위를 한 번 돌 때마다 K만큼씩 증가한다.

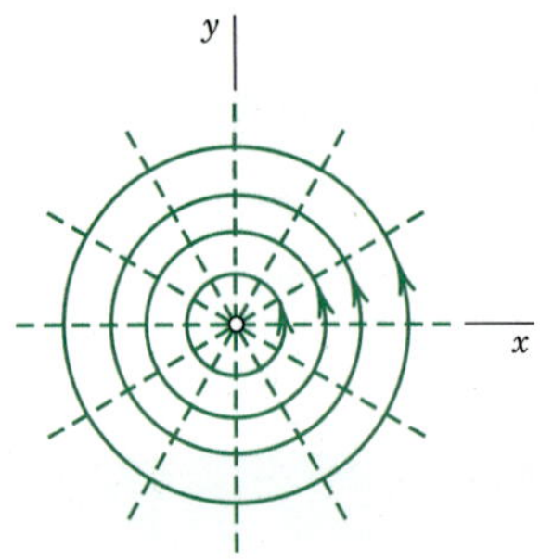

그림 421. 와류

(c) 흐름의 합. 두 흐름의 속도벡터를 더하면 각 흐름의 복소퍼텐셜을 더함으로써 얻어지는 복소퍼텐셜의 흐름이 됨을 증명하라.

(d) 생성점과 소멸점의 결합. $z = -a$에서 세기 1의 생성점과 $z = a$에서 세기 1의 소멸점을 갖는 흐름의 복소퍼텐셜을 각각 구하라. 두 흐름을 더하여 흐름선을 그려라. 작은 $|a|$에 대해 위의 선들이 연습문제 12의 흐름선들과 유사한지 보여라.

(e) 원기둥 주위의 순환흐름. (b)와 예제 2의 퍼텐셜의 합은 원기둥의 벽 $|z| = 1$이 흐름선인 흐름에 해당됨을 증명하라. 또한 속도를 구하고 정체점이

$$z = \frac{iK}{4\pi} \pm \sqrt{\frac{-K^2}{16\pi^2} + 1}$$

임을 증명하라. 여기서 $K = 0$일 때 $z = \pm 1$이고 K가 증가할 때 이 점은 $z = i$ ($K = 4\pi$, 그림 422 참조)에서 결합될 때까지 단위원을 따라 위로 움직이고 $K > 4\pi$일 때 허수축 위에 존재한다(한 점은 유체가 흐르는 선 위에 있고 다른 한 점은 원기둥 내부에 있지만 원기둥 내부의 점은 물리적 의미를 갖지 않는다).

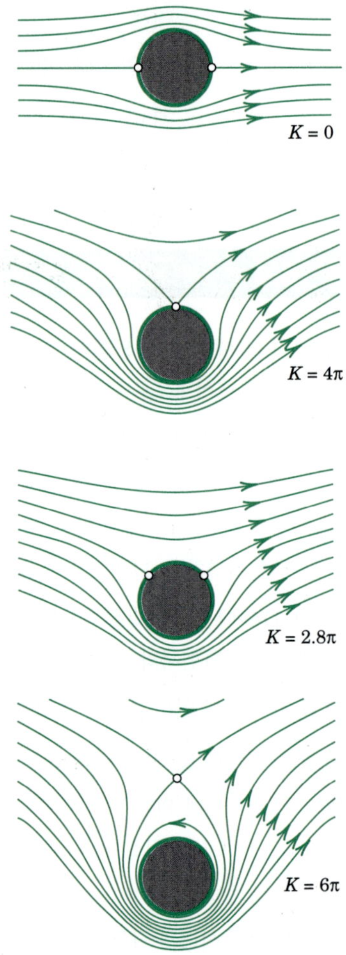

그림 422. 원기둥 주위의 비순환흐름($K = 0$)과 순환흐름

18.5 퍼텐셜에 대한 Poisson 적분공식

지금까지 이 장에서 등각사상과 복소퍼텐셜을 기초로 하는 매우 효과적인 방법들을 살펴보았다. 이 방법들은 2차원 퍼텐셜 문제를 풀거나 모델링하기 위해서 사용되었고 복소해석의 중요성을 보여준다.

이제 복소적분으로부터 얻을 수 있는 또 다른 방법을 소개한다. 이 방법으로부터 표준영역(원판)의 퍼텐셜에 대한 매우 중요한 Poisson의 적분공식 (5)를 얻고, 추가적으로 식 (5)로부터 이 퍼텐셜에 대한 유용한 급수 식 (7)을 유도할 것이다. 이는 원판에 대한 퍼텐셜 문제를 풀 수 있게 하고 이 해를 다른 영역으로 등각으로 사상함으로써 다른 영역에서도 퍼텐셜 문제를 풀게 한다.

Poisson 적분공식의 유도

Poisson 공식은 Cauchy 적분공식(14.3절)

$$(1) \qquad F(z) = \frac{1}{2\pi i} \oint_C \frac{F(z^*)}{z^* - z}\, dz^*$$

으로부터 유도될 것이다. 여기서 C는 $z^* = Re^{i\alpha}$인 원(반시계방향, $0 \leqq \alpha \leqq 2\pi$)이고 함수 $F(z^*)$는 C와 C 내부를 포함하는 열린 영역에서 해석적이라 가정한다. $dz^* = iRe^{i\alpha}d\alpha = iz^*d\alpha$이므로 식 (1)로부터 다음을 얻는다.

$$(2) \qquad F(z) = \frac{1}{2\pi} \int_0^{2\pi} F(z^*) \frac{z^*}{z^* - z}\, d\alpha \qquad (z^* = Re^{i\alpha},\ z = re^{i\theta})$$

여기서 약간의 요령이 필요하다. C의 내부에 있는 z 대신에 C의 외부에 있는 점 Z를 택한다면 식 (1)과 (2)는 Cauchy 적분정리(14.2절)에 의해 0이 된다. 여기에 $Z = z^*\bar{z}^*/\bar{z} = R^2/\bar{z}$을 대입하고 정리하자. 이때 Z는 $|Z| = R^2/|z| = R^2/r > R$이므로 C의 외부에 있다. 식 (2)로부터

$$0 = \frac{1}{2\pi} \int_0^{2\pi} F(z^*) \frac{z^*}{z^* - Z}\, d\alpha = \frac{1}{2\pi} \int_0^{2\pi} F(z^*) \frac{z^*}{z^* - \dfrac{z^*\bar{z}^*}{\bar{z}}}\, d\alpha$$

를 얻는다. 우변의 마지막 표현을 정리하면

$$0 = \frac{1}{2\pi} \int_0^{2\pi} F(z^*) \frac{\bar{z}}{\bar{z} - \bar{z}^*}\, d\alpha$$

를 얻는다. 식 (2)에서 위 식을 빼고 직접 계산하여 보일 수 있는 다음의 공식($\bar{z}z^*$는 상쇄됨)

$$(3) \qquad \frac{z^*}{z^* - z} - \frac{\bar{z}}{\bar{z} - \bar{z}^*} = \frac{z^*\bar{z}^* - z\bar{z}}{(z^* - z)(\bar{z}^* - \bar{z})}$$

을 사용하여 정리하면

$$(4) \qquad F(z) = \frac{1}{2\pi} \int_0^{2\pi} F(z^*) \frac{z^*\bar{z}^* - z\bar{z}}{(z^* - z)(\bar{z}^* - \bar{z})}\, d\alpha$$

를 얻는다. z와 z^*의 극좌표 표현을 사용하면 피적분함수에 있는 분수는 실수이고

$$\frac{R^2 - r^2}{(Re^{i\alpha} - re^{i\theta})(Re^{-i\alpha} - re^{-i\theta})} = \frac{R^2 - r^2}{R^2 - 2Rr\cos(\theta - \alpha) + r^2}$$

임을 알 수 있다. 결과적으로 $F(z) = \Phi(r, \theta) + i\Psi(r, \theta)$로 표현하고 식 (4)의 양변으로부터 실수부를 취하면 다음의 **Poisson의 적분공식**[2]을 얻는다.

---

[2]SIMÉON DENIS POISSON(1781-1840). 프랑스의 수학자인 동시에 물리학자이다. 1809년부터 Paris 대학의 교수로 근무하였다. 그의 업적은 퍼텐셜이론, 편미분방정식(Poisson 방정식, 12.1절), 확률(24.7절) 등이 있다.

$$\Phi(r, \theta) = \frac{1}{2\pi}\int_0^{2\pi} \Phi(R, \alpha)\frac{R^2 - r^2}{R^2 - 2Rr\cos(\theta - \alpha) + r^2}\, d\alpha \tag{5}$$

이 공식은 원판 $|z| \leqq R$에서 조화함수 Φ를 경계(원) $|z| = R$에서의 함수값 $\Phi(r, \alpha)$로써 표현한다.

식 (5)는 경계함수 $\Phi(R, \alpha)$가 단지 구분연속(piecewise continuous)일 때에도 유효한 식이다(많은 실용적인 경우에 해당, 18.2절의 그림 405와 406 참조). 이 경우 공식 (5)는 열린 원판에서 조화함수이고 원 위에서는 경계함수가 불연속인 점을 제외한 모든 점에서 함수값이 경계함수와 같아지는 함수를 제공한다. 이에 대한 증명은 부록 1의 참고문헌 [D1]에서 찾아볼 수 있다.

원판에서의 퍼텐셜에 대한 급수전개

식 (5)로부터 단순 조화함수들로 표현되는 Φ의 중요한 급수전개를 얻고자 한다. 식 (5)의 피적분함수에 있는 분수는 식 (3)으로부터 유도되었는데 식 (3)의 우변은 아래 함수

$$\frac{z^* + z}{z^* - z} = \frac{(z^* + z)(\bar{z}^* - \bar{z})}{(z^* - z)(\bar{z}^* - \bar{z})} = \frac{z^*\bar{z}^* - z\bar{z} - z^*\bar{z} + z\bar{z}^*}{|z^* - z|^2}$$

의 실수부라는 것을 밝히고자 한다. 실은, 위 식의 분모는 실수이고 또한 분자 중에서 $z^*\bar{z}^* - z\bar{z}$ 역시 실수인 반면, $-z^*\bar{z} + z\bar{z}^* = 2i \operatorname{Im}(z\bar{z}^*)$는 순허수이다. 이 사실로부터 밝혀진다. 이제 기하급수를 사용하면

$$\frac{z^* + z}{z^* - z} = \frac{1 + (z/z^*)}{1 - (z/z^*)} = \left(1 + \frac{z}{z^*}\right)\sum_{n=0}^{\infty}\left(\frac{z}{z^*}\right)^n = 1 + 2\sum_{n=1}^{\infty}\left(\frac{z}{z^*}\right)^n \tag{6}$$

을 얻고 $z = re^{i\theta}$이고 $z^* = Re^{i\alpha}$이므로

$$\operatorname{Re}\left[\left(\frac{z}{z^*}\right)^n\right] = \operatorname{Re}\left[\frac{r^n}{R^n}e^{in\theta}e^{-in\alpha}\right] = \left(\frac{r}{R}\right)^n \cos(n\theta - n\alpha)$$

가 된다. 우변에서 $\cos(n\theta - n\alpha) = \cos n\theta \cos n\alpha + \sin n\theta \sin n\alpha$이므로 식 (6)으로부터

$$\begin{aligned}\operatorname{Re}\frac{z^* + z}{z^* - z} &= 1 + 2\sum_{n=1}^{\infty}\operatorname{Re}\left(\frac{z}{z^*}\right)^n \\ &= 1 + 2\sum_{n=1}^{\infty}\left(\frac{r}{R}\right)^n(\cos n\theta \cos n\alpha + \sin n\theta \sin n\alpha)\end{aligned} \tag{6*}$$

을 얻게 된다. 이미 설명한 바와 같이 이 식은 식 (5)에 있는 분수와 같다. 이를 식 (5)에 대입하고 항별적분하면

$$\Phi(r, \theta) = a_0 + \sum_{n=1}^{\infty}\left(\frac{r}{R}\right)^n (a_n \cos n\theta + b_n \sin n\theta) \tag{7}$$

를 얻을 수 있다. 여기서 계수는[식 (6*)의 2는 식 (5)의 1/(2π)의 2와 상쇄]

$$
\begin{aligned}
&a_0 = \frac{1}{2\pi}\int_0^{2\pi} \Phi(R, \alpha)\, d\alpha, \qquad a_n = \frac{1}{\pi}\int_0^{2\pi} \Phi(R, \alpha) \cos n\alpha\, d\alpha,\\
(8)\qquad & \qquad\qquad\qquad\qquad\qquad\qquad\qquad\qquad n = 1, 2, \cdots,\\
&b_n = \frac{1}{\pi}\int_0^{2\pi} \Phi(R, \alpha) \sin n\alpha\, d\alpha
\end{aligned}
$$

이다. 즉 $\Psi(R, \alpha)$의 Fourier 계수이다(11.1절 참조). $r = R$일 때 식 (7)은 $\Phi(R, \alpha)$의 Fourier 급수가 되므로 경계에서 $\Phi(R, \alpha)$가 Fourier 급수로 표현될 수 있을 때는 식 (7)은 항상 유효하다.

예제 1 단위원판에 대한 Dirichlet 문제

다음의 경계값을 갖는 $r < 1$인 단위원판 내부에서의 정전기 퍼텐셜 $\Phi(r, \theta)$를 구하라.

$$
\Phi(1, \alpha) = \begin{cases} -\alpha/\pi & (-\pi < \alpha < 0) \\ \alpha/\pi & (\ \ 0 < \alpha < \pi) \end{cases} \qquad \text{(그림 423)}
$$

풀이. $\Phi(1, \alpha)$는 우함수이므로 $b_n = 0$이고 식 (8)로부터 $a_0 = \frac{1}{2}$이고

$$
a_n = \frac{1}{\pi}\left[-\int_{-\pi}^{0} \frac{\alpha}{\pi} \cos n\alpha\, d\alpha + \int_0^{\pi} \frac{\alpha}{\pi} \cos n\alpha\, d\alpha\right] = \frac{2}{n^2\pi^2}(\cos n\pi - 1)
$$

이다. 따라서 n이 홀수일 때 $a_n = -4/(n^2\pi^2)$이고 $n = 2, 4, \cdots$이면 $a_n = 0$이다. 따라서 퍼텐셜은

$$
\Phi(r, \theta) = \frac{1}{2} - \frac{4}{\pi^2}\left[r\cos\theta + \frac{r^3}{3^2}\cos 3\theta + \frac{r^5}{5^2}\cos 5\theta + \cdots\right]
$$

이다. 그림 424는 단위원판과 등퍼텐셜 선(Φ = 상수인 곡선)을 보여주고 있다. ■

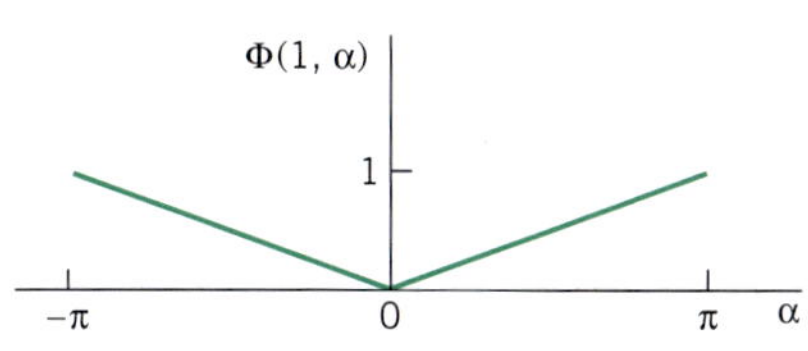

그림 423. 예제 1의 경계값

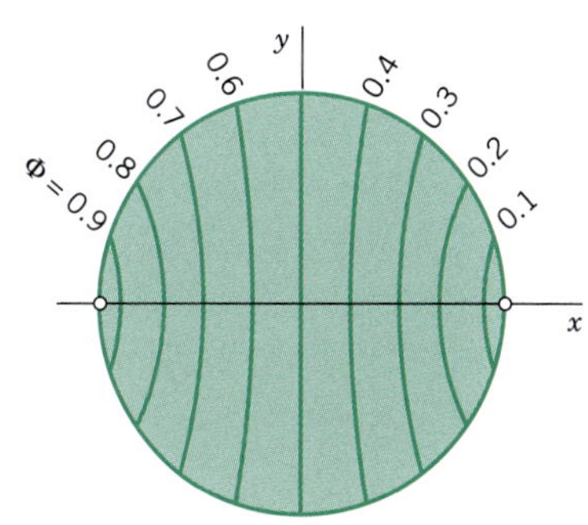

그림 424. 예제 1의 퍼텐셜

연습문제 18.5

1. Poisson 적분공식 (5)로부터 급수 (7)을 상세하게 유도하라.
2. $r < R$인 원판에서 식 (7)의 각 항은 조화함수임을 보여라.
3. 예제 1에 있는 급수가 왜 **코사인급수**(cosine series)로 간단하게 되는가?

4-8 **원판에서의 조화함수**

다음 경계값 $\Phi(1, \theta)$를 가질 때 식 (7)을 이용하여 단위원판 $r < 1$에서 퍼텐셜 $\Phi(r, \theta)$를 구하라. 구해진 급수 처음 몇 개 항의 합을 이용하여 Φ의 값을 몇 개 구하고, 등퍼텐셜 선들을 그림으로

도시하라.

4. $\Phi(1, \theta) = \frac{3}{2} \sin 3\theta$

5. $\Phi(1, \theta) = 16 \cos^3 2\theta$

6. $\Phi(1, \theta) = \begin{cases} \theta + \pi & (-\pi < \theta < 0) \\ \theta - \pi & (0 < \theta < \pi) \end{cases}$

7. $\Phi(1, \theta) = \theta^2/\pi^2 \ (-\pi < \theta < \pi)$

8. $\Phi(1, \theta) = \begin{cases} 0 & (-\pi < \theta < 0) \\ \theta & (0 < \theta < \pi) \end{cases}$

9. **CAS 과제. 급수 (7).** 급수전개 (7)을 위한 프로그램을 작성하라. 이들 부분합으로부터 계산한 값들과 CAS를 이용해 그린 그래프를 비교하여 정확한지 보아라. **(a)** 예제 1과 그림 424에 대하여 수행하라. **(b)** 연습문제 5의 Φ에 대해 수행하라(경계에서 불연속임!). **(c)** 연속인 경계값을 갖는 임의의 Φ를 선택해서 수행하라. **(d)** 불연속인 경계값을 갖는 임의의 Φ에 대해서 수행하라.

10. **조별 과제. 원판에서의 퍼텐셜. (a) 평균값 특성.** 원 C의 중심에서의 조화함수 Φ의 값은 C에서의 Φ 값의 평균값과 같음을 보여라(18.4절 각주 1의 평균값 정의를 참조).

(b) 변수분리. 식 (7)의 항들이 극좌표에서 Laplace 방정식을 변수분리했을 때의 해임을 보여라.

(c) 공액조화. 식 (7)로부터 Φ의 공액조화함수 Ψ의 급수를 구하라. (*힌트*. Cauchy-Riemann 방정식을 이용)

(d) 거듭제곱 급수. $F(z) = \Phi + i\Psi$에 대한 급수를 구하라.

18.6 조화함수의 일반 성질. Dirichlet 문제에 대한 유일성 정리

10.8절에서 조화함수는 Laplace 방정식의 해이고 그들의 2차 편미분은 연속임을 기억하라. 이 절에서는 조화함수의 일반적 특성들이 종종 해석함수의 성질로부터 얻어질 수 있음을 보이고자 하며, 이 과정은 단순한 형태로 이루어질 수 있다. 특히 조화함수의 중요한 평균값 성질은 해석함수의 평균값 성질로부터 쉽게 얻을 수 있다. 상세 내용은 다음과 같다.

정리 1

해석함수의 평균값 성질

$F(z)$가 단순연결 열린 영역 D에서 해석적이라면 D 안에 있는 점 z_0에서 $F(z)$의 값은 D 내에 중심이 z_0인 임의의 원에서 $F(z)$의 평균값과 같다.

증명 Cauchy 적분공식은(14.3절) 다음과 같다.

$$F(z_0) = \frac{1}{2\pi i} \oint_C \frac{F(z)}{z - z_0} dz \tag{1}$$

여기서 C로 $z = z_0 + re^{i\alpha}$인 D 내에 있는 원을 선택하면 $z - z_0 = re^{i\alpha}$, $dz = ire^{i\alpha} \, d\alpha$이므로 식 (1)은

$$F(z_0) = \frac{1}{2\pi} \int_0^{2\pi} F(z_0 + re^{i\alpha}) \, d\alpha \tag{2}$$

가 된다. 우변은 원에서 F의 평균값(= 적분구간의 길이 2π로 적분값을 나눈 것)이다. ■

조화함수에 대해 정리 1은 다음을 유도한다.

정리 2

조화함수의 두 가지 평균값 성질

$\Phi(x, y)$를 단순연결 열린 영역 D에서 조화함수라고 하면 D의 한 점 (x_0, y_0)에서 조화함수 $\Phi(x, y)$의 값은 D 영역 내의 (x_0, y_0)가 중심인 임의의 원에 대한 $\Phi(x, y)$의 평균값과 같다. 또한 이 값은 영역 D 내의 (x_0, y_0)가 중심인 임의의 원판에 대한 $\Phi(x, y)$의 평균값과도 같다(18.4절 각주 1 참조).

증명 정리 2의 첫 번째 부분은 식 (2)의 양변에서 실수부를 취하면 증명이 된다.

$$\Phi(x_0, y_0) = \operatorname{Re} F(x_0 + iy_0) = \frac{1}{2\pi}\int_0^{2\pi} \Phi(x_0 + r\cos\alpha, y_0 + r\sin\alpha)\, d\alpha$$

정리 2의 두 번째 부분은 위 식에 r를 곱해 0부터 r_0(판의 반지름)까지 적분한 후 $r_0^2/2$으로 나눈 식

$$\Phi(x_0, y_0) = \frac{1}{\pi r_0^2}\int_0^{r_0}\int_0^{2\pi} \Phi(x_0 + r\cos\alpha, y_0 + r\sin\alpha) r\, d\alpha\, dr$$

로부터 얻어진다. 이때 우변이 언급된 평균값(적분영역의 면적으로 나눈 적분값)이다. ■

다시 해석함수로 되돌아와서 Cauchy 적분공식으로부터 얻어지는 또 하나의 유명한 결과를 보게 될 것이다. 이는 간접 증명이며 ML-부등식을 응용하는 매우 기발한 착상을 잘 보여줄 것이다[*유계영역*(bounded region)이란 중심이 원점인 어떤 원 내부에 완전히 포함되는 영역이다].

정리 3

해석함수에 대한 최대절댓값 정리

유계영역 R과 그 경계를 포함하는 열린 영역에서 $F(z)$가 해석적이며 상수가 아니라고 하자. 그러면 절댓값 $|F(z)|$는 R의 내부점에서 최댓값을 가질 수 없다. 즉 $|F(z)|$의 최댓값은 R의 경계상에서 얻어진다. 만약 R에서 $F(z) \neq 0$라면 $|F(z)|$의 최솟값에 대해서도 같은 결과가 성립한다.

증명 $|F(z)|$가 R의 내부점 z_0에서 최댓값을 갖는다고 가정하고 이 가정이 모순임을 보일 것이다. 최댓값을 $|F(z_0)| = M$이라 놓자. 13.4절의 예제 3으로부터 $F(z)$가 상수가 아니므로 $|F(z)|$도 상수가 아니다. 따라서 C의 내부가 R 안에 있고 C 상의 한 점 P에서 $|F(z)|$가 M보다 작게 되는 반지름이 r이고 중심이 z_0인 원 C를 찾아낼 수 있다. $|F(z)|$가 연속이므로 P를 포함하는 C의 원호 C_1 위에서 $|F(z)|$는 M보다 작다. 즉

$$|F(z)| \leqq M - k \ (k > 0) \qquad (C_1 \text{ 위의 모든 } z\text{에 대하여})$$

가 성립한다(그림 425 참조). C_1의 길이가 L_1이라면 C의 여호(complementary arc) C_2는 $2\pi r - L_1$의 길이를 갖는다. 식 (1)에 ML-부등식(14.1절)을 적용하고 $|z - z_0| = r$을 이용

하면 다음 관계가 성립한다(공식의 두 번째 줄에서 직접 계산).

$$M = |F(z_0)| \leqq \frac{1}{2\pi}\left|\int_{C_1}\frac{F(z)}{z-z_0}\,dz\right| + \frac{1}{2\pi}\left|\int_{C_2}\frac{F(z)}{z-z_0}\,dz\right|$$
$$\leqq \frac{1}{2\pi}\left(\frac{M-k}{r}\right)L_1 + \frac{1}{2\pi}\left(\frac{M}{r}\right)(2\pi r - L_1) = M - \frac{kL_1}{2\pi r} < M$$

즉, $M < M$이므로 불가능하다. 따라서 위 가정은 잘못이며 정리의 첫 번째 진술이 증명된다.

이제 두 번째 진술에 대해 증명해 보자. R에서 $F(z) \neq 0$이라면 $1/F(z)$은 R 내에서 해석적이다. 이미 증명한 사실로부터 $1/|F(z)|$의 최댓값은 R의 경계 위에 존재함을 알 수 있다. 그러나 이 최댓값은 $|F(z)|$의 최솟값에 해당된다. 그러므로 이 논리도 증명된다. ■

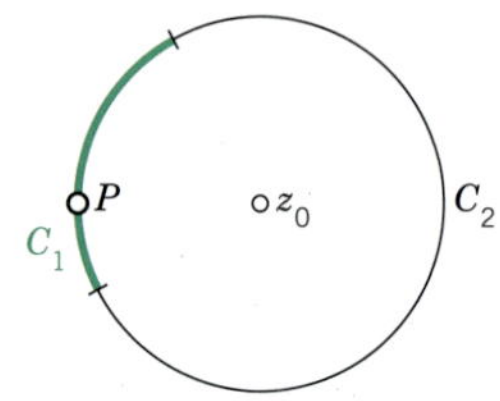

그림 425. 정리 3의 증명

이 정리로부터 조화함수에 대한 다음과 같은 근본적인 성질들을 얻을 수 있다.

정리 4

조화함수

$\Phi(x, y)$가 유계인 단순연결영역 R과 그 경계인 C를 포함하는 한 열린 영역에서 조화함수이면 다음과 같은 성질들을 갖는다.

(I) **(최댓값 원리)** *$\Phi(x, y)$가 상수가 아니라면 R 내에서는 최댓값이나 최솟값을 갖지 않는다. 결과적으로 최댓값과 최솟값은 R의 경계에 존재한다.*

(II) *$\Phi(x, y)$가 C에서 상수일 경우 $\Phi(x, y)$는 상수이다.*

(III) *$h(x, y)$가 R 내부와 C 상에서 조화함수이고 C 상에서 $h(x, y) = \Phi(x, y)$를 만족하면 R 내의 모든 점에 대해 $h(x, y) = \Phi(x, y)$가 성립한다.*

증명 **(I)** R에서 $\Psi(x, y)$를 $\Phi(x, y)$의 공액조화함수라 하자. 그러면 복소함수 $F(z) = \Phi(x, y) + i\Psi(x, y)$는 R에서 해석적이고 $G(z) = e^{F(z)}$도 해석적이다. 또한 절댓값은

$$|G(z)| = e^{\operatorname{Re} F(z)} = e^{\Phi(x,\,y)}$$

가 된다. 정리 3에 의하여 $|G(z)|$는 R 내부에서 최댓값을 가질 수 없으며 또한 e^{Φ}는 실변수 Φ의 단조증가함수이므로 Φ의 최댓값에 대한 명제는 성립된다. 이것으로부터 최솟값에 대한 명제도 Φ를 $-\Phi$로 치환함으로써 얻어진다.

(II) (I)에 의해 $\Phi(x, y)$는 C에서 최솟값과 최댓값을 갖는다. 만일 $\Phi(x, y)$가 C에서 상수라면 최솟값은 최댓값과 같으며, 따라서 $\Phi(x, y)$는 상수여야 한다.

(III) R 내부와 C 위에서 h와 Φ가 조화함수라면 $h - \Phi$도 역시 R 내부와 C 위에서 조화함수이다. 가정에 의하여 C 위의 모든 점에서 $h - \Phi = 0$이 된다. 그러므로 (II)에 의해 R

의 모든 점에서 $h - \Phi = 0$이 성립된다. 이것으로 (III)도 증명되었다. ■

정리 4의 마지막 명제는 매우 중요한 의미를 갖는다. 이것은 *조화함수가 R의 경계에서 갖는 값에 의해 R 내에서 유일하게 결정된다*는 것을 의미한다. 일반적으로 $\Phi(x, y)$는 R의 내부에서 조화함수이고 R의 경계 위에서 연속이라는 조건을 필요로 한다. 즉

$$\lim_{\substack{x \to x_0 \\ y \to y_0}} \Phi(x, y) = \Phi(x_0, y_0),$$ 여기서 (x_0, y_0)는 경계 위에 있고 (x, y)는 R의 내부에 있다.

이러한 조건하에서도 정리 4의 (I) 최댓값 원리가 역시 적용된다. 경계값이 주어졌을 때 $\Phi(x, y)$를 결정하는 문제는 두 변수를 가진 Laplace 방정식에 대한 **Dirichlet 문제**(Dirichlet problem)로 알려져 있다. 정리 4의 (III)으로부터 본 논의의 백미인 다음 정리를 얻는다.

정리 5 **Dirichlet 문제에 대한 유일성 정리**

주어진 영역과 경계값에 대하여 두 변수로 된 Laplace 방정식의 Dirichlet 문제가 해를 가진다면 그 해는 유일하다.

연습문제 18.6

정리 1, 2의 관련 문제

1-2 주어진 $F(z)$, z_0, 반지름 1인 원에 대해 정리 1을 검증하라.

1. $(z + 1)^3, z_0 = \frac{5}{2}$
2. $(z - 1)^{-2}, z_0 = -1$
3. 단위원을 따라 $|z|$를 적분하라. 구한 결과가 정리 1과 상반되는가?
4. Poisson의 적분공식을 이용하여 정리 2의 첫 진술을 증명하라.

5-7 주어진 $\Phi(x, y)$, (x_0, y_0), 반지름 1인 원에 대해 식 (3)을 검증하라.

5. $(x - 1)(y - 1), (2, -2)$
6. $x^2 - y^2, (3, 8)$
7. $x + y + xy, (1, 1)$
8. CAS 실험. **퍼텐셜 곡선 그리기**. 연습문제 5와 7에 있는 퍼텐셜과 임의로 선택한 두 가지 다른 함수에 대해 xy-평면에 있는 직사각형 위의 곡면으로 그려라. 이 그림을 통해 최댓값과 최솟값의 위치를 구하라.
9. 조별 과제. **해석함수의 최대절댓값**. **(a)** (i) $F(z) = z^2$과 $1 \leqq x \leqq 5$, $2 \leqq y \leqq 4$인 직사각형에 대하여, (ii) $F(z) = \sin z$와 단위원판에 대해, (iii) $F(z) = e^z$와 임의의 유계영역에 대해 정리 3을 검증하라.

   (b) $F(z) = 1 + |z|$는 원판 $|z| \leqq 2$에서 0이 아니며 이 원판 내부에 있는 점에서 최솟값을 갖는다. 이 결과는 정리 3과 모순되는가?

   (c) 함수 $F(x) = \sin x$ (x는 실수)는 $\pi/2$에서 최댓값 1을 갖는다. 이 값들이 $z = \pi/2$를 포함하는 영역에서 $|F(z)| = |\sin z|$의 최댓값이 될 수 없는 이유는 무엇인가?

   (d) 만약 $F(z)$가 해석적이고 닫힌 원판 D: $|z| \leqq 1$ 안에서 상수가 아니며 단위원 상에서 $|F(z)| = c =$ 상수라고 가정하자. 그러면 $F(z)$가 이 원판에서 0 값을 가짐을 증명하라.

10-12 **최대절댓값**

단위원판 $|z| \leqq 1$에서 $|F(z)|$의 최댓값의 크기와 위치를 구하라.

10. $F(z) = \cos z$
11. $F(z) = az + b$ (a, b는 복소수, $a \neq 0$)
12. $F(z) = 2z^2 - 2$
13. $\Phi(z, y) = e^x \sin y$와 직사각형 $a \leqq x \leqq b$, $0 \leqq y \leqq 2\pi$에 대해 최대절댓값 정리를 검증하라.

14. **공액조화함수**. 영역 R에서 Φ와 Φ의 공액조화함수 Ψ가 같은 점에서 최댓값을 갖는가?

15. **등각사상**. 영역 R^*: $|w| \leqq 1$, $v \geqq 0$(여기서 $w = u + iv$) 내에서 $\Phi^* = e^u \cos v$의 최댓값의 위치 (u_1, v_1)을 찾아라. 그리고 $w = f(z) = z^2$에 의해 R^* 위로 사상되는 영역 R을 구하라. 또 영역 R 내에서 Φ^*로부터 얻어진 퍼텐셜을 찾고, 최댓값을 가지는 위치 (x_1, y_1)을 찾아라. (u_1, v_1)이 (x_1, y_1)의 상인가? 만약 그렇다면 이것은 우연인가?

18장 복습문제

1. 왜 복소해석으로 퍼텐셜 문제들을 모델링하고 풀 수 있는가? 몇 차원에 대해서 그러한가?

2. 복소수해석의 어떤 부분이 엔지니어나 과학자들의 주된 관심이 되는가?

3. 조화함수가 무엇인가? 공액조화함수는 무엇인가?

4. 물리학의 어떤 영역을 다루었는가? 다른 영역들에 대해서 생각할 수 있는가?

5. 이 장에서 다룬 퍼텐셜 문제들의 몇 가지 예를 들어라. 해당하는 함수들을 나열하라.

6. 복소퍼텐셜은 물리적으로 어떤 의미를 주는가?

7. 유체의 흐름에서 사용된 여러 가지 가정들에 대해 간단히 논하라.

8. 등각사상이 퍼텐셜이론에서 어떻게 사용되는지 설명하라.

9. 조화함수에 관한 최대절댓값 정리와 평균값 정리를 설명하라.

10. Poisson 적분공식에 대해 설명하고 Cauchy 공식으로부터 유도하라.

11. 중요한 퍼텐셜 함수들을 적용분야와 함께 암기를 통해 목록을 만들어라.

12. $F(z) = i \operatorname{Ln} z$의 등퍼텐셜 선을 그려라.

13. 800 V로 유지되는 판 $\operatorname{Arg} z = \pi/6$와 600 V로 유지되는 판 $\operatorname{Arg} z = \pi/3$ 사이의 부채꼴 영역의 퍼텐셜을 구하라.

14. 문제 13번을 정전기 문제로 해석하라. 전기력에 해당하는 선은 무엇인가?

15. 복소퍼텐셜 $F(z) = (1 + i)z$에 대한 속도와 흐름선을 구하라. 그리고 그 흐름을 그려라.

16. $F(z) = \frac{1}{2}z^2 + z$에 대한 흐름선을 그려라.

17. $F(z) = -iz^2 + z$의 등온선은 쌍곡선임을 보여라.

18장 요약. 복소해석과 퍼텐셜이론

퍼텐셜이론(potential theory)은 **Laplace 방정식**(Laplace's equation)

$$\nabla^2 \Phi = 0 \tag{1}$$

의 해에 관한 이론이다. 2계편도함수가 **연속**(continuous)인 해를 **조화함수**(harmonic functions)라고 한다. 식 (1)은 물리학에서 2차원과 3차원에 적용 가능한 가장 중요한 편미분방정식이다. 이러한 형태는 정전기학(18.1절), 정상상태 열흐름 문제(18.3절), 유체흐름(18.4절), 중력 등에 관한 문제에 나타난다. 3차원의 경우 또 다른 방법이 요구되는(12장 참조) 반면, 2차원 퍼텐셜이론은 복소해석으로 다루어질 수 있다. 왜냐하면 해석함수의 실수부와 허수부는 조화함수이기 때문이다(13.4절). 등각사상 하에서 조화함수는 유지되므로(18.2절) ***등각사상***(conformal mapping)은 식 (1)에 대한 경계값 문제를 푸는 데 있어 효과적인 도구가 된다. 식 (1)의 실퍼텐셜 Φ가 주어지면, **복소퍼텐셜**(complex potential)

$$F(z) = \Phi + i\Psi \tag{2}$$
(18.1절).

를 찾을 수 있다. 그러면 $\Phi =$ 상수인 곡선모임들과 $\Psi =$ 상수인 곡선모임들은 둘 다 물리적 의미를 갖는다.

정전기학에서 이 선들은 등퍼텐셜 선과 전기력선이 되고(18.1절) 열흐름 문제에 있어서는 등온선(일정온도 곡선)과 열흐름선이 된다(18.3절). 또 유체흐름에서는 속도퍼텐셜의 등퍼텐셜 선과 흐름선(streamline)이 된다(18.4절).

원판에 대한 Dirichlet 문제의 해는 ***Poisson 적분공식***(Poisson formula)에 의해 주어지거나(18.5절) 경계에서 주어진 경계값의 Fourier 급수가 되는 한 급수로 주어진다(18.5절).

조화함수는 해석함수와 마찬가지로 많은 일반적 성질을 갖는다. 특히 ***평균값 성질***(mean value property)과 ***최대절댓값 성질***(maximum modulus property)은 매우 중요한데(18.6절) 이는 Dirichlet 문제의 해의 유일성을 준다(18.6절의 정리 5).

PART E

수치해석
Numeric Analysis

수치해석(numeric analysis 또는 numerics)은 공업수학의 가장 빠른 성장 분야의 하나로 지속되어 왔으며, 이것은 매우 유용한 컴퓨터 연산력과 인터넷 사용으로 인한 자연적인 추세이다. 실제로 수치해석에 활용되는 좋은 소프트웨어 도구는 쉽게 접할 수 있다. 다음 페이지에 ***나열된 소프트웨어*** 품목을 보라. 품목에는 구입해야 하는 소프트웨어(상용 소프트웨어)와 무료로 다운받을 수 있는 소프트웨어(공용 소프트웨어)가 있다. 편의를 위해 인터넷 주소와 전화번호를 제공한다. 그 소프트웨어 품목에는 이 교재와 관련있는 E. Kreyszig와 E. J. Norminton이 쓴 안내서(10판)와 함께 ***Maple***, ***Mathematica***와 같은 CAS (computer algebraic system)를 포함하고 있으며, 이 교재를 통해 CAS의 사용법을 배울 것이다. 뿐만 아니라 이 소프트웨어 품목에는 무료로 다운받을 수 있는 ***IMSL***, ***LAPACK***과 같은 과학용 소프트웨어와 ***TI-Nspire***와 같은 그래픽을 이용한 과학용 계산기도 있다. 이 품목들은 자주 이용되는 훌륭한 소프트웨어이지만 이것만으로는 충분치 않다.

우리는 공학자, 응용 수학자 또는 과학자로서 화학적 혹은 생화학적 공정에 대한 모델링이나 생태학적으로 건전한 난방시스템 구축, 우주선이나 인공위성의 궤도를 계산하는 공학적 문제를 풀기 위해서 상용 소프트웨어 또는 기업의 독점 소프트웨어를 사용하곤 한다. 예를 들어, 이 교재의 공동 저자 중 한 명(Herbert Kreyszig)은 고차 다항식을 푸는 문제로 귀착되는 채권값을 결정하기 위해 19.2절에서 다루는 수치해법을 이용한 독점 소프트웨어를 사용한다.

그러나 양질의 소프트웨어의 적용성이 수치해석을 ***이해하기*** *위한 노력이나 책임을 경감시켜 주지는 않는다.* 수치해석에서 수학적 전문지식을 가지려는 노력이 해의 접근법의 계

획, 타당한 소프트웨어의 분별력 있는 선택 및 사용, 소프트웨어의 질의 판단, 심지어는 자신의 수치소프트웨어를 작성할 수 있도록 할 것이다.

수치해석은 해석학적으로 풀기가 어렵거나 불가능한 문제를 해결하는 능력을 키워준다. 예를 들어, 오차함수[부록 3, 공식 (35)]와 같은 특수적분이나 고차의 특성다항식이 나타나는 고유값 문제는 해석적으로 풀 수가 없다. 수치해석은 또한 실험에서 얻어진 데이터 점들를 사용하여 근사화 다항식을 구성하는 데도 사용된다.

E부에서는 수치해법에 대한 예비지식을 다룬다. **알고리즘**으로 다양한 수치해법을 제시할 것이며, 이 알고리즘은 컴퓨터, CAS, 프로그램을 할 수 있는 계산기 등에 소프트웨어 수행에 적합하도록 단계적으로 세밀하게 수치해법을 제공한다. 첫 번째 장인 19장은 세 가지 주영역, 즉 일반적인 수치해법(부동점, 반올림오차 등), $f(x) = 0$의 해법(Newton 및 다른 해법을 사용함)과 수치미분, 수치적분과 함께 보간법을 다룬다.

20장은 선형대수의 수치해법으로 Gauss, Doolittle, Cholesky에 의한 선형연립방정식의 해법과 고유값을 구하는 문제를 다룬다. 21장은 상미분방정식과 편미분방정식에 대한 수치해법을 다룬다.

수치해법(numerics)은 새로운 해법이 창안되고 기존의 해법이 개선되거나 수정되고 있으며 컴퓨터시대 이전의 실용성이 없는 옛날 해법도 재발견되고 있는 매우 활발한 연구분야이다. 이러한 연구의 주목적은 잘 짜인 소프트웨어를 개발하는 것이다. 수백만 개의 식이나 반복적인 단계가 필요한 거대한 문제에서 아주 작은 알고리즘의 개선으로도 계산시간, 저장크기, 정확도, 안정성 등에 큰 영향을 끼칠 수 있다.

소프트웨어 사용상 주의. E부는 *CAS, 소프트웨어나 그림용 계산기들의 사용에 잘 적용될 수 있도록* 고안되었다. 계산요구는 조금 사용에서부터 심하게 사용하는 범위까지 흩어져 있다. 컴퓨터 사용의 선택은 교수 재량이다. CAS 실습, CAS 문제, CAS 실험을 제외한 다른 문제는 CAS나 소프트웨어가 필요 없으며 아마도 그래픽용 계산기가 더 필요할 것이다.

소프트웨어

http://www.wiley.com/go//global/kreyszig를 보라.

소프트웨어를 찾고 싶을 때 다음의 목록이 도움이 될 것이다. 또한 Dr. Dobb's Portal과 같은 웹사이트와 *American Mathematical Society*(웹사이트 http://www.ams.org), *Society for Industrial and Applied Mathematics* (SIAM, www.siam.org), *Association for Computing Machinery* (ACM, www.acm.org), *Institute of Electrical and Electronics Engineers* (IEEE, www.ieee.org)에서 발행하는 기사를 통해 기존의 소프트웨어와 새로운 소프트웨어에 대한 정보를 얻을 수 있다. 도서관, 전산 관련학과 또는 수학과를 통하여 소프트웨어 관련 정보를 얻을 수도 있다.

TI-Nspire. TI-Nspire CAS와 프로그램할 수 있는 그래픽 계산기 포함. Texas Instrument, Inc, Dallas, TX. 전화번호 1-800-842-2737 또는 (972) 917-8324. 웹사이트 www.education.ti.com.

EISPACK. LAPACK 참조.

GAMS (Guide to Available Mathematical Software). 웹사이트 http://gams.nist.gov. NIST에 의해 개발된 온라인 공동색인.

IMSL (International Mathematical and Statistical Library). Visual Numerics, Inc., Houston, TX. 전화번호 1-800-222-4675 또는 (713) 784-3131, 웹사이트 www.vni.com. 그래프를 포함한 수학 및 통계학에 이용되는 FORTRAN 서브루틴.

LAPACK. 선형대수를 위한 FORTRAN 77 서브루틴. 이 소프트웨어 패키지는 LINPACK과 EISPACK을 대체함. www.netlib.org/lapack에서 직접 다운받아 사용할 수 있다. LAPACK 사용설명서는 www.netlib.com에서 얻을 수 있음.

LINPACK. LAPACK 참조.

Maple. Waterloo Maple, Inc., Waterloo, ON, Canada. 전화번호 1-800-267-6583 또는 (519) 747-2373. 웹사이트 www.maplesoft.com.

Maple Computer Guide. 공업수학 10판 E. Kreyszig, E. J. Norminiton. Wiley and Sons, Inc., Hobken, NJ. 전화번호 1-800-225-5945 또는 (201)748-6000.

Mathcad. Parametric Technology Corp. (PTC), Needham, MA, 웹사이트 www.ptc.com.

Mathematica. Wolfram Research, Inc., Champaign, IL. 전화번호 1-800-965-3726 또는 (217) 398-0700. 웹사이트 www.wolframresearch.com.

Mathematica Computer Guide. 공업수학 10판 E. Kreyszig, E. J. Norminiton. Wiley and Sons, Inc., Hobken, NJ. 전화번호 1-800-225-5945 또는 (201)748-6000.

MatLab. The Math Works, Inc., Natick, MA. 전화번호 (508) 647-7000. 웹사이트 www.mathworks.com.

NAG. Numerical Algorithms Group, Inc., Lisle, IL. 전화번호 (630) 971-2337, 웹사이트 www.nag.com. FORTRAN 77, FORTRAN 90와 C로 제작된 수치루틴.

NETUB. 광범위한 일반 공유 소프트웨어 라이브러리. 인터넷 정보는 www.netlib.org.

NIST. National Institute of Standards and Technology, Gaithersburg, MD. 전화번호 (301) 975-6478. 웹사이트 www.nist.gov. 수학이나 수치계산 분야 전화문의는 (301) 975-3800 또는 http://math.nist.gov 참조.

Numerical Recipes. Cambridge University Press, New york, NY. 전화번호 1-800-221-4512 또는 (212) 924-3900. 웹사이트 www.cambridge.org/us. 서적, 3판 (C++에서) 부록 1., 참고문헌 [E25] 보라. 1, 2판에 대한 소스코드와 C, FORTRAN 77, FORTRAN 90을 포함한 C++로 제작된 CD ROM 소스코드. 구입문의는 West Nyack, NY. 전화번호는 1-800-872-7423 또는 (845) 353-7500. 웹사이트 www.numerical-recipes.com.

통계학 관련 추가적인 소프트웨어. 이 책의 영문판 Part G, 참조.

GAMS (Guide to Available Mathematical Software): 웹사이트 http://gams.nist.gov. NIST에 의해 [illegible]

IMSL (International Mathematical and Statistical Library): Visual Numerics, Inc., Houston, TX. [illegible] 800-222-4675 [illegible] (713) 784-3131. 웹사이트 www.vni.com. [illegible] FORTRAN [illegible]

[illegible]

[illegible]

Maple [illegible]

[illegible]

Mathematica Computer [illegible] E. Kreyszig, E. J. Norminton, Wiley and Sons, Inc., Hoboken, NJ. [illegible]

[illegible]

NAG [illegible]

[illegible]

CHAPTER 19

일반적인 수치해법
Numerics in General

수치해석(numeric analysis)은 기본적인 미분적분, ODE의 대수적 풀이, 혹은 다른 비수치적(nonnumeric) 영역과는 다른 독특한 맛이 있다. 미적분학과 ODE에서 문제풀이 방법은 선택의 폭이 아주 적고 그에 대한 대답은 대수적인 반면에, 수리적 해법은 그 선택의 폭이 다양하며 그 해도 수 값의 표나 그래프 등으로 얻을 수 있다. 어떤 수치해법과 알고리즘을 사용할 것인지, 원하는 결과를 얻기 위해 얼마나 정확하게 해야 하는지, 계산할 때 어떤 값부터 시작할 것인지 등에서는 현명한 선택을 해야 한다. 이 장에서는 수학의 대수적 유형에서 수치유형으로 변환하는 좋은 방법을 제공한다.

수치해석에 대한 첫 장에서는 부동소수점(fioating point), 반올림오차(round-off errors), 일반적인 수치오차, 그들의 전파와 같은 일반적인 개념으로부터 시작한다. 19.2절은 유명한 Newton 방법을 포함하는 방정식 $f(x) = 0$의 해를 구하는 다양한 수치적 방법에 대하여 논하며, 19.3절은 보간법(interpolation)을 소개한다. 이것은 알고 있는 함수값으로부터 새로운 함수값을 구하는 방법이다. 19.4절에서는 스플라인 보간법(spline interpolation)에 대하여, 그리고 마지막 19.5절에는 수치적분(numeric integration)과 수치미분(numeric differention)에 대하여 논하기로 한다.

수치해석은 공학도에게 매우 가치있는 문제 해결의 지식 확장을 제공한다. 복잡한 적분이나 차수가 높은 다항식 또는 측정에 의해 얻은 값들의 보간(interpolation) 등과 같이 해의 공식이 존재하지 않는 많은 문제가 있고 또한 해의 공식이 존재해도 실제로 활용이 불가능한 경우가 많다. 이러한 문제들에 대해 수치적 해법으로 좋은 결과를 제공할 수 있다. 따라서 응용 수학자, 공학도, 물리학도, 혹은 과학도는 오차의 계산, 수렴 차수, 알고리즘으로 표현된 수치적 방법 등과 같은 수치해석의 요점과 개념에 친숙해져야 하고, 또한 중요한 수치방법들에 정통해야 한다.

이 장을 위한 예비지식: 기본 미적분학

참고문헌과 연습문제 해답: 부록 1의 E부와 부록 2

19.1 개요

공학자나 물리학자들은 탄성에 관한 문제를 다루고 $x \cosh x = 1$과 같은 방정식, 또는 차수가 높은 다항식의 근을 구하는 더 어려운 문제를 풀어야 한다. 또한 기본 미적분학으로 풀 수 없는

$$\int_0^1 \exp(-x^2)\, dx$$

와 같은 적분 문제를 만난다(부록 3, 공식 (35) 참조). 이러한 대수적으로 풀기가 어렵고 불가능한 문제들이 응용문제에서 종종 나타난다. **수치해법**(numeric methods)은 컴퓨터나 계산기를 이용하여 수치적인 계산을 통해 문제의 해를 숫자나 그래프(그림)로 표현하는 체계적인 방법이라고 할 수 있다. 전형적인 수치해법은 현실적으로 반복법이고, 잘 선택된 문제와 좋은 초기 조건하에서는 대개 올바른 해로 수렴할 것이다. 실험실이나 산업적 환경(공학, 물리학, 생물학, 화학, 경제학 등의 분야)에서 관찰된 문제로부터 최종 답을 위한 수치해석에 적당한 근사화로의 전개는 보통 다음 단계를 거쳐야 한다.

1. 모델링(modeling). 문제를 적분방정식, 연립방정식, 또는 미분방정식과 같은 수학적 모델로 표현한다.

2. 수치적 해법 선택(choice of numeric method). 모델링한 문제에 대한 해법과 매개변수(예, 계산단계 크기)를 선택한다. 이때, 예비오차추정도 함께 고려한다.

3. 프로그래밍(programming). 소프트웨어 시스템으로부터 적당한 루틴을 선택하여 CAS에 대응되는 프로그램을 만들기 위해서 Maple, Mathematica, Matlab, Mathcad, Java에서는 C, C^{++}, 혹은 FORTRAN 등의 프로그램을 사용한다.

4. 계산하기(doing the computation).

5. 결과해석(interpreting the result). 결과를 물리적 또는 다른 의미로 해석하고, 필요시 재계산을 수행한다.

1단계와 2단계는 서로 연관이 있다. 즉, 모델에 약간의 수정을 함으로써 더욱 효과적인 방법을 적용할 수도 있는 것이다. 적절한 방법을 선택하기 위해서, 먼저 수치적 방법에 대한 충분한 지식이 있어야 한다. 우리는 19~21장에서 실제로 자주 사용되는 효과적인 알고리즘에 대하여 공부한다.

3단계에서 프로그램은 주어진 자료와 수치적 혹은 그래픽 형태로 해답을 생성하기 위해서 순서대로 컴퓨터가 수행하도록 하는 일련의 명령들로 이루어졌다.

이 절에서는 먼저 수치해법의 특징을 이해하기 위해, 몇 가지 일반적인 개념에 대해 알아보자.

숫자의 부동소수점 형식

모든 실수는 유한 또는 무한 소수로 표현된다. 대부분의 컴퓨터에서는 숫자를 표현하는 두 가지 *고정소수점*(fixed-point)과 *부동소수점*(fioating point)이라 불리는 방식이 있다. **고정소수점**시스템(fixed-point system)에서는 모든 숫자가 소수점 뒤에 고정된 자릿수를 갖게 된다. 예를 들면, 세 자릿수 소수는 62.358, 0.014, 1.000과 같이 나타내는 것이며, 이 책에서는 소수 자릿수를 D (decimal)로 나타낸다. 즉 3D는 세 자리 소수를 나타낸다. 고정소수점 표시방식은 한정된 범위(설명하라!)로 인해 과학적 계산에서는 실용적이지 못하고 별로 중요하지도 않다.

부동소수점시스템(floating-point system)에서는 숫자를

$$0.6247 \cdot 10^3, \qquad 0.1735 \cdot 10^{-13}, \qquad 0.2000 \cdot 10^{-1}$$

과 같이 쓰든가 또는

$$6.247 \cdot 10^2, \qquad 1.735 \cdot 10^{-14}, \qquad -2.000 \cdot 10^{-2}$$

와 같이 쓰기도 한다. 이 계에서 유효숫자의 수는 일정하지만, 소수점의 위치는 "유동적"이다. 수 c의 **유효숫자**(significant digit)는 처음으로 나타나는 0이 아닌 숫자로부터 세며 소수점의 위치를 나타내기 위해 사용된 0을 제외한 숫자를 말한다. 예를 들면

$$13600, \qquad 1.3600, \qquad 0.0013600$$

은 모두 5개의 유효숫자를 갖는다. 이 책에서 다섯 개의 유효숫자를 5S로 나타낸다.

매우 크거나 적은 수를 나타내기 위해 지수를 사용한다. 실제 이론적으로 임의의 0이 아닌 수 a를

$$\text{(1)} \qquad a = \pm m \cdot 10^n, \qquad 0.1 \leqq |m| < 1 \qquad n\text{은 정수}$$

와 같이 표현할 수 있다. 이진수 체계를 사용하는 컴퓨터에서는 m이 이진자릿수 k로 한정되며(예를 들면 $k = 8$), n 역시 한정되어 있으므로

$$\text{(2)} \qquad \bar{a} = \pm \bar{m} \cdot 2^n, \qquad \bar{m} = 0.d_1 d_2 \cdots d_k \qquad d_1 > 0$$

으로 나타낸다. 여기서 $\bar{a}$를 *k-자리 이진법* **기계수**(k-digit binary machine numbers)라 부르며, m(또는 $\bar{m}$)을 *가수*(mantissa)라 하는데, log 함수에 사용되는 "가수(mantissa)"와는 아무런 관련이 없다. n을 $\bar{a}$의 *지수*(exponent)라 한다.

기계수는 유한개 존재할 것이며 그 기계수는 a가 커짐에 따라 점점 더 적게 "밀집"되어 있다. 예를 들어, 1024와 2048 사이에 있는 만큼 2와 4 사이에도 많은 기계수가 존재한다.

$1 + \text{eps} > 1$인 최소 양의 기계수 *eps*를 *기계정밀도*라 한다. 기계수는 구간 $[1, 1 + \text{eps}]$, $[2, 2 + 2 \cdot \text{eps}], \cdots, [1024, 1024 + 1024 \cdot \text{eps}], \cdots$에서는 존재하지 않는데, 이것은 만일 계산에 대한 수학적 해가 $1024 + 1024 \cdot \text{eps}/2$라면 컴퓨터에 의한 결과는 1024 또는 $1024 \cdot \text{eps}$가 되는데 그것은 더 나은 정확성을 얻는다는 것은 불가능하다는 것을 의미한다.

Underflow와 Overflow. 특정한 컴퓨터에서 다룰 수 있는 지수의 범위는 대단히 넓다. IEEE (Institute of Electrical and Electronical Engineering) 부동점 표준에 의하면, **단순정밀도**(single precision)는 2^{-126}부터 2^{128}까지이고(1.175×10^{-38}부터 3.403×10^{38}), **배정밀도**(double precision)의 경우는 2^{-1022}부터 2^{1024}까지이다(2.225×10^{-308}부터 1.798×10^{308}).

그리 중요치 않은 기술로서 지수에 음수 사용을 피하기 위해 원래의 범위 $[-126, 128]$에 126을 더해서(배정밀도의 경우 1022를 더해서) 표현한다. 이렇게 옮겨진 지수가 255와 1047인 경우는 무한을 의미함을 기억하자.

계산 과정에서 이러한 범위를 벗어나는 작은 수가 발생하는 경우를 **underflow**, 더 큰 숫자가 발생하는 경우는 **overflow**라 한다. 일반적으로 underflow의 경우에는 결과를 0으로 처리하고 계산을 지속하며, overflow의 경우에는 계산이 정지된다. 많은 표준코드(IMSL, NAG 등)는 overflow의 발생을 방지하도록 제작되어 있다. Overflow 오류 메시지

는 프로그램에 오류가 있음을 의미한다(즉, 잘못된 입력자료 등). 이제부터는 계산으로부터 얻은 소수에 대하여 살펴보자.

반올림

계산상의 오차는 숫자의 끝처리를 **버림**(chopping; 특정한 자릿수 이하를 버림)하거나 **반올림**(rounding)함으로써 발생된다. 이러한 버림이나 반올림에 의한 오차를 **반올림오차**(round-off error)라 한다. k자리 소수로 반올림하는 방법은 다음과 같다(k 자릿수의 유효숫자로 반올림하는 방법도 동일하다).

반올림규칙(roundoff rule). 숫자 x를 k자리 소수로 반올림하는 방법은 x에 $5 \times 10^{-(k+1)}$를 더한 후 소수 $(k+1)$번째 자리 이하의 모든 숫자는 버리는 것이다.

예제 1 반올림규칙

1.23454621에 대하여 주어진 소수 자릿수로 반올림하라. **(a)** 소수 2자리 **(b)** 소수 3자리 **(c)** 소수 4자리 **(d)** 소수 5자리 **(e)** 소수 6자리

풀이. **(a)** 소수 2자리이므로 $5 \cdot 10^{-(k+1)} = 5 \cdot 10^{-3} = 0.005$를 더하면, 즉 $1.2345621 + 0.005 = 1.23954621$에서 "954621"을 버림 또는 $1.23954621 - 0.00954621 = 1.23$이 된다.

(b) $1.23454621 + 0.0005 = 1.23504621$이고, 소수 3자리 반올림이므로 1.234를 얻는다.

(c) 1.23459621로부터 1.2345

(d) 1.23455121로부터 1.23455

(e) 1.23454671로부터 1.234547

소수 7자리를 구할 수 있겠는가? ■

버림(chopping)은 이로 인한 오차가 반올림에 의한 오차보다 크므로 권장되지 않지만 간단하고 빠른 계산 때문에 일부 컴퓨터에서 사용되기도 한다. 한편, 어떤 컴퓨터 또는 계산기에서는 계산 중간에 *보조자릿수*(guarding digit)라 부르는 한두 개의 자릿수를 더 사용하여 계산의 정확도를 높이기도 한다.

반올림오차(error in rounding). 식 (2)의 $\bar{a} = \mathrm{fl}(a)$를 식 (1)의 a를 반올림하여 얻어진 컴퓨터 부동소수점 근사값이라 하자. 여기서 fl은 **부동점**(floating) 표시를 뜻한다. 그러면 반올림규칙에 의해 (지수를 생략하여) $|m - \bar{m}| \leqq \frac{1}{2} \cdot 10^{-k}$가 되고, $|m| \geqq 0.1$이므로($a \neq 0$)

$$\left|\frac{a - \bar{a}}{a}\right| \approx \left|\frac{m - \bar{m}}{m}\right| \leqq \frac{1}{2} \cdot 10^{1-k} \tag{3}$$

를 얻을 수 있다. 우변의 $u = \frac{1}{2} \cdot 10^{1-k}$를 **반올림단위**(rounding unit)라 부른다. 만약 $\bar{a} = a(1 + \delta)$로 나타내면, $(\bar{a} - a)/a = \delta$이며 식 (3)에 의해 $|\delta| \leqq u$가 된다. *이러한 결과는 반올림단위 u가 반올림에 의한 오차한계*(error bound)*임을 보여준다.*

반올림오차는 아무리 작은 계산이라도 계산 자체를 완전히 쓸모없게 만들 수도 있다. 일반적으로 계산 단계가 많을수록(예로, 수백만 번) 반올림오차의 영향이 더욱 크다. 따라서, 프로그램에서 예측되는 반올림오차를 분석하고 가능한 반올림오차의 영향을 줄이도록 계산순서를 배열하는 방법을 찾아내는 것이 매우 중요하다.

컴퓨터 내부의 연산도 완전히 정확하지 않아서 오차를 유발하지만 이것은 다루지 않겠다.

표의 정확도(accuracy in tables). 비록 사용 소프트웨어들이 여러 가지 함수값 표들을 필요 이상으로 제공하고 있지만, 몇 가지 표(고등함수, 적분공식의 계수 등)가 아직도 종종 사용되고 있다. 만약 이 표의 유효숫자가 k라면, 그 표에 있는 어떤 값 $\tilde{a}$은 실제값 a와 최대 k번째 숫자 크기의 반만큼 차이가 날 수 있다고 통상적으로 가정된다.

유효숫자의 상실

유효숫자의 상실(loss of significant digit)이란 계산된 결과 값의 유효숫자가 계산에 이용된 값의 유효숫자보다 감소하는 현상을 의미한다. 예를 들어, 0.1439 − 0.1426과 같이 비슷한 크기의 두 수를 빼는 경우에 발생한다("subtractive cancellation"). 이러한 현상은 간단한 문제에서도 발생하지만, 대부분의 경우 문제점을 알고 있다면 알고리즘의 간단한 수정으로 해결할 수 있다. 다음의 예제를 통해 이러한 문제를 살펴보자.

예제 2 2차방정식. 유효숫자 상실

4S(유효숫자 4자리)를 사용하는 계산으로 방정식

$$x^2 + 40x + 2 = 0$$

의 근을 구하라.

풀이. 2차방정식 $ax^2 + bx + c = 0$의 근은

$$x_1 = \frac{1}{2a}(-b + \sqrt{b^2 - 4ac}), \qquad x_2 = \frac{1}{2a}(-b - \sqrt{b^2 - 4ac}) \tag{4}$$

이다. 또한, $x_1x_2 = c/a$를 이용하면 다른 또 하나의 공식은

$$x_2\text{는 위의 식 (4)와 같고, } x_1 = \frac{c}{ax_2} \tag{5}$$

이다. 이 계산은 b가 양수인 경우, 비슷한 두 수의 뺄셈을 피하게 해준다.

만약 $b < 0$이면 x_1는 식 (4)로부터 구하고, 그때 $x_2 = c/(ax_1)$이 된다.

이제 $x^2 + 40x + 2 = 0$에 대해 식 (4)를 사용하면 $x = -20 \pm \sqrt{398} = -20 \pm 19.95$이다. 따라서, $x_2 = -20.00 - 19.95 = -39.95$로 적절하지만 $x_1 = -20.00 + 19.95 = -0.05$는 유효숫자의 상실이 발생하여 부적절하다.

반면에, 식 (5)를 사용하면 $x_1 = 2.000/(-39.95) = -0.05006$으로 더 많은 유효숫자로 나타나게 되면 마지막 자리 단위의 반 이하의 오차를 갖는다(10S값은 -0.05006265674이다). ■

수치결과의 오차

일반적으로 미지 변수에 대한 최종결과는 오차를 포함하는 **근사값**(approximation)으로 나타난다. 이러한 오차는 다음의 여러 원인의 조합으로 야기된다. 앞에서 설명한 바와 같이 **반올림오차**(roundoff error)는 숫자의 반올림 과정에서 발생한다. **실험오차**(experimental error)는 (측정과정에서 수반되는) 데이터의 오차이고, **절단오차**(truncation error)는 Taylor 급수의 처음 몇 항만을 고려하는 것과 같이 특정 항 이하를 무시하는 절단(truncation)에 의해 발생하는 오차이다. 이러한 오차들은 계산방법에 의해 결정되므로 각각의 방법에 따라 개별적으로 고려되어야 한다. ["절단"은 때때로 앞에서 설명한 버림에 대신하는 용어로도 쓰이는데, 이를 권장하지 않는다.]

오차공식(formulas for errors). a를 참값(exact or true value), $\tilde{a}$를 근사값(approximate value)이라 하면, 그 차이

$$\epsilon = a - \tilde{a} \tag{6}$$

를 $\tilde{a}$의 **오차**(error)라 한다. 따라서

$$a = \tilde{a} + \epsilon, \qquad (\text{참값} = \text{근사값} + \text{오차}) \tag{6*}$$

이다. 예를 들어, $\tilde{a} = 10.5$가 $a = 10.2$의 근사값이면 오차는 $\epsilon = -0.3$이고 $\tilde{a} = 1.60$이 $a = 1.82$의 근사값이면 $\epsilon = 0.22$이다.

주의! 문헌에서 $|a - \tilde{a}|$("절대오차")나 $\tilde{a} - a$를 종종 오차의 정의로써 사용한다.

$\tilde{a}$의 **상대오차**(relative error) ϵ_r 은

$$\epsilon_r = \frac{\epsilon}{a} = \frac{a - \tilde{a}}{a} = \frac{\text{참값}}{\text{오차}} \qquad (a \neq 0) \tag{7}$$

로 정의된다. 참값 a를 모르는 상황에서 위 식은 유용하지 않은 것처럼 보인다. 그러나 만일 $|\epsilon|$이 $|\tilde{a}|$보다 매우 작다면 a 대신에 $\tilde{a}$를 사용할 수 있으므로

$$\epsilon_r \approx \frac{\epsilon}{\tilde{a}} \tag{7'}$$

이 된다. ϵ 값을 안다면 식 (6)에서 $a = \tilde{a} + \epsilon$이므로 모든 것이 해결되지만, ϵ 값을 모르면 위 식도 여전히 분명치 않다. 그러나 실제적으로 $\tilde{a}$의 **오차한계**(error bound), β는 종종 알 수 있으며 이는

$$|\epsilon| \leqq \beta, \qquad \text{즉,} \qquad |a - \tilde{a}| \leqq \beta$$

로 미지의 a 값이 계산된 $\tilde{a}$ 값으로부터 최대 얼마만큼 떨어져 있는지를 알려준다. 이와 유사하게, 상대오차(relative error)의 오차한계 β_r은

$$|\epsilon_r| \leqq \beta_r, \qquad \text{즉,} \qquad \left|\frac{a - \tilde{a}}{a}\right| \leqq \beta_r$$

을 만족하는 수이다.

오차전파

오차전파(error propagation)는 매우 중요한 개념이다. 처음 단계 및 그 이후 단계에서 오차(예를 들면, 반올림오차)가 어떻게 계산에 전파되고 정확도에 영향을 미치는가를 나타내며 영향이 매우 클 때도 있다. 여기서 오차의 한계가 어떻게 변해 가는지를 기술한다. *오차*한계는 덧셈과 뺄셈에 대해서 더해지는 반면, *상대오차*한계는 곱셈과 나눗셈에 대해 더해진다는 사실을 기억해 두자.

정리 1

오차전파

(a) *덧셈과 뺄셈에 있어서 오차한계는 각 항의 오차한계의 합으로 나타낸다.*

(b) *곱셈과 나눗셈에 있어서 상대오차한계는 (근사적으로) 각 항의 상대오차한계의 합으로 표현된다.*

증명 **(a)** $x = \tilde{x} + \epsilon_x$, $y = \tilde{y} + \epsilon_y$, $|\epsilon_x| \leqq \beta_x$, $|\epsilon_y| \leqq \beta_y$라 하면, 차에 대한 오차 ϵ은

$$\begin{aligned} |\epsilon| &= |x - y - (\tilde{x} - \tilde{y})| \\ &= |x - \tilde{x} - (y - \tilde{y})| \\ &= |\epsilon_x - \epsilon_y| \leqq |\epsilon_x| + |\epsilon_y| \leqq \beta_x + \beta_y \end{aligned}$$

이다. 합에 대한 증명도 유사하므로 각자 시도해 보라.

(b) 곱 $\tilde{x}\tilde{y}$의 상대오차 ϵ_r은 $\tilde{x}$와 $\tilde{y}$의 상대오차 ϵ_{rx}, ϵ_{ry}와 상대오차한계 β_{rx}, β_{ry}로부터 얻어진다.

$$\begin{aligned} |\epsilon_r| &= \left|\frac{xy - \tilde{x}\tilde{y}}{xy}\right| = \left|\frac{xy - (x - \epsilon_x)(y - \epsilon_y)}{xy}\right| = \left|\frac{\epsilon_x y + \epsilon_y x - \epsilon_x \epsilon_y}{xy}\right| \\ &\approx \left|\frac{\epsilon_x y + \epsilon_y x}{xy}\right| \leqq \left|\frac{\epsilon_x}{x}\right| + \left|\frac{\epsilon_y}{y}\right| = |\epsilon_{rx}| + |\epsilon_{ry}| \leqq \beta_{rx} + \beta_{ry} \end{aligned}$$

이 증명은 "근사적으로"의 의미를 보여준다. 즉, $\epsilon_x\epsilon_y$가 $|\epsilon_x|$과 $|\epsilon_y|$에 비해 크기가 작으므로 무시한 것이다. 나눗셈에 대한 증명은 약간의 추가적인 기법을 요구하지만 이와 유사하다. ■

오차의 기본원리

모든 수치해법에서는 오차추정을 함께 수행해야 한다. 만약 오차를 추정하는 식이 존재하지 않거나 또는 너무 복잡하거나 가용하지 않는 정보를 포함하여(예: 미분값 등) 비실용적인 경우에 쉽게 이용될 수 있는 방법은 다음과 같다.

비교에 의한 오차추정. *서로 다른 정확도를 가지고 두 차례의 계산을 실행하여 $\tilde{a}_1$과 $\tilde{a}_2$를 구한다. $\tilde{a}_1$을 낮은 정확도를 갖는 값이라 하면 $\tilde{a}_2 - \tilde{a}_1$을 $\tilde{a}_1$의 근사적 추정 오차 ϵ_1이라 한다.* 실제로 식 (4*)에 의해 $\tilde{a}_1 + \epsilon_1 = \tilde{a}_2 + \epsilon_2$이고 $\tilde{a}_2$가 $\tilde{a}_1$에 비해 더 정확하므로 $|\epsilon_1|$에 비해 $|\epsilon_2|$가 더 작은 값이 되면 $\tilde{a}_2 - \tilde{a}_1 = \epsilon_1 - \epsilon_2 \approx \epsilon_1$이 된다.

알고리즘. 안정성

수치해법은 알고리즘(algorithm)으로 구성된다. **알고리즘**은 사람이 인지할 수 있는 수치해법의 형태[일명, "**가상코드**(pseudocode)"]를 단계별 절차로 만든 것이다(표 19.1 참조). 이 알고리즘은 컴퓨터가 수치해법을 실행할 수 있도록 프로그래밍 언어로 작성된다. 중요한 알고리즘들은 다음 절에서 다루어진다. 아주 많이 쓰이는 연산과정들에 대해서는 CAS나 다른 상용 소프트웨어 시스템이 해당 프로그램을 포함하고 있어서 사용자가 사용하거나 또

는 부분적으로 가져와 쓸 수 있도록 하고 있다.

안정성(stability). 알고리즘이 유용하기 위해서는 **안정**(stable)되어야 한다. 즉, 초기 데이터의 작은 차이가 최종 결과에도 작은 차이만을 주어야 한다. 만약 초기 데이터의 작은 차이가 최종 결과에 커다란 변화를 일으키게 되면, 이 알고리즘은 **불안정**(unstable)하다고 한다.

더 좋은 알고리즘을 선택함으로써 피할 수 있는 "*수치적 불안정성*(numerical instability)"은 다음 절에서 다루게 될 "*불량조건*(ill-conditioning)"이라 불리는 "*수학적 불안정성*(mathematical instability)"과는 명확히 구분되어야 한다.

또한, 일부 알고리즘은 어떤 초기 데이터에 대해서만 안정성을 보이므로 사용할 때 주의하여야 한다.

연습문제 19.1

1. **부동소수점**. 84.175, −528.685, 0.000924138, −362005을 5S(유효숫자 5)로 반올림하여 부동소수점 형식으로 써라.

2. **큰 수들의 작은 차이**는 반올림오차의 영향을 크게 받는다. 0.81534/(35 · 724 − 35.596)을 주어진대로 5S로 계산한 다음, 단계적으로 4S, 3S, 2S로 반올림하여 그 영향을 보여라(여기서 "단계적"이란 반올림한 값을 다음 단계에서 다시 반올림한다는 의미이다).

3. 고정된 유효숫자의 덧셈은 더하는 순서에 따라서 달라질 수 있다. 한 예를 가지고 이를 설명하라. 적절한 순서를 찾는 실험적인 규칙을 찾아라.

4. **둥지형**(nested form).
$$f(x) = x^3 - 7.5x^2 + 11.2x + 2.8 = ((x - 7.5)x + 11.2)x + 2.8$$
의 값을 $x = 3.94$에서 구하라. 주어진 두 가지 형태 모두에 대해 3S 연산과 반올림을 이용하여 계산하라. *둥지형*이라 불리는 우변의 형태는 연산수가 최소화되고, 따라서 반올림의 영향이 줄어 계산에 유리하다.

5. **2차방정식**. $x^2 - 30x + 1 = 0$의 근을 6S 계산으로 식 (4)와 식 (5)로 구하고 결과를 비교하여 설명하라.

6. $x^2 - 40x + 2 = 0$의 근을 4S 계산으로 구하라.

7. **불안정성**. 작은 값 $|a|$에 대해, 식 $(x - k)^2 = a$가 이중근을 갖는다. 이 근들은 왜 불안정인가?

8. **Overflow와 underflow**. 약간의 공식 변화로 overflow와 underflow를 방지할 수 있다. 이러한 사실을 $x^2 \geq y^2$인 $\sqrt{x^2 + y^2} = x\sqrt{1 + (y/x)^2}$에 대해 설명하라. 여기서 큰 x 값으로 인해 x^2에 overflow가 발생한다고 가정한다. 또한, 다른 예를 보여라.

9. **숫자의 상실**. **제곱근**. $\sqrt{x^2 + 4} - 2$를 $x = 0.001$에서 (a) 6S 계산으로 (b) $x^2/(\sqrt{x^2 + 4} + 2)$를 사용하여 구하라.

10. **로그**. $\ln a - \ln b$를 **(a)** $a = 4.00000$과 $b = 3.99900$에 대한 6S (b) $\ln(a/b)$를 이용하여 계산하라.

11. **코사인**. $1 - \cos x$를 **(a)** $x = 0.02$에 대한 6S **(b)** $2\sin^2 \frac{1}{2}x$을 이용하여 계산하라.

12. **Quotient near 0/0**. **(a)** $(1 - \cos x)/\sin x$를 $x = 0.005$에서 6S를 이용하여 계산하라. **(b)** 문제 11번과 비교했을 때, 어떤 방법이 더 좋은가?

13. **지수함수**. **(a)** $x = 1$일 때 e^{-x}와 **(b)** $x = 1$일 때 e^x를 구하여 역수를 취하는 두 가지 방법으로 Maclaurin 급수의 5-10개 항의 부분합을 이용하여 $1/e = 0.367879$(6S)을 계산하라. 어느 것이 더 정확한가?

14. 문제 13에서 e^{-10}을 6S로 계산하라.

15. **CAS 실험**. **근사값**. $x = 0.1 = \frac{3}{2}\sum_{m=1}^{\infty} 2^{-4m}$임을 보여라. 어떤 기계수(부분합)의 S_n이 소수점 30번째 자리까지 0.1을 처음으로 갖는가?

16. **CAS 실험**. **적분**. 부분적분을 이용하여, $I_n = \int_0^1 e^x x^n \, dx = e - nI_{n-1}$, $I_0 = e - 1$임을 보여라. **(a)** 4S를 이용하여 $n = 0$부터 $I_8 = -3.906$을 얻을 때까지 I_n을 계산하라. 이것이 왜 말도 안되는 소리인가? 왜 오차가 큰가?
(b) $k > 4$인 (a)의 실험. k가 증가하는 것만큼, 처음으로 음수가 나오는 $n = N$이 더 일찍 나타나는가 아니면 더 늦게

나타나는가? $N = N(k)$에 대한 실험식을 구하라.

17. 반복후진. **문제 16번**. $e^x < e$ $(0 < x < 1)$을 이용하여 $n \to \infty$일 때 $|I_n| \leq e/(n+1) \to 0$임을 보여라. $I_{15} \approx 0$부터 시작하여 반복식 $I_{n-1} = (e - I_n)/n$을 풀고 $I_{14}, I_{13}, \cdots, I_1$의 4S 값을 계산하라.

18. π **= 3.14159265358979** $\cdots$**의 근사값**은 22/7과 355/113이다. 오차와 상대오차를 3S로 하라.

19. Machine 근사에 의한 π**의 계산**

16 arctan$(\frac{1}{5})$ − 4 arctan $(\frac{1}{239})$를 이용하여 10S로 계산하라(이는 정확한 값이 된다). (1986년 D.H.Bailey는 30시간 이내에 CRAY-2을 통하여 π를 거의 삼천만 자리까지 계산하였다. 더 많은 자릿수를 얻는 경쟁이 계속되고 있다).

19.2 반복계산에 의한 방정식의 해

이후의 절에서는 수치해석 분야에서 다루는 기본적인 문제를 택하여 이의 수치해법에 대해 설명한다. 독자들은 수치해석에서 다루는 다양한 문제들을 배울 것이며 수치적 방법을 이용할 문제 해결에 보다 친숙해질 것이다.

먼저, 단일 방정식(주어진 함수 f)

$$f(x) = 0 \tag{1}$$

의 해를 찾는 방법을 생각해 보자. 식 (1)에서 주어진 함수 f에 대한 **해**(solution)는 $f(s) = 0$을 만족하는 $x = s$이다. 여기서는 "해"를 s로 나타내지만 다른 문자를 사용할 수도 있다.

일부 매우 간단한 경우를 제외하고는 이러한 문제에 대한 특정한 공식이 존재하지 않으므로, 이를 위해 전적으로 수치적 알고리즘에 의존하여야 한다.

이러한 문제의 예는 $x^3 + x = 1$, $\sin x = 0.5x$, $\tan x = x$, $\cosh x = \sec x$, $\cosh x \cos x = -1$ 등이며, 이를 모두 식 (1)의 형태로 쓸 수 있다. 첫 번째 방정식은 f가 다항식(polynomial)인 **대수방정식**(algebraic equation)이다. 이러한 방정식의 해를 **근**(roots)이라 하고, 해를 찾는 과정을 *근 구하기*라고 한다. 나머지 방정식은 초월함수를 포함하고 있으므로 **초월방정식**(transcendental equation)이라 한다.

식 (1)의 해를 구하는 일은 실제로 공학적 응용분야에서 자주 나타나는 매우 중요한 작업이며 본 교재의 2, 4, 8장(특성방정식), 6장(부분분수), 12장(고유값, Bessel 함수의 영점들)과 16장(적분)뿐 아니라 여러 곳에서 자주 나타난다. 더욱이 근을 구하는 방법은 전통적 공학 이외의 분야에서도 매우 중요하다. 예를 들어, 금융에서 채권을 얼마나 많이 발행하는가의 문제는 대수방정식의 풀이와 같은 의미를 가진다.

식 (1)의 정확한 해를 구하는 공식이 없을 때는 근사법(pproximation method), 특히 **반복계산법**(iteration method)을 사용해야 한다. 반복계산법에서는 임의로 추측된 초기값 x_0에서 시작하여(정확하지 않아도 됨) 단계적으로 $x_1, x_2, \cdots$를 계산하여 식 (1)의 해를 근사한다. 본문에서 식 (1)의 해를 구하는 세 가지 중요한 반복계산법에 대해 논의하고, 그 외의 두 가지 방법은 연습문제에서 다룬다.

이 방법들과 거기에 숨겨진 아이디어를 이해하는 것은 매우 중요한 일이다. 이를 통해 소프트웨어를 "블랙 박스"로서 취급하지 않고 다양한 방법을 가지고 있는 많은 서로 다른 소프트웨어로부터 적합한 소프트웨어를 선택할 수 있을 것이다.

일반적으로, 반복계산법은 각 단계에서 같은 연산은 반복하여 수행하므로—단계별로 데이터만 바뀜—프로그램하기가 매우 쉽다. 반복법에 있어 더욱 중요한 점은 확실한 수렴성을 갖는 방법은 또한 대체로 안정하다는 점이다(19.1절 참조).

$f(x) = 0$에 대한 고정점 반복법

여기서의 "고정점(fixed-point)"이란 용어는 앞 절에서 사용된 것과는 아무런 관계가 없다.

몇 가지 *대수적 방법*을 이용하여 식 (1)을

$$x = g(x) \tag{2}$$

로 변환한다. 처음에 x_0를 선택하고, $x_1 = g(x_0)$, $x_2 = g(x_1)$로 계산하면, 일반적으로

$$x_{n+1} = g(x_n) \qquad (n = 0, 1, \cdots) \tag{3}$$

이 된다. 식 (2)의 해를 g의 **고정점**(fixed point)이라 하는데, 이 방법의 이름의 유래이기도 하다. 이렇게 계산된 결과는 식 (1)의 해가 되는데, 그 이유는 $x = g(x)$가 원래의 식 $f(x) = 0$과 같기 때문이다. 식 (1)에서 여러 다른 형태의 식 (2)를 얻을 수 있다. 식 (2)의 형태에 따라 수열 $x_0, x_1, \cdots$이 다르고, 수렴속도도 달라진다. 어떤 경우에는 전혀 수렴하지 않는 경우도 있다. 이런 사실을 간단한 예제를 통해 알아보자.

예제 1 반복과정(고정점 반복)

방정식 $f(x) = x^2 - 3x + 1 = 0$의 해를 구하는 반복과정을 작성하라. 방정식의 해는

$$x = 1.5 \pm \sqrt{1.25}, \qquad \text{즉} \qquad 2.618034\text{와 } 0.381966$$

이므로 반복과정을 수행하면서 오차의 변화를 살펴볼 수 있다.

풀이. 주어진 방정식은

$$x = g_1(x) = \tfrac{1}{3}(x^2 + 1), \qquad \text{즉} \qquad x_{n+1} = \tfrac{1}{3}(x_n^2 + 1) \tag{4a}$$

로 쓸 수 있고 $x_0 = 1$을 택하면 일련의 수열(그림 426a; 6S 계산 후 반올림)

$$x_0 = 1.000, \quad x_1 = 0.667, \quad x_2 = 0.481, \quad x_3 = 0.411, \quad x_4 = 0.390, \cdots$$

을 얻는데, 이는 방정식의 두 해 중 크기가 작은 해에 접근함을 알 수 있다. $x_0 = 2$를 선택하는 경우도 유사한 결과를 보인다. 만약 $x_0 = 3$을 취하면(그림 426a 윗부분)

$$x_0 = 3.000, \quad x_1 = 3.333, \quad x_2 = 4.037, \quad x_3 = 5.766, \quad x_4 = 11.415, \cdots$$

으로 발산한다.

주어진 방정식의 양변을 x로 나누어

$$x = g_2(x) = 3 - \frac{1}{x}, \qquad \text{즉} \qquad x_{n+1} = 3 - \frac{1}{x_n} \tag{4b}$$

으로 쓸 수도 있으며, $x_0 = 1$이면(그림 426b)

$$x_0 = 1.000, \quad x_1 = 2.000, \quad x_2 = 2.500, \quad x_3 = 2.600, \quad x_4 = 2.615, \cdots$$

으로 크기가 큰 해에 접근한다. $x_0 = 3$이면

$$x_0 = 3.000, \quad x_1 = 2.667, \quad x_2 = 2.625, \quad x_3 = 2.619, \quad x_4 = 2.618, \cdots$$

으로 유사한 결과를 얻는다(그림 426b). 이로부터 우리는 다음 사실을 알 수 있다. 그림 426a의 아랫

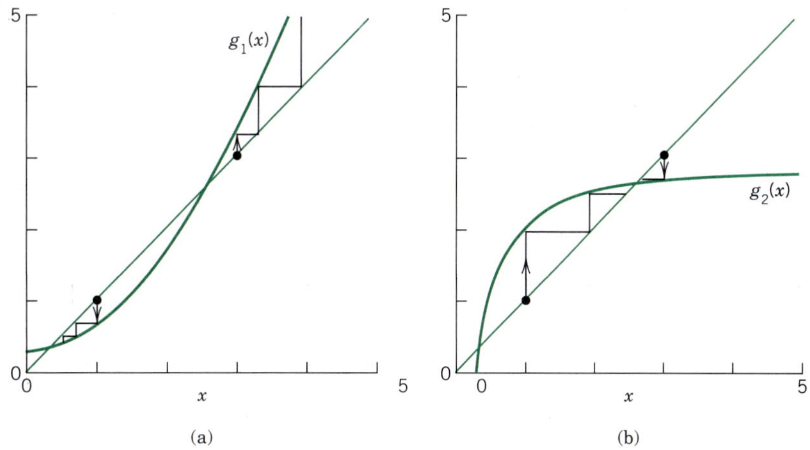

그림 426. 예제 1, (4a)와 (4b)의 반복법

부분에서는 $g_1(x)$의 기울기가 $y = x$의 기울기(= 1)보다 작다. 즉, $|g_1'(x)| < 1$이다. 이 경우 반복계산이 수렴하는 형태를 보인다. 반면에 윗부분에서는 기울기가 크고($g_1'(x) > 1$) 발산하게 된다. 그림 426b에서는 교차점($x = 2.618$: g_2의 고정점이며 $f(x) = 0$의 해이다) 부근에서 $g_2(x)$의 기울기가 작고 두 가지로 계산된 값이 모두 수렴하는 형태를 보인다. 여기서, 우리는 반복법이 수렴하기 위해서는 해의 근처에서 곡선 $g(x)$가 직선 $y = x$보다 완만한 경사를 가져야 한다는 사실을 알게 되었다. 실제로, 조건 $|g'(x)| < 1$ ($y = x$의 기울기)는 반복법이 수렴하기 위한 충분조건임을 알게 될 것이다. ■

식 (3)에서 수열 $x_0, x_1, \cdots$이 수렴하면, 식 (3)의 반복과정은 x_0에 대하여 **수렴한다**(convergent)고 한다.

수렴하기 위한 충분조건은 다음의 정리에서 주어지며, 이는 여러 가지로 응용될 수 있다.

정리 1 **고정점 반복법의 수렴**

$x = s$가 $x = g(x)$의 해이고 s를 포함하는 구간 J에서 g가 연속인 도함수를 갖는다고 가정한다. 만약, 구간 J에서 $|g'(x)| \leqq K < 1$이면, 식 (3)으로 정의되는 반복과정은 구간 J에서 임의의 x_0에 대하여 수렴하며, 그때 수열 $\{x_n\}$의 극한값은 s이다.

증명 미적분학의 평균값 정리에 의하여

$$g(x) - g(s) = g'(t)(x - s) \qquad (x \in J)$$

를 만족하는 t가 x와 s 사이에 존재한다. $g(s) = s$이고, $x_1 = g(x_0), x_2 = g(x_1), \cdots$ 이므로 정리의 조건으로부터 다음을 얻는다.

$$|x_n - s| = |g(x_{n-1}) - g(s)| = |g'(t)||x_{n-1} - s| \leqq K|x_{n-1} - s|$$

이 부등호를 n번 적용하면, 즉 $n, n - 1, \cdots, 1$에 대해서

$$|x_n - s| \leqq K|x_{n-1} - s| \leqq K^2|x_{n-2} - s| \leqq \cdots \leqq K^n|x_0 - s|$$

를 얻는다. $K < 1$이므로 $K^n \to 0$이고, 따라서 $n \to \infty$일 때 $|x_n - s| \to 0$이다. ■

$|g(x) - g(v)| \leqq K|x - v|$이고 $K < 1$이므로 정리 1의 조건을 만족하는 함수 g를 **축약**(contraction)이라 부른다. 또한, K는 수렴속도에 대한 정보를 제공한다. 예를 들어, $K = 0.5$이면 $0.5^7 < 0.01$이므로 7단계에서 정확도가 적어도 2자리 증가한다.

예제 2 반복과정. 정리 1의 예

반복법으로 $f(x) = x^3 + x - 1 = 0$의 해를 구하라.

풀이. 대략적인 그림으로 실수해가 $x = 1$ 근처에 존재하는 것을 알 수 있다. **(a)** 방정식을 $(x^2 + L)x = 1$ 또는

$$x = g_1(x) = \frac{1}{1 + x^2}, \qquad \text{즉} \qquad x_{n+1} = \frac{1}{1 + x_n^2} \qquad \text{그리고} \qquad |g_1'(x)| = \frac{2|x|}{(1 + x^2)^2} < 1$$

이 성립한다. 왜냐하면 임의의 x에 대하여 $4x^2/(L + x^2)^4 = 4x^2/(1 + 4x^2 + \cdots) < 1$이기 때문이다. 따라서, 임의의 x_0에 대해 반복과정은 수렴한다. $x_0 = 1$을 선택하면(그림 427)

$$x_1 = 0.500, \quad x_2 = 0.800, \quad x_3 = 0.610, \quad x_4 = 0.729, \quad x_5 = 0.653, \quad x_6 = 0.701, \cdots$$

으로 6D까지 정확한 해는 $s = 0.682328$이다.

(b) 다른 형태의 식

$$x = g_2(x) = 1 - x^3\text{을 사용한다면 } |g_2'(x)| = 3x^2$$

으로 해의 근처에서 1보다 크므로 수렴에 대한 정리 1을 적용할 수 없다. $x_0 = 1, x_0 = 0.5, x_0 = 2$에서도 확인해보라.

이 예제로부터 $f(x) = 0$인 조건이 주어졌을 때 $|g'(x)| \leqq K < 1$을 만족하는 g를 찾아 $x = g(x)$ 형태로 변환하는 것은 몇 번의 시도가 필요한 것을 알 수 있다. ■

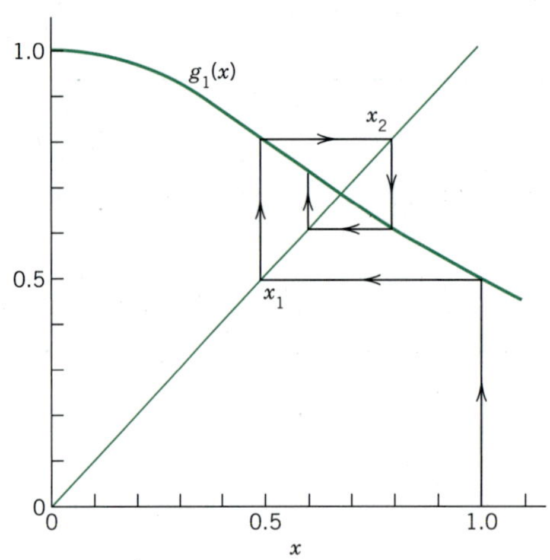

그림 427. 예제 2의 반복법

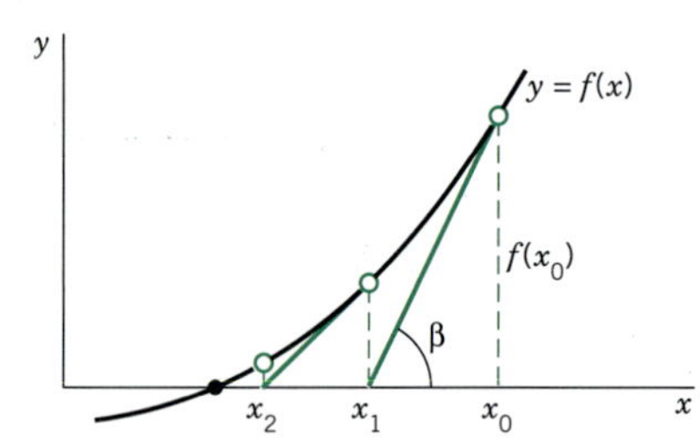

그림 428. Newton의 방법

$f(x) = 0$을 풀기 위한 Newton의 방법

Newton의 방법(Newton's method) 또는 **Newton-Raphson의 방법**(Newton-Raphson's method)[1]은 방정식 $f(x) = 0$의 해를 구하는 반복법 중의 하나인데, 여기에서는 f가 연속인

[1]JOSEPH RAPHSON(1648-1715), Newton의 방법과 유사한 방법을 발표한 영국 수학자, 역사적인 자세한 사항은 부록 1의 참고문헌 [GR2], p.203을 참조할 것.

도함수 f'을 갖는다고 가정한다. 이 방법은 형태가 간단하고 계산속도가 빨라 광범위하게 사용되고 있다.

이 방법의 특징은 적당한 접선을 사용하여 함수 f의 그래프를 근사하는 데 있다. 먼저, f의 그래프를 사용하여 구한 근사값 x_0에서 곡선 f의 접선과 x축의 교점 x_1을 구한다(그림 428). 즉,

$$\tan\beta = f'(x_0) = \frac{f(x_0)}{x_0 - x_1}, \qquad \text{따라서} \qquad x_1 = x_0 - \frac{f(x_0)}{f'(x_0)}$$

이다. 둘째 단계에서는 $x_2 = x_1 - f(x_1)/f'(x_1)$을 계산하고, 다음 단계에서는 x_2를 이용하여 같은 식으로 x_3를 계산하는 과정이 계속 반복된다. 이 방법에 대한 알고리즘을 표 19.1에 나타내었다.

표 19.1 $f(x) = 0$이 해를 구하는 Newton의 방법

Newton 알고리즘(f, f', x_0, ϵ, N)

이 알고리즘은 주어진 초기 근사값 x_0(반복계산의 시작값)로 $f(x) = 0$의 해를 계산한다. 여기서 함수 $f(x)$와 이의 도함수 $f'(x)$는 연속이다.

INPUT: f, f' 초기 근사값 x_0, 허용오차 $\epsilon > 0$, 최대 반복수 N

OUTPUT: 근사해 x_n ($n \leqq N$) 또는 오류메세지(message of failure)

For $n = 0, 1, 2, \cdots, N-1$ *do*:

1 Compute $f'(x_n)$.

2 If $f'(xn) = 0$ then OUTPUT "Failure." Stop.

[비정상적인 종료]

3 Else compute

(5) $$x_{n+1} = x_n - \frac{f(x_n)}{f'(x_n)}$$

4 If $|x_{n+1} - x_n| \leqq \epsilon |x_{n+1}|$ then OUTPUT x_{n+1}. Stop.

[정상적인 종료]

End

5 OUTPUT: "Failure". Stop.

[N번 반복 후 비정상적인 종료]

End Newton

이 알고리즘에서 식 (5)는 Taylor 공식

$$f(x_{n+1}) \approx f(x_n) + (x_{n+1} - x_n) f'(x_n) = 0 \tag{5*}$$

을 대수적으로 풀어도 구할 수 있다.

어떤 n에 대해 $f'(x_n) = 0$이면(알고리즘의 2번 행), 다른 시작값 x_0를 선택한다. 3번이 Newton 방법의 핵심이다.

4번의 부등식은 **종료기준**(termination criterion)으로 x_n이 수렴하여 기준을 만족하면 원

하는 정확도에 도달한 것으로 간주하여 계산을 종료한다. 이것은 단지 상대오차 형식으로, 그 결과는 원하는 유효숫자를 얻을 수 있다는 것을 보여준다. 만일 $|x_{n+1}| = 0$일 때 4번 조건이 만족할 필요충분조건은 $x_{n+1} = x_n = 0$이고, 그렇지 않으면 $|x_{n+1} - x_n|$이 충분히 작은 값이다. 4번의 종료기준에서 인수 $|x_{n+1}|$을 곱한 것은 찾고자 하는 근들이 매우 작은(또는 아주 큰) 절댓값을 갖는 경우 그러한 x에 대한 기계수들의 높은 밀도(또는 낮은 밀도)를 고려하기 위함이다.

경고! 종료기준을 만족한다고 모두 수렴하는 것은 아니다. *예*로 조화급수(harmonic series)의 경우 $\lim (x_{n+1} - x_n) = \lim (1/(n+1)) = 0$이므로 부분합 $x_n = \sum_{k=1}^{n} 1/k$은 종료 기준을 만족하지만 발산한다.

5번은 또 다른 종료기준으로 Newton의 방법이 발산하거나 x_0의 선택이 적절하지 않아, 적당한 회수의 반복계산으로도 원하는 정확도의 결과를 얻지 못할 때 필요하다. 이러한 경우는 x_0를 바꾸어 시도할 수 있다. $f(x) = 0$이 하나 이상의 해를 갖는 경우에는, x_0의 선택에 의해 다른 해를 구할 수 있다. 또한, 이러한 반복계산은 예상되는 해가 아닌 다른 해로 수렴하기도 한다.

예제 3 제곱근

양수 c의 제곱근 x를 계산하는 Newton의 방법을 만들고 $c = 2$에 대하여 이 방법을 적용하라.

풀이. $x = \sqrt{c}$이므로 $f(x) = x^2 - c = 0, f'(x) = 2x$를 이용한다. 따라서 식 (5)는

$$x_{n+1} = x_n - \frac{x_n^2 - c}{2x_n} = \frac{1}{2}\left(x_n + \frac{c}{x_n}\right)$$

이 된다. $c = 2$에 대하여 $x_0 = 1$을 택하면

$$x_1 = 1.500000, \quad x_2 = 1.416667, \quad x_3 = 1.414216, \quad x_4 = 1.414214, \cdots$$

을 얻고, x_4는 6D까지 정확하다. ■

예제 4 초월방정식에 대한 반복계산

$2 \sin x = x$의 양의 해를 구하라.

풀이. $f(x) = x - 2\sin x = 0$으로 놓으면 $f'(x) = 1 - 2\cos x$이고 식 (5)는

$$x_{n+1} = x_n - \frac{x_n - 2\sin x_n}{1 - 2\cos x_n} = \frac{2(\sin x_n - x_n \cos x_n)}{1 - 2\cos x_n} = \frac{N_n}{D_n}$$

n	x_n	N_n	D_n	x_{n-1}
0	2.00000	3.48318	1.83229	1.90100
1	1.90100	3.12470	1.64847	1.89552
2	1.89552	3.10500	1.63809	1.89550
3	1.89550	3.10493	1.63806	1.89549

이 된다. f의 그래프로부터 $x_0 = 2$ 근처에 해가 존재함을 알 수 있으므로, 이를 계산하면 6D까지의 해가 1.895494이므로 $x_4 = 1.89549$는 5D까지 정확하다. ■

예제 5 대수방정식에 적용된 Newton의 방법

방정식 $f(x) = x^3 + x - 1 = 0$에 Newton의 방법을 적용하라.

풀이. 식 (5)에서

$$x_{n+1} = x_n - \frac{x_n^3 + x_n - 1}{3x_n^2 + 1} = \frac{2x_n^3 + 1}{3x_n^2 + 1}$$

이고 $x_0 = 1$로부터

$$x_1 = 0.750000, \quad x_2 = 0.686047, \quad x_3 = 0.682340, \quad x_4 = 0.682328, \cdots$$

을 구할 수 있다. 여기서 x^4의 오차는 $-1 \cdot 10^{-6}$이다. 예제 2와 비교하면 Newton의 방법이 더욱 빨리 수렴함을 알 수 있다. 이러한 사실로부터 *반복과정의 차수*(order of an iteration process) 개념이 등장하게 된다. ■

반복법의 차수. 수렴속도

수렴속도를 기준으로 반복법을 어떻게 특성화할 수 있는지 알아보자.

반복법을 $x_{n+1} = g(x_n)$으로 정의하고 x_n이 $x = g(x)$의 해 s의 근사값이라면 $x_n = s - \epsilon_n$이 된다. 여기서 ϵ_n은 x_n의 오차이다. g가 충분히 여러 번 미분 가능하면 Taylor 공식으로부터

$$\begin{aligned} x_{n+1} = g(x_n) &= g(s) + g'(s)(x_n - s) + \tfrac{1}{2}g''(s)(x_n - s)^2 + \cdots \\ &= g(s) - g'(s)\epsilon_n + \tfrac{1}{2}g''(s)\epsilon_n^2 + \cdots \end{aligned} \tag{6}$$

을 얻는다. $g(s)$ 다음에 첫 번째 나타나는 0이 아닌 항의 ϵ_n의 지수를 g로 정의되는 반복법의 **차수**(order)라고 하는데, 이는 수렴속도를 나타내는 척도가 된다.

이해를 돕기 위하여, 식 (6)의 양변에서 $g(s) = s$를 빼 보자. 이때 좌변은 $x_{n+1} - s = -\epsilon_{n+1}$이 되고 여기서 ϵ_{n+1}은 x_{n+1}의 오차이다. 우변의 항은 이 방법이 수렴할 경우 $|\epsilon_n|$이 매우 작으므로 0이 아닌 첫 번째 항과 근사적으로 같아진다. 따라서

(7)
(a) $\epsilon_{n+1} \approx +g'(s)\epsilon_n$ 1차의 경우
(b) $\epsilon_{n+1} \approx -\frac{1}{2}g''(s)\epsilon_n^2$ 2차의 경우 등

이다. 만약 어떤 단계에서 $\epsilon_n = 10^{-k}$이면, 2차의 경우는 $\epsilon_{n+1} = c \cdot (10^{-k})^2 = c \cdot 10^{-2k}$가 되어 각 단계에서 유효자릿수는 배로 증가한다.

Newton 방법의 수렴성

Newton의 방법에서는 $g(x) = x - f(x)/f'(x)$이다. 양변을 미분하면

$$\begin{aligned} g'(x) &= 1 - \frac{f'(x)^2 - f(x)f''(x)}{f'(x)^2} \\ &= \frac{f(x)f''(x)}{f'(x)^2} \end{aligned} \tag{8}$$

가 되는데, 여기서 $f(s) = 0$이므로 $g'(s) = 0$이다. 따라서, Newton의 방법은 최소 2차의 수렴성을 갖는다. 미분을 한번 더하여 $x = s$로 놓으면

$$g''(s) = \frac{f''(s)}{f'(s)} \tag{8*}$$

가 되고, 일반적으로 0이 아니다. 이로부터 다음의 정리를 얻는다.

정리 2

Newton 방법의 2차 수렴성

$f(x)$가 3번 미분 가능하고 f'와 f''이 $f(x) = 0$의 해 s에서 0이 아니면, s에 충분히 가까운 x_0에 대해 Newton의 방법은 2차의 수렴성을 갖는다.

주석. Newton의 방법에서는 식 (7b)가 식 (8*)에 의해

$$\epsilon_{n+1} \approx -\frac{f''(s)}{2f'(s)}\epsilon_n^2 \tag{9}$$

이 된다. Newton의 방법이 정리 2에서와 같은 빠른 수렴성을 갖기 위해서는 s가 $f(x)$의 단순근(simple zero, 즉 $f'(s) \neq 0$)이어야 하고 x_0가 s에 충분히 근접해야 한다. 이는 Taylor 공식 (5*)에서 2차 항이 충분히 작아 무시할 수 있다고 가정하고 1차 항만 택하였기 때문이다(잘못 선택된 x_0에 대해 발산하기도 한다).

예제 6 **Newton 반복수의 선(先) 오차추정**

예제 4에서 $x_0 = 2, x_1 = 1.901$을 이용하여 5D까지 정확한 해를 얻기 위해 필요한 반복수를 추정하라. 이와 같이 한 번의 반복계산으로 전체 반복수를 예측하는 방법을 **선추정**(prior estimate)이라 한다.

풀이. $f(x) = x - 2\sin x = 0$을 미분하면

$$\frac{f''(s)}{2f'(s)} \approx \frac{f''(x_1)}{2f'(x_1)} = \frac{2\sin x_1}{2(1 - 2\cos x_1)} \approx 0.57$$

이다. 따라서, 식 (9)에서

$$|\epsilon_{n+1}| \approx 0.57\epsilon_n^2 \approx 0.57(0.57\epsilon_{n-1}^2)^2 = 0.57^3\epsilon_{n-1}^4 \approx \cdots \approx 0.57^M\epsilon_0^{M+1} \leqq 5 \cdot 10^{-6}$$

이 되는데, 여기서, $M = 2^n + 2^{n-1} + \cdots + 2 + 1 = 2^{n+1} - 1$이다. 아래에서 $\epsilon_0 \approx -0.11$이므로

$$0.57^M 0.11^{M+1} \leqq 5 \cdot 10^{-6}$$

에서 n의 가능한 최솟값은 $n = 2$이며, 이러한 대략적인 추정은 예제 4의 결과와 일치한다.

위에서 사용한 $\epsilon_0 \approx -0.11$은 다음과 같이 구해진다. $\epsilon_1 - \epsilon_0 \approx (\epsilon_1 - s) - (\epsilon_0 - s) = -x_1 + \epsilon_0 = 0.10$이므로 $\epsilon_1 = \epsilon_0 + 0.10 \approx -0.57\epsilon_0^2$ 또는 $0.57\epsilon_0^2 + \epsilon_0 + 0.10 \approx 0$에서 $\epsilon_0 \approx -0.11$이다. ■

Newton 방법의 어려움. 만약 $|f'(x)|$의 값이 $f(x) = 0$의 해 s 근처에서 매우 작으면—예를 들어 s가 $f(x) = 0$의 2차(또는 그 이상)의 해이면—Newton의 방법 적용에 어려움이 발생한다. 이때는 식 (8)에 l'Hopital 규칙을 적용하여 Newton의 방법이 1차 수렴함을 보일

수 있다. 기하학적으로 $|f'(x)|$의 값이 작다는 것은 s 근처에서 $f(x)$의 접선이 x축과 거의 일치함을 의미한다[따라서 $f(x)$와 $f'(x)$의 값을 정확히 구하기 위해서는 배정밀도를 이용해야 할 것이다]. 이때는 s에서 멀리 떨어진 $x = \tilde{s}$에서도

$$R(\tilde{s}) = f(\tilde{s})$$

는 여전히 작은 값을 갖게 된다. 방정식 $f(x) = 0$의 이런 성질을 **불량조건**(ill-conditioned)이라 하고, $R(\tilde{s})$를 $f(x) = 0$의 $\tilde{s}$에서의 **나머지**(residual)라 한다. 따라서 방정식이 불량조건이 ***아닌*** 경우에만 $R(\tilde{s})$ 값이 작은 것이 s의 오차가 작음을 보장한다.

예제 7 불량조건 방정식

방정식 $f(x) = x^5 + 10^{-4}x = 0$은 해가 $x = 0$이고 $f'(0) = 10^{-4}$로 매우 작아 불량조건을 가지고 있다. $\tilde{s} = 0.1$에서 나머지는 $f(0.1) = 2 \cdot 10^{-5}$로 매우 작지만, 오차 -0.1은 절댓값으로 5000배 크다. 불량조건이 더 심한 예를 고안해 보라. ■

$f(x) = 0$에 대한 알선법

Newton의 방법은 매우 강력한 방법이지만 때로는 도함수 f'의 계산이 매우 어렵거나 계산이 비경제적일 수 있는 단점이 있다. 이러한 이유로 도함수를 다음의 차분몫(difference quotient)으로 대체하는 것이 제안된다.

$$f'(x_n) \approx \frac{f(x_n) - f(x_{n-1})}{x_n - x_{n-1}}$$

을 사용하면, 식 (5) 대신에 널리 사용되는 할선법(secant method)

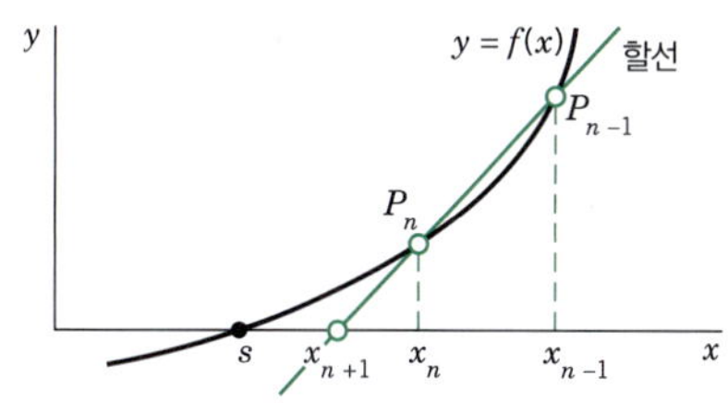

그림 429. 할선법

$$x_{n+1} = x_n - f(x_n)\frac{x_n - x_{n-1}}{f(x_n) - f(x_{n-1})} \qquad (10)$$

을 유도할 수 있다. 기하학적으로는, 그림 429에서 보는 바와 같이 P_{n-1}과 P_n을 지나는 $f(x)$의 할선으로 x축의 교점 x_{n+1}을 구한다. 이때는 2개의 시작값 x_0, x_1이 필요하고, 도함수 계산이 불필요해진다. 수렴속도는 **초선형적**(superlinear; 선형, 즉 1차보다 빠름, $|\epsilon_{n+1}| \approx$ 상수 $\cdot |\epsilon_n|^{1.62}$, 부록 1의 [E5] 참조)으로 Newton 방법의 2차와 유사하다. 할선법의 알고리즘도 Newton의 방법과 유사하므로 학생들에게 맡긴다.

주의! 식 (10)을

$$x_{n+1} = \frac{x_{n-1}f(x_n) - x_n f(x_{n-1})}{f(x_n) - f(x_{n-1})}$$

의 형태로 쓰는 것은 x_n과 x_{n-1}의 값이 거의 같을 때 유효숫자의 상실이 발생할 수 있으므로 바람직하지 ***못하다***(식으로부터 이를 알 수 있겠는가?).

예제 8 할선법

할선법으로 $f(x) = x - 2 \sin x = 0$의 양의 해를 구하라. $x_0 = 2, x_1 = 1.9$로 시작하라.

풀이. 식 (10)은

$$x_{n+1} = x_n - \frac{(x_n - 2 \sin x_n)(x_n - x_{n-1})}{x_n - x_{n-1} + 2(\sin x_{n-1} - \sin x_n)} = x_n - \frac{N_n}{D_n}$$

이 되고, 계산결과는

n	x_{n-1}	x_n	N_n	D_n	x_{n-1}
1	2.000000	1.900000	−0.000740	−0.174005	−0.004253
2	1.900000	1.895747	−0.000002	−0.006986	−0.000252
3	1.895747	1.895494	0		0

이다. $x_3 = 1.895494$는 6D까지 정확하다. 예제 4와 비교하라. ■

방법의 요약. 연속(또는 미분 가능한) 함수 $f(x)$에 대해 $f(x) = 0$의 해 s를 구하는 방법에서는 초기 근사값 x_0를 시작값으로 하여 **반복**(iteration)계산으로 $x_1, x_2, \cdots$을 구한다. **고정점법**(fixed point method)은 $f(x) = 0$을 $x = g(x)$로 표현하여 풀게 되므로 s는 g의 **고정점**, 즉 $s = g(s)$이다. **Newton의 방법**(Newton's method)은 $g(x) = x - f(x)/f'(x)$일 때로, 적절한 x_0와 단순근(simple zero)을 갖는 경우에 2차의 수렴속도를 갖는다[다중근(multiple zero)인 경우는 1차]. Newton의 방법에서 $f'(x)$를 차분몫으로 대체하면 **할선법**(secant method)을 얻을 수 있다. 이 외에도 ***이분법***(bisection method)과 ***오위법***(method of false position)이 연습문제 19.2에서 다루어지는데 이들은 항상 수렴하지만 수렴속도가 늦다.

연습문제 19.2

1-11 고정점 반복

고정점 반복을 적용하여 나열된 방정식의 해를 구하여라. 과정을 상세히 보여라.

1. **단조수열**. 예제 1에서는 단조수열이 구해지나 예제 2에서는 그렇지 않다. 이유를 설명하라.
2. 예제 2의 (b)의 끝부분에서 제시하는 반복계산을 수행하여 그림 427과 유사한 그림을 그려라.
3. $f = x - 0.5 \cos x = 0, x_0 = 1$의 그림을 그려라.
4. $f = x - \operatorname{cosec} x = 0$에 대하여 1에 가까운 근을 구하라.
5. $f(x) = x^3 - 5.00x^2 + 1.01x + 1.88$의 그래프를 그려서 대략적인 근이 ± 1과 5임을 보여라. $x = g(x) = (5.00x^2 - 1.01x - 1.88)/x^2$로 쓰고 $x_0 = 5, 4, 1, -1$에서 시작하여 근을 구하라.
6. 문제 5의 $f(x) = 0$에 대해 1에 가까운 근에 수렴하는 $x = g(x)$의 형태를 구하라.
7. $\sin x = e^{-x}$의 가장 작은 양의 해를 구하라.
8. **탄성**. $x \cosh x = 1$을 풀어라. (이러한 방정식은 탄성빔의 진동과 관련되어 나타난다. 연습문제 12.3 참조).
9. **원형북**. **Bessel 함수**. $J_0(x)$에 대한 Maclaurin 급수의 부

분합(5.5절)은 $f(x) = 1 - \frac{1}{4}x^2 + \frac{1}{64}x^4 - \frac{1}{2304}x^6$이다. 그래프를 이용하여 $x = 2$ 부근에서 $f(x) = 0$임을 보여라. $f(x) = 0$을 $x = g(x)$의 형태로 쓰고($f(x)$를 $\frac{1}{4}x$로 나누고 x의 1차항을 이항), 근(zero)을 구하라. (이러한 근의 중요성은 12.10절을 참조하라.)

10. **CAS 과제.** **수렴성.** $f(x) = x^3 + 2x^2 - 3x - 4 = 0$을 $x = g(x)$로 변형할 때 g가 (1) $(x^3 - f)^{1/3}$, (2) $(x^2 - \frac{1}{2}f)^{1/2}$, (3) $x + \frac{1}{3}f$, (4) $(x^3 - f)/x^2$, (5) $(2x^2 - f)/(2x)$ (6) $x - f/f'$이다. $x_0 = 1.5$일 때 수렴, 발산여부와 6S-정확도를 갖는 근에 도달하기까지 필요한 단계 수를 각각에 대해 구하라.

11. **고정점의 존재성.** g가 닫힌 구간 I에서 연속이고 치역이 I에 존재하면, 방정식 $x = g(x)$가 I에 최소 하나의 해를 가짐을 증명하라. I에서 둘 이상의 해를 갖는 경우를 예시하라.

12-18 Newton 방법

Newton의 방법(6S-정확도)을 적용하라. 어떻게 진행되는지 알 수 있도록 우선 함수를 그려 보라.

12. **세제곱근**에 대한 Newton의 반복법을 설계하고 $\sqrt[3]{7}$을 계산하라($x_0 = 2$).

13. $f = 2x - \cos x = 0$, $x_0 = 1$. Newton의 방법으로 풀고 문제 3번과 비교하여 보아라.

14. 문제 13에서 x_0가 다른 점에서는 어떤 현상이 생기는가?

15. **x_0와의 관계.** 문제 5에서 $x_0 = 5, 4, 1, -3$일 때 Newton의 방법으로 풀어라.

16. **Legendre 다항식.** **(a)** Newton의 방법과 **(b)** 2차방정식을 풀어서 $P_5(x) = 1/8\ (63x^5 - 70x^3 + 15x)$로 주어지는 Legendre 다항식(5.3절) $P_5(x)$의 가장 큰 근을 구하라(19.5절의 ***Gauss* 적분**이 필요).

17. **가열, 냉각.** $f_1(x) = 100(1 - e^{-0.2x})$와 $f_2(x) = 40e^{-0.01x}$에 의하여 지배되는 과정이 있다. 두 과정이 같은 온도에 도달하는 시간 x를 4S-정확도로 구하라. 또한 그때의 온도를 구하라.

18. **진동빔.** $x = \frac{3}{2}\pi$ 부근에서 $\cos x \cosh x = 1$의 해를 구하라. (이는 진동빔의 진동수를 결정한다. 연습문제 12.3 참조)

19. **오위법**[method false position (regula falsi)]. 기본개념은 그림 430에서 보듯이 연속함수 f에 대해 $(a_0, f(a_0))$와 $(b_0, f(b_0))$를 지나는 직선과 x축과의 교점 c_0를 구한다. 만약 $f(c_0) = 0$이면 계산이 종료된다. 한편 $f(a_0)f(c_0) < 0$(그림 430의 경우)이면 $a_1 = a_0$, $b_1 = c_0$로 놓고 같은 방법으로 c_1을 구한다. 그러나 $f(a_0)f(c_0) > 0$이면 $f(c_0)f(b_0) < 0$이 되고 $a_1 = c_0$, $b_1 = b_0$라 놓고 과정을 반복한다.

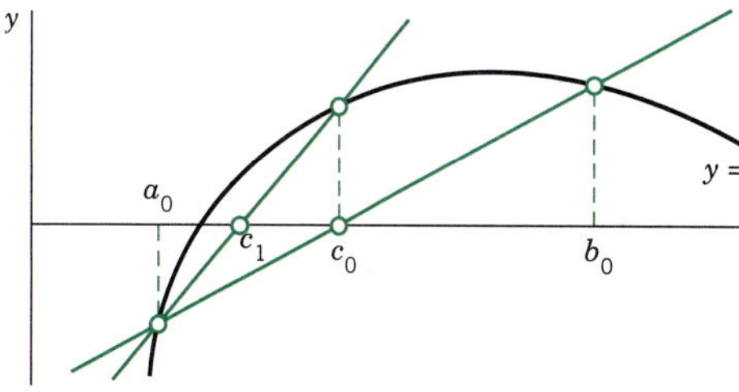

그림 430. 오위법

(a) 알고리즘.

$$c_0 = \frac{a_0 f(b_0) - b_0 f(a_0)}{f(b_0) - f(a_0)}$$

를 증명하고, 이 방법에 대한 알고리즘을 작성하라.

(b) $a = 1$, $b = 2$일 때 $x^4 = 2$, $\cos x = \sqrt{x}$, $x + \ln x = 2$의 해를 구하라.

20. **조별 과제.** **이분법**(bisection method). 연속함수 f에 대해 $f(x) = 0$의 해를 찾는 간단하지만 천천히 수렴하는 이 방법은 연속함수 f가 $x = a$와 $x = b\ (> a)$에서 부호가 반대이면, 즉 $f(a) < 0, f(b) > 0$ 또는 $f(a) > 0, f(b) < 0$이면, f의 근이 $[a, b]$ 안에 존재한다는 **중간값 정리**(intermediate value theorem) 기본을 두고 있다. 해는 각 이분법 반복과정에서 위의 부호조건을 만족시키도록 구간을 이등분하여 구해진다.

(a) 알고리즘. 이 방법에 대한 알고리즘을 작성하라.

(b) 비교. $x = \cos x$를 Newton의 방법과 이분법으로 풀고 비교하라.

(c) $e^{-x} = \ln x$와 $e^x + x^4 + x = 2$를 이분법으로 풀어라.

21-22 할선법

다음 문제를 주어진 x_0, x_1을 이용하여 할선법으로 풀어라.

21. $e^{-x} - \tan x = 0$, $x_0 = 1$, $x_1 = 0.7$

22. $x = \cos x$, $x_0 = 0.5$, $x_1 = 1$

23. **서술형 과제.** **방정식의 해.** 이 절의 본문과 연습문제에서 다룬 방법들에 대해 간단한 예를 이용하여 장점과 단점을 비교, 토론하라.

19.3 보간법

함수 $f(x)$의 값이 서로 다른 점 $x_0, x_1, \cdots, x_n$에서 주어질 때, 주어진 점 사이의 "다른 x"에 대해 $f(x)$의 (대략적인) 함수값을 찾는 방법을 **보간법**(interpolation)이라 한다. 보간법은 그 형태가 19.4와 19.5절의 기초가 되므로 세밀한 주의를 기울어야 하는데, 사실 19.5절에서 보듯이 이 보간법 덕분에 수치적 적분이나 미분 공식을 얻을 수 있다.

함수 f의 주어진 값을

$$f_0 = f(x_0), \qquad f_1 = f(x_1), \qquad \cdots, \qquad f_n = f(x_n)$$

또는 순서쌍

$$(x_0, f_0), \qquad (x_1, f_1), \qquad \cdots, \quad (x_n, f_n)$$

로 쓴다. 이런 함수값들은 어디서 얻어졌을까? 그들은 종종 로그함수, Bessel 함수와 같은 "수학적 함수(mathematical function)" 값이거나 또는 속도변화에 따른 비행기나 자동차의 공기저항, 온도변화에 따른 화학공정의 수율, 10년 간격의 인구조사를 통한 미국 시민의 숫자와 같은 측량되었거나 자동적으로 기록된 "실험"함수(empirical function)의 값들일 수 있다.

보간법의 표준개념은

$$p_n(x_0) = f_0, \qquad p_n(x_1) = f_1, \qquad \cdots, \qquad p_n(x_n) = f_n \tag{1}$$

을 만족하는 n차(혹은 그 이하의) 다항식 $p_n(x)$를 구하는 것이다. 이때 p_n을 **보간다항식**(interpolation polynomial)이라 하며 $x_0, \cdots, x_n$을 **마디점**(node)이라 한다. 그리고, $f(x)$가 수학적 함수이면 p_n을 f의 **근사**(approximation)라 한다[또는 다음에서 보듯이 다른 형태의 근사도 가능하기 때문에 **다항식 근사**(polynomial approximation)라고도 함]. 구해진 p_n은 x_0와 x_n 사이["**내삽법**" 또는 "**보간법**(interpolation)"] 혹은 구간 $x_0 \leqq x \leqq x_n$ 바깥에서["**외삽법**(extrapolation)"]에서 f의 (근사)값을 구할 때 사용된다.

동기. 다항식은 미분과 적분이 용이하고 그 결과 또한 다항식이 되므로 매우 편리하다. 뿐만 아니라 다항식은 연속함수를 원하는 정확도로 근사할 수 있다. 즉, 구간 $J : a \leqq x \leqq b$에서 연속이고 오차한계 $\beta > 0$을 갖는 연속함수 $f(x)$에 대해 다음을 만족하는 다항식 $p_n(x)$ (충분히 큰 차수 n)가 존재한다.

$$|f(x) - p_n(x)| < \beta \qquad (J\text{의 모든 } x\text{에서}).$$

이것이 유명한 **Weierstrass의 근사정리**(Weierstrass approximation theorem)이다(증명은 참고문헌 [GR7], p.280 참조; 부록 1 참조).

존재성(existence)과 유일성(uniqueness). 주어진 $n + 1$개의 데이터에 대해 식 (1)을 만족하는 보간다항식 p_n이 존재하고(이의 공식은 아래에 주어진다) 또한 p_n은 유일하다. 만일 또 다른 다항식 q_n이 $q_n(x_0) = f_0, \cdots, q_n(x_n) = f_n$을 만족한다면 $x_0, \cdots, x_n$에서 $p_n(x) - q(x) = 0$이고, 대수학에서 알 수 있듯이 $n + 1$개의 근을 갖는 n차(혹은 그 이하)

다항식 $p_n - q_n$은 0이어야 한다. 따라서, 모든 x에 대해 $p_n(x) = q_n(x)$이며 이는 유일성을 의미한다.

어떻게 p_n을 찾는가? p_n을 구하기 위한 여러 가지 표준 방법들을 설명할 것이다. 주어진 데이터에 대하여 여러 가지 다른 방법을 적용하더라도 위에서 보인 유일성 때문에 결국은 같은 다항식을 얻게 되지만(유일성의 흥미로운 부분) 각각의 목적에 맞는 다양한 형태로 표현될 수 있다.

Lagrange 보간법

Lagrange는 임의의 x_j들에서 주어진 데이터 $(x_0, f_0), \cdots, (x_n, f_n)$에 대하여, x_j에서는 1이고 그 밖의 n개의 마디점에서는 0이 되는 다항식을 각각의 f_j에 곱한 후, 생성된 $n + 1$개의 다항식을 합하여 n 또는 그 이하의 차수를 갖는 유일한 보간다항식을 구했다. 간단한 경우에 대해 이러한 작업이 어떻게 수행되는지 알아보자.

1차 보간법(linear interpolation)은 그림 431과 같이 (x_0, f_0)와 (x_1, f_1)을 지나는 식선에 의한 보간법이다. 따라서, 1차 Lagrange 다항식 p_1은 합 $p_1 = L_0 f_0 + L_1 f_1$인데, 여기서 L_0는 x_0에서 1, x_1에서 0이고 L_1은 x_0에서 0, x_1에서 1이 되는 1차 다항식

$$L_0(x) = \frac{x - x_1}{x_0 - x_1}, \qquad L_1(x) = \frac{x - x_0}{x_1 - x_0}$$

이다. 따라서 1차 Lagrange 다항식은

$$p_1(x) = L_0(x) f_0 + L_1(x) f_1 = \frac{x - x_1}{x_0 - x_1} \cdot f_0 + \frac{x - x_0}{x_1 - x_0} \cdot f_1 \tag{2}$$

이다.

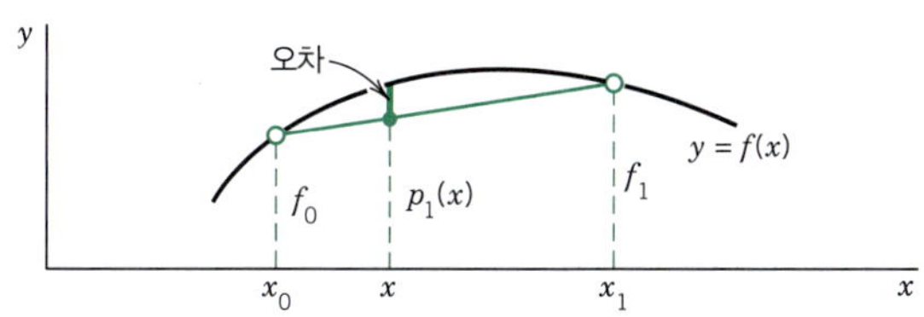

그림 431. 1차 보간법

예제 1 **1차 Lagrange 보간법**

ln 9.0 = 2.1972와 ln 9.5 = 2.2513로부터 1차 Lagrange 보간법으로 ln 9.2를 4D로 계산하고 ln 9.2 = 2.2192 (4D)를 이용하여 오차를 구하라.

풀이. $x_0 = 9.0, x_1 = 9.5, f_0 = \ln 9.0, f_1 = \ln 9.5$이다. 식 (2)

$$L_0(x) = \frac{x - 9.5}{-0.5} = -2.0(x - 9.5), \qquad L_0(9.2) = -2.0(-0.3) = 0.6$$

$$L_1(x) = \frac{x - 9.0}{0.5} = 2.0(x - 9.0), \qquad L_1(9.2) = 2 \cdot 0.2 = 0.4$$

를 이용하면(그림 432 참조) 구하는 답은

$$\ln 9.2 \approx p_1(9.2) = L_0(9.2) f_0 + L_1(9.2) f_1 = 0.6 \cdot 2.1972 + 0.4 \cdot 2.2513 = 2.2188$$

이며, 오차는 $\epsilon = a - \tilde{a} = 2.2192 - 2.2188 = 0.0004$이다. 따라서 1차 보간법은 4D-정확도는 갖지 못하지만 3D-정확도는 충분히 갖는다. ■

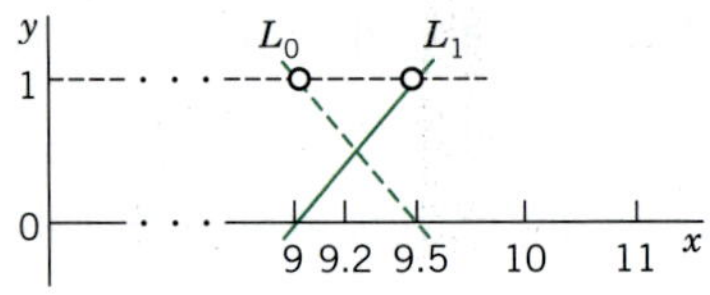

그림 432. 예제 1의 L_0와 L_1

2차 보간법(quadratic interpolation)은 주어진 (x_0, f_0), (x_1, f_1), (x_2, f_2)를 2차 다항식 $p_2(x)$로 근사하는 보간법이다. Lagrange의 개념은

$$p_2(x) = L_0(x)f_0 + L_1(x)f_1 + L_2(x)f_2 \tag{3a}$$

이다. 여기서 $L_0(x_0) = 1$, $L_1(x_1) = 1$, $L_2(x_2) = 1$이고 $L_0(x_1) = L_0(x_2) = 0$ 등을 만족한다. 따라서

$$\begin{aligned} L_0(x) &= \frac{l_0(x)}{l_0(x_0)} = \frac{(x - x_1)(x - x_2)}{(x_0 - x_1)(x_0 - x_2)} \\ L_1(x) &= \frac{l_1(x)}{l_1(x_1)} = \frac{(x - x_0)(x - x_2)}{(x_1 - x_0)(x_1 - x_2)} \\ L_2(x) &= \frac{l_2(x)}{l_2(x_2)} = \frac{(x - x_0)(x - x_1)}{(x_2 - x_0)(x_2 - x_1)} \end{aligned} \tag{3b}$$

이 되어야 한다. 이것을 어떻게 구했을까? 아마 분자는 $j \neq k$일 때 $L_k(x_j) = 0$이 되게 하고 분모는 $x = x_k$일 때 분자와 같아지므로 $L_k(x_k) = 1$이 되어야 하기 때문이다.

예제 2 2차 Lagrange 보간법

예제 1의 데이터와 ln 11.0 = 2.3979를 이용하여 식 (3)으로 ln 9.2를 계산하라.

풀이. 식 (3)에서

$$\begin{aligned} L_0(x) &= \frac{(x - 9.5)(x - 11.0)}{(9.0 - 9.5)(9.0 - 11.0)} = x^2 - 20.5x + 104.5, \qquad L_0(9.2) = 0.5400, \\ L_1(x) &= \frac{(x - 9.0)(x - 11.0)}{(9.5 - 9.0)(9.5 - 11.0)} = -\frac{1}{0.75}(x^2 - 20x + 99), \qquad L_1(9.2) = 0.4800, \\ L_2(x) &= \frac{(x - 9.0)(x - 9.5)}{(11.0 - 9.0)(11.0 - 9.5)} = \frac{1}{3}(x^2 - 18.5x + 85.5), \qquad L_2(9.2) = -0.0200 \end{aligned}$$

이다(그림 433 참조). 식 (3*a*)에서 4D-정확도까지

$$\ln 9.2 \approx p_2(9.2) = 0.5400 \cdot 2.1972 + 0.4800 \cdot 2.2513 - 0.0200 \cdot 2.3979 = 2.2192$$를 얻는다. ■

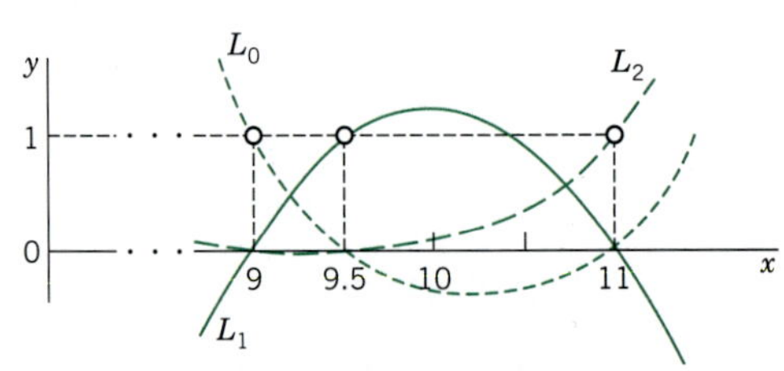

그림 433. 예제 2의 L_0, L_1, L_2

일반적인 Lagrange 보간다항식. 일반적인 n에 대하여

$$f(x) \approx p_n(x) = \sum_{k=0}^{n} L_k(x) f_k = \sum_{k=0}^{n} \frac{l_k(x)}{l_k(x_k)} f_k \tag{4a}$$

이다. 여기서, $L_k(x_k) = 1$이고 다른 마디점에서는 0이며 L_k는 보간되는 함수 f와는 무관하다. 만약

$$\begin{aligned} l_0(x) &= (x - x_1)(x - x_2)\cdots(x - x_n), \\ l_k(x) &= (x - x_0)\cdots(x - x_{k-1})(x - x_{k+1})\cdots(x - x_n), \qquad 0 < k < n \\ l_n(x) &= (x - x_0)(x - x_1)\cdots(x - x_{n-1}) \end{aligned} \tag{4b}$$

로 택하면 식 (4a)를 얻을 수 있고, $p_n(x_k) = f_k$임을 쉽게 알 수 있다. 식 (4b)를 자세히 살펴보면 $j \neq k$일 때 $l_k(x_j) = 0$이 되고, 따라서 $x = x_k$일 때는 식 (4a)의 합 공식은 한 개의 항 $(L_k(x_k)/L_k(x_k))f_k = f_k$로 된다.

오차추정. 만일 f 자체가 n차(혹은 그 이하) 다항식이면 p_n과 같아진다. 이유는 $n + 1$개의 자료 $(x_0, f_0), \cdots, (x_n, f_n)$이 다항식을 유일하게 결정하기 때문인데, 결과적으로 오차는 0이 된다. 이러한 특별한 f의 $(n + 1)$계 도함수는 0이다. 이 사실은 *일반적인* f에 대해서도 적용되어 $(n + 1)$계 도함수 $f^{(n+1)}$이 오차

$$\epsilon_n(x) = f(x) - p_n(x)$$

의 크기를 측정할 수 있는 가능성을 보여준다. 실제로 $f^{(n+1)}$이 존재하고 연속이면 이것이 사실임을 증명할 수 있다. x_0와 x_n 사이(외삽의 경우는 x_0 또는 x_n과 x 사이)의 적당한 t에 대해

$$\epsilon_n(x) = f(x) - p_n(x) = (x - x_0)(x - x_1)\cdots(x - x_n)\,\frac{f^{(n+1)}(t)}{(n + 1)!} \tag{5}$$

이다. 즉, 마디점에서는 $|\epsilon_n(x)|$가 0이며 연속성 때문에 마디점 주위에서 작은 값을 갖는다. 마디점에서 멀리 떨어진 x에서는 곱 $(x - x_0)\cdots(x - x_n)$이 큰 값을 갖는다. 이러한 이유 때문에 외삽의 경우 오차가 커지고, 내삽의 경우라도 x의 양쪽에 위치한 마디점을 선택하는 경우가 최선이 된다. 또한 구간 $x_0 \leqq t \leqq x_n$에서(외삽의 경우, 구간은 x를 포함) $f^{(n+1)}(t)$의 최솟값과 최댓값을 취함으로써 오차한계를 얻는다.

더욱 중요한 점은 앞에서 보인 바와 같이 p_n이 유일하기 때문에 다음의 정리가 성립한다는 것이다.

정리 1

보간오차

공식 (5)는 $f(x)$가 연속인 $(n + 1)$계 도함수를 가질 때 **모든** *다항식 보간법의 오차를 제공한다.*

실용적인 오차 추정. 식 (5)의 도함수를 구하기가 어렵거나 불가능하면, 오차원리(19.1절)를 이용하라. 즉, 또 다른 마디점을 택한 후 Lagrange 다항식 $p_{n+1}(x)$을 구하고 $p_{n+1}(x) - p_n(x)$를 $p_n(x)$에 대한 (대략적인) 오차로 간주한다.

예제 3 식 (5)에 의한 1차 보간의 오차추정. 반올림 상실. 오차원리

예제 1의 오차를 식 (5)와 오차원리(19.1절)를 이용하여 각각 추정하라.

풀이. (A) ***식 (5)에 의한 추정.*** $n = 1, f(t) = \ln t, f'(t) = 1/t, f''(t) = -1/t^2$이므로

$$\epsilon_1(x) = (x - 9.0)(x - 9.5)\frac{(-1)}{2t^2}, \qquad \text{이고} \qquad \epsilon_1(9.2) = \frac{0.03}{t^2}$$

이다. 이는 $t = 9.00$일 때 최댓값 $0.03/9^2 = 0.00037$, $t = 9.5$일 때 최솟값 $0.03/9.5^2 = 0.00033$을 나타낸다. 따라서 $0.00033 \leqq \epsilon_1(9.2) \leqq 0.00037$ 혹은 0.00038을 택하는 것이 더 좋다. 왜냐하면 $0.3/81 = 0.003703\cdots$이기 때문이다.

그러나 이는 예제 1의 오차 0.0004와는 일치하지 않는다. 여기서 한 가지를 더 알 수 있다. 4D 대신 5D를 사용하여 다시 계산하면

$$\ln 9.2 \approx p_1(9.2) = 0.6 \cdot 2.19722 + 0.4 \cdot 2.25129 = 2.21885$$

이고, 오차는 $\epsilon = 2.21920 - 2.21885 = 0.00035$로 양쪽 오차한계의 거의 중간값을 갖는다.

이러한 불일치(0.0004 대 0.00035)는 식 (5)에서 고려되지 않은 숫자의 반올림에 의해 나타난다.

(B) **오차원리에 의한 추정.** 앞에서와 같이 $p_1(9.2) = 2.21885$로 계산하고 $p_2(9.2)$는 예제 2에서 5*D*를 이용하여

$$p_2(9.2) = 0.54 \cdot 2.19722 + 0.48 \cdot 2.25129 - 0.02 \cdot 2.39790 = 2.21916$$

으로 계산한다. 두 값의 차이 $p_2(9.2) - p_1(9.2) = 0.00031$은 $p_1(9.2)$의 대략적인 오차로 앞에서 구한 실제 오차 0.00035의 근사값이다. ■

Newton의 분할차분 보간법

주어진 데이터 $(x_0, f_0), \cdots, (x_n, f_n)$에 대해 식 (1)을 만족하는 보간다항식 $p_n(x)$는 앞에서 보인 바와 같이 유일하다. 그러나 목적에 따라 $p_n(x)$를 다른 형식으로 나타낼 수도 있다. 앞에서 설명한 **Lagrange의 형식**(Lagrange's form)은 수치 미분(도함수의 근사식) 또는 적분에 필요한 식을 유도하는 데 유용하다(19.5절).

더 중요한 것은 $p_n(x)$에 대한 Newton의 형식인데 상미분방정식(21.2절)을 풀 때 이용할 것이다. 이는 Lagrange의 형식보다 계산에 필요한 연산 횟수가 적다. 더욱이 요구하는 정확도를 위해 차수 n을 증가시키는 일이 종종 발생하는데, 이때 Lagrange 보간법에서는 완전히 새로운 다항식이 필요한 반면에, Newton의 보간법에서는 기존의 결과에 다른 항을 간단히 추가하여 사용한다. 이는 또한 오차원리(Lagrange법에 대해 예제 3에서 사용됨)의 응용을 더욱 간편하게 한다. 자세한 내용은 다음과 같다.

먼저 $p_{n-1}(x)$를 $p_{n-1}(x_0) = f_0, p_{n-1}(x_1) = f_1, \cdots, p_{n-1}(x_{n-1}) = f_{n-1}$을 만족하는 $(n-1)$차 Newton 다항식이라 하자. 이때 n차 Newton 다항식을

$$p_n(x) = p_{n-1}(x) + g_n(x) \tag{6}$$

으로 나타내면

$$g_n(x) = p_n(x) - p_{n-1}(x) \tag{6'}$$

이고, 여기서 $g_n(x)$는 $p_n(x_0) = f_0, p_n(x_1) = f_1, \cdots, p_n(x_n) = f_n$이 되도록 결정되어야 한다.

p_n과 p_{n-1}은 $x_0, \cdots, x_{n-1}$에서 일치하므로 이들 점에서 g_n은 0이다. 또한 p_{n-1}의 차수가 많아야 $(n-1)$차인 반면에, p_n의 차수는 g_n의 차수와 같으므로 g_n은 일반적으로 n차 다항식이어야 한다. 따라서 g_n은

$$g_n(x) = a_n(x - x_0)(x - x_1)\cdots(x - x_{n-1}) \tag{6''}$$

의 형태가 되어야만 한다. 이제 상수 a_n을 구해 보자. $x = x_n$이라 놓고 식 (6″)을 a_n에 대해 대수적으로 푼다. 식 (6′)에 따라 $g_n(x_n)$을 치환하고 $p_n(x_n) = f_n$을 이용하면

$$a_n = \frac{f_n - p_{n-1}(x_n)}{(x_n - x_0)(x_n - x_1)\cdots(x_n - x_{n-1})} \tag{7}$$

을 얻는다. a_n 대신에 a_k로 쓰면 a_k는 ***k*차 분할차분**(*k*th divided difference)과 같아지는데

$$a_1 = f[x_0, x_1] = \frac{f_1 - f_0}{x_1 - x_0}$$

$$a_2 = f[x_0, x_1, x_2] = \frac{f[x_1, x_2] - f[x_0, x_1]}{x_2 - x_0}$$

일반적으로

$$a_k = f[x_0, \cdots, x_k] = \frac{f[x_1, \cdots, x_k] - f[x_0, \cdots, x_{k-1}]}{x_k - x_0} \tag{8}$$

와 같은 점화식으로 정의된다. 만약, $n = 1$이면 $p_{n-1}(x_n) = p_0(x_1) = f_0$인데 왜냐하면 $p_0(x)$는 상수로 x_0에서의 $f(x)$ 값인 f_0이기 때문이다. 따라서 식 (7)은

$$a_1 = \frac{f_1 - p_0(x_1)}{x_1 - x_0} = \frac{f_1 - f_0}{x_1 - x_0} = f[x_0, x_1],$$

이 되고, 식 (6)과 식 (6″)으로부터 1차 Newton의 보간다항식

$$p_1(x) = f_0 + (x - x_0)f[x_0, x_1]$$

을 얻는다. 만일 $n = 2$이면 p_1과 식 (7)에서

$$a_2 = \frac{f_2 - p_1(x_2)}{(x_2 - x_0)(x_2 - x_1)} = \frac{f_2 - f_0 - (x_2 - x_0)f[x_0, x_1]}{(x_2 - x_0)(x_2 - x_1)} = f[x_0, x_1, x_2]$$

이다. 위 식에서 마지막 등호는 직접 계산하고 우변의 정의와 비교하면 성립됨을 알 수 있다(확인하라). 식 (6)과 식 (6″)으로부터 2차 Newton 다항식

$$p_2(x) = f_0 + (x - x_0)f[x_0, x_1] + (x - x_0)(x - x_1)f[x_0, x_1, x_2]$$

를 얻는다. $n = k$일 때 공식 (6)은

$$(9) \qquad p_k(x) = p_{k-1}(x) + (x - x_0)(x - x_1)\cdots(x - x_{k-1})f[x_0, \cdots, x_k]$$

이 된다. $p_0(x) = f_0$를 이용하여 $k = 1, \cdots, n$에 대해 반복해서 적용하면 이는 **Newton의 분할차분 보간공식**(Newton's divided difference interpolation formula)

$$(10) \qquad \begin{aligned} f(x) \approx f_0 &+ (x - x_0)f[x_0, x_1] + (x - x_0)(x - x_1)f[x_0, x_1, x_2] \\ &+ \cdots + (x - x_0)(x - x_1)\cdots(x - x_{n-1})f[x_0, \cdots, x_n] \end{aligned}$$

을 나타낸다. 이 방법의 알고리즘을 표 19.2에 수록하였다. 첫 번째 do-루프(do-loop)는 분할차분을 계산하고, 두 번째에서는 원하는 값 $p_n(\hat{x})$을 계산한다.

표 19.2 Newton의 분할차분 보간법

INTEROPOL 알고리즘($x_0, \cdots, x_n; f_0, \cdots, f_n; \hat{x}$)

이 알고리즘은 $\hat{x}$에서 $f(\hat{x})$의 근사값 $p_n(\hat{x})$을 계산한다.

INPUT: 데이터 $(x_0, f_0), (x_1, f_1), \cdots, (x_n, f_n); \hat{x}$

OUTPUT: $f(\hat{x})$의 근사값 $p_n(\hat{x})$

Set $f[x_j] = f_j \ (j = 0, \cdots, n)$.

For $m = 1, \cdots, n - 1)$ do:

For $j = 0, \cdots, \ n - m$ do:

$$f[x_j, \cdots, x_{j+m}] = \frac{f[x_{j+1}, \cdots, x_{j+m}] - f[x_j, \cdots, x_{j+m-1}]}{x_{j+m} - x_j}$$

End

End

Set $p_0(x) = f_0$.

For $k = 1, \cdots, n$ do:

$$p_k(\hat{x}) = p_{k-1}(\hat{x}) + (\hat{x} - x_0)\cdots(\hat{x} - x_{k-1})f[x_0, \cdots, x_k]$$

End

OUTPUT $p_n(\hat{x})$

End INTERPOL

예제 4에서는 구해진 차분값들을 값이 구해진 근처에 어떻게 배열하는가를 보여준다. 나중에 계산된 값은 항상 앞 열의 반줄 위아래에 위치한다. 이와 같은 배열을 (분할)**차분 표**[(divided) difference table]라 한다.

예제 4 Newton의 분할차분 보간공식

주어진 값을 이용하여 $f(9.2)$를 계산하라.

x_j	$f_j = f(x_j)$	$f[x_j, x_{j+1}]$	$f[x_j, x_{j+1}, x_{j+2}]$	$f[x_j, \cdots, x_{j+3}]$
8.0	2.079442			
		0.117783		
9.0	2.197225		−0.006433	
		0.108134		0.000411
9.5	2.251292		−0.005200	
		0.097735		
11.0	2.397895			

풀이. 위 표와 같이 분할차분값을 계산한다. 예를 들어

$$(0.097735 - 0.108134)/(11 - 9) = -0.005200$$

과 같다. 식 (10)에 필요한 값들은 표에 원으로 싸여 있다. 이를 이용하면

$$f(x) \approx p_3(x) = 2.079442 + 0.117783(x - 8.0) - 0.006433(x - 8.0)(x - 9.0)$$
$$+ 0.000411(x - 8.0)(x - 9.0)(x - 9.5)$$

이고, $x = 9.2$에서

$$f(9.2) \approx 2.079442 + 0.141340 - 0.001544 - 0.000030 = 2.219208$$

이다. 6D까지 정확한 값은 $f(9.2) = \ln 9.2 = 2.219203$이다. 항이 증가하면서 정확도가 어떻게 증가하는지를 보자.

$$p_1(9.2) = 2.220782, \quad p_2(9.2) = 2.219238, \quad p_3(9.2) = 2.219208.$$

등간격: Newton의 전진차분 공식

Newton의 공식 (10)은 실험 또는 관찰에서 흔히 나타나는 대로 *임의의 간격을 갖는* 마디점에 대해 적용할 수 있다. 그러나, 많은 경우의 x_j는 같은 간격의 시간에 따른 측정 등에서와 같이 *동일한 간격*을 갖게 된다. 간격을 h로 놓고 이러한 경우에는

(11) $$x_0, \quad x_1 = x_0 + h, \quad x_2 = x_0 + 2h, \quad \cdots, \quad x_n = x_0 + nh$$

가 되는데, 이때 식 (8)과 (10)이 얼마나 단순화될 수 있는지 살펴보자!

먼저 x_j에서 f의 1차 *전진차분*(first forward difference)은

$$\Delta f_j = f_{j+1} - f_j,$$

로, x_j에서 f의 2차 *전진차분*(second forward difference)은

$$\Delta^2 f_j = \Delta f_{j+1} - \Delta f_j,$$

로, 계속해서 x_j에서 f의 ***k*차 전진차분**(*k*th forward difference)은

(12) $$\Delta^k f_j = \Delta^{k-1} f_{j+1} - \Delta^{k-1} f_j \qquad (k = 1, 2, \cdots)$$

로 정의하자. 전진차분에 대한 예와 "전진(forward)"이라는 명칭에 대한 설명은 예제 5를 보면 알 수 있다. 그 핵심은 무엇일까? 만약 등간격[식 (11)]의 경우

$$f[x_0, \cdots, x_k] = \frac{1}{k!h^k}\Delta^k f_0 \qquad \textbf{(13)}$$

가 성립한다.

증명 식 (13)은 귀납적으로 증명할 수 있다. $k = 1$일 때는 $x_1 = x_0 + h$이므로

$$f[x_0, x_1] = \frac{f_1 - f_0}{x_1 - x_0} = \frac{1}{h}(f_1 - f_0) = \frac{1}{1!h}\Delta f_0$$

이다. 식 (13)이 k차의 모든 전진차분에 대해서 성립한다고 가정하면, $k + 1$에 대해서도 성립함을 보여야 한다. 식 (8)에 k 대신 $k + 1$을, 식 (11)로부터 $(k + 1)h = x_{k+1} - x_0$를, 그리고 식 (12)에서 $j = 0$일 때, 즉 $\Delta^{k+1}f_0 = \Delta^k f_1 - \Delta^k f_0$를 사용하면

$$\begin{aligned} f[x_0, \cdots, x_{k+1}] &= \frac{f[x_1, \cdots, x_{k+1}] - f[x_0, \cdots, x_k]}{(k+1)h} \\ &= \frac{1}{(k+1)h}\left[\frac{1}{k!h^k}\Delta^k f_1 - \frac{1}{k!h^k}\Delta^k f_0\right] \\ &= \frac{1}{(k+1)!h^{k+1}}\Delta^{k+1} f_0 \end{aligned}$$

를 얻는다. 이것은 식 (13)에 k 대신 $k + 1$을 대입한 것이다. 따라서 식 (13)이 증명된다. ■

식 (10)에서 $x = x_0 + rh$라 놓으면, $x - x_0 = rh$이고 $x_1 - x_0 = h$이므로 $x - x_1 = (r - 1)h$이다. 이것과 식 (13)으로부터 공식 (10)은 **Newton**(또는 *Gregory*[2]*-Newton*)의 **전진차분 보간공식**(forward difference interpolation formula)

$$\begin{aligned} f(x) \approx p_n(x) &= \sum_{s=0}^{n}\binom{r}{s}\Delta^s f_0 \qquad (x = x_0 + rh, \quad r = (x - x_0)/h) \\ &= f_0 + r\Delta f_0 + \frac{r(r-1)}{2!}\Delta^2 f_0 + \cdots + \frac{r(r-1)\cdots(r-n+1)}{n!}\Delta^n f_0 \end{aligned} \qquad \textbf{(14)}$$

가 된다. 여기서 첫째 줄의 **이항계수**(binomial coefficients)는

$$\binom{r}{0} = 1, \quad \binom{r}{s} = \frac{r(r-1)(r-2)\cdots(r-s+1)}{s!} \qquad (s > 0, \text{정수}) \qquad (15)$$

이고, $s! = 1 \cdot 2 \cdots s$이다.

오차. 식 (5)에 $x - x_0 = rh$, $x - x_1 = (r - 1)h$, $\cdots$을 사용하면 다음을 얻는다.

---

[2]JAMES GREGORY(1638-1675), 스코틀랜드의 수학자, 성 앤드류와 에딘버러 교수. 식 (14)의 Δ과 Δ^2은 Laplacian과는 무관하다.

$$\epsilon_n(x) = f(x) - p_n(x) = \frac{h^{n+1}}{(n+1)!} r(r-1) \cdots (r-n) f^{(n+1)}(t) \tag{16}$$

여기서 t는 식 (5)에 정의되어 있다.

공식 (16)은 오차에 대한 정확한 공식이다. 그러나 알지 못하는 t를 포함하고 있다. 예제 5(아래)에서 오차추정 및 $f(x)$의 참값이 존재하는 구간을 구하기 위해 식 (16)을 사용하는 방법을 보인다.

정확도에 대한 주석. **(A)** 오차 $\epsilon_n(x)$는 $p_n(x)$에서 사용되지 않은 그 다음 차분 정도의 크기를 갖는다.

(B) 보간 값으로 구하고자 하는 x가 가능하면 $x_0, \cdots, x_n$ 사이의 중심에 위치하도록 $x_0, \cdots, x_n$을 선택한다.

(A)의 이유는 식 (16)에서

$$f^{n+1}(t) \approx \frac{\Delta^{n+1} f(t)}{h^{n+1}}, \qquad \frac{|r(r-1)\cdots(r-n)|}{1 \cdot 2 \cdots (n+1)} \leqq 1 \quad (|r| \leqq 1)$$

이기 때문이다(*외삽*을 하지 않는 한 임의의 r에 대해서 성립). (B)는 이러한 방법으로 선택될 때 $|r(r-1)\cdots(r-w)|$이 최소가 되기 때문이다.

예제 5 Newton의 전진차분 공식. 오차추정

식 (14)와 다음 표 중 4개의 값으로부터 cosh 0.56을 계산하고 오차를 추정하라.

j	x_j	$f_j = \cosh x_j$	Δf_j	$\Delta^2 f_j$	$\Delta^3 f_j$
0	0.5	(1.127626)			
			(0.057839)		
1	0.6	1.185465		(0.011865)	
			0.069704		(0.000697)
2	0.7	1.255169		0.012562	
			0.082266		
3	0.8	1.337435			

풀이. 표와 같이 전진차분을 구한다. 계산에 필요한 값들은 원으로 표시하였다. $r = (0.56 - 0.50)/0.1 = 0.6$이므로 식 (14)는

$$\begin{aligned}\cosh 0.56 &\approx 1.127626 + 0.6 \cdot 0.057839 + \frac{0.6(-0.4)}{2} \cdot 0.011865 + \frac{0.6(-0.4)(-1.4)}{6} \cdot 0.000697 \\ &= 1.127626 + 0.034703 - 0.001424 + 0.000039 \\ &= 1.160944\end{aligned}$$

이다.

오차추정. 4계 미분 $\cosh^{(4)} t = \cosh t$이므로 식 (16)은

$$\begin{aligned}\epsilon_3(0.56) &= \frac{0.1^4}{4!} \cdot 0.6(-0.4)(-1.4)(-2.4)\cosh t \\ &= A \cosh t\end{aligned}$$

가 된다. 여기서 $A = -0.00000336$이고 $0.5 \leqq t \leqq 0.8$이다. t를 바로 알지는 못하지만, t의 구간에서 $\cosh t$의 최댓값과 최솟값을 계산하여 부등식

$$A \cosh 0.8 \leqq \epsilon_3(0.62) \leqq A \cosh 0.5$$

을 얻고,

$$f(x) = p_3(x) + \epsilon_3(x),$$

이므로

$$p_3(0.56) + A \cosh 0.8 \leqq \cosh 0.56 \leqq p_3(0.56) + A \cosh 0.5$$

이다. 이를 계산하면

$$1.160939 \leqq \cosh 0.56 \leqq 1.160941$$

이다. 정확한 6D 값은 $\cosh 0.56 = 1.160941$이고, 위의 한계 내에 존재한다. 이러한 한계가 항상 정확하지는 않다. 또한 여기서는 연산횟수에 의존되는 반올림오차를 고려하지 않았다. ■

이 예제는 또한 "*전진*차분 공식"이란 명칭을 설명한다. 공식에서의 차분들이 차분 표에서 앞을 향해 경사진 것을 볼 수 있다.

등간격: Newton의 추진차분 공식

앞으로 경사진 차분(forward-sloping difference) 대신에 뒤로 경사진 차분(backward-sloping difference)을 이용해 보자. 차분 표는 전과 같고(같은 숫자, 같은 위치), 단 첨자 j의 표기에 약간의 변화가 있다(예제 6에서 설명). 그렇지만 단순히 편의성 때문에 다음과 같은 제2의 명칭과 표기를 사용하는 것뿐이다. x_j에서 f의 1*차 후진차분*(first backward difference)을

$$\nabla f_j = f_j - f_{j-1},$$

로, x_j에서 f의 2*차 후진차분*을

$$\nabla^2 f_j = \nabla f_j - \nabla f_{j-1},$$

로, 계속 같은 방법으로 x_j에서 f의 **k차 후진차분**(kth backward difference)을

$$\nabla^k f_j = \nabla^{k-1} f_j - \nabla^{k-1} f_{j-1} \qquad (k = 1, 2, \cdots) \tag{17}$$

로 정의한다.

이를 사용하면 식 (14)와 유사한 **Newton**(또는 *Gregory-Newton*)**의 후진차분 보간공식**(Newton's backward difference interpolation formula)

$$\begin{aligned} f(x) \approx p_n(x) &= \sum_{s=0}^{n} \binom{r+s-1}{s} \nabla^s f_0 \qquad (x = x_0 + rh,\ r = (x - x_0)/h) \\ &= f_0 + r\nabla f_0 + \frac{r(r+1)}{2!} \nabla^2 f_0 + \cdots + \frac{r(r+1)\cdots(r+n-1)}{n!} \nabla^n f_0 \end{aligned} \tag{18}$$

를 얻는다.

예제 6 Newton의 전진, 후진보간법

$x = 1.72$에 대한 Bessel 함수 $J_0(x)$의 값을 다음 표 중 4개의 값을 이용하여 7D로 구하라. 단 (a) Newton의 전진공식 (14)와 (b) Newton의 후진공식 (18)을 사용하라.

j_{for}	j_{back}	x_j	$J_0(x_j)$	1st Diff.	2nd Diff.	3rd Diff.
0	−3	1.7	0.3979849			
				−0.0579985		
1	−2	1.8	0.3399864		−0.0001693	
				−0.0581678		0.0004093
2	−1	1.9	0.2818186		0.0002400	
				−0.0579278		
3	0	2.0	0.2238908			

풀이. 차분 계산은 두 방식 모두 동일하고, 단지 표기법에만 차이가 있다.

(a) 전진법. 식 (14)에서 $r = (1.72 - 1.70)/0.1 = 0.2$이고 j는 0에서 3까지이다(표의 첫 번째 열), 각 열에서 첫 번째 수를 이용하여 식 (14)에서

$$\begin{aligned} J_0(1.72) &\approx 0.3979849 + 0.2(-0.0579985) + \frac{0.2(-0.8)}{2}(-0.0001693) \\ &\quad + \frac{0.2(-0.8)(-1.8)}{6} \cdot 0.0004093 \\ &= 0.3979849 - 0.0115997 + 0.0000135 + 0.0000196 = 0.3864183 \end{aligned}$$

이 되는데 결과는 6D까지 정확하고 7D 값은 0.3864185이다.

(b) 후진법. 식 (18)을 이용할 때 표의 두 번째 열에 나타나는 j와 각 열에서 마지막 숫자를 이용한다. $r = (1.72 - 2.00)/0.1 = -2.8$이므로 식 (18)에서

$$\begin{aligned} J_0(1.72) &\approx 0.2238908 - 2.8(-0.0579278) + \frac{-2.8(-1.8)}{2} \cdot 0.0002400 \\ &\quad + \frac{-2.8(-1.8)(-0.8)}{6} \cdot 0.0004093 \\ &= 0.2238908 + 0.1621978 + 0.0006048 - 0.0002750 \\ &= 0.3864184 \end{aligned}$$

를 얻는다. ■

중심차분 표기법(central difference notation)이라 불리는 차분의 세 번째 표기법이 있다. 이것은 상미분방정식에 대한 수치해석과 특정한 보간공식에 사용된다(부록 1의 [E5] 참고).

연습문제 19.3

1. **선형보간**. 예제 1에서 $p_1(x)$를 구하고 이로부터 ln 9.3을 계산하라.

2. **오차추정**. 식 (5)를 이용하여 문제 1의 오차를 추정하라.

3. **2차보간. Gamma 함수**. 부록 A3.1의 식 (24)에 대한 Lagrange 다항식 $p_2(x)$를 구하라. 단, $\Gamma(1.00) = 1.0000$, $\Gamma(1.02) = 0.9888$, $\Gamma(1.04) = 0.9784$이다. 그리고 그것으

로부터 $\Gamma(1.01)$, $\Gamma(1.03)$에 대해 근사값을 구하라.

4. **2차보간의 오차추정**. 식 (5)로부터 예제 2의 $p_2(9.2)$에 대한 오차를 구하라.

5. **1차 및 2차보간**. $e^{0.25}$와 $e^{-0.75}$를 $x_0 = 0, x_1 = 0.5$와 $x_0 = 0.5, x_1 = 1$을 각각 이용하여 1차보간으로 구하라. 그리고 $x_0 = 0, x_1 = 0.5, x_2 = 1$을 이용하여 e^{-x}를 보간하는 $p_2(x)$를 구하고 이로부터 $e^{-0.25}$와 $e^{-0.75}$를 계산하라. 1차 보간과 2차보간의 오차를 비교하라. e^{-x}의 4S 값을 사용하라.

6. **외삽**. 예제 2의 데이터들에 대한 식 (5)의 $(x - x_j)$의 곱을 그림으로 나타내어 외삽이 내삽보다 큰 오차를 포함하는지를 알아보라.

7. **오차함수**[부록 A 3.1의 식 (35)]. $f(0.25) = 0.27633$, $f(0.5) = 0.52050$, $f(1.0) = 0.84270$에 대한 Lagrange의 다항식 $p_2(x)$를 5S 값으로 구하고, $f(0.75)$ $(= 0.71116)$의 근사값을 계산하라.

8. **오차한계**. 식 (5)로부터 문제 7의 오차한계를 유도하라.

9. **3차 Lagrange 보간. Bessel 함수 J_0**. $x_0 = 0, x_1 = 1, x_2 = 2, x_3 = 3$에 대해 L_0, L_1, L_2, L_3를 구하고 같은 좌표축에 그려라. 데이터 (0, 1), (1, 0.765198), (2, 0.223891), (3, −0.260052) [Bessel 함수 $J_0(x)$의 값]를 이용하여 $p_3(x)$를 구하라. $x = 0.5, 1.5, 2.5$에서의 값을 구하고 0.938470, 0.511828, −0.048384 (6S 값)와 비교하라.

10. **저차**. 차분 표를 이용하여 데이터 (−4, 50), (−2, 18), (0, 2), (2, 2), (4, 18)의 보간다항식의 차수를 찾아라. 다항식을 구하라.

11. **CAS 실습. Newton 공식의 항 추가**. 전진공식 (14)를 위한 프로그램을 작성하라. 항을 추가함에 따른 정확도의 향상을 실험을 통해 보여라. 데이터는 스스로 선택한 함수값을 사용하되 CAS가 오차를 결정하는 데 필요로 하는 값으로 하라.

12. **조별 과제. 내삽과 외삽. (a) Lagrange의 실용적인 오차 추정**(정리 1을 따라서)을 $x_0 = 9.0, x_1 = 9.5, x_2 = 11.0$, $f_0 = \ln x_0, f_1 = \ln x_1, f_2 = \ln x_2$ (6S 값)에 대하여 $p_1(9.2)$와 $p_2(9.2)$에 적용하라.

 (b) 외삽. 데이터 $(x_j, f(x_j))$ = (0.2, 0.9980), (0.4, 0.9686), (0.6, 0.8443), (0.8, 0.5358), (1.0, 0)이 주어졌다. 2차 보간 다항식으로 $f(0.7)$을 (α) 0.6, 0.8, 1.0, (β) 0.4, 0.6, 0.8, (γ) 0.2, 0.4, 0.6을 이용하여 구하라. 오차를 비교하고 설명하라[참값 $f(x) = \cos(\frac{1}{2}\pi x^2)$, $f(0.7) = 0.7181$ (4S)].

 (c) 오차공식 (5)의 $(x - x_j)$의 곱을 $n = 2, \cdots, 10$에 대하여 각각 그림으로 나타내라. 이 그림들은 내삽과 외삽의 정확도에 대해 무엇을 보이는가?

13. **서술형 과제. 보간법의 비교**. 이 절에서 가장 기본이 된다고 생각되는 아이디어를 4-5개로 구분하여 서술하라. 가장 논리적인 순서로 배열하고 2-3쪽 분량으로 논술하라.

19.4 스플라인 보간법

데이터(함수값, xy-평면의 위의 점)가 주어지면 $(x_0, f_0), (x_1, f_1), \cdots, (x_n, f_n)$은 차수 n 또는 이보다 작은 차수를 가진 다항식 $P_n(x)$에 의해 보간될 수 있으며 $P_n(x)$의 곡선은 이 $(n + 1)$개의 점들 (x_j, f_j)를 지나가게 된다. 여기서 $f_0 = f(x_0), \cdots, f_n = f(x_n)$을 의미한다. 19.3절을 보라.

만약 n이 크다면, 골치가 아플 것이다: $P_n(x)$는 $x_0, \cdots, x_n$의 **마디점**(nodes) 사이에서 진동하는 경향이 있다. 따라서, ***수치적 불안정성***(numerical instability)에 대비해야 한다(19.1절 참조). 그림 434는 C. Runge[3]가 $n \to \infty$일 때 최대오차가 무한대에 접근할 수도 있음을 제시한 유명한 예를 보여준다(마디점이 등간격을 유지하면서 개수가 증가할 때). 유사한 예로 그림 435는 구분적으로 선형인 어떤 함수에 대해 n이 커질수록 진동이 어떻게 증가하는지를 보여준다.

이러한 바람직하지 않은 진동을 피하기 위해 1946년에 I. J. Schoenberg (*quarterly of*

[3]CARL RUNGE(1856-1927), 독일의 수학자. 상미분방정식에 대한 업적으로 알려져 있다(21.1절 참조).

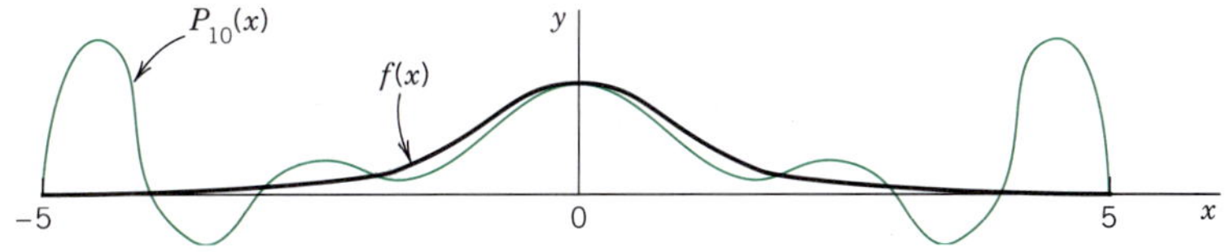

그림 434. Runge의 예 $f(x) = 1/(1 + x^2)$과 보간다항식 $P_{10}(x)$

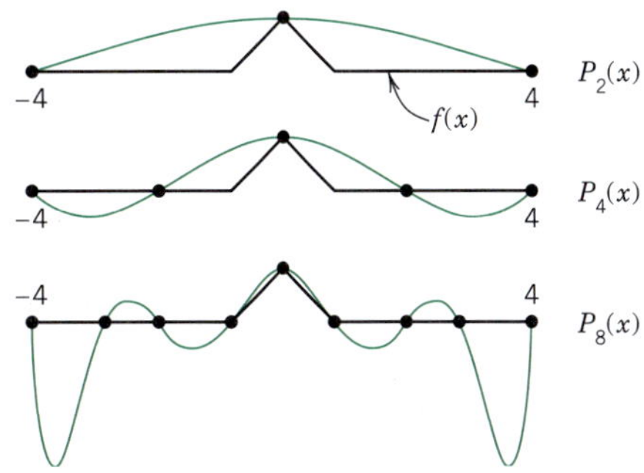

그림 435. 구분적 선형함수 $f(x)$ 보간다항식의 차수 증가

Applied Mathematics 4, pp.45-99, 112-141)에 의하여 시도되어 현재까지 널리 이용되고 있는 것이 스플라인(spline) 방법이다. 또한 이 방법은 현대의 **CAD (computer-aided design)**의 기초가 되었다. 이 방법의 명칭은 점들을 따라 구부릴 수 있고 무게에 의해 고정되는 탄성 막대인 *제도사의 운형자*에서 유래한다. 수학적인 개념은 다음과 같다.

다음과 같은 마디점이 놓인 전체 구간 $a \leqq x \leqq b$에서 하나의 고차 다항식 P_n을 사용하는 대신에

$$a = x_0 < x_1 < \cdots < x_n = b \tag{1}$$

다음의 n개의 3차식과 같은 저차수 다항식을 각 인접 마디점 사이의 소구간에 하나씩 사용한다.

$$q_0(x), \qquad q_1(x), \qquad \cdots, \qquad q_{n-1}(x)$$

즉, q_0는 x_0에서 x_1까지, q_1는 x_1에서 x_2까지 등과 같이 사용한다. 여러 구간으로 나누고 각각의 세부 구간에 저차의 다항식을 사용하고, 이들을 다음을 만족하는 단일 연속곡선으로 근사하여 **스플라인**(spline)이라 불리는 보간함수 $g(x)$를 구하는 것이다.

$$g(x_0) = f(x_0) = f_0, \qquad g(x_1) = f(x_1) = f_1, \qquad \cdots, \qquad g(x_n) = f(x_n) = f_n \tag{2}$$

g의 구성에 의하면 $x_0 \leqq x \leqq x_1$일 때 $g(x) = q_0(x)$, $x_1 \leqq x \leqq x_2$일 때 $g(x) = q_1(x), \cdots$이 됨을 주목하자.

이와 같이 **스플라인 보간**(spline interpolation)은 *구분 다항식 보간*(piecewise polynomial interpolation)에 해당한다.

가장 단순한 q_j는 선형 다항식이다. 하지만 연속인 구분선형 다항식의 곡선은 꺾인 모서리를 포함하게 되어 실용성이 거의 없다—배나 자동차의 몸체를 디자인하는 경우를 생각해 보라.

여기서는 실용적으로 유용한 3차 스플라인을 고찰한다. 정의에 의하면, 주어진 데이터 $(x_0, f_0), \cdots, (x_n, f_n)$를 보간하는 **3차 스플라인**(cubic spline) $g(x)$는 구간 $a = x_0 \leqq x \leqq x_n = b$에서 보간조건 (2)를 만족하며 1차 2차 미분 가능한 연속함수이다. 따라서 인접한 마디 사이에 $g(x)$는 3차 또는 그 이하의 다항식 $q_j(x)$에 의해 주어진다.

이러한 3차 스플라인은 항상 존재하고, 만약 식 (2) 이외에 다음 조건을 만족하면

$$g'(x_0) = k_0, \qquad g'(x_n) = k_n \tag{3}$$

[$a \leqq x \leqq b$ 간격의 양 끝점에서 $g(x)$의 접선 방향을 나타낸다], 3차 스플라인은 유일하게 결정된다. 이것이 다음의 존재성과 유일성에 관한 정리의 내용이며, 그 증명은 실질적으로 스플라인을 결정하는 방법을 제안하고 있다[조건 (3)은 증명 다음에 논의된다].

정리 1

3차 스플라인의 존재성과 유일성

임의로 배열된 주어진 x_j[식 (1) 참조)]의 $(x_0, f_0), (x_1, f_1), \cdots, (x_n, f_n)$과 $f_j = f(x_j)$, $j = 0, 1, \cdots, n$이 주어진다고 하자. 임의의 상수 k_0와 k_n이 주어지면, 식 (1)에 대응되고 식 (2)와 (3)을 만족하는 3차 스플라인 $g(x)$가 유일하게 존재한다.

증명 정의에 의하여 $x_j \leqq x \leqq x_{j+1}$로 주어지는 모든 소구간 I_j에서 스플라인 $g(x)$는 3차를 넘지 않는 다항식 $q_j(x)$와 일치해야 한다.

$$q_j(x_j) = f(x_j), \qquad q_j(x_{j+1}) = f(x_{j+1}) \qquad (j = 0, 1, \cdots, n-1) \tag{4}$$

도함수는

$$q_j'(x_j) = k_j, \qquad q_j'(x_{j+1}) = k_{j+1} \qquad (j = 0, 1, \cdots, n-1) \tag{5}$$

과 같이 표현되며, 여기서 k_0와 k_n은 주어지며 $k_1, \cdots, k_{n-1}$은 후에 결정된다. 식 (4)와 (5)는 각 $q_j(x)$가 만족해야 할 4개의 조건이다. 직접 계산과

$$c_j = \frac{1}{h_j} = \frac{1}{x_{j+1} - x_j} \qquad (j = 0, 1, \cdots, n-1) \tag{6*}$$

의 표기를 이용하면, 식 (4)와 (5)를 만족하는 유일한 3차 다항식 $q_j(x)$ $(j = 0, 1, \cdots, n-1)$는

$$\begin{aligned} q_j(x) &= f(x_j)c_j^2(x - x_{j+1})^2[1 + 2c_j(x - x_j)] \\ &\quad + f(x_{j+1})c_j^2(x - x_j)^2[1 - 2c_j(x - x_{j+1})] \\ &\quad + k_jc_j^2(x - x_j)(x - x_{j+1})^2 \\ &\quad + k_{j+1}c_j^2(x - x_j)^2(x - x_{j+1}) \end{aligned} \tag{6}$$

임을 확인할 수 있다. 양변을 두 번 미분하면

$$q_j''(x_j) = -6c_j^2f(x_j) + 6c_j^2f(x_{j+1}) - 4c_jk_j - 2c_jk_{j+1} \tag{7}$$

$$q_j''(x_{j+1}) = 6c_j^2 f(x_j) - 6c_j^2 f(x_{j+1}) + 2c_j k_j + 4c_j k_{j+1} \tag{8}$$

을 얻는다. 정의에 의해 $g(x)$는 연속인 2계 도함수를 가지므로 이는 조건

$$q_{j-1}''(x_j) = q_j''(x_j) \qquad (j = 1, \cdots, n-1)$$

을 준다. j를 $j-1$로 대체한 식 (8)과 식 (7)을 사용하면 이 $n-1$개의 방정식은

$$c_{j-1}k_{j-1} + 2(c_{j-1} + c_j)k_j + c_j k_{j+1} = 3[c_{j-1}^2 \nabla f_j + c_j^2 \nabla f_{j+1}] \tag{9}$$

이 된다. 여기서 $\nabla f_j = f(x_j) - f(x_j - 1)$, $\nabla f_{j+1} = f(x_{j+1}) - f(x_j)$이고 전과 같이 $j = 1, \cdots, n-1$이다. 이 $n-1$개 식의 선형연립방정식은 계수행렬이 엄밀한 대각 지배(strictly diagonally dominant)형[즉, 각 행에서 (양의) 대각선 원소의 크기는 나머지 (양의) 원소의 합보다 큼]이므로 유일해 $k_1, \cdots, k_{n-1}$을 갖는다. 따라서 20.7절의 정리 3에 의해서 계수행렬의 행렬식은 영이 될 수 없고, 마디점에서 $g(x)$의 1계 도함수의 유일한 값 $k_1, \cdots, k_{n-1}$을 결정할 수 있다. 이것으로 정리가 증명된다. ■

식 (9)를 풀 때 **요구되는 기억용량과 계산시간**(storge and time demands)은 별로 크지 않다. 왜냐하면, 식 (9)에 의한 행렬은 **희박**행렬(sparse matrix; 0 아닌 원소가 적음)임과 동시에 **삼중대각**행렬(tridiagonal matrix; 대각선과 그 위와 아래에 인접한 "평행선"상의 원소만 0이 아님)이기 때문이다. 이러한 대각지배성(dominance) 때문에 추축 연산(pivoting, 7.3절)은 필요하지 않다. 이러한 특성으로 스플라인은 수천 개의 마디를 갖는 대규모 문제에 대해서도 매우 효과적이다. 관련된 문헌이나 중요한 설명은 *American Mathematical Monthly* **105** (1998), 929-941을 참조하라.

조건 (3)은 **접합조건**(clamped condition)

$$g'(x_0) = f'(x_0), \qquad g'(x_n) = f'(x_n) \tag{10}$$

을 포함하며, 이는 양 끝에서의 접선방향 $f'(x_0)$와 $f'(x_n)$이 주어진 것이다. 실질적으로 유용한 다른 조건으로는 **자유** 또는 **자연조건**(free or natural condition)

$$g''(x_0) = 0, \qquad g''(x_n) = 0 \tag{11}$$

[기하학적으로는 제도에 사용되는 스플라인(운형자)에서와 같이 끝점의 곡률이 0이다]이 있으며, 이는 결국 **자연 스플라인**(natural spline)을 만든다. 이러한 명칭은 연습문제 12.3의 그림 293에서 기인한다.

스플라인의 결정. 주어진 k_0와 k_n에 대하여 선형연립방정식 (9)를 풀어서 $k_1, \cdots, k_{n-1}$을 구하라. 결정하려고 하는 스플라인 $g(x)$는 n개의 3차 다항식 $q_0, \cdots, q_{n-1}$로 구성되어 있음을 명심하라. 그 다항식은 다음과 같은 형식이다.

$$q_j(x) = a_{j0} + a_{j1}(x - x_j) + a_{j2}(x - x_j)^2 + a_{j3}(x - x_j)^3 \tag{12}$$

여기서 $j = 1, \cdots, n-1$. Taylor 공식을 이용하면

$$
\begin{aligned}
&a_{j0} = q_j(x_j) = f_j && \text{식 (2)에서,}\\
&a_{j1} = q_j'(x_j) = k_j && \text{식 (5)에서,}\\
&a_{j2} = \frac{1}{2}\, q_j''(x_j) = \frac{3}{h_j^2}\,(f_{j+1} - f_j) - \frac{1}{h_j}\,(k_{j+1} + 2k_j) && \text{식 (7)에서,}\\
&a_{j3} = \frac{1}{6}\, q_j'''(x_j) = \frac{2}{h_j^3}\,(f_j - f_{j+1}) + \frac{1}{h_j^2}\,(k_{j+1} + k_j)
\end{aligned}
\tag{13}
$$

를 얻는다. a_{j3}는 식 (12)에서 $q_j''(x_{j+1})$을 계산하고 그 결과를 식 (8)에 대입하여, 즉

$$q_j''(x_{j+1}) = 2a_{j2} + 6a_{j3}h_j = \frac{6}{h_j^2}\,(f_j - f_{j+1}) + \frac{2}{h_j}\,(k_j + 2k_{j+1})$$

에서 식 (13)에 나타난 것과 같이 $2a_{j2}$를 빼고 간단히 정리하면 된다.

$h_j = h$인 ***등간격 마디점***(equidistant nodes)이면 식 (6*)에 $c_j = c = 1/h$라 쓸 수 있으며 식 (9)로부터 다음과 같이 단순화된다.

$$k_{j-1} + 4k_j + k_{j+1} = \frac{3}{h}\,(f_{j+1} - f_{j-1}) \qquad (j = 1, \cdots, n-1) \tag{14}$$

예제 1 **스플라인 보간. 등간격 마디점**

$f(x) = x^4$을 구간 $-1 \leqq x \leqq 1$에서 $x_0 = -1,\ x_1 = 0,\ x_2 = 1$에 대응하고 접합조건 $g'(-1) = f'(-1),\ g'(1) = f'(1)$을 만족하는 3차 스플라인 $g(x)$로 보간하라.

풀이. 먼저 주어진 데이터를 표준 표기를 사용하면 $f_0 = f(-1) = 1,\ f_1 = f(0) = 0,\ f_2 = f(1) = 1$로 나타낸다. 주어진 구간은 간격 $h = 1$을 갖는 $n = 2$로 분할되어 있다. 따라서 스플라인 g는 $n = 2$인 다항식이 된다.

$$
\begin{aligned}
q_0(x) &= a_{00} + a_{01}(x+1) + a_{02}(x+1)^2 + a_{03}(x+1)^3 && (-1 \leqq x \leqq 0),\\
q_1(x) &= a_{10} + a_{11}x + a_{12}x^2 + a_{13}x^3 && (0 \leqq x \leqq 1)
\end{aligned}
$$

이제 식 (14)(등간격)로부터 k_j을 결정하고, 식 (13)으로부터 스플라인의 계수를 결정한다. 그런데 $n = 2$이므로 식 (14)는 단일 방정식이다($j = 1$이고 $h = 1$).

$$k_0 + 4k_1 + k_2 = 3(f_2 - f_0)$$

여기서 $f_0 = f_2 = 1$(양 끝에서 x^4의 값)이고 양 끝 1과 -1에서 도함수 $4x^3$의 값은 $k_0 = -4$와 $k_2 = 4$이므로

$$-4 + 4k_1 + 4 = 3(1 - 1) = 0, \qquad k_1 = 0$$

이다. 식 (13)으로부터 q_0의 계수를 알 수 있다. 즉, $a_{00} = f_0 = 1,\ a_{01} = k_0 = -4$이다. 그리고

$$a_{02} = \frac{3}{1^2}(f_1 - f_0) - \frac{1}{1}(k_1 + 2k_0) = 3(0 - 1) - (0 - 8) = 5$$

$$a_{03} = \frac{2}{1^3}(f_0 - f_1) + \frac{1}{1^2}(k_1 + k_0) = 2(1 - 0) + (0 - 4) = -2$$

이다. 마찬가지로 식 (13)으로부터 q_1의 계수를 알 수 있다. 즉, $a_{10} = f_1 = 0,\ a_{11} = k_1 = 0$이다. 그리고

$$a_{12} = 3(f_2 - f_1) - (k_2 + 2k_1) = 3(1 - 0) - (4 + 0) = -1$$

$$a_{13} = 2(f_1 - f_2) + (k_2 + k_1) = 2(0 - 1) + (4 + 0) = 2$$

이다. 이로부터 스플라인 $g(x)$를 구성하는 방정식은

$$g(x) = \begin{cases} q_0(x) = 1 - 4(x+1) + 5(x+1)^2 - 2(x+1)^3 = -x^2 - 2x^3 & (-1 \leqq x \leqq 0) \\ q_1(x) = -x^2 + 2x^3 & (0 \leqq x \leqq 1) \end{cases}$$

으로 얻어진다(그림 436). 대칭성을 이용하면 계산량을 반으로 줄일 수 있음을 알겠는가? ■

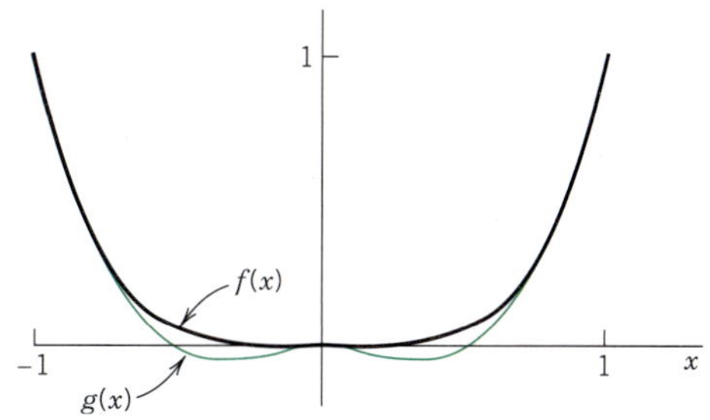

그림 436. 예제 1의 함수 $f(x) = x^4$과 3차 스플라인 $g(x)$

예제 2 자연 스플라인. 임의 간격의 마디점

그림 437에서 보는 예루살렘에 있는 원형인 Book 성당 단면의 곡선에 대하여 스플라인 근사와 다항식 근사를 구하라.

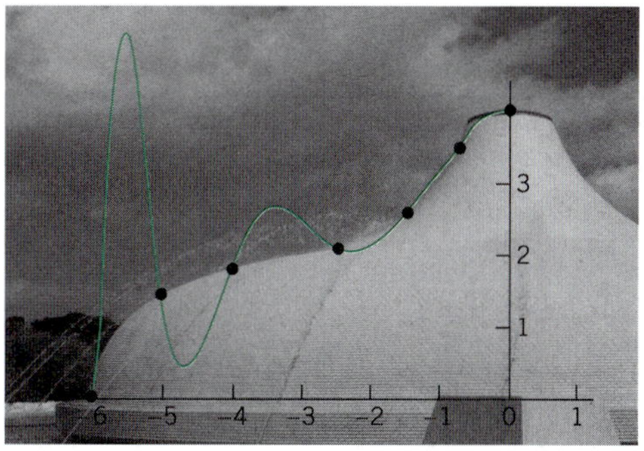

그림 437. 예루살렘에 있는 Book 성당(건축가, F. KissLer와 A. M. Bartus)

풀이. 윤곽을 따라(x축이 아닌) 거의 등간격으로 분배된 13개의 점들이 다음 데이터로 주어진다.

x_j	−5.8	−5.0	−4.0	−2.5	−1.5	−0.8	0	0.8	1.5	2.5	4.0	5.0	5.8
f_j	0	1.5	1.8	2.2	2.7	3.5	3.9	3.5	2.7	2.2	1.8	1.5	0

그림에서 12차 보간다항식을 볼 수 있는데 진동 때문에 쓸모가 없다(소프트웨어는 반올림으로 인해 x의 홀수차 항들을 포함하는 작은 오차항들도 함께 줄 것이다). 그 다항식은

$$P_{12}(x) = 3.9000 - 0.65083x^2 + 0.033858x^4 + 0.011041x^6 - 0.0014010x^8 + 0.000055595x^{10} - 0.00000071867x^{12}$$

이다. 스플라인은 마디점 −0.8과 0.8 근처에서 작은 오차를 가지며 거의 지붕의 윤곽과 같다. 그 스플라인은 대칭성을 가지고 있는데 양의 x 값과 관련된 여섯 개의 다항식은 식 (12)와 같이 나타나며, 아래와 같은 계수를 갖는다(식 (12)는 x가 아니라 $x - x_j$의 거듭제곱이다!).

j	x구간	a_{j0}	a_{j1}	a_{j2}	a_{j3}
0	0.0...0.8	3.9	0.00	−0.61	−0.015
1	0.8...1.5	3.5	−1.01	−0.65	0.66
2	1.5...2.5	2.7	−0.95	0.73	−0.27
3	2.5...4.0	2.2	−0.32	−0.091	0.084
4	4.0...5.0	1.8	−0.027	0.29	−0.56
5	5.0...5.8	1.5	−1.13	−1.39	0.58

연습문제 19.4

1. 서술형 과제. **스플라인**. 스플라인 보간법의 개념과 동기, 다항식 보간법과의 비교, 응용에 대하여 간단한 리포트를 작성하라. 각자 자신이 작성하되, 가급적 수식은 적게 사용하라.

2-4 검증. 미분. 비교

2. **개별적인 다항식 q_j**. 식 (6)의 $q_j(x)$가 도함수 조건식 (5)뿐 아니라 보간조건식 (4)를 만족함을 보여라.

3. **도함수를 이용한 연립방정식**. 교재에서 지적한대로 $k_1, \cdots, k_{n-1}$를 갖는 기본 선형연립방정식 (9)를 유도하라.

4. **자연 스플라인 조건**. 주어진 계수를 사용하여, 예제 2의 스플라인이 끝점에서 $g''(x) = 0$을 만족함을 증명하라.

5-6 스플라인의 결정

주어진 데이터와 k_0, k_n을 이용하여 3차 스플라인 $g(x)$를 구하라.

5. $f(-2) = f(-1) = f(1) = f(2) = 0, f(0) = 1, k_0 = k_4 = 0$

6. 그림 438의 구분 선형 함수부터 시작해서, $g'(-2) = f'(-2) = 0$, $g'(2) = f'(2) = 0$을 만족하는 스플라인으로 문제 5의 $g(x)$을 구하라. 이때 4차 보간다항식을 구하고 그림이나 그래프로 그려, 스플라인과 비교하고 설명하라.

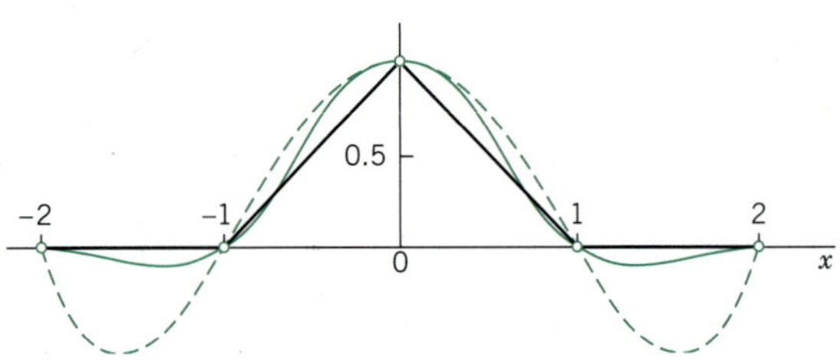

그림 438. 문제 5와 6의 스플라인과 보간다항식

7. 3차 스플라인이 연속적으로 세 번 미분 가능하다면(즉, 연속인 1계, 2계, 3계 도함수가 존재한다면), 그것이 단일 다항식이어야 함을 보여라.

8. **CAS 실습**. **스플라인 대 다항식**. 만약 CAS가 자연 스플라인을 제공한다면, x가 $-m$부터 m까지의 구간에서 정수일 때 $y(0) = 1$, 다른 y는 모두 0인 경우 자연 스플라인을 찾아라. 보간다항식 p_{2m}과 함께 스플라인을 그려라. $m = 2$부터 10(또는 그 이상)까지 반복하라. m을 증가시키면 어떤 일이 일어나는가?

9. **자연조건**. 식 (11) 뒤에 언급된 말을 설명하라.

10. 조별 과제. **Hermite 보간과 Bezier 곡선**. **Hermite 보간**(Hermite interpolation)에서는 $p(x)$와 그 도함수가 $p'(x)$가 $n + 1$개의 마디점에서 주어진 값들을 갖도록 다항식 $p(x)$ ($2n + 1$차 이하)를 구한다[보다 일반적으로 $p(x), p'(x), p''(x), \cdots$이 마디점에서 주어진 값들을 갖도록 요구할 수 있다.]

(a) 끝점과 접선이 주어진 곡선. C를 xy-평면에서 매개변수로 표현된 곡선(9.5절 참조) $r(t) = [x(t), y(t)]$, $0 \leqq t \leqq 1$이라 하자. 만약 다음과 같은 초기점과 끝점 그리고 초기 접선과 끝접선이 주어지면

$$A: \quad \mathbf{r}_0 = [x(0), y(0)] = [x_0, y_0],$$

$$B: \quad \mathbf{r}_1 = [x(1), y(1)] = [x_1, y_1]$$

$$\mathbf{v}_0 = [x'(0), y'(0)] = [x_0', y_0'],$$

$$\mathbf{v}_1 = [x'(1), y'(1)] = [x_1', y_1']$$

다음과 같이 곡선 C를 찾을 수 있다.

$$\mathbf{r}(t) = \mathbf{r}_0 + \mathbf{v}_0 t$$
$$(15) \qquad + (3(\mathbf{r}_1 - \mathbf{r}_0) - (2\mathbf{v}_0 + \mathbf{v}_1))t^2$$
$$+ (2(\mathbf{r}_0 - \mathbf{r}_1) + \mathbf{v}_0 + \mathbf{v}_1)t^3;$$

또는 성분으로

$$x(t) = x_0 + x_0't + (3(x_1 - x_0) - (2x_0' + x_1'))t^2 + (2(x_0 - x_1) + x_0' + x_1')t^3$$

$$y(t) = y_0 + y_0't + (3(y_1 - y_0) - (2y_0' + y_1'))t^2 + (2(y_0 - y_1) + y_0' + y_1')t^3$$

이것을 증명하라. 이것이 3차 Hermite 보간다항식이고 두 개의 마디(C의 양 끝점)를 가지므로 $n = 1$이다(5.8절의 Hermite 다항식과는 무관하다). 두 점

$$G_A\colon \mathbf{g}_0 = \mathbf{r}_0 + \mathbf{v}_0 = [x_0 + x_0', y_0 + y_0']$$

와

$$G_B\colon \mathbf{g}_1 = \mathbf{r}_1 - \mathbf{v}_1 = [x_1 - x_1', y_1 - y_1']$$

을 **지침점**(guidepoint)이라 하는데, 이는 선분 AG_A와 BG_B가 기울기를 나타내기 때문이다. A, B, G_A는 G_B는 C를 결정하며, 점의 이동에 의해 C도 빠르게 변화한다. 이처럼 Hermite 보간다항식으로 구성된 곡선을, 1960년대 초에 자동차 차체 설계에 이용한 Renault 자동차 회사의 프랑스 기술자 P.Bezier의 이름을 따라 **Bezier 곡선**(Bezier curve)이라 부른다. Bezier 곡선(또는 곡면)은 CAD (computer-aided design)와 CAM (computer-aided manufacturing)에 이용되고 있다(자세한 내용은 부록 1의 참고문헌 [E21] 참조).

(b) A: [0, 0], B: [1, 0], $\mathrm{v}_0 = [\frac{1}{2}, \frac{1}{2}]$, $\mathrm{v}_1 = [-\frac{1}{2}, -\frac{1}{4}\sqrt{3}]$일 때, Bezier 곡선과 지침점을 구하고 도시하라.

(c) 지침점이 변하면 C도 변한다. 지침점을 멀리 이동하면 곡선 C는 "오랫동안 접선부근에 머문다." 이러한 사실을 (b)의 v_0와 v_1을 $2\mathrm{v}_0$와 $2\mathrm{v}_1$으로 변경하여 확인하라(그림 439 참조).

(d) 각자 실험하라. (b)의 v_1을 $-\mathrm{v}_1$로 바꾸면 어떤 현상이 나타나는가? 접선을 회전시키면? v_0와 v_1에 1보다 작은 양수를 곱하면?

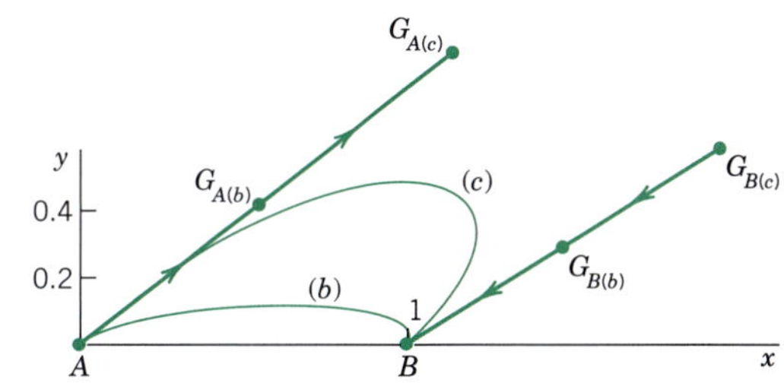

그림 439. 조별 과제 10(b)와 (c): Bezier 곡선

19.5 수치적분과 수치미분

응용분야에서, 공학자들은 매우 어렵거나 심지어 풀기가 불가능한 적분을 종종 만난다. 예를 들어, 오차함수, 프레넬(Fresnel) 적분(이 절의 연습문제 9-10, 11-12와 온라인 문제 8-13 참조) 등은 미적분학에서 배우는 보통의 방법들로는 풀 수가 없다(이러한 "어려운" 적분에 대한 응용. 부록 3, (24)-(44) 참고). 그렇다면 우리는 그런 적분을 계산하기 위해서 수치해석을 이용한 방법이 필요하다. 또한 계산해야 할 피적분함수가 몇몇 기록된 값만 주어지는 실험함수일 때 수치해석이 필요하다. 이러한 종류의 문제를 다루는 방법을 수치적분법이라고 부른다.

수치적분(numerical integration)은 적분

$$J = \int_a^b f(x)\,dx$$

의 수치적 계산을 의미한다. 여기서 a와 b는 주어지고 f는 식에 의하여 해석적으로 주어지거나 또는 수치표에 의하여 실험적으로 주어지는 함수이다. 그림 440에 보듯이 기하학적으로는 J는 a와 b 사이의 곡선 f의 아랫부분의 넓이이다.

도함수가 f인 미분 가능한 함수 F를 구할 수 있다면 J는 친근한 공식

$$J = \int_a^b f(x)\,dx = F(b) - F(a) \qquad [F'(x) = f(x)]$$

로 직접 계산할 수 있다. 적분표나 CAS (Mathematica, Maple 등)는 이러한 목적에 매우 유용하다.

직사각형 규칙, 사다리꼴 규칙

수치적분법은 피적분함수 f를 쉽게 적분할 수 있는 함수로 근사화하여 얻을 수 있다.

가장 간단한 방법인 **직사각형 규칙**(rectangular rule)은 적분구간 $a \leqq x \leqq b$를 등간격 $h = (b - a)/n$을 갖는 n개의 소구간으로 나누고, 각 소구간에서 f를 상수 $f(x_j^*)$로 근사한다. 여기서 $f(x_j^*)$는 j번째 구간의 중심 x_j^*에서의 함수값이다(그림 441). 따라서 f는 **계단함수** [step function; 구분적 상수함수(piecewise constant function)]로 근사되고, 그림 441의 n개의 직사각형은 그 넓이가 $f(x_1^*)h, \cdots, f(x_n^*)h$이고, **직사각형 규칙**은

$$J = \int_a^b f(x)\,dx \approx h[f(x_1^*) + f(x_2^*) + \cdots + f(x_n^*)] \qquad \left(h = \frac{b-a}{n}\right) \tag{1}$$

이다.

사다리꼴 규칙(trapezoidal rule)은 일반적으로 더 정확하다. 앞에서와 같이 소구간을 나누고, f를 곡선 위의 점 $[a, f(\mathrm{a})]$, $[x, f(x_1)]$, $\cdots$, $[b, f(b)]$들을 잇는 잘라진 선분(chords)으로 근사하여 사다리꼴 규칙을 얻는다(그림 442). 그러면 a와 b 사이에서 곡선 f의 아래 면적은 n개의 사다리꼴 면적

$$\tfrac{1}{2}[f(a) + f(x_1)]h, \quad \tfrac{1}{2}[f(x_1) + f(x_2)]h, \quad \cdots, \quad \tfrac{1}{2}[f(x_{n-1}) + f(b)]h$$

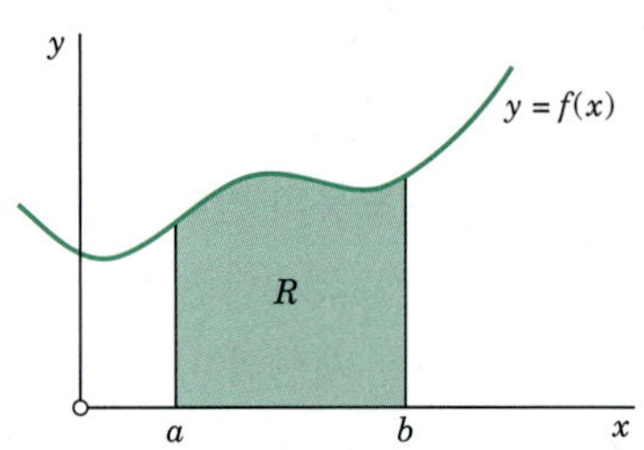

그림 440. 정적분의 기하학적 해석

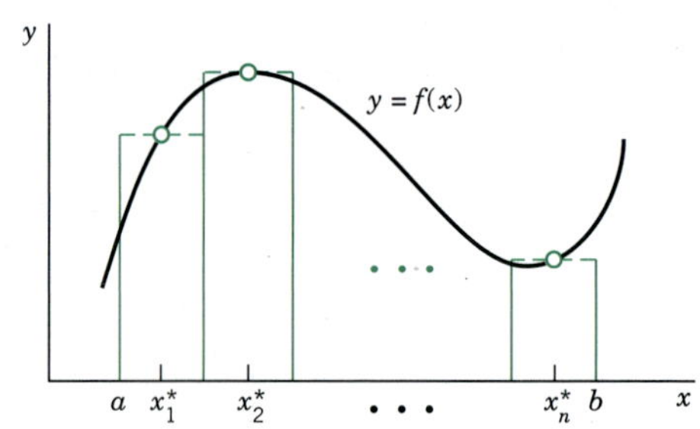

그림 441. 직사각형 규칙

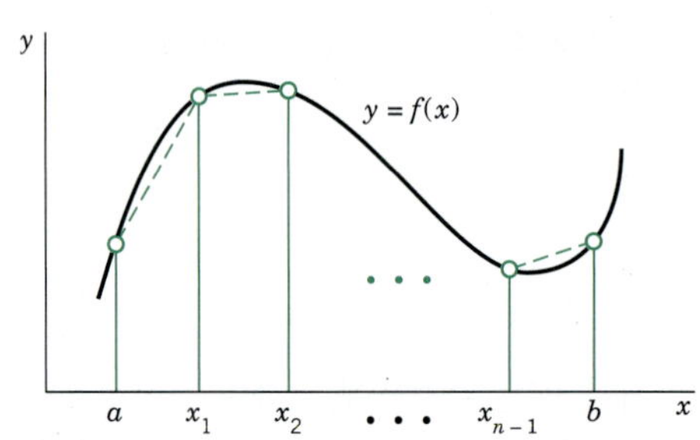

그림 442. 사다리꼴 규칙

로 근사할 수 있다. 이를 모두 합하면 **사다리꼴 규칙**(trapezoidal rule)

$$\textbf{(2)} \qquad J = \int_a^b f(x)\,dx \approx h\left[\frac{1}{2}f(a) + f(x_1) + f(x_2) + \cdots + f(x_{n-1}) + \frac{1}{2}f(b)\right]$$

이다. 여기서 $h = (b - a)/n$으로 식 (1)에서와 같다. x_j, a, b를 **마디점**(node)라 한다.

예제 1 **사다리꼴 규칙**

식 (2)를 이용하여 $n = 10$일 때 $J = \int_0^1 e^{-x^2}\,dx$를 계산하라.

이 적분은 초등 미적분에서는 계산할 수 없으나 오차함수(부록 3, 식 (35))로 나타낼 수 있다.

풀이. 표 19.3에서 $J \approx 0.1\,(0.5 \cdot 1.367879 + 6.778167) = 0.746211$을 얻는다. ■

표 19.3 예제 1의 계산

j	x_j	x_j^2	$e^{-x_j^2}$	
0	0	0	1.000000	
1	0.1	0.01		0.990050
2	0.2	0.04		0.960789
3	0.3	0.09		0.913931
4	0.4	0.16		0.852144
5	0.5	0.25		0.778801
6	0.6	0.36		0.697676
7	0.7	0.49		0.612626
8	0.8	0.64		0.527292
9	0.9	0.81		0.444858
10	1.0	1.00	0.367879	
합			1.367879	6.778167

사다리꼴 규칙에 대한 오차한계와 추정

19.3절의 식 (5)에 $n = 1$을 사용하여 사다리꼴 규칙의 오차추정을 다음과 같이 유도할 수 있다. 첫 번째 소구간에서 x_0와 x_1 사이에 x에 의존하는 적당한 t에 대해

$$f(x) - p_1(x) = (x - x_0)(x - x_1)\,\frac{f''(t)}{2}$$

이다. 이를 $a = x_0$에서 $x_1 = x_0 + h$까지 적분하면

$$\int_{x_0}^{x_0+h} f(x)\,dx - \frac{h}{2}\,[f(x_0) + f(x_1)] = \int_{x_0}^{x_0+h} (x - x_0)(x - x_0 - h)\,\frac{f''(t(x))}{2}\,dx$$

이다. $x - x_0 = v$라 놓고 적분의 평균값 정리를 이용하면 $(x - x_0)(x - x_0 - h)$의 부호가 변하지 않으므로 우변은

$$(3^*) \qquad \int_0^h v(v-h)\,dv \,\frac{f''(\tilde{t})}{2} = \left(\frac{h^3}{3} - \frac{h^3}{2}\right)\frac{f''(\tilde{t})}{2} = -\frac{h^3}{12} f''(\tilde{t})$$

가 된다. 여기서 $\tilde{t}$는 x_0와 x_1 사이에 있는 (적절한, 미지의) 값이다. 이것은 $n = 1$일 때의 사다리꼴 규칙의 오차를 나타내는데 이를 때로는 **국부오차**(local error)라고 부른다.

따라서, 임의의 n을 갖는 식 (2)의 **오차**(error) ϵ은 n개의 소구간에서의 오차의 합이 되고, $h = (b-a)/n$, $nh^3 = n(b-a)^3/n^3$, $(b-a)^2 = n^2/h^2$이므로 a와 b 사이의 (적절한, 미지의) $\hat{t}$에 대해

$$(3) \qquad \epsilon = -\frac{(b-a)^3}{12n^2} f''(\hat{t}) = -\frac{b-a}{12} h^2 f''(\hat{t})$$

이다.

식 (3)을 이용하여 사다리꼴 규칙 (2)는

$$(2^*) \quad J = \int_a^b f(x)\,dx \approx h\left[\frac{1}{2}f(a) + f(x_1) + \cdots + f(x_{n-1}) + \frac{1}{2}f(b)\right] - \frac{b-a}{12} h^2 f''(\hat{t})$$

으로 쓸 수도 있다. **오차한계**(error bound)는 적분구간에서 f''의 최댓값 M_2와 최솟값 M_2^*를 택하여 얻을 수 있다. 식 (3)은(K는 음수)

$$(4) \qquad KM_2 \leqq \epsilon \leqq KM_2^* \qquad \text{여기서} \qquad K = -\frac{(b-a)^3}{12n^2} = -\frac{b-a}{12} h^2$$

이다. ***h*의 이등분에 의한 오차추정**은 f''이 매우 복잡하거나 알 수 없는 경우(실험데이터와 같은 경우)에 사용한다. 이때는 19.1절의 오차원칙을 적용할 수 있다. 즉, h와 식 (2)를 사용하여 $J = J_h + \epsilon_h$를 구한 후에 $\frac{1}{2}h$를 사용하여 $J = J_{h/2} + \epsilon_{h/2}$를 구한다. 식 (3)에서 h^2을 $(\frac{1}{2}h)^2$으로 대체하면 오차가 $\frac{1}{4}$로 감소하므로 $\epsilon_{h/2} = \frac{1}{4}\epsilon h$이다. ($\hat{t}$가 다를 수 있으므로 정확하지는 않다). 이를 정리하면 $J_{h/2} + J_h + \epsilon_{h/2} = J_h + \epsilon_h \approx J_h + 4\epsilon_{h/2}$ 또는 $J_{h/2} - J_h = (4-1)\epsilon_{h/2}$가 되므로 3으로 나누면 $J_{h/2}$에 대한 오차공식

$$(5) \qquad \epsilon_{h/2} \approx \tfrac{1}{3}(J_{h/2} - J_h)$$

를 얻는다.

예제 2 식 (4)와 (5)에 의한 사다리꼴 규칙의 오차추정

예제 1의 근사값에 대해 식 (4)와 (5)를 이용하여 오차를 추정하라.

풀이. **(A) 식 (4)에 의한 오차한계**. 미분하면 $f''(x) = 2(2x^2 - 1)e^{-x^2}$이고, $0 < x < 1$에서 $f'''(x) > 0$이므로 구간의 양 끝에서 최솟값과 최댓값이 나타난다. 이를 계산하면 $M_2 = f''(1) = 0.735759$이다. $M_2^* = f''(0) = -2$이고, $K = -1/1200$이므로 식 (4)에서

$$-0.000614 \leqq \epsilon \leqq 0.001667$$

이다. 그러므로 J의 참값은

$$0.746211 - 0.000614 = 0.745597\text{과 } 0.746211 + 0.001667 = 0.747878$$

사이에 존재한다. 실제로 $J = 0.746824$이고 6D가지 정확하다.

(B) *식 (5)에 의한 오차추정*. 예제 1에서 $J_h = 0.746211$이다. 또한

$$J_{h/2} = 0.05\left[\sum_{j=1}^{19} e^{-(j/20)^2} + \frac{1}{2}(1 + 0.367879)\right] = 0.746671$$

이므로 $e_{h/2} = \frac{1}{3}(J_{h/2} - J_h) = 0.000153$이고, $J_{h/2} + \epsilon_{h/2} = 0.746824$로 6D까지 정확하다. ■

Simpson 규칙

피적분 함수 f를 구분적 상수(piecewise constant)로 근사하면 직사각형 규칙 (1)이 되고, 구분적 1차함수(piecewise linear)로 근사하면 사다리꼴 규칙 (2)가 되었다. 이를 구분적 2차 함수(piecewise quadratic)로 근사하는 경우에는 Simpson 규칙이 되며, 대부분의 문제에 대해 높은 정확도를 보이고 매우 간단하여 실제적으로 매우 중요하다.

공식을 유도하기 위하여 적분구간 $a \leqq x \leqq b$를 **짝수**의 같은 크기를 갖는 소구간, 즉 등간격 $h = (b - a)/(2m)$이고 끝점이 $x_0(= a), x_1, \cdots, x_{2m-1}, x_{2m}(= b)$인 $n = 2m$개의 소구간으로 나눈다(그림 443 참조). 처음 두 개의 소구간 $x_0 \leqq x \leqq x_2 = x_0 + 2h$에서 $f(x)$를 (x_0, f_0), (x_1, f_1), (x_2, f_2)를 지나는 Lagrange 다항식 $p_2(x)$로 근사한다. 여기서, $f_j = f(x_j)$이다. 19.3절의 식 (3)에서

$$\text{(6)}\quad p_2(x) = \frac{(x - x_1)(x - x_2)}{(x_0 - x_1)(x_0 - x_2)} f_0 + \frac{(x - x_0)(x - x_2)}{(x_1 - x_0)(x_1 - x_2)} f_1 + \frac{(x - x_0)(x - x_1)}{(x_2 - x_0)(x_2 - x_1)} f_2$$

인데, 분모는 각각 $2h^2$, $-h^2$, $2h^2$이다. $s = (x - x_1)/h$라 놓으면

$$x - x_1 = sh, \qquad x - x_0 = x - (x_1 - h) = (s + 1)h$$
$$x - x_2 = x - (x_1 + h) = (s - 1)h$$

이므로

$$p_2(x) = \tfrac{1}{2}s(s - 1)f_0 - (s + 1)(s - 1)f_1 + \tfrac{1}{2}(s + 1)sf_2$$

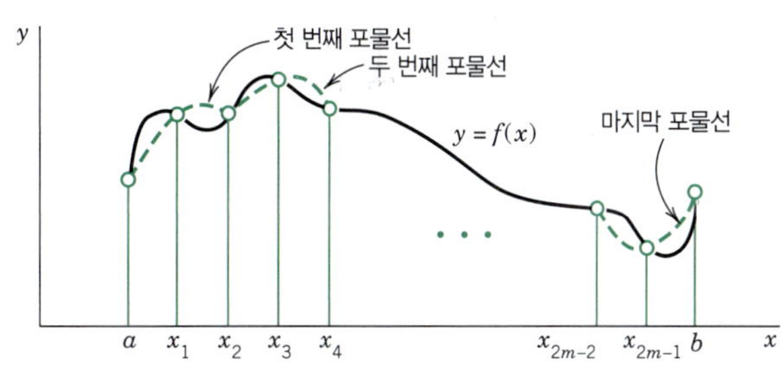

그림 443. Simpson 규칙

이다. x에 대해 x_0에서 x_2까지 적분하는 것은 s에 대해 -1에서 1까지 적분한 것에 해당하고, $dx = h\,ds$이므로 적분결과는

$$\int_{x_0}^{x_2} f(x)\,dx \approx \int_{x_0}^{x_2} p_2(x)\,dx = h\left(\frac{1}{3}f_0 + \frac{4}{3}f_1 + \frac{1}{3}f_2\right) \tag{7*}$$

이다. 유사한 식이 x_2에서 x_4까지의 다음 두 구간과 그 이후의 구간에서 마찬가지로 성립한다. 이와 같이 구해지는 m개의 식을 합하여 **Simpson 규칙**[4]

$$\int_a^b f(x)\,dx \approx \frac{h}{3}\,(f_0 + 4f_1 + 2f_2 + 4f_3 + \cdots + 2f_{2m-2} + 4f_{2m-1} + f_{2m}) \tag{7}$$

을 얻는다. 여기서 $h = (b - a)/2m$이고 $f_j = f(x_j)$이다. 표 19.4는 Simpson 규칙의 알고리즘을 나타내었다.

표 19.4 Simpson의 적분규칙

Simpson 알고리즘$(a, b, m, f_0, f_1 \cdots, f_{2m})$

이 알고리즘은 적분 $J = \int_a^b f(x)\,dx$를 $h = (b - a)/2m$인 등간격 $x_0 = a, x_1 = x_0 + h, \cdots, x_{2m} = x_0 + 2mh = b$에서 주어진 값 $f_j = f(x_j)$를 이용하여 Simpson 규칙 (7)로 계산한다.

INPUT: $a, b, m, f_0, \cdots, f_{2m}$

OUTPUT: 근사값 $\tilde{J}$ of J

Compute $s_0 = f_0 + f_{2m}$

$s_1 = f_1 + f_3 + \cdots + f_{2m-1}$

$s_2 = f_2 + f_4 + \cdots + f_{2m-2}$

$h = (b - a)/2m$

$\sim J = \frac{h}{3}\,(s_0 + 4s_1 + 2s_2)$

OUTPUT $\tilde{J}$. Stop.

End SIMPSON

Simpson 규칙 (7)의 오차. 구간 $a \leqq x \leqq b$에서 4계 미분 $f^{(4)}$이 존재하고 연속이면, 식 (7)의 **오차**(error) ϵ_s는 a와 b 사이의(적절한, 미지의) $\hat{t}$에 의해

$$\epsilon_S = -\frac{(b-a)^5}{180\,(2m)^4}\,f^{(4)}(\hat{t}) = -\frac{b-a}{180}\,h^4 f^{(4)}(\hat{t}) \tag{8}$$

이다. 이는 식 (3)과 유사하게 구할 수 있다. 이를 이용하여 Simpson 규칙 (7)을

---

[4]THOMAS SIMPSON(1710-1761). 독학한 영국 수학자. 다수 유명한 교재의 저자. Simpson 규칙은 Torricelli, Gregory(1668), Newton(1676)에 의해 일찍이 사용되었다.

$$(7^{**})\qquad \int_a^b f(x)\,dx = \frac{h}{3}\,(f_0 + 4f_1 + \cdots + f_{2m}) - \frac{b-a}{180}\,h^4 f^{(4)}(\hat{t})$$

로 쓸 수 있다.

오차한계. 식 (8)의 $f^{(4)}$에 대해 적분구간 내에서의 최댓값을 M_4, 최솟값을 M_4^*라 하면 오차한계는 식 (8)로부터

$$\textbf{(9)}\qquad CM_4 \leqq \epsilon_S \leqq CM_4^* \qquad \text{여기서} \qquad C = -\frac{(b-a)^5}{180(2m)^4} = -\frac{b-a}{180}h^4$$

이다(C는 음수이다).

적분공식의 **정밀도**(degree of precision; DP)는 임의의 구간에 대해 정확한 적분값을 계산할 수 있는 다항식의 최대 차수를 말한다.

즉, 사다리꼴 규칙은

$$\text{DP} = 1$$

이다. 왜냐하면 f의 곡선을 직선(선형다항식)의 부분들로 근사화하기 때문이다.

Simpson 규칙은 DP = 2로 예상되지만(이유는?), 실제로는 3차 다항식의 경우 $f^{(4)}$가 0이기 때문에 식 (9)에 의해

$$\text{DP} = 3$$

이 된다. 이러한 이유로 Simpson 규칙이 실제 문제에서 충분한 정확도를 보이며 다양하게 이용되고 있다.

반올림에 의한 **수치적 안정성**은 Simpson 규칙의 또 하나의 중요한 성질이다. 식 (7)에서 $2m+1$개의 f_j 값에 대한 반올림오차 ϵ_j의 합은 $h = (b-a)/2m$이므로

$$\frac{h}{3}\,|\epsilon_0 + 4\epsilon_1 + \cdots + \epsilon_{2m}| \leqq \frac{b-a}{3.2m}\,6mu = (b-a)u$$

이다. 이때 u는 반올림단위(6D로 반올림하면 $u = \frac{1}{2}\cdot 10^{-6}$, 19.1절 참조)이다. 또한 $6 = 1 + 4 + 1$은 식 (7)의 한 쌍의 구간에 대한 계수의 합이다. 확인하려면 식 (7)에서 $m = 1$을 대입하라. $(b-a)u$는 m과 무관하고, 따라서 m이 증가하더라도, 즉 h가 감소하더라도 오차한계는 증가하지 않는다. 이는 안정성을 증명한다. ■

Newton-Cotes 공식. 사다리꼴과 Simpson 규칙은 *닫힌 Newton-Cotes 공식*(closed Newton-Cotes formula)의 특수한 경우이다. 여기서 닫힌 Newton-Cotes 공식이란 $f(x)$가 등간격 마디점에서 n차 다항식(사다리꼴에서는 $n = 1$, Simpson은 $n = 2$)으로 보간되는 적분공식이다. 여기서 **닫힘**(closed)은 a와 b가 마디점($a = x_0$, $b = x_n$)임을 의미한다. $n = 3$과 그 이상의 n이 가끔 사용된다. $n = 8$ 이상에서는 일부 계수가 음이 되어 양의 f_j가 적분에 음의 영향을 미치는 불합리성을 나타낸다. 이에 대한 자세한 내용은 부록 1의 참고문헌 [E25]를 참조하라.

예제 3 Simpson 규칙. 오차추정

$J = \int_0^1 e^{-x^2} dx$를 $2m = 10$인 Simpson 규칙으로 구하고 오차를 추정하라.

풀이. $h = 0.1$이므로 표 19.5에서

$$J \approx \frac{0.1}{3}(1.367879 + 4 \cdot 3.740266 + 2 \cdot 3.037901) = 0.746825$$

임을 알 수 있다.

오차추정. 미분에 의해 $f^{(4)}(x) = 4(x^4 - 12x^2 + 3)e^{-x^2}$이고 $f^{(4)}$의 미분 $f^{(5)}$를 고려하면 적분구간에서 $f^{(4)}$의 최댓값은 $x = 0$에서, 최솟값은 $x^* = (2.5 - 0.5\sqrt{10})^{1/2}$에서 발생함을 알 수 있다. 이를 계산하면 $M_4 = f^{(4)}(0) = 12$이고 $M_4^* = f^{(4)}(x^*) = -7.419$이다. $2m = 10$이고 $b - a = 1$이므로 $C = -1/1800000 = -0.00000056$이다. 따라서, 식 (9)에서

$$-0.000007 \leqq \epsilon_S \leqq 0.000005$$

이 된다. 따라서 J는 $0.746825 - 0.000007 = 0.746818$과 $0.746825 + 0.000005 = 0.746830$ 사이에 위치해야 하고, 위에서 구한 근사값은 적어도 네 자리까지 정확하다. 실제로 $J = 0.746824$ (6D)이므로 0.746825는 5D까지 정확하다.

이 결과는 예제 1에서 사다리꼴 규칙으로 구한 값보다 훨씬 정확하며 연산 횟수는 양쪽이 거의 같다. ■

표 19.5 예제 3의 계산

j	x_j	x_j^2	$e^{-x_j^2}$		
0	0	0	1.000000		
1	0.1	0.01		0.990050	
2	0.2	0.04			0.960789
3	0.3	0.09		0.913931	
4	0.4	0.16			0.852144
5	0.5	0.25		0.778801	
6	0.6	0.36			0.697676
7	0.7	0.49		0.612626	
8	0.8	0.64			0.527292
9	0.9	0.81		0.444858	
10	1.0	1.00	0.367879		
합			1.367879	3.740266	3.037901

예제 3에서와 같이 $n = 2m$을 택하고 식 (9)로 오차를 추정하는 대신에 요구되는 정확도(예를 들면 6D)에 대해 식 (9)를 이용하여 $n = 2m$을 결정하는 것이 더 바람직하다.

예제 4 Simpson 규칙에서 요구되는 정확도를 갖기 위한 $n = 2m$ 결정

예제 3에서 6D-정확도를 갖기 위한 n은 얼마인가?

풀이. $M_4 = 12$(절댓값으로 M_4^*보다 더 크다)를 사용하고, $b - a = 1$과 요구되는 정확도를 식 (9)에 대입하여

$$|CM_4| = \frac{12}{180(2m)^4} = \frac{1}{2} \cdot 10^{-6}, \quad \text{이와 같이} \quad m = \left[\frac{2 \cdot 10^6 \cdot 12}{180 \cdot 2^4}\right]^{1/4} = 9.55$$

를 얻는다. 따라서 $n = 2m = 20$을 선택해야 한다. 계산을 수행하면 예제 3과 유사한 결과를 얻을 것이다.

때때로 식 (4) 또는 (9)로 계산되는 오차한계가 느슨해서(loose) 더 작은 $n = 2m$으로 충분할 수도 있음을 주목하라. ■

h의 이등분에 의한 Simpson 규칙의 오차추정. 식 (5)와 같은 방법으로

$$\epsilon_{h/2} \approx \tfrac{1}{15}(J_{h/2} - J_h) \tag{10}$$

가 되는데, 여기서 J_h는 h를, $J_{h/2}$는 $\frac{1}{2}h$를 이용한 계산이며 $\epsilon_{h/2}$는 $J_{h/2}$의 오차이다.

유도. 식 (5)에서 $3 = 4 - 1$의 역수 $\frac{1}{3}$과 식 (3)의 h^2에서 h를 $\frac{1}{2}h$로 바꾸어 $\frac{1}{4} = (\frac{1}{2})^2$을 얻는다. 식 (10)에서는 $15 = 16 - 1$의 역수 $1/15$과 식 (8)의 h^4에서 $\frac{1}{2}h$로 바꾸어 $1/16 = (\frac{1}{2})^4$을 얻는다.

예제 5 이등분에 의한 Simpson 규칙의 오차추정

$f(x) = \frac{1}{4}\pi x^4 \cos \frac{1}{4}\pi x$를 0에서 2까지 $h = 1$로 적분하고 식 (10)을 적용하라.

풀이. 이 적분의 정확한 5D 값은 $J = 1.25953$이다. Simpson 규칙에서 다음을 얻는다.

$$J_h = \tfrac{1}{3}[f(0) + 4f(1) + f(2)] = \tfrac{1}{3}(0 + 4 \cdot 0.555360 + 0) = 0.740480,$$

$$\begin{aligned} J_{h/2} &= \tfrac{1}{6}\,[f(0) + 4f(\tfrac{1}{2}) + 2f(1) + 4f(\tfrac{3}{2}) + f(2)] \\ &= \tfrac{1}{6}[0 + 4 \cdot 0.045351 + 2 \cdot 0.555361 + 4 \cdot 1.521579 + 0] = 1.22974 \end{aligned}$$

따라서 식 (10)에서 $\epsilon_{h/2} = \frac{1}{15}(1.22974 - 0.74048) = 0.032617$이고 $J \approx J_{h/2} + \epsilon_{h/2} = 1.26236$과 오차 -0.00283을 얻는데, 이는 절댓값으로 $J_{h/2}$의 오차 0.02979의 1/10보다 작다. 따라서 식 (10)은 매우 유용하다. ■

적응적분

이 방법의 기본 개념은 $f(x)$의 변동성에 따라 구간폭 h를 조절하는 것이다. 즉, f의 변화가 작을 때는 적분을 할 때 큰 오차가 일어나지 않으므로 큰 간격을 사용하고 f의 변화가 클 때는 f의 곡선에 충분히 가깝게 유지하기 위하여 작은 간격을 취해야 한다.

h의 크기는 보통 h의 크기를 반으로 줄여 체계적으로 변화되는데, 소구간에서의 (추정) 오차의 크기에 따라 자동으로("손 계산"이 아님) 결정된다. 오차가 여전히 클 때, 즉 주어진 **허용오차**(tolerance) TOL(최대 허용 절대오차)보다 클 때는 소구간 간격을 반으로 줄이고 오차가 TOL과 같거나 작을 때는 줄이지 않는다.

적응성은 현대의 대표적인 소프트웨어 기술 중 하나이다. 적분과 관련하여 여러 가지 방법에 적용할 수 있다. 여기서는 Simpson 규칙과 연계하여 알아보자. 표 19.6에 (*)첨자는 해당 소구간에서 TOL에 도달함을 나타낸다.

표 19.6 예제 6의 계산

구 간		적분값	오차(10)	TOL	비 고
[0, 2]		0.740480		0.0002	
[0, 1]		0.122794			
[1, 2]		1.10695			
	합	1.22974	0.032617	0.0002	구간분할
[0.0, 0.5]		0.004782			
[0.5, 1.0]		0.118934			
	합	0.123716*	0.000061	0.0001	TOL 만족
[1.0, 1.5]		0.528176			
[1.5, 2.0]		0.605821			
	합	1.13300	0.001803	0.0001	구간분할
[1.00, 1.25]		0.200544			
[1.25, 1.50]		0.328351			
	합	0.528895*	0.000048	0.00005	TOL 만족
[1.50, 1.75]		0.388235			
[1.75, 2.00]		0.218457			
	합	0.606692	0.000058	0.00005	구간분할
[1.500, 1.625]		0.196244			
[1.625, 1.750]		0.192019			
	합	0.388263*	0.000002	0.000025	TOL 만족
[1.750, 1.875]		0.153405			
[1.875, 2.000]		0.065078			
	합	0.218483*	0.000002	0.000025	TOL 만족

예제 6 **Simpson 규칙의 적응적분법**

$f(x) = \frac{1}{4}\pi x^4 \cos\frac{1}{4}\pi x$를 적응적분을 사용하는 Simpson 규칙으로 $x = 0$에서 $x = 2$까지 TOL[0, 2] = 0.0002로 적분하라.

풀이. 계산은 표 19.6에 나타난다. 그림 444는 피적분함수 $f(x)$와 사용되는 적응구간(adaptive interval)을 보여준다. 처음 두 구간([0, 0.5], [0.5, 1.0])은 길이가 0.5이므로 $h = 0.25$이다[Simpson 규칙 (7**)에서 $2m = 2$의 소구간을 이용하므로]. 그 다음 두 구간([1.00, 1.25], [1.25, 1.50])은 크기가 0.25(따라서 $h = 0.125$)이고 마지막 네 구간은 크기가 0.125이다. *계산 예.* 적분값 0.740480은 예제 5를 참조하라. 공식 (10)에서 (0.123716 − 0.122794)/15 = 0.000061이다. 0.123716은 [0, 0.5]와 [0.5, 1]에 해당되므로 앞 줄의 [0, 1]에 해당하는 값을 빼야 한다. TOL[0, 2] = 0.0002는 크기 1인 소구간에 대해서 0.0001, 크기 0.5인 소구간에 대해 0.00005 등을 준다. 구해진 적분값은 별 표시된 값

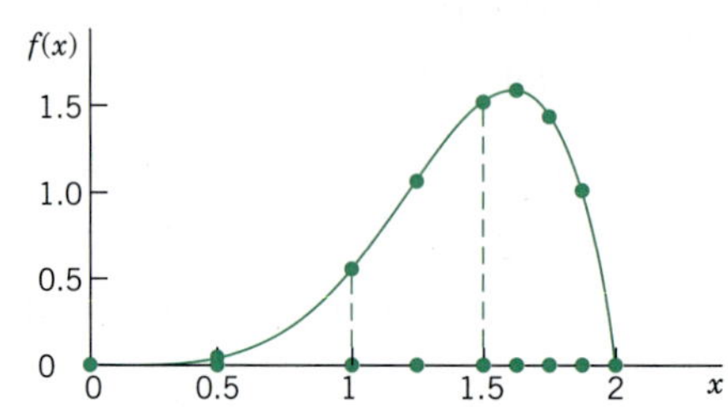

그림 444. 예제 6의 적응적분

의 합이다(이것은 추정된 오차가 TOL보다 작다). 즉,

$$J \approx 0.123716 + 0.528895 + 0.388263 + 0.218483 = 1.25936$$

이다. 정확한 5D 값은 $J = 1.25953$이고 오차는 0.00017이다. 이것은 예제 5의 오차의 약 1/200에 해당된다. 더 자세한 계산은 더 좋은 결과를 보여준다. ■

Gauss 적분공식. 최대정밀도

이제까지 설명한 적분공식에서는 *미리 정해진*(등간격) x값(마디점)에서의 함수값을 사용하였고, 어떤 차수[*정밀도*; 식 (9)의 아랫부분]를 초과하지 않는 다항식에 대해서 정확한 값을 구할 수 있었다. 그러나 이들보다 더욱 정확한 적분공식을 다음과 같이 구할 수 있다. 우선

$$\textbf{(11)} \qquad \int_{-1}^{1} f(t)\,dt \approx \sum_{j=1}^{n} A_j f_j \qquad [f_j = f(t_j)]$$

로 설정하자. 여기서 n은 고정된 값이고 $x = \frac{1}{2}[a(t-1) + b(t+1)]$로 놓으면 $x = a, b$일 때 $t = \pm 1$이 얻어진다. 다음으로 n개의 계수 $A_1, A_2, \cdots, A_n$과 n개의 마디점 $t_1, t_2, \cdots, t_n$을 결정하여 식 (11)이 가능한 높은 k차 다항식에 대하여 정확한 값을 제공하도록 한다. $n + n = 2n$은 $2n - 1$차 다항식의 계수의 개수이므로 $k \leqq 2n - 1$이다.

Gauss는 $2n - 1$차(미리 정해진 마디점의 경우는 $n - 1$차)를 초과하지 않는 다항식에 대해서 공식이 정확한 결과를 줄 수 있음을 보이고, t_j(= 5.3절의 Legendre 다항식 P_n의 j번째 영점)의 위치를 주고 계수 n에는 의존하나 $f(t)$와는 무관한 A_j를 구하였다. A_j는 부록 1의 참고문헌 [E5]에서 보듯이 Lagrange의 보간다항식을 사용하여 구할 수 있다. 이러한 t_j와 A_j를 사용한 공식 (11)을 **Gauss 적분공식**(Gauss integration formula) 또는 *Gauss 구적공식*(Gauss quadrature formula)이라 한다. 설명된 것과 같이 정밀도는 $2n - 1$차이다. 표 19.7은 $n = 2, \cdots, 5$에 대한 값들을 보여준다(더 큰 n에 대해서는 부록 1의 참고문헌 [GR1], pp. 916-919 참조).

표 19.7 Gauss 적분: 마디점 t_j와 계수 A_j

n	마디점 t_j	계수 A_j	정밀도
2	−0.5773502692	1	3
	0.5773502692	1	
3	−0.7745966692	0.5555555556	5
	0	0.8888888889	
	0.7745966692	0.5555555556	
4	−0.8611363116	0.3478548451	7
	−0.3399810436	0.6521451549	
	0.3399810436	0.6521451549	
	0.8611363116	0.3478548451	
5	−0.9061798459	0.2369268851	9
	−0.5384693101	0.4786286705	
	0	0.5688888889	
	0.5384693101	0.4786286705	
	0.9061798459	0.2369268851	

예제 7 $n = 3$인 Gauss 적분공식

예제 3의 적분을 $n = 3$인 Gauss 적분공식 (11)을 사용하여 구하라.

풀이. 0에서 1인 적분구간을 -1에서 1까지로 바꾸어야 한다. $x = \frac{1}{2}(t+1)$로 놓으면 $dx = dt$가 된다. $n = 3$인 식 (11)에 위의 마디점과 계수를 사용하면

$$\int_0^1 \exp(-x^2)\,dx = \frac{1}{2}\int_{-1}^{1} \exp\left(-\frac{1}{4}(t+1)^2\right)dt$$

$$\approx \frac{1}{2}\left[\frac{5}{9}\exp\left(-\frac{1}{4}\left(1-\sqrt{\frac{3}{5}}\right)^2\right) + \frac{8}{9}\exp\left(-\frac{1}{4}\right) + \frac{5}{9}\exp\left(-\frac{1}{4}\left(1+\sqrt{\frac{3}{5}}\right)^2\right)\right] = 0.746815$$

를 얻는다(6D까지 정확한 값은 0.746824). 이 결과는 예제 3에서 더 많은 연산수를 사용한 Simpson의 결과와 거의 비슷한 결과를 보여준다. 이 예제에서 사용한 것처럼 3개의 함수값만을 가지고 Simpson 규칙을 이용하면 $\frac{1}{6}(1 + 4e^{-025} + e^{-1}) = 0.747180$이 되어 Gauss 적분보다 30배 이상의 오차가 발생한다. ■

예제 8 $n = 4$와 5일 때 Gauss 적분공식

$f(x) = \frac{1}{4}\pi x^4 \cos \frac{1}{4}\pi x$를 $x = 0$에서 $x = 2$까지 Gauss 방법으로 적분하라. 예제 6의 적응적분 결과와 비교하고 설명하라.

풀이. $x = t + 1$로 놓아 식 (11)에서 필요한 $f(t) = \frac{1}{4}\pi(t+1)^4\cos(\frac{1}{4}\pi(t+1))$을 얻는다. $n = 4$로 계산하면(6S)

$$J \approx A_1 f_1 + \cdots + A_4 f_4 = A_1(f_1 + f_4) + A_2(f_2 + f_3)$$

$$= 0.347855(0.000290309 + 1.02570) + 0.652145(0.129464 + 1.25459) = 1.25950$$

이다. $J = 1.25953(6S)$이므로 오차는 0.00003이다. $n = 4$를 사용하여 $10S$로 계산하여도 같은 결과를 보이므로, 발생되는 오차는 반올림에 의한 것이 아니고 공식에서 기인한 것이다. $n = 5$와 10S일 때는 $J \approx 1.259526185$를 얻는데 정확한 값 $J = 1.259525935(10S)$에 비해 0.000000250 더 크다. 이 정확도는 예제 6에서의 계산량과 비교하면 매우 인상적이다. ■

Gauss 적분법은 실용적으로 상당히 중요하다. 피적분함수가 단순한 수치표가 아닌 공식으로 주어질 때나 또는 표 19.7이나 참고문헌 [GR1]에서처럼 시간 t_j에서 (t가 무엇이 되든지) 실험측정이 이루어질 때마다 Gauss 적분의 높은 정확도는 t_j와 A_j(저장해 두어야 할 것이다)의 계산이 복잡하다는 단점을 능가한다. 더욱이 Gauss 계수 A_j는 모든 n에 대하여 양이 되는데, 이는 큰 n에 대해서 Newton-Cotes의 일부 계수만이 양이 되는 것과는 대조적이다.

물론 많은 문제가 등간격 마디를 갖고, 이에 대해서는 Gauss 적분법이 적용되지 않는다 (또는 먼저 식 (11)에서 t_j를 보간법으로 구해야 한다면 큰 장점이 못된다).

식 (11)에서 적분구간의 끝점 -1과 1은 P_n의 영점이 아니므로 이 두 점은 $t_0, t_1, \cdots, t_n$과 다르며, 따라서 Gauss 적분공식 (11)은 **열린 공식**(open formula)이라 불린다. 이는 적분구간의 끝점이 t_0와 t_n인 **닫힌 공식**(closed formula)과 대조된다[예를 들어, 식 (2)와 (7)은 닫힌 공식이다].

수치미분

수치미분(numeric differentiation)은 f 값을 이용하여 함수 f의 도함수 값을 구하는 것이다. 가능하면 수치미분의 사용을 피해야 한다. 이는 *적분*이 일종의 평활화(smoothing process) 작업으로 함수값의 작은 부정확성에 큰 영향을 받지 않는 반면에, *미분*은 크게 영향을 받아 일반적으로 f보다 f'의 값이 훨씬 더 부정확하다. 이 어려움은 차분몫(difference quotient)의 극한인 도함수의 정의와 연관된다. 차분몫은 보통 큰 수들끼리의 차를 작은 값으로 나누게 된다. 이것이 수치적 불안전성의 원인이 될 수 있다. 하지만 다음에 얻어지는 공식은 미분방정식의 수치해를 구하는 데 기본이 된다.

표기 $f'_j = f'(x_j), f''_j = f''(x_j)$ 등을 사용하고,

$$f'(x) = \lim_{h\to 0} \frac{f(x+h) - f(x)}{h}$$

를 이용하면 미분의 대략적인 근사공식

$$f'_{1/2} \approx \frac{\delta f_{1/2}}{h} = \frac{f_1 - f_0}{h} \tag{12}$$

를 얻을 수 있다. 같은 방법으로 2계 미분에 대해서는

$$f''_1 \approx \frac{\delta^2 f_1}{h^2} = \frac{f_2 - 2f_1 + f_0}{h^2} \tag{13}$$

이 된다.

보다 정확한 근사는 적절한 Lagrange 다항식을 미분하여 얻을 수 있다. 식 (6)을 미분하고 식 (6)의 분모가 $2h^2$, $-h^2$, $2h^2$임을 이용하면

$$f'(x) \approx p'_2(x) = \frac{2x - x_1 - x_2}{2h^2} f_0 - \frac{2x - x_0 - x_2}{h^2} f_1 + \frac{2x - x_0 - x_1}{2h^2} f_2$$

가 된다. 이를 x_0, x_1, x_2에서 계산하면 "3점 공식(three-point formula)"

$$\text{(14)} \qquad \begin{aligned} &\text{(a)}\quad f'_0 \approx \frac{1}{2h}(-3f_0 + 4f_1 - f_2), \\ &\text{(b)}\quad f'_1 \approx \frac{1}{2h}(-f_0 + f_2), \\ &\text{(c)}\quad f'_2 \approx \frac{1}{2h}(f_0 - 4f_1 + 3f_2) \end{aligned}$$

를 얻는다.

같은 방법으로 Lagrange의 다항식 $p_4(x)$에 적용하면 유사한 공식

$$f'_2 \approx \frac{1}{12h}(f_0 - 8f_1 + 8f_3 - f_4) \tag{15}$$

를 얻을 수 있다. 몇 가지 예와 다른 공식은 부록 1의 참고문헌 [E5]와 연습문제를 참조하라.

연습문제 19.5

1-4 직사각형 규칙과 사다리꼴 규칙

1. **직사각형 규칙**. 예제 1의 적분을 0.1인 소구간을 가지는 직사각형 규칙 (1)을 이용하여 구하라. 예제 1과 비교하라 (0.746824 (6S)).

2. **직사각형 규칙의 오차의 한계**. 오차의 하한(lower bound)과 상한(upper bound) 공식을 유도하고 문제 1에 적용하라.

3. **이등분에 의한 오차추정**. $f(x) = x^4$을 식 (2)와 $h = 1$, $h = 0.5$, $h = 0.25$로 변화시켜 0에서 1까지 적분하고 식 (5)와 $h = 0.5$, $h = 0.25$일 때 오차를 추정하라.

4. **안정성**. 사다리꼴 규칙이 반올림에 대해 안정함을 보여라.

5-8 Simpson 규칙

Simpson 규칙에 의해 다음 적분을 수행하고 결과를 미적분 공식에 의해 구한 정확한 값과 비교하라.

$$A = \int_1^2 \frac{dx}{x}, \quad B = \int_0^{0.4} xe^{-x^2}\, dx, \quad J = \int_0^1 \frac{dx}{1 + x^2}$$

5. A, $2m = 4$

6. B, $2m = 4$

7. J, $2m = 4$

8. **오차추정**. 위의 적분 J를 $2m = 8$인 Simpson 규칙으로 계산하고 문제 7의 결과와 식 (10)을 이용하여 오차를 추정하라.

9-10 비기본적분

다음 적분들은 보통의 방법으로는 계산할 수 없다. 지시에 따라 적분하라.

$$\mathrm{Si}(x) = \int_0^x \frac{\sin x^*}{x^*}\, dx^*,$$

$$S(x) = \int_0^x \sin(x^{*2})\, dx^*, \quad C(x) = \int_0^x \cos(x^{*2})\, dx^*$$

여기서, $\mathrm{Si}(x)$는 sine 적분(sine integral), $S(x)$, $C(x)$는 Fresnel 적분(Fresnel integral)이다(부록 3.1 참조).

9. Si(1)을 식 (2)의 $n = 5$, $n = 10$에 대하여 계산하고 식 (5)를 적용하라.

10. Si(1)을 식 (7)의 $2m = 2$, $2m = 4$에 대하여 계산하라.

11-12 Gauss 적분

차수 $h = 5$로 식 (11)에 의해 적분하라.

11. 0부터 $\frac{1}{2}\pi$까지 $\cos x$

12. 0부터 1까지 e^{-x^2}

13. **조별 과제**. **Romberg 적분**(W. Romberg, *Norske Videnskab. Trondheim, Fφrh.* 28, Nr.7(1995)). Romberg 적분은 사다리꼴 공식을 이용하는 데 h를 이등분하고 오차를 추정하여 단계적으로 정확도를 증가시킨다. 다음과 같은 방법으로 $f(x) = e^{-x}$를 0에서 2까지 TOL $= 10^{-3}$로 적분하라.

1단계. 근사값 J_{11}을 구하기 위해 $h = 2$일 때 $(n = 1)$ 사다리꼴 규칙 (2)를 적용하라. h를 이등분하고 식 (2)를 이용하여 J_{21}과 오차추정

$$\epsilon_{21} = \frac{1}{2^2 - 1}(J_{21} - J_{11})$$

을 계산하라. 만일 $|\epsilon_{21}| \le$ TOL이면 계산을 종료한다. 결과는 $J_{22} = J_{21} + \epsilon_{21}$이다.

2단계. $\epsilon_{21} = -0.066596$임을 보여라. 이때, $|\epsilon_{21}| >$ TOL이므로 계산을 계속한다. $h/4$(다시 이등분 함)로 식 (2)를 이용하여 J_{31}을 구하고 이에 오차추정 $\epsilon_{31} = \frac{1}{3}(J_{31} - J_{21})$을 더하여 더 정확한 값 $J_{32} = J_{31} + \epsilon_{31}$을 구한다.

$$\epsilon_{32} = \frac{1}{2^4 - 1}(J_{32} - J_{22}) = \frac{1}{15}(J_{32} - J_{22})$$

를 계산하라. 만일 $|\epsilon_{32}| \le$ TOL이면 계산을 종료하라. 결과는 $J_{33} = J_{32} + \epsilon_{32}$이다. (왜 $2^4 = 16$이 나타나는가?) $\epsilon_{32} = -0.000266$임을 보이고 이때 계산을 종료할 수 있다. 계산한 ϵ 값과 J 값을 다음과 같은 "차이표(difference table) 형식"으로 배열하라.

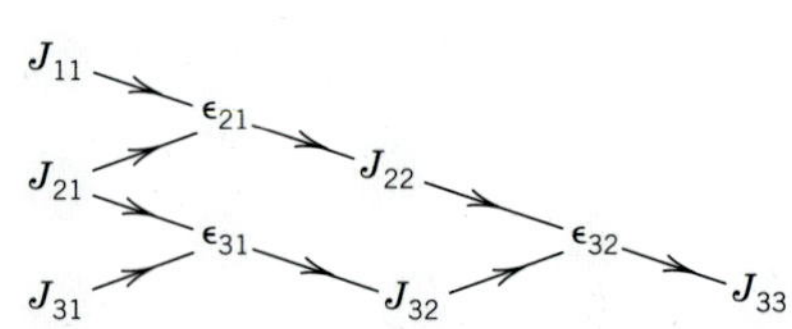

만일 $|\epsilon_{32}|$가 TOL보다 크면 계산을 계속하고 다음 단계에서 식 (2)와 $h = \frac{1}{4}$로부터 J_{41}을 계산한다. 그러면

$$J_{42} = J_{41} + \epsilon_{41} \qquad \epsilon_{41} = \tfrac{1}{3}(J_{41} - J_{31})$$
$$J_{43} = J_{42} + \epsilon_{42} \qquad \epsilon_{42} = \tfrac{1}{15}(J_{42} - J_{32})$$
$$J_{44} = J_{43} + \epsilon_{43} \qquad \epsilon_{43} = \tfrac{1}{63}(J_{43} - J_{33})$$

이고, 여기서 $63 = 2^6 - 1$이다(어떻게 이것이 나타나는가?).

$f(x) = \frac{1}{4}\pi x^4 \cos \frac{1}{4}\pi x$를 Remberg 방법을 적용하여 $x = 0$에서 $x = 2$까지 TOL $= 10^{-4}$로 적분하라.

14-16 미분

14. $f(x) = x^4$를 $x_0 = 0, x_1 = 0.2, x_2 = 0.4, x_3 = 0.6, x_4 = 0.8$에서 생각하자. f_2'을 식 (14a), (14b), (14c), (15)를 이용하여 계산하라. 오차를 구하고 결과를 비교 설명하라.

15. 미분에 대한 "**4점 공식**(four-point formula)"은

$$f_2' \approx \frac{1}{6h}(-2f_1 - 3f_2 + 6f_3 - f_4)$$

이다. 이를 문제 14에서와 같이 $f(x) = x^4, x_1, \cdots, x_4$에 적용하여 오차를 계산하고 식 (15)의 경우와 비교하라.

16. 미분 $f'(x)$는 1차와 고차 차분(19.3절)

$$f'(x_0) \approx \frac{1}{h}\left(\Delta f_0 - \frac{1}{2}\Delta^2 f_0 + \frac{1}{3}\Delta^3 f_0 - \frac{1}{4}\Delta^4 f_0 + - \cdots\right)$$

로 근사될 수 있다. 이 공식으로 문제 14의 $f'(0.4)$를 각각 1차, 2차, 3차, 4차까지로 계산하라.

19장 복습문제

1. 수치해법이란 무엇인가? 컴퓨터가 수치해법에 어떻게 영향을 끼쳤는가?
2. 오차란 무엇인가? 상대오차란? 오차한계란?
3. 반올림오차가 왜 중요한가? 반올림규칙을 설명하라.
4. 알고리즘이란 무엇인가? 소프트웨어 이행에 어떤 성질이 중요한가?
5. 안정성에 대해 설명하라.
6. 소형 컴퓨터에서보다 대형 컴퓨터에서 좋은 방법의 선택이 더 중요한 이유는 무엇인가?
7. Newton (-Raphson)법은 발산할 수 있는가? 빠른가? 이분법에 대해서도 같은 질문에 답하라.
8. 고정점 반복이란 무엇인가?
9. Lagrange 공식에 비해 Newton 보간공식의 장점은 무엇인가?
10. 스플라인 보간은 무엇인가? 다항식 보간법에 비해 그것의 장점은 무엇인가?
11. 수치적분법을 나열하고 비교하라.
12. Simpson 규칙의 유도과정에서 보간다항식을 어떻게 이용하였는가?
13. 적응적분법이란 무엇인가? 왜 유용한가?
14. 어떤 의미에서 Gauss 적분이 가장 적절한가?
15. 수치미분에 관한 공식을 어떻게 얻을 수 있는가?
16. -46.9028104, 0.000317399, $54/7$, $-890/3$을 반올림을 이용한 $5S$ 정확도의 부동소수점 표시 방식으로 나타내라.
17. $0.38755/(5.6815 - 0.38419)$을 주어진 대로 계산한 뒤 단계적으로 4S, 3S, 2S, 1S로 반올림하고 설명하라.
18. $n\tilde{a}$의 상대오차를 $\tilde{a}$의 상대오차로 나타내라.
19. $\tilde{a}^2$의 상대오차는 $\tilde{a}$의 상대오차의 2배임을 보여라.
20. $f(0) = 0, f(1) = 0, f(2) = 4, k_0 = -1, k_2 = 5$에 대한 3차 스플라인을 구하라.
21. $\cos(x^2)$을 0에서 1까지를 $n = 3$과 $n = 5$인 Gauss 적분으로 풀어라.

19장 요약. 일반적인 수치해법

이 장에서는 선형대수(20장) 또는 미분방정식(21장)에 대한 특정한 방법과는 달리 수치해석 전 분야에 관련되고 일반적 성질을 갖는 개념에 대해 논의하였다.

과학 계산에서는 숫자의 표시방법으로 고정점 표시방식이 대부분의 경우 적합하지 않으므로 ***부동소수점***(19.1절) 표시방법을 사용한다.

수치적 방법에서 근사값 $\tilde{a}$의 오차(error) ϵ은

$$\epsilon = a - \tilde{a} \quad (1) \quad (19.1절)$$

로, 여기서 a는 정확한 값이다. $\tilde{a}$의 상대오차는 ϵ/a이다. 오차는 반올림, 측정값의 부정확성, 절단(즉, 적분을 합으로, 급수를 부분합으로 대신함) 등에 의해 발생한다.

초기 데이터의 작은 변화가 마지막 결과에 같은 정도의 작은 영향만을 미친다면 그 알고리즘은 **수치적으로 안정하다**(numerically stable)고 한다. 불안정한 알고리즘은 큰 오차가 발생하고 결과가 매우 부정확하므로 사용할 수 없다. 알고리즘의 수치적 불안정성은 문제의 수학적 불안정성("*불량조건 문제*", 19.2절)과 구별되어야 한다.

고정점 반복(fixed-point iteration)은 방정식 $f(x) = 0$을 푸는 방법으로, 방정식을 대수적으로 $x = g(x)$로 변환하고 초기 추정값 x_0를 이용하여, 근사값 $x_1, x_2, \cdots$ 을 반복계산

$$x_{n+1} = g(x_n) \quad (2) \quad (n = 0, 1, \cdots)$$

으로 계산한다(19.2절 참조).

Newton 방법(Newton's method)에서는 방정식 $f(x) = 0$을 반복계산

$$x_{n+1} = x_n - \frac{f(x_n)}{f'(x_n)} \quad (3) \quad (19.2절)$$

으로 푼다. 여기서 x_{n+1}은 곡선 $y = f(x)$의 x_n에서의 접선과 x축과의 교점이다. 이 방법은 2차 수렴성을 갖는다(19.2절 정리 2). 식 (3)의 f'를 차분몫으로 대신하면(기하학적으로 기울기를 할선으로 대신) **할선법**(secant method)이 된다(19.2절 식 (10) 참조). *이분법*(bisection method; 천천히 수렴함)과 *오위법*(method of felse position)에 대해서는 연습문제 19.2절을 참조하라.

다항식 보간(polynomial interpolation)은 $(x_0, f_0), \cdots, (x_n, f_n)$가 측정 또는 관측된 값, 함수값 등일 때 $p_n(x_j) = f_j,\ j = 0, 1, \cdots, n$을 만족하는 다항식 $p_n(x)$를 구하는 것을 의미하며, 이때 $p_n(x)$를 *보간다항식*(interpolation polynomial)이라 부른다. 주어진 데이터에 대하여 n차(혹은 그 이하)의 $p_n(x)$는 유일하다. 하지만, 이는 다른 형식으로 표시될 수 있으며 19.3절의 식 (4) **Lagrange 형식**(Lagrange's form) 또는 더 작은 수의 연산이 요구되는 식 (10)의 **Newton의 분할차분 형식**(Newton's divided difference form)이 있다. 등간격 $x_0, x_1 = x_0 + h, \cdots, x_n = x_0 + nh$인 경우, 후자는 **Newton의 전진차분 공식**[Newton's forward difference formula; 19.3절의 공식 (14)]

$$f(x) \approx p_n(x) = f_0 + r\,\Delta f_0 + \cdots + \frac{r(r-1)\cdots(r-n+1)}{n!}\,\Delta^n f_0 \quad (4)$$

가 된다. 여기서 $r = (x - x_0)/h$, 전진차분은 $\Delta f_j = f_{j+1} - f_j$이고

$$\Delta^k f_j = \Delta^{k-1} f_{j+1} - \Delta^{k-1} f_j \qquad (k = 2, 3, \cdots)$$

이다. 유사한 공식으로 *Newton의 후진차분 보간공식*(Newton's backward difference interpolation fomula)이 있다[19.3절의 공식 (18)].

보간다항식은 n이 증가할수록 수치적으로 불안정하게 되므로, 단일 고계 다항식에 의해 보간 또는 근사화하는 대신에, 두 번 연속적으로 미분 가능한 보간함수[즉, $g(x_j) = f_j$]이고 각 소구간 $x_j \leqq x \leqq x_{j+1}$에서 3차 다항식 $q_j(x)$로 구성되는 3차 **스플라인**(spline) $g(x)$를 이용하는 것이 바람직하다(19.4절 참조).

수치적분의 **Simpson 규칙**[19.5절의 식 (7)]은

$$\int_a^b f(x)\, dx \approx \frac{h}{3}(f_0 + 4f_1 + 2f_2 + 4f_3 + \cdots + 2f_{2m-2} + 4f_{2m-1} + f_{2m}) \tag{5}$$

으로 등간격 $x_j = x_0 + jh,\ j = 1, \cdots, 2m,\ h = (b - a)/2m$과 $f_j = f(x_j)$에 대해 성립한다. 이것은 간단하면서도 많은 응용에 충분한 정확도를 가지고 있다(19.5절의 식 (8)에서 오차가 h^4를 포함하기 때문에 정밀도 DP = 3이다). 보다 실용적인 오차추정은 19.5절의 식 (10)

$$\epsilon_{h/2} = \frac{1}{15}(J_{h/2} - J_h)$$

로 구간폭 h와 그 다음에 구간폭 $h/2$로 계산된 결과의 차에 $\frac{1}{15}$을 곱한 값이다.

Simpson 규칙은 **Newton-Cotes 공식**(Newton-Cotes formulas)에서 가장 중요한 것으로 Lagrange 보간다항식을 적분하여 구해지는데, 선형식으로 19.5절의 식 (2)인 **사다리꼴 규칙**(trapezoidal rule), 2차식으로 Simpson 규칙, 3차식으로 *3/8 규칙*(three-eighth rule; 19장 복습문제 참조) 등을 구한다.

적응적분(adaptive integration; 19.5절 예제 6)은 $f(x)$의 변화(자동으로) 간격을 조절["*적응*(adapts)"]하는 적분법이다.

Romberg 적분(Romberg integration; 연습문제 19.5절의 조별과제 13) 19.5절의 사다리꼴 규칙 (2)를 h, $h/2$, $h/4$ 등을 사용하여 시작하고 체계적으로 추정오차를 더하여 결과를 향상시킨다.

19.5절의 **Gauss 적분법** (11)은 매우 높은 정확도(DP = $2n - 1$, 반면에 Newton-Cotes는 DP = $n - 1$ 또는 n)를 가지므로 매우 중요하다. 이는 등간격이 아닌 마디점을 적절하게 선택했기 때문이다(19.5절의 표 19.7 참조).

수치미분(numerical differentiation)이 19.5절 끝부분에서 논의되었다. [이것의 (미분방정식에 대한) 주요한 응용은 21장에서 설명한다.]

CHAPTER 20

선형대수의 수치해법

Numeric Linear Algebra

이 장에서는 2개의 중요한 주제에 대하여 다룬다. 첫 번째 주제는 수치적으로 선형연립방정식의 해를 찾는 내용이다. 먼저 독자들에게 친숙한 Gauss 소거법을 다루는데, 여기서는 특별히 부분축연산과 관련한 알고리즘 구축에 대하여 다룬다. 또한 이와 유사한 방법들(Doolittle, Crout, Cholesky, Gauss-Jordan)에 대하여서도 20.2절에서 다루기로 한다. 앞에 열거한 모든 방식들은 직접법, 즉 해에 도달하기까지 몇 단계를 거쳐야 하는지를 사전에 알고 있는 수치적 방법이다. 그러나 Gauss 소거법과 같은 경우, 축연산 값이 작거나 절삭오차가 큰 경우 의미없는 결과를 갖게 된다. 20.3절에서는 방향을 바꾸어 첫 번째 주제를 착수하기 위해서 수치 반복법 또는 간접법에 대하여 논의한다. 이 방식에서는 만족할만한 해에 도달하기 위하여 몇 단계를 거쳐야 하는지 전혀 예측할 수 없다. 여러 가지 요소들—예를 들면 시작값이 초기 해에서 얼마나 멀리 떨어져 있는지, 수렴속도를 좌우하는 문제 구조는 얼마만큼 복잡한지, 얼마나 정확한 결과를 얻고자 하는지 등—이 이 방식의 결과를 결정한다. 더욱이 계산주기가 수렴하지 않을 수도 있다. 20.3절에서는 Gauss-Seidel 반복법과 Jacobi 반복법에 대하여 다룬다. 20.4절의 주요 쟁점은 수치적 선형대수가 갖고 있는 함정에 대한 언급이다. 주로 정형화되어 있지 않은 문제의 경우에 해당이 된다. 선형연립방정식의 조건수를 계산함으로써, 문제가 얼마나 "좋지 않은지"를 평가하는 내용을 다룬다.

두 번째 주제는(20.6~20.9절) 수치적으로 고유값 문제를 어떻게 찾느냐 하는 것이다. 고유값 문제는 공학, 물리학, 수학, 경제학 등 많은 분야에서 나타나는 문제이다. 특별히 매우 큰 행렬의 경우, 고유값을 찾는 것은 매우 어려운 문제이다. 이는 행렬의 특성다항식의 해를 찾는 문제이고, 행렬이 큰 경우 이 다항식이 매우 고차 다항식이 되기 때문이다. 따라서 이러한 문제를 해결하기 위한 다른 접근방법들이 모색되어 왔다. Gerschgorin 방법과 Collatz 방법 등과 같은 방법들은 단지 고유값이 속하는 영역만을 제공하므로 포함방식으로 불린다. 또 다른 접근 방법으로 삼중대각화 방식과 QR-분해 방식이 있는데, 이들 방식은 모든 고유값을 찾아내는 방식으로, 천재적인 발상이 담겨 있어 독자들에게 매우 흥미를 느끼게 할 것이다.

주석: ***이 장은 19장과 독립적이며, 7장 및 8장 이후에 바로 공부할 수 있다.***

이 장을 위한 예비지식: 7.1, 7.2, 8.1절

생략할 수 있는 절: 20.4, 20.5, 20.9절

참고문헌과 연습문제 해답: 부록 1의 E부와 부록 2

20.1 1차 연립방정식: Gauss 소거법

선형연립방정식을 Gauss 소거법과 역대입을 사용하여 찾는 기본적인 해결방식은 이미 7.3절에서 다뤘다. 만일 이미 7.3절을 공부하였다면, 왜 여기서 Gauss 소거법을 다시 또 다루느냐 의아해 할 것이다. *여기에서는 Gauss 소거법을 수치해석적으로 다루고* 축연산, 행 스케일링 그리고 연산 총계 등과 같은 새로운 내용을 소개한다. 특별히 소프트웨어로 쉽게 전환할 수 있는 Gauss 소거법의 알고리즘적 표현식을 표 20.1에 준다. 또한 축연산 값이 작을 경우에 Gauss 소거법에서 발생되는 문제점들과 이 경우에 취해야 할 조치 등에 대하여 다룬다. 20.2절에서 다루고 있는 Gauss 소거법의 변형 방식들에 대하여 주목을 하고, 특별히 이 장의 전반부의 초점은 선형연립방정식의 해를 찾는 일반적인 방법을 다룬다는 사실을 명심하기 바란다.

n개의 미지수 $x_1, \cdots, x_n$를 갖는 **n개의 1차 연립방정식**(linear system of n equations)은 방정식 $E_1, \cdots, E_n$의 집합으로

$$
\begin{array}{ll}
E_1: & a_{11}x_1 + \cdots + a_{1n}x_n = b_1 \\
E_2: & a_{21}x_1 + \cdots + a_{2n}x_n = b_2 \\
 & \cdot\ \cdot\ \cdot\ \cdot\ \cdot\ \cdot\ \cdot\ \cdot\ \cdot\ \cdot\ \cdot\ \cdot\ \cdot \\
E_n: & a_{n1}x_1 + \cdots + a_{nn}x_n = b_n
\end{array} \tag{1}
$$

과 같이 주어진다. 여기서, **계수**(coefficients) a_{jk}와 b_j는 주어진 수이다. $b_j = 0$인 연립방정식을 **제차**(homogeneous), $b_j \neq 0$이면 **비제차**(nonhomogeneous)라 한다. 행렬곱(7.2절)을 사용하면 식 (1)은 하나의 벡터방정식

$$\mathbf{Ax} = \mathbf{b} \tag{2}$$

으로 쓸 수 있으며, 여기서 **계수행렬**(coefficient matrix) $\mathbf{A} = [a_{jk}]$는 $n \times n$ 행렬

$$
\mathbf{A} = \begin{bmatrix} a_{11} & a_{12} & \cdots & a_{1n} \\ a_{21} & a_{22} & \cdots & a_{2n} \\ \cdot & \cdot & \cdots & \cdot \\ a_{n1} & a_{n2} & \cdots & a_{nn} \end{bmatrix} \quad \text{그리고} \quad \mathbf{x} = \begin{bmatrix} x_1 \\ \vdots \\ \\ x_n \end{bmatrix} \qquad \mathbf{b} = \begin{bmatrix} b_1 \\ \vdots \\ \\ b_n \end{bmatrix}
$$

은 열벡터(column vector)이다. 연립방정식 (1)에 대한 **첨가행렬**(augmented matrix) $\tilde{\mathbf{A}}$는

$$
\tilde{\mathbf{A}} = [\mathbf{A} \quad \mathbf{b}] = \begin{bmatrix} a_{11} & \cdots & a_{1n} & b_1 \\ a_{21} & \cdots & a_{2n} & b_2 \\ \cdot & \cdots & \cdot & \cdot \\ a_{n1} & \cdots & a_{nn} & b_n \end{bmatrix}
$$

이다. 식 (1)의 **해**(solution)는 n개의 방정식을 모두 만족하는 집합 $x_1, x_2, \cdots, x_n$이며, 식 (1)의 **해벡터**(solution vector)는 식 (1)의 해를 성분으로 갖는 벡터 x이다.

위와 같은 연립방정식의 해를 행렬식을 사용하여 구하는 것은(7.7절의 Cramer 규칙 등) 비록 행렬식을 구하는 효율적인 방법을 적용할지라도, 실용성이 적다.

따라서 1차 연립방정식의 해를 구하는 데 있어서 실용적인 방법인 *Gauss 소거법*(Gauss elimination)에 대하여 살펴본다(***7.3절과는 별도***).

Gauss 소거법

1차 연립방정식 (1)을 푸는 이 표준적인 방법은 식 (1)을 체계적인 소거과정을 통하여 **삼각형태**(triangular form)로 변환하고, **역대입**(back substitution)으로 쉽게 해를 구하는 방법이다. 예를 들면 삼각형태의 연립방정식

$$\begin{aligned} 3x_1 + 5x_2 + 2x_3 &= 8 \\ 8x_2 + 2x_3 &= -7 \\ 6x_3 &= 3 \end{aligned}$$

에 대해서, 세 번째 식으로부터 $x_3 = \frac{3}{6} = \frac{1}{2}$을 얻고 두 번째 식으로부터

$$x_2 = \tfrac{1}{8}(-7 - 2x_3) = -1$$

을 얻으며, 마지막으로 첫 번째 식으로부터

$$x_1 = \tfrac{1}{3}(8 - 5x_2 - 2x_3) = 4$$

를 얻는다.

주어진 식 (1)을 삼각형태로 변환하는 과정을 살펴보자. 첫째 단계로, 식 (1)의 E_2에서 E_n까지 방정식으로부터 x_1을 ***소거한다***. 이것은 방정식 $E_2, \cdots, E_n$에 E_1의 적당한 곱을 더해서(또는 빼서) 얻게 되고, 그 결과로 생성된 새로운 방정식을 $E_2^*, \cdots, E_n^*$라고 하자. 첫 번째 식 E_1을 이 단계에서의 **축방정식**(pivot equation)이라 하며 이 단계에서는 변하지 않으며, a_{11}을 **축**(pivot)이라 한다. 둘째 단계는 두 번째 식 E_2^* (x_1을 더 이상 포함하지 않는)를 축방정식으로 택하고 이를 사용하여 E_3^*에서 E_n^*까지 식에서 ***x_2를 소거한다***. 이와 같은 과정을 $n - 1$회 반복하면 역대입으로 풀 수 있는 삼각형태의 연립방정식을 얻게 된다. 이런 방법으로 *주어진* 연립방정식의 모든 해를 구할 수 있다(7.3절의 증명 참고).

축 a_{kk}는 (k 단계에서) 0이 아니며 큰 절댓값을 가져야 하는데, 이는 소거할 때 곱셈으로 인한 반올림오차 확대(round-off magnification)를 예방하기 위함이다. 이렇게 하려면 주대각선 위 또는 아래의 k열 가운데서 가장 큰 절댓값 a_{jk}를 갖는 식을 축방정식으로 선택해야 한다(그러한 방정식이 여러 개 존재하는 경우는 가장 위에 있는 식 이용). 이 방법을 흔히 **부분축연산**(partial pivoting)이라 하며, CAS(예로 Maple)에서 사용된다.

*부분*축연산은 행과 열을 모두 바꾸는 **전 축연산**(total pivoting)과 구별된다. 전 축연산은 실제로 거의 쓰이지 않는다.

부분축연산에 대한 간단한 예를 살펴보자.

예제 1 Gauss 소거법: 부분축연산

1차 연립방정식

$$E_1: \qquad 8x_2 + 2x_3 = -7$$

$$
\begin{aligned}
\text{E}_2: &\quad 3x_1 + 5x_2 + 2x_3 = 8 \\
\text{E}_3: &\quad 6x_1 + 2x_2 + 8x_3 = 26
\end{aligned}
$$

을 풀어라.

풀이. E_1의 x_1 항이 없기 때문에 축연산이 필요하다. 1열 가운데 방정식 E_3가 x_1에 대한 가장 큰 계수를 가지므로 E_1과 E_3를 바꾸면

$$
\begin{aligned}
6x_1 + 2x_2 + 8x_3 &= 26 \\
3x_1 + 5x_2 + 2x_3 &= 8 \\
8x_2 + 2x_3 &= -7
\end{aligned}
$$

이 된다.

1단계. x_1의 소거

해당되는 첨가행렬과 이에 대한 연산으로 처리를 하면 된다. 먼저 방정식과 첨가행렬 모두 표시한다. 첫째 단계에서는 첫 번째 방정식이 축방정식이 된다.

$$
\begin{aligned}
\text{축 } 6 \longrightarrow\ & 6x_1 + 2x_2 + 8x_3 = 26 \\
\text{소거} \longrightarrow\ & 3x_1 + 5x_2 + 2x_3 = 8 \\
& \qquad\ \ 8x_2 + 2x_3 = -7
\end{aligned}
\qquad
\left[\begin{array}{ccc|c} 6 & 2 & 8 & 26 \\ 3 & 5 & 2 & 8 \\ 0 & 8 & 2 & -7 \end{array}\right]
$$

다른 식에서 x_1을 소거하기 위하여(여기서는 두 번째 방정식으로부터)

두 번째 식에서 $\frac{3}{6} = \frac{1}{2}$만큼 축방정식을 곱한 값을 뺀다.

그 결과는

$$
\begin{aligned}
6x_1 + 2x_2 + 8x_3 &= 26 \\
4x_2 - 2x_3 &= -5 \\
8x_2 + 2x_3 &= -7
\end{aligned}
\qquad
\left[\begin{array}{ccc|c} 6 & 2 & 8 & 26 \\ 0 & 4 & -2 & -5 \\ 0 & 8 & 2 & -7 \end{array}\right]
$$

과 같다.

2단계. x_2의 소거

둘째 열의 가장 큰 계수는 8이다. 따라서 *새로운* 세 번째 식을 축방정식으로 택하기 위하여 두 번째와 세 번째 식의 위치를 바꾸면

$$
\begin{aligned}
& 6x_1 + 2x_2 + 8x_3 = 26 \\
\text{축 } 8 \longrightarrow\ & \qquad\ \ 8x_2 + 2x_3 = -7 \\
\text{소거} \longrightarrow\ & \qquad\ \ 4x_2 - 2x_3 = -5
\end{aligned}
\qquad
\left[\begin{array}{ccc|c} 6 & 2 & 8 & 26 \\ 0 & 8 & 2 & -7 \\ 0 & 4 & -2 & -5 \end{array}\right]
$$

이 되고, 세 번째 식에서 x_2를 소거하기 위하여

세 번째 식으로부터 축방정식의 $\frac{1}{2}$배한 값을 뺀다.

결과적으로 아래와 같은 삼각형태의 연립방정식을 얻는다. 이로써 전진소거(forward elimination)가 완료되었다. 이제 역대입을 수행하자.

역대입. x_3, x_2, x_1의 결정

2단계에서 구한 삼각형태의 연립방정식은

$$
\begin{aligned}
6x_1 + 2x_2 + 8x_3 &= 26 \\
8x_2 + 2x_3 &= -7 \\
-3x_3 &= -\tfrac{3}{2}
\end{aligned}
\qquad
\left[\begin{array}{ccc|c} 6 & 2 & 8 & 26 \\ 0 & 8 & 2 & -7 \\ 0 & 0 & -3 & -\frac{3}{2} \end{array}\right]
$$

이다. 여기서 마지막 방정식, 두 번째 방정식, 첫 번째 방정식을 차례로 택하여 계산하면

$$
\begin{aligned}
x_3 &= \tfrac{1}{2} \\
x_2 &= \tfrac{1}{8}(-7 - 2x_3) = -1 \\
x_1 &= \tfrac{1}{6}(26 - 2x_2 - 8x_3) = 4
\end{aligned}
$$

의 해를 얻는다. Gauss 소거법에서 예제로 다룬 해와 일치한다. ■

Gauss 소거법에 대한 일반화된 알고리즘을 표 20.1에 나타내었다. 알고리즘의 설명을 위해 일부의 줄에 번호를 부여하였으며 표기를 통일하기 위해 b_j를 $a_{j,n+1}$로 표기하였다. 1번 줄과 2번 줄에서는 축연산 방정식을 찾는 내용이다. [$k = 1$에서는 언제나 축연산 방정식 하나를 찾을 수 있는데, 이는 x_1 항이 항시 식 (1)에 들어 있기 때문이다.] 2번 줄에서 필요시 절댓값이 가장 큰 a_{jk}를 선택하여(여러 개가 있을 경우 가장 작은 j) 해당되는 k행과 서로 바꾸는 내용이다. 이 경우 만약 $|a_{kk}|$가 최대라면 축연산은 불필요하다. 4번 줄의 m_{jk}는 곱수(multiplier)로 k 단계에서 E_k^*보다 아래에 있는 E_j^*로부터 x_k를 소거하기 위해 축연산 방정식 E_k^*에 곱하는 인자이다. 여기서는, 1단계 이후의 식이 더 이상 식 (1)에서 주어진 식이 아니기 때문에 E_k^*와 E_j^*로 표시하였으며 5번 줄의 내용에서 알 수 있듯이 매 단계에서 변하게 된다. 따라서 모든 줄의 내용에서 a_{jk}들은 가장 최근의 방정식에 해당되는 항으로서 1번 줄의 내용 중에서 $j \geqq k$인 경우만을 다루는 이유는, 전 단계에서 이미 축연산 방정식으로 사용된 식들은 그대로 변하지 않고 사용하기 위해서이다. 5번 줄 내용에서 $p = k$인 경우 우변은 0이 되는데, 이는 당연히 다음과 같이 소거되기 때문이다.

$$a_{jk} - m_{jk}a_{kk} = a_{jk} - \frac{a_{jk}}{a_{kk}}\,a_{kk} = 0$$

3번 줄 내용 중에서 *삼각형* 계의 마지막 방정식이 $0 = b_n^*$으로 표현되고 여기서 $b_n^* \neq 0$이면, 해를 구할 수 없다. 만일 $0 = b_n^* = 0$이면, 미지수보다 방정식의 개수가 적다는 의미이므로 유일한 해가 아닌 많은 해를 갖게 된다.

예제 2 표 20.1의 Gauss 소거법, 계산 예

예제 1에서는 $a_{11} = 0$이기 때문에 축연산이 필요하다. 1열의 가장 큰 계수값은 a_{31}이므로 줄 2의 내용에 의하여 $\tilde{j} = 3$이 되며, 따라서 E_1과 E_3를 교환한다. 그리고 4번과 5번 줄 내용에 의하여 $m_{21} = \frac{3}{6} = \frac{1}{2}$이 되고

$$a_{22} = 5 - \tfrac{1}{2}\cdot 2 = 4, \qquad a_{23} = 2 - \tfrac{1}{2}\cdot 8 = -2, \qquad a_{24} = 8 - \tfrac{1}{2}\cdot 26 = -5,$$

가 되며, 또한 $m_{31} = \frac{0}{6} = 0$이므로 세 번째 방정식 $8x_2 + 2x_3 = -7$은 1단계에서 변하지 않는다. 2단계에서는($k = 2$) 2열의 가장 큰 계수가 8이므로, $\tilde{j} = 3$이 된다. 따라서 두 번째와 세 번째 식을 교환하며, 또한 줄 5의 내용에 의하여 $m_{32} = -\frac{4}{8} = -\frac{1}{2}$이 되고, $a_{33} = -2 - \frac{1}{2} \cdot 2 = -3$, $a_{34} = -5 - \frac{1}{2}(-7) = -\frac{3}{2}$이 된다. 이로써 역대입을 사용할 수 있는 삼각형태를 만들었다. ■

표 20.1 Gauss 소거법

Gauss 알고리즘($\tilde{\mathbf{A}} = [a_{jk}] = [\mathbf{A} \quad \mathbf{b}]$)

이 알고리즘은 식 (1)의 유일해, $\mathbf{x} = [x_j]$를 계산하거나 식 (1)의 유일해가 존재하지 않음을 나타낸다.

INPUT: $a_{j,n+1} = b_j$인 $n \times (n+1)$ 첨가행렬 $\tilde{\mathbf{A}} = [a_{jk}]$

OUTPUT: 식 (1)의 해 $\mathbf{x} = [x_j]$ 또는 식 (1)이 유일해를 갖지 않음을 알리는 메시지

For $k = 1, \cdots, n-1$, *do* :

1 $m = k$

For $j = k+1, \cdots, n$, *do*:

If ($|a_{mk}| < |a_{jk}|$) then $m = j$

End

If $a_{mk} = 0$ then OUTPUT "유일해 없음"

Stop

[성공하지 못하고 종료함]

2 Else k행을 m행과 교환

3 If $a_{nn} = 0$ then OUTPUT "유일해가 존재하지 않음"

Stop

Else

4 For $j = k+1, \cdots, n$, *do* :

$m_{jk}: = \dfrac{a_{jk}}{a_{kk}}$

5 For $p = k+1, \cdots, n+1$, *do*:

$a_{jp}: = a_{jp} - m_{jk}a_{kp}$

End

End

End

6 $x_n = \dfrac{a_{n,n+1}}{a_{nn}}$ *[역대입 시작]*

For $i = n-1, \cdots, 1$, *do*:

7 $x_i = \dfrac{1}{a_{ii}}\left(a_{i,n+1} - \sum_{j=i+1}^{n} a_{ij}x_j\right)$

End

OUTPUT $x = [x_j]$. Stop

End GAUSS

만일 k 단계에서 $a_{kk} = 0$이면 ***반드시 축연산을 해야 하며***, 또한 $|a_{kk}|$가 작아도 ***축연산을 해야 하는데***, 그 이유는 반올림오차의 확대로 정확도에 영향이 발생하거나 또는 비정상적인 계산 결과가 발생될 수 있기 때문이다.

예제 3 축값이 작은 경우의 문제점

연립방정식

$$0.0004x_1 + 1.402x_2 = 1.406$$
$$0.4003x_1 - 1.502x_2 = 2.501$$

의 해는 $x_1 = 10, x_2 = 1$이다. Gauss 소거법으로 소수점 4자리 실수연산을 이용하여 풀어보자. (편의상 4D를 사용하여 계산을 하였지만 8D로 계산을 하여도 같은 결과를 보인다.)

(a) 첫 번째 식을 축방정식으로 택하여, 이 축방정식에 $m = 0.4003/0.0004 = 1001$을 곱하여 두 번째 식에서 빼면

$$-1405x_2 = -1404$$

이 된다. 따라서 $x_2 = -1404/(-1405) = 0.9993$이 되며, 이를 첫 번째 식에 대입하면 $x_1 = 10$ 대신에

$$x_1 = \frac{1}{0.0004}(1.406 - 1.402 \cdot 0.9993) = \frac{0.005}{0.0004} = 12.5$$

가 된다. 이런 잘못된 결과의 원인은 $|a_{11}|$이 $|a_{12}|$에 비해 작고, 이로 인해 x_2의 작은 반올림오차가 x_1에 큰 오차를 발생시키기 때문이다.

(b) 두 번째 식을 축방정식으로 택하여, 이 축방정식에 $0.0004/0.4003 = 0.0009993$을 곱하여 첫 번째 식에서 빼면

$$1.404x_2 = 1.404$$

이 된다. 따라서 $x_2 = 1$이 되며 이를 축방정식에 대입하면 $x_1 = 10$이 된다. 이런 성공적인 결과는 $|a_{21}|$이 상대적으로 $|a_{22}|$에 비해 그다지 작지 않으므로 x_2의 작은 반올림오차가 x_1에서 큰 오차를 발생시키지 않기 때문이다. 예를 들어, $x_2 = 1.002$라 하더라도 이를 축방정식에 대입하면 비교적 정확한 값 $x_1 = (2.501 + 1.505)/0.4003 = 10.01$을 얻게 된다. ■

Gauss 소거법에 대한 오차추정은 부록 1의 참고문헌 [E5]를 참조하라.

행축척(row scaling)은 적절한 축척인자(scaling factor) s_j를 j행의 모든 요소에 곱하는 것을 의미한다. 이는 더 정확한 해를 얻기 위해 부분축연산(partial pivoting)과 연계되어 사용된다. 그러나 많은 연구(부록 1의 참고문헌 [E9], [E24] 참조)와 여러 가지 원칙들이 제안되었음에도 불구하고 행축척에 대하여 여전히 잘 이해되고 있지 않다. 제안된 원칙 가운데 사용 가능한 원칙 하나를 소개하면, 축의 선택에만(추가적인 반올림오차를 피하기 위해 계산에는 사용하지 않음) 행축척을 사용하여 A_j를 j행에서 가장 큰 절댓값을 갖는 원소라 할 때, $|a_{j1}|/|A_j|$ 값이 가장 크게 되는 a_{j1}을 첫 번째 축으로 선택하며 이후의 단계는 Gauss 소거법과 동일한 과정을 따른다.

예를 들어, 연립방정식

$$4.0000x_1 + 14020x_2 = 14060$$
$$0.4003x_1 - 1.502x_2 = 2.501$$

에서 축으로 4를 택할 수도 있지만, 첫 번째 방정식을 10^4로 나눌 경우 예제 3의 연립방정식과 같아지게 되며, 이 경우 두 번째 식이 더 좋은 축방정식이 되고 있음을 알 수 있다.

연산수

일반적으로, 수치해법의 우수성을 판단하는 중요 요소들은

저장용량(amount of storage)
계산시간(amount of time)[≡ 연산횟수(number of operations)]
반올림오차의 영향(effect of roundoff error)

이다. Gauss 소거법의 꽉찬 행렬(full matrix, 다수의 영이 아닌 행렬 요소를 갖는 행렬)에 대한 연산수는 다음과 같다. k번째 단계에서는 $n - k$개의 식에서 x_k를 소거하여야 한다. m_{jk} (3번 줄)를 계산하기 위하여 $n - k$번의 나눗셈, $(n - k)(n - k + 1)$번의 곱셈과 같은 수의 뺄셈이 필요하다(모두 4번 줄에 해당). 이러한 과정을 모두 $n - 1$단계에 걸쳐 수행하므로 k는 1에서 $n - 1$ 적용되며, 따라서 전진소거법에 필요한 전체 연산수는

$$f(n) = \sum_{k=1}^{n-1}(n-k) + 2\sum_{k=1}^{n-1}(n-k)(n-k+1) \qquad (\text{여기서 } n-k=s)$$
$$= \sum_{s=1}^{n-1} s + 2\sum_{s=1}^{n-1} s(s+1) = \tfrac{1}{2}(n-1)n + \tfrac{2}{3}(n^2-1)n \approx \tfrac{2}{3}n^3$$

이다. 여기서, $2n^3/3$은 n의 낮은 차수를 생략하여 얻은 것이다. 따라서, $f(n)$은 대략 n^3에 비례하여 증가함을 알 수 있다. 이때, $f(n)$의 *차수*는 n^3이라 하고

$$f(n) = O(n^3)$$

로 쓴다. 여기서, O는 **차수**(order)를 의미한다. O의 일반적인 정의는 다음과 같다. 우리가

$$f(n) = O(h(n))$$

로 표현한 경우는, $n \to \infty$일 때 몫 $|f(n)/h(n)|$과 $|h(n)/f(n)|$이 유계임을(무한대로 되지 않고) 의미한다. 앞의 경우, $h(n) = n^3$이고, n^3로 나누면 생략된 항들은 $n \to \infty$일 때 0으로 접근하므로 $f(n)/n^3 \to \frac{2}{3}$이 되는 것이다.

x_i의 역대입에는 $n - i$번의 곱셈과 같은 수의 뺄셈 그리고 한 번의 나눗셈이 필요하다. 따라서 역대입 과정의 연산수는

$$b(n) = 2\sum_{i=1}^{n}(n-i) + n = 2\sum_{s=1}^{n} s + n = n(n+1) + n = n^2 + 2n = O(n^2)$$

이다. 역대입에 필요한 연산수는 Gauss 알고리즘의 전진소거에 필요한 연산수보다 작게 증가하며, 전진소거의 경우에 비하여 약 n배 작으므로, 큰 계에 대해서는 역대입에 필요한 연산수는 전진소거에 비하여 무시할 수 있다. 예를 들어, 한 번의 연산에 10^{-9} sec가 소요된다고 가정할 경우, 필요한 계산시간은 다음과 같다.

알고리즘	$n = 1000$	$n = 10000$
전진소거	0.7 sec	11 min
역대입	0.001 sec	0.1 sec

연습문제 20.1

1차 연립방정식에 대한 **응용**은 7.1절과 8.2절을 참조하라.

1-3 기하학적 표현

그래프를 사용하여 풀고 결과를 기하학적으로 설명하라.

1. $x_1 - 4x_2 = 20.1$
$3x_1 + 5x_2 = 5.9$

2. $-5.00x_1 + 8.40x_2 = 0$
$10.25x_1 - 17.22x_2 = 0$

3. $7.2x_1 - 3.5x_2 = 16.0$
$-14.4x_1 + 7.0x_2 = 31.0$

4-16 Gauss 소거법

다음의 1차 연립방정식을 Gauss 소거법으로 풀고, 필요한 경우 부분축연산을 사용하라(행축척은 사용하지 말 것). 중간 풀이 과정을 보이고 결과를 대입하여 검증하라. 만약 해가 존재하지 않거나 다수의 해가 존재하면 그 이유를 설명하라.

4. $6x_1 + x_2 = -3$
$4x_1 - 2x_2 = 6$

5. $2x_1 - 8x_2 = -4$
$3x_1 + x_2 = 7$

6. $25.38x_1 - 15.48x_2 = 30.60$
$-14.10x_1 + 8.60x_2 = -17.00$

7. $-3x_1 + 6x_2 - 9x_3 = -46.725$
$x_1 - 4x_2 + 3x_3 = 19.571$
$2x_1 + 5x_2 - 7x_3 = -20.073$

8. $15x_1 + 3x_2 + x_3 = 2$
$- 4x_2 + 8x_3 = -3$
$10x_1 - 6x_2 + 26x_3 = 0$

9. $6x_2 + 13x_3 = 137.86$
$6x_1 - 8x_3 = -85.88$
$13x_1 - 8x_2 \quad 1 = 178.54$

10. $4x_1 + 4x_2 + 2x_3 = 0$
$3x_1 - x_2 + 2x_3 = 0$
$3x_1 + 7x_2 + x_3 = 0$

11. $3.4x_1 - 6.12x_2 - 2.72x_3 = 0$
$-x_1 + 1.80x_2 + 0.80x_3 = 0$
$2.7x_1 - 4.86x_2 + 2.16x_3 = 0$

12. $15x_1 + 3x_2 + x_3 = 2$
$- 4x_2 + 8x_3 = -3$
$10x_1 - 6x_2 + 26x_3 = 0$

13. $3x_2 + 5x_3 = 1.20736$
$3x_1 - 4x_2 = -2.34066$
$5x_1 + 6x_3 = -0.329193$

14. $-47x_1 + 4x_2 - 7x_3 = -118$
$19x_1 - 3x_2 + 2x_3 = 43$
$-15x_1 + 5x_2 = -25$

15. $2.2x_2 + 1.5x_3 - 3.3x_4 = -9.30$
$0.2x_1 + 1.8x_2 + 4.2x_4 = 9.24$
$-x_1 - 3.1x_2 + 2.5x_3 = -8.70$
$0.5x_1 - 3.8x_3 + 1.5x_4 = 11.94$

16. $3.2x_1 + 1.6x_2 = -0.8$
$1.6x_1 - 0.8x_2 + 2.4x_3 = -16.0$
$2.4x_2 - 4.8x_3 + 3.6x_4 = -39.0$
$3.6x_3 + 2.4x_4 = 10.2$

17. CAS 과제. **Gauss 소거법**. 축연산(pivoting)을 이용한 Gauss 소거법 프로그램을 작성하고 작성한 프로그램을 문제 13-16에 적용하라. 계수 행렬식의 절댓값이 작은 방정식에 대하여 잘 적용되는지 살펴보라. 그리고 희박한(많은 행렬 요소가 0인) 연립방정식을 포함하여 대규모 연립방정식에 대해서 프로그램 수행 능력을 조사하라.

18. 조별 과제. **1차 연립방정식과 Gauss 소거법. (a) 존재성과 유일성**. $ax_1 + x_2 = b$, $x_1 + x_2 = 3$이 (i) 유일한 해, (ii) 무수히 많은 해, (iii) 해를 갖지 않도록 하는 a와 b를 구하라.

(b) Gauss 소거법과 비존재성. 다음 두 연립방정식에 대해 Gauss 소거법을 적용하고 단계별로 계산을 비교하라. 해가 존재하지 않으면 소거법이 실패하는데, 그 이유를 설명하라.

$$x_1 + x_2 + x_3 = 3$$
$$4x_1 + 2x_2 - x_3 = 5$$
$$9x_1 + 5x_2 - x_3 = 13$$

$$x_1 + x_2 + x_3 = 3$$
$$4x_1 + 2x_2 - x_3 = 5$$
$$9x_1 + 5x_2 - x_3 = 12$$

(c) 0 행렬식. 계수 행렬식이 0인 제차 연립방정식에 대해서 컴퓨터 프로그램은 해를 0으로만 계산하는지 그 이유를 설명하라.

(d) 축연산. 연립방정식 (A)(아래)를 먼저 축연산 없이

Gauss 소거법으로 풀어라. 충분히 작은 $\epsilon > 0$에 대해, 고정된 자릿수를 사용하는 컴퓨터에서 $x_2 = 1$과 $x_1 = 0$을 얻음을 보여라. 정확한 해는 무엇인가? $\epsilon \to 0$일 때, 정확한 해의 극한은 무엇인가? 축연산을 사용하며 Gauss 소거법으로 풀고 결과를 비교하여 설명하라.

(e) 축연산. 축방정식으로 (i) 첫 번째 방정식, (ii) 두 번째 방정식을 선택하여, 연립방정식 (B)를 소수점 이하 3자리 반올림(3-digit rounding)을 사용하여 Gauss 소거법으로 풀어라. (컴퓨터에서 계산되는 경우와 같이 각 연산 결과는 다음 연산을 수행하기 전에 3S로 반올림되어야 한다.) 두 경우에 대해 4자리 반올림을 사용하여 계산하고 이전 결과와 비교하고 설명하라.

(A) $$\epsilon x_1 + x_2 = 1$$
$$x_1 + x_2 = 2$$

(B) $$4.03x_1 + 2.16x_2 = -4.61$$
$$6.21x_1 + 3.35x_2 = -7.19$$

20.2 1차 연립방정식: LU-분해, 행렬 역변환

n개의 1차 연립방정식에서 n개의 미지수 $x_1, \cdots, x_n$을 구하는

(1) $$\mathbf{Ax} = \mathbf{b}$$

의 수치해법에 대해 논의하자. 여기서 $\mathbf{A} = [a_{jk}]$는 $n \times n$ 계수행렬이고, $\mathbf{x}^\top = [x_1, \cdots, x_n]$와 $\mathbf{b}^\top = [b_1, \cdots, b_n]$이다. Gauss 소거법에 비하여 산술 연산수가 적은 변형된 3개의 Gauss 소거법을 소개한다. 이것들은 제안한 사람의 이름을 사용하여 Doolittle, Crout, Cholesky이라 부르며 **A**의 LU-분해 개념을 사용하고 있다. 먼저 LU-분해 개념에 대하여 살펴보자.

주어진 정방행렬 **A**의 **LU-분해**(LU-factorization)는

(2) $$\mathbf{A} = \mathbf{LU}$$

로 표현되며, 여기서 L은 **아래삼각행렬**(lower triangular matrix)이고, **U**는 **위삼각행렬**(upper triangular matrix)이다. 예를 들면

$$\mathbf{A} = \begin{bmatrix} 2 & 3 \\ 8 & 5 \end{bmatrix} = \mathbf{LU} = \begin{bmatrix} 1 & 0 \\ 4 & 1 \end{bmatrix} \begin{bmatrix} 2 & 3 \\ 0 & -7 \end{bmatrix}$$

과 같다. 임의의 비특이행렬(7.8절 참조)은 행을 재정렬하면, 행렬 **A**는 식 (2)와 같은 LU-분해로 표현될 수 있다. 이때, **L**은 Gauss 소거법의 **곱수**(multiplier) m_{jk}와 주대각 원소 $1, \cdots, 1$을 갖는 행렬이고, **U**는 Gauss 소거법 마지막 단계에서 얻는 삼각형태의 연립방정식의 계수행렬이다(부록 1의 참고문헌 [E5], pp 155~156 참조).

기본 개념은 식 (2)의 **L**과 **U** 행렬의 경우, 해당되는 연립방정식은 식을 사용하지도 않고(즉, Gauss 소거법을 이용하지도 않고) 직접 구할 수 있다는 것이다. 이 경우는 약 $n^3/3$의 연산수를 필요로 하는데 Gauss 소거법의 연산수 $2n^3/3$ (20.1절 참조)의 반 정도에 해당한다. 또한, 일단 식 (2)를 얻게 되면 $\mathbf{Ax} = \mathbf{b}$의 풀이는 n^2의 연산수가 필요한 두 단계로 나누어 간단히 풀 수 있다. 즉, 식 $\mathbf{Ax} = \mathbf{LUx} = \mathbf{b}$를

(3) (a) $\mathbf{Ly} = \mathbf{b}$ 여기서 (b) $\mathbf{Ux} = \mathbf{y}$

로 나누어 표현한 뒤에, 먼저 식 (3a)를 $\mathbf{y}$에 대해 풀고, 다시 식 (3b)를 $\mathbf{x}$에 대해 푸는 것이다. 앞서 언급한 바와 같이 여기서 주대각 원소 1, ···, 1을 갖는 행렬 $\mathbf{L}$이 요구되며, 이때 이 방법을 **Doolittle법**(Doolittle's method)[1]이라 한다. 식 (3a)와 (3b)가 모두 삼각형태이므로 Gauss 소거법의 역대입으로 해를 구할 수 있다.

유사한 방법인 **Crout법**(Crout's method)[2]은 식 (2)에서는 $\mathbf{U}$의 ($\mathbf{L}$ 대신에) 모든 주대각 원소가 1, ···, 1을 갖는다. 두 방법 모두 분해 (2) 표현식은 유일하다.

예제 1 Doolittle 법

20.1절의 예제 1을 Doolittle법으로 풀어라.

풀이. 분해 (2)는 다음 식으로부터

$$\mathbf{A} = [a_{jk}] = \begin{bmatrix} a_{11} & a_{12} & a_{13} \\ a_{21} & a_{22} & a_{23} \\ a_{31} & a_{32} & a_{33} \end{bmatrix} = \begin{bmatrix} 3 & 5 & 2 \\ 0 & 8 & 2 \\ 6 & 2 & 8 \end{bmatrix} = \begin{bmatrix} 1 & 0 & 0 \\ m_{21} & 1 & 0 \\ m_{31} & m_{32} & 1 \end{bmatrix} \begin{bmatrix} u_{11} & u_{12} & u_{13} \\ 0 & u_{22} & u_{23} \\ 0 & 0 & u_{33} \end{bmatrix}$$

행렬곱을 이용하여 m_{jk}와 u_{jk}를 구함으로써 찾을 수 있다.

$a_{11} = 3 = 1 \cdot u_{11} = u_{11}$	$a_{12} = 5 = 1 \cdot u_{12} = u_{12}$	$a_{13} = 2 = 1 \cdot u_{13} = u_{13}$
$a_{21} = 0 = m_{21}u_{11}$ $m_{21} = 0$	$a_{22} = 8 = m_{21}u_{12} + u_{22}$ $u_{22} = 8$	$a_{23} = 2 = m_{21}u_{13} + u_{23}$ $u_{23} = 2$
$a_{31} = 6 = m_{31}u_{11}$ $= m_{31} \cdot 3$ $m_{31} = 2$	$a_{32} = 2 = m_{31}u_{12} + m_{32}u_{22}$ $= 2 \cdot 5 + m_{32} \cdot 8$ $m_{32} = -1$	$a_{33} = 8 = m_{31}u_{13} + m_{32}u_{23} + u_{33}$ $= 2 \cdot 2 - 1 \cdot 2 + u_{33}$ $u_{33} = 6$

따라서 분해 (2)는

$$\begin{bmatrix} 3 & 5 & 2 \\ 0 & 8 & 2 \\ 6 & 2 & 8 \end{bmatrix} = \mathbf{LU} = \begin{bmatrix} 1 & 0 & 0 \\ 0 & 1 & 0 \\ 2 & -1 & 1 \end{bmatrix} \begin{bmatrix} 3 & 5 & 2 \\ 0 & 8 & 2 \\ 0 & 0 & 6 \end{bmatrix}$$

이 된다. 먼저 $\mathbf{Ly} = \mathbf{b}$를 이용하며, $y_1 = 8, y_2 = -7$를 구한 뒤, $2y_1 - y_2 + y_3 = 16 + 7 + y_3 = 26$으로부터 y_3를 구한다(다음 식과 같이 $\mathbf{A}$에서 행교환이 이루어졌으므로 $\mathbf{b}$도 행교환이 있음을 유의).

$$\begin{bmatrix} 1 & 0 & 0 \\ 0 & 1 & 0 \\ 2 & -1 & 1 \end{bmatrix} \begin{bmatrix} y_1 \\ y_2 \\ y_3 \end{bmatrix} = \begin{bmatrix} 8 \\ -7 \\ 26 \end{bmatrix} \qquad \text{해는} \qquad \mathbf{y} = \begin{bmatrix} 8 \\ -7 \\ 3 \end{bmatrix}$$

다음으로 $\mathbf{Ux} = \mathbf{y}$를 이용하여 $x_3 = \frac{3}{6}$를 구하고 이후 x_2, x_1을 구한다. 즉

---

[1]MYRICK H. DOOLITTLE(1830-1913). 미국 연안 및 측지국(U.S. Coast and Geodetic Survey Office)에서 근무한 미국 수학학자로 그가 제안한 방법은 1878년 *연안 및 측지국 문건* 115-120쪽에 나타나 있다.

[2]PRESCOTT DURAND CROUT(1907-1984). 미국 수학학자로 MIT에서 교수로 활동하였으며 제너럴 일렉트릭(General Electric) 회사에서도 근무하였다.

$$\begin{bmatrix} 3 & 5 & 2 \\ 0 & 8 & 2 \\ 0 & 0 & 6 \end{bmatrix} \begin{bmatrix} x_1 \\ x_2 \\ x_3 \end{bmatrix} = \begin{bmatrix} 8 \\ -7 \\ 3 \end{bmatrix} \qquad \text{해는} \qquad \mathbf{x} = \begin{bmatrix} 4 \\ -1 \\ \frac{1}{2} \end{bmatrix}$$

이다. 이것은 20.1절의 예제 1의 해와 일치한다. ■

예제 1에서 보듯이, 일반적인 n에 대해 **Doolittle법**(Doolittle method)을 이용하면 행렬 $\mathbf{L} = [m_{jk}]$(주대각 원소 1, ⋯, 1과 m_{jk}는 "곱수"를 나타냄)와, $\mathbf{U} = [u_{jk}]$의 원소는 다음 식으로부터 계산됨을 알 수 있다.

$$\begin{aligned} u_{1k} &= a_{1k} && k = 1, \cdots, n \\ m_{j1} &= \frac{a_{j1}}{u_{11}} && j = 2, \cdots, n \\ u_{jk} &= a_{jk} - \sum_{s=1}^{j-1} m_{js} u_{sk} && k = j, \cdots, n; \quad j \geqq 2 \\ m_{jk} &= \frac{1}{u_{kk}} \left(a_{jk} - \sum_{s=1}^{k-1} m_{js} u_{sk} \right) && j = k+1, \cdots, n; \quad k \geqq 2 \end{aligned} \tag{4}$$

행 교환. 다음과 같은 행렬은 LU-분해가 불가능하다(시도해 보라!).

$$\begin{bmatrix} 0 & 1 \\ 1 & 1 \end{bmatrix} \qquad \text{또는} \qquad \begin{bmatrix} 0 & 1 \\ 1 & 0 \end{bmatrix}$$

따라서 이 같은 경우에는 LU-분해를 하기 위하여 **A**의(대응하는 **b** 포함) 행교환(row interchange)이 필요하다.

Cholesky 법

대칭(symmetric), ***양의 정부호*** 행렬(positive definite matrix) **A**(즉, $\mathbf{A} = \mathbf{A}^\top$이고, 모든 $\mathbf{x} \neq 0$에 대해서 $\mathbf{x}^\top \mathbf{A}\mathbf{x} > 0$)에 대해 식 (2)에서 $\mathbf{U} = \mathbf{L}^\top$를 택할 수 있으며, 따라서 $u_{jk} = m_{jk}$이다(주대각선 원소에는 조건이 부과될 수 없다). 예를 들면

$$\mathbf{A} = \begin{bmatrix} 4 & 2 & 14 \\ 2 & 17 & -5 \\ 14 & -5 & 83 \end{bmatrix} = \mathbf{L}\mathbf{L}^\top = \begin{bmatrix} 2 & 0 & 0 \\ 1 & 4 & 0 \\ 7 & -3 & 5 \end{bmatrix} \begin{bmatrix} 2 & 1 & 7 \\ 0 & 4 & -3 \\ 0 & 0 & 5 \end{bmatrix} \tag{5}$$

이다. 이와 같은 분해 $\mathbf{A} = \mathbf{L}\mathbf{L}^\top$에 기초하여 $\mathbf{A}\mathbf{x} = \mathbf{b}$를 푸는 보편적인 방법을 **Cholesky 법**(Cholesky's method)[3]이라 한다. $\mathbf{L} = [L_{jk}]$의 원소들에 대한 분해 공식들은 다음과 같다.

---

[3]ANDRÉ-LOUIS CHOLESKY(1875-1918) 프랑스 군무원, 측지학자, 수학학자로 크레타와 북아프리카 지역을 측지하였다. 제1차 세계대전에서 전사하였고 그가 제안한 방법은 1924년 *Bulletin Géodésique*에 사후에 게재되었으며 아일랜드계 미국인 수학학자, 수치해석학자, 수치해석의 컴퓨터 방식 초기 개척자, Caltech 교수, 그리고 ERWIN KREYSZIG의 절친한 친구이자 동료인 JOHN TODD(1911-2007)에 의하여 1940년대 영국 런던 King's College의 해석학 강좌에서 Cholesky's법이 강의되기 전까지는 별로 주목받지 못했다.

$$
\begin{aligned}
&l_{11} = \sqrt{a_{11}} \\
&l_{j1} = \frac{a_{j1}}{l_{11}} && j = 2, \cdots, n \\
(6) \qquad &l_{jj} = \sqrt{a_{jj} - \sum_{s=1}^{j-1} l_{js}^2} && j = 2, \cdots, n \\
&l_{pj} = \frac{1}{l_{jj}}\left(a_{pj} - \sum_{s=1}^{j-1} l_{js} l_{ps}\right) && p = j+1, \cdots, n; \quad j \geqq 2
\end{aligned}
$$

A가 대칭이지만 양의 정부호가 아닌 경우도 이 방법을 적용할 수 있으나 **L**이 복소행렬(complex matrix)이 되므로 비실용적이다.

예제 2 Cholesky법

다음을 Cholesky법으로 풀어라.

$$
\begin{aligned}
4x_1 + 2x_2 + 14x_3 &= 14 \\
2x_1 + 17x_2 - 5x_3 &= -101 \\
14x_1 - 5x_2 + 83x_3 &= 155
\end{aligned}
$$

풀이. 식 (6)을 이용하거나 다음과 같은 분해 형태로부터

$$
\begin{bmatrix} 4 & 2 & 14 \\ 2 & 17 & -5 \\ 14 & -5 & 83 \end{bmatrix} = \begin{bmatrix} l_{11} & 0 & 0 \\ l_{21} & l_{22} & 0 \\ l_{31} & l_{32} & l_{33} \end{bmatrix} \begin{bmatrix} l_{11} & l_{21} & l_{31} \\ 0 & l_{22} & l_{32} \\ 0 & 0 & l_{33} \end{bmatrix}
$$

차례로 다음과 같이 구할 수 있다.

$$
l_{11} = \sqrt{a_{11}} = 2 \qquad l_{21} = \frac{a_{21}}{l_{11}} = \frac{2}{2} = 1 \qquad l_{31} = \frac{a_{31}}{l_{11}} = \frac{14}{2} = 7
$$

$$
\begin{aligned}
l_{22} &= \sqrt{a_{22} - l_{21}^2} = \sqrt{17 - 1} = 4 \\
l_{32} &= \frac{1}{l_{23}}(a_{32} - l_{31} l_{21}) = \frac{1}{4}(-5 - 7 \cdot 1) = -3 \\
l_{33} &= \sqrt{a_{33} - l_{31}^2 - l_{32}^2} = \sqrt{83 - 7^2 - (-3)^2} = 5
\end{aligned}
$$

이것은 식 (5)와 일치한다. 이제 첫 번째 단계로 **Ly = b**에 대하여 풀면,

$$
\begin{bmatrix} 2 & 0 & 0 \\ 1 & 4 & 0 \\ 7 & -3 & 5 \end{bmatrix} \begin{bmatrix} y_1 \\ y_2 \\ y_3 \end{bmatrix} = \begin{bmatrix} 14 \\ -101 \\ 155 \end{bmatrix} \quad \text{에서 해} \quad \mathbf{y} = \begin{bmatrix} 7 \\ -27 \\ 5 \end{bmatrix}
$$

두 번째 단계로 $\mathbf{Ux} = \mathbf{L}^{\top}\mathbf{x} = \mathbf{y}$를 풀어

$$
\begin{bmatrix} 2 & 1 & 7 \\ 0 & 4 & -3 \\ 0 & 0 & 5 \end{bmatrix} \begin{bmatrix} x_1 \\ x_2 \\ x_3 \end{bmatrix} = \begin{bmatrix} 7 \\ -27 \\ 5 \end{bmatrix} \quad \text{에서 해} \quad \mathbf{x} = \begin{bmatrix} 3 \\ -6 \\ 1 \end{bmatrix}
$$

를 구한다. ■

정리 1

Cholesky 분해의 안정성

Cholesky의 $LL^\top$ 분해는 수치적으로 안정하다(19.1절에 정의됨).

증명 식 (6)의 세 번째 공식을 제곱하고 이를 a_{jj}에 대해 풀면 $a_{jj} = l_{j1}^2 + l_{j2}^2 + \cdots + l_{jj}^2$을 얻는다. 따라서 모든 l_{jk} ($k > j$에 대해 $l_{jk} = 0$임을 명심)에 대해

$$l_{jk}^2 \leqq l_{j1}^2 + l_{j2}^2 + \cdots + l_{jj}^2 = a_{jj}$$

이 성립한다.

즉, l_{jk}^2는 $\mathbf{A}$의 한 원소에 의하여 제한된 크기를 가지며, 이 사실은 반올림에 대한 안정성을 의미한다. ■

Gauss-Jordan 소거법. 행렬 역변환

Gauss 소거법의 또 다른 변형인 **Gauss-Jordan 소거법**(Gauss-Jordan elimination)은 1920년 W. Jordan에 의하여 소개되었으며, 이 방법에서는 Gauss 소거법의 삼각행렬 대신에 더 많은 연산을 추가하여 대각행렬을 만들어 해를 구하므로 역대입이 필요없다. 그러나 Gauss 삼각행렬을 대각행렬로 변환하는 과정에서 역대입보다 더 많은 연산이 필요하다. 결과적으로 이 방법은 $\mathbf{Ax} = \mathbf{b}$의 연립방정식을 푸는 데 큰 *장점을 갖고 있지는 않다*. 그러나 다음과 같은 행렬의 역변환에 이용되기도 한다.

비특이 정방행렬(nonsigular square matrix) $\mathbf{A}$의 **역행렬**(inverse matrix)은 원칙적으로 n개의 연립방정식

$$\mathbf{Ax} = \mathbf{b}_j \qquad (j = 1, \cdots, n) \tag{7}$$

을 풀어서 구하기도 하며, 여기서 $\mathbf{b}_j$는 $n \times n$ 단위행렬(unit matrix)의 j번째 열이다.

그러나 Gauss-Jordan 알고리즘과 같은 방법을 적용하여 $\mathbf{A}$를 $\mathbf{I}$로 바꾸는 과정을 단위행렬 $\mathbf{I}$에 적용하여 $\mathbf{A}^{-1}$을 얻는 것이 더 편리하다. 이 방법의 대표적인 예는 7.8절에 나타나 있다.

연습문제 20.2

1-5 Doolittle법

Doolittle법으로 LU-분해 과정을 보이면서 풀어라.

1. $4x_1 + 5x_2 = 14$
$12x_1 + 14x_2 = 36$

2. $2x_1 + 9x_2 = 82$
$3x_1 - 5x_2 = -62$

3. $5x_1 + 4x_2 + x_3 = 6.8$
$10x_1 + 9x_2 + 4x_3 = 17.6$
$10x_1 + 13x2 + 15x3 = 38.4$

4. $2x_1 + x_2 + 2x_3 = 0$
$-2x_1 + 2x_2 + x_3 = 0$
$x_1 + 2x_2 - 2x_3 = 18$

5. $3x_1 + 9x_2 + 6x_3 = 4.6$
$18x_1 + 48x_2 + 39x_3 = 27.2$
$9x_1 - 27x_2 + 42x_3 = 9.0$

6. **조별 과제.** **Crout법**은 아래삼각행렬 **L**과 대각선 원소 $u_{jj} = 1, j = 1, \cdots, n$을 갖는 위삼각행렬 **U**를 이용하여 $\mathbf{A} = \mathbf{LU}$로 분해한다.

(a) 공식. 식 (4)와 유사한 Crout법에 대한 공식을 구하라.

(b) 예. Crout법으로 문제 5를 풀어라.

(c) 다음 행렬을 Doolittle, Crout, Cholesky법으로 분해하라.

$$\begin{bmatrix} 1 & -4 & 2 \\ -4 & 25 & 4 \\ 2 & 4 & 24 \end{bmatrix}$$

(d) Crout법을 이용하여 삼중대각행렬을 분해하는 공식을 구하라.

(e) 언제 Doolittle 분해로부터 Crout 분해를 구할 수 있는가?

7-12 Cholesky법

다음을 분해하고 풀어라.

7.
$$\begin{aligned} 9x_1 + 6x_2 + 12x_3 &= 17.4 \\ 6x_1 + 13x_2 + 11x_3 &= 23.6 \\ 12x_1 + 11x_2 + 26x_3 &= 30.8 \end{aligned}$$

8.
$$\begin{aligned} 4x_1 + 6x_2 + 8x_3 &= 0 \\ 6x_1 + 34x_2 + 52x_3 &= -160 \\ 8x_1 + 52x_2 + 129x_3 &= -452 \end{aligned}$$

9.
$$\begin{aligned} 0.01x_1 + 0.03x_3 &= 0.14 \\ 0.16x_2 + 0.08x_3 &= 0.16 \\ 0.03x_1 + 0.08x_2 + 0.14x_3 &= 0.54 \end{aligned}$$

10.
$$\begin{aligned} 4x_1 + 2x_3 &= 1.5 \\ 4x_2 + x_3 &= 4.0 \\ 2x_1 + x_2 + 2x_3 &= 2.5 \end{aligned}$$

11.
$$\begin{aligned} x_1 - x_2 + 3x_3 + 2x_4 &= 15 \\ -x_1 + 5x_2 - 5x_3 - 2x_4 &= -35 \\ 3x_1 - 5x_2 + 19x_3 + 3x_4 &= 94 \\ 2x_1 - 2x_2 + 3x_3 + 21x_4 &= 1 \end{aligned}$$

12.
$$\begin{aligned} 4x_1 + 2x_2 + 4x_3 &= 20 \\ 2x_1 + 2x_2 + 3x_3 + 2x_4 &= 36 \\ 4x_1 + 3x_2 + 6x_3 + 3x_4 &= 60 \\ 2x_2 + 3x_3 + 9x_4 &= 122 \end{aligned}$$

13. **정부호**(Definiteness). 행렬 **A**, **B**가 $n \times n$이고 양의 정부호라면, $-\mathbf{A}, \mathbf{A}^\top, \mathbf{A} + \mathbf{B}, \mathbf{A} - \mathbf{B}$도 양의 정부호인가?

14. **CAS 과제.** **Cholesky법. (a)** Cholesky법으로 연립방정식을 푸는 프로그램을 작성하라. 그리고 예제 2와 문제 7~9, 그리고 임의로 선택한 방정식에 적용하라.

(b) 스플라인. 프로그램의 분해에 대한 부분을 다음 행렬에 적용하라[스플라인에 관한 19.4절의 식 (9) ($c_j = 1$)에 나타나는].

$$\begin{bmatrix} 2 & 1 & 0 \\ 1 & 4 & 1 \\ 0 & 1 & 2 \end{bmatrix}, \quad \begin{bmatrix} 2 & 1 & 0 & 0 \\ 1 & 4 & 1 & 0 \\ 0 & 1 & 4 & 1 \\ 0 & 0 & 1 & 2 \end{bmatrix}$$

15-19 역변환

풀이과정을 자세하게 보이며 Gauss-Jordan 방법으로 다음의 역변환을 구하라.

15. 문제 1

16. 문제 4

17. 6번 조별 과제 (c)

18. 문제 9

19. 문제 12

20. **반올림.** 다음 행렬 **A**의 행렬식을 구하라. 각 원소들을 **(a)** 5S, **(b)** 4S, **(c)** 3S, **(d)** 2S, **(e)** 1S로 반올림을 취할 경우는 어떻게 되는가? 이 결과의 실제적 의미는 무엇인가?

$$\mathbf{A} = \begin{bmatrix} \frac{1}{3} & \frac{1}{4} & 2 \\ -\frac{1}{9} & 1 & \frac{1}{7} \\ \frac{4}{63} & -\frac{3}{28} & \frac{13}{49} \end{bmatrix}$$

20.3 1차 연립방정식: 반복법에 의한 풀이

앞의 두 절에서 살펴본 Gauss 소거법과 이의 변형들은 1차 연립방정식을 푸는 **직접법**(direct method)에 속하며, 이 방법에서는 사전에 예측된 만큼의 계산을 통하여 해를 얻을 수 있다. 반면에 **간접** 또는 **반복법**(indirect or iterative method)에서는 실해에 대한 근사해로부터 시작하여, 만약 성공적이라면 요구되는 정확도를 얻기 위해 필요한 만큼 자주 주기적인 계산을 반복함으로써 점점 더 좋은 근사채를 얻을 수 있다. 따라서 계산량은 요구되는 정확도에 의존하고 결정되므로, 각각의 경우에 따라 달라진다.

반복법은 수렴이 빠른 경우에(뒤에서 설명하겠지만, 행렬이 큰 주대각선 원소를 가진 경우에) 대하여서만 사용하며, 이 경우 직접법에 비해 계산량을 줄일 수 있다. 또한 대규모 연립방정식이 **희박**(sparse)한 경우에도, 즉 행렬의 계수가 대부분 0인 경우도 사용이 되며, 이 경우 만일 직접법을 사용한다면 0을 저장하기 위해 기억 용량을 낭비하게 된다. 예를 들어, 10^4개의 미지수를 갖고 10^4개의 방정식으로 구성된 퍼텐셜(potential) 문제가 이 경우에 해당된다. 이 문제에서는 각 방정식마다 5개만이 0이 아닌 항을 갖고 있기 때문에 각 방정식마다 9995개의 계수가 0이다(21.4절에서 더 자세히 다룬다).

Gauss-Seidel 반복법[4]

Gauss-Seidel 반복법은 매우 실용적이며, 다음 예제를 통해 간략히 살펴본다.

예제 1 Gauss-Seidel 반복법

1차 연립방정식

$$
\begin{aligned}
x_1 - 0.25x_2 - 0.25x_3 \qquad\qquad &= 50\\
-0.25x_1 + x_2 \qquad\qquad - 0.25x_4 &= 50\\
-0.25x_1 \qquad + x_3 - 0.25x_4 &= 25\\
- 0.25x_2 - 0.25x_3 + x_4 &= 25
\end{aligned} \tag{1}
$$

을 고려해 보자. (이러한 형태의 연립방정식은 편미분방정식의 수치해법과 스플라인 보간법에서 자주 나타난다.) 위 식을

$$
\begin{aligned}
x_1 &= 0.25x_2 + 0.25x_3 + 50\\
x_2 &= 0.25x_1 + 0.25x_4 + 50\\
x_3 &= 0.25x_1 + 0.25x_4 + 25\\
x_4 &= 0.25x_2 + 0.25x_3 + 25
\end{aligned} \tag{2}
$$

와 같이 다시 표현하고, 여기에 반복법을 적용해 본다. 초기 근사해를(정확하지 않음) $x_1^{(0)} = 100$, $x_2^{(0)} = 100$, $x_3^{(0)} = 100$, $x_4^{(0)} = 100$로 시작하여 더 정확한 근사해을 얻기 위하여 식 (2)로부터 계산한다.

(3)

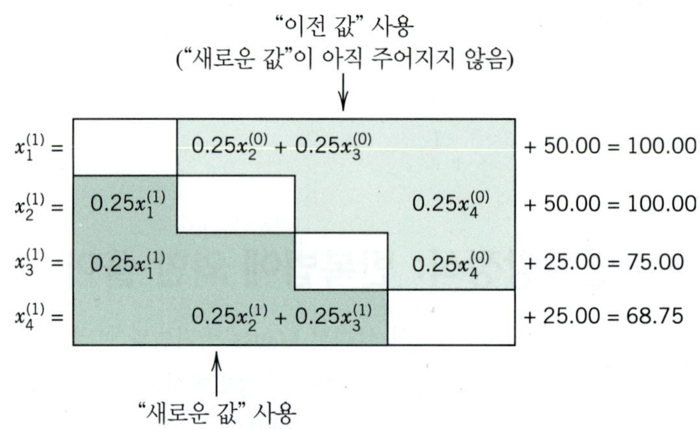

---

[4]PHILIPP LUDWIG VON SEIDEL(1821-1896), 독일 수학자. Gauss에 대해서는 5.4절의 각주 5번 참조

식 (3)은 식 (2)의 우변의 모든 미지수에 ***가장 최근***의 근사해을 대입하여 얻는다. 실제로 새로운 값이 계산되는 즉시 이전의 값들을 이들로 대체를 한다. 즉, 식 (3)의 두 번째와 세 번째 방정식에서는 $x_1^{(1)}$ ($x_1^{(0)}$이 아닌)을 사용하고 마지막 방정식에서 $x_2^{(1)}$과 $x_3^{(1)}$ ($x_2^{(0)}$와 $x_3^{(0)}$이 아닌)을 사용한다. 같은 원리를 사용하여 다음 단계를 구한다.

$$\begin{aligned}
x_1^{(2)} &= \phantom{0.25x_1^{(2)} +{}} 0.25x_2^{(1)} + 0.25x_3^{(1)} \phantom{{}+ 0.25x_4^{(1)}} + 50.00 = 93.750 \\
x_2^{(2)} &= 0.25x_1^{(2)} \phantom{{}+ 0.25x_2^{(1)} + 0.25x_3^{(1)}} + 0.25x_4^{(1)} + 50.00 = 90.625 \\
x_3^{(2)} &= 0.25x_1^{(2)} \phantom{{}+ 0.25x_2^{(1)} + 0.25x_3^{(1)}} + 0.25x_4^{(1)} + 25.00 = 65.625 \\
x_4^{(2)} &= \phantom{0.25x_1^{(2)} +{}} 0.25x_2^{(2)} + 0.25x_3^{(2)} \phantom{{}+ 0.25x_4^{(1)}} + 25.00 = 64.062
\end{aligned}$$

여러 단계 반복을 통하여 다음과 같은 수치를 얻는다.

x_1	x_2	x_3	x_4
89.062	88.281	63.281	62.891
87.891	87.695	62.695	62.598
87.598	87.549	62.549	62.524
87.524	87.512	62.512	62.506
87.506	87.503	62.503	62.502

정확한 해 $x_1 = x_2 = 87.5$, $x_3 = x_4 = 62.5$로의 수렴속도가 비교적 빠른 것을 알 수 있다. (확인해보아라!) ■

Gauss-Seidel 반복법에 관한 알고리즘은 표 20.2에 표현되어 있다. 이 알고리즘을 얻기 위해, 이 반복법에 대한 일반적인 공식들을 유도해 본다.

$j = 1, \cdots, n$에 대해 $a_{jj} = 1$이라 ***가정하면***(모든 대각 계수가 0이 되지 않도록 식들을 재정리한 후, 각각의 식을 해당되는 대각 계수로 나누어 줌으로써 얻을 수 있다) $\mathbf{A}$는 다음 식으로 표현된다.

$$\mathbf{A} = \mathbf{I} + \mathbf{L} + \mathbf{U} \qquad (a_{jj} = 1) \tag{4}$$

여기서 $\mathbf{I}$는 $n \times n$ 단위행렬이고 $\mathbf{L}$과 $\mathbf{U}$는 각각 주대각 원소들이 0인 아래삼각행렬과 위삼각행렬이다. 식 (4)를 $\mathbf{Ax} = \mathbf{b}$에 대입하면,

$$\mathbf{Ax} = (\mathbf{I} + \mathbf{L} + \mathbf{U})\mathbf{x} = \mathbf{b}$$

를 얻는다. $\mathbf{Lx}$와 $\mathbf{Ux}$를 우변으로 이항하면 $\mathbf{Ix} = \mathbf{x}$이므로

$$\mathbf{x} = \mathbf{b} - \mathbf{Lx} - \mathbf{Ux} \tag{5}$$

가 된다. 주대각 아래에서는 “새로운 값”을, 주대각 위에서는 “이전 값”을 택한 예제 1의 식 (3)을 잘 기억하여 식 (5)로부터 우리가 원하는 반복공식

“새로운 값” “이전 값”

$$\mathbf{x}^{(m+1)} = \mathbf{b} - \mathbf{Lx}^{(m+1)} - \mathbf{Ux}^{(m)} \qquad (a_{jj} = 1) \tag{6}$$

을 찾아낸다. 여기서, $\mathbf{x}^{(m)} = [x_j^{(m)}]$은 m번째(“이전 값”) 근사값이고 $\mathbf{x}^{(m+1)} = [x_j^{(m+1)}]$은 $(m+1)$번째(“새로운 값”) 근사값이다. 이를 각 성분으로 표시하면 표 20.2의 1번 줄의 공

식이 된다. 행렬 $\mathbf{A}$는 모든 j에 대해 $a_{jj} \neq 0$을 만족해야 한다. 표 20.2에서 $a_{jj} = 1$이라는 가정이 필요하지는 않으나 1번 줄의 $1/a_{jj}$ 인자에 의해서 사실상 이러한 가정이 자동적으로 처리된 것이나 다름이 없다.

표 20.2 Gauss-Seidel 반복법

GAUSS-Seidel 알고리즘($\mathbf{A}$, $\mathbf{b}$, $\mathbf{x}^{(0)}$, ϵ, N)

이 알고리즘은 $\mathbf{A} = [a_{jk}]$가 $a_{jj} \neq 0$, $j = 1, \cdots, n$인 $n \times n$ 행렬일 때 주어진 초기 근사해 $\mathbf{x}^{(0)}$에 대해 $\mathbf{Ax} = \mathbf{b}$의 해 x를 계산한다.

INPUT: $\mathbf{A}$, $\mathbf{b}$, 초기 근사값 $\mathbf{x}^{(0)}$, 허용오차 ϵ, 최대 반복수 N

OUTPUT: 근사해 $\mathbf{x}^{(m)} = [x_j^{(m)}]$ 또는 $\mathbf{x}^{(N)}$이 허용오차 조건을 만족하지 않는다는 오류 메시지

For $m = 0, \cdots, N-1$, do:

1 For $j = 1, \cdots, n$, do:

$$x_j^{(m+1)} = \frac{1}{a_{jj}}\left(b_j - \sum_{k=1}^{j-1} a_{jk}x_k^{(m+1)} - \sum_{k=j+1}^{n} a_{jk}x_k^{(m)}\right)$$

End

2 If $\max_j |x_j^{(m+1)} - x_j^{(m)}| < \epsilon\, |x_j^{(m+1)}|$ then OUTPUT $\mathbf{x}^{(m+1)}$. Stop

[성공적인 과정]

End

OUTPUT: "N회 반복계산 후 허용오차 조건을 만족하는 해가 없음.", Stop

[비성공적인 과정]

End GAUSS-Seidel

수렴성과 행렬노름

$\mathbf{Ax} = \mathbf{b}$를 푸는 반복법은, 대응하는 반복 수열 $\mathbf{x}^{(0)}, \mathbf{x}^{(1)}, \mathbf{x}^{(2)}, \cdots$이 주어진 연립방정식의 해로 수렴하면, 초기값 $\mathbf{x}^{(0)}$에 대해 **수렴한다**(converge)고 한다. 이러한 수렴성 여부는 $\mathbf{x}^{(m)}$과 $\mathbf{x}^{(m+1)}$ 사이의 관계에 좌우된다. Gauss-Seidel 방법에 대한 이 관계를 얻기 위해 식 (6)을 이용하면 먼저 다음 식을 얻게 된다.

$$(\mathbf{I} + \mathbf{L})\,\mathbf{x}^{(m+1)} = \mathbf{b} - \mathbf{U}\mathbf{x}^{(m)}$$

왼쪽으로부터 이 식 양변에 $(\mathbf{I} + \mathbf{L})^{-1}$을 곱하면

$$\text{(7)} \qquad \mathbf{x}^{(m+1)} = \mathbf{C}\mathbf{x}^{(m)} + (\mathbf{I} + \mathbf{L})^{-1}\mathbf{b} \qquad \text{여기서} \qquad \mathbf{C} = -(\mathbf{I} + \mathbf{L})^{-1}\mathbf{U}$$

이 된다. Gauss-Seidel 반복법은 "반복행렬" $\mathbf{C} = [c_{jk}]$의 모든 고유값(8.1절)의 절댓값이 1보다 작다면 모든 초기값 $\mathbf{x}^{(0)}$에 대해 수렴한다(부록 1의 참고문헌 [E5], 191쪽의 증명 참조).

주의! $\mathbf{C}$를 얻기 위하여서는 주대각 원소가 $1, \cdots, 1$이 되도록 $\mathbf{A}$의 각 행을 a_{jj}로 나누어야 한다. $\mathbf{C}$의 **스펙트럼 반지름**(spectral radius, = 고유값의 최대절댓값)이 작으면 작을수록, 빠르게 수렴한다.

수렴의 충분조건. 수렴에 대한 충분조건은

$$\|\mathbf{C}\| < 1 \tag{8}$$

이고, 여기서 $\|\mathbf{C}\|$는 **행렬노름**(matrix norm)으로

$$\|\mathbf{C}\| = \sqrt{\sum_{j=1}^{n}\sum_{k=1}^{n} c_{jk}^2} \qquad \text{(Frobenius 노름)} \tag{9}$$

또는, 행렬 $\mathbf{C}$의 각 **열**에 들어 있는 모든 $|c_{jk}|$ 항들의 합의 최댓값

$$\|\mathbf{C}\| = \max_k \sum_{j=1}^{n} |c_{jk}| \qquad \text{(열 "덧셈" 노름)} \tag{10}$$

또는, 행렬 $\mathbf{C}$의 각 **행**에 들어 있는 모든 $|c_{jk}|$ 항들의 합의 최댓값

$$\|\mathbf{C}\| = \max_j \sum_{k=1}^{n} |c_{jk}| \qquad \text{(행 "덧셈" 노름)} \tag{11}$$

을 사용할 수 있다. 이들은 수치계산에서 자주 사용되는 행렬노름이다.

대부분의 경우 이들 가운데 하나를 선택하는 방법은 누가 더 계산상의 편의를 제공하느냐에 달려 있다. 다음 예제를 통하여 이따금 다른 노름에 비하여 어느 특정한 노름을 사용하는 것이 더 편리하다는 사실을 알 수 있다.

예제 2 Gauss-Seidel 반복법의 수렴성 조사

다음 연립방정식에 대해 Gauss-Seidel 반복법이 수렴하는지 조사하라.

$$\begin{aligned} 2x + y + z &= 4 \\ x + 2y + z &= 4 \\ x + y + 2z &= 4 \end{aligned} \qquad \text{다시 쓰면} \qquad \begin{aligned} x &= 2 - \tfrac{1}{2}y - \tfrac{1}{2}z \\ y &= 2 - \tfrac{1}{2}x - \tfrac{1}{2}z \\ z &= 2 - \tfrac{1}{2}x - \tfrac{1}{2}y \end{aligned}$$

풀이. 분해하면(행렬에 $\frac{1}{2}$를 곱한다. 이유는?) 다음과 같고,

$$\begin{bmatrix} 1 & \frac{1}{2} & \frac{1}{2} \\ \frac{1}{2} & 1 & \frac{1}{2} \\ \frac{1}{2} & \frac{1}{2} & 1 \end{bmatrix} = \mathbf{I} + \mathbf{L} + \mathbf{U} = \mathbf{I} + \begin{bmatrix} 0 & 0 & 0 \\ \frac{1}{2} & 0 & 0 \\ \frac{1}{2} & \frac{1}{2} & 0 \end{bmatrix} + \begin{bmatrix} 0 & \frac{1}{2} & \frac{1}{2} \\ 0 & 0 & \frac{1}{2} \\ 0 & 0 & 0 \end{bmatrix}$$

이로부터 다음을 얻는다.

$$\mathbf{C} = -(\mathbf{I} + \mathbf{L})^{-1}\mathbf{U} = -\begin{bmatrix} 1 & 0 & 0 \\ -\frac{1}{2} & 1 & 0 \\ -\frac{1}{4} & -\frac{1}{2} & 1 \end{bmatrix} \begin{bmatrix} 0 & \frac{1}{2} & \frac{1}{2} \\ 0 & 0 & \frac{1}{2} \\ 0 & 0 & 0 \end{bmatrix} = \begin{bmatrix} 0 & -\frac{1}{2} & -\frac{1}{2} \\ 0 & \frac{1}{4} & -\frac{1}{4} \\ 0 & \frac{1}{8} & \frac{3}{8} \end{bmatrix}$$

이제 $\mathbf{C}$의 Frobenius 노름을 계산하면

$$\|\mathbf{C}\| = \left(\tfrac{1}{4} + \tfrac{1}{4} + \tfrac{1}{16} + \tfrac{1}{16} + \tfrac{1}{64} + \tfrac{9}{64}\right)^{1/2} = \left(\tfrac{50}{64}\right)^{1/2} = 0.884 < 1$$

이고, 따라서 식 (8)로부터 Gauss-Seidel 반복법이 수렴함을 알 수 있다. 다른 두 노름의 경우는 수렴성에 대한 결론을 내릴 수 없는데, 이를 확인해 보라. 물론 이러한 사실은 식 (8)이 수렴에 대해 필요조건이 아니라 충분조건이라는 것을 의미한다. ■

나머지. 방정식 $\mathbf{Ax} = \mathbf{b}$가 주어졌을 때 시스템에 관한 $\mathbf{x}$의 **나머지**(residual) $\mathbf{r}$은

$$\mathbf{r} = \mathbf{b} - \mathbf{Ax} \tag{12}$$

로 정의된다. $\mathbf{x}$가 정확히 해일 경우에만 $\mathbf{r} = \mathbf{0}$이고, 근사해에 대해서는 $\mathbf{r} \neq \mathbf{0}$이다. Gauss-Siedel 반복법에서는 각 단계에서 $\mathbf{r}$의 각 성분을 0으로 감소시키기 위하여 근사해의 성분을 일부 수정하거나 *완화*(relax)시킨다. 따라서 Gauss-Seidel 반복법은 **완화법**(relaxation method)이라 부르는 방법에 속한다. 나머지에 대한 보다 자세한 내용은 다음 절에서 다룬다.

Jacobi 반복법

Gauss-Seidel 반복법은 새로운 값이 계산되는 즉시 근사값을 이 새로운 값으로 바꾸기 때문에 **축차보정법**(method of successive correction)이라고 할 수 있다. 만일 $\mathbf{x}^{(m)}$의 **모든** 성분이 새로 계산될 때까지 근사값 $\mathbf{x}^{(m)}$의 어떤 성분도 사용하지 않을 경우 이를 **동시보정법**(method of simultaneous correction)이라 한다. 이러한 방법의 하나로 **Jacobi 반복법**(Jacobi iteration)이 있다. 이 방법은 Gauss-Seidel 반복법과 비슷하지만 한 단계를 완전히 마칠 때까지는 새로 계산된 값을 사용하지 *않으며*, 한 단계가 끝난 후 다음 단계에서 한 번에 $\mathbf{x}^{(m)}$을 $\mathbf{x}^{(m+1)}$로 대치하는 방법이다. 따라서 $\mathbf{Ax} = \mathbf{b}$(***전처럼*** $a_{jj} = 1$***을 가지는***)를 $\mathbf{x} = \mathbf{b} + (\mathbf{I} - \mathbf{A})\mathbf{x}$로 다시 표현할 수 있으므로 행렬식으로 표기한 Jacobi 반복법은

$$\mathbf{x}^{(m+1)} = \mathbf{b} + (\mathbf{I} - \mathbf{A})\mathbf{x}^{(m)} \qquad (a_{jj} = 1) \tag{13}$$

이 된다. 이 방법에서는 $\mathbf{I} - \mathbf{A}$의 스펙트럼 반지름이 1보다 작을 때만, 모든 $\mathbf{x}^{(0)}$에 대하여 수렴한다. 최근에는 컴퓨터의 병렬처리장치(parallel processor)를 이용하여 각 반복단계에서 n개의 방정식 전부를 나누어 동시에 풀 수 있으므로 이 방법은 큰 관심을 모으고 있다.

Jacobi 방법 10.3절 참고

연습문제 20.3

1. 예제 1의 해를 확인하라.
2. 예제 2의 시스템에 대하여 Jacobi 반복법이 발산하는 것을 보여라. *힌트.* 고유값(eigenvalue)을 사용하라.
3. 예제 2 뒷부분에서 언급한 내용(다른 두 노름의 경우 수렴성 결론을 내릴 수 없다는 점)을 확인하라.

4-10 Gauss-Seidel 반복법

다음 연립방정식에 Gauss-Seidel 반복법을 적용하라. $\mathbf{x}_0 = [1 \quad 1 \quad 1]^\top$로 시작하고 소수점 이하 6자리 유효숫자를 사용하여 5단계까지 수행하라. *힌트.* 각 방정식을 가장 큰 계수를 갖는 변수에 대해 푼다. (이유는?) 자세하게 나타내라.

4. $\begin{aligned} 4x_1 - x_2 \quad &= 21 \\ -x_1 + 4x_2 - x_3 &= -45 \\ - x_2 + 4x_3 &= 33 \end{aligned}$

5. $\begin{aligned} 10x_1 + x_2 + x_3 &= 6 \\ x_1 + 10x_2 + x_3 &= 6 \\ x_1 + x_2 + 10x_3 &= 6 \end{aligned}$

6. $\begin{aligned} x_2 + 7x_3 &= 25.5 \\ 5x_1 + x_2 \quad &= 0 \\ x_1 + 6x_2 + x_3 &= -10.5 \end{aligned}$

7. $\begin{aligned} 5x_1 - 2x_2 \quad &= 18 \\ -2x_1 + 10x_2 - 2x_3 &= -60 \\ - 2x_2 + 15x_3 &= 128 \end{aligned}$

8. $\begin{aligned} 3x_1 + 2x_2 + x_3 &= 7 \\ x_1 + 3x_2 + 2x_3 &= 4 \\ 2x_1 + x_2 + 3x_3 &= 7 \end{aligned}$

9. $\begin{aligned} 5x_1 + x_2 + 2x_3 &= 19 \\ x_1 + 4x_2 - 2x_3 &= -2 \\ 2x_1 + 3x_2 + 8x_3 &= 39 \end{aligned}$

10. $\begin{aligned} 4x_1 \quad + 5x_3 &= 12.5 \\ x_1 + 6x_2 + 2x_3 &= 18.5 \\ 8x_1 + 2x_2 + x_3 &= -11.5 \end{aligned}$

11. 문제 5의 연립방정식에 대하여 **(a)** 0, 0, 0과 **(b)** 10, 10, 10으로 시작하는 Gauss-Seidel 반복법을(3단계) 적용하라. 앞의 내용과 비교하고 설명하라.

12. 문제 5에서 대하여 **(a)** 만약에 첫 번째 방정식을 x_1에 대하여, 두 번째 방정식을 x_2에 대하여, 세 번째 방정식을 x_3에 대하여 풀 경우, 이에 대한 **C**를 구하고 수렴함을 증명하고, **(b)** 세 번째 방정식을 x_1에 대하여, 첫 번째 방정식을 x_2에 대하여, 두 번째 방정식을 x_3에 대하여 풀 경우, 이에 대한 **C**를 구하고 발산됨을 증명하라.

13. **CAS 과제. Gauss-Seidel 반복법. (a)** Gauss-Seidel 반복법을 프로그램하라.

(b) 프로그램을 $\mathbf{A}(t)\mathbf{x} = \mathbf{b}$에 적용하라. 여기서

$$\mathbf{A}(t) = \begin{bmatrix} 1 & t & t \\ t & 1 & t \\ t & t & 1 \end{bmatrix}, \qquad \mathbf{b} = \begin{bmatrix} 2 \\ 2 \\ 2 \end{bmatrix}$$

이고 $[0 \quad 0 \quad 0]^\top$에서 시작하라. $t = 0.2, 0.5, 0.8, 0.9$에 대하여 6S까지 정확한 해를 구하기 위한 연산 단계 수와 **C**의 스펙트럼 반지름을 구하라. 연산 단계 수와 스펙트럼 반지름을 t의 함수로 나타내어 이에 대한 그래프로 그리고 결과를 설명하라.

(c) 축차완화법(successive overrelaxation; SOR). 식 (6)의 우변에 $\mathbf{x}^{(m)}$을 더하고 빼면

$$\mathbf{x}^{(m+1)} = \mathbf{x}^{(m)} + \mathbf{b} - \mathbf{L}\mathbf{x}^{(m+1)} - (\mathbf{U} + \mathbf{I})\mathbf{x}^{(m)} \qquad (a_{jj} = 1)$$

과 같은 식을 얻을 수 있음을 보여라. 수렴속도를 증가시키기 위해서 보정을 강화하는 **과완화인자**(overrelaxation factor) $\omega > 1$를 도입하면 **Gauss-Seidel에 대한 SOR 공식**은

$$\mathbf{x}^{(m+1)} = \mathbf{x}^{(m)} + \omega(\mathbf{b} - \mathbf{L}\mathbf{x}^{(m+1)} - (\mathbf{U} + \mathbf{I})\mathbf{x}^{(m)}) \qquad (a_{jj} = 1) \tag{14}$$

이 된다. 적절한 값은 $\omega = 2/(1 + \sqrt{1 - \rho})$이고, 여기서 ρ는 식 (7)의 **C**의 스펙트럼 반지름이다. SOR 방법을 (b)의 $t = 0.5$와 0.8에 대해 적용하고 수렴성이 향상되는지 관찰하라. (대규모 연립방정식의 경우 효과가 크다.)

14-17 Jacobi 반복법

$\mathbf{x}_0 = [1 \quad 1 \quad 1]$에서 시작하여 5단계까지 수행하라. Gauss-Seidel 반복법과 비교하여 어느 방법이 더 빠르게 수렴하는지를 비교하라. 과정을 자세히 보여라.

14. 문제 4의 연립방정식

15. 문제 9의 연립방정식

16. 문제 10의 연립방정식

17. 문제 16에 대하여 $\mathbf{I} - \mathbf{A}$가 고유값 -0.519589와 $0.259795 \pm 0.246603i$를 갖는다는 것을 보임으로써 수렴함을 보여라. 여기서 **A**는 문제 16에서 행렬의 각 행을 상응하는 주대각 원소로 나누어 얻는다.

18-20 노름

문제 18-20의 정사각행렬에 대해 노름 (9), (10), (11)을 계산하라. 세 노름값 크기의 차이가 때로는 크고 때로는 작은 이유에 대하여 설명하라.

18. 문제 10의 행렬

19. 문제 5의 행렬

20. $\begin{bmatrix} 2k & -k & -k \\ k & -2k & k \\ -k & -k & 2k \end{bmatrix}$

20.4 1차 연립방정식: 불량조건, 노름

$\mathbf{Ax} = \mathbf{b}$로 표현되는 어떤 방정식들은 계수의 부정확성이 존재하더라도 정확한 해를 구할 수 있으며, 반대로 어떤 경우에는 이러한 부정확성이 해에 큰 악영향을 미친다는 것을 쉽게 관측할 수 있다. 이런 현상이 왜 일어나는지, 또 계산된 해를 "신뢰"할 수 있는지 아니면 신뢰할 수 없는지에 대하여 알아보자. 먼저 일반적인 수치해법과 관련된 두 가지 개념[불량조건과 양호조건]을 공식화한 후 연립방정식과 행렬에 대하여서도 앞서 언급한 개념들을 살펴본다.

계산 문제에 있어서 수치(입력)들의 "작은" 변화가 해(출력)에 "큰" 변화를 가져올 때, 이를 **불량조건**(ill-conditioned or ill-posed)이라 한다. 반대로 수치들의 "작은" 변화가 해에도 "작은" 변화만을 가져올 때 이를 **양호조건**(well-conditioned or well-posed)이라 한다.

이런 개념은 매우 정성적이다. 부정확도가 백 배로 "커진" 경우는 분명히 크게 변화가 있었다고 하겠지만, 문제의 종류나 관점에 따라 "크다"는 개념과 "적다"는 개념을 명확히 선을 그어 구분하기란 그다지 쉽지가 않다. 배정밀도(double precision) 수치적 설정을 이용하는 것이 도움이 될 수도 있지만, 만일 데이터가 부정확하게 측정되었다면, 양호 조건의 문제가 되도록 문제의 ***수학적 설정에 대한 변화***를 시도해야 할 것이다.

이제 연립방정식으로 돌아가서 살펴보자. 그림 445는 두 방정식이 두 개의 거의 평행한 선으로 나타낼 때 불량조건이 발생함을 나타내 보이고 있다. 다시 말하면 만약 두 직선 중 하나를 조금만 위 또는 아래로 움직인다면 교점(연립방정식의 해)은 매우 크게 이동하게 된다. 대규모 연립방정식에 대해서도 비록 기하학적 설명이 쉽지는 않지만, 원리상으로 이러한 현상은 동일하다. 불량조건을 행렬의 특이성(singularity)에 관한 접근으로 관주해도 좋음을 알게 될 것이다.

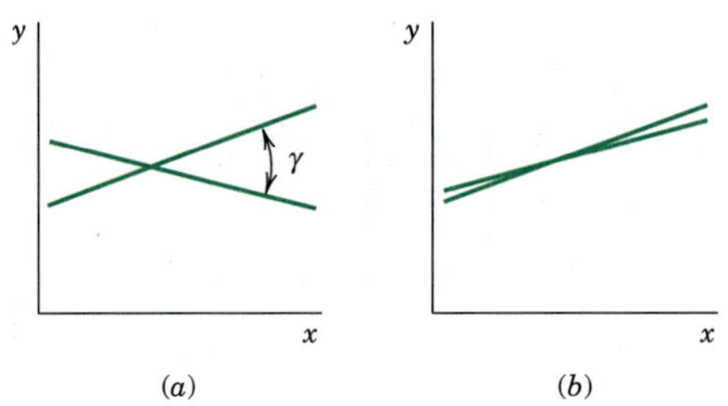

그림 445. 두 개의 미지수를 갖는 두 개의 방정식에 대한 (a) 양호조건과 (b) 불량조건

예제 1 불량조건 연립방정식

연립방정식

$$0.9999x - 1.0001y = 1$$
$$x - y = 1$$

의 해는 $x = 0.5, y = -0.5$이며, 반면 방정식

$$0.9999x - 1.0001y = 1$$
$$x - y = 1 + \epsilon$$

의 해는 $x = 0.5 + 5000.5\epsilon$, $y = -0.5 + 4999.5\epsilon$이다. 이때 이 연립방정식은 불량조건이 되는데, 그 이유는 ϵ의 변화가 해에는 약 5000ϵ만큼의 변화를 주기 때문이다. 그리고 방정식을 나타나는 두 직선은 거의 동일한 기울기를 갖고 있음을 주목하라. ■

양호조건은 $\mathbf{A}$의 주대각선 원소가 다른 원소에 비해 절댓값이 클 경우에 해당되며, 마찬가지로 $\mathbf{A}^{-1}$와 $\mathbf{A}$의 최대한 많은 원소들이 거의 같은 크기의 절댓값을 가질 경우도 이에 해당된다.

불량조건은 $\mathbf{A}^{-1}$가 해의 절댓값에 비하여 매우 큰 절댓값의 원소들을 갖는 경우에[예제 1에서 대략 5000 정도] 해당된다. 그러나 간혹 부정확한 근사해로 인하여 작은 나머지를 발생되는 경우도 있다.

나머지. $\mathbf{Ax} = \mathbf{b}$의 근사해 $\tilde{\mathbf{x}}$에 대한 *나머지*(residual) $\mathbf{r}$은

$$\mathbf{r} = \mathbf{b} - \mathbf{A}\tilde{\mathbf{x}} \tag{1}$$

로 정의된다. 여기서 $\mathbf{b} = \mathbf{Ax}$이므로

$$\mathbf{r} = \mathbf{A}(\mathbf{x} - \mathbf{A}\tilde{\mathbf{x}}) \tag{2}$$

가 성립되며, 따라서 $\tilde{\mathbf{x}}$가 높은 정확도를 갖는다면 $\mathbf{r}$은 작게 된다. 그러나 이 역은 성립하지 않을 수도 있다.

예제 2 작은 나머지를 갖는 부정확한 근사해

연립방정식

$$\begin{aligned} 1.0001x_1 + \qquad x_2 &= 2.0001 \\ x_1 + 1.0001x_2 &= 2.0001 \end{aligned}$$

은 정확한 해 $x_1 = 1$, $x_2 = 1$을 갖는다. 검증하여 확인하라. 부정확한 근사해 $\tilde{x}_1 = 2.0000$, $\tilde{x}_2 = 0.0001$의 경우에서도 아주 작은 나머지(소수 4째 자리까지)

$$\mathbf{r} = \begin{bmatrix} 2.0001 \\ 2.0001 \end{bmatrix} - \begin{bmatrix} 1.0001 & 1.0000 \\ 1.0000 & 1.0001 \end{bmatrix} \begin{bmatrix} 2.0000 \\ 0.0001 \end{bmatrix} = \begin{bmatrix} 2.0001 \\ 2.0001 \end{bmatrix} - \begin{bmatrix} 2.0003 \\ 2.0001 \end{bmatrix} = \begin{bmatrix} -0.0002 \\ 0.0000 \end{bmatrix}$$

를 갖는다. 문외한의 경우는, 이 결과에 대하여 근사값이 소수점 이하 세네 자리까지 정확하다는 잘못된 결론을 내릴 수도 있다.

기대하지 않은 결과가 나왔으나, 이는 연립방정식이 불량조건이라는 사실에 기인함을 알 수 있다. ■

이 절에서의 **목적**은 연립방정식과 그 계수행렬 $\mathbf{A}$의 불량조건이 *조건수*(condition number) $\kappa(\mathbf{A})$에 의해 측정될 수 있음을 보이는 것이다. 불량조건에 대한 다른 측정법도 소개되어 왔으나 $\kappa(\mathbf{A})$가 가장 널리 사용되고 있는 방법이다. $\kappa(\mathbf{A})$는 수치해석(그리고 일반적인 현대 수학) 전 분야에서 가장 흥미 있는 보편적인 개념인 노름(norm)을 이용하여 정의된다.

다음 세 단계의 고찰을 통하여 목적을 달성하도록 한다.

1. **벡터노름**(vector norms)
2. **행렬노름**(matrix norms)

3. 정방행렬의 **조건수**(condition number) κ

벡터노름

n개의 성분을 갖는(고정된 n) 열벡터 $\mathbf{x} = [x_j]$에 대해 **벡터노름**은 일반화된 길이 또는 거리를 의미한다. $\|\mathbf{x}\|$로 나타내며 3차원 공간에서 성립되는 다음과 같은 일반 벡터 길이의 4가지 특성을 만족하는 경우로 정의된다.

(3)
(a) $\|\mathbf{x}\|$은 음이 아닌 실수
(b) $\mathbf{x} = \mathbf{0}$일 때만 $\|\mathbf{x}\| = 0$
(c) 모든 k에 대해 $\|k\mathbf{x}\| = |k|\,\|\mathbf{x}\|$
(d) $\|\mathbf{x} + \mathbf{y}\| \leqq \|\mathbf{x}\| + \|\mathbf{y}\|$ (삼각부등식)

여러 가지 노름들을 다룰 경우에는 하첨자를 이용하여 분류하며, 이 가운데 수치계산에서 가장 중요한 ***p*-노름**(p-norm)은

(4) $$\|\mathbf{x}\|_p = (|x_1|^p + |x_2|^p + \cdots + |x_n|^p)^{1/p}$$

로 정의된다. 여기서 p는 고정수이고 $p \geqq 1$이다. 보통 $p = 1$ 혹은 2인 경우의 노름과, 세 번째 노름으로는 $\|\mathbf{x}\|_\infty$를 사용하는데, 이들은 각각 다음과 같이 정의된다.

(5) $$\|\mathbf{x}\|_1 = |x_1| + \cdots + |x_n|$$ ("l_1-노름")

(6) $$\|\mathbf{x}\|_2 = \sqrt{x_1^2 + \cdots + x_n^2}$$ ("Euclidean" 또는 "l_2-노름")

(7) $$\|\mathbf{x}\|_\infty = \max_j |x_j|$$ ("l_∞-노름")

$n = 3$일 때, l_2-노름은 3차원 공간에서 벡터의 길이에 해당된다. l_1-노름과 l_∞-노름은 계산상 좀 더 용이하며, 대체적으로 세 개의 노름이 주로 사용된다.

예제 3 **벡터노름**

$\mathbf{x}^\top = [2 \ \ -3 \ \ 0 \ \ 1 \ \ -4]$이면, $\|\mathbf{x}\|_1 = 10$, $\|\mathbf{x}\|_2 = \sqrt{30}$, $\|\mathbf{x}\|_\infty = 4$이다. ■

3차원 공간에서, 위치벡터 $\mathbf{x}$와 $\tilde{\mathbf{x}}$로 표현되는 두 점 사이의 거리는 $|\mathbf{x} - \tilde{\mathbf{x}}|$이다. 이를 이용하여 연립방정식 $\mathbf{Ax} = \mathbf{b}$에 대해서도, 해의 정확도 척도로서 $\|\mathbf{x} - \tilde{\mathbf{x}}\|$를 사용하고 이를 정확한 해와 근사해 사이의 **거리**(distance) 혹은 $\tilde{\mathbf{x}}$의 **오차**(error)라 한다.

행렬노름

$\mathbf{A}$가 $n \times n$ 행렬이고 $\mathbf{x}$가 n개의 성분을 갖는 임의의 벡터라면, $\mathbf{Ax}$도 n개의 성분을 갖는 벡터가 된다. 이제 벡터노름을 이용하여 $\|\mathbf{x}\|$와 $\|\mathbf{Ax}\|$에 대하여 다루어 본다. 다음과 같은 식을 만족하는 수 c ($\mathbf{A}$에 좌우됨)가 있음을 증명할 수 있다(부록 1의 참고문헌 [E17] p.77, 92-93).

(8) $$\|\mathbf{Ax}\| \leqq c\|\mathbf{x}\|$$ (모든 x에 대해).

여기서 $\mathbf{x} \neq 0$라면 식 (3b)에 의해 $\|\mathbf{x}\| > 0$이고, 따라서 위 식을 $\|\mathbf{x}\|$로 나누면 $\|\mathbf{Ax}\|/\|\mathbf{x}\| \leqq c$가 된다. 모든 $\mathbf{x}\ (\neq \mathbf{0})$에 대해 좌변의 최댓값을 취함으로써 위 식을 만족하는 가장 작은 c를 얻을 수 있는데, 이를 *선택된 벡터노름에 대응하는* **A의 행렬노름**(matrix norm)이라 하고 $\|\mathbf{A}\|$로 나타낸다. 즉,

$$\textbf{(9)} \qquad \|\mathbf{A}\| = \max \frac{\|\mathbf{Ax}\|}{\|\mathbf{x}\|} \qquad (\mathbf{x} \neq \mathbf{0})$$

이다. 또는 다음과 같이 표현할 수도 있다[조별 과제 24의 (c) 참조].

$$(10) \qquad \|\mathbf{A}\| = \max_{\|\mathbf{x}\|=1} \|\mathbf{Ax}\|$$

식 (10)의 최댓값이 존재하면, 식 (9)의 최댓값도 존재한다. 식 (3)에서 $\mathbf{x}$와 $\mathbf{y}$를 $\mathbf{A}$와 $\mathbf{B}$로 바꾸어 표현된 모든 식을 $\|\mathbf{A}\|$가 만족하므로 "행렬**노름**"이라 부를 수 있다. (증명, 참고문헌 [E17] p.77, 92-93.)

$\|\mathbf{A}\|$는 정의에 사용된 벡터노름에 의존한다는 것을 명심하라. 특별히

l_1-노름 (5)를 사용하면 20.3절의 열"합"노름 (10)
l_∞-노름 (7)을 사용하면 20.3절의 행"합"노름 (11)

이 됨을 알 수 있다.

가장 적합한(가장 작은) $c = \|\mathbf{A}\|$를 택하면 식 (8)로부터

$$\textbf{(11)} \qquad \|\mathbf{Ax}\| \leqq \|\mathbf{A}\| \|\mathbf{x}\|$$

을 얻는다. 이것이 우리가 필요로 하는 공식이다. 식 (9)로부터 두 개의 $n \times n$ 행렬에 대해 다음 식이 성립된다(참고문헌 [E17], p.98).

$$(12) \qquad \|\mathbf{AB}\| \leqq \|\mathbf{A}\| \|\mathbf{B}\|, \qquad \text{따라서} \qquad \|\mathbf{A}^n\| \leqq \|\mathbf{A}\|^n$$

노름에 관한 다른 유용한 공식은 참고문헌 [E9]와 [E7]을 참조하라.

잠시 행렬 노름에 대한 간단한 계산에 대하여 다루어 보자.

예제 4 행렬노름

(a) l_1-벡터노름, **(b)** l_∞-벡터노름을 이용하여 예제 1의 계수행렬 $\mathbf{A}$와 이의 역행렬 $\mathbf{A}^{-1}$의 행렬노름을 계산하라.

풀이. 역행렬에 대하여 7.8절의 식 (4*)를 사용한 후, 20.3절의 식 (10), (11)을 이용하면

$$\mathbf{A} = \begin{bmatrix} 0.9999 & -1.0001 \\ 1.0000 & -1.0000 \end{bmatrix}, \qquad \mathbf{A}^{-1} = \begin{bmatrix} -5000.0 & 5000.5 \\ -5000.0 & 4999.5 \end{bmatrix}$$

을 얻는다.

(a) l_1-벡터노름의 경우 20.3절의 열"합"노름 (10)이 되며, 2열에서 $\|\mathbf{A}\| = |-1.0001| + |-1.000| = 2.0001$이 된다. 같은 방법으로 $\|\mathbf{A}^{-1}\| = 10{,}000$이다.

(b) l_∞-벡터노름의 경우 20.3절의 행"합"노름 (11)이 되며, 1행에서 $\|\mathbf{A}\| = 2$, $\|\mathbf{A}^{-1}\| = 10000.5$이

다. $\|\mathbf{A}^{-1}\|$이 매우 크다는 사실을 알 수 있으며, 이로 인하여 $\|\mathbf{A}\|\,\|\mathbf{A}^{-1}\|$ 또한 크게 된다(20,001). 뒤에서 다루겠지만, 이는 전형적인 불량조건의 경우에 해당된다. ■

행렬의 조건수

여기서는 불량조건과 관련하여 핵심적인 개념인 **조건수**(condition number)를 소개한다. (비특이) 정방행렬 $\mathbf{A}$의 조건수 $\kappa(\mathbf{A})$는

$$\kappa(\mathbf{A}) = \|\mathbf{A}\|\,\|\mathbf{A}^{-1}\| \tag{13}$$

로 정의한다. 조건수의 역할은 다음 정리에 잘 나타나 있다.

정리 1

조건수

1차 연립방정식 $\mathbf{Ax} = \mathbf{b}$와 이에 대한 행렬 $\mathbf{A}$가 작은 조건수 (13)을 가지면 양호조건에 해당되며 큰 조건수를 가지면 불량조건에 해당된다.

증명 $\mathbf{b} = \mathbf{Ax}$와 식 (11)로부터 $\|\mathbf{b}\| \leqq \|\mathbf{A}\|\,\|\mathbf{x}\|$을 구하고, 이것을 $\|\mathbf{b}\|\,\|\mathbf{x}\|$로 나누어 다음 식을 얻는다($\mathbf{b} \neq \mathbf{0}$이고 $\mathbf{x} \neq \mathbf{0}$이라 가정함).

$$\frac{1}{\|\mathbf{x}\|} \leqq \frac{\|\mathbf{A}\|}{\|\mathbf{b}\|} \tag{14}$$

식 (2) $\mathbf{r} = \mathbf{A}(\mathbf{x} - \tilde{\mathbf{x}})$에 $\mathbf{A}^{-1}$을 왼쪽으로부터 곱하고 양변을 교환하면 $\mathbf{x} - \tilde{\mathbf{x}} = \mathbf{A}^{-1}\mathbf{r}$이 된다. 식 (11)에 $\mathbf{A}$와 $\mathbf{x}$ 대신 $\mathbf{A}^{-1}$과 $\mathbf{r}$을 대입하면,

$$\|\mathbf{x} - \tilde{\mathbf{x}}\| = \|\mathbf{A}^{-1}\mathbf{r}\| \leqq \|\mathbf{A}^{-1}\|\,\|\mathbf{r}\|$$

이 된다. 이를 $\|\mathbf{x}\|$로 나누고[(3b)에 의해 $\|\mathbf{x}\| \neq 0$임] 식 (14)를 사용하면,

$$\frac{\|\mathbf{x} - \tilde{\mathbf{x}}\|}{\|\mathbf{x}\|} \leqq \frac{1}{\|\mathbf{x}\|}\|\mathbf{A}^{-1}\|\,\|\mathbf{r}\| \leqq \frac{\|\mathbf{A}\|}{\|\mathbf{b}\|}\|\mathbf{A}^{-1}\|\,\|\mathbf{r}\| = \kappa(\mathbf{A})\frac{\|\mathbf{r}\|}{\|\mathbf{b}\|} \tag{15}$$

이 된다. 따라서 $\kappa(\mathbf{A})$가 작을 경우, $\|\mathbf{r}\|/\|\mathbf{b}\|$가 작다는 것은 작은 상대오차 $\|\mathbf{x} - \tilde{\mathbf{x}}\|/\|\mathbf{x}\|$를 의미하므로 양호조건이 된다. 그러나 $\kappa(\mathbf{A})$가 클 경우에는 해당되지 않으며, 또한 작은 $\|\mathbf{r}\|/\|\mathbf{b}\|$가 반드시 작은 상대오차 $\|\mathbf{x} - \tilde{\mathbf{x}}\|/\|\mathbf{x}\|$를 의미하는 것은 아니다. ■

예제 5 **조건수, Gauss-Seidel 반복법**

$$\mathbf{A} = \begin{bmatrix} 5 & 1 & 1 \\ 1 & 4 & 2 \\ 1 & 2 & 4 \end{bmatrix} \text{의 역행렬은 } \mathbf{A}^{-1} = \frac{1}{56}\begin{bmatrix} 12 & -2 & -2 \\ -2 & 19 & -9 \\ -2 & -9 & 19 \end{bmatrix}$$

이다. 여기서 행렬 $\mathbf{A}$는 대칭행렬이므로 20.3절의 식 (10)과 (11)의 경우 같은 조건수

$$\kappa(\mathbf{A}) = \|\mathbf{A}\|\,\|\mathbf{A}^{-1}\| = 7 \cdot \tfrac{1}{56} \cdot 30 = 3.75$$

를 가지며, 행렬 **A**를 갖고 표현되는 선형연립방정식 $\mathbf{Ax} = \mathbf{b}$는 양호조건이다.

예를 들어, $\mathbf{b} = [14 \quad 0 \quad 28]^{\mathsf{T}}$이면 Gauss 알고리즘의 해는 $\mathbf{x} = [2 \quad -5 \quad 9]^{\mathsf{T}}$이다(확인하라). 행렬 A의 주대각 요소들은 상대적으로 큰 값이므로, Gauss-Seidel 반복법은 상당히 좋은 수렴성을 갖고 있음을 예측할 수 있다. 실제로 초기치 $\mathbf{x}_0 = [1 \quad 1 \quad 1]^{\mathsf{T}}$부터 시작하여 8단계에서 해를 얻을 수 있다(소수점 이하 세 자리 정확도). ■

x_1	x_2	x_3
1.000	1.000	1.000
2.400	−1.100	6.950
1.630	−3.882	8.534
1.870	−4.734	8.900
1.967	−4.942	8.979
1.993	−4.988	8.996
1.998	−4.997	8.999
2.000	−5.000	9.000
2.000	−5.000	9.000

예제 6 불량조건 연립방정식

예제 1의 행렬에 대해 20.3절 4의 식 (10)과 (11)을 적용한 예제 4는 매우 큰 조건수 $\kappa(\mathbf{A}) = 2.0001 \cdot 10000 = 2 \cdot 10000.5 = 20001$을 갖는다. 이는 연립방정식이 불량조건이라는 것을 보여준다.

마찬가지로, 예제 2에서 7.8절의 식 (4*)를 이용하여 6D까지 계산하면,

$$\mathbf{A}^{-1} = \frac{1}{0.0002}\begin{bmatrix} 1.0001 & -1.0000 \\ -1.0000 & 1.0001 \end{bmatrix} = \begin{bmatrix} 5000.5 & -5.000.0 \\ -5000.0 & 5000.5 \end{bmatrix}$$

이고, 20.3절의 식 (10)을 적용한 $\kappa(\mathbf{A})$는 매우 큰 값이 된다. 즉,

$$\kappa(\mathbf{A}) = (1.0001 + 1.0000)(5000.5 + 5000.0) \approx 20{,}002$$

가 된다. 이 사실로부터 예제 2에서 의외의 결과에 발생된 것을 설명할 수 있다. ■

실제적으로는 $\mathbf{A}^{-1}$을 정확히 알 수 없으므로 조건수 $\kappa(\mathbf{A})$를 계산할 때 $\|\mathbf{A}^{-1}\|$을 추정해야 한다. 이에 대한 방법(1979년에 제안)이 부록 1의 참고문헌 [E9]에 설명되어 있다.

부정확한 행렬 원소. $\kappa(\mathbf{A})$는 또한 **A**의 부정확도 $\delta\mathbf{A}$으로 인한 영향 $\delta\mathbf{x}$를 추정하는 데 사용될 수 있다(예를 들어, a_{jk}의 측정오차). 이 경우 $\mathbf{Ax} = \mathbf{b}$ 대신에

$$(\mathbf{A} + \delta\mathbf{A})(\mathbf{x} + \delta\mathbf{x}) = \mathbf{b}$$

가 되며, 이를 정리한 뒤 양변에서 $\mathbf{Ax} = \mathbf{b}$를 빼면

$$\mathbf{A}\delta\mathbf{x} + \delta\mathbf{A}(\mathbf{x} + \delta\mathbf{x}) = \mathbf{0}$$

이 된다. 좌측으로부터 $\mathbf{A}^{-1}$을 곱하고, 두 번째 항을 우변으로 이동하면

$$\delta\mathbf{x} = -\mathbf{A}^{-1}\delta\mathbf{A}(\mathbf{x} + \delta\mathbf{x})$$

가 된다. $\mathbf{A}$와 $\mathbf{x}$ 대신에 $\mathbf{A}^{-1}$과 벡터 $\delta\mathbf{A}(\mathbf{x}+\delta\mathbf{x})$를 사용하여 식 (11)에 대입하면

$$\|\delta\mathbf{x}\| = \|\mathbf{A}^{-1}\delta\mathbf{A}(\mathbf{x}+\delta\mathbf{x})\| \leqq \|\mathbf{A}^{-1}\|\,\|\delta\mathbf{A}(\mathbf{x}+\delta\mathbf{x})\|$$

를 얻을 수 있다. 다시, 우변에 $\mathbf{A}$와 $\mathbf{x}$ 대신에 $\delta\mathbf{A}$와 벡터 $\mathbf{x}-\delta\mathbf{x}$을 사용하여 식 (11)을 대입하면

$$\|\delta\mathbf{x}\| \leqq \|\mathbf{A}^{-1}\|\,\|\delta\mathbf{A}\|\,\|\mathbf{x}+\delta\mathbf{x}\|$$

를 얻는다. $\kappa(\mathbf{A})$의 정의에 의해 $\|\mathbf{A}^{-1}\| = \kappa(\mathbf{A})/\|\mathbf{A}\|$이므로 $\|\mathbf{x}+\delta\mathbf{x}\|$로 나누면 $\mathbf{x}$의 상대적인 부정확도와 $\mathbf{A}$의 상대적인 부정확도 사이의 관계는 조건수를 포함하는 다음 부등식으로 표현된다.

$$\frac{\|\delta\mathbf{x}\|}{\|\mathbf{x}\|} \approx \frac{\|\delta\mathbf{x}\|}{\|\mathbf{x}+\delta\mathbf{x}\|} \leqq \|\mathbf{A}^{-1}\|\,\|\delta\mathbf{A}\| = \kappa(\mathbf{A})\frac{\|\delta\mathbf{A}\|}{\|\mathbf{A}\|} \tag{16}$$

결론. 연립방정식이 양호조건이라면 작은 부정확도 $\|\delta\mathbf{A}\|/\|\mathbf{A}\|$는 해에 작은 영향을 주지만 불량조건의 경우에는 $\|\delta\mathbf{A}\|/\|\mathbf{A}\|$가 작아도 $\|\delta\mathbf{x}\|/\|\mathbf{x}\|$는 클 **수도** 있다.

부정확한 우변. 마찬가지로 $\mathbf{A}$가 정확한 경우, $\mathbf{b}$의 부정확도 $\delta\mathbf{b}$에 의해 발생되는 부정확도 $\delta\mathbf{x}$는 다음 식을 만족한다.

$$\frac{\|\delta\mathbf{x}\|}{\|\mathbf{x}\|} \leqq \kappa(\mathbf{A})\frac{\|\delta\mathbf{b}\|}{\|\mathbf{b}\|} \tag{17}$$

따라서 $\mathbf{A}$의 조건수 $\kappa(\mathbf{A})$가 작으면 $\|\delta\mathbf{x}\|/\|\mathbf{x}\|$는 상대적으로 작게 된다.

예제 7 부정확성. 식 (16)과 식 (17)의 한계

예제 5에서 행렬 $\mathbf{A}$의 9개 요소가 각각 0.1의 부정확성을 가진다면 $\|\delta\mathbf{A}\| = 9\cdot 0.1$이며 식 (16)으로부터

$$\frac{\|\delta\mathbf{x}\|}{\|\mathbf{x}\|} \leqq 7.5\cdot\frac{3\cdot 0.1}{7} = 0.321\text{가 되며 } \|\delta\mathbf{x}\| \leqq 0.321\,\|\mathbf{x}\| = 0.321\cdot 16 = 5.14$$

가 된다. 실험을 통하여, 실제의 경우 일반적으로 정확도 $\|\delta\mathbf{x}\|$는 한계 5.14의 약 30% 정도가 된다.

마찬가지로 예제 5에서 $\delta\mathbf{b} = [0.1 \quad 0.1 \quad 0.1]^\top$인 경우, $\|\delta\mathbf{b}\| = 0.3$이고 $\|\mathbf{b}\| = 42$이다. 따라서 식 (17)은

$$\frac{\|\delta\mathbf{x}\|}{\|\mathbf{x}\|} \leqq 7.5\cdot\frac{0.3}{42} = 0.0536\text{가 되므로, } \|\delta\mathbf{x}\| \leqq 0.0536\cdot 16 = 0.857$$

이 된다. 그러나 이 한계 또한 실제 정확성(대략 0.15)보다 일반적으로 훨씬 크다. ■

조건수에 대한 추가설명. 다음의 추가적인 설명이 매우 도움이 될 것이다.

1. "양호조건"과 "불량조건"을 정확하게 구분하기는 어렵지만, 연립방정식의 조건수 $\kappa(\mathbf{A})$가 적은 값에서 큰 값으로 증가하게 되면 상황이 나빠지게 된다. 항상 $\kappa(\mathbf{A}) \geqq 1$이며, 10에

서 20 정도의 값은 크게 문제가 되지 않지만 $\kappa(\mathbf{A}) = 100$은 주의가 요구되고, 예제 1과 2의 경우는 매우 심한 불량조건인 경우이다.

2. 만약 $\kappa(\mathbf{A})$가 어떤 노름에서 크면(혹은 작으면), 다른 노름에서도 크다(혹은 작다). 예제 5를 참조하라.

3. 불량조건에 대하여 많은 문헌에서 다루어져 있다. 개요는 참고문헌 [E9]을 참조하라.

이상으로 1차 연립방정식의 수치해법에 대한 설명을 마무리한다. 다음 절에서는 1차 선형방정식의 해를 구하는 곡선 접합에 대해 알아보고 관련 중요한 내용을 다루어 본다.

연습문제 20.4

1-6 벡터노름

다음 벡터들에 대해서 식 (5), (6), (7)로 표현된 노름을 계산하고 또한 l_∞-벡터노름에 대한 **단위벡터**(노름이 1인 벡터)도 구하라.

1. $[1 \quad -3 \quad 8 \quad 0 \quad -6 \quad 0]$

2. $[4 \quad -1 \quad 8]$

3. $[0.2 \quad 0.6 \quad -2.1 \quad 3.0]$

4. $[k^2, \quad 4k, \quad k^3], \quad k > 4$

5. $[1 \quad 1 \quad 1 \quad 1 \quad 1]$

6. $[0 \quad 0 \quad 0 \quad 1 \quad 0]$

7. $\mathbf{x} = [a \quad b \quad c]$에 대하여 $\|\mathbf{x}\|_1 = \|\mathbf{x}\|_2$이 성립이 되는 경우는?

8. $\|\mathbf{x}\|_\infty \leqq \|\mathbf{x}\|_2 \leqq \|\mathbf{x}\|_1$임을 보여라.

9-16 행렬노름, 조건수

다음의 행렬에 대해 l_1-벡터노름에 대응하는 행렬노름과 조건수를 계산하라.

9. $\begin{bmatrix} 2 & 1 \\ 0 & 4 \end{bmatrix}$

10. $\begin{bmatrix} 2.1 & 4.5 \\ 0.5 & 1.8 \end{bmatrix}$

11. $\begin{bmatrix} \sqrt{5} & 5 \\ 0 & -\sqrt{5} \end{bmatrix}$

12. $\begin{bmatrix} 7 & 6 \\ 6 & 5 \end{bmatrix}$

13. $\begin{bmatrix} -2 & 4 & -1 \\ -2 & 3 & 0 \\ 7 & -12 & 2 \end{bmatrix}$

14. $\begin{bmatrix} 1 & 0.01 & 0 \\ 0.01 & 1 & 0.01 \\ 0 & 0.01 & 1 \end{bmatrix}$

15. $\begin{bmatrix} -20 & 0 & 0 \\ 0 & 0.05 & 0 \\ 0 & 0 & 20 \end{bmatrix}$

16. $\begin{bmatrix} 21 & 10.5 & 7 & 5.25 \\ 10.5 & 7 & 5.25 & 4.2 \\ 7 & 5.25 & 4.2 & 3.5 \\ 5.25 & 4.2 & 3.5 & 3 \end{bmatrix}$

17. 문제 13의 행렬에 대하여 $\mathbf{x} = [3 \quad 15 \quad -4]^\top$에서 l_∞-노름을 사용하여 식 (11)이 성립함을 확인하라.

18. 문제 9와 10의 행렬에 대해서 식 (12)가 성립함을 확인하라.

19-20 불량조건 연립방정식

$\mathbf{Ax} = \mathbf{b}_1$, $\mathbf{Ax} = \mathbf{b}_2$에 대한 해를 이를 비교하여 설명하라. 또한 $\mathbf{A}$의 조건수를 구하라.

19. $\mathbf{A} = \begin{bmatrix} 4.50 & 3.55 \\ 3.55 & 2.80 \end{bmatrix}, \quad \mathbf{b}_1 = \begin{bmatrix} 5.2 \\ 4.1 \end{bmatrix}, \quad \mathbf{b}_2 = \begin{bmatrix} 5.2 \\ 4.0 \end{bmatrix}$

20. $\mathbf{A} = \begin{bmatrix} 3.0 & 1.7 \\ 1.7 & 1.0 \end{bmatrix}, \quad \mathbf{b}_1 = \begin{bmatrix} 4.7 \\ 2.7 \end{bmatrix}, \quad \mathbf{b}_2 = \begin{bmatrix} 4.7 \\ 2.71 \end{bmatrix}$

21. 나머지. 문제 19의 $\mathbf{Ax} = \mathbf{b}_1$에 대하여 $\tilde{\mathbf{x}} = [-10.0 \quad 14.1]^\top$에서의 나머지를 구하고, 또한 매우 부정확한 근사치 $[-2 \quad 4]^\top$에서도 구하고 비교 설명하라.

22. 20.3절의 행렬노름 (10), (11)에 대해 $\kappa(\mathbf{A}) \geqq 1$임을 보이고, 20.3절의 Frobenius 노름 (9)에 대해서 $\kappa(\mathbf{A}) \geqq \sqrt{n}$임을 보여라.

23. CAS 과제. Hilbert 행렬. 3 × 3 Hibert 행렬이 다음과 같다.

$$\mathbf{H}_3 = \begin{bmatrix} 1 & \frac{1}{2} & \frac{1}{3} \\ \frac{1}{2} & \frac{1}{3} & \frac{1}{4} \\ \frac{1}{3} & \frac{1}{4} & \frac{1}{5} \end{bmatrix}$$

$n \times n$ Hilbert 행렬은 $\mathbf{H}_n = [h_{jk}]$이며, 이때 $h_{jk} =$

$1/(j + k - 1)$이다[유사한 행렬이 최소 제곱에 의한 곡선접합(curve fitting)에서 발생한다]. $n = 2, 3, \cdots, 6$에 대해(또는 원하면 그 이상) l_∞- (또는 l_1-) 벡터노름에 대응하는 행렬노름의 조건수 $\kappa(\mathbf{H}_n)$을 계산하라. 이렇게 급격히 증가하는 조건수를 근사할 수 있는 적절한 공식을 찾아라.

$\mathbf{H}_n$을 포함하는 몇 가지 임의의 연립방정식을 만들고 이를 풀어라.

24. **조별 과제**. **노름**. **(a)** 이 교재에서 다룬 **벡터노름**(vector norm*s*)들은 **동등**(equivalent)하다. 즉, 이것들은 다음 두 개의 부등식, 예를 들면

$$(18)\quad \begin{aligned} &\text{(a)}\quad \|\mathbf{x}\|_\infty \leqq \|\mathbf{x}\|_1 \leqq n\|\mathbf{x}\|_\infty \\ &\text{(b)}\quad \frac{1}{n}\|\mathbf{x}\|_1 \leqq \|\mathbf{x}\|_\infty \leqq \|\mathbf{x}\|_1 \end{aligned}$$

를 만족한다. 따라서 만일 어떤 $\mathbf{x}$에 대하여 하나의 노름에 대한 값이 크다면(또는 작다면), 다른 노름에서의 값도 역시 크게 된다(또는 작게 된다). 따라서 여러 조사에 의하여, 어떤 노름을 사용할 것인가에 대한 선택은 그다지 중요한 문제가 되지 않는다. 식 (18)을 증명하라.

(b) Cauchy-Schwarz 부등식은

$$|\mathbf{x}^\mathsf{T}\mathbf{y}| \leqq \|\mathbf{x}\|_2 \|\mathbf{y}\|_2$$

이다. 이것은 매우 중요한 공식이다(증명은 부록 1의 참고문헌 [GR7] 참조). 이를 이용하여 다음을 증명하라.

$$(19a)\quad \|\mathbf{x}\|_2 \leqq \|\mathbf{x}\|_1 \leqq \sqrt{n}\,\|\mathbf{x}\|_2$$

$$(19b)\quad \frac{1}{\sqrt{n}}\|\mathbf{x}\|_1 \leqq \|\mathbf{x}\|_2 \leqq \|\mathbf{x}\|_1$$

(c) 공식 (10)은 공식 (9)에 비하여 실제로 좀 더 사용되고 있다. 식 (9)로부터 식 (10)을 유도하라.

(d) 행렬노름. 예를 들어가면서 식 (11)이 성립됨을 살펴보라. 식 (12)에 대해 엄격한 부등식이 성립되는 예와 등식이 성립되는 예를 찾아보라. 20.3절의 행렬노름 (10), (11)이 다음의 *노름공리*(axioms of a norm)를 만족함을 증명하라.

$$\|\mathbf{A}\| \geqq \mathbf{0}.$$
$$\|\mathbf{A}\| = \mathbf{0} \text{ if and only if } \mathbf{A} = \mathbf{0},$$
$$\|k\mathbf{A}\| = |k|\,\|\mathbf{A}\|,$$
$$\|\mathbf{A} + \mathbf{B}\| \leqq \|\mathbf{A}\| + \|\mathbf{B}\|$$

25. **서술형 과제**. **노름과 이 절에서의 활용**. 이 절에서 다룬 내용 중 가장 중요하다고 생각되는 내용을 나열하고, 이 내용들을 2페이지 분량으로 작성하라.

20.5 최소제곱법

지금까지 1차 연립방정식에 대한 수치해석법에 대해 살펴보았다. 이 절에서는 1차 연립방정식의 해를 곡선접합으로 구하는 방법에 대해 설명한다.

곡선접합(curve fitting)은 주어진 n개의 점(수의 쌍) $(x_1, y_1), \cdots, (x_n, y_n)$에 대하여 다음 조건을 만족하는 함수 $f(x)$의 근사해를 구하는 것이다.

$$f(x_1) \approx y_1, \cdots, f(x_n) \approx y_n$$

함수의 형태(예로서 다항식, 지수함수, 사인 또는 코사인 함수)는 문제의 특성(예로서 물리법칙)에 의하여 결정되며 대개의 경우 일정 차수의 다항식을 사용한다.

동기도 파악하면서 문제를 살펴보자.

등식 $f(x_1) = y_1, \cdots, f(x_n) = y_n$이 엄격히 요구된다면, 충분한 차수의 고차 다항식을 선택하여, 19.3절에서 설명한 보간법과 관련된 방법 중의 하나를 적용하여 구할 수 있다. 그러나 이 경우 종종 실제 문제에 적합한 해가 되지 않는 경우도 있다. 예로서 다음의 4점

$$(1)\quad (-1.3, 0.103),\quad (-0.1, 1.099),\quad (0.2, 0.808),\quad (1.3, 1.897)$$

에 대응되는 보간다항식은 $f(x) = x^3 - x + 1$(그림 446)이 되지만, 실제로 이 점들을 연결하는 그림을 그리면 이 점들은 거의 동일 직선상에 있다는 것을 알 수 있다. 그러므로 만일 이들 값이 실험에 의해 얻어졌고 실험오차를 포함하고 있으며, 또한 실험의 물리적 성질로 보아 직선관계가 있다고 판단이 된다면, 보간다항식을 이들 점을 지나는 직선으로 찾는 것

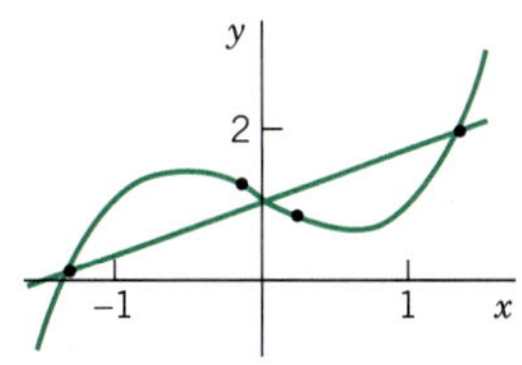

그림 446. 직선에 의한 근사적인 접합

이 타당할 것이다(그림 446). 또 다른 x 값에 대응하는 예측값을 구하는 데 이렇게 찾은 직선을 이용하면 매우 효율적이다. 직선접합에 가장 널리 사용되는 방법이 Gauss와 Legendre의 **최소제곱법**(method of least squares)이다. 이를 다음과 같이 공식화할 수 있다.

> **최소제곱법**. *주어진 점* $(x_1, y_1), \cdots, (x_n, y_n)$*을 통과하는 직선*
>
> (2) $$y = a + bx$$
>
> *는 직선으로부터 이들 점까지의 거리의 제곱의 합이 최소가 되도록 접합되어야 한다. 단, 여기서 거리는 수직방향(y-방향)의 거리를 의미한다.*

가로좌표가 x_j인 직선 위의 점은 세로좌표 $a + bx_j$를 갖는다. 그러므로 점 (x_j, y_j)에서 직선까지의 거리는 $|y_i - a - bx_j|$이며(그림 447), 이들의 제곱의 합은

$$q = \sum_{j=1}^{n} (y_j - a - bx_j)^2$$

이다. 여기에서 q는 a와 b에 종속되고 있다. q가 최소가 되는 필요조건은

(3)
$$\frac{\partial q}{\partial a} = -2\sum (y_j - a - bx_j) = 0$$
$$\frac{\partial q}{\partial b} = -2\sum x_j (y_j - a - bx_j) = 0$$

이다(여기에서의 합은 j가 1에서 n까지 변할 때의 합이다). 이 식들을 2로 나눈 후, 각 식에서의 합을 세 개의 합으로 나누고 정리한 후, 이 중 하나의 항을 우변으로 옮기면

(4)
$$\begin{aligned} an \qquad + b\sum x_j &= \sum y_j \\ a\sum x_j + b\sum x_j^2 &= \sum x_j y_j \end{aligned}$$

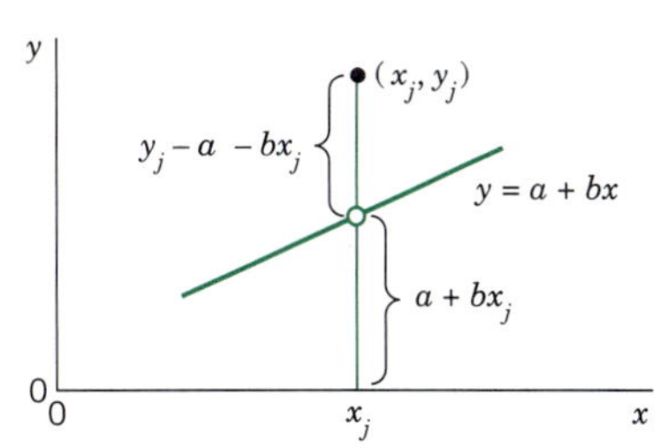

그림 447. 직선 $y = a + bx$로부터 점 (x_j, y_j)까지의 수직거리

가 된다. 이 방정식을 **정규방정식**(normal equation)이라 부른다.

예제 1 직선

최소제곱법을 사용하여 식 (1)에 주어진 4점에 대한 직선을 접합하라.

풀이. $n = 4, \quad \sum x_j = 0.1, \quad \sum x_j^2 = 3.43, \quad \sum y_j = 3.907, \quad \sum x_j y_j = 2.3839$
이므로, 정규방정식은

$$4a + 0.10b = 3.9070$$

$$0.1a + 3.43b = 2.3839$$

이며, 따라서 해는(소수점 4자리 유효숫자 반올림) $a = 0.9601$, $b = 0.6670$이고, 구하고자 하는 직선은

$$y = 0.9601 + 0.6670x$$

이다(그림 446). ■

m차 다항식에 의한 곡선접합

곡선접합은 다항식 $y = a + bx$로부터 다음과 같은 m차 다항식까지 일반화할 수 있다.

$$p(x) = b_0 + b_1x + \cdots + b_mx^m \tag{5}$$

여기서 $m \leqq n - 1$이다. 이 경우 q는

$$q = \sum_{j=1}^{n} (y_j - p(x_j))^2$$

으로 쓸 수 있고, 이것은 $m + 1$개의 매개변수 $b_0, \cdots, b_m$에 종속되고 있다. 식 (3)에 대응되는 $m + 1$개의 조건

$$\frac{\partial q}{\partial b_0} = 0, \qquad \cdots, \qquad \frac{\partial q}{\partial b_m} = 0 \tag{6}$$

을 얻을 수 있으며, 이로부터 $m + 1$개의 정규방정식을 얻게 된다.

특히 다음과 같은 2차 다항식을 사용할 경우

$$p(x) = b_0 + b_1x + b_2x^2 \tag{7}$$

정규방정식은

$$\begin{aligned} b_0 n \quad &+ b_1 \sum x_j + b_2 \sum x_j^2 = \sum y_j \\ b_0 \sum x_j &+ b_1 \sum x_j^2 + b_2 \sum x_j^3 = \sum x_j y_j \\ b_0 \sum x_j^2 &+ b_1 \sum x_j^3 + b_2 \sum x_j^4 = \sum x_j^2 y_j \end{aligned} \tag{8}$$

가 된다(합은 1부터 n까지임). 각자 식 (8)을 유도하여 보라.

예제 2 최소제곱에 의한 2차 포물선

점 (0, 5), (2, 4), (4, 1), (6, 6), (8, 7)에 대한 2차 포물선을 접합하라.

풀이. 먼저 정규방정식을 구하기 위해 $n = 5$, $\sum x_j = 20$, $\sum x_j^2 = 120$, $\sum x_j^3 = 800$, $\sum x_j^4 = 5664$, $\sum y_j = 23$, $\sum x_j y_j = 104$, $\sum x_j^2 y_j = 696$를 계산하며, 따라서 정규방정식은

$$\begin{aligned} 5b_0 + \ \ 20b_1 + \ \ 120b_2 &= \ \ 23 \\ 20b_0 + 120b_1 + \ \ 800b_2 &= 104 \\ 120b_0 + 800b_1 + 5664b_2 &= 696 \end{aligned}$$

이 된다. 위 방정식을 풀어 다음과 같은 2차 최소제곱 포물선을 구할 수 있다(그림 448).

$$y = 5.11429 - 1.41429x + 0.21429x^2$$

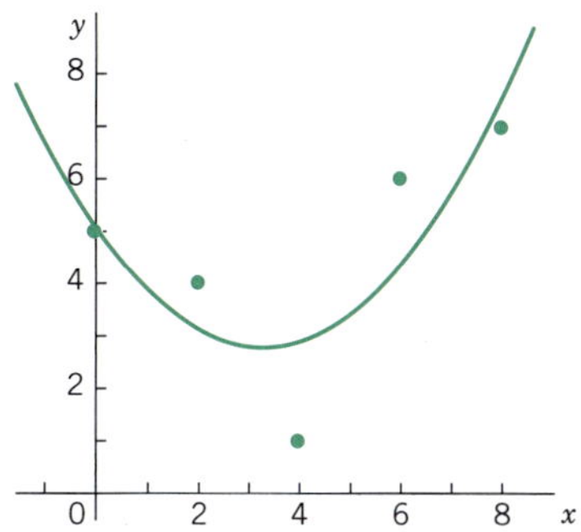

그림 448. 예제 2의 최소제곱 포물선

일반적인 다항식 (5)에 대해 정규방정식은 미지수 $b_0, \cdots, b_m$에 대해 1차 연립방정식으로 구성된다. 이 계의 행렬 **M**은 항시 정칙이며 또한 양의 정부호(positive definite)이기 때문에(그리고 대칭이다), 20.2절의 Cholesky법으로 문제를 풀 수 있다. 이 1차 연립방정식이 1차 종속에 가깝다면, 이 경우 정규방정식은 불량조건이 될 수 있으므로 다른 방법으로 풀어야 한다. 부록 1의 참고문헌 [E5]와 5.7절을 참조하라.

또한 최소제곱법은 통계학에도 중요하게 활용된다(25.9절 참조).

연습문제 20.5

1-6 직전에 의한 접합

최소제곱법을 사용하여 주어진 점 (x, y)를 직선으로 접합하라. 과정을 상세히 보이고. 점과 선을 그려서 결과를 확인하라.

1. (0, 2), (2, 0), (3, −2), (5, −3)

2. 문제 1에서 구한 직선으로부터 멀리 떨어진 점, 예를 들면 점 (1, 3)을 추가하여 직선접합을 하면 직선이 어떻게 변하는가?

3. (0, 1.8), (1, 1.6), (2, 1.1), (3, 1.5), (4, 2.3)

4. **Hooke의 법칙**: $F = ks$. 작용한 힘 F[1b]와 늘어난 거리 s[cm]에 관한 데이터 (F, s) = (1, 0.3), (2, 0.7), (4, 1.3), (6, 1.9), (10, 3.2), (20, 6.3)로부터 용수철 상수 k를 추정하라.

5. **평균속도**. 데이터 (t, s) = (9, 140), (10, 220), (11, 310), (12, 410)으로부터 자동차의 운동방정식이 $s = v \cdot t$ [km] (s = 주행거리, t[hr] = 시간)일 때 평균속도 v_{av}를 추정하라.

6. **Ohm의 법칙**: $U = Ri$. 데이터 (i, U) = (2, 104), (4, 206), (6, 314), (10, 530)를 이용하여 저항 R을 추정하라.

7. 정규방정식 (8)을 유도하라.

8-11 2차 포물선에 의한 접합

최소제곱법을 사용하여 주어진 점 (x, y)를 포물선 (7)로 접합하라. 그래프를 그리고 결과를 확인하라.

8. (−1, 5), (1, 3), (2, 4), (3, 8)

9. (2, −3), (3, 0), (5, 1), (6, 0), (7, −2)

10. 근로자 근무 시간 t[hr] 1 2 3 4 5
근로자 반응 시간 y[sec] 2.00 1.78 1.90 2.35 2.70

11. 문제 3에 주어진 점들에 대한 직선과 2차 포물선을 동일 좌표 상에 그리고 설명하라.

12. 3차 포물선. 최소제곱을 이용하여 3차 포물선의 정규방정식을 유도하라.

13. 데이터 $(x, y) = (-2, -30), (-1, -4), (0, 4), (1, 4), (2, 22), (3, 68)$에 최소제곱을 사용하여 식 (2)와 식 (7) 및 3차 포물선으로 접합하라. 각각의 그래프 및 점들을 동일 좌표 상에 그리고 어느 것이 더 우수한지 설명하라.

14. 조별 과제. **함수** $f(x)$에 대한 $a \leqq x \leqq b$의 구간에서의 **최소제곱근사해**를

$$F_m(x) = a_0 y_0(x) + a_1 y_1(x) + \cdots + a_m y_m(x)$$

라 하자. 여기서 $y_0(x), \cdots, y_m(x)$는 주어진 함수이며, 각각의 계수 $a_0, \cdots, a_m$는 다음 적분식이

$$\int_a^b [f(x) - F_m(x)]^2 \, dx \tag{9}$$

이 최소가 되도록 결정되어야 한다. 이 적분식은 $\|f - F_m\|^2$으로 표기되며, $\|f - F_m\|$을 $f - F_m$의 **L_2-노름**(L은 Lebesgue[5]를 의미함)이라고 한다. 최소가 되기 위한 필요조건은 $\partial\|f - F_m\|^2/\partial a_j = 0, j = 0, \cdots, m$으로 주어진다[식 (6)과 유사].

(a) 위 과정을 통해 다음의 $m + 1$ 정규방정식($j = 0, \cdots, m$)이 유도됨을 보여라.

$$\sum_{k=0}^{m} h_{jk} a_k = b_j \quad \text{여기서}$$

$$h_{jk} = \int_a^b y_j(x) y_k(x) \, dx, \tag{10}$$

$$b_j = \int_a^b f(x) y_j(x) \, dx$$

(b) 다항식. $F_m(x) = a_0 + a_1 x + \cdots + a_m x^m$인 경우, 식 (10)은 어떠한 식이 되는가? 구간이 $0 \leqq x \leqq 1$인 경우, 식 (10)의 계수행렬을 구하라.

(c) 직교함수. 구간 $a \leqq x \leqq b$에서 $y_0(x), \cdots, y_m(x)$가 직교(orthogonal)일 때 식 (10)의 해를 구하라(직교 정의는 11.5절과 11.6절 참조).

15. CAS 실험. **최소제곱 vs 보간.** 다음에 주어진 데이터와 임의로 선택한 자료를 활용하여 보간다항식과 최소제곱근사해를 구하라(직선, 2차 포물선 등). 비교하고 설명하라.

(a) $(-2, 0), (-1, 0), (0, 1), (1, 0), (2, 0)$

(b) $(-4, 0), (-3, 0), (-2, 0), (-1, 0), (0, 1), (1, 0), (2, 0), (3, 0), (4, 0)$

(c) $(0, 0), (1, 1), \cdots, (4, 4)$와 같은 직선상의 다섯 점을 정하라. 이 점들 중에서 한 점을 기본단위인 1만큼 위로 이동시킨 후, 이에 대한 2차 포물선을 구하라. 이를 각 점마다 수행하고 여기서 구한 5개의 다항식을 동일 좌표 상에 그려라. 다섯 개의 그래프 가운데 어느 것이 가장 크게 변화되었는가?

20.6 행렬의 고유값 문제: 개요

이제 선형대수의 수치해석법에 대한 이 장의 두 번째 부분에 대하여 다루기로 한다. *이 장의 첫 번째 부분*에서는 Gauss 소거법 등 1차 연립방정식을 풀 수 있는 여러 가지 대입법에 대하여 다루었다. 이 방법은 사전에 예측된 만큼의 계산량을 통하여 해를 구할 수 있으므로 직접적인 방법으로 알려져 있다. 이 Gauss 소거법이 개량되어 더 적은 계산량을 갖는 Doolittle법, Crout법, 그리고 Cholesky법이 대두되었다. 마지막 부분에서는 Gauss-Siedel 반복법과 Jacobi 반복법과 같은 1차 연립방정식에 대한 간접방식을 다루었다. 이러한 간접방법에서는 반복회수에 대한 정보를 사전에 알 수 없으며, 문제에 따라 해로 접근하는 수렴속도가 빠르거나 혹은 느릴 수 있으며 심지어는 해에 접근하지 못하는 경우도 발생한다. 이러한 현상으로 인하여 불량조건과 조건수 개념이 만들어졌는데 이들은 수치해석법에서 발생되

[5]HENRI LEBESGUE(1875-1941). 프랑스의 위대한 수학자. 1902년의 유명한 박사학위 논문으로 측도와 적분 분야의 현대이론 창시자가 됨.

는 문제점들을 분석하는 데 많은 도움이 되고 있다.

이 장의 두 번째 부분에서는 행렬의 고유값 문제에 관한 주요 개념과 수치계산법에 대해 다루어 본다. 고유값 문제는 선형대수의 수치적 해석과 관련하여 광범위하게 많은 부분을 차지하고 있을 뿐만 아니라, 실제적으로도 매우 중요하기 때문에 수천 편은 안 되더라도 수백 편의 논문이 여러 수학잡지에 발표되는 등 활발한 연구가 진행되어왔다(참고문헌 [E8], [E9], [E11], [E29] 참조). 먼저 고유값 문제에 대해 수치해법을 적용하고 설명하는 데에 필요한 일반적인 개념과 이에 대한 결과들을 살펴보기로 한다. (고유값 문제의 전형적인 모델에 대해서는 8장 참조).

주어진 $n \times n$ 행렬 $\mathbf{A} = [a_{jk}]$의 **고유값**(eigenvalue) 또는 **특성값**(characteristic value or 숨은 해)은 벡터방정식

$$\mathbf{Ax} = \lambda\mathbf{x} \tag{1}$$

가 자명하지 않은 해, 즉 해 $\mathbf{x} \neq 0$을 갖는 실수 또는 복소수 λ로 정의된다. 이 $\mathbf{x}$를 고유값 λ에 대응하는 **A**의 **고유벡터**(eigenvector) 또는 **특성벡터**(characteristic vector)라고 한다. 또한 **A**의 모든 고유값의 집합을 **A**의 **스펙트럼**(spectrum)이라고 한다. 방정식 (1)은

$$(\mathbf{A} - \lambda\mathbf{I})\mathbf{x} = \mathbf{0} \tag{2}$$

으로 쓸 수 있고, 여기서 **I**는 $n \times n$ 단위행렬이다. 이 제차 연립방정식은 **특성행렬식**(characteristic determinant) det $(\mathbf{A} - \lambda\mathbf{I})$가 0일 때만 0이 아닌 해를 갖는다(7.5절의 정리 2 참조). 따라서, 다음이 성립한다(8.1절 참조).

정리 1

고유값

A의 고유값은 **특성방정식**(characteristic equation)

$$\det(\mathbf{A} - \lambda\mathbf{I}) = \begin{vmatrix} a_{11} - \lambda & a_{12} & \cdots & a_{1n} \\ a_{21} & a_{22} - \lambda & \cdots & a_{2n} \\ \cdot & \cdot & \cdots & \cdot \\ a_{n1} & a_{n2} & \cdots & a_{nn} - \lambda \end{vmatrix} = 0 \tag{3}$$

의 해 λ이다.

특성행렬식을 전개하여, λ의 차수가 n인 **A**의 **특성다항식**(characteristic polynomial)을 얻는다. 따라서, **A**는 적어도 한 개, 많으면 n개의 수치적으로 다른 고유값을 갖는다. **A**가 실행렬(real matrix)이면, 특성다항식의 계수들도 실수이다. 대수학에 의해 이것은 근이(**A**의 고유값) ***실수이거나 혹은*** 쌍으로 된 ***공액복소수***가 된다.

잠시 고유값 문제의 수치해석법과 관련하여 앞으로 다루어 나갈 개략적인 내용을 살펴보면 다음과 같다. 매우 큰 행렬의 경우, 고유값을 찾는 것은 매우 어려운 일인데, 이는 일반적으로 고차 특성다항식의 근을 찾는 것이 쉽지 않기 때문이다. 따라서 고유값을 구하는

다른 종류의 수치적 방법에 대하여 다룰 것이며, 이들은 다른 결과를 만들어 낸다. 20.7절에서는 고유값이 복소수일 경우 이들의 존재영역을 찾아내는 방법(Gerschgorin 방법)을, 또한 고유값이 실수일 경우 이들이 존재하는 구간을 찾아내는 방법(Collatz 방법)에 대하여 다룬다. 또 다른 방법으로는 모든 고유값들을 찾아내는 방법이 있는데, 20.9절에서 다룰 Householder 삼각대각화법과 QR 방법이 그것이다.

이제 앞서 다룬 내용을 계속하여 진행하기로 한다. 일반적으로 **A**의 고유값을

$$\lambda_1, \lambda_2, \cdots, \lambda_n$$

로 나타낸다. 이들 중 일부(혹은 전부)는 동일할 수 있음을 유념하라.

이들 n개의 고유값의 합은 **A**의 대각합(trace)이라고 불리는 **A**의 주대각선 원소의 합과 같다. 즉,

$$\text{trace } \mathbf{A} = \sum_{j=1}^{n} a_{jj} = \sum_{k=1}^{n} \lambda_k \tag{4}$$

이다. 또한 고유값들의 곱은 **A**의 행렬식과 같다. 즉,

$$\det \mathbf{A} = \lambda_1 \lambda_2 \cdots \lambda_n \tag{5}$$

이다. 위 두 공식은 특성다항식의 곱의 표현을

$$f(\lambda) = (-1)^n(\lambda - \lambda_1)(\lambda - \lambda_2)\cdots(\lambda - \lambda_n)$$

로 놓는다. 같은 고유값을 묶어서 **A**의 *서로 다른* $\lambda_1, \lambda_2, \cdots, \lambda_r$ $(r \leqq n)$의 지수형태로 나타내면, 특성다항식의 곱은

$$f(\lambda) = (-1)^n(\lambda - \lambda_1)^{m_1}(\lambda - \lambda_2)^{m_2}\cdots(\lambda - \lambda_r)^{m_r} \tag{6}$$

으로 표현된다. 여기서 지수 m_j를 λ_j의 **대수적 중복도**(algebraic multiplicity)라 한다. λ_j에 대응되는 1차독립인 고유벡터의 최대 수를 **기하학적 중복도**(geometric multiplicity)라 하며, 이것은 m_j보다 작거나 같다.

만일 R^n이나 C^n(만일 **A**가 복소수라면)의 부분공간 S 내의 모든 **v**에 대해서 벡터 **Av**도 역시 S 내에 존재한다면 S는 **A**의 **불변 부분공간**(invariant subspace)이라 한다. **A**의 **고유공간**(eigenspaces; 고유벡터의 공간, 8.1절)은 A의 중요한 불변 부분공간이다.

$n \times n$ 비특이 행렬 **T**가 존재하여 다음 식을 만족하면 $n \times n$ 행렬 **B**는 **A**와 **유사**(similar)하다고 한다.

$$\mathbf{B} = \mathbf{T}^{-1}\mathbf{A}\mathbf{T} \tag{7}$$

유사성은 다음과 같은 이유로 중요하다.

정리 2

유사행렬

유사행렬(similar matrices)*들은 동일한 고유값을 갖는다.* $\mathbf{x}$*가* $\mathbf{A}$*의 고유벡터라고 하면,* $\mathbf{y} = \mathbf{T}^{-1}\mathbf{x}$*는 동일한 고유값에 대응하는 식* (7)*에서의* $\mathbf{B}$*의 고유벡터이다.* (8.4절에서 증명)

수치해법에 다양하게 적용할 수 있는 또 다른 정리는 다음과 같다.

정리 3

스펙트럼 이동(spectral shift)

$\mathbf{A}$*의 고유값이* $\lambda_1, \lambda_2, \cdots, \lambda_n$*이면, 임의의* k*에 대해* $\mathbf{A} - k\mathbf{I}$*의 고유값은* $\lambda_1 - k, \cdots, \lambda_n - k$*이다.*

이 정리는 다음의 **스펙트럼 사상정리**(spectral mapping theorem)의 특별한 경우이다.

정리 4

다항식행렬

λ*가* $\mathbf{A}$*의 고유값이면*

$$q(\lambda) = \alpha_s\lambda^s + \alpha_{s-1}\lambda^{s-1} + \cdots + \alpha_1\lambda + \alpha_0$$

는 **다항식행렬**(polynomial matrix)

$$q(\mathbf{A}) = \alpha_s\mathbf{A}^s + \alpha_{s-1}\mathbf{A}^{s-1} + \cdots + \alpha_1\mathbf{A} + a_0\mathbf{I}$$

의 고유값이다.

증명 $\mathbf{Ax} = \lambda\mathbf{x}$으로부터 $\mathbf{A}^2\mathbf{x} = \mathbf{A}\lambda\mathbf{x} = \lambda\mathbf{Ax} = \lambda^2\mathbf{x}$, $\mathbf{A}^3\mathbf{x} = \lambda^3\mathbf{x}$ 등이 성립된다. 따라서

$$\begin{aligned} q(\mathbf{A})\mathbf{x} &= (\alpha_s\mathbf{A}^s + \alpha_{s-1}\mathbf{A}^{s-1} + \cdots)\,\mathbf{x} \\ &= \alpha_s\mathbf{A}^s\mathbf{x} + \alpha_{s-1}A^{s-1}\mathbf{x} + \cdots \\ &= \alpha_s\lambda^s\mathbf{x} + \alpha_{s-1}\lambda^{s-1}\mathbf{x} + \cdots = q(\lambda)\,\mathbf{x} \end{aligned}$$

가 된다. ■

주요 특수행렬(special matrix)의 고유값들은 다음과 같은 특성을 갖는다.

정리 5

특수행렬

에르미트 행렬(Hermitian matrix, $\overline{\mathbf{A}}^\top = \mathbf{A}$)*의 고유값은 실수이다. 따라서 실대칭행렬*($\mathbf{A}^\top = \mathbf{A}$)*의 경우도 마찬가지이다. 반에르미트행렬*(skew-Hermitian matrix, $\overline{\mathbf{A}}^\top = -\mathbf{A}$)*의 경우 고유값은 순허수 혹은 0이다. 따라서 실반대칭행렬*($\mathbf{A}^\top = -\mathbf{A}$)*의 경우도 마찬가지이다. 유니타리 행렬*(unitary matrix, $\overline{\mathbf{A}}^\top = \mathbf{A}^{-1}$)*의 고유값은 절댓값 1을 갖는다. 따라서 직교행렬*(orthogonal matrix, $\mathbf{A}^\top = \mathbf{A}^{-1}$)*의 경우도 마찬가지이다*(8.3절과 8.5절에서 증명).

증명은 참고문헌 [B3], vol. II, pp.53-62를 참고하라. *음이 아닌* 실수 원소를 갖는 기약행렬의 경우에도 적용된다(**"Perron-Frobenius 정리"**). 여기에서 **기약행렬 A**는 행이나 열의 교환에 의해 다음과 같은 행렬 형태로 변환될 수 없는 행렬을 의미한다. 여기서 **B**와 **F**는 정방행렬이고 0은 영행렬이다.

$$\begin{bmatrix} \mathbf{B} & \mathbf{C} \\ \mathbf{0} & \mathbf{F} \end{bmatrix}$$

Perron의 정리는 경제학 등 다양한 분야에 응용된다. 또한 이 정리로부터 수치적 알고리즘이 들어 있는 다음과 같은 정리를 얻을 수 있다.

정리 6 **Collatz 포함정리**[9]

$\mathbf{A} = [a_{jk}]$를 원소가 모두 양인 $n \times n$ 실행렬이라 하자. 성분 $x_1, x_2, \cdots, x_n$이 모두 양인 임의의 실벡터 $\mathbf{x}$에 대하여 $\mathbf{y} = \mathbf{Ax}$의 성분을 $y_1, y_2, \cdots, y_n$이라 하자. 이때 n개의 몫 $q_j = y_j/x_j$의 최솟값과 최댓값으로 만들어지는 실수축 위의 유계 닫힌 구간은 적어도 하나의 $\mathbf{A}$의 고유값을 포함한다.

증명 식 $\mathbf{Ax} = \mathbf{y}$은

$$\mathbf{y} - \mathbf{Ax} = \mathbf{0} \tag{6}$$

이다. 전치행렬 $\mathrm{A}^{\top}$는 정리 5의 조건을 만족한다. 따라서 $\mathbf{A}^{\top}$는 양의 고유값 λ와 이에 대응하는 성분 u_j가 모두 양인 고유벡터 $\mathbf{u}$를 갖는다. 그러므로 $\mathbf{A}^{\top}\mathbf{u} = \lambda\mathbf{u}$가 성립되고, 전치를 취하면 $\mathbf{u}^{\top}\mathbf{A} = \lambda\mathbf{u}^{\top}$가 된다. 이것과 식 (6)을 이용하여

$$\mathbf{u}^{\mathsf{T}}(\mathbf{y} - \mathbf{Ax}) = \mathbf{u}^{\mathsf{T}}\mathbf{y} - \mathbf{u}^{\mathsf{T}}\mathbf{Ax} = \mathbf{u}^{\mathsf{T}}\mathbf{y} - \lambda\mathbf{u}^{\mathsf{T}}\mathbf{x} = \mathbf{u}^{\mathsf{T}}(\mathbf{y} - \lambda\mathbf{x}) = 0$$

을 구할 수 있으며, 이것을

$$\sum_{j=1}^{n} u_j(y_j - \lambda x_j) = 0$$

과 같이 쓸 수 있다. 모든 성분 u_j가 양이므로, 적어도 하나의 j와 하나의 k에 대하여

$$\begin{aligned} &y_j - \lambda x_j \geqq 0 \quad \text{즉,} \quad q_j \geqq \lambda \\ &y_j - \lambda x_j \leqq 0 \quad \text{즉,} \quad q_j \leqq \lambda \end{aligned} \tag{7}$$

가 만족되어야 한다. 그런데 $\mathbf{A}$와 $\mathbf{A}^{\top}$는 동일한 고유값을 가지므로 λ는 $\mathbf{A}$의 고유값이고, 따라서 식 (7)로부터 정리가 성립됨을 알 수 있다. ■

[9]LOTHAR COLLATZ(1910-1990). 독일의 수학자, 수치해석 분야에서 유명함.

예제 4 **Collatz 정리에 의한 고유값의 한계. 반복법**

양의 원소를 갖는 주어진 행렬 $\mathbf{A}$에 대하여, 초기값 $\mathbf{x} = \mathbf{x}_0$를 선택하여 **반복계산**(iterate), 즉 $\mathbf{x}_1 = \mathbf{A}\mathbf{x}_0$, $\mathbf{x}_2 = \mathbf{A}\mathbf{x}_1 \cdots$, $\mathbf{x}_{20} = \mathbf{A}\mathbf{x}_{19}$를 계산한다. 각 단계마다 $\mathbf{x} = \mathbf{x}_j$, $\mathbf{y} = \mathbf{A}\mathbf{x}_j = \mathbf{x}_{j+1}$를 택한 뒤 Collatz 정리를 이용하여 포함구간(inclusion interval)을 계산한다. 계산하면(소수점 8째 자리까지) 다음과 같은 결과를 얻으며

$$\mathbf{A} = \begin{bmatrix} 0.49 & 0.02 & 0.22 \\ 0.02 & 0.28 & 0.20 \\ 0.22 & 0.20 & 0.40 \end{bmatrix}, \mathbf{x}_0 = \begin{bmatrix} 1 \\ 1 \\ 1 \end{bmatrix}, \mathbf{x}_1 = \begin{bmatrix} 0.73 \\ 0.50 \\ 0.82 \end{bmatrix}, \mathbf{x}_2 = \begin{bmatrix} 0.5481 \\ 0.3186 \\ 0.5886 \end{bmatrix},$$

$$\cdots, \mathbf{x}_{19} = \begin{bmatrix} 0.00216309 \\ 0.00108155 \\ 0.00216309 \end{bmatrix}, \mathbf{x}_{20} = \begin{bmatrix} 0.00155743 \\ 0.000778713 \\ 0.00155743 \end{bmatrix}$$

이때 구간들은 $0.5 \leqq \lambda \leqq 0.82$, $0.3186/0.50 = 0.6372 \leqq \lambda \leqq 0.5481/0.73 = 0.750822$ 등으로 계산된다. 이 구간들의 길이는 다음과 같다.

j	1	2	3	10	15	50
길이	0.32	0.113622	0.0539835	0.0004217	0.0000132	0.0000004

특성다항식으로부터 $\mathbf{A}$의 고유값을 찾으면 0.72, 0.36, 0.09임을 알 수 있으며, 따라서 위의 이 구간들이 이들 고유값 가운데 최대 고유값 0.72를 포함하고 있음을 알 수 있다. j의 증가에 따라 구간의 길이가 감소하므로 이 반복법은 의미가 있으며, 그 이유에 대하여서는 고유값에 대한 반복법을 다루는 다음 절에서 논의한다. ■

연습문제 20.7

1-6 Gerschgorin 원판

다음 행렬의 고유값을 포함하는 원판과 구간을 구하고 그림으로 나타내라. CAS를 사용하여 스펙트럼을 구하고 비교하라.

1. $\begin{bmatrix} 5 & 2 & 4 \\ -2 & 0 & 2 \\ 2 & 4 & 7 \end{bmatrix}$

2. $\begin{bmatrix} 5 & 10^{-2} & 10^{-2} \\ 10^{-2} & 8 & 10^{-2} \\ 10^{-2} & 10^{-2} & 9 \end{bmatrix}$

3. $\begin{bmatrix} 0 & 0.4 & -0.1 \\ -0.4 & 0 & 0.3 \\ 0.1 & -0.3 & 0 \end{bmatrix}$

4. $\begin{bmatrix} 1 & 0 & 1 \\ 0 & 4 & 3 \\ 1 & 3 & 12 \end{bmatrix}$

5. $\begin{bmatrix} 2 & i & 1+i \\ -i & 3 & 0 \\ 1-i & 0 & 8 \end{bmatrix}$

6. $\begin{bmatrix} 10 & 0.1 & -0.2 \\ 0.1 & 6 & 0 \\ -0.2 & 0 & 3 \end{bmatrix}$

7. **유사성**. 문제 2에서 중심 5에 대한 Gerschgorin 원의 반지름이 원래의 값의 1/100로 줄어들도록 $\mathbf{T}^{-1}\mathbf{A}\mathbf{T}$를 구하라.

8. 문제 6의 중심 3에 대한 Gerschgorin 원을 기껏해야 어떤 정수배까지 줄일 수 있는가?

9. 만약 $n \times n$ 대칭행렬 $\mathbf{A} = [a_{jk}]$가 10^{-5}의 작은 비대각 원소를 갖고 있는 형태로 대각화되었다면 고유값에 대하여 언급할 수 있는 내용은 무엇인가?

10. **Gerschgorin 원판의 최적성질**. 2×2 행렬을 이용하여 고유값이 Gerschgorin 원주 상에 위치할 수 있음을 보여라. 따라서, Gerschgorin 원판은 모든 고유값을 포함한다는 특성을 잃지 않고는 더 작은 원판으로 대치될 수 없다.

11. **스펙트럼 반지름 $\rho(\mathbf{A})$**. 정리 1을 이용하여 $\rho(\mathbf{A})$가 $\mathbf{A}$의 행 합노름보다 크지 않음을 보여라.

12-16 스펙트럼 반지름

식 (4)를 이용하여 스펙트럼 반지름의 상한값을 구하라.

12. 문제 4

13. 문제 1

14. 문제 6

15. 문제 3

16. 문제 5

17. 문제 5의 행렬이 정규임을 증명하라.

18. **정규행렬**. 에르미트, 반에르미트, 유니타리 행렬(따라서, 실대칭, 반대칭, 직교행렬)이 정규임을 보여라. 이것이 실질적으로 중요한 이유는 무엇인가?

19. 정리 1을 이용하여 정리 3을 증명하라.

20. **확장된 Gerschgorin 정리**. 정리 2를 증명하라. *힌트*. $\mathbf{A} = \mathbf{B} + \mathbf{C}$, $\mathbf{B} = \text{diag}\,(a_{jj})$, $\mathbf{A}_t = \mathbf{B} + t\mathbf{C}$하고 이를 대상으로 t를 0에서 1까지 증가시켜 가면서 정리를 적용하라.

20.8 고유값을 위한 거듭제곱법

$n \times n$ 행렬 $\mathbf{A} = [a_{jk}]$의 고유값을 근사적으로 계산하는 대표적인 방법 가운데 한 방법이 **거듭제곱법**(power method)이다. 이 방법에서는 n개의 성분으로 된 임의의 벡터 $\mathbf{x}_0(\neq \mathbf{0})$에서 시작하여 순차적으로

$$\mathbf{x}_1 = \mathbf{A}\mathbf{x}_0, \qquad \mathbf{x}_2 = \mathbf{A}\mathbf{x}_1, \qquad \cdots, \qquad \mathbf{x}_s = \mathbf{A}\mathbf{x}_{s-1}$$

을 계산한다. 여기서 편의상 $\mathbf{x}_{s-1}$을 $\mathbf{x}$로, $\mathbf{x}_s$를 $\mathbf{y}$로 표기하면 $\mathbf{y} = \mathbf{A}\mathbf{x}$가 된다.

이 방법은 **지배 고유값**(dominant eigenvalue, $|\lambda|$가 다른 고유값의 절댓값보다 큰 λ)을 갖는 모든 $n \times n$ 행렬 $\mathbf{A}$에 적용할 수 있다. 또한 $\mathbf{A}$가 *대칭*이면 근사값 (1) 외에 오차한계 (2)도 구할 수 있다.

정리 1

거듭제곱법, 오차한계

$\mathbf{A}$*를* $n \times n$ *실대칭행렬,* $\mathbf{x}(\neq \mathbf{0})$*를* n*개의 성분을 갖는 임의의 실벡터라 하고,*

$$\mathbf{y} = \mathbf{A}\mathbf{x}, \qquad m_0 = \mathbf{x}^{\mathsf{T}}\mathbf{x}, \qquad m_1 = \mathbf{x}^{\mathsf{T}}\mathbf{y}, \qquad m_2 = \mathbf{y}^{\mathsf{T}}\mathbf{y}$$

라 하면 몫(quotient)

$$\text{(1)} \qquad q = \frac{m_1}{m_0} \qquad \text{(Rayleigh[10] 몫)}$$

은 $\mathbf{A}$*의 한 고유값*(일반적으로 절댓값이 가장 클 경우에만 성립되며, 일반적인 경우는 성립하지 않는다) λ*의 근사값이 된다.*

$q = \lambda - \epsilon$*이라 놓고,* ϵ*을* q*의 오차라고 하며, 이 경우*

$$\text{(2)} \qquad |\epsilon| \leqq \delta = \sqrt{\frac{m_2}{m_0} - q^2}$$

을 만족할 때이다.

증명 δ^2을 식 (2)의 근호 안의 수라 하자. 식 (1)에서 $m_1 = qm_0$이므로

---

[10] LORD RAYLEIGH (JOHN WILLIAM STRUTT) (1842-1919), 영국의 물리학자이며 수학자, 케임브리지와 런던대학 교수, 응용수학이나 이론물리학의 여러 분야, 특히 파장, 탄성 및 유체운동이론에 중요한 공헌을 함.

$$(3) \qquad (\mathbf{y} - q\mathbf{x})^{\mathsf{T}}(\mathbf{y} - q\mathbf{x}) = m_2 - 2qm_1 + q^2m_0 = m_2 - q^2m_0 = \delta^2 m_0$$

와 같다. **A**는 실대칭이므로 고유값 $\lambda_1, \cdots, \lambda_n$(일부는 동일할 수 있음)에 대응하는 n개의 실단위고유벡터(real unit eigenvector) $\mathbf{z}_1, \cdots, \mathbf{z}_n$의 직교집합(orthogonal set)을 갖는다(증명은 부록 1의 참고문헌 [B3], vol. 1, pp. 270-272를 참조). 따라서 **x**는

$$\mathbf{x} = a_1\mathbf{z}_1 + \cdots + a_n\mathbf{z}_n$$

으로 나타낼 수 있으며, $\mathbf{A}\mathbf{z}_1 = \lambda_1\mathbf{z}_1 \cdots$ 이므로

$$\mathbf{y} = \mathbf{A}\mathbf{x} = a_1\lambda_1\mathbf{z}_1 + \cdots + a_n\lambda_n\mathbf{z}_n$$

이 되며, 또한 $\mathbf{z}_j$는 직교단위벡터(orthogonal unit vector)이므로

$$(4) \qquad m_0 = \mathbf{x}^{\mathsf{T}}\mathbf{x} = a_1^2 + \cdots + a_n^2$$

이 만족된다. 또한, 식 (3)에서

$$\mathbf{y} - q\mathbf{x} = a_1(\lambda_1 - q)\mathbf{z}_1 + \cdots + a_n(\lambda_n - q)\mathbf{z}_n$$

이 성립되며, 다시 z_j가 직교단위벡터임을 이용하여 식 (3)으로부터

$$(5) \qquad \delta^2 m_0 = (y - q\mathbf{x})^{\mathsf{T}}(\mathbf{y} - q\mathbf{x}) = a_1^2(\lambda_1 - q)^2 + \cdots + a_n^2(\lambda_n - q)^2$$

을 얻는다. λ_c가 q에 가장 근접한 **A**의 고유값이면, $j = 1, \cdots, n$에 대해 $(\lambda_c - q)^2 \leqq (\lambda_j - q)^2$가 성립한다. 여기서 c는 가장 "근접하다(closest)"는 의미를 나타낸다. 이것과 식 (5)로부터 부등식

$$\delta^2 m_0 \geqq (\lambda_c - q)^2(a_1^2 + \cdots + a_n^2) = (\lambda_c - q)^2 m_0$$

를 얻는다. m_0로 나누고 제곱근을 취하고, δ^2이 정의된 내용을 상기하면

$$\delta = \sqrt{\frac{m_2}{m_0} - q^2} \geqq |\lambda_c - q|$$

를 얻게 된다. 결과적으로 δ가 **A**의 고유값에 대한 근사값 q의 오차 ϵ의 한계라는 것을 알 수 있으며 이로써 증명은 완결되었다. ■

이 방법의 장점은 간단하다는 것이다. 정사각형 배열로 모든 원소를 저장하기에 쉽지 않을 정도로 매우 큰 *희박행렬*의 경우에도 적용될 수 있다. 그러나 수렴속도가 느릴 수도 있다는 단점을 갖고 있다. 정리 1의 증명에서 알 수 있듯이 수렴속도는 지배 고유값과 그 다음으로 큰 고유값과의 비율(아래의 예제 1에서는 2:1)에 좌우된다.

고유벡터(eigenvector)를 구하기 위해서는 다음의 예제 1과 같이 매 단계의 초기마다 벡터의 각 성분을 절댓값이 가장 큰 성분으로 나누는 **축척**(scaling)을 수행해야 한다.

예제 1 정리 1의 응용. 축척

20.7절, 예제 4의 대칭행렬 **A**와 $\mathbf{x}_0 = [1 \quad 1 \quad 1]^{\mathsf{T}}$에 대해, 식 (1), (2)와 위에서 설명한 축척을 이용하면

$$\mathbf{A} = \begin{bmatrix} 0.49 & 0.02 & 0.22 \\ 0.02 & 0.28 & 0.20 \\ 0.22 & 0.20 & 0.40 \end{bmatrix}, \quad \mathbf{x}_0 = \begin{bmatrix} 1 \\ 1 \\ 1 \end{bmatrix}, \quad \mathbf{x}_1 = \begin{bmatrix} 0.890244 \\ 0.609756 \\ 1 \end{bmatrix}, \quad \mathbf{x}_2 = \begin{bmatrix} 0.931193 \\ 0.541284 \\ 1 \end{bmatrix}$$

$$\mathbf{x}_5 = \begin{bmatrix} 0.990663 \\ 0.504682 \\ 1 \end{bmatrix}, \quad \mathbf{x}_{10} = \begin{bmatrix} 0.999707 \\ 0.500146 \\ 1 \end{bmatrix}, \quad \mathbf{x}_{15} = \begin{bmatrix} 0.999991 \\ 0.500005 \\ 1 \end{bmatrix}$$

을 얻는다. 여기서, $\mathbf{Ax}_0 = [0.73 \quad 0.5 \quad 0.82]^{\mathsf{T}}$는 축적이 사용되어 $\mathbf{x}_1 = [0.73/0.82 \quad 0.5/0.82 \quad 1]^{\mathsf{T}}$로 되었으며, 매 단계 축적을 사용한다. 실제 이 행렬의 지배 고유값은 0.72이고 이에 대한 고유벡터는 $[1 \quad 0.5 \quad 1]^{\mathsf{T}}$이다. 또한 해당하는 이와 δ도 매 단계마다 축척을 시행하기 전에 계산한다. 첫 번째 단계에서는

$$q = \frac{m_1}{m_0} = \frac{\mathbf{x}_0^{\mathsf{T}}\mathbf{Ax}_0}{\mathbf{x}_0^{\mathsf{T}}\mathbf{x}_0} = \frac{2.05}{3} = 0.683333$$

$$\delta = \left(\frac{m_2}{m_0} - q^2\right)^{1/2} = \left(\frac{(\mathbf{Ax}_0)^{\mathsf{T}}\mathbf{Ax}_0}{\mathbf{x}_0^{\mathsf{T}}\mathbf{x}_0} - q^2\right)^{1/2} = \left(\frac{1.4553}{3} - q^2\right)^{1/2} = 0.134743$$

이 된다. 이러한 과정으로 다음의 q, δ와 q의 오차 $\epsilon = 0.72 - q$를 얻을 수 있다(소수 10째 자리까지 계산, 소수 6째 자리 반올림).

j	*1*	2	5	10
q	0.683333	0.716048	0.719944	0.720000
δ	0.134743	0.038887	0.004499	0.000141
ϵ	0.036667	0.003952	0.000056	$5 \cdot 10^{-8}$

오차한계가 실제 오차보다 훨씬 큰 것을 관찰할 수 있으며, 이러한 것은 일반적인 현상이다. 비록 한계값을 개선할 수는 없지만 특수한 대칭행렬의 경우에는 오차와 일치하기도 한다.

이 방법은 비록 계산량은 많지만 20.7절, 예제 4의 Collatz 방법보다 우수하다. ■

$\mathbf{A}$를 $\mathbf{A} - k\mathbf{I}$로 바꾸는 **스펙트럼 이동**(spectral shift)은 모든 고유값을 $-k$만큼 이동시킨다. 적절한 k를 자동적으로 구하기는 어렵지만 다른 방법을 이용하거나 사전에 계산해 보는 것도 도움이 될 수 있다. 예제 1에서, Gerschgorin 정리를 이용하면 전체 스펙트럼이 $-0.02 \leqq \lambda \leqq 0.82$ 내에 있음을 알 수 있다(확인하라). -0.4만큼의 이동은 과다하므로 $(-0.42 \leqq \lambda \leqq 0.42)$, -0.2만큼 이동하여 시도해 보자.

예제 2 스펙트럼 이동을 이용한 거듭제곱법

예제 1에서 $\mathbf{A}$를 $\mathbf{A} - 0.2\mathbf{I}$ 대체하여 전개하면 다음과 같은 상당히 향상된 결과를 얻는다. (하첨자 1은 예제 1, 하첨자 2는 예제 2를 나타낸다.)

j	*1*	2	5	10
δ_1	0.134743	0.038887	0.004499	0.000141
δ_2	0.134743	0.034474	0.000693	$1.8 \cdot 10^{-6}$
ϵ_1	0.036667	0.003952	0.000056	$5 \cdot 10^{-8}$
ϵ_2	0.036667	0.002477	$1.3 \cdot 10^{-6}$	$9 \cdot 10^{-12}$

■

연습문제 20.8

1-4 축척을 이용하지 않은 거듭제곱법

$\mathbf{x}_0 = [1 \quad 1]^\top$ 또는 $[1 \quad 1 \quad 1]^\top$를 사용하여 다음 대칭행렬에 대해 축척을 사용하지 않고 거듭제곱법을 적용하라(3단계). Rayleigh 몫과 오차한계를 계산하라. (풀이과정을 자세히 보여라.)

1. $\begin{bmatrix} 9 & 4 \\ 4 & 3 \end{bmatrix}$

2. $\begin{bmatrix} 7 & -3 \\ -3 & -1 \end{bmatrix}$

3. $\begin{bmatrix} 2 & -1 & 1 \\ -1 & 3 & 2 \\ 1 & 2 & 3 \end{bmatrix}$

4. $\begin{bmatrix} 3.6 & -1.8 & 1.8 \\ -1.8 & 2.8 & -2.6 \\ 1.8 & -2.6 & 2.8 \end{bmatrix}$

5-6 축척을 이용한 거듭제곱법

$\mathbf{x}_0 = [1 \quad 1 \quad 1]^\top$ 또는 $[1 \quad 1 \quad 1 \quad 1]^\top$를 사용하여 수행하라.

5. 문제 3의 행렬

6. $\begin{bmatrix} 4 & 2 & 3 \\ 2 & 7 & 6 \\ 3 & 6 & 4 \end{bmatrix}$

7. $\begin{bmatrix} 5 & 1 & 0 & 0 \\ 1 & 3 & 1 & 0 \\ 0 & 1 & 3 & 1 \\ 0 & 0 & 1 & 5 \end{bmatrix}$

8. $\begin{bmatrix} 2 & 4 & 0 & 1 \\ 4 & 1 & 2 & 8 \\ 0 & 2 & 5 & 2 \\ 1 & 8 & 2 & 0 \end{bmatrix}$

9. $\mathbf{x}$가 고유벡터이면 식 (2)에서 $\delta = 0$임을 보여라. 두 가지의 예를 보여라.

10. Rayleigh 몫. q가 절댓값이 최대인 고유값의 근사값이 되는 이유는 무엇인가? 어떤 조건에서 이 q가 좋은 근사값이 되는가?

11. 스펙트럼 이동, 최소 고유값. 연습문제 3에서 $\mathbf{B} = \mathbf{A} - 3\mathbf{I}$로 하여(대각 요소 값으로부터 추정), $\mathbf{x}_0 = [1 \quad 1 \quad 1]^\top$를 사용하여 행렬 $\mathbf{A}$의 *가장* 작은 고유값(가장 큰 값이 아님)에 수렴하게 하는 q를 순차적으로 구할 수 있는지 시도해 보라. (8단계를 행하라.) 그리고 $\mathbf{A}$의 스펙트럼이 $\{0, 3, 5\}$임을 보여라.

12. CAS 과제. 축척을 이용한 거듭제곱법. 이동. **(a)** $n \times n$ 행렬 $\mathbf{A}$에 대해 각 단계마다 출력을 하도록 프로그램을 작성하라. 이를 $[1 \quad 1 \quad 1]^\top$부터 시작하고, (비대칭) 행렬

$$\mathbf{A} = \begin{bmatrix} 15 & 12 & 3 \\ 18 & 44 & 18 \\ -19 & -36 & -7 \end{bmatrix}$$

에 적용하라(20단계).

(b) (a)에서 이동(shift)을 실험하고 최적의 이동값을 찾아라.

(c) (a)처럼 프로그램을 작성하되 대칭행렬에 대해 벡터와 축적된 벡터, q, δ를 출력하도록 하라. 이를 문제 8의 행렬에 적용하라.

(d) δ의 최적화. 행렬 $\mathbf{A} = \begin{bmatrix} 0.6 & 0.8 \\ 0.8 & -0.6 \end{bmatrix}$에 대하여 $\mathbf{x}_0 = \begin{bmatrix} 3 \\ -1 \end{bmatrix}$인 경우에 대하여 다루어 보라. 모든 단계에서 $q = 0$, $\delta = 1$임을 보이고, 고유값이 ± 1이므로 간격 $[q - \delta, q + \delta]$가 줄어들 수 없음을 보여라. 다른 $\mathbf{x}_0$에 대하여서도 시도하여 보아라.

(e) 식 (2)의 δ가 더 이상 오차한계로 성립되지 않는 경우에 해당되는 (비대칭) 행렬을 구하라.

(f) 두 번째로 큰 고유값이 (i) 최대 고유값과 거의 같은 경우, (ii) 약간의 차이가 있는 경우, (iii) 많은 차이가 있는 경우, 각각에 대한 수렴속도에 대하여 체계적으로 살펴보라.

20.9 삼중대각화와 QR-분해

실대칭행렬 $\mathbf{A} = [a_{jk}]$의 모든 고유값을 계산하는 실제적으로 널리 사용되는 방법에 대해 논의하겠다. ***첫 번째 단계***로 주어진 행렬을 **삼중대각행렬**(tridiagonal matrix), 즉 주대각선과 바로 이웃한 위치에서만 0이 아닌 원소를 갖는 행렬(그림 450의 세 번째 단계에서의 $\mathbf{A}_3$

과 같은 형태)로 변환한다. 이 방법은 A. S. Householder[11]에 의하여 창안되었다(*Journal of the Association for Computing Machinery* **5** (1958), 335-342). 부록 1의 참고문헌 [E29]을 참조하라.

Householder 삼중대각화행렬화 방법을 사용하게 되면 고유값의 변동은 없으면서 행렬은 대단히 간소화된다. 다음 단계에서는 이 절의 후반부에서 논의되는 삼중대각행렬의 분해를 사용하여 (근사적으로) 고유값을 찾는다.

Householder의 삼중대각행렬화 방법

이것은 $n-2$번의 연속적인 유사변환(similarity transformation, 20.6절 참조)에 의하여 실대칭 $n \times n$ 행렬 $\mathbf{A} = [a_{jk}]$를 삼중대각 형태로 바꾸는 방법이다. 유사변환에 사용되는 행렬 $\mathbf{P}_1, \mathbf{P}_2, \cdots, \mathbf{P}_{n-2}$는 직교대칭인 행렬이다. 그러므로 $\mathbf{P}_1^{-1} = \mathbf{P}_1^{\mathsf{T}} = \mathbf{P}_1$이고 나머지 행렬에 대해서도 마찬가지이다. 이 변환과정을 통하여 주어진 $\mathbf{A}_0 = \mathbf{A} = [a_{jk}]$로부터 연속적으로 다음 형태의 행렬 $\mathbf{A}_1 = [a_{jk}^{(1)}]$, $\mathbf{A}_2 = [a_{jk}^{(2)}] \cdots \mathbf{A}_{n-2} = [a_{jk}^{(n-2)}]$을 구할 수 있다.

$$
\begin{aligned}
\mathbf{A}_1 &= \mathbf{P}_1\mathbf{A}_0\mathbf{P}_1 \\
\mathbf{A}_2 &= \mathbf{P}_2\mathbf{A}_1\mathbf{P}_2 \\
&\cdots\cdots\cdots\cdots \\
\mathbf{B} = \mathbf{A}_{n-2} &= \mathbf{P}_{n-2}\mathbf{A}_{n-3}\mathbf{P}_{n-2}
\end{aligned} \tag{1}
$$

이 변환과정을 통하여 원하는 부분이 모두 0이 된다. 5×5 행렬에 대한 변환과정이 그림 450에 나타나 있다. 즉, 첫 번째 단계에서는 1행과 1열에서의 항들이, 두 번째 단계에서는 2행과 2열에서의 항들이, 이후의 경우도 같은 방식으로 필요한 0들이 생성되어 주대각선 및 바로 이웃하는 위치 이외의 모든 항들은 0이 되고 결국 **B**는 삼중대각이 된다.

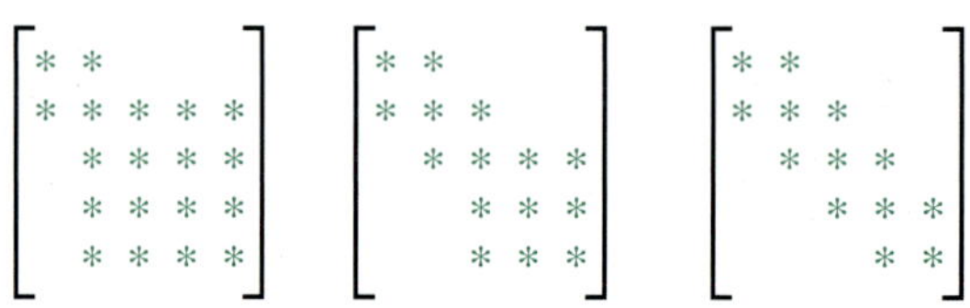

1단계 $\mathbf{A}_1 = \mathbf{P}_1\mathbf{A}\mathbf{P}_1$ 2단계 $\mathbf{A}_2 = \mathbf{P}_2\mathbf{A}_1\mathbf{P}_2$ 3단계 $\mathbf{A}_3 = \mathbf{P}_3\mathbf{A}_2\mathbf{P}_3$

그림 450. 5×5 행렬에 대한 Householder법.
빈칸으로 남은 모든 위치는 이 방법에 의하여 생성된 0들이다.

그렇다면 $\mathbf{P}_1, \mathbf{P}_2, \cdots, \mathbf{P}_{n-2}$를 어떻게 구하는가? 모든 $\mathbf{P}_r$은

$$
\mathbf{P}_r = \mathbf{I} - 2\mathbf{v}_r\mathbf{v}_r^{\mathsf{T}} \qquad (r = 1, \cdots, n-2) \tag{2}
$$

의 형태를 갖는다. 여기서 **I**는 $n \times n$ 단위행렬이고, $\mathbf{v}_r = [v_{jr}]$은 처음 r 성분들이 0인 단위

[11] AlSTON SCOTT HOUSEHOLDER(1904-1993). 미국 수학학자로 수치해석학 및 수학적 생물학 분야의 업적으로 유명하다. Oakridge 국가연구소의 수학부문 단장을 역임하였으며 후에 테네시대학의 교수가 되었다. 1954~1956년 ACM (Association for Computing Machinery) 학회장을, 1963~1964년에 SIAM (Society for Industrial and Applied Mathemathics) 학회장을 역임하였다.

벡터

$$\text{(3)} \qquad \mathbf{v}_1 = \begin{bmatrix} 0 \\ * \\ * \\ \vdots \\ * \end{bmatrix}, \qquad \mathbf{v}_2 = \begin{bmatrix} 0 \\ 0 \\ * \\ \vdots \\ * \end{bmatrix}, \qquad \cdots, \qquad \mathbf{v}_{n-2} = \begin{bmatrix} 0 \\ 0 \\ \vdots \\ * \\ * \end{bmatrix}$$

이다. 별표는 나머지 성분(대체적으로 0이 아닌)을 나타낸다.

1단계. $\mathbf{v}_1$은 다음과 같은 성분을 갖는다.

$$v_{11} = 0$$

$$\textbf{(4)} \quad \textbf{(a)} \quad v_{21} = \sqrt{\frac{1}{2}\left(1 + \frac{|a_{21}|}{S_1}\right)}$$

$$\textbf{(b)} \quad v_{j1} = \frac{a_{j1} \operatorname{sgn} a_{21}}{2v_{21}S_1} \qquad j = 3, 4, \cdots, n$$

where

$$\textbf{(c)} \quad S_1 = \sqrt{a_{21}^2 + a_{31}^2 + \cdots + a_{n1}^2}$$

여기서 $S_1 > 0$이고 $a_{21} \geqq 0$이면 $\operatorname{sgn} a_{21} = +1$이며, $a_{21} < 0$이면 $\operatorname{sgn} a_{21} = -1$이다. 이것을 이용하여 식 (2)에 의해 $\mathbf{P}_1$을 계산하고, 식 (1)에 의해 $\mathbf{A}_1$을 계산한다. 이것이 1단계이다.

2단계. 하첨자를 1 증가시키고 a_{jk}를 방금 계산된 $\mathbf{A}_1$의 원소 $a_{jk}^{(1)}$으로 대체한 후, 식 (4)를 이용하여 $\mathbf{v}_2$를 계산한다. 즉[식 (3)도 참조할 것],

$$v_{12} = v_{22} = 0$$

$$\text{(4*)} \quad v_{32} = \sqrt{\frac{1}{2}\left(1 + \frac{|a_{32}^{(1)}|}{S_2}\right)}$$

$$v_{j2} = \frac{a_{j2}^{(1)} \operatorname{sgn} a_{32}^{(1)}}{2v_{32}S_2} \qquad j = 4, 5, \cdots, n$$

여기에서

$$S_2 = \sqrt{a_{32}^{(1)^2} + a_{42}^{(1)^2} + \cdots + a_{n2}^{(1)^2}}$$

이다. 이를 사용하여 식 (2)에 의해 $\mathbf{P}_2$를 계산하고 식 (1)에 의해 $\mathbf{A}_2$를 계산한다.

3단계. 하첨자를 1 증가시키고 $a_{jk}^{(1)}$을 $\mathbf{A}_2$의 원소 $a_{jk}^{(2)}$로 대체한 후, 식 (4*)를 이용하여 $\mathbf{v}_3$를 계산한다. 이하 마찬가지이다.

예제 1 Householder 삼중대각행렬화

다음 실대칭행렬을 삼중대각화하라.

$$\mathbf{A} = \mathbf{A}_0 = \begin{bmatrix} 6 & 4 & 1 & 1 \\ 4 & 6 & 1 & 1 \\ 1 & 1 & 5 & 2 \\ 1 & 1 & 2 & 5 \end{bmatrix}$$

풀이. ***1단계.*** 식 (4c)로부터 $S_1^2 = 4^2 + 1^2 + 1^2 = 18$을 구한다. $a_{21} = 4 > 0$이므로, 식 (4b)에서 $\operatorname{sgn} a_{21} = +1$을 얻고 식 (4)로부터 간단한 계산을 통해

$$\mathbf{v}_1 = \begin{bmatrix} 0 \\ v_{21} \\ v_{31} \\ v_{41} \end{bmatrix} = \begin{bmatrix} 0 \\ 0.98559856 \\ 0.11957316 \\ 0.11957316 \end{bmatrix}$$

을 얻는다. 이것과 식 (2)로부터

$$\mathbf{P}_1 = \begin{bmatrix} 1 & 0 & 0 & 0 \\ 0 & -0.94280904 & -0.23570227 & -0.23570227 \\ 0 & -0.23570227 & 0.97140452 & -0.02859548 \\ 0 & -0.23570227 & -0.02859548 & 0.97140452 \end{bmatrix}$$

를 구한다. 식 (1)의 첫 번째 식을 이용하여

$$\mathbf{A}_1 = \mathbf{P}_1\mathbf{A}_0\mathbf{P}_1 = \begin{bmatrix} 6 & -\sqrt{18} & 0 & 0 \\ -\sqrt{18} & 7 & -1 & -1 \\ 0 & -1 & \frac{9}{2} & \frac{3}{2} \\ 0 & -1 & \frac{3}{2} & \frac{9}{2} \end{bmatrix}$$

를 얻는다.

2단계. 식 (4*)로부터 $S_2^2 = 2$와

$$\mathbf{v}_2 = \begin{bmatrix} 0 \\ 0 \\ v_{32} \\ v_{42} \end{bmatrix} = \begin{bmatrix} 0 \\ 0 \\ 0.92387953 \\ 0.38268343 \end{bmatrix}$$

을 계산한다. 이것과 식 (2)를 이용하여

$$\mathbf{P}_2 = \begin{bmatrix} 1 & 0 & 0 & 0 \\ 0 & 1 & 0 & 0 \\ 0 & 0 & -1/\sqrt{2} & -1/\sqrt{2} \\ 0 & 0 & -1/\sqrt{2} & -1/\sqrt{2} \end{bmatrix}$$

을 구하고, 식 (1)의 두 번째 식에서

$$\mathbf{B}_2 = \mathbf{A}_2 = \mathbf{P}_2\mathbf{A}_1\mathbf{P}_2 = \begin{bmatrix} 6 & -\sqrt{18} & 0 & 0 \\ -\sqrt{18} & 7 & \sqrt{2} & 0 \\ 0 & \sqrt{2} & 6 & 0 \\ 0 & 0 & 0 & 3 \end{bmatrix}$$

을 얻는다. 이제 이 행렬 $\mathbf{B}$는 삼중대각이다. 주어진 행렬이 $n = 4$이므로 이 방법은 $n - 2 = 2$단계까지 필요하다. [예상보다 많은 0이 생성된 것을 볼 수 있는가? ($a_{34} = a_{43} = 0$)]

$\mathbf{B}$가 $\mathbf{A}$와 유사함을 알 수 있다. 20.6절의 정리 2에 의해 $\mathbf{B}$가 $\mathbf{A}$와 같은 스펙트럼을 가지므로 이것은 필수적이다. ■

A와 B의 *유사성*. 식 (1)의 $\mathbf{B}$가 $\mathbf{A} = \mathbf{A}_0$와 유사함을 증명한다. 행렬 $\mathbf{P}_r$은 대칭이다. 즉

$$\mathbf{P}_r^{\mathsf{T}} = (\mathbf{I} - 2\mathbf{v}_r\mathbf{v}_r^{\mathsf{T}})^{\mathsf{T}} = \mathbf{I}^{\mathsf{T}} - 2(\mathbf{v}_r\mathbf{v}_r^{\mathsf{T}})^{\mathsf{T}} = \mathbf{I} - 2\mathbf{v}_r\mathbf{v}_r^{\mathsf{T}} = \mathbf{P}_r$$

또한, $\mathbf{v}_r$이 단위벡터이므로 $\mathbf{v}_r^{\mathsf{T}}\mathbf{v}_r = 1$이고, 따라서 $\mathbf{P}_r$은 직교행렬이다. 즉,

$$\begin{aligned}\mathbf{P}_r\mathbf{P}_r^{\mathsf{T}} = \mathbf{P}_r^2 = (\mathbf{I} - 2\mathbf{v}_r\mathbf{v}_r^{\mathsf{T}})^2 &= \mathbf{I} - 4\mathbf{v}_r\mathbf{v}_r^{\mathsf{T}} + 4\mathbf{v}_r\mathbf{v}_r^{\mathsf{T}}\mathbf{v}_r\mathbf{v}_r^{\mathsf{T}} \\ &= \mathbf{I} - 4\mathbf{v}_r\mathbf{v}_r^{\mathsf{T}} + 4\mathbf{v}_r(\mathbf{v}_r^{\mathsf{T}}\mathbf{v}_r)\mathbf{v}_r^{\mathsf{T}} = \mathbf{I}\end{aligned}$$

가 성립되기 때문이다. 따라서 $\mathbf{P}_r^{-1} = \mathbf{P}_r^{\mathsf{T}} = \mathbf{P}_r$과 식 (1)을 이용하면

$$\begin{aligned}\mathbf{B} &= \mathbf{P}_{n-2}\mathbf{A}_{n-3}\mathbf{P}_{n-2} = \cdots \\ \cdots &= \mathbf{P}_{n-2}\mathbf{P}_{n-3}\cdots\mathbf{P}_1\mathbf{A}\mathbf{P}_1\cdots\mathbf{P}_{n-3}\mathbf{P}_{n-2} \\ &= \mathbf{P}_{n-2}^{-1}\mathbf{P}_{n-3}^{-1}\cdots\mathbf{P}_1^{-1}\mathbf{A}\mathbf{P}_1\cdots\mathbf{P}_{n-3}\mathbf{P}_{n-2} \\ &= \mathbf{P}^{-1}\mathbf{A}\mathbf{P}\end{aligned}$$

를 얻는다. 여기서 $\mathbf{P} = \mathbf{P}_1\mathbf{P}_2\cdots\mathbf{P}_{n-2}$이다. 이상으로 증명이 완료되었다. ■

QR-분해법

1958년에 스위스 수학학자 H. Rutishauser[12]는 LU-분해(20.2절 참조, 그는 LR-분해라고 부름)를 이용하여 고유값 문제를 해결하는 방법을 제안하였다. Rutishauser의 방법을 좀 더 개선한 방법(일부 부행렬이 특이행렬이 되는 경우에 발생될 수 있는 문제를 방지함. 참고문헌 [E29] 참조)이 QR 방법이다. 이 QR 방법은 미국인 J. G. F. Francis (*Computer J.* **4** (1962-62), 265-271, 332-345)와 러시아인 V. N. KubLanovskaya (*Zhurnal Vych. Mat. I Mat. Fiz.* **1**(1961), 555-570)가 각자 독자적으로 연구하여 제안했다. QR 방법에서는 직교행렬 **Q**와 위 삼각행렬 **R**을 가진 **QR**-분해법을 이용한다. 이 절에서는 실***대칭***행렬에 국한하여 **QR** 방법을 소개하겠다(일반 행렬로의 확장에 대해서는 부록 1의 참고문헌 [E29]를 참조하라).

먼저 주어진 실대칭 $n \times n$ 행렬 $\mathbf{A}$를 Householder법을 이용하여 실대칭 삼중대각행렬 $\mathbf{B}_0 = \mathbf{B}$로 변환한다. 이 방법을 통하여 행렬이 많은 0을 갖게 되어 이후의 작업량이 매우 감소된다. 그리고 다음에 소개가 될 반복법을 이용하여 단계적으로 $\mathbf{B}_1, \mathbf{B}_2, \cdots$를 계산한다.

---

[12]HEINZ RUTISHAUSER(1918-1970). 스위스 수학학자이자 취리히 대학 교수이다. 수리학 및 컴퓨터 과학분야의 선구적인 연구업적으로 유명하다.

1단계. 먼저 $\mathbf{B}_0 = \mathbf{Q}_0\mathbf{R}_0$로 분해한다. 여기서 $\mathbf{Q}_0$는 직교행렬, $\mathbf{R}_0$는 위삼각행렬이다. 그 다음에 $\mathbf{B}_1 = \mathbf{R}_0\mathbf{Q}_0$를 계산한다.

2단계. $\mathbf{B}_1 = \mathbf{Q}_1\mathbf{R}_1$로 분해하고, $\mathbf{B}_2 = \mathbf{R}_1\mathbf{Q}_1$을 계산한다.

일반적 단계 $s + 1$

(5)
(a) $\mathbf{B}_s = \mathbf{Q}_s\mathbf{R}_s$로 분해한다.
(b) $\mathbf{B}_{s+1} = \mathbf{R}_s\mathbf{Q}_s$를 계산한다.

여기서 $\mathbf{Q}_s$는 직교행렬, $\mathbf{R}_s$는 위삼각행렬이다. 식 (5a)의 분해하는 방법에 대하여서는 뒤에서 다루기로 한다.

$\mathbf{B}_{s+1}$은 $\mathbf{B}$와 유사함. 대각행렬로의 수렴. 식 (5a)으로부터 $\mathbf{R}_s = \mathbf{Q}_s^{-1}\mathbf{B}_s$를 얻고 이것을 식 (5b)에 대입하면

$$\mathbf{B}_{s+1} = \mathbf{R}_s\mathbf{Q}_s = \mathbf{Q}_s^{-1}\mathbf{B}_s\mathbf{Q}_s \tag{6}$$

이므로 $\mathbf{B}_{s+1}$은 $\mathbf{B}_s$와 유사하다. 따라서, 모든 s에 대해 $\mathbf{B}_{s+1}$은 $\mathbf{B}_0 = \mathbf{B}$와 유사하고, 20.6절의 정리 2에 의해서, $\mathbf{B}_{s+1}$은 $\mathbf{B}$와 동일한 고유값을 가진다.

또한, $\mathbf{B}_{s+1}$은 대칭이다. 이를 귀납적으로 증명한다. 먼저 $\mathbf{B}_0 = \mathbf{B}$는 대칭이다. $\mathbf{B}_s$가 대칭, 즉 $\mathbf{B}_s^\top = \mathbf{B}_s$라고 가정한다. $\mathbf{Q}_s^{-1} = \mathbf{Q}_s^\top$ ($\mathbf{Q}_s$가 직교행렬이므로)라는 사실을 이용하면, 식 (6)으로부터

$$\mathbf{B}_{s+1}{}^\mathsf{T} = (\mathbf{Q}_s{}^\mathsf{T}\mathbf{B}_s\mathbf{Q}_s)^\mathsf{T} = Q_s{}^\mathsf{T}\mathbf{B}_s{}^\mathsf{T}\mathbf{Q}_s = \mathbf{Q}_s{}^\mathsf{T}\mathbf{B}_s\mathbf{Q}_s = \mathbf{B}_{s+1}$$

이므로 $\mathbf{B}_{s+1}$이 대칭이다. $\mathbf{B}$의 고유값이 서로 다른 절댓값을 갖는다면, 즉시 $|\lambda_1| > |\lambda_2| > \cdots > |\lambda_n|$이면

$$\lim_{s\to\infty} \mathbf{B}_s = \mathbf{D}$$

이다. 여기서 $\mathbf{D}$는 주대각 원소 $\lambda_1, \lambda_2, \cdots, \lambda_n$을 갖는 대각행렬이다(증명은 부록 1의 참고문헌 [E29] 참조).

QR-분해, 즉 $\mathbf{B} = \mathbf{B}_0 = [b_{jk}] = \mathbf{Q}_0\mathbf{R}_0$를 얻는 방법. 삼중대각행렬 $\mathbf{B}$는 주대각선 아래에 $n - 1$개의 0이 아닌 원소, 즉 $b_{21}, b_{32}, \cdots, b_{n,\,n-1}$을 갖는다. 행렬 $\mathbf{C}_2$를 $\mathbf{B}$의 왼쪽에 곱하여 $\mathbf{C}_2\mathbf{B} = [\mathbf{b}_{jk}^{(2)}]$가 $\mathbf{b}_{21}^{(2)} = 0$을 갖도록 한다. 여기에 다시 행렬 $\mathbf{C}_3$를 곱하여 $\mathbf{C}_3\mathbf{C}_2\mathrm{B} = [b_{jk}^{(3)}]$가 $b_{32}^{(3)} = 0$을 갖도록 한다. 이러한 방법으로 계속해서 $n - 1$번 반복하면 위삼각행렬 $\mathbf{R}_0$를 구하게 된다. 즉

$$\mathbf{C}_n\mathbf{C}_{n-1}\cdots\mathbf{C}_3\mathbf{C}_2B_0 = \mathbf{R}_0 \tag{7}$$

여기서 $n \times n$ 행렬 $\mathbf{C}_j$는 매우 간단하게 표현되는데, $\mathbf{C}_j$는 $j - 1$행과 $j - 1$열에서 다음과 같이 2×2 부분행렬을 가지며,

(식)
$$\begin{bmatrix} \cos\theta_j & \sin\theta_j \\ -\sin\theta_j & \cos\theta_j \end{bmatrix} \qquad (\text{적당한 } \theta_j)$$

나머지 주대각 원소는 1, 그리고 다른 모든 원소는 0인 행렬이다. (이 부분행렬은 각 θ_j만큼의 평면회전을 나타내는 행렬이다. 7.2절의 조별 과제 30을 참조.) 예를 들면, $n = 4$일 때 $c_j = \cos\theta_j$, $s_j = \sin\theta_j$의 표기법을 사용하면,

$$\mathbf{C}_2 = \begin{bmatrix} c_2 & s_2 & 0 & 0 \\ -s_2 & c_2 & 0 & 0 \\ 0 & 0 & 1 & 0 \\ 0 & 0 & 0 & 1 \end{bmatrix}, \quad \mathbf{C}_3 = \begin{bmatrix} 1 & 0 & 0 & 0 \\ 0 & c_3 & s_3 & 0 \\ 0 & -s_3 & c_3 & 0 \\ 0 & 0 & 0 & 1 \end{bmatrix}, \quad \mathbf{C}_4 = \begin{bmatrix} 1 & 0 & 0 & 0 \\ 0 & 1 & 0 & 0 \\ 0 & 0 & c_4 & s_4 \\ 0 & 0 & -s_4 & c_4 \end{bmatrix}$$

이 된다. 이들 $\mathbf{C}_j$는 직교행렬이며, 따라서 식 (7)의 이들의 곱도 직교이고, 곱의 역도 직교이다. 이 역을 $\mathbf{Q}_0$라 하면 식 (7)로부터

(8) $$\mathbf{B}_0 = \mathbf{Q}_0\mathbf{R}_0$$

이다. $\mathbf{C}_j^{-1} = \mathbf{C}_j^{\top}$를 사용하면

(9) $$\mathbf{Q}_0 = (\mathbf{C}_n\mathbf{C}_{n-1}\cdots\mathbf{C}_3\mathbf{C}_2)^{-1} = \mathbf{C}_2^{\mathsf{T}}\mathbf{C}_3^{\mathsf{T}}\cdots\mathbf{C}_{n-1}^{\mathsf{T}}\mathbf{C}_n^{\mathsf{T}}$$

를 얻는다. 이것이 $\mathbf{B}_0$의 QR-분해이다. 이로부터 $s = 0$일 때 식 (5b)에 의하여

(10) $$\mathbf{B}_1 = \mathbf{R}_0\mathbf{Q}_0 = \mathbf{R}_0\mathbf{C}_2^{\mathsf{T}}\mathbf{C}_3^{\mathsf{T}}\cdots\mathbf{C}_{n-1}^{\mathsf{T}}\mathbf{C}_n^{\mathsf{T}}$$

를 얻는다. $\mathbf{Q}_0$가 실제로 사용되지는 않으므로 이를 구할 필요는 없다. 식 (10)에서 $\mathbf{B}_1$을 얻기 위해 먼저 $\mathbf{R}_0\mathbf{C}_2^{\top}$를 계산하고 $(\mathbf{R}_0\mathbf{C}_2^{\top})\mathbf{C}_3^{\top}$ 등을 계산함으로 충분하다. 다음 단계에서도 같은 방법으로 $\mathbf{B}_2, \mathbf{B}_3, \cdots$를 구한다.

$\cos\theta_j$와 $\sin\theta_j$의 결정. 마지막으로 회전각을 찾는 방법을 알아보자. 다음 곱에서 $\mathbf{C}_2$의 $\cos\theta_2$와 $\sin\theta_2$는 곱에서 $b_{21}^{(2)} = 0$이 되도록 해야 한다.

$$\mathbf{C}_2\mathbf{B} = \begin{bmatrix} c_2 & s_2 & 0 & \cdots \\ -s_2 & c_2 & 0 & \cdots \\ \cdot & \cdot & \cdot & \cdots \\ \cdot & \cdot & \cdot & \cdots \end{bmatrix} \begin{bmatrix} b_{11} & b_{12} & b_{13} & \cdots \\ b_{21} & b_{22} & b_{23} & \cdots \\ \cdot & \cdot & \cdot & \cdots \\ \cdot & \cdot & \cdot & \cdots \end{bmatrix}$$

$b_{21}^{(2)}$는 $\mathbf{C}_2$의 두 번째 행과 $\mathbf{B}$의 첫째 열을 곱하여 구한다.

$$b_{21}^{(2)} = -s_2b_{11} + c_2b_{21} = -(\sin\theta_2)b_{11} + (\cos\theta_2)b_{21} = 0$$

그러므로 $\tan\theta_2 = s_2/c_2 = b_{21}/b_{11}$이고

(11) $$\cos\theta_2 = \frac{1}{\sqrt{1 + \tan^2\theta_2}} = \frac{1}{\sqrt{1 + (b_{21}/b_{11})^2}}$$
$$\sin\theta_2 = \frac{\tan\theta_2}{\sqrt{1 + \tan^2\theta_2}} = \frac{b_{21}/b_{11}}{\sqrt{1 + (b_{21}/b_{11})^2}}$$

이 된다. $\theta_3, \theta_4, \cdots$에 대해서도 같은 방법으로 구한다. 다음 예제를 통하여 이들을 모두 구하여 본다.

예제 2 QR-분해법

다음 행렬의 모든 고유값을 계산하라.

$$\mathbf{A} = \begin{bmatrix} 6 & 4 & 1 & 1 \\ 4 & 6 & 1 & 1 \\ 1 & 1 & 5 & 2 \\ 1 & 1 & 2 & 5 \end{bmatrix}$$

풀이. 먼저 **A**를 삼중대각 형태로 변환한다. Householder법을 적용하면(예제 1 참조)

$$\mathbf{A}_2 = \begin{bmatrix} 6 & -\sqrt{18} & 0 & 0 \\ -\sqrt{18} & 7 & \sqrt{2} & 0 \\ 0 & \sqrt{2} & 6 & 0 \\ 0 & 0 & 0 & 3 \end{bmatrix}$$

이 된다. 특성행렬식으로부터 $\mathbf{A}_2$가 고유값 3을 가지며, 따라서 **A**도 같은 고유값을 갖는다는 것을 알 수 있다. (이를 $\mathbf{A}_2$로부터 직접 찾아낼 수 있겠는가?) 그러므로 QR 법을 3 × 3 삼중대각행렬

$$\mathbf{B}_0 = \mathbf{B} = \begin{bmatrix} 6 & -\sqrt{18} & 0 \\ -\sqrt{18} & 7 & \sqrt{2} \\ 0 & \sqrt{2} & 6 \end{bmatrix}$$

에 축소 적용하여도 된다.

1단계. **B**의 왼쪽에

$$\mathbf{C}_2 = \begin{bmatrix} \cos\theta_2 & \sin\theta_2 & 0 \\ -\sin\theta_2 & \cos\theta_2 & 0 \\ 0 & 0 & 1 \end{bmatrix}$$ 을 곱하고, 그 다음에는 $\mathbf{C}_2\mathbf{B}$의 왼쪽에 $$\mathbf{C}_3 = \begin{bmatrix} 1 & 0 & 0 \\ 0 & \cos\theta_3 & \sin\theta_3 \\ 0 & -\sin\theta_3 & \cos\theta_3 \end{bmatrix}$$

를 곱한다. $(-\sin\theta_2)\cdot 6 + (\cos\theta_2)(-\sqrt{18}) = 0$이므로 식 (11)로부터 $\cos\theta_2 = 0.81649658$, $\sin\theta_2 = -0.57735027$이다. 이 값을 이용하면

$$\mathbf{C}_2\mathbf{B} = \begin{bmatrix} 7.34846923 & -7.50555350 & -0.81649658 \\ 0 & 3.26598632 & 1.15470054 \\ 0 & 1.41421356 & 6.00000000 \end{bmatrix}$$

이 된다. $\mathbf{C}_3$에 대하여서는 $(-\sin\theta_3)\cdot 3.26598632 + (\cos\theta_3)\cdot 1.41421356 = 0$으로부터 $\cos\theta_3 = 0.91766294$와 $\sin\theta_3 = 0.39735971$을 얻는다. 따라서

$$\mathbf{R}_0 = \mathbf{C}_3\mathbf{C}_2\mathbf{B} = \begin{bmatrix} 7.34846923 & -7.50555350 & -0.81649658 \\ 0 & 3.55902608 & 3.44378413 \\ 0 & 0 & 5.04714615 \end{bmatrix}$$

가 된다. 이로부터

$$\mathbf{B}_1 = \mathbf{R}_0\mathbf{C}_2{}^{\mathsf{T}}\mathbf{C}_3{}^{\mathsf{T}} = \begin{bmatrix} 10.33333333 & -2.05480467 & 0 \\ -2.05480467 & 4.03508772 & 2.00553251 \\ 0 & 2.00553251 & 4.63157895 \end{bmatrix}$$

가 계산된다. 이제 이것은 대칭이고 삼중대각이다. $\mathbf{B}_1$의 비대각선 원소가 여전히 큰 절댓값을 가지므로 계산을 좀 더 수행해야 한다.

2단계. $\mathbf{B}_0 = \mathbf{B}$를 $\mathbf{B}_1$으로 대체하고, 이에 대응하는 $\mathbf{C}_2$와 $\mathbf{C}_3$를 1단계와 같은 방법으로 구한다. 이 경우, 새로운 각은 $\theta_2 = -0.196291533$과 $\theta_3 = 0.513415589$이다. 이의 결과는

$$\mathbf{R}_1 = \begin{bmatrix} 10.53565375 & -2.80232241 & -0.39114588 \\ 0 & 4.08329584 & 3.98824028 \\ 0 & 0 & 3.06832668 \end{bmatrix}$$

이고, 이로부터

$$\mathbf{B}_2 = \begin{bmatrix} 10.87987988 & -0.79637918 & 0 \\ -0.79637918 & 5.44738664 & 1.50702500 \\ 0 & 1.50702500 & 2.67273348 \end{bmatrix}$$

을 얻는다. 비대각선 원소가 $\mathbf{B}_1$의 경우보다는 작은 절댓값을 갖지만 여전히 대각선 원소들이 $\mathbf{B}$의 고유값을 근사하기에는 이들 비대각선 원소의 값들이 너무 크다.

추가 단계. 다음에 주대각 원소와 각 단계에서 $|b_{12}^{(j)}| = |b_{21}^{(j)}|$인 가장 큰 비대각 원소를 나열하였다. 따라서 주어진 행렬 $\mathbf{A}$의 스펙트럼은 11, 6, 3, 2임을 알 수 있다.

단계 j	$b_{11}^{(j)}$	$b_{22}^{(j)}$	$b_{33}^{(j)}$	$\max_{j \neq k} \lvert b_{jk}^{(J)} \rvert$
3	10.9668929	5.94589856	2.08720851	0.58523582
5	10.9970872	6.00181541	2.00109738	0.12065334
7	10.9997421	6.00024439	2.00001355	0.03591107
9	10.9999772	6.00002267	2.00000017	0.01068477

현재까지의 내용을 종합하여 보면, QR-분해법을 적용하기 전에 Householder의 삼각대각화법을 먼저 적용하는 목적은 QR-분해에서의 계산량을 상당히 줄이기 위한 것임을 알 수 있다. 이는 특히 행렬 $\mathbf{A}$가 클 경우 더욱 효과적이다.

스펙트럼 이동(spectral shift)으로 수렴속도를 가속(convergence acceleration)할 수 있을 뿐만 아니라 계산비용도 줄일 수 있다. 즉 적당한 k_s 값을 택하여 $\mathbf{B}_s$ 대신에 $\mathbf{B}_s - k_s\mathbf{I}$를 사용하는 것이다. 가능한 k_s의 선택에 관한 사항에 대해서는 참고문헌([E29], p. 510)을 참조하라.

연습문제 20.9

1-5 Householder 삼중대각화

다음 행렬들을 삼중대각화하라(과정을 보여라).

1. $\begin{bmatrix} 0.98 & 0.04 & 0.44 \\ 0.04 & 0.56 & 0.40 \\ 0.44 & 0.40 & 0.80 \end{bmatrix}$

2. $\begin{bmatrix} 0 & 1 & 1 \\ 1 & 0 & 1 \\ 1 & 1 & 0 \end{bmatrix}$

3. $\begin{bmatrix} 7 & 2 & 3 \\ 2 & 10 & 6 \\ 3 & 6 & 7 \end{bmatrix}$

4. $\begin{bmatrix} 5 & 4 & 1 & 1 \\ 4 & 5 & 1 & 1 \\ 1 & 1 & 4 & 2 \\ 1 & 1 & 2 & 4 \end{bmatrix}$

5. $\begin{bmatrix} 3 & 52 & 10 & 42 \\ 52 & 59 & 44 & 80 \\ 10 & 44 & 39 & 42 \\ 42 & 80 & 42 & 35 \end{bmatrix}$

6-9 QR-분해법

다음 행렬에 대하여 QR-분해를 3단계 수행하여 고유값의 근사값을 구하라.

6. 문제 1의 답

7. 문제 3의 답

8. $\begin{bmatrix} 14.2 & -0.1 & 0 \\ -0.1 & -6.3 & 0.2 \\ 0 & 0.2 & 2.1 \end{bmatrix}$ **9.** $\begin{bmatrix} 140 & 10 & 0 \\ 10 & 70 & 2 \\ 0 & 2 & -30 \end{bmatrix}$

10. CAS 과제. **QR-방법**. QR-방법에서 행렬의 어떤 성질이 비대각선 원소의 감소 속도에 영향을 미치는가를 실험적으로 찾아보라. 이를 위해 행렬을 삼중대각화하고 QR-단계를 수행하는 프로그램을 작성하라. 문제 1, 3, 4의 행렬에 같은 작업을 수행하고 간단하게 정리하라.

20장 복습문제

1. 수치적 선형대수에서 가장 중요하게 다루어야 할 문제의 영역은 무엇인가?

2. Gauss 소거법과 Gauss-Seidel 반복법은 언제 사용되는가?

3. 축연산이란 무엇인가? 왜 적용하며 방법은 무엇인가?

4. 해가 없는 시스템에 Gauss 소거법을 적용하면 어떻게 되는가?

5. Cholesky법은 무엇이며 언제 적용하는가?

6. Gauss-Seidel 방법의 수렴에 대해 어떤 것을 알고 있는가?

7. 불량조건이란 무엇인가? 조건수란 무엇이며 그 중요성은 무엇인가?

8. 최소제곱근사의 주된 내용은 무엇인가?

9. 행렬의 고유값이란 무엇인가? 왜 고유값 문제가 중요한가? 전형적인 예를 들어라.

10. 행렬의 유사변환은 무엇이고, 이것이 수치해법을 설계하는데 왜 중요한가? 예를 들어라.

11. 고유값에 대한 거듭제곱법은 무엇인가? 장점과 단점을 말하라.

12. 기억하는 범주에서 Gerschgorin 정리를 기술하라. 또한 응용 예를 들어라.

13. 삼중대각화와 QR-방법의 무엇인가? 언제 적용하는가?

14-17 Gauss 소거법

다음을 풀어라.

14. $$\begin{aligned} 3x_2 - 6x_3 &= 0 \\ 4x_1 - x_2 + 2x_3 &= 16 \\ -5x_1 + 2x_2 - 4x_3 &= -20 \end{aligned}$$

15. $$\begin{aligned} 8x_2 - 6x_3 &= 23.6 \\ 10x_1 + 6x_2 + 2x_3 &= 68.4 \\ 12x_1 - 14x_2 + 4x_3 &= -6.2 \end{aligned}$$

16. $$\begin{aligned} 5x_1 + x_2 - 3x_3 &= 17 \\ -5x_2 + 15x_3 &= -10 \\ 2x_1 - 3x_2 + 9x_3 &= 0 \end{aligned}$$

17. $$\begin{aligned} 42x_1 + 74x_2 + 36x_3 &= 96 \\ -46x_1 - 12x_2 - 2x_3 &= 82 \\ 3x_1 + 25x_2 + 5x_3 &= 19 \end{aligned}$$

18-20 역행렬

역행렬을 계산하라.

18. $\begin{bmatrix} 2.0 & 0.1 & 3.3 \\ 1.6 & 4.4 & 0.5 \\ 0.3 & -4.3 & 2.8 \end{bmatrix}$

19. $\begin{bmatrix} 15 & 20 & 10 \\ 20 & 35 & 15 \\ 10 & 15 & 90 \end{bmatrix}$

20. $\begin{bmatrix} 5 & 1 & 1 \\ 1 & 6 & 0 \\ 1 & 0 & 8 \end{bmatrix}$

21-23 Gauss-Seidel 반복법

$[1 \quad 1 \quad 1]^\top$로 시작하여 축척(scaling)을 사용하지 않고 Gauss-Seidel 반복법을 3단계 실행하라.

21. $$\begin{aligned} 4x_1 - x_2 &= 22.0 \\ 4x_2 - x_3 &= 13.4 \\ -x_1 + 4x_3 &= -2.4 \end{aligned}$$

22. $$\begin{aligned} 0.2x_1 + 4.0x_2 - 0.4x_3 &= 32.0 \\ 0.5x_1 - 0.2x_2 + 2.5x_3 &= -5.1 \\ 7.5x_1 + 0.1x_2 - 1.5x_3 &= -12.7 \end{aligned}$$

23. $$\begin{aligned} 10x_1 + x_2 - x_3 &= 17 \\ 2x_1 + 20x_2 + x_3 &= 28 \\ 3x_1 - x_2 + 25x_3 &= 105 \end{aligned}$$

24-26 벡터노름

다음 벡터의 ℓ_1-, ℓ_2-, ℓ_∞-노름을 계산하라.

24. $[0.2 \quad -8.1 \quad 0.4 \quad 0 \quad 0 \quad -1.3 \quad 2]^\top$

25. $[8 \quad -21 \quad 13 \quad 0]^\top$

26. $[0 \quad 0 \quad 0 \quad -1 \quad 0]^\top$

27-30 행렬노름

다음 계수행렬에 대하여 ℓ_∞-벡터노름에 대응하는 행렬노름을 계산하라.

27. 문제 15 **28.** 문제 17

29. 문제 21 **30.** 문제 22

31-33 조건수

다음 행렬의 조건수(ℓ_∞-벡터노름에 대응하는)를 계산하라.

31. 문제 19 **32.** 문제 18

33. 문제 21

34-35 최소제곱법에 의한 접합

접합하고 그래프를 그려라.

34. 데이터 $(-1, 0)$, $(0, 2)$, $(1, 2)$, $(2, 3)$, $(3, 3)$에 대한 직선

35. 문제 34의 데이터에 대한 2차방정식 포물선

36-39 고유값

다음 행렬의 고유값이 모두 포함된 세 개의 원판을 찾고 이를 그려라.

36. 문제 18 **37.** 문제 19

38. 문제 20 **39.** 문제 14의 계수행렬

40. **거듭제곱법**. 문제 19의 행렬에 거듭제곱법을 4단계 수행하라. $[1 \quad 1 \quad 1]^\top$로부터 시작하고 Rayleigh 부등식과 오차한계를 계산하라.

20장 요약. 선형대수의 수치해법

선형연립방정식(linear systems)에 대한 수치해법의 중요한 세 가지 내용은 1차 연립방정식의 수치해법(20.1~20.4절), 곡선접합(20.5절) 그리고 고유값 문제(20.6~20.9절)이다.

$\mathbf{A} = [a_{jk}]$가 $n \times n$ 행렬일 때 **선형연립방정식** $\mathbf{Ax} = \mathbf{b}$, 즉

$$\begin{aligned} &E_1: \quad a_{11}x_1 + \cdots + a_{1n}x_n = b_1 \\ &E_2: \quad a_{21}x_1 + \cdots + a_{2n}x_n = b_2 \\ &\cdots\cdots\cdots\cdots\cdots\cdots\cdots\cdots \\ &E_n: \quad a_{n1}x_1 + \cdots + a_{nn}x_n = b_n \end{aligned} \tag{1}$$

의 해는 **직접법**(direct method; Gauss 소거법과 같이 해를 얻기 위한 계산량이 미리 예측 가능한)과 **간접법**(indirect method) 또는 **반복법**(iteration method; 단계적 진행에 따라 개선된 해를 갖는)에 의하여 해결될 수 있다.

Gauss 소거법(Gauss elimination, 20.1절)은 식 (1)을 단계적으로 삼각형태로 축소시키는 체계적인 소거과정으로 직접법이다. 1단계에서는 방정식 E_2에서 E_n까지에서 x_1을 소거한다. 이는 E_2에서 $(a_{21}/a_{11})E_1$을 빼고, E_3

에서 $(a_{31}/a_{11})E_1$을 빼는 등의 방법으로 수행된다. 이때 방정식 E_1을 이 단계에서의 **축방정식**(pivot equation)이라고 하고 a_{11}을 **축**(pivot)이라고 한다. 2단계에서는 새로 얻은 두 번째 방정식을 축방정식으로 택하여 x_2를 소거하며, 이러한 과정을 계속한다. 삼각형태가 얻어지면 마지막 방정식으로부터 x_n을 얻고, 마지막에서 두 번째 방정식에서 x_{n-1}을 얻으며, 이러한 과정을 계속한다. **부분축연산**(partial pivoting, = 방정식의 교환)은 축값이 0일 때는 *필수적*이며 축값이 작은 경우에도 적용하는 것이 *바람직*하다.

20.2절의 **Doolittle**, **Crout**, **Cholesky 법**(Cholesky's method)은 Gauss 소거법의 변형이다. 이들은 분해(factorization) $\mathbf{A} = \mathbf{LU}$의 개념을 이용한다(여기서 $\mathbf{L}$은 아래삼각행렬이고 $\mathbf{U}$는 위삼각행렬이다). $\mathbf{Ax} = \mathbf{LUx} = \mathbf{b}$에 대한 해는 먼저 $\mathbf{Ly} = \mathbf{b}$를 $\mathbf{y}$에 대해 풀고, 이후 $\mathbf{Ux} = \mathbf{y}$를 $\mathbf{x}$에 풀어 해결한다.

Gauss-Seidel 반복법(Gauss-Seidel iteration, 20.3절)에 대한 내용은 다음과 같다. $a_{11} = a_{22} = \cdots = a_{nn} = 1$이 되도록 각 방정식을 나누고 $\mathbf{Ax} = (\mathbf{I} + \mathbf{L} + \mathbf{U})\mathbf{x} = \mathbf{b}$로 표현하여 $\mathbf{x} = \mathbf{b} - (\mathbf{L} + \mathbf{U})\mathbf{x}$를 얻는다. 이 식 우변의 x_j에 대하여 항상 최근의 근사값을 사용함으로써 반복공식

$$\mathbf{x}^{(m+1)} = \mathbf{b} - \mathbf{L}\mathbf{x}^{(m+1)} - \mathbf{U}\mathbf{x}^{(m)} \tag{2}$$

이 얻어진다. $\mathbf{C} = -(\mathbf{I} + \mathbf{L})^{-1}\mathbf{U}$라 할 때, $\|\mathbf{C}\| < 1$이면 이 과정은 수렴한다. 여기서 $\|\mathbf{C}\|$는 임의의 행렬노름을 나타낸다(20.3절).

만약 $\mathbf{A}$의 **조건수**(condition number) $\kappa(\mathbf{A}) = \|\mathbf{A}\|\,\|\mathbf{A}^{-1}\|$가 크면, 연립방정식 $\mathbf{Ax} = \mathbf{b}$는 **불량조건**(ill-conditioned)이 되며(20.4절), 이 경우 **나머지**(residual) $\mathbf{r} = \mathbf{b} - \mathbf{A}\tilde{\mathbf{x}}$이 작다는 것이 $\tilde{\mathbf{x}}$가 정확한 해에 근접하다는 것을 의미하지 ***않을*** 수도 있다.

최소제곱법(least square method)을 사용하여 주어진 데이터(xy-평면 위의 점) $(x_1, y_1), \cdots, (x_n, y_n)$에 대한 다항식 $p(x) = b_0 + b_1x + \cdots + b_mx^m$의 접합(fitting)은 20.5절에서 논의하였다(통계에 대한 내용은 25.9절). $m = n$인 경우 최소제곱다항식은 보간다항식과 일치한다(유일성).

고유값(eigenvalues) λ $[\mathbf{Ax} = \lambda\mathbf{x}$가 $\mathbf{x} \neq \mathbf{0}$인 **고유벡터**(eigenvector)라고 불리는 해를 가질 때의 $\lambda]$의 특성은 부등식으로 표현될 수 있다(20.7절). 예를 들어 **Gerschgorin 정리**(Gerschgorin's theorem)에서는 모든 스펙트럼(= 모든 고유값의 집합)이 중심 a_{jj}, 반지름 $\Sigma|a_{jk}|$ (k가 1에서 n까지의 합, $k \neq j$)인 n개의 원판 내에 존재함을 보이고 있다.

고유값의 근사값은 임의의 벡터 $\mathbf{x}_0 \neq \mathbf{0}$을 선택하여 $\mathbf{x}_1 = \mathbf{A}\mathbf{x}_0, \mathbf{x}_2 = \mathbf{A}\mathbf{x}_1, \cdots, \mathbf{x}_n = \mathbf{A}\mathbf{x}_{n-1}$을 계산하는 반복법을 이용하여 구할 수 있다. 이러한 **거듭제곱법**(20.8절)에서 **Rayleigh 몫**(Rayleigh quotient)

$$q = \frac{(\mathbf{Ax})^\mathsf{T}\mathbf{x}}{\mathbf{x}^\mathsf{T}\mathbf{x}} \qquad (\mathbf{x} = \mathbf{x}_n) \tag{3}$$

는 고유값의 근사값이다(일반적으로 절댓값이 가장 큰 고유값). 그리고 $\mathbf{A}$가 대칭인 경우 오차한계는

$$|\epsilon| \leqq \sqrt{\frac{(\mathbf{Ax})^\mathsf{T}\mathbf{Ax}}{\mathbf{x}^\mathsf{T}\mathbf{x}} - q^2} \tag{4}$$

이다. 수렴속도가 느리지만 *스펙트럼 이동*을 통해서 이를 향상시킬 수 있다.

대칭행렬 $\mathbf{A}$의 모든 고유값을 구하기 위해서는 먼저 $\mathbf{A}$를 삼중대각화(tridiagonalize)하고 다음에 QR-방법을 적용한다(20.9절). 이 방법은 직교행렬 $\mathbf{Q}$와 위삼각행렬 $\mathbf{R}$을 사용한 $\mathbf{A} = \mathbf{QR}$ 분해와 유사변환(similarity transformation)에 기초하고 있다.

CHAPTER 21

상미분방정식과 편미분방정식의 수치해법

Numerics for ODEs and PDEs

상미분방정식(ordinary differential equations; DDEs)과 편미분방정식(partial differential equations; PDEs)은 공학, 수학, 물리학, 항공학, 천문학, 동역학, 탄성역학, 생물학, 의학, 화학, 환경과학, 경제학 등 다양한 분야의 모델링 문제를 푸는 데 중심역할을 한다. 본 교재의 1~6장 그리고 12장에서는 미분방정식을 해석적으로 푸는 방법에 대해 학습하였다. 그렇지만 공학, 응용수학, 물리학분야에서는 이러한 해석적 방법(analytical method)으로는 *풀 수 없거나* 그 해가 너무 복잡하고 어려워 다른 접근방법이 필요한 ODE와 PDE들을 마주치게 될 것이다. 이런 현실적 과제에 ODE와 PDE을 위한 수치해석법(numerical method), 즉 이를 위한 소프트웨어 다발이 사용된다. 실제로 수치해석 소프트웨어는 공학적 문제를 푸는 데 반드시 필요한 도구이다.

이 장에서는 상미분방정식과 편미분방정식의 수치해법을 반반씩 나누어 설명한다. 먼저 21.1절에서는 1계 상미분방정식에 대한 방법을 설명한다. 주된 아이디어는 거리 h만큼 떨어진 점에서 ODE의 근사해를 Taylor 공식의 첫 번째 두 항을 사용하여 계산할 수 있다는 것이다. 이 근사해는 Euler 방법의 반복 공식을 구축하는 데 사용된다. 이 방법은 다소 불안정적이고 실제로 거의 사용되지는 않지만, 실제로 인기 있고 유용한 Runge-Kutta 방법과 그것의 변형인 Runge-Kutta-Fehlberg (RFK) 방법과 같은 더 정교한 방법의 이해를 위한 교육적 도구이고 출발점이 될 것이다. 수학에서는 언제나 그러하듯이, 수학 개념을 일반화하는 경향이 있다. 21.1절의 방법은 이전 단계의 정보만을 사용하여 현 단계의 근사값을 결정하는 단단계 법(one-step method)이다. Adams-Bashforth 방법이나 Adams-Moulton 방법과 같은 다단계법(multistep method)은 여러 개의 전 단계 정보를 사용하여 근사값을 계산한다. Runge-Kutta-Nyström (RKN) 방법 및 다른 방법을 사용하여 연립 및 고계 상미분방정식의 수치해법 설명을 마지막으로 상미분방정식 설명을 마무리한다.

편미분방정식의 수치해법은 상미분방정식보다 흥미롭고 창의성을 요한다. 먼저 타원형 편미분방정식(Laplace, Poisson)을 고려한다. 앞에서 언급했듯이 Taylor 공식은 편미분방정식에 대한 수치해법의 실마리를 제공하며, 편도함수(partial derivative)들을 적절한 계차몫(difference quotients)으로 대체시킨다. 최종결과는 Gauss-Seidel 방법(Liebmann 방법으로도 알려져 있다)을 사용하는 결자해석법이다. 또한, Neuman 경계값 및 혼합경계값 문제(21.5절)를 풀기 위해 격자를 사용하는 방법들을 논의할 것이다. 21.6절에서 포물형 편미분방정식를 풀기 위한 중요한 해법인 Crank-Nicholson 방법을 소개하며 편미분방정식의 수치해법 설명을 마친다.

21.1∼21.3절은 19, 20장의 내용과 무관하므로 ***21.1절과 21.2절은 1장 다음에, 21.3절은 2∼4장 다음에 바로 이어서 공부할 수 있다.***

만약 독자들이 대수방정식의 선형연립방정식에 관한 기본지식이 있다면 ***21.4∼21.7절은 12장에 이어 바로 공부할 수 있다.***

상미분방정식을 위한 예비지식: 1.1∼1.5절

편미분방정식을 위한 예비지식: 12.1∼12.3절, 12.5절, 12.10절

참고문헌과 연습문제 해답: 부록 1의 E부(A, C 참조), 부록 2.

21.1 1계 상미분방정식의 수치해법

1.2절을 보면, 예를 이용해 Euler 방법을 간단히 소개한 부분이 있다. 이제 ***Eder* 방법**을 *좀 더 엄밀하게 유도해 보고자 한다.* Tylor 급수를 적용하여 h만큼 떨어진 두 점에서 1계 상미분방정식의 근사해를 유도하는 방식을 주의 깊게 살펴보자. 이 유도 방식은 상미분방정식의 수치해법의 전형적인 방법이므로, 이를 잘 이해한다면 다른 방법들을 더 쉽게 이해할 것이다.

1장에서는 1계 상미분방정식을 $F(x, y, y') = 0$과 같은 음함수형 또는 $y' = f(x, y)$와 같은 양함수형으로 나타내었다. 먼저 **초기값 문제**(initial value problem)

$$y' = f(x, y), \qquad y(x_0) = y_0 \tag{1}$$

를 생각하자. 여기서 x_0와 y_0는 주어진 값이고, x_0를 포함하는 열린 구간 $a < x < b$에서 식 (1)이 유일해를 갖는다고 가정한다.

이 절에서 x축 위의 다음과 같은 등거리 점들에서 식 (1)의 해 $y(x)$의 근사값을 계산하는 방법에 대해 설명하겠다.

$$x_1 = x_0 + h, \qquad x_2 = x_0 + 2h, \qquad x_3 = x_0 + 3h, \qquad \cdots$$

여기서, **격자크기**(step size) h는 0.2, 0.1 또는 0.01과 같은 고정된 값으로 이의 선택에 대하여는 뒤에서 다시 설명한다. 이 방법들은 **단계적 방법**(step-by-step method)으로 각 단계에서 동일한 공식을 사용하는데, 이들 공식은 Taylor 공식

$$y(x + h) = y(x) + hy'(x) + \frac{h^2}{2}y''(x) + \cdots \tag{2}$$

에 기반하고 있다.

식 (2)는 Euler 방법과 이것의 변형된 형태인 *개선된 Euler 방법*(또는, *Heun 방법*)을 개발하게 하는 핵심개념이다. 먼저, Euler 방법을 유도해 보자.

여기서 작은 h에 대하여 식 (2)의 거듭제곱 $h^2, h^3, \cdots$의 값은 매우 작으므로 이 값을 무시하면 다음과 같은 대략적 근사

$$y(x + h) \approx y(x) + hy'(x)$$
$$= y(x) + hf(x, y)$$

와 1.2절에서 언급하였던, 그에 상응하는 **Euler 방법**(또는 **Euler-Cauchy 방법**)

(3) $$y_{n+1} = y_n + hf(x_n, y_n) \qquad (n = 0, 1, \cdots)$$

을 얻을 수 있다. 기하학적으로, 첫 번째 모서리가 x_0에서 이 곡선의 접선이 되는 다각형에 의한 근사화이다(1.2절의 그림 8 참조).

Euler 방법의 오차

나머지 항을 갖는 Taylor 공식을 생각해보면,

$$y(x + h) = y(x) + hy'(x) + \tfrac{1}{2} h^2 y''(\xi)$$

위 식과 같다($x \leqq \xi \leqq x + h$). 이에 의하면 Euler 방법은 *각 단계에서의 절단오차*(truncation error), 즉 **국부절단오차**(local truncation error)가 h^2에 비례함을 알 수 있는데, 이를 *차수*(order)를 뜻하는 기호 O를 사용하여 $O(h^2)$로 나타낸다(20.1절 참조). 고정된 x의 구간에 대해 상미분방정식의 해를 구하는 단계의 수는 $1/h$에 비례한다. 따라서, **전체 오차**(total or global error)는 $h^2(L/h) = h^1$에 비례하고, 이러한 이유로 Euler 방법은 **1차 방법**(first-order method)으로 불린다. 이 외에도 $y_1, y_2, \cdots$의 정확도에 영향을 미치고, n이 증가함에 따라 점점 더 정확도가 커지는 **반올림오차**(round-off error)가 있다.

현대 소프트웨어에서의 격자크기 자동조정

19.5절에서 설명되었던 적응적분(adaptive integration)의 개념을 상미분방정식의 수치해에 그대로 적용할 수 있다. 이는 다음 식 (4*)에 의해서 결정되는 $y' = f$의 변화량(variability)에 의존하여 자동적으로 격자크기 h를 변화시키게 된다.

(4*) $$y'' = f' = f_x + f_y y' = f_x + f_y f$$

따라서, 최근의 소프트웨어는 수치해의 오차가 주어진 *허용한계*(tolerance) TOL을 넘지 않도록 하기 위하여 격자크기 h_n을 자동으로 조정하는 기능을 갖추고 있다. Euler 방법에서도 격자크기 $h = h_n$일 때, x_n에서 국부오차가 약 $\frac{1}{2} h_n^2 |y''(\xi_n)|$이다. 그러므로 국부오차를 TOL과 같게 하면

(4) $$\text{(a)} \quad \tfrac{1}{2} h_n^2 |y''(\xi_n)| = \text{TOL}, \qquad \text{따라서} \qquad \text{(b)} \quad h_n = \sqrt{\frac{2\,\text{TOL}}{|y''(\xi_n)|}}$$

이다. 여기서 $y''(x)$는 해가 존재하는 구간 J: $x_0 \leqq x \leqq x_N$에서 0이 아니어야 한다. 구간 J에서 $|y''(x)|$의 최솟값을 K라 하고, $K > 0$으로 가정하자. 식 (4)에 의해서 $|y''(x)|$의 최솟값이 최댓값 $h = H = \sqrt{2\,\text{TOL}/K}$에 대응하므로 $\sqrt{2\,\text{TOL}} = H\sqrt{K}$가 된다. 이것을 식 (4b)에 대입하면

$$(5) \qquad h_n = \varphi(x_n)H \qquad \text{여기서} \qquad \varphi(x_n) = \sqrt{\frac{K}{|y''(\xi_n)|}}$$

가 된다. 다른 방법에 대해서도 격자크기 자동조정의 기본 원리는 동일하다.

개선된 Euler 방법, 예측자, 수정자

Euler 방법은 일반적으로 큰 부정확성을 갖는다. 1.2절에서 큰 값 h (0.2)에 대해서 다음 식의 계산을 통해 이 사실을 설명했었다.

$$(6) \qquad y' = y + x, \qquad y(0) = 0$$

작은 값의 h의 경우는, 계산이 불가능해진다. 또한, 많은 단계에서 발생하는 반올림오차는 결과값을 무의미하게 만든다. 따라서, 식 (2)에서 더 많은 항을 취하게 되면 차수와 정확성이 높은 수치방법을 얻게 된다. 그러나 실용성의 문제가 있다. 즉, $y' = f(x, y(x))$를 식 (2)에 대입하면

$$(2^*) \qquad y(x + h) = y(x) + hf + \tfrac{1}{2}h^2f' + \tfrac{1}{6}h^3f'' + \cdots$$

을 얻는다. 함수 f에 포함된 y가 x에 의존하므로 식 (4*)에서 알 수 있듯이 $f' = f_x + f_y y' = f_x + f_y f$이고, f'', f''' 등의 고계 도함수의 형태는 더욱 복잡해진다. 이러한 복잡한 고계 도함수 계산을 피하는 ***일반적인 전략***은 몇 개의 적절하게 선택된 (x, y)에서의 f 값으로 고계 도함수를 대신하는 것이다. 여기서 "적절하다"는 표현은 계산의 정확도를 높이도록, 방법의 차수를 되도록 높이는 값들을 선택함을 뜻한다. 다음에 실제로 적용할 수 있는 두 가지 방법, 즉 개선된 Euler 방법과 Runge-Kutta 방법에 대하여 논하자.

개선된 Euler 방법(improved Euler method)의 각 단계에서 먼저 보조값(auxiliary value)인 ***예측자***(predictor)

$$\textbf{(7a)} \qquad y^*_{n+1} = y_n + hf(x_n, y_n)$$

를 계산한 후 새로운 y 값, **수정자**(corrector)

$$\textbf{(7b)} \qquad y_{n+1} = y_n + \tfrac{1}{2}h\left[f(x_n, y_n) + f(x_{n+1}, y^*_{n+1})\right]$$

을 계산한다. 따라서 개선된 Euler 방법은 각 단계에서 먼저 식 (7a)로 값을 예측하고, 이를 다시 식 (7b)로 수정하므로 예측자–수정자법(predictor-corrector method)의 하나이다.

알고리즘은 식 (7a)에서 $k_1 = hf(x_n, y_n)$을, (7b)에서 $k_2 = hf(x_{n+1}, y^*_{n+1})$의 표기를 사용하여 표 21.1과 같이 나타낼 수 있다.

표 21.1 개선된 Euler 방법(Heum의 방법)

EULER 알고리즘(f, x_0, y_0, h, N)

이 알고리즘은 초기값 문제 $y' = f(x, y)$, $y(x_0) = y_0$의 해를 등간격 $x_1 = x_0 + h$, $x_2 = x_0 + 2h, \cdots, x_N = x_0 + Nh$에서 계산한다. f는 $[x_0, x_N]$ 구간에서 이 문제가 유

일한 해를 갖는 함수이다(1.6절 참조).

INPUT: 초기값 x_0, y_0, 단계간격 h, 단계 수 N

OUTPUT: $x_{n+1} = x_0 + (n + 1)h$에서 해 $y(x_{n+1})$에 관한 근사화

$y_{n+1} (n = 0, \cdots, N - 1)$

For $n = 0, 1, \cdots, N - 1$ do:

$x_{n+1} = x_n + h$

$k_2 = hf(x_n, y_n)$

$k_2 = hf(x_{n+1}, y_n + k_1)$

$y_{n+1} = y_n + \frac{1}{2}(k_1 + k_2)$

OUTPUT x_{n+1}, y_{n+1}

End

Stop

End EULER

예제 1 개선된 Euler 방법

개선된 Euler 방법을 1.2절과 같이 $h = 0.2$를 사용하여 식 (6)의 초기값 문제에 적용하라.

풀이. 문제에서 $f(x, y) = x + y$ 이므로

$$k_1 = 0.2(x_n + y_n)$$

$$k_2 = 0.2(x_n + 0.2 + y_n + 0.2(x_n + y_n))$$

$$y_{n+1} = y_n + \frac{0.2}{2}(2.2x_n + 2.2y_n + 0.2) = y_n + 0.22(x_n + y_n) + 0.02$$

이다. 표 21.2는 여기에서의 계산 결과가 표 21.1의 Euler 방법보다 계산 과정은 많지만 더욱 정확함을 보여준다. ■

표 21.2 식 (6)에 대한 개선된 Euler 방법. 계산결과와 오차

n	x_n	y_n	참값(4D)	개선된 Euler 방법의 오차	Euler의 오차
0	0.0	0.0000	0.0000	0.0000	0.000
1	0.2	0.0200	0.0214	0.0014	0.021
2	0.4	0.0884	0.0918	0.0034	0.052
3	0.6	0.2158	0.2221	0.0063	0.094
4	0.8	0.4153	0.4255	0.0102	0.152
5	1.0	0.7027	0.7183	0.0156	0.230

개선된 Euler 방법의 오차. *국부오차(local error)는 h^3 차수이고 전체 오차(global error)는 차수 h^2이므로 개선된 Euler 방법은* **2차 방법**(second-order method)*이다.*

증명 $\tilde{f}_n = f(x_n, y(x_n))$로 놓고 식 (2*)를 쓰면

(8a) $$y(x_n + h) - y(x_n) = h\tilde{f}_n + \tfrac{1}{2}h^2\tilde{f}'_n + \tfrac{1}{6}h^3\tilde{f}''_n + \cdots$$

이 된다. 식 (7b)의 대괄호 안의 식을 $\tilde{f}_n + \tilde{f}_{n+1}$로 근사하고, Taylor 전개를 사용하면 식 (7b)로부터

$$
\begin{aligned}
y_{n+1} - y_n &\approx \tfrac{1}{2}h\,[\tilde{f}_n + \tilde{f}_{n+1}] \\
&= \tfrac{1}{2}h\,[\tilde{f}_n + (\tilde{f}_n + h\tilde{f}_n' + \tfrac{1}{2}h^2\tilde{f}_n'' + \cdots)] \\
&= h\tilde{f}_n + \tfrac{1}{2}h^2\tilde{f}_n' + \tfrac{1}{4}h^3\tilde{f}_n'' + \cdots
\end{aligned} \tag{8b}
$$

을 얻는다(여기서, $' = d/dx_n$ 등). 식 (8a)에서 식 (8b)를 빼면 개선된 Euler 방법의 국부오차는

$$\frac{h^3}{6}\tilde{f}_n'' - \frac{h^3}{4}\tilde{f}_n'' + \cdots = -\frac{h^3}{12}\tilde{f}_n'' + \cdots$$

이다. 즉, h^3에 비례함을 알 수 있다. 총 격자 수는 $1/h$에 비례하므로 전체 오차는 $h^3/h = h^2$이다. 따라서 개선된 Euler 방법은 2차 방법이다.

Euler 방법은 1계 상미분방정식을 수치적으로 푸는 첫 단계를 쉽게 설명해주나 결과값이 가지는 부정확성 때문에 개선된 Euler 방법과 예측자-수정자법을 소개하였다. 개선된 Euler 방법이 기존 Euler 방법보다 효과적이긴 하나 산업 현장에서는 더 좋은 방법들이 많이 쓰이고 있다. 따라서 실무에 능한 기술자가 되기 위해서는 Runge-Kutta 방법 및 관련 변수들에 대해 알 필요가 있다.

Runge-Kutta 방법(RK 방법)

개선된 Euler 방법보다 실용성과 정확성 측면에서 훨씬 뛰어난 방법이 표 21.3에서 소개되고 있는 *고전적인 4차의 Runge-Kutta 방법*이다. 이를 간단히 **Runge-Kutta 방법**[1]이라 부르자. 이 방법에서는 각 단계에서 보조값 k_1, k_2, k_3, k_4를 계산한 후 이를 이용하여 y_{n+1}을 계산한다. Runge-Kutta법은 뒤에서 소개하는 다단계 방법에서와 같은 특별한 시작절차가 불필요하고, 기억용량을 많이 차지하지 않으며 동일한 계산절차를 반복하여 수행하고 수치적으로 안정적이다.

만일 f가 오직 x에만 의존한다면 이 방법은 Simpson의 적분법칙(19.5절)으로 단순화된다. 또한, $k_1, \cdots, k_4$는 n에 의존하고 보통 단계에 따라 변화한다.

표 21.3 고전적인 4차 Runge-Kutta 방법

RUNGE-KUTTA 알고리즘(f, x_0, y_0, h, N)

이 알고리즘은 초기값 문제 $y' = f(x, y)$, $y(x_0) = y_0$의 해를 등간격점

$$x_1 = x_0 + h, x_2 = x_0 + 2h, \cdots, x_N = x_0 + Nh \tag{9}$$

[1]독일인 수학자인 KARL RUNGE (19.4절)와 WILHELM KUTTA(1867-1944)의 이름을 따서 명명된 방법이다. Runge [*Math. Annalen* **46** (1895), 167-178], KARL HEUN(1859-1929) [*Zeitschr. math. Phys.* **45** (1900), 23-38], 그리고 Kutta [*Zeitschr. math. Phys.* **46** (1901), 435-453]가 다양한 유사방법을 개발하였다. 이론적으로 각 단계에서 4개의 함수값을 사용하는 4차 방법의 수는 무한개이다. Kutta가 개발한 표 21.3의 방법이 "대칭성"과 계수의 단순성으로 인한 실용성 때문에 가장 잘 알려져 있다.

에서 계산한다. 여기서 f는 주어진 문제가 구간 $[x_0, x_N]$에서는 유일한 해를 갖도록 정해진다(1.7절 참조).

INPUT: 초기값 x_0, y_0, 단계간격 h, 단계 수 N

OUTPUT: 단계점 $x_{n+1} = x_0 + (n + 1)h$에서 해 $y(x_{n+1})$의 근사값 y_{n+1} $(n = 0, \cdots, N - 1)$

For $n = 0, 1, \cdots, N - 1$ do:

$k_1 = hf(x_n, y_n)$

$k_2 = hf(x_n + \frac{1}{2}h, y_n + \frac{1}{2}k_1)$

$k_3 = hf(x_n + \frac{1}{2}h, y_n + \frac{1}{2}k_2)$

$k_4 = hf(x_n + h, y_n + k_3)$

$x_{n+1} = x_n + h$

$y_{n+1} = y_n + \frac{1}{6}(k_1 + 2k_2 + 2k_3 + k_4)$

OUTPUT x_{n+1}, y_{n+1}

End

Stop

End RUNGE−KUTTA

예제 2 고전적인 Runge-Kutta 방법

Runge-Kutta법으로 예제 1의 초기값 문제를 풀어라. $h = 0.2$를 사용하고 5단계까지 계산하라.

풀이. 이 문제에서 $f(x, y) = x + y$이므로

$$k_1 = 0.2(x_n + y_n), \qquad k_2 = 0.2(x_n + 0.1 + y_n + 0.5k_1),$$

$$k_3 = 0.2(x_n + 0.1 + y_n + 0.5k_2), \qquad k_4 = 0.2(x_n + 0.2 + y_n + k_3)$$

이다. 표 21.4는 앞의 두 가지 Euler법에 대한 계산 결과와 오차가 각각 10^3과 10^4배보다 더 작은 값을 나타냄을 보여주고 있다. 표 21.5 또한 참조하라. 여기서의 $k_1, \cdots, k_4$는 단순하기 때문에 k_1을 k_2에 대입하고 k_2를 k_3에 대입하는 등의 방식으로 연산을 줄일 수 있으며, 결과식은 표 21.4의 4번째 열에 있다. 각 단계에 네 가지의 함수계산이 있음을 주의하라. ■

표 21.4 식 (4)에 대한 4차 Runge-Kutta 법

n	x_n	y_n	$0.2214(x_n + y_n) + 0.0214$	참값(6D) $y = e^x - x - 1$	y_n의 $10^6 \times$ 오차
0	0.0	0	0.021400	0.000000	0
1	0.2	0.021400	0.070418	0.021403	3
2	0.4	0.091818	0.130289	0.091825	7
3	0.6	0.222107	0.203414	0.222119	12
4	0.8	0.425521	0.292730	0.425541	20
5	1.0	0.718251		0.718282	31

표 21.5 $h = 0.2$**를 이용한 초기값 문제[식 (4)]에 대한 3가지 방법의 정확도 비교**

x	$y = ex - x - 1$	오차		
		Euler 법 (표 21.1)	개선된 Euler법 (표 21.3)	RK 법 (표 21.5)
0.2	0.021403	0.021	0.0014	0.000003
0.4	0.091825	0.052	0.0034	0.000007
0.6	0.222119	0.094	0.0063	0.000011
0.8	0.425541	0.152	0.0102	0.000020
1.0	0.718282	0.230	0.0156	0.000031

오차와 격자크기 조정. RKF (Runge-Kutta-Fehlberg)

적응적분법(19.5절)의 개념은 Runge-Kutta 방법(또는 다른 방법)에서도 유사하게 적용된다. 표 21.3의 RK (Runge-Kutta)법에서 격자크기 h와 $2h$에 대한 각 단계 근사값을 $\tilde{y}$, $\tilde{\tilde{y}}$라면, 단계당 후자의 오차는 전자오차의 $2^5 = 32$배가 되지만 격자 수는 반으로 줄게 되어 실제로는 $2^5/2 = 16$배가 된다. 즉,

$$\epsilon^{(2h)} \approx 16\epsilon^{(h)} \quad \text{이고 따라서} \quad y^{(h)} - y^{(2h)} = \epsilon^{(2h)} - \epsilon^{(h)} \approx (16 - 1)\epsilon^{(h)}$$

따라서, 격자크기 h에 대한 오차 $\epsilon = \epsilon^{(h)}$는 대략

$$\epsilon = \frac{1}{15}(\tilde{y} - \tilde{\tilde{y}}) \tag{10}$$

로 추정할 수 있다. 여기서 $\tilde{y} - \tilde{\tilde{y}} = y^{(h)} - y^{(2h)}$이다. 표 21.6은 초기값 문제

$$y' = (y - x - 1)^2 + 2, \qquad y(0) = 1 \tag{11}$$

의 해를 구간 $0 \leqq x \leqq 0.4$에서 $h = 0.1$을 사용하여 구했을 때, 식 (10)에 의한 오차추정을 보여준다. 이 오차추정 방법은 간단하지만 때때로 불안정한 경우도 있다.

표 21.6 **식 (11)에 대한 RK법 초기값 문제 응용과 식 (10)에 의한 오차추정, 해석해:** $y = \tan x + x + 1$

x	$\tilde{y}$ (격자수기 h)	$\tilde{\tilde{y}}$ (격자크기 $2h$)	오차추정 (10)	실제 오차	해석해 (9D)
0.0	1.000000000	1.000000000	0.000000000	0.000000000	1.000000000
0.1	1.200334589			0.000000083	1.200334672
0.2	1.402709878	1.402707408	0.000000165	0.000000157	1.402710036
0.3	1.609336039			0.000000210	1.609336250
0.4	1.822792993	1.822788993	0.000000267	0.000000226	1.822793219

RKF. E. Fehlberg [*Computing* **6** (1970), 61-71]는 (x_n, y_n)에서 (x_{n+1}, y_{n+1})로 단계가 바뀌는 과정에서 서로 차수가 다른 RK법을 사용하여 오차를 조절하는 방법을 제안하였다. 이 방법에서는 x_{n+1}에서 계산된 y 값의 차이로 오차를 추정하여 격자크기를 조정한다. Fehlberg는 단계당 6회의 함수계산만이 필요한 두 개의 RK 공식을 개발하였다. Maple에도

채택되는 등(연립상미분방정식에도 사용된다) 많이 사용되므로 여기에 간략히 소개한다.

Fehlberg의 5차 RK법은

$$y_{n+1} = y_n + \gamma_1 k_1 + \cdots + \gamma_6 k_6 \tag{12a}$$

이고, 여기서 계수 $\gamma = [\gamma_1 \cdots \gamma_6]$은

$$\gamma = [\tfrac{16}{135} \quad 0 \quad \tfrac{6656}{12,825} \quad \tfrac{28,561}{56,430} \quad -\tfrac{9}{50} \quad \tfrac{2}{55}] \tag{12b}$$

이다. 한편 **4차 RK법**(fourth-order RK method)은

$$y^*_{n+1} = y_n + \gamma^*_1 k_1 + \cdots + \gamma^*_5 k_5 \tag{13a}$$

이고, 계수는

$$\gamma^* = [\tfrac{25}{216} \quad 0 \quad \tfrac{1408}{2565} \quad \tfrac{2197}{4104} \quad -\tfrac{1}{5}] \tag{13b}$$

이다. 위의 두 식에서 다음과 같은 6개의 함수를 사용한다. 즉

$$\begin{aligned}
k_1 &= hf(x_n, y_n) \\
k_2 &= hf(x_n + \tfrac{1}{4}h, \quad y_n + \tfrac{1}{4}k_1) \\
k_3 &= hf(x_n + \tfrac{3}{8}h, \quad y_n + \tfrac{3}{32}k_1 + \tfrac{9}{32}k_2) \\
k_4 &= hf(x_n + \tfrac{12}{13}h, \quad y_n + \tfrac{1932}{2197}k_1 - \tfrac{7200}{2197}k_2 + \tfrac{7296}{2197}k_3) \\
k_5 &= hf(x_n + h, \quad y_n + \tfrac{439}{216}k_1 - 8k_2 + \tfrac{3680}{513}k_3 - \tfrac{845}{4104}k_4) \\
k_6 &= hf(x_n + \tfrac{1}{2}h, \quad y_n - \tfrac{8}{27}k_1 + 2k_2 - \tfrac{3544}{2565}k_3 + \tfrac{1859}{4104}k_4 - \tfrac{11}{40}k_5)
\end{aligned} \tag{14}$$

이다. 식 (12)와 (13)으로 계산된 값의 차이는

$$\epsilon_{n+1} \approx y_{n+1} - y^*_{n+1} = \tfrac{1}{360}k_1 - \tfrac{128}{4275}k_3 - \tfrac{2197}{75,240}k_4 + \tfrac{1}{50}k_5 + \tfrac{2}{55}k_6 \tag{15}$$

예제 3 RKF (Runge-Kutta-Fehlberg)

초기값 문제인 식 (11)에 대하여 식 (12)-(14)에 $h = 0.1$을 사용하여 첫 단계에서 다음과 같은 유효숫자 12자리 값들을 계산하였다.

$$k_1 = 0.200000000000 \qquad k_2 = 0.200062500000$$
$$k_3 = 0.200140756867 \qquad k_4 = 0.200856926154$$
$$k_5 = 0.201006676700 \qquad k_6 = 0.200250418651$$

$$y^*_1 = 1.20033466949$$
$$y_1 = 1.20033467253$$

이고, 오차추정은 다음과 같다.

$$\epsilon_1 \approx y_1 - y^*_1 = 0.00000000304$$

참값은 $y(0.1) = 1.20033467209$이므로 y_1의 오차는 $-4.4 \cdot 10^{-10}$으로 표 21.6의 값보다 약 1/200로 감소하였다. ■

표 21.7에 이 절에서 소개한 방법들의 주요 특성을 요약한다. 이 방법들은 모두 *수치적으로 안정*(numerically stable)함을 보일 수 있다(19.1절에 정의됨). 이들은 각 단계 계산에서 바로 이전 단계의 결과만을 사용하므로 **단단계법**(one-step method)이다. 이에 반하여, 각 단계 계산을 위해 이전 *여러* 단계의 계산 결과를 필요로 하는 **다단계법**(multi-step method)이 다음 절에 소개된다.

표 21.7 소개된 방법과 차수

방법	단계당 함수계산	전체 오차	국부오차
Euler	1	$O(h)$	$O(h^2)$
개선된 Euler	2	$O(h^2)$	$O(h^3)$
RK(4차)	4	$O(h^4)$	$O(h^5)$
RKF(4, 5차)	6	$O(h^5)$	$O(h^6)$

후진 Euler 방법. 경직 상미분방정식

식 (1)의 수치해를 구하는 **후진 Euler 공식**(backward Euler formula)은 다음과 같다.

(16) $$y_{n+1} = y_n + hf(x_{n+1}, y_{n+1}) \qquad (n = 0, 1, \cdots)$$

이 식은 *새로운*(new) 위치 (x_{n+1}, y_{n+1})에서 오른쪽 항을 계산함으로써 얻어지며, 이를 **후진 Euler 형태**(backward Euler scheme)라 한다. 알고 있는 y_n으로부터 y_{n+1}을 *암시적으로* 구하기 때문에 y_{n+1}을 명시적으로 구하는 Euler 방법인 식 (3)과는 대조적이므로, 이것을 **음함수법**(implicit method)이라 정의한다. 그러므로 식 (16)은 y_{n+1}에 대하여 풀어야 하는데 식 (1)의 f에 따라서 난이도가 달라진다. 예제 4와 같이 선형상미분방정식에서 이 방법의 적용은 아무런 문제가 없다. 이 방법은 진동, 전기회로, 화학반응 등의 연구에서 매우 자주 발생하는 "경직(stiff)" 상미분방정식을 해결하는 데 특히 유용하다. 경직성의 상태는 대략 다음과 같다. 자세한 내용은 부록 1의 [E5], [E25], [E26]을 참조하라.

지금까지의 방법은 오차항이 고계의 도함수를 포함한다. 그리고 *h가 증가할 때* 어떻게 되는가를 검토한다. 여기서 만약 오차(도함수)가 빠르게 증가하고 구하는 해 또한 빠르게 증가하면 문제가 되지 않는다. 그러나 h가 증가할 때 그 해가 빠르게 증가하지 않으면, 오차항이 압도하여 그림 451과 같이 수치 결과가 완전히 무의미해질 수 있다. 이러한 상미분방정식과 그것이 모델링하는 물리 시스템을 **경직**모델이라 부르는데, 이 경우에는 h를 작은 값으로 제한해야 한다. 이 항은 경직 용수철(큰 k를 갖는 용수철, 2.4절 참조)이 있는 질량–용수철 시스템에서 제안되었다. 예제 4는 경직성의 경우 음함수 방법이 증가하는 h의 문제를 제거하는 것을 보여준다. 음함수법의 적용에 있어서, h가 증가할 때 비록 정확도는 감소할지라도 해는 안정적임을 보일 수 있다.

예제 4 후진 Euler 방법. 경직 상미분방정식

초기값 문제

$$y' = f(x, y) = -20hy + 20x^2 + 2x, \quad y(0) = 1$$

의 해는

$$y = e^{-20x} + x^2$$

이다(확인하라). 후진 Euler 공식 (16)은

$$y_{n+1} = y_n + hf(x_{n+1}, y_{n+1}) = y_n + h(-20y_{n+1} + 20x_{n+1}^2 + 2x_{n+1})$$

이다. $x_{n+1} = x_n + h$이고, $-20y_{n+1}$을 왼쪽으로 이항하고 나누면

$$(16^*) \qquad y_{n+1} = \frac{y_n + h[20(x_n + h)^2 + 2(x_n + h)]}{1 + 20h}$$

를 얻을 수 있다. 표 21.8의 수치 결과는 다음을 보여준다.

후진 Euler 방법의 $h = 0.05$에서의 안정성과 또한 오차증가가 4배 정도 되는 $h = 0.2$에서의 안정성,

Euler 방법의 $h = 0.05$에서의 안정성과 $h = 0.1$에서의 불안정성(그림 451),

RK 방법의 $h = 0.1$에서의 안정성과 $h = 0.2$에서의 불안정성.

이는 상미분방정식이 경직임을 예시한다. 안정인 경우에도 $x = 0$에 인접한 해의 근사값의 정확도가 낮다. ■

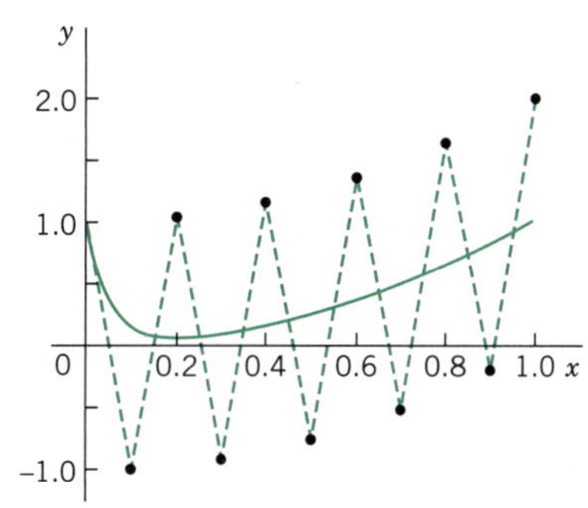

그림 451. 예제 4에서 $h = 0.1$일 때 경직 상미분방정식에 대한 Euler 방법과 해석해

경직성을 연립상미분방정식과 연계하여 21.3절에서 다룬다.

표 21.8 예제 6에 대한 후진 Euler 방법(BEM). Euler 방법과 RK 방법 비교

x	BEM $h = 0.05$	BEM $h = 0.2$	Euler $h = 0.05$	Euler $h = 0.1$	RK $h = 0.1$	RK $h = 0.2$	참값
0.0	1.00000	1.00000	1.00000	1.00000	1.00000	1.000	1.00000
0.1	0.26188		0.00750	−1.00000	0.34500		0.14534
0.2	0.10484	0.24800	0.03750	1.04000	0.15333	5.093	0.05832
0.3	0.10809		0.08750	−0.92000	0.12944		0.09248
0.4	0.16640	0.20960	0.15750	1.16000	0.17482	25.48	0.16034
0.5	0.25347		0.24750	−0.76000	0.25660		0.25004
0.6	0.36274	0.37792	0.35750	1.36000	0.36387	127.0	0.36001
0.7	0.49256		0.48750	−0.52000	0.49296		0.49001
0.8	0.64252	0.65158	0.63750	1.64000	0.64265	634.0	0.64000
0.9	0.81250		0.80750	−0.20000	0.81255		0.81000
1.0	1.00250	1.01032	0.99750	2.00000	1.00252	3168	1.00000

연습문제 21.1

1-4 Euler 방법

다음 초기값 문제의 해를 10단계까지 구하고 해석해에 대한 오차를 구하라.

1. $y' + 0.2y = 0, y(0) = 5, h = 0.2$
2. $y' = \frac{1}{2}\pi\sqrt{1 - y^2}, y(0) = 0$, A $= 0.1$
3. $y' = (y - x)^2, y(0) = 0, h = 0.1$
4. $y' = (y + x)^2, y(0) = 0, h = 0.1$

5-10 개선된 Euler 방법

다음 초기값 문제의 해를 10단계까지 구하고, 해석해에 대한 오차를 구하라.

5. $y' = y, y(0) = 1, h = 0.1$
6. $y' = 2(1 + y^2), y(0) = 0, h = 0.05$
7. $y' - xy^2 = 0, y(0) = 1, h = 0.1$
8. **로지스틱 인구 방정식.** $y' = y - y^2, y(0) = 0.2, h = 0.1$
9. 문제 7을 Euler 방법($h = 0.1$)으로 풀고 오차를 비교하라.
10. 문제 7을 개선된 Euler 방법($h = 0.05$)으로 20단계까지 풀고 비교하라.

11-17 고전적인 4차 Runge-Kutta 방법

다음 초기값 문제의 해를 10단계까지 구하라. 제시된 문제와 비교하라.

11. $y' - xy^2 = 0, y(0) = 1, h = 0.1$. 문제 7과 비교하고, y_{10}에 오차 계산식 (10)을 적용하라.
12. $y' = y - y^2, y(0) = 0.2, h = 0.1$. 문제 8과 비교하라.
13. $y' = 1 + y^2, y(0) = 0, h = 0.1$
14. $y' = (1 - x^{-1})y, y(1) = 1, h = 0.1$
15. $y' + y \tan x = \sin 2x, y(0) = 1, h = 0.1$
16. 문제 15에 $h = 0.2$를 사용하여 5단계까지 계산하고 문제 15의 오차와 비교하라.
17. $y' = 4x^3y^2, y(0) = 0.5, h = 0.1$
18. **Kutta의 3차 방법**은 $y_{n+1} = y_n + \frac{1}{6}(k_1 + 4k_2 + k_3^*)$로 정의된다. 여기서 k_1과 k_2는 RK(표 21.3)와 같고 $k_3^* = hf(x_{n+1}, y_n - k_1 + 2k_2)$이다. 이 방법을 식 (6)에 적용하여 5단계까지 계산하라($h = 0.2$). 그리고 표 21.5와 비교하라.
19. **CAS 실습. Euler-Cauchy와 RK 비교.** 다음 초기값 문제를 구하라.

$$y' = (y - 0.01x^2)^2 \sin(x^2) + 0.02x, \quad y(0) = 0.4 \tag{17}$$

(풀이: $y = 1/[2.5 - S(x)] + 0.01x^2$ 여기서 $S(x)$는 부록 3.1의 Fresnel 적분 (38)을 의미한다.)

(a) Euler, 개선된 Euler, 그리고 RK 방법으로 각각 식 (17)을 풀어라. 여기서, $0 \leqq x \leqq 5$이고 $h = 0.2$로 한다. $x = 1, 3, 5$에 대하여 오차를 비교하고 설명하라.

(b) 다양한 양과 음의 초기값에 대해 식 (17)의 상미분방정식의 해를 나타내는 곡선을 그려라.

(c) 단조증가(monotone increasing) 또는 단조감소(monotone decreasing) 해를 갖는 초기값 문제에 대해 (a)와 같은 풀이를 수행하여라. (a)의 오차의 거동과 비교하고 설명하라.

20. **CAS 실습. RKF.** **(a)** x_n, y_n, 식 (10) 추정값, 실제 오차 ϵ_n(해를 아는 경우)을 계산하는 RKF 프로그램을 작성하라.

(b) 작성된 프로그램으로 예제 3을 계산하라(10단계, $h = 0.1$).

(c) (b)에서 구한 ϵ_n은 실제 오차를 잘 추정한다. 이러한 현상이 우연인가 아니면 필연인가? 다른 문제들을 대상으로 수치실험(numerical experiment)을 실시하여 상미분방정식의 성질 또는 해와 오차추정이 어떤 연관성을 갖는지를 조사하라.

21.2 다단계법(multistep methods)

단단계법(one-step method)에서는 바로 이전 단계의 결과 y_n만을 사용하여 y_{n+1}을 계산하였다. *단단계법에서는* 주어진 초기조건 이외의 이전의 값이 필요하지 않으므로 계산이 "**독자적으로 시작**(self-starting)"될 수 있다. 21.1절의 모든 방법들은 단단계법이다.

그러나 **다단계법**(multistep method)은 둘 또는 그 이상의 이전 단계의 결과를 사용한다. 이 방법은 추가 정보(additional information)가 정확성과 안정성을 높일 것이라는 기대에 기인한다. 그러나 다단계법을 수행하기 위해서는 Runge-Kutta 또는 다른 정확한 방법에 의하여 계산된 y_0, y_1, y_2, y_3들(4단계법의 경우)이 필요하다. 그러므로 다단계법은 계산이 독자적으로 시작될 수 없다. 이러한 다단계법을 살펴보자.

Adams-Bashforth 방법

여기에서도 앞 절에서와 같이 x_0을 포함한 어떤 열린 구간에서 유일한 해를 가지는 초기값 문제

$$y' = f(x, y), \qquad y(x_0) = y_0 \tag{1}$$

를 고려한다. $y' = f(x, y)$를 x_n에서 $x_{n+1} = x_n + h$까지 적분하면

$$\int_{x_n}^{x_{n+1}} y'(x)\, dx = y(x_{n+1}) - y(x_n) = \int_{x_n}^{x_{n+1}} f(x, y(x))\, dx$$

를 얻는다. 이 방법의 기본원리는 피적분함수인 $f(x, y(x))$를 보간다항식(interpolating polynomial, 19.3절 참조) $p(x)$로 대치한 뒤 적분하는 것이다. 즉,

$$y_{n+1} = y_n + \int_{x_n}^{x_{n+1}} p(x)\, dx \tag{2}$$

이것은 $y(x_{n+1})$의 근사값 y_{n+1}과 $y(x_n)$의 근사값 y_n을 준다. $p(x)$의 선택에 따라 서로 다른 방법이 되는데 여기서는 등간격점

$$x_n, \qquad x_{n-1}, \qquad x_{n-2}, \qquad x_{n-3}$$

에서

$$\begin{aligned} f_n &= f(x_n, y_n) \\ f_{n-1} &= f(x_{n-1}, y_{n-1}) \\ f_{n-2} &= f(x_{n-2}, y_{n-2}) \\ f_{n-3} &= f(x_{n-3}, y_{n-3}) \end{aligned} \tag{3}$$

의 값을 갖는 3차 다항식 $p_3(x)$를 사용하는 방법에 대하여 설명하고자 한다. 19.3절, 식 (18)의 Newton의 후진차분공식(backward difference formula)을 사용하면,

$$p_3(x) = f_n + r\nabla f_n + \tfrac{1}{2}r(r+1)\nabla^2 f_n + \tfrac{1}{6}r(r+1)(r+2)\nabla^3 f_n$$

이 된다. 여기서,

$$r = \frac{x - x_n}{h}$$

이다. $p_3(x)$를 x에 대해 x_n에서 $x_{n+1} = x_n + h$까지, 즉 r에 대해서는 0에서 1까지 적분한다. 이때

$$x = x_n + hr \qquad 이므로 \qquad dx = h\,dr$$

이다. $\frac{1}{2}r(r+1)$의 적분이 $\frac{5}{12}$이고 $\frac{1}{6}r(r+L)(r+2)$의 적분이 $\frac{3}{8}$이므로

$$\text{(4)} \qquad \int_{x_n}^{x_{n+1}} p_3\,dx = h\int_0^1 p_3\,dr = h\left(f_n + \frac{1}{2}\nabla f_n + \frac{5}{12}\nabla^2 f_n + \frac{3}{8}\nabla^3 f_n\right)$$

을 얻는다. 여기서 각각의 분할차분(divided difference)을

$$\nabla f_n = f_n - f_{n-1}$$
$$\nabla^2 f_n = f_n - 2f_{n-1} + f_{n-2}$$
$$\nabla^3 f_n = f_n - 3f_{n-1} + 3f_{n-2} - f_{n-3}$$

와 같이 f로 표현한 후, 식 (4)에 대입하면 *4차* **Adams-Bashforth 방법**(Adams-Bashforth method)[2]의 다단계 공식

$$\textbf{(5)} \qquad y_{n+1} = y_n + \frac{h}{24}(55f_n - 59f_{n-1} + 37f_{n-2} - 9f_{n-3})$$

을 얻는다. 식 (5)는 이전 4단계에서의 y 값으로부터 계산된 f 값을 이용하여 새로운 y_{n+1}을 계산한다. 이 방법은 국부절단오차가 h^5에 비례하고, 따라서 전체 오차가 h^4에 비례하므로 4차 방법이 된다.

Adams-Moulton 방법

Adams-Moulton 방법은 식 (2)의 $p(x)$를 위해 점 $x_{n+1}, x_n, x_{n-1}, \cdots$에서 보간다항식을 사용하는 점이 Adams-Bashforth 방법에서 점 $x_n, x_{n-1}, x_{n-2}, \cdots$에서 구한 보간다항식을 사용한 것과 다르다. 3차 보간다항식 $\tilde{p}_3(x)$를 점 $x_{n+1}, x_n, x_{n-1}, x_{n-2}$(전에는 점 $x_n, x_{n-1}, x_{n-2}, x_{n-3}$)에서 보간하고, 19.3절의 식 (18)을 사용하여 $r = (x - x_{n+1})/h$라 할 때 다음 식을 얻을 수 있다.

$$\tilde{p}_3(x) = f_{n+1} + r\nabla f_{n+1} + \tfrac{1}{2}r(r+1)\nabla^2 f_{n+1} + \tfrac{1}{6}r(r+1)(r+2)\nabla^3 f_{n+1}$$

이를 x_n에서 x_{n+1}까지 x에 대해, 즉 r에 대해서 -1에서 0까지 적분하면

$$\int_{x_n}^{x_{n+1}} \tilde{p}_3(x)\,dx = h\left(f_{n+1} - \frac{1}{2}\nabla f_{n+1} - \frac{1}{12}\nabla^2 f_{n+1} - \frac{1}{24}\nabla^3 f_{n+1}\right)$$

이 되는데, 앞에서와 같이 차분을 f로 나타내면

$$\text{(6)} \qquad y_{n+1} = y_n + \int_{x_n}^{x_{n+1}} \tilde{p}_3(x)\,dx = y_n + \frac{h}{24}(9f_{n+1} + 19f_n - 5f_{n-1} + f_{n-2})$$

[2]수학적 계산으로 해왕성의 존재를 예측한 사람 중 하나이며, Cambridge Observatory의 책임자인 영국인 천문학자이자 수학자, JOHN COUCH ADAMS(1819-1892)와 FRANCIS BASHFORTH(1819-1912)의 이름을 따서 명명된 공식이다.

를 얻는데 이를 **Adams-Moulton 공식**[3]이라 한다. 식 (6)은 우변에 $f_{n+1} = f(x_{n+1}, y_{n+1})$을 포함하여 y_{n+1}이 *암시적으로* 정의되는 **음함수형 공식**(implicit formula)으로, 식 (5)가 우변에 y_{n+1}이 없는 **양함수형 공식**(explicit formula)인 것과 대조적이다. 식 (6)을 사용하려면 먼저 y^*_{n+1}값이 ***예측***되어야 한다. 예를 들면, 식 (5)를 이용하여

$$\textbf{(7a)} \qquad y^*_{n+1} = y_n + \frac{h}{24}(55f_n - 59f_{n-1} + 37f_{n-2} - 9f_{n-3})$$

로 y^*_{n+1}를 ***예측***하고(predict) 식 (6)의 $f_{n+1} = f(x_{n+1}, y_{n+1})$을 $f^*_{n+1} = f(x_{n+1}, y^*_{n+1})$로 대체하여

$$\textbf{(7b)} \qquad y_{n+1} = y_n + \frac{h}{24}(9f^*_{n+1} + 19f_n - 5f_{n-1} + f_{n-2})$$

로 ***수정된***(corrected) 새로운 값 y_{n+1}을 계산할 수 있다. 이러한 **예측자–수정자 방법**(predictor-corrector method)을 보통 *4차* **Adams-Moulton 방법**(Adams-Moulton method)이라고 부른다. 오차추정은

$$\epsilon_{n+1} \approx \tfrac{1}{15}(y_{n+1} - y^*_{n+1})$$

로 표현되는데 이는 RK보다 유리하다. 이 식은 21.1절 식 (10)과 유사한 형태이다.

때로는 식 (7b)에 의한 수정이 정해진 정확도를 만족할 때까지 매 단계마다 *여러 번* 수행되는 방법을 Adams-Moulton 방법이라고 부르기도 한다.

다단계법의 시작절차. 단단계법에서는 주어진 초기조건 이전의 값이 필요하지 않으므로 계산이 바로 시작될 수 있지만, 다단계법에서는 그렇지 못하다. 식 (5)에 의하면 첫 번째 단계에서 f_0, f_1, f_2, f_3 값을 필요로 하고, 이를 위해서 y_1, y_2, y_3 값이 RK나 RKF와 같은 정확한 단단계법에 의하여 먼저 계산되어야 한다. 기타 가능한 방법에 대해서는 부록 1의 참고문헌 [E26]를 참조하라.

예제 1 Adams-Bashforth 방법에 의한 예측 (7a), Adams-Moulton 방법에 의한 수정 (7b)

초기값 문제($0 \leqq x \leqq 2$에서 $h = 0.2$)

$$\text{(8)} \qquad y' = x + y, \qquad y(0) = 0$$

을 식 (7a), (7b)를 사용하여 풀어라.

풀이. 이는 21.1절의 예제 1, 2와 같으므로 결과를 비교할 수 있다. 시작에 필요한 y_1, y_2, y_3는 Runge-Kutta 방법으로 계산되었고 각 단계에서 식 (7a)와 식 (7b)가 한 번씩 수행되었다. 결과가 해석해와 함께 표 21.9에 수록되었으며, 정확도가 상당히 향상되었음을 알 수 있다. ■

---

[3] University of Chicago의 미국인 천문학자인 FOREST RAY MOULTON(1872-1951). ADAMS와 관련해서는 각주 2 참고.

표 21.9 초기값 문제 식 (8)에 대한 Adams-Moulton법; 식 (7a)에 의한 예측값과 식 (7b)에 의한 수정값

n	x_n	시작값 y_n	예측값 y_n^*	수정값 y_n	참값	y_n의 10^6 · 오차
0	0.0	0.000000			0.000000	0
1	0.2	0.021400			0.021403	3
2	0.4	0.091818			0.091825	7
3	0.6	0.222107			0.222119	12
4	0.8		0.425361	0.425529	0.425541	12
5	1.0		0.718066	0.718270	0.718282	12
6	1.2		1.119855	1.120106	1.120117	11
7	1.4		1.654885	1.655191	1.655200	9
8	1.6		2.352653	2.353026	2.353032	6
9	1.8		3.249190	3.249646	3.249647	1
10	2.0		4.388505	4.389062	4.389056	−6

방법 비교에 대한 소고. Adams-Moulton 방법은 계산이 복잡한 반면에 같은 차수의 Adams-Bashforth 방법에 비하여 정확도가 높고, ***수치적으로 안정하다***. 반면에 식 (7a)만을 사용하면 불안정해질 수 있다. 격자크기 조정도 비교적 간단하여 |수정값−예측값| > TOL이면 격자크기를 반으로 줄여서 계산할 수 있다. 이때 격자크기가 반일 때의 "이전" 값들을 보간법을 사용하여 만들고 새로운 단계로서 $h/2$를 시도한다.

Adams-Moulton 공식 (7a), (7b)는 단계당 2회의 함수계산이 필요한 반면에 Runge-Kutta 방법은 4번이 필요하다. 하지만 Runge-Kutta 방법에서는 격자크기를 2배 이상으로 증가시킬 수 있으므로 이러한 직접적인 비교(문헌에서 널리 사용됨)는 의미가 없다.

자세한 내용은 부록 1의 참고문헌 [E25], [E26]을 참조하라.

연습문제 21.2

1-10 Adams-Moulton 방법

다음 초기값 문제를 Adams-Moulton 방법 (7a), (7b)을 사용하여 각 단계당 1회 수정하여 10단계까지 풀고 오차를 계산하라. 초기값이 주어지지 않은 경우 Runge-Kutta 방법으로 구하라.

1. $y' = y,\quad y(0) = 1,\quad h = 0.1,$
(1.105171, 1.221403, 1.349858)

2. $y' = 2xy,\quad y(0) = 1,\quad h = 0.1$

3. $y' = 1 + y^2,\quad y(0) = 0,\quad h = 0.1,$
(0.100335, 0.202710, 0.309336)

4. Runge-Kutta 방법으로 문제 2번을 $h = 0.2$로 5단계까지 풀고 오차를 비교하라.

5. Runge-Kutta 방법으로 문제 3번을 $h = 0.2$로 5단계까지 풀고 오차를 비교하라.

6. $y' = (y - x - 1)^2 + 2,\quad y(0) = 1,\quad h = 0.1$, 10단계

7. $y' = 3y - 12y^2,\quad y(0) = 0.2,\quad h = 0.1$

8. $y' = 1 - 4y^2,\quad y(0) = 0,\quad h = 0.1$

9. $y' = 3x^2(1 + y),\quad y(0) = 0,\quad h = 0.05$

10. $y' = x/y,\quad y(1) = 3,\quad h = 0.2$

11. 본문의 식 (4)-(7)을 유도하라.

12. **2차 다항식**. 본문에서 설명한 방법을 적용하여 2차 다항식을 사용한 예측자−수정자 공식을 유도하라.

$$y^*_{n+1} = y_n + \frac{h}{12}(23f_n - 16f_{n-1} + 5f_{n-2}),$$
$$y_{n+1} = y_n + \frac{h}{12}(5f_{n+1} + 8f_n - f_{n-1})$$

13. 문제 12의 공식을 이용하여 $y' = 2xy,\ y(0) = 1$의 해를 ($h = 0.1$로 10단계, RK로 초기값 계산) 구하고 해석해에

대한 오차를 계산하라.

14. 문제 13에서 격자크기를 반으로 줄이면($h = 0.05$, 20단계) 오차가 얼마나 감소하겠는가? 먼저 예측한 뒤 계산하고 확인하라.

15. **CAS 과제. Adams-Moulton 방법.** **(a)** 식 (7a), (7b)에서 **시작값의 정확도**는 매우 중요하다. 예제 1의 문제를 개선된 Euler 방법으로 구한 시작값을 이용하여 풀고, 표 21.8의 결과와 비교하라.

(b) Runge-Kutta 방법 대신에 해석해로 구한 시작값을 사용하여 문제 11을 푸는 경우에 오차가 얼마나 감소하는가?

(c) 수치실험을 통하여 시작값의 정확도가 크게 영향을 미치는 상미분방정식과 그렇지 않은 상미분방정식을 찾아라.

(d) 격자크기 $2h$의 고전적인 **Runge-Kutta 방법**(RK method)은 격자크기 h의 Adams-Moulton 방법과 같은 정도의 정확도를 나타내고, 따라서 전체 함수계산 횟수가 동일하다. 문제 8에 대하여 이를 확인하라(그러므로 Adams- Moulton 방법이 우수하다고 주장하는 문헌은 타당하지 않다. 문제 6과 7도 보라).

21.3 연립상미분방정식과 고계 상미분방정식에 대한 방법

1계 연립상미분방정식의 초기값 문제

$$\mathbf{y}' = \mathbf{f}(x, \mathbf{y}), \qquad \mathbf{y}(x_0) = \mathbf{y}_0, \tag{1}$$

에서 성분들이

$$\begin{aligned} y_1' &= f_1(x, y_1, \cdots, y_m), & y_1(x_0) &= y_{10} \\ y_2' &= f_2(x, y_1, \cdots, y_m), & y_2(x_0) &= y_{20} \\ &\cdots\cdots\cdots\cdots\cdots & &\cdots\cdots\cdots \\ y_m' &= f_m(x, y_1, \cdots, y_m). & y_m(x_0) &= y_{m0} \end{aligned}$$

임을 생각하자. 물론, $\mathbf{f}$는 x_0를 포함하는 적당한 구간에서 식 (1)이 유일한 해 $\mathbf{y}(x)$를 갖는 형태로 가정한다. 이 논의는 4장의 연립상미분방정식과 독립적이다.

식 (1)은 하나의 m계 상미분방정식

$$y^{(m)} = f(x, y, y', y'', \cdots, y^{(m-1)}) \tag{2}$$

과 초기조건 $y(x_0) = K_1, y'(x_0) = K_2, \cdots, y^{(m-1)}(x_0) = K_m$으로 이루어진 초기값 문제를 특별한 경우로 포함한다.

그 이유는 식 (2)가 치환

$$y_1 = y, \qquad y_2 = y', \qquad y_3 = y'', \quad \cdots, \quad y_m = y^{(m-1)} \tag{3}$$

에 의하여

$$\begin{aligned} y_1' &= y_2 \\ y_2' &= y_3 \\ &\vdots \\ y_{m-1}' &= y_m \\ y_m' &= f(x, y_1, \cdots, y_m) \end{aligned}$$

과 초기조건 $y_1(x_0) = K_1, y_2(x_0) = K_2, \cdots, y_m(x_0) = K_m$으로 변환되기 때문이다.

연립상미분방정식에 대한 Euler 방법

한 개의 1계 상미분방정식에 대한 Euler 방법은 스칼라함수 y와 f 대신 벡터함수 $\mathbf{y}$와 $\mathbf{f}$를 사용하여(x는 스칼라 변수로 그대로 사용함) 연립상미분방정식 (1)에도 적용될 수 있다.

한 개의 상미분방정식에서와 같이 이 방법은 정확도가 떨어져 실용성은 없지만 확장 원리(extension principle)의 좋은 예가 된다.

예제 1 2계 상미분방정식에 대한 Euler 방법. 질량–용수철 시스템

질량–용수철 시스템의 감쇠운동에 관한 초기값 문제

$$y'' + 2y' + 0.75y = 0, \qquad y(0) = 3, \qquad y'(0) = -2.5$$

를 Euler 방법으로 풀어라($h = 0.2$, $0 \leqq x \leqq 1$, x는 시간임).

풀이. 연립상미분방정식에 대한 **Euler 방법**[21.1절, 식 (3)]은

$$\mathbf{y}_{n+1} = \mathbf{y}_n + h\mathbf{f}(x_n, \mathbf{y}_n), \tag{5}$$

과 같이 벡터 형식으로 일반화될 수 있다. 여기서 각 성분은

$$y_{1,n+1} = y_{1,n} + hf_1(x_n, y_{1,n}, y_{2,n})$$
$$y_{2,n+1} = y_{2,n} + hf_2(x_n, y_{1,n}, y_{2,n})$$

이 되는데, 이는 2개 이상의 방정식에 대해서도 유사하게 적용된다. 예제의 2계 상미분방정식은 식 (4)에 의하여

$$y_1' = f_1(x, y_1, y_2) = y_2$$
$$y_2' = f_2(x, y_1, y_2) = -2y_2 - 0.75y_1$$

과 같은 2개의 1계 상미분방정식이 되고, 따라서 식 (5)는

$$y_{1,n+1} = y_{1,n} + 0.2y_{2,n}$$
$$y_{2,n+1} = y_{2,n} + 0.2(-2y_{2,n} - 0.75y_{1,n})$$

의 형태가 된다. 초기조건은 $y(0) = y_1(0) = 3$, $y'(0) = y_2(0) = -2.5$이다. 계산 결과를 표 21.10에 수록하였는데, 연립상미분방정식에 대해서도 한 개의 상미분방정식의 경우와 같이 Euler 방법의 정확도가 떨어져 실용성이 없다. 물론 이 예제의 정확한 해는 쉽게 구할 수 있는데

$$y = y_1 = 2e^{-0.5x} + e^{-1.5x}, \quad \text{따라서} \quad y' = y_2 = -e^{-0.5x} - 1.5e^{-1.5x}$$

이다. ■

표 21.10 예제 1의 연립방정식에 대한 Euler법(질량–용수철 시스템)

n	x_n	$y_{1,n}$	y_1의 참값 (5D)	오차 $\epsilon_1 = y_1 - y_{1,n}$	$y_{2,n}$	y_2의 참값 (5D)	오차 $\epsilon_2 = y_2 - y_{2,n}$
0	0.0	3.00000	3.00000	0.00000	−2.50000	−2.50000	0.00000
1	0.2	2.50000	2.55049	0.05049	−1.95000	−2.01606	−0.06606
2	0.4	2.11000	2.18627	0.76270	−1.54500	−1.64195	−0.09695
3	0.6	1.80100	1.88821	0.08721	−1.24350	−1.35067	−0.10717
4	0.8	1.55230	1.64183	0.08953	−1.01625	−1.12211	−0.10586
5	1.0	1.34905	1.43619	0.08714	−0.84260	−0.94123	−0.09863

연립상미분방정식에 대한 Runge-Kutta 방법

초기값 문제 (1)에 대한 Runge-Kutta 방법도 Euler 방법에서와 마찬가지로 m개의 성분을 갖는 벡터 형식으로 나타낼 수 있고, $m = 1$의 경우는 기존의 스칼라 형식과 같다.

따라서, 표 21.3의 *4차 고전적인* **Runge-Kutta 방법**(Runge-Kutta method)은

(6a) $$\mathbf{y}(x_0) = \mathbf{y}_0$$ (초기값들)

와 $n = 0, 1, \cdots, N-1$ (N은 전체 단계 수)에서 보조값을 계산하는

(6b)
$$\begin{aligned}
\mathbf{k}_1 &= h\mathbf{f}(x_n, \quad \mathbf{y}_n) \\
\mathbf{k}_2 &= h\mathbf{f}(x_n + \tfrac{1}{2}h, \quad \mathbf{y}_n + \tfrac{1}{2}\mathbf{k}_1) \\
\mathbf{k}_3 &= h\mathbf{f}(x_n + \tfrac{1}{2}h, \quad \mathbf{y}_n + \tfrac{1}{2}\mathbf{k}_2) \\
\mathbf{k}_4 &= h\mathbf{f}(x_n + h, \quad \mathbf{y}_n + \mathbf{k}_3)
\end{aligned}$$

와 격자점 $x_{n+1} = x_0 + (n+1)h$에서 새로운 근사값 $\mathbf{y}(x)$를 계산하는

(6c) $$\mathbf{y}_{n+1} = \mathbf{y}_n + \tfrac{1}{6}(\mathbf{k}_1 + 2\mathbf{k}_2 + 2\mathbf{k}_3 + \mathbf{k}_4)$$

로 이루어진다.

예제 2 연립상미분방정식에 대한 Runge-Kutta 방법. Airy 방정식. Airy 함수 Ai(x)

초기값 문제

$$y'' = xy, \qquad y(0) = 1/(3^{2/3} \cdot \Gamma(\tfrac{2}{3})) = 0.35502805, \qquad y'(0) = -1/(3^{1/3} \cdot \Gamma(\tfrac{1}{3})) = -0.25881940$$

을 Runge-Kutta 방법으로 $h = 0.2$를 사용하여 5단계까지 풀어라. 이 상미분방정식은 광학 분야에서 사용되는 **Airy 방정식**(Airy's equation)[4]이고(부록 1의 참고문헌 [A13]), Γ는 감마함수(부록 A3.1)를 나타낸다. 초기조건은 상미분방정식의 해가 표준형 **Airy 함수**(Airy function)인 Ai(x)가 되도록 주어졌다(참고문헌 [GenRef1], pp.446, 475).

풀이. $y'' = xy$는 $y_1 = y, y_2 = y'_1 = y'$으로 설정하면 식 (4)에 의해

$$\begin{aligned}
y_1' &= y_2 \\
y_2' &= xy_1
\end{aligned}$$

이 되고, 식 (1)의 $\mathbf{f} = [f_1 \quad f_2]^\top$는 성분 $f_1(x, y) = y_2, f_2(x, y) = xy_1$을 갖는다. 이제 식 (6)을 성분으로 표현해 보자. 초기조건 (6a)는 $y_{1,0} = 0.35502805$, $y_{2,0} = -0.25881940$이고, 여기서는 하첨자에 의한 혼동을 피하기 위하여 $\mathbf{k}_1 = \mathbf{a}, \mathbf{k}_2 = \mathbf{b}, \mathbf{k}_3 = \mathbf{c}, \mathbf{k}_4 = \mathbf{d}$을 사용하여 식 (6b)를

---

[4] GEORGE BIDELL AIRY(1801-1892), 영국의 수학자로 탄성학(elasticity)과 편미분방정식 분야에 업적을 남겼다.

$$\text{(6b*)}\qquad \begin{aligned} \mathbf{a} &= h\begin{bmatrix} y_{2,n} \\ x_n y_{1,n} \end{bmatrix} \\ \mathbf{b} &= h\begin{bmatrix} y_{2,n} + \frac{1}{2}a_2 \\ (x_n + \frac{1}{2}h)(y_{1,n} + \frac{1}{2}a_1) \end{bmatrix} \\ \mathbf{c} &= h\begin{bmatrix} y_{2,n} + \frac{1}{2}b_2 \\ (x_n + \frac{1}{2}h)(y_{1,n} + \frac{1}{2}b_1) \end{bmatrix} \\ \mathbf{d} &= h\begin{bmatrix} y_{2,n} + c_2 \\ (x_n + h)(y_{1,n} + c_1) \end{bmatrix} \end{aligned}$$

으로 쓴다. 예를 들면, $\mathbf{b}$의 두 번째 성분은 다음과 같이 계산된다. $\mathbf{f}$의 두 번째 성분은 $f_2(x, y) = xy_1$이므로 $\mathbf{b}(= \mathbf{k}_2)$의 첫 번째 변수(argument)는

$$x = x_n + \tfrac{1}{2}h$$

이고, 두 번째 변수는

$$\mathbf{y} = \mathbf{y}_n + \tfrac{1}{2}\mathbf{a},$$

이므로 그 첫 번째 성분은

$$y_1 = y_{1,n} + \tfrac{1}{2}a_1$$

인 동시에

$$xy_1 = (x_n + \tfrac{1}{2}h)(y_{1,n} + \tfrac{1}{2}a_1)$$

이 된다. 식 (6b*)의 다른 성분들도 같은 방법으로 구할 수 있다. 마지막으로

$$\text{(6c*)}\qquad \mathbf{y}_{n+1} = \mathbf{y}_n + \tfrac{1}{6}(\mathbf{a} + 2\mathbf{b} + 2\mathbf{c} + \mathbf{d})$$

이다. 표 21.11은 Airy 함수 Ai(x)인 $y(x) = y_1(x)$와 도함수 $y'(x) = y_2(x)$의 값을 $y(x)$의 오차(비교적 작다)와 함께 나타내고 있다. ■

표 21.11 연립방정식에 대한 RK 방법: 예제 2의 Airy 함수 Ai(x)의 $y_{1,n}(x_n)$ 값

n	x_n	$y_{1,n}(x_n)$	$y_1(x_n)$의 참값(8D)	y_1의 10^8 · 오차	$y_{2,n}(x_n)$
0	0.0	0.35502805	0.35502805	0	−0.25881940
1	0.2	0.30370303	0.30370315	12	−0.25240464
2	0.4	0.25474211	0.25474235	24	−0.23583073
3	0.6	0.20979973	0.20980006	33	−0.21279185
4	0.8	0.16984596	0.16984632	36	−0.18641171
5	1.0	0.13529207	0.13529242	35	−0.15914687

Runge-Kutta-Nyström 방법(RKN 방법)

RKN 방법은 2계 상미분방정식 $y'' = f(x, y, y')$의 풀이를 위해 RK 방법을 확장한 것으로 핀란드 수학자 E. J. Nyström이 제안하였다[*Acta Soc. Sci. fenn.*, 1925, L, No.13], 대표적인 RKN 방법은 $n = 0, 1, \cdots, N - 1$ (N은 단계 수)에 대하여 다음 공식을 사용한다.

$$\text{(7a)}\quad \begin{aligned} k_1 &= \tfrac{1}{2}hf(x_n, y_n, y_n') \\ k_2 &= \tfrac{1}{2}hf(x_n + \tfrac{1}{2}h, y_n + K, y_n' + k_1) \quad \text{여기서} \quad K = \tfrac{1}{2}h(y_n' + \tfrac{1}{2}k_1) \\ k_3 &= \tfrac{1}{2}hf(x_n + \tfrac{1}{2}h, y_n + K, y_n' + k_2) \\ k_4 &= \tfrac{1}{2}hf(x_n + h, y_n + L, y_n' + 2k_3) \quad \text{여기서} \quad L = h(y_n' + k_3) \end{aligned}$$

위에서 $x_{n+1} = x_0 + (n + 1)h$에서 $y(x_{n+1})$의 근사값 y_{n+1}은

$$\text{(7b)}\qquad y_{n+1} = y_n + h(y_n' + \tfrac{1}{3}(k_1 + k_2 + k_3)),$$

이고, 다음 단계에 필요한 도함수 $y'(x_{n+1})$의 근사값 y'_{n+1}은

$$\text{(7c)}\qquad y_{n+1}' = y_n' + \tfrac{1}{3}(k_1 + 2k_2 + 2k_3 + k_4)$$

이다.

y'를 포함하지 않는 $y'' = f(x, y)$ 형태의 상미분방정식에 대한 RKN. RKN 방법은 특별히 f가 도함수 f을 포함하지 않는 경우에 유리한데, 이때는 식 (7a)-(7c)에서 $k_2 = k_3$가 되어 함수계산 수가 줄어들게 된다. 즉,

$$\textbf{(7*)}\quad \begin{aligned} k_1 &= \tfrac{1}{2}hf(x_n, y_n) \\ k_2 &= \tfrac{1}{2}hf(x_n + \tfrac{1}{2}h, y_n + \tfrac{1}{2}h(y_n' + \tfrac{1}{2}k_1)) = k_3 \\ k_4 &= \tfrac{1}{2}hf(x_n + h, y_n + h(y_n' + k_2)) \\ y_{n+1} &= y_n + h(y_n' + \tfrac{1}{3}(k_1 + 2k_2)) \\ y_{n+1}' &= y_n' + \tfrac{1}{3}(k_1 + 4k_2 + k_4) \end{aligned}$$

가 된다.

예제 3 **Runge-Kutta-Nyström 방법. Airy 방정식. Airy 함수 Ai(x)**

예제 2의 문제를 식 (7*)를 사용하면($h = 0.2$), $k_1 = 0.1x_n y_n$이고

$$k_2 = k_3 = 0.1(x_n + 0.1)(y_n + 0.1y_n' + 0.05k_1), \qquad k_4 = 0.1(x_n + 0.2)(y_n + 0.2y_n' + 0.2k_2)$$

이다. 표 21.12는 그 결과를 보여준다. 정확도는 예제 2와 같지만 계산량이 대폭 줄어든다. ■

표 21.12 Airy 방정식에 적용한 Runge-Kutta-Nyström 방법, Airy 함수 y = Ai(x) 계산

x_n	y_n	y'_n	$y(x)$ 의 참값(8D)	y_n의 10^8 · 오차
0.0	0.35502805	−0.25881940	0.35502805	0
0.2	0.30370304	−0.25240464	0.30370315	11
0.4	0.25474211	−0.23583070	0.25474235	24
0.6	0.20979974	−0.21279172	0.20980006	32
0.8	0.16984599	−0.18641134	0.16984632	33
1.0	0.13529218	−0.15914609	0.13529242	24

예제 2와 3에서와 같이 상미분방정식의 수치해법은 때때로 "**고급 초월함수**(higher transcendental function)" 값의 계산에 이용된다.

연립상미분방정식에 대한 후진 Euler 방법. 경직 연립방정식

21.1절의 후진 Euler 공식 (16)은 다음과 같이 일반화된다.

$$\mathbf{y}_{n+1} = \mathbf{y}_n + h\mathbf{f}(x_{n+1}, \mathbf{y}_{n+1}) \qquad (n = 0, 1, \cdots) \tag{8}$$

이 또한 주어진 $\mathbf{y}_n$로부터 암시적으로 $\mathbf{y}_{n+1}$를 구하는 음함수법이다. 그러므로 식 (8)은 $\mathbf{y}_{n+1}$에 대해 풀어야 한다. 선형연립방정식에 대한 다음 예제를 통하여 이 방법을 다루어 보자. 이 예제 또한 21.1절의 1계 상미분방정식의 경우와 유사하고, 이 방법이 **경직**(stiff) **연립방정식**에 매우 유용함을 보여준다. 이들은 매우 다른 크기의 고유값 λ을 갖는 연립상미분방정식의 행렬로 구성되며, 21.1절의 RK의 방법과 같은 직접적인 방법에서는 단계(step)가 안정성의 상실 없이 특정한 임계값을 초과하여 증가할 수 없다는 특징을 갖는다(예제 4에서는 $\lambda = -1$과 $\lambda = -10$이지만 실제 응용에서는 차이가 더 크다).

예제 4 연립상미분방정식에 대한 후진 Euler 방법. 경직 연립방정식

다음의 초기값 문제를 1차 연립상미분방정식으로 변환하고 후진 Euler 방법 (8)과 Euler 방법, RK 방법을 비교하라.

$$y'' + 11y' + 10y = 10x + 11, \qquad y(0) = 2, \qquad y'(0) = -10$$

풀이. 주어진 문제로부터 해를 다음과 같이 쉽게 구할 수 있는데,

$$y = e^{-x} + e^{-10x} + x$$

이를 통해 오차를 계산할 수 있다. $y = y_1$, $y' = y_2$(식 (4) 참조)로 치환하여

$$\begin{aligned} y_1' &= y_2 & y_1(0) &= 2 \\ y_2' &= -10y_1 - 11y_2 + 10x + 11 & y_2(0) &= -10 \end{aligned}$$

을 구한다. 계수행렬

$$\mathbf{A} = \begin{bmatrix} 0 & 1 \\ -10 & -11 \end{bmatrix} \text{의 특성 행렬식은} \begin{vmatrix} -\lambda & 1 \\ -10 & -\lambda - 11 \end{vmatrix}$$

이고, $\lambda^2 + 11\lambda + 10 = (\lambda + 1)(\lambda + 10)$으로부터, 고유값 -1과 -10을 구할 수 있다. 후진 Euler 공식은

$$\mathbf{y}_{n+1} = \begin{bmatrix} y_{1,n+1} \\ y_{2,n+1} \end{bmatrix} = \begin{bmatrix} y_{1,n} \\ y_{2,n} \end{bmatrix} + h \begin{bmatrix} y_{2,n+1} \\ -10y_{1,n+1} - 11y_{2,n+1} + 10x_{n+1} + 11 \end{bmatrix}$$

이고, 미지수 $y_{1,\,n+1}$과 $y_{2,\,n+1}$에 대해 정리하면

$$\begin{aligned} y_{1,n+1} - \qquad\qquad hy_{2,n+1} &= y_{1,n} \\ 10hy_{1,n+1} + (1 + 11h)y_{2,n+1} &= y_{2,n} + 10h(x_n + h) + 11h \end{aligned}$$

와 같은 선형연립방정식을 구할 수 있다. 계수행렬의 행렬식은 $D = 1 + 11h + 10h^2$이고, 7.6절의 Cramer의 법칙에 의해 다음을 구할 수 있다.

$$\mathbf{y}_{n+1} = \frac{1}{D}\begin{bmatrix}(1 + 11h)y_{1,n} + hy_{2,n} + 10h^2x_n + 11h^2 + 10h^3 \\ -10hy_{1,n} + \quad y_{2,n} + \quad 10hx_n + \quad 11h + 10h^2\end{bmatrix}$$

표 21.13 예제 4에 대한 후진 Euler 방법(BEM)과 Euler 방법, RK 방법과의 비교

x	BEM $h = 0.2$	BEM $h = 0.4$	Euler $h = 0.1$	Euler $h = 0.2$	RK $h = 0.2$	RK $h = 0.3$	참값
0.0	2.00000	2.00000	2.00000	2.00000	2.00000	2.00000	2.00000
0.2	1.36667		1.01000	0.00000	1.35207		1.15407
0.4	1.20556	1.31429	1.56100	2.04000	1.18144		1.08864
0.6	1.21574		1.13144	0.11200	1.18585	3.03947	1.15129
0.8	1.29460	1.35020	1.23047	2.20960	1.26168		1.24966
1.0	1.40599		1.34868	0.32768	1.37200		1.36792
1.2	1.53627	1.57243	1.48243	2.46214	1.50257	5.07569	1.50120
1.4	1.67954		1.62877	0.60972	1.64706		1.64660
1.6	1.83272	1.86191	1.78530	2.76777	1.80205		1.80190
1.8	1.99386		1.95009	0.93422	1.96535	8.72329	1.96530
2.0	2.16152	2.18625	2.12158	3.10737	2.13536		2.13534

표 21.13을 통해서 다음을 알 수 있다.

증가하는 h에 대해 정확도가 감소하는 가운데 $h = 0.2$와 $h = 0.4$(실제로 어떠한 h에 대해서도 만족, $h = 0.5$에 대해 시도해 보라)에 대한 후진 Euler 방법의 안정성,

Euler 방법의 $h = 0.1$에 대한 안정성과 $h = 0.2$에 대한 불안정성,

RK 방법의 $h = 0.2$에 대한 안정성과 $h = 0.3$에 대한 불안정성.

그림 452는 $h = 0.18$의 Euler 방법이 초반(대략 $x > 3$일 때)에 도약(jumping)하는 흥미로운 경우를 보여준다. 그러나 $x = 3$ 부근 이후에서는 $y = y_1$의 해곡선에 접근함을 볼 수 있다. CAS 실습 15를 참조하라. ■

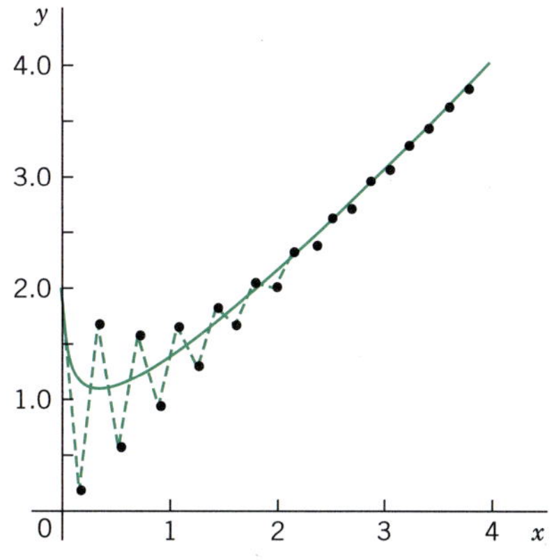

그림 452. 예제 4에서 $h = 0.18$인 Euler

연습문제 21.3

1-6 1계 연립방정식과 2계 상미분방정식에 대한 Euler 방법

다음을 Euler 방법으로 푼 후, y_1, y_2-평면에 그래프로 나타내고 오차를 계산하라.

1. $y'_1 = 2y_1 - 4y_2$, $y'_2 = y_1 - 3y_2$, $y_1(0) = 3$, $y_2(0) = 0$, $h = 0.1$, 10단계
2. **나선**. $y'_1 = -y_1 + y_2$, $y'_2 = -y_1 - y_2$, $y_1(0) = 0$, $y_2(0) = 4$, $h = 0.2$, 5단계
3. $y'' + \frac{1}{4}y = 0$, $y(0) = 1$, $y'(0) = 0$, $h = 0.2$, 5단계
4. $y'_1 = -3y_1 + y_2$, $y'_2 = y_1 - 3y_2$, $y_1(0) = 2$, $y_2(0) = 0$, $h = 0.1$, 5단계
5. $y'' - y = x$, $y(0) = 1$, $y'(0) = -2$, $h = 0.1$, 5단계
6. $y'_1 = y_1$, $y'_2 = -y_2$, $y_1(0) = 2$, $y_2(0) = 2$, $h = 0.1$, 10단계

7-10 1계 연립방정식에 대한 RK 방법

다음을 고전적인 RK 방법으로 풀어라.

7. 문제 5번. 어떤 요인에 의해서 오차가 감소하였는가?
8. 문제 2번 조건
9. 문제 1번 조건
10. 문제 4번 조건
11. **단진자 운동**. 연립방정식 $y'' + \sin y = 0$, $y(\pi) = 0$, $y'(\pi) = 1$, $h = 0.2$, 20단계, 4.5절의 그림 93과 일치하는가?
12. **Bessel 함수 J_0**. $xy'' + y' + xy = 0$, $y(1) = 0.765198$, $y'(1) = -0.440051$, $h = 0.5$, 5단계[이는 5.4절, 그림 110의 표준해 $J_0(x)$를 나타낸다].
13. 예제 2의 Airy 방정식에 대한 공식과 계산과정을 확인하라.
14. **RKN**. 1계 상미분방정식에 대한 고전적인 RK 방법을 2계 상미분방정식에 대한 방법으로 확장시켜라(E. J. Nyström, *Acta fenn.* No 13, 1925). 만약 상미분방정식이 y'이 없는 $y'' = f(x, y)$라면,

$$\begin{aligned} k_1 &= \tfrac{1}{2}hf(x_n, y_n) \\ k_2 &= \tfrac{1}{2}hf(x_n + \tfrac{1}{2}h, y_n + \tfrac{1}{2}h(y'_n + \tfrac{1}{2}k_1)) = k_3 \\ k_4 &= \tfrac{1}{2}hf(x_n + h, y_n + h(y'_n + k_2)) \\ y_{n+1} &= y_n + h(y'_n + \tfrac{1}{3}(k_1 + 2k_2)) \\ y'_{n+1} &= y'_n + \tfrac{1}{8}(k_1 + 4k_2 + k_4) \end{aligned}$$

Ai(x)의 근사값을 얻기 위해 예제 2의 Airy 상미분방정식(ODE)에 위와 같은 RKN (Runge-Kutta-Nyström) 방법을 적용하라($h = 0.2$).

15. **CAS 실습. 후진 Euler와 경직성**. 예제 3을 다음에 대하여 풀어라.
    (a) 표 21.13의 값들을 검증하고 그림 452와 같이 그림으로 나타내라.
    (b) 언제 불안정하게 되는지를 정확하게 알기 위해 "임계값" $h = 0.18$에 근접한 h에 대하여 Euler 방법의 값들을 계산하고 그려라.
    (c) 해석해로부터 RK 근사값이 벗어나기 시작하는 h를 찾기 위해 0.2에서 0.3 사이에 h 값에 대한 RK 값들을 계산하고 그려라.
    (d) 큰 값의 h에 대한 후진 Euler 값들을 계산하고 그려라(안정성을 확인하고 h가 증가함에 따라 오차가 증가함을 조사하라).

21.4 타원형 편미분방정식의 해법

이제 이 장의 두 번째 부분이라고 할 수 있는 편미분방정식(PDE)의 수치해법에 관한 내용을 알아보자. 12장에서 보았듯이, 편미분방정식은 동역학, 탄성, 열전도, 전자기 이론, 양자역학 등 그 적용 범위가 매우 넓다. 이들이 응용 분야에서 갖는 중요성 때문에 Laplace 방정식, Poisson 방정식, 열(전도)방정식, 파동방정식을 포함하여 편미분방정식을 다루는 것이다. 또한, 이론적 고찰을 위해 몇 가지 중요한 식들도 다루었다. 실제로, 이 식들은 타원형(elliptic), 포물형(parabolic), 쌍곡형(hyperbolic)의 모델들이다. 예를 들어, Laplace 방정식은 타원형 편미분방정식의 대표적인 예이다.

12.4절을 다시 생각해보면 편미분방정식이 가장 계수가 높은 도함수들에 대해 선형인

경우에 **준선형**(quasilinear)이라고 한다. 즉, 두 개의 독립변수 x, y에 관한 2계 준선형 편미분방정식은 다음과 같이 쓸 수 있다.

(1) $$au_{xx} + 2bu_{xy} + cu_{yy} = F(x, y, u, u_x, u_y)$$

u는 x, y의 미지함수(구해야 할 해)이고 F는 x, y의 주어진 함수이다.

판별식 $ac - b^2$에 의하여 편미분방정식 (1)을 다음과 같이 분류한다.

타원형 $ac - b^2 > 0$ (예: *Laplace 방정식*)
포물형 $ac - b^2 = 0$ (예: *열방정식*)
쌍곡형 $ac - b^2 < 0$ (예: *파동방정식*).

여기서, 열방정식과 파동방정식의 경우에는 y가 시간변수 t에 해당한다. *계수* a, b, c는 x, y의 함수가 될 수 있어 식 (1)의 형태가 xy-평면상의 영역의 위치에 따라 다를 수 있다. 이러한 분류는 단순히 형식적인 것이 아니고 각 형태에 따라 해의 특성, 경계조건(boundary condition) 및 초기조건(initial condition)의 적용방법 등이 달라지기 때문에 실용적으로 매우 중요하다.

한편 ***타원형 방정식***은 영역 R에 대한 경계조건에 따라 *세 가지의 경계값 문제*(boundary value problem)로 분류되는데, 먼저 영역 R의 경계곡선 C에서 u 값이 직접 주어지는 **Dirichlet 문제**(Dirichlet problem)와, C에서 u의 법선도함수(normal derivative) $u_n = \partial u/\partial n$이 주어지는 **Neumann 문제**(Neumann problem), 마지막으로 C의 일부에서는 u가, 나머지에서는 u_n이 주어져 위의 두 가지 경계조건이 섞인 **혼합 문제**(mixed problem)가 있다. C는 보통 닫힌 곡선이다.

Laplace, Poisson 방정식에 대한 차분방정식

이 절에서는 응용 분야에서 중요한 두 가지 타원형 편미분방정식의 수치해법을 유도해보자. 두 가지 편미분방정식은 **Laplace 방정식**(Laplace equation)

(2) $$\nabla^2 u = u_{xx} + u_{yy} = 0$$

과 **Poisson 방정식**(Poisson equation)

(3) $$\nabla^2 u = u_{xx} + u_{yy} = f(x, y)$$

이다.

이들에 대한 차분식을 유도하기 위해서는 편미분방정식의 각각의 편도함수들을 적절한 **계차몫**(difference quotients)으로 다음과 같이 대체해야 한다. 자세한 과정은 다음과 같다.

먼저, Taylor 공식에 의해

(4)
$$\text{(a)}\quad u(x + h, y) = u(x, y) + hu_x(x, y) + \tfrac{1}{2}h^2u_{xx}(x, y) + \tfrac{1}{6}h^3u_{xxx}(x, y) + \cdots$$
$$\text{(b)}\quad u(x - h, y) = u(x, y) - hu_x(x, y) + \tfrac{1}{2}h^2u_{xx}(x, y) - \tfrac{1}{6}h^3u_{xxx}(x, y) + \cdots$$

을 얻는다. 식 (4a)에서 식 (4b)를 빼서 $h^3, h^4, \cdots$ 항을 무시하고 u_x에 대하여 정리하면

$$u_x(x, y) \approx \frac{1}{2h}[u(x+h, y) - u(x-h, y)] \tag{5a}$$

을 얻는다. 마찬가지 방법으로 y에 대해서도

$$u(x, y+k) = u(x, y) + ku_y(x, y) + \tfrac{1}{2}k^2u_{yy}(x, y) + \cdots$$

$$u(x, y-k) = u(x, y) - ku_y(x, y) + \tfrac{1}{2}k^2u_{yy}(x, y) + \cdots$$

에서

$$u_y(x, y) \approx \frac{1}{2k}[u(x, y+k) - u(x, y-k)] \tag{5b}$$

을 얻을 수 있다.

2계 편미분의 차분식을 구하기 위하여 식 (4a)와 식 (4b)를 더하고 h^4, h^5, $\cdots$ 항을 무시하면 $u(x+h, y) + u(x-h, u) \approx 2\mathrm{u}(x, y) + h^2\mathrm{u}_{xx}(x, y)$가 되고, 이를 u_{xx}에 대하여 정리하여

$$u_{xx}(x, y) \approx \frac{1}{h^2}[u(x+h, y) - 2u(x, y) + u(x-h, y)] \tag{6a}$$

를 얻는다. 마찬가지 방법으로

$$u_{yy}(x, y) \approx \frac{1}{k^2}[u(x, y+k) - 2u(x, y) + u(x, y-k)] \tag{6b}$$

도 얻을 수 있다. 물론 여기서는 필요하지 않으나

$$\begin{aligned} u_{xy}(x, y) \approx \frac{1}{4hk}[&u(x+h, y+k) - u(x-h, y+k) \\ &- u(x+h, y-k) + u(x-h, y-k)] \end{aligned} \tag{6c}$$

이다(연습문제 1 참조). 식 (5)와 (6)의 점 $(x+h, y)$, $(x-h, y)\cdots$들을 그림 453a에 나타냈다.

식 (6a)와 (6b)를 식 (3)의 ***Poisson 방정식***(Poisson equation)에 대입하고 $k = h$로 두면

$$u(x+h, y) + u(x, y+h) + u(x-h, y) + u(x, y-h) - 4u(x, y) = h^2f(x, y) \tag{7}$$

와 같은 간단한 식을 얻는데, 이를 식 (3)에 대응되는 **차분방정식**(difference equation)이라 한다. 물론, 식 (2)의 ***Laplace 방정식***(Laplace equation)에 대응되는 차분방정식은

$$u(x+h, y) + u(x, y+h) + u(x-h, y) + u(x, y-h) - 4u(x, y) = 0 \tag{8}$$

이다. 여기서, h는 **격자크기**(mesh size)이다. 식 (8)은 (x, y)에서 u 값을 그림 453b의 네 점에 해당하는 u의 값들과 연관시킨다. 이는 단순하게 '점 (x, y)에서의 u 값은 인접하는 네 점의 u 값의 평균이다'로 해석할 수 있는데, 이는 조화함수(harmonic function)의 평균값 성질과 유사하다(18.6절 참조).

인접하는 이 점들을 E (East), N (North), W (West), S (South)로 명명하면 그림 453b는 그림 453c의 형태가 되고, 식 (7)은

$$u(E) + u(N) + u(W) + u(S) - 4u(x, y) = h^2 f(x, y) \tag{7*}$$

로 쓸 수 있다.

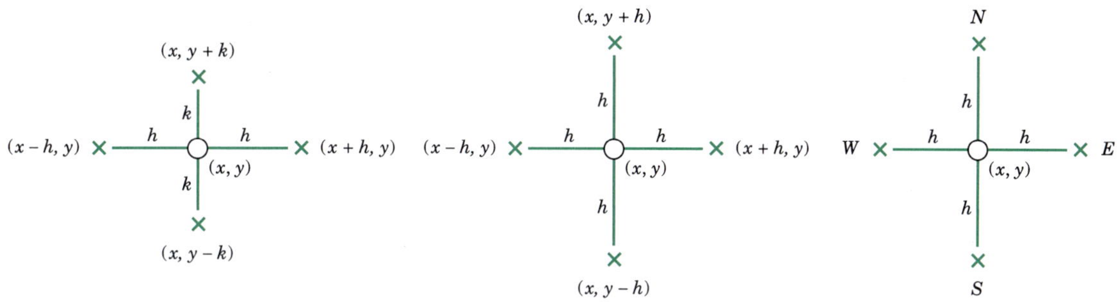

(a) 식 (5)와 (6)의 점 (b) 식 (7)과 (8)의 점 (c) 식 (7*)의 표기법

그림 453. 식 (5)-(8) 그리고 (7*)의 점들과 표기법

식 (7)과 (8)에서 $h^2\nabla^2 u$의 근사는

$$\left\{\begin{matrix} & 1 & \\ 1 & -4 & 1 \\ & 1 & \end{matrix}\right\} \tag{9}$$

의 **계수형태**(stencil, 또는 *pattern*, *molecule*, *star*라 불림)를 갖는데, 이를 5-점 근사(5-point approximation)라 한다. 이를 이용하여 식 (7)을 간단히

$$\left\{\begin{matrix} & 1 & \\ 1 & -4 & 1 \\ & 1 & \end{matrix}\right\} u = h^2 f(x, y)$$

로 나타내기도 한다.

Dirichlet 문제

앞에서 정의된 Dirichlet 문제를 풀기 위하여 우리는 먼저 영역 R을 그림 454와 같이 등간격 h의 수직선과 수평선의 정사각 격자망으로 나눈다. 수직선과 수평선의 교점을 **격자점**(mesh points, *lattice points, nodes*)이라 한다.

다음으로 주어진 편미분방정식을 차분방정식[Laplace 방정식의 경우는 식 (8)]으로 근사화하여 R의 각 격자점에서 미지의 값 u를, 상호 간에 또한 경계조건(상세 내용은 예제 1에 제시됨)과 연관시킨다. 이 결과는 u에 대한 선형연립방정식으로 나타나고, 이를 풀어 u를 구한다.

앞으로 설명되겠지만, 전체 방정식의 개수는 미지수의 개수와 같아야 한다. 내부의 격자점 수를 p라 하면 p가 작을 때, 예를 들어 $p < 100$이라면 p개 미지수에 대한 p개의 연립방

정식에 직접적인 풀이 방법(direct solution method)을 적용할 수 있다. 그러나, p가 크다면 저장용량 문제(storage problem)가 발생하게 된다. 여기서, 각 미지수 u는 오직 인근 4개의 격자점과 관련되므로 연립방정식의 계수행렬은 0이 아닌 요소의 수가 상대적으로 적은 **희소(분산)행렬**(sparse matrix)이 된다(예를 들면, $p = 100$일 때 10,000개 중 500개만이 0이 아님). 그러므로, 큰 p에 대한 저장용량 문제는 **Liebmann 방법**(Liebmann's method)이라고도 불리는 Gauss-Seidel 방법[20.3절, 엄격한 대각선 지배성(diagonal dominance)에 주목하라]과 같은 반복법(iteration method)을 이용하여 해결할 수 있다. 이 방법은 y 값에 대한 "새로운" 값이 구해지면 새로운 값이 이전 값을 덮어쓰므로 저장용량 면에서 유리하다.

p가 큰 경우와 작은 경우 모두 공학에서 중요하다. 정확도가 필요한 경우에는 격자크기를 작게 해야 하므로 p가 큰 값을 갖게 되고, 만약 경계값이 부정확한 값으로 주어진다면 내부에 많은 격자를 만들어 계산하는 것은 의미가 없으므로 격자를 크게 하여 p를 작은 값으로 사용해도 문제가 없다.

이 방법에 대해 예를 들어 설명해 보자. 설명을 간략히 하기 위하여 적은 수의 방정식을 생각해 보자. 먼저 ***격자점***과 이를 그림 454와 같이

$$P_{ij} = (ih, jh), \qquad u_{ij} = u(ih, jh) \tag{10}$$

로 나타낸다.

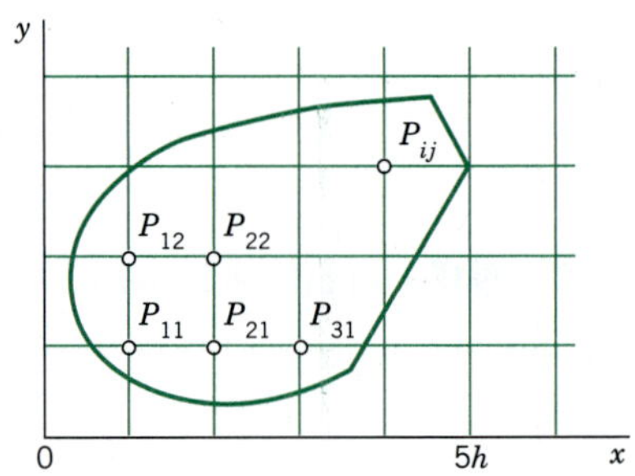

그림 454. 격자점 $P_{11} = (h, h), \cdots, P_{ij} = (ih, jh), \cdots$으로 이루어진 xy-평면에서의 영역 R

이러한 표기를 사용하면 식 (8)은 격자점 P_{ij}에 대하여

$$u_{i+1,j} + u_{i,j+1} + u_{i-1,j} + u_{i,j-1} - 4u_{ij} = 0 \tag{11}$$

이 된다.

참고. 다음 예제와 지금까지의 논의는 ***수학적 개념과 방법의 재활용성***(reuseability of mathematical ideas and methods)을 설명한다. 20.3절에서 연립상미분방정식을 풀기 위해 적용했던 Gauss-Seidel 방법을 타원형 편미분방정식에 적용할 수 있음을 명심하라. 이것은 공업수학이 중요한 수학적 개념 및 틀을 가지고 있으며, 그 방법이 여러 다른 상황에 반복적으로 쓰일 수 있음을 보여준다. 이전 지식이 재적용 가능하다는 점에 주목할 필요가 있다.

예제 1 Laplace 방정식. Liebmann 방법

한 변의 길이가 12 cm이고 단일 물질로 이루어진 정사각형 판의 네 변이 그림 455a와 같이 0°C와 100°C로 유지된다. 4 cm의 격자로 나누었을 때, 각 격자점의 정상상태 온도를 Liebmann 방법(=

Gauss-Seidel 방법)으로 구하라.

풀이. 시간 변화율을 고려하지 않는 경우에는 열방정식(10.8절 참조)

$$u_t = c^2(u_{xx} + u_{yy})$$

는 Laplace 방정식이 되므로, 이는 Laplace 방정식에 대한 Dirichlet 문제이다. 그림 455b와 같이 격자를 나누어 $P_{11}, P_{21}, P_{12}, P_{22}$의 순서로 격자점을 구성한다. 각 격자점에 대하여 식 (11)을 적용하고 경계값을 우변으로 이항하면, 연립방정식

$$\begin{aligned} -4u_{11} + u_{21} + u_{12} \phantom{{}+u_{22}} &= -200 \\ -u_{11} - 4u_{21} \phantom{{}+u_{12}} + u_{22} &= -200 \\ u_{11} \phantom{{}+u_{21}} - 4u_{12} + u_{22} &= -100 \\ u_{21} + u_{12} - 4u_{22} &= -100 \end{aligned} \tag{12}$$

을 얻는다. 위와 같이 미지수의 개수가 적은 경우에는 Gauss 소거법을 사용하여 $u_{11} = u_{21} = 87.5$, $u_{12} = u_{22} = 62.5$를 얻을 수도 있다.

Fourier 급수를 사용한 참값은 소수 이하 첫째 자리까지의 정확도로 88.1과 61.9이다. 따라서 오차가 약 1%에 불과하므로 비교적 큰 격자크기 h를 사용했음을 감안할 때 매우 높은 정확도를 보인다고 할 수 있다. 방정식의 개수가 많은 경우에는 Liebmann 방법과 같은 간접법을 사용해야 한다. 식 (12)를

$$\begin{aligned} u_{11} &= \phantom{0.25u_{11}+{}} 0.25u_{21} + 0.25u_{12} \phantom{{}+0.25u_{22}} + 50 \\ u_{21} &= 0.25u_{11} \phantom{{}+0.25u_{21}+0.25u_{12}} + 0.25u_{22} + 50 \\ u_{12} &= 0.25u_{11} \phantom{{}+0.25u_{21}+0.25u_{12}} + 0.25u_{22} + 25 \\ u_{22} &= \phantom{0.25u_{11}+{}} 0.25u_{21} + 0.25u_{12} \phantom{{}+0.25u_{22}} + 25 \end{aligned}$$

로 쓰고, 여기에 Gauss-Seidel 반복계산을 수행한다. 위 식은 $u_{11} = x_1, u_{21} = x_2, u_{12} = x_3, u_{22} = x_4$라 하고, 시작값을 100, 100, 100, 100으로 하면 20.3절의 식 (2)의 계산과 동일하다. 여기서, 격자점에서의 시작값을 물리적인 통찰로 좀 더 해에 가까운 값을 사용한다면 반복계산 횟수를 줄일 수 있다. 위의 연립방정식의 해의 참값이 $u_{11} = u_{21} = 87.5$, $u_{12} = u_{22} = 62.5$임을 확인해 보라.

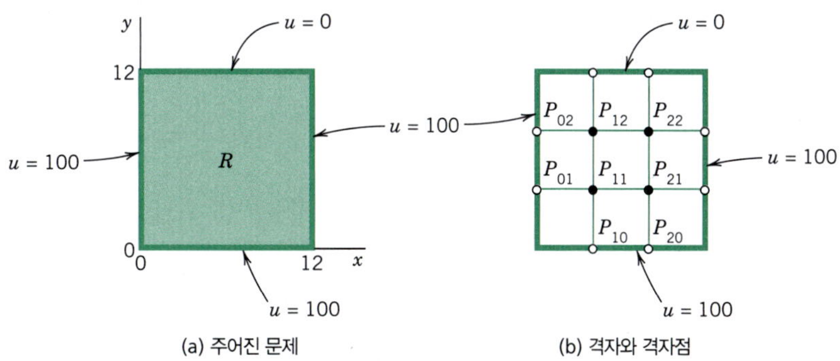

그림 455. 예제 1

참고. 영역 R을 x, y 방향에 대해 각각 n개의 격자로 나누면 총 격자점의 수는 $(n + 1)^2$이지만, 경계 위의 격자점을 빼면 내부 격자점의 수는 $(n - 1)^2$개다. 각 행을

$$P_{11}, P_{21}, \cdots, P_{n-1,1}, P_{12}, P_{22}, \cdots, P_{n-2,2}, \cdots$$

의 순서로 배열하면, 생성되는 연립방정식의 $(n - 1)^2 \times (n - 1)^2$ 계수행렬은

$$(13)\quad \mathbf{A} = \begin{bmatrix} \mathbf{B} & \mathbf{I} & & & & \\ \mathbf{I} & \mathbf{B} & \mathbf{I} & & & \\ & & \cdot & & & \\ & & & \cdot & & \\ & & & & \cdot & \\ & & & \mathbf{I} & \mathbf{B} & \mathbf{I} \\ & & & & \mathbf{I} & \mathbf{B} \end{bmatrix} \text{이고, 여기서 } \mathbf{B} = \begin{bmatrix} -4 & 1 & & & & \\ 1 & -4 & 1 & & & \\ & & \cdot & & & \\ & & & \cdot & & \\ & & & & \cdot & \\ & & & 1 & -4 & 1 \\ & & & & 1 & -4 \end{bmatrix}$$

인 $(n-1) \times (n-1)$ 행렬이 된다(식 (12)에서는 $n = 3$, $(n-1)^2 = 4$의 내부의 격자점과 두 개의 하위행렬 **B**, 그리고 두 개의 하위행렬 **I**로 이루어짐). **A** 행렬 각 행의 비대각 요소의 합이 3(또는 2)인 반면에, 각 대각 요소는 −4이기 때문에 Gerschgorin의 정리(20.7절)에서 어느 Gerschgorin 원판도 0을 포함하지 않게 되므로 행렬 **A**는 정칙행렬(비특이행렬, nonsingular matrix)이다. ■

행렬의 주대각선 요소와 이에 평행한 몇 개의 띠의 요소만 0이 아닌 행렬을 **띠행렬**(band matrix)이라 한다(주대각선과 이에 평행한 띠 사이에 요소가 모두 0인 띠를 포함할 수도 있다). 예를 들어 식 (13)의 **A**가 이에 해당한다. 연립방정식의 계수행렬이 띠행렬이면 계산이 간단해진다. Gauss 소거법에서도 띠 사이의 요소값 0은 계산 과정에서 바뀌지만, 띠 바깥쪽의 요소는 계속 0으로 유지되므로 계산이 간단해진다. 식 (13)의 띠구조는 격자점의 순서를 주의 깊게 설정하여 얻어졌다.

ADI 방법

행렬의 주대각선 요소와 바로 위와 아래에서 주대각선에 평행한 두 개의 띠의 요소만이 0이 아닌 행렬을 **삼중대각행렬**(tridiagonal matrix)이라 한다(20.9절 참조). Gauss 소거법은 삼중대각행렬에 대해 매우 효과적이므로, Dirichlet 문제의 계수행렬이 삼중대각행렬이 되면 매우 유리할 것이다. 이것은 실제로 가능하며 이런 종류의 방법으로 Peaceman과 Rachford에 의해 개발된 **ADI 방법**(*Alternating direction implicit method*)이 있다. 식 (11)을 y의 j행의 격자점을 좌변으로, x의 i열의 격자점을 우변으로 모아 다시 쓰면

$$(14a)\qquad u_{i-1,j} - 4u_{ij} + u_{i+1,j} = -u_{i,j-1} - u_{i,j+1}$$

이 되고, 반대로 i열의 격자점을 좌변으로, j행의 격자점을 우변으로 모아 다시 쓰면

$$(14b)\qquad u_{i,j-1} - 4u_{ij} + u_{i,j+1} = -u_{i-1,j} - u_{i+1,j}$$

가 된다. ADI 법에서는 교대로 반복계산을 하는데, 각 격자점에서 시작값 $u_{ij}^{(0)}$를 임의로 선택하여 첫 번째 단계에서는 식 (14a)를, 두 번째 단계에서는 식 (14b)를 이용하여 계산한다.

이를 좀 더 자세히 설명하면 다음과 같다. $u_{ij}^{(m)}$이 계산되었다고 가정하면, 첫 번째 단계에서는 $u_{ij}^{(m)}$을 식 (14a)의 ***우변에*** 대입하여 좌변의 $u_{ij}^{(m+1)}$에 대해 푼다. 즉

$$\textbf{(15a)}\qquad u_{i-1,j}^{(m+1)} - 4u_{ij}^{(m+1)} + u_{i+1,j}^{(m+1)} = -u_{i,j-1}^{(m)} - u_{i,j+1}^{(m)}$$

을 ***고정된 행*** j의 모든 내부 격자점에 대하여 푼다. 이는 N을 행 j의 내부 격자점 수라 할 때

N개의 방정식으로 된 연립방정식을 이룬다. 물론, 식 (15a)는 이전 단계에서의 값뿐 아니라 경계조건으로 주어지는 값을 포함하고 있다. 식 (15a)를 고정된 행 j에 대하여 Gauss 소거법으로 풀고 이를 모든 행에 대하여 반복하여 각 행마다 N개의 방정식으로 된 연립방정식을 푼다. 두 번째 단계에서는 ***방향을 바꾸어*** 이전 단계에서 구한 $u_{ij}^{(m+1)}$과 주어진 경계값을 공식 (14b)의 ***우변에*** 대입하여 좌변의 $u_{ij}^{(m+2)}$를 구한다. 즉,

$$u_{i,j-1}^{(m+2)} - 4u_{ij}^{(m+2)} + u_{i,j+1}^{(m+2)} = -u_{i-1,j}^{(m+1)} - u_{i+1,j}^{(m+1)} \tag{15b}$$

을 고정된 ***열*** i의 모든 내부 격자점에 대하여 푼다. 이는 M을 열 i의 내부 격자점 수라 할 때 M개의 방정식으로 된 연립방정식을 이룬다. 이것을 Gauss 소거법으로 풀고 다음 열로 가서 이 과정을 모든 열에 대하여 반복한다.

이 방법을 설명할 수 있는 예제를 보자.

예제 2 Dirichlet 문제. ADI 방법

예제 1의 문제(그림 455b)를 이용하여 ADI 방법의 계산과정을 설명하라. 예제 1과 동일한 격자를 사용하고 초기 시작값은 각각 100, 100, 100, 100으로 적용하라.

풀이. 풀이과정에서 그림 455b와 주어진 경계값들을 계속 참조하라. 식 (15a)와 식 (15b)에 포함되는 경계값들은 반복계산 과정에서 변하지 않으므로 위첨자 없이 나타낸다. 먼저, 식 (15a)에서 $m = 0$인 경우에 첫 번째 근사값 $u_{11}^{(1)}, u_{21}^{(1)}, u_{12}^{(1)}, u_{22}^{(1)}$을 구한다. 첫 번째 행($j = 1$)에 대하여

$$\begin{aligned}
&(i=1)\quad u_{01} - 4u_{11}^{(1)} + u_{21}^{(1)} &&= -u_{10} - u_{12}^{(0)}\\
&(i=2)\quad u_{11}^{(1)} - 4u_{21}^{(1)} + u_{31} &&= -u_{20} - u_{22}^{(0)}
\end{aligned}$$

이고, 그 해는 $u_{11}^{(1)} = u_{21}^{(1)} = 100$이다. 계속해서 두 번째 행($j = 2$)에 대하여는

$$\begin{aligned}
&(i=1)\quad u_{02} - 4u_{12}^{(1)} + u_{22}^{(1)} &&= -u_{11}^{(0)} - u_{13}\\
&(i=2)\quad u_{12}^{(1)} - 4u_{22}^{(1)} + u_{32} &&= -u_{21}^{(0)} - u_{23}
\end{aligned}$$

에서 해 $u_{12}^{(1)} = u_{22}^{(1)} = 66.667$을 구한다.

두 번째 단계로 근사값 $u_{11}^{(2)}, u_{21}^{(2)}, u_{12}^{(2)}, u_{22}^{(2)}$를 식 (15b)로부터 $m = 1$인 경우에 구한다. 첫 번째 열($i = 1$)에 대하여 연립방정식

$$\begin{aligned}
&(j=1)\quad u_{10} - 4u_{11}^{(2)} + u_{12}^{(2)} &&= -u_{01} - u_{21}^{(1)}\\
&(j=2)\quad u_{11}^{(2)} - 4u_{12}^{(2)} + u_{13} &&= -u_{02} - u_{22}^{(1)}
\end{aligned}$$

을 얻는데, 이의 해는 $u_{11}^{(2)} = 91.11$, $u_{12}^{(2)} = 64.44$이다. 두 번째 열($i = 2$)에 대하여는

$$\begin{aligned}
&(j=1)\quad u_{20} - 4u_{21}^{(2)} + u_{22}^{(2)} &&= -u_{11}^{(1)} - u_{31}\\
&(j=2)\quad u_{21}^{(2)} - 4u_{22}^{(2)} + u_{23} &&= -u_{12}^{(1)} - u_{32}
\end{aligned}$$

에서 해 $u_{21}^{(2)} = 91.11$, $u_{22}^{(2)} = 64.44$을 구한다.

다음 표에 나타나듯이 ADI 방법으로 계산한 두 번째 반복계산 결과는 20.3절의 Gauss-Seidel 방법의 두 번째 반복계산 결과와 비슷한 정확도를 보인다.

방법	u_{11}	u_{21}	u_{12}	u_{22}
ADI, 2회 반복	91.11	91.11	64.44	64.44
Gauss-Seidel, 2회 반복	93.75	90.62	65.62	64.06
식 (12)의 참값	87.50	87.50	62.50	62.50

■

수렴성 개선. 매개변수 p를 사용하여 식 (11)을

$$\text{(16)}\quad \begin{aligned} &\text{(a)}\quad u_{i-1,j} - (2+p)u_{ij} + u_{i+1,j} = -u_{i,j-1} + (2-p)u_{ij} - u_{i,j+1} \\ &\text{(b)}\quad u_{i,j-1} - (2+p)u_{ij} + u_{i,j+1} = -u_{i-1,j} + (2-p)u_{ij} - u_{i+1,j} \end{aligned}$$

와 같이 쓴다. 이는 좀 더 일반적인 ADI 반복공식

$$\text{(17)}\quad \begin{aligned} &\text{(a)}\quad u_{i-1,j}^{(m+1)} - (2+p)u_{ij}^{(m+1)} + u_{i+1,j}^{(m+1)} = -u_{i,j-1}^{(m)} + (2-p)u_{ij}^{(m)} - u_{i,j+1}^{(m)} \\ &\text{(b)}\quad u_{i,j-1}^{(m+2)} - (2+p)u_{ij}^{(m+2)} + u_{i,j+1}^{(m+2)} = -u_{i-1,j}^{(m+1)} + (2-p)u_{ij}^{(m+1)} - u_{i+1,j}^{(m+1)} \end{aligned}$$

를 제공한다. 만약, $p = 2$이면 식 (17)은 식 (15)와 같다. 하지만 p 값을 적절히 조정하여 ADI 방법의 수렴속도를 증가시킬 수 있다. 실제로 양의 p 값에 대하여 ADI 방법은 수렴하고, 수렴성을 최대로 하는 최적의 p 값은

$$\text{(18)}\quad p_0 = 2 \sin \frac{\pi}{K}$$

임이 알려져 있다. 여기서, K는 $M + 1$과 $N + 1$ 중 더 큰 값이다. 단계별로 p를 변화시켜 더 좋은 결과를 얻을 수도 있다. ADI 방법에 대한 보다 자세한 내용은 부록 1의 참고문헌 [E25]를 참조하라.

연습문제 21.4

1. 식 (5b), (6b)와 (6c)를 유도하라.
2. 예제 1의 계산결과를 확인하라. 연립방정식의 해를 유효숫자 3자리까지 구하기 위해서는 몇 번의 반복계산을 수행해야 하는가?
3. **대칭성 이용**. 예제 1에서 경계값은 $u_{21} = u_{11}, u_{22} = u_{12}$이었다. 이것이 2개의 연립방정식으로 표현됨을 보이고, 이 연립방정식을 풀어라.
4. **미세격자**(3 × 3 내부 격자점). 예제 1을 $h = \frac{12}{3} = 4$가 아닌 $h = \frac{12}{4} = 3$을 이용하여 풀어라. 예제 1과 시작값은 같은 값을 사용하라.

5-10 Gauss 소거법과 Gauss-Seidel 방법

그림 456의 격자 구성으로 4개의 내부 격자점에서의 퍼텐셜(potential)을 구하려 한다. 다음의 경계값을 이용하여, Gauss 소거법과 100, 100, 100, 100을 시작값으로 하는 5회의 Gauss-Seidel 방법으로 구하라.

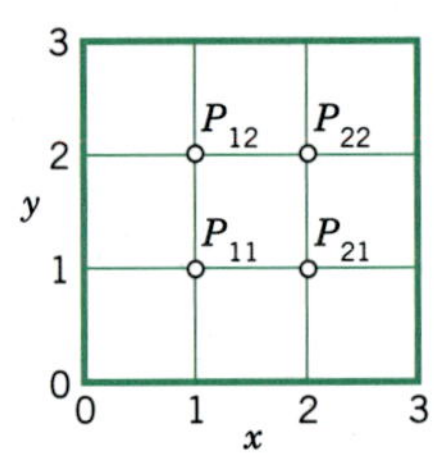

그림 456. 문제 5-10

5. $u(1, 0) = 60, u(2, 0) = 300$과 나머지 다른 세 경계면에서 $u = 100$
6. 왼쪽 경계면 $u = 0$, 아래 경계면 x^3, 오른쪽 경계면 $27 - 9y^2$, 위 경계면 $x^3 - 27x$
7. 위, 아래 경계면 U_0, 왼쪽과 오른쪽 경계면 $-U_0$. 등위선(equipotential line)을 그려라.
8. 위, 아래 경계면 $u = 220$, 왼쪽과 오른쪽 경계면 $u = 110$.
9. 위 경계면 $u = \sin \frac{1}{3}\pi x$, 그 외는 경계면 $u = 0$에 대해 10

단계까지 계산하라.

10. 아래 경계면 $u = x^4$, 오른쪽 경계면 $u = 81 - 54y^2 + y^4$, 위 경계면 $u = x^4 - 54x^2 + 81$, 왼쪽 경계 $u = y^4$일 때, 해석해가 $x^4 - 6x^2y^2 + y^4$을 증명하고 오차를 구하라.

11. 그림 457에 대하여 **(a)** 그림에서 주어진 성긴격자(coarse grid)와 **(b)** 5 × 3 미세격자(fine grid)에 대해 Gauss 소거법으로 퍼텐셜(potential)을 구하라. *힌트.* (b)에서, 대칭성을 사용하고 경계값이 불연속인 두 점에서는 $u = 0$을 사용하라.

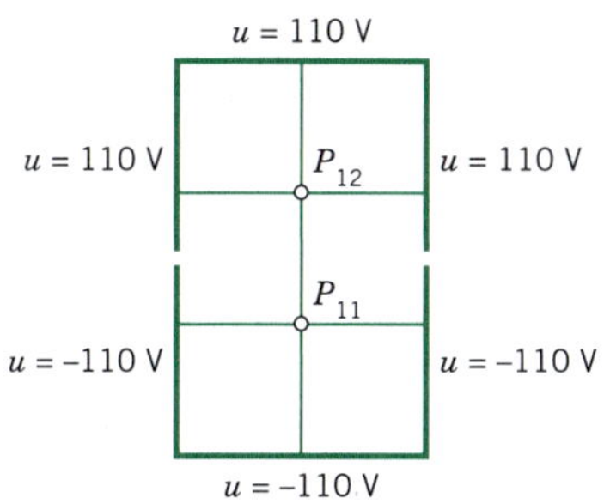

그림 457. 문제 11의 영역과 격자

12. 시작값의 영향. 시작값을 **0**으로 하여 문제 9를 Gauss-Seidel법으로 풀어라. 문제 9의 답과 비교하고 논평하라.

13. 위, 아래 경계면에서 0°C, 왼쪽, 오른쪽 경계면에서 50°C로 주어진 한 변의 길이가 4인 정사각형($0 \leqq x \leqq 4$, $0 \leqq y \leqq 4$)의 내부 격자점의 온도를 $h = 1$일 정사각형 격자를 이용하여 구하라.

14. 문제 13에서 구해진 답을 이용하여 등온선을 그려라.

15. 문제 13을 위, 아래 경계면에서 $u = \sin \frac{1}{4}\pi x$, 왼쪽, 오른쪽 경계면에서 $u = \sin \frac{1}{4}\pi y$로 주어진 조건에 대해 풀고 등온선(isotherm)을 그려라.

16. ADI. 문제 9의 Dirichlet 문제를 그림 456의 격자와 시작값 0을 이용하여 ADI 방법으로 풀어라.

17. 문제 16에 대하여 식 (18)에서 어떤 p_0를 사용해야 하는가? 문제 16을 그 p_0 값을 이용하여 식 (17)의 ADI 방법을 1회 반복하여 풀어라. 문제 16에서 1회 반복계산 후의 결과인 0.077, 0.308과 비교하여 수렴성의 개선이 있음을 보여라 (시작값을 0으로 두고).

18. CAS 과제. Laplace 방정식. **(a)** 16개의 미지수에 대한 16개의 방정식(4 × 4 부분행렬이 주어지면 행렬 (13)을 구성하여)을 푸는 Gauss-Seidel 프로그램을 작성하라. 단, 프로그램은 주어진 경계값 벡터를 $\mathbf{Ax} = \mathbf{b}$의 $\mathbf{b}$로 변화하는 기능을 갖추어야 한다.

(b) 작성된 프로그램을 $0 \leqq x \leqq 5$, $0 \leqq y \leqq 5$이고 $h = 1$인 정사각형 격자에 적용하여 풀어라. 단, 위, 아래 경계면에서 $u = 220$, 왼쪽 경계면에서 $u = 110$, 오른쪽 경계면에서 $u = -10$인 경계조건을 이용하여라. 또한 동일한 조건에 대해 Gauss 소거법으로 풀어라. 20단계 Gauss-Seidel 결과의 정확도는 어느 정도인가?

21.5 Neumann 및 혼합경계값 문제. 불규칙 경계

Dirichet 문제에 이어 이 절에서도 xy-평면 위의 영역 R에서 경계값 문제를 계속 다룬다. 앞 절의 정의에서와 같이 **Neumann** 및 **혼합**(mixed) **문제**는 경계에서 u 값 대신에 이의 **법선 도함수**(normal derivative) $u_n = \partial u/\partial n$이 주어지므로($u$ 값 자체는 주어지지 않으므로 미지수임) 이를 처리하는 새로운 방법이 필요하다. 동일한 방법이 Neumann 및 혼합경계값 문제에 모두 적용되는데 여기서는 구체적인 예를 이용하여 설명하였다.

예제 1 Poisson 방정식에 대한 혼합경계값 문제

Poisson 방정식

$$\nabla^2 u = u_{xx} + u_{yy} = f(x, y) = 12xy$$

을 그림 458a와 같은 혼합경계값 문제에 대하여 풀어라.

풀이. $h = 0.5$를 사용하는 격자 구조는 그림 458b와 같다. 경계조건식 $u = 3y^3$과 $u_n = 6x$로부터 경계값은

$$(1)\quad u_{31} = 0.375, \qquad u_{32} = 3, \qquad \frac{\partial u_{12}}{\partial n} = \frac{\partial u_{12}}{\partial y} = 6 \cdot 0.5 = 3. \qquad \frac{\partial u_{22}}{\partial n} = \frac{\partial u_{22}}{\partial y} = 6 \cdot 1 = 6$$

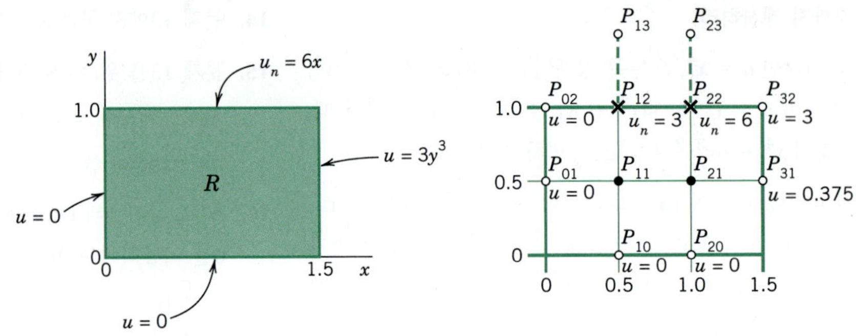

(a) 영역 R과 경계값 (b) 격자 (h=0.5)

그림 458. 예제 1의 혼합경계값 문제

이다. $h^2 = 0.25$와 $h^2 f(x, y) = 3xy$, 그리고 주어진 경계값을 21.4절의 식 (7)에 적용하면, 내부 격자점 P_{11}과 P_{21}에 대하여 연립방정식

$$\text{(2a)}\quad \begin{aligned} -4u_{11} + u_{21} + u_{12} \qquad\qquad &= 12(0.5 \cdot 0.5) \cdot \tfrac{1}{4} - 0 = 0.75 \\ u_{11} - 4u_{21} \qquad\qquad + u_{22} &= 12(1 \cdot 0.5) \cdot \tfrac{1}{4} - 0.375 = 1.125 \end{aligned}$$

를 얻는다(−0은 왼쪽 경계로부터). 하지만, 위 식에서는 경계값 u_{12}와 u_{22}가 아직 미지수라는 점이 문제가 된다.

이러한 문제점을 극복하기 위하여 그림 458b와 같이 영역 R을 y의 양(+) 방향으로 확장하여 $y = 1.5$에 대응되는 곳에 격자점 P_{12}와 P_{22}를 가정하고 u_{12}와 u_{22}에 대하여 (2a)에서와 같은 방법을 적용하면

$$\text{(2b)}\quad \begin{aligned} u_{11} \qquad - 4u_{12} + u_{22} + u_{13} \qquad\qquad &= 1.5 - 0 = 1.5 \\ u_{21} + u_{12} - 4u_{22} \qquad\qquad + u_{23} &= 3 - 3 = 0 \end{aligned}$$

을 추가로 얻게 된다(그림 458b). 우변에서 1.5는 (0.5, 1)에서 $12xyh^2$의 값이고 3은 (1, 1)에서의 $12xyh^2$ 값이다. 여기서, 미지수인 u_{13}와 u_{23}은 위쪽 경계조건에 du/dy이 중간차분(central difference) 공식을 적용하여 제거할 수 있는데, 식 (1)에서

$$\begin{aligned} 3 &= \frac{\partial u_{12}}{\partial y} \approx \frac{u_{13} - u_{11}}{2h} = u_{13} - u_{11}, \qquad \text{따라서} \qquad u_{13} = u_{11} + 3 \\ 6 &= \frac{\partial u_{22}}{\partial y} \approx \frac{u_{23} - u_{21}}{2h} = u_{23} - u_{21}, \qquad \text{따라서} \qquad u_{23} = u_{21} + 6 \end{aligned}$$

이 된다(그림 458b 참조). 이 결과를 식 (2b)에 대입하여 정리하면

$$\begin{aligned} 2u_{11} \qquad - 4u_{12} + u_{22} &= 1.5 - 3 = -1.5 \\ 2u_{21} + u_{12} - 4u_{22} &= 3 - 3 - 6 = -6 \end{aligned}$$

이고, 식 (2a)와 함께

$$\text{(3)}\quad \begin{bmatrix} -4 & 1 & 1 & 0 \\ 1 & -4 & 0 & 1 \\ 2 & 0 & -4 & 1 \\ 0 & 2 & 1 & -4 \end{bmatrix} \begin{bmatrix} u_{11} \\ u_{21} \\ u_{12} \\ u_{22} \end{bmatrix} = \begin{bmatrix} 0.75 \\ 1.125 \\ 1.5 - 3 \\ 0 - 6 \end{bmatrix} = \begin{bmatrix} 0.75 \\ 1.125 \\ -1.5 \\ -6 \end{bmatrix}$$

으로 쓸 수 있다. 식 (3)의 해를 Gauss 소거법으로 풀면 다음과 같다. 참값(정해)은 괄호 안에 표시하였다.

$$u_{12} = 0.866 \quad (\text{참값 } 1) \qquad u_{22} = 1.812 \quad (\text{참값 } 2)$$
$$u_{11} = 0.077 \quad (\text{참값 } 0.125) \qquad u_{21} = 0.191 \quad (\text{참값 } 0.25)$$

■

불규칙 경계

타원형 편미분방정식에 대한 경계값 문제에서 영역 R의 형태가 기하학적으로 단순하면 격자점을 xy-평면상 영역 R의 경계인 C 위에 위치시킬 수 있고, 앞에서 설명한 바와 같이 이 격자점을 이용하여 편도함수를 근사화 할 수 있다. 하지만 실제 경계가 격자점을 통과하지 않는 불규칙한 경우는 다른 방법을 적용해야 한다.

그림 459의 격자점 O가 이러한 경우에 해당한다. 격자점 O와 인접점 A, P에 대하여 Taylor 정리를 이용하면

$$(4)\qquad \begin{aligned} &\text{(a)}\quad u_A = u_O + ah\frac{\partial u_O}{\partial x} + \frac{1}{2}(ah)^2\frac{\partial^2 u_O}{\partial x^2} + \cdots \\ &\text{(b)}\quad u_P = u_O - h\frac{\partial u_O}{\partial x} + \frac{1}{2}h^2\frac{\partial^2 u_O}{\partial x^2} + \cdots \end{aligned}$$

이다. 1계 미분항 $\partial u_O/\partial x$를 소거하기 위하여 식 (4b)에 a를 곱하여 식 (4a)와 더하면

$$u_A + au_P \approx (1 + a)\,u_O + \frac{1}{2}\,a\,(a + 1)\,h^2\frac{\partial^2 u_O}{\partial x^2}$$

이다.

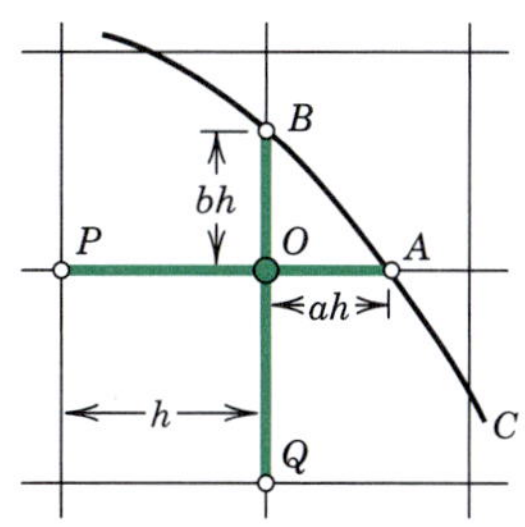

그림 459. 영역 R의 곡선 경계 C, C에 근접한 격자점 O, 인접점 A, B, P, Q

2계 미분에 대하여 풀면

$$\frac{\partial^2 u_O}{\partial x^2} \approx \frac{2}{h^2}\left[\frac{1}{a(1 + a)}u_A + \frac{1}{1 + a}u_P - \frac{1}{a}u_O\right]$$

이다. 마찬가지 방법으로, 점 O, B, Q에 대해서도

$$\frac{\partial^2 u_O}{\partial y^2} \approx \frac{2}{h^2}\left[\frac{1}{b(1 + b)}u_B + \frac{1}{1 + b}u_Q - \frac{1}{b}u_O\right]$$

가 된다. 따라서, 두 식을 더하여

$$(5)\qquad \nabla^2 u_O \approx \frac{2}{h^2}\left[\frac{u_A}{a(1+a)}+\frac{u_B}{b(1+b)}+\frac{u_P}{1+a}+\frac{u_Q}{1+b}-\frac{(a+b)u_O}{ab}\right]$$

를 얻을 수 있다. 예를 들어 $a=\frac{1}{2}$, $b=\frac{1}{2}$이면 $1/[a(a+1)]=\frac{4}{3}, \cdots$이기 때문에 21.4절의 형태

$$\begin{Bmatrix} & 1 & \\ 1 & -4 & 1 \\ & 1 & \end{Bmatrix} \quad \text{대신에} \quad \begin{Bmatrix} & \frac{4}{3} & \\ \frac{2}{3} & -4 & \frac{4}{3} \\ & \frac{2}{3} & \end{Bmatrix}$$

을 사용한다. 새로 구한 다섯 계수의 총합도 역시 0이 됨에 주목하자.

같은 방법을 그림 460과 같은 일반적인 격자구조에 적용하면

$$\textbf{(6)}\qquad \nabla^2 u_O \approx \frac{2}{h^2}\left[\frac{u_A}{a(a+p)}+\frac{u_B}{b(b+q)}+\frac{u_P}{p(p+a)}+\frac{u_Q}{q(q+b)}-\frac{ap+bq}{abpq}u_O\right]$$

가 되는데, 이는 가능한 모든 경우에 적용된다.

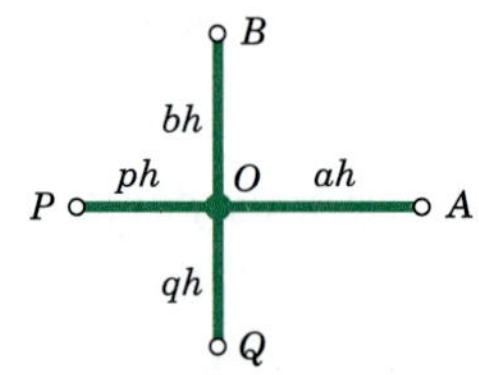

그림 460. 공식 (6)의 격자점 O와 인접점 A, B, P, Q의 표기

예제 2 **Laplace 방정식에 대한 Dirichlet 문제. 곡선 경계**

그림 461과 같은 격자에서 퍼텐셜 u를 구하라. 경계의 곡선 부분은 (0, 0)을 중심으로 하는 반지름 10인 원이다.

풀이. 퍼텐셜 u는 Laplace 방정식의 해이다. 주어진 경계조건식에서 구한 경계값들은 그림 461에 나타냈다. 격자점 P_{11}, P_{12}에서는 원래의 차분식을, P_{21}, P_{22}에서는 식 (6)의 차분식을 사용하면

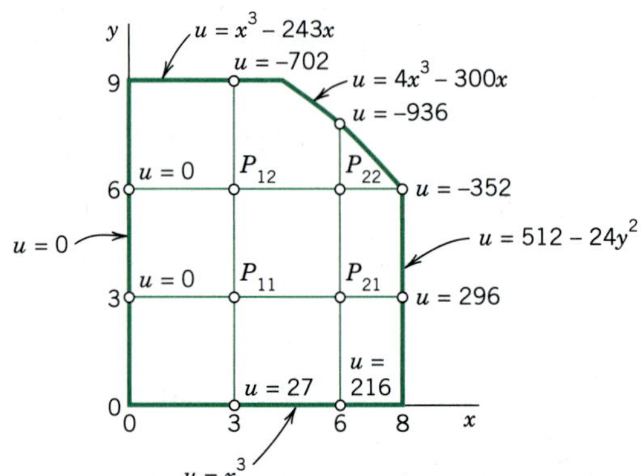

그림 461. 예제 2의 영역, 퍼텐셜의 경계값 및 격자

$$(7) \quad P_{11}, P_{12}: \left\{\begin{matrix} & 1 & \\ 1 & -4 & 1 \\ & 1 & \end{matrix}\right\}, \quad P_{21}: \left\{\begin{matrix} & 0.5 & \\ 0.6 & -2.5 & 0.9 \\ & 0.5 & \end{matrix}\right\}, \quad P_{22}: \left\{\begin{matrix} & 0.9 & \\ 0.6 & -3 & 0.9 \\ & 0.6 & \end{matrix}\right\}$$

이다. 식 (7)과 경계값을 사용하면 격자점 $P_{11}, P_{21}, P_{12}, P_{22}$에 대하여

$$\begin{aligned} -4u_{11} + u_{21} + u_{12} \qquad\qquad &= 0 - 27 &&= -27 \\ 0.6u_{11} - 2.5u_{21} \qquad + 0.5u_{22} &= -0.9 \cdot 296 - 0.5 \cdot 216 &&= -374.4 \\ u_{11} \qquad - 4u_{12} + u_{22} &= 702 + 0 &&= 702 \\ 0.6u_{21} + 0.6u_{12} - 3u_{22} &= 0.9 \cdot 352 + 0.9 \cdot 936 &&= 1159.2 \end{aligned}$$

또는 매트릭스 형태로

$$(8) \qquad \begin{bmatrix} -4 & 1 & 1 & 0 \\ 0.6 & -2.5 & 0 & 0.5 \\ 1 & 0 & -4 & 1 \\ 0 & 0.6 & 0.6 & -3 \end{bmatrix} \begin{bmatrix} u_{11} \\ u_{21} \\ u_{12} \\ u_{22} \end{bmatrix} = \begin{bmatrix} -27 \\ -374.4 \\ 702 \\ 1159.2 \end{bmatrix}$$

을 얻는다. 식 (8)에 Gauss 소거법을 사용했을 때의 해는

$$u_{11} = -55.6, \qquad u_{21} = 49.2, \qquad u_{12} = -298.5, \qquad u_{22} = -436.3$$

이다. 분명히, 적은 수의 격자점을 이용하여 계산한 결과로 높은 정확도를 기대하기는 어렵다. 주어진 경계조건을 만족하는 해석해는 $u = x^3 - 3xy^2$으로 각 격자점에서의 값은

$$u_{11} = -54, \qquad u_{21} = 54, \qquad u_{12} = -297, \qquad u_{22} = -432$$

이다. 좀 더 미세한 격자를 사용하여 더 많은 수의 선형방정식을 간접법으로 풀어 정확도를 높일 수 있다. ■

연습문제 21.5

1-7 혼합경계값 문제

1. 예제 1 말미에서 주어진 Poisson 방정식에 대한 해들을 Gauss 소거법으로 식 (3)을 풀어서 확인하라.

2. 그림 462에서 주어진 영역에 대한 격자와 경계조건을 사용하여 Poisson 방정식 $\nabla^2 u = 2(x^2 + y^2)$에 대한 혼합경계값 문제를 풀어라.

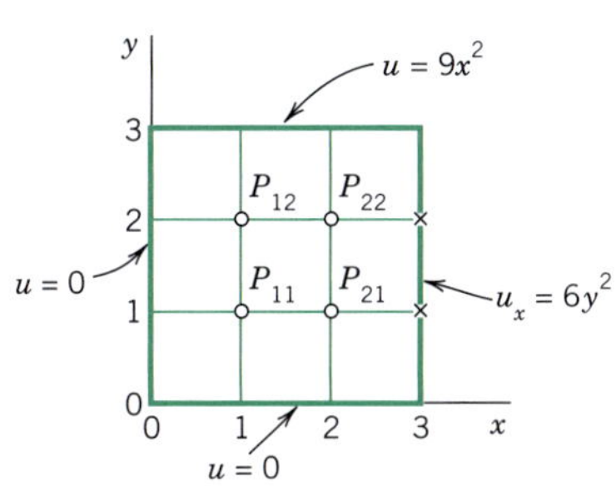

그림 462. 문제 2와 6

3. CAS 실습. **혼합경계값 문제**. 예제 1 문제를 점점 더 세밀한 격자를 이용하여 풀고, 계산의 정확도를 해석해 $u = 2xy^3$과 비교하라. 그리고 해석해를 증명하라.

4. 그림 458b에 주어진 영역에 대한 격자를 사용하여 Laplace 방정식 $\nabla^2 u = 0$에 대해 왼쪽 $u_x = 0$, 오른쪽 $u_x = 3$, 아래쪽 $u = x^2$, 위쪽 $u = x^2 - 1$인 혼합경계값 문제를 풀어라.

5. 예제 1을 Poisson 방정식이 아닌 Laplace 방정식에 대해 풀어라. 격자와 경계 조건은 같은 값을 사용한다.

6. 그림 462의 격자와 경계조건 $u_y(1, 3) = u_y(2, 3) = \frac{1}{2}\sqrt{243}$, $u = 0$(나머지 경계)을 이용하여 $\nabla^2 u = -\pi^2 y \sin \frac{1}{3}\pi x$를 풀어라.

7. 문제 4를 위쪽 $u_n = 110$, 나머지 $u = 110$의 경계조건으로 풀어라.

8-16 불규칙 경계

8. 식 (5) 뒤의 계수형태(stencil)를 검증하라.

9. 일반적인 경우, 식 (5)를 유도하라.

10. 일반적인 식 (6)을 상세히 유도하라.

11. 예제 2의 선형방정식을 유도하라.

12. 예제 2의 경계값 문제 계산을 검증하라.

13. 그림 463의 격자와 경계조건을 이용하여 Laplace 방정식을 풀어라(기울어진 경계는 $y = 4.5 - x$으로 나타낸다).

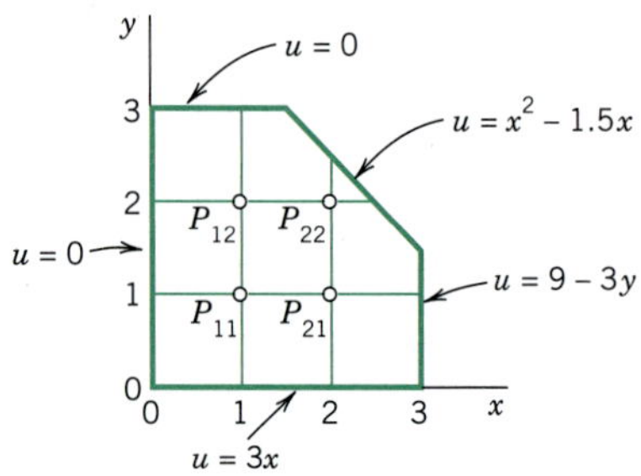

그림 463. 문제 13

14. 문제 13에서 x와 y축이 접지되었다면($u = 0$) P_{11}에서 220 V가 되기 위하여 다른 경계에서 얼마의 상수 전위(constant potential)를 가져야 하는가?

15. 문제 13에서 x와 y축의 전위가 $u = 100$ V이고 나머지 경계에서 $u = 0$ V일 때, 내부의 전위를 구하라.

16. 그림 464의 격자와 경계조건을 이용하여 Poisson 방정식 $\nabla^2 u = 2$를 풀어라.

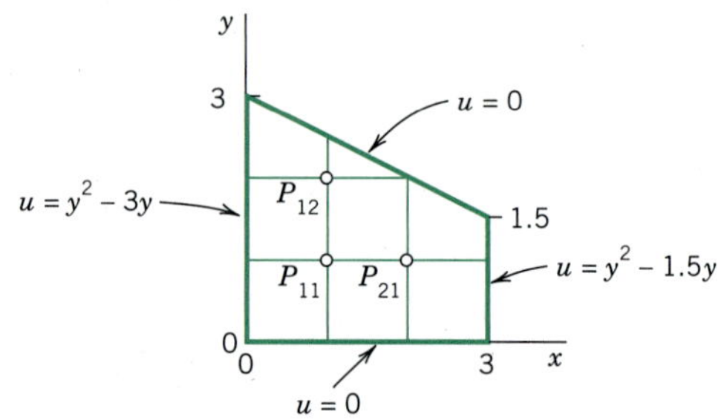

그림 464. 문제 16

21.6 포물형 편미분방정식의 해법

앞의 두 절(21.4와 21.5)은 모두 타원형 편미분방정식의 해법에 관한 내용이고 이 절에서는 포물형 편미분방정식에 대한 내용을 다룬다. 이미 21.4절에서 언급했듯이 편미분방정식은 타원형(elliptic), 포물형(parabolic), 쌍곡형(hyperbolic)의 세 가지 형태로 분류되고, 형태에 따라 해의 형태와 실용적인 관심의 문제로 달라진다. 따라서 수치해법에도 다음과 같이 반영된다.

세 가지 형태 모두에 대해서 편미분방정식을 대응하는 차분방정식으로 대체한다. 타원형의 경우와는 달리 *포물형*과 *쌍곡형* 편미분방정식의 경우는 격자크기 $h \to 0$일 때, 차분방정식에 의한 근사해가 편미분방정식의 해석해와 같아지는 **수렴성**(convergence)이 자동적으로 보장되지 않을 뿐 아니라 사실상 전혀 수렴하지 않을 수도 있다. 이 두 가지 형태의 방정식에 대해서는 수렴성과 **안정성**(stability)을 보장하기 위한 추가 조건이 필요하다. 여기서, 안정성이란 초기 데이터나 어떤 단계에서의 오차 또는 섭동(perturbation)이 이후 단계에서 증폭되지 않음을 의미한다.

이 절에서는 포물형 방정식의 표준형으로 1차원 열방정식

$$u_t = c^2 u_{xx} \qquad (c\text{는 상수})$$

의 수치해를 고려한다. 이 방정식은 $0 \leqq x \leqq L$과 같이 고정된 거리 x와 시간 $t \geqq 0$에서 정의되며, 초기온도 $u(x, 0) = f(x)$와 $u(0, t) = 0$, $u(L, t) = 0$과 같은 $x = 0$, $x = L$과 $t \geqq 0$에서의 경계조건이 주어져야 한다. $c = 1$과 $L = 1$로 가정하자. 이는 x와 t에 대한 선형변환(linear transformation)으로 항상 성취될 수 있다(문제 1). 이러한 가정으로부터 **열방정식**

(heat equation)은

$$u_t = u_{xx} \qquad 0 \leqq x \leqq 1,\ t \geqq 0 \tag{1}$$

$$u(x, 0) = f(x) \qquad \text{(초기조건)} \tag{2}$$

$$u(0, t) = u(1, t) = 0 \qquad \text{(경계조건)} \tag{3}$$

으로 쓸 수 있다. 식 (1)에 대한 간단한 차분 근사는[21.4절 식 (6a); 여기서 j는 ***시간단계***]

$$\frac{1}{k}(u_{i,j+1} - u_{ij}) = \frac{1}{h^2}(u_{i+1,j} - 2u_{ij} + u_{i-1,j}) \tag{4}$$

이고, 그림 465는 이에 해당하는 격자와 격자점을 보여준다. 여기서 h는 x 방향, k는 t 방향의 격자크기를 나타낸다. 식 (4)는 그림 466과 같은 4개의 격자점을 포함하고 있다. 좌변에서는 *전진*차분(forward difference)을 사용하였는데, 이는 계산을 시작할 때 음(−)의 t에 관한 정보가 없기 때문이다. 식 (4)를 $u_{i,\,j+1}$에 대해서 풀면

$$u_{i,j+1} = (1 - 2r)u_{ij} + r(u_{i+1,j} + u_{i-1,j}), \qquad r = \frac{k}{h^2} \tag{5}$$

로 시간행 $j + 1$에서의 $u_{i,\,j+1}$을 시간행 j에서의 u 값들로 계산할 수 있다. 이렇게 식 (5)에 기초하는 **양함수법**(explicit method)의 경우 계산은 간단하지만 수렴성이 보장되기 위해서 아래 식을 만족해야 한다.

$$r = \frac{k}{h^2} \leqq \frac{1}{2} \tag{6}$$

즉, 식 (5)에서 u_{ij}가 양(+)의 계수를 갖거나 적어도 제거($r = \frac{1}{2}$)되어야 한다는 조건이 필수적임을 보일 수 있다. 직관적으로 식 (6)은 t 방향으로 너무 빨리 증가하지 말아야 함을 의미한다. 여기에 대한 예를 나중에 설명할 것이다.

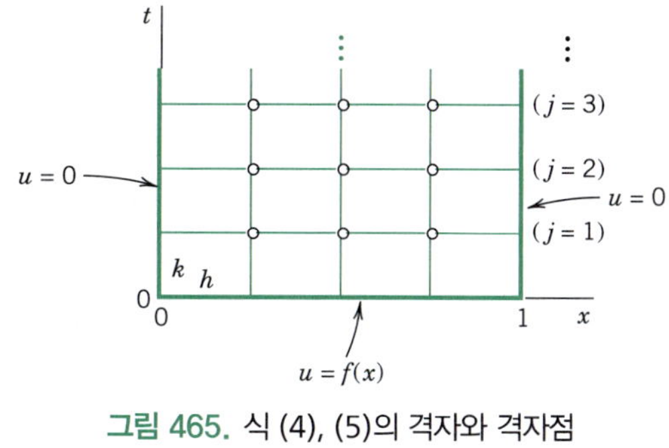

그림 465. 식 (4), (5)의 격자와 격자점

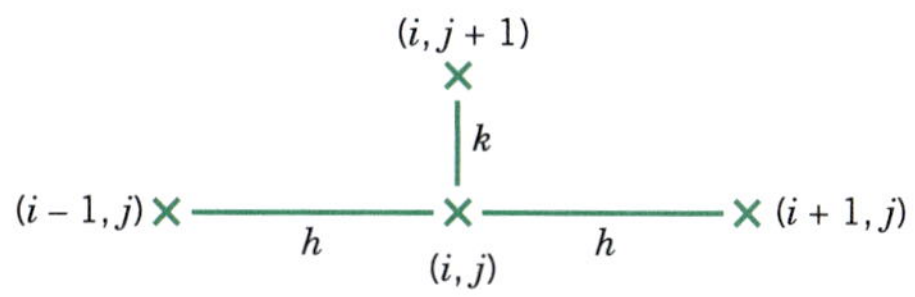

그림 466. 식 (4), (5)의 4점 관계

Crank-Nicolson 방법

조건식 (6)은 실제로 계산의 정확도를 높이기 위하여 h를 작게 취하는 경우 k의 크기에도 제한을 받게 되어 큰 장애가 된다. 예를 들어, $h = 0.1$이면 $k \leqq 0.005$이어야 하고 h 크기를 반으로 줄이면 k는 4배로 줄여야 한다. 따라서, 열방정식의 적절한 격자분할(discretization)을 위해서는 다른 효율적인 방법을 찾아야 한다.

그림 467과 같은 6-점 관계식을 갖고 $r = k/h^2$에 제약을 받지 않는 방법으로 **Crank-Nicolson** (CN) **방법**[Crank-Nicolson (CN) method][5]이 있다. 이 방법은 식 (4)의 우변을 시간행 j와 $j + 1$에서 차분의 평균으로 대치하여

$$\text{(7)}\quad \begin{aligned} \frac{1}{k}(u_{i,j+1} - u_{ij}) &= \frac{1}{2h^2}(u_{i+1,j} - 2u_{ij} + u_{i-1,j}) \\ &\quad + \frac{1}{2h^2}(u_{i+1,j+1} - 2u_{i,j+1} + u_{i-1,j+1}) \end{aligned}$$

을 얻을 수 있다. 양변에 $2k$를 곱하고 좌변에 시간행 $j + 1$에 해당하는 항을, 우변에 시간행 j에 해당하는 항을 모으면

$$\textbf{(8)}\quad (2 + 2r)u_{i,j+1} - r(u_{i+1,j+1} + u_{i-1,j+1}) = (2 - 2r)u_{ij} + r(u_{i+1,j} + u_{i-1,j})$$

가 된다. 여기서, $r = k/h^2$로 전과 동일하다. 식 (8)은 어떻게 사용할 것인가? 일반적으로, 우변은 세 개의 아는 값이고 좌변은 세 개의 미지 값이다. 식 (1)의 x의 구간 $0 \leqq x \leqq 1$을 n개의 등간격으로 나누면 각 시간 행에 $n - 1$개의 내부 격자점을 갖게 된다($n = 4$인 그림 465 참조). 따라서, 첫 번째 시간행인 $j - 0$과 $i = 1, \cdots, n - 1$에 대해 식 (8)은 제1 시간행에 $n - 1$개의 미지수 $u_{11}, u_{21}, \cdots, u_{n-1,1}$에 대한 연립방정식이 되며, 이는 초기값 u_{00}, $u_{10}, \cdots, u_{n0}$와 경계값 $u_{01}(= 0)$, $u_{n1}(= 0)$을 이용하여 풀 수 있다. 계속되는 시간행 $j = 1$, $j = 2, \cdots$에 대해서도 식 (8)을 이용하여 같은 방법으로 $n - 1$개의 선형방정식을 풀어야 한다.

이 방법은 $r = k/h^2$을 선택하는 데 제약은 없지만 작은 r 값은 더 좋은 결과를 준다. 실제로 이 방법을 사용할 때는 계산량을 많이 줄일 수 있는 r를 선택하되 너무 커지지 않도록 주의한다. 예를 들어 보통 $r = 1$이 선택되며 이때(앞의 양함수법에서는 불가능하였음) 식 (8)은

$$\textbf{(9)}\quad 4u_{i,j+1} - u_{i+1,j+1} - u_{i-1,j+1} = u_{i+1,j} + u_{i-1,j}$$

로 단순해진다.

---

[5]JOHN CRANK(1916-2006), Courtaulds Fundamental Research Laboratory의 영국인 수학자이자 물리학자이며, 영국의 Brunel 대학의 교수. 영국의 오스트레일리아인인 WILLIAM LAWRENCE BRAGG(1890-1971)의 제자이다. W. L. Bragg는 그의 아버지 WILLIAM HENRY BRAGG (1862-1942)와 1951년에 X-ray 결정학(crystallography)의 기초 연구 분야에서 노벨 물리학상을 받은 바 있다. (이는 아버지와 아들이 같은 연구 분야에서 노벨상을 나눠 받은 유일한 경우이며, W. L. Bragg는 최연소 노벨상 수상자이다.) PHYLLIS NICOLSON(1917-1968). 영국의 수학자이자 영국의 university of Leeds의 교수

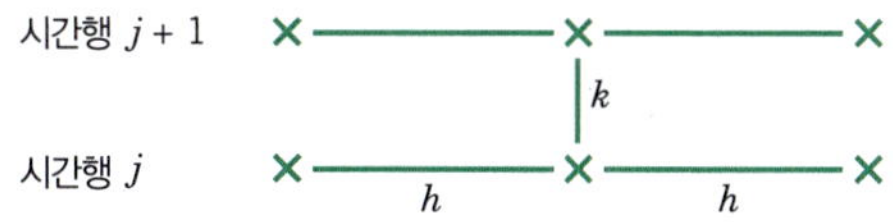

그림 467. Crank-Nicolson 공식 (7), (8)의 6점 관계

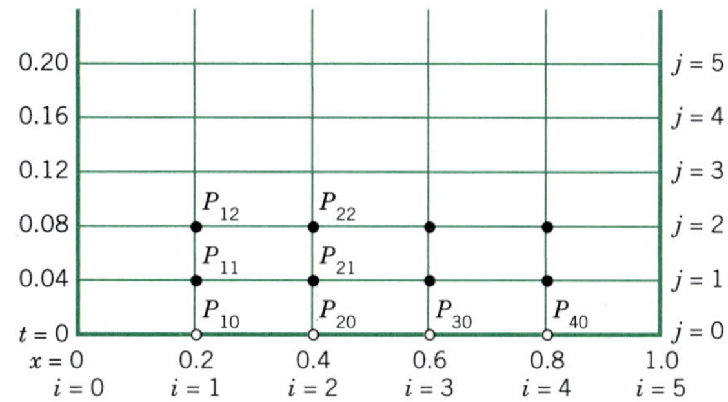

그림 468. 예제 1의 격자

예제 1 금속막대의 온도. Crank-Nicolson 방법, 양함수법

횡방향으로 옆면이 단열되고(insulated) 길이가 1인 금속막대가 있다($c^2 = 1$). 양쪽 끝이 $u = 0°C$으로 유지되고 어떤 순간의(이때를 $t = 0$라 하자) 온도분포는 $f(x) = \sin \pi x$이다. $h = 0.2$와 $r = 1$을 사용하여 Crank-Nicolson 방법으로 $0 \leqq x \leqq 0.2$에서 막대의 온도 $u(x, t)$를 구하라. 결과를 해석해와 비교하라. 식 (6)을 만족하는 r, 즉 $r = 0.25$와 식 (6)을 만족하지 않는 r, 즉 $r = 1$, $r = 2.5$를 이용하여 식 (5)로 풀어라.

Crank-Nicolson 방법에 의한 풀이. 격자구성은 그림 468과 같다. 여기서는 $r = 1$이므로 식 (9)를 사용한다. $h = 0.2$, $r = k/h^2 = 1$에서 $k = h^2 = 0.04$이므로 5단계 계산이 필요하다. 초기값은

$$u_{10} = \sin 0.2\pi = 0.587785, \qquad u_{20} = \sin 0.4\pi = 0.951057$$

이고, $u_{30} = u_{20}$, $u_{40} = u_{10}$이다. 그림 468의 각 시간행은 4개의 내부 격자점을 가지므로 4개의 미지수에 대한 연립방정식을 풀어야 하지만, 초기조건이 $x = 0.5$에 대하여 대칭이고 경계조건 $u = 0$도 모든 t에 대해 양쪽에서 같으므로 $u_{31} = u_{21}$, $u_{41} = u_{11}$과 같은 대칭성이 모든 시간행에 대해 성립한다. 따라서 각각의 연립방정식은 2개의 미지수만을 가지게 된다. $u_{31} = u_{21}$과 $u_{01} = 0$이므로 식 (9)를 $j = 0$에 적용하면

$$\begin{aligned} (i = 1) \qquad & 4u_{11} - \ u_{21} \qquad\quad = u_{00} + u_{20} = 0.951057 \\ (i = 2) \qquad & -u_{11} + 4u_{21} - u_{21} = u_{10} + u_{20} = 1.538842 \end{aligned}$$

이고, 해는 $u_{11} = 0.399274$, $u_{21} = 0.646039$이다. 마찬가지로 시간행 $j = 1$에 대해서

$$\begin{aligned} (i = 1) \qquad & 4u_{12} - \ u_{22} = u_{01} + u_{21} = 0.646039 \\ (i = 2) \qquad & -u_{12} + 3u_{22} = u_{11} + u_{21} = 1.045313 \end{aligned}$$

이 되고, 해는 $u_{12} = 0.271221$, $u_{22} = 0.438844$이다. 5단계 계산결과는

t	$x = 0$	$x = 0.2$	$x = 0.4$	$x = 0.6$	$x = 0.8$	$x = 1$
0.00	0	0.588	0.951	0.951	0.588	0
0.04	0	0.399	0.646	0.646	0.399	0
0.08	0	0.271	0.439	0.439	0.271	0
0.12	0	0.184	0.298	0.298	0.184	0
0.16	0	0.125	0.202	0.202	0.125	0
0.20	0	0.085	0.138	0.138	0.085	0

이고, 이를 그림 469에 도시하였다.

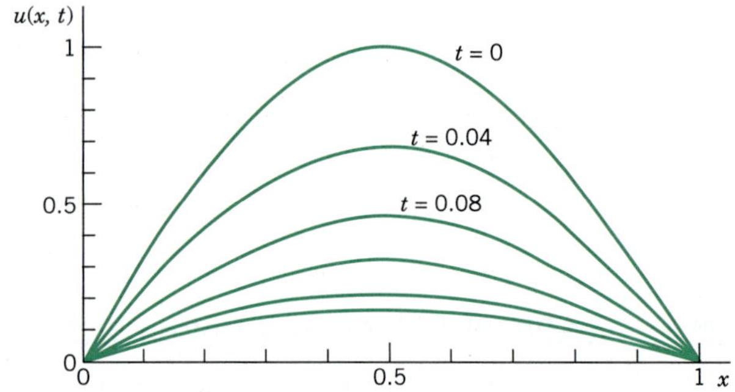

그림 469. 예제 1의 막대에서의 온도분포

해석해와 비교. 이 문제는 변수분리법(12.5절)을 그대로 사용하여 해석적으로 풀 수 있는데, 그 결과는

$$u(x, t) = \sin \pi x \, e^{-\pi^2 t} \tag{10}$$

이다.

양함수법 (5)에 의한 풀이(r = 0.25). $h = 0.2$, $r = k/h^2 = 0.25$에서 $k = rh^2 = 0.25 \cdot 0.04 = 0.01$이므로 Crank-Nicolson 방법에 비해 4배 많은 단계계산을 해야 한다. 식 (5)에 $r = 0.25$를 대입하면

$$u_{i,j+1} = 0.25(u_{i-1,j} + 2u_{ij} + u_{i+1,j}) \tag{11}$$

이고, 대칭성을 이용하면 $j = 0$에서 $u_{00} = 0$, $u_{10} = 0.587785$(앞쪽 참조), $u_{20} = u_{30} = 0.951057$가 필요하며 다음을 계산한다.

$$u_{11} = 0.25(u_{00} + 2u_{10} + u_{20}) = 0.531657$$

$$u_{21} = 0.25(u_{10} + 2u_{20} + u_{30}) = 0.25(u_{10} + 3u_{20}) = 0.860239$$

물론 위 식에서 경계 항 $u_{01} = 0, u_{02} = 0, \cdots$을 생략해도 된다. $j = 1$에 대해서도

$$u_{12} = 0.25(2u_{11} + u_{21}) = 0.480888$$

$$u_{22} = 0.25(u_{11} + 3u_{21}) = 0.778094$$

를 구한다. 20단계의 계산을 수행해야 하는데, 결과의 정확도는 5단계의 계산을 수행하는 Crank-Nicolson 방법의 결과(CN)와 비슷함을 알 수 있다. 참값은 식 (10)으로부터 소수점 3자리까지 나타냈다.

t	$x = 0.2$			$x = 0.4$		
	CN	식 (11)	참값	CN	식 (11)	참값
0.04	0.399	0.393	0.396	0.646	0.637	0.641
0.08	0.271	0.263	0.267	0.439	0.426	0.432
0.12	0.184	0.176	0.180	0.298	0.285	0.291
0.16	0.125	0.118	0.121	0.202	0.191	0.196
0.20	0.085	0.079	0.082	0.138	0.128	0.132

양함수법 (5)의 실패(식 (6)을 만족하지 않는 r 값). $h = 0.2$, $r = 1$[식 (6)을 만족하지 않음]을 공식 (5)에 적용하여

$$u_{i,j+1} = u_{i-1,j} - u_{ij} + u_{i+1,j}$$

로 계산하면 다음과 같은 좋지 않은 결과를 보이게 된다.

t	$x = 0.2$	참값	$x = 0.4$	참값
0.04	0.363	0.396	0.588	0.641
0.12	0.139	0.180	0.225	0.291
0.20	0.053	0.082	0.086	0.132

공식 (5)에 더 큰 $r = 2.5$를 사용하면 다음과 같이 완전히 무의미한 결과를 얻게 된다.

t	$x = 0.2$	참값	$x = 0.4$	참값
0.1	0.0265	0.2191	0.0429	0.3545
0.3	0.0001	0.0304	0.0001	0.0492

연습문제 21.6

1. 무차원 형태. 열방정식 $\tilde{u}_{\tilde{t}} = c^2\tilde{u}_{\tilde{x}\tilde{x}}$, $0 \leqq \tilde{x} \leqq L$을 $x = \tilde{x}/L$, $t = c^2\tilde{t}/L^2$, $u = \tilde{u}/u_0$로 치환하여 "무차원(nondimensional)" 표준형인 $u_t = u_{xx}$, $0 \leqq x \leqq 1$로 변환할 수 있음을 보여라. 여기서 u_0는 상수이다.

2. 차분방정식. 열방정식에 대한 차분 근사식 (4)를 유도하라.

3. 양함수법(explicit method). 식 (4)로부터 $u_{i,j+1}$를 구해 식 (5)를 유도하라.

4. CAS 실습. 방법의 비교. (a) 양함수법과 Crank-Nicolson 방법의 프로그램을 작성하라.

(b) 작성된 프로그램을 사용하여 횡방향으로 옆면이 단열되고 길이가 1인 막대의 온도를 구하라. 여기서 $u(x, 0) = \sin \pi x$이고, $u(0, t) = u(1, t) = 0$이다. 양함수법으로는 $h = 0.2$, $k = 0.01$을 사용하여 20단계까지 구하고, Crank-Nicolson 방법은 $h = 0.2$로 식 (9)를 사용하여 5단계까지 구하라. 적합한 급수 해석해를 소수 이하 6째 자리까지 구하여 비교하라.

(c) (b)의 두 가지 결과를 12.7절의 그림 299와 같은 온도곡선으로 그려라.

(d) 위의 두 방법에 대하여 h 값을 감소시켜(0.1, 0.05 등) h나 k의 규칙적인 변화가 계산의 정확도에 미치는 영향을 찾아내라.

양함수법

5. 식 (5)에 $h = 1$, $k = 0.5$를 이용하여 횡방향으로 옆면이 단열된 길이가 10인 막대의 $t = 2$에서의 온도를 열방정식 (1)-(3)을 계산하여 구하라. 초기온도는 $f(x) = x(1 - 0.1x)$이다.

6. 열방정식 (1)-(3)을 $f(x) = x$ $(0 \leqq x \leqq \frac{1}{2})$, $f(x) = 1 - x$ $(\frac{1}{2} \leqq x \leqq 1)$에 대하여 양함수법으로 풀어라[$h = 0.2$, $k = 0.01$, 8단계까지]. 12.5절의 급수해(두 항)에서 얻어진 $t = 0.08$, $x = 0.2$, 0.4에서의 소수점 셋째 자리까지의 결과 0.108, 0.175와 비교하라.

7. $r = \frac{1}{2}$, $h = 0.2$로 하여 문제 6을 4단계까지 풀고 양함수의 정확도는 $r(\leqq \frac{1}{2})$에 의존함을 보여라. 문제 6에서 $t = 0.04$

에서는 각각 0.156, 0.254, 그리고 $t = 0.08$에서는 0.105, 0.170이 얻어진다.

8. 길이가 1이며 횡방향으로 옆면이 단열된 막대의 초기온도가 $f(x) = x\ (0 \leqq x < 0.5), f(x) = 1 - x\ (0.5 \leqq x \leqq 1)$이고, 식 (1)과 (3)을 만족한다. 양함수법을 사용하여 온도를 5단계까지 구하라($h = 0.2, k = 0.01$). 해가 모든 t에서 $u(x, t) = u(1 - x, t)$를 만족한다고 예상할 수 있는가?

9. 문제 8을 $f(x) = x\ (0 \leqq x \leqq 0.2), f(x) = 0.25(1 - x)\ (0.2 < x \leqq 1)$에 대하여 풀어라.

10. 한쪽 끝이 단열된 경우. 길이 1인 막대가 왼쪽 끝이 단열되어 있다면 $x = 0$에서의 경계조건은 $u_n(0, t) = u_x(0, t) = 0$이다. 이 경우에 식 (5)의 양함수법에 의한 u_{0j+1}이

$$u_{0j+1} = (1 - 2r)u_{0j} + 2ru_{1j}$$

임을 보여라. 이것을 이용하여 옆면이 단열되고 길이가 1인 막대의 온도 $u(x, t)$를 구하라($h = 0.2, r = 0.25$). 이때 초기온도 $u(x, 0) = 0$이고, 왼쪽 끝은 단열되었으며, 오른쪽 끝의 온도는 $g(t) = \sin \frac{50}{3} \pi t$이다[힌트. $0 = \partial u_{0j}/\partial x = (u_{1j} - u_{-1j})/2h$].

Crank-Nicolson 방법

11. 문제 9를 식 (9)를 사용하여 2단계까지 풀어라($h = 0.2$). 결과를 12.5절의 방법으로 구한 급수 해석해(2항까지)와 비교하라.

12. 열방정식 (1)-(3)을 $f(x) = x\ (0 \leqq x \leqq \frac{1}{2}), f(x) = 1 - x\ (\frac{1}{2} \leqq x \leqq 1)$에 대하여 $0 \leqq t \leqq 0.2$에서 Crank-Nicolson 공식으로 풀어라($h = 0.2, k = 0.04$). $t = 0.2$에서의 결과를 12.5절의 급수해(2항까지)과 비교하라.

13-15

다음 조건에서 Crank-Nicolson 방법으로 식 (1)-(3)을 5단계까지 풀어라(r = 1).

13. $f(x) = 5x\ (0 \leqq x < 0.25), f(x) = 0.25(1 - x)\ (0.25 \leqq x \leqq 1), h = 0.2$

14. $f(x) = x(1 - x), h = 0.1$. (문제 15와 비교하라.)

15. $f(x) = x(1 - x), h = 0.2$

21.7 쌍곡형 편미분방정식의 해법

이 절에서는 쌍곡형(hyperbolic) 편미분방정식으로 표준형 **파동방정식**(wave equation)

(1)	$u_{tt} = u_{xx}$	$0 \leqq x \leqq 1, t \geqq 0$
(2)	$u(x, 0) = f(x)$	(초기변위)
(3)	$u_t(x, 0) = g(x)$	(초기속도)
(4)	$u(0, t) = u(1, t) = 0$	(경계조건)

에 대한 수치해법을 다룬다. 일반적인 파동방정식 $u_{tt} = c^2u_{xx}$는 x와 t를 선형변환하여 식 (1)과 같은 표준형으로 만들 수 있다(21.6절 연습문제 1과 유사한 방법).

예를 들어, 식 (1)-(4)의 파동방정식에 대한 경계값 문제는 $x = 0$과 $x = 1$에서 고정된 탄성 있는 줄의 진동(12.2절 참조)을 기술하며, 12.4절의 식 (13)과 같은 해석해가 존재한다. 하지만, 이 문제에 대한 수치해법은 더욱 복잡한 쌍곡형 편미분방정식에 응용될 수 있다.

식 (1)의 편도함수를 앞에서와 같이 차분근사로 대치하면[21.4절의 식 (6), $y = t$]

$$\frac{1}{k^2}(u_{i,j+1} - 2u_{ij} + u_{i,j-1}) = \frac{1}{h^2}(u_{i+1,j} - 2u_{ij} + u_{i-1,j}) \tag{5}$$

를 얻는다. 여기서 h는 x 방향, k는 t 방향의 격자크기를 나타낸다. 식 (5)의 차분방정식은 그림 470a와 같은 5점 관계식이지만, 만약 $r^* = k^2/h^2 = 1$을 사용하면 u_{ij}가 소거되어 그림 470b와 같은 4점 관계식

(6) $$u_{i,j+1} = u_{i-1,j} + u_{i+1,j} - u_{1,j-1}$$ (그림 470b)

이 된다. $0 < r^* \leqq 1$일 때, 현재 **양함수법**(explicit method)은 안정적이고, 식 (6)으로부터 불연속점이 없는 초기 데이터에 대해서 합리적인 결과를 기대할 수 있다. [쌍곡선 PDE에 대해서는 불연속점이 해 영역으로 퍼져서, 현제의 격자에서 다루기에는 어려움이 야기되는 상황이다. 무조건적 안정성(unconditional stability)을 갖는 **음함수법**(implicit method)에 대해서는 부록 1의 [E1]을 참조하라.]

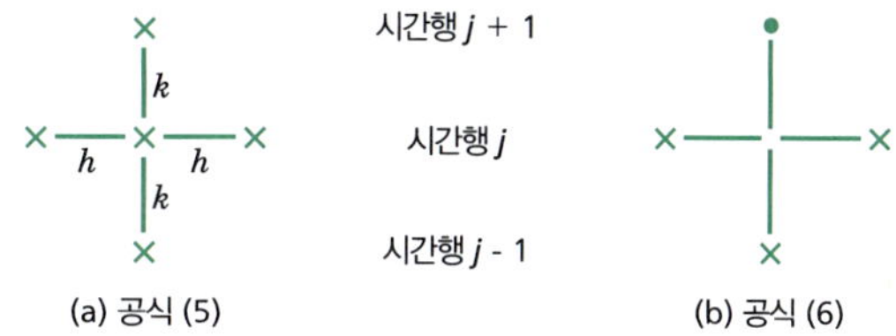

그림 470. 식 (5)와 (6)의 격자점

포물형 방정식의 차분방정식이 2개의 시간단계를 포함하는 것에 비하여 식 (6)은 3개의 시간단계($j-1, j, j+1$)를 포함하므로 계산을 시작할 때 문제가 발생한다. 하지만 파동방정식에는 2개의 초기조건이 주어지므로 이를 이용하여 계산을 시작할 수 있다.

식 (3)의 $u_t(x, 0) = g(x)$에 대한 차분 공식은

(7) $$\frac{1}{2k}(u_{i1} - u_{i,-1}) = g_i, \qquad \text{이므로} \qquad u_{i,-1} = u_{i1} - 2kg_i$$

를 얻을 수 있다. 여기서 $g_i = g(ih)$이면 식 (6)은 $t = 0$, 즉 $j = 0$에서

$$u_{i1} = u_{i-1,0} + u_{i+1,0} - u_{i,-1}$$

이 되는데, 여기서 식 (7)의 $u_{i,-1}$을 대입하면, $u_{i1} = u_{i-1,0} + u_{i+1,0} - u_{i1} + 2kg_i$, 즉

(8) $$u_{i1} = \tfrac{1}{2}(u_{i-1,0} + u_{i+1,0}) + kg_i,$$

가 된다. 따라서, 첫 번째 시간 단계에서는 주어진 초기조건과 식 (8)을 이용하여 계산하고 이후에는 식 (6)으로 계산한다.

예제 1 진동하는 줄, 파동방정식

다음 초기조건을 갖는 식 (1)-(4)의 문제를 $h = k = 0.2$를 사용하여 풀어라.

$$f(x) = \sin \pi x, \qquad g(x) = 0$$

풀이. 문제에 대한 격자는 21.6절의 그림 468에서 t를 0.04, 0.08, ⋯을 사용한 것과 같고, 초기값 $u_{00}, u_{10}, \cdots$은 21.6절의 예제 1과 같다. 식 (8)은 $g(x) = 0$이므로

$$u_{i1} = \tfrac{1}{2}(u_{i-1,0} + u_{i+1,0})$$

이 되고, 여기에 $u_{10} = u_{40} = \sin 0.2\pi = 0.587785$, $u_{20} = u_{30} = 0.951057$을 대입하여

$$(i = 1) \quad u_{11} = \tfrac{1}{2}(u_{00} + u_{20}) = \tfrac{1}{2} \cdot 0.951057 = 0.475528$$
$$(i = 2) \quad u_{21} = \tfrac{1}{2}(u_{10} + u_{30}) = \tfrac{1}{2} \cdot 1.538842 = 0.769421$$

을 얻는다. 물론, 문제의 대칭성으로 $u_{31} = u_{21}, u_{41} = u_{11}$이다. $j = 1$일 때는 식 (6)에 $u_{01} = u_{02} = \cdots = 0$을 이용하여

$$(i = 1) \quad u_{12} = u_{01} + u_{21} - u_{10} = 0.769421 - 0.587785 = 0.181636$$
$$(i = 2) \quad u_{22} = u_{11} + u_{31} - u_{20} = 0.475528 + 0.769421 - 0.951057 = 0.293892$$

가 되고, 마찬가지로 대칭성으로 $u_{32} = u_{22}, u_{42} = u_{12}$이다: 그렇게 계속한다. 처음 반 주기까지의 계산 결과는 다음과 같다.

t	$x = 0$	$x = 0.2$	$x = 0.4$	$x = 0.6$	$x = 0.8$	$x = 1$
0.0	0	0.588	0.951	0.951	0.588	0
0.2	0	0.476	0.769	0.769	0.476	0
0.4	0	0.182	0.294	0.294	0.182	0
0.6	0	−0.182	−0.294	−0.294	−0.182	0
0.8	0	−0.476	−0.769	−0.769	−0.476	0
1.0	0	−0.588	−0.951	−0.951	−0.588	0

이 값들은 소수점 3자리까지 참값과 같다. 여기서 해석해[12.3절 참조]는

$$u(x, t) = \sin \pi x \cos \pi t$$

이다. 수치해가 참값이 되는 이유는 12.4절, 식 (4)의 d'Alembert 해에서 기인한다(문제 4 참조). ■

이것으로 응용과 이론연구에서 급격히 계속 발전하는 분야인 상미분방정식과 편미분방정식의 수치해법을 다룬 21장을 마친다. 이 분야의 많은 성과는 혁신적인 아이디어를 검증 및 실험할 수 있을 뿐 아니라 큰 규모의 복잡한 문제를 풀 수 있도록 하는 귀중한 도구인 컴퓨터에 의존한다. 그로 인해 이 분야에 많은 발전이 있을 수 있었다. 이러한 개념들은 현존하는 수치 알고리즘을 개선시키거나 새로운 알고리즘을 평가하는 데 기여할 뿐 아니라 다른 개념들의 발전에도 공헌할 수 있다.

연습문제 21.7

줄의 진동문제

1-3 식 (1)-(4)를 주어진 t 구간에 대해 초기파형 $f(x)$, 초기속도 0으로 $h = k = 0.2$를 사용하여 풀어라.

1. $0 = x < \frac{1}{5}$에서 $f(x) = x$, $\frac{1}{5} \leqq x \leqq 1$, $0 \leqq t \leqq 1$에서 $f(x) = \frac{1}{4}(1 - x)$
2. $f(x) = x^2 - x^3$, $0 \leqq t \leqq 2$
3. $f(x) = 0.2(x - x^2)$, $0 \leqq t \leqq 2$
4. **다른 시작조건 함수**. 12.4절의 식 (12)는 다른 시작조건

$$u_{i,1} = \frac{1}{2}(u_{i+1,0} + u_{i-1,0}) + \frac{1}{2}\int_{x_i-k}^{x_i+k} g(s)\, ds$$

를 제공함을 보여라(여기서, 적분은 필요시 수치적으로 할 수 있다). 어떠한 경우에 이것이 식 (8)과 같아지는가?

5. **0이 아닌 초기변위와 속도**. 초기조건 f와 g 모두 다음과 같이 0이 아닐 때, 계산의 시작절차를 설명하라. $f(x) = 1 - \cos 2\pi x$, $g(x) = x(1 - x)$; $h = k = 0.1$을 사용하여 2단계까지 구하라.
6. 식 (1)-(3)을 초기조건과 경계조건 $f(x) = x^2$, $g(x) = 2x$, $u_x(0, t) = 2t$, $u(1, t) = (1 + t)^2$에 대하여 $h = k = 0.2$로

5단계까지 계산하라.

7. **초기변위가 0인 경우**. 줄이 평형위치 $f(x) = 0$와 초기속도 $g(x) = \sin \pi x$로 진동을 시작한다. $t = 0.4$일 때 $x = 0.2, 0.4, 0.6, 0.8$에서 변위를 구하라. 현재의 방법($h = k = 0.2$)과 식 (8)을 이용하라. 12.4절의 식 (12)를 이용한 해석해와 비교하라.

8. 문제 7을 더 미세한 격자 $h = k = 0.1$로 풀어라. 정확도의 증가를 관찰하라.

9. 문제 8의 공식을 이용하여 문제 5의 u를 $t = 0.1$, $x = 0.1, 0.2, \cdots, 0.9$에서 풀고 결과를 비교하라.

10. 12.4절의 식 (13)으로 표현되는 d'Alembert 해를 이용하여 ($c = 1$) 이 절의 식 (6)이 참값 $u_{i,j}+1 = u(ih, (j+1)h)$를 생성함을 보여라.

21장 복습문제

1. Euler 방법과 개선된 Euler 방법을 기하학적으로 설명하라. 왜 이 방법들이 중요한가?

2. 수치해법을 얻기 위하여 Taylor 공식을 어떻게 사용하였는가?

3. 수치해법에 있어서 국부오차와 전체 오차의 차수란 무엇인가? 예를 들어라.

4. Runge-Kutta 방법의 매 단계에서 보조값을 몇 개 그리고 왜 사용하는가?

5. 적응적분(adaptive integration)이 무엇이며 어떻게 이 개념이 Runge-Kutta 방법으로 확장되었는가?

6. 단단계법과 다단계법은 무엇이며, 그 기본 개념은 무엇인가? 예를 들어라.

7. 수치 방법이 스스로 시작(self-starting)하지 못한다는 것은 무슨 뜻인가? 어떻게 그 문제를 극복할 수 있는가?

8. 예측자-수정자 방법이 무엇인가? 주요한 예를 들어라.

9. 격자크기 자동조정이 무엇인가? 언제 그것이 필요하며, 실제로 어떻게 사용하는가?

10. Runge-Kutta 방법이 연립상미분방정식으로 어떻게 확장되는가?

11. 왜 각 절에서 편미분방정식의 주요한 유형을 다뤄야 했는가? 문제 유형과 그에 따른 수치해법 목록을 만들라.

12. 유한차분(finite difference)은 언제, 어떻게 사용하는가? 본문을 보지 말고 기억나는 대로 최대한 상세히 기술하라.

13. Laplace 방정식과 Poisson 방정식은 어떻게 근사화하는가?

14. 파동방정식에서 몇 개의 초기조건을 정의하였는가? 또한 열방정식은?

15. 차분방정식은 편미분방정식의 정확한 해를 주는가?

16. 수렴 문제를 갖는 편미분방정식 수치해법은 무엇인가?

17. Euler 방법으로 $y' = y$, $y(0) = 1$을 풀어라[10단계까지, $h = 0.1$].

18. 문제 17을 $h = 0.01$ 조건으로 풀어라[10단계까지]. 오차를 계산하고 $x = 0.1$에서의 오차를 문제 17과 비교하라.

19. 개선된 Euler 방법으로 $y' = 1 + y^2$, $y(0) = 0$을 풀어라 [$h = 0.1$, 10단계까지].

20. 개선된 Euler 방법으로 $y' + y = (x + 1)^2$, $y(0) = 3$을 풀어라[$h = 0.1$, 10단계까지]. 오차를 계산하라.

21. 문제 19를 RK 방법으로 풀어라[$h = 0.1$, 5단계까지]. 오차를 계산하고 문제 19와 비교하라.

22. **공정한 비교**. $1 \leqq x \leqq 1.8$에 대해 $y' = 2x^{-1}\sqrt{y - \ln x} + x^{-1}$, $y(1) = 0$을 **(a)** Euler 방법으로 풀고($h = 0.1$) **(b)** 개선된 Euler 방법으로 풀어라($h = 0.2$). 그리고 **(c)** RK 방법으로 풀어라($h = 0.4$). 해석해가 $y = (\ln x)^2 + \ln x$임을 검증하고 각 오차를 계산하고 비교하라. 왜 비교가 공정한가?

23. Adams-Moulton 방법으로 $y' = \sqrt{1 - y^2}$, $y(0) = 0$, $h = 0.2$, $x = 0, \cdots, 1$을 풀어라(시작값 0.198668, 0.389416, 0.564637).

24. Adams-Moulton 방법으로 $y' = (x + y - 4)^2$, $y(0) = 4$, $h = 0.2$, $x = 0, \cdots, 1$을 풀어라(시작값 4.00271, 4.02279, 4.08413).

25. Euler 방법으로 $y'' = x^2 y$, $y(0) = 1$, $y'(0) = 0$을 풀어라($h = 0.1$, 5단계까지).

26. Euler 방법으로 $y_1' = y_2$, $y_2' = -4y_1$, $y_1(0) = 2$, $y_2(0) = 0$을 풀어라($h = 0.2$, 10단계까지). 오차를 계산하라.

27. Runge-Kutta 방법으로 $y'' + y = 2e^x$, $y(0) = 0$, $y'(0) = 1$을 풀어라($h = 0.2$, 5단계까지). 오차를 계산하라.

28. Runge-Kutta 방법으로 $y_1' = 6y_1 + 9y_2$, $y_2' = y_1 + 6y_2$, $y_1(0) = -3$, $y_2(0) = -3$을 풀어라($h = 0.05$, 3단계까지).

29. 그림 471과 같은 직사각형 도체 판 내부의 점 P_{11}, P_{12},

P_{13}에서의 정전위(electostatic potential)를 대략적으로 구하라. 도체 판의 전위는 그림과 같이 0, 220 V이다. 그림에 표시된 격자를 사용하라.

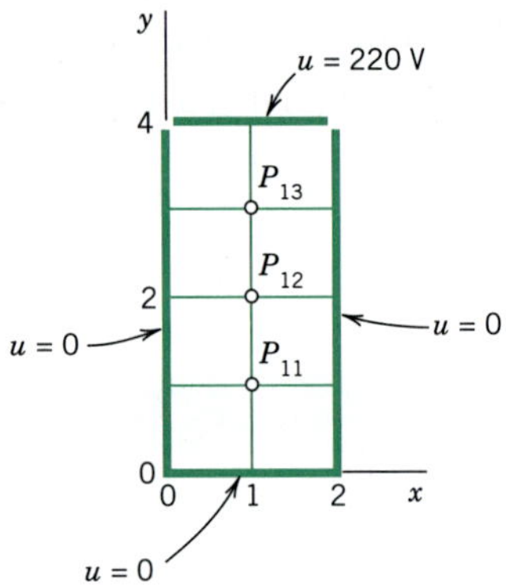

그림 471. 문제 29

30. 횡방향으로 옆면이 단열되고 $x = 0$과 $x = 1$을 양 끝으로 하고 초기온도가 0인 막대가 있다. 왼쪽 끝은 0으로 유지되고 오른쪽 끝은

$$u(t, 1) = g(t) = \sin \tfrac{25}{3} \pi t$$

로 변한다. 막대의 온도 $u(x, t)$ [21.6절의 식 (1)의 해]를 $h = 0.2$, $r = 0.5$를 사용하는 양함수법으로 풀어라(1주기, 즉 $0 \leqq t \leqq 0.24$에 대해서).

31. 진동하는 줄 문제 $u_{tt} = u_{xx}$, $u(x, 0) = x(1 - x)$, $u_t = 0$, $u(0, t) = u(1, t) = 0$를 21.7절의 방법으로 풀어라($h = 0.1$, $k = 0.1$, $t = 0.3$).

32-34 **퍼텐셜**

그림 472에 주어진 격자와 경계값을 이용하여 퍼텐셜을 구하라.

32. $u(P_{01}) = u(P_{03}) = u(P_{41}) = u(P_{43}) = 200$, $u(P_{10}) = u(P_{30}) = -400$, $u(P_{20}) = 1600$, $u(P_{02}) = u(P42) = u(P_{14}) = u(P_{24}) = u(P_{34}) = 0$

33. $u(P_{10}) = u(P_{30}) = 960$, $u(P_{20}) = -480$, 나머지 경계값은 $u = 0$

34. 위쪽과 왼쪽 변의 경계값 $u = 70$, 아랫변과 오른쪽 변의 경계값 $u = 0$

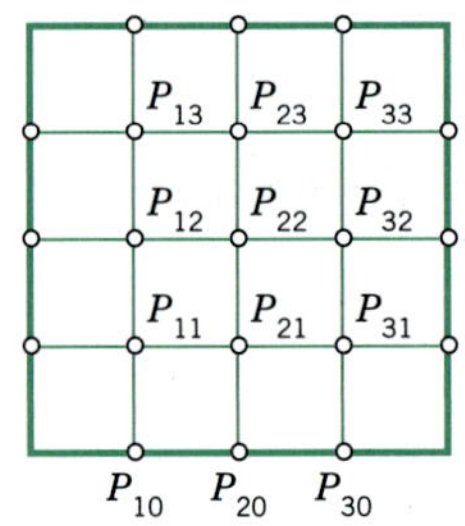

그림 472. 문제 32-34

35. Crank-Nicolson 방법으로 $u_t = u_{xx}$ $(0 \leqq x \leqq 1,\ t \geqq 0)$, $u(x, 0) = x^2(1 - x)$, $u(0, t) = u(1, t) = 0$을 풀어라($h = 0.2$, $k = 0.04$, 5단계).

21장 요약.
상미분방정식과 편미분방정식의 수치해법

이 장에서는 상미분방정식(21.1～21.3절)과 편미분방정식(21.4～21.7절)의 수치해법을 살펴보았다. 1계 상미분방정식의 예로 초기값 문제(21.1절)

$$(1) \qquad y' = f(x, y), \qquad y(x_0) = y_0$$

를 고려하고, 이에 대한 수치해법은 Taylor 공식

$$y(x + h) = y(x) + hy'(x) + \frac{h^2}{2} y''(x) + \cdots$$

을 절단하여 구할 수 있다. 항 hy' 이후를 절단하면 *Euler 방법*

$$(2) \qquad y_{n+1} = y_n + hf(x_n, y_n) \qquad (n = 0, 1, \cdots)$$

이 되고, 하나의 항을 더 고려하면 *개선된 Euler 방법*을 얻는다. 이 두 방법은 간단한 형태로 기본 원리를 이해하는 데 도움을 주지만 실제 적용하기에는 정확도가 떨어진다.

Taylor 공식을 h^4항 이후에서 절단하면 중요한 고전적 4차 **Runge-Kutta 방법**(Runge-Kutta method)을 얻는다. 이 방법의 핵심 아이디어는 도함수의 성가신 값들을 적당한 점 (x, y)에서 $f(x, y)$의 값들로 대체한다는 것이다. 각 계산 단계에서는 우선 보조값(21.1절)

$$\text{(3a)} \qquad \begin{aligned} k_1 &= hf(x_n, y_n) \\ k_2 &= hf(x_n + \tfrac{1}{2}h, y_n + \tfrac{1}{2}k_1) \\ k_3 &= hf(x_n + \tfrac{1}{2}h, y_n + \tfrac{1}{2}k_2) \\ k_4 &= hf(x_n + h, y_n + k_3) \end{aligned}$$

를 계산하고, 이를 이용하여 새로운 값

$$\text{(3b)} \qquad y_{n+1} = y_n + \tfrac{1}{6}(k_1 + 2k_2 + 2k_3 + k_4)$$

를 계산한다. 오차와 격자크기 조정은 격자크기를 반으로 줄이거나 **RKF** (Runge-Kutta-Fehlberg) 방법으로 가능하다.

21.1절의 모든 방법은 바로 이전 단계의 결과만을 이용하는 **단단계법**(one-step method)인 반면에, **다단계법**(21.2절)에서는 여러 단계의 계산결과를 사용한다. 3차 보간다항식을 적분하여 다단계법(multistep method, 21.2절)의 하나인 **Adams-Bashforth 예측자**(Adams-Bashforth predictor, 21.2절)

$$\text{(4a)} \qquad y^*_{n+1} = y_n + \tfrac{1}{24}h(55f_n - 59f_{n-1} + 37f_{n-2} - 9f_{n-3})$$

와 **Adams-Moulton 수정자**(Adams-Moulton predictor)

$$\text{(4b)} \qquad y_{n+1} = y_n + \tfrac{1}{24}h(9f^*_{n+1} + 19f_n - 5f_{n-1} + f_{n-2}),$$

를 얻는다. 여기서, $f_j = f(x_j, y_j)$이고 $f^*_{n+1} = f(x_{n+1}, y^*_{n+1})$이다. 계산을 시작하기 위해서는 y_1, y_2, y_3가 우선 Runge-Kutta 방법이나 다른 정확한 방법으로 구해야 한다.

19.3절에서는 Euler 방법과 RK 방법을 연립미분방정식

$$\mathbf{y}' = \mathbf{f}(x, \mathbf{y}), \qquad \text{즉} \qquad y'_j = f_j(x, y_1, \cdots, y_m), \qquad j = 1, \cdots, m$$

에 대해 확장한다. 이는 또한 고계 상미분방정식의 해법에도 적용되는데, 이유는 고계 상미분방정식이 치환에 의하여 연립미분방정식으로 귀착되기 때문이다. 2계 상미분방정식에 대해서는 또한 **RKN** (Runge-Kutta Nyström) **방법**을 사용할 수 있는데, 특히 f가 y'을 포함하지 않는 $y'' = f(x, y)$형에 유리하다.

편미분방정식의 수치해법은 편도함수를 차분근사로 대치하여 얻어진다. **Laplace 방정식**(Laplace equation)에 대한 차분방정식은

$$\text{(5)} \qquad u_{i+1,j} + u_{i,j+1} + u_{i-1,j} + u_{i,j-1} - 4u_{ij} = 0 \qquad \text{(21.4절 참조)}$$

이고, **열방정식**(heat equation)은

$$\textbf{(6)} \qquad \frac{1}{k}(u_{i,j+1} - u_{ij}) = \frac{1}{h^2}(u_{i+1,j} - 2u_{ij} + u_{i-1,j}) \qquad \text{(21.6절 참조)}$$

이며, **파동방정식**(wave equation)은

(7) $$\frac{1}{k^2}(u_{i,j+1} - 2u_{i,j} + u_{i,j-1}) = \frac{1}{h^2}(u_{i+1,j} - 2u_{ij} + u_{i-1,j})$$ (21.7절 참조)

로 대체된다. 여기서, h와 k는 각각 x 방향과 y 방향의 격자크기이다. 식 (6)과 (7)에서는 변수 y가 시간 t를 나타낸다.

이들은 *타원형*, *포물형*, *쌍곡형* 편미분방정식이고, 해당 수치해법은 각각 다른 특성을 갖는다. 타원형에서는 경계값 문제에 대한 ***Gauss-Seidel 방법***(***Liebmann의 방법***)과 ***ADI 방법***(21.4, 21.5절)으로 다루었고, 포물형에서는 하나의 초기조건과 경계조건들이 주어지는데 *양함수법*과 ***Crank-Nicolson 방법***으로 다루었으며(21.6절), 쌍곡형에서는 두 번째 초기조건을 다루는 수치해법을 논하였다(21.7절).

PART F

최적화, 그래프

Optimization, Graphs

Part F의 소재(내용)는 규모가 큰 실제 문제에 특히 유용하다. Part E에서 양질의 소프트웨어와 컴퓨팅 파워의 큰 유용성이 수치해석 분야의 지속적인 성장에 결정적인 요소인 것과 마찬가지로, 최적화와 조합 최적화 분야에서도 역시 결정적인 요소이다. 다양한 산업(마이크로 칩, 제약 회사, 자동차, 알루미늄, 강철, 화학 약품)에서 생산 계획의 최적화, 교통 시스템(공항 활주로, 지하철 트랙) 사용의 최적화, 발전소의 운용 효율 최적화, 최적 운송(배달 서비스, 컨테이너 운송, 공장에서 창고로 그리고 창고에서 상점으로 상품 운송), 최적의 금융 포트폴리오 설계 등과 같은 문제들은 일반적으로 문제의 크기에 따르는 최적화 소프트웨어의 사용을 요구한다. 최근 환경문제는 새로운 측면으로 등장했고, 그곳에서 환경문제와 더불어 중요한 관심사는 환경에 미치는 영향을 최소화하는 것이다. 이러한 문제를 정확하게 모델로 만드는 것이 주요 과제이다. Part F의 목적은 무제약 최적화와 제약 최적화의 주요 아이디어와 방법(22장) 및 그래프와 조합 최적화(23장)를 소개하는 것이다.

22장은 ***최급강하법***(method of steepest descent)으로 무제약 최적화를, 그리고 다목적 ***심플렉스방법***(simplex method)으로 제약 최적화를 소개한다. 심플렉스방법(22.3절, 22.4절)은 많은 선형최적화 문제(선형계획법 문제)에 매우 유용하다.

그래프(graph) 운송 물류, 통신 네트워크의 효율적인 사용, 근로자에 적합한 작업 할당 등의 문제를 모델문제로 하자. 우리는 최단 경로 문제(22.2절, 22.3절), 최단 생성 수형도(23.4절, 23.5절), 네트워크에서 흐름 문제(23.6절, 23.7절), 그리고 할당 문제(23.8절) 등을 고려한다. 우리는 Moore, Dijkstra(최단 경로), Kruskal, Prim(최단 생성 수형도), 그리고 Ford-Fulkerson(흐름) 등의 알고리즘을 논의한다.

CHAPTER 22

무제약 최적화. 선형계획법
Unconstrained Optimization. Linear Programming

최적화는 프로젝트에서 한정된 자원의 최선의("최적") 할당과 관계된 문제들과 해결 기술들의 유형을 묘사하는 데 사용하는 일반적인 용어이다. 그 문제를 최적화 문제, 그 방법을 최적화 방법이라 부른다. 전형적인 문제는 최적의 생산 계획을 선택하는 것과 같은 계획을 하고 결정을 하는 것에 대해 관심을 갖고 있다. 회사는 생산해야 할 (다른) 제품의 선택에서 각 제품을 얼마나 많이 생산해야 할 것인가를 결정해야 한다. 회사의 목적은 서로 다른 제품들이 각각 이익이 있을 때 전체 이익을 극대화하는 것이다. 또한 회사는 어떤 한계(제한)에 직면한다. 한 제품을 생산하는 데 몇 대의 기계로 몇 시간이 걸리며 기계를 다루기 위해 몇 명의 근로자가 요구되고 다른 가능한 기준들이 요구된다. 그와 같은 문제를 해결하기 위해서 첫 번째 제품으로 생산된 단위의 수를 첫 번째 변수로 놓고, 두 번째 제품으로 생산된 단위의 수를 두 번째 변수로 등등 회사가 만드는 서로 다른 제품의 수까지 변수를 지정하자. 예를 들어, 이들 변수에 가격을 곱하면 목적함수라 부르는 선형함수를 얻는다. 이들 변수로 제약조건을 표현하면 몇 개의 부등식을 얻고 이것을 제약조건이라 부른다. 또한 목적함수에 있는 변수들이 제약조건에도 나타나기 때문에 목적함수와 제약조건이 서로 수학적으로 연결되어 있으며 선형최적화 문제 또는 ***선형계획법 문제***를 설정할 수 있다.

이 장의 주된 관심은 선형계획법 문제를 설정(22.2절)하고 해를 구하는 것이다(22.3절, 22.4절). 이를 위한 유명하고 유용한 방법은 심플렉스방법이다. ***심플렉스방법***에는 목적함수와 제약조건이 7.3절에서와 같이 첨가행렬의 형태로 설정된다. 그러나 선형 제약 최적화 문제의 해를 구하는 방법은 새로운 접근법이다.

심플렉스방법의 아름다움은 수천 개 이상의 제약조건까지 문제의 규모를 확장할 수 있기 때문에 실제 상황을 모델링할 수 있다. 우리는 작은 모델로 시작하고 점차적으로 더 많은 제약조건을 추가할 수 있다. 가장 어려운 부분은 그 문제를 정확하게 모델링하는 것이다. 대규모 최적화 문제 해결의 실제 작업은 심플렉스방법을 위한 소프트웨어 실행으로 이루어지거나 혹은 다른 최적화 방법으로 이루어진다.

최적 생산 계획 이외에 최적 운송, 창고와 점포의 최적 위치, 교통 체증 완화, 운행 중인 발전소의 효율성 등과 같은 문제들이 최적화 응용 예들이다. 보다 최근의 응용은 오염 물질, 이산화탄소 방출 및 기타 요인으로 인한 환경 피해를 최소화하는 것이다. 실제, 녹색 물류와 녹색 제조업의 새로운 분야는 서서히 자연스럽게 최적화 방법을 사용하게 된다.

이 장을 위한 예비지식: 선형연립방정식의 기본적인 풀이방법

참고문헌과 연습문제 해답: 부록 1의 F부와 부록 2

22.1 기본 개념. 무제약 최적화: 최급강하법

최적화 문제(optimization problem)에서 목적은 어떤 함수 f를 *최적화*(*최대화* 혹은 *최소화*) 하는 것이다. 이 함수 f를 **목적함수**(objective fonction)라 부른다. 그것은 최적화 문제의 중심점 혹은 목표이다.

예를 들어, *최대화*할 목적함수 f는 TV 세트 생산의 총 수익, 금융 포트폴리오 반환 비율, 화학공정에서 분당 생산량, 특정 자동차의 갤런당 마일, 은행을 찾는 고객의 시간별 숫자, 철강의 강도 또는 로프의 인장 강도 등일 수 있다.

마찬가지로, 만약 f가 카메라 단위당 생산 비용, 발전소의 운영비용, 난방 시스템의 일일 열 손실, 화물 수송 트럭에서 배출되는 CO_2, 선반의 공회전 시간 혹은 범퍼를 생산하는 시간 등일 때, 우리는 f를 *최소화*하기를 원한다.

대부분의 최적화 문제에서 목적함수 f는 변수

$$x_1, \cdots, x_n$$

에 종속되어 있다. 이들의 값을 선택하여 그들을 "조정"할 수 있기 때문에 이들을 **제어 변수**(control variables)라 부른다.

예를 들면, 화학 공정에서 생산량은 압력 x_1과 온도 x_2에 종속되어 있다. 냉난방 시스템의 효율은 온도 x_1, 공기 압력 x_2, 수분 함량 x_3, 배출구의 단면적 x_4 등에 종속되어 있다.

최적화 이론은 목적함수 f를 최대화(혹은 최소화)하는 $x_1, \cdots, x_n$의 최적의 선택을 위한, 즉 $x_1, \cdots, x_n$의 최적의 값을 찾는 방법을 준다.

많은 문제에서 $x_1, \cdots, x_n$의 값의 선택은 완전히 자유로운 것이 아니라 문제와 변수들의 특성으로부터 발생하는 추가 제약들인 몇 가지 **제약조건**이 적용된다.

예를 들면, 만약 x_1이 생산 비용이면 $x_1 \geqq 0$이고, 그리고 음이 아닌 값만을 취할 수 있는 많은 다른 변수(시간, 무게, 세일즈맨의 이동 거리 등)들이 존재한다. 제약조건은 또한 (부등식 대신) 방정식의 형태를 가질 수도 있다.

먼저 함수 $f(x_1, \cdots, x_n)$의 경우에 대해 **무제약 최적화**(unconstrained optimization)를 생각하자. 또한 편리함을 위해 $\mathbf{x} = (x_1, \cdots, x_n)$와 $f(\mathbf{x})$라고 쓰자.

만약 f가 정의역 R에 있는 모든 $\mathbf{x}$에 대해서

$$f(\mathbf{x}) \geqq f(\mathbf{X}_0)$$

일 때, f는 점 $\mathbf{x} = \mathbf{X}_0$에서 **최솟값**을 가진다고 한다. 마찬가지로, 만약 f가 정의역 R에 있는 모든 $\mathbf{x}$에 대해서

$$f(\mathbf{x}) \leqq f(\mathbf{X}_0)$$

일 때, f는 $\mathbf{X}_0$에서 **최댓값**을 가진다고 한다. 최솟값과 최댓값을 합쳐 **극값**이라 부른다.

더욱이 만약 f가 $\mathbf{X}_0$의 근방에 있는 모든 $\mathbf{x}$에 대해서, 즉 충분히 적은 $r > 0$에 대해서

$$|\mathbf{x} - \mathbf{X}_0| = [(x_1 - X_1)^2 + \cdots + (x_n - X_n)^2]^{1/2} < r$$

인 모든 $\mathbf{x}$에 대해서

$$f(\mathbf{x}) \geqq f(\mathbf{X}_0)$$

일 때, f는 $\mathbf{X}_0$에서 **극소값**(local minimum)을 가진다고 말한다.

마찬가지로, 만약 $|\mathbf{x} - \mathbf{X}_0| < r$을 만족하는 모든 $\mathbf{x}$에 대해서 $f(\mathbf{x}) \leqq f(\mathbf{X}_0)$일 때, f는 $\mathbf{X}_0$에서 **극대값**(local maximum)을 가진다고 말한다.

만약 f가 *영역 R의 내부*(즉, 경계는 제외)에 있는 점 $\mathbf{X}_0$에서 극값을 갖고 미분 가능하면, 편도함수 $\partial f/\partial x_1, \cdots, \partial f/\partial x_n$는 반드시 $\mathbf{X}_0$에서 0이다. 이들은 grad f 혹은 ∇f로 표현되는 f의 벡터 **기울기**(gradient)의 성분들이다. ($n = 3$에 대해서 9.7절과 일치한다.) 따라서

$$\nabla f(\mathbf{X}_0) = \mathbf{0} \tag{1}$$

조건 (1)이 성립하는 점 $\mathbf{X}_0$를 f의 **정류점**(stationary point)이라 부른다.

조건 (1)은 R의 내부에 있는 $\mathbf{X}_0$에서 f가 극값을 가질 필요조건이지 충분조건은 아니다. 실제 $n = 1$일 때, $y = f(x)$에 대해 조건 (1)은 $y' = f'(X_0) = 0$이다. 그리고 예를 들어, $y = x^3$은 $x = X_0 = 0$에서 $y' = 3x^2 = 0$을 만족하지만 그곳에서 f는 극값을 갖지 않고 변곡점을 갖는다. 마찬가지로, $f(\mathbf{x}) = x_1x_2$에 대해서 $\nabla f(\mathbf{0}) = \mathbf{0}$이지만 f는 $\mathbf{0}$에서 극값을 갖지 않고 안장점(saddle point)을 갖는다. 따라서 식 (1)을 푼 이후 극값을 얻을 수 있는지의 여부를 확인해야 한다. $n = 1$인 경우에 미적분학에서 알고 있는 것처럼 조건 $y'(X_0) = 0$, $y''(X_0) > 0$은 X_0에서 극소값을 보장하고 조건 $y'(X_0) = 0$, $y''(X_0) < 0$은 X_0에서 극대값을 보장한다. $n > 1$에 대해서 유사한 기준이 존재한다. 그렇지만, 실제로 식 (1)을 푸는 것조차도 종종 어렵다. 이런 이유 때문에 어떤 점에서 출발하여 (만약 f의 최솟값을 원하면) f의 값이 더 작게 되는 혹은 (최댓값의 경우에) 더 크게 되는 점으로 순차적으로 옮겨 해를 찾는 과정인 반복법에 의해 해를 찾는 것을 선호한다.

최급강하법(method of steepest descent) 혹은 **기울기 방법**(gradient method)이 이에 해당하는 유형이다. 이것의 기본적인 형태를 여기서 알아보자. (자세한 내용은 부록 I의 참고문헌 [E25]를 참조.)

이 방법의 착상은 다음과 같이 변수 t의 함수 $g(t)$의 최솟값을 반복적으로 계산함으로써 $f(\mathbf{x})$의 최솟값을 찾는 것이다. f가 $\mathbf{X}_0$에서 최솟값을 갖는다고 가정하고 어떤 점 $\mathbf{x}$에서 시작하자. $\mathbf{x}$에서 f의 최급강하 방향(= 최대 감소 방향)인 $-\nabla f(\mathbf{x})$의 방향으로 직선을 따라 $\mathbf{x}$에 가장 가까이에 있는 f의 최솟값을 찾자. 즉, t의 값과 대응하는 점

$$\mathbf{z}(t) = \mathbf{x} - t\nabla f(\mathbf{x}) \tag{2}$$

를 결정하고자 한다. 이 점 $\mathbf{z}(t)$에서 함수

$$g(t) = f(\mathbf{z}(t)) \tag{3}$$

는 최솟값을 갖는다. 이 $\mathbf{z}(t)$를 $\mathbf{X}_0$의 다음 근사값으로 택하자.

예제 1 최급강하법

$\mathbf{x}_0 = (6, 3) = 6\mathbf{i} + 3\mathbf{j}$에서 출발하여 최급강하법을 이용하여 함수

$$f(\mathbf{x}) = x_1^2 + 3x_2^2 \tag{4}$$

의 최솟값을 결정하라.

풀이. 분명히 $f(\mathbf{x})$는 $\mathbf{0}$에서 최솟값을 갖는다. 해를 안다는 것은 그 방법이 어떻게 작동하는지에 대한 더 나은 느낌을 받는다. 우리는 $\nabla f(\mathbf{x}) = 2x_1\mathbf{i} + 6x_2\mathbf{j}$를 얻고 이것으로부터 다음을 얻는다.

$$\mathbf{z}(t) = \mathbf{x} - t\nabla f(\mathbf{x}) = (1 - 2t)x_1\mathbf{i} + (1 - 6t)x_2\mathbf{j}$$

$$g(t) = f(\mathbf{z}(t)) = (1 - 2t)^2 x_1^2 + 3(1 - 6t)^2 x_2^2$$

이제 도함수

$$g'(t) = 2(1 - 2t)x_1^2(-2) + 6(1 - 6t)x_2^2(-6)$$

을 $g'(t) = 0$으로 놓고 t에 관하여 풀면 다음을 얻는다.

$$t = \frac{x_1^2 + 9x_2^2}{2x_1^2 + 54x_2^2}$$

$x_0 = 6\mathbf{i} + 3\mathbf{j}$에서 시작하여 표 22.1에 있는 값들을 계산한다. 그것들은 그림 473에서 볼 수 있다.

얇은 타원의 경우에서는("길고 얇은 골짜기 같은"), 그림 473은 수렴은 보증될 수 없음을 암시한다. 이것은 식 (4)의 계수 3을 더 큰 계수로 바꾸면 확인할 수 있다. 보다 더 정교한 소프트웨어와 다른 방법에 대해서, 그들 중 어떤 것은 벡터 변수의 벡터함수에 적용 가능한데, 부록 1의 part F에 열거한 참고문헌에서 언급했다. [E25]를 참조. ■

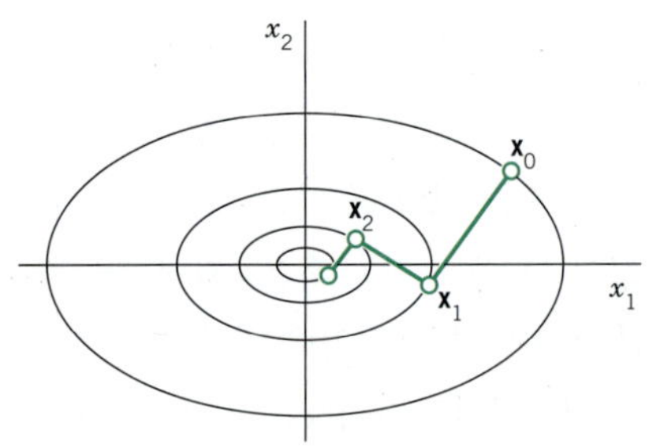

그림 473. 예제 1의 최급강하법

표 22.1 예제 1 최급강하법에 의한 계산 값

n	$\mathbf{x}$		t	$1 - 2t$	$1 - 6t$
0	6.000	3.000	0.210	0.581	−0.258
1	3.484	−0.774	0.310	0.381	−0.857
2	1.327	0.664	0.210	0.581	−0.258
3	0.771	−0.171	0.310	0.381	−0.857
4	0.294	0.147	0.210	0.581	−0.258
5	0.170	−0.038	0.310	0.381	−0.857
6	0.065	0.032			

연습문제 22.1

1. **직교성.** 예제 1에서 잇따르는 기울기들이 수직임을 보여라. 왜 그런가?
2. 최급강하법을 $f(\mathbf{x}) = x_1^2 + x_2^2$에 적용하면 어떻게 되는가? 먼저 추측하고, 그 다음에 계산하라.

3-6 최급강하법

최급강하법을 주어진 스텝까지 적용하라.

3. $f(\mathbf{x}) = 2x_1^2 + x_2^2 - 4x_1 + 4x_2$, $\mathbf{x}_0 = \mathbf{0}$, 3단계

4. $f(\mathbf{x}) = x_1^2 - x_2^2$, $\mathbf{x}_0 = (1, 2)$, 5단계. 먼저 추측하고, 그 다음에 계산하라. 경로를 그려라. 만약 $\mathbf{x}_0 = (2, 1)$일 때는 어떠한가?

5. $f(\mathbf{x}) = x_1^2 - x_2$, $\mathbf{x}_0 = (1, 1)$; **3단계.** 경로를 그려라. 이후의 스텝의 결과를 예측하라.

6. CAS 실험. 최급강하법. **(a)** 방법에 대한 프로그램을 작성하라.

(b) 프로그램을 $f(\mathbf{x}) = x_1^2 + 4x_2^2$에 적용하고, $\mathbf{x}_0$의 선택에 따른 수렴속도에 대해서 실험을 하라. **(c)** 프로그램을 $f(\mathbf{x}) = x_1^2 + x_2^4$와 $f(\mathbf{x}) = x_1^4 + x_2^4$, $\mathbf{x}_0 = (2, 1)$에 적용하라. 수준 곡선(level curve)과 강하 경로를 그려라.

22.2 선형계획법

선형계획법(linear programming) 혹은 **선형최적화**(linear optimization)는 ***제약조건을 가진*** 최적화 문제를 해결하기 위한 방법, 즉 제약조건을 만족하는 ***선형*** 목적함수

$$z = f(\mathbf{x}) = a_1x_1 + a_2x_2 + \cdots + a_nx_n$$

이 최댓값(혹은 최솟값)을 갖는 $\mathbf{x} = (x_1, \cdots, x_n)$를 찾는 방법이다. 제약조건은 $3x_1 + 4x_2 \leqq 36$ 혹은 $x_1 \geqq 0$ 등과 같은 **선형부등식**(linear inequalities)을 사용한다. 이 유형의 문제는, 예를 들면 생산, 재고 관리, 채권 거래, 발전소 운영, 배달 차량 배차, 비행기 예약 등에서 거의 매일 자주 일어난다. 컴퓨터 기술의 진보로 수백 또는 수천 개 이상의 변수를 포함한 선형계획법 문제의 해결이 가능해졌다. 선형계획법 문제의 설정과 "기하학" 해의 개념에 대해서 알아보자.

예제 1 생산계획

에너지 보호기 주식회사(Energy Savers, Inc.)는 S 유형과 L 유형의 히터를 생산한다. 도매가격은 히터당 S는 40달러 L은 88달러이다. 기계 M_1과 기계 M_2를 사용하여 히터를 만드는데 기계 M_1은 S 히터를 만드는 데 2분이 걸리고 L 히터를 만드는 데 8분이 걸린다. 기계 M_2는 S 히터를 만드는 데 5분이 걸리고 L 히터를 만드는 데 2분이 걸린다. S 히터와 L 히터의 생산 숫자를 각각 x_1과 x_2(시간당 생산된 히터 수)라 할 때, 시간별 수익

$$z = f(\mathbf{x}) = 40x_1 + 88x_2$$

가 최대가 되는 x_1과 x_2를 결정하라.

풀이. 생산 숫자 x_1과 x_2는 음이 아니다. 따라서 (최적화 될) 목적함수와 네 가지 제약조건들은 다음과 같다.

(0)	$z = 40x_1 + 88x_2$	
(2)	$2x_1 + 8x_2 \leqq 60$분	기계 M_1에 주어진 시간
(3)	$5x_1 + 2x_2 \leqq 60$분	기계 M_2에 주어진 시간
(4)	$x_1 \geqq 0$	
(5)	$x_2 \geqq 0$	

그림 474는 다음과 같이 (0)-(4)를 보여준다. 불변선인

$$z = 상수$$

는 (0)으로 표시했다. 이들은 **일정수익선**(line of constant revenue)이고, 기울기는 $-40/88 = -5/11$이다. z가 증가하면 화살표가 나타내는 것처럼, 점선은 평행하게 위로 움직인다. 등식 기호를 가진 방

정식 (1)은 (1)로 표시했다. 이것은 좌표축과 $x_1 = 60/2 = 30$ ($x_2 = 0$일 때)과 $x_2 = 60/8 = 7.5$ ($x_1 = 0$일 때)에서 만난다. 화살표는 부등식 (1)을 만족하는 점 (x_1, x_2)들이 놓여있는 변을 나타낸다. 방정식 (2)-(4)에 대해서도 마찬가지이다. 그렇게 하여 얻어진 파란색 사각형을 **실행가능영역**(feasibility region)이라 부른다. 그것은 네 개의 모든 제약조건을 만족하는 해, 즉 모든 **실행가능해**(feasible solution)들의 집합이다. 그림은 또한 O, A, B, C에서 수익을 나열했다. 최적의 해는 일정수익선을 실행가능영역을 완전히 벗어나지 않게 이동하여 얻을 수 있다. 분명히 이 최적의 해는 일정수익선이 (1)과 (2)의 교점 (10, 5)인 점 B를 통과할 때 얻어진다. 따라서 최적의 수익

$$z_{최대} = 40 \cdot 10 + 88 \cdot 5 = \$840$$

은 L 히터보다 두 배나 많이 S 히터를 생산할 때 얻어짐을 알 수 있다. ■

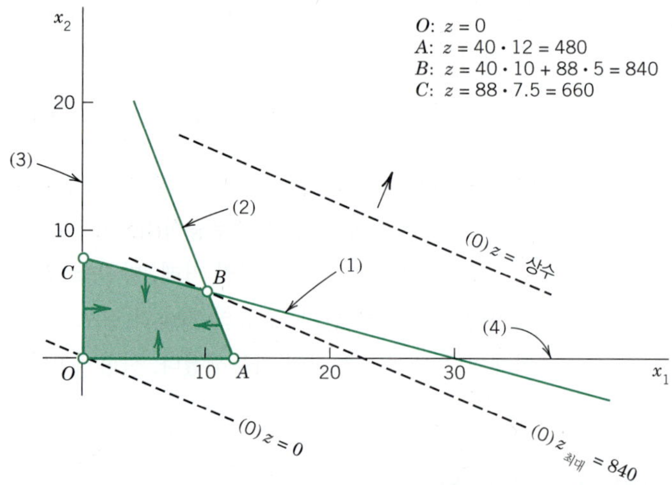

그림 474. 예제 1 선형계획법

예제 1의 문제 혹은 유사한 최적화 문제는 어떤 편도함수를 0으로 설정해서 얻을 수는 *없다*. 왜냐하면, 이러한 문제에 대해 결정적인 것은 영역에서 제어변수가 변할 수 있다는 것이다.

더욱이, 예제 1에서 설명된 "기하학" 혹은 그래픽 방법은 두 변수 x_1, x_2에 한정된다. 그렇지만, 대부분의 실제적인 문제들은 두 변수 이상의 많은 변수를 포함한다. 따라서 해를 구하기 위해서는 다른 방법이 필요하다.

선형계획법 문제의 표준형태

일반적인 해법을 준비하기 위해, 제약조건들이 더 일관성 있게 써질 수 있음을 보이자. (1)을 이용하여 아이디어를 설명하자.

$$2x_1 + 8x_2 \leqq 60$$

이 부등식을 변형하면 $60 - 2x_1 - 8x_2 \geqq 0$(그리고 역으로), 즉 수량

$$x_3 = 60 - 2x_1 - 8x_2$$

는 음이 아니다. 따라서 본래의 부등식은 이제 다음과 같이 방정식으로 쓸 수 있다.

$$2x_1 + 8x_2 + x_3 = 60,$$

여기서

$$x_3 \geqq 0$$

x_3은 부등식을 방정식으로 전환하는 데 도입된 음이 아닌 보조 변수이다. 이러한 변수는 부등식의 양쪽 사이의 차이 혹은 "이완을 바로잡기" 때문에 **이완변수**(slack variable)라 부른다.

예제 2 이완변수를 사용한 부등식 변환

두 개의 이완변수 x_3, x_4를 사용하면, 예제 1에 있는 선형계획법 문제는 다음과 같은 형태로 쓸 수 있다.

$$f = 40x_1 + 88x_2$$

제약조건에 따라 다음을 최대화하라.

$$\begin{aligned} 2x_1 + 8x_2 + x_3 \quad\quad &= 60 \\ 5x_1 + 2x_2 \quad\quad + x_4 &= 60 \\ x_i \geqq 0 \qquad (i = 1, \cdots, 4) \end{aligned}$$

우리는 이제 $n = 4$개의 변수와 $m = 2$(1차독립)개의 방정식을 가진다. 네 변수 중 두 변수 x_1, x_2는 다른 변수를 결정한다. 또한 그림 474에서 사각형의 네 변 각각은 $x_i = 0$의 형태의 방정식을 갖는다. 즉

$$OA: x_2 = 0,$$

$$AB: x_4 = 0,$$

$$BC: x_3 = 0,$$

$$CO: x_1 = 0,$$

사각형의 꼭짓점은 두 변의 교점이다. 따라서 꼭짓점에서, 변수 중 $n - m = 4 - 2 = 2$개는 0이고 다른 변수는 음이 아니다. 따라서 A에서 $x_2 = 0, x_4 = 0$을 갖는다 등등. ■

우리의 예제는 일반적인 선형최적화 문제가 다음과 같은 **표준형**(normal form)으로 주어짐을 암시한다. 아래 *제약조건에서 다음을 최대화하라.*

$$f = c_1x_1 + c_2x_2 + \cdots + c_nx_n \tag{5}$$

제약조건

$$\begin{aligned} a_{11}x_1 + \cdots + a_{1n}x_n &= b_1 \\ a_{21}x_1 + \cdots + a_{2n}x_n &= b_2 \\ \cdots\cdots\cdots\cdots\cdots\cdots \\ a_{m1}x_1 + \cdots + a_{mn}x_n &= b_m \\ x_i \geqq 0 \qquad (i = 1, \cdots, n) \end{aligned} \tag{6}$$

여기서 모든 b_j는 음이 아니다. (만약 $b_j < 0$이면 방정식에 -1을 곱한다.) 변수 $x_1, \cdots, x_n$은 이완변수를 포함한다(그것에 대해서 f에 있는 c_j들은 0이다). 식 (6)에 있는 방정식들은

1차독립이라고 가정하자. 그러면 $n - m$개의 변수의 값을 선택하면 시스템은 다른 변수의 값을 유일하게 결정한다. 물론

$$x_1 \geqq 0, \cdots, x_n \geqq 0$$

이기 때문에 이 선택은 완전히 자유롭지 않다.

또한 우리 문제는 목적함수 f의 **최소화**(minimization)를 포함한다. 왜냐하면 이것은 $-f$의 최대화에 대응하기 때문이다. 따라서 분리하여 생각할 필요가 없다.

식 (6)에 있는 모든 제약조건을 만족하는 n-순서쌍 $(x_1, \cdots, x_n)$을 *실행가능점* 혹은 **실행가능해**(feasible solution)라 부른다. 모든 실행가능해에서 목적함수 f의 값을 비교했을 때, f의 값이 가장 최대인 실행가능해를 **최적해**(optimal solution)라 부른다.

마지막으로, 변수 $x_1, \cdots, x_n$ 중 적어도 $n - m$개가 0인 실행가능해를 **기본실행가능해**(basic feasible solution)라 부른다. 예를 들어, 예제 2에서 $n = 4$, $m = 2$이고 기본실행가능해들은 그림 474에 있는 4개의 꼭짓점 O, A, B, C이다. 여기서 B는 최적해이다(이 예제에서는 유일하다).

다음 정리는 매우 중요하다.

정리 1

최적해

선형계획법 문제 (5), (6)의 몇몇 최적해는 또한 (5), (6)의 기본실행가능해이다.

증명에 대해서는 3장 참고문헌 [F5](부록 1에 열거)를 참고하라. 어떤 문제는 많은 최적해를 가질 수 있고 그들 모두는 *기본*실행가능해가 아닐 수 있다. 그러나 정리는 기본실행가능해를 통해 검색하여 최적의 해를 찾을 수 있음을 보장해준다. 이것은 굉장한 단순화이다. 그러나 n개의 변수 중 $n - m$개의 변수를 0과 동일시하는 서로 다른 방법의 수는 $\binom{n}{n-m} = \binom{n}{m}$가지가 존재하기 때문에, 이들 가능성 모두를 고려하여 실행 가능하지 않은 것들을 빼내고 나서 n과 m이 상대적으로 작을 때조차도, 나머지를 통해 검색하는 작업은 여전히 많다. 따라서 체계적인 검색이 필요하다. 이 유형의 중요한 방법을 다음 절에서 설명할 것이다.

연습문제 22.2

1-3 지역, 제한

주어진 부등식에 의해 결정된 x_1x_2-평면의 1사분면에 영역을 그리고 설명하라.

1. $x_1 - 3x_2 \geqq -6$
$x_1 + x_2 \leqq 6$

2. $-x_1 + x_2 \geqq 0$
$x_1 + x_2 \leqq 5$
$-2x_1 + x_2 \leqq 16$

3. $x_1 + x_2 \geqq 2$
$3x_1 + 5x_2 \geqq 15$

$2x_1 - x_2 \geqq -2$

$-x_1 + 2x_2 \leqq 10$

4. **최대의 위치**. 그림 474에 있는 사각형의 내부의 점에서 최대를 갖는 이익 $f(x_1, x_2) = a_1x_1 + a_2x_2$을 찾을 수 있는가? 답에 대한 이유를 주어라.

5. **이완변수**. 이완변수는 왜 음이 아닌가? 이완변수는 얼마나 필요한가?

6. 예제 1에 있는 문제의 관점에서 예제 2에 있는 이완변수 x_3, x_4는 무엇을 의미하는가?

7. **유일성**. (예제 1에서와 같이) 항상 유일한 해를 기대할 수 있는가?

8-10 최대화, 최소화

주어진 제약조건에 따라 주어진 목적함수 f를 최대화 혹은 최소화하라.

8. 문제 2에 있는 영역에서 $f = 30x_1 + 10x_2$을 최대화하라.

9. 문제 2에 있는 영역에서 $f = 5x_1 + 25x_2$을 최대화하라.

10. 제약조건 $4x_1 + 3x_2 \geqq 12$, $x_1 - x_2 \geqq -3$, $x_2 \leqq 6$, $2x_1 - 3x_2 \leqq 0$에 따라 $f = 20x_1 + 30x_2$을 최대화하라.

11. **최대이익**. 미국 금속 주식회사(United Metal, Inc.)는 합금 B_1(특별한 놋쇠)과 B_2(노란 톰백)를 생산한다. B_1은 50% 구리와 50% 아연을 포함한다. (보통의 놋쇠는 대략 65% 구리와 35% 아연을 포함한다.) B_2는 75% 구리와 25% 아연을 포함한다. 순이익은 B_1은 톤당 120달러이고 B_2는 톤당 100달러이다. 매일 구리 공급은 45톤이다. 매일 아연 공급은 30톤이다. 일일 생산의 순이익을 최대화하라.

12. **최대이익**. DC 제약회사는 두 가지 유형의 액체 진통제, N(보통)과 S(슈퍼)를 생산한다. N의 각 병은 약물 A 2단위, 약물 B 1단위, 약물 C는 1단위를 요구한다. S의 각 병은 A 1단위, B 1단위, C 3단위를 요구한다. 회사는 매주 A 1400단위, B 800단위, C 1800단위만 생산한다. N과 S의 병당 이익은 각각 11달러와 15달러이다. 전체 이익을 최대화하라.

13. **영양**. 음식 A와 B는 각각 600칼로리와 500칼로리를 가지고 있고, 15 g과 30 g의 단백질을 포함하고 있다. 그리고 비용이 각각 단위당 1.8달러와 2.1달러이다. 적어도 150 g의 단백질을 포함하여 적어도 3900칼로리의 다이어트를 위한 최소비용을 구하라.

22.3 심플렉스방법

앞 절 내용을 바탕으로 다음을 상기하자. 선형최적화 문제(선형계획법 문제)는 다음과 같이 표준형으로 쓸 수 있다.

최대화

$$z = f(x) = c_1x_1 + \cdots + c_nx_n \tag{1}$$

제약조건

$$\begin{aligned} a_{11}x_1 + \cdots + a_{1n}x_n &= b_1 \\ a_{21}x_1 + \cdots + a_{2n}x_n &= b_2 \\ &\cdots\cdots\cdots \\ a_{m1}x_1 + \cdots + a_{mn}x_n &= b_m \\ x_i \geqq 0 \qquad (i &= 1, \cdots, n) \end{aligned} \tag{2}$$

이 문제의 최적해를 구하기 위해서, (22장 2절에서 정의된) **기본실행가능해**(basic feasible solution)들만 생각하는 것이 필요하지만, 너무 많은 기본실행가능해가 있어서 체계적인 검색절차를 수행해야 한다. 1948년에 G. B. Dantzig[1]은 최적해를 구하는 **심플렉스방법**(simplex method)이라 부르는 반복법을 발표하였다. 이 방법에서는 하나의 기본실행가능해로부터 목적함수 f의 값을 항상 증가시키는 방법으로 다른 기본실행가능해로 단계적으로 진행된다. 앞 절에서 다룬 예제를 사용하여 이 방법을 설명하자.

원래 형식에서 문제는 목적함수

$$z = 40x_1 + 88x_2$$

을 제약조건

$$\begin{aligned} 2x_1 + 8x_2 &\leqq 60 \\ 5x_1 + 2x_2 &\leqq 60 \\ x_1 \qquad &\geqq 0 \\ x_2 &\geqq 0 \end{aligned}$$

하에서 최적화하는 것이다. 처음 두 개의 부등식을 두 개의 이완변수 x_3, x_4를 도입하여 방정식으로 변환하면 예제 2에 있는 문제의 **표준형**(normal form)을 얻는다. 목적함수(방정식 $z - 40x_1 - 88x_2 = 0$으로 표현된다)와 함께 이 표준형은

$$\begin{aligned} z - 40x_1 - 88x_2 \qquad\qquad &= 0 \\ 2x_1 + 8x_2 + x_3 \qquad &= 60 \\ 5x_1 + 2x_2 \qquad + x_4 &= 60 \end{aligned} \tag{3}$$

여기서 $x_1 \geqq 0, \cdots, x_4 \geqq 0$. 이것은 선형연립방정식이다. 최적해를 구하기 위해서 이것의 **확대행렬**(augmented matrix, 7.3절 참조)

$$\mathbf{T}_0 = \left[\begin{array}{c|cc|cc|c} 1 & -40 & -88 & 0 & 0 & 0 \\ \hline 0 & 2 & 8 & 1 & 0 & 60 \\ 0 & 5 & 2 & 0 & 1 & 60 \end{array}\right] \tag{4}$$

(열: z, x_1, x_2, x_3, x_4, b)

[1]GEORGE BERNARD DANTZIG(1914-2005). 그는 미국 수학자이며, 선형계획법의 선구자이고 심플렉스방법의 창시자이다. 그의 말에 따르면(G. B. Dantzig, Linear programming: The story of how it began, in J. K. Lenestra et al., *History of Mathematical Programming*: *A Collection of Personal Reminiscences*. Amsterdam: Elsevier, 1991, pp. 19-31 참조), 그는 특별히 Wassilly Leontief의 인풋 아웃풋 모델(8.2절 참조)에 관심을 가졌고, 규모가 큰 프로그래밍 (실행 계획) 문제를 해결하는 유명한 방법을 발명했다. 게다가 Leontief, Dantzig은 선형계획법에서 그들의 선구적인 작업을 위해 다른 사람들과 유대 관계를 가졌다. 즉, 프린스톤 대학의 첨단 연구소에서 근무하는 헝가리 미국 수학자이고 게임 이론, 컴퓨터 과학, 함수해석학, 집합론, 양자역학, 에르고드 이론, 그리고 다른 많은 분야에 공헌을 한 JOHN VON NEUMANN(1903-1957)과 러시아 경제학자이고 노벨 수상자인 LEONID VITALIYEVICH KANTOROVICH(1912-1986), 그리고 독일계 미국 경제학자이고 최적 자원 배분 이론에 공헌한 공로로 1975년에 경제학 부분에서 노벨상을 받은 TJALLING CHARLES KOOPMANS(1910-1985)이다. Dantzig은 선형계획법 분야 설립에 추진력이 있었고, 스탠포드 대학에서 변환과학, 작동연구, 컴퓨터과학의 교수가 되었다. 그의 업적에 대해서는 R. W. Cottle (sd), *The Basic George B. Dantzig*. Palo alto, CA: Stanford university Press, 2003을 참조하라.

을 생각하자. 이 행렬을 **심플렉스 테이블**(*초기 심플렉스 테이블*)이라 부른다. 점선과 문자

$$z, \quad x_1, \quad \cdots, \quad b$$

는 추가 조작의 용이성을 위한 것이다.

모든 심플렉스 테이블은 두 가지 유형의 변수들 x_j를 포함한다. 0이 아닌 항목을 한 개만 가진 열을 **기본변수**(basic variables)라 한다. 따라서 식 (4)에서 x_3, x_4는 기본변수이고 x_1, x_2는 **비기본변수**(nonbasic variables)이다.

모든 심플렉스 테이블은 기본실행해를 준다. 그것은 비기본변수를 0으로 설정함으로써 얻어진다. 따라서 식 (4)는 기본실행해

$$x_1 = 0, \qquad x_2 = 0, \qquad x_3 = 60/1 = 60, \qquad x_4 = 60/1 = 60, \qquad z = 0$$

을 준다. 여기서 x_3는 두 번째 행으로부터 얻어지고 x_4는 세 번째 행으로부터 얻어진다.

최적해(그것의 위치와 값)는 이제 z의 최댓값에 도달할 때까지 z의 값이 점점 더 높은 값을 갖는 기본실행가능해를 택하도록 설계된 추축연산(pivoting)에 의해 단계적으로 얻어진다. 여기서 **추축방정식**(pivot equation)의 선택과 **추축**(pivot)은 Gauss 소거법에서의 그것과 완전히 다르다. 그 이유는 x_1, x_2, x_3, x_4가 음이 아닌 값으로 제한된 것이다.

1단계. 조작 O_1: 추축(pivot) 열의 선택

1행에서 음수 항을 가진 첫 번째 열을 추축 열로 선택한다. 식 (4)에서 추축 열은 2열이다 (-40 때문에).

조작 O_2: 추축 행의 선택. 오른쪽 측면을[식 (4)에서 60과 60] 방금 선택한 열의 항들로 대응하는 항들을 나눈다($60/2 = 30$, $60/5 = 12$). ***가장 작은*** 몫을 주는 방정식을 추축방정식으로 택한다. 따라서 추축은 60/5가 가장 작기 때문에 5이다.

조작 O_3: 행 연산에 의한 소거. 행 연산은 추축 위와 아래에 0을 준다(7.8절, Gauss-Jordan 소거법에서와 같이).

7.3절에서 소개한 행 연산에 대한 표기법을 가지고, 1단계에서의 계산들은 식 (4)에 있는 심플렉스 테이블 $\mathbf{T}_0$로부터 ***이전 테이블***에 참조하는 파란 글자를 가진 다음과 같은 심플렉스 테이블(확대행렬)을 준다.

$$\text{(5)} \qquad \mathbf{T}_1 = \left[\begin{array}{c|cc|cc|c} 1 & 0 & -72 & 0 & 8 & 480 \\ \hline 0 & 0 & 7.2 & 1 & -0.4 & 36 \\ 0 & 5 & 2 & 0 & 1 & 60 \end{array}\right] \begin{array}{l} \text{1행} + (8) \times \text{3행} \\ \text{2행} - (0.4) \times \text{3행} \\ \\ \end{array}$$

(열: z, x_1, x_2, x_3, x_4, b)

기본변수들은 x_1, x_3이고 비기본변수들은 x_2, x_4임을 알 수 있다. 비기본변수에 0을 대입하면 $\mathbf{T}_1$으로 주어진 기본실행가능해를 얻는다.

$$x_1 = 60/5 = 12, \qquad x_2 = 0, \qquad x_3 = 36/1 = 36, \qquad x_4 = 0, \qquad z = 480$$

이것은 (22.2절) 그림 474에 있는 A이다. 따라서 $z = 0$을 갖는 O: (0, 0)에서 $z = 480$을 갖는 A: (12, 0)으로 옮겨간다. 이 증가에 대한 이유는 음수 계수를 갖는 항($-40x_1$)을 소거하

기 때문이다. 따라서 ***소거는*** 1행에 있는 ***음수 항목에만 적용***하고 다른 항목에는 적용하지 않는다. 이것이 추축 *열* 선택의 이유이다.

이제 추축 *행*의 선택에 동기를 부여하자. 만약에 $\mathbf{T}_0$의 두 번째 행을 추축으로 택하면(따라서 2가 추축이다), $z = 1200$을 얻을 수 있다(증명하자!), 그러나 이 일정 수익 선 $z = 1200$은 그림 474에 있는 실행가능영역 밖에 완전히 놓여있다. 이것이 가장 작은 몫 $(60/5 = 12)$을 주기 때문에 추축으로 항목 5를 선택한 이유이다.

2단계. 식 (5)로 주어진 기본실행가능해는 아직 최적해가 아니다. 그 이유는 1행에 있는 음수 항 -72 때문이다. 따라서 다음과 같은 조작 O_1에서 O_3까지 다시 수행하여 -72가 있는 열에서 추축을 선택한다.

조작 O_1: 추축 열로 식 (5)에 있는 $\mathbf{T}_1$의 3열을 선택한다(왜냐하면 $-72 < 0$이기 때문에).

조작 O_2: $36/7.2 = 5$와 $60/2 = 30$을 얻는다. 추축으로 7.2를 선택한다(왜냐하면 $5 < 30$이기 때문에).

조작 O_3: 행 연산 소거는

$$\text{(6)} \qquad \mathbf{T}_2 = \begin{array}{c} \begin{matrix} z & x_1 & x_2 & x_3 & x_4 & b \end{matrix} \\ \left[\begin{array}{c|cc|cc|c} 1 & 0 & 0 & 10 & 4 & 840 \\ \hline 0 & 0 & 7.2 & 1 & -0.4 & 36 \\ 0 & 5 & 0 & -\dfrac{1}{3.6} & \dfrac{1}{0.9} & 50 \end{array}\right] \end{array} \quad \begin{array}{l} \text{1행} + (10) \times \text{2행} \\ \\ \text{3행} - \left(\dfrac{2}{7.2}\right) \times \text{2행} \end{array}$$

을 준다. 이제 x_1, x_2는 기본변수이고 x_3, x_4는 비기본변수임을 알았다. 비기본변수에 0을 설정하면 $\mathbf{T}_2$로부터 기본실행가능해

$$x_1 = 50/5 = 10, \qquad x_2 = 36/7.2 = 5, \qquad x_3 = 0, \qquad x_4 = 0, \qquad z = 840$$

을 얻을 수 있다. 이것은 그림 474 (22.2절)에 있는 B이다. 이 과정에서, $\mathbf{T}_1$에서 -72의 소거 때문에 z는 480에서 840으로 증가했다. $\mathbf{T}_2$는 1행에 더 이상 음수 항을 가지지 않기 때문에 $z = f(10, 5) = 40 \cdot 10 + 88 \cdot 5 = 840$은 가능한 최대 수익이다. 이것은 L 히터보다 두 배나 많은 S 히터를 생산할 때 얻어진다. 이것이 선형계획법의 심플렉스방법에 의한 문제의 해이다. ■

최소화. 만약 $z = f(\mathbf{x})$(최대화 대신)를 ***최소화***를 원한다면, 추축 열로 1행에 있는 항목이 ***양수***(음수 대신에)인 것을 택한다. 그와 같은 k열에서 단지 양수 항 t_{jk}를 생각하고 b_j/t_{jk}가 가장 작은 t_{jk}를 (이전과 같이) 추축으로 택한다. 문제에서 예를 들어 보자.

연습문제 22.3

1-6 심플렉스방법

표준형으로 쓰고, 그리고 심플렉스방법으로 해를 구하라. 모든 x_j는 음이 아닌 것으로 가정한다.

1. 다른 제약조건을 가진 교과서 예제에 있는 문제

2. 제약조건 $3x_1 + 4x_2 \leqq 60$, $4x_1 + 3x_2 \leqq 60$, $10x_1 + 2x_2 \leqq 120$에 따라 $f = 3x_1 + 2x_2$를 최대화하라.

3. 제약조건 $-2x_1 + 10x_2 \leqq 5$, $2x_1 + 5x_2 \leqq 10$에 따라 $f = 5x_1 - 20x_2$를 최소화하라.

4. AA 배터리는 P_1 과정에 의해 x_1개, P_2 과정에 의해 x_2개, 그리고 A 배터리는 P_3 과정에 의해 x_3개, P_4 과정에 의해 x_4개 생산된다고 가정하자. 100개의 배터리에 대한 이익은 AA는 10달러이고 A는 20달러이다. 다음에 주어진 제약조건에 따라 총 이익을 최대화하라.

$$12x_1 + 8x_2 + 6x_3 + 4x_4 < 120 \text{ (재료)}$$
$$3x_1 + 6x_2 + 12x_3 + 2x_4 \leqq 180 \text{ (인건비)}$$

5. x_1개의 금속 프레임 F_1(프레임당 90달러 이익)과 x_2개의 금속 프레임 F_2(프레임당 50달러 이익)를 생산하는데 다음에 주어진 제약조건에 따라 일일 이익을 최대화하라.

$x_1 + 3x_2 \leqq 18$(재료), $x_1 + x_2 \leqq 10$(기계 시간), $3x_1 + x_2 \leqq 24$(인건비).

6. 22장 2절 문제 13번

7. **CAS 실험. 심플렉스방법.** **(a)** x_1x_2-평면의 1사분면에 선형제약조건에 의해 결정되는 영역 R을 나타내는 프로그램을 작성하라.

(b) R에서 $z = a_1x_1 + a_2x_2$를 최대화하는 프로그램을 작성하라.

(c) 선형 제약조건에 따라 $z = a_1x_1 + \cdots + a_nx_n$을 최대화하는 프로그램을 작성하라.

(d) 이전 연습문제와 이 연습문제에 있는 문제들에 독자의 프로그램을 적용하라.

22.4 심플렉스방법: 어려움

심플렉스방법에 의한 선형최적화 문제 해결에서 하나의 기본실행가능해로부터 다른 해로 단계적으로 진행했다. 그렇게 하는 동안 목적함수의 값이 증가하였다. 이 단계적인 절차는 최적해를 얻을 때까지 계속 진행된다. 이것이 22.3절에서 소개된 전부였다. 그러나 그 방법은 항상 원활하게 진행되지 않는다. 때로는 아주 드물게 실용에서 두 가지 어려움을 만난다. 첫 번째는 퇴화이고 두 번째는 시작에서 어려움이 있다.

퇴화

퇴화실행가능해(degenerate feasible solution)는 실행가능해로서 그 점에서 보통 $n - m$개보다 더 많은 변수들이 0이다. 여기서 n은 변수(이완변수와 다른 변수)의 개수이고 m은 제약조건의 개수이다($x_j \geqq 0$ 조건은 세지 않는다). 앞 절에서 $n = 4$, $m = 2$이고 발생한 기본실행가능해들은 비퇴화이다. $n - m = 2$개의 변수들이 각각의 이러한 해에서 0이었다.

퇴화실행가능해의 경우에 제거 단계를 추가로 실행한다. 그 과정에서 기본변수는 0이고 그로 인하여 해는 기본이 아닌 변수가 된다(그리고 기본이 아닌 변수는 대신에 기본변수가 된다). 대표적인 예를 통해 이것을 설명하자. 더 복잡한 경우와 방법(실제에서 필요한)에 대해서는 부록 1에 있는 참고문헌 [F5]를 참조하라.

예제 1 심플렉스방법, 퇴화실행가능해

AB 철강 주식회사는 두 종류의 철 I_1, I_2를 아래에 주어지는 세 종류의 원료 R_1, R_2, R_3(스크랩 철과 두 종류의 광석)를 이용하여 생산한다. 일일 수익을 최대화하라.

원자재	톤당 필요한 원자재		하루에 이용할 수 있는 원자재(톤)
	철 I_1	철 I_2	
R_1	2	1	16
R_2	1	1	8
R_3	0	1	3.5
톤당 순이익	\$150	\$300	

풀이. x_1과 x_2를 각각 하루에 생산하는 철 I_1과 I_2의 양(톤으로)이라 놓자. 그러면 우리의 문제는 다음과 같다. 목적함수

$$z = f(x) = 150x_1 + 300x_2 \qquad (1)$$

를 제약조건 $x_1 \geqq 0, x_2 \geqq 0$이며

$$\begin{aligned} 2x_1 + x_2 &\leqq 16 \qquad (\text{재료 } R_1) \\ x_1 + x_2 &\leqq 8 \qquad (\text{재료 } R_2) \\ x_2 &\leqq 3.5 \qquad (\text{재료 } R_3) \end{aligned}$$

에 따라 최대화하라. 이완변수 x_3, x_4, x_5를 도입함으로써 제약조건

$$\begin{aligned} 2x_1 + x_2 + x_3 \qquad\qquad &= 16 \\ x_1 + x_2 \qquad + x_4 \qquad &= 8 \\ x_2 \qquad\qquad + x_5 &= 3.5 \\ x_i \geqq 0 \qquad (i = 1, \cdots, 5) \end{aligned} \qquad (2)$$

의 표준형을 얻는다. 앞 절에서와 같이 식 (1)과 (2)로부터 초기 심플렉스 테이블

$$\mathbf{T}_0 = \left[\begin{array}{c|cc|ccc|c} z & x_1 & x_2 & x_3 & x_4 & x_5 & b \\ \hline 1 & -150 & -300 & 0 & 0 & 0 & 0 \\ \hline 0 & 2 & 1 & 1 & 0 & 0 & 16 \\ 0 & 1 & 1 & 0 & 1 & 0 & 8 \\ 0 & 0 & 1 & 0 & 0 & 1 & 3.5 \end{array}\right] \qquad (3)$$

을 얻는다. x_1, x_2는 기본이 아닌 변수이고 x_3, x_4, x_5는 기본변수임을 알 수 있다. $x_1 = x_2 = 0$으로 놓으면 식 (3)으로부터 기본실행가능해

$$x_1 = 0, \quad x_2 = 0, \quad x_3 = 16/1 = 16, \quad x_4 = 8/1 = 8, \quad x_5 = 3.5/1 = 3.5, \quad z = 0$$

를 얻는다. 이것은 그림 475에서 O: (0, 0)이다. $n = 5$개의 변수 x_j를 가졌고, $m = 3$개의 제약조건과 $n - m = 2$개의 변수는 우리의 해에서 0과 같고, 따라서 그곳은 비퇴화이다.

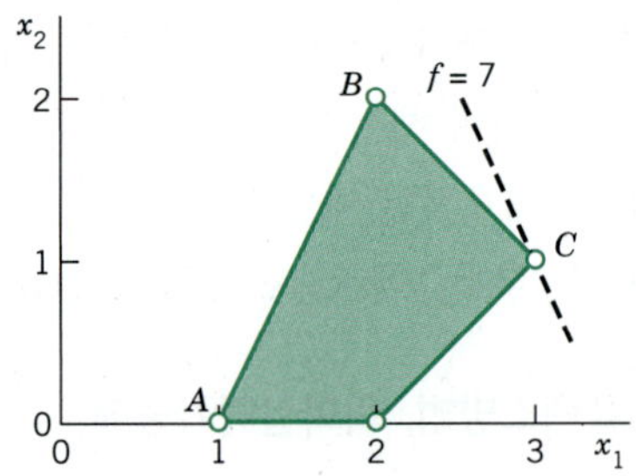

그림 475. 예제 1, A는 퇴화이다.

추축연산(pivoting) 1단계

조작 O_1: 추축 열 선택. 2열(왜냐하면 $-150 < 0$).

조작 O_2: 추축 행 선택. $16/2 = 8$, $8/1 = 8$; $3.5/0$은 불가능. 따라서 2행 혹은 3행을 선택할 수 있다. 2행을 선택하자. 추축은 2이다.

조작 O_3: 행 연산에 의한 소거. 이것은 다음과 같은 심플렉스 테이블

(4)

$$\mathbf{T}_1 = \left[\begin{array}{c|ccc|cc|c} z & x_1 & x_2 & x_3 & x_4 & x_5 & b \\ \hline 1 & 0 & -225 & 75 & 0 & 0 & 1200 \\ \hline 0 & 2 & 1 & 1 & 0 & 0 & 16 \\ 0 & 0 & \frac{1}{2} & -\frac{1}{2} & 1 & 0 & 0 \\ 0 & 0 & 1 & 0 & 0 & 1 & 3.5 \end{array}\right] \quad \begin{array}{l} \\ 1\text{행} + (75) \times 2\text{행} \\ \\ 3\text{행} - (\tfrac{1}{2}) \times 2\text{행} \\ 4\text{행} \end{array}$$

를 준다. 기본변수는 x_1, x_4, x_5이고 기본이 아닌 변수는 x_2, x_3임을 알 수 있다. 기본이 아닌 변수에 0을 설정하면 $\mathbf{T}_1$으로부터 기본실행가능해

$$x_1 = 16/2 = 8, \quad x_2 = 0, \quad x_3 = 0, \quad x_4 = 0/1 = 0, \quad x_5 = 3.5/1 = 3.5, \quad z = 1200$$

을 얻는다. 이것은 그림 475에서 A: (8, 0)이다. 이 해는 퇴화이다. 왜냐하면 $x_4 = 0$(추가로 $x_2 = 0$, $x_3 = 0$)이기 때문이다. 기하학적으로 직선 $x_4 = 0$은 A를 지난다. 이것은 다음 단계를 요구한다. x_4는 기본이 아닌 변수가 될 것이다.

추축연산(pivoting) 2단계

조작 O_1: 추축 열 선택. 3열(왜냐하면 $-225 < 0$).

조작 O_2: 추축 행 선택. $16/1 = 16$, $0/(\frac{1}{2}) = 0$. 따라서 $\frac{1}{2}$은 반드시 추축 역할을 한다.

조작 O_3: 행 연산에 의한 소거. 이로부터 다음과 같은 심플렉스 테이블

(5)

$$\mathbf{T}_2 = \left[\begin{array}{c|cc|ccc|c} z & x_1 & x_2 & x_3 & x_4 & x_5 & b \\ \hline 1 & 0 & 0 & -150 & 450 & 0 & 1200 \\ \hline 0 & 2 & 0 & 2 & -2 & 0 & 16 \\ 0 & 0 & \frac{1}{2} & -\frac{1}{2} & 1 & 0 & 0 \\ 0 & 0 & 0 & 1 & -2 & 1 & 3.5 \end{array}\right] \quad \begin{array}{l} \\ 1\text{행} + (450) \times 3\text{행} \\ 1\text{행} - (-2) \times 3\text{행} \\ \\ 4\text{행} - (2) \times 3\text{행} \end{array}$$

를 얻는다. 기본변수는 x_1, x_2, x_5이고 기본이 아닌 변수는 x_3, x_4임을 알 수 있다. 의도했던 대로 x_4는 기본이 아닌 변수가 되었다. 기본이 아닌 변수에 0을 대입하면 $\mathbf{T}_2$로부터 기본실행가능해

$$x_1 = 16/2 = 8, \quad x_2 = 0/\tfrac{1}{2} = 0, \quad x_3 = 0, \quad x_4 = 0, \quad x_5 = 3.5/1 = 3.5, \quad z = 1200$$

을 얻는다. 이것은 그림 475에서 아직 A: (8, 0)이다. 그리고 z는 증가하지 않았다. 그러나 이것은 다음 단계에서 도달하는 최대화의 길을 제공한다.

추축연산(pivoting) 3단계

조작 O_1: 추축 열 선택. 4열(왜냐하면 $-150 < 0$).

조작 O_2: 추축 행 선택. $16/2 = 8$, $0/(-\frac{1}{2}) = 0$, $3.5/1 = 3.5$. 추축으로 1을 택할 수 있다($-\frac{1}{2}$을 추축을 가지면 A를 떠날 수 없을 것이다. 시도해 보라).

조작 O_3: 행 연산에 의한 소거. 이로부터 다음과 같은 심플렉스 테이블

(6)

$$\mathbf{T}_3 = \left[\begin{array}{c|cc|ccc|c} z & x_1 & x_2 & x_3 & x_4 & x_5 & b \\ \hline 1 & 0 & 0 & 0 & 150 & 150 & 1725 \\ \hline 0 & 2 & 0 & 0 & 2 & -2 & 9 \\ 0 & 0 & \frac{1}{2} & 0 & 0 & \frac{1}{2} & 1.75 \\ 0 & 0 & 0 & 1 & -2 & 1 & 3.5 \end{array}\right] \quad \begin{array}{l} \\ 1\text{행} + (150) \times 4\text{행} \\ 2\text{행} - (2) \times 4\text{행} \\ 3\text{행} + (\tfrac{1}{2}) \times 4\text{행} \\ \\ \end{array}$$

을 얻는다. 기본변수는 x_1, x_2, x_3이고 기본이 아닌 변수는 x_4, x_5임을 알 수 있다. 기본이 아닌 변수에 0을 대입하면 $\mathbf{T}_3$으로부터 기본실행가능해

$$x_1 = 9/2 = 4.5, \quad x_2 = 1.75/\tfrac{1}{2} = 3.5, \quad x_3 = 3.5/1 = 3.5, \quad x_4 = 0, \quad x_5 = 0, \quad z = 1725$$

를 얻는다. 이것은 그림 475에서 B: (4.5, 3.5)이다. $\mathbf{T}_3$의 1행은 음수 항(entries)을 가지고 있지 않기 때문에 최대 매일 수익 $z_{최대} = f(4.5, 3.5) = 150 \cdot 4.5 + 300 \cdot 3.5 = 1725$달러에 도달한다. 이것은 4.5톤 철 I_1과 3.5톤 철 I_2를 사용하면 얻어진다. ■

시작의 어려움

어려움의 두 번째 유형으로서, 출발점으로 시작할 하나의 기본실행가능해를 찾는 것이 때로는 어려울 수 있다. 이 같은 경우에 하나의 **인위변수**(artificial variable, 혹은 여러 개의 인위변수)의 아이디어가 필요하다. 대표적인 예를 통해 이 방법을 알아보자.

예제 2 심플렉스방법: 시작의 어려움, 인위변수

목적함수

$$z = f(\mathbf{x}) = 2x_1 + x_2 \tag{7}$$

을 제약조건 $x_1 \geqq 0, x_2 \geqq 0$와(그림 476)

$$x_1 - \tfrac{1}{2}x_2 \geqq 1$$
$$x_1 - x_2 \leqq 2$$
$$x_1 + x_2 \leqq 4$$

에 따라 최대화하라.

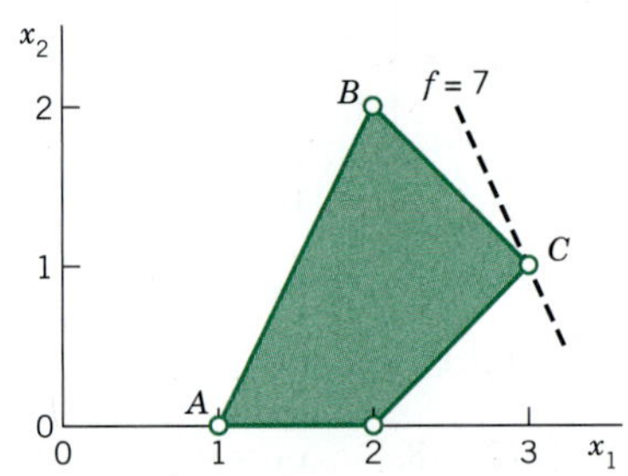

그림 476. 예제 2의 실행가능영역

풀이. 이완변수의 사용으로 제약조건의 표준형

$$\begin{aligned} z - 2x_1 - x_2 \qquad\qquad &= 0 \\ x_1 - \tfrac{1}{2}x_2 - x_3 \qquad &= 1 \\ x_1 - x_2 \quad + x_4 \quad &= 2 \\ x_1 + x_2 \qquad + x_5 &= 4 \\ x_i \geqq 0 \quad (i = 1, \cdots, 5)& \end{aligned} \tag{8}$$

을 얻는다. 첫 번째 이완변수는 음수(혹은 0)이다. 이것은 실행가능영역(그리고 외부에서는 음수) 내에서 x_3을 음이 아니게 만든다. 식 (7)과 (8)로부터 심플렉스 테이블

$$\begin{array}{c|cc|ccc|c} z & x_1 & x_2 & x_3 & x_4 & x_5 & b \\ \hline 1 & -2 & -1 & 0 & 0 & 0 & 0 \\ \hline 0 & 1 & -\tfrac{1}{2} & -1 & 0 & 0 & 1 \\ 0 & 1 & -1 & 0 & 1 & 0 & 2 \\ 0 & 1 & 1 & 0 & 0 & 1 & 4 \end{array}$$

을 얻는다. x_1, x_2는 기본이 아닌 변수이고 x_3, x_4, x_5는 기본변수들임을 알 수 있다. 기본이 아닌 변수에 0을 대입하면, 위 테이블로부터

$$x_1 = 0, \qquad x_2 = 0, \qquad x_3 = 1/(-1) = -1, \qquad x_4 = \tfrac{2}{1} = 2, \qquad x_5 = \tfrac{4}{1} = 4, \qquad z = 0$$

을 얻는다. $x_3 < 0$은 (0, 0)이 실행가능영역 외부에 놓여 있음을 말해준다. $x_3 < 0$이므로 즉시 처리할 수가 없다. 이제 다른 기본변수를 찾는 대신에 다음과 같은 아이디어를 사용하자. 식 (8)에 있는 두 번째 방정식을 x_3에 대해 풀면

$$x_3 = -1 + x_1 - \tfrac{1}{2}x_2$$

이다. 이제 오른쪽에 변수 x_6을 더하자.

$$x_3 = -1 + x_1 - \tfrac{1}{2}x_2 + x_6 \tag{9}$$

x_6은 **인위변수**(artificial variable)라 부르고 제약조건 $x_6 \geqq 0$을 갖는다.

x_6은 (주어진 문제의 일부분이 아니기 때문에) 분명히 사라질 것이다. 매우 큰 M에 대하여 $-Mx_6$ 항을 목적함수에 더해보자. 식 (7)과 (9) (x_6에 대해 풀려진) 때문에 이것은 **"확장된 문제"**에 대한 수정된 목적함수를 준다.

$$\hat{z} = z - Mx_6 = 2x_1 + x_2 - Mx_6 = (2 + M)x_1 + (1 - \tfrac{1}{2}M)x_2 - Mx_3 - M \tag{10}$$

우리는 식 (10)과 (8)에 대응하는 심플렉스 테이블

$$\mathbf{T}_0 = \left[\begin{array}{c|cc|ccccc|c} \hat{z} & x_1 & x_2 & x_3 & x_4 & x_5 & x_6 & & b \\ \hline 1 & -2-M & -1+\tfrac{1}{2}M & M & 0 & 0 & 0 & & -M \\ \hline 0 & 1 & -\tfrac{1}{2} & -1 & 0 & 0 & 0 & & 1 \\ 0 & 1 & -1 & 0 & 1 & 0 & 0 & & 2 \\ 0 & 1 & 1 & 0 & 0 & 1 & 0 & & 4 \\ 0 & 1 & -\tfrac{1}{2} & -1 & 0 & 0 & 1 & & 1 \end{array}\right]$$

을 얻게 된다. 이 표의 마지막 행은 식 (9)로부터 나온 결과이고 $x_1 - \tfrac{1}{2}x_2 - x_3 + x_6 = 1$으로 써진다. 이제 x_4, x_5, x_6을 기본변수로 그리고 x_1, x_2, x_3를 기본이 아닌 변수로 택하여 시작할 수 있다. 2열은 첫 번째 항이 음수이다. 두 번째 항(2행에 있는 1)을 추축으로 택하자. 이것은

$$\mathbf{T}_1 = \left[\begin{array}{c|cc|ccccc|c} \hat{z} & x_1 & x_2 & x_3 & x_4 & x_5 & x_6 & & b \\ \hline 1 & 0 & -2 & -2 & 0 & 0 & 0 & & 2 \\ \hline 0 & 1 & -\tfrac{1}{2} & -1 & 0 & 0 & 0 & & 1 \\ 0 & 0 & -\tfrac{1}{2} & 1 & 1 & 0 & 0 & & 1 \\ 0 & 0 & \tfrac{3}{2} & 1 & 0 & 1 & 0 & & 3 \\ 0 & 0 & 0 & 0 & 0 & 0 & 1 & & 0 \end{array}\right]$$

을 준다. 위 테이블은 $x_1 = 1, x_2 = 0$(그림 476에 있는 점 A), $x_3 = 0, x_4 = 1, x_5 = 3, x_6 = 0$에 대응한다. 이제 5행과 7열을 제거할 수 있다. 이 방법으로 x_6을 제거할 수 있고 우리가 원한 다음을 얻는다.

$$
\begin{array}{ccccccc}
z & x_1 & x_2 & x_3 & x_4 & x_5 & b
\end{array}
$$

$$
\mathbf{T}_2 = \left[\begin{array}{c|cc|ccc|c}
1 & 0 & -2 & -2 & 0 & 0 & 2 \\
\hline
0 & 1 & -\frac{1}{2} & -1 & 0 & 0 & 1 \\
0 & 0 & -\frac{1}{2} & 1 & 1 & 0 & 1 \\
0 & 0 & \frac{3}{2} & 1 & 0 & 1 & 3
\end{array}\right]
$$

3열에서 다음 추축으로 $\frac{3}{2}$을 택하자. 이로부터 우리는 다음 테이블을 얻는다.

$$
\begin{array}{ccccccc}
z & x_1 & x_2 & x_3 & x_4 & x_5 & b
\end{array}
$$

$$
\mathbf{T}_3 = \left[\begin{array}{c|cc|ccc|c}
1 & 0 & 0 & -\frac{2}{3} & 0 & \frac{4}{3} & 6 \\
\hline
0 & 1 & 0 & -\frac{2}{3} & 0 & \frac{1}{3} & 2 \\
0 & 0 & 0 & \frac{4}{3} & 1 & \frac{1}{3} & 2 \\
0 & 0 & \frac{3}{2} & 1 & 0 & 1 & 3
\end{array}\right]
$$

이것은 $x_1 = 2, x_2 = 2$(그림 476에서 B이다), $x_3 = 0, x_4 = 2, x_5 = 0$에 대응한다. 일반적인 절차에 의해 4열에서 다음 추축으로 $\frac{4}{3}$를 택하자. 이로부터 우리는 다음을 얻는다.

$$
\begin{array}{ccccccc}
z & x_1 & x_2 & x_3 & x_4 & x_5 & b
\end{array}
$$

$$
\mathbf{T}_4 = \left[\begin{array}{c|cc|ccc|c}
1 & 0 & 0 & 0 & \frac{1}{2} & \frac{3}{2} & 7 \\
\hline
0 & 1 & 0 & 0 & \frac{1}{2} & \frac{1}{2} & 3 \\
0 & 0 & 0 & \frac{4}{3} & 1 & \frac{1}{3} & 2 \\
0 & 0 & \frac{3}{2} & 0 & -\frac{3}{4} & \frac{3}{4} & \frac{3}{2}
\end{array}\right]
$$

이는 $x_1 = 3, x_2 = 1$(그림 476에서 점 C이다), $x_3 = \frac{3}{2}, x_4 = 0, x_5 = 0$에 대응한다. 이것이 최댓값 $f_{최대} = f(3, 1) = 7$이다. ■

우리는 선형계획법에 대한 토론을 끝내도록 하자. 심플렉스방법은 많은 아름다운 응용을 가지고 있고 대부분의 실질적인 문제에 잘 적용할 수 있으므로 아주 자세히 알아보았다. 실제 최적화 문제는 토목 공학, 화학 공학, 환경 공학, 경영 과학, 물류, 전략 계획, 운영 관리, 산업 공학, 금융 및 기타 분야에서 나타난다. 더군다나 심플렉스방법은 더 많은 제약조건과 변수를 추가하여 작은 모델링 시도에서 큰 모델링 시도까지 *확장*할 수 있다. 그래서 독자들이 당면한 모델을 보다 현실적으로 만든다. 최적화 분야는 개발과 연구가 활발하게 이루어지고 있는 분야이고, 심플렉스방법 외에도 최적화 방법이 개척되고 실험되고 있다.

연습문제 22.4

1. 목적함수 $z = f_1(\mathbf{x}) = 7x_1 + 14x_2$를 제약조건 $0 \leqq x_1 \leqq 6$, $0 \leqq x_2 \leqq 3$, $7x_1 + 14x_2 \leqq 84$에 따라 최대화하라.

2. 문제 1번에서 마지막 두 제약조건을 변화시켜 풀어라.

3. 다음에 주어진 노동 시간, 기계 시간, 원료 등의 제약조건에 따라 과정 P_A에 의해 x_1개와 과정 P_B에 의해 x_2개의 강판을 생산할 때 일일 생산량을 극대화하라.

$$3x_1 + 2x_2 \leqq 180, \quad 4x_1 + 6x_2 \leqq 200,$$
$$5x_1 + 3x_2 \leqq 160$$

4. 목적함수 $z = 300x_1 + 500x_2$를 제약조건 $2x_1 + 8x_2 \leqq 60$, $2x_1 + x_2 \leqq 30$, $4x_1 + 4x_2 \leqq 60$에 따라 최대화하라.

5. 문제 4번에서 마지막 두 제약조건을 교환시켜 풀어라. 결과 단순화에 대해 설명하라.

6. 전체 출력 $f = x_1 + x_2 + x_3$ (3개의 다른 과정으로부터 생산)을 입력 제약조건(생산 가능한 시간 제약)

$$5x_1 + 6x_2 + 7x_3 \leqq 12,$$
$$7x_1 + 4x_2 + x_3 \leqq 12$$

에 따라 최대화하라.

7. 인위변수를 사용하여 목적함수 $f = 4x_1 - x_2$를 제약조건 $x_1 + x_2 \geqq 2$, $-2x_1 + 3x_2 \leqq 1$, $5x_1 + 4x_2 \leqq 50$에 따라 최소화하라.

22장 복습문제

1. 무제약 최적화와 제약최대화는 무엇인가? 어떤 수학적 방법을 적용해야 하는가?
2. 최급강하법의 아이디어와 수식을 서술하라.
3. 최급강하법에 대한 알고리즘을 적어라.
4. 최댓값을 결정하기 위한 "최급상승법"을 디자인하라.
5. 일변수 함수에 대한 최급강하법은 무엇인가?
6. 선형계획법의 기본 아이디어는 무엇인가?
7. 목적함수와 실행가능해는 무엇인가?
8. 이완변수는 무엇인가? 왜 이완변수를 도입하는가?
9. 22.1절의 예제 1에서 만약 $f(\mathbf{x}) = x_1^2 + 3x_2^2$을 $f(\mathbf{x}) = x_1^2 + 5x_2^2$으로 바꾸면 어떤 일이 일어나겠는가? $\mathbf{x}_0 = [6 \quad 3]^\top$로 시작하라. 5단계까지 실행하라. 빨리 수렴하는가? 혹은 느리게 수렴하는가?
10. 최급강하법을 $f(\mathbf{x}) = 9x_1^2 + x_2^2 + 18x_1 - 4x_2$에 5단계까지 적용하라. $\mathbf{x}_0 = [2 \quad 4]^\top$로 시작하라.
11. 문제 10에서 $[0 \quad 0]^\top$로 출발하여 5단계까지 실행하라.
12. 문제 11에서 기울기들이 서로 수직임을 보여라. 그 이유를 설명하라.

22장 요약.
무제약 최적화. 선형계획법

최적화 문제는 ***목적함수*** $z = f(\mathbf{x})$를 최대화 혹은 최소화하는 것이다. 목적함수 $z = f(\mathbf{x})$는 조절변수 $x_1, \cdots, x_m$에 종속되어 있고, 정의역의 제약이 없거나(***"무제약 최적화"***, 22.1절) 혹은 정의역이 부등식, 방정식 혹은 부등식과 방정식 등으로 구성된다(***"제약 최적화"***, 22.2절).

만약 목적함수가 *선형*이고 제약조건이 $x_1, \cdots, x_m$으로 이루어진 *선형부등식*이면, **이완변수**(slack variables) $x_{m+1}, \cdots, x_n$을 도입하여 최대화 문제를

$$f_1 = c_1x_1 + \cdots + c_nx_n \tag{1}$$

로 주어진 목적함수(여기서 $c_{m+1} = \cdots = c_n = 0$)와

$$\begin{aligned} a_{11}x_1 + a_{12}x_2 + \cdots + a_{1n}x_n &= b_1 \\ \cdots\cdots\cdots\cdots\cdots\cdots\cdots\cdots\cdots\cdots \\ \cdots\cdots\cdots\cdots\cdots\cdots\cdots\cdots\cdots\cdots \\ a_{m1}x_1 + a_{m2}x_2 + \cdots + a_{mn}x_n &= b_m \\ x_1 \geqq 0, \cdots, x_n \geqq 0 \end{aligned} \tag{2}$$

로 주어진 제약조건을 가지는 **표준형**(normal form)으로 쓸 수 있다. 이 경우 우리는 널리 사용되는 ***심플렉스방법***(simplex method, 22.3절)을 적용할 수 있고, 모든 실행가능해들 중에서 아주 많이 줄여진 부분집합에서 체계적인 단계를 거쳐 찾아낼 수 있다. 22.4절은 이 방법이 가진 어려움을 극복하는 방법을 보여주고 있다.

CHAPTER 23

그래프. 조합 최적화

Graphs. Combinatorial Optimization

전기 공학, 토목 공학, 작업 연구, 산업 공학, 경영, 물류, 마케팅, 그리고 경제의 많은 문제들은 ***그래프*** 혹은 유향그래프(digraph)로 모델링될 수 있다. 도로와 케이블과 같은 네트워크는 그래프로 모델링되는 것은 놀랄 일이 아니다. 여기서 마디점은 아마 도시나 컴퓨터들일 수 있다. 이후의 과제는 네트워크를 통해 가장 짧은 경로, 혹은 컴퓨터를 연결하는 최상의 방법 등을 찾는 것이다. 실제, 조합 최적화 및 그래프, 연구에 공헌하거나 이 장에서 기본적인 알고리즘에 자신의 이름을 부여한 많은 연구자들은, 예를 들면 Fulkerson, Kruskal, Moore, Prim 등은 모두 뉴저지에 있는 벨 연구소나 거대한 전화와 통신 회사 AT&T의 주요 R&D 시설에서 근무한다. 따라서 그들은 컴퓨터 네트워크 및 전화 네트워크를 구축하는 최적의 방법에 관심이 있었다. 그 분야는 매우 큰 문제에 대한 보다 더 효율적인 알고리즘을 찾는 쪽으로 진행되었다.

조합 최적화는 분명한 이산적 특성이나 조합적 특성이 있는 최적화 문제를 다룬다. 흔히 문제들은 매우 커서 직접 연구하지 못할 수도 있다. 선형계획법(22장)처럼, 컴퓨터는 없어서는 안 될 도구이고 큰 규모 모델링 문제들의 해결을 가능하게 만든다. 이 분야는 상미분방정식, 선형대수학, 그리고 다른 분야와는 달리 독특한 묘미를 가지고 있기 때문에 우리는 기초부터 시작하여 서서히 최단경로 문제(23.2절과 23.3절을 참조), 최단생성 수형도(23.4절과 23.5절 참조), 네트워크에서 흐름 문제(23.6절과 23.7절 참조)와 할당 문제(23.8절 참조)에 대한 알고리즘을 알아보자.

이 장을 위한 예비지식: 없음.

참고문헌과 연습문제 해답: 부록 1의 F부와 부록 2

23.1 그래프와 유향그래프

*그래프*는 *꼭짓점*이라 부르는 점과 *모서리*라 부르는 꼭짓점들을 연결하는 선분으로 구성되어 있다. 예를 들면, 그림 477에서와 같이 4개의 도시와 도시를 연결하는 5개의 고속도로는 그래프를 구성한다. 혹은 점들을 사람들로 나타내고, 서로 사업을 할 사람끼리 선으로 연결한 것도 그래프이다. 혹은 네트워크에서 꼭짓점들을 컴퓨터로 나타내고 컴퓨터들 사이를 선으로 연결한 것도 그래프이다. 이제 공식적인 정의를 내리자.

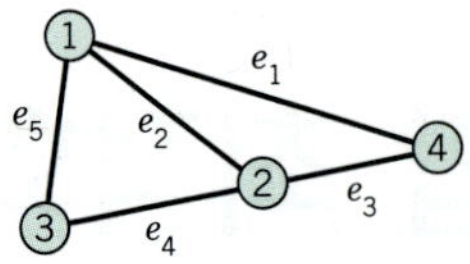

그림 477. 4개의 꼭짓점과 5개의 모서리로 이루어진 그래프

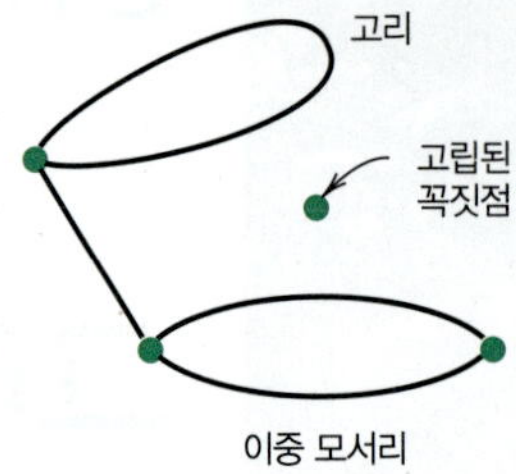

그림 478. 고립된 꼭짓점, 고리, 이중 모서리(정의에서 제외)

정의

그래프

그래프(graph) G는 두 유한집합(유한개의 원소를 가진 집합), 즉 **꼭짓점**(vertices)이라 부르는 점의 집합 V와 **모서리**(edges)라 부르는 연결선들의 집합 E로 이루어지며, 각 모서리는 모서리의 *끝점*이라 부르는 두 꼭짓점을 연결한다. 우리는 그래프를

$$G = (V, E)$$

라 쓴다. *고립된 꼭짓점*(어떤 모서리의 끝점이 아닌 꼭짓점), *고리*(끝점이 일치하는 모서리), 그리고 *다중 모서리*(두 끝점을 공동으로 갖는 모서리)는 제외시킨다. 그림 478 참조.

주의! 우리의 세 가지 제외는 실제적이고 널리 받아들여지지만 한결같은 것은 아니다. 예를 들면, 어떤 저자들은 다중 모서리를 허락하고 다중 모서리가 없는 그래프를 *단순그래프*라 부른다. ■

꼭짓점들은 문자 $u, v, \cdots$ 혹은 $v_1, v_2, \cdots$ 혹은 단순히 숫자 $1, 2, \cdots$ (그림 477에서와 같이)으로 나타낸다. 모서리는 $e_1, e_2, \cdots$ 혹은 그들의 두 끝점으로 나타낸다. 예를 들면, 그림 477에서 $e_1 = (1, 4)$, $e_2 = (1, 2)$.

모서리 (v_i, v_j)를 꼭짓점 v_j를 갖는 **입사**(incident)라 부른다(그리고 역으로); 마찬가지로 (v_j, v_i)는 v_j를 갖는 *입사*이다. 꼭짓점 v를 갖는 입사 모서리의 수를 v의 **차수**(degree)라 부른다. 두 꼭짓점이 G에 있는 어떤 모서리로 연결되어 있을 때(즉, 두 꼭짓점이 G에 있는 어떤 모서리의 끝점일 때), 두 꼭짓점은 **인접한**(adjacent) 꼭짓점이라 부른다.

그래프는 여러 분야에서 다른 이름으로 불린다: 전자 공학에서는 "네트워크"로, 건축 공학에서는 "구조"로, 화학에서는 "분자 구조"로, 경제학에서는 "조직 구조"로, "소시오그램", "도로 지도", "통신 네트워크" 등등.

유향그래프

편도 거리, 파이프라인 네트워크, 건설 작업에서 작업순서, 컴퓨터에서 계산의 흐름, 생산-소비자 관계, 그리고 많은 다른 응용들은 "유향그래프"(방향이 있는 그래프)의 아이디어를 제안한다. 유향그래프는 각 모서리가 (그림 479와 같이 화살표로 표시된) 방향을 가진다.

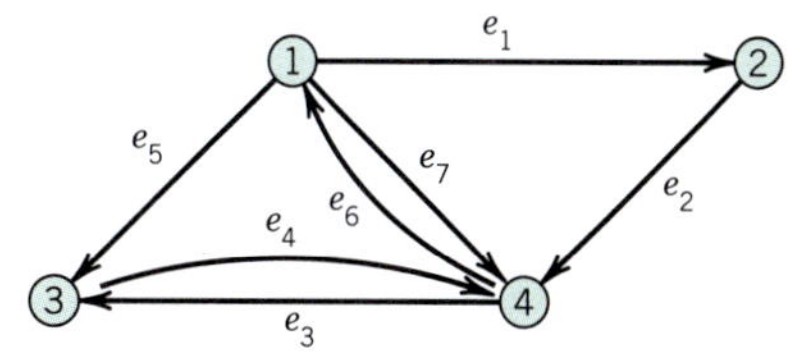

그림 479. 유향그래프

정의

유향그래프

유향그래프(digraph) $G = (V, E)$는 각 모서리 $e = (i, j)$가 "*시점*" i로부터 "*종점*" j로 방향을 갖는 그래프이다.

같은 두 점 i, j를 연결하는 두 모서리는, 서로 방향이 반대이면 허용한다. 즉 그들은 (i, j)와 (j, i)이다. *예를 들면*, 그림 479에서 (1, 4)와 (4, 1)이다.

주어진 그래프 혹은 유향그래프 $G = (V, E)$의 **부분그래프**(subgraph) 혹은 부분유향그래프는 각각 G에서 다른 모서리(양 끝점과 함께)는 유지하면서 몇 개의 모서리와 꼭짓점을 제거하여 얻어지는 그래프 혹은 유향그래프이다. 예를 들면, 그림 477에서 e_1, e_3(꼭짓점 1, 2, 4)는 부분그래프를 구성한다. 그리고 그림 479에서 e_3, e_4, e_5(꼭짓점 1, 3, 4)는 부분유향그래프를 구성한다.

그래프와 유향그래프의 컴퓨터 표현

그래프의 그림은 특정 상황을 설명하거나 설명하는 사람에게 유용하게 쓰인다. 여기서 우리는 그래프가 다양한 방식으로 스케치될 수 있음을 알아야 한다(그림 480 참조). 컴퓨터에서 그래프와 유향그래프를 다루는데, 다음과 같이 행렬 혹은 적절한 데이터 구조와 같은 목록을 사용한다.

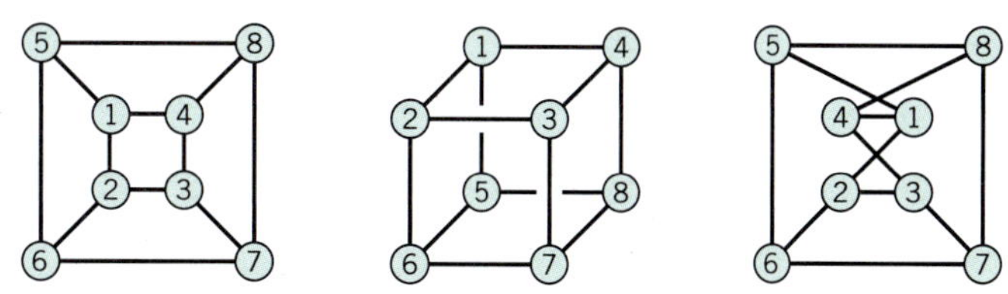

그림 480. 같은 그래프의 다른 스케치

그래프 G의 인접행렬: 성분

$$a_{ij} = \begin{cases} 1 & \text{만약 } (i, j)\text{가 } G\text{의 모서리일 때,} \\ 0 & \text{만약 } (i, j)\text{가 } G\text{의 모서리가 아닐 때} \end{cases}$$

를 갖는 행렬 $\mathbf{A} = [a_{ij}]$를 그래프 G의 인접행렬이라 한다. 따라서 $a_{ij} = 1$일 필요충분조건은 두 꼭짓점 i와 j가 G에서 인접하는 것이다. 여기서 정의에 의해 어떠한 꼭짓점도 자기 자신과 인접하다고 생각하지 않는다. 따라서 $a_{ii} = 0$이다. 그러므로 $\mathbf{A}$는 대칭 행렬 $a_{ij} = a_{ji}$

이다. (왜 그런가?)

그래프의 인접행렬은 일반적으로 *입사행렬*(incidence matrix) (문제 13번 참조)이라 부르는 것보다 훨씬 작고, 컴퓨터에 그래프를 행렬 형태로 저장하는 경우는 후자보다 인접행렬을 더 선호한다.

예제 1 그래프의 인접행렬

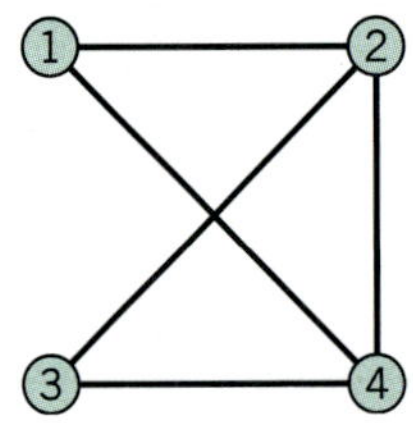

$$\begin{array}{cc} \text{꼭짓점} & \begin{array}{cccc} 1 & 2 & 3 & 4 \end{array} \\ \begin{array}{r} \text{꼭짓점 } 1 \\ 2 \\ 3 \\ 4 \end{array} & \begin{bmatrix} 0 & 1 & 0 & 1 \\ 1 & 0 & 1 & 1 \\ 0 & 1 & 0 & 1 \\ 1 & 1 & 1 & 0 \end{bmatrix} \end{array}$$

■

유향그래프 G의 인접행렬: 성분

$$a_{ij} = \begin{cases} 1 & \text{만약 } (i, j)\text{가 } G\text{의 유향모서리일 때,} \\ 0 & \text{만약 } (i, j)\text{가 } G\text{의 유향모서리가 아닐 때} \end{cases}$$

를 갖는 행렬 $\mathbf{A} = [a_{ij}]$이다. 이 행렬 $\mathbf{A}$는 대칭일 필요는 없다. (왜 그런가?)

예제 2 유향그래프의 인접행렬

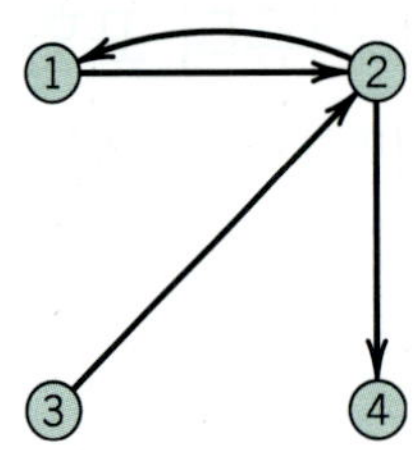

$$\begin{array}{cc} \text{꼭짓점} & \begin{array}{cccc} 1 & 2 & 3 & 4 \end{array} \\ \begin{array}{r} \text{꼭짓점 } 1 \\ 2 \\ 3 \\ 4 \end{array} & \begin{bmatrix} 0 & 1 & 0 & 0 \\ 1 & 0 & 0 & 1 \\ 0 & 1 & 0 & 0 \\ 0 & 0 & 0 & 0 \end{bmatrix} \end{array}$$

■

목록. 그래프의 **꼭짓점 입사 목록**(vertex incidence list)은 각 꼭짓점에 대해 입사 모서리를 보여 준다. **모서리 입사 목록**(edge incidence list)은 각 모서리에 대해 두 개의 끝점을 보여 준다. 마찬가지로, *유향그래프*에 대해서 꼭짓점 목록에서 나가는 모서리는 마이너스 부호를 갖고, 모서리 목록에서 꼭짓점들의 순서쌍을 갖는다.

예제 3 그래프의 꼭짓점 입사 목록과 모서리 입사 목록

이 그래프는 예제 1에 있는 그래프에 모서리 표현을 한 것이다.

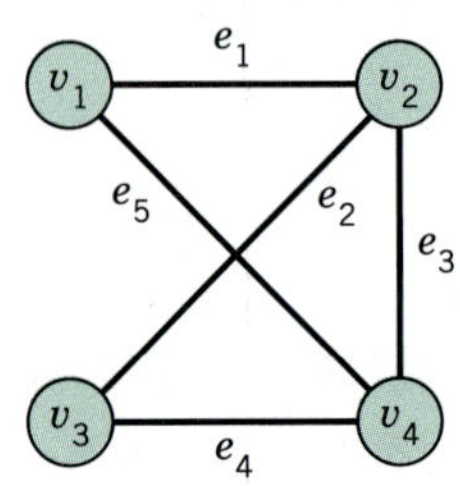

꼭짓점	모서리 입사
v_1	e_1, e_5
v_2	e_1, e_2, e_3
v_3	e_2, e_4
v_4	e_3, e_4, e_5

모서리	끝점
e_1	v_1, v_2
e_2	v_2, v_3
e_3	v_2, v_4
e_4	v_3, v_4
e_5	v_1, v_4

■

성긴 그래프(sparse graphs)는 적은 수의 [꼭짓점의 수가 n개일 때, 가능한 한 최대 $n(n-1)/2$개 보다 더 적은] 모서리를 가진 그래프이다. 이러한 그래프들에 대해서, 행렬은 효율적이지 않다. 그리고 목록은 더 적은 저장 공간을 필요로 하는 장점을 가지고 있으며 다루기가 쉽다; 그것들은 직접 컴퓨터 내에서 여러 다른 방법으로 정돈, 분류, 혹은 조정될 수 있다. 예를 들면, 어떤 "길"(끝점 한 쌍을 공통으로 가진 모서리의 연결 순서)를 추적하는 데 있어, 하나의 길을 찾기 위해 행렬의 큰 열을 조사하는 대신에 방금 논의한 두 목록 사이에서 왕복하면서 쉽게 찾을 수 있다.

컴퓨터 과학은 보다 세분된 목록을 개발했다. 그 목록에는, 실제 내용에 추가해서 조사되어야 할 이전 혹은 이후 항목이나 두 항목("길"의 경우, 이전 모서리 또는 이후 모서리) 모두를 나타내는 "지적자"를 포함한다. 더 자세한 내용은 참고문헌 [E16]과 [F7]을 참조.

이 절은 이 장 전반에 걸쳐 필요한 기본 개념과 표기법에 대해 다루었고, 앞으로 조합 최적화 문제의 가장 중요한 항목 중 일부를 논의할 것이다. 이것은 동시에 그래프와 유향그래프에 더욱더 익숙하게 하는 데 도움이 될 것이다.

연습문제 23.1

1. 그래프 혹은 유향그래프로 생각할 수 있는 이유를 설명하라: 가계도, 주어진 도시 사이의 항공 연결, 국가 간의 무역 관계, 테니스 대회, 그리고 어떤 위원회의 회원권이다.
2. 삼각형, 5각형, 사면체 등의 꼭짓점들과 모서리들로 구성된 그래프를 각각 그려라.
3. 한 방향 도로와 두 방향 도로 망을 유향그래프로 어떻게 표현되는가?
4. 일꾼 W_1은 J_1, J_3, J_4 일을 할 수 있고, 일꾼 W_2는 J_3 일을 할 수 있고, 그리고 일꾼 W_3은 J_2, J_3, J_4 일을 할 수 있다. 이것을 그래프로 나타내라.
5. 그래프 혹은 유향그래프로 모델링할 수 있는 자세한 상황을 찾아라.

인접행렬

6. 그래프의 인접행렬이 대칭행렬임을 보여라.
7. 유향그래프의 인접행렬이 언제 대칭행렬이 되는가?

8-10 주어진 그래프 혹은 유향그래프의 인접행렬을 구하라.

8.
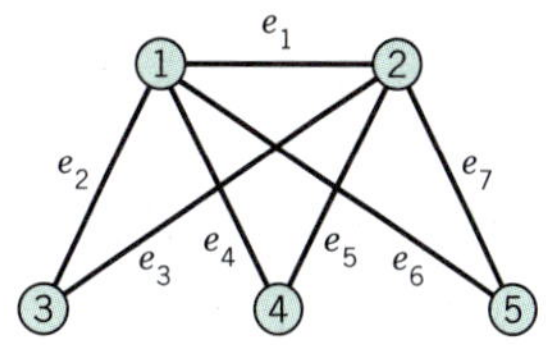

9.
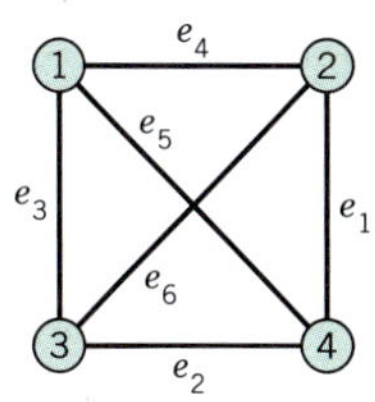

10.
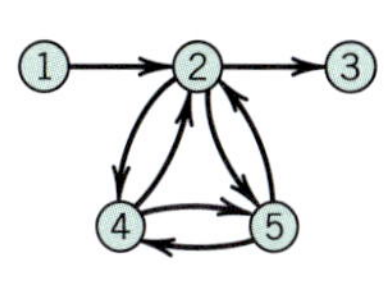

11. **완전그래프**. n개의 꼭짓점을 갖는 그래프 G는 최대 $n(n-1)/2$개의 모서리를 갖는 것을 보이고, 만약 G가 *완전그래프*, 즉 G의 꼭짓점의 모든 쌍이 하나의 모서리로 연결된 그래프이면, 정확하게 $n(n-1)/2$개의 모서리를 갖는 것을 보여라.

12. 어떤 경우에 그래프 G의 인접행렬의 대각선을 제외하고(off-diagonal) 모두 1과 같은가?

13. 그래프의 입사행렬 B. 입사행렬 $\mathbf{B} = [b_{jk}]$은 다음과 같이 정의된 행렬이다.

$$b_{jk} = \begin{cases} 1 & \text{만약 꼭짓점 } j\text{가 모서리 } e_k\text{의 끝점} \\ 0 & \text{그 이외의 경우} \end{cases}$$

문제 8에서 주어진 그래프의 입사행렬을 구하라.

23.2 최단경로 문제. 복잡도

이 장의 남은 부분은 그래프와 유향그래프로 대표되는 조합 최적화 문제의 가장 중요한 부분을 다룰 것이다. 이 부분은 응용의 중요성 때문에 선택되었고, 알고리즘 형태로 해를 보일 것이다. 기본적인 개념과 알고리즘은 간단한 그래프로 설명되고 보여지겠지만 실제 문제들은 몇 천 혹은 몇백만 개의 꼭짓점과 모서리를 포함할 때도 있음을 명심해야 한다. 컴퓨터 네트워크, 전화 네트워크, 전기 배선, 세계 항공 여행, 사무실과 매장을 대도시에 소유한 회사들을 생각해보자. 아마 전자상거래(판매자와 구매자가 인터넷을 통해 연결되는 것), 페이스북처럼 사회적 네트워크와 그와 연관된 웹사이트 등 인터넷과 연관된 네트워크들에 대해서 생각할 수도 있다. 그러므로 신뢰할 수 있고 효율적인 체계적 방법은 필수적이다. 심지어 "거의 최적화된" 해결책이 수용 가능할 때에도, 시도와 실수에 의한 해결책은 더 이상 작동하지 않는다.

이동하는 영업사원이나 화물선을 위한 최단경로(혹은 가장 빠르거나 가장 저렴한)를 고안하는 **최단경로 문제**(shortest path problems)에 대해 생각해보자. 경로란 의미를 먼저 설명하자.

그래프 $G = (V, E)$에서, v_1 꼭짓점에서 걸어서 어떤 모서리를 따라 꼭짓점에 도착할 수 있다. 여기서

(A) 제한을 두지 않거나, 혹은

(B) G의 각 *모서리*는 최대 한 번만 가로질러가는 것을 요구하거나, 혹은

(C) G의 각 *꼭짓점*은 최대 한 반만 방문하는 것을 요구할 수 있다.

(A)의 경우, 이것을 **길**(walk)이라고 부른다. 따라서 v_1에서 v_k까지의 길은 다음과 같은 형태로 표현된다.

$$(v_1, v_2), (v_2, v_3), \cdots, (v_{k-1}, v_k), \tag{1}$$

여기서 모서리들 혹은 꼭짓점들의 일부는 같을 수 있다. (B)의 경우, 여기서 각 *모서리*는 최대 한 번 발생하고, 길을 **통로**(trail)라 부른다. 마지막으로 (C)의 경우, 여기서 각 *꼭짓점*은 최대 한 번 발생하고(결국 각 모서리는 자동적으로 최대 한 번 발생한다), 통로를 **경로**(path)라 부른다.

길, 경로, 혹은 통로가 한 꼭짓점에서 출발하여 그 꼭짓점에서 끝나는 것을 인정하고, 그 경우 그것은 **닫혀있다**고 부른다; 그러면 식 (1)에서는 $v_k = v_1$이다.

닫혀있는 경로를 **순환로**(cycle)라 부른다. *순환로는 적어도 3개의 모서리를 갖는다*(왜냐하면 이중 모서리를 가지지 않기 때문이다; 23.1절 참조). 그림 481에서 이들 개념 모두를 설명하고 있다.

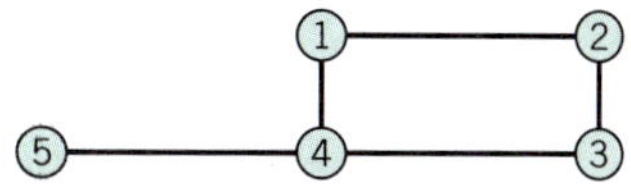

1 – 2 – 3 – 2는 길(통로가 아님)
4 – 1 – 2 – 3 – 4 – 5는 통로(경로가 아님)
1 – 2 – 3 – 4 – 5는 경로(순환로가 아님)
1 – 2 – 3 – 4 – 1은 순환로

그림 481. 길, 통로, 경로, 순환로

최단경로

최단경로의 개념을 정의하기 위해 $G = (V, E)$를 **가중그래프**(weighted graph)라 가정하자. 즉, G에서 각 모서리 (v_i, v_j)는 주어진 *무게* 혹은 *길이* $l_{ij} > 0$을 가진다. 그러면 **최단경로**(shortest path) $v_1 \to v_k$(고정된 v_1과 v_k)란 그 경로의 모서리에 주어진 길이의 합

$$l_{12} + l_{23} + l_{34} + \cdots + l_{k-1,k}$$

($l_{12} = (v_1, v_2)$의 길이 등등)이 최소(v_1에서 v_k로 가는 모든 경로 중에서 가능한 작은)인 경로 (1)이다. 마찬가지로, **최장경로**(longest path) $v_1 \to v_k$는 그 합이 최대인 경로이다.

최단(최장)경로 문제는 가장 중요한 최적화 문제이다. 여기서, "길이" l_{ij}(흔히 "비용" 또는 "무게"라고 부른다)는 마일로 측정한 실제 길이, 혹은 여행 시간, 혹은 연료비용 등일 수도 있다. 그러나 완전히 다른 것일 수도 있다.

예를 들면, *외판원 문제*(traveling salesman problem)는 그래프에서 모든 꼭짓점을 포함하는 가장 짧은 순환로인 **Hamiltonian**[1] **순환로**(Hamiltonian cycle)의 결정을 필요로 한다.

더 자세히, 가장 기본적이고 직관적 형태인 외판원 문제는 다음과 같이 명시할 수 있다. 자신의 차로 고객에게 갈 수 있는 한 외판원이 있다. 그 외판원은 n개의 도시를 방문해야 한다. 외판원은 어떤 도시에서 출발하여 다시 그 도시로 돌아와야 하루 일이 끝난다. 더군다나 각 도시는 한 번만 방문할 수 있다. 모든 도시들은 서로 길이 연결되어 있고 어떤 도시든지 다른 도시로 곧장 갈 수 있다. 즉, 만약 그가 한 도시에서 다른 도시로 가길 원한다면 두 도시 사이에는 곧장 갈 수 있는 길이 연결되어 있다. 그는 최적의 경로를 찾을 수 있다. 즉, 전체 여정에서 총 주행 경로가 가장 짧은 경로를 찾을 수 있다. 이것은 조합 최적화에서는 고전적인 문제이고 다른 많은 변형과 응용문제들이 나왔다. n개의 도시에 대해 최적의 경로를 선택하는 과정에서 조사해야 할 가능한 경로들의 최대 수는 $(n - 1)!/2$이다. 왜냐하면, 첫 번째 도시를 고른 후 두 번째 도시는 $n - 1$번 선택할 수 있고, 세 번째 도시는 $n - 2$번 선택을 할 수 있고, 등등. 총 $(n - 1)!$을 얻는다(24.4절 참조). 그러나 거리는 여행의 방향에 의존하지 않기 때문에[예를 들면, $n = 4$에 대해(4개의 도시 1, 2, 3, 4), 여행 $1-2-3-4-1$은 $1-4-3-2-1$과 같은 거리를 갖는다. 따라서 모든 여행은 두 번 셈을 했다!], 마지막 답은 $(n - 1)!/2$이다. 도시의 수가 작을 때, 말하자면 $n = 15$일 때조차도 가능한 경로의 최대 수는 매우 크다. 계산기나 CAS로 확인해 보아라! 이것은 큰 n에 대해서는 매우 어려운 문제이고 조합 최적화에서는 전형적인 문제임을 의미한다. 거기에 이산 해(discrete solution)를 원하지만 모든 가능성을 통해 정확히 찾아내는 것이 거의 불가능할 수도 있고, 따라서

[1]WILLIAM ROWAN HAMILTON(1805-1865), 역학 분야에서 잘 알려진 아일랜드인 수학자

몇 가지 학습(경험으로, 바로 가기)이 사용될 수도 있고, 최적의 응답 이하에서 만족해야 할 수도 있다.

외판원 문제의 한 변형은 다음과 같다. "최고 수익"을 주는 경로 $v_1 \to v_k$의 선택으로 인해 외판원은 Σl_{ij}을 최대화하기를 원한다. 여기서 l_{ij}는 외판원이 예상한 수수료에서 도시 i에서 도시 j로 가는 여행 경비를 뺀 것이다.

투자 문제에서 i는 투자를 한 날, j는 투자가 끝나는 날, 그리고 l_{ij}는 투자 기간 동안 얻어진 수익을 나타낼 수도 있다. 그리고 주어진 기간 동안 투자와 재투자의 다양한 가능성을 고려하여 그래프를 얻는다.

모든 모서리가 길이 l = 1을 가진 최단경로

분명히 모든 모서리가 길이 l을 가지면, 최단경로 $v_1 \to v_k$는 주어진 그래프 G에서 모든 경로 $v_1 \to v_k$ 중에서 가장 적은 수의 모서리를 갖는 것이다. 이 문제에 대해서 BFS 알고리즘을 논의하자. BFS는 **Breadth First Search**를 나타낸다. 이 알고리즘은 긴 통로(미로처럼)를 만드는 DFS (**Depth First Search**) 알고리즘과는 반대로, 각 단계에서 도착한 한 꼭짓점의 *모든 이웃한*(모든 인접한) 꼭짓점을 방문한다. 널리 사용되는 BFS 알고리즘은 표 23.1에 있다.

그래프 G에서 꼭짓점 s(***출발***)에서 꼭짓점 t(***종점***)까지 가는 최단경로를 찾기를 원한다. s에서 t로 가는 경로가 있다는 것을 보장하기 위해서는 반드시 그래프 G는 분리된 부분으로 구성되어 있지 않아야 한다. 따라서 그래프 G는 **연결**(connected)되어 있다고 가정한다. 즉, 그래프 G의 임의의 두 꼭짓점 v와 w에 대해서 경로 $v \to w$가 존재한다. [그래프 G에서 모서리 (u, v)가 존재할 때, 꼭짓점 v는 꼭짓점 u에 **인접**(adjacent)해 있다고 말한다.]

표 23.1 **모든 길이가 1인 최단경로에 대한 Moor's[2] BFS**

Proceedings of the International Symposium for Switching Theory, Part II. pp. 285-292. Cambridge Harvard university Press, 1959.

MOORE 알고리즘$[G = (V, E), s, t]$

이 알고리즘은 연결그래프 $G = (V, E)$에서 꼭짓점 s에서 꼭짓점 t까지 최단경로를 결정한다.

INPUT: 한 꼭짓점은 s로 다른 꼭짓점은 t로 나타내고, 각 모서리 (i, j)는 길이 $l_{ij} = 1$을 갖는 연결그래프 $G = (V, E)$

OUTPUT: $G = (V, E)$에서 최단경로 $s \to t$

1. s의 라벨을 0이라 하자.

2. $i = 0$이라 놓자.

3. 라벨 i를 갖는 꼭짓점에 인접한 *라벨을 갖지 않은* 꼭짓점 모두를 찾는다.

4. 방금 찾은 꼭짓점의 라벨을 $i + 1$이라 하자.

[2]EDWARD FORREST MOORE (1925-2003), 미국 수학자이자 컴퓨터공학자, 컴퓨터공학(오토머터 이론, 뉴링 기계)의 선구자적 역할을 하였다.

5. 만약 꼭짓점 t가 값을 가지면, "역추적"이 최단경로를 준다.

$$k(= t\text{의 값}), k - 1, k - 2, \cdots, 0$$

OUTPUT $k, k - 1, k - 2, \cdots, 0$. Stop

Else i에 1을 증가시킨 후 3단계로 돌아간다.

End MOORE

예제 1 **Moore's BFS 알고리즘의 응용**

그림 482에서 주어진 그래프 G에서 최단경로 $s \to t$를 찾아라.

풀이. 그림 482는 라벨 표시를 보여준다. 파란 모서리들은 길이가 4인 최단경로를 구성한다. 또 다른 최단경로 $s \to t$가 존재한다. (그것을 찾을 수 있는가?) 따라서 프로그램에는 역추적을 유일하게 만드는 규칙이 소개되지 않으면 안 된다. 왜냐하면, 만일 그렇지 않다면 컴퓨터는 어떤 단계에서 하나를 선택하면(예를 들면, 그림 482에서 라벨 2인 꼭짓점으로 돌아갔을 때) 그 다음에 무엇을 선택해야 할지를 모르기 때문이다. 다음 규칙은 자연스러운 것처럼 보인다.

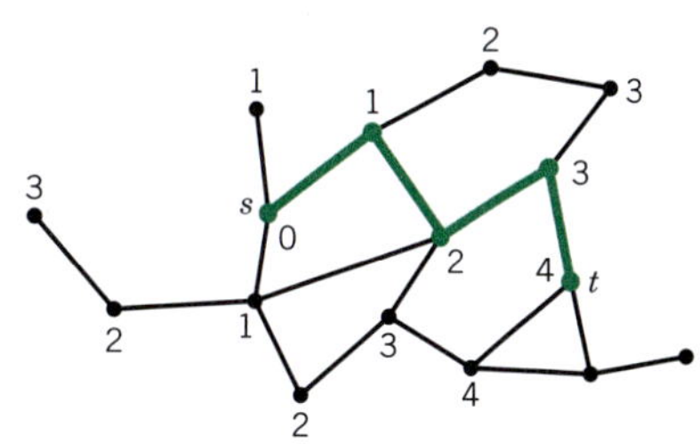

그림 482. 예제 1, 주어진 그래프와 라벨링 결과

역추적 규칙(Backtracking rule). 꼭짓점에 1에서 n까지 숫자(라벨링이 아니다!)를 매기면, 각 단계에서 만약 라벨 i인 꼭짓점에 도달하면, 다음 꼭짓점으로 라벨 $i - 1$인 꼭짓점 중에서 가장 작은 수(라벨이 아니다!)를 갖는 꼭짓점을 택한다. ■

알고리즘의 복잡도

Moore 알고리즘의 **복잡도**. 라벨 1인 꼭짓점들을 찾기 위해서, s으로 들어가는 모든 모서리를 조사해야만 한다. 다음에 $i = 1$일 때, 라벨 1인 꼭짓점으로 들어가는 모든 모서리를 조사해야만 한다 등등. 따라서 각 모서리는 두 번 조사를 받는다. $2m$번(m = 그래프 G의 모서리의 수) 연산을 한다. 이것은 함수 $c(m)$이다. 이것이 $2m$ 혹은 $5m + 3$ 혹은 $12m$이라는 것은 중요하지 않다; 중요한 것은 $c(m)$이 m에 비례한다는 것이다(예를 들면, m^2이 아니라); 그것은 "차수" m이다. 우리는 어떤 함수 $am + b$를 간단히 $O(m)$, $am^2 + bm + d$를 간단히 $O(m^2)$, $\cdots$으로 쓴다; 여기서 O는 **차수**(order)를 의미한다. 기초 아이디어와 실용적인 측면은 다음과 같다.

알고리즘을 판단하는 데 있어, 우리의 관심은 큰 문제에 대한 (현재의 경우에 매우 큰 m) 컴퓨터 처리 능력에 있다. 왜냐하면 이것들이 알고리즘의 응용성의 한계를 결정하기 때문이다. 따라서 중요한 항목은 가장 빨리 증가하는 항($am^2 + bm + d$에서 am^2 등)에 있다. 왜냐하면 m이 충분히 클 때 다른 항들을 압도하기 때문이다. 또한 이 항에서 상수는 중요하지 않다; 예를 들면, 두 알고리즘의 차수들의 차이, 말하자면 $5m^2$과 $8m^2$의 차이는 일반적으로 절대적이지는 않고, 컴퓨터의 처리 속도에서 적당한(modest) 증가와는 관계가 없다. 그렇지만, 알고리즘의 차수가 m 혹은 m^2 혹은 계속 높은 거듭제곱일 때 실제적인 큰 차이점을 만든다. 그리고 가장 큰 차이점은 이들 "다항식 차수"와 2^m과 같은 "지수적 차수" 사이에서 발생한다.

예를 들면, 초당 10^9번 연산을 하는 컴퓨터에서, 크기가 $m = 50$인 어떤 문제는 m^5번 연산을 요구하는 알고리즘으로 0.3 sec 걸리지만, 2^m번 연산을 요구하는 알고리즘으로는 13일이 걸린다. 이것이 다항식 차수는 좋고 지수적 차수는 나쁘다고 생각하는 유일한 이유는 아니다. 또 다른 이유는 ***고속 컴퓨터 사용에 의한 이익***이다. 예를 들면, 두 알고리즘을 $O(m)$과 $O(m^2)$이라 놓자. 그러면 $1000 = 31.6^2$이므로, 1000배의 속도증가는 시간당 각각 1000배와 31.6배의 문제를 처리하는 효과를 가진다. 그러나 $1000 = 2^{9.97}$이므로, $O(2^m)$인 알고리즘을 가지고 우리가 얻을 수 있는 모든 것은 문제 크기에서 $2^{9.97} \cdot 2^m = 2^{m+9.97}$이기 때문에 상대적으로 소규모인 10배의 증가이다.

기호 O는 성장 순서가 중요할 때는 아주 실용적이고 공통적으로 사용되지만, 함수의 특수한 형태는 아니다. 따라서 만약 함수 $g(m)$이

$$g(m) = kh(m) + \text{더 천천히 커지는 항} \qquad (k \neq 0, \text{상수})$$

와 같은 형태이면, $g(m)$은 *차수* $h(m)$을 갖는다고 말하고

$$g(m) = O(h(m))$$

으로 쓴다. 예를 들면,

$$am + b = O(m), \qquad am^2 + bm + d = O(m^2), \qquad 5 \cdot 2^m + 3m^2 = O(2^m)$$

이다.

우리는 "효율적(efficient)"인, 즉 다음의 (i)과 (ii)에 관한 "좋은(good)" 알고리즘 $\mathcal{A}$를 원한다.

(i) *시간*(컴퓨터 연산의 횟수 $c_{\mathcal{A}}(m)$), 혹은
(ii) *공간*(내부 메모리에 필요한 저장장치)

혹은 둘 다. 여기서 $c_{\mathcal{A}}$는 $\mathcal{A}$의 "**복잡성**(complexity)"을 암시한다. $c_{\mathcal{A}}$에 대한 인기 있는 두 가지 선택은

(*최악의 경우*) $c_{\mathcal{A}}(m)$ = 크기가 m인 문제에 대해 가장 긴 시간 $\mathcal{A}$를 택한다,
(*평균의 경우*) $c_{\mathcal{A}}(m)$ = 크기가 m인 문제에 대해 평균 시간 $\mathcal{A}$를 택한다.

그래프의 문제에서, "크기"는 흔히 m(모서리의 수) 혹은 n(꼭짓점의 수)일 것이다. Moore 알고리즘에서는 모든 경우에 $c_{\mathcal{A}}(m) = 2m$이다. 따라서 Moore 알고리즘의 복잡성은 차수 $O(m)$이다.

"좋은(good)" 알고리즘 $\mathcal{A}$에 대해서, $c_{\mathcal{A}}(m)$이 너무 빨리 증가하지 않기를 바란다. 따라서 만약 어떤 정수 $k \geqq 0$에 대해서 $c_{\mathcal{A}}(m) = O(m^k)$, 즉 $c_{\mathcal{A}}$가 지수함수가 아닌 m의 거듭제곱(power)만을 포함할 때(혹은 $\ln m$과 같이 아주 천천히 증가하는 함수), $\mathcal{A}$를 **효율적**(efficient)이라 부른다. 더군다나, 만약 "나쁜 경우" $c_{\mathcal{A}}(m)$을 선택했을 때 $\mathcal{A}$가 효율적이면, $\mathcal{A}$를 **다항식으로 유계**(polynomially bounded)되었다고 말한다. 이러한 형식적인 개념들은 논의가 보여준 것처럼 직관에 따른 것이다.

복잡성은 모든 알고리즘에 대해서 조사할 수 있기 때문에 같은 작업을 하는 다른 알고리즘과 비교할 수 있다. 이것은 이 장의 수준을 넘어간다. 따라서 이 방향에 대해서는 몇 가지 경우의 설명으로 제한할 것이다.

연습문제 23.2

최단경로, Moore's BFS

(모든 모서리의 길이는 1)

1-2 Moore 알고리즘으로 최단경로 $P: s \to r$와 최단경로의 길이를 구하여라. 그림 482에서와 같이 굵은 선으로 P를 가리키는 라벨을 가진 그래프를 그려라.

1. 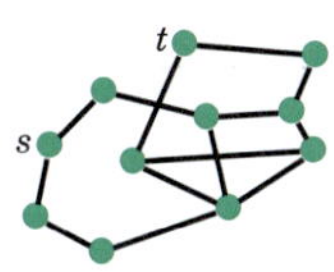

2. 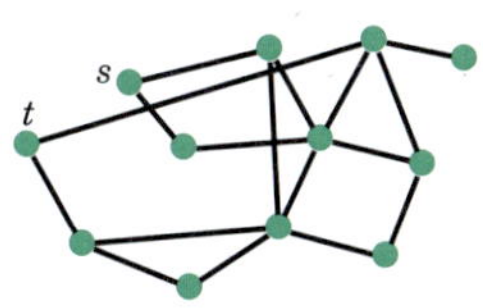

3. Moore 알고리즘. 꼭짓점 v가 라벨 $\lambda(v) = k$을 가질 때, 길이 k인 경로 $s \to v$가 존재함을 보여라.

4. 최대 길이. n개의 꼭짓점을 가진 그래프에서 임의의 두 꼭짓점 사이의 최단경로가 가질 수 있는 모서리의 최대 수는 얼마인가? 그 이유는 무엇인가? 모든 모서리의 길이가 1인 완전그래프에서는?

5. 비유일성. 교과서 예제 1에서 s에서 t로 다른 최단경로를 구하라.

6. Moore 알고리즘. 최단경로 $s \to v$의 길이를 s에서 v의 거리라고 부르자. 만약 v가 거리 l을 가지면, $\lambda(v) = l$임을 보여라.

7. CAS 문제. Moore 알고리즘. 표 23.1에서 알고리즘을 위한 컴퓨터 프로그램을 작성하라. 예제 1의 그래프를 가지고 프로그램을 테스트하라. 프로그램을 문제 1-2, 그리고 독자들이 선택한 몇몇 그래프에 적용하라.

8-10 Hamiltonian 순환

8. 12개의 오각형 면과 20개의 꼭짓점을 가지는 12면체(그림 483)의 Hamiltonian 순환을 구하고 그려라. 이것은 Hamiltonian 자신이 생각한 문제이다.

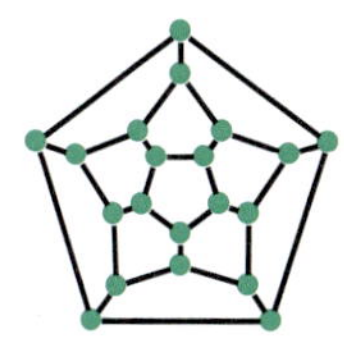

그림 483. 문제 8

9. 문제 1에서 Hamiltonian 순환을 구하고 그려라.

10. 문제 2의 그래프는 Hamiltonian 순환을 가지는가?

11-12 우편집배원 문제

11. 우편집배원 문제는 길이 $l_{ij} > 0$인 모서리 (i, j)를 가지는 그래프 G에서 G의 모든 모서리는 적어도 한 번 이상 통과하고, 길이가 최소인 닫힌 길 $W: s \to s$ (s는 우체국)를 찾는 문제이다. 그림 484의 그래프에 대한 해를 구하라. [이 문제가 저널 *Chinese mathematics* 1 (1962), 273-277에 발표되었기 때문에 이 문제를 *중국 우편집배원 문제*라고 부르기도 한다.]

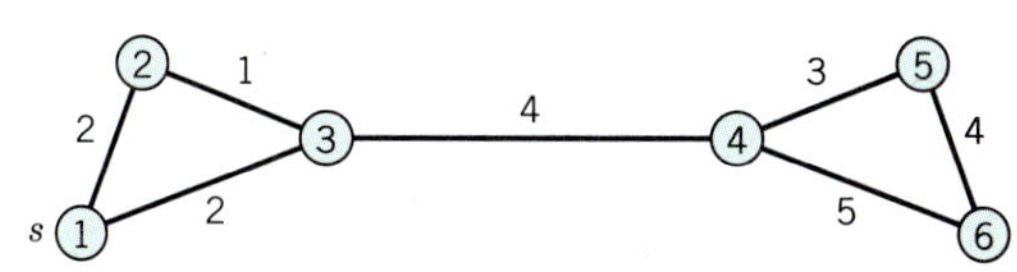

그림 484. 문제 11

12. 우편집배원 최단경로의 길이는 모든 출발 꼭짓점에 대해서 같음을 보여라.

13-15 Euler 그래프

13. Euler 그래프 G는 닫힌 Euler 통로(trail)를 갖는 그래프이다. **Euler 통로**는 G의 모든 모서리를 정확히 한 번만 거치는 통로이다. 23.1절 예제 1의 그래프에서 4개의 모서리를 갖는 부분 그래프는 Euler 그래프인가?

14. 그림 485에서 4개의 서로 다른 닫힌 Euler 통로를 구하라.

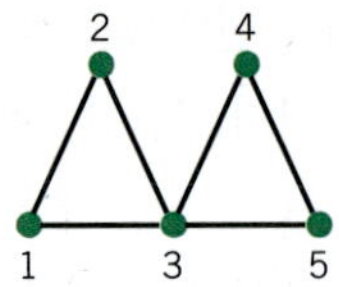

그림 485. 문제 14

15. 그림 484의 그래프는 Euler 그래프인가? 그 이유는 무엇인가?

23.3 Bellman의 원칙. Dijkstra의 알고리즘

그래프 G에서 최단경로 문제의 논의를 계속하자. 앞 절에서는 모든 모서리의 길이가 1인 특별한 경우를 다루었다. 그러나 대부분의 응용에서 모서리 (i, j)는 임의의 길이 $l_{ij} > 0$을 갖기 때문에, 훨씬 더 중요한 일반적인 경우의 최단경로 문제를 생각해야 한다. 그래프 G에서 존재하지 않는 모서리 (i, j)에 대해서 $l_{ij} = \infty$로 쓴다(일반적으로 임의의 수 a에 대하여 $a + \infty = \infty$).

G에서 주어진 꼭짓점을 1로 표시하고 **기점**(origin)이라 부른다. 또한, **모든** 다른 꼭짓점 $2, 3, \cdots, n$으로 표시하고 최단경로를 찾는 문제를 생각하자. G에서 최단경로 P_j: $1 \to j$의 길이를 L_j로 나타내자.

정리 1

Bellman의 최소원칙 혹은 최적원칙[3]

만약 P_j: $1 \to j$가 G에서 1에서 j까지 최단경로이고 (i, j)가 P_j의 마지막 모서리이면(그림 486), P_i: $1 \to i$ [P_j로부터 (i, j)를 빼내면 얻어짐]는 최단경로 $1 \to i$이다.

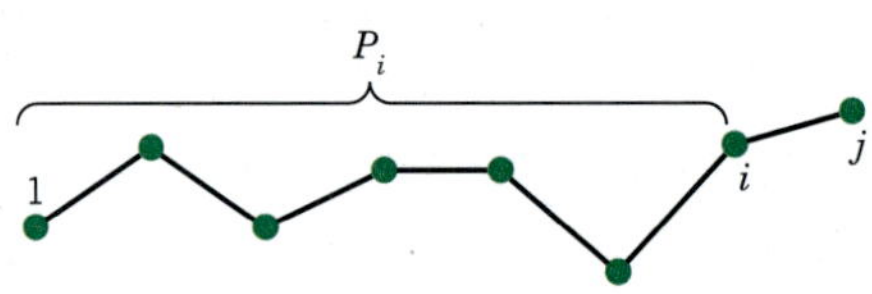

그림 486. Bellman의 최소원칙에서 경로 P와 P_i

증명 결론이 거짓이라 가정하자. 그러면 P_i보다 더 짧은 경로 P_i^*: $1 \to i$가 존재한다. 따라서 만약 P_i^*에 (i, j)를 더하면, P_j보다 더 짧은 경로 $1 \to j$를 얻는다. P_j가 가장 짧다는 가정에 모순이 된다.[3] ■

Bellman의 원칙으로부터 다음과 같은 기본적인 방정식을 유도할 수 있다. G에서 고정된 j에 대해 G에 모서리 (i, j)가 존재하는 여러 가지 i에 대한 최단경로 P_i를 택하고, 대응하는 경로 P_i에 (i, j)를 더해 여러 가지 경로 $1 \to j$를 얻을 수 있다. 이러한 경로들은 분명히 길이 $L_i + l_{ij}$($L_i = P_i$의 길이)를 갖는다. 이제 i에 대해서 최소를 택할 수 있다. 즉 $L_i + l_{ij}$가 가장 작은 i를 선택하자. Bellman의 원칙에 의해 이것은 최단경로 $1 \to j$를 제공하며 길이

[3]RICHARD BELLMAN(1920-1984), 역학 프로그래밍에서 잘 알려진 미국인 수학자

$$(1) \qquad \begin{aligned} L_1 &= 0 \\ L_j &= \min_{i \neq j} (L_i + l_{ij}), \end{aligned} \qquad j = 2, \cdots, n$$

을 갖는다. 이들을 **Bellman 방정식**(Bellman equation*s*)이라 부른다. 정의에 의해 $l_{ii} = 0$ 이므로 $\min_{i \neq j}$ 대신 단순히 $\min_i$로 쓸 수 있다. 이 방정식들은 다음과 같이 최단경로 문제에 대한 가장 잘 알려진 알고리즘 중의 한 아이디어를 제공한다.

최단경로에 대한 Dijkstra 알고리즘

표 23.2는 **Dijkstra[4] 알고리즘**(Dijkstra's algorithm)을 보여준다. **연결그래프**(connected graph) G는 임의의 두 꼭짓점 v와 w에 대해서 경로 $v \to \omega$가 존재하는 그래프이다. 알고리즘은 라벨링 과정이다. 각 단계의 계산에서 꼭짓점 v는

(PL) *영구적인 라벨* = 최단경로 $1 \to v$의 길이 L_v

혹은

(TL) *일시적인 라벨* = 최단경로 $1 \to v$의 길이에 대한 상계(upper bound) $\widetilde{L}_v$,

중 하나의 라벨을 얻는다. 영구적인 라벨과 일시적인 라벨을 가진 꼭짓점들의 집합을 각각 $\mathcal{PL}$과 $\mathcal{TL}$으로 표현하자. 알고리즘은 꼭짓점 1은 영구적인 라벨 $L_1 = 0$, 다른 꼭짓점들은 일시적인 라벨을 얻도록 하는 최초 단계를 갖고, 그러고 나서 알고리즘은 2단계와 3단계 사이를 반복한다. 2단계의 아이디어는 "최소" k를 선택하는 것이다. 3단계의 아이디어는 상계가 더 개선되고(감소하고) 적절히 업데이트되어져야 한다는 것이다. 즉, 꼭짓점 j에 대한 새로운 일시적인 라벨 $\widetilde{L}_j$은 만약 더 이상의 개선이 없다면 이전 것이 될 것이고, 혹은 개선이 있다면 $L_k + L_{kj}$가 될 것이다.

표 23.2 최단경로에 대한 Dijkstra 알고리즘

DIJKSTRA 알고리즘[$G = (V, E)$, $V = \{1, \cdots, n\}$, E의 모든 (i, j)에 대해서 L_{ij}]

꼭짓점 $1, \cdots, n$과 길이 $l_{ij} > 0$를 갖는 모서리 (i, j)로 이루어진 연결그래프 $G = (V, E)$에 대해서, 이 알고리즘은 꼭짓점 1에서 꼭짓점 $2, \cdots, n$까지 최단경로의 길이를 결정한다.

INPUT: 꼭짓점의 수 n, 모서리들 (i, j), 그리고 길이들 l_{ij}

OUTPUT: 최단경로 $1 \to j$, $j = 2, \cdots, n$의 길이들 l_j

1. *초기단계*

꼭짓점 1은 PL: $L_1 = 0$

꼭짓점 $j(= 2, \cdots, n)$는 TL: $\widetilde{L}_j = l_{1j}(= \infty$ 만약 G에 모서리 $(1, j)$가 없을 때)

Set $\mathcal{PL} = \{1\}$, $\mathcal{TL} = \{2, \cdots, n\}$

---

[4]EDSGER WYBE DIJKSTRA(1930-2002), 네덜란드 컴퓨터 과학자. 1972년에 ACM Turing상 수상. 그의 알고리즘은 *Numerische Mathematik* I (1959), 269-271에 실렸음.

2. *영구 라벨을 고정하기*

$\widetilde{L}_k$가 최소인 k를 $\mathcal{TL}$에서 찾아 $L_k = \widetilde{L}_k$로 놓는다. 만약 여러 개가 존재하는 경우 가장 작은 k를 택한다. $\mathcal{TL}$에서 k를 빼내어 $\mathcal{PL}$에 포함시킨다.

If $\mathcal{TL} = \varnothing$ (즉, $\mathcal{TL}$이 공집합)이면

OUTPUT $L_2, \cdots, L_n$. Stop

Else(즉, 3단계로 간다).

3. *임시 라벨을 수정하기*

$\mathcal{TL}$에 있는 모든 j에 대해서 $\widetilde{L}_j = \min_k \{\widetilde{L}_j, L_k + l_{kj}\}$로 놓자(즉, 새로운 $\widetilde{L}_j$로서 $\widetilde{L}_j$ 와 $L_k + l_{kj}$ 중 더 작은 것을 택하자).

Go to Stop 2.

End DIJKSTRA

예제 1 Dijkstra 알고리즘의 응용

그림 487a의 그래프에 Dijkstra 알고리즘을 적용하여 꼭짓점 1에서 꼭짓점 2, 3, 4로의 최단경로를 구하라.

풀이. 각 단계와 계산 결과를 열거하면 다음과 같다.

1. $L_1 = 0, \widetilde{L}_2 = 8, \widetilde{L}_3 = 5, \widetilde{L}_4 = 7,$ $\quad \mathcal{PL} = \{1\},$ $\quad \mathcal{TL} = \{2, 3, 4\}$

2. $L_3 = \min\{\widetilde{L}_2, \widetilde{L}_3, \widetilde{L}_4\} = 5, k = 3,$ $\quad \mathcal{PL} = \{1, 3\},$ $\quad \mathcal{TL} = \{2, 4\}$

3. $\widetilde{L}_2 = \min\{8, L_3 + l_{32}\} = \min\{8, 5 + 1\} = 6$

$\widetilde{L}_4 = \min\{7, L_3 + l_{34}\} = \min\{7, \infty\} = 7$

2. $L_2 = \min\{\widetilde{L}_2, \widetilde{L}_4\} = \min\{6, 7\} = 6, k = 2,$ $\quad \mathcal{PL} = \{1, 2, 3\},$ $\quad \mathcal{TL} = \{4\}$

3. $\widetilde{L}_4 = \min\{7, L_2 + l_{24}\} = \min\{7, 6 + 2\} = 7$

2. $L_4 = 7, k = 4$ $\quad \mathcal{PL} = \{1, 2, 3, 4\},$ $\quad \mathcal{TL} = \varnothing$

그림 487b는 길이가 $L_2 = 6, L_3 = 5, L_4 = 7$인 최단경로를 보여주고 있다. ■

복잡성. *Dijkstra 알고리즘은 $O(n^2)$이다.*

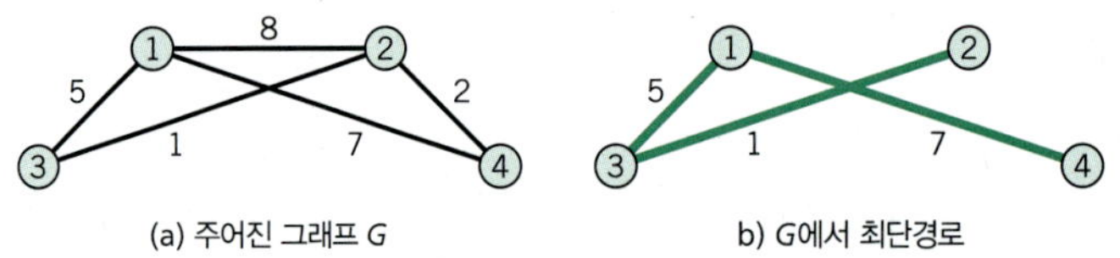

그림 487. 예제 1

증명 2단계는 원소들의 비교를 요구한다. 처음은 $n - 2$, 다음은 $n - 3$ 등등 총 $(n - 2)(n - 1)/2$. 3단계는 같은 비교 횟수, 총 $(n - 2)(n - 1)/2$, 합도 마찬가지로 처음은 $n - 2$, 다음은 $n - 3$ 등등, 다시 총 $(n - 2)(n - 1)/2$를 요구한다. 따라서 전체 조작 횟수는 $3(n - 2)(n - 1)/2 = O(n^2)$이다. ■

연습문제 23.3

1. 그림 488에서 4개의 마을을 연결하는 도로 망의 최소 길이를 줄일 수 있다. 그렇게 해도 여전히 다른 모든 마을에서 모든 마을에 도달할 수 있다. 도로의 어디가 유지되어야 하는가? **(a)** 직관적으로, **(b)** Dijkstra 알고리즘에 의해 각각 해를 구하라.

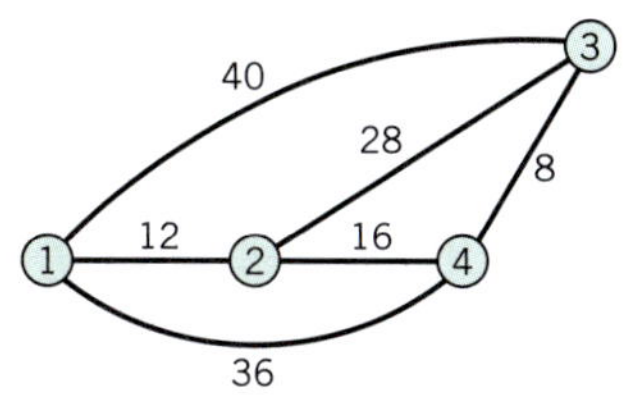

그림 488. 문제 1

2. Dijkstra 알고리즘에서 L_k에 대해서 길이가 L_k인 경로 P: $1 \to k$가 존재함을 보여라.

3. Dijkstra 알고리즘에서 각 순간에 저장량이 작음을 보여라 (n개의 모서리보다 더 작은 데이터).

4-6 **Dijkstra 알고리즘**

각 그래프에서 최단경로를 구하라.

4.

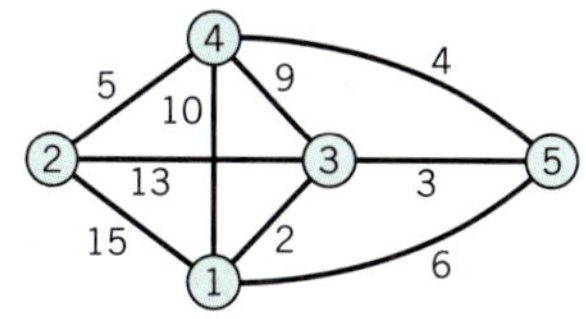

5.

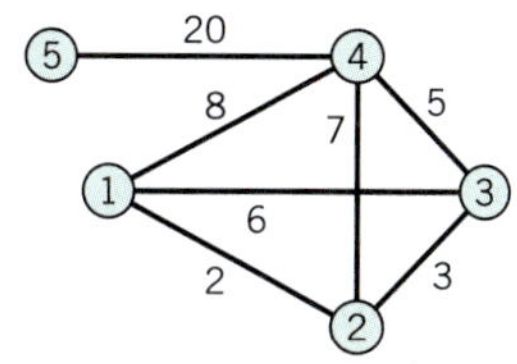

6.

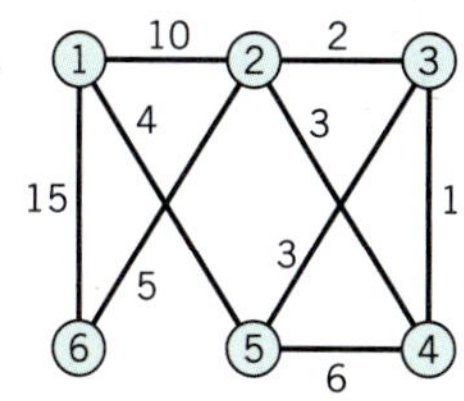

23.4 최단생성 수형도: Greedy 알고리즘

이제까지 최단경로 문제를 다루었다. 이제 실제에서 자주 발생하는 최적화 문제와 관련된 수형도라고 부르는 특별히 중요한 그래프의 유형으로 관심을 돌리자.

수형도(tree) T는 연결그래프이고 순환이 없는 그래프이다. "**연결**(connected)"은 23.3절에서 정의되었다. 즉, T에 있는 모든 꼭짓점으로부터 T에 있는 다른 모든 꼭짓점으로 경로가 존재함을 의미한다. **순환**(cycle)은 닫혀있는 적어도 세 모서리의 경로 $s \to t$이다; 23.2절을 참조. 그림 489a는 이에 대한 예를 보여준다.

주의! 용어가 다양하다; *순환*은 때때로 *회로*(circuits)라 부른다.

주어진 연결그래프 $G = (V, E)$에서 **생성 수형도**(spanning tree) T는 G의 n개의 꼭짓점 *모두*를 연결하는 수형도이다. 그림 489b를 참조. 그러한 수형도는 $n - 1$개의 모서리를 갖는다. (증명은?)

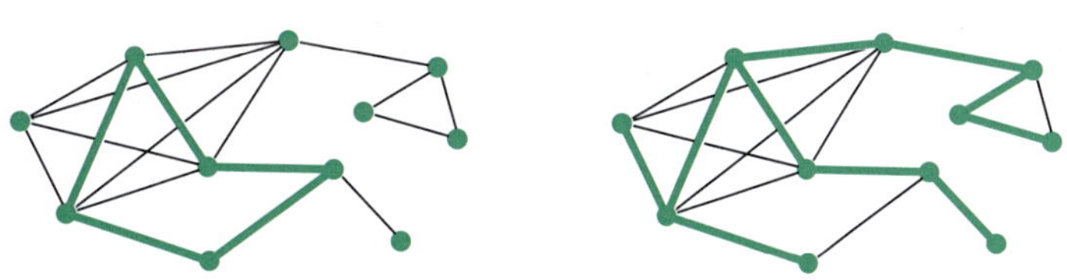

(a) (b)

그림 489. 그래프에서 (a) 순환, (b) 생성 수형도의 예

어떤 연결그래프 G(모서리 (i, j)가 길이 $l_{ij} > 0$을 가짐)에서 **최단생성 수형도**(shortest spanning tree) T는 Σl_{ij} (T의 모든 모서리에 대한 합)가 G에서 모든 다른 생성 수형도에 대한 Σl_{ij}의 값을 비교했을 때 최소인 생성 수형도이다.

수형도는 가장 중요한 형태의 그래프 중 하나로 다양하게 적용된다. 친숙한 예로 가계도와 조직 구성 차트가 있다. 수형도는 전시 또는 조직 구성, 전기회로 분석, 생산자와 소비자, 그리고 다른 사업 간의 관계, 데이터 정보, 컴퓨터 프로그램의 구문 구조 등에 사용된다. 긴 설명이 필요 없는 몇몇 구체적인 사례에 대하여 언급하자.

앞 절에서 꼭짓점 1에서 꼭짓점 n까지 최단경로의 집합은 생성 수형도를 형성한다.

여러 도시(꼭짓점)와 연결되어 있는 철도는 생성 수형도를 형성하고 철도의 "길이"(모서리)는 철도건설 비용과 관계가 있다. 우리는 총 건설비용을 최소화하기를 원한다. 버스 노선의 경우에도 "길이"는 연간 운영비용을 의미한다. 증기선 항로(화물선)의 경우 모서리의 "길이"는 이윤이며, 목표는 이윤을 최대화하는 것이다. 도시 간 통신망의 경우, 가장 짧은 생성 수형도는 모든 도시를 최소 비용으로 연결하는 통신망일 것이다. 언급한 사례뿐만 아니라 유통망 등 다른 분야에서도 사례를 찾을 수 있다.

이제 최단생성 수형도를 찾기 위한 간단한 알고리즘에 대하여 알아보자. 표 23.3에 있는 알고리즘은 엉성한 그래프(매우 적은 수의 모서리로 이루어진 그래프. 23.1절 참조)에 적절하다.

표 23.3 최단생성 수형도에 대한 Kruskal[5]의 Greedy 알고리즘

Proceedings of the American Mathematical Society 7 (1956), 48-50.

KRUSKAl 알고리즘[$G = (V, E)$, E의 모든 (i, j)에 대해서 l_{ij}]

꼭짓점 $1, 2, \cdots, n$과 길이 $l_{ij} > 0$를 갖는 모서리 (i, j)로 이루어진 연결그래프 $G = (V, E)$에 대해서, 이 알고리즘은 G에서 최단생성 수형도 T를 결정한다.

INPUT: G의 모서리 (i, j), 그리고 길이들 l_{ij}

OUTPUT: G에서 최단생성 수형도

1. 길이가 커지는 순서로 G의 모서리에 순서를 준다.

2. 주어진 순서로 G의 모서리 중에서 $\boldsymbol{T}$의 모서리를 선택한다. 단, 선택된 모서리들과 순환을 이루면 거부한다.

If $n-1$개의 모서리가 선택되면,

OUTPUT T(= 선택된 모서리들의 집합). Stop

End KRUSKAl

예제 1 Kruskal 알고리즘의 응용

Kruskal 알고리즘을 사용하여, 그림 490의 그래프에서 최단생성 수형도를 결정하라.

[5]JOSEPH BERNARD KRUSKal(1928–), 그래프 이론과 통계학에서 잘 알려진, 벨 연구소에서 근무하고 있는 미국인 수학자

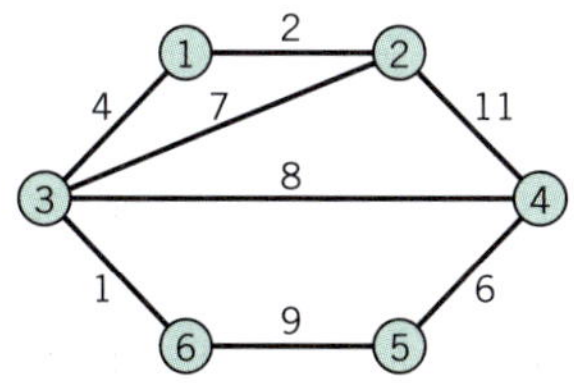

그림 490. 예제 1의 그래프

표 23.4 예제 1의 해

모서리	길이	선택
(3, 6)	1	1st
(1, 2)	2	2nd
(1, 3)	4	3rd
(4, 5)	6	4th
(2, 3)	7	거부
(3, 4)	8	5th
(5, 6)	9	
(2, 4)	11	

풀이. 표 23.4를 참조하기 바란다. 중간 단계의 일부에서 *연결되지 않은* 그래프가 형성된다(그림 491 참조). 이것은 전형적인 것이다. 생성 수형도가 $n-1$개의 모서리를 가졌으므로 $n-1=5$번을 선택한 후 멈춘다. 우리 문제에서 모서리의 선택은 목록의 상단 부분에서 이루어진다. 이것은 임의의 크기를 가진 문제의 전형적인 것이고, 일반적으로 목록에서 멀리 아래에 있는 모서리는 선택되는 기회가 적다. ■

Kruskal 방법의 효율은 꼭짓점들의 이중 라벨링에 의해 크게 증가된다.

꼭짓점들의 이중 라벨링. *각 꼭짓점 i는 이중 라벨* (r_i, p_i)*을 유지한다. 여기서*

$$r_i = i\text{가 속해 있는 부분 수형도의 근(root)}$$
$$p_i = \text{부분 수형도에 있는 } i\text{의 전신(predecessor)}$$
$$p_i = 0 \text{ 근에 대해서}$$

이것은 거부(rejecting)를 단순화한다.

거부(rejecting). 만약 (i, j)*가 목록에서 고려해야 할 다음 모서리이면,* $r_i = r_j$*일 때* (i, j)*를 거부한다.* (즉, i와 j가 같은 부분 수형도에 있고, 따라서 그들은 이미 모서리로 연결되었고 (i, j)는 순환을 만든다.) *만약* $r_i \neq r_j$*이면,* T*에* (i, j)*를 포함한다.*

만약 r_i에 대해 몇 가지 선택이 있다면, 가장 작은 것을 선택한다. 만약 부분 수형도들이 병합되면(즉, 단 하나의 수형도가 되면), 새로운 부분 수형도의 근으로 가장 작은 근을 유지한다.

예제 1에 대한 이중 라벨 목록은 표 23.5에서 볼 수 있다. 그것을 저장하는데, 각 순간에 최근 이중 라벨만을 계속 유지할지도 모른다. 모든 단계에서 그 과정을 보여주기 위해서 모든 이중 라벨을 표시한다. 변하지 않고 남아 있는 라벨들은 다시 표시하지 않는다. 강조할 것은 2개의 1이 꼭짓점 2와 3의 공통근인 것이 모서리 (2, 3)을 제거해야 하는 이유이다. 각 꼭짓점에 대한 최근 라벨 읽기로 이 목록으로부터 1은 근으로서 선택해야 할 꼭짓점임을 알 수 있고, 수형도는 그림 491의 마지막 부분에서 볼 수 있다. 이것은 각 꼭짓점이 수반하는 전신 라벨에 의해 가능하게 되었다. 또한, 모서리를 수락하거나 거부하는 것에 대해 (모서리의 두 끝점의 근을) 단 하나와 비교하게 해야 한다.

순서(ordering)는 알고리즘의 보다 고급스러운 부분이다. 그것은 데이터 처리의 기본 과정이고 다양한 방법이 제시되어 있다[부록 1에 나와 있는 참고문헌 [E25]에 있는 **정렬**(Sorting)을 참조]. m개의 모서리의 전체 목록에 대해서, 알고리즘은 $O(m \log_2 m)$이지만, $q(< m)$개의 최상위 모서리를 관찰함으로써 수형도의 $n-1$개의 모서리는 일찍 발견될 가

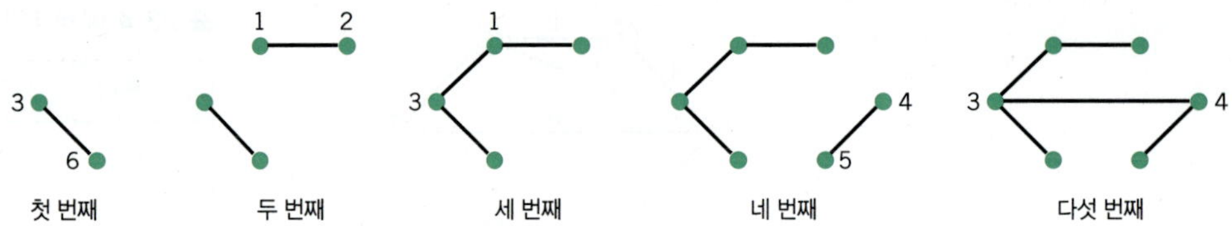

그림 491. 예제 1에서 선택 과정

능성이 가장 높기 때문에, 그러한 q개의 모서리에 대해서 알고리즘은 $O(q \log_2 m)$이다.

표 23.5 예제 1의 이중 라벨 목록

꼭짓점	선택 1 (3, 6)	선택 2 (1, 2)	선택 3 (1, 3)	선택 4 (4, 5)	선택 5 (3, 4)
1		(1, 0)			
2		(1, 1)			
3	(3, 0)		(1, 1)		
4				(4, 0)	(1, 3)
5				(4, 4)	(1, 4)
6	(3, 3)		(1, 3)		

연습문제 23.4

1-3 Kruskal's Greedy 알고리즘

Kruskal 알고리즘에 의해 최단생성 수형도를 구하고 그것을 스케치하라.

1.

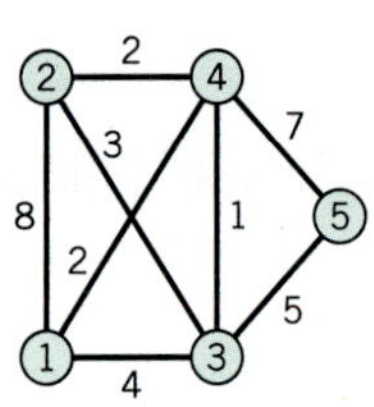

2.

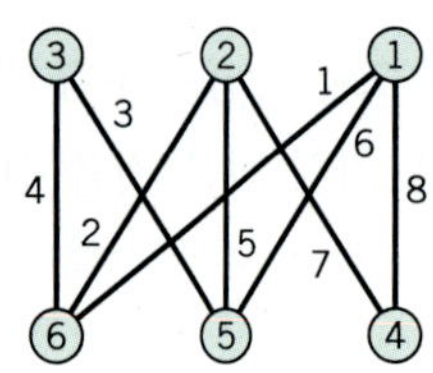

3.

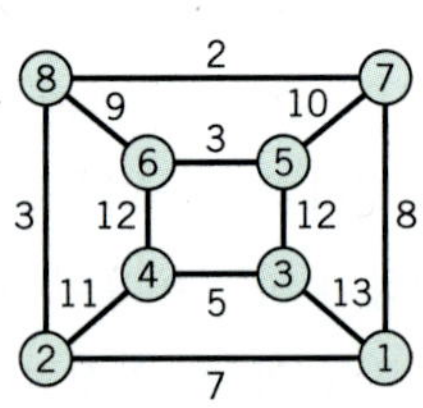

4. CAS 문제. **Kruskal 알고리즘**. 대응하는 프로그램을 작성하라. [정렬(Sorting)은 부록 1에 수록된 참고문헌 [E25]에서 논의되었다.]

5. 최소생성 수형도를 얻기 위해, 짧은 모서리들을 더하는 대신에 긴 모서리들을 제거하는 것을 생각할 수 있다. 어떤 그래프에 대해 이것이 가능한가? 이를 위한 알고리즘을 묘사하라.

6. 문제 5에서 제시된 방법을 예제 1의 그래프에 적용하라. 동일한 수형도를 얻을 수 있는가?

7. 최장생성 수형도를 얻기 위한 알고리즘을 설계하라.

8. **항공 화물**(Air cargo). 아래에 주어진 6개 도시(비행기에 의한 거리, 마일로 표시) 사이의 모든 가능한 15개 연결로 이루어진 완전그래프에서 최단생성 수형도를 구하라. 그 결과의 실제적인 응용을 생각할 수 있는가?

	달라스	덴버	LA	뉴욕	워싱턴 DC
시카고	800	900	1800	700	650
달라스		650	1300	1350	1200
덴버			850	1650	1500
LA				2500	2350
뉴욕					200

23.5 최단생성 수형도: Prim 알고리즘

표 23.6에서 보여주는 Prim[6] 알고리즘은 최단생성 수형도(23.4절을 참조)에 대한 또 다른 유명 알고리즘이다. 이 알고리즘은 모서리들을 순서를 주는 것을 피할 수 있으며 각 단계마다 수형도 T를 준다. 이 성질은 앞 절에서 Kruskal 알고리즘이 가지지 않은 것이다(만약 그것을 주목하지 않았다면, 그림 491을 살펴보라).

Prim 알고리즘에서 1이라 부르는 어떤 한 꼭짓점에서 출발하여, 어떤 법칙에 따라(표 23.6에 있는) T가 마침내 *생성* 수형도가 될 때까지 한 번에 하나씩 꼭짓점 1에 모서리들을 추가함으로써 수형도 T가 "성장(grow)"하여 최단생성 수형도가 된다.

표 23.6 최단생성 수형도에 대한 Prim 알고리즘

Bell System Technical Journal 36 (1957), 1389-1401.

For an improved version of the algorithm, see Cheriton and Taijan, *SIAM Journal on Computation* 5 (1976), 724-742.

PRIM 알고리즘[$G = (V, E)$, $V = \{1, \cdots, n\}$, E의 모든 (i, j)에 대해서 l_{ij}]

꼭짓점 $1, 2, \cdots, n$과 길이 $l_{ij} > 0$를 갖는 모서리 (i, j)로 이루어진 연결그래프 $G = (V, E)$에 대해서, 이 알고리즘은 G에서 최단생성 수형도 T와 T의 길이 $L(T)$를 결정한다.

INPUT: n, G의 모서리들 (i, j)와 그들의 길이들 l_{ij}

OUTPUT: G에서 최단생성 수형도 T의 모서리 집합 S; $L(T)$

[*처음에 모든 꼭짓점은 라벨이 주어지지 않았다.*]

1. *초기단계*

Set $i(k) = 1$, $U = \{1\}$, $S = \varnothing$

라벨 꼭짓점 $k(= 2, \cdots, n)$는 $\lambda_k = l_{1j}$ [$= \infty$ 만약 G에 모서리 $(1, k)$가 없을 때]

2. *수형도 T에 모서리를 추가*

U에 있지 않은 꼭짓점 k에 대해서 가장 작은 λ_k를 λ_j라 하자. U에 꼭짓점 j를 포함시키고 S에 모서리 $(i(j), j)$를 포함시키자.

If $U = V$이면

$L(T) = \Sigma l_{ij}$ (S의 모든 모서리에서 합)을 계산

OUTPUT S, $L(T)$. Stop

[*S는 G에서 최단생성 수형도 T의 모서리의 집합*]

Else continue(즉, 3단계로 간다).

3. *라벨을 수정하기*

U에 있지 않은 모든 k에 대해서, 만약 $l_{jk} < \lambda_k$이면 $\lambda_k = l_{jk}$, $i(k) = j$로 놓자.

2단계로 가라.

End PRIM

---

[6]ROBERT CLAY PRIM(1921–). 제너럴 일렉트릭 벨 연구소와 샌디아 국제 연구소에서 근무하고 있는 미국인 수학자

성장(growing) 수형도 T의 꼭짓점의 집합을 U로 나타내고 모서리의 집합을 S로 나타내자. 따라서 처음에는 $U = \{1\}$, $S = \varnothing$이고 마지막에는 $U = V$이다. 여기서 V는 앞에서와 같이 모서리 (i, j)가 길이 $l_{ij} > 0$를 가진 그래프 $G = (V, E)$의 꼭짓점의 집합이다.

시작(단계 1)에서 꼭짓점 $2, \cdots, n$에 대한 라벨

$$\lambda_2, \cdots, \lambda_n$$

들은 꼭짓점 1(혹은 만약 G에 그런 모서리가 없을 때는 ∞)과 연결된 모서리들의 길이이다. 그리고 성장 수형도 T의 첫 번째 모서리로는 이들 중 가장 짧은 것을 택하고(2단계), U는 모서리의 다른 끝 j를 포함한다(만약에 j가 여러 개가 있으면 단일 과정을 만들기 위해 가장 작은 것을 선택한다). 꼭짓점 k는 이전부터 라벨 $\lambda_k = l_{i(k),k}$를 갖는다. 만약 $l_{jk} < \lambda_k$이면, 이것은 k가 U에 있는 오래된 "가장 가까운 이웃" $i(k)$에 가까운 것보다 U에 포함된 새로운 멤버 j에 더 가깝다는 것을 의미한다. 그러면 k의 라벨은 $i(k)$를 j로 놓아 $\lambda_k = l_{i(k),k}$를 $\lambda_k = l_{jk}$로 바꾸면서 갱신한다. 그러나 만약 $l_{jk} \geqq \lambda_k$ (k의 구 라벨)이면, 구 라벨을 건드리지 않는다. 따라서 라벨 λ_k는 항상 U에서 k에 가장 가까운 이웃과 동일시된다. 그리고 이것은 3단계에서 U와 수형도 T의 성장으로 갱신된다. 최종 라벨들로부터 최종 수형도로 되돌아 올 수 있고, 최종 라벨 값들로부터 이 수형도의 전체 길이를 계산할 수 있다.

Prim 알고리즘은 컴퓨터 네트워크 디자인, 케이블, 유통 네트워크와 교통 네트워크 등의 설계에 유용하다.

예제 1 Prim 알고리즘의 응용

그림 492의 그래프에서 최단생성 수형도를 구하라(23.4절 예제 1과 같은 그래프이기 때문에 비교할 수 있다).

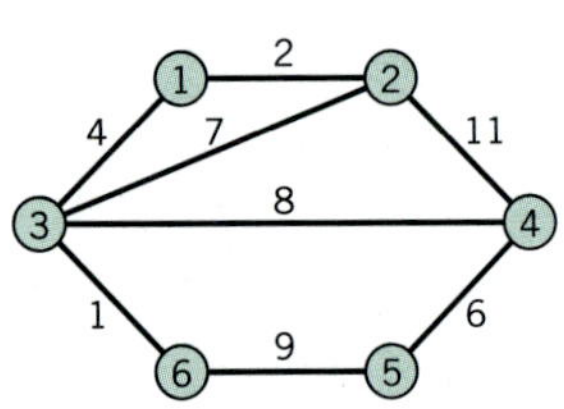

그림 492. 예제 1의 그래프

풀이. 각 단계들은 다음과 같다.

1. $i(k) = 1$, $U = \{1\}$, $S = \varnothing$, 초기 라벨 표 23.7을 보라.
2. $\lambda_2 = l_{12} = 2$는 가장 작고, $U = \{1, 2\}$, $S = \{(1, 2)\}$
3. 표 23.7 열 (I)에서 보는 것처럼 라벨 수정
2. $\lambda_3 = l_{13} = 4$는 가장 작고, $U = \{1, 2, 3\}$, $S = \{(1, 2), (1, 3)\}$.
3. 표 23.7 열 (II)에서 보는 것처럼 라벨 수정
2. $\lambda_6 = l_{36} = 1$은 가장 작고, $U = \{1, 2, 3, 6\}$, $S= \{(1, 2), (1, 3), (3, 6)\}$.
3. 표 23.7 열 (III)에서 보는 것처럼 라벨 수정
2. $\lambda_4 = l_{34} = 8$은 가장 작고, $U = \{1, 2, 3, 4, 6\}$, $S = \{(1, 2), (1, 3), (3, 4), (3, 6)\}$
3. 표 23.7 열 (IV)에서 보는 것처럼 라벨 수정
2. $\lambda_5 = l_{45} = 6$은 가장 작고, $U = V$, $S = \{(1, 2), (1, 3), (3, 4), (3, 6), (4, 5)\}$. 멈춘다.

수형도는 23.4절 예제 1과 같고 길이는 21이다. 독자는 현재 수형도의 성장 과정을 23.4절에 있는 수형도와 비교하는 것이 흥미롭다는 것을 발견하게 될 것이다. ■

표 23.7 예제 1에서 꼭짓점들의 라벨링

꼭짓점	초기 라벨	다시 라벨 주기			
		(I)	(II)	(III)	(IV)
2	$l_{12} = 2$	—	—	—	—
3	$l_{13} = 4$	$l_{13} = 4$	—	—	—
4	∞	$l_{24} = 11$	$l_{34} = 8$	$l_{34} = 8$	—
5	∞	∞	∞	$l_{65} = 9$	$l_{45} = 6$
6	∞	∞	$l_{36} = 1$	—	—

연습문제 23.5

최단생성 수형도. Prim 알고리즘

1. Prim 알고리즘의 끝에서 언제 $S = E$가 되는가?

2. **복잡성**. Prim 알고리즘의 복잡성은 $O(n^2)$임을 보여라.

3. Prim 알고리즘을 연결이 아닌 그래프에 적용한 결과는 무엇인가?

4. 만약 완전그래프(혹은 거의 모서리가 누락된 그래프)에 대해서, (23.4절 문제 8에서와 같이) 자료가 $n \times n$ 거리 표(table)이면, (복잡성이 $O(n^2)$인) 현재 알고리즘은 $O(n^2)$보다 더 적은 순서 알고리즘으로 쉽게 대체될 수 없음을 보여라.

5. Prim 알고리즘은 수형도 T의 성장으로 순환의 생성을 어떻게 방해하는가?

6-10 Prim 알고리즘으로 최단생성 수형도를 구하라.

6.

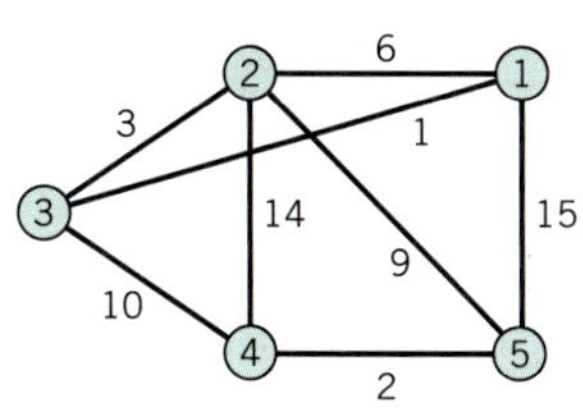

7.

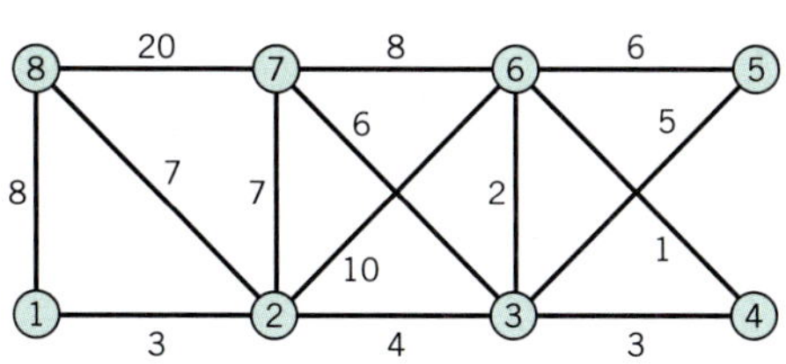

8.

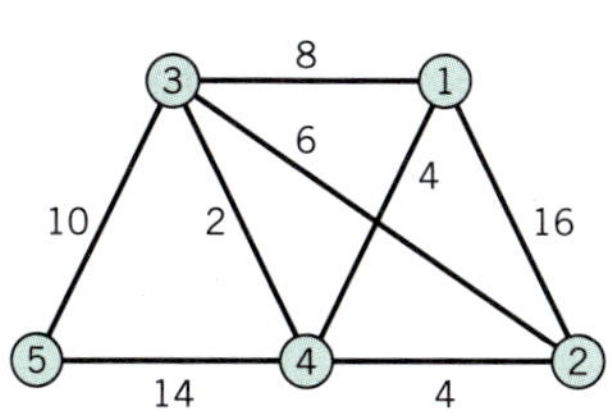

9. 23.4절 문제 3의 그래프

10. **CAS 문제**. **Prim 알고리즘**. 프로그램을 작성하고 문제 6–8에 적용하라.

11. **조별 과제**. **그래프의 핵심과 관련된 개념들**. **(a) 거리, 이심률**(Eccentricity). 그래프 $G = (V, E)$에서 가장 짧은 경로 $u \to v$의 길이를 $d(u, v)$로 나타내자. 이를 고정하고 u를 V에서 움직일 때, $d(u, v)$의 최댓값을 u의 *이심률*이라 하고 $\epsilon(u)$로 표시한다. 온라인 문제 1에서 꼭짓점 1, 2, 3에서 이심률을 구하라.

(b) 지름, 반지름, 중심. 그래프 $G = (V, E)$에서 u, v가 변할 때, $d(u, v)$의 최댓값을 그래프의 *지름*이라 하고 $d(G)$로 표시한다. 이심률 $\epsilon(v)$의 최솟값을 그래프의 *반경*이라 하고 $r(G)$로 나타낸다. 특히, $r(G) = \epsilon(v)$인 꼭짓점 v를 *중심꼭짓점*이라 한다. 그리고 중심꼭짓점의 집합을 G의 *중심*이라 부른다. 온라인 문제 1에서 $d(G)$, $r(G)$, 그리고 중심을 구하라.

(c) 예제 1에서 생성 수형도의 지름, 반지름, 그리고 중심을 구하라.

(d) 중심이 운송네트워크의 긴박한 서비스 시설에 어떻게 사용될 수 있는지 그 아이디어를 설명하라. 소방서나 쇼핑센터에서는 어떠한가? 두 개 또는 그 이상의 시설에 대하여 본 개념을 일반화할 수 있는가?

(e) 모서리의 길이가 모두 1인 수형도 T의 중심은 한 개의 꼭짓점이거나 이웃한 두 꼭짓점이다.

(f) 수형도 T의 중심을 구하기 위한 복잡도 $O(n)$의 알고리즘을 설정하라.

23.6 네트워크에서의 유량

조합론적 최적화로서 최단경로 문제와 수형도 문제에 이어 세 번째 매우 넓은 영역으로 그래프에서 유향그래프로 옮겨가는 **네크워크의 유량 문제**를 다룬다(전기, 물, 통신, 차량통행, 업무의 연결 등) (유향그래프는 23.2절 참조).

네트워크(network)는 각 모서리에 **용량**(capacity) $c_{ij} > 0$[$= (i, j)$를 경유하는 최대 가능한 유량]이 할당된 유향그래프 $G = (V, E)$이다. 그리고 **발생점**(source)이라 부르는 꼭짓점 s에서 유량이 생성되어 유향그래프의 모서리를 따라 또 다른 꼭짓점 t[**목표점**(target) 또는 **흡입점**(sink)이라 부름]까지 흘러서 그곳에서 소멸된다.

이 분야는 전선에서 전기, 파이프에서 물, 도로에서 차량, 대중교통의 이용객, 인터넷 상에서 발신자에서 수신자의 유량 등에 응용할 수 있다.

모서리 (i, j)를 따른 유량을 f_{ij}로 표시하고 다음 두 조건을 추가하자.

1. 그래프 G의 모서리 (i, j)에서 유량은 용량 c_{ij}를 넘지 않는다. 즉,

$$0 \leqq f_{ij} \leqq c_{ij} \qquad \text{(1)} \qquad (\text{“모서리 조건”})$$

2. s 또는 t가 아닌 각 꼭짓점 i에서

유입(inflow) = 유출(outflow) (“**꼭짓점 조건**”, “**Kirchhoff의 법칙**”)

이다. 이를 식으로 쓰면

$$\text{(2)} \qquad \underbrace{\sum_k f_{ki}}_{\text{유입}} - \underbrace{\sum_j f_{ij}}_{\text{유출}} = \begin{cases} 0 \text{ 만약 꼭짓점 } i \neq s,\ i \neq t \\ -f \text{ 발생점 } s\text{에서} \\ f \text{ 목표점 } t\text{에서} \end{cases}$$

여기서 f는 전체 유량(그리고 s에서 유입은 0이고, t에서 유출은 0이다). 그림 493은 기호를 그림으로 보여주고 있다.

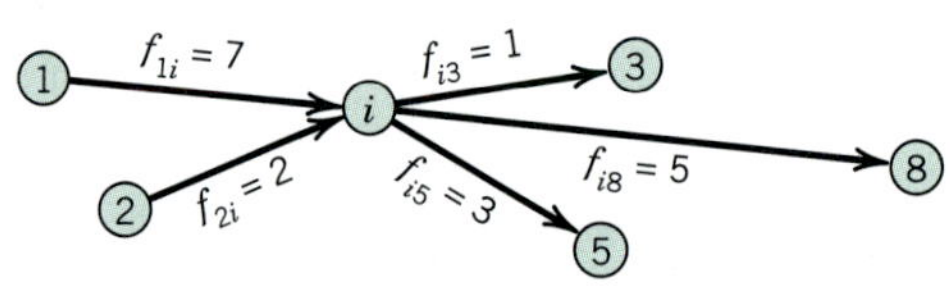

그림 493. 기호 (2) 설명: 꼭짓점 i (s 또는 t가 아님)에서 유입과 유출

경로

유향그래프 G에서 꼭짓점 v_1에서 v_k까지 **경로**(path) $v_1 \to v_k$는 ***G에서 방향을 고려하지 않은*** 그래프에서와 마찬가지로(23.2절 참조) 경로를 형성하는 모서리

$$(v_1, v_2), (v_2, v_3), \cdots, (v_{k-1}, v_k)$$

의 수열이다. 따라서 경로 $v_1 \to v_k$를 따라갈 때, 어떤 모서리는 주어진 방향으로 움직이고 [이때, **순방향모서리**(forward edge)라 부른다], 어떤 모서리는 주어진 ***반대***방향으로 움직인

다[이를 **역방향모서리**(backward edge)라 부른다]. 그림 494에서 (u, v)는 순방향모서리, (w, v)는 역방향모서리이다.

주의! 네트워크에 있는 각 모서리는 주어진 방향을 갖는다. *그 방향을 우리가 변화시킬 수는 없다.* 따라서 만약 (u, v)가 경로 $v_1 \to v_k$에서 순방향모서리이면 (u, v)는 다른 경로 $x_1 \to x_j$에서 역방향모서리로 될 수 있다. 그 경로에서 (u, v)는 모서리이고 x_1에서 x_j로 갈 때 반대방향으로 가로지른다; 그림 495를 보라. 착오를 피하기 위해 이것을 기억하자.

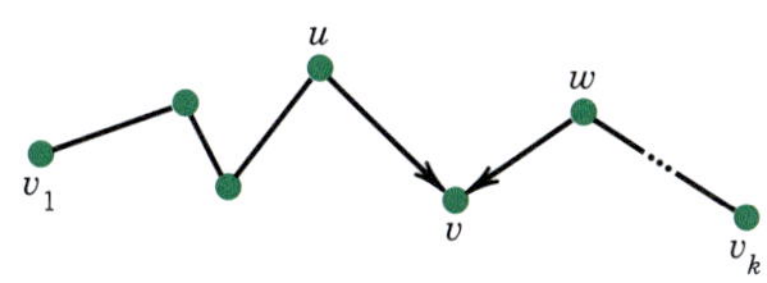

그림 494. 경로 $v_1 \to v_k$에서 순방향모서리 (u, v), 역방향모서리 (w, v)

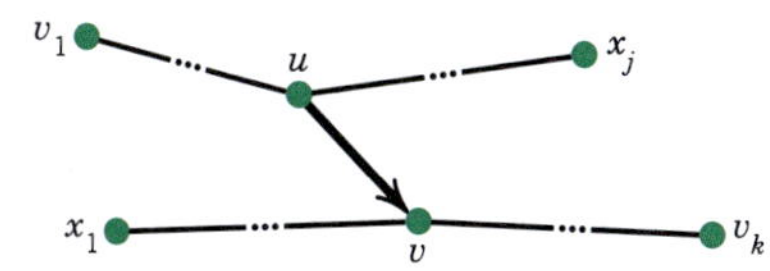

그림 495. 경로 $v_1 \to v_k$에서 순방향, 경로 $x_1 \to x_j$에서 역방향인 모서리 (u, v)

유량증가경로

주어진 네트워크에서, 발생점 s에서 목표점 t로 ***유량을 최대화*** 해보자. 이를 위하여 기존 유량을 증가시키는 방법을 생각해 보자(나중에 0이 되는 특별한 경우까지 포함). 아이디어는 경로 P: $s \to t$의 각 모서리를 모두 사용하지 않고 추가 유량을 P에 밀어 넣을 수 있다. 이로부터 다음 개념을 얻는다.

정의

유량증가경로

모서리 (i, j)에서 유량 f_{ij}에 대한 *유량증가경로*(flow augmenting path)는 다음을 만족하는 경로 P: $s \to t$이다.

(i) 순방향모서리에서는 $f_{ij} < c_{ij}$(즉, 순방향모서리는 용량까지 사용될 수 없다)

(ii) 역방향모서리에서는 $f_{ij} > 0$.(즉, 역방향모서리는 유량 0을 가질 수 있다)

예제 1 **유량증가경로**

첫 번째 수는 용량을, 그리고 두 번째 수는 유량을 나타내는 네트워크(그림 496)에서 유량증가경로를 구하라.

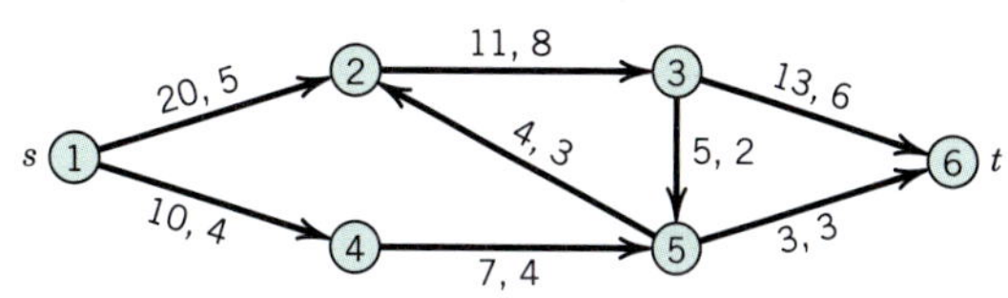

그림 496. 예제 1의 네트워크
첫 번째 수 = 용량, 두 번째 수 = 유량

풀이. 실제 문제에서는 네트워크가 크고, 따라서 우리는 ***유량증가에 대한 구체적인 방법***이 필요한데 ***이는 다음 절에서 다루겠다.*** 작은 규모에서 우리는 유량증가경로를 조사하여 찾을 수 있다. 그림 496에서 존재하는 유량 $f = 9$를 증대할 수 있다. (s에서 유출은 $5 + 4 = 9$, t에서 유입 $6 + 3 = 9$와 같다.)

기호

$$\Delta_{ij} = c_{ij} - f_{ij} \quad (\text{순방향모서리에서})$$
$$\Delta_{ij} = f_{ij} \quad (\text{역방향모서리에서})$$
$$\Delta = \min \Delta_{ij} \text{ 의 최솟값}$$

를 사용하자. 그림 496에서 경로 P_1: $s \to t$의 유량증가경로는 P_1: 1 − 2 − 3 − 6이다(그림 497). 이때, Δ_{12} = 20 − 5 = 15(등등)이고 Δ = 3이다. 따라서 P_1을 주어진 유량 9에서 f = 9 + 3 = 12로 증가시킬 수 있다. P_1의 모서리는 모두 순방향이다. 유량을 3만큼 증대하자. P_1의 각 모서리의 유량은 3만큼 증가하여 f_{12} = 8(전에는 5), f_{23} = 11(전에는 8), 그리고 f_{36} = 9(전에는 6). 모서리 (2, 3)에서 용량을 소진한다. 다른 모서리에서 유량은 남는다.

다른 유량증가경로 P_2: $s \to t$, 즉 P2: 1 − 4 − 5 − 3 − 6이다(그림 497). 이는 역방향모서리를 어떻게 처리하는가를 보여준다. 모서리 (3, 5)는 역방향이다. 유량이 2이므로 정의에 의하여 Δ_{36} = 2이다. 이때, Δ_{14} = 10 − 4 = 6(등등)이고 Δ = 2이다. 따라서 우리는 P_2를 f = 12 + 2 = 14를 얻는 데 사용할 수 있다. 새로운 유량을 그림 498에서 보여주며 더 이상의 증가는 없다. 나중에 f = 14가 최대임을 확인할 것이다. ■

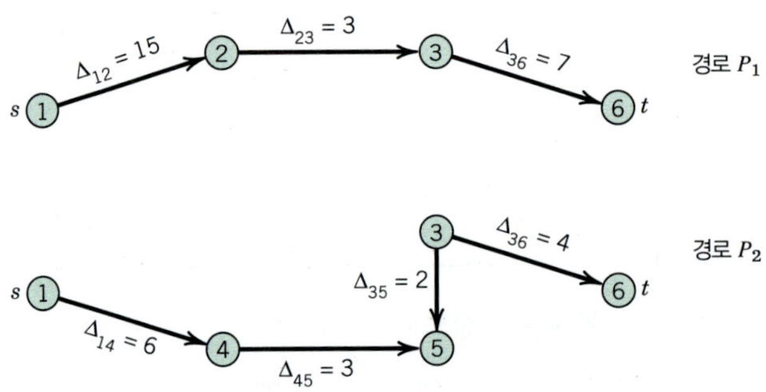

그림 497. 예제 1에서의 유량증가경로

단절집합

주어진 네트워크에서 일부 모서리의 집합을 **단절집합**(cut set)이라 한다. 이에 대한 아이디어는 단순하고 자연스럽다. 네트워크에서 s에서 t로의 유량을 찾으려면 s와 t 사이에 어느 부분을 단절하면 된다(그림 498은 예를 보여준다). 왜냐하면 s에서 t로의 유량은 반드시 이들 모서리를 지나기 때문이다. 그래서 우리는 이를 **단절집합**이라 부른다. [그림 498에서 단절집합은 모서리 (2, 3), (5, 2), (4, 5)로 이루어진다.] 이를 (S, T)로 표시하자. 여기서 S는 s가 있는 단절된 쪽의 꼭짓점의 집합(그림 498에서 $S = \{s, 2, 4\}$이다)이고, T는 다른 꼭짓점 집합이다(그림 498에서 $T = \{3, 5, t\}$). 이때, 단절은 꼭짓점의 집합 V를 S와 T로 ***분할***(partition)한다. 명백히, 주어진 네트워크에서 단절집합 (S, T)는 S에서 끝인 모든 모서리와 T에서 끝인 다른 것들로 이루어진다.

단절집합 (S, T)에서 **용량**(capacity) cap (S, T)를 (S, T)에 있는 모든 **순방향모서리**(forward edges)의 용량의 합으로 정의하자. 즉,

$$\text{(3)} \qquad \text{cap}\,(S, T) = \Sigma c_{ij} \qquad [(S, T)\text{의 순방향모서리의 총합}].$$

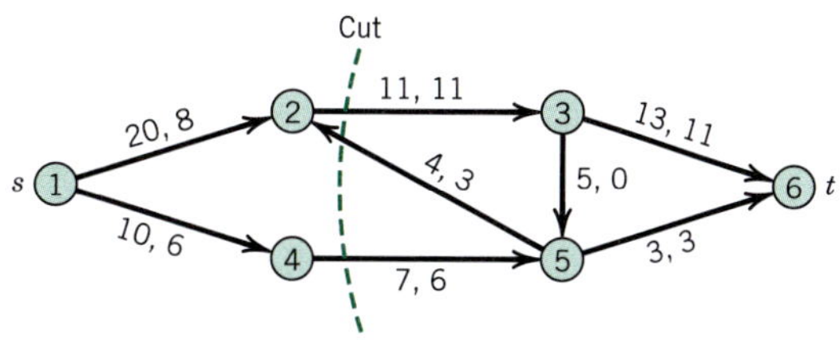

그림 498. 예제 1의 최대유량

따라서, 그림 498에서 cap $(S, T) = 11 + 7 = 18$이다.

설명. 그림 498을 보자. 그림에서 첫 번째 수는 용량을, 그리고 두 번째 수는 유량을 표시한다. 직관적으로 모서리를 도로로 생각해보자. 도로의 용량은 얼마나 많은 차들이 도로 상에 있을 수 있는가이고, 유량은 도로에 얼마나 많은 차들이 있는가이다. 용량 cap (S, T)를 계산하기 위해서는 모서리에 첫 번째 수만 보면 된다. 자연스럽게 보면 절단집합 3개의 모서리 (2, 3), (4, 5) 그리고 (5, 2)를 잘라낸다. 물론 *절단은 오직 순방향* (2, 3)과 (4, 5)*만을 다룬다*. [모서리 (5, 2)는 절단되지만 포함하지 않는다. 역방향으로 가기 때문에 계수하지 않는다.] 따라서 용량 cap (S, T)에 (2, 3)은 11을 (4, 5)는 7을 기여한다. 따라서 cap $(S, T) = 18$이다.

T에서 S 방향으로의 다른 모서리는 절단집합 (S, T)의 **역방향모서리**(backward edges)라 부른다. 절단집합을 통한 **총유량**(net flow)은 절단집합에서 순방향모서리의 유량에서 역방향모서리의 유량을 뺀 것을 의미한다.

주의! 절단집합과 경로에서 순방향, 역방향모서리를 구분하기 바란다. 예를 들어, 그림 498에서 (5, 2)는 절단집합에 대하여는 역방향모서리이지만 경로 $1 - 4 - 5 - 2 - 3 - 6$에서는 순방향모서리이다.

그림 498에서 절단집합에 대한 총유량은 $11 + 6 - 3 = 14$이고 그림 496에서는 점선으로 표시는 하지 않았지만 총유량은 $8 + 4 - 3 = 9$이다. 이 두 경우 모두 유량 f와 같다. 이는 우연이 아니며 도입에서 설명한 절단집합의 용도를 알아보자.

정리 1

절단집합에서의 총흐름

네트워크 G에 주어진 용량은 G의 임의의 절단집합 (S, T)를 통한 총유량과 같다.

증명 Kirchhoff의 법칙 (2) 법칙에 의하여 꼭짓점 i에서 다음 식을 얻는다.

$$\underbrace{\sum_j f_{ij}}_{\text{유출}} - \underbrace{\sum_l f_{li}}_{\text{유입}} = \begin{cases} 0 & (i \neq s, t) \\ f & (i = s) \end{cases} \tag{4}$$

여기서 j와 l은 1부터 n(= 꼭짓점 수)까지 움직인다. 만일 $j = i$일 때, $f_{ij} = 0$으로 놓으면(유량이 없거나 존재하지 않는 모서리의 경우도) 앞에서의 두 식을 하나의 식

$$\sum_j (f_{ij} - f_{ji}) = \begin{cases} 0 & (i \neq s, t) \\ f & (i = s) \end{cases}$$

을 얻는다. 이제 모든 $i(\in S)$에 대한 합을 구하자. s는 S에 있기 때문에 이 합은 f가 된다. 즉

$$\sum_{i \in S} \sum_{j \in V} (f_{ij} - f_{ji}) = f \tag{5}$$

절단집합에 속한 모서리만이 이 합에서 역할을 한다. 실제, T에서 둘 다 끝나는 모서리들은 역할을 못하는데, 그 이유는 i를 S에서 움직이지만 S에서 끝나는 모서리 (i, j)는 한 끝에서 $+f_{ij}$ 그리고 다른 끝에서 $-f_{ij}$로 합은 0이기 때문이다. 따라서 식 (5)의 왼쪽은 절단집합을 통한 총유량과 같다. 식 (5)에 의하여 이는 유량 f와 같다. ■

위 정리로부터 다음 결과를 얻으며 이를 이 절 후반부에 사용하겠다.

정리 2 **흐름의 상계**

네트워크 G에서 유량 f는 임의이 절단집합 (S, T)의 용량을 넘을 수 없다.

증명 정리 1에 의하여 유량 f는 절단집합을 통한 총유량과 같다. 즉, $f = f_1 - f_2$, 여기서 f_1은 절단집합에서 순방향모서리를 통한 유량의 합이고 $f_2(\geqq 0)$는 역방향모서리를 통한 유량의 합이다. 따라서 $f \leqq f_1$이다. 이제 f_1은 순방향모서리의 용량의 합을 넘지 못하는데, 정의에 의하여 이 합은 절단집합의 용량과 같다. 따라서 $f \leqq \text{cap}\,(S, T)$이다. ■

절단집합은 증가경로의 중요한 정보를 제공한다.

정리 3 **주정리. 유량에 관한 증가경로**

네트워크 G에서 s에서 t로의 어떤 흐름이 최대일 필요충분조건은 유량증가경로 $s \to t$가 존재하지 않는 것이다.

증명 **(a)** 유량증가경로 P: $s \to t$가 존재한다면 이를 추가 유량으로 경로에 밀어넣어 사용할 수 있다. 따라서 주어진 유량은 최대가 될 수 없다.

(b) 한편, 유량증가경로 $s \to t$가 G에 존재하지 않는다고 가정하자. S_0를 유량증가경로 $s \to i$이 존재하는 꼭짓점 i (s 포함)의 집합, 그리고 T_0를 G에서의 다른 꼭짓점들의 집합이라 하자. 모서리 (i, j) (여기서 $i \in S_0$, $j \in T_0$)에 대하여 유량증가경로 $s \to i$이 존재하고 $j \notin S_0$이므로 $s \to i \to j$는 증가유량이 아니다. 따라서 다음을 얻는다.

$$f_{ij} = \begin{cases} c_{ij} \\ 0 \end{cases} \quad (i, j) \text{ 가 경로 } s \to i \to j\text{의} \begin{cases} \text{순방향모서리} \\ \text{역방향모서리} \end{cases} \tag{6}$$

그렇지 않다면 (i, j)를 유량증가경로 $s \to i \to j$를 얻는 데 사용할 수 있다. 이제 (S_0, T_0)는

절단집합을 정의한다($j \in T_0$이기 때문이다). 식 (6)에 의하여 순방향모서리는 용량에 사용되고 역방향모서리는 유량을 수행하지 못하므로 절단집합 (S_0, T_0)을 통한 총유량은 정의에 의하여 순방향모서리의 용량의 합 cap (S_0, T_0)와 같다. 이 총유량(net flow)은 정리 1에 의하여 주어진 유량 f와 같다. 따라서 $f = \text{cap}\ (S_0, T_0)$이다. 한편, $f \leqq \text{cap}\ (S_0, T_0)$이므로 f는 최댓값이다. ■

마지막 증명과정은 다른 중요한 결과(Ford, Fulkerson, *Canadian Journal of Mathematics* **8** (1956), 399-404)를 말한다.

정리 4

Max-Flow, Min-Cut 정리

네트워크 G에서의 최대유량은 “**최소 절단집합**(minimun cut set)”(= *최소 용량을 갖는 절단집합)의 용량과 같다.*

증명 최대유량 f와 적당한 절단집합 (S_0, T_0)에 의하여 $f = \text{cap}\ (S_0, T_0)$이다. 따라서 정리 2에 의하여 f와 임의의 절단집합 (S, T)에 대하여 $f \leqq \text{cap}\ (S, T)$이다. 한편, $\text{cap}\ (S_0, T_0) \leqq \text{cap}\ (S, T)$이므로 (S_0, T_0)는 최소 절단집합이다. ■

네트워크의 연결에서 두 개의 근본적인 도구는 유량증가경로와 절단집합이다. 다음 절에서 어떻게 최대유량경로가 최대유량을 위한 알고리즘에 사용되는지 알아보자.

연습문제 23.6

1-3 절단집합, 용량

다음 문제에서 T와 cap (S, T)를 구하라.

1. 그림 498, $S = \{1, 2, 4, 5\}$

2. 그림 499, $S = \{1, 2, 4, 5\}$

3. 그림 498, $S = \{1, 3, 5\}$

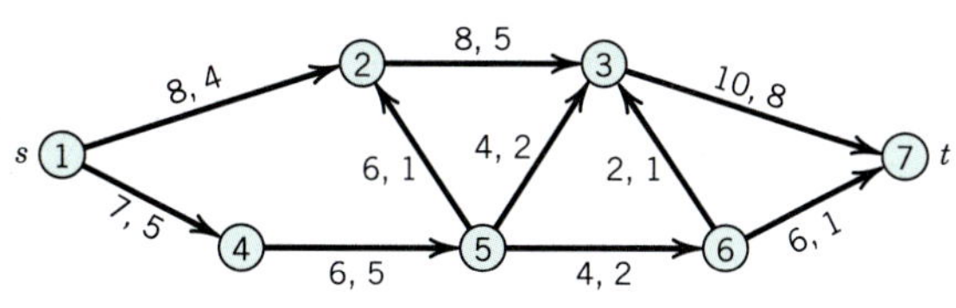

그림 499. 문제 2

최소 절단집합

다음 문제에서 최소 절단집합과 그의 용량을 구하라.

4. 그림 499

5. 절단집합의 용량의 정의에서 역방향모서리를 제외하는 이유는 무엇인가?

6. 증대 네트워크. 그림 499에서 네트워크를 그려보고 각 모서리 (i, j)에 $c_{ij} - f_{ij}$와 f_{ij}를 써보자. 이 “증대 네트워크”로부터 보다 쉽게 유량증가경로를 볼 수 있음을 인지할 수 있는가?

7. 모서리 생략. 그림 499의 네트워크에서 최대유량의 감소 없이 어느 모서리를 생략할 수 있는가?

8-9 유량증가경로

유량증가경로를 구하라.

8.

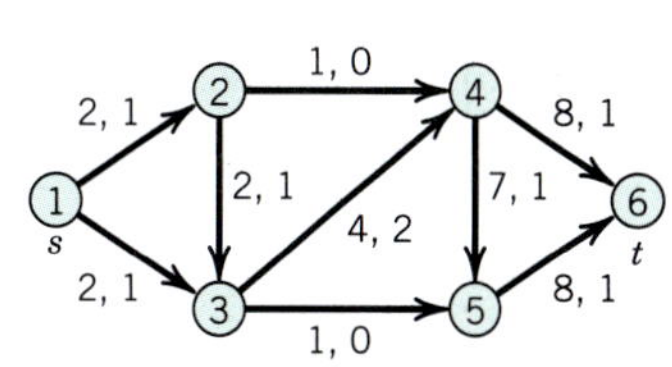

9.

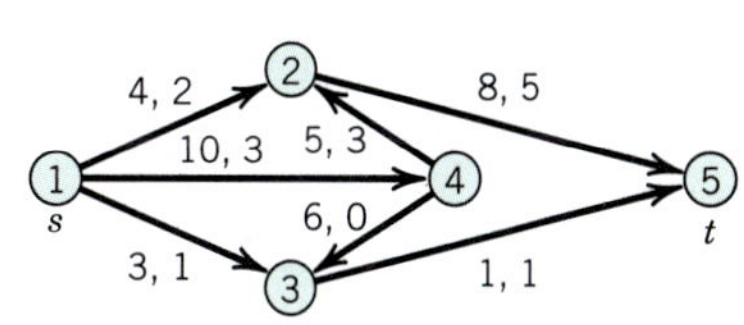

10-11 최대유량

최대유량을 구하라.

10. Online 문제 5

11.

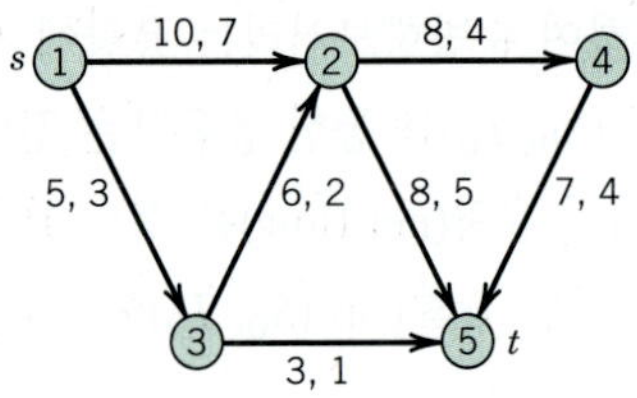

12. 문제 11에서 최대유량 $f = 15$를 구하라.

23.7 최대유량: Ford-Fulkerson 알고리즘

마지막 절에서 논의한 유량증가경로는 주어진 유량(예를 들면, 모든 모서리에 유량 0)을 표 23.8에 있는 Ford-Fulkerson[7] 알고리즘에 근본적인 도구로 사용된다. 이 알고리즘은 각 단계마다 하나의 유량증가경로를 구성하여 유량을 증가시키며 유량이 최대가 되어 더 이상의 경로가 존재하지 않을 때까지 수행한다.

1단계에서는 초기 유량이 주어진다. 3단계에서 i에 라벨을 가진 모서리 (i, j)가 있고

$$c_{ij} > f_{ij} \qquad \text{(“순방향모서리”)}$$

이거나 i에 라벨을 가진 모서리 (j, i)가 있고

$$f_{ji} > 0 \qquad \text{(“역방향모서리”)}$$

이면, 꼭짓점에 j 라벨을 붙인다. 라벨된 꼭짓점 i를 **조사**(scan)한다는 것은 i에 인접한 라벨화 될 수 있는 모든 꼭짓점 j를 조사하는 것이다. 라벨화된 꼭짓점 i를 조사하기 전에 i 전에 라벨화된 모든 꼭짓점을 조사한다. 이 **BFS (Breadth First Search)** 전략은 1972년 Edmonds와 Krap (*Journal of the Association for Computing machinery*, **19**, 248-264)에 의하여 제시되었다. 가장 짧은 증가경로를 얻는 데 효과가 있다.

표 23.8 최대유량을 위한 Ford-Fulkerson 알고리즘

Canadian Journal of mathematics **9** (1957), 210-218.

FORD-FULKERSON 알고리즘

[$G = (V, E)$, 꼭짓점들 $1(= s), \cdots, n(= t)$, 모서리들 (i, j), c_{ij}]

이 알고리즘은 발생점 s, 목표점 k, 그리고 모서리 (i, j)의 용량 $c_{ij} > 0$를 갖는 네트워크 G에서 최대유량을 계산한다.

INPUT: n, $s = 1$, $t = n$, G의 모서리들 (i, j), c_{ij}

OUTPUT: G에서 최대유량

1. 초기 유량 f_{ij}을 할당하고(예를 들면, 모든 모서리에 대해서 $f_{ij} = 0$), f를 계산한다.

2. s는 $\varnothing$로 라벨을 부여한다. 다른 꼭짓점들은 "*미라벨*"로 표시한다.

---

[7]LESTER RANDOLPH FORD Jr. (1927–)와 DELBERT RAY FULKERSON(1924-1976). 유량 알고리즘 작업의 개척자로 알려진 미국인 수학자들

3. 아직 조사되지 않은 라벨이 i인 꼭짓점을 찾는다. 다음과 같이 i를 조사한다. 라벨이 부여되지 않은 인접한 모든 꼭짓점 j에 대해서, 만약 $c_{ij} > f_{ij}$이면

$$\Delta_{ij} = c_{ij} - f_{ij} \quad \text{와} \quad \Delta_j = \begin{cases} \Delta_{ij} & \text{만약 } i = 1 \\ \min(\Delta_i, \Delta_{ij}) & \text{만약 } i > 1 \end{cases}$$

을 계산하고 j에 "*순방향 라벨*" (i^+, Δ_j)를 부여한다; 혹은 만약 $f_{ji} > 0$이면

$$\Delta_j = \min(\Delta i, f_{ji})$$

을 계산하고 j에 "역방향 라벨" (i^-, Δ_j)를 부여한다.

If 그러한 j가 존재하지 않으면 출력 f. Stop

[f*는 최대유량이다*.]

ELse 계속한다(즉, 4단계로 간다).

4. t에 도달할 때까지 3단계를 계속한다.

[*이것은 유량증가경로* P: $s \to t$*를 준다*.]

If t에 도달하는 것이 불가능하면, 출력 f. Stop

[f*는 최대유량이다*.]

ELse 계속한다(즉, 5단계로 간다).

5. 라벨을 사용하여 경로 P로 되돌아간다.

6. P를 사용하여 Δ_t로 유량 존재를 늘린다. $f = f + \Delta_t$로 놓는다.

7. 꼭짓점 $2, \cdots, n$에서 모든 라벨을 제거한다. 3단계로 간다.

END FORD-FULKERSON

예제 1 Ford-Fulkerson 알고리즘

Ford-Fulkerson 알고리즘을 적용하여 그림 500의 네트워크에 대한 최대유량을 결정하자(23.6절의 예제 1과 같으므로 비교할 수 있다).

풀이. 알고리즘은 다음과 같다.

1. 초기 유량 $f = 9$가 주어졌다.

2. $s(= 1)$을 $\varnothing$로 표시하자. 2, 3, 4, 5, 6에는 "*미라벨*(unlabeled)"로 표시하자.

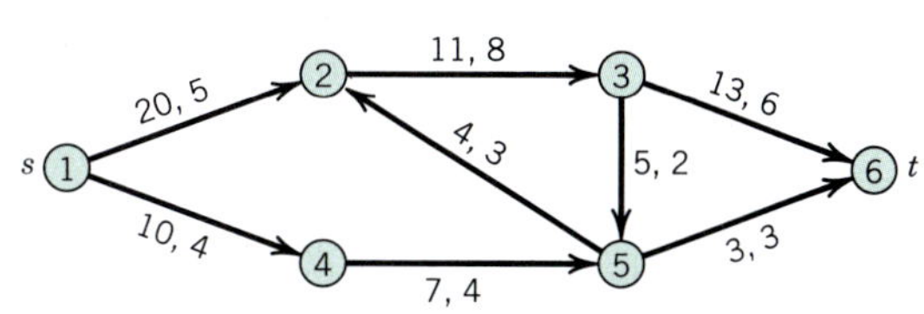

그림 500. 용량(첫 번째 수)과 유량이 주어진 예제 1에서의 네트워크

3. 조사 1.

계산: $\Delta_{12} = 20 - 5 = 15 = \Delta_2$. 2에 $(1^+, 15)$로 라벨을 주자.

계산: $\Delta_{14} = 10 - 4 = 6 = \Delta_4$. 4에 $(1^+, 6)$으로 라벨을 주자.

4. 조사 2.

계산: $\Delta_{23} = 11 - 8 = 3$, $\Delta_3 = \min(\Delta_2, 3) = 3$. 3에 $(2^+, 3)$으로 라벨을 주자.

계산: $\Delta_5 = \min(\Delta_2, 3) = 3$. 5에 $(2^-, 3)$으로 라벨을 주자.

조사 3.

계산: $\Delta_{36} = 13 - 6 = 7$. $\Delta_6 = \Delta_t = \min(\Delta_3, 7) = 3$. 6에 $(3^+, 3)$으로 라벨을 주자.

5. P: $1 - 2 - 3 - 6(= t)$는 유량증가경로이다.

6. $\Delta_{t}, = 3$. 증가로부터 $f_{12} = 8, f_{23} = 11, f_{36} = 9$이고 나머지 f_{ij}는 변화 없음. 증대흐름 $f = 9 + 3 = 12$이다.

7. 꼭짓점 $2, \cdots, 6$에 있는 라벨을 지우고 3단계로 간다.

3. 조사 1.

계산: $\Delta_{12} = 20 - 8 = 12 = \Delta_2$. 2에 $(1^+, 12)$로 라벨을 주자.

계산: $\Delta_{14} = 10 - 4 = 6 = \Delta_4$. 4에 $(1^+, 6)$의 라벨을 주자.

4. 조사 2.

계산: $\Delta_5 = \min(\Delta_2, 3) = 3$. 5에 $(2^-, 3)$으로 라벨을 붙이자.

조사 4. [*라벨링할 꼭짓점이 없음*]

조사 5.

계산: $\Delta_3 = \min(\Delta_5, 2) = 2$. 3에 $(5^-, 2)$로 라벨을 주자.

조사 3.

계산: $\Delta_{36} = 13 - 9 = 4$, $\Delta_6 = \min(\Delta_3, 4) = 2$. 6에 $(3^+, 2)$로 라벨을 주자.

5. P: $1 - 2 - 5 - 3 - 6(= t)$는 유량증가경로이다.

6. $\Delta_t = 2$. 증대로부터 $f_{12} = 0, f_{32} = 1, f_{35} = 0, f_{36} = 11$. 이외의 f_{ij}는 변화가 없다. 증가흐름은 $f = 12 + 2 = 14$.

7. 꼭짓점 $2, \cdots, 6$에 있는 라벨을 지우고 3단계로 간다.

전에 했던 것처럼 조사 1, 그리고 조사 2를 할 수 있다. 그런데 조사 4, 그리고 조사 5를 할 때, 라벨링할 꼭짓점이 없다. 따라서 이렇게 얻은 유량(그림 501)은 최대이다. 마지막 절에서 확인할 것이다. ■

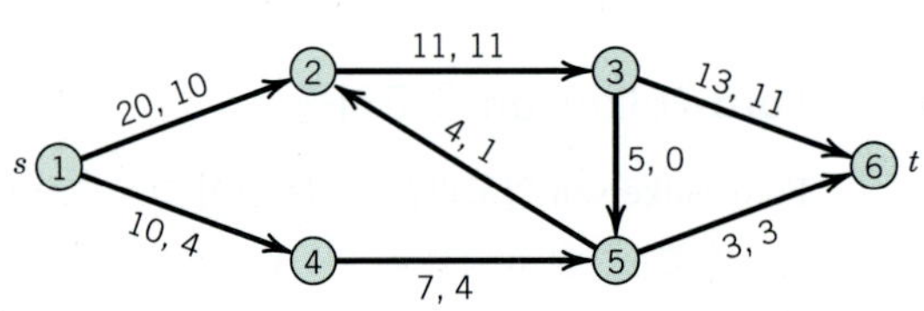

그림 501. 예제 1에서의 최대유량

연습문제 23.7

1. 예제 1 끝부분을 자세히 확인해보자.

2. 초기 유량이 0일 때, Ford-Fulkerson 알고리즘으로 예제 1을 해결하자. 예제 1보다 더 시간이 많이 걸리는가?

3. 예제 1 유량에서 "체증(bottleneck)"이 일어나는 모서리는 실제로 한정되는가? 따라서 어느 용량이 최대유량을 줄이지 않고 줄어들 수 있는가?

4. 유량증가경로의 사용에 의한 유량의 증대에서 Kirchhoff의 법칙이 보존되는 단순한 이유는 무엇인가?

5. Ford-Fulkerson 알고리즘은 어떻게 순환로(cycle) 형태를 방지하는가?

6-8 최대유량

Ford-Fulkerson 알고리즘으로 최대유량을 구하라.

6. 23.6절 문제 8

7. 23.6절 문제 9

8.

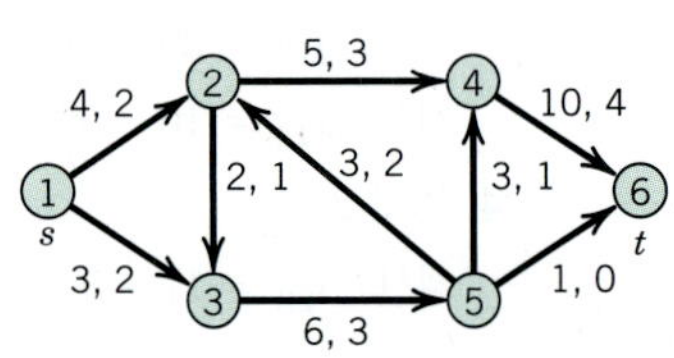

9. **정수 유량**(integer flow theorem). 네트워크 G에서 용량이 모두 정수이면 최대유량이 존재하고 정수임을 증명하라.

10. **CAS 문제**. **Ford-Fulkerson**. 프로그램을 쓰고 이를 문제 6-8에 적용하라.

11. Ford-Fulkerson 알고리즘이 BFS 방법을 따르는지 어떻게 알 수 있는가?

12. Ford-Fulkerson 알고리즘에 의하여 만들어지는 연속되는 유량증가경로는 유일한가?

13. Ford-Fulkerson 알고리즘이 t에 도달하지 못하고 정지한다면 한 끝은 라벨이 붙고 다른 끝은 라벨이 붙지 않은 모서리들은 용량이 최대유량과 같은 절단집합 (S, T)를 이룬다. 이를 증명하라.

14. 그림 502의 네트워크에서 최대유량을 구하라.

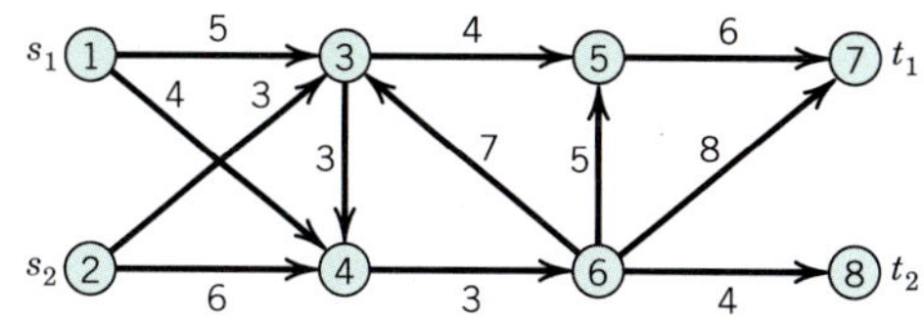

그림 502. 문제 14

23.8 이분그래프. 할당문제

유향그래프에서 다시 그래프로 돌아와서 노동자와 작업, 작업과 기계, 상품과 창고, 배와 부두, 수업과 교실, 시험 문제와 시간 등의 **할당문제**(assignment problems)에서 발생하는 조합 최적화 문제의 또 다른 중요한 주제에 대하여 논의하자. 이 문제를 설명하기 위해서는 다음과 같은 개념들이 필요하다.

이분그래프(bipartite graph) $G = (V, E)$는 꼭짓점의 집합 V가 두 집합 S와 T로 분할되고(분할의 정의에 의해 두 집합 S와 T는 공통 원소를 가지지 않는다), G의 모든 모서리의 끝점 중 하나는 S에 있고 다른 하나는 T에 있는 그래프이다. 따라서 G에 있는 어떠한 모서리도 끝점 모두가 S에 혹은 T에 있을 수 없다. 이분그래프 $G = (V, E)$는 $G = (S, T; E)$로 나타낸다.

그림 503과 같이, V는 7개의 원소로 구성되어 있는데 세 노동자 a, b, c는 집합 S를 구성하고 네 가지 작업 1, 2, 3, 4는 집합 T를 구성하고 있다. 노동자 a는 작업 1과 2를, 노동자 b는 작업 1, 2, 3을, 노동자 c는 작업 4를 할 수 있음을 모서리를 통해 알 수 있다. 문제는 각각의 노동자가 한 가지 작업을 하도록 작업을 할당하는 것이다. 이는 다음과 같은 개념으로 표현된다.

정의

최대 기수부합

$G = (S, T; E)$에 있는 모서리들 중에서 어느 두 모서리도 공통인 꼭짓점을 가지지 않는 모서리들의 집합 M을 **부합**(matching)이라 한다. 가능한 많은 모서리로 구성된 M을 G에서 **최대 기수부합**(maximum cardinality matching)이라 부른다.

예를 들어, 그림 503에서 $M_1 = \{(a, 2), (b, 1)\}$과 $M_2 = \{(a, 1), (b, 3), (c, 4)\}$는 부합이다; 분명히 4개의 모서리를 가진 부합은 존재하지 않는다.

만약 꼭짓점 v가 부합 M의 모서리의 끝점이 아닐 때, 꼭짓점 v를 부합 M에 의해 **노출**(exposed, 혹은 *not covered*)되었다고 한다. 일부 부합에서 항상 언급되는 이 개념은 주어진 부합을 증가시키고자 할 때 흥미가 있다. 만약 부합이 어떠한 꼭짓점도 노출시키지 않을 때, 그 부합을 **완전부합**(complete matching)이라 한다. 완전부합은 집합 S와 집합 T가 같

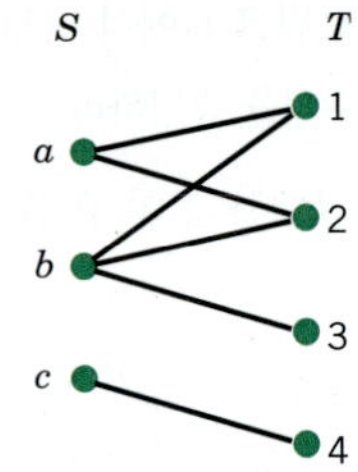

그림 503. 노동자의 집합 $S = \{a, b, c\}$와 작업의 집합 $T = \{1, 2, 3, 4\}$로 할당된 이분그래프

은 수의 꼭짓점을 가지고 있을 때만 존재할 수 있다.

이제 부합 M의 기수가 최대에 이르기까지 어떻게 단계적으로 증가시켜 갈 것인지가 궁금하다. 이 작업의 핵심은 증가경로(augmenting path)의 개념이다.

교대경로(alternating path)는 M에 있는 모서리와 M에 있지 않은 모서리가 교대로 구성된 경로이다(그림 504A). **증가경로**(augmenting path)는 양쪽 끝점(그림 504B의 a와 b)이 노출된 교대경로이다. 증가경로 P에 있는 모서리(그림 504B에 있는 두 개의 모서리)들이 부합 M에서 떨어져 나오고, P의 다른 모서리(그림에서 3개)가 M에 추가되면서 M보다 모서리 한 개가 더 추가된 새로운 부합이 만들어진다. 이것이 한 개의 모서리로 ***주어진 부합을 증가시키는*** 증가경로를 활용하는 방법이다. 이러한 방법으로 몇 번의 단계를 거치면 항상 최대 기수부합을 얻을 수 있다. 실제, 증가경로의 기본적인 역할은 다음 정리에서 알 수 있다.

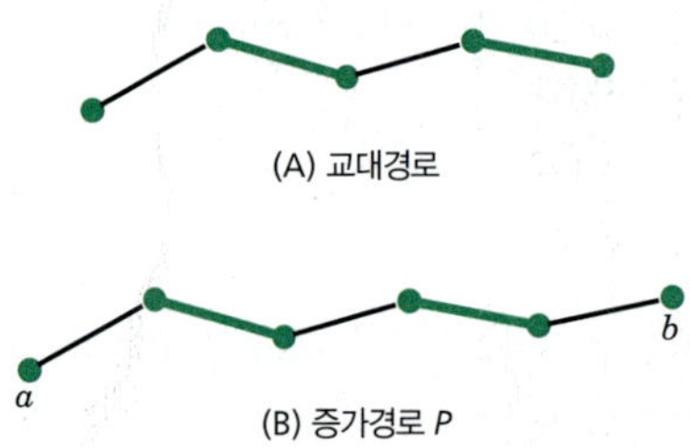

그림 504. 교대와 증가경로. 묵직한 모서리들은 부합 M에 속한 것이다.

정리 1 **이분부합에 대한 증가경로 정리**

이분그래프 $G = (S, T; E)$에서 부합 M이 최대 기수부합일 필요충분조건은 M에 관하여 증가경로 P가 존재하지 않는 것이다.

증명 **(a)** 만약 그러한 경로 P가 존재한다면, M이 최대 기수부합이 아님을 보이자. P가 M에 속하는 q개의 모서리를 가진다고 해보자. 그러면 P는 M에 속하지 않는 $q + 1$개의 모서리를 가진다. (그림 504B에서 $q = 2$이다.) P의 끝점 a와 b는 노출되고, 교대경로의 정의에 따라 P의 나머지 다른 꼭짓점들은 M에서 모서리의 끝점이 된다. 그러므로 M의 모서리가 P의 모서리가 아니라면, M은 부합이 되지 않으므로 P에서 끝점을 가질 수 없다. 결과적으로, P에 없는 M의 모서리는 M에 속하지 않는 P의 $q + 1$개의 모서리들과 함께 M의 기수보다 모서리가 하나 더 많은 부합 기수를 구성한다. M에서 q개의 모서리를 생략하고 대신 $q + 1$개의 모서리를 추가하기 때문이다. 그러므로 M은 최대 기수부합이 될 수 없다.

(b) 만약 M에 대해 증가경로가 없다면, M은 최대 기수부합임을 보이자. M^*를 최대 기수부합이고, 그래프 H는 M 또는 M^*에 속하지만 둘 다 동시에는 속하지는 않는 모서리들로 구성되어 있다고 하자. 그러면 H의 두 모서리가 같은 꼭짓점을 가지는 것이 가능하다. 그러나 세 가지 중 둘은 M (또는 M^*)에 속하기 때문에 M과 M^*가 부합이라는 것에 위배되므로 세 모서리는 같은 꼭짓점을 가질 수 없다. 따라서 V에 있는 모든 v는 H의 두 개의 모서리, 또는 하나의 모서리와 같은 꼭짓점을 가지거나 같은 꼭짓점을 가지지 않는다. 그러므로 H의 각 "원소"(= 최대 *연결* 부분집합)를 아래와 같이 특징지을 수 있다.

(A) H의 원소는 *짝수*개의 모서리를 가진 닫힌 경로이다. (*홀수*개의 경우 M 또는 M^*로부터 두 모서리가 만나며, 이는 부합의 성질에 위배된다.) 그림 505의 (A)를 보라.

(B) H의 원소는 다음과 같은 이유로 M 또는 M^*의 모서리와 같은 수의 모서리를 가진 열린 경로 P이다. P는 반드시 교대경로이다. 즉 M의 모서리 뒤에 M^*의 모서리가 등등 이어짐을 의미한다(M과 M^*는 부합이므로). 이제 P가 M^*에서 더 많은 모서리를 가진다면 P는 M에 대한 증가경로일 것이고[그림 505에 있는 (B2) 참조], 이는 M에 대해 증가경로가 존재하지 않는다는 가정에 모순된다. 만약 P가 M에서 더 많은 모서리를 가진다면 P는 M^*에 대한 증가경로일 것이고, 이는 증명의 (a) 부분에 의하여 M^*의 최대 기수에 모순된다. 그러므로 H의 각 원소에는 두 개의 부합이 같은 개수의 모서리를 갖는다. 이것에 M과 M^*에 속하는 모서리의 수를 더하면(H를 만들었을 때 보류해 두었던 것), M과 M^*은 반드시 같은 개수의 모서리를 가진다는 결론에 이른다. M^*가 최대 기수부합이므로 이것은 M에 대해서도 똑같이 성립함을 보여준다. ■

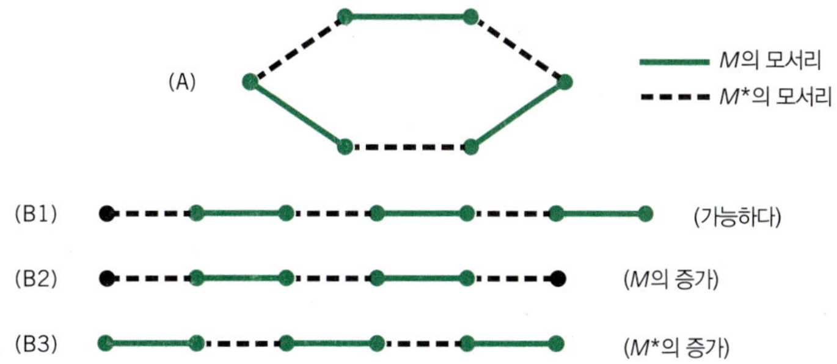

그림 505. 이분부합에 대한 증가경로 정리의 증명

이 정리는 증가경로를 얻기 위한 표 23.9에 있는 알고리즘으로 제시되며, 그곳에서 경로 추적을 위해 꼭짓점들은 라벨이 부여되고 또한 유지된다. 이러한 라벨은 꼭짓점의 수에 *추가*되고, 이것 역시 계속 유지된다. 증가경로에 도달하기 위해서는 반드시 *노출된* 꼭짓점에서 시작해야 하고, 또 다른 *노출된* 꼭짓점에 도달할 때까지 교대경로를 추적해야 한다. 3단계 이후 S의 모든 꼭짓점은 라벨이 부여된다. 그리고 4단계에서 T는 적어도 하나의 노출된 꼭짓점을 포함하게 된다. 그렇지 않으면 1단계에서 멈추기 때문이다.

표 23.9 이분 최대 기수부합

MATCHING 알고리즘[$G = (S, T; E), M, n$]

이 알고리즘은 이분그래프 G에서 주어진 부합을 확대함으로써 최대 기수부합 M을 결정한다.

INPUT: 꼭짓점 $1, \cdots, n$을 가진 이분그래프 G 5 $(S, T; E)$, G의 부합 M(예를 들면, $M = \varnothing$)

OUTPUT: G의 최대 기수부합 M

1. If S에 노출 모서리가 존재하지 않으면,

OUTPUT M. Stop

[M이 G의 *최대 기수*]

Else S에 있는 모든 노출 꼭짓점을 $\varnothing$로 라벨을 부여한다.

2. S에 있는 각각의 i와 M에 있지 *않는* 모서리 (i, j)에 대해서, 이미 라벨이 부여되지 않는 한 f는 j로 라벨을 부여한다.

3. T에 있는 각각의 *비노출* j에 대해서, i를 j로 라벨을 부여한다. 여기서 i는 M에 있는 유일한 모서리 (i, j)의 다른 끝점이다.

4. T에 있는 노출 꼭짓점에서 끝나는 교대경로 P를 꼭짓점에 부여된 라벨을 이용하여 역추적한다.

5. If 4단계에서 어떠한 P도 증가되지 않으면,

OUTPUT M. Stop

[M이 G의 *최대 기수*]

Else 증가경로 P를 사용하여 M을 확대한다.

모든 라벨을 제거한다.

1단계로 간다.

End MATCHING

예제 1 **최대 기수부합**

그림 506a에서 최대 기수부합 M_1이 있는가? 만약 없다면, 최대 기수부합에 도달할 때까지 그것을 증가시켜라.

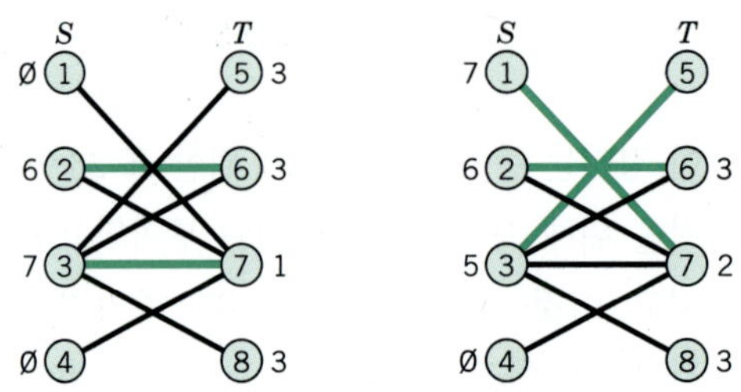

(a) 주어진 그래프의 부합 M_1 (b) 부합 M_2와 새로 부여된 라벨들

그림 506. 예제 1

풀이. 다음과 같이 알고리즘을 적용하자.

1. 1과 4에 라벨 ∅를 부여한다.

2. 7에 라벨 1을 부여하고, 5, 6, 8에 라벨 3을 부여한다.

3. 2에 라벨 6을 부여하고, 3에 라벨 7을 부여한다.
[*그림 506a에서 보듯이 지금 모든 꼭짓점에 라벨이 부여되었다.*]

4. P_1: 1 − 7 − 3 − 5. [*역추적에 의해* P_1*은 증가한다.*]
P_2: 1 − 7 − 3 − 8. [P_2*는 증가한다.*]

5. P_1을 사용하여 M_1을 증가시키고, M_1에서 (3, 7)를 빼내고 (1, 7)를 포함시키고 모든 라벨을 제거한다. 1단계로 간다.
그림 506b는 결과인 부합 $M_2 = \{(1, 7), (2, 6), (3, 5)\}$*를 보여주고 있다.*

1. 4에 라벨 ∅를 부여한다.

2. 7에 라벨 2을 부여하고, 6과 8에 라벨 3을 부여한다.

3. 1에 라벨 7을, 2에 라벨 6을, 3에 라벨 5를 부여한다.

4. P_3: 5 − 3 − 8. [P_3*은 증가경로가 아니라 교대경로이다.*]

5. Stop. M_2*가 최대 기수*(*즉*, 3)*이다.* ■

연습문제 23.8

1-3 이분인가 혹은 이분이 아닌가?

1.

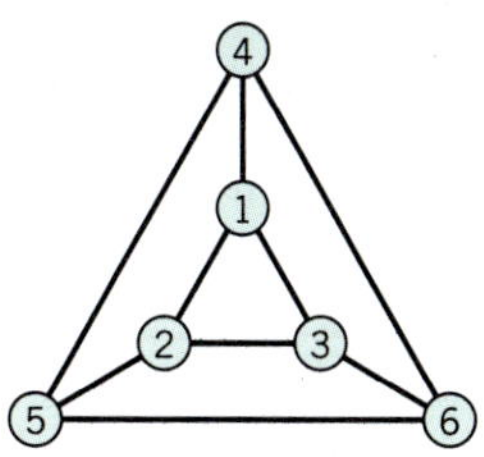

2.

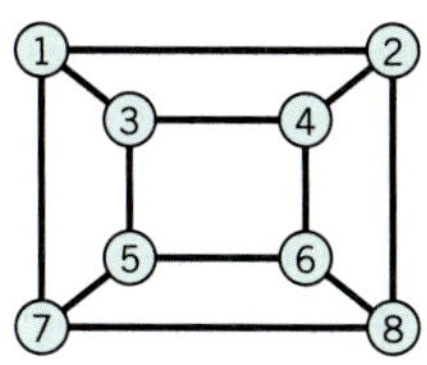

3.

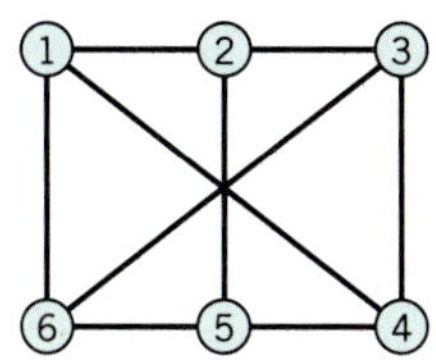

4. 온라인 문제 1에서 두 개의 모서리를 제거하여 이분 부분그래프를 얻을 수 있는가? 두 개의 모서리? 공통 꼭짓점이 없는 두 개의 모서리?

5-7 부합. 증가경로

증가경로를 구하라.

5.

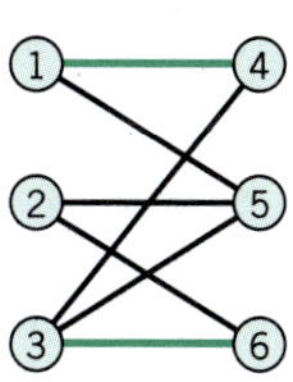

6.

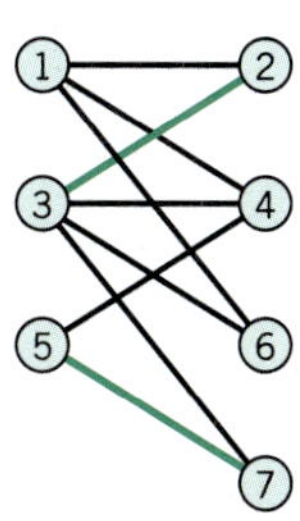

7.

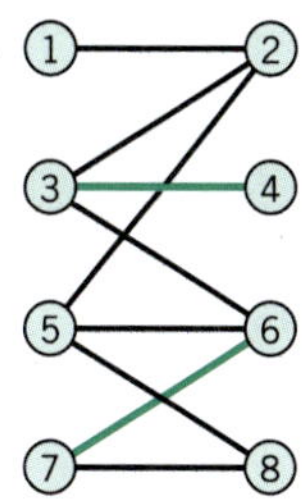

8. 완전 이분그래프. 이분 그래프 $G = (S, T; E)$에서 S에 있는 모든 꼭짓점이 T에 있는 모든 꼭짓점과 모서리로 연결되었을 때, G를 *완전*이라 부르고 $K_{n1,\,n2}$로 나타낸다. 여기서 n_1과 n_2는 각각 S와 T에 있는 꼭짓점의 개수이다. 이 그래프는 얼마나 많은 모서리를 갖는가?

9. 평면그래프. 어떤 두 모서리도 만나지 않게 종이에 그릴 수 있는 그래프를 *평면그래프*라 한다. 네 개의 꼭짓점을 가진 완전그래프 K_4-평면그래프임을 보여라. 다섯 개의 꼭짓점을 가진 완전그래프는 평면그래프가 아니다. 어떤 두 모서리도 만나지 않게 K_5를 그리는 것을 시도하여 확인하라. 다섯 개의 도시 사이의 도로 네트워크 측면에서 이 결과를 해석하라.

10. 이분그래프 $K_{3,3}$은 평면그래프가 아니다. 세 개의 공장 1, 2, 3은 각각 점 A, B, C로부터 물, 가스, 전기를 지하철로 공급받는다. 이것이 $K_{3,3}$(완전 이분그래프 $G = (S, T; E)$ 여기서 S와 T는 각각 3개의 꼭짓점으로 구성)으로 표현될 수 있음을 보여라. 그리고 9개의 공급 선(모서리) 중 8개는 만나지 않게 설계할 수 있음을 보여라. 9개의 선을 서로 만나지

않게 그리는 것을 시도함으로써 $K_{3,3}$이 평면그래프가 아님을 확인하라.

11-15 꼭짓점 색칠

11. 꼭짓점 색칠과 시험 일정. 만약 학생 중 일부는 a, b, f, 일부는 c, d, e, 그리고 일부는 c, e 과목을 동시에 택한다면, 6과목 a, b, c, d, e, f에 대한 최소 시험 기간은 얼마인가? 이것을 다음과 같이 해결하라. 6개의 꼭짓점 $a, \cdots, f$를 가지고 일부 학생에 의해 동시에 선택된 과목을 꼭짓점으로 표현하여 꼭짓점들을 연결하는 그래프를 그려라. 인접한 꼭짓점들이 다른 색을 가지도록 꼭짓점에 색칠을 하라. (원한다면 진짜 색깔 대신에 숫자 1, 2, $\cdots$을 사용하라.) 최소 몇 개의 색이 필요한가? 임의의 그래프 G에 대해서 이 최소의 수를 **색채학 수**(chromatic number) $\chi_v(G)$라 부른다. 왜 이 문제에 대한 해답인가? 가능한 일정을 적어라.

12. 임의의 수형도에서 꼭짓점 색칠을 위해 얼마나 많은 색이 필요한가?

13. 항만관리. 만약 각 부두는 한 척의 배만을 수용할 수 있고, 오전 6시에 도착하고 오후 11시 출발한다면, 7월에 6개의 순항선 $S_1, \cdots, S_6$이 D를 출발하여 A에 도착하도록, $(A, D) = (10, 13), (13, 15), (14, 17), (12, 15), (16, 18), (14, 17)$, 각각 예상 날짜를 조정하는 데 항만 관리소장에게 필요한 부두는 몇 개인가? *힌트.* 순항선들의 간격이 겹칠 경우 모서리로 S_i와 S_j를 연결하고, 꼭짓점을 색칠한다.

14. 4색 정리. 유명한 *4색 정리*는 임의의 *평면*그래프의 (인접한 꼭짓점은 다른 색을 갖도록) 꼭짓점을 많아야 4가지 색으로 색칠할 수 있다는 것이다. 이것은 오랫동안 추측되었고 결국 1976년 Appel과 Haken에 의해 증명되었다[*Illinois J. Math* 21 (1977), 429-567]. 4가지 색을 가지고 완전그래프 K_5를 색칠할 수 있는가? 결과는 4색 정리에 어긋나는가? (더 자세한 것은 부록 1의 참고문헌 [F1]을 참조)

15. 3가지 색으로 꼭짓점을 색칠할 수 없는, 가능한 한 단순한 그래프를 구하라. 왜 이것이 문제 14와 관련하여 흥미있는가?

23장 복습문제

1. 그래프, 유향그래프, 순환, 수형도는 무엇인가?
2. 그래프 혹은 유향그래프로 모델링하고 해결할 수 있는 몇 가지 일반적인 문제를 제시하라.
3. 컴퓨터에서 그래프가 어떻게 다루어질 수 있는지를 서술하라.
4. 최단경로 문제란 무엇인가? 응용을 제시하라.
5. 외판원 문제의 관점에서 다루어질 수 있는 상황은 무엇인가?
6. 생성 수형도를 포함한 일반적인 응용을 제시하라.
7. 흐름(flows)을 처리하는 데 기본 아이디어와 개념은 무엇인가?
8. 조합 최적화란 무엇인가? 이 장의 어떤 절에서 이것을 포함하고 있는가? 자세히 설명하라.
9. 이분그래프를 정의하고, 그들의 일부 일반적인 응용을 묘사하라.
10. BFS는 무엇인가? 어떠한 연결에서 이러한 개념들이 발생하는가?
11. 회사 A는 시카고, LA, 뉴욕에 사무실을 가지고 있다; 회사 B는 보스턴과 뉴욕에 사무실을 가지고 있다; 회사 C는 시카고, 달라스, LA에 사무실을 가지고 있다. 이것을 이분그래프로 표현하라.

23장 요약. 그래프. 조합 최적화

조합 최적화(combinatorial optimizaton)는 이산 최적화 문제 또는 조합 구조와 관련이 있다. 기본 도구로 그래프와 유향그래프를 이용한다(23.1절).

그래프(graph) $G = (V, E)$는 **꼭짓점**(vertices) $v_1, v_2, \cdots, v_n$(편의상 1, 2, $\cdots$, n으로 표시하기도 함)의 집합 V와 두 개의 꼭짓점을 연결하는 **모서리**(edges) $e_1, e_2, \cdots, e_n$의 집합 E로 구성되어 있다. i와 j를 끝점으로 하는 모서리를 (i, j)로 표현한다. **유향그래프**(digraph = 방향이 있는 그래프)는 각각의 모서리가 방향(화살표가 가리

키는 방향)을 가진 그래프를 말한다. *행렬*이나 *목록*을 이용하면 그래프나 유향그래프를 컴퓨터로 다룰 수 있다(23.1절).

이 장에서는 실제 응용에서 야기되는 그래프와 유향그래프에 대한 최적화 문제의 중요한 부류와 대응되는 알고리즘을 다음과 같이 다루었다.

최단경로 문제(shortest path problem, 23.2절)는 "길이" $l_{ij} > 0$를 갖는 모서리 (i, j)들로 구성된 그래프에서 꼭짓점 s에서 꼭짓점 t까지 가는 최소 길이를 갖는 경로를 찾는 것이다. 길이 l_{ij}는 실제 길이 또는 운행 시간, 비용, 전기 저항[(i, j)가 전산망일 경우] 등이 된다. 이러한 종류의 문제에는 ***Dijkstra 알고리즘***(23.3절), 또는 모든 $l_{ij} = 1$인 경우 ***Moore의 알고리즘***(23.2절)이 적합하다.

수형도(tree)는 연결된 그리고 **순환**(cycles; 닫힌 경로가 아님)이 없는 그래프이다. 수형도는 실제에서 매우 중요하다. 그래프 G에서 *생성 수형도*는 G의 모든 꼭짓점을 포함하는 수형도이다. G의 모서리들이 길이를 가질 때 ***Kruskal 알고리즘***(Kruskal's algorithm), 또는 ***Prim 알고리즘***(Prim's algorithm)을 이용하여, 모든 모서리의 길이를 더한 값이 최소인 **최단생성 수형도**(shortest spanning tree)를 결정할 수 있다(23.4, 23.5절).

네트워크(network, 23.6절)는 각 모서리 (i, j)가 *용량* $c_{ij} > 0$[= (i, j)를 따라 흐르는 최대유량]을 가진 유향그래프이다. 그리고 한 꼭짓점, *시작점* s에서 시작하여, 흐름이 없어지는 *소멸점* 또는 *목표점*(sink or target) t를 향해 흘러간다. 문제는 ***유량증가경로***(23.6절)를 이용하는 **Ford-Fulkerson 알고리즘**(Ford-Fulkerson algorithm; 23.7절) 등을 이용하여 유량을 최대화하는 것이다. 관련된 개념으로 23.6절에서 정의된 ***절단집합***(cut set)이 있다.

이분그래프(bipartite graph) $G = (V, E)$ (23.8절)는 꼭짓점 집합 V는 S와 T 두 부분으로 구성되어 있고, 그래프 G에 있는 모든 모서리는 S에 하나의 끝점을, T에 다른 하나의 끝점을 가진다. 즉, S에 있는 또는 T에 있는 꼭짓점만으로 구성된 모서리는 없다. 그래프 G에서 **부합**(matching)은 모서리의 집합이며 같은 끝점을 가지는 모서리는 없다. 문제는 G에서 **최대 기수부합**(maximum cardinality matching)을 찾는 것이고, 그것이 바로 최대 개수의 모서리를 가진 부합 M이다. 23.8절의 알고리즘을 참고하자.

APPENDIX 1

참고문헌

소프트웨어는 하권 19장 앞부분을 참조하라.

일반참고문헌

[GenRef1] Abramowitz, M. and I. A. Stegun (eds.), *Handbook of Mathematical Functions*. 10th printing, with corrections. Washington, DC: National Bureau of Standards. 1972 (also New York: Dover, 1965). See also [W1]

[GenRef2] Cajori, F., *History of Mathematics*. 5th ed. Reprinted. Providence, RI: American Mathematical Society, 2002.

[GenRef3] Courant, R. and D. Hilbert, *Methods of Mathematical Physics*. 2 vols. Hoboken, NJ: Wiley, 1989.

[GenRef4] Courant, R., *Differential and Integral Calculus*. 2 vols. Hoboken, NJ: Wiley, 1988.

[GenRef5] Graham, R. L. et al., *Concrete Mathematics*. 2nd ed. Reading, MA: Addison-Wesley, 1994.

[GenRef6] Ito, K. (ed.), *Encyclopedic Dictionary of Mathematics*. 4 vols. 2nd ed. Cambridge, MA: MIT Press, 1993.

[GenRef7] Kreyszig, E., *Introductory Functional Analysis with Applications*. New York: Wiley, 1989.

[GenRef8] Kreyszig, E., *Differential Geometry. Mineola*, NY: Dover, 1991.

[GenRef9] Kreyszig, E. *Introduction to Differential Geometry and Riemannian Geometry*. Toronto: University of Toronto Press, 1975.

[GenRef10] Szegö, G., *Orthogonal Polynomials*. 4th ed. Reprinted. New York: American Mathematical Society, 2003.

[GenRef11] Thomas, G. et al., *Thomas' Calculus, Early Transcendentals Update*. 10th ed. Reading, MA: Addison-Wesley, 2003.

C부. Fourier 해석. 편미분방정식(11~12장)

편미분방정식과 관련된 *수치해법*에 대해서는 E부 수치해석의 문헌들도 *참조하라*.

[C1] Antimirov, M. Ya., *Applied Integral Transforms*. Providence, RI: American Mathematical Society, 1993.

[C2] Bracewell, R., *The Fourier Transform and Its Applications*. 3rd ed. New York: McGraw-Hill, 2000.

[C3] Carslaw, H. S. and J. C. Jaeger, *Conduction of Heat in Solids*. 2nd ed. Reprinted. Oxford: Clarendon, 2000.

[C4] Churchill, R. V. and J. W. Brown, *Fourier Series and Boundary Value Problems*. 6th ed. New York: McGraw-Hill, 2006.

[C5] DuChateau, P. and D. Zachmann, *Applied Partial Differential Equations*. Mineola, NY: Dover, 2002.

[C6] Hanna, J. R. and J. H. Rowland, *Fourier Series, Transforms, and Boundary Value Problems*. 2nd ed. New York: Wiley, 2008.

[C7] Jerri, A. J., *The Gibbs Phenomenon in Fourier Analysis, Splines, and Wavelet Approximations*. Boston: Kluwer, 1998.

[C8] John, F., *Partial Differential Equations*. 4th edition New York: Springer, 1982.

[C9] Tolstov, G. P., *Fourier Series*. New York: Dover, 1976.

[C10] Widder, D. V., *The Heat Equation*. New York: Academic Press, 1975.

[C11] Zauderer, E., *Partial Differential Equations of Applied Mathematics*. 3rd ed. New York: Wiley, 2006.

[C12] Zygmund, A. and R. Fefferman, *Trigonometric Series*. 3rd ed. New York: Cambridge University Press, 2002.

D부. 복소해석(13~18장)

[D1] Ahlfors, L. V., *Complex Analysis*. 3rd ed. New York: McGraw-Hill, 1979.

[D2] Bieberbach, L., *Conformal Mapping*. Providence, RI: American Mathematical Society, 2000.

[D3] Henrici, P., *Applied and Computational Complex Analysis*. 3 vols. New York: Wiley, 1993.

[D4] Hille, E., *Analytic Function Theory*. 2 vols. 2nd ed. Providence, RI: American Mathematical Society, Reprint V1 1983, V2 2005.

[D5] Knopp, K., *Elements of the Theory of Functions*. New York: Dover, 1952.

[D6] Knopp, K., *Theory of Functions*. 2 parts. New York: Dover, Reprinted 1996.

[D7] Krantz, S. G., *Complex Analysis: The Geometric Viewpoint*. Washington, DC: The Mathematical Association of America, 1990.

[D8] Lang, S., *Complex Analysis*. 4th ed. New York: Springer, 1999.

[D9] Narasimhan, R., *Compact Riemann Surfaces*. New York: Springer, 1996.

[D10] Nehari, Z., *Conformal Mapping*. Mineola, NY: Dover, 1975.

[D11] Springer, G., *Introduction to Riemann Surfaces*. Providence, RI: American Mathematical Society, 2001.

E부 수치해법(19~21장)

[E1] Ames, W. F., *Numerical Methods for Partial Differential Equations*. 3rd ed. New York: Academic Press, 1992.

[E2] Anderson, E., et al., *LAPACK User's Guide*. 3rd ed. Philadelphia: SIAM, 1999.

[E3] Bank, R. E., *PLTMG. A Software Package for Solving Elliptic Partial Differential Equations: Users' Guide 8.0*. Philadelphia: SIAM, 1998.

[E4] Constanda, C., *Solution Techniques for Elementary Partial Differential Equations*. Boca Raton, FL: CRC Press, 2002.

[E5] Dahlquist, G. and A. Björck, *Numerical Methods*. Mineola, NY: Dover, 2003.

[E6] DeBoor, C., A *Practical Guide to Splines*. Reprinted. New York: Springer, 2001.

[E7] Dongarra, J. J. et al., *LINPACK Users Guide*. Philadelphia: SIAM, 1979. (See also at the beginning of Chap. 19.)

[E8] Garbow, B. S. et al., *Matrix Eigensystem Routines: EISPACK Guide Extension*. Reprinted. New York: Springer, 1990.

[E9] Golub, G. H. and C. F. Van Loan, *Matrix Computations*. 3rd ed. Baltimore, MD: Johns Hopkins University Press, 1996.

[E10] Higham, N. J., *Accuracy and Stability of Numerical Algorithms*. 2nd ed. Philadelphia: SIAM, 2002.

[E11] IMSL (International Mathematical and Statistical Libraries), *FORTRAN Numerical Library*. Houston, TX: Visual Numerics, 2002. (See also at the beginning of Chap. 19.)

[E12] IMSL, *IMSL for Java*. Houston, TX: Visual Numerics, 2002.

[E13] IMSL, *C Library*. Houston, TX: Visual Numerics, 2002.

[E14] Kelley, C. T., *Iterative Methods for Linear and Nonlinear Equations*. Philadelphia: SIAM, 1995.

[E15] Knabner, P. and L. Angerman, *Numerical Methods for Partial Differential Equations*. New York: Springer, 2003.

[E16] Knuth, D. E., *The Art of Computer Programming*. 3 vols. 3rd ed. Reading, MA: Addison-Wesley, 1997–2009.

[E17] Kreyszig, E., *Introductory Functional Analysis with Applications*. New York: Wiley, 1989.

[E18] Kreyszig, E., On methods of Fourier analysis in multigrid theory. *Lecture Notes in Pure and Applied Mathematics* 157. New York: Dekker, 1994, pp. 225–242.

[E19] Kreyszig, E., Basic ideas in modern numerical analysis and their origins. *Proceedings of the Annual Conference of the Canadian Society for the History and Philosophy of Mathematics*. 1997, pp. 34–45.

[E20] Kreyszig, E., and J. Todd, *QR* in two dimensions. *Elemente der Mathematik* 31 (1976), pp. 109–114.

[E21] Mortensen, M. E., *Geometric Modeling*. 2nd ed. New York: Wiley, 1997.

[E22] Morton, K. W., and D. F. Mayers, *Numerical Solution of Partial Differential Equations: An Introduction*. New York: Cambridge University Press, 1994.

[E23] Ortega, J. M., *Introduction to Parallel and Vector Solution of Linear Systems*. New York: Plenum Press, 1988.

[E24] Overton, M. L., *Numerical Computing with IEEE Floating Point Arithmetic*. Philadelphia: SIAM, 2004.

[E25] Press, W. H. et al., *Numerical Recipes in C: The Art of Scientific Computing*. 2nd ed. New York: Cambridge University Press, 1992.

[E26] Shampine, L. F., *Numerical Solutions of Ordinary Differential Equations*. New York: Chapman and Hall, 1994.

[E27] Varga, R. S., *Matrix Iterative Analysis*. 2nd ed. New York: Springer, 2000.

[E28] Varga, R. S., *Geršgorin and His Circles*. New York: Springer, 2004.

[E29] Wilkinson, J. H., The *Algebraic Eigenvalue Problem*. Oxford: Oxford University Press, 1988.

F부. 최적화 그래프(22~23장)

[F1] Bondy, J. A. and U.S.R. Murty, *Graph Theory with Applications*. Hoboken, NJ: Wiley-Interscience, 1991.

[F2] Cook, W. J. et al., *Combinatorial Optimization*. New York: Wiley, 1997.

[F3] Diestel, R., *Graph Theory*. 4th ed. New York: Springer, 2006.

[F4] Diwekar, U. M., *Introduction to Applied Optimization*. 2nd ed. New York: Springer, 2008.

[F5] Gass, S. L., *Linear Programming. Method and Applications*. 3rd ed. New York: McGraw-Hill, 1969.

[F6] Gross, J. T. and J.Yellen (eds.), *Handbook of Graph Theory and Applications*. 2nd ed. Boca Raton, FL: CRC Press, 2006.

[F7] Goodrich, M. T., and R. Tamassia, *Algorithm Design: Foundations, Analysis, and Internet Examples*. Hoboken, NJ: Wiley, 2002.

[F8] Harary, F., *Graph Theory*. Reprinted. Reading, MA: Addison-Wesley, 2000.

[F9] Merris, R., *Graph Theory*. Hoboken, NJ: Wiley-Interscience, 2000.

[F10] Ralston, A., and P. Rabinowitz, *A First Course in Numerical Analysis*. 2nd ed. Mineola, NY: Dover, 2001.

[F11] Thulasiraman, K., and M. N. S. Swamy, *Graph Theory and Algorithms*. New York: Wiley-Interscience, 1992.

[F12] Tucker, A., *Applied Combinatorics*. 5th ed. Hoboken, NJ: Wiley, 2007.

Web References

[W1] upgraded version of [GenRef1] online at http://dlmf.nist.gov/. Hardcopy and CD-Rom: Oliver, W. J. et al. (eds.), *NIST Handbook of Mathematical Functions*. Cambridge; New York: Cambridge University Press, 2010.

[W2] O'Connor, J. and E. Robertson, MacTutor History of Mathematics Archive. St. Andrews, Scotland: University of St. Andrews, School of Mathematics and Statistics. Online at http://www-history.mcs.st-andrews. ac.uk. (Biographies of mathematicians, etc.). APP. 1 References A3 bapp01.qxd 3/18/11 7:52 PM Page A3

APPENDIX 2

홀수 번호 연습문제의 해답

(연습문제의 해답만은 학생들의 국제적인 안목을 높이기 위해 원문을 그대로 수록한다)

Problem Set 11.1

1. $2\pi, 2\pi, \pi, \pi, 1, 1, \frac{1}{2}, \frac{1}{2}$ **5.** There is no *smallest* $p > 0$.

13. $\frac{4}{\pi}\left(\cos x + \frac{1}{9}\cos 3x + \frac{1}{25}\cos 5x + \cdots\right) + 2\left(\sin x + \frac{1}{3}\sin 3x + \frac{1}{5}\sin 5x + \cdots\right)$

15. $\frac{4}{3}\pi^2 + 4(\cos x + \frac{1}{4}\cos 2x + \frac{1}{9}\cos 3x + \cdots) - 4\pi(\sin x + \frac{1}{2}\sin 2x + \frac{1}{3}\sin 3x + \cdots)$

17. $\frac{\pi}{2} + \frac{4}{\pi}\left(\cos x + \frac{1}{9}\cos 3x + \frac{1}{25}\cos 5x + \cdots\right)$

19. $\frac{\pi}{4} - \frac{2}{\pi}\left(\cos x + \frac{1}{9}\cos 3x + \frac{1}{25}\cos 5x + \cdots\right) + \sin x - \frac{1}{2}\sin 2x + \frac{1}{3}\sin 3x - + \cdots$

21. $2(\sin x + \frac{1}{2}\sin 2x + \frac{1}{3}\sin 3x + \frac{1}{4}\sin 4x + \frac{1}{5}\sin 5x + \cdots)$

Problem Set 11.2

1. Neither, even, odd, odd, neither **3.** Even **5.** Even

9. Odd, $L = 2$, $\frac{4}{\pi}\left(\sin\frac{\pi x}{2} + \frac{1}{3}\sin\frac{3\pi x}{2} + \frac{1}{5}\sin\frac{5\pi x}{2} + \cdots\right)$

11. Even, $L = 1$, $\frac{1}{3} - \frac{4}{\pi^2}\left(\cos \pi x - \frac{1}{4}\cos 2\pi x + \frac{1}{9}\cos 3\pi x - + \cdots\right)$

13. Rectifier, $L = \frac{1}{2}$, $\frac{1}{8} - \frac{1}{\pi^2}\left(\cos 2\pi x + \frac{1}{9}\cos 6\pi x + \frac{1}{25}\cos 10\pi x + \cdots\right) + \frac{1}{\pi}\left(\frac{1}{2}\sin 2\pi x - \frac{1}{4}\sin 4\pi x + \frac{1}{6}\sin 6\pi x - \frac{1}{8}\sin 8\pi x + - \cdots\right)$

15. Odd, $L = \pi$, $\frac{4}{\pi}\left(\sin x - \frac{1}{9}\sin 3x + \frac{1}{25}\sin 5x - + \cdots\right)$

17. Even, $L = 1$, $\frac{1}{2} + \frac{4}{\pi^2}\left(\cos \pi x + \frac{1}{9}\cos 3\pi x + \frac{1}{25}\cos 5\pi x + \cdots\right)$

19. $\frac{3}{8} + \frac{1}{2}\cos 2x + \frac{1}{8}\cos 4x$

23. $L = 4$, **(a)** 1, **(b)** $\frac{4}{\pi}\left(\sin\frac{\pi x}{4} + \frac{1}{3}\sin\frac{3\pi x}{4} + \frac{1}{5}\sin\frac{5\pi x}{4} + \cdots\right)$

25. $L = \pi$, **(a)** $\frac{\pi}{2} + \frac{4}{\pi}\left(\cos x + \frac{1}{9}\cos 3x + \frac{1}{25}\cos 5x + \cdots\right)$,
(b) $2(\sin x + \frac{1}{2}\sin 2x + \frac{1}{3}\sin 3x + \frac{1}{4}\sin 4x + \cdots)$

27. $L = \pi$, **(a)** $\frac{3\pi}{8} + \frac{2}{\pi}\Big(\cos x - \frac{1}{2}\cos 2x + \frac{1}{9}\cos 3x + \frac{1}{25}\cos 5x - \frac{1}{18}\cos 6x + \frac{1}{49}\cos 7x + \frac{1}{81}\cos 9x - \frac{1}{50}\cos 10x + \frac{1}{121}\cos 11x + \cdots\Big)$

(b) $\left(1 + \frac{2}{\pi}\right)\sin x + \frac{1}{2}\sin 2x + \left(\frac{1}{3} - \frac{2}{9\pi}\right)\sin 3x + \frac{1}{4}\sin 4x + \left(\frac{1}{5} + \frac{2}{25\pi}\right)\sin 5x + \frac{1}{6}\sin 6x + \cdots$

29. Rectifier, $L = \pi$,

(a) $\frac{2}{\pi} - \frac{4}{\pi}\left(\frac{1}{1\cdot 3}\cos x + \frac{1}{3\cdot 5}\cos 3x + \frac{1}{5\cdot 7}\cos 5x + \cdots\right)$, **(b)** $\sin x$

Problem Set 11.3

3. The output becomes a pure cosine series.

5. For A_n this is similar to Fig. 54 in Sec. 2.8, whereas for the phase shift B_n the sense is the same for all n.

7. $y = C_1 \cos \omega t + C_2 \sin \omega t + a(\omega)\sin t$, $a(\omega) = 1/(\omega^2 - 1) = -1.33$, -5.26, 4.76, 0.8, 0.01. Note the change of sign.

11. $y = C_1\cos\omega t + C_2 \sin\omega t + \frac{4}{\pi}\left(\frac{1}{\omega^2 - 9}\sin t + \frac{1}{\omega^2 - 49}\sin 3t + \frac{1}{\omega^2 - 121}\sin 5t + \cdots\right)$

13. $y = \sum_{n=1}^{N}(A_n\cos nt + B_n \sin nt)$, $A_n = [(1 - n^2)a_n - nb_n c]/D_n$, $B_n = [(1 - n^2)b_n + nca_n]/D_n$, $D_n = (1 - n^2)^2 + n^2c^2$

15. $b_n = (-1)^{n+1}\cdot 12/n^3$ (n odd), $y = \sum_{n=1}^{\infty}(A_n \cos nt + B_n \sin nt)$, $A_n = (-1)^n \cdot 12nc/n^3D_n$, $B_n = (-1)^{n+1}\cdot 12(1 - n^2)/(n^3D_n)$ with D_n as in Prob. 13.

17. $I = 50 + A_1\cos t + B_1 \sin t + A_3 \cos 3t + B_3 \sin 3t + \cdots$, $A_n = (10 - n^2)a_n/D_n$, $B_n = 10na_n/D_n$, $a_n = -400/(n^2\pi)$, $D_n = (n^2 - 10)^2 + 100n^2$

19. $I(t) = \sum_{n=1}^{\infty}(A_n\cos nt + B_n \sin nt)$, $A_n = (-1)^{n+1}\frac{2400(10 - n^2)}{n^2D_n}$, $B_n = (-1)^{n+1}\frac{24{,}000}{nD_n}$, $D_n = (10 - n^2)^2 + 100n^2$

Problem Set 11.4

3. $F = \frac{\pi}{2} - \frac{4}{\pi}\left(\cos x + \frac{1}{9}\cos 3x + \frac{1}{25}\cos 5x + \cdots\right)$, $E^* = 0.0748$, 0.0748, 0.0119, 0.0119, 0.0037

5. $F = \frac{4}{\pi}\left(\sin x + \frac{1}{3}\sin 3x + \frac{1}{5}\sin 5x + \cdots\right)$, $E^* = 1.1902$, 1.1902, 0.6243, 0.6243, 0.4206 (0.1272 when $N = 20$)

7. $F = 2[(\pi^2 - 6)\sin x - \frac{1}{8}(4\pi^2 - 6)\sin 2x + \frac{1}{27}(9\pi^2 - 6)\sin 3x - + \cdots]$; $E^* = 674.8, 454.7, 336.4, 265.6, 219.0$. Why is E^* so large?

Problem Set 11.5

3. Set $x = ct + k$.

5. $x = \cos\theta$, $dx = -\sin\theta\, d\theta$, etc.

7. $\lambda_m = (m\pi/10)^2$, $m = 1, 2, \cdots$; $y_m = \sin(m\pi x/10)$

9. $\lambda = [(2m+1)\pi/(2L)]^2$, $m = 0, 1, \cdots$, $y_m = \sin((2m+1)\pi x/(2L))$

11. $\lambda_m = m^2$, $m = 1, 2, \cdots$, $y_m = x \sin(m \ln|x|)$

13. $p = e^{8x}$, $q = 0$, $r = e^{8x}$, $\lambda_m = m^2$, $y_m = e^{-4x} \sin mx$, $m = 1, 2, \cdots$

Problem Set 11.6

1. $8(P_1(x) - P_3(x) + P_5(x))$

3. $\frac{4}{5}P_0(x) - \frac{4}{7}P_2(x) - \frac{8}{35}P_4(x)$

9. $-0.4775P_1(x) - 0.6908P_3(x) + 1.844P_5(x) - 0.8236P_7(x) + 0.1658P_9(x) + \cdots$, $m_0 = 9$. ***Rounding*** seems to have considerable influence in Probs. 8–13.

11. $0.7854P_0(x) - 0.3540P_2(x) + 0.0830P_4(x) - \cdots$, $m_0 = 4$

13. $0.1212P_0(x) - 0.7955P_2(x) + 0.9600P_4(x) - 0.3360P_6(x) + \cdots$, $m_0 = 8$

15. (c) $a_m = (2/J_1^2(\alpha_{0,m}))(J_1(\alpha_{0,m})/\alpha_{0,m}) = 2/(\alpha_{0,m}J_1(\alpha_{0,m}))$

Problem Set 11.7

1. $f(x) = \pi e^{-x} (x > 0)$ gives $A = \int_0^\infty e^{-v} \cos wv\, dv = \dfrac{1}{1+w^2}$, $B = \dfrac{w}{1+w^2}$ (see Example 3), etc.

3. Use (11); $B = \dfrac{2}{\pi}\displaystyle\int_0^\infty \frac{\pi}{2} \sin wv\, dv = \frac{1 - \cos \pi w}{w}$

5. $B(w) = \dfrac{2}{\pi}\displaystyle\int_0^1 \frac{1}{2}\pi v \sin wv\, dv = \frac{\sin w - w\cos w}{w^2}$

7. $\dfrac{2}{\pi}\displaystyle\int_0^\infty \frac{\sin w \cos xw}{w}\, dw$

9. $A(w) = \dfrac{2}{\pi}\displaystyle\int_0^\infty \frac{\cos wv}{1+v^2}\, dv = e^{-w}\ (w > 0)$

11. $\dfrac{2}{\pi}\displaystyle\int_0^\infty \frac{\cos \pi w + 1}{1 - w^2} \cos xw\, dw$

15. For $n = 1, 2, 11, 12, 31, 32, 49, 50$ the value of $\mathrm{Si}(n\pi) - \pi/2$ equals 0.28, −0.15, 0.029, −0.026, 0.0103, −0.0099, 0.0065, −0.0064 (rounded).

17. $\dfrac{2}{\pi}\displaystyle\int_0^\infty \frac{1 - \cos w}{w} \sin xw\, dw$

19. $\dfrac{2}{\pi}\displaystyle\int_0^\infty \frac{w - e(w\cos w - \sin w)}{1 + w^2} \sin xw\, dw$

Problem Set 11.8

1. $\hat{f}_c(w) = \sqrt{(2/\pi)}\,(2\sin w - \sin 2w)/w$

3. $\hat{f}_c(w) = \sqrt{(2/\pi)}\,(\cos 2w + 2w \sin 2w - 1)/w^2$

5. $\hat{f}_c(w) = \sqrt{\dfrac{2}{\pi}}\,\dfrac{(w^2 - 2)\sin w + 2w\cos w}{w^3}$

7. Yes. No **9.** $\sqrt{2/\pi}\, w/(a^2 + w^2)$

11. $\sqrt{2/\pi}\, ((2 - w^2)\cos w + 2w \sin w - 2)/w^3$

13. $\mathcal{F}_s(e^{-x}) = \frac{1}{w}\left(-\mathcal{F}_c(e^{-x}) + \sqrt{\frac{2}{\pi}} \cdot 1\right) = \frac{1}{w}\left(\sqrt{\frac{2}{\pi}} \cdot \frac{1}{w^2 + 1} + \sqrt{\frac{2}{\pi}}\right) = \sqrt{\frac{2}{\pi}} \frac{w}{w^2 + 1}$

Problem Set 11.9

3. $i(e^{-ibw} - e^{-iaw})/(w\sqrt{2\pi})$ if $a < b$; 0 otherwise

5. $[e^{(1-iw)a} - e^{-(1-iw)a}]/(\sqrt{2\pi}(1 - iw))$

7. $(e^{-iaw}(1 + iaw) - 1)/(\sqrt{2\pi}w^2)$ **9.** $\sqrt{2/\pi}(\cos w + w \sin w - 1)/w^2$

11. $i\sqrt{2/\pi}\, (\cos w - 1)/w$ **13.** $e^{-w^2/2}$ by formula 9

17. No, the assumptions in Theorem 3 are not satisfied.

19. $[f_1 + f_2 + f_3 + f_4,\ \ f_1 - if_2 - f_3 + if_4,\ \ f_1 - f_2 + f_3 - f_4,\ \ f_1 + if_2 - f_3 - if_4]$

21. $\begin{bmatrix} 1 & 1 \\ 1 & -1 \end{bmatrix}\begin{bmatrix} f_1 \\ f_2 \end{bmatrix} = \begin{bmatrix} f_1 + f_2 \\ f_1 - f_2 \end{bmatrix}$

Chapter 11 Review Questions and Problems

11. $1 + \frac{4}{\pi}\left(\sin\frac{\pi x}{2} + \frac{1}{3}\sin\frac{3\pi x}{2} + \frac{1}{5}\sin\frac{5\pi x}{2} + \cdots\right)$

13. $\frac{1}{4} - \frac{2}{\pi^2}\left(\cos \pi x + \frac{1}{9}\cos 3\pi x + \frac{1}{25}\cos 5\pi x + \cdots\right) +$
$\frac{1}{\pi}\left(\sin \pi x - \frac{1}{2}\sin 2\pi x + \frac{1}{3}\sin 3\pi x - + \cdots\right)$

15. $\cosh x$, $\sinh x$ $(-5 < x < 5)$, respectively **17.** Cf. Sec. 11.1.

19. $\frac{1}{2} - \frac{4}{\pi^2}\left(\cos \pi x + \frac{1}{9}\cos 3\pi x + \cdots\right),\ \frac{2}{\pi}\left(\sin \pi x - \frac{1}{2}\sin 2\pi x + - \cdots\right)$

21. $y = C_1 \cos \omega t + C_2 \sin \omega t + \frac{\pi^2}{\omega^2} - 12\left(\frac{\cos t}{\omega^2 - 1} - \frac{1}{4} \cdot \frac{\cos 2t}{\omega^2 - 4} + \frac{1}{9} \cdot \frac{\cos 3t}{\omega^2 - 9}\right.$
$\left. - \frac{1}{16} \cdot \frac{\cos 4t}{\omega^2 - 16} + - \cdots\right)$

23. 0.82, 0.50, 0.36, 0.28, 0.23

25. 0.0076, 0.0076, 0.0012, 0.0012, 0.0004

27. $\frac{1}{\pi}\int_0^{\infty} \frac{(\cos w + w \sin w - 1)\cos wx + (\sin w - w\cos w)\sin wx}{w^2}\, dw$

29. $\sqrt{2/\pi}\, (\cos aw - \cos w + aw \sin aw - w \sin w)/w^2$

Problem Set 12.1

1. $L(c_1u_1 + c_2u_2) = c_1L(u_1) + c_2L(u_2) = c_1 \cdot 0 + c_2 \cdot 0 = 0$

3. $c = 2$ **5.** $c = a/b$

7. Any c and ω **9.** $c = \pi/25$

15. $u = 110 - (110/\ln 100)\ln(x^2 + y^2)$ **17.** $u = a(y)\cos 4\pi x + b(y)\sin 4\pi x$

19. $u = c(x)\, e^{-y^3/3}$

21. $u = e^{-3y}(a(x)\cos 2y + b(x)\sin 2y) + 0.1e^{3y}$

23. $u = c_1(y)x + c_2(y)/x^2$ (Euler–Cauchy)

25. $u(x, y) = axy + bx + cy + k$; a, b, c, k arbitrary constants

Problem Set 12.3

5. $k \cos 3\pi t \sin 3\pi x$

7. $\frac{8k}{\pi^3}\left(\cos \pi t \sin \pi x + \frac{1}{27}\cos 3\pi t \sin 3\pi x + \frac{1}{125}\cos 5\pi t \sin 5\pi x + \cdots\right)$

9. $\frac{0.8}{\pi^2}\left(\cos \pi t \sin \pi x - \frac{1}{9}\cos 3\pi t \sin 3\pi x + \frac{1}{25}\cos 5\pi t \sin 5\pi x - + \cdots\right)$

11. $\frac{2}{\pi^2}\left((2 - \sqrt{2})\cos \pi t \sin \pi x - \frac{1}{9}(2 + \sqrt{2})\cos 3\pi t \sin 3\pi x\right.$
$\left. + \frac{1}{25}(2 + \sqrt{2})\cos 5\pi t \sin 5\pi x - + \cdots\right)$

13. $\frac{4}{\pi^3}\left((4 - \pi)\cos \pi t \sin \pi x + \cos 2\pi t \sin 2\pi x + \frac{4 + 3\pi}{27}\cos 3\pi t \sin 3\pi x\right.$
$\left. + \frac{4 - 5\pi}{125}\cos 5\pi t \sin 5\pi x + \cdots\right)$. No terms with $n = 4, 8, 12, \cdots$.

17. $u = \frac{8L^2}{\pi^3}\left(\cos\left[c\left(\frac{\pi}{L}\right)^2 t\right]\sin\frac{\pi x}{L} + \frac{1}{3^3}\cos\left[c\left(\frac{3\pi}{L}\right)^2 t\right]\sin\frac{3\pi x}{L} + \cdots\right)$

19. **(a)** $u(0, t) = 0$, **(b)** $u(L, t) = 0$, **(c)** $u_x(0, t) = 0$, **(d)** $u_x(L, t) = 0$. $C = -A$, $D = -B$ from (a), (c). Insert this. The coefficient determinant resulting from (b), (d) must be zero to have a nontrivial solution. This gives (22).

Problem Set 12.4

3. $c^2 = 300/[0.9/(2 \cdot 9.80)] = 80.83^2\ [\text{m}^2/\text{sec}^2]$

9. Elliptic, $u = f_1(y + 2ix) + f_2(y - 2ix)$

11. Parabolic, $u = xf_1(x - y) + f_2(x - y)$

13. Hyperbolic, $u = f_1(y - 4x) + f_2(y - x)$

15. Hyperbolic, $xy'^2 + yy' = 0$, $y = v$, $xy = w$, $u_w = z$, $u = \frac{1}{y}f_1(xy) + f_2(y)$

17. Elliptic, $u = f_1(y - (2 - i)x) + f_2(y - (2 + i)x)$. Real or imaginary parts of any function u of this form are solutions. Why?

Problem Set 12.6

3. $u_1 = \sin x\, e^{-t}$, $u_2 = \sin 2x\, e^{-4t}$, $u_3 = \sin 3x\, e^{-9t}$ differ in rapidity of decay.

5. $u = \sin 0.1\pi x\, e^{-1.752\pi^2 t/100}$

7. $u = \frac{800}{\pi^3}\left(\sin 0.1\pi x\, e^{-0.01752\pi^2 t} + \frac{1}{3^3}\sin 0.3\pi x\, e^{-0.01752(3\pi)^2 t} + \cdots\right)$

9. $u = u_{\text{I}} + u_{\text{II}}$, where $u_{\text{II}} = u - u_{\text{I}}$ satisfies the boundary conditions of the text,
so that $u_{\text{II}} = \sum_{n=1}^{\infty} B_n \sin\frac{n\pi x}{L}\, e^{-(cn\pi/L)^2 t}$, $B_n = \frac{2}{L}\int_0^L [f(x) - u_{\text{I}}(x)]\sin\frac{n\pi x}{L}\, dx$.

11. $F = A\cos px + B\sin px$, $F'(0) = Bp = 0$, $B = 0$, $F'(L) = -Ap\sin pL = 0$, $p = n\pi/L$, etc.

13. $u = 1$

15. $\frac{1}{2} + \frac{4}{\pi^2}\left(\cos x\, e^{-t} + \frac{1}{9}\cos 3x\, e^{-9t} + \frac{1}{25}\cos 5x\, e^{-25t} + \cdots\right)$

17. $-\dfrac{K\pi}{L}\sum_{n=1}^{\infty} nB_n e^{-\lambda_n^2 t}$

19. $u = 1000\,(\sin\frac{1}{2}\pi x \sinh\frac{1}{2}\pi y)/\sinh\pi$

21. $u = \dfrac{100}{\pi}\sum_{n=1}^{\infty}\dfrac{1}{(2n-1)\sinh(2n-1)\pi}\sin\dfrac{(2n-1)\pi x}{24}\sinh\dfrac{(2n-1)\pi y}{24}$

23. $u = A_0 x + \sum_{n=1}^{\infty} A_n \dfrac{\sinh(n\pi x/24)}{\sinh n\pi}\cos\dfrac{n\pi y}{24}$,

$$A_0 = \frac{1}{24^2}\int_0^{24} f(y)\,dy, \quad A_n = \frac{1}{12}\int_0^{24} f(y)\cos\frac{n\pi y}{24}\,dy$$

25. $\sum_{n=1}^{\infty} A_n \sin\dfrac{n\pi x}{a}\sinh\dfrac{n\pi(b-y)}{a},\ A_n = \dfrac{2}{a\sinh(n\pi b/a)}\int_0^a f(x)\sin\dfrac{n\pi x}{a}\,dx$

Problem Set 12.7

3. $A = \dfrac{2}{\pi}\int_0^{\infty}\dfrac{\cos pv}{1+v^2}\,dv = \dfrac{2}{\pi}\cdot\dfrac{\pi}{2}e^{-p},\ u = \int_0^{\infty} e^{-p-c^2p^2t}\cos px\,dp$

5. $A = \dfrac{2}{\pi}\int_0^1 v\cos pv\,dv = \dfrac{2}{\pi}\cdot\dfrac{\cos p + p\sin p - 1}{p^2}$, etc.

7. $A = \dfrac{2}{\pi}\int_0^{\infty}\dfrac{\sin v}{v}\cos pv\,dv = \dfrac{2}{\pi}\cdot\dfrac{\pi}{2} = 1$ if $0 < p < 1$ and 0 if $p > 1$,

$$u = \int_0^1 \cos px\, e^{-c^2p^2t}\,dp$$

9. Set $w = -v$ in (21) to get $\operatorname{erf}(-x) = -\operatorname{erf} x$.

13. In (12) the argument $x + 2cz\sqrt{t}$ is 0 (the point where f jumps) when $z = -x/(2c\sqrt{t})$. This gives the lower limit of integration.

15. Set $w = s/\sqrt{2}$ in (21).

Problem Set 12.9

1. **(a)**, **(b)** It is multiplied by $\sqrt{2}$. **(c)** Half

5. $B_{mn} = (-1)^{n+1}8/(mn\pi^2)$ if m odd, 0 if m even

7. $B_{mn} = (-1)^{m+n}4ab/(mn\pi^2)$

11. $u = 0.1\cos\sqrt{20}t\sin 2x\sin 4y$

13. $\dfrac{6.4}{\pi^2}\sum_{\substack{m=1\\ m,n}}^{\infty}\sum_{\substack{n=1\\ \text{odd}}}^{\infty}\dfrac{1}{m^3n^3}\cos(t\sqrt{m^2+n^2})\sin mx\sin ny$

17. $c\pi\sqrt{260}$ (corresponding eigenfunctions $F_{4,16}$ and $F_{16,14}$), etc.

19. $\cos\left(\pi t\sqrt{\dfrac{36}{a^2}+\dfrac{4}{b^2}}\right)\sin\dfrac{6\pi x}{a}\sin\dfrac{4\pi y}{b}$

Problem Set 12.10

5. $110 + \dfrac{440}{\pi}\left(r\cos\theta - \dfrac{1}{3}r^3\cos 3\theta + \dfrac{1}{5}r^5\cos 5\theta - + \cdots\right)$

7. $55\pi - \dfrac{440}{\pi}\left(r\cos\theta + \dfrac{1}{9}r^3\cos 3\theta + \dfrac{1}{25}r^5\cos 5\theta + \cdots\right)$

11. Solve the problem in the disk $r < a$ subject to u_0 (given) on the upper semicircle and $-u_0$ on the lower semicircle.

$$u = \frac{4u_0}{\pi}\left(\frac{r}{a}\sin\theta + \frac{1}{3a^3}r^3\sin 3\theta + \frac{1}{5a^5}r^5\sin 5\theta + \cdots\right)$$

13. Increase by a factor $\sqrt{2}$

15. $T = 6.826\rho R^2 f_1^2$

17. No

25. $\alpha_{11}/(2\pi) = 0.6098$; See Table A1 in App. 5.

Problem Set 12.11

5. $A_4 = A_6 = A_8 = A_{10} = 0,\quad A_5 = 605/16,\quad A_7 = -4125/128,\quad A_9 = 7315/256$

9. $\nabla^2 u = u'' + 2u'/r = 0,\quad u''/u' = -2/r,\quad \ln|u'| = -2\ln|r| + c_1,$
$u' = \tilde{c}/r^2,\ u = c/r + k$

13. $u = 320/r + 60$ is smaller than the potential in Prob. 12 for $2 < r < 4$.

17. $u = 1$

19. $\cos 2\phi = 2\cos^2\phi - 1,\ 2w^2 - 1 = \frac{4}{3}P_2(w) - \frac{1}{3},\ u = \frac{4}{3}r^2 P_2(\cos\phi) - \frac{1}{3}$

25. Set $1/r = \rho$. Then $u(\rho, \theta, \phi) = rv(r, \theta, \phi),\ u_\rho = (v + rv_r)(-1/\rho^2),$
$u_{\rho\rho} = (2v_r + rv_{rr})(1/\rho^4) + (v + rv_r)(2/\rho^3),\ u_{\rho\rho} + (2/\rho)u_\rho = r^5(v_{rr} + (2/r)v_r).$
Substitute this and $u_{\phi\phi} = rv_{\phi\phi}$ etc. into (7) [written in terms of ρ] and divide by r^5.

Problem Set 12.12

5. $W = \dfrac{c(s)}{x^s} + \dfrac{x}{s^2(s+1)},\ W(0, s) = 0,\ c(s) = 0,\ w(x, t) = x(t - 1 + e^{-t})$

7. $w = f(x)g(t),\ xf'g + f\dot{g} = xt$, take $f(x) = x$ to get $g = ce^{-t} + t - 1$ and $c = 1$ from $w(x, 0) = x(c - 1) = 0$.

11. Set $x^2/(4c^2\tau) = z^2$. Use z as a new variable of integration. Use $\operatorname{erf}(\infty) = 1$.

Chapter 12 Review Questions and Problems

17. $u = c_1(x)e^{-3y} + c_2(x)e^{2y} - 3$

19. Hyperbolic, $f_1(x) + f_2(y + x)$

21. Hyperbolic, $f_1(y + 2x) + f_2(y - 2x)$

23. $\frac{3}{4}\cos 2t \sin x - \frac{1}{4}\cos 6t \sin 3x$

25. $\sin 0.01\pi x\, e^{-0.001143t}$

27. $\frac{3}{4}\sin 0.01\pi x\, e^{-0.001143t} - \frac{1}{4}\sin 0.03\pi x\, e^{-0.01029t}$

29. $100\cos 2x\, e^{-4t}$

39. $u = (u_1 - u_0)(\ln r)/\ln(r_1/r_0) + (u_0 \ln r_1 - u_1 \ln r_0)/\ln(r_1/r_0)$

Problem Set 13.1

1. $1/i = i/i^2 = -i,\quad 1/i^3 = i/i^4 = i$

3. $4.8 - 1.4i$

5. $x - iy = -(x + iy),\quad x = 0$

9. $-21,\quad 4$

11. $-\frac{11}{16} - \frac{15}{4}i$, same

13. $-29 - 14i$, same

15. $\frac{76}{61} - \frac{104}{61}i$

17. $-4x^2y^2$

19. $(x^2 - y^2)/(x^2 + y^2),\quad 2xy/(x^2 + y^2)$

Problem Set 13.2

1. $\sqrt{2}\,(\cos\frac{1}{4}\pi + i\sin\frac{1}{4}\pi)$

3. $2(\cos\frac{1}{2}\pi + i\sin\frac{1}{2}\pi),\quad 2(\cos\frac{1}{2}\pi - i\sin\frac{1}{2}\pi)$

5. $\frac{1}{2}(\cos\pi + i\sin\pi)$

7. $\sqrt{1+\frac{1}{4}\pi^2}\,(\cos\arctan\frac{1}{2}\pi + i\sin\arctan\frac{1}{2}\pi)$

9. $-\frac{1}{4}\pi$

11. $\pm\frac{\pi}{6}$

13. $-1024,\ \pi$

15. $4i$

17. $-2-2i$

21. $\sqrt[6]{2}\,(\cos\frac{1}{12}k\pi - i\sin\frac{1}{12}k\pi),\quad k = 1, 9, 17$

23. $7,\quad -\frac{7}{2} \pm \frac{7}{2}\sqrt{3}i$

25. $\cos(\frac{1}{8}\pi + \frac{1}{2}k\pi) + i\sin(\frac{1}{8}\pi + \frac{1}{2}k\pi),\quad k = 0, 1, 2, 3$

27. $\cos\frac{1}{5}\pi \pm i\sin\frac{1}{5}\pi,\quad \cos\frac{3}{5}\pi \pm i\sin\frac{3}{5}\pi,\quad -1$

29. $i,\quad 1-i$

31. $\pm(1-i),\quad \pm(2+2i)$

33. $|z_1+z_2|^2 = (z_1+z_2)\overline{(z_1+z_2)} = (z_1+z_2)(\bar{z}_1+\bar{z}_2)$. Multiply out and use $\text{Re}\, z_1\bar{z}_2 \leqq |z_1\bar{z}_2|$ (Prob. 34).
$z_1\bar{z}_1 + z_1\bar{z}_2 + z_2\bar{z}_1 + z_2\bar{z}_2 = |z_1|^2 + 2\,\text{Re}\, z_1\bar{z}_2 + |z_2|^2 \leqq |z_1|^2$
$+ 2|z_1||z_2| + |z_2|^2 = (|z_1| + |z_2|)^2$. Hence $|z_1 + z_1|^2 \leqq (|z_1| + |z_2|)^2$. Taking square roots gives (6).

35. $[(x_1+x_2)^2 + (y_1+y_2)^2] + [(x_1-x_2)^2 + (y_1-y_2)^2] = 2(x_1^2 + y_1^2 + x_2^2 + y_2^2)$

Problem Set 13.3

1. Closed disk, center $-1+2i$, radius $\frac{1}{4}$

3. Annulus (circular ring), center $1-2i$, radii $\pi/2,\ \pi$

5. Domain bounded by straight lines in the first and fourth quadrant, that make 60° with the horizontal.

7. Half-plane extending from the vertical straight line $x = -1$ to the left.

11. $u(x,y) = \dfrac{x+1}{(x+1)^2+y^2},\quad v(x,y) = \dfrac{-y}{(x+1)^2+y^2},\quad u(1,-1) = \dfrac{2}{5},\quad v(1,-1) = \dfrac{1}{5}$

15. Yes, since $\text{Im}(|z|^2/z) = \text{Im}(|z|^2\bar{z}/(z\bar{z})) = \text{Im}\,\bar{z} = -r\sin\theta \to 0$.

17. Yes, because $\text{Re}\, z = r\cos\theta \to 0$ and $1 - |z| \to 1$ as $r \to 0$.

19. $f'(z) = 3(z-2i)^2$. Since $z - 2i = 5$, $f'(5+2i) = 3\cdot 5^2 = 75$.

21. $n(1-z)^{-n-1}i,\quad ni$

23. $-3iz^2/(z-i)^4,\quad 3i/16$

Problem Set 13.4

1. $r_x = x/r = \cos\theta,\quad r_y = \sin\theta,\quad \theta_x = -(\sin\theta)/r,\quad \theta_y = (\cos\theta)/r$
(a) $0 = u_x - v_y = u_r\cos\theta + u_\theta(-\sin\theta)/r - v_r\sin\theta - v_\theta(\cos\theta)/r$
(b) $0 = u_y + v_x = u_r\sin\theta + u_\theta(\cos\theta)/r + v_r\cos\theta + v_\theta(-\sin\theta)/r$
Multiply (a) by $\cos\theta$, (b) by $\sin\theta$, and add. Etc.

3. Yes

5. No, $f(z) = \overline{(z^2)}$

7. Yes, when $z \neq 0$. Use (7).

9. Yes, when $z \neq 0,\quad -2\pi i,\quad 2\pi i$

11. Yes

13. $f(z) = i(z^2 + c)$, c real

15. $f(z) = -1/z + c$, (c real)

17. $f(z) = z^2 - z + c$, (c real)

19. No

21. $a = \pi,\quad v = e^{-\pi x}\cos\pi y$

23. $a = 0,\quad v = \frac{1}{2}b(y^2 - x^2) + c$

27. $f = u + iv$ implies $if = -v + iu$.

29. Use (4), (5), and (1).

Problem Set 13.5

3. $e^{2\pi}\cdot e^{2\pi i} = e^{2\pi} = 535.4916$

5. $-e = -2.718$

7. $-e^{\sqrt{3}} = -5.652i$

9. $5e^{-\arctan(4/3)i} = 5e^{-0.9272i}$

11. $\frac{3}{2}e^{\pi i}$

13. $\sqrt{2}e^{-(\pi i/4)}$

15. $e^{-x^2+y^2}\cos 2xy, \quad -e^{-x^2+y^2}\sin 2xy$

17. $\text{Re}(\exp(z^3)) = \exp(x^3 - 3xy^2)\cos(3x^2y - y^3)$

19. $z = 2n\pi i, \quad n = 0, 1, \cdots$

Problem Set 13.6

1. Use (11), then (5) for e^{iy}, and simplify.

7. $\cosh 1 = 1.543, -i\sinh 1 = -1.175i$

9. Both $2.033 - 3.052i$. Why?

11. $i\sinh\pi/4 = 0.8688i$, both

15. Insert the definitions on the left, multiply out, and simplify.

17. $(2n + 1)\pi i/4$

19. $z = \pm n\pi i$

Problem Set 13.7

5. $\ln 7 + \pi i$

7. $\frac{7}{2}\ln 2 - \pi i/4 = 2.426 - 0.7854i$

9. $-i\arctan(4/3) = -0.927i$

11. $1 + \pi i$

13. $\pm 2n\pi i, \quad n = 0, 1, \cdots$

15. $\ln|e^i| + i\arctan\dfrac{\sin 1}{\cos 1} \pm 2n\pi i = 0 + i + 2n\pi i, \quad n = 0, 1, \cdots$

17. $\ln(i^2) = \ln(-1) = (1 \pm 2n)\pi i, \quad 2\ln i = (1 \pm 4n)\pi i, n = 0, 1, \cdots$

19. $e^{4-3i} = e^4(\cos 3 - i\sin 3) = -54.05 - 7.70i$

21. $e^{0.4}e^{0.2i} = e^{0.4}(\cos 0.2 + i\sin 0.2) = 1.462 + 0.2964i$

23. $e^{(1-i)\,\text{Ln}\,(1+i)} = e^{\ln\sqrt{2}+\pi i/4-i\ln\sqrt{2}+\pi/4} = 2.8079 + 1.3179i$

25. $e^{(3-i)(\ln 3+\pi i)} = 27e^{\pi}(\cos(3\pi - \ln 3) + i\sin(3\pi - \ln 3)) = -284.2 + 556.4i$

27. $e^{(2-i)\,\text{Ln}(-1)} = e^{(2-i)\pi i} = e^{\pi} = 23.14$

Chapter 13 Review Questions and Problems

1. $2 - 3i$

3. $27.46e^{0.9929i}, \quad 7.616e^{1.976i}$

11. $-9 + 40i$

13. $\frac{3}{25} + \frac{4}{25}i$

15. $-i$

17. $2\sqrt{2}e^{-\frac{\pi}{4}i}$

19. $5e^{-\pi/2i}$

21. $\pm 5, \quad \pm 5i$

23. $(\pm 1 \pm i)/\sqrt{2}$

25. $f(z) = iz^2/2$

27. $f(z) = e^{-3z}$

29. $f(z) = e^{-z^2/2}$

31. $\cos(5)\cosh(2) + i\sin(5)\sinh(2) = 1.067 - 3.478i$

33. $\dfrac{\sin(1)\cos(1)}{(\cos^2(1))+(\sinh^2(1))} + \dfrac{i\sinh(1)\cosh(1)}{(\cos^2(1))+(\sinh^2(1))} = 0.2718 + 1.084i$

35. $-\sinh\pi = -11.55$

Problem Set 14.1

1. Straight segment from (1, 0) to (6, 1.5).

3. Parabola $y = 4x^2$ from (1, 4) to (2, 16).

5. Circle through (0, 0), center (2, −2), radius $\sqrt{5}$, oriented clockwise.

7. Quarter circle in the first quadrant, center at (1, 0), radius 2.

9. Cubic $y = 1 - x^3 \quad (-2 \le x \le 2)$.

11. $z(t) = t + (3 + t)i$

13. $z(t) = 1 - i + 4e^{it} \quad (0 \le t \le \pi)$

15. $z(t) = \cosh t + i\,2 \sinh t\ (-\infty < t < \infty)$
17. Circle $z(t) = -a + ib + re^{-it}, \quad (0 \le t \le 2\pi)$
19. $z(t) = t + (1 - \frac{1}{2}t^2)i, \quad (-2 \le t \le 2)$
21. $z(t) = (1 + i)t, \quad (1 \le t \le 5), \quad \text{Re}\, z = t, \quad z'(t) = 1 + i;\ 12 + 12i$
23. $e^{\pi i} - e^{\pi/2i} = -1 - i$
25. $\frac{1}{2}\exp z^2|_1^i = \frac{1}{2}(e^{-1} - e^1) = -\sinh 1$
27. $\tan \frac{1}{4}\pi i - \tan \frac{1}{4} = i \tanh \frac{1}{4} - 1$
29. $\text{Im}\, z^2 = 2xy = 0$ on the axes. $z = 1 + (-1 + i)t \quad (0 \leqq t \leqq 1)$,
$(\text{Im}\, z^2)\,\dot{z} = 2(1 - t)y(-1 + i)$ integrated: $(-1 + i)/3$.
35. $|\text{Re}\, z| = |x| \leqq 3 = M$ on C, $L = \sqrt{8}$

Problem Set 14.2

1. Use (12), Sec. 14.1, with $m = 2$.
3. Yes
5. 5
7. **(a)** Yes. **(b)** No, we would have to move the contour across $\pm 2i$.
9. 0, yes
11. $\frac{\pi}{2}i$, no
13. 0, yes
15. $i\pi$, no
17. 0, no
19. 0, yes
21. $2\pi i$
23. $1/z + 1/(z - 1)$, hence $2\pi i + 2\pi i = 4\pi i$.
25. 0 (Why?)
27. 0 (Why?)
29. 0

Problem Set 14.3

1. $2\pi i z^2/(z - 1)|_{z=-1} = -\pi i$
3. 0
5. $2\pi i(\cos 2z)/4|_{z=0} = \pi i/2$
7. $2\pi i(i/4)^2/4 = -\frac{1}{32}\pi i$
11. $2\pi i \cdot \left.\dfrac{1}{z + 2i}\right|_{z=2i} = \dfrac{\pi}{2}$
13. $2\pi i(z + 2)|_{z=2} = 8\pi i$
15. $2\pi i \cosh(-\pi^2 - \pi i) = -2\pi i \cosh \pi^2 = -60{,}739i$ since $\cosh \pi i = \cos \pi = -1$ and $\sinh \pi i = i \sin \pi = 0$.
17. $2\pi i \left.\dfrac{\text{Ln}\,(z + 1)}{z + i}\right|_{z=i} = 2\pi i \dfrac{\text{Ln}\,(1 + i)}{2i} = \pi(\ln \sqrt{2} + i\pi/4) = 1.089 + 2.467i$
19. $2\pi i e^{2i}/(2i) = \pi e^{2i}$

Problem Set 14.4

1. $(2\pi i/3!)(-8 \cos 0) = -\frac{8}{3}\pi i$
3. $(2\pi/(n - 1)!)e^0$
5. $\dfrac{2\pi i}{3!}(\sinh 2z)''' = \dfrac{8}{3}\pi i \cosh 1 = 12.93i$
7. $(2\pi i/(2n)!)\,(\cos z)^{(2n)}|_{z=0} = (2\pi i/(2n)!)(-1)^n \cos 0 = (-1)^n 2\pi i/(2n)!$
9. $-2\pi i(\tan \pi z)'\Big|_{z=0} = \left.\dfrac{-2\pi i \cdot \pi}{\cos^2 \pi z}\right|_{z=0} = -2\pi^2 i$
11. $\dfrac{2\pi i}{4}((1 + z)\cos z)'\Big|_{z=1/2} = \dfrac{1}{2}\pi i(\cos z - (1 + z)\sin z)$
$= \frac{1}{2}\pi i(\cos \frac{1}{2} - \frac{3}{8}\sin \frac{1}{2})$
$= 0.2488i$

13. $2\pi i \cdot \left.\frac{1}{z}\right|_{z=4} = \frac{1}{2}\pi i = 1.571i$ **15.** 0. Why?

17. 0 by Cauchy's integral theorem for a doubly connected domain; see (6) in Sec. 14.2.

19. $(2\pi i/2!)4^{-3}(e^{3z})''|_{z=\pi i/4} = -9\pi(1+i)/(64\sqrt{2})$

Chapter 14 Review Questions and Problems

21. $-\frac{1}{2}\sinh(\frac{1}{4}\pi^2) = -2.928$

23. $2\pi i \cdot \frac{1}{3!}(e^{-z})^{(3)}|_{z=0} = -\frac{1}{3}\pi i e^0 = -1.047i$

25. $-2\pi i(\tan \pi z)'|_{z=1} = -2\pi^2 i/\cos^2 \pi z|_{z=1} = -2\pi^2 i$

27. 0 since $z^2 + \bar{z} - 2 = 2(x^2 - y^2)$ and $y = x$

29. $8\pi i$

Problem Set 15.1

1. $z_n = (2i/2)^n$; bounded, divergent, $\pm 1, \pm i$

3. $z_n = -\frac{1}{2}\pi i/(1 + 2/(ni))$ by algebra; convergent to $-\pi i/2$

5. Bounded, divergent, $\pm 1 + 10i$

7. Unbounded, hence divergent

9. Convergent to 0, hence bounded

17. Divergent; use $1/\ln n > 1/n$. **19.** Convergent; use $\Sigma 1/n^2$.

21. Convergent **23.** Convergent

25. Divergent

29. By absolute convergence and Cauchy's convergence principle, for given $\epsilon > 0$ we have for every $n > N(\epsilon)$ and $p = 1, 2, \cdots$

$$|z_{n+1}| + \cdots + |z_{n+p}| < \epsilon,$$

hence $|z_{n+1} + \cdots + z_{n+p}| < \epsilon$ by (6*), Sec. 13.2, hence convergence by Cauchy's principle.

Problem Set 15.2

1. No! Nonnegative integer powers of z (or $z - z_0$) only!

3. At the center, in a disk, in the whole plane

5. $\Sigma a_n z^{2n} = \Sigma a_n (z^2)^n$, $|z^2| < R = \lim |a_n/a_{n+1}|$; hence $|z| < \sqrt{R}$.

7. $\pi/2, \infty$ **9.** $i, \sqrt{3}$ **11.** $0, \sqrt{\frac{26}{5}}$

13. $-i, \frac{1}{2}$ **15.** $2i$, 1 **17.** $1/\sqrt{2}$

Problem Set 15.3

3. $f = \sqrt[n]{n}$. Apply l'Hôpital's rule to $\ln f = (\ln n)/n$.

5. 2 **7.** $\sqrt{3}$ **9.** $1/\sqrt{2}$

11. $\sqrt{\frac{7}{3}}$ **13.** 1 **15.** $\frac{3}{4}$

Problem Set 15.4

3. $2z^2 - \frac{(2z^2)^3}{3!} + \cdots = 2z^2 - \frac{4}{3}z^6 + \frac{4}{15}z^{10} - + \cdots$, $R = \infty$

5. $\frac{1}{2} - \frac{1}{4}z^4 + \frac{1}{8}z^8 - \frac{1}{16}z^{12} + \frac{1}{32}z^{16} - + \cdots$, $R = \sqrt[4]{2}$

7. $\frac{1}{2} + \frac{1}{2}\cos z = 1 - \frac{1}{2 \cdot 2!}z^2 + \frac{1}{2 \cdot 4!}z^4 - \frac{1}{2 \cdot 6!}z^6 + - \cdots, \quad R = \infty$

9. $\int_0^z \left(1 - \frac{1}{2}t^2 + \frac{1}{8}t^4 - + \cdots\right) dt = z - \frac{1}{6}z^3 + \frac{1}{40}z^5 - + \cdots, \quad R = \infty$

11. $z^3/(1!3) - z^7/(3!7) + z^{11}/(5!11) - + \cdots, \quad R = \infty$

13. $(2/\sqrt{\pi})(z - z^3/3 + z^5/(2!5) - z^7/(3!7) + \cdots), \quad R = \infty$

17. Team Project. (a) $(\text{Ln}(1 + z))' = 1 - z + z^2 - + \cdots = 1/(1 + z)$.

(c) Use that the terms of $(\sin iy)/(iy)$ are all positive, so that the sum cannot be zero.

19. $\frac{1}{2} + \frac{1}{2}i + \frac{1}{2}i(z - i) + (-\frac{1}{4} + \frac{1}{4}i)(z - i)^2 - \frac{1}{4}(z - i)^3 + \cdots, \quad R = \sqrt{2}$

21. $1 - \frac{1}{2!}\left(z - \frac{1}{2}\pi\right)^2 + \frac{1}{4!}\left(z - \frac{1}{2}\pi\right)^4 - \frac{1}{6!}\left(z - \frac{1}{2}\pi\right)^6 + - \cdots, \quad R = \infty$

23. $-\frac{1}{4} - \frac{2}{8}i(z - i) + \frac{3}{16}(z - i)^2 + \frac{4}{32}i(z - i)^3 - \frac{5}{64}(z - i)^4 + \cdots, \quad R = 2$

25. $2\left(z - \frac{1}{2}i\right) + \frac{2^3}{3!}\left(z - \frac{1}{2}i\right)^3 + \frac{2^5}{5!}\left(z - \frac{1}{2}i\right)^5 + \cdots, \quad R = \infty$

Problem Set 15.5

3. $|z + i| \leqq \sqrt{3} - \delta, \quad \delta > 0$

5. $|z + \frac{1}{2}i| \leqq \frac{1}{4} - \delta, \quad \delta > 0$

7. Nowhere

9. $|z - 2i| \leqq 2 - \delta, \quad \delta > 0$

11. $|z^n| \leqq 1$ and $\Sigma 1/n^2$ converges. Use Theorem 5.

13. $|\sin^n |z|| \leqq 1$ for all z, and $\Sigma 1/n^2$ converges. Use Theorem 5.

15. $R = 4$ by Theorem 2 in Sec. 15.2; use Theorem 1.

17. $R = 1/\sqrt{\pi} > 0.56$; use Theorem 1.

Chapter 15 Review Questions and Problems

11. 1

13. 3

15. $\frac{1}{2}$

17. $\infty, \quad e^{2z}$

19. $\infty, \quad \cosh\sqrt{z}$

21. $\sum_{n=0}^{\infty} \frac{z^{4n}}{(2n + 1)!}, \quad R = \infty$

23. $\frac{1}{2} + \frac{1}{2}\cos 2z = 1 + \frac{1}{2}\sum_{n=1}^{\infty} \frac{(-1)^n}{(2n)!}(2z)^{2n}, \quad R = \infty$

25. $\sum_{n=1}^{\infty} \frac{(-1)^{n+1}}{n!} z^{2n-2}, \quad R = \infty$

27. $\cos[(z - \frac{1}{2}\pi) + \frac{1}{2}\pi] = -(z - \frac{1}{2}\pi) + \frac{1}{6}(z - \frac{1}{2}\pi)^3 - + \cdots = -\sin(z - \frac{1}{2}\pi)$

29. $\ln 3 + \frac{1}{3}(z - 3) - \frac{1}{2 \cdot 9}(z - 3)^2 + \frac{1}{3 \cdot 27}(z - 3)^3 - + \cdots, \quad R = 3$

Problem Set 16.1

1. $z^{-4} - \frac{1}{2}z^{-2} + \frac{1}{24} - \frac{1}{720}z^2 + - \cdots, \quad 0 < |z| < \infty$

3. $z^3 + \frac{1}{2}z + \frac{1}{24}z^{-1} + \frac{1}{720}z^3 + \cdots, \quad 0 < |z| < \infty$

5. $\exp[1 + (z-1)](z-1)^{-2} = e \cdot [(z-1)^{-2} + (z-1)^{-1} + \frac{1}{2} + \frac{1}{6}(z-1) + \cdots]$, $0 < |z-1| < \infty$

13. $z^8 + z^{12} + z^{16} + \cdots, \quad |z| < 1, \quad -z^4 - 1 - z^{-4} - z^{-8} - \cdots, \quad |z| > 1$

Problem Set 16.2

1. $0 \pm 2\pi, \pm 4\pi, \cdots$, fourth order

5. $f(z) = (z - z_0)^n g(z)$, $g(z_0) \neq 0$, hence $f^2(z) = (z - z_0)^{2n} g^2(z)$

7. Second-order poles at i and $-2i$

Problem Set 16.3

1. $\frac{4}{15}$ at 0

7. Simple pole at $\frac{1}{4}$ inside C, residue $-1/(2\pi)$. *Answer:* $-i$

Problem Set 16.4

1. $2\pi/\sqrt{k^2 - 1}$

7. Simple poles at ± 1, i (and $-i$); $2\pi i \cdot \frac{1}{4}i + \pi i(-\frac{1}{4} + \frac{1}{4}) = -\frac{1}{2}\pi$

9. $-\pi/2$

Problem Set 17.1

15. $z^3 + az^2 + bz + c, \quad z = -\frac{1}{3}(a \pm \sqrt{a^2 - 3b})$

Problem Set 17.2

9. $w = \dfrac{az + b}{-bz + a}$

Problem Set 17.3

3. Apply the inverse g of f on both sides of $z_1 = f(z_1)$ to get $g(z_1) = g(f(z_1)) = z_1$

7. $w = 1/z$, almost by inspection

11. $w = (z^4 - i)(-iz^4 + 1)$

Problem Set 17.4

1. Circle $|w| = e^c$

3. Annulus $1/\sqrt{e} \leqq |w| \leqq \sqrt{e}$

Problem Set 17.5

1. w moves once around the circle $|w| = \frac{1}{2}$

Problem Set 18.1

1. 2.5 mm = 0.25 cm; $\quad \Phi = \text{Re}\, 110(1 + (\text{Ln}\, z)/\ln 4)$

3. $\Phi(x) = \text{Re}\,(375 + 25z)$

9. Use Fig. 391 in Sec. 17.4 with the z- and w-planes interchanged and $\cos z = \sin(z + \frac{1}{2}\pi)$

Problem Set 18.2

3. **(a)** $\dfrac{(x-2)(2x-1)+2y^2}{(x-2)^2+y^2} = c$, **(b)** $x^2 - y^2 = c$, $xy = c$, $e^x \cos y = c$

5. See Fig. 392 in Sec. 17.4. $\Phi = \text{Re}(\sin^2 z)$, $\sin^2 x\ (y = 0)$, $\sin^2 x \cosh^2 1 - \cos^2 x \sinh^2 1\ (y = 1)$, $-\sinh^2 y\ (x = 0, \pi)$.

9. $\Phi = \dfrac{5}{\pi}\,\text{Arg}\,(z-2)$, $F = -\dfrac{5i}{\pi}\,\text{Ln}\,(z-2)$

Problem Set 18.3

1. $(80/d)y + 20$. Rotate through $\pi/2$.

Problem Set 18.4

1. $V(z)$ continuously differentiable.

3. $|F'(iy)| = 1 + 1/y^2$, $|y| \geqq 1$, is maximum at $y = \pm 1$, namely, 2.

5. Calculate or note that $\nabla^2 =$ div grad and curl grad is the zero vector; see Sec. 9.8 and Problem Set 9.7.

Problem Set 18.5

7. $\Phi = \dfrac{1}{3} - \dfrac{4}{\pi^2}\left(r\cos\theta - \dfrac{1}{4}r^2\cos 2\theta + \dfrac{1}{9}r^3\cos 3\theta - + \cdots\right)$

Problem Set 18.6

1. Use (2). $F(z_0 + e^{i\alpha}) = (\tfrac{7}{2} + e^{i\alpha})^3$, etc. $F(\tfrac{5}{2}) = \tfrac{343}{8}$

3. No, because $|z|$ is not analytic.

5. $$\Phi(2, -2) = -3 = \frac{1}{\pi}\int_0^1\int_0^{2\pi}(1 + r\cos\alpha)(-3 + r\sin\alpha)r\,dr\,d\alpha$$
$$= \frac{1}{\pi}\int_0^1\int_0^{2\pi}(-3r + \cdots)\,dr\,d\alpha = \frac{1}{\pi}\left(-\frac{3}{2}\right)\cdot 2\pi$$

7. $$\Phi(1, 1) = 3 = \frac{1}{\pi}\int_0^1\int_0^{2\pi}(3 + r\cos\alpha + r\sin\alpha + r^2\cos\alpha\sin\alpha)r\,dr\,d\alpha$$
$$= \frac{1}{\pi}\cdot\frac{3}{2}\cdot 2\pi$$

Chapter 18 Review Questions and Problems

15. $\Phi = x + y = \text{const}$, $V = \overline{F'(z)} = 1 - i$, parallel flow

17. $T(x, y) = x(2y + 1) = \text{const}$

Problem Set 19.1

1. $0.84175 \cdot 10^2$, $-0.52868 \cdot 10^3$, $0.92414 \cdot 10^{-3}$, $-0.36201 \cdot 10^6$

5. 29.9667, 0.0335; 29.9667, 0.0333704 (6S-exact)

13. In the present case, (b) is slightly more accurate than (a) (which may produce nonsensical results; cf. Prob. 20).

15. $n = 26$. The beginning is 0.09375 ($n = 1$).

17. $I_{14} = 0.1812$ (0.1705 4S-exact), $I_{13} = 0.1812$ (0.1820), $I_{12} = 0.1951$ (0.1951), $I_{11} = 0.2102$ (0.2103), etc.

Problem Set 19.2

3. $g = 0.5 \cos x$, $x = 0.450184$ ($= x_{10}$, exact to 6S)

5. Convergence to 4.7 for all these starting values.

7. $x = x/(e^x \sin x)$; 0.5, 0.63256, $\cdots$ converges to 0.58853 (5S-exact) in 14 steps.

9. $g = 4/x + x^3/16 - x^5/576$; $x_0 = 2, x_n = 2.39165$ ($n \geqq 6$), 2.405 4S-exact

11. This follows from the intermediate value theorem of calculus.

13. $x_3 = 0.450184$

15. Convergence to $x = 4.7, 4.7, 0.8, -0.5$, respectively. Reason seen easily from the graph of f.

Problem Set 19.3

1. $L_0(x) = -2x + 19$, $L_1(x) = 2x - 18$, $p_1(9.3) = L_0(9.3) \cdot f_0 + L_1(9.3) \cdot f_1 = 0.1086 \cdot 9.3 + 1.230 = 2.2297$

3. $$p_2(x) = \frac{(x-1.02)(x-1.04)}{(-0.02)(-0.04)} \cdot 1.0000 + \frac{(x-1)(x-1.04)}{0.02(-0.02)} \cdot 0.9888 + \frac{(x-1)(x-1.02)}{0.04 \cdot 0.02} \cdot 0.9784 = x^2 - 2.580x + 2.580; \quad 0.9943, 0.9835$$

5. 0.8033 (error -0.0245), 0.4872 (error -0.0148); quadratic: 0.7839 (-0.0051), 0.4678 (0.0046)

7. $p_2(x) = -0.44304x^2 + 1.30896x - 0.023220$, $p_2(0.75) = 0.70929$ (5S-exact 0.71116)

9. $L_0 = -\frac{1}{6}(x-1)(x-2)(x-3)$, $L_1 = \frac{1}{2}x(x-2)(x-3)$, $L_2 = -\frac{1}{2}x(x-1)(x-3)$, $L_3 = \frac{1}{6}x(x-1)(x-2)$; $p_3(x) = 1 + 0.039740x - 0.335187x^2 + 0.060645x^3$; $p_2(0.5) = 0.943654$, $p_3(1.5) = 0.510116$, $p_3(2.5) = -0.047991$

Problem Set 19.4

7. Use the fact that the third derivative of a cubic polynomial is constant, so that g''' is piecewise constant, hence constant throughout under the present assumption. Now integrate three times.

9. Curvature $f''/(1 + f'^2)^{3/2} \approx f''$ if $|f'|$ is small

Problem Set 19.5

1. 0.747131, which is larger than 0.746824. Why?

5. 0.693254 (6S-exact 0.693147)

7. 0.785392 (6S-exact 0.785398)

Chapter 19 Review Questions and Problems

21. 0.90443, 0.90452 (5S-exact 0.90452)

Problem Set 20.1

1. $x_1 = 7.3, \quad x_2 = -3.2$ **3.** No solution **5.** $x_1 = 2, \quad x_2 = 1$

7. $\begin{bmatrix} -3 & 6 & -9 & -46.725 \\ 0 & 9 & -13 & -51.223 \\ 0 & 0 & -2.88889 & -7.38689 \end{bmatrix}$

$x_1 = 3.908, \quad x_2 = -1.998, \quad x_3 = 2.557$

9. $\begin{bmatrix} 13 & -8 & 0 & 178.54 \\ 0 & 6 & 13 & 137.86 \\ 0 & 0 & -16 & -253.12 \end{bmatrix}$

$x_1 = 6.78, \quad x_2 = -11.3, \quad x_3 = 15.82$

11. $\begin{bmatrix} 3.4 & -6.12 & -2.72 & 0 \\ 0 & 0 & 4.32 & 0 \\ 0 & 0 & 0 & 0 \end{bmatrix}$

$x_1 = t_1$ arbitrary, $\quad x_2 = (3.4/6.12)t_1, \quad x_3 = 0$

13. $\begin{bmatrix} 5 & 0 & 6 & -0.329193 \\ 0 & -4 & -3.6 & -2.143144 \\ 0 & 0 & 2.3 & -0.4 \end{bmatrix}$

$x_1 = 0.142856, \quad x_2 = 0.692307, \quad x_3 = -0.173912$

15. $\begin{bmatrix} -1 & -3.1 & 2.5 & 0 & -8.7 \\ 0 & 2.2 & 1.5 & -3.3 & -9.3 \\ 0 & 0 & -1.493182 & -0.825 & 1.03773 \\ 0 & 0 & 0 & 6.13826 & 12.2765 \end{bmatrix}$

$x_1 = 4.2, \quad x_2 = 0, \quad x_3 = -1.8, \quad x_4 = 2.0$

Problem Set 20.2

1. $\begin{bmatrix} 1 & 0 \\ 3 & 1 \end{bmatrix} \begin{bmatrix} 4 & 5 \\ 0 & -1 \end{bmatrix}, \quad \begin{matrix} x_1 = -4 \\ x_2 = 6 \end{matrix}$

3. $\begin{bmatrix} 1 & 0 & 0 \\ 2 & 1 & 0 \\ 2 & 5 & 1 \end{bmatrix} \begin{bmatrix} 5 & 4 & 1 \\ 0 & 1 & 2 \\ 0 & 0 & 3 \end{bmatrix}, \quad \begin{matrix} x_1 = 0.4 \\ x_2 = 0.8 \\ x_3 = 1.6 \end{matrix}$

5. $\begin{bmatrix} 1 & 0 & 0 \\ 6 & 1 & 0 \\ 3 & 9 & 1 \end{bmatrix} \begin{bmatrix} 3 & 9 & 6 \\ 0 & -6 & 3 \\ 0 & 0 & -3 \end{bmatrix}, \quad \begin{matrix} x_1 = -\frac{1}{15} \\ x_2 = \frac{4}{15} \\ x_3 = \frac{2}{5} \end{matrix}$

7. $\begin{bmatrix} 3 & 0 & 0 \\ 2 & 3 & 0 \\ 4 & 1 & 3 \end{bmatrix} \begin{bmatrix} 3 & 2 & 4 \\ 0 & 3 & 1 \\ 0 & 0 & 3 \end{bmatrix}$, $\begin{matrix} x_1 = 0.6 \\ x_2 = 1.2 \\ x_3 = 0.4 \end{matrix}$

9. $\begin{bmatrix} 0.1 & 0 & 0 \\ 0 & 0.4 & 0 \\ 0.3 & 0.2 & 0.1 \end{bmatrix} \begin{bmatrix} 0.1 & 0 & 0.3 \\ 0 & 0.4 & 0.2 \\ 0 & 0 & 0.1 \end{bmatrix}$, $\begin{matrix} x_1 = 2 \\ x_2 = -11 \\ x_3 = 4 \end{matrix}$

11. $\begin{bmatrix} 1 & 0 & 0 & 0 \\ -1 & 2 & 0 & 0 \\ 3 & -1 & 3 & 0 \\ 2 & 0 & -1 & 4 \end{bmatrix} \begin{bmatrix} 1 & -1 & 3 & 2 \\ 0 & 2 & -1 & 0 \\ 0 & 0 & 3 & -1 \\ 0 & 0 & 0 & 4 \end{bmatrix}$, $\begin{matrix} x_1 = 2 \\ x_2 = -3 \\ x_3 = 4 \\ x_4 = -1 \end{matrix}$

13. No, since $\mathbf{x}^\mathsf{T}(-\mathbf{A})\mathbf{x} = -\mathbf{x}^\mathsf{T}\mathbf{A}\mathbf{x} < 0$; yes; yes; no

15. $\begin{bmatrix} -3.5 & 1.25 \\ 3.0 & -1.0 \end{bmatrix}$

17. $\frac{1}{36}\begin{bmatrix} 584 & 104 & -66 \\ 104 & 20 & -12 \\ -66 & -12 & 9 \end{bmatrix}$

19. $\frac{1}{16}\begin{bmatrix} 21 & -6 & -14 & 6 \\ -6 & 36 & -12 & -4 \\ -14 & -12 & 20 & -4 \\ 6 & -4 & -4 & 4 \end{bmatrix}$

Problem Set 20.3

5. Exact 0.5, 0.5, 0.5

7. $x_1 = 2, \quad x_2 = -4, \quad x_3 = 8$

9. Exact 2, 1, 4

11. **(a)** $\mathbf{x}^{(3)\mathsf{T}} = [0.49983 \quad 0.50001 \quad 0.500017]$,
(b) $\mathbf{x}^{(3)\mathsf{T}} = [0.50333 \quad 0.49985 \quad 0.49968]$

13. 8, −16, 43, 86 steps; spectral radius 0.09, 0.35, 0.72, 0.85, approximately

15. $[1.99934 \quad 1.00043 \quad 3.99684]^\mathsf{T}$ (Jacobi, Step 5); $[2.00004 \quad 0.998059 \quad 4.00072]^\mathsf{T}$ (Gauss–Seidel)

19. $\sqrt{306} = 17.49$, 12, 12

Problem Set 20.4

1. 18, $\sqrt{110} = 10.49$, 8, $[0.125 \quad -0.375 \quad 1 \quad 0 \quad -0.75 \quad 0]$

3. 5.9, $\sqrt{13.81} = 3.716$, 3, $\frac{1}{3}[0.2 \quad 0.6 \quad -2.1 \quad 3.0]$

5. 5, $\sqrt{5}$, 1, $[1 \quad 1 \quad 1 \quad 1 \quad 1]$

7. $ab + bc + ca = 0$

9. $\kappa = 5 \cdot \frac{1}{2} = 2.5$

11. $\kappa = (5 + \sqrt{5})(1 + 1/\sqrt{5}) = 6 + 2\sqrt{5}$

13. $\kappa = 19 \cdot 13 = 247$; ill-conditioned
15. $\kappa = 20 \cdot 20 = 400$; ill-conditioned
17. $167 \leqq 21 \cdot 15 = 315$
19. $[-2 \quad 4]^{\mathsf{T}}$, $[-144.0 \quad 184.0]^{\mathsf{T}}$, $\kappa = 25{,}921$, extremely ill-conditioned
21. Small residual $[0.145 \quad 0.120]$, but large deviation of $\tilde{\mathbf{x}}$.
23. 27, 748, 28,375, 943,656, 29,070,279

Problem Set 20.5

1. $1.846 - 1.038x$
3. $1.48 + 0.09x$
5. $s = 90t - 675$, $v_{av} = 90$ km/hr
9. $-11.36 + 5.45x - 0.589x^2$
11. $1.89 - 0.739x + 0.207x^2$
13. $2.552 + 16.23x$, $-4.114 + 13.73x + 2.500x^2$, $2.730 + 1.466x - 1.778x^2 + 2.852x^3$

Problem Set 20.7

1. 5, 0, 7; radii 6, 4, 6. Spectrum $\{-1, 4, 9\}$
3. Centers 0; radii 0.5, 0.7, 0.4. Skew-symmetric, hence $\lambda = i\mu$, $-0.7 \leqq \mu \leqq 0.7$.
5. 2, 3, 8; radii $1 + \sqrt{2}$, 1, $\sqrt{2}$; actually (4S) 1.163, 3.511, 8.326
7. $t_{11} = 100$, $t_{22} = t_{33} = 1$
9. They lie in the intervals with endpoints $a_{jj} \pm (n-1) \cdot 10^{-5}$. Why?
11. $\rho(\mathbf{A}) \leqq$ Row sum norm $\|\mathbf{A}\|_\infty = \max_j \sum_k |a_{jk}| = \max_j(|a_{jj}| + \text{Gerschgorin radius})$
13. $\sqrt{122} = 11.05$
15. $\sqrt{0.52} = 0.7211$
17. Show that $\mathbf{A}\overline{\mathbf{A}}^{\mathsf{T}} = \overline{\mathbf{A}}^{\mathsf{T}}\mathbf{A}$.
19. 0 lies in no Gerschgorin disk, by (3) with $>$; hence $\det \mathbf{A} = \lambda_1 \cdots \lambda_n \neq 0$.

Problem Set 20.8

1. $q = 10, 10.9908, 10.9999$; $|\epsilon| \leqq 3, 0.3028, 0.0275$
3. $q \pm \delta = 4 \pm 1.633$, 4.786 ± 0.619, 4.917 ± 0.398
5. Same answer as in Prob. 3, possibly except for small roundoff errors.
7. $q = 5.5, 5.5738, 5.6018$; $|\epsilon| \leqq 0.5, 0.3115, 0.1899$; eigenvalues (4S) 1.697, 3.382, 5.303, 5.618
9. $\mathbf{y} = \mathbf{A}\mathbf{x} = \lambda\mathbf{x}$, $\mathbf{y}^{\mathsf{T}}\mathbf{x} = \lambda\mathbf{x}^{\mathsf{T}}\mathbf{x}$, $\mathbf{y}^{\mathsf{T}}\mathbf{y} = \lambda^2\mathbf{x}^{\mathsf{T}}\mathbf{x}$,
$\epsilon^2 \leqq \mathbf{y}^{\mathsf{T}}\mathbf{y}/\mathbf{x}^{\mathsf{T}}\mathbf{x} - (\mathbf{y}^{\mathsf{T}}\mathbf{x}/\mathbf{x}^{\mathsf{T}}\mathbf{x})^2 = \lambda^2 - \lambda^2 = 0$
11. $q = 1, \cdots, -2.8993$ approximates -3 (0 of the given matrix), $|\epsilon| \leqq 1.633, \cdots, 0.7024$ (Step 8)

Problem Set 20.9

1. $$\begin{bmatrix} 0.98 & -0.4418 & 0 \\ -0.4418 & 0.8702 & 0.3718 \\ 0 & 0.3718 & 0.4898 \end{bmatrix}$$

3. $\begin{bmatrix} 7 & -3.6056 & 0 \\ -3.6056 & 13.462 & 3.6923 \\ 0 & 3.6923 & 3.5385 \end{bmatrix}$

5. $\begin{bmatrix} 3 & -67.59 & 0 & 0 \\ -67.59 & 143.5 & 45.35 & 0 \\ 0 & 45.35 & 23.34 & 3.126 \\ 0 & 0 & 3.126 & -33.87 \end{bmatrix}$

7. Eigenvalues 16, 6, 2

$\begin{bmatrix} 11.2903 & -5.0173 & 0 \\ -5.0173 & 10.6144 & 0.7499 \\ 0 & 0.7499 & 2.0952 \end{bmatrix}$, $\begin{bmatrix} 14.9028 & -3.1265 & 0 \\ -3.1265 & 7.0883 & 0.1966 \\ 0 & 0.1966 & 2.0089 \end{bmatrix}$, $\begin{bmatrix} 15.8299 & -1.2932 & 0 \\ -1.2932 & 6.1692 & 0.0625 \\ 0 & 0.0625 & 2.0010 \end{bmatrix}$

9. Eigenvalues (4S) 141.4, 68.64, -30.04

$\begin{bmatrix} 141.1 & 4.926 & 0 \\ 4.926 & 68.97 & 0.8691 \\ 0 & 0.8691 & -30.03 \end{bmatrix}$, $\begin{bmatrix} 141.3 & 2.400 & 0 \\ 2.400 & 68.72 & 0.3797 \\ 0 & 0.3797 & -30.04 \end{bmatrix}$, $\begin{bmatrix} 141.4 & 1.166 & 0 \\ 1.166 & 68.66 & 0.1661 \\ 0 & 0.1661 & -30.04 \end{bmatrix}$

Chapter 20 Review Questions and Problems

15. $[3.9 \quad 4.3 \quad 1.8]^T$
17. $[-2 \quad 0 \quad 5]^T$

19. $\begin{bmatrix} 0.28193 & -0.15904 & -0.00482 \\ -0.15904 & 0.12048 & -0.00241 \\ -0.00482 & -0.00241 & 0.01205 \end{bmatrix}$

21. $\begin{bmatrix} 5.750 \\ 3.600 \\ 0.838 \end{bmatrix}$, $\begin{bmatrix} 6.400 \\ 3.559 \\ 1.000 \end{bmatrix}$, $\begin{bmatrix} 6.390 \\ 3.600 \\ 0.997 \end{bmatrix}$

Exact: $[6.4 \quad 3.6 \quad 1.0]^T$

23. $\begin{bmatrix} 1.700 \\ 1.180 \\ 4.043 \end{bmatrix}$, $\begin{bmatrix} 1.986 \\ 0.999 \\ 4.002 \end{bmatrix}$, $\begin{bmatrix} 2.000 \\ 1.000 \\ 4.000 \end{bmatrix}$

Exact: $[2 \quad 1 \quad 4]^T$

25. 42, $\sqrt{674} = 25.96$, 21
27. 30
29. 5
31. $115 \cdot 0.4458 = 51.27$
33. $5 \cdot \frac{21}{63} = \frac{5}{3}$
35. $1.514 + 1.129x - 0.214x^2$
37. Centers 15, 35, 90; radii 30, 35, 25, respectively. Eigenvalues (3S) 2.63, 40.8, 96.6
39. Centers 0, -1, -4; radii 9, 6, 7, respectively; eigenvalues 0, 4.446, -9.446

Problem Set 21.1

1. $y = 5e^{-0.2x}$, 0.00458, 0.00830 (errors of y_5, y_{10})
3. $y = x - \tanh x$ (set $y - x = u$), 0.00929, 0.01885 (errors of y_5, y_{10})
5. $y = e^x$, 0.0013, 0.0042 (errors of y_5, y_{10})
7. $y = 1/(1 - x^2/2)$, 0.00029, 0.01187 (errors of y_5, y_{10})
9. Errors 0.03547 and 0.28715 of y_5 and y_{10} much larger
11. $y = 1/(1 - x^2/2)$; error -10^{-8}, $-4 \cdot 10^{-8}$, $\cdots$, $-6 \cdot 10^{-7}$, $+9 \cdot 10^{-6}$; $\epsilon = 0.0002/15 = 1.3 \cdot 10^{-5}$ (use RK with $h = 0.2$)
13. $y = \tan x$; error $0.83 \cdot 10^{-7}, 0.16 \cdot 10^{-6}, \cdots, -0.56 \cdot 10^{-6}, +0.13 \cdot 10^{-5}$
15. $y = 3\cos x - 2\cos^2 x$; error $\cdot\, 10^7$: 0.18, 0.74, 1.73, 3.28, 5.59, 9.04, 14.3, 22.8, 36.8, 61.4
17. $y' = 1/(2 - x^4)$; error $\cdot\, 10^9$: 0.2, 3.1, 10.7, 23.2, 28.5, −32.3, −376, −1656, −3489, +80444
19. Errors for Euler–Cauchy 0.02002, 0.06286, 0.05074; for improved Euler–Cauchy −0.000455, 0.012086, 0.009601; for Runge–Kutta. 0.0000011, 0.000016, 0.000536

Problem Set 21.2

1. $y = e^x$, $y_5^* = 1.648717$, $y_5 = 1.648722$, $\epsilon_5 = -3.8 \cdot 10^{-8}$, $y_{10}^* = 2.718276$, $y_{10} = 2.718284$, $\epsilon_{10} = -1.8 \cdot 10^{-6}$
3. $y = \tan x$, $y_4, \cdots, y_{10}$ (error $\cdot\, 10^5$) 0.422798 (−0.49), 0.546315 (−1.2), 0.684161 (−2.4), 0.842332 (−4.4), 1.029714 (−7.5), 1.260288 (−13), 1.557626 (−22)
5. RK error smaller in absolute value, error $\cdot\, 10^5 = 0.4, 0.3, 0.2, 5.6$ (for $x = 0.4, 0.6, 0.8, 1.0$)
7. $y = 1/(4 + e^{-3x})$, $y_4, \cdots, y_{10}$ (error $\cdot\, 10^5$) 0.232490 (0.34), 0.236787 (0.44), 0.240075 (0.42), 0.242570 (0.35), 0.244453 (0.25), 0.245867 (0.16), 0.246926 (0.09)
9. $y = \exp(x^3) - 1$, $y_4, \cdots, y_{10}$ (error $\cdot\, 10^7$) 0.008032 (−4), 0.015749 (−10), 0.027370 (−17), 0.043810 (−26), 0.066096 (−39), 0.095411 (−54), 0.133156 (−74)
13. $y = \exp(x^2)$. Errors $\cdot\, 10^5$ from $x = 0.3$ to 0.7: −5, −11, −19, −31, −41
15. **(a)** 0, 0.02, 0.0884, 0.215848, $y_4 = 0.417818$, $y_5 = 0.708887$ (poor)
(b) By 30–50%

Problem Set 21.3

1. $y_1 = -e^{-2x} + 4e^x$, $y_2 = -e^{-2x} + e^x$; errors of y_1 (of y_2) from 0.002 to 0.5 (from −0.01 to 0.1), monotone
3. $y_1' = y_2$, $y_2' = -\frac{1}{4}y_1$, $y = y_1 = 1$, 0.99, 0.97, 0.94, 0.9005, error −0.005, −0.01, −0.015, −0.02, −0.0229; exact $y = \cos\frac{1}{2}x$
5. $y_1' = y_2$, $y_2' = y_1 + x$, $y_1(0) = 1$, $y_2(0) = -2$, $y = y_1 = e^{-x} - x$, $y = 0.8$ (error 0.005), 0.61 (0.01), 0.429 (0.012), 0.2561 (0.0142), 0.0905 (0.0160)
7. By about a factor 10^5. $\epsilon_n(y_1) \cdot 10^6 = -0.082, \cdots, -0.27$, $\epsilon_n(y_2) \cdot 10^6 = 0.08, \cdots, 0.27$
9. Errors of y_1 (of y_2) from $0.3 \cdot 10^{-5}$ to $1.3 \cdot 10^{-5}$ (from $0.3 \cdot 10^{-5}$ to $0.6 \cdot 10^{-5}$)
11. $(y_1, y_2) = (0, 1), (0.20, 0.98), (0.39, 0.92), \cdots, (-0.23, -0.97), (-0.42, -0.91), (-0.59), (-0.81)$; continuation will give an “ellipse.”

Problem Set 21.4

3. $-3u_{11} + u_{12} = -200, \quad u_{11} - 3u_{12} = -100$

5. 105, 155, 105, 115; Step 5: 104.94, 154.97, 104.97, 114.98

7. 0, 0, 0, 0. All equipotential lines meet at the corners (why?).
Step 5: 0.29298, 0.14649, 0.14649, 0.073245

9. 0.108253, 0.108253, 0.324760, 0.324760; Step 10: 0.108538, 0.108396, 0.324902, 0.324831

11. **(a)** $u_{11} = -u_{12} = -66$. **(b)** Reduce to 4 equations by symmetry.
$u_{11} = u_{31} = -u_{15} = -u_{35} = -92.92, u_{21} = -u_{25} = -87.45,$
$u_{12} = u_{32} = -u_{14} = -u_{34} = -64.22, u_{22} = -u_{24} = -53.98,$
$u_{13} = u_{23} = u_{33} = 0$

13. $u_{12} = u_{32} = 31.25, \quad u_{21} = u_{23} = 18.75, \quad u_{jk} = 25$ at the others

15. $u_{21} = u_{23} = 0.25, \quad u_{12} = u_{32} = -0.25, \quad u_{jk} = 0$ otherwise

17. $\sqrt{3}, u_{11} = u_{21} = 0.0849, u_{12} = u_{22} = 0.3170$. (0.1083, 0.3248 are 4S-values of the solution of the linear system of the problem.)

Problem Set 21.5

5. $u_{11} = 0.766, \quad u_{21} = 1.109, \quad u_{12} = 1.957, u_{22} = 3.293$

7. **A**, as in Example 1, right sides $-220, -220, -220, -220$.
Solution $u_{11} = u_{21} = 125.7, u_{21} = u_{22} = 157.1$

13. $-4u_{11} + u_{21} + u_{12} = -3, u_{11} - 4u_{21} + u_{22} = -12, u_{11} - 4u_{12} + u_{22} = 0,$
$2u_{21} + 2u_{12} - 12u_{22} = -14, u_{11} = u_{22} = 2, u_{21} = 4, u_{12} = 1.$
Here $-\frac{14}{3} = -\frac{4}{3}(1 + 2.5)$ with $\frac{4}{3}$ from the stencil.

15. $\mathbf{b} = [-200, -100, -100, 0]^\mathsf{T}; \quad u_{11} = 73.68, u_{21} = u_{12} = 47.37, u_{22} = 15.79$ (4S)

Problem Set 21.6

5. 0, 0.6625, 1.25, 1.7125, 2, 2.1, 2, 1.7125, 1.25, 0.6625, 0

7. Substantially less accurate, 0.15, 0.25 ($t = 0.04$), 0.100, 0.163 ($t = 0.08$)

9. Step 5 gives 0, 0.06279, 0.09336, 0.08364, 0.04707, 0

11. Step 2: 0 (exact 0), 0.0453 (0.0422), 0.0672 (0.0658), 0.0671 (0.0628), 0.0394 (0.0373), 0 (0)

13. 0.3301, 0.5706, 0.4522, 0.2380 ($t = 0.04$), 0.06538, 0.10603, 0.10565, 0.6543 ($t = 0.20$)

15. 0.1018, 0.1673, 0.1673, 0.1018 ($t = 0.04$), 0.0219, 0.0355, $\cdots$ ($t = 0.20$)

Problem Set 21.7

1. $u(x, 1) = 0, -0.05, -0.10, -0.15, -0.20, 0$

3. For $x = 0.2, 0.4$ we obtain 0.24, 0.40 ($t = 0.2$), 0.08, 0.16 ($t = 0.4$), $-0.08, -0.16$ ($t = 0.6$), etc.

5. 0, 0.354, 0.766, 1.271, 1.679, 1.834, $\cdots$ ($t = 0.1$); 0, 0.575, 0.935, 1.135, 1.296, 1.357, $\cdots$ ($t = 0.2$)

7. 0.190, 0.308, 0.308, 0.190, (3S-exact: 0.178, 0.288, 0.288, 0.178)

Chapter 21 Review Questions and Problems

17. $y = e^x$, 0.038, 0.125 (errors of y_5 and y_{10})

19. $y = \tan x$; 0 (0), 0.10050 (−0.00017), 0.20304 (−0.00033), 0.30981 (−0.00048), 0.42341 (−0.00062), 0.54702 (−0.00072), 0.68490 (−0.00076), 0.84295 (−0.00066), 1.0299 (−0.0002), 1.2593 (0.0009), 1.5538 (0.0036)

21. 0.1003346 $(0.8 \cdot 10^{-7})$ 0.2027099 $(1.6 \cdot 10^{-7})$, 0.3093360 $(2.1 \cdot 10^{-7})$, 0.4227930 $(2.3 \cdot 10^{-7})$, 0.5463023 $(1.8 \cdot 10^{-7})$

23. $y = \sin x$, $\quad y_{0.8} = 0.717366$, $\quad y_{1.0} = 0.841496$ (errors $-1.0 \cdot 10^{-5}$, $-2.5 \cdot 10^{-5}$)

25. $y_1' = y_2$, $\quad y_2' = x^2 y_1$, $\quad y = y_1 = 1, 1, 1, 1.0001, 1.0006, 1.002$

27. $y_1' = y_2$, $\quad y_2' = 2e^x - y_1$, $\quad y = e^x - \cos x$, $\quad y = y_1 = 0, 0.241, 0.571, \cdots$; errors between 10^{-6} and 10^{-5}

29. 3.93, 15.71, 58.93

31. 0, 0.04, 0.08, 0.12, 0.15, 0.16, 0.15, 0.12, 0.08, 0.04, 0 ($t = 0.3$. 3 time steps)

33. $u(P_{11}) = u(P_{31}) = 270$, $u(P_{21}) = u(P_{13}) = u(P_{23}) = u(P_{33}) = 30$, $u(P_{12}) = u(P_{32}) = 90$, $u(P_{22}) = 60$

35. 0.043330, 0.077321, 0.089952, 0.058488 ($t = 0.04$), 0.010956, 0.017720, 0.017747, 0.010964 ($t = 0.20$)

Problem Set 22.1

3. $f(\mathbf{x}) = 2(x_1 - 1)^2 + (x_2 + 2)^2 - 6$; Step 3: (1.037, −1.926), value −5.992

Problem Set 22.2

9. $f(-\frac{11}{3}, \frac{26}{3}) = 198\frac{1}{3}$

11. $0.5x_1 + 0.75x_2 \leqq 45$ (copper), $0.5x_1 + 0.25x_2 \leqq 30$, $f = 120x_1 + 100x_2$, $f_{\max} = f(45, 30) = 8400$

Problem Set 22.3

3. Eliminate in Column 3, so that 20 goes. $f_{\min} = f(0, \frac{1}{2}) = -10$.

Problem Set 22.4

1. $f(6, 3) = 84$

3. $f(20, 20) = 40$

5. $f(10, 5) = 5500$

Chapter 22 Review Questions and Problems

9. Step 5: $[0.353 \quad -0.028]^\mathsf{T}$. Slower. Why?

11. Of course! Step 5: $[-1.003 \quad 1.897]^\mathsf{T}$

Problem Set 23.2

1. 5

3. The idea is to go backward. There is a v_{k-1} adjacent to v_k and labeled $k - 1$, etc. Now the only vertex labeled 0 is s. Hence $\lambda(v_0) = 0$ implies $v_0 = s$, so that $v_0 - v_1 - \cdots - v_{k-1} - v_k$ is a path $s \to v_k$ that has length k.

13. Delete the edge (2, 4).

15. No

Problem Set 23.3

1. (1, 2), (2, 4), (4, 3); $L_2 = 12, L_3 = 36, L_4 = 28$

Problem Set 23.4

1.
$$\begin{matrix} 2 & & & & & \\ & \searrow 4 & - & 3 & - & 5 \quad L = 10 \\ 1 \nearrow & & & & & \end{matrix}$$

Problem Set 23.5

1. If G is a tree.

3. A shortest spanning tree of the largest connected graph that contains vertex 1.

Problem Set 23.6

1. $\{3, 6\}$, $11 + 3 = 14$

5. One is interested in flows *from s to t,* not in the opposite direction.

9. $1 - 2 - 5$, $\Delta f = 2$; $1 - 4 - 2 - 5$, $\Delta f = 2$, etc.

11. For instance, $f_{12} = 10$, $f_{24} = f_{45} = 7$, $f_{13} = f_{25} = 5$, $f_{35} = 3$, $f_{32} = 2$, $f = 3 + 5 + 7 = 15$, $f = 15$ is unique.

Problem Set 23.7

3. (2, 3) and (5, 6)

5. By considering only edges with one labeled end and one unlabeled end

7. $1 - 2 - 5$, $\Delta_t = 2$; $1 - 4 - 2 - 5$, $\Delta_t = 1$; $f = 6 + 2 + 1 = 9$, where 6 is the given flow

Problem Set 23.8

3. Yes, $S = \{1, 3, 5\}$ **11.** 3 **15.** K_4

APPENDIX 3

보조자료

A3.1 특수함수에 관한 공식(상권 부록 참조)

A3.2 편도함수(상권 부록 참조)

A3.3 수열과 급수(상권 부록 참조)

A3.4 곡선좌표계에서의 Grad, Div, CurL, ∇^2(상권 부록 참조)

APPENDIX 4

보충증명

11.5절, Sturm-Liouville 문제. 직교함수

정리

> **고유값의 실체**
>
> *11.5절 Sturm-Liouville 방정식 (1)에서 만약 p, q, r, p'가 실수 값을 가지고 구간 $a \leqq x \leqq b$에서 연속이고 이 구간 전체에서 $r(x) > 0$[혹은 이 구간 전체에서 $r(x) < 0$] 이면 Sturm-Liouville 문제[식 (1), (2), 11.5절]의 모든 고유값은 실수이다.*

증명 $\lambda = \alpha + i\beta$를 이 문제의 고유값이라고 하고 다음 식을 이 값에 해당하는 고유함수라 하자.

$$y(x) = u(x) + iv(x)$$

여기서 α, β, u, v는 실수이다. 이 식을 11.5절 식 (1)에 대입하면 다음과 같다.

$$(pu' + ipv')' + (q + \alpha r + i\beta r)(u + iv) = 0.$$

이 복소수 방정식의 실수부분과 허수부분은 다음의 두 식과 등가이다.

$$(pu')' + (q + \alpha r)u - \beta rv = 0$$

$$(pv')' + (q + \alpha r)v + \beta ru = 0$$

첫 방정식에 v를 곱하고, 두 번째 식에 $-u$를 곱하여 합하면 다음 식을 얻는다.

$$\begin{aligned} -\beta(u^2 + v^2)r &= u(pv')' - v(pu')' \\ &= [(pv')u - (pu')v]' \end{aligned}$$

대괄호 안의 표현식은 11.5절 정리 1의 증명과 유사한 이유로 $a \leqq x \leqq b$에서 연속이다. x에 대해 a에서 b까지 적분하면 다음 식을 얻는다.

$$-\beta \int_a^b (u^2 + v^2)r\,dx = \Big[p(uv' - u'v)\Big]_a^b$$

경계값 조건으로 인하여 오른쪽은 영이다. y가 고유함수이므로 $u^2 + v^2 \not\equiv 0$이다. y와 r이 연속이고 구간 $a \leqq x \leqq b$ 상에서 $r > 0$(혹은 $r < 0$)이므로, 왼쪽의 적분은 영이 아니다. 그러므로 $\beta = 0$이 되고, 이것은 $\lambda = \alpha$가 실수인 것을 의미한다. 이로서 증명을 마무리한다. ■

13.4절, Cauchy-Riemann 방정식, Laplace 방정식

정리 2의 증명. Cauchy-Riemann 방정식

Cauchy-Riemann 방정식

(1) $$u_x = v_y, \qquad u_y = -v_x$$

이 복소함수 $f(z) = u(x, y) + iv(x, y)$가 해석적이기 위한 충분조건이라는 것을 증명한다. 좀 더 자세히 설명하면 *복소평면 상의 영역 D 내에서 $f(z)$의 실수부 u와 허수부 v가 식 (1)을 만족하고 식 (1)의 편도함수가 D 안에서* **연속***이면 $f(z)$는 D 내에서 해석적이다.*

이 증명에서 $\Delta z = \Delta x + i\Delta y$이고 $\Delta f = f(z + \Delta z) - f(z)$로 표기한다. 증명에 대한 절차는 다음과 같다.

(a) 9.6절의 중간값 정리를 적용해서 u와 v의 1차 편도함수로 Δf를 나타낸다.

(b) Cauchy-Riemann 방정식을 적용하여 y에 대한 편도함수를 제거한다.

(c) Δz를 0으로 접근시키면 접근경로에 무관하게 $\Delta f/\Delta z$는 극한값을 가지는데 이는 13.4절 식 (4)의 우변항인 $u_x + iv_x$와 같아진다.

(a) 점 P: (x, y)는 D 내에 고정된 점이다. D는 열린 영역이기 때문에 P의 근방을 포함하고 있다. 이 근방에서 한 점 Q: $(x + \Delta x, y + \Delta y)$를 선택하면 직선선분 PQ가 D 내에 있게 된다. 연속가정 때문에 9.6절의 중간값 정리를 적용할 수 있다. 따라서

$$u(x + \Delta x, y + \Delta y) - u(x, y) = (\Delta x)u_x(M_1) + (\Delta y)u_y(M_1)$$
$$v(x + \Delta x, y + \Delta y) - v(x, y) = (\Delta x)v_x(M_2) + (\Delta y)v_y(M_2)$$

이다. 여기서 M_1과 $M_2(\neq M_1)$는 그 선분 위에 있는 적당한 점들이다. 첫 번째 식은 Re Δf이고 두 번째 식은 Im Δf이다. 즉,

$$\Delta f = (\Delta x)u_x(M_1) + (\Delta y)u_y(M_1) + i[(\Delta x)v_x(M_2) + (\Delta y)v_y(M_2)]$$

이다.

(b) Cauchy-Riemann 방정식에 의해서 $u_y = -v_x$와 $v_y = u_x$이므로,

$$\Delta f = (\Delta x)u_x(M_1) - (\Delta y)v_x(M_1) + i[(\Delta x)v_x(M_2) + (\Delta y)u_x(M_2)]$$

이다. 또한 $\Delta z = \Delta x + i\Delta y$이므로 첫 번째 항에 $\Delta x = \Delta z - i\Delta y$을 두 번째 항에 $\Delta y = (\Delta z - \Delta x)/i = -i(\Delta z - \Delta x)$를 대입하면,

$$\Delta f = (\Delta z - i\Delta y)u_x(M_1) + i(\Delta z - \Delta x)v_x(M_1) + i[(\Delta x)v_x(M_2) + (\Delta y)u_x(M_2)]$$

곱하고 재정리하면

$$\begin{aligned}\Delta f = (\Delta z)u_x(M_1) &- i\Delta y\{u_x(M_1) - u_x(M_2)\}\\ &+ i[(\Delta z)v_x(M_1) - \Delta x\{v_x(M_1) - v_x(M_2)\}]\end{aligned}$$

얻고 양변을 Δz로 나누면

$$\text{(A)}\quad \frac{\Delta f}{\Delta z} = u_x(M_1) + iv_x(M_1) - \frac{i\Delta y}{\Delta z}\{u_x(M_1) - u_x(M_2)\} - \frac{i\Delta x}{\Delta z}\{v_x(M_1) - v_x(M_2)\}$$

이 된다.

(c) 마지막으로 Δz를 0으로 접근시키고 (A)에서 $|\Delta y/\Delta z| \leqq 1$이고 $|\Delta x/\Delta z| \leqq 1$임을 유념하자. 그러면 점 Q: $(x + \Delta x, y + \Delta y)$는 점 P: (x, y)로 접근하므로 M_1과 M_2는 P에 접근해야만 한다. 또한 (A)의 편도함수는 연속이라 가정하고 있기 때문에 편도함수는 P에서의 값으로 접근한다. 특히 (A)에 괄호($\{\cdots\}$) 안의 차이값들은 0으로 접근한다. 결과적으로 (A)의 오른쪽 항의 극한은 존재하고 이것은 $\Delta z \to 0$로 접근하는 경로에 독립적이다. 이 극한이 13.4절 식 (4)의 오른쪽 항과 같음을 알 수 있다. 이는 $f(z)$가 D 내의 모든 점 z에 대하여 해석적임을 의미한다. ■

14.2절, Cauchy 적분정리

Cauchy 적분정리에 대한 Goursat의 증명. Goursat는 $f'(z)$가 연속이라는 가정이 없을 경우의 Cauchy 적분정리를 다음과 같이 증명하였다.

경로 C가 삼각형의 경계인 경우부터 시작해 보자. 또한 C의 방향은 반시계방향으로 간주하자. 이 삼각형의 각 변의 중점을 연결하면, 네 개의 합동인 삼각형으로 나눌 수 있다(그림 563). 이들의 경계를 $C_{\text{I}}, C_{\text{II}}, C_{\text{III}}, C_{\text{IV}}$로 표시하자. 이제 다음이 성립함을 알 수 있다 (그림 563).

$$\text{(1)}\qquad \oint_C f\,dz = \oint_{C_{\text{I}}} f\,dz + \oint_{C_{\text{II}}} f\,dz + \oint_{C_{\text{III}}} f\,dz + \oint_{C_{\text{IV}}} f\,dz$$

실제로 우변에서 3개의 분할선을 따라 양쪽 방향(그림 563)으로 적분하게 되므로, 해당되는 적분들은 쌍으로 상쇄되어 우변 적분의 합은 좌변 적분과 같아진다. 우변에서 가장 큰 절댓값을 갖는 적분을 가려내어 그 경로를 C_1이라 하자. 그러면 삼각부등식(13.2절)에 의해

$$\left|\oint_C f\,dz\right| \leqq \left|\oint_{C_{\text{I}}} f\,dz\right| + \left|\oint_{C_{\text{II}}} f\,dz\right| + \left|\oint_{C_{\text{III}}} f\,dz\right| + \left|\oint_{C_{\text{IV}}} f\,dz\right| \leqq 4\left|\oint_{C_1} f\,dz\right|$$

을 얻는다.

이제 C_1에 의해 둘러싸인 삼각형을 앞에서와 같이 나누고, 다음 식을 만족하는 경계 C_2를 가진 분할된 삼각형을 골라낸다.

$$\left|\oint_{C_1} f\,dz\right| \leqq 4\left|\oint_{C_2} f\,dz\right| \qquad \text{그러면} \qquad \left|\oint_C f\,dz\right| \leqq 4^2\left|\oint_{C_2} f\,dz\right|$$

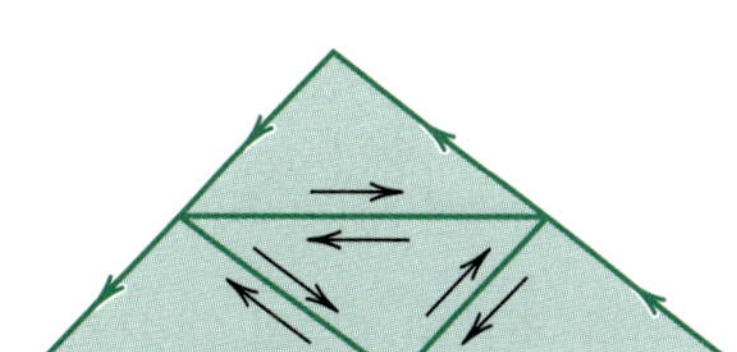

그림 563. Cauchy 적분정리의 증명

이와 같이 반복하면 $C_1, C_2, \cdots$을 경계로 갖는 닮은꼴 삼각형 $T_1, T_2, \cdots$의 수열을 얻고 $n > m$일 때, T_n은 T_m 안에 있으며

$$\left|\oint_C f\,dz\right| \leqq 4^n \left|\oint_{C_n} f\,dz\right|, \qquad n = 1, 2, \cdots \tag{2}$$

가 성립한다. z_0를 이 삼각형들 모두에 속하는 점이라 하자. f가 $z = z_0$에서 미분 가능하므로 도함수 $f'(z_0)$가 존재한다.

$$h(z) = \frac{f(z) - f(z_0)}{z - z_0} - f'(z_0) \tag{3}$$

라 표기하자. 이 식을 $f(z)$에 대하여 대수적으로 풀면

$$f(z) = f(z_0) + (z - z_0)f'(z_0) + h(z)(z - z_0)$$

가 된다. 이것을 삼각형 T_n의 경계 C_n에 대하여 적분하면

$$\oint_{C_n} f(z)\,dz = \oint_{C_n} f(z_0)\,dz + \oint_{C_n} (z - z_0)f'(z_0)\,dz + \oint_{C_n} h(z)(z - z_0)dz$$

를 얻는다. $f(z_0)$와 $f'(z_0)$가 상수이고 C_n이 닫힌 경로이므로 우변의 처음 두 적분은 0이다. 왜냐하면, 피적분함수가 각각 연속인 도함수(각각 0과 상수값)를 가지므로 Cauchy의 정리를 적용할 수 있기 때문이다. 따라서

$$\oint_{C_n} f(z)\,dz = \oint_{C_n} h(z)(z - z_0)\,dz$$

이다. $f'(z_0)$가 식 (3) 차분몫의 극한값이므로, 주어진 양수 $\epsilon > 0$에 대하여

$$|z - z_0| < \delta \quad \text{이면}, \quad |h(z)| < \epsilon \tag{4}$$

이 성립하는 $\delta > 0$를 찾을 수 있다. 이제 삼각형 T_n이 원판 $|z - z_0| < \delta$ 내에 놓일 만큼 큰 n 값을 택할 수 있다. L_n을 C_n의 길이라 하자. 그러면 C_n 상의 모든 z와 T_n 내의 z_0에 대하여 $|z - z_0| < L_n$이 된다. 이것과 식 (4)로부터 $|h(z)(z - z_0)| < \epsilon L_n$이 된다. 이제 14.1절의 ML-부등식으로부터

$$\left|\oint_{C_n} f(z)\,dz\right| = \left|\oint_{C_n} h(z)(z - z_0)\,dz\right| \leqq \epsilon L_n \cdot L_n = \epsilon L_n^2 \tag{5}$$

을 얻는다. 이제 C의 길이를 L이라 하자. 그러면 경로 C_1의 길이는 $L_1 = L/2$, 경로 C_2의 길이는 $L_2 = L_1/2 = L/4$ 등이 되므로, 경로 C_n의 길이는 $L_n = L/2^n$이 된다. 즉, $L_n^2 = L^2/4^n$이 되고 식 (2)와 (5)로부터

$$\left|\oint_C f\,dz\right| \leqq 4^n \left|\oint_{C_n} f\,dz\right| \leqq 4^n \epsilon L_n^2 = 4^n \epsilon \frac{L^2}{4^n} = \epsilon L^2$$

을 얻는다. 좌변은 적분의 일정한 값인 반면에, $\epsilon(> 0)$을 충분히 작게 선택하면 우변의 값을 얼마든지 작게 만들 수 있다. 결과적으로 이 값은 0이 되어야 하고 증명은 완료된다.

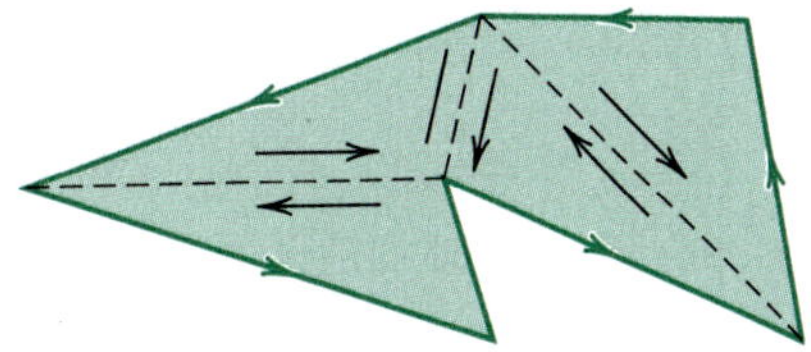

그림 564. 다각형에 대한 Cauchy 적분정리의 증명

*C가 다각형 경계인 경우*의 증명은 다각형을 삼각형으로 분할함으로써, 앞의 증명과 같은 결과를 얻는다(그림 564). 각각의 이러한 삼각형에 대응하는 적분은 0이 된다. 이들 적분의 합은 C 위에서의 적분과 같다. 왜냐하면 각각의 분할선을 따라 양쪽 방향으로 적분하게 되므로, 상응하는 적분들은 쌍으로 서로 상쇄되어 C의 적분만 남기 때문이다.

*일반적인 단순 닫힌 경로 C의 경우*에는 C를 "충분히 정확하게" 근사하는 현으로 이루어진 닫힌 다각형 P를 C 내부에 내접시킴으로써 앞의 문제로 귀착시킬 수 있다. 주어진 양수 $\tilde{\epsilon}$이 아무리 작더라도, P 위에서의 적분값과 C 위에서의 적분값의 차가 $\tilde{\epsilon}$보다 작게 되는 다각형 P가 존재함을 보일 수 있다. 이 증명에 대한 자세한 내용은 다소 복잡하여, 부록 1에 수록된 참고문헌 [D6]에서 찾아볼 수 있다. ■

15.1절, 수열과 급수, 수렴판정

정리 4의 증명. 급수에 대한 Cauchy의 수렴원리

(a) 이 증명에서는 두 가지 개념과 하나의 정리가 필요한데, 열거하면 다음과 같다.

1. 유계수열 $s_1, s_2, \cdots$은 모든 항들이 원점에 중심을 갖고 반지름이 (충분히 크나, 유한한) K인 원판 안에 놓여 있는 수열이다. 따라서, 모든 n에 대하여 $|s_n| < K$가 성립된다.

2. 수열 $s_1, s_2, \cdots$의 **극한점**(limit point) a는 주어진 $\epsilon > 0$에 대하여 $|s_n - a| < \epsilon$을 만족하는 무한히 많은 항들이 존재하는 점을 말한다(이것이 수렴성을 의미하지는 *않는다*. 왜냐하면, 중심이 a이고 반지름이 ϵ인 원 내부에 놓이지 않는 무한히 많은 항들이 여전히 존재할 수 있기 때문이다).

예: 1/4, 3/4, 1/8, 7/8, 1/16, 15/16, $\cdots$은 극한점으로 0과 1을 갖고 있으나 발산한다.

3. 복소평면에서 유계수열은 적어도 하나의 극한점을 갖는다(Bolzano-Weierstrass 정리; 증명은 아래에 주어진다. "수열"은 항상 *무한*수열을 의미한다는 것을 상기하라).

(b) 이제 실질적인 증명으로 돌아가서 $z_1 + z_2 + \cdots$이 수렴할 필요충분조건은 오직 $\epsilon > 0$에 대하여

$$(1) \qquad |z_{n+1} + \cdots + z_{n+p}| < \epsilon \qquad (\text{모든 } n > N\text{과 } p = 1, 2, \cdots\text{에 대하여})$$

을 만족하는 N이 존재하는 것임을 증명한다. 여기서, 부분합의 정의에 의해

$$s_{n+p} - s_n = z_{n+1} + \cdots + z_{n+p}$$

이다. $n + p = r$로 쓰면, 이 식으로부터 식 (1)은

$$(1^*) \qquad |s_r - s_n| < \epsilon \qquad (\text{모든 } r > N\text{과 } n > N\text{에 대하여})$$

과 같음을 알 수 있다. $s_1, s_2, \cdots$이 수렴한다고 가정하고, 그 극한값을 s로 표기하자. 그러면 주어진 $\epsilon > 0$에 대하여

$$(\text{식}) \qquad |s_n - s| < \frac{\epsilon}{2} \qquad (\text{모든 } n > N\text{에 대하여})$$

을 만족하는 N을 찾아낼 수 있다. 따라서, $r > N$이고 $n > N$일 때, 삼각형부등식(13.2절)에 의해서

$$|s_r - s_n| = |(s_r - s) - (s_n - s)| \leqq |s_r - s| + |s_n - s| < \frac{\epsilon}{2} + \frac{\epsilon}{2} = \epsilon$$

을 얻는다. 즉 식 (1*)가 성립된다.

(c) 역으로 $s_1, s_2, \cdots$ 이 식 (1*)를 만족한다고 가정하고, 이 경우에 그 급수가 유계임을 먼저 증명한다. 실제로, 식 (1*)에서 고정된 ϵ과 고정된 $n = n_0 > N$을 선택한다. 그러면, 식 (1*)는 $r > N$인 모든 s_r이 반지름이 ϵ이고 중심이 s_{n_0}인 원판 내에 놓여 있고 단지 *유한히 많은* 항 $s_1, \cdots, s_N$이 이 원판 내에 놓여 있지 않을 수 있다는 것을 의미한다. 명백히 이제는 이 원판과 유한개의 이들 항이 모두 내부에 놓이게 될 만큼 큰 새 원판을 찾아낼 수 있다. 따라서 이 수열은 유계이다. Bolzano-Weierstrass 정리에 의해 이 수열은 적어도 하나의 극한점을 갖는다. 이것을 s라고 하자.

이제 이 수열이 수렴하며 극한값 s를 가짐을 보인다. $\epsilon > 0$이 주어진 값이라고 하면, 식 (1*)에 의해서 모든 $r > N^*$와 $n > N^*$에 대하여 $|s_r - s_n| < \epsilon/2$이 되도록 하는 N^*가 존재한다. 또한 극한점의 정의에 의해 *무한히 많은* n에 대하여 $|s_n - s| < \epsilon/2$이고, 따라서 $|s_n - s| < \epsilon/2$가 성립되도록 하는 $n > N^*$를 찾아서 고정시킬 수 있다. 이를 함께 이용하면, 모든 $r > N^*$에 대하여

$$|s_r - s| = |(s_r - s_n) + (s_n - s)| \leqq |s_r - s_n| + |s_n - s| < \frac{\epsilon}{2} + \frac{\epsilon}{2} = \epsilon$$

이 된다. 즉, 수열 $s_1, s_2, \cdots$은 수렴하여 극한값을 갖는다. ■

정리

Bolzano-Weierstrass 정리[1]

복소평면의 유계무한수열 $z_1, z_2, z_3, \cdots$은 적어도 하나의 극한점을 갖는다.

증명 명백히 두 조건이 모두 필요하다. 유한수열은 극한점을 가질 수 없고, 무한수열이지만 유계가 아닌 수열 1, 2, 3, $\cdots$은 극한점을 갖지 않는다. 이 정리를 증명하기 위하여 유계 무한수열 $z_1, z_2, z_3, \cdots$을 고려하고, K를 모든 n에 대하여 $|z_n| < K$를 만족하는 수라고 하자. 만약 단지 유한히 많은 z_n의 값만이 서로 다르다고 하면, 이 수열은 무한수열이기 때문에 어떤

[1]BERNARD BOLZANO(1781-1848). 오스트리아의 수학자이며 신학 교수인 그는 점 집합, 해석학 기초론과 수리 논리학의 선구자였다.

Weierstrass에 대하여는 15.5절의 각주를 참조하라.

수 z는 이 수열에 무한히 여러 번 나타나야 하는데, 정의에 의해 이 수는 수열의 극한점이 된다.

이제 이 수열이 서로 *다른* 항을 무한히 많이 포함하는 경우를 고려한다. 여기서 모든 z_n을 포함하는 큰 정사각형 Q_0을 그린 다음, 이것을 합동인 네 개의 정사각형으로 분할하고 1, 2, 3, 4의 번호를 매긴다. 명백히 이들 정사각형(각각은 경계를 포함하고 있음) 중에서 적어도 하나는 수열의 무한히 많은 항들을 포함하여야 한다. 이와 같이 무한히 많은 항을 포함하는 정사각형 중, 제일 작은 번호(1, 2, 3 또는 4)를 갖는 것을 Q_1로 표기한다. 이것이 제1단계이다. 다음 단계에서는 Q_1를 합동인 네 개의 정사각형으로 분할하고, 같은 법칙에 따라 정사각형 Q_2를 선택한다. 이와 같이 계속하면 정사각형의 무한수열 $Q_0, Q_1, Q_2, \cdots, Q_n, \cdots$을 얻게 되는데, 여기서 n이 무한대로 접근하면 Q_n의 변은 0에 접근하고, Q_m은 $n > m$인 모든 Q_n을 포함하게 된다. 이들 정사각형 모두에 속해 있는 수[2]를 $z = a$라 할 때, 이 수가 이 수열의 극한점이 된다는 것을 쉽게 알 수 있다. 실제로 주어진 $\epsilon > 0$에 대하여 정사각형 Q_N의 변이 ϵ보다 적게 되는 충분히 큰 N을 선택할 수 있고, 이 정사각형 Q_N이 무한히 많은 z_n을 포함하고 있으므로 무한히 많은 n에 대하여 $|z_n - a| < \epsilon$이 성립된다. 이로서 증명이 완료된다. ■

15.3절, 거듭제곱 급수로 주어지는 함수

정리 5의 증명 중 (b) 부분

다음 식

$$\sum_{n=2}^{\infty} a_n \left[\frac{(z+\Delta z)^n - z^n}{\Delta z} - nz^{n-1}\right]$$
$$= \sum_{n=2}^{\infty} a_n \Delta z\left[(z+\Delta z)^{n-2} + 2z(z+\Delta z)^{n-3} + \cdots + (n-1)z^{n-2}\right]$$

임을 보여야 한다. 즉,

$$\frac{(z+\Delta z)^n - z^n}{\Delta z} - nz^{n-1}$$
$$= \Delta z\left[(z+\Delta z)^{n-2} + 2z(z+\Delta z)^{n-3} + \cdots + (n-1)z^{n-2}\right]$$

임을 보여야 한다. $z + \Delta z = b$와 $z = a$로 놓으면 $\Delta z = b - a$이고, 따라서 위 식은 간단히

(7a) $$\frac{b^n - a^n}{b - a} - na^{n-1} = (b-a)A_n \qquad (n = 2, 3, \cdots)$$

이 된다. 여기서 A_n은 우변의 큰 괄호 안의 식

(7b) $$A_n = b^{n-2} + 2ab^{n-3} + 3a^2b^{n-4} + \cdots + (n-1)a^{n-2}$$

---

[2]그와 같은 유일한 수 $z = a$가 존재한다는 것이 명백한 것 같지만, 실제 그것은 소위 *Cantor-Dedekind 공리*라고 부르는 실수계의 공리에서 수반된다. 부록 A3.3의 각주 3을 참조할 것.

이고, 따라서 $A_2 = 1$, $A_3 = b + 2a$ 등이다. 귀납법을 사용하여 식 (7)을 증명한다. $n = 2$인 경우에는

$$\frac{b^2 - a^2}{b - a} - 2a = \frac{(b + a)(b - a)}{b - a} - 2a = b - a = (b - a)A_2$$

이므로, 식 (7)이 성립된다. $n = k$에 대하여 식 (7)이 성립함을 가정하고, $h = k + 1$에 대하여 식이 성립함을 보이자. 분자에 항을 더하고 뺀 후, 나누면 먼저

$$\frac{b^{k+1} - a^{k+1}}{b - a} = \frac{b^{k+1} - ba^k + ba^k - a^{k+1}}{b - a} = b\,\frac{b^k - a^k}{b - a} + a^k$$

를 얻는다. 귀납법의 가정에 의해서, 우변은 $b[(b - a)A_k + ka^{k-1}] + a^k$와 같다. 직접 계산하면, 이것은

$$(b - a)\{bA_k + ka^{k-1}\} + aka^{k-1} + a^k$$

과 같음을 알 수 있다. $n = k$일 때의 식 (7b)로부터 중괄호 $\{\cdots\}$ 속의 식은

$$b^{k-1} + 2ab^{k-2} + \cdots + (k - 1)ba^{k-2} + ka^{k-1} = A_{k+1}$$

과 같음을 알 수 있다. 따라서 결과적으로

$$\frac{b^{k+1} - a^{k+1}}{b - a} = (b - a)A_{k+1} + (k + 1)a^k$$

가 된다. 마지막 항을 좌변으로 넘기면 $n = k + 1$일 때의 식 (7)을 얻는다. 이로서 임의의 정수 $n \geqq 2$에 대하여 식 (7)이 증명되고, 따라서 증명이 완료된다. ■

18.2절, 등각사상의 이용. 모델링

정리 1의 다른 증명. *조화공액함수를 사용하지 않음*

$w = u + iv = f(z)$가 해석함수이고 열린 영역 D가 등각으로 열린 영역 D^* 위로 사상되고 Φ^*가 영역 D^*에서 조화함수이면 다음 함수

(1) $$\Phi(x, y) = \Phi^*(u(x, y), v(x, y))$$

는 D에서 조화함수, 즉, D에서 $\nabla^2\Phi = 0$임을 보인다. 조화공액함수 Φ^*를 사용하지 않고 직접 미분하여 증명하고자 한다. 연쇄법칙에 따라 다음 식을 얻는다.

$$\Phi_x = \Phi_u^* u_x + \Phi_v^* v_x$$

다시 연쇄법칙을 적용하면 다음 식의 밑줄 친 항들은 $\nabla^2\Phi$을 형성하면서 소거된다.

$$\Phi_{xx} = \underline{\Phi_u^* u_{xx}} + (\Phi_{uu}^* u_x + \underline{\Phi_{uv}^* v_x})u_x$$
$$+ \underline{\Phi_u^* v_{xx}} + (\underline{\Phi_{vu}^* u_x} + \Phi_{vv}^* v_x)v_x$$

Φ_{yy}도 위의 식에서 x를 모두 y로 바꾼 식과 같게 되며 여기서 $\nabla^2\Phi$를 형성하게 된다. 계산

에서 $\Phi^*_{vu} = \Phi^*_{uv}$에 다음 항들이 곱해지는데,

$$u_x v_x + u_y v_y$$

위 식은 Cauchy-Riemann 방정식에 의해 0이 된다. 또한 $\nabla^2 u = 0$이고 $\nabla^2 v = 0$이 되며, 남은 항들은 다음 식과 같다.

$$\nabla^2\Phi = \Phi^*_{uu}(u_x^2 + u_y^2) + \Phi^*_{vv}(v_x^2 + v_y^2)$$

위 식은 Cauchy-Riemann 방정식에 의해 다시 다음 식과 같다.

$$\nabla^2\Phi = (\Phi^*_{uu} + \Phi^*_{vv})(u_x^2 + v_x^2)$$

Φ^*는 조화함수이므로 위 식은 0이 된다. ■

APPENDIX 5

수표

Laplace 변환표는 6.8절과 6.9절 참조. 푸리에 변환표는 11.10절 참조.

CAS (Computer Algebra System)를 사용할 경우에는 수표가 필요 없으나, 종종 이들 표는 편리성을 제공하기도 한다.

표 A1 Bessel 함수(Bessel function)

확장된 표는 부록 1의 참고문헌 [GenRef1]을 참조하라.

x	$J_0(x)$	$J_1(x)$	x	$J_0(x)$	$J_1(x)$	x	$J_0(x)$	$J_1(x)$
0.0	1.0000	0.0000	3.0	−0.2601	0.3391	6.0	0.1506	−0.2767
0.1	0.9975	0.0499	3.1	−0.2921	0.3009	6.1	0.1773	−0.2559
0.2	0.9900	0.0995	3.2	−0.3202	0.2613	6.2	0.2017	−0.2329
0.3	0.9776	0.1483	3.3	−0.3443	0.2207	6.3	0.2238	−0.2084
0.4	0.9604	0.1960	3.4	−0.3643	0.1792	6.4	0.2433	−0.1816
0.5	0.9385	0.2423	3.5	−0.3801	0.1374	6.5	0.2601	−0.1538
0.6	0.9120	0.2867	3.6	−0.3918	0.0955	6.6	0.2740	−0.1250
0.7	0.8812	0.3290	3.7	−0.3992	0.0538	6.7	0.2851	−0.0953
0.8	0.8463	0.3688	3.8	−0.4026	0.0128	6.8	0.2931	−0.0652
0.9	0.8075	0.4059	3.9	−0.4018	−0.0272	6.9	0.2981	−0.0349
1.0	0.7652	0.4401	4.0	−0.3971	−0.0660	7.0	0.3001	−0.0047
1.1	0.7196	0.4709	4.1	−0.3887	−0.1033	7.1	0.2991	0.0252
1.2	0.6711	0.4983	4.2	−0.3766	−0.1386	7.2	0.2951	0.0543
1.3	0.6201	0.5220	4.3	−0.3610	−0.1719	7.3	0.2882	0.0826
1.4	0.5669	0.5419	4.4	−0.3423	−0.2028	7.4	0.2786	0.1096
1.5	0.5118	0.5579	4.5	−0.3205	−0.2311	7.5	0.2663	0.1352
1.6	0.4554	0.5699	4.6	−0.2961	−0.2566	7.6	0.2516	0.1592
1.7	0.3980	0.5778	4.7	−0.2693	−0.2791	7.7	0.2346	0.1813
1.8	0.3400	0.5815	4.8	−0.2404	−0.2985	7.8	0.2154	0.2014
1.9	0.2818	0.5812	4.9	−0.2097	−0.3147	7.9	0.1944	0.2192
2.0	0.2239	0.5767	5.0	−0.1776	−0.3276	8.0	0.1717	0.2346
2.1	0.1666	0.5683	5.1	−0.1443	−0.3374	8.1	0.1475	0.2476
2.2	0.1104	0.5560	5.2	−0.1103	−0.3432	8.2	0.1222	0.2580
2.3	0.0555	0.5399	5.3	−0.0758	−0.3460	8.3	0.0960	0.2657
2.4	0.0025	0.5202	5.4	−0.0412	−0.3453	8.4	0.0692	0.2708
2.5	−0.0484	0.4971	5.5	−0.0068	−0.3414	8.5	0.0419	0.2731
2.6	−0.0968	0.4708	5.6	0.0270	−0.3343	8.6	0.0146	0.2728
2.7	−0.1424	0.4416	5.7	0.0599	−0.3241	8.7	−0.0125	0.2697
2.8	−0.1850	0.4097	5.8	0.0917	−0.3110	8.8	−0.0392	0.2641
2.9	−0.2243	0.3754	5.9	0.1220	−0.2951	8.9	−0.0653	0.2559

표 A1 (계속)

x	$Y_0(x)$	$Y_1(x)$	x	$Y_0(x)$	$Y_1(x)$	x	$Y_0(x)$	$Y_1(x)$
0.0	$(-\infty)$	$(-\infty)$	2.5	0.498	0.146	5.0	−0.309	0.148
0.5	−0.445	−1.471	3.0	0.377	0.325	5.5	−0.339	−0.024
1.0	0.088	−0.781	3.5	0.189	0.410	6.0	−0.288	−0.175
1.5	0.382	−0.412	4.0	−0.017	0.398	6.5	−0.173	−0.274
2.0	0.510	−0.107	4.5	−0.195	0.301	7.0	−0.026	−0.303

x = 2.40483, 5.52008, 8.65373, 11.7915, 14.9309, 18.0711, 21.2116, 24.3525, 27.4935, 30.6346에 대해서는 $J_0(x) = 0$이고, x = 3.83171, 7.01559, 10.1735, 13.3237, 16.4706, 19.6159, 22.7601, 25.9037, 29.0468, 32.1897에 대해서는 $J_1(x) = 0$임.

표 A2 감마함수(gamma function) [부록 A3.1절의 식 (24) 참조]

α	$\Gamma(\alpha)$	α	$\Gamma(\alpha)$	α	$\Gamma(\alpha)$	α	$\Gamma(\alpha)$	α	$\Gamma(\alpha)$
1.00	1.000 000	1.20	0.918 169	1.40	0.887 264	1.60	0.893 515	1.80	0.931 384
1.02	0.988 844	1.22	0.913 106	1.42	0.886 356	1.62	0.895 924	1.82	0.936 845
1.04	0.978 438	1.24	0.908 521	1.44	0.885 805	1.64	0.898 642	1.84	0.942 612
1.06	0.968 744	1.26	0.904 397	1.46	0.885 604	1.66	0.901 668	1.86	0.948 687
1.08	0.959 725	1.28	0.900 718	1.48	0.885 747	1.68	0.905 001	1.88	0.955 071
1.10	0.951 351	1.30	0.897 471	1.50	0.886 227	1.70	0.908 639	1.90	0.961 766
1.12	0.943 590	1.32	0.894 640	1.52	0.887 039	1.72	0.912 581	1.92	0.968 774
1.14	0.936 416	1.34	0.892 216	1.54	0.888 178	1.74	0.916 826	1.94	0.976 099
1.16	0.929 803	1.36	0.890 185	1.56	0.889 639	1.76	0.921 375	1.96	0.983 743
1.18	0.923 728	1.38	0.888 537	1.58	0.891 420	1.78	0.926 227	1.98	0.991 708
1.20	0.918 169	1.40	0.887 264	1.60	0.893 515	1.80	0.931 384	2.00	1.000 000

표 A3 차례곱함수(factorial function)와 그것의 상용로그(logarithm with base 10)

n	$n!$	$\log(n!)$	n	$n!$	$\log(n!)$	n	$n!$	$\log(n!)$
1	1	0.000 000	6	720	2.857 332	11	39 916 800	7.601 156
2	2	0.301 030	7	5 040	2.702 431	12	479 001 600	8.680 337
3	6	0.778 151	8	40 320	4.605 521	13	6 227 020 800	9.794 280
4	24	0.380 211	9	362 880	5.559 763	14	87 178 291 200	10.940 408
5	120	2.079 181	10	3 628 800	6.559 763	15	1 307 674 368 000	12.116 500

표 A4 오차함수(error function), 사인과 코사인 적분(sine and cosine integral)

[부록 A3.1절의 식 (35), (40), (42) 참조]

x	erf x	Si(x)	ci(x)	x	erf x	Si(x)	ci(x)
0.0	0.0000	0.0000	∞	2.0	0.9963	1.6054	−0.4230
0.2	0.2227	0.1996	1.0422	2.2	0.9981	1.6876	−0.3751
0.4	0.4284	0.3965	0.3788	2.4	0.9993	1.7525	−0.3173
0.6	0.6039	0.5881	0.0223	2.6	0.9998	1.8321	−0.1865
0.8	0.7421	0.7721	−0.1983	2.8	0.9999	1.8321	−0.1865
1.0	0.8427	0.9461	−0.3374	3.0	1.0000	1.8487	−0.1196
1.2	0.9103	1.1080	−0.4205	3.2	1.0000	1.8514	−0.0553
1.4	0.9523	1.2562	−0.4620	3.4	1.0000	1.8419	−0.0045
1.6	0.9763	1.3892	−0.4717	3.6	1.0000	1.8219	−0.0580
1.8	0.9891	1.5058	−0.4568	3.8	1.0000	1.7934	−0.1038
2.0	0.9953	1.6054	−0.4230	4.0	1.0000	1.7582	−0.1410

찾아보기 Index

ㄱ

ㄴ

ㄷ

ㅁ

ㅇ

ㅈ

ㅊ

ㅌ

ㅍ

ㅎ

[기타]